CAMBRIDGE LIBRARY COLLECTION

Books of enduring scholarly value

Mathematics

From its pre-historic roots in simple counting to the algorithms powering modern desktop computers, from the genius of Archimedes to the genius of Einstein, advances in mathematical understanding and numerical techniques have been directly responsible for creating the modern world as we know it. This series will provide a library of the most influential publications and writers on mathematics in its broadest sense. As such, it will show not only the deep roots from which modern science and technology have grown, but also the astonishing breadth of application of mathematical techniques in the humanities and social sciences, and in everyday life.

Oeuvres complètes de Niels Henrik Abel

Niels Henrik Abel (1802–29) was one of the most prominent mathematicians in the first half of the nineteenth century. His pioneering work in diverse areas such as algebra, analysis, geometry and mechanics has made the adjective 'abelian' a commonplace in mathematical writing. These collected works, first published in two volumes in 1881 after careful preparation by the mathematicians Ludwig Sylow (1832–1918) and Sophus Lie (1842–99), contain some of the pillars of mathematical history. Volume 1 includes perhaps the most famous of Abel's results, namely his proof of the 'impossibility theorem', which states that the general fifth-degree polynomial is unsolvable by algebraic means. Also included in this volume is Abel's 'Paris memoir', which contains his many fundamental results on transcendental functions – in particular on elliptic integrals, elliptic functions, and what are known today as abelian integrals.

Oeuvres complètes de Niels Henrik Abel

Nouvelle édition

VOLUME 1

EDITED BY L. SYLOW AND S. LIE

CAMBRIDGE
UNIVERSITY PRESS

CAMBRIDGE UNIVERSITY PRESS

Cambridge, New York, Melbourne, Madrid, Cape Town,
Singapore, São Paolo, Delhi, Mexico City

Published in the United States of America by Cambridge University Press, New York

www.cambridge.org
Information on this title: www.cambridge.org/9781108050579

This edition first published 1881
This digitally printed version 2012

ISBN 978-1-108-05057-9 Paperback

ŒUVRES

COMPLÈTES

DE NIELS HENRIK ABEL

TOME PREMIER

ŒUVRES

COMPLÈTES

DE NIELS HENRIK ABEL

NOUVELLE ÉDITION

PUBLIÉE AUX FRAIS DE L'ÉTAT NORVÉGIEN

PAR MM. L. SYLOW ET S. LIE

TOME PREMIER

CONTENANT LES MÉMOIRES PUBLIÉS PAR ABEL

CHRISTIANIA

IMPRIMERIE DE GRONDAHL & SON

M DCCC LXXXI

PREFACE.

L'édition des Œuvres d'Abel faite par *Holmboe* et publiée en 1839, était devenue très rare trente ans après. C'est pourquoi plusieurs mathématiciens étrangers, surtout allemands et français, en demandaient une nouvelle édition à leurs confrères norvégiens. C'étaient MM. *Clebsch*, *Kronecker* et *Weierstrass* qui firent les premiers cette proposition, dont la *Société Mathématique de France* déclara hautement l'utilité par son président *Chasles*. Dans ces circonstances, le Gouvernement Norvégien, sollicité par la *Société des Sciences* de Christiania, crut devoir inviter le Corps Législatif à voter la somme nécessaire pour faire une nouvelle édition revue et complète des Œuvres d'Abel. Le *Storthing* accorda promptement la somme voulue, et conformément à la proposition émise l'édition nous fut confiée. Pendant l'exécution de cette tâche importante, nous avons profité des sages conseils et du précieux concours de beaucoup de personnes autorisées. Outre les mathématiciens déjà nommés nous devons remercier spécialement M. *O. J. Broch*, de Christiania, M. *C. Jordan*, de Paris, et M. *E. Schering*, de Gottingue. L'illustre *Académie* de Berlin mit à notre disposition, avec une bienveillance extrême, les manuscrits de plusieurs mémoires, imprimés dans le Journal de *Crelle*, et les dates de publication des mémoires d'Abel insérés dans les tomes II—IV dudit Journal, nous ont été obligeamment fournies par *Borchardt*.

Nous avons cru de notre devoir d'admettre tout travail publié par Abel dans notre édition; à ceci nous n'avons fait qu'une seule exception, dont nous parlerons aussitôt. En outre nous avons cherché à recueillir tous les manuscrits et toutes les lettres d'Abel encore existantes, en les soumettant à un examen minutieux pour en extraire tout ce qui pût avoir de l'intérêt scientifique. La Bibliothèque de notre Université avait acquis quelques-uns des manuscrits d'Abel; d'autres, moins importans, il est vrai, étaient devenus la propriété de quelques mathématiciens norvégiens. Sollicitée par nous, la veuve de *Holmboe* a revu soigneusement les papiers de son défunt mari, avec l'heureux résultat que toute une série des manuscrits d'Abel fut retrouvée et donnée à la Bibliothèque de l'Université. Néanmoins beaucoup des documens qui étaient sous les mains de *Holmboe* nous manquent, étant probablement détruits par un incendie survenu peu après sa mort. Cependant il nous semble probable que la plus grande partie de ce qui date des dernières années d'Abel est encore conservé. Dans ces manuscrits nous n'avons relevé, il est vrai, aucun résultat nouveau à la science; cependant ils ont montré que plusieurs théorèmes importans, trouvés plus tard par d'autres, étaient déjà connus à Abel et se cachaient dans ses papiers quand ils furent publiés pour la première fois. Outre les théorèmes, déjà connus par l'édition de *Holmboe*, sur les équations résolubles par radicaux, nous pouvons mentionner comme tels: un théorème fondamental sur les relations qui peuvent avoir lieu entre des intégrales de différentielles algébriques, qu'Abel avait bien énoncé dans une lettre adressée à *Legendre*, mais dont il n'avait pas donné la démonstration; en outre une proposition très-générale sur la convergence des séries, laquelle fut publiée pour la première fois par M. *Bertrand*.

Le Tome I de notre édition contient, dans l'ordre chronologique, tous les mémoires publiés par Abel, à l'exception d'un opuscule imprimé dans le *Magasin des Sciences Naturelles*, année 1824, dans lequel il s'était glissé, par inadvertance, une faute grave. Or comme Abel a expressément retracté ce mémoire, nous croyons avec *Holmboe* devoir l'exclure des Œuvres Complètes. Notre édition contient quatre mémoires publiés par Abel qui manquent à celle de *Holmboe*, savoir les mémoires III, V, XII, et XIII de notre premier volume.

Les deux premiers furent omis par *Holmboe*, parce que le contenu s'en retrouve dans d'autres travaux d'Abel. Le mémoire XII, présenté par Abel à *L'Académie des Sciences* de Paris en 1826, ne put être inséré dans l'édition de *Holmboe;* ce n'est qu'en 1841 qu'il fut imprimé dans les *Mémoires des Savans étrangers.* Le mémoire XIII semble avoir échappé à l'attention de *Holmboe.*

Les mémoires publiés par Abel dans les revues norvégiennes, furent rédigés en norvégien; par égard à la plupart des lecteurs nous les rendons en français. Tous les autres travaux d'Abel furent, d'après ce que nous dit *Holmboe* dans sa préface, rédigés en français; mais les mémoires publiés dans les deux premiers volumes du *Journal für die reine und angewandte Mathematik*, furent traduits en allemand par *Crelle*, à l'exception des *Recherches sur les fonctions elliptiques.* Pour ce qui est des mémoires imprimés dans le quatrième volume du même journal, il existe encore, comme il est dit plus haut, des copies des manuscrits originaux d'Abel; elles font voir que *Crelle* a fait plusieurs corrections du style en partie inutiles; il y en a même qui ont modifié le sens. Ainsi les traductions allemandes de *Crelle* ne pouvant être considérées comme des versions absolument exactes du texte original, nous avons cru, avec *Holmboe*, devoir rendre ces mémoires en français afin de conserver l'unité linguistique de notre édition.

Le Tome II de notre édition comprend les Œuvres posthumes, des extraits de lettres d'Abel, et les notes des éditeurs. Tout en reconnaissant le grand mérite de *Holmboe*, comme l'habile maître et le fidèle ami d'Abel, et aussi comme le zélé éditeur de ses Œuvres, nous ne pouvons nous empêcher de faire observer qu'à notre avis l'éditeur n'a pas toujours traité les manuscrits laissés par Abel avec toute la critique désirable. En effet, dans le second volume de son édition, il a imprimé, à côté de plusieurs mémoires précieux, un certain nombre de travaux de jeunesse, datant d'une période où la critique d'Abel ne s'était pas encore complètement développée. Et même quand Abel parle plus tard des faux résultats auxquels conduit un raisonnement peu rigoureux, il nous paraît évident qu'il pense, entre autres, aux erreurs auxquelles il avait été porté lui-même dans ses anciens travaux, depuis longtemps rejetés par lui; or ce sont ceux-là qu'a admis *Holmboe*, après la mort de l'auteur, parmi ses Œuvres Complètes. Si nous avions à faire la première édition des Œuvres d'Abel, nous aurions renoncé à publier plusieurs travaux imprimés dans le second volume de l'édition de *Holmboe*. Cependant, comme ces travaux sont déjà connus au public et souvent cités, nous ne nous sommes décidés à omettre que trois des travaux publiés par *Holmboe*, lesquels nous semblent n'avoir plus aucun intérêt même historique. D'autre part nous avons cru devoir mettre au jour plusieurs parties inédites des manuscrits d'Abel, dont quelques-uns offrent un grand intérêt.

Tome II, p. 283—289 nous donnons un aperçu de tous les manuscrits d'Abel encore existans. Ici nous nous bornons à faire remarquer que dans un protocole rempli depuis août 1826 à la fin de la même année ou au commencement de 1827, nous avons trouvé des endroits qui prouvent qu' Abel s'occupait de la *Théorie de la transformation des fonctions elliptiques* à Paris, à la fin de 1826, ce qui d'ailleurs s'accorde avec ce qu'il a dit à *Holmboe*, cité par nous dans le second volume.

Des lettres d'Abel nous donnons des extraits plus complets que ne le faisait *Holmboe*. Nous signalons à l'attention des lecteurs la première lettre d'Abel à *Holmboe*. Cette lettre prouve que, déjà en 1823, Abel avait considéré la fonction inverse de l'intégrale elliptique de la première espèce, mais elle fait voir aussi qu'à cette époque il ne savait pas encore maîtriser les paradoxes apparens qu'il avait rencontrés dans ses recherches.

A l'édition nous avons ajouté quelques notes, dans lesquelles nous donnons tantôt des renseignemens sur les divers mémoires, tantôt sur les endroits où nous avons cru devoir nous écarter du texte original, pourvu toutefois que ce ne soient pas de simples corrections de fautes de calcul ou d'impression; tantôt nous faisons observer des inexactitudes que nous ne nous croyions pas autorisés à corriger. Quelquefois nous donnons notre interprétation de passages obscurs, ou bien nous indiquons comment selon nous Abel a déduit des propositions qu'il a avancées sans preuve. Nous faisons observer expressément, que si dans les notes nous citons quelquefois des auteurs postérieurs, ce n'est que pour éclaircir le texte, et nullement pour montrer comment les découvertes d'Abel ont été développées par ses successeurs.

Au moment où nous achevons cette édition, M. *Bjerknes*, professeur à l'Université de Christiania, vient de publier une biographie détaillée d'Abel, fondée sur des recherches étendues, dans laquelle il a tenu compte des matériaux recueillis pour cette édition. Dans ce travail intéressant on trouve réuni à peu près toutes les données accessibles de la vie d'Abel. Tout en exprimant le vœu que cette biographie soit bientôt traduite dans une langue plus généralement connue, nous devons faire observer que nous ne partageons pas toutes les vues de l'auteur, bien que nous reconnaissions avec lui que c'est à Abel en première ligne que la science doit la découverte des fonctions elliptiques proprement dites.

En présentant, un demi-siècle après la mort d'Abel, cette nouvelle édition de ses Œuvres au public mathématique, nous osons espérer qu'elle contribuera fortement à ce que ces travaux qui ont tant guidé le mouvement mathématique de notre temps, soient étudiés dans l'original par la génération actuelle de mathématiciens. Abel a eu de grands successeurs; mais pour qui veut continuer dans la voie frayée par lui, il sera toujours profitable de remonter à la source même: les immortelles Œuvres d'Abel.

Christiania, août 1881.

Les Éditeurs.

TABLE DES MATIÈRES DU TOME PREMIER.

PAGES.

I. Méthode générale pour trouver des fonctions d'une seule quantité variable, lorsqu'une propriété de ces fonctions est exprimée par une équation entre deux variables . . . . 1.

II. Solution de quelques problèmes à l'aide d'intégrales définies . . . . 11.

III. Mémoire sur les equations algébriques, où l'on démontre l'impossibilité de la résolution de l'équation générale du cinquième degré . . . . 28.

IV. L'intégrale finie $\Sigma^n \varphi x$ exprimée par une intégrale définie simple . . 34.

V. Petite contribution à la théorie de quelques fonctions transcendantes 40.

VI. Recherche des fonctions de deux quantités variables indépendantes x et y, telles que $f(x, y)$, qui ont la propriété que $f(z, f(x, y))$ est une fonction symétrique de z, x et y . . . . 61.

VII. Démonstration de l'impossibilité de la résolution algébrique des équations générales qui passent le quatrième degré . . . . 66.

Appendice. Analyse du mémoire précédent . . . . 87.

VIII. Remarque sur le mémoire N° 4 du premier cahier du Journal de M. Crelle . . . . 95.

IX. Résolution d'un problème de mécanique . . . . 97.

X. Démonstration d'une expression de laquelle la formule binôme est un cas particulier . . . . 102.

XI. Sur l'intégration de la formule différentielle $\frac{\varrho\, dx}{\sqrt{R}}$, R et ϱ étant des fonctions entières . . . . 104.

XII. Mémoire sur une propriété générale d'une classe très étendue de fonctions transcendantes . . . . 145.

PAGES.

XIII. Recherche de la quantité qui satisfait à la fois à deux équations algébriques données . . . . 212.

XIV. Recherches sur la série $1 + \frac{m}{1}x + \frac{m(m-1)}{1.2}x^2 + \cdots$ . . . . . 219.

XV. Sur quelques intégrales définies . . . . 251.

XVI. Recherches sur les fonctions elliptiques . . . . 263.

XVII. Sur les fonctions qui satisfont à l'équation $\varphi x + \varphi y = \psi(xfy + yfx)$ 389.

XVIII. Note sur un mémoire de M. *L. Olivier*, ayant pour titre "Remarques sur les séries infinies et leur convergence" . . . . 399.

XIX. Solution d'un problème général concernant la transformation des fonctions elliptiques . . . . 403.

XX. Addition au mémoire précédent . . . . 429.

XXI. Remarques sur quelques propriétés générales d'une certaine sorte de fonctions transcendantes . . . . 444.

XXII. Sur le nombre des transformations différentes qu'on peut faire subir à une fonction elliptique par la substitution d'une fonction rationnelle dont le degré est un nombre premier donné . . . . 457.

XXIII. Théorème général sur la transformation des fonctions elliptiques de la seconde et de la troisième espèce . . . . 466.

XXIV. Note sur quelques formules elliptiques . . . . 467.

XXV. Mémoire sur une classe particulière d'équations résolubles algébriquement . . . . 478.

XXVI. Théorèmes sur les fonctions elliptiques . . . . 508.

XXVII. Démonstration d'une propriété générale d'une certaine classe de fonctions transcendantes . . . . 515.

XXVIII. Précis d'une théorie des fonctions elliptiques . . . . 518.

XXIX. Théorèmes et problèmes . . . . 618.

I.

MÉTHODE GÉNÉRALE POUR TROUVER DES FONCTIONS D'UNE SEULE QUANTITÉ VARIABLE, LORSQU'UNE PROPRIÉTÉ DE CES FONCTIONS EST EXPRIMÉE PAR UNE ÉQUATION ENTRE DEUX VARIABLES.

Magazin for Naturvidenskaberne, Aargang I, Bind 1, Christiania 1823.

Soient x et y deux quantités variables indépendantes, α, β, γ, δ etc. des fonctions données de x et y, et φ, f, F etc. des fonctions cherchées entre lesquelles une relation est exprimée par une équation $V = 0$, contenant d'une manière quelconque les quantités x, y, $\varphi\alpha$, $f\beta$, $F\gamma$ etc. et leurs différentielles. On pourra, en général, à l'aide de cette seule équation, trouver toutes les fonctions inconnues dans les cas où le problème est possible.

Pour trouver l'une des fonctions, il est clair qu'on doit chercher une équation où cette fonction soit la seule inconnue et par conséquent chasser toutes les autres. Cherchons donc d'abord à chasser une fonction inconnue par exemple $\varphi\alpha$ et ses différentielles. Les quantités x et y étant indépendantes, on peut regarder l'une d'elles, ou une fonction donnée des deux, comme constante. On peut donc différentier l'équation $V = 0$ par rapport à l'une des variables x, en considérant α comme constant, et dans ce cas l'autre variable y doit être considérée comme fonction de x et de α. Or en différentiant l'équation $V = 0$ plusieurs fois de suite, en supposant α constant, il ne se trouvera pas dans les équations résultantes, d'autres fonctions de α que celles qui sont comprises dans l'équation $V = 0$, savoir $\varphi\alpha$ et ses différentielles. Donc si la fonction V contient

$$\varphi\alpha,\ d\varphi\alpha,\ d^2\varphi\alpha, \ldots d^n\varphi\alpha,$$

on obtiendra, en différentiant l'équation $V=0$ $n+1$ fois de suite dans la supposition de α constant, les $n+2$ équations suivantes:

$$V=0,\ dV=0,\ d^2V=0, \ldots d^{n+1}V=0.$$

Éliminant de ces $n+2$ équations les $n+1$ quantités inconnues

$$\varphi\alpha,\ d\varphi\alpha,\ d^2\varphi\alpha \text{ etc.},$$

il en résultera une équation $V_1=0$ qui ne contiendra ni la fonction $\varphi\alpha$ ni ses différentielles, mais seulement les fonctions $f\beta$, $F\gamma$, etc. et leurs différentielles.

Cette équation $V_1=0$ pourra maintenant être traitée de la même manière, par rapport à l'une des autres fonctions inconnues $f\beta$, et l'on obtiendra une équation $V_2=0$ qui ne contiendra ni $\varphi\alpha$ ou ses différentielles, ni $f\beta$ ou ses différentielles, mais seulement $F\gamma$ etc. et les différentielles de ces fonctions.

De cette manière, on peut continuer l'élimination des fonctions inconnues, jusqu'à ce qu'on soit parvenu à une équation qui ne contienne qu'une seule fonction inconnue avec ses différentielles, et en regardant maintenant l'une des quantités variables comme constante, on a, entre la fonction inconnue et l'autre variable, une équation différentielle d'où l'on pourra tirer cette fonction par intégration.

On peut remarquer, qu'il suffit d'éliminer jusqu'à ce qu'on ait obtenu une équation qui ne contienne que deux fonctions inconnues et leurs différentielles; car, si par exemple ces fonctions sont $\varphi\alpha$ et $f\beta$, on pourra, en supposant β constant, exprimer x et y en fonction de α à l'aide des deux équations $\alpha=\alpha$ et $\beta=c$, et arriver de cette manière à une équation différentielle entre $\varphi\alpha$ et α, d'où l'on pourra par conséquent déduire $\varphi\alpha$. De la même manière, on trouvera une équation entre $f\beta$ et β en déterminant x et y par les équations $\alpha=c$ et $\beta=\beta$. Ces fonctions étant ainsi trouvées, on trouvera aisément les autres fonctions à l'aide des équations qui restent.

De cette manière, on pourra donc en général trouver toutes les fonctions inconnues, toutes les fois que le problème sera possible. Pour s'en rendre compte il faut substituer les valeurs trouvées dans l'équation donnée, et voir si elle est satisfaite.

Ce qui précède dépend, comme nous venons de le voir, de la différentiation d'une fonction de x et y par rapport à x, en supposant constante une fonction donnée de x et y; y est donc fonction de x et dans les différentielles se trouvent les expressions $\frac{dy}{dx}$, $\frac{d^2y}{dx^2}$, $\frac{d^3y}{dx^3}$, etc. Ces expressions se trouvent aisément en différentiant l'équation $\alpha = c$ par rapport à x, et en supposant y fonction de x. En effet, on obtiendra les équations suivantes:

$$\frac{d\alpha}{dx} + \frac{d\alpha}{dy}\frac{dy}{dx} = 0,$$

$$\frac{d^2\alpha}{dx^2} + 2\frac{d^2\alpha}{dx\,dy}\frac{dy}{dx} + \frac{d^2\alpha}{dy^2}\frac{dy^2}{dx^2} + \frac{d\alpha}{dy}\frac{d^2y}{dx^2} = 0 \text{ etc.},$$

d'où l'on tire

$$\frac{dy}{dx} = -\frac{\frac{d\alpha}{dx}}{\frac{d\alpha}{dy}},$$

$$\frac{d^2y}{dx^2} = -\frac{\frac{d^2\alpha}{dx^2}}{\frac{d\alpha}{dy}} + 2\frac{\frac{d^2\alpha}{dx\,dy}\frac{d\alpha}{dx}}{\left(\frac{d\alpha}{dy}\right)^2} - \frac{\frac{d^2\alpha}{dy^2}\left(\frac{d\alpha}{dx}\right)^2}{\left(\frac{d\alpha}{dy}\right)^3} \text{ etc.}$$

La méthode générale de résoudre l'équation $V = 0$ est applicable dans tous les cas où l'élimination peut s'effectuer, mais il peut arriver que cela ne soit pas possible, et alors il faut avoir recours au calcul des différences; mais pour n'être pas trop long, je passerai ce cas sous silence, d'autant plus qu'on peut voir dans le traité du calcul différentiel et du calcul intégral de M. *Lacroix* t. III, p. 208, comment on doit s'y prendre.

Nous allons appliquer la théorie générale à quelques exemples.

1. Trouver la fonction φ qui satisfasse à l'équation

$$\varphi\alpha = f(x, y, \varphi\beta, \varphi\gamma),$$

f étant une fonction quelconque donnée.

En différentiant cette équation par rapport à x, en supposant α constant, on aura

$$0 = f'x + f'y\frac{dy}{dx} + f'(\varphi\beta)\varphi'\beta\left(\frac{d\beta}{dx} + \frac{d\beta}{dy}\frac{dy}{dx}\right) + f'(\varphi\gamma)\varphi'\gamma\left(\frac{d\gamma}{dx} + \frac{d\gamma}{dy}\frac{dy}{dx}\right),$$

or nous avons vu que

$$\frac{dy}{dx} = -\frac{\frac{d\alpha}{dx}}{\frac{d\alpha}{dy}};$$

cette valeur étant substituée dans l'équation ci-dessus, on obtiendra, après avoir multiplié par $\frac{d\alpha}{dy}$:

$$0 = f'x\frac{d\alpha}{dy} - f'y\frac{d\alpha}{dx} + f'(\varphi\beta)\varphi'\beta\left(\frac{d\beta}{dx}\frac{d\alpha}{dy} - \frac{d\alpha}{dx}\frac{d\beta}{dy}\right) + f'(\varphi\gamma)\varphi'\gamma\left(\frac{d\gamma}{dx}\frac{d\alpha}{dy} - \frac{d\alpha}{dx}\frac{d\gamma}{dy}\right).$$

Faisant maintenant γ constant, déterminant. x et y en β par les deux équations $\gamma = c$, $\beta = \beta$ et substituant leurs valeurs, on obtiendra entre $\varphi\beta$ et β une équation différentielle du premier ordre, d'où l'on tirera la fonction $\varphi\beta$.

Soit

$$f(x, y, \varphi\beta, \varphi\gamma) = \varphi\beta + \varphi\gamma,$$

on aura

$$f'x = 0,\ f'y = 0,\ f'(\varphi\beta) = 1,\ f'(\varphi\gamma) = 1.$$

L'équation deviendra donc

$$0 = \varphi'\beta\left(\frac{d\beta}{dx}\frac{d\alpha}{dy} - \frac{d\alpha}{dx}\frac{d\beta}{dy}\right) + \varphi'\gamma\left(\frac{d\gamma}{dx}\frac{d\alpha}{dy} - \frac{d\alpha}{dx}\frac{d\gamma}{dy}\right);$$

on tire de là en intégrant

$$\varphi\beta = \varphi'\gamma\int\frac{\frac{d\alpha}{dx}\frac{d\gamma}{dy} - \frac{d\alpha}{dy}\frac{d\gamma}{dx}}{\frac{d\beta}{dx}\frac{d\alpha}{dy} - \frac{d\alpha}{dx}\frac{d\beta}{dy}}d\beta.$$

On voit aisément que sans diminuer la généralité du problème on peut faire $\beta = x$ et $\gamma = y$; on aura ainsi

$$\frac{d\beta}{dx} = 1,\ \frac{d\beta}{dy} = 0,\ \frac{d\gamma}{dx} = 0,\ \frac{d\gamma}{dy} = 1.$$

Donc, ayant

$$\varphi\alpha = \varphi x + \varphi y,$$

on en conclut

$$\varphi x = \varphi' y\int\frac{\frac{d\alpha}{dx}}{\frac{d\alpha}{dy}}dx,$$

où y est supposé constant après la différentiation.

Appliquons cela à la recherche du logarithme. On a

$$\log(xy) = \log x + \log y,$$

donc

$$\alpha = xy,\ \frac{d\alpha}{dx} = y,\ \frac{d\alpha}{dy} = x;$$

substituant ces valeurs on obtient

$$\varphi x = \varphi' y \int \frac{y}{x} dx = c \int \frac{dx}{x},$$

donc

$$\log x = c \int \frac{dx}{x}$$

Si l'on veut trouver arc tang x, on a

$$\text{arc tang} \frac{x+y}{1-xy} = \text{arc tang}\, x + \text{arc tang}\, y,$$

donc

$$\alpha = \frac{x+y}{1-xy}$$

et par suite

$$\frac{d\alpha}{dx} = \frac{1}{1-xy} + \frac{y(x+y)}{(1-xy)^2} = \frac{1+y^2}{(1-xy)^2},$$

$$\frac{d\alpha}{dy} = \frac{1}{1-xy} + \frac{x(y+x)}{(1-xy)^2} = \frac{1+x^2}{(1-xy)^2}.$$

On tire de là

$$\frac{\frac{d\alpha}{dx}}{\frac{d\alpha}{dy}} = \frac{1+y^2}{1+x^2},$$

par conséquent

$$\varphi x = \varphi' y \int \frac{1+y^2}{1+x^2} dx,$$

d'où

$$\text{arc tang}\ x = c \int \frac{dx}{1+x^2} = \int \frac{dx}{1+x^2}, \quad \text{en faisant } c = 1.$$

Supposons maintenant

$$f(x, y, \varphi\beta, \varphi\gamma) = \varphi\beta . \varphi\gamma = \varphi x . \varphi y,$$

en faisant $\beta = x$, $\gamma = y$. On aura

$$f'x = f'y = 0, \quad f'(\varphi x) = \varphi y, \quad f'(\varphi y) = \varphi x,$$

$$\frac{d\beta}{dx} = \frac{d\gamma}{dy} = 1, \quad \frac{d\beta}{dy} = \frac{d\gamma}{dx} = 0.$$

L'équation deviendra donc

$$\varphi y . \varphi' x \frac{d\alpha}{dy} - \varphi x . \varphi' y \frac{d\alpha}{dx} = 0,$$

donc

$$\frac{\varphi' x}{\varphi x} = \frac{\varphi' y}{\varphi y} \frac{\frac{d\alpha}{dx}}{\frac{d\alpha}{dy}},$$

et en intégrant

$$\log \varphi x = \frac{\varphi' y}{\varphi y} \int \frac{\frac{d\alpha}{dx}}{\frac{d\alpha}{dy}} dx.$$

Soit

$$\int \frac{\frac{d\alpha}{dx}}{\frac{d\alpha}{dy}} dx = T,$$

on aura

$$\varphi x = e^{cT}.$$

Soit par exemple $\alpha = x + y$, on aura $\frac{d\alpha}{dx} = 1 = \frac{d\alpha}{dy}$, donc

$$T = \int dx = x,$$

et

$$\varphi x = e^{cx}.$$

Soit $\alpha = xy$, on aura

$$\frac{d\alpha}{dx} = y, \quad \frac{d\alpha}{dy} = x, \quad T = y \int \frac{dx}{x},$$

donc

$$\varphi x = e^{c \log x},$$

c'est-à-dire

$$\varphi x = x^c.$$

Si l'on cherche la résultante R de deux forces égales P, dont les directions font un angle égal à $2x$, on trouvera que $R = P\varphi x$, où φx est une fonction qui satisfait à l'équation

$$\varphi x . \varphi y = \varphi(x+y) + \varphi(x-y).\text{*)}$$

Pour déterminer cette fonction, il faut différentier l'équation par rapport à x, en supposant $y + x = \text{const.}$, et l'on aura

$$\varphi' x . \varphi y + \varphi x . \varphi' y \frac{dy}{dx} = \varphi'(x-y) \left(1 - \frac{dy}{dx}\right).$$

*) Voyez *Poisson* traité de mécanique t. I, p. 14.

Mais de l'équation $x+y=c$ on tire $\frac{dy}{dx}=-1$; substituant cette valeur, on obtient

$$\varphi'x.\varphi y-\varphi x.\varphi'y=2\varphi'(x-y).$$

Différentiant maintenant par rapport à x, en supposant $x-y=$ const., on aura

$$\varphi''x.\varphi y+\varphi'x.\varphi'y\frac{dy}{dx}-\varphi'x.\varphi'y-\varphi x.\varphi''y\frac{dy}{dx}=0;$$

or l'équation $x-y=c$ donne $\frac{dy}{dx}=1$, donc

$$\varphi''x.\varphi y-\varphi x.\varphi''y=0.$$

La supposition de y constant donne

$$\varphi''x+c\varphi x=0,$$

d'où l'on tire en intégrant

$$\varphi x=\alpha\cos(\beta x+\gamma),$$

α, β et γ étant des constantes. En déterminant celles-ci par les conditions du problème, on trouvera

$$\alpha=2,\ \beta=1,\ \gamma=0,$$

donc

$$\varphi x=2\cos x, \text{ et par suite } R=2P\cos x.$$

2. Déterminer les trois fonctions φ, f et ψ qui satisfassent à l'équation

$$\psi\alpha=F(x,y,\varphi x,\varphi'x,\ldots fy,f'y,\ldots),$$

où α est une fonction donnée de x et de y, et F une fonction donnée des quantités entre les parenthèses.

Différentiant l'équation par rapport à x, en supposant α constant, et écrivant ensuite $-\frac{\frac{d\alpha}{dx}}{\frac{d\alpha}{dy}}$ au lieu de $\frac{dy}{dx}$, on obtiendra l'équation suivante

$$\frac{\frac{d\alpha}{dx}}{\frac{d\alpha}{dy}}=\frac{F'x+F'(\varphi x)\varphi'x+\ldots}{F'y+F'(fy)f'y+\ldots}.$$

Si dans cette équation on fait y constant, on a une équation différentielle entre φx et x, d'où l'on peut tirer φx, et si l'on fait x constant, on a une équation différentielle d'où l'on peut tirer fy; ces deux fonctions étant trouvées, la fonction $\psi\alpha$ se trouvera sans difficulté par l'équation proposée.

Exemples. Trouver les trois fonctions qui satisfassent à l'équation

$$\psi(x+y)=\varphi x.f'y+fy.\varphi' x.$$

On a ici

$$F(x,\ y,\ \varphi x,\ \varphi' x,\ fy,\ f'y)=\varphi x.f'y+fy.\varphi' x,$$

donc

$$F'x=F'y=0,\quad F'(\varphi x)=f'y,\quad F'(\varphi' x)=fy,$$
$$F'(fy)=\varphi' x,\quad F'(f'y)=\varphi x;$$

de plus

$$\alpha=x+y,$$

donc

$$\frac{d\alpha}{dx}=1,\quad \frac{d\alpha}{dy}=1.$$

Ces valeurs étant substituées, on aura

$$1=\frac{f'y.\varphi' x+fy.\varphi'' x}{\varphi' x.f'y+\varphi x.f''y},$$

ou bien

$$\varphi x.f''y-fy.\varphi'' x=0.$$

Faisant y constant, on trouvera

$$\varphi x=a\sin(bx+c),$$

et si l'on fait x constant,

$$fy=a'\sin(by+c').$$

On tire de là

$$\varphi' x=ab\cos(bx+c),$$
$$f'y=a'b\cos(by+c').$$

Ces valeurs étant substituées dans l'équation proposée, on obtiendra

$$\psi(x+y)=aa'b\Big(\sin(bx+c)\cos(by+c')+\sin(by+c')\cos(bx+c)\Big)$$
$$=aa'b\sin\Big(b(x+y)+c+c'\Big).$$

Les trois fonctions cherchées sont donc

$$\varphi x = a \sin(bx + c),$$
$$fy = a' \sin(by + c'),$$
$$\psi\alpha = aa'b \sin(b\alpha + c + c').$$

Si l'on fait $a = a' = b = 1$ et $c = c' = 0$, on aura

$$\varphi x = \sin x, \quad fy = \sin y, \quad \psi\alpha = \sin\alpha,$$

et par suite

$$\sin(x + y) = \sin x . \sin' y + \sin y . \sin' x.$$

Trouver les trois fonctions qui sont déterminées par l'équation

$$\psi(x + y) = f(xy) + \varphi(x - y).$$

Différentiant par rapport à x, en supposant $x + y$ constant, on aura

$$0 = f'(xy)(y - x) + 2\varphi'(x - y).$$

Maintenant pour trouver φ, soit $xy = c$ et $x - y = \alpha$, on aura

$$\varphi' \alpha = k\alpha,$$

donc

$$\varphi\alpha = k' + \frac{k}{2}\alpha^2.$$

Pour trouver f, soit $xy = \beta$ et $x - y = c$, on aura

$$f'\beta = c',$$

donc

$$f\beta = c'' + c'\beta.$$

Ces valeurs de $\varphi\alpha$ et $f\beta$ étant substituées dans l'équation donnée, on obtiendra

$$\psi(x + y) = c'' + c'xy + k' + \frac{k}{2}(x - y)^2.$$

Pour déterminer ψ, soit $x + y = \alpha$, d'où l'on tire $y = \alpha - x$, d'où

$$\psi\alpha = c'' + c'x(\alpha - x) + k' + \frac{k}{2}(2x - \alpha)^2 = c'' + \frac{k}{2}\alpha^2 + k' + x\alpha(c' - 2k) + (2k - c')x^2.$$

Pour que cette équation soit possible, il faut que x disparaisse; alors on aura

$$2k - c' = 0, \quad \text{et} \quad c' = 2k.$$

Cette valeur étant substituée, on obtient

$$\psi\alpha = k' + c'' + \frac{k}{2}\alpha^2, \quad f\beta = c'' + 2k\beta, \quad \varphi\gamma = k' + \frac{k}{2}\gamma^2,$$

qui sont les trois fonctions cherchées.

Comme dernier exemple je prendrai le suivant: Déterminer les fonctions φ et f par l'équation

$$\varphi(x+y)=\varphi x.fy+fx.\varphi y.$$

En supposant $x+y=c$, et en différentiant, on obtiendra

$$0=\varphi' x.fy-\varphi x.f'y+f'x.\varphi y-fx.\varphi' y.$$

Supposons de plus que $f(0)=1$ et $\varphi(0)=0$, nous aurons en posant $y=0$:

$$0=\varphi' x-\varphi x.c+fx.c',$$

donc

$$fx=k\varphi x+k'\varphi' x.$$

Substituant cette valeur de fx, et faisant y constant, on aura

$$\varphi'' x+a\varphi' x+b\varphi x=0,$$

et en intégrant,

$$\varphi x=c' e^{\alpha x}+c'' e^{\alpha' x}.$$

Connaissant φx, on connaît aussi fx, et en substituant les valeurs de ces fonctions, on pourra déterminer les valeurs des quantités constantes. On peut supposer

$$c'=-c''=\frac{1}{2\sqrt{-1}},\quad \alpha=-\alpha'=\sqrt{-1},$$

ce qui donnera

$$\varphi x=\frac{e^{x\sqrt{-1}}-e^{-x\sqrt{-1}}}{2\sqrt{-1}}=\sin x,\quad fx=\cos x.$$

II.

SOLUTION DE QUELQUES PROBLÈMES À L'AIDE D'INTÉGRALES DÉFINIES.

Magazin for Naturvidenskaberne, Aargang I, Bind 2, Christiania 1823.

1.

C'est bien connu qu'on résout à l'aide d'intégrales définies, beaucoup de problèmes qui autrement ne peuvent point se résoudre, ou du moins sont très-difficiles à traiter. Elles ont surtout été appliquées avec avantage à la solution de plusieurs problèmes difficiles de la mécanique, par exemple, à celui du mouvement d'une surface élastique, des problèmes de la théorie des ondes etc. Je vais en montrer une nouvelle application en résolvant le problème suivant.

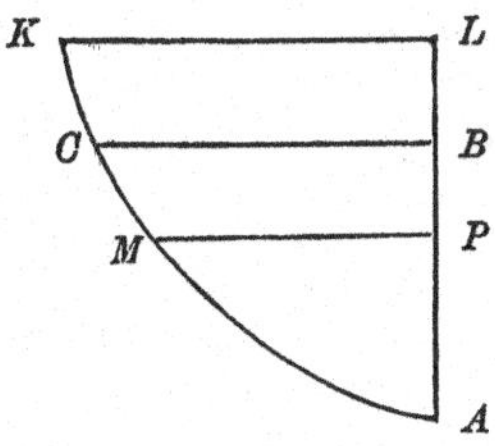

Soit CB une ligne horizontale, A un point donné, AB perpendiculaire à BC, AM une courbe dont les coordonnées rectangulaires sont $AP=x$, $PM=y$. Soit de plus $AB=a$, $AM=s$. Si l'on conçoit maintenant qu'un corps se meut sur l'arc CA, la vitesse initiale étant nulle, le temps T qu'il emploie pour le parcourir dépendra de la forme de la courbe, et de a. Il s'agit de déterminer la courbe KCA pour que le temps T soit égal à une fonction donnée de a, p. ex. ψa.

Si l'on désigne par h la vitesse du corps au point M, et par t le temps qu'il emploie pour parcourir l'arc CM, on a comme on sait

$$h=\sqrt{BP}=\sqrt{a-x},\quad dt=-\frac{ds}{h},$$

donc

$$dt = -\frac{ds}{\sqrt{a-x}},$$

et en intégrant

$$t = -\int \frac{ds}{\sqrt{a-x}}.$$

Pour avoir T on doit prendre l'intégrale depuis $x=a$ jusqu'à $x=0$, on a donc

$$T = \int_{x=0}^{x=a} \frac{ds}{\sqrt{a-x}}.$$

Or comme T est égal à ψa, l'équation devient

$$\psi a = \int_{x=0}^{x=a} \frac{ds}{\sqrt{a-x}}.$$

Au lieu de résoudre cette équation, je vais montrer comment on peut tirer s de l'équation plus générale

$$\psi a = \int_{x=0}^{x=a} \frac{ds}{(a-x)^n},$$

où n est supposé moindre que l'unité, afin que l'intégrale ne devienne pas infinie entre les limites données; ψa est une fonction quelconque qui n'est pas infinie quand a est égal à zéro.

Posons

$$s = \Sigma \alpha^{(m)} x^m,$$

où $\Sigma \alpha^{(m)} x^m$ a la valeur suivante:

$$\Sigma \alpha^{(m)} x^m = \alpha^{(m')} x^{m'} + \alpha^{(m'')} x^{m''} + \alpha^{(m''')} x^{m'''} + \dots.$$

En différentiant on obtient

$$ds = \Sigma m \alpha^{(m)} x^{m-1} dx,$$

donc

$$\frac{ds}{(a-x)^n} = \frac{\Sigma m \alpha^{(m)} x^{m-1} dx}{(a-x)^n} = \Sigma m \alpha^{(m)} \frac{x^{m-1} dx}{(a-x)^n}.$$

En intégrant on a

$$\int_{x=0}^{x=a} \frac{ds}{(a-x)^n} = \int_{x=0}^{x=a} \Sigma m \alpha^{(m)} \frac{x^{m-1} dx}{(a-x)^n}.$$

Or

$$\int \Sigma m \alpha^{(m)} \frac{x^{m-1} dx}{(a-x)^n} = \Sigma m \alpha^{(m)} \int \frac{x^{m-1} dx}{(a-x)^n},$$

donc, puisque $\int_{x=0}^{x=a} \frac{ds}{(a-x)^n} = \psi a$:

$$\psi a = \Sigma m a^{(m)} \int_0^a \frac{x^{m-1}dx}{(a-x)^n}.$$

La valeur de l'intégrale

$$\int_0^a \frac{x^{m-1}dx}{(a-x)^n}$$

se trouve aisément de la manière suivante: Si l'on pose $x = at$, on a

$$x^m = a^m t^m, \quad m x^{m-1} dx = m a^m t^{m-1} dt$$
$$(a-x)^n = (a-at)^n = a^n (1-t)^n,$$

donc

$$\frac{m x^{m-1} dx}{(a-x)^n} = \frac{m a^{m-n} t^{m-1} dt}{(1-t)^n},$$

et en intégrant

$$m \int_0^a \frac{x^{m-1}dx}{(a-x)^n} = m a^{m-n} \int_0^1 \frac{t^{m-1}dt}{(1-t)^n}.$$

Or on a

$$\int_0^1 \frac{t^{m-1}dt}{(1-t)^n} = \frac{\Gamma(1-n)\,\Gamma m}{\Gamma(m-n+1)},$$

où Γm est une fonction déterminée par les équations

$$\Gamma(m+1) = m\Gamma m, \quad \Gamma(1) = 1.\text{*)}$$

En substituant cette valeur pour l'intégrale $\int_0^1 \frac{t^{m-1}dt}{(1-t)^n}$, et remarquant que $m\Gamma m = \Gamma(m+1)$ on a

$$m \int_0^a \frac{x^{m-1}dx}{(a-x)^n} = \frac{\Gamma(1-n)\,\Gamma(m+1)}{\Gamma(m-n+1)} a^{m-n}.$$

En substituant cette valeur dans l'expression pour ψa, on obtient

$$\psi a = \Gamma(1-n) \Sigma \alpha^{(m)} a^{m-n} \frac{\Gamma(m+1)}{\Gamma(m-n+1)}.$$

Soit

$$\psi a = \Sigma \beta^{(k)} a^k,$$

on a

$$\Sigma \beta^{(k)} a^k = \Sigma \frac{\Gamma(1-n)\,\Gamma(m+1)}{\Gamma(m-n+1)} \alpha^{(m)} a^{m-n}.$$

---

*) Les propriétés de cette fonction remarquable ont été largement développées par M. *Legendre* dans son ouvrage, Exercices de calcul intégral t. I et II.

Pour que cette équation soit satisfaite il faut que $m-n=k$, donc $m=n+k$, et que

$$\beta^{(k)}=\frac{\Gamma(1-n)\,\Gamma(m+1)}{\Gamma(m-n+1)}\alpha^{(m)}=\frac{\Gamma(1-n)\,\Gamma(n+k+1)}{\Gamma(k+1)}\alpha^{(m)},$$

donc

$$\alpha^{(m)}=\frac{\Gamma(k+1)}{\Gamma(1-n)\,\Gamma(n+k+1)}\beta^{(k)}.$$

Or on a

$$\int_0^1\frac{t^k dt}{(1-t)^{1-n}}=\frac{\Gamma n.\,\Gamma(k+1)}{\Gamma(n+k+1)},$$

par conséquent

$$\alpha^{(m)}=\frac{\beta^{(k)}}{\Gamma n.\,\Gamma(1-n)}\int_0^1\frac{t^k dt}{(1-t)^{1-n}}.$$

En multipliant par $x^m=x^{n+k}$ on obtient

$$\alpha^{(m)}x^m=\frac{x^n}{\Gamma n.\,\Gamma(1-n)}\int_0^1\frac{\beta^{(k)}(xt)^k dt}{(1-t)^{1-n}},$$

d'où

$$\Sigma\alpha^{(m)}x^m=\frac{x^n}{\Gamma n.\,\Gamma(1-n)}\int_0^1\frac{\Sigma\beta^{(k)}(xt)^k dt}{(1-t)^{1-n}}.$$

Mais on a $\Sigma\alpha^{(m)}x^m=s$, $\Sigma\beta^{(k)}(xt)^k=\psi(xt)$, donc

$$s=\frac{x^n}{\Gamma n.\,\Gamma(1-n)}\int_0^1\frac{\psi(xt)\,dt}{(1-t)^{1-n}}.$$

En remarquant ensuite qu'on a $\Gamma n.\,\Gamma(1-n)=\dfrac{\pi}{\sin n\pi}$, on trouve

$$s=\frac{\sin n\pi.\,x^n}{\pi}\int_0^1\frac{\psi(xt)\,dt}{(1-t)^{1-n}}.$$

De ce qui précède découle ce théorème remarquable:
Si l'on a

$$\psi a=\int_{x=0}^{x=a}\frac{ds}{(a-x)^n},$$

on a aussi

$$s=\frac{\sin n\pi}{\pi}\,x^n\int_0^1\frac{\psi(xt)\,dt}{(1-t)^{1-n}}.$$

Appliquons maintenant cela à l'équation

$$\psi a=\int_{x=0}^{x=a}\frac{ds}{\sqrt{a-x}}$$

On a dans ce cas $n=\frac{1}{2}$, donc $1-n=\frac{1}{2}$ et par conséquent

$$s=\frac{\sqrt{x}}{\pi}\int_0^1 \frac{\psi(xt)\,dt}{\sqrt{1-t}}.$$

Voilà donc l'équation qui détermine l'arc s de la courbe cherchée par l'abscisse correspondante x; on en tirera facilement une équation entre les coordonnées rectangulaires, en remarquant que l'on a $ds^2=dx^2+dy^2$.

Appliquons maintenant la solution précédente à quelques cas spéciaux.
1) Trouver la courbe qui a la propriété, que le temps qu'un corps emploie pour parcourir un arc quelconque, soit proportionel à la $n^{\text{ième}}$ puissance de la hauteur que le corps a parcourue.

Dans ce cas on a $\psi a=ca^n$, où c est une constante, donc $\psi(xt)=cx^n t^n$, par suite:

$$s=\frac{\sqrt{x}}{\pi}\int_0^1 \frac{cx^n t^n dt}{\sqrt{1-t}}=x^{n+\frac{1}{2}}\frac{c}{\pi}\int_0^1\frac{t^n dt}{\sqrt{1-t}},$$

donc en faisant

$$\frac{c}{\pi}\int_0^1\frac{t^n dt}{\sqrt{1-t}}=C,$$

on a

$$s=Cx^{n+\frac{1}{2}};$$

on tire de là

$$ds=(n+\tfrac{1}{2})Cx^{n-\frac{1}{2}}\,dx,$$

et

$$ds^2=(n+\tfrac{1}{2})^2C^2x^{2n-1}dx^2=dy^2+dx^2,$$

d'où l'on déduit en posant $(n+\frac{1}{2})^2C^2=k$

$$dy=dx\sqrt{kx^{2n-1}-1};$$

l'équation de la courbe cherchée devient donc

$$y=\int dx\sqrt{kx^{2n-1}-1}.$$

Si l'on fait $n=\frac{1}{2}$, on a $x^{2n-1}=1$, donc

$$y=\int dx\sqrt{k-1}=k'+x\sqrt{k-1},$$

la courbe cherchée est donc une droite.

2) Trouver l'équation de l'isochrone.

Puisque le temps doit être indépendant de l'espace parcouru, on a $\psi a = c$ et par conséquent

$$s = \frac{\sqrt{x}}{\pi} c \int_0^1 \frac{dt}{\sqrt{1-t}},$$

donc

$$s = k\sqrt{x},$$

où

$$k = \frac{c}{\pi}\int_0^1 \frac{dt}{\sqrt{1-t}},$$

ce qui est l'équation connue de la cycloide.

Nous avons vu que si l'on a

$$\psi a = \int_{x=0}^{x=a} \frac{ds}{(a-x)^n},$$

on a aussi

$$s = \frac{\sin n\pi}{\pi} x^n \int_0^1 \frac{\psi(xt)\,dt}{(1-t)^{1-n}}.$$

On peut aussi exprimer s d'une autre manière, que je vais rapporter à cause de sa singularité, savoir

$$s = \frac{1}{\Gamma(1-n)}\int^n \psi x \,.\, dx^n = \frac{1}{\Gamma(1-n)} \frac{d^{-n}\psi x}{dx^{-n}},$$

c'est-à-dire, si l'on a

$$\psi a = \int_{x=0}^{x=a} ds\,(a-x)^n,$$

on a aussi

$$s = \frac{1}{\Gamma(1+n)} \frac{d^n \psi x}{dx^n};$$

en d'autres termes, on a

$$\psi a = \frac{1}{\Gamma(1+n)}\int_{x=0}^{x=a} \frac{d^{n+1}\psi x}{dx^{n+1}}(a-x)^n dx.$$

Cette proposition se démontre aisément comme il suit. Si l'on pose

$$\psi x = \Sigma \alpha^{(m)} x^m,$$

on obtient en différentiant:

$$\frac{d^k \psi x}{dx^k} = \Sigma \alpha^{(m)} m(m-1)(m-2)\ldots(m-k+1)\,x^{n-k};$$

mais

$$m(m-1)(m-2)\ldots(m-k+1) = \frac{\Gamma(m+1)}{\Gamma(m-k+1)},$$

donc

$$\frac{d^k\psi x}{dx^k} = \Sigma \alpha^{(m)} \frac{\Gamma(m+1)}{\Gamma(m-k+1)} x^{m-k}.$$

Or on a

$$\frac{\Gamma(m+1)}{\Gamma(m-k+1)} = \frac{1}{\Gamma(-k)} \int_0^1 \frac{t^m dt}{(1-t)^{1+k}},$$

par conséquent

$$\frac{d^k\psi x}{dx^k} = \frac{1}{x^k \Gamma(-k)} \int_0^1 \frac{\Sigma \alpha^{(m)} (xt)^m dt}{(1-t)^{1+k}};$$

mais $\Sigma \alpha^{(m)}(xt)^m = \psi(xt)$, donc

$$\frac{d^k\psi x}{dx^k} = \frac{1}{x^k \Gamma(-k)} \int_0^1 \frac{\psi(xt)\, dt}{(1-t)^{1+k}}.$$

En posant $k = -n$, on en tire

$$\frac{d^{-n}\psi x}{dx^{-n}} = \frac{x^n}{\Gamma n} \int_0^1 \frac{\psi(xt)\, dt}{(1-t)^{1-n}}.$$

Or nous avons vu que

$$s = \frac{x^n}{\Gamma n \,.\, \Gamma(1-n)} \int_0^1 \frac{\psi(xt)\, dt}{(1-t)^{1-n}},$$

donc on a

$$s = \frac{1}{\Gamma(1-n)} \frac{d^{-n}\psi x}{dx^{-n}},$$

si

$$\psi a = \int_{x=0}^{x=a} \frac{ds}{(a-x)^n},$$

c. q. f. d.

En différentiant n fois de suite la valeur de s, on obtient

$$\frac{d^n s}{dx^n} = \frac{1}{\Gamma(1-n)} \psi x,$$

et par conséquent, en faisant $s = \varphi x$,

$$\frac{d^n \varphi a}{da^n} = \frac{1}{\Gamma(1-n)} \int_0^a \frac{\varphi' x \,.\, dx}{(a-x)^n}.$$

On doit remarquer que, dans ce qui précède, n doit toujours être moindre que l'unité.

Si l'on fait $n = \frac{1}{2}$, on a

$$\psi a = \int_{x=0}^{x=a} \frac{ds}{\sqrt{a-x}}$$

et

$$s = \frac{1}{\sqrt{\pi}} \frac{d^{-\frac{1}{2}}\psi x}{dx^{-\frac{1}{2}}} = \frac{1}{\sqrt{\pi}} \int^{\frac{1}{2}} \psi x . dx^{\frac{1}{2}}.$$

C'est là l'équation de la courbe cherchée, quand le temps est égal à ψa.

De cette équation on tire

$$\psi x = \sqrt{\pi} \frac{d^{\frac{1}{2}} s}{dx^{\frac{1}{2}}},$$

donc:

Si l'équation d'une courbe est $s = \varphi x$, le temps qu'un corps emploie pour en parcourir un arc, dont la hauteur est a, est égal à $\sqrt{\pi} \frac{d^{\frac{1}{2}}\varphi a}{da^{\frac{1}{2}}}$.

Je remarquerai enfin que de la même manière, qu'en partant de l'équation

$$\psi a = \int_{x=0}^{x=a} \frac{ds}{(a-x)^n}$$

j'ai trouvé s, de même en partant de l'équation

$$\psi a = \int \varphi(xa) f x . dx$$

j'ai trouvé la fonction φ, ψ et f étant des fonctions données, et l'intégrale étant prise entre des limites quelconques; mais la solution de ce problème est trop longue pour être donnée ici.

2.

Valeur de l'expression $\varphi(x + y\sqrt{-1}) + \varphi(x - y\sqrt{-1})$.

Lorsque φ est une fonction algébrique, logarithmique, exponentielle ou circulaire, on peut, comme on sait, toujours exprimer la valeur réelle de $\varphi(x + y\sqrt{-1}) + \varphi(x - y\sqrt{-1})$ sous forme réelle et finie. Si au contraire φ conserve sa généralité, on n'a pas que je sache, jusqu'à présent pu l'exprimer sous forme réelle et finie. On peut le faire à l'aide d'intégrales définies de la manière suivante.

Si l'on développe $\varphi(x + y\sqrt{-1})$ et $\varphi(x - y\sqrt{-1})$ d'après le théorème de *Taylor*, on obtient

$$\varphi(x + y\sqrt{-1}) = \varphi x + \varphi' x . y\sqrt{-1} - \frac{\varphi'' x}{1.2} y^2 - \frac{\varphi''' x}{1.2.3} y^3 \sqrt{-1} + \frac{\varphi'''' x}{1.2.3.4} y^4 + \dots$$

$$\varphi(x - y\sqrt{-1}) = \varphi x - \varphi' x . y\sqrt{-1} - \frac{\varphi'' x}{1.2} y^2 + \frac{\varphi''' x}{1.2.3} y^3 \sqrt{-1} + \frac{\varphi'''' x}{1.2.3.4} y^4 - \dots$$

donc

$$\varphi(x+y\sqrt{-1})+\varphi(x-y\sqrt{-1})=2\left(\varphi x-\frac{\varphi''x}{1.2}y^2+\frac{\varphi''''x}{1.2.3.4}y^4-\ldots\right).$$

Pour trouver la somme de cette série, considérons la série

$$\varphi(x+t)=\varphi x+t\,\varphi' x+\frac{t^2}{1.2}\varphi'' x+\frac{t^3}{1.2.3}\varphi''' x+\ldots$$

En multipliant les deux membres de cette équation par $e^{-v^2t^2}dt$, et prenant ensuite l'intégrale depuis $t=-\infty$ jusqu'à $t=+\infty$, on aura

$$\int_{-\infty}^{+\infty}\varphi(x+t)e^{-v^2t^2}dt=\varphi x\int_{-\infty}^{+\infty}e^{-v^2t^2}dt+\varphi' x\int_{-\infty}^{+\infty}e^{-v^2t^2}t\,dt+\tfrac{1}{2}\varphi'' x\int_{-\infty}^{+\infty}e^{-v^2t^2}t^2dt+\ldots$$

Or $\int_{-\infty}^{+\infty}e^{-v^2t^2}t^{2n+1}dt=0$, donc

$$\int_{-\infty}^{+\infty}\varphi(x+t)e^{-v^2t^2}dt=\varphi x\int_{-\infty}^{+\infty}e^{-v^2t^2}dt+\frac{\varphi''x}{1.2}\int_{-\infty}^{+\infty}e^{-v^2t^2}t^2dt+\frac{\varphi''''x}{1.2.3.4}\int_{-\infty}^{+\infty}e^{-v^2t^2}t^4dt+\ldots$$

Considérons l'intégrale

$$\int_{-\infty}^{+\infty}e^{-v^2t^2}t^{2n}dt.$$

Soit $t=\frac{\alpha}{v}$, on a $e^{-v^2t^2}=e^{-\alpha^2}$, $t^{2n}=\frac{\alpha^{2n}}{v^{2n}}$, $dt=\frac{d\alpha}{v}$, donc

$$\int_{-\infty}^{+\infty}e^{-v^2t^2}t^{2n}dt=\frac{1}{v^{2n+1}}\int_{-\infty}^{+\infty}e^{-\alpha^2}\alpha^{2n}d\alpha=\frac{\Gamma\left(\frac{2n+1}{2}\right)}{v^{2n+1}},$$

c'est-à-dire

$$\int_{-\infty}^{+\infty}e^{-v^2t^2}t^{2n}dt=\frac{1.3.5\ldots(2n-1)\sqrt{\pi}}{2^n v^{2n+1}}=\frac{\sqrt{\pi}}{v^{2n+1}}A_n.$$

Cette valeur étant substituée ci-dessus, on obtient

$$\int_{-\infty}^{+\infty}\varphi(x+t)e^{-v^2t^2}dt=\frac{\sqrt{\pi}}{v}\left(\varphi x+\frac{A_1}{2}\,\frac{\varphi''x}{v^2}+\frac{A_2}{2.3.4}\,\frac{\varphi''''x}{v^4}+\ldots\right).$$

En multipliant par $e^{-v^2y^2}v\,dv$, et prenant l'intégrale depuis $v=-\infty$ jusqu'à $v=+\infty$, on obtiendra

$$\frac{1}{\sqrt{\pi}}\int_{-\infty}^{+\infty}e^{-v^2y^2}v\,dv\int_{-\infty}^{+\infty}\varphi(x+t)e^{-v^2t^2}dt=\varphi x\int_{-\infty}^{+\infty}e^{-v^2y^2}dv+\frac{A_1\varphi''x}{2}\int_{-\infty}^{+\infty}e^{-v^2y^2}\frac{dv}{v^2}+\ldots$$

Soit $vy = \beta$, on a

$$\int_{-\infty}^{+\infty} e^{-v^2y^2} v^{-2n} dv = y^{2n-1} \int_{-\infty}^{+\infty} e^{-\beta^2} \beta^{-2n} d\beta.$$

Or $\int_{-\infty}^{+\infty} e^{-\beta^2} \beta^{-2n} d\beta = \Gamma\left(\frac{1-2n}{2}\right) = \frac{(-1)^n 2^n \sqrt{\pi}}{1.3.5\ldots(2n-1)} = \frac{(-1)^n \sqrt{\pi}}{A_n}$, donc

$$\int_{-\infty}^{+\infty} e^{-v^2y^2} v^{-2n} dv = \frac{(-1)^n \sqrt{\pi}\, y^{2n-1}}{A_n},$$

et par suite

$$A_n \int_{-\infty}^{+\infty} e^{-v^2y^2} v^{-2n} dv = (-1)^n y^{2n-1} \sqrt{\pi}.$$

En substituant cette valeur, et divisant par $\frac{\sqrt{\pi}}{2y}$, on obtiendra

$$\frac{2y}{\pi} \int_{-\infty}^{+\infty} e^{-v^2y^2} v dv \int_{-\infty}^{+\infty} \varphi(x+t) e^{-v^2t^2} dt = 2\left(\varphi x - \frac{\varphi'' x}{2} y^2 + \frac{\varphi'''' x}{2.3.4} y^4 - \ldots\right).$$

Le second membre de cette équation est égal à

$$\varphi(x + y\sqrt{-1}) + \varphi(x - y\sqrt{-1}),$$

donc

$$\varphi(x+y\sqrt{-1}) + \varphi(x - y\sqrt{-1}) = \frac{2y}{\pi} \int_{-\infty}^{+\infty} e^{-v^2y^2} v dv \int_{-\infty}^{+\infty} \varphi(x+t) e^{-v^2t^2} dt.$$

Posant $x = 0$, on a

$$\varphi(y\sqrt{-1}) + \varphi(-y\sqrt{-1}) = \frac{2y}{\pi} \int_{-\infty}^{+\infty} e^{-v^2y^2} v dv \int_{-\infty}^{+\infty} \varphi t \,.\, e^{-v^2t^2} dt.$$

Soit par exemple $\varphi t = e^t$, on aura

$$\varphi(y\sqrt{-1}) + \varphi(-y\sqrt{-1}) = e^{y\sqrt{-1}} + e^{-y\sqrt{-1}} = 2\cos y,$$

donc

$$\cos y = \frac{y}{\pi} \int_{-\infty}^{+\infty} e^{-v^2y^2} v dv \int_{-\infty}^{+\infty} e^{t - v^2t^2} dt;$$

or $\int_{-\infty}^{+\infty} e^{t-v^2t^2} dt = \frac{\sqrt{\pi}}{v} e^{\frac{1}{4v^2}}$, donc

$$\cos y = \frac{y}{\sqrt{\pi}} \int_{-\infty}^{+\infty} e^{-v^2y^2 + \frac{1}{4v^2}} dv.$$

Si l'on fait $v = \frac{t}{y}$, on aura

$$\cos y = \frac{1}{\sqrt{\pi}} \int_{-\infty}^{+\infty} e^{-t^2 + \frac{1}{4}\frac{y^2}{t^2}}\, dt.$$

En donnant d'autres valeurs à φt, on peut déduire la valeur d'autres intégrales définies, mais comme mon but était seulement de déterminer la valeur de $\varphi(x+y\sqrt{-1})+\varphi(x-y\sqrt{-1})$ je ne m'en occuperai pas.

3.

Nombres de Bernoulli exprimés par des intégrales définies, d'où l'on a ensuite déduit l'expression de l'intégrale finie $\Sigma\varphi x$.

Si l'on développe la fonction $1-\frac{u}{2}\cot\frac{u}{2}$ en série suivant les puissances entières de u, en posant

$$1-\frac{u}{2}\cot\frac{u}{2} = A_1\frac{u^2}{2} + A_2\frac{u^4}{2.3.4} + \dots + A_n\frac{u^{2n}}{2.3.4..2n} + \dots,$$

les coefficiens A_1, A_2, A_3 etc. sont, comme on sait, les nombres de *Bernoulli*.*)

On a**)

$$1-\frac{u}{2}\cot\frac{u}{2} = 2u^2\left(\frac{1}{4\pi^2-u^2}+\frac{1}{4.4\pi^2-u^2}+\frac{1}{9.4\pi^2-u^2}+\dots\right);$$

et en développant le second membre en série:

$$\begin{aligned} 1-\frac{u}{2}\cot\frac{u}{2} = & \frac{u^2}{2\pi^2}\left(1+\frac{1}{2^2}+\frac{1}{3^2}+\dots\right) \\ & + \frac{u^4}{2^3\pi^4}\left(1+\frac{1}{2^4}+\frac{1}{3^4}+\dots\right) \\ & + \frac{u^6}{2^5\pi^6}\left(1+\frac{1}{2^6}+\frac{1}{3^6}+\dots\right) \\ & \dots\dots\dots\dots\dots \\ & + \frac{u^{2n}}{2^{2n-1}\pi^{2n}}\left(1+\frac{1}{2^{2n}}+\frac{1}{3^{2n}}+\dots\right) \\ & + \dots\dots\dots\dots \end{aligned}$$

En comparant ce développement au précédent, on aura

$$\frac{A_n}{1.2.3\dots 2n} = \frac{1}{2^{2n-1}\pi^{2n}}\left(1+\frac{1}{2^{2n}}+\frac{1}{3^{2n}}+\dots\right).$$

---

*) Voyez *Euleri* Institutiones calc. diff. p. 426.

**) Voyez *Euleri* Institutiones calc. diff. p. 423.

Considérons maintenant l'intégrale $\int_0^{\frac{1}{0}} \frac{t^{2n-1}dt}{e^t-1}$. On a

$$\frac{1}{e^t-1}=e^{-t}+e^{-2t}+e^{-3t}+\ldots,$$

donc

$$\int\frac{t^{2n-1}dt}{e^t-1}=\int e^{-t}t^{2n-1}dt+\int e^{-2t}t^{2n-1}dt+\ldots+\int e^{-kt}t^{2n-1}dt+\ldots$$

Or $\int_0^{\frac{1}{0}} e^{-kt}t^{2n-1}dt=\frac{\Gamma(2n)}{k^{2n}}$ *), donc

$$\int_0^{\frac{1}{0}}\frac{t^{2n-1}dt}{e^t-1}=\Gamma(2n)\left(1+\frac{1}{2^{2n}}+\frac{1}{3^{2n}}+\ldots\right);$$

mais d'après ce qui précède, on a

$$1+\frac{1}{2^{2n}}+\frac{1}{3^{2n}}+\ldots=\frac{2^{2n-1}\pi^{2n}}{1.2.3\ldots 2n}A_n=\frac{2^{2n-1}\pi^{2n}}{\Gamma(2n+1)}A_n,$$

donc

$$\int_0^{\frac{1}{0}}\frac{t^{2n-1}dt}{e^t-1}=\frac{\Gamma(2n)}{\Gamma(2n+1)}2^{2n-1}\pi^{2n}A_n=\frac{2^{2n-1}\pi^{2n}}{2n}A_n,$$

et par conséquent

$$A_n=\frac{2n}{2^{2n-1}\pi^{2n}}\int_0^{\frac{1}{0}}\frac{t^{2n-1}dt}{e^t-1}.$$

En mettant $t\pi$ au lieu de t, on obtiendra enfin

$$A_n=\frac{2n}{2^{2n-1}}\int_0^{\frac{1}{0}}\frac{t^{2n-1}dt}{e^{\pi t}-1}.$$

Ainsi les nombres de *Bernoulli* peuvent être exprimés d'une manière très simple, par des intégrales définies.

D'un autre côté on voit aussi, lorsque n est un nombre entier, que l'expression $\int_0^{\frac{1}{0}}\frac{t^{2n-1}dt}{e^{\pi t}-1}$ est toujours rationnelle et égale à $\frac{2^{2n-1}}{2n}A_n$, ce qui est assez remarquable. Ainsi on aura par exemple en faisant $n=1$, 2, 3 etc.

$$\int_0^{\frac{1}{0}}\frac{tdt}{e^{\pi t}-1}=\frac{1}{6},$$

$$\int_0^{\frac{1}{0}}\frac{t^3dt}{e^{\pi t}-1}=\frac{1}{30}\cdot\frac{2^3}{4}=\frac{1}{15},$$

*) Cette expression se déduit de l'équation fondamentale $\Gamma a=\int_0^1 dx\left(\log\frac{1}{x}\right)^{a-1}$, en y faisant $a=2n$ et $x=e^{-kt}$. *Legendre*, Exercices de calc. int. t. I, p. 277.

$$\int_0^{\frac{1}{0}} \frac{t^5 dt}{e^{\pi t}-1} = \frac{1}{42} \cdot \frac{2^5}{6} = \frac{8}{63} \text{ etc.}$$

Maintenant à l'aide de ce qui précède, on pourra très facilement exprimer la fonction $\Sigma \varphi x$ par une intégrale définie. On a

$$\Sigma \varphi x = \int \varphi x . dx - \tfrac{1}{2} \varphi x + A_1 \frac{\varphi' x}{1.2} - A_2 \frac{\varphi''' x}{1.2.3.4} + \dots$$

En substituant les valeurs de A_1, A_2, A_3 etc., on aura

$$\Sigma \varphi x = \int \varphi x . dx - \tfrac{1}{2} \varphi x + \frac{\varphi' x}{1.2} \int_0^{\frac{1}{0}} \frac{t dt}{e^{\pi t}-1} - \frac{\varphi''' x}{1.2.3.\,2^3} \int_0^{\frac{1}{0}} \frac{t^3 dt}{e^{\pi t}-1} + \dots$$

c'est-à-dire

$$\Sigma \varphi x = \int \varphi x . dx - \tfrac{1}{2} \varphi x + \int_0^{\frac{1}{0}} \frac{dt}{e^{\pi t}-1} \left(\varphi' x \frac{t}{2} - \frac{\varphi''' x}{1.2.3} \frac{t^3}{2^3} + \dots \right).$$

Or

$$\varphi\left(x + \frac{t}{2}\sqrt{-1}\right) = \varphi x - \frac{\varphi'' x}{1.2} \frac{t^2}{2^2} + \frac{\varphi'''' x}{1.2.3.4} \frac{t^4}{2^4} - \dots$$
$$+ \sqrt{-1}\left(\varphi' x \frac{t}{2} - \frac{\varphi''' x}{1.2.3} \frac{t^3}{2^3} + \dots \right),$$

$$\varphi\left(x - \frac{t}{2}\sqrt{-1}\right) = \varphi x - \frac{\varphi'' x}{1.2} \frac{t^2}{2^2} + \frac{\varphi'''' x}{1.2.3.4} \frac{t^4}{2^4} - \dots$$
$$- \sqrt{-1}\left(\varphi' x \frac{t}{2} - \frac{\varphi''' x}{1.2.3} \frac{t^3}{2^3} + \dots \right).$$

On tire de là

$$\varphi' x . \frac{t}{2} - \frac{\varphi''' x}{1.2.3} \frac{t^3}{2^3} + \dots = \frac{1}{2\sqrt{-1}} \left[\varphi\left(x + \frac{t}{2}\sqrt{-1}\right) - \varphi\left(x - \frac{t}{2}\sqrt{-1}\right) \right].$$

Cette valeur étant substituée dans l'expression de $\Sigma \varphi x$, on obtient

$$\Sigma \varphi x = \int \varphi x . dx - \tfrac{1}{2} \varphi x + \int_0^{\frac{1}{0}} \frac{\varphi\left(x + \frac{t}{2}\sqrt{-1}\right) - \varphi\left(x - \frac{t}{2}\sqrt{-1}\right)}{2\sqrt{-1}} \frac{dt}{e^{\pi t}-1}.$$

Cette expression de l'intégrale finie d'une fonction quelconque me paraît très remarquable, et je ne crois pas qu'elle ait été trouvée auparavant.

De l'équation précédente on tire

$$\int_0^{\frac{1}{0}} \frac{\varphi\left(x + \frac{t}{2}\sqrt{-1}\right) - \varphi\left(x - \frac{t}{2}\sqrt{-1}\right)}{2\sqrt{-1}} \frac{dt}{e^{\pi t}-1} = \Sigma \varphi x - \int \varphi x . dx + \tfrac{1}{2} \varphi x.$$

On a ainsi l'expression d'une intégrale définie très générale. Je vais en faire voir l'application à quelques cas particuliers.

1. Soit $\varphi x = e^x$. Dans ce cas on a

$$\varphi\left(x + \frac{t}{2}\sqrt{-1}\right) = e^x e^{\frac{t}{2}\sqrt{-1}} = e^x\left(\cos\frac{t}{2} + \sqrt{-1}\sin\frac{t}{2}\right),$$

donc

$$\frac{\varphi\left(x + \frac{t}{2}\sqrt{-1}\right) - \varphi\left(x - \frac{t}{2}\sqrt{-1}\right)}{2\sqrt{-1}} = e^x \sin\frac{t}{2},$$

et par conséquent

$$\int_0^{\frac{1}{0}} \frac{\sin\frac{t}{2}\,dt}{e^{\pi t}-1} = e^{-x}\Sigma e^x - e^{-x}\int e^x dx + \tfrac{1}{2};$$

mais $\Sigma e^x = \frac{e^x}{e-1}$, et $\int e^x dx = e^x$, donc

$$\int_0^{\frac{1}{0}} \frac{\sin\frac{t}{2}\,dt}{e^{\pi t}-1} = \frac{1}{e-1} - \tfrac{1}{2}.$$

Si l'on fait $\varphi x = e^{mx}$, on obtiendra de la même manière

$$\int_0^{\frac{1}{0}} \frac{\sin\frac{mt}{2}\,dt}{e^{\pi t}-1} = \frac{1}{e^m-1} - \frac{1}{m} + \tfrac{1}{2}.$$

Si l'on met $2t$ à la place de t, on aura

$$\int_0^{\frac{1}{0}} \frac{\sin mt.dt}{e^{2\pi t}-1} = \tfrac{1}{4}\,\frac{e^m+1}{e^m-1} - \frac{1}{2m},$$

formule trouvée d'une autre manière par M. *Legendre*. (Exerc. de calc. int. t. II, p. 189.)

2. Soit $\varphi x = \frac{1}{x}$, on trouvera

$$\frac{\varphi\left(x + \frac{t}{2}\sqrt{-1}\right) - \varphi\left(x - \frac{t}{2}\sqrt{-1}\right)}{2\sqrt{-1}} = -\frac{t}{2(x^2+\frac{1}{4}t^2)},$$

et

$$\int \varphi x\,.\,dx = \int \frac{dx}{x} = \log x + C,$$

donc

$$\int_0^{\frac{1}{0}} \frac{t\,dt}{(x^2+\frac{1}{4}t^2)(e^{\pi t}-1)} = 2\log x - \frac{1}{x} - 2\Sigma\frac{1}{x} + C.$$

On détermine C en posant $x=1$, ce qui donne

$$C = 3 + \int_0^{\frac{1}{0}} \frac{t\,dt}{(1+\frac{1}{4}t^2)(e^{\pi t}-1)}.$$

3. Soit $\varphi x = \sin ax$, on aura

$$\sin\left(ax+\frac{at}{2}\sqrt{-1}\right) - \sin\left(ax-\frac{at}{2}\sqrt{-1}\right) = 2\cos ax \,.\, \sin\frac{at}{2}\sqrt{-1} = \cos ax\,\frac{e^{-\frac{at}{2}}-e^{\frac{at}{2}}}{\sqrt{-1}},$$

$$\Sigma \sin ax = -\frac{\cos(ax-\frac{1}{2}a)}{2\sin\frac{1}{2}a},\quad \int \sin ax\,.\,dx = -\frac{1}{a}\cos ax,$$

donc

$$\frac{\cos ax}{2}\int_0^{\frac{1}{0}} \frac{e^{\frac{at}{2}}-e^{-\frac{at}{2}}}{e^{\pi t}-1}\,dt = -\frac{\cos(ax-\frac{1}{2}a)}{2\sin\frac{1}{2}a} + \frac{1}{a}\cos ax + \frac{1}{2}\sin ax,$$

et en écrivant $2a$ au lieu de a, et réduisant

$$\int_0^{\frac{1}{0}} \frac{e^{at}-e^{-at}}{e^{\pi t}-1}\,dt = \frac{1}{a} - \operatorname{cotg} a.$$

En supposant d'autres formes pour la fonction φx on pourra de la même manière trouver la valeur d'autres intégrales définies.

4.

Sommation de la série infinie $S=\varphi(x+1)-\varphi(x+2)+\varphi(x+3)-\varphi(x+4)+\ldots$ *à l'aide d'intégrales définies.*

On voit aisément que S pourra être exprimé comme il suit,

$$S = \frac{1}{2}\varphi x + A_1\varphi' x + A_2\varphi'' x + A_3\varphi''' x + \ldots$$

Si l'on suppose $\varphi x = e^{ax}$ on obtient

$$S = \frac{1}{2}e^{ax} + e^{ax}(A_1 a + A_2 a^2 + A_3 a^3 + \ldots).$$

Mais on a aussi

$$S = e^{ax+a} - e^{ax+2a} + e^{ax+3a} - \ldots = \frac{e^{ax}e^a}{1+e^a},$$

donc

$$\frac{e^a}{1+e^a}-\tfrac{1}{2}=A_1a+A_2a^2+A_3a^3+\dots$$

En faisant $a=c\sqrt{-1}$, on trouve

$$\frac{e^{c\sqrt{-1}}}{1+e^{c\sqrt{-1}}}-\tfrac{1}{2}=\sqrt{-1}\,(A_1c-A_3c^3+A_5c^5-\dots)+P,$$

où P désigne la somme de tous les termes réels. Mais

$$\frac{e^{c\sqrt{-1}}}{1+e^{c\sqrt{-1}}}-\tfrac{1}{2}=\tfrac{1}{2}\,\frac{e^{\frac{c}{2}\sqrt{-1}}-e^{-\frac{c}{2}\sqrt{-1}}}{e^{\frac{c}{2}\sqrt{-1}}+e^{-\frac{c}{2}\sqrt{-1}}}=\tfrac{1}{2}\sqrt{-1}\,\operatorname{tang}\tfrac{1}{2}c,$$

donc

$$\tfrac{1}{2}\operatorname{tang}\tfrac{1}{2}c=A_1c-A_3c^3+A_5c^5-\dots$$

Or on a (*Legendre* Exerc. de calc. int. t. II, p. 186)

$$\tfrac{1}{2}\operatorname{tang}\tfrac{1}{2}c=\int_0^{\frac{1}{0}}\frac{e^{ct}-e^{-ct}}{e^{\pi t}-e^{-\pi t}}\,dt,$$

donc, puisque

$$e^{ct}-e^{-ct}=2\left\{ct+\frac{c^3}{2.3}t^3+\frac{c^5}{2.3.4.5}t^5+\dots\right\},$$

on obtient

$$\tfrac{1}{2}\operatorname{tang}\tfrac{1}{2}c=A_1c-A_3c^3+A_5c^5-\dots$$

$$=2c\int_0^{\frac{1}{0}}\frac{tdt}{e^{\pi t}-e^{-\pi t}}+2\frac{c^3}{2.3}\int_0^{\frac{1}{0}}\frac{t^3dt}{e^{\pi t}-e^{-\pi t}}+2\frac{c^5}{2.3.4.5}\int_0^{\frac{1}{0}}\frac{t^5dt}{e^{\pi t}-e^{-\pi t}}+\dots$$

On en conclut,

$$A_1=2\int_0^{\frac{1}{0}}\frac{tdt}{e^{\pi t}-e^{-\pi t}},$$

$$A_3=-\frac{2}{2.3}\int_0^{\frac{1}{0}}\frac{t^3dt}{e^{\pi t}-e^{-\pi t}},$$

$$A_5=\frac{2}{2.3.4.5}\int_0^{\frac{1}{0}}\frac{t^5dt}{e^{\pi t}-e^{-\pi t}},$$

etc.

En substituant ces valeurs dans l'expression pour S, on trouve

$$S=\tfrac{1}{2}\varphi x+2\int_0^{\frac{1}{0}}\frac{dt}{e^{\pi t}-e^{-\pi t}}\left\{t\varphi'x-\frac{t^3}{2.3}\varphi'''x+\frac{t^5}{2.3.4.5}\varphi^{(V)}x-\dots\right\};$$

mais on a

$$t\varphi' x - \frac{t^3}{2.3}\varphi''' x + \frac{t^5}{2.3.4.5}\varphi^{(V)} x - \ldots = \frac{\varphi(x+t\sqrt{-1}) - \varphi(x-t\sqrt{-1})}{2\sqrt{-1}},$$

donc

$$\varphi(x+1) - \varphi(x+2) + \varphi(x+3) - \varphi(x+4) + \cdots$$
$$= \tfrac{1}{2}\varphi x + 2\int_0^{\frac{1}{0}} \frac{dt}{e^{\pi t} - e^{-\pi t}} \frac{\varphi(x+t\sqrt{-1}) - \varphi(x-t\sqrt{-1})}{2\sqrt{-1}}.$$

Si l'on pose $x = 0$, on obtient

$$\varphi(1) - \varphi(2) + \varphi(3) - \varphi(4) + \ldots \text{in inf.}$$
$$= \tfrac{1}{2}\varphi(0) + 2\int_0^{\frac{1}{0}} \frac{dt}{e^{\pi t} - e^{-\pi t}} \frac{\varphi(t\sqrt{-1}) - \varphi(-t\sqrt{-1})}{2\sqrt{-1}}.$$

Supposons par exemple $\varphi x = \frac{1}{x+1}$, on a

$$\frac{\varphi(t\sqrt{-1}) - \varphi(-t\sqrt{-1})}{2\sqrt{-1}} = -\frac{t}{1+t^2},$$

donc

$$\tfrac{1}{2} - \tfrac{1}{3} + \tfrac{1}{4} - \tfrac{1}{5} + \ldots = \tfrac{1}{2} - 2\int_0^{\frac{1}{0}} \frac{t\,dt}{(1+t^2)(e^{\pi t} - e^{-\pi t})};$$

or on a

$$\tfrac{1}{2} - \tfrac{1}{3} + \tfrac{1}{4} - \tfrac{1}{5} + \ldots = 1 - \log 2,$$

par conséquent

$$\int_0^{\frac{1}{0}} \frac{t\,dt}{(1+t^2)(e^{\pi t} - e^{-\pi t})} = \tfrac{1}{2}\log 2 - \tfrac{1}{4}.$$

III.

MÉMOIRE SUR LES ÉQUATIONS ALGÉBRIQUES, OU L'ON DÉMONTRE L'IMPOSSIBILITÉ DE LA RÉSOLUTION DE L'ÉQUATION GÉNÉRALE DU CINQUIÈME DEGRÉ.

Brochure imprimée chez Grøndahl, Christiania 1824.

Les géomètres se sont beaucoup occupés de la résolution générale des équations algébriques, et plusieurs d'entre eux ont cherché à en prouver l'impossibilité; mais si je ne me trompe pas, on n'y a pas réussi jusqu'à présent. J'ose donc espérer que les géomètres recevront avec bienveillance ce mémoire qui a pour but de remplir cette lacune dans la théorie des équations algébriques.

Soit

$$y^5 - ay^4 + by^3 - cy^2 + dy - e = 0$$

l'équation générale du cinquième degré, et supposons qu'elle soit résoluble algébriquement, c'est-à-dire qu'on puisse exprimer y par une fonction des quantités a, b, c, d et e, formée par des radicaux. Il est clair qu'on peut dans ce cas mettre y sous la forme:

$$y = p + p_1 R^{\frac{1}{m}} + p_2 R^{\frac{2}{m}} + \dots + p_{m-1} R^{\frac{m-1}{m}},$$

m étant un nombre premier et R, p, p_1, p_2 etc. des fonctions de la même forme que y, et ainsi de suite jusqu'à ce qu'on parvienne à des fonctions rationnelles des quantités a, b, c, d et e. On peut aussi supposer qu'il soit impossible d'exprimer $R^{\frac{1}{m}}$ par une fonction rationnelle des quantités a, b etc. p, p_1, p_2 etc., et en mettant $\frac{R}{p_1{}^m}$ au lieu de R il est clair qu'on peut faire $p_1 = 1$. On aura donc,

$$y = p + R^{\frac{1}{m}} + p_2 R^{\frac{2}{m}} + \ldots + p_{m-1} R^{\frac{m-1}{m}}.$$

En substituant cette valeur de y dans l'équation proposée, on obtiendra en réduisant un résultat de cette forme,

$$P = q + q_1 R^{\frac{1}{m}} + q_2 R^{\frac{2}{m}} + \ldots + q_{m-1} R^{\frac{m-1}{m}} = 0,$$

q, q_1, q_2 etc. étant des fonctions rationnelles et entières des quantités a, b, c, d, e, p, p_2 etc. et R. Pour que cette équation puisse avoir lieu il faut que $q = 0$, $q_1 = 0$, $q_2 = 0$ etc. $q_{m-1} = 0$. En effet, en désignant $R^{\frac{1}{m}}$ par z, on aura les deux équations

$$z^m - R = 0 \quad \text{et} \quad q + q_1 z + \ldots + q_{m-1} z^{m-1} = 0.$$

Si maintenant les quantités q, q_1 etc. ne sont pas égales à zéro, ces équations ont nécessairement une ou plusieurs racines communes. Soit k le nombre de ces racines, on sait qu'on peut trouver une équation du degré k qui a pour racines les k racines mentionnées, et dans laquelle tous les coefficiens sont des fonctions rationnelles de R, q, q_1 et q_{m-1}. Soit

$$r + r_1 z + r_2 z^2 + \ldots + r_k z^k = 0$$

cette équation. Elle a ces racines communes avec l'équation $z^m - R = 0$; or toutes les racines de cette équation sont de la forme $\alpha_\mu z$, α_μ désignant une des racines de l'équation $\alpha_\mu^m - 1 = 0$. On aura donc en substituant les équations suivantes,

$$r + r_1 z + r_2 z^2 + \ldots + r_k z^k = 0,$$
$$r + \alpha r_1 z + \alpha^2 r_2 z^2 + \ldots + \alpha^k r_k z^k = 0,$$
$$\ldots\ldots\ldots\ldots\ldots\ldots\ldots\ldots$$
$$r + \alpha_{k-2} r_1 z + \alpha_{k-2}^2 r_2 z^2 + \ldots + \alpha_{k-2}^k r_k z^k = 0.$$

De ces k équations, on peut toujours tirer la valeur de z exprimée par une fonction rationnelle des quantités r, r_1, r_2 etc. r_k, et comme ces quantités sont elles-mêmes des fonctions rationnelles de a, b, c, d, e, $R \ldots p$, p_2 etc., il s'en suit que z est aussi une fonction rationnelle de ces dernières quantités; mais cela est contre l'hypothèse. Il faut donc que

$$q = 0, \quad q_1 = 0 \text{ etc. } q_{m-1} = 0.$$

Si maintenant ces équations ont lieu, il est clair que l'équation proposée est satisfaite par toutes les valeurs qu'on obtiendra pour y, en donnant à $R^{\frac{1}{m}}$ toutes les valeurs

$$R^{\frac{1}{m}}, \ \alpha R^{\frac{1}{m}}, \ \alpha^2 R^{\frac{1}{m}}, \ \alpha^3 R^{\frac{1}{m}}, \text{ etc. } \alpha^{m-1} R^{\frac{1}{m}},$$

α étant une racine de l'équation

$$\alpha^{m-1}+\alpha^{m-2}+\ldots+\alpha+1=0.$$

On voit aussi que toutes ces valeurs de y sont différentes; car dans le cas contraire on aurait une équation de la même forme que l'équation $P=0$, et une telle équation conduit comme on vient de le voir à un résultat qui ne peut avoir lieu. Le nombre m ne peut donc dépasser 5. En désignant donc par y_1, y_2, y_3, y_4 et y_5 les racines de l'équation proposée, on aura

$$y_1=p+R^{\frac{1}{m}}+p_2R^{\frac{2}{m}}+\ldots+p_{m-1}R^{\frac{m-1}{m}},$$

$$y_2=p+\alpha R^{\frac{1}{m}}+\alpha^2p_2R^{\frac{2}{m}}+\ldots+\alpha^{m-1}p_{m-1}R^{\frac{m-1}{m}},$$

$$\ldots\ldots\ldots\ldots\ldots\ldots\ldots\ldots$$

$$y_m=p+\alpha^{m-1}R^{\frac{1}{m}}+\alpha^{m-2}p_2R^{\frac{2}{m}}+\ldots+\alpha p_{m-1}R^{\frac{m-1}{m}}.$$

De ces équations on tirera sans peine

$$p=\frac{1}{m}(y_1+y_2+\ldots+y_m),$$

$$R^{\frac{1}{m}}=\frac{1}{m}(y_1+\alpha^{m-1}y_2+\ldots+\alpha y_m),$$

$$p_2R^{\frac{2}{m}}=\frac{1}{m}(y_1+\alpha^{m-2}y_2+\ldots+\alpha^2y_m),$$

$$\ldots\ldots\ldots\ldots\ldots\ldots\ldots\ldots$$

$$p_{m-1}R^{\frac{m-1}{m}}=\frac{1}{m}(y_1+\alpha y_2+\ldots+\alpha^{m-1}y_m).$$

On voit par là que p, p_2 etc. p_{m-1}, R et $R^{\frac{1}{m}}$ sont des fonctions rationnelles des racines de l'équation proposée.

Considérons maintenant l'une quelconque de ces quantités, par exemple R. Soit

$$R=S+v^{\frac{1}{n}}+S_2v^{\frac{2}{n}}+\ldots+S_{n-1}v^{\frac{n-1}{n}}.$$

En traitant cette quantité de la même manière que y, on obtiendra un résultat pareil savoir que les quantités $v^{\frac{1}{n}}$, v, S, S_2 etc. sont des fonctions rationnelles des différentes valeurs de la fonction R; et comme celles-ci sont des fonctions rationnelles de y_1, y_2 etc., les fonctions $v^{\frac{1}{n}}$, v, S, S_2 etc. le sont de même. En poursuivant ce raisonnement on conclura que toutes les fonctions irrationnelles contenues dans l'expression de y sont des fonctions rationnelles des racines de l'équation proposee.

Cela posé, il n'est pas difficile d'achever la démonstration. Considérons d'abord les fonctions irrationnelles de la forme $R^{\frac{1}{m}}$, R étant une fonction rationnelle de a, b, c, d et e. Soit $R^{\frac{1}{m}}=r$, r est une fonction rationnelle y_1, y_2, y_3, y_4 et y_5, et R une fonction symétrique de ces quantités. Maintenant comme il s'agit de la résolution de l'équation générale du cinquième degré, il est clair qu'on peut considérer y_1, y_2, y_3, y_4 et y_5 comme des variables indépendantes; l'équation $R^{\frac{1}{m}}=r$ doit donc avoir lieu dans cette supposition. Par conséquent on peut échanger les quantités y_1, y_2, y_3, y_4 et y_5 entre elles dans l'équation $R^{\frac{1}{m}}=r$; or par ce changement $R^{\frac{1}{m}}$ obtient nécessairement m valeurs différentes en remarquant que R est une fonction symétrique. La fonction r doit donc avoir la propriété qu'elle obtient m valeurs différentes en permutant de toutes les manières possibles les cinq variables qu'elle contient. Or pour cela il faut que $m=5$ ou $m=2$ en remarquant que m est un nombre premier. (Voyez un mémoire de M. *Cauchy* inséré dans le Journal de l'école polytechnique, XVIIe Cahier). Soit d'abord $m=5$. La fonction r a donc cinq valeurs différentes, et peut par conséquent être mise sous la forme

$$R^{\frac{1}{5}}=r=p+p_1y_1+p_2y_1^2+p_3y_1^3+p_4y_1^4,$$

p, p_1, p_2... étant des fonctions symétriques de y_1, y_2 etc. Cette équation donne en changeant y_1 en y_2

$$p+p_1y_1+p_2y_1^2+p_3y_1^3+p_4y_1^4=\alpha p+\alpha p_1y_2+\alpha p_2y_2^2+\alpha p_3y_2^3+\alpha p_4y_2^4$$

où

$$\alpha^4+\alpha^3+\alpha^2+\alpha+1=0;$$

mais cette équation ne peut avoir lieu; le nombre m doit par conséquent être égal à deux. Soit donc

$$R^{\frac{1}{2}}=r,$$

r doit avoir deux valeurs différentes et de signe contraire; on aura donc (voyez le mémoire de M. *Cauchy*)

$$R^{\frac{1}{2}}=r=v(y_1-y_2)\ (y_1-y_3)\ldots(y_2-y_3)\ldots(y_4-y_5)=vS^{\frac{1}{2}},$$

v étant une fonction. symétrique.

Considérons maintenant les fonctions irrationnelles de la forme

$$\left(p+p_1 R^{\frac{1}{\nu}}+p_2 R_1^{\frac{1}{\mu}}+\dots\right)^{\frac{1}{m}},$$

p, p_1, p_2 etc., R, R_1 etc. étant des fonctions rationnelles de a, b, c, d et e et par conséquent des fonctions symétriques de y_1, y_2, y_3, y_4 et y_5. Comme on l'a vu, on doit avoir $\nu=\mu=$ etc. $=2$, $R=v^2 S$, $R_1=v_1^2 S$ etc. La fonction précédente peut donc être mise sous la forme

$$\left(p+p_1 S^{\frac{1}{2}}\right)^{\frac{1}{m}}.$$

Soit

$$r=\left(p+p_1 S^{\frac{1}{2}}\right)^{\frac{1}{m}},$$

$$r_1=\left(p-p_1 S^{\frac{1}{2}}\right)^{\frac{1}{m}},$$

on aura en multipliant,

$$rr_1=\left(p^2-p_1^2 S\right)^{\frac{1}{m}}.$$

Si maintenant rr_1 n'est pas une fonction symétrique, le nombre m doit être égal à deux; mais dans ce cas r aura quatre valeurs différentes, ce qui est impossible; il faut donc que rr_1 soit une fonction symétrique. Soit v cette fonction, on aura

$$r+r_1=\left(p+p_1 S^{\frac{1}{2}}\right)^{\frac{1}{m}}+v\left(p+p_1 S^{\frac{1}{2}}\right)^{-\frac{1}{m}}=z.$$

Cette fonction a m valeurs différentes, il faut donc que $m=5$, en remarquant que m est un nombre premier. On aura par conséquent

$$z=q+q_1 y+q_2 y^2+q_3 y^3+q_4 y^4=\left(p+p_1 S^{\frac{1}{2}}\right)^{\frac{1}{5}}+v\left(p+p_1 S^{\frac{1}{2}}\right)^{-\frac{1}{5}},$$

q, q_1, q_2 etc. étant des fonctions symétriques de y_1, y_2, y_3 etc. et par conséquent des fonctions rationnelles de a, b, c, d et e. En combinant cette équation avec l'équation proposée, on en tirera la valeur de y exprimée par une fonction rationnelle de z, a, b, c, d et e. Or une telle fonction est toujours réductible à la forme

$$y=P+R^{\frac{1}{5}}+P_2 R^{\frac{2}{5}}+P_3 R^{\frac{3}{5}}+P_4 R^{\frac{4}{5}},$$

où P, R, P_2, P_3 et P_4 sont des fonctions de la forme $p+p_1 S^{\frac{1}{2}}$, p, p_1, et S étant des fonctions rationnelles de a, b, c, d et e. De cette valeur de y on tire

$$R^{\frac{1}{5}} = \tfrac{1}{5}\,(y_1 + \alpha^4 y_2 + \alpha^3 y_3 + \alpha^2 y_4 + \alpha\, y_5) = \left(p + p_1 S^{\frac{1}{2}}\right)^{\frac{1}{5}}$$

où

$$\alpha^4 + \alpha^3 + \alpha^2 + \alpha + 1 = 0.$$

Or le premier membre a 120 valeurs différentes et le second membre seulement 10; par conséquent y ne peut avoir la forme que nous venons de trouver; mais nous avons démontré que y doit nécessairement avoir cette forme, si l'équation proposée est résoluble; nous concluons donc

qu'il est impossible de résoudre par des radicaux l'équation générale du cinquième degré.

Il suit immédiatement de ce théorème qu'il est de même impossible de résoudre par des radicaux les équations générales des degrés supérieurs au cinquième.

IV.

L'INTÉGRALE FINIE $\Sigma^n \varphi x$ EXPRIMÉE PAR UNE INTÉGRALE DÉFINIE SIMPLE.

Magazin for Naturvidenskaberne, Aargang III, Bind 2, Christiania 1825.

On peut comme on sait, au moyen du théorème de *Parseval* exprimer l'intégrale finie $\Sigma^n \varphi x$ par une intégrale définie double, mais si je ne me trompe, on n'a pas exprimé la même intégrale par une intégrale définie simple. C'est ce qui est l'objet de ce mémoire.

En désignant par φx une fonction quelconque de x, il est aisé de voir qu'on peut toujours supposer

(1) $$\varphi x = \int e^{vx} fv \, . \, dv,$$

l'intégrale étant prise entre deux limites quelconques de v, indépendantes de x. La fonction fv désigne une fonction de v, dont la forme dépend de celle de φx. En supposant $\Delta x = 1$, on aura en prenant l'intégrale finie des deux membres de l'équation (1)

(2) $$\Sigma \varphi x = \int e^{vx} \frac{fv}{e^v - 1} dv,$$

où il faut ajouter une constante arbitraire. En prenant une seconde fois l'intégrale finie, on obtiendra

$$\Sigma^2 \varphi x = \int e^{vx} \frac{fv}{(e^v - 1)^2} dv.$$

En général on trouvera

(3) $$\Sigma^n \varphi x = \int e^{vx} \frac{fv}{(e^v - 1)^n} dv.$$

Pour compléter cette intégrale il faut ajouter au second membre une fonction de la forme

$$C + C_1 x + C_2 x^2 + \ldots + C_{n-1} x^{n-1},$$

C, C_1, C_2 etc. étant des constantes arbitraires.

Il s'agit maintenant de trouver la valeur de l'intégrale définie $\int e^{vx} \frac{fv}{(e^v-1)^n}\, dv$. Pour cela je me sers d'un théorème dû à M. *Legendre* (Exerc. de calc. int. t. II, p. 189), savoir que

$$\tfrac{1}{4}\,\frac{e^v+1}{e^v-1} - \frac{1}{2v} = \int_0^{\frac{1}{0}} \frac{dt \,.\, \sin vt}{e^{2\pi t}-1}.$$

On tire de cette équation

$$(4) \qquad \frac{1}{e^v-1} = \frac{1}{v} - \frac{1}{2} + 2\int_0^{\frac{1}{0}} \frac{dt \,.\, \sin vt}{e^{2\pi t}-1}.$$

En substituant cette valeur de $\dfrac{1}{e^v-1}$ dans l'équation (2), on aura

$$\Sigma\varphi x = \int e^{vx} \frac{fv}{v}\, dv - \tfrac{1}{2}\int e^{vx} fv \,.\, dv + 2\int_0^{\frac{1}{0}} \frac{dt}{e^{2\pi t}-1} \int e^{vx} fv \,.\, \sin vt \,.\, dv.$$

L'intégrale $\int e^{vx} fv \,.\, \sin vt \,.\, dv$ se trouve de la manière suivante. En remplaçant dans l'équation (1) x successivement par $x + t\sqrt{-1}$ et $x - t\sqrt{-1}$, on obtiendra

$$\varphi(x + t\sqrt{-1}) = \int e^{vx} e^{vt\sqrt{-1}} fv \,.\, dv,$$
$$\varphi(x - t\sqrt{-1}) = \int e^{vx} e^{-vt\sqrt{-1}} fv \,.\, dv,$$

d'où l'on tire, en retranchant et divisant par $2\sqrt{-1}$,

$$\int e^{vx} \sin vt \,.\, fv \,.\, dv = \frac{\varphi(x + t\sqrt{-1}) - \varphi(x - t\sqrt{-1})}{2\sqrt{-1}}.$$

Ainsi l'expression de $\Sigma\varphi x$ devient

$$\Sigma\varphi x = \int \varphi x \,.\, dx - \tfrac{1}{2}\varphi x + 2\int_0^{\frac{1}{0}} \frac{dt}{e^{2\pi t}-1}\, \frac{\varphi(x + t\sqrt{-1}) - \varphi(x - t\sqrt{-1})}{2\sqrt{-1}}.$$

Maintenant pour trouver la valeur de l'intégrale générale

$$\Sigma^n \varphi x = \int e^{vx} fv \,\frac{dv}{(e^v-1)^n},$$

posons

$$\frac{1}{(e^v-1)^n} = (-1)^{n-1}\left(A_{0,n}\, p + A_{1,n} \frac{dp}{dv} + A_{2,n} \frac{d^2p}{dv^2} + \ldots + A_{n-1,n} \frac{d^{n-1}p}{dv^{n-1}}\right)$$

où p est égal à $\frac{1}{e^v-1}$, $A_{0,n}$, $A_{1,n}\ldots$ étant des coefficiens numériques qui doivent être déterminés. Si l'on différentie l'équation précédente, on a

$$\frac{ne^v}{(e^v-1)^{n+1}}=(-1)^n\left(A_{0,n}\frac{dp}{dv}+A_{1,n}\frac{d^2p}{dv^2}+\ldots+A_{n-1,n}\frac{d^np}{dv^n}\right).$$

Or

$$\frac{ne^v}{(e^v-1)^{n+1}}=\frac{n}{(e^v-1)^n}+\frac{n}{(e^v-1)^{n+1}},$$

donc

$$\frac{ne^v}{(e^v-1)^{n+1}}=n(-1)^{n-1}\left(A_{0,n}p+A_{1,n}\frac{dp}{dv}+\ldots+A_{n-1,n}\frac{d^{n-1}p}{dv^{n-1}}\right)$$
$$+n(-1)^n\left(A_{0,n+1}p+A_{1,n+1}\frac{dp}{dv}+\ldots+A_{n,n+1}\frac{d^np}{dv^n}\right).$$

En comparant ces deux expressions de $\frac{ne^v}{(e^v-1)^{n+1}}$, on en déduit les équations suivantes:

$$A_{0,n+1}-A_{0,n}=0 \quad \text{ɔ:} \quad \Delta A_{0,n}=0,$$
$$A_{1,n+1}-A_{1,n}=\frac{1}{n}A_{0,n} \quad \text{ɔ:} \quad \Delta A_{1,n}=\frac{1}{n}A_{0,n},$$
$$A_{2,n+1}-A_{2,n}=\frac{1}{n}A_{1,n} \quad \text{ɔ:} \quad \Delta A_{2,n}=\frac{1}{n}A_{1,n},$$
$$\ldots\ldots\ldots\ldots \qquad \ldots\ldots\ldots$$
$$A_{n-1,n+1}-A_{n-1,n}=\frac{1}{n}A_{n-2,n} \quad \text{ɔ:} \quad \Delta A_{n-1,n}=\frac{1}{n}A_{n-2,n},$$
$$A_{n,n+1}=\frac{1}{n}A_{n-1,n},$$

d'où l'on tire

$$A_{0,n}=1,\ A_{1,n}=\Sigma\frac{1}{n},\ A_{2,n}=\Sigma\left(\frac{1}{n}\Sigma\frac{1}{n}\right),\ A_{3,n}=\Sigma\left[\frac{1}{n}\Sigma\left(\frac{1}{n}\Sigma\frac{1}{n}\right)\right] \text{ etc.}$$

$$A_{n,n+1}=\frac{1}{n}\,\frac{1}{n-1}\,\frac{1}{n-2}\cdots\frac{1}{2}\cdot\frac{1}{1}\cdot A_{0,1}=\frac{1}{\Gamma(n+1)}.$$

Cette dernière équation servira à déterminer les constantes qui rentrent dans les expressions de $A_{1,n}$, $A_{2,n}$, $A_{3,n}$ etc.

Ayant ainsi déterminé les coefficiens $A_{0,n}$, $A_{1,n}$, $A_{2,n}$ etc., on aura, en substituant dans l'équation (3) au lieu de $\frac{1}{(e^v-1)^n}$ sa valeur,

$$\Sigma^n\varphi x=(-1)^{n-1}\int e^{vx}fv\,.\,dv\left(A_{0,n}p+A_{1,n}\frac{dp}{dv}+\ldots+A_{n-1,n}\frac{d^{n-1}p}{dv^{n-1}}\right);$$

maintenant on a

$$p=\frac{1}{v}-\frac{1}{2}+2\int_0^{\frac{1}{0}}\frac{dt.\sin vt}{e^{2\pi t}-1},$$

d'où l'on tire en différentiant

$$\frac{dp}{dv}=-\frac{1}{v^2}+2\int_0^{\frac{1}{0}}\frac{t\,dt.\cos vt}{e^{2\pi t}-1},$$

$$\frac{d^2p}{dv^2}=\quad\frac{2}{v^3}-2\int_0^{\frac{1}{0}}\frac{t^2dt.\sin vt}{e^{2\pi t}-1},$$

$$\frac{d^3p}{dv^3}=-\frac{2.3}{v^4}-2\int_0^{\frac{1}{0}}\frac{t^3dt.\cos vt}{e^{2\pi t}-1}\quad\text{etc.};$$

donc en substituant

$$\Sigma^n\varphi x=\int\left(A_{n-1,n}\frac{\Gamma n}{v^n}-A_{n-2,n}\frac{\Gamma(n-1)}{v^{n-1}}+\dots+(-1)^{n-1}A_{0,n}\frac{1}{v}+(-1)^n.\tfrac{1}{2}\right)e^{vx}fv.dv$$
$$+2(-1)^{n-1}\iint_0^{\frac{1}{0}}\frac{P\sin vt.dt}{e^{2\pi t}-1}e^{vx}fv.dv+2(-1)^{n-1}\iint_0^{\frac{1}{0}}\frac{Q\cos vt.dt}{e^{2\pi t}-1}e^{vx}fv.dv.$$

De l'équation $\varphi x=\int e^{vx}fv.dv$ on tire en intégrant:

$$\int\varphi x.dx=\int e^{vx}fv\frac{dv}{v},$$

$$\int^2\varphi x.dx^2=\int e^{vx}fv\frac{dv}{v^2},$$

$$\int^3\varphi x.dx^3=\int e^{vx}fv\frac{dv}{v^3}\quad\text{etc.};$$

de plus on a

$$\int\sin vt.e^{vx}fv.dv=\frac{\varphi(x+t\sqrt{-1})-\varphi(x-t\sqrt{-1})}{2\sqrt{-1}},$$

$$\int\cos vt.e^{vx}fv.dv=\frac{\varphi(x+t\sqrt{-1})+\varphi(x-t\sqrt{-1})}{2},$$

donc on aura en substituant

$$\Sigma^n\varphi x=A_{n-1,n}\Gamma n\int^n\varphi x.dx^n-A_{n-2,n}\Gamma(n-1)\int^{n-1}\varphi x.dx^{n-1}+\dots+(-1)^{n-1}\int\varphi x.dx$$
$$+(-1)^n.\tfrac{1}{2}\varphi x+2(-1)^{n-1}\int_0^{\frac{1}{0}}\frac{Pdt}{e^{2\pi t}-1}\,\frac{\varphi(x+t\sqrt{-1})-\varphi(x-t\sqrt{-1})}{2\sqrt{-1}}$$
$$+2(-1)^{n-1}\int_0^{\frac{1}{0}}\frac{Q\,dt}{e^{2\pi t}-1}\,\frac{\varphi(x+t\sqrt{-1})+\varphi(x-t\sqrt{-1})}{2}$$

où

$$P=A_{0,n}-A_{2,n}t^2+A_{4,n}t^4-\dots,$$
$$Q=A_{1,n}t-A_{3,n}t^3+A_{5,n}t^5-\dots.$$

En faisant p. ex. $n=2$, on aura

$$\Sigma^2\varphi x=\iint\varphi x.dx^2-\int\varphi x.dx+\tfrac{1}{2}\varphi x-2\int_0^{\frac{1}{0}}\frac{dt}{e^{2\pi t}-1}\,\frac{\varphi(x+t\sqrt{-1})-\varphi(x-t\sqrt{-1})}{2\sqrt{-1}}$$

$$-2\int_0^{\frac{1}{0}}\frac{t\,dt}{e^{2\pi t}-1}\,\frac{\varphi(x+t\sqrt{-1})+\varphi(x-t\sqrt{-1})}{2}.$$

Soit p. ex. $\varphi x=e^{ax}$, on aura

$$\varphi(x\pm t\sqrt{-1})=e^{ax}\,e^{\pm at\sqrt{-1}},\quad \int e^{ax}\,dx=\frac{1}{a}\,e^{ax},\quad \iint e^{ax}\,dx^2=\frac{1}{a^2}\,e^{ax},$$

donc, en substituant et divisant par e^{ax},

$$\frac{1}{(e^a-1)^2}=\frac{1}{2}-\frac{1}{a}+\frac{1}{a^2}-2\int_0^{\frac{1}{0}}\frac{dt.\sin at}{e^{2\pi t}-1}-2\int_0^{\frac{1}{0}}\frac{t\,dt.\cos at}{e^{2\pi t}-1}.$$

Le cas le plus remarquable est celui où $n=1$. On a alors, comme on l'a vu précédemment:

$$\Sigma\varphi x=C+\int\varphi x.dx-\tfrac{1}{2}\varphi x+2\int_0^{\frac{1}{0}}\frac{dt}{e^{2\pi t}-1}\,\frac{\varphi(x+t\sqrt{-1})-\varphi(x-t\sqrt{-1})}{2\sqrt{-1}}.$$

En supposant que les deux intégrales $\Sigma\varphi x$ et $\int\varphi x\,dx$ s'annulent pour $x=a$, il est clair qu'on aura:

$$C=\tfrac{1}{2}\varphi a-2\int_0^{\frac{1}{0}}\frac{dt}{e^{2\pi t}-1}\,\frac{\varphi(a+t\sqrt{-1})-\varphi(a-t\sqrt{-1})}{2\sqrt{-1}};$$

donc

$$\Sigma\varphi x=\int\varphi x.dx-\tfrac{1}{2}(\varphi x-\varphi a)+2\int_0^{\frac{1}{0}}\frac{dt}{e^{2\pi t}-1}\,\frac{\varphi(x+t\sqrt{-1})-\varphi(x-t\sqrt{-1})}{2\sqrt{-1}}$$

$$-2\int_0^{\frac{1}{0}}\frac{dt}{e^{2\pi t}-1}\,\frac{\varphi(a+t\sqrt{-1})-\varphi(a-t\sqrt{-1})}{2\sqrt{-1}}.$$

Si l'on fait $x=\infty$, en supposant que φx et $\int\varphi x.dx$ s'annulent pour cette valeur de x, on aura:

$$\varphi a+\varphi(a+1)+\varphi(a+2)+\varphi(a+3)+\ldots\text{ in inf.}$$

$$=\int_a^{\frac{1}{0}}\varphi x.dx+\tfrac{1}{2}\varphi a-2\int_0^{\frac{1}{0}}\frac{dt}{e^{2\pi t}-1}\,\frac{\varphi(a+t\sqrt{-1})-\varphi(a-t\sqrt{-1})}{2\sqrt{-1}}.$$

Soit p. ex. $\varphi x = \frac{1}{x^2}$, on aura

$$\frac{\varphi(a+t\sqrt{-1})-\varphi(a-t\sqrt{-1})}{2\sqrt{-1}}=\frac{-2at}{(a^2+t^2)^2},$$

donc

$$\frac{1}{a^2}+\frac{1}{(a+1)^2}+\frac{1}{(a+2)^2}+\cdots=\frac{1}{2a^2}+\frac{1}{a}+4a\int_0^{\frac{1}{0}}\frac{t\,dt}{(e^{2\pi t}-1)(a^2+t^2)^2},$$

et en faisant $a=1$

$$1+\tfrac{1}{4}+\tfrac{1}{9}+\tfrac{1}{16}+\tfrac{1}{25}+\cdots=\frac{\pi^2}{6}=\tfrac{3}{2}+4\int_0^{\frac{1}{0}}\frac{t\,dt}{(e^{2\pi t}-1)(1+t^2)^2}.$$

V.

PETITE CONTRIBUTION A LA THÉORIE DE QUELQUES FONCTIONS TRANSCENDANTES.

Présenté à la société royale des sciences à Throndhjem le 22 mars 1826. Imprimé dans Det kongelige norske Videnskabers Selskabs Skrifter t. 2. Throndhjem 1824—1827.

1.

Considérons l'intégrale

$$p = \int \frac{q\,dx}{x-a},$$

q étant une fonction de x qui ne contient pas a. En différentiant p par rapport à a on trouve

$$\frac{dp}{da} = \int \frac{q\,dx}{(x-a)^2}.$$

Si maintenant q est choisi tel que $\int \frac{q\,dx}{(x-a)^2}$ puisse être exprimé par l'intégrale $\int \frac{q\,dx}{x-a}$, on trouvera une équation différentielle linéaire entre p et a d'où l'on pourra tirer p en fonction de a. On obtiendra ainsi une relation entre plusieurs intégrales prises les unes par rapport à x, les autres par rapport à a. Comme on est conduit par ce procédé à plusieurs théorèmes intéressants, je vais les développer pour un cas très étendu où la réduction mentionnée de l'intégrale $\int \frac{q\,dx}{(x-a)^2}$ est possible, savoir le cas où l'on a $q = \varphi x . e^{fx}$, fx étant une fonction algébrique rationnelle de x, et φx étant déterminé par l'équation

$$\varphi x = k(x+\alpha)^{\beta}(x+\alpha')^{\beta'}(x+\alpha'')^{\beta''}\ldots.(x+\alpha^{(n)})^{\beta^{(n)}}$$

où $\alpha, \alpha', \alpha'' \ldots$ sont des constantes, $\beta, \beta', \beta'' \ldots$ des nombres rationnels quelconques. Dans ce cas on a

$$p = \int \frac{e^{fx} \varphi x \,.\, dx}{x - a},$$

$$\frac{dp}{da} = \int \frac{e^{fx} \varphi x \,.\, dx}{(x - a)^2}.$$

2.

La dernière de ces intégrales peut être réduite de deux manières.

a) Si l'on différentie la quantité $\dfrac{e^{fx}\varphi x}{x - a}$ on trouve

$$-\frac{e^{fx} \varphi x \,.\, dx}{(x - a)^2} + \frac{(e^{fx} \varphi' x + e^{fx} f'x \,.\, \varphi x)\, dx}{x - a} = d\left(\frac{e^{fx} \varphi x}{x - a}\right).$$

En intégrant cette équation de sorte que les intégrales s'annulent pour $x = c$, on obtient

$$\int \frac{e^{fx} \varphi x \,.\, dx}{(x - a)^2} = \frac{e^{fx} \varphi x}{a - x} - \frac{e^{fc} \varphi c}{a - c} + \int \frac{e^{fx} (\varphi' x + \varphi x \,.\, f'x)\, dx}{x - a}.$$

Si l'on différentie l'expression de φx on obtient

$$\varphi' x = \left(\frac{\beta}{x + \alpha} + \frac{\beta'}{x + \alpha'} + \frac{\beta''}{x + \alpha''} + \cdots + \frac{\beta^{(n)}}{x + \alpha^{(n)}}\right) \varphi x = \Sigma \frac{\beta^{(p)}}{x + \alpha^{(p)}} \varphi x,$$

où la somme doit être étendue aux valeurs $p = 0, 1, 2, 3 \ldots n$. On tire de là

$$\frac{\varphi' x}{x - a} = \Sigma \frac{\beta^{(p)}}{(x + \alpha^{(p)})(x - a)} \varphi x;$$

or on a

$$\frac{\beta^{(p)}}{(x + \alpha^{(p)})(x - a)} = -\frac{\beta^{(p)}}{(x + \alpha^{(p)})(a + \alpha^{(p)})} + \frac{\beta^{(p)}}{(x - a)(a + \alpha^{(p)})},$$

donc

$$\frac{\varphi' x}{x - a} = -\varphi x\, \Sigma \frac{\beta^{(p)}}{(x + \alpha^{(p)})(a + \alpha^{(p)})} + \frac{\varphi x}{x - a} \Sigma \frac{\beta^{(p)}}{a + \alpha^{(p)}}.$$

Considérons maintenant la quantité $\dfrac{f'x}{x - a}$. Comme fx est une fonction rationnelle de x on peut faire

$$fx = \Sigma \gamma^{(p)} x^p + \Sigma \frac{\delta^{(p)}}{(x + \varepsilon^{(p)})^{\mu^{(p)}}},$$

la somme étant étendue à toute valeur entière de p, et $\mu^{(p)}$ désignant un nombre entier. En différentiant on obtient

$$f'x = \Sigma p\gamma^{(p)}x^{p-1} - \Sigma \frac{\delta^{(p)}\mu^{(p)}}{(x+\varepsilon^{(p)})^{\mu^{(p)}+1}},$$

donc

$$\frac{f'x}{x-a} = \Sigma p\gamma^{(p)}\frac{x^{p-1}}{x-a} - \Sigma \frac{\delta^{(p)}\mu^{(p)}}{(x-a)(x+\varepsilon^{(p)})^{\mu^{(p)}+1}}.$$

Or on a

$$\frac{x^{p-1}}{x-a} = x^{p-2} + ax^{p-3} + \ldots + a^{p'}x^{p-p'-2} + \ldots + a^{p-2} + \frac{a^{p-1}}{x-a},$$

donc

$$\Sigma p\gamma^{(p)}\frac{x^{p-1}}{x-a} = \Sigma\Sigma p\gamma^{(p)}a^{p'}x^{p-p'-2} + \frac{1}{x-a}\Sigma p\gamma^{(p)}a^{p-1}.$$

Pour réduire l'expression $\Sigma \frac{\delta^{(p)}\mu^{(p)}}{(x-a)(x+\varepsilon^{(p)})^{\mu^{(p)}+1}}$ posons

$$\frac{1}{(x-a)(x+c)^m} = \frac{A}{x-a} + \frac{A_1}{x+c} + \frac{A_2}{(x+c)^2} + \ldots + \frac{A_m}{(x+c)^m};$$

si l'on multiplie de part et d'autre par $x-a$, et qu'on fasse ensuite $x=a$, on obtient

$$A = \frac{1}{(a+c)^m}.$$

Pour trouver $A_{p'}$ on multiplie les deux membres de l'équation par $(x+c)^m$,

$$\frac{1}{x-a} = \left(\frac{A}{x-a} + \frac{A_1}{x+c} + \ldots + \frac{A_{p'-1}}{(x+c)^{p'-1}}\right)(x+c)^m$$
$$+ A_{p'}(x+c)^{m-p'} + A_{p'+1}(x+c)^{m-p'-1} + \ldots,$$

puis on différentie $m-p'$ fois de suite, ce qui donne

$$(-1)^{m-p'}\frac{1.2.3\ldots(m-p')}{(x-a)^{m-p'+1}} = (x+c)R + 1.2.3\ldots(m-p')A_{p'}.$$

En faisant $x=-c$, on tire

$$A_{p'} = -\frac{1}{(a+c)^{m-p+1}},$$

donc

$$\frac{1}{(x-a)(x+c)^m} = \frac{1}{(a+c)^m(x-a)} - \Sigma\frac{1}{(a+c)^{m-p'+1}(x+c)^{p'}}$$

En écrivant maintenant $\varepsilon^{(p)}$ au lieu de c, $\mu^{(p)}+1$ au lieu de m, et multipliant par $\mu^{(p)}\delta^{(p)}$ on a

$$\frac{\mu^{(p)}\delta^{(p)}}{(x-a)(x+\varepsilon^{(p)})^{\mu^{(p)}+1}}=\frac{\mu^{(p)}\delta^{(p)}}{(a+\varepsilon^{(p)})^{\mu^{(p)}+1}(x-a)}-\Sigma\frac{\mu^{(p)}\delta^{(p)}}{(a+\varepsilon^{(p)})^{\mu^{(p)}-p'+2}(x+\varepsilon^{(p)})^{p'}},$$

donc

$$\Sigma\frac{\mu^{(p)}\delta^{(p)}}{(x-a)(x+\varepsilon^{(p)})^{\mu^{(p)}+1}}=\frac{1}{x-a}\Sigma\frac{\mu^{(p)}\delta^{(p)}}{(a+\varepsilon^{(p)})^{\mu^{(p)}+1}}-\Sigma\Sigma\frac{\mu^{(p)}\delta^{(p)}}{(a+\varepsilon^{(p)})^{\mu^{(p)}-p'+2}(x+\varepsilon^{(p)})^{p'}}.$$

En substituant dans l'expression de $\frac{f'x}{x-a}$ cette valeur, de même que celle trouvée plus haut pour $\Sigma p\gamma^{(p)}\frac{x^{p-1}}{x-a}$, on obtient

$$\begin{aligned}\frac{f'x}{x-a}=\frac{1}{x-a}\left(\Sigma p\gamma^{(p)}a^{p-1}-\Sigma\frac{\mu^{(p)}\delta^{(p)}}{(a+\varepsilon^{(p)})^{\mu^{(p)}+1}}\right)\\+\Sigma\Sigma p\gamma^{(p)}a^{p'}x^{p-p'-2}+\Sigma\Sigma\frac{\mu^{(p)}\delta^{(p)}}{(a+\varepsilon^{(p)})^{\mu^{(p)}-p'+2}(x+\varepsilon^{(p)})^{p'}}.\end{aligned}$$

Si l'on multiplie les deux membres de cette équation par φx, et qu'on remarque que le coefficient de $\frac{1}{x-a}$ est égal à $f'a$ on a

$$\frac{\varphi x\,.\,f'x}{x-a}=\frac{\varphi x\,.\,f'a}{x-a}+\varphi x\,\Sigma\Sigma\,p\gamma^{(p)}a^{p'}x^{p-p'-2}+\varphi x\,\Sigma\Sigma\frac{\mu^{(p)}\delta^{(p)}}{(a+\varepsilon^{(p)})^{\mu^{(p)}-p'+2}(x+\varepsilon^{(p)})^{p'}}.$$

En y ajoutant la valeur trouvée pour $\frac{\varphi'x}{x-a}$, multipliant ensuite par $e^{fx}dx$ et intégrant, on en tire

$$\begin{aligned}\int\frac{e^{fx}(\varphi'x+\varphi x\,.\,f'x)\,dx}{x-a}=\left(f'a+\frac{\varphi'a}{\varphi a}\right)\int\frac{e^{fx}\varphi x\,.\,dx}{x-a}+\Sigma\Sigma\,p\gamma^{(p)}a^{p'}\int e^{fx}\varphi x\,.\,x^{p-p'-2}\,dx\\-\Sigma\frac{\beta^{(p)}}{a+\alpha^{(p)}}\int\frac{e^{fx}\varphi x\,.\,dx}{x+\alpha^{(p)}}+\Sigma\Sigma\frac{\mu^{(p)}\delta^{(p)}}{(a+\varepsilon^{(p)})^{\mu^{(p)}-p'+2}}\int\frac{e^{fx}\varphi x\,.\,dx}{(x+\varepsilon^{(p)})^{p'}}.\end{aligned}$$

Si l'on substitue cette valeur dans l'expression de $\int\frac{e^{fx}\varphi x\,.\,dx}{(x-a)^2}$ ou $\frac{dp}{da}$, et qu'on écrive p au lieu de $\int\frac{e^{fx}\varphi x\,.\,dx}{x-a}$, on trouve

(1)
$$\begin{aligned}\frac{dp}{da}-\left(f'a+\frac{\varphi'a}{\varphi a}\right)p=-\frac{e^{fx}\varphi x}{x-a}+\frac{e^{fc}\varphi c}{c-a}+\Sigma\Sigma p\gamma^{(p)}a^{p'}\int e^{fx}\varphi x\,.\,x^{p-p'-2}\,dx\\-\Sigma\frac{\beta^{(p)}}{a+\alpha^{(p)}}\int\frac{e^{fx}\varphi x.dx}{x+\alpha^{(p)}}+\Sigma\Sigma\frac{\mu^{(p)}\delta^{(p)}}{(a+\varepsilon^{(p)})^{\mu^{(p)}-p'+2}}\int\frac{e^{fx}\varphi x\,.\,dx}{(x+\varepsilon^{(p)})^{p'}}.\end{aligned}$$

b) Je vais maintenant exposer la seconde méthode de réduction; mais comme celle-ci est assez longue et compliquée quand fx est une fonction rationnelle quelconque de x, je me bornerai au cas où fx est une fonction entière. On a donc

$$fx = \Sigma \gamma^{(p)} x^p$$

En différentiant l'expression $\frac{e^{fx} \varphi x \,.\, \psi x}{x-a}$ où

$$\psi x = (x+\alpha)(x+\alpha')\ldots(x+\alpha^{(n)}),$$

on obtient

$$-\frac{e^{fx}\varphi x \,.\, \psi x}{(x-a)^2} dx + \frac{e^{fx}\varphi x\left[\psi' x + \psi x\left(\frac{\varphi' x}{\varphi x} + f'x\right)\right] dx}{x-a} = d\left(\frac{e^{fx}\varphi x \,.\, \psi x}{x-a}\right).$$

Pour réduire cette expression, considérons l'équation

$$\frac{Fx}{x-a} = \frac{F + F'.x + \frac{F''}{2}x^2 + \frac{F'''}{2\,.\,3}x^3 + \ldots + \frac{F^{(m)}}{2\,.\,3\ldots m}x^m}{x-a},$$

où F, F', $F''\ldots$ désignent les valeurs que prennent Fx, $F'x$, $F''x\ldots$ quand on fait $x=0$. On a ainsi

$$\frac{Fx}{x-a} = \Sigma \frac{F^{(p)}}{2\,.\,3\ldots p}\frac{x^p}{x-a} = \frac{\Sigma \frac{F^{(p)}}{2\,.\,3\ldots p}a^p}{x-a} + \Sigma\Sigma \frac{F^{(p)}}{2\,.\,3\ldots p} a^{p'} x^{p-p'-1}$$

ou, en remarquant que $\Sigma \frac{F^{(p)}}{2\,.\,3\ldots p} a^p = Fa$,

$$\frac{Fx}{x-a} = \frac{Fa}{x-a} + \Sigma\Sigma \frac{F^{(p+p'+1)}}{2\,.\,3\ldots(p+p'+1)} a^{p'} x^p,$$

où l'on a mis $p+p'+1$ au lieu de p. En différentiant cette formule par rapport à a on obtient

$$\frac{Fx}{(x-a)^2} = \frac{Fa}{(x-a)^2} + \frac{F'a}{x-a} + \Sigma\Sigma \frac{p' F^{(p+p'+1)}}{2\,.\,3\ldots(p+p'+1)} a^{p'-1} x^p.$$

Si dans cette formule on pose $Fx = \psi x$, on a

$$\frac{\psi x}{(x-a)^2} = \frac{\psi a}{(x-a)^2} + \frac{\psi' a}{x-a} + \Sigma\Sigma \frac{(p'+1)\,\psi^{(p+p'+2)}}{2\,.\,3\ldots(p+p'+2)} a^{p'} x^p.$$

En mettant dans la première formule, pour Fx la fonction entière $\psi' x + \psi x\left(\frac{\varphi' x}{\varphi x} + f'x\right)$, on obtient

$$\frac{\psi' x + \psi x\left(\frac{\varphi' x}{\varphi x} + f' x\right)}{x - a} = \frac{\psi' a + \psi a\left(\frac{\varphi' a}{\varphi a} + f' a\right)}{x - a} + \Sigma\Sigma \frac{\psi^{(p+p'+2)}}{2.3\ldots(p+p'+1)} a^{p'} x^{p}$$
$$+ \Sigma\Sigma \frac{\left(\psi \frac{\varphi'}{\varphi} + f'\right)^{(p+p'+1)}}{2.3\ldots(p+p'+1)} a^{p'} x^{p}.$$

Si l'on substitue ces valeurs dans l'expression de $d\left(\frac{e^{fx}\varphi x . \psi x}{x-a}\right)$, on obtient

$$d\left(\frac{e^{fx}\varphi x . \psi x}{x-a}\right) = -\psi a \frac{e^{fx}\varphi x . dx}{(x-a)^2} + \psi a\left(\frac{\varphi' a}{\varphi a} + f' a\right)\frac{e^{fx}\varphi x . dx}{x-a}$$
$$+ \Sigma\Sigma \frac{(p+1)\psi^{(p+p'+2)}}{2.3\ldots(p+p'+2)} a^{p'} e^{fx}\varphi x . x^{p}\, dx$$
$$+ \Sigma\Sigma \frac{\left(\psi \frac{\varphi'}{\varphi} + f'\right)^{(p+p'+1)}}{2.3\ldots(p+p'+1)} a^{p'} e^{fx}\varphi x . x^{p}\, dx.$$

En intégrant cette équation, divisant de part et d'autre par ψa, et écrivant p au lieu de $\int \frac{e^{fx}\varphi x . dx}{x-a}$, $\frac{dp}{da}$ au lieu de $\int \frac{e^{fx}\varphi x . dx}{(x-a)^2}$, on trouve

$$\frac{dp}{da} - \left(\frac{\varphi' a}{\varphi a} + f' a\right)p = \frac{e^{fx}\varphi x . \psi x}{\psi a(a-x)} - \frac{e^{fc}\varphi c . \psi c}{\psi a(a-c)}$$
$$+ \Sigma\Sigma \frac{(p+1)\psi^{(p+p'+2)}}{2.3\ldots(p+p'+2)} \frac{a^{p'}}{\psi a}\int e^{fx}\varphi x . x^{p}\, dx$$
$$+ \Sigma\Sigma \frac{\left(\psi \frac{\varphi'}{\varphi} + f'\right)^{(p+p'+1)}}{2.3\ldots(p+p'+1)} \frac{a^{p'}}{\psi a}\int e^{fx}\varphi x . x^{p}\, dx,$$

ou bien

(2)
$$\frac{dp}{da} - \left(\frac{\varphi' a}{\varphi a} + f' a\right)p = \frac{e^{fx}\varphi x . \psi x}{\psi a(a-x)} - \frac{e^{fc}\varphi c . \psi c}{\psi a(a-c)} + \Sigma\Sigma\varphi(p, p')\frac{a^{p'}}{\psi a}\int e^{fx}\varphi x . x^{p}\, dx$$
$$\text{où}\quad \varphi(p, p') = \frac{(p+1)\psi^{(p+p'+2)}}{2.3\ldots(p+p'+2)} + \frac{\left(\psi \frac{\varphi'}{\varphi} + f'\right)^{(p+p'+1)}}{2.3\ldots(p+p'+1)}.$$

3.

Les équations (1) et (2) deviennent immédiatement intégrables quand on les multiplie par $\frac{e^{-fa}}{\varphi a}$; on obtient de cette manière, en remarquant qu'on a

$$\int\left(dp - \left(\frac{\varphi' a}{\varphi a} + f' a\right)p\, da\right)\frac{e^{-fa}}{\varphi a} = \frac{p e^{-fa}}{\varphi a},$$

les deux formules suivantes:

$$\frac{pe^{-fa}}{\varphi a} = e^{fx}\varphi x \int \frac{e^{-fa}da}{(a-x)\varphi a} - e^{fc}\varphi c \int \frac{e^{-fa}da}{(a-c)\varphi a}$$
$$+ \Sigma\Sigma p\gamma^{(p)} \int \frac{e^{-fa}a^{p'}da}{\varphi a} \cdot \int e^{fx}\varphi x . x^{p-p'-2}dx - \Sigma\beta^{(p)} \int \frac{e^{-fa}da}{(a+\alpha^{(p)})\varphi a} \cdot \int \frac{e^{fx}\varphi x . dx}{x+\alpha^{(p)}}$$
$$+ \Sigma\Sigma \mu^{(p)}\delta^{(p)} \int \frac{e^{-fa}da}{(a+\varepsilon^{(p)})^{\mu^{(p)}-p'+2}\varphi a} \cdot \int \frac{e^{fx}\varphi x . dx}{(x+\varepsilon^{(p)})^{p'}} + C(x),$$

$$\frac{pe^{-fa}}{\varphi a} = e^{fx}\varphi x . \psi x \int \frac{e^{-fa}da}{(a-x)\varphi a . \psi a} - e^{fc}\varphi c . \psi c \int \frac{e^{-fa}da}{(a-c)\varphi a . \psi a}$$
$$+ \Sigma\Sigma \varphi(p,p') \int \frac{e^{-fa}a^{p'}da}{\varphi a . \psi a} \cdot \int e^{fx}\varphi x . x^{p}dx + C(x).$$

La quantité c étant arbitraire, nous ferons dans la première formule $e^{fc}\varphi c = 0$, dans la seconde $e^{fc}\varphi c . \psi c = 0$. Si de plus on suppose que les intégrales prises par rapport à a s'annulent pour $\frac{e^{-fa}}{\varphi a} = 0$, on voit aisément qu'on a $C(x) = 0$; on obtient ainsi, en remettant pour p sa valeur $\int \frac{e^{fx}\varphi x . dx}{x-a}$, les deux formules suivantes:

(3)
$$\frac{e^{-fa}}{\varphi a} \int \frac{e^{fx}\varphi x . dx}{x-a} - e^{fx}\varphi x \int \frac{e^{-fa}da}{(a-x)\varphi a} = \Sigma\Sigma p\gamma^{(p)} \int \frac{e^{-fa}a^{p}da}{\varphi a} \cdot \int e^{fx}\varphi x . x^{p-p'-2}dx$$
$$- \Sigma\beta^{(p)} \int \frac{e^{-fa}da}{(a+\alpha^{(p)})\varphi a} \cdot \int \frac{e^{fx}\varphi x . dx}{x+\alpha^{(p)}}$$
$$+ \Sigma\Sigma \mu^{(p)}\delta^{(p)} \int \frac{e^{-fa}da}{(a+\varepsilon^{(p)})^{\mu^{(p)}-p'+2}\varphi a} \cdot \int \frac{e^{fx}\varphi x . dx}{(x+\varepsilon^{(p)})^{p'}};$$

(4)
$$\frac{e^{-fa}}{\varphi a} \int \frac{e^{fx}\varphi x . dx}{x-a} - e^{fx}\varphi x . \psi x \int \frac{e^{-fa}da}{(a-x)\varphi a . \psi a}$$
$$= \Sigma\Sigma \varphi(p,p') \int \frac{e^{-fa}a^{p'}da}{\varphi a . \psi a} \cdot \int e^{fx}\varphi x . x^{p}dx.$$

Si dans la première de ces formules, fx est une fonction entière, on a $\delta^{(p)} = 0$, donc

(5)
$$\frac{e^{-fa}}{\varphi a} \int \frac{e^{fx}\varphi x . dx}{x-a} - e^{fx}\varphi x . \int \frac{e^{-fa}da}{(a-x)\varphi a}$$
$$= \Sigma\Sigma (p+p'+2)\gamma^{(p+p'+2)} \int \frac{e^{-fa}a^{p'}da}{\varphi a} \cdot \int e^{fx}\varphi x . x^{p}dx$$
$$- \Sigma\beta^{(p)} \int \frac{e^{-fa}da}{(a+\alpha^{(p)})\varphi a} \cdot \int \frac{e^{fx}\varphi x\, dx}{x+\alpha^{(p)}}.$$

4.

Je vais maintenant appliquer les formules générales à quelques cas spéciaux.

a) Si l'on fait $\varphi a = 1$, la formule (3) donne

$$e^{-fa}\int\frac{e^{fx}dx}{x-a} - e^{fx}\int\frac{e^{-fa}da}{a-x} = \Sigma\Sigma p\gamma^{(p)}\int e^{-fa}a^{p'}da.\int e^{fx}x^{p-p'-2}dx.$$
$$+\Sigma\Sigma\mu^{(p)}\delta^{(p)}\int\frac{e^{-fa}da}{(a+\varepsilon^{(p)})^{\mu^{(p)}-p'+2}}.\int\frac{e^{fx}dx}{(x+\varepsilon^{(p)})^{p'}}.$$

Si de plus fx est une fonction entière, on a $\delta^{(p)} = 0$; dans ce cas la formule devient

$$(6)\qquad e^{-fa}\int\frac{e^{fx}dx}{x-a} - e^{fx}\int\frac{e^{-fa}da}{a-x} = \Sigma\Sigma(p+p'+2)\gamma^{(p+p'+2)}\int e^{-fa}a^{p'}da.\int e^{fx}x^{p}dx.$$

En développant le second membre, on obtient

$$e^{-fa}\int\frac{e^{fx}dx}{x-a} - e^{fx}\int\frac{e^{-fa}da}{a-x} = 2\gamma^{(2)}\int e^{-fa}da.\int e^{fx}dx$$
$$+3\gamma^{(3)}\left(\int e^{-fa}a\,da.\int e^{fx}dx + \int e^{-fa}da.\int e^{fx}x\,dx\right)$$
$$+4\gamma^{(4)}\left(\int e^{-fa}a^2\,da\int e^{fx}\,dx + \int e^{-fa}a\,da.\int e^{fx}x\,dx + \int e^{-fa}da.\int e^{fx}x^2\,dx\right)$$
$$+\ldots\ldots\ldots\ldots\ldots\ldots\ldots\ldots\ldots\ldots$$
$$+n\gamma^{(n)}\left(\int e^{-fa}a^{n-2}da.\int e^{fx}dx + \int e^{-fa}a^{n-3}da.\int e^{fx}x\,dx + \ldots + \int e^{-fa}da.\int e^{fx}x^{n-2}dx\right).$$

Si par exemple $fx = x^n$, on a $\gamma^{(2)} = \gamma^{(3)} = \ldots = \gamma^{(n-1)} = 0$, $\gamma^{(n)} = 1$; la formule ci-dessus devient

$$e^{-a^n}\int\frac{e^{x^n}dx}{x-a} - e^{x^n}\int\frac{e^{-a^n}da}{a-x} = n\left(\int e^{-a^n}a^{n-2}da.\int e^{x^n}dx + \int e^{-a^n}a^{n-3}da\int e^{x^n}x\,dx + \ldots + \int e^{-a^n}da.\int e^{x^n}x^{n-2}dx\right);$$

par exemple pour $n = 2$, $n = 3$, on a respectivement

$$e^{-a^2}\int\frac{e^{x^2}dx}{x-a} - e^{x^2}\int\frac{e^{-a^2}da}{a-x} = 2\int e^{-a^2}da.\int e^{x^2}dx,$$
$$e^{-a^3}\int\frac{e^{x^3}dx}{x-a} - e^{x^3}\int\frac{e^{-a^3}da}{a-x} = 3\left(\int e^{-a^3}a\,da.\int e^{x^3}dx + \int e^{-a^3}da.\int e^{x^3}x\,dx\right).$$

b) Posons maintenant dans la formule (3) $fx=0$, nous aurons

$$\text{(7)}\qquad \varphi x\int\frac{da}{(a-x)\varphi a}-\frac{1}{\varphi a}\int\frac{\varphi x\,.\,dx}{x-a}=\Sigma\beta^{(p)}\int\frac{da}{(a+\alpha^{(p)})\varphi a}\cdot\int\frac{\varphi x\;dx}{x+\alpha^{(p)}},$$

ou bien, en développant le second membre,

$$\varphi x\int\frac{da}{(a-x)\varphi a}-\frac{1}{\varphi a}\int\frac{\varphi x\,.\,dx}{x-a}=\beta\int\frac{da}{(a+\alpha)\varphi a}\cdot\int\frac{\varphi x\,.\,dx}{x+\alpha}$$
$$+\beta'\int\frac{da}{(a+\alpha')\varphi a}\cdot\int\frac{\varphi x\,.\,dx}{x+\alpha'}+\ldots+\beta^{(n)}\int\frac{da}{(a+\alpha^{(n)})\varphi a}\cdot\int\frac{\varphi x\,.\,dx}{x+\alpha^{(n)}}$$

où il faut se rappeler qu'on a

$$\varphi x=(x+\alpha)^{\beta}(x+\alpha')^{\beta'}\ldots.(x+\alpha^{(n)})^{\beta^{(n)}}$$
$$\varphi a=(a+\alpha)^{\beta}(a+\alpha')^{\beta'}\ldots.(a+\alpha^{(n)})^{\beta^{(n)}}$$

c) En faisant dans la formule (4) $fx=0$, on obtient

$$\text{(8)}\qquad \frac{1}{\varphi a}\int\frac{\varphi x\,.\,dx}{x-a}-\varphi x\,.\,\psi x\int\frac{da}{(a-x)\varphi a\,.\,\psi a}=\Sigma\Sigma\,\varphi(p,p')\int\frac{a^{p'}\,da}{\varphi a\,.\,\psi a}\cdot\int\varphi x\,.\,x^{p}\,dx$$

$$\text{où}\quad \varphi(p,p')=\frac{(p+1)\,\psi^{(p+p'+2)}}{2\,.\,3\ldots(p+p'+2)}+\frac{\left(\psi\,\frac{\varphi'}{\varphi}\right)^{(p+p'+1)}}{2\,.\,3\ldots(p+p'+1)},$$
$$\psi x=(x+\alpha)(x+\alpha')\ldots.(x+\alpha^{(n)}).$$

d) Posons dans la formule (8) $\beta=\beta'=\ldots=\beta^{(n)}=m$, nous aurons

$$\varphi x=(\psi x)^{m},\qquad \varphi x\,.\,\psi x=(\psi x)^{m+1},$$
$$\varphi' x=m(\psi x)^{m-1}\psi' x,\qquad \frac{\psi x\,.\,\varphi' x}{\varphi x}=m\psi' x,$$
$$\left(\psi\,\frac{\varphi'}{\varphi}\right)^{(p+p'+1)}=m\psi^{(p+p'+2)};$$

donc en posant

$$\psi x=k+k'x+k''x^{2}+\ldots+k^{(n)}x^{n},$$

nous avons

$$\varphi(p,p')=\frac{(p+1+m(p+p'+2))\,\psi^{(p+p'+2)}}{2\,.\,3\ldots(p+p'+2)}=\big(p+1+m(p+p'+2)\big)\,k^{(p+p'+2)}$$

En substituant ces valeurs, on trouve

$$\text{(9)}\qquad \frac{1}{(\psi a)^{m}}\int\frac{(\psi x)^{m}dx}{x-a}-(\psi x)^{m+1}\int\frac{da}{(a-x)(\psi a)^{m+1}}$$
$$=\Sigma\Sigma\,k^{(p+p'+2)}\big(p+1+m(p+p'+2)\big)\int\frac{a^{p'}da}{(\psi a)^{m+1}}\cdot\int(\psi x)^{m}x^{p}\,dx.$$

Le cas où $m=-\frac{1}{2}$ a cela de remarquable, que les intégrales par rapport à x et à a prennent la même forme; en effet on a

$$(\psi a)^{m+1}=(\psi a)^{\frac{1}{2}}=\sqrt{\psi a},\quad \frac{1}{(\psi a)^m}=\sqrt{\psi a},$$

donc

$$\sqrt{\psi a}\int\frac{dx}{(x-a)\sqrt{\psi x}}-\sqrt{\psi x}\int\frac{da}{(a-x)\sqrt{\psi a}}=\tfrac{1}{2}\Sigma\Sigma(p-p')k^{(p+p'+2)}\int\frac{a^{p'}da}{\sqrt{\psi a}}\cdot\int\frac{x^p\,dx}{\sqrt{\psi x}}.$$

Si l'on suppose, par exemple que $\psi x=1+\alpha x^n$, on a $k^{(n)}=\alpha$; $k^{(p+p'+2)}$ sera égal à zéro, à moins que $p+p'+2=n$, c'est-à-dire que $p=n-p'-2$; donc

$$\sqrt{1+\alpha a^n}\int\frac{dx}{(x-a)\sqrt{1+\alpha x^n}}-\sqrt{1+\alpha x^n}\int\frac{da}{(a-x)\sqrt{1+\alpha a^n}}$$
$$=\frac{\alpha}{2}\Sigma(n-2p'-2)\int\frac{a^{p'}da}{\sqrt{1+\alpha a^n}}\cdot\int\frac{x^{n-p'-2}dx}{\sqrt{1+\alpha x^n}}.$$

En développant le second membre, on a

$$\sqrt{1+\alpha a^n}\int\frac{dx}{(x-a)\sqrt{1+\alpha x^n}}-\sqrt{1+\alpha x^n}\int\frac{da}{(a-x)\sqrt{1+\alpha a^n}}$$
$$=\frac{\alpha}{2}(n-2)\left[\int\frac{da}{\sqrt{1+\alpha a^n}}\cdot\int\frac{x^{n-2}dx}{\sqrt{1+\alpha x^n}}-\int\frac{a^{n-2}da}{\sqrt{1+\alpha a^n}}\cdot\int\frac{dx}{\sqrt{1+\alpha x^n}}\right]$$
$$+\frac{\alpha}{2}(n-4)\left[\int\frac{a\,da}{\sqrt{1+\alpha a^n}}\cdot\int\frac{x^{n-3}dx}{\sqrt{1+\alpha x^n}}-\int\frac{a^{n-3}da}{\sqrt{1+\alpha a^n}}\cdot\int\frac{x\,dx}{\sqrt{1+\alpha x^n}}\right]$$
$$+\frac{\alpha}{2}(n-6)\left[\int\frac{a^2da}{\sqrt{1+\alpha a^n}}\cdot\int\frac{x^{n-4}dx}{\sqrt{1+\alpha x^n}}-\int\frac{a^{n-4}da}{\sqrt{1+\alpha a^n}}\cdot\int\frac{x^2dx}{\sqrt{1+\alpha x^n}}\right]$$
$$+\cdots\cdots\cdots\cdots\cdots$$

Par exemple si $n=3$, on a

$$\sqrt{1+\alpha a^3}\int\frac{dx}{(x-a)\sqrt{1+\alpha x^3}}-\sqrt{1+\alpha x^3}\int\frac{da}{(a-x)\sqrt{1+\alpha a^3}}$$
$$=\frac{\alpha}{2}\left[\int\frac{da}{\sqrt{1+\alpha a^3}}\cdot\int\frac{x\,dx}{\sqrt{1+\alpha x^3}}-\int\frac{a\,da}{\sqrt{1+\alpha a^3}}\cdot\int\frac{dx}{\sqrt{1+\alpha x^3}}\right].$$

Comme second exemple je prends

$$\psi x=(1-x^2)(1-\alpha x^2);$$

alors on a $k=1$, $k'=0=k'''$, $k''=-(1+\alpha)$, $k''''=\alpha$. Si l'on écrit $-a$ pour a, la formule devient

$$\sqrt{(1-a^2)(1-\alpha a^2)}\int\frac{dx}{(x+a)\sqrt{(1-x^2)(1-\alpha x^2)}}$$

$$-\sqrt{(1-x^2)(1-\alpha x^2)}\int\frac{da}{(a+x)\sqrt{(1-a^2)(1-\alpha a^2)}}$$

$$=\alpha\int\frac{da}{\sqrt{(1-a^2)(1-\alpha a^2)}}\cdot\int\frac{x^2dx}{\sqrt{(1-x^2)(1-\alpha x^2)}}$$

$$-\alpha\int\frac{a^2da}{\sqrt{(1-a^2)(1-\alpha a^2)}}\cdot\int\frac{dx}{\sqrt{(1-x^2)(1-\alpha x^2)}}.$$

En posant

$$x=\sin\varphi,\quad a=\sin\psi,$$

on a

$$\sqrt{(1-x^2)(1-\alpha x^2)}=\cos\varphi\sqrt{1-\alpha\sin^2\varphi},$$

$$\sqrt{(1-a^2)(1-\alpha a^2)}=\cos\psi\sqrt{1-\alpha\sin^2\psi},$$

$$\frac{dx}{\sqrt{(1-x^2)(1-\alpha x^2)}}=\frac{d\varphi}{\sqrt{1-\alpha\sin^2\varphi}},$$

$$\frac{da}{\sqrt{(1-a^2)(1-\alpha a^2)}}=\frac{d\psi}{\sqrt{1-\alpha\sin^2\psi}},$$

$$\frac{x^2dx}{\sqrt{(1-x^2)(1-\alpha x^2)}}=\frac{\sin^2\varphi\,d\varphi}{\sqrt{1-\alpha\sin^2\varphi}},$$

$$\frac{a^2da}{\sqrt{(1-a^2)(1-\alpha a^2)}}=\frac{\sin^2\psi\,d\psi}{\sqrt{1-\alpha\sin^2\psi}}.$$

En substituant ces valeurs, on trouve

$$\cos\psi\sqrt{1-\alpha\sin^2\psi}\int\frac{d\varphi}{(\sin\varphi+\sin\psi)\sqrt{1-\alpha\sin^2\varphi}}$$

$$-\cos\varphi\sqrt{1-\alpha\sin^2\varphi}\int\frac{d\psi}{(\sin\psi+\sin\varphi)\sqrt{1-\alpha\sin^2\psi}}$$

$$=\alpha\int\frac{d\psi}{\sqrt{1-\alpha\sin^2\psi}}\int\frac{\sin^2\varphi\,d\varphi}{\sqrt{1-\alpha\sin^2\varphi}}-\alpha\int\frac{\sin^2\psi\,d\psi}{\sqrt{1-\alpha\sin^2\psi}}\cdot\int\frac{d\varphi}{\sqrt{1-\alpha\sin^2\varphi}}.$$

Cette formule répond à celle que M. *Legendre* a donnée dans ses Exercices de calcul intégral t. I p. 136, et elle peut en être déduite.

c) Si dans la formule (5) on pose $fx=x$, on obtient

$$(10)\qquad \frac{e^{-a}}{\varphi a}\int\frac{e^x\varphi x\,dx}{x-a}-e^x\varphi x\int\frac{e^{-a}da}{(a-x)\varphi a}=-\Sigma\beta^{(r)}\int\frac{e^{-a}da}{(a+\alpha^{(r)})\varphi a}\cdot\int\frac{e^x\varphi x.dx}{x+\alpha^{(r)}},$$

d'où en développant le second membre on tire

$$e^x\varphi x\int\frac{e^{-a}\,da}{(a-x)\varphi a}-\frac{e^{-a}}{\varphi a}\int\frac{e^x\varphi x.dx}{x-a}=\beta\int\frac{e^{-a}\,da}{(a+\alpha)\varphi a}\cdot\int\frac{e^x\varphi x.dx}{x+\alpha}$$
$$+\beta'\int\frac{e^{-a}\,da}{(a+\alpha')\varphi a}\cdot\int\frac{e^x\varphi x.dx}{x+\alpha'}+\cdots+\beta^{(n)}\int\frac{e^{-a}\,da}{(a+\alpha^{(n)})\varphi a}\cdot\int\frac{e^x\varphi x.dx}{x+\alpha^{(n)}}$$

Par exemple si $\varphi x=\sqrt{x^2-1}$, on a $\beta=\beta'=\frac{1}{2}$, $\alpha=1$, $\alpha'=-1$, donc

$$e^x\sqrt{x^2-1}\int\frac{e^{-a}\,da}{(a-x)\sqrt{a^2-1}}-\frac{e^{-a}}{\sqrt{a^2-1}}\int\frac{e^x\,dx\sqrt{x^2-1}}{x-a}$$
$$=\tfrac{1}{2}\int\frac{e^{-a}\,da}{(a+1)\sqrt{a^2-1}}\cdot\int\frac{e^x\,dx\sqrt{x^2-1}}{x+1}+\tfrac{1}{2}\int\frac{e^{-a}\,da}{(a-1)\sqrt{a^2-1}}\cdot\int\frac{e^x\,dx\sqrt{x^2-1}}{x-1}.$$

f) En posant dans la formule (4) $\beta=\beta'=\beta''=\ldots=\beta^{(n)}=m$, on a $\varphi x=(\psi x)^m$, $\varphi x.\psi x=(\psi x)^{m+1}$, donc

(11)
$$\frac{e^{-fa}}{(\psi a)^m}\int\frac{e^{fx}(\psi x)^m dx}{x-a}-e^{fx}(\psi x)^{m+1}\int\frac{e^{-fa}\,da}{(a-x)(\psi a)^{m+1}}$$
$$=\Sigma\Sigma\,\varphi(p,p')\int\frac{e^{-fa}a^{p'}\,da}{(\psi a)^{m+1}}\cdot\int e^{fx}(\psi x)^m x^p\,dx.$$

Or on trouve

$$\varphi(p,p')=\frac{f^{(p+p'+2)}}{2.3\ldots(p+p'+1)}+\big(p+1+m(p+p'+2)\big)\frac{\psi^{(p+p'+2)}}{2.3\ldots(p+p'+2)};$$

donc, en faisant

$$fx=\gamma+\gamma'x+\gamma''x^2+\cdots+\gamma^{(n')}x^{n'},$$
$$\psi x=k+k'x+k''x^2+\cdots+k^{(n)}x^n,$$

on a

$$\varphi(p,p')=(p+p'+2)\gamma^{(p+p'+2)}+\big(p+1+m(p+p'+2)\big)k^{(p+p'+2)}.$$

Par conséquent on a

(12)
$$\frac{e^{-fa}}{(\psi a)^m}\int\frac{e^{fx}(\psi x)^m\,dx}{x-a}-e^{fx}(\psi x)^{m+1}\int\frac{e^{-fa}\,da}{(a-x)(\psi a)^{m+1}}$$
$$=\Sigma\Sigma\Big[(p+p'+2)\gamma^{(p+p'+2)}$$
$$+\big(p+1+m(p+p'+2)\big)k^{(p+p'+2)}\Big]\int\frac{e^{-fa}a^{p'}\,da}{(\psi a)^{m+1}}\cdot\int e^{fx}(\psi x)^m x^p\,dx.$$

Si l'on fait $m = -\frac{1}{2}$, on trouve

$$e^{-fa}\sqrt{\psi a}\int\frac{e^{fx}\,dx}{(x-a)\sqrt{\psi x}} - e^{fx}\sqrt{\psi x}\int\frac{e^{-fa}\,da}{(a-x)\sqrt{\psi a}}$$
$$= \Sigma\Sigma\left[(p+p'+2)\gamma^{(p+p'+2)} + \tfrac{1}{2}(p-p')k^{(p+p'+2)}\right]\int\frac{e^{-fa}a^{p'}\,da}{\sqrt{\psi a}}\int\frac{e^{fx}x^{p}\,dx}{\sqrt{\psi x}}.$$

Soit par exemple $fx = x$ et $\psi x = 1 - x^2$, on a

$$\gamma^{(p+p'+2)} = 0, \quad \tfrac{1}{2}(p-p')k^{(p+p'+2)} = 0,$$

donc

$$e^{-a}\sqrt{1-a^2}\int\frac{e^{x}\,dx}{(x-a)\sqrt{1-x^2}} = e^{x}\sqrt{1-x^2}\int\frac{e^{-a}\,da}{(a-x)\sqrt{1-a^2}}$$

En écrivant $-a$ au lieu de a, on obtient

$$e^{a}\sqrt{1-a^2}\int\frac{e^{x}\,dx}{(x+a)\sqrt{1-x^2}} = e^{x}\sqrt{1-x^2}\int\frac{e^{a}\,da}{(a+x)\sqrt{1-a^2}};$$

en posant $x = \sin\varphi$, et $a = \sin\psi$, on trouve

$$\cos\psi\, e^{\sin\psi}\int\frac{e^{\sin\varphi}\,d\varphi}{\sin\varphi + \sin\psi} = \cos\varphi\, e^{\sin\varphi}\int\frac{e^{\sin\psi}\,d\psi}{\sin\psi + \sin\varphi},$$

les intégrales devant s'annuler pour $\varphi = \frac{\pi}{2}$, $\psi = \frac{\pi}{2}$.

Je vais maintenant faire une autre application des équations générales. Nous avons jusqu'à présent regardé x et a comme des indéterminées, sans nous occuper des valeurs spéciales de ces quantités qui simplifieraient les formules. Nous allons maintenant chercher de telles valeurs.

a) Considérons en premier lieu l'équation (5). Le premier membre de cette équation contient deux intégrales, mais comme chacune d'elles est multipliée par une quantité dépendant respectivement de a et de x, il est clair qu'on peut donner à ces quantités des valeurs telles, que les intégrales disparaissent, ou l'une, ou toutes les deux, pourvu seulement que chacune des équations $\frac{e^{-fa}}{\varphi a} = 0$, $e^{fx}\varphi x = 0$, ait au moins deux racines différentes; car nous avons déjà supposé que les intégrales s'annulent pour des valeurs de x et de a qui satisfont à ces équations.

Supposons d'abord $e^{fx}\varphi x = 0$, nous aurons après avoir multiplié par $e^{fa}\varphi a$,

$$\int \frac{e^{fx}\varphi x \, . \, dx}{x-a} = e^{fa}\varphi a \, \Sigma\Sigma(p+p'+2)\gamma^{(p+p'+2)}\int \frac{e^{-fa}a^{p'}\,da}{\varphi a} \cdot \int e^{fx}\varphi x \, . \, x^p\,dx$$

(13)
$$- e^{fa}\varphi a \, \Sigma \beta^{(p)} \int \frac{e^{-fa}\,da}{(a+\alpha^{(p)})\varphi a} \int \frac{e^{fx}\varphi x \, . \, dx}{x+\alpha^{(p)}}$$

$$(x=x', \; x=x'', \; a=a'),$$

les équations entre parenthèses indiquant les limites entre lesquelles les intégrales doivent être prises; ces limites doivent satisfaire aux équations

$$e^{fx'}\varphi x' = 0, \quad e^{fx''}\varphi x'' = 0; \quad \frac{e^{-fa'}}{\varphi a'} = 0.$$

De la formule précédente découle le théorème suivant:

"La valeur de l'intégrale $\int \frac{e^{fx}\varphi x \, . \, dx}{x-a}$, entre des limites qui annulent la "fonction $e^{fx}\varphi x$ peut être exprimée par des intégrales des formes suivantes:

$$\int e^{fx}\varphi x \, . \, x^p\,dx, \quad \int \frac{e^{-fa}a^{p'}\,da}{\varphi a}, \quad \int \frac{e^{fx}\varphi x \, . \, dx}{x+\alpha^{(p)}}, \quad \int \frac{e^{-fa}\,da}{(a+\alpha^{(p)})\varphi a},$$

"les intégrales par rapport à x étant prises entre les mêmes limites que la "première intégrale."

Ce théorème a cela de remarquable, que la même réduction est impossible, quand l'intégrale $\int \frac{e^{fx}\varphi x \, . \, dx}{x-a}$ est prise entre des limites indéterminées.

En posant $fx=0$, on obtient

(14)
$$\int \frac{\varphi x \, . \, dx}{x-a} = -\varphi a \, \Sigma \beta^{(p)} \int \frac{da}{(a+\alpha^{(p)})\varphi a} \cdot \int \frac{\varphi x \, . \, dx}{x+\alpha^{(p)}}$$

$$(x=x', \; x=x'', \; a=a').$$

Si l'on pose $\varphi x = 1$, on aura

(15)
$$\int \frac{e^{fx}\,dx}{x-a} = e^{fa}\, \Sigma\Sigma(p+p'+2)\gamma^{(p+p'+2)}\int e^{-fa}a^{p'}\,da \, . \int e^{fx}x^p\,dx.$$

$$(x=x', \; x=x'', \; a=a').$$

Supposons maintenant qu'on donne en même temps à a une valeur qui annule la quantité $\frac{e^{-fa}}{\varphi a}$, et soit a'' cette valeur, la formule (13) donnera

$$\Sigma \beta^{(p)} \int \frac{e^{-fa}\,da}{(a+\alpha^{(p)})\varphi a} \cdot \int \frac{e^{fx}\varphi x \, . \, dx}{x+\alpha^{(p)}}$$

(16)
$$= \Sigma\Sigma(p+p'+2)\gamma^{(p+p'+2)} \int \frac{e^{-fa}a^{p'}\,da}{\varphi a} \cdot \int e^{fx}\varphi x \, . \, x^p\,dx.$$

$$(x=x', \; x=x''; \; a=a', \; a=a'').$$

En supposant $fx = kx$, on en tire

$$(17)\qquad \Sigma\beta^{(p)}\int\frac{e^{-ka}\,da}{(a+\alpha^{(p)})\,\varphi a}\cdot\int\frac{e^{kx}\,\varphi x\,.\,dx}{x+\alpha^{(p)}}=0$$

$$(x=x',\ x=x'';\ a=a',\ a=a'').$$

En faisant $k=0$, on obtient

$$(18)\qquad \Sigma\beta^{(p)}\int\frac{da}{(a+\alpha^{(p)})\,\varphi a}\cdot\int\frac{\varphi x\,.\,dx}{x+\alpha^{(p)}}=0$$

$$(x=x',\ x=x'';\ a=a',\ a=a'').$$

Posons par exemple $\varphi x=\sqrt{x^2-1}=\sqrt{(x-1)(x+1)}$, on a

$$\beta=\beta'=\tfrac{1}{2};\ \alpha=-1,\ \alpha'=1;\ x'=1,\ x''=-1;\ a'=\infty,\ a''=-\infty;$$

donc

$$\int\frac{da}{(a-1)\sqrt{a^2-1}}\cdot\int\frac{dx\sqrt{x^2-1}}{x-1}+\int\frac{da}{(a+1)\sqrt{a^2-1}}\cdot\int\frac{dx\sqrt{x^2-1}}{x+1}=0$$

$$(x'=1,\ x''=-1;\ a'=+\infty,\ a''=-\infty),$$

ce qui a lieu en effet, car on a

$$\int\frac{da}{(a-1)\sqrt{a^2-1}}=-\sqrt{\frac{a+1}{a-1}}=0\quad(a'=+\infty,\ a''=-\infty),$$

$$\int\frac{da}{(a+1)\sqrt{a^2-1}}=-\sqrt{\frac{a-1}{a+1}}=0\quad(a'=+\infty,\ a''=-\infty).$$

Si dans la formule (16) on fait $\varphi x=1$, on obtient

$$(19)\qquad \Sigma\Sigma(p+p'+2)\gamma^{(p+p'+2)}\int e^{-fa}a^{p'}\,da\,.\int e^{fx}x^p\,dx=0$$

$$(x=x',\ x=x'';\ a=a',\ a=a'').$$

b) Considérons en second lieu la formule (4). En supposant $e^{fx}\varphi x.\psi x=0$, on trouve après avoir multiplié par $e^{fa}\varphi a$

$$(20)\qquad \int\frac{e^{fx}\,\varphi x\,.\,dx}{x-a}=e^{fa}\varphi a\,\Sigma\Sigma\,\varphi(p,p')\int\frac{e^{-fa}a^{p'}\,da}{\varphi a\,.\,\psi a}\cdot\int e^{fx}\,\varphi x\,.\,x^p\,dx$$

$$(x=x',\ x=x'';\ a=a'),$$

où l'on a

$$e^{fx'}\,\varphi x'\,.\,\psi x'=0,\quad e^{fx''}\,\varphi x''\,.\,\psi x''=0,\quad \frac{e^{-fa'}}{\varphi a'}=0.$$

Cette formule se traduit en théorème comme suit:

"La valeur de l'intégrale $\int \frac{e^{fx} \varphi x . dx}{x-a}$, prise entre des limites qui annu-"lent la quantité $e^{fx} \varphi x . \psi x$, peut être exprimée par des intégrales de ces "formes: $\int \frac{e^{-fa} a^{p'} da}{\varphi a . \psi a}$, $\int e^{fx} \varphi x . x^p dx$."

Pour des valeurs indéterminées de x au contraire, cette réduction de $\int \frac{e^{fx} \varphi x . dx}{x-a}$ est impossible.

En faisant $\beta = \beta' = \ldots . = \beta^{(n)} = m$, on obtient la formule suivante

$$\int \frac{e^{fx} (\psi x)^m dx}{x-a} = e^{fa} (\psi a)^m \Sigma\Sigma \varphi(p, p') \int \frac{e^{-fa} a^{p'} da}{(\psi a)^{m+1}} \cdot \int e^{fx} (\psi x)^m x^p dx \tag{21}$$

$$(x = x', \ x = x''; \ a = a'),$$

où

$$\psi x = (x + \alpha)(x + \alpha') \ldots . (x + \alpha^{(n)}).$$

Si de plus on suppose $fx = 0$, on obtient

$$\int \frac{(\psi x)^m dx}{x-a} = (\psi a)^m \Sigma\Sigma \varphi(p, p') \int \frac{a^{p'} da}{(\psi a)^{m+1}} \cdot \int (\psi x)^m x^p dx \tag{22}$$

$$(x = x', \ x = x''; \ a = a').$$

On a donc le théorème suivant, qui n'est qu'un cas spécial du précédent:

"La valeur de l'intégrale $\int \frac{(\psi x)^m dx}{x-a}$, prise entre des limites qui satis-"font à l'équation $(\psi x)^{m+1} = 0$, peut être exprimée par des intégrales des "formes $\int \frac{a^{p'} da}{(\psi a)^{m+1}}$, $\int (\psi x)^m x^p dx$, ψx étant une fonction entière de x."

En faisant $m = -\frac{1}{2}$, on obtient

$$\int \frac{dx}{(x-a)\sqrt{\psi x}} = \frac{1}{2\sqrt{\psi a}} \Sigma\Sigma (p - p') k^{(p+p'+2)} \int \frac{a^{p'} da}{\sqrt{\psi a}} \cdot \int \frac{x^p dx}{\sqrt{\psi x}} \tag{23}$$

$$(x = x', \ x = x''; \ a = a'),$$

d'où le théorème suivant:

"La valeur de l'intégrale $\int \frac{dx}{(x-a)\sqrt{\psi x}}$, prise entre des limites qui annu-

"lent la fonction ψx, peut être exprimée par des intégrales de la for-"me $\int \frac{x^p\,dx}{\sqrt{\psi x}}$."

Faisons par exemple $\psi x = (1-x^2)(1-\alpha x^2)$, nous aurons $x' = 1$; $x' = -1$, $x' = \sqrt{\frac{1}{\alpha}}$, $x' = -\sqrt{\frac{1}{\alpha}}$; $a' = 1, -1, \sqrt{\frac{1}{\alpha}}, -\sqrt{\frac{1}{\alpha}}$; donc

$$\sqrt{(1-a^2)(1-\alpha a^2)} \int \frac{dx}{(x-a)\sqrt{(1-x^2)(1-\alpha x^2)}}$$
$$= \alpha \int \frac{da}{\sqrt{(1-a^2)(1-\alpha a^2)}} \cdot \int \frac{x^2\,dx}{\sqrt{(1-x^2)(1-\alpha x^2)}}$$
$$- \alpha \int \frac{a^2\,da}{\sqrt{(1-a^2)(1-\alpha a^2)}} \cdot \int \frac{dx}{\sqrt{(1-x^2)(1-\alpha x^2)}}$$

$$\left(x = 1,\ x = -1;\ a = \pm 1,\ \pm\sqrt{\frac{1}{\alpha}}\right)$$
$$\left(x = 1,\ x = \pm\sqrt{\frac{1}{\alpha}};\ a = \pm 1,\ \pm\sqrt{\frac{1}{\alpha}}\right)$$
$$\left(x = -1,\ x = \pm\sqrt{\frac{1}{\alpha}};\ a = \pm 1,\ \pm\sqrt{\frac{1}{\alpha}}\right)$$
$$\left(x = \sqrt{\frac{1}{\alpha}},\ x = -\sqrt{\frac{1}{\alpha}};\ a = \pm 1,\ \pm\sqrt{\frac{1}{\alpha}}\right).$$

Si dans la formule (22) on suppose $\psi x = 1 - x^{2n}$, on trouve

$$\int \frac{(1-x^{2n})^m\,dx}{x-a} = (1-a^{2n})^m\,\Sigma\Sigma\,\varphi(p,p') \int (1-x^{2n})^m x^p\,dx \cdot \int \frac{a^{p'}\,da}{(1-a^{2n})^{m+1}}$$
$$(x=1,\ x=-1,\ a=1),$$

où $m+1$ doit être moindre que l'unité, c'est-à-dire que $m < 0$. On a

$$\varphi(p,p') = \big(p+1+m(p+p'+2)\big)\,k^{(p+p'+2)}:$$

puisque $k^{(p+p'+2)} = 0$, à moins que $p+p'+2 = 2n$, et comme $k^{2n} = -1$, on en tire

$$\varphi(p,p') = -(p+1+2mn).$$

L'intégrale $\int (1-x^{2n})^m x^p\,dx$ peut être exprimée par la fonction Γ. On a en effet

$$\int_{+1}^{-1}(1-x^{2n})^m x^p\,dx = -\int_0^1 (1-x^{2n})^m x^p\,dx + \int_0^{-1}(1-x^{2n})^m x^p\,dx.$$

Mais on a

$$\int_0^{-1}(1-x^{2n})^m x^p\,dx = (-1)^{p+1}\int_0^1 (1-x^{2n})^m x^p\,dx,$$

comme on le voit en mettant $-x$ au lieu de x. Donc

$$\int_{+1}^{-1}(1-x^{2n})^m x^p\,dx = \left((-1)^{p+1}-1\right)\int_0^1 (1-x^{2n})^m x^p\,dx,$$

c'est-à-dire qu'on a

$$\int_{+1}^{-1}(1-x^{2n})^m x^{2p}\,dx = -2\int_0^1 (1-x^{2n})\, x^{2p}\,dx,$$

$$\int_{+1}^{-1}(1-x^{2n})^m x^{2p+1}\,dx = 0.$$

Or on déduit aisément d'une formule connue (*Legendre* Exercices de calcul intégral t. I p. 279) l'équation suivante

$$\int_0^1 (1-x^{2n})^m x^{2p}\,dx = \frac{\Gamma(m+1)\,\Gamma\left(\frac{1+2p}{2n}\right)}{2n\,\Gamma\left(m+1+\frac{1+2p}{2n}\right)};$$

on a donc

$$\int_{+1}^{-1}(1-x^{2n})^m x^{2p}\,dx = -\frac{\Gamma(m+1)\,\Gamma\left(\frac{1+2p}{2n}\right)}{n\,\Gamma\left(m+1+\frac{1+2p}{2n}\right)}.$$

En substituant cette valeur, et écrivant ensuite $-m$ pour m, on obtient

$$(24)\quad \int\frac{dx}{(x-a)(1-x^{2n})^m} = \frac{\Gamma(-m+1)}{n(1-a^{2n})^m}\,\Sigma(2p+1-2mn)\,\frac{\Gamma\left(\frac{1+2p}{2n}\right)}{\Gamma\left(-m+1+\frac{1+2p}{2n}\right)}\int\frac{a^{2n-2p-2}\,da}{(1-a^{2n})^{1-m}}$$

$$(x=1,\ x=-1;\ a=1).$$

Si l'on fait $m=\frac{1}{2}$, on trouve

$$\int\frac{dx}{(x-a)\sqrt{1-x^{2n}}} = \frac{\Gamma(\frac{1}{2})}{n\sqrt{1-a^{2n}}}\,\Sigma(2p+1-n)\,\frac{\Gamma\left(\frac{1+2p}{2n}\right)}{\Gamma\left(\frac{1}{2}+\frac{1+2p}{2n}\right)}\int\frac{a^{2n-2p-2}\,da}{\sqrt{1-a^{2n}}}$$

$$(x=1,\ x=-1;\ a=1,\ a=a).$$

Par exemple si $n = 3$, on trouve

$$\int \frac{dx}{(x-a)\sqrt{1-x^6}} = -\tfrac{2}{3}\frac{\Gamma(\frac{1}{2})\,\Gamma(\frac{1}{6})}{\Gamma(\frac{2}{3})\sqrt{1-a^6}}\int\frac{a^4\,da}{\sqrt{1-a^6}} + \tfrac{2}{3}\frac{\Gamma(\frac{1}{2})\,\Gamma(\frac{5}{6})}{\Gamma(\frac{4}{3})\sqrt{1-a^6}}\int\frac{da}{\sqrt{1-a^6}}$$
$$(x=1,\ x=-1;\ a=1).$$

Or on a $\Gamma(\frac{1}{2}) = \sqrt{\pi}$, en substituant cette valeur on obtient

$$\int \frac{dx}{(x-a)\sqrt{1-x^6}} = -\tfrac{2}{3}\frac{\sqrt{\pi}}{\sqrt{1-a^6}}\frac{\Gamma(\frac{1}{6})}{\Gamma(\frac{2}{3})}\int\frac{a^4\,da}{\sqrt{1-a^6}} + \tfrac{2}{3}\frac{\sqrt{\pi}}{\sqrt{1-a^6}}\frac{\Gamma(\frac{5}{6})}{\Gamma(\frac{4}{3})}\int\frac{da}{\sqrt{1-a^6}}$$
$$(x=1,\ x=-1;\ a=1).$$

Dans ce qui précède nous avons supposé $e^{fx}\varphi x.\psi x = 0$; supposons maintenant qu'on ait en même temps $\dfrac{e^{-fa}}{\varphi a} = 0$, et désignons par a'' une valeur de a qui satisfait à cette condition. L'équation (4) devient dans ce cas:

$$\Sigma\Sigma\,\varphi(p,p')\int\frac{e^{-fa}a^{p'}\,da}{\varphi a.\psi a}\cdot\int e^{fx}\varphi x.x^p\,dx = 0 \tag{25}$$
$$(x=x',\ x=x'';\ a=a',\ a=a'').$$

Si $fx = 0$, on a

$$\Sigma\Sigma\,\varphi(p,p')\int\frac{a^{p'}\,da}{\varphi a.\psi a}\cdot\int \varphi x.x^p\,dx = 0 \tag{26}$$
$$(x=x',\ x=x'';\ a=a',\ a=a'').$$

Supposons que β, β', $\beta''\ldots$ soient négatifs, mais que leurs valeurs absolues soient moindres que l'unité, nous aurons $\varphi x.\psi x = 0$ pour $x = -\alpha^{(p)}$, et $\dfrac{1}{\varphi a} = 0$ pour $a = -\alpha^{(q)}$. On obtient ainsi la formule suivante

$$\Sigma\Sigma\,\varphi(p,p')\int\frac{a^{p'}\,da}{\psi a}\cdot\int\frac{x^p\,dx}{\varphi x} = 0 \tag{27}$$
$$(x=-\alpha^{(p)},\ x=-\alpha^{(p')};\ a=-\alpha^{(q)},\ a=-\alpha^{(q')}),$$

où l'on a fait

$$\varphi x = (x+\alpha)^{\beta}(x+\alpha')^{\beta'}(x+\alpha'')^{\beta''}\ldots.$$
$$\psi a = (a+\alpha)^{1-\beta}(a+\alpha')^{1-\beta'}(a+\alpha'')^{1-\beta''}\ldots.,$$

β, β', $\beta''\ldots$ étant positifs et moindres que l'unité.

En faisant $\beta=\beta'=\beta''=\cdots=\frac{1}{2}$, on obtient

$$\Sigma\Sigma(p-p')k^{(p+p'+2)}\int\frac{a^{p'}da}{\sqrt{\varphi a}}\cdot\int\frac{x^p dx}{\sqrt{\varphi x}}=0 \tag{28}$$

$$(x=-\alpha^{(p)},\ x=-\alpha^{(p')};\ a=-\alpha^{(q)},\ a=-\alpha^{(q')}).$$

Dans cette formule on a

$$\varphi x=(x+\alpha)(x+\alpha')(x+\alpha'')\cdots=k+k'x+k''x^2+\cdots$$

Par exemple si l'on pose $\varphi x=(1-x)(1+x)(1-cx)(1+cx)$, on a $\alpha=1$, $\alpha'=-1$, $\alpha''=\frac{1}{c}$, $\alpha'''=-\frac{1}{c}$, donc

$$\int\frac{da}{\sqrt{(1-a^2)(1-c^2a^2)}}\cdot\int\frac{x^2dx}{\sqrt{(1-x^2)(1-c^2x^2)}}=\int\frac{a^2da}{\sqrt{(1-a^2)(1-c^2a^2)}}\cdot\int\frac{dx}{\sqrt{(1-x^2)(1-c^2x^2)}}$$

$$(x=1,\ x=-1;\ a=1,\ a=-1) \qquad (1)$$

$$\left(x=1,\ x=-1;\ a=1,\ a=\frac{1}{c}\right) \qquad (2)$$

$$\left(x=1,\ x=-1;\ a=1,\ a=-\frac{1}{c}\right) \qquad (3)$$

$$\left(x=1,\ x=-1;\ a=\frac{1}{c},\ a=-\frac{1}{c}\right) \qquad (4)$$

$$\left(x=1,\ x=\frac{1}{c};\ a=1,\ a=\frac{1}{c}\right) \qquad (5)$$

$$\left(x=1,\ x=\frac{1}{c};\ a=1,\ a=-\frac{1}{c}\right) \qquad (6)$$

$$\left(x=1,\ x=\frac{1}{c};\ a=\frac{1}{c},\ a=-\frac{1}{c}\right) \qquad (7)$$

$$\left(x=\frac{1}{c},\ x=-\frac{1}{c};\ a=\frac{1}{c},\ a=-\frac{1}{c}\right) \qquad (8)$$

Désignons par Fx la valeur de l'intégrale $\int\frac{dx}{\sqrt{(1-x^2)(1-c^2x^2)}}$ prise depuis $x=0$, et par Ex celle de $\int\frac{x^2dx}{\sqrt{(1-x^2)(1-c^2x^2)}}$ depuis $x=0$, nous aurons

$$\int_\alpha^{\alpha'}\frac{dx}{\sqrt{(1-x^2)(1-c^2x^2)}}=F\alpha'-F\alpha,$$

$$\int_\alpha^{\alpha'}\frac{x^2dx}{\sqrt{(1-x^2)(1-c^2x^2)}}=E\alpha'-E\alpha.$$

En substituant ces valeurs, on aura la formule suivante

$$F(1).E\left(\frac{1}{c}\right)=E(1)F\left(\frac{1}{c}\right).$$

On n'obtient pas d'autres relations quel que soit le système de limites qu'on emploie, excepté seulement les systèmes qui donnent des identités, savoir le 1er, le 5ième et le 8ième.

Si l'on désigne en général par $F(p, x)$ la valeur de l'intégrale $\int\frac{x^p.dx}{\sqrt{\varphi x}}$ prise d'une limite inférieure arbitraire, on a

$$\int_{\alpha}^{\alpha'}\frac{x^p\,dx}{\sqrt{\varphi x}}=F(p,\alpha')-F(p,\alpha).$$

En substituant cette valeur dans la formule (28), on obtient la suivante:

$$(29)\quad \Sigma\Sigma(p-p')k^{(p+p'+2)}F(p,\alpha)F(p',\alpha')+\Sigma\Sigma(p-p')k^{(p+p'+2)}F(p,\alpha'')F(p',\alpha''')$$
$$=\Sigma\Sigma(p-p')k^{(p+p'+2)}F(p,\alpha)F(p',\alpha''')+\Sigma\Sigma(p-p')k^{(p+p'+2)}F(p,\alpha'')F(p',\alpha').$$

De cette formule on peut en déduire beaucoup d'autres plus spéciales en supposant φx paire ou impaire, mais pour ne pas m'étendre trop au long je les passe sous silence.

Il faut se rappeler que α, α', α'', α''' peuvent désigner des racines quelconques de l'équation $\varphi x=0$. On peut aussi supposer $\alpha=\alpha'$, $\alpha''=\alpha'''$.

VI.

RECHERCHE DES FONCTIONS DE DEUX QUANTITÉS VARIABLES INDÉPENDANTES x ET y, TELLES QUE $f(x, y)$, QUI ONT LA PROPRIÉTÉ QUE $f(z, f(x, y))$ EST UNE FONCTION SYMÉTRIQUE DE z, x ET y.

Journal für die reine und angewandte Mathematik, herausgegeben von *Crelle*, Bd. I, Berlin 1826.

Si l'on désigne p. ex. les fonctions $x+y$ et xy par $f(x, y)$, on a pour la première, $f(z, f(x, y)) = z + f(x, y) = z + x + y$, et pour la seconde, $f(z, f(x, y)) = zf(x, y) = zxy$. La fonction $f(x, y)$ a donc dans l'un et l'autre cas la propriété remarquable que $f(z, f(x, y))$ est une fonction symétrique des trois variables indépendantes z, x et y. Je vais chercher dans ce mémoire la forme générale des fonctions qui jouissent de cette propriété.

L'équation fondamentale est celle-ci:

(1) $$f(z, f(x, y)) = \text{une fonction symétrique de } x, y \text{ et } z.$$

Une fonction symétrique reste la même lorsqu'on y échange entre elles d'une manière quelconque, les quantités variables dont elle dépend. On a donc les équations suivantes:

(2)
$$\begin{aligned}
f(z, f(x, y)) &= f(z, f(y, x)), \\
f(z, f(x, y)) &= f(x, f(z, y)), \\
f(z, f(x, y)) &= f(x, f(y, z)), \\
f(z, f(x, y)) &= f(y, f(x, z)), \\
f(z, f(x, y)) &= f(y, f(z, x)).
\end{aligned}$$

La première équation ne peut avoir lieu à moins qu'on n'ait

$$f(x, y) = f(y, x),$$

c'est-à-dire que $f(x, y)$ doit être une fonction symétrique de x et y. Par cette raison les équations (2) se réduisent aux deux suivantes:

$$(3) \qquad \begin{aligned} f(z, f(x, y)) &= f(x, f(y, z)), \\ f(z, f(x, y)) &= f(y, f(z, x)). \end{aligned}$$

Soit pour abréger $f(x, y) = r$, $f(y, z) = v$, $f(z, x) = s$, on aura

$$(4) \qquad f(z, r) = f(x, v) = f(y, s).$$

En différentiant successivement par rapport à x, y, z, on aura

$$f'r \frac{dr}{dx} = f's \frac{ds}{dx},$$

$$f'v \frac{dv}{dy} = f'r \frac{dr}{dy},$$

$$f's \frac{ds}{dz} = f'v \frac{dv}{dz}.$$

Si l'on multiplie ces équations membre a membre et qu'on livise les produits par $f'r . f'v . f's$, on obtiendra cette équation

$$(5) \qquad \frac{dr}{dx} \frac{dv}{dy} \frac{ds}{dz} = \frac{dr}{dy} \frac{dv}{dz} \frac{ds}{dx}$$

ou bien

$$\frac{dr}{dx} \frac{\frac{dv}{dy}}{\frac{dv}{dz}} = \frac{dr}{dy} \frac{\frac{ds}{dx}}{\frac{ds}{dz}}$$

Si l'on fait z invariable, $\frac{dv}{dy} : \frac{dv}{dz}$ se réduira à une fonction de y seule. Soit φy cette fonction, on aura en même temps $\frac{ds}{dx} : \frac{ds}{dz} = \varphi x$; car s est la même fonction de z et x que v l'est de z et y. Donc

$$(6) \qquad \frac{dr}{dx} \varphi y = \frac{dr}{dy} \varphi x.$$

On en tirera, en intégrant, la valeur générale de r,

$$r = \psi\left(\int \varphi x . dx + \int \varphi y . dy\right),$$

ψ étant une fonction arbitraire. En écrivant pour abréger φx pour $\int \varphi x dx$, et φy pour $\int \varphi y dy$, on aura

(7) $$r = \psi(\varphi x + \varphi y), \quad \text{ou} \quad f(x, y) = \psi(\varphi x + \varphi y).$$

Voilà donc la forme que doit avoir la fonction cherchée. Mais elle ne peut pas dans toute sa généralité satisfaire à l'équation (4). En effet l'équation (5), qui donne la forme de la fonction $f(x, y)$, est beaucoup plus générale que l'équation (4), à laquelle elle doit satisfaire. Il s'agit donc des restrictions auxquelles l'équation générale est assujettie. On a

$$f(z, r) = \psi(\varphi z + \varphi r).$$

Or $r = \psi(\varphi x + \varphi y)$, donc

$$f(z, r) = \psi(\varphi z + \varphi\psi(\varphi x + \varphi y)).$$

Cette expression doit être symétrique par rapport à x, y et z. Donc

$$\varphi z + \varphi\psi(\varphi x + \varphi y) = \varphi x + \varphi\psi(\varphi y + \varphi z).$$

Soit $\varphi z = 0$ et $\varphi y = 0$, on aura

$$\varphi\psi\varphi x = \varphi x + \varphi\psi(0) = \varphi x + c,$$

donc en faisant $\varphi x = p$,

$$\varphi\psi p = p + c.$$

En désignant donc par φ_1 la fonction inverse de celle qui est exprimée par φ, de sorte que

$$\varphi\varphi_1 x = x,$$

on trouvera

$$\psi p = \varphi_1(p + c).$$

La forme générale de la fonction cherchée $f(x, y)$ sera donc

$$f(x, y) = \varphi_1(c + \varphi x + \varphi y),$$

et cette fonction a en effet la propriété demandée. On tire de là

$$\varphi f(x, y) = c + \varphi x + \varphi y$$

ou, en mettant $\psi x - c$ à la place de φx, et par conséquent $\psi y - c$ à la place de φy et $\psi f(x, y) - c$ à la place de $\varphi f(x, y)$,

$$\psi f(x, y) = \psi x + \psi y.$$

Cela donne le théorème suivant:

Lorsqu'une fonction $f(x, y)$ de deux quantités variables indépendantes x et y a la propriété que $f(z, f(x, y))$ est une fonction symétrique de x, y et z, il y aura toujours une fonction ψ pour laquelle on a

$$\psi f(x, y) = \psi x + \psi y.$$

La fonction $f(x, y)$ étant donnée, on trouvera aisément la fonction ψx. En effet on aura en différentiant l'équation ci-dessus, par rapport à x et par rapport à y, et faisant pour abréger $f(x, y) = r$

$$\psi' r \frac{dr}{dx} = \psi' x,$$

$$\psi' r \cdot \frac{dr}{dy} = \psi' y,$$

donc en éliminant $\psi' r$,

$$\frac{dr}{dy} \psi' x = \frac{dr}{dx} \psi' y,$$

d'où

$$\psi' x = \psi' y \frac{\frac{dr}{dx}}{\frac{dr}{dy}}.$$

Multipliant donc par dx et intégrant, on aura

$$\psi x = \psi' y \int \frac{\frac{dr}{dx}}{\frac{dr}{dy}} dx.$$

Soit par exemple

$$r = f(x, y) = xy,$$

il se trouvera une fonction ψ pour laquelle

$$\psi(xy) = \psi x + \psi y.$$

Comme $r = xy$, on a $\frac{dr}{dx} = y$, $\frac{dr}{dy} = x$, donc

$$\psi x = \psi' y \int \frac{y}{x} dx = y\, \psi' y . \log cx,$$

ou, puisque la quantité y est supposée constante,

$$\psi x = a \log cx.$$

Cela donne $\psi y = a \log cy$, $\psi(xy) = a \log cxy$; on doit donc avoir:

$$a \log cxy = a \log cx + a \log cy,$$

ce qui a effectivement lieu pour $c = 1$.

Par un procédé semblable au précédent, on peut en général trouver des fonctions de deux quantités variables, qui satisfassent à des équations données à trois variables. En effet, par des différentiations successives par rapport aux différentes quantités variables, on trouvera des équations, desquelles on peut éliminer autant de fonctions inconnues qu'on voudra, jusqu'à ce qu'on soit parvenu à une équation qui ne contienne qu'une seule fonction inconnue. Cette équation sera une équation différentielle partielle à deux variables indépendantes. L'expression que donne cette équation contiendra donc un certain nombre de fonctions arbitraires d'une seule quantité variable. Lorsque les fonctions inconnues trouvées de cette manière seront substituées dans l'équation donnée, on trouvera une équation entre plusieurs fonctions d'une seule quantité variable. Pour trouver ces fonctions, on doit différentier de nouveau et l'on parviendra ainsi à des équations différentielles ordinaires, au moyen desquelles on trouvera les fonctions, qui ne sont plus arbitraires. De cette manière on trouvera la forme de toutes les fonctions inconnues, à moins qu'il ne soit impossible de satisfaire à l'équation donnée.

VII.

DÉMONSTRATION DE L'IMPOSSIBILITÉ DE LA RÉSOLUTION ALGÉBRIQUE DES ÉQUATIONS GÉNÉRALES QUI PASSENT LE QUATRIÈME DEGRÉ.

Journal für die reine und angewandte Mathematik, herausgegeben von *Crelle*, Bd. 1, Berlin 1826.

On peut, comme on sait, résoudre les équations générales jusqu'au quatrième degré, mais les équations d'un degré plus élevé, seulement dans des cas particuliers, et, si je ne me trompe, on n'a pas encore répondu d'une manière satisfaisante à la question: "Est-il possible de résoudre en général les équations qui passent le quatrième degré?" Ce mémoire a pour but de répondre à cette question.

Résoudre algébriquement une équation ne veut dire autre chose, que d'exprimer ses racines par des fonctions algébriques des coefficiens. Il faut donc considérer d'abord la forme générale des fonctions algébriques, et chercher ensuite s'il est possible de satisfaire à l'équation donnée, en mettant l'expression d'une fonction algébrique au lieu de l'inconnue.

§ I.

Sur la forme générale des fonctions algébriques.

Soient x', x'', x'''... un nombre fini de quantités quelconques. On dit que v est une fonction *algébrique* de ces quantités, s'il est possible d'exprimer v en x', x'', x'''... à l'aide des opérations suivantes: 1) par l'addition; 2) par la multiplication, soit de quantités dépendant de x', x'', x'''..., soit de quantités qui n'en dépendent pas; 3) par la division; 4) par l'extraction de racines d'indices premiers. Parmi ces opérations nous n'avons pas compté la soustraction, l'élévation à des puissances entières et l'extraction de racines de degrés composés, car elles sont évidemment comprises dans les quatre opérations mentionnées.

Lorsque la fonction v peut se former par les trois premières des opérations ci-dessus, elle est dite *algébrique et rationnelle,* ou seulement *rationnelle;* et si les deux premières opérations sont seules nécessaires, elle est dite *algébrique, rationnelle et entière,* ou seulement *entière.*

Soit $f(x', x'', x'''\ldots)$ une fonction quelconque qui peut s'exprimer par la somme d'un nombre fini de termes de la forme

$$Ax'^{m_1} x''^{m_2}\ldots\ldots$$

où A est une quantité indépendante de x', x'' etc. et où m_1, m_2 etc. désignent des nombres entiers positifs; il est clair que les deux premières opérations ci-dessus sont des cas particuliers de l'opération désignée par $f(x', x'', x'''\ldots)$. On peut donc considérer les fonctions entières, suivant leur définition, comme résultant d'un nombre limité de répétitions de cette opération. En désignant par v', v'', v''' etc. plusieurs fonctions des quantités x', x'' $x'''\ldots.$ de la même forme que $f(x', x''\ldots.)$, la fonction $f(v', v''\ldots.)$ sera évidemment de la même forme que $f(x', x''\ldots)$. Or $f(v', v''\ldots)$ est l'expression générale des fonctions qui résultent de l'opération $f(x', x''\ldots.)$ deux fois répétée. On trouvera donc toujours le même résultat en répétant cette opération autant de fois qu'on voudra. Il suit de là, que toute fonction entière de plusieurs quantités x', $x''\ldots..$ peut être exprimée par une somme de plusieurs termes de la forme $Ax'^{m_1} x''^{m_2}\ldots..$

Considérons maintenant les fonctions rationnelles. Lorsque $f(x', x''\ldots)$ et $\varphi(x', x''\ldots)$ sont deux fonctions entières, il est évident, que les trois premières opérations sont des cas particuliers de l'opération désignée par

$$\frac{f(x', x''\ldots)}{\varphi(x', x''\ldots)}.$$

On peut donc considérer une fonction rationnelle comme le résultat de la répétition de cette opération. Si l'on désigne par v', v'', v''' etc. plusieurs fonctions de la forme $\frac{f(x', x''\ldots)}{\varphi(x', x''\ldots)}$, on voit aisément que la fonction $\frac{f(v', v''\ldots)}{\varphi(v', v''\ldots)}$ peut être réduite à la même forme. Il suit de là, que toute fonction rationnelle de plusieurs quantités x', $x''\ldots..$ peut toujours être réduite à la forme

$$\frac{f(x', x''\ldots.)}{\varphi(x', x''\ldots.)},$$

où le numérateur et le dénominateur sont des fonctions entières.

Enfin nous allons chercher la forme générale des fonctions algébriques. Désignons par $f(x', x'' \ldots)$ une fonction rationnelle quelconque, il est clair que toute fonction algébrique peut être composée à l'aide de l'opération désignée par $f(x', x'' \ldots)$ combinée avec l'opération $\sqrt[m]{r}$, où m est un nombre premier. Donc, si $p', p'' \ldots$ sont des fonctions rationnelles de $x', x'' \ldots$,

$$p_1 = f(x', x'' \ldots \sqrt[n']{p'}, \sqrt[n'']{p''} \ldots)$$

sera la forme générale des fonctions algébriques de $x', x'' \ldots$, dans lesquelles l'opération exprimée par $\sqrt[m]{r}$ affecte seulement des fonctions rationnelles. Les fonctions de la forme p_1 seront dites fonctions algébriques *du premier ordre.* En désignant par $p_1', p_1'' \ldots$ plusieurs quantités de la forme p_1, l'expression

$$p_2 = f(x', x'' \ldots \sqrt[n']{p'}, \sqrt[n'']{p''} \ldots \sqrt[n_1']{p_1'}, \sqrt[n_1'']{p_1''} \ldots)$$

sera la forme générale des fonctions algébriques de $x', x'' \ldots$, dans lesquelles l'opération $\sqrt[m]{r}$ affecte seulement des fonctions rationnelles, et des fonctions algébriques du premier ordre. Les fonctions de la forme p_2 seront dites fonctions algébriques *du deuxième ordre.* De la même manière l'expression

$$p_3 = f(x', x'' \ldots \sqrt[n']{p'}, \sqrt[n'']{p''} \ldots \sqrt[n_1']{p_1'}, \sqrt[n_1'']{p_1''}, \ldots \sqrt[n_2']{p_2'}, \sqrt[n_2'']{p_2''} \ldots),$$

dans laquelle $p_2', p_2'' \ldots$ sont des fonctions du deuxième ordre, sera la forme générale des fonctions algébriques de $x', x'' \ldots$, dans lesquelles l'opération $\sqrt[m]{r}$ n'affecte que des fonctions rationnelles, et des fonctions algébriques du premier et du deuxième ordre.

En continuant de cette manière, on obtiendra des fonctions algébriques du troisième, du quatrième . . . du $\mu^{\text{ième}}$ ordre, et il est clair, que l'expression des fonctions du $\mu^{\text{ième}}$ ordre, sera l'expression *générale* des fonctions algébriques.

Donc en désignant par μ l'ordre d'une fonction algébrique quelconque et par v la fonction même, on aura

$$v = f(r', r'' \ldots \sqrt[n']{p'}, \sqrt[n'']{p''} \ldots),$$

où $p', p'' \dots$ sont des fonctions de l'ordre $\mu - 1$; $r', r'' \dots$ des fonctions de l'ordre $\mu - 1$ ou des ordres moins élevés, et $n', n'' \dots$ des nombres premiers; f désigne toujours une fonction rationnelle des quantités comprises entre les parenthèses.

On peut évidemment supposer qu'il est impossible d'exprimer l'une des quantités $\sqrt[n']{p'}, \sqrt[n'']{p''} \dots$ par une fonction rationnelle des autres et des quantités $r', r'' \dots$; car dans le cas contraire, la fonction v aurait cette forme plus simple,

$$v = f(r', r'' \dots \sqrt[n']{p'}, \sqrt[n'']{p''} \dots),$$

où le nombre des quantités $\sqrt[n']{p'}, \sqrt[n'']{p''} \dots$ serait diminué au moins d'une unité. En réduisant de cette manière l'expression de v autant que possible, on parviendrait, ou à une expression irréductible, ou à une expression de la forme

$$v = f(r', r'', r''' \dots);$$

mais cette fonction serait seulement de l'ordre $\mu - 1$, tandis que v doit être du $\mu^{\text{ième}}$ ordre, ce qui est une contradiction.

Si dans l'expression de v le nombre des quantités $\sqrt[n']{p'}, \sqrt[n'']{p''} \dots$ est égal à m, nous dirons que la fonction v est du $\mu^{\text{ième}}$ *ordre* et du $m^{\text{ième}}$ *degré*. On voit donc qu'une fonction de l'ordre μ et du degré 0 est la même chose qu'une fonction de l'ordre $\mu - 1$, et qu'une fonction de l'ordre 0 est la même chose qu'une fonction rationnelle.

Il suit de là, qu'on peut poser

$$v = f(r', r'' \dots \sqrt[n]{p}),$$

où p est une fonction de l'ordre $\mu - 1$, mais $r', r'' \dots$ des fonctions du $\mu^{\text{ième}}$ ordre et tout au plus du degré $m - 1$, et qu'on peut toujours supposer qu'il est impossible d'exprimer $\sqrt[n]{p}$ par une fonction rationnelle de ces quantités.

Dans ce qui précède nous avons vu qu'une fonction rationnelle de plusieurs quantités peut toujours être réduite à la forme

$$\frac{s}{t},$$

où s et t sont des fonctions entières des mêmes quantités variables. On conclut de là que v peut toujours être exprimé comme il suit,

$$v = \frac{\varphi(r', r'' \ldots \sqrt[n]{p})}{\tau(r', r'' \ldots \sqrt[n]{p})},$$

où φ et τ désignent des fonctions entières des quantités $r', r'' \ldots$ et $\sqrt[n]{p}$. En vertu de ce que nous avons trouvé plus haut, toute fonction entière de plusieurs quantités $s, r', r'' \ldots$ peut s'exprimer par la forme

$$t_0 + t_1 s + t_2 s^2 + \cdots + t_m s^m,$$

$t_0, t_1 \ldots t_m$ étant des fonctions entières de $r', r'', r''' \ldots$ sans s. On peut donc poser

$$v = \frac{t_0 + t_1 p^{\frac{1}{n}} + t_2 p^{\frac{2}{n}} + \cdots + t_m p^{\frac{m}{n}}}{v_0 + v_1 p^{\frac{1}{n}} + v_2 p^{\frac{2}{n}} + \cdots + v_{m'} p^{\frac{m'}{n}}} = \frac{T}{V},$$

où $t_0, t_1 \ldots t_m$ et $v_0, v_1 \ldots v_{m'}$ sont des fonctions entières de r', r'', r''' etc.

Soient $V_1, V_2 \ldots V_{n-1}$ les $n-1$ valeurs de V qu'on trouve en mettant successivement $\alpha p^{\frac{1}{n}}, \alpha^2 p^{\frac{1}{n}}, \alpha^3 p^{\frac{1}{n}} \ldots \alpha^{n-1} p^{\frac{1}{n}}$ au lieu de $p^{\frac{1}{n}}$, α étant une racine différente de l'unité de l'équation $\alpha^n - 1 = 0$; on trouvera en multipliant le numérateur et le dénominateur de $\frac{T}{V}$ par $V_1 V_2 V_3 \ldots V_{n-1}$

$$v = \frac{T V_1 V_2 \ldots V_{n-1}}{V V_1 V_2 \ldots V_{n-1}}.$$

Le produit $V V_1 \ldots V_{n-1}$ peut, comme on sait, s'exprimer par une fonction entière de p et des quantités $r', r'' \ldots$, et le produit $T V_1 \ldots V_{n-1}$ est, comme on le voit, une fonction entière de $\sqrt[n]{p}$ et de $r', r'' \ldots$. En supposant ce produit égal à

$$s_0 + s_1 p^{\frac{1}{n}} + s_2 p^{\frac{2}{n}} + \cdots + s_k p^{\frac{k}{n}},$$

on trouve

$$v = \frac{s_0 + s_1 p^{\frac{1}{n}} + s_2 p^{\frac{2}{n}} + \cdots + s_k p^{\frac{k}{n}}}{m},$$

ou, en écrivant $q_0, q_1, q_2 \ldots$ au lieu de $\frac{s_0}{m}, \frac{s_1}{m}, \frac{s_2}{m}$ etc.,

$$v = q_0 + q_1 p^{\frac{1}{n}} + q_2 p^{\frac{2}{n}} + \cdots + q_k p^{\frac{k}{n}},$$

où $q_0, q_1 \ldots q_k$ sont des fonctions rationnelles des quantités p, r', $r'' \ldots$ etc.

Soit μ un nombre entier quelconque, on peut toujours poser

$$\mu = an + \alpha,$$

a et α étant deux nombres entiers, et $\alpha < n$. Il suit de là, que

$$p^{\frac{\mu}{n}} = p^{\frac{an+\alpha}{n}} = p^a p^{\frac{\alpha}{n}}.$$

En mettant donc cette expression au lieu de $p^{\frac{\mu}{n}}$ dans l'expression de v, on obtiendra

$$v = q_0 + q_1 p^{\frac{1}{n}} + q_2 p^{\frac{2}{n}} + \cdots + q_{n-1} p^{\frac{n-1}{n}},$$

q_0, q_1, q_2 étant encore des fonctions rationnelles de p, r', $r'' \ldots$, et par conséquent des fonctions du $\mu^{ième}$ ordre et au plus du degré $m-1$, et telles qu'il soit impossible d'exprimer $p^{\frac{1}{n}}$ rationnellement par ces quantités.

Dans l'expression de v ci-dessus, on peut toujours faire $q_1 = 1$. Car si q_1 n'est pas nul, on obtiendra, en faisant $p_1 = p q_1^n$,

$$p = \frac{p_1}{q_1^n}, \quad p^{\frac{1}{n}} = \frac{p_1^{\frac{1}{n}}}{q_1},$$

donc

$$v = q_0 + p_1^{\frac{1}{n}} + \frac{q_2}{q_1^2} p_1^{\frac{2}{n}} + \cdots + \frac{q_{n-1}}{q_1^{n-1}} p_1^{\frac{n-1}{n}},$$

expression de la même forme que la précédente, sauf que $q_1 = 1$. Si $q_1 = 0$, soit q_μ une des quantités $q_1, q_2 \ldots q_{n-1}$, qui ne soit pas nulle, et soit $q_\mu^n p^\mu = p_1$. On déduit de là $q_\mu^\alpha p^{\frac{\alpha\mu}{n}} = p_1^{\frac{\alpha}{n}}$. Donc en prenant deux nombres entiers α et β, qui satisfassent à l'équation $\alpha\mu - \beta n = \mu'$, μ' étant un nombre entier, on aura

$$q_\mu^\alpha p^{\frac{\beta n + \mu'}{n}} = p_1^{\frac{\alpha}{n}} \quad \text{et} \quad p^{\frac{\mu'}{n}} = q_\mu^{-\alpha} p^{-\beta} p_1^{\frac{\alpha}{n}}.$$

En vertu de cela et en remarquant que $q_\mu p^{\frac{\mu}{n}} = p_1^{\frac{1}{n}}$, v aura la forme

$$v = q_0 + p_1^{\frac{1}{n}} + q_2 p_1^{\frac{2}{n}} + \cdots + q_{n-1} p_1^{\frac{n-1}{n}}.$$

De tout ce qui précède on conclut: Si v est une fonction algébrique de l'ordre μ et du degré m, on peut toujours poser:

$$v = q_0 + p^{\frac{1}{n}} + q_2 p^{\frac{2}{n}} + q_3 p^{\frac{3}{n}} + \cdots + q_{n-1} p^{\frac{n-1}{n}},$$

n étant un nombre premier, $q_0, q_2 \dots q_{n-1}$ des fonctions algébriques de l'ordre μ et du degré $m-1$ au plus, p une fonction algébrique de l'ordre $\mu - 1$, et telle que $p^{\frac{1}{n}}$ ne puisse s'exprimer rationnellement en $q_0, q_1 \dots q_{n-1}$.

§ II.

Propriétés des fonctions algébriques qui satisfont à une équation donnée.

Soit

(1) $$c_0 + c_1 y + c_2 y^2 + \cdots + c_{r-1} y^{r-1} + y^r = 0$$

une équation quelconque du degré r, où $c_0, c_1 \dots$ sont des fonctions rationnelles de $x', x'' \dots, x', x'' \dots$ étant des quantités indépendantes quelconques. Supposons qu'on puisse satisfaire à cette équation, en mettant au lieu de y une fonction algébrique de $x', x'' \dots$. Soit

(2) $$y = q_0 + p^{\frac{1}{n}} + q_2 p^{\frac{2}{n}} + \cdots + q_{n-1} p^{\frac{n-1}{n}}$$

cette fonction. En substituant cette expression de y, dans l'équation proposée, on obtiendra, en vertu de ce qui précède, une expression de la forme

(3) $$r_0 + r_1 p^{\frac{1}{n}} + r_2 p^{\frac{2}{n}} + \cdots + r_{n-1} p^{\frac{n-1}{n}} = 0,$$

où $r_0, r_1, r_2 \dots r_{n-1}$ sont des fonctions rationnelles des quantités $p, q_0, q_1 \dots q_{n-1}$.

Or je dis que l'équation (3) ne peut avoir lieu, à moins qu'on n'ait séparement

$$r_0 = 0, \; r_1 = 0 \; \dots\dots \; r_{n-1} = 0.$$

En effet, dans le cas contraire, on aurait en posant $p^{\frac{1}{n}} = z$ les deux équations

$$z^n - p = 0$$

et

$$r_0 + r_1 z + r_2 z^2 + \cdots + r_{n-1} z^{n-1} = 0,$$

qui auraient une ou plusieurs *racines communes.* Soit k le nombre de ces racines, on peut, comme on sait, trouver une équation qui a pour racines les k racines mentionnées, et dont les coefficiens sont des fonctions rationnelles de p, r_0, $r_1 \ldots r_{n-1}$. Soit

$$s_0 + s_1 z + s_2 z^2 + \cdots + s_{k-1} z^{k-1} + z^k = 0$$

cette équation, et

$$t_0 + t_1 z + t_2 z^2 + \cdots + t_{\mu-1} z^{\mu-1} + z^\mu$$

un facteur de son premier membre, où t_0, t_1 etc. sont des fonctions rationnelles de p, r_0, $r_1 \ldots r_{n-1}$, on aura de même

$$t_0 + t_1 z + t_2 z^2 + \cdots + t_{\mu-1} z^{\mu-1} + z^\mu = 0,$$

et il est clair qu'on peut supposer qu'il est impossible de trouver une équation de la même forme d'un degré moins élevé. Cette équation a ses μ racines communes avec l'équation $z^n - p = 0$. Or toutes les racines de l'équation $z^n - p = 0$, sont de la forme αz, où α est une racine quelconque de l'unité. Donc en remarquant que μ ne peut être moindre que 2, parce qu'il est impossible d'exprimer z en fonction rationnelle des quantités p, r_0, $r_1 \ldots r_{n-1}$, il s'ensuit, que deux équations de la forme

$$t_0 + t_1 z + t_2 z^2 + \cdots + t_{\mu-1} z^{\mu-1} + z^\mu = 0,$$

et

$$t_0 + \alpha t_1 z + \alpha^2 t_2 z^2 + \cdots + \alpha^{\mu-1} t_{\mu-1} z^{\mu-1} + \alpha^\mu z^\mu = 0$$

doivent avoir lieu. De ces équations on tire, en éliminant z^μ,

$$t_0(1 - \alpha^\mu) + t_1(\alpha - \alpha^\mu) z + \cdots + t_{\mu-1}(\alpha^{\mu-1} - \alpha^\mu) z^{\mu-1} = 0.$$

Mais cette équation étant du degré $\mu - 1$, et l'équation

$$z^\mu + t_{\mu-1} z^{\mu-1} + \cdots = 0$$

étant irréductible, et par conséquent t_0 ne pouvant être égal à zéro, on doit avoir $\alpha^\mu - 1 = 0$, ce qui n'a pas lieu. On doit donc avoir

$$r_0 = 0, \; r_1 = 0 \ldots r_{n-1} = 0.$$

Maintenant, ces équations ayant lieu, il est clair que l'équation proposée sera satisfaite par toutes les valeurs de y qu'on obtient en attribuant à $p^{\frac{1}{n}}$ toutes les valeurs $\alpha p^{\frac{1}{n}}$, $\alpha^2 p^{\frac{1}{n}} \ldots \alpha^{n-1} p^{\frac{1}{n}}$. On voit aisément que toutes ces valeurs de y seront différentes entre elles; car dans le cas contraire on aurait une équation de la même forme que (3), mais une telle équation conduit, comme on vient de le voir, à des contradictions.

En désignant donc par $y_1, y_2 \dots y_n$ n racines différentes de l'équation (1), on aura

$$y_1 = q_0 + p^{\frac{1}{n}} + q_2 p^{\frac{2}{n}} + \dots + q_{n-1} p^{\frac{n-1}{n}},$$

$$y_2 = q_0 + \alpha p^{\frac{1}{n}} + \alpha^2 q_2 p^{\frac{2}{n}} + \dots + \alpha^{n-1} q_{n-1} p^{\frac{n-1}{n}},$$

$$\dots\dots\dots\dots\dots\dots\dots\dots$$

$$y_n = q_0 + \alpha^{n-1} p^{\frac{1}{n}} + \alpha^{n-2} q_2 p^{\frac{2}{n}} + \dots + \alpha q_{n-1} p^{\frac{n-1}{n}}.$$

De ces n équations on tirera sans peine

$$q_0 = \frac{1}{n}(y_1 + y_2 + y_3 + \dots + y_n),$$

$$p^{\frac{1}{n}} = \frac{1}{n}(y_1 + \alpha^{n-1} y_2 + \alpha^{n-2} y_3 + \dots + \alpha y_n),$$

$$q_2 p^{\frac{2}{n}} = \frac{1}{n}(y_1 + \alpha^{n-2} y_2 + \alpha^{n-4} y_3 + \dots + \alpha^2 y_n),$$

$$\dots\dots\dots\dots\dots\dots\dots\dots$$

$$q_{n-1} p^{\frac{n-1}{n}} = \frac{1}{n}(y_1 + \alpha y_2 + \alpha^2 y_3 + \dots + \alpha^{n-1} y_n).$$

On voit par là que toutes les quantités $p^{\frac{1}{n}}$, q_0, $q_2 \dots q_{n-1}$ sont des fonctions rationnelles des racines de l'équation proposée. En effet on a

$$q_\mu = n^{\mu-1} \frac{y_1 + \alpha^{-\mu} y_2 + \alpha^{-2\mu} y_3 + \dots + \alpha^{-(n-1)\mu} y_n}{(y_1 + \alpha^{-1} y_2 + \alpha^{-2} y_3 + \dots + \alpha^{-(n-1)} y_n)^\mu}.$$

Considérons maintenant l'équation générale du degré m,

$$0 = a + a_1 x + a_2 x^2 + \dots + a_{m-1} x^{m-1} + x^m,$$

et supposons qu'elle soit résoluble algébriquement. Soit

$$x = s_0 + v^{\frac{1}{n}} + s_2 v^{\frac{2}{n}} + \dots + s_{n-1} v^{\frac{n-1}{n}};$$

en vertu de ce qui précède, les quantités v, s_0, s_2 etc. peuvent s'exprimer rationnellement en $x_1, x_2 \dots x_m$, en désignant par $x_1, x_2 \dots x_m$ les racines de l'équation proposée.

Considérons l'une quelconque des quantités v, s_0, s_2 etc. par exemple v. Si l'on désigne par $v_1, v_2 \ldots v_{n'}$ les valeurs différentes de v, qu'on trouve lorsqu'on échange entre elle les racines $x_1, x_2 \ldots x_m$ de toutes les manières possibles, on pourra former une équation du degré n' dont les coefficiens sont des fonctions rationnelles de $a, a_1 \ldots a_{m-1}$, et dont les racines sont les quantités $v_1, v_2 \ldots v_{n'}$, qui sont des fonctions rationnelles des quantités $x_1, x_2 \ldots x_m$.

Donc si l'on pose

$$v = t_0 + u^{\frac{1}{\nu}} + t_2 u^{\frac{2}{\nu}} + \cdots + t_{\nu-1} u^{\frac{\nu-1}{\nu}},$$

toutes les quantités $u^{\frac{1}{\nu}}$, t_0, $t_2 \ldots . t_{\nu-1}$ seront des fonctions rationnelles de $v_1, v_2 \ldots . v_{n'}$, et par conséquent de $x_1, x_2 \ldots . x_m$. En traitant les quantités u, t_0, t_2 etc. de la même manière, on en conclut que

si une équation est résoluble algébriquement, on peut toujours donner à la racine une forme telle, que toutes les fonctions algébriques dont elle est composée puissent s'exprimer par des fonctions rationnelles des racines de l'équation proposée.

§ III.

Sur le nombre des valeurs différentes qu'une fonction de plusieurs quantités peut acquérir, lorsqu'on échange entre elles les quantités qu'elle renferme.

Soit v une fonction rationnelle de plusieurs quantités indépendantes $x_1, x_2 \ldots x_n$. Le nombre des valeurs différentes dont cette fonction est susceptible par l'échange des quantités dont elle dépend, ne peut surpasser le produit $1.2.3 \ldots n$. Soit μ ce produit.

Soit maintenant

$$v\begin{pmatrix}\alpha\beta\gamma\delta\ldots.\\ a\,b\,c\,d\ldots.\end{pmatrix}$$

la valeur qu'une fonction quelconque v reçoit, lorsqu'on y substitue x_a, x_b, x_c, x_d etc. au lieu de $x_\alpha, x_\beta, x_\gamma, x_\delta$ etc., il est clair qu'en désignant par $A_1, A_2 \ldots A_\mu$ les diverses permutations en nombre de μ que l'on peut former avec les indices 1, 2, 3 ... n, les valeurs différentes de v pourront être exprimées par

$$v\begin{pmatrix}A_1\\ A_1\end{pmatrix},\ v\begin{pmatrix}A_1\\ A_2\end{pmatrix},\ v\begin{pmatrix}A_1\\ A_3\end{pmatrix} \ldots . v\begin{pmatrix}A_1\\ A_\mu\end{pmatrix}.$$

Supposons que le nombre des valeurs différentes de v soit moindre que μ, il faudra que plusieurs valeurs de v soient égales entre elles, en sorte qu'on ait par exemple

$$v\begin{pmatrix}A_1\\A_1\end{pmatrix}=v\begin{pmatrix}A_1\\A_2\end{pmatrix}=\cdots=v\begin{pmatrix}A_1\\A_m\end{pmatrix}.$$

Si l'on fait subir à ces quantités la substitution désignée par $\begin{pmatrix}A_1\\A_{m+1}\end{pmatrix}$, on aura cette nouvelle série de valeurs égales

$$v\begin{pmatrix}A_1\\A_{m+1}\end{pmatrix}=v\begin{pmatrix}A_1\\A_{m+2}\end{pmatrix}=\cdots=v\begin{pmatrix}A_1\\A_{2m}\end{pmatrix},$$

valeurs qui sont différentes des premières, mais en même nombre. En changeant de nouveau ces quantités par la substitution désignée par $\begin{pmatrix}A_1\\A_{2m+1}\end{pmatrix}$, on aura un nouveau système de quantités égales, mais différentes des précédentes. En continuant ce procédé jusqu'à ce qu'on ait épuisé toutes les permutations possibles, les μ valeurs de v seront partagées en plusieurs systèmes, dont chacun contiendra un nombre de m valeurs égales. Il suit de là que si l'on représente le nombre des valeurs différentes de v par ϱ, nombre égal à celui des systèmes, on aura

$$\varrho m = 1.2.3\ldots n,$$

c'est-à-dire:

Le nombre des valeurs différentes qu'une fonction de n quantités peut acquérir par toutes les substitutions possibles entre ces quantités, est nécessairement un diviseur du produit $1.2.3\ldots n$. Cela est connu.

Soit maintenant $\begin{pmatrix}A_1\\A_m\end{pmatrix}$ une substitution quelconque. Supposons qu'en appliquant celle-ci plusieurs fois de suite à la fonction v on obtienne la suite des valeurs

$$v,\ v_1,\ v_2\ldots v_{p-1},\ v_p,$$

il est clair que v sera nécessairement répété plusieurs fois. Lorsque v revient après un nombre p de substitutions, nous disons que $\begin{pmatrix}A_1\\A_m\end{pmatrix}$ est une *substitution récurrente de l'ordre* p. On a donc cette série périodique

$$v,\ v_1,\ v_2\ldots v_{p-1},\ v,\ v_1,\ v_2\ldots$$

ou bien, si l'on représente par $v\begin{pmatrix}A_1\\A_m\end{pmatrix}^r$ la valeur de v qu'on obtient après avoir répété r fois de suite la substitution désignée par $\begin{pmatrix}A_1\\A_m\end{pmatrix}$, on a la série

$$v\begin{pmatrix}A_1\\A_m\end{pmatrix}^0,\quad v\begin{pmatrix}A_1\\A_m\end{pmatrix}^1,\quad v\begin{pmatrix}A_1\\A_m\end{pmatrix}^2 \ldots v\begin{pmatrix}A_1\\A_m\end{pmatrix}^{p-1},\quad v\begin{pmatrix}A_1\\A_m\end{pmatrix}^0 \ldots$$

Il suit de là que

$$v\begin{pmatrix}A_1\\A_m\end{pmatrix}^{\alpha p+r} = v\begin{pmatrix}A_1\\A_m\end{pmatrix}^r$$

$$v\begin{pmatrix}A_1\\A_m\end{pmatrix}^{\alpha p} = v\begin{pmatrix}A_1\\A_m\end{pmatrix}^0 = v.$$

Or soit p le plus grand nombre premier contenu dans n, si le nombre des valeurs différentes de v est moindre que p, il faut qu'entre p valeurs quelconques, deux soient égales entre elles.

Il faut donc que des p valeurs,

$$v\begin{pmatrix}A_1\\A_m\end{pmatrix}^0,\quad v\begin{pmatrix}A_1\\A_m\end{pmatrix}^1,\quad v\begin{pmatrix}A_1\\A_m\end{pmatrix}^2 \ldots v\begin{pmatrix}A_1\\A_m\end{pmatrix}^{p-1},$$

deux soient égales entre elles. Soit par exemple

$$v\begin{pmatrix}A_1\\A_m\end{pmatrix}^r = v\begin{pmatrix}A_1\\A_m\end{pmatrix}^{r'},$$

on en conclut que

$$v\begin{pmatrix}A_1\\A_m\end{pmatrix}^{r+p-r} = v\begin{pmatrix}A_1\\A_m\end{pmatrix}^{r'+p-r}$$

Écrivant r au lieu de $r'+p-r$ et remarquant que $v\begin{pmatrix}A_1\\A_m\end{pmatrix}^p = v$, on en tire

$$v = v\begin{pmatrix}A_1\\A_m\end{pmatrix}^r,$$

où r évidemment n'est pas multiple de p. La valeur de v n'est donc pas changée par la substitution $\begin{pmatrix}A_1\\A_m\end{pmatrix}^r$, ni par conséquent non plus par la répétition de la même substitution. On a donc

$$v = v\begin{pmatrix}A_1\\A_m\end{pmatrix}^{r\alpha},$$

α étant un nombre entier. Maintenant si p est un nombre premier, on pourra évidemment toujours trouver deux nombres entiers α et β tels que

$$r\alpha = p\beta + 1,$$

donc

$$v = v\begin{pmatrix} A_1 \\ A_m \end{pmatrix}^{p\beta+1},$$

et puisque

$$v = v\begin{pmatrix} A_1 \\ A_m \end{pmatrix}^{p\beta},$$

on aura

$$v = v\begin{pmatrix} A_1 \\ A_m \end{pmatrix}$$

La valeur de v ne sera donc pas changée par la substitution récurrente $\begin{pmatrix} A_1 \\ A_m \end{pmatrix}$ de l'ordre p.

Or il est clair que

$$\begin{pmatrix} \alpha\beta\gamma\delta\ldots\zeta\eta \\ \beta\gamma\delta\varepsilon\ldots\eta\alpha \end{pmatrix} \text{ et } \begin{pmatrix} \beta\gamma\delta\varepsilon\ldots\eta\alpha \\ \gamma\alpha\beta\delta\ldots\zeta\eta \end{pmatrix}$$

sont des substitutions récurrentes de l'ordre p, lorsque p est le nombre des indices $\alpha, \beta, \gamma \ldots \eta$. La valeur de v ne sera donc pas changée non plus par la combinaison de ces deux substitutions. Ces deux substitutions sont évidemment équivalentes à cette unique

$$\begin{pmatrix} \alpha\beta\gamma \\ \gamma\alpha\beta \end{pmatrix},$$

et celle-ci aux deux suivantes, appliquées successivement,

$$\begin{pmatrix} \alpha\beta \\ \beta\alpha \end{pmatrix} \text{ et } \begin{pmatrix} \beta\gamma \\ \gamma\beta \end{pmatrix}.$$

La valeur de v ne sera donc pas changée par la combinaison de ces deux substitutions. Donc

$$v = v\begin{pmatrix} \alpha\beta \\ \beta\alpha \end{pmatrix}\begin{pmatrix} \beta\gamma \\ \gamma\beta \end{pmatrix};$$

de même

$$v = v\begin{pmatrix} \beta\gamma \\ \gamma\beta \end{pmatrix}\begin{pmatrix} \gamma\delta \\ \delta\gamma \end{pmatrix},$$

d'où l'on tire

$$v = v\begin{pmatrix} \alpha\beta \\ \beta\alpha \end{pmatrix}\begin{pmatrix} \gamma\delta \\ \delta\gamma \end{pmatrix}$$

On voit par là que la fonction v n'est pas changée par deux substitutions successives de la forme $\begin{pmatrix} \alpha\beta \\ \beta\alpha \end{pmatrix}$, α et β étant deux indices quelconques. Si l'on désigne une telle substitution par le nom de *transposition,* on peut conclure qu'une valeur quelconque de v ne sera pas changée par un nombre pair de transpositions, et que par conséquent toutes les valeurs de v qui résultent d'un nombre impair de transpositions sont égales. Tout échange des élémens d'une fonction peut s'opérer à l'aide d'un certain nombre de transpositions; donc la fonction v ne peut avoir plus de deux valeurs différentes. De là on tire le théorème suivant:

Le nombre des valeurs différentes que peut obtenir une fonction de n quantités, ne peut être abaissé au dessous du plus grand nombre premier qui ne surpasse pas n, à moins qu'il ne se réduise à 2 ou à 1.

Il est donc impossible de trouver une fonction de 5 quantités qui ait 3 ou 4 valeurs différentes.

La démonstration de ce théorème est prise d'un mémoire de M. *Cauchy* inséré dans le 17ième cahier du Journal de l'école polytechnique p. 1.

Soient v et v' deux fonctions dont chacune ait deux valeurs différentes, il suit de ce qui précède qu'en désignant par v_1, v_2 et v_1', v_2' ces doubles valeurs, les deux expressions

$$v_1 + v_2 \quad \text{et} \quad v_1 v_1' + v_2 v_2'$$

seront des fonctions symétriques. Soit

$$v_1 + v_2 = t \quad \text{et} \quad v_1 v_1' + v_2 v_2' = t_1,$$

on en tire

$$v_1 = \frac{t v_2' - t_1}{v_2' - v_1'}.$$

Soit maintenant le nombre des quantités $x_1, x_2 \ldots x_m$ égal à cinq, le produit

$$\varrho = (x_1 - x_2)(x_1 - x_3)(x_1 - x_4)(x_1 - x_5)(x_2 - x_3)(x_2 - x_4)(x_2 - x_5)(x_3 - x_4)(x_3 - x_5)(x_4 - x_5)$$

sera évidemment une fonction qui a deux valeurs différentes; la seconde valeur étant la même fonction avec le signe opposé. Donc en posant $v_1' = \varrho$, on aura $v_2' = -\varrho$. L'expression de v_1 sera donc

$$v_1 = \frac{t_1 + \varrho t}{2\varrho},$$

ou bien

$$v_1 = \tfrac{1}{2} t + \frac{t_1}{2\varrho^2} \varrho,$$

où $\frac{1}{2}t$ est une fonction symétrique; ϱ a deux valeurs qui ne diffèrent que par le signe, de sorte que $\frac{t_1}{2\varrho^2}$ est également une fonction symétrique.

Donc, en posant $\frac{1}{2}t = p$ et $\frac{t_1}{2\varrho^2} = q$, il s'ensuit que

toute fonction de cinq quantités qui a deux valeurs différentes pourra être mise sous la forme $p + q\varrho$, où p et q sont deux fonctions symétriques et $\varrho = (x_1 - x_2)(x_1 - x_3) \ldots (x_4 - x_5)$.

Pour atteindre notre but nous avons encore besoin de la forme générale des fonctions de cinq quantités qui ont cinq valeurs différentes. On peut la trouver comme il suit:

Soit v une fonction rationnelle des quantités x_1, x_2, x_3, x_4, x_5, qui ait la propriété d'être invariable lorsqu'on échange entre elles quatre des cinq quantités, par exemple x_2, x_3, x_4, x_5. Dans cette condition v sera évidemment symétrique par rapport à x_2, x_3, x_4, x_5. On peut donc exprimer v par une fonction rationnelle de x_1 et par des fonctions symétriques de x_2, x_3, x_4, x_5. Mais toute fonction symétrique de ces quantités peut s'exprimer par une fonction rationnelle des coefficiens d'une équation du quatrième degré, dont les racines sont x_2, x_3, x_4, x_5. Donc en posant

$$(x - x_2)(x - x_3)(x - x_4)(x - x_5) = x^4 - px^3 + qx^2 - rx + s;$$

la fonction v peut s'exprimer rationnellement en x_1, p, q, r, s. Mais si l'on pose

$$(x - x_1)(x - x_2)(x - x_3)(x - x_4)(x - x_5) = x^5 - ax^4 + bx^3 - cx^2 + dx - e,$$

on aura

$$\begin{aligned}(x - x_1)(x^4 - px^3 + qx^2 - rx + s) &= x^5 - ax^4 + bx^3 - cx^2 + dx - e \\ &= x^5 - (p + x_1)x^4 + (q + px_1)x^3 - (r + qx_1)x^2 + (s + rx_1)x - sx_1,\end{aligned}$$

d'où l'on tire

$$\begin{aligned} p &= a - x_1, \\ q &= b - ax_1 + x_1^2, \\ r &= c - bx_1 + ax_1^2 - x_1^3, \\ s &= d - cx_1 + bx_1^2 - ax_1^3 + x_1^4; \end{aligned}$$

la fonction v peut donc s'exprimer rationnellement en x_1, a, b, c, d.

Il suit de là que la fonction v peut être mise sous la forme

$$v = \frac{t}{\varphi x_1},$$

où t et φx_1 sont deux fonctions entières de x_1, a, b, c, d. En multipliant le numérateur et le dénominateur de cette fonction par $\varphi x_2 . \varphi x_3 . \varphi x_4 . \varphi x_5$, on aura

$$v = \frac{t . \varphi x_2 . \varphi x_3 . \varphi x_4 . \varphi x_5}{\varphi x_1 . \varphi x_2 . \varphi x_3 . \varphi x_4 . \varphi x_5}.$$

Or $\varphi x_2 . \varphi x_3 . \varphi x_4 . \varphi x_5$ est, comme on le voit, une fonction entière et symétrique de x_2, x_3, x_4, x_5. On peut donc exprimer ce produit en fonction entière de p, q, r, s et par suite en fonction entière de x_1, a, b, c, d. Le numérateur de la fraction ci-dessus est donc une fonction entière des mêmes quantités; le dénominateur est une fonction symétrique de x_1, x_2, x_3, x_4, x_5 et par conséquent il peut s'exprimer en fonction rationnelle de a, b, c, d, e. On peut donc poser

$$v = r_0 + r_1 x_1 + r_2 x_1^2 + \cdots + r_m x_1^m.$$

En multipliant l'équation

$$x_1^5 = a x_1^4 - b x_1^3 + c x_1^2 - d x_1 + e$$

successivement par x_1, $x_1^2 \ldots x_1^{m-5}$, il est clair qu'on obtiendra $m-4$ équations, desquelles on tirera pour x_1^5, $x_1^6 \ldots x_1^m$ des expressions de la forme

$$\alpha + \beta x_1 + \gamma x_1^2 + \delta x_1^3 + \varepsilon x_1^4,$$

où α, β, γ, δ, ε sont des fonctions rationnelles de a, b, c, d, e.

On peut donc réduire v à la forme

$$\text{(a)} \qquad v = r_0 + r_1 x_1 + r_2 x_1^2 + r_3 x_1^3 + r_4 x_1^4,$$

où r_0, r_1, r_2 etc. sont des fonctions rationnelles de a, b, c, d, e, c'est-à-dire des fonctions symétriques de x_1, x_2, x_3, x_4, x_5.

Voilà la forme générale des fonctions qui ne sont pas altérées lorsqu'on y échange entre elles les quantités x_2, x_3, x_4, x_5. Ou elles ont cinq valeurs différentes, ou elles sont symétriques.

Soit maintenant v une fonction rationnelle de x_1, x_2, x_3, x_4, x_5, qui ait les cinq valeurs suivantes v_1, v_2, v_3, v_4, v_5. Considérons la fonction $x_1^m v$. En y échangeant entre elles de toutes les manières possibles les quatre quantités x_2, x_3, x_4, x_5, la fonction $x_1^m v$ aura toujours une des valeurs suivantes

$$x_1^m v_1, \quad x_1^m v_2, \quad x_1^m v_3, \quad x_1^m v_4, \quad x_1^m v_5.$$

Or je dis, que le nombre des valeurs distinctes de $x_1^m v$ résultant de ces changements sera moindre que cinq. En effet, si toutes les cinq valeurs avaient lieu, on tirerait de ces valeurs en échangeant x_1 successivement avec x_2, x_3, x_4, x_5, 20 valeurs nouvelles, qui seraient nécessairement différentes entre elles et des précédentes. La fonction aurait donc en tout 25 valeurs différentes, ce qui est impossible, car 25 n'est pas diviseur du produit 1.2.3.4.5. En désignant donc par μ le nombre des valeurs que peut prendre v lorsqu'on y échange entre elles les quantités x_2, x_3, x_4, x_5 de toutes les manières possibles, μ doit avoir l'une des quatre valeurs suivantes 1, 2, 3, 4.

1. Soit $\mu=1$, d'après ce qui précède v sera de la forme (a).

2. Soit $\mu=4$, la somme $v_1+v_2+v_3+v_4$ sera une fonction de la forme (a). Or on a $v_5=(v_1+v_2+v_3+v_4+v_5)-(v_1+v_2+v_3+v_4)=$ une fonction symétrique moins $(v_1+v_2+v_3+v_4)$; donc v_5 est de la forme (a).

3. Soit $\mu=2$, v_1+v_2 sera une fonction de la forme (a). Soit donc

$$v_1+v_2=r_0+r_1x_1+r_2x_1^2+r_3x_1^3+r_4x_1^4=\varphi x_1.$$

En échangeant successivement x_1 avec x_2, x_3, x_4, x_5, on aura

$$\begin{aligned} v_1 &+v_2=\varphi x_1, \\ v_2 &+v_3=\varphi x_2, \\ &\cdots\cdots\cdots \\ v_{m-1}&+v_m=\varphi x_{m-1}, \\ v_m &+v_1=\varphi x_m, \end{aligned}$$

où m est un des nombres 2, 3, 4, 5. Pour $m=2$, on aura $\varphi x_1=\varphi x_2$, ce qui est impossible, car le nombre des valeurs de φx_1 doit être cinq. Pour $m=3$ on aura

$$v_1+v_2=\varphi x_1, \quad v_2+v_3=\varphi x_2, \quad v_3+v_1=\varphi x_3,$$

d'où l'on tire

$$2v_1=\varphi x_1-\varphi x_2+\varphi x_3.$$

Mais le second membre de cette équation a plus de 5 valeurs, car il en a 30. On prouvera de la même manière que m ne peut être égal à 4 ni à 5. Il suit de là que μ n'est pas égal à 2.

4. Soit $\mu=3$. Dans ce cas $v_1+v_2+v_3$ et par conséquent $v_4+v_5=(v_1+v_2+v_3+v_4+v_5)-(v_1+v_2+v_3)$ aura cinq valeurs. Mais on vient de voir que cette supposition est inadmissible. Donc μ ne peut non plus être égal à 3.

De tout cela on déduit ce théorème:

Toute fonction rationnelle de cinq quantités, qui a cinq valeurs différentes, aura nécessairement la forme

$$r_0+r_1x+r_2x^2+r_3x^3+r_4x^4,$$

où r_0, r_1, r_2 etc. sont des fonctions symétriques, et x l'une quelconque des cinq quantités.

De l'équation

$$r_0+r_1x+r_2x^2+r_3x^3+r_4x^4=v$$

on déduira aisément, en faisant usage de l'équation proposée, pour la valeur de x, une expression de la forme suivante

$$x=s_0+s_1v+s_2v^2+s_3v^3+s_4v^4,$$

où s_0, s_1, s_2 etc., de même que r_0, r_1, r_2 etc., sont des fonctions symétriques.

Soit v une fonction rationnelle qui ait m valeurs différentes v_1, v_2, $v_3 \ldots v_m$. En posant

$$\begin{aligned}&(v-v_1)(v-v_2)(v-v_3)\ldots(v-v_m)\\ &=q_0+q_1v+q_2v^2+\cdots+q_{m-1}v^{m-1}+v^m=0,\end{aligned}$$

on sait que q_0, q_1, $q_2 \ldots$ sont des fonctions symétriques, et que les m racines de l'équation sont v_1, v_2, $v_3 \ldots v_m$. Or je dis, qu'il est impossible d'exprimer la valeur de v comme racine d'une équation de la même forme, mais d'un degré moins élevé. En effet soit

$$t_0+t_1v+t_2v^2+\cdots+t_{\mu-1}v^{\mu-1}+v^\mu=0$$

une telle équation, t_0, t_1 etc. étant des fonctions symétriques, et soit v_1 une valeur de v qui satisfasse à cette équation, on aura

$$v^\mu+t_{\mu-1}v^{\mu-1}+\cdots=(v-v_1)P_1.$$

En échangeant entre eux les élémens de la fonction, on trouvera la série suivante d'équations:

$$\begin{aligned}v^\mu+t_{\mu-1}v^{\mu-1}+\cdots&=(v-v_2)P_2,\\ v^\mu+t_{\mu-1}v^{\mu-1}+\cdots&=(v-v_3)P_3,\\ \ldots\ldots\ldots&\ldots\ldots\\ v^\mu+t_{\mu-1}v^{\mu-1}+\cdots&=(v-v_m)P_m.\end{aligned}$$

On en conclut que $v - v_1$, $v - v_2$, $v - v_3 \ldots v - v_m$ seront des facteurs de $v^\mu + t_{\mu-1} v^{\mu-1} + \cdots$ et que par conséquent μ doit nécessairement être égal à m. On en tire le théorème suivant:

Lorsqu'une fonction de plusieurs quantités a m valeurs différentes, on peut toujours trouver une équation du degré m, dont les coefficiens soient des fonctions symétriques, et qui ait ces valeurs pour racines; mais il est impossible de trouver une équation de la même forme d'un degré moins élevé qui ait une ou plusieurs de ces valeurs pour racines.

§ IV.

Démonstration de l'impossibilité de la résolution générale de l'équation du cinquième degré.

En vertu des propositions trouvées plus haut on peut énoncer ce théorème:

"Il est impossible de résoudre en général les équations du cinquième "degré."

D'après le § II, toutes les fonctions algébriques dont une expression algébrique des racines est composée, peuvent s'exprimer par des fonctions rationnelles des racines de l'équation proposée.

Comme il est impossible d'exprimer d'une manière générale la racine d'une équation par une fonction rationnelle des coefficiens, on doit avoir

$$R^{\frac{1}{m}} = v,$$

où m est un nombre premier et R une fonction rationnelle des coefficiens de l'équation proposée, c'est-à-dire une fonction symétrique des racines; est une fonction rationnelle des racines. On en conclut

$$v^m - R = 0.$$

En vertu du § II, il est impossible d'abaisser le degré de cette équation; la fonction v doit donc, d'après le dernier théorème du paragraphe précédent, avoir m valeurs différentes. Le nombre m devant être diviseur du produit $1.2.3.4.5$, ce nombre peut être égal à 2 ou à 3 ou à 5. Or (§ III) il n'existe pas de fonction de cinq variables qui ait 3 valeurs: il faut donc qu'on ait $m = 5$, ou $m = 2$. Soit $m = 5$, on aura, ainsi qu'il résulte du paragraphe précédent

$$\sqrt[5]{R} = r_0 + r_1 x + r_2 x^2 + r_3 x^3 + r_4 x^4,$$

d'où

$$x = s_0 + s_1 R^{\frac{1}{5}} + s_2 R^{\frac{2}{5}} + s_3 R^{\frac{3}{5}} + s_4 R^{\frac{4}{5}}.$$

On en tire (§ II)

$$s_1 R^{\frac{1}{5}} = \tfrac{1}{5}(x_1 + \alpha^4 x_2 + \alpha^3 x_3 + \alpha^2 x_4 + \alpha x_5)$$

où $\alpha^5 = 1$. Cette équation est impossible, attendu que le second membre a 120 valeurs et que pourtant il doit être racine d'une équation du cinquième degré $z^5 - s_1^5 R = 0$. On doit donc avoir $m = 2$.

On aura donc (§ II)

$$\sqrt{R} = p + qs,$$

où p et q sont des fonctions symétriques, et

$$s = (x_1 - x_2) \ldots (x_4 - x_5).$$

On en tire, en échangeant x_1 et x_2 entre eux,

$$-\sqrt{R} = p - qs,$$

d'où l'on déduit $p = 0$ et $\sqrt{R} = qs$. On voit par là, que toute fonction algébrique du premier ordre qui se trouve dans l'expression de la racine, doit nécessairement avoir la forme $\alpha + \beta\sqrt{s^2} = \alpha + \beta s$, où α et β sont des fonctions symétriques. Or il est impossible d'exprimer les racines par une fonction de la forme $\alpha + \beta\sqrt{R}$; il doit donc y avoir une équation de la forme

$$\sqrt[m]{\alpha + \beta\sqrt{s^2}} = r,$$

où α et β ne sont pas nuls, m est un nombre premier, α et β sont des fonctions symétriques, et r est une fonction rationnelle des racines. Cela donne

$$\sqrt[m]{\alpha + \beta s} = v_1, \quad \sqrt[m]{\alpha - \beta s} = v_2,$$

où v_1 et v_2 sont des fonctions rationnelles. On aura en multipliant v_1 par v_2,

$$v_1 v_2 = \sqrt[m]{\alpha^2 - \beta^2 s^2}.$$

Or $\alpha^2 - \beta^2 s^2$ est une fonction symétrique. Si maintenant $\sqrt[m]{\alpha^2 - \beta^2 s^2}$

n'est pas une fonction symétrique, le nombre m, d'après ce qui précède, doit être égal à deux. Mais dans ce cas v sera égal à $\sqrt{\alpha+\beta\sqrt{s^2}}$; v aura donc quatre valeurs différentes, ce qui est impossible.

Il faut donc que $\sqrt[m]{\alpha^2-\beta^2 s^2}$ soit une fonction symétrique. Soit γ cette fonction, on aura

$$v_2 v_1 = \gamma, \quad \text{et} \quad v_2 = \frac{\gamma}{v_1}.$$

Soit

$$v_1 + v_2 = \sqrt[m]{\alpha+\beta\sqrt{s^2}} + \frac{\gamma}{\sqrt[m]{\alpha+\beta\sqrt{s^2}}} = p = \sqrt[m]{R} + \frac{\gamma}{\sqrt[m]{R}} = R^{\frac{1}{m}} + \frac{\gamma}{R} R^{\frac{m-1}{m}}$$

Désignons par $p_1, p_2, p_3 \ldots p_m$ les valeurs différentes de p qui résultent de la substitution successive de $\alpha R^{\frac{1}{m}}$, $\alpha^2 R^{\frac{1}{m}}$, $\alpha^3 R^{\frac{1}{m}} \ldots \alpha^{m-1} R^{\frac{1}{m}}$ à la place de $R^{\frac{1}{m}}$, α satisfaisant à l'équation

$$\alpha^{m-1} + \alpha^{m-2} + \cdots + \alpha + 1 = 0,$$

et faisons le produit

$$(p-p_1)(p-p_2)\ldots(p-p_m) = p^m - Ap^{m-1} + A_1 p^{m-2} - \cdots = 0.$$

On voit sans peine que A, A_1 etc. sont des fonctions rationnelles des coefficiens de l'équation proposée et par conséquent des fonctions symétriques des racines. Cette équation est évidemment irréductible. Il faut donc d'après le dernier théorème du paragraphe précédent que p, consideré comme fonction des racines, ait m valeurs différentes. On en conclut que $m=5$. Mais dans ce cas p sera de la forme (a) du paragraphe précédent. Donc on aura

$$\sqrt[5]{R} + \frac{\gamma}{\sqrt[5]{R}} = r_0 + r_1 x + r_2 x^2 + r_3 x^3 + r_4 x^4 = p,$$

d'où

$$x = s_0 + s_1 p + s_2 p^2 + s_3 p^3 + s_4 p^4,$$

c'est-à-dire, en mettant $R^{\frac{1}{5}} + \frac{\gamma}{R} R^{\frac{4}{5}}$ à la place de p,

$$x = t_0 + t_1 R^{\frac{1}{5}} + t_2 R^{\frac{2}{5}} + t_3 R^{\frac{3}{5}} + t_4 R^{\frac{4}{5}}$$

où t_0, t_1, t_2 etc. sont des fonctions rationnelles de R et des coefficiens de l'équation proposée. On en tire (§ II)

$$t_1 R^{\frac{1}{5}} = \tfrac{1}{5}(x_1 + \alpha^4 x_2 + \alpha^3 x_3 + \alpha^2 x_4 + \alpha x_5) = p',$$

où

$$\alpha^4 + \alpha^3 + \alpha^2 + \alpha + 1 = 0.$$

De l'équation $p' = t_1 R^{\frac{1}{5}}$ on tire $p'^5 = t_1^5 R$. Or $t_1^5 R$ étant de la forme $u + u'\sqrt{s^2}$ on aura $p'^5 = u + u'\sqrt{s^2}$, ce qui donne

$$(p'^5 - u)^2 = u'^2 s^2.$$

Cette équation donne p' par une équation du dixième degré, dont tous les coefficiens sont des fonctions symétriques; mais d'après le dernier théorème du paragraphe précédent cela est impossible; car puisque

$$p' = \tfrac{1}{5}(x_1 + \alpha^4 x_2 + \alpha^3 x_3 + \alpha^2 x_4 + \alpha x_5),$$

p' aurait 120 valeurs différentes, ce qui est une contradiction.

Nous concluons donc qu'il est impossible de résoudre algébriquement l'équation générale du cinquième degré.

Il suit immédiatement de ce théorème, qu'il est de même impossible de résoudre algébriquement les équations générales des degrés supérieurs au cinquième. Donc les équations des quatre premiers degrés sont les seules qui puissent être résolues algébriquement d'une manière générale.

APPENDICE.

ANALYSE DU MÉMOIRE PRÉCÉDENT.

Bulletin des sciences math., astr., phys. et chim. publié par le Bon *de Férussac*, t. 6, p. 347; Paris 1826.

L'auteur démontre, dans ce mémoire, qu'il est impossible de résoudre algébriquement l'équation générale du cinquième degré; car toute fonction algébrique des coefficiens de la proposée, étant substituée à la place de l'inconnue, conduit à une absurdité. Dans un premier paragraphe, l'auteur cherche l'expression générale des fonctions algébriques de plusieurs quantités, d'après la définition qu'une fonction algébrique résulte, 1° d'additions, 2° de multiplications, 3° de divisions, et 4° d'extractions de racines dont les exposans sont des nombres *premiers*. Les soustractions, les élévations aux puissances et l'extraction des racines avec des exposans *composés* rentrent dans les opérations précédentes. D'où il résulte, 1° que toute fonction *rationnelle et entière* des quantités x_1, x_2, x_3 etc. c'est-à-dire, toute fonction qui peut être formée au moyen des *deux* premières opérations mentionnées, peut s'exprimer par une somme d'un nombre *fini* de termes de la forme $Ax_1^{m_1}x_2^{m_2}\ldots$, A étant une constante et $m_1, m_2, \ldots$ des nombres entiers; 2° que toute fonction *rationnelle* des mêmes quantités, c'est-à-dire, toute fonction qui peut être formée au moyen des *trois* premières opérations, peut s'exprimer par un quotient de deux fonctions *entières:* 3° que toute fonction algébrique peut être formée par des répétitions des opérations indiquées par

$$(1) \qquad p' = f(x_1, x_2, x_3 \ldots \, p_1^{\frac{1}{n_1}}, p_2^{\frac{1}{n_2}}, \ldots),$$

où f désigne une fonction rationnelle des quantités entre les parenthèses; $p_1, p_2, \ldots$ des fonctions rationnelles de $x_1, x_2 \ldots$, et $n_1, n_2 \ldots$ des nombres premiers. On nommera, pour abréger, *fonction algébrique du premier ordre*, une fonction telle que p'. Si maintenant on formait une nouvelle fonction dans laquelle des fonctions du premier ordre entrassent de la même manière que $p_1, p_2 \ldots$ entrent dans p', on aurait une *fonction algébrique du second ordre:* et, en général, une fonction de l'ordre μ serait celle qui pourrait contenir des fonctions de tous les ordres, jusqu'à l'ordre $\mu - 1$, combinées entre elles *algébriquement*. Bien entendu que cette fonction de l'ordre μ ne peut pas s'abaisser à un ordre inférieur, par des réductions des fonctions qui la composent. En outre, si cette même fonction de l'ordre μ contient m quantités de cet ordre, on dira qu'elle est du $m^{\text{ième}}$ *degré:* et en la désignant par v, on pourra poser

$$(2) \qquad v = q_0 + p^{\frac{1}{n}} + q_2 p^{\frac{2}{n}} + \cdots + q_{n-1} p^{\frac{n-1}{n}}$$

c'est-à-dire que l'on a ce premier *théorème: Toute fonction algébrique v de l'ordre μ et du degré m, peut être représentée par la formule* (2), *où n est un nombre premier, $q_0, q_2, \ldots q_{n-1}$ des fonctions algébriques de l'ordre μ et du degré $m - 1$ tout au plus, et p une fonction algébrique de l'ordre $\mu - 1$,* *telle qu'il est impossible d'exprimer* $p^{\frac{1}{n}}$ *par une fonction rationnelle de* p, q_0, $q_2 \ldots q_{n-1}$.

Après avoir ainsi trouvé l'expression générale des fonctions algébriques, l'auteur considère, dans un deuxième paragraphe, une équation quelconque dont les coefficiens sont des fonctions rationnelles des quantités $x_1, x_2 \ldots\ldots$ et qu'on suppose résoluble algébriquement. En désignant donc par y l'inconnue, et par

(3) $$\varphi(x_1, x_2, x_3 \ldots\ldots y) = 0$$

l'équation même, il faut que le premier membre se réduise à zéro, en mettant pour y une certaine fonction de la forme (2). Par cette substitution l'équation (3) se changera en une autre de la forme

(4) $$r_0 + r_1 p^{\frac{1}{n}} + r_2 p^{\frac{2}{n}} + \cdots\cdots + r_{n-1} p^{\frac{n-1}{n}} = 0,$$

où $r_0, r_1, r_2, r_3 \ldots$ sont des fonctions rationnelles de $x_1, x_2, x_3 \ldots$ et de q_0, $q_2, q_3 \ldots$ Cette équation entraine les suivantes:

(5) $$r_0 = 0,\; r_1 = 0,\; r_2 = 0,\; \ldots\ldots r_{n-1} = 0;$$

car dans le cas contraire, l'équation (4) pourrait donner la valeur de $p^{\frac{1}{n}}$ en fonction *rationnelle* de p, r_0, $r_1 \ldots r_{n-1}$, ce qui est contre l'énoncé du théorème précédent. Si les équations (5) ont lieu, l'équation (4) et par suite l'équation (3), seront de même satisfaites par toutes les valeurs de y qu'on obtiendra en mettant, au lieu de $p^{\frac{1}{n}}$ les $n-1$ valeurs $\alpha p^{\frac{1}{n}}, \alpha^2 p^{\frac{1}{n}}, \ldots\ldots \alpha^{n-1} p^{\frac{1}{n}}$, où α est une racine imaginaire de l'unité. Par là on aura les valeurs de n racines de l'équation (3), savoir

$$y_1 = q_0 + p^{\frac{1}{n}} + q_2 p^{\frac{2}{n}} + \cdots + q_{n-1} p^{\frac{n-1}{n}},$$

$$y_2 = q_0 + \alpha p^{\frac{1}{n}} + \alpha^2 q_2 p^{\frac{2}{n}} + \cdots + \alpha^{n-1} q_{n-1} p^{\frac{n-1}{n}},$$

$$\cdots\cdots\cdots\cdots\cdots\cdots\cdots\cdots$$

$$y_n = q_0 + \alpha^{n-1} p^{\frac{1}{n}} + \alpha^{n-2} q_2 p^{\frac{2}{n}} + \cdots + \alpha q_{n-1} p^{\frac{n-1}{n}};$$

ces équations donnent les n quantités $p^{\frac{1}{n}}$, q_0, $q_2 \ldots q_{n-1}$ en fonctions *rationnelles* des racines $y_1, y_2 \ldots y_n$.

Si maintenant $fx = 0$ est une équation algébrique générale, résoluble *algébriquement*, et $x_1, x_2 \ldots$ les racines de cette équation, on doit avoir

$$x = s_0 + v^{\frac{1}{n}} + s_2 v^{\frac{2}{n}} + \cdots + s_{n-1} v^{\frac{n-1}{n}},$$

cette formule étant analogue à la formule (2). D'après ce qu'on vient de voir $v^{\frac{1}{n}}$, s_0, $s_2 \ldots s_{n-1}$ seront des fonctions rationnelles des racines de l'équation proposée. Cela posé, considérons l'une quelconque des quantités v, s_0, $s_2 \ldots s_{n-1}$, par exemple v; en désignant par n' le nombre de toutes les valeurs *différentes* de v, qu'on obtiendra en échangeant entre elles de toutes les manières possibles les racines de l'équation proposée, on peut former une équation du degré n' qui ait toutes ces valeurs pour racines, et dont les coefficiens soient des fonctions rationnelles et symétriques des valeurs de v, et par suite des fonctions rationnelles de x_1, $x_2 \ldots$ En faisant donc

$$v = t_0 + u^{\frac{1}{\nu}} + t_2 u^{\frac{2}{\nu}} + \cdots + t_{\nu-1} u^{\frac{\nu-1}{\nu}},$$

toutes les quantités u, t_0, $t_2 \ldots t_{\nu-1}$ seront des fonctions rationnelles des valeurs de v, et par suite de x_1, $x_2 \ldots$ En poursuivant ce raisonnement, on établira le théorème suivant:

Deuxième théorème: Si une équation algébrique est résoluble algébriquement, on peut toujours donner à la racine une forme telle, que toutes les expressions algébriques dont elle est composée pourront s'exprimer par des fonctions rationnelles des racines de l'équation proposée.

Dans le troisième paragraphe on démontre, d'après un mémoire de M. *Cauchy*, inséré dans le cahier XVIIe du *Journal de l'École Polytechnique*, que, 1° le nombre des valeurs d'une fonction rationnelle de n quantités, ne peut s'abaisser au-dessous du plus grand nombre premier contenu dans n, sans devenir égal à 2 ou à 1; 2° que toute fonction rationnelle qui a deux valeurs différentes aura la forme

$$p + q(x_1 - x_2)(x_1 - x_3) \cdots (x_2 - x_3) \cdots (x_3 - x_4) \cdots$$

et que, si elle contient 5 quantités, elle deviendra

$$p + q(x_1 - x_2)(x_1 - x_3)(x_1 - x_4)(x_1 - x_5)(x_2 - x_3)(x_2 - x_4)$$
$$(x_2 - x_5)(x_3 - x_4)(x_3 - x_5)(x_4 - x_5),$$

où p et q sont des fonctions invariables.

On démontre ensuite que toute fonction rationnelle de cinq quantités qui a cinq valeurs différentes peut être mise sous la forme

$$v = r_0 + r_1 x + r_2 x^2 + r_3 x^3 + r_4 x^4,$$

où $r_0, r_1 \dots r_4$ sont des fonctions invariables, et x une des cinq quantités en question.

En combinant cette équation avec l'équation

$$(x - x_1)(x - x_2)(x - x_3)(x - x_4)(x - x_5) \\ = x^5 - ax^4 + bx^3 - cx^2 + dx - e = 0,$$

on en peut tirer les valeurs de x sous la forme

$$x = s_0 + s_1 v + s_2 v^2 + s_3 v^3 + s_4 v^4,$$

$s_0, s_1 \dots$ étant des fonctions invariables de $x_1, x_2 \dots$ Finalement on arrive à ce théorème connu: *Troisième théorème: Si une fonction rationnelle de plusieurs quantités $x_1, x_2 \dots$ a m valeurs différentes, on pourra toujours trouver une équation du degré m dont tous les coefficiens sont des fonctions invariables de $x_1, x_2 \dots$ et qui ont les m valeurs de la fonction pour racines; mais il est impossible de trouver une équation de la même forme d'un degré moins élevé, qui aura une ou plusieurs de ces valeurs pour racines.*

Au moyen des théorèmes établis dans les trois premiers paragraphes, l'auteur démontre ensuite, dans le quatrième, qu'il est impossible de résoudre algébriquement l'équation générale du cinquième degré.

En effet, en supposant que l'équation générale du cinquième degré soit résoluble algébriquement, on pourra, en vertu du théorème (1), exprimer toutes les fonctions algébriques dont une racine est composée, par des fonctions rationnelles des racines; donc, puisqu'il est impossible d'exprimer une racine d'une équation générale par une fonction rationnelle des coefficiens, il faut qu'on ait

$$R^{\frac{1}{m}} = v,$$

où $R^{\frac{1}{m}}$ est une des fonctions du premier ordre qui se trouvent dans l'expression de la racine, R étant une fonction rationnelle des coefficiens de l'équation proposée, c'est-à-dire, une fonction invariable des racines, et v une fonction rationnelle des mêmes racines. Cette équation donne $v^m - R = 0$; et pour v, m valeurs différentes, résultant du changement des racines entre elles. Maintenant le nombre des valeurs d'une fonction rationnelle de cinq variables, doit être diviseur du produit 2. 3. 4. 5; il faut donc que m, qui est un nombre premier, soit un des trois nombres 2, 3, 5; mais selon le théorème cité de M. *Cauchy*, le nombre 3 sera exclu, et par conséquent il ne restera pour m que les deux valeurs 5 et 2.

1. Soit d'abord $m=5$; on aura, d'après ce qu'on a vu précédemment,

$$v=R^{\frac{1}{5}}=r_0+r_1x+r_2x^2+r_3x^3+r_4x^4,$$

et de là

$$x=s_0+s_1R^{\frac{1}{5}}+s_2R^{\frac{2}{5}}+s_3R^{\frac{3}{5}}+s_4R^{\frac{4}{5}},$$

s_0, s_1, ... étant, de même que R, des fonctions invariables des racines. Cette valeur donne, selon ce qui a été établi dans le deuxième paragraphe, pour $s_1R^{\frac{1}{5}}$, une fonction rationnelle des racines, savoir:

$$s_1R^{\frac{1}{5}}=\tfrac{1}{5}(x_1+\alpha^4x_2+\alpha^3x_3+\alpha^2x_4+\alpha x_5)=z,$$

α étant une racine imaginaire de l'équation $\alpha^5-1=0$; mais cela est impossible, car le second membre a 120 valeurs différentes, tandis qu'il doit être racine de l'équation $z^5-s_1^5R=0$, qui n'est que du cinquième degré. Le nombre m ne peut donc être égal à 5.

2. Soit $m=2$. Alors v aura deux valeurs qui, selon ce que M. *Cauchy* a démontré, doivent avoir la forme

$$v=p+qs=\sqrt{R},$$

où

$$s=(x_1-x_2)(x_1-x_3)\cdots(x_4-x_5),$$

et p et q sont des fonctions invariables.

En échangeant entre elles les deux racines x_1 et x_2, on aura $p-qs=-\sqrt{R}$, et par conséquent $p=0$, et par suite

$$\sqrt{R}=qs.$$

De là il suit que toutes les fonctions algébriques du premier ordre qui se trouvent dans l'expression de la racine, doivent être de la forme $\alpha+\beta\sqrt{s^2}$, où α et β sont des fonctions invariables. Maintenant il est impossible d'exprimer une racine de l'équation générale du cinquième degré, par une fonction de cette forme; par conséquent il faut qu'il y ait, dans l'expression de la racine, des fonctions du deuxième ordre, et qui doivent contenir un radical de la forme

$$\sqrt[m]{\alpha+\beta\sqrt{s^2}}=v,$$

où β n'est pas égal à zéro; m est un nombre premier et v une fonction rationnelle des racines. En changeant x_1 en x_2 on aura

$$\sqrt[m]{\alpha-\beta\sqrt{s^2}}=v_1,$$

ce qui donne $vv_1=\sqrt[m]{\alpha^2-\beta^2s^2}$. Maintenant $\alpha^2-\beta^2s^2$ est une fonction invariable; si donc vv_1 n'est pas de même une fonction invariable, il faut que m soit égal à 2; mais alors on aura $v=\sqrt{\alpha+\beta\sqrt{s^2}}$, ce qui donne pour v quatre valeurs différentes; or cela est impossible: donc il faut que vv_1 soit une fonction invariable. Soit cette fonction représentée par γ, on aura $v_1=\frac{\gamma}{v}$. Cela posé, considérons l'expression

$$v+v_1=\sqrt[m]{\alpha+\beta\sqrt{s^2}}+\frac{\gamma}{\sqrt[m]{\alpha+\beta\sqrt{s^2}}}=p=\sqrt[m]{R}+\frac{\gamma}{\sqrt[m]{R}}.$$

Cette valeur de p peut être racine d'une équation du $m^{\text{ième}}$ degré, et, comme cette équation sera nécessairement irréductible, p aura m valeurs différentes; donc m sera égal à 5.

Alors on aura

$$R^{\frac{1}{5}}+\gamma R^{-\frac{1}{5}}=r_0+r_1x+r_2x^2+r_3x^3+r_4x^4=p,$$

d'où

$$x=s_0+s_1p+\cdots+s_4p^4=t_0+t_1R^{\frac{1}{5}}+t_2R^{\frac{2}{5}}+t_3R^{\frac{3}{5}}+t_4R^{\frac{4}{5}},$$

t_0, t_1 ... t_4 étant des fonctions invariables. De là on tire, comme auparavant,

$$t_1R^{\frac{1}{5}}=\tfrac{1}{5}(x_1+\alpha^4x_2+\alpha^3x_3+\alpha^2x_4+\alpha x_5)=y,$$

$$y^5=t_1^5R=t_1^5(\alpha+\beta\sqrt{s^2}),$$

et

$$(y^5-\alpha t_1^5)^2-t_1^{10}\beta^2s^2=0.$$

Cette équation, dont les coefficiens sont des fonctions invariables, est du dixième degré par rapport à y; mais cela est contraire au théorème (3), parce que y a 120 valeurs différentes.

Nous concluons donc en dernier lieu, qu'il est impossible de résoudre algébriquement l'équation *générale* du cinquième degré. De là il suit immédiatement qu'il est, en général, impossible de résoudre algébriquement les équations générales d'un degré supérieur au quatrième.

VIII.

REMARQUE SUR LE MÉMOIRE N° 4 DU PREMIER CAHIER DU JOURNAL DE M. CRELLE.

Journal für die reine und angewandte Mathematik, herausgegeben von *Crelle*, Bd. I, Berlin 1826.

L'objet du mémoire est de trouver l'effet d'une force sur trois points donnés. Les résultats de l'auteur sont très justes, quand les trois points ne sont pas placés sur une même ligne droite; mais dans ce cas ils ne le sont pas. Les trois équations, par lesquelles les trois inconnues Q, Q', Q'' se déterminent, sont les suivantes

$$(1)\qquad \begin{cases} P = Q + Q' + Q'', \\ Q'b\sin\alpha = Q''c\sin\beta, \\ Qa\sin\alpha = -Q''c\sin(\alpha+\beta). \end{cases}$$

Celles-ci ont lieu pour des valeurs quelconques de P, a, b, c, α et β. Elles donnent en général, comme l'auteur l'a trouvé,

$$(2)\qquad \begin{cases} Q = -\dfrac{bc\sin(\alpha+\beta)}{r}P, \\ Q' = \dfrac{ac\sin\beta}{r}P, \\ Q'' = \dfrac{ab\sin\alpha}{r}P, \end{cases}$$

où

$$r = ab\sin\alpha + ac\sin\beta - bc\sin(\alpha+\beta).$$

Or les équations (2) cessent d'être déterminées lorsque l'une ou l'autre des quantités Q, Q', Q'' prend la forme $\frac{0}{0}$, ce qui a lieu, comme on le voit aisément pour

$$\alpha=\beta=180^0.$$

Dans ce cas il faut recourir aux équations fondamentales (1), qui donnent alors

$$P=Q+Q'+Q'',$$
$$Q'b\sin 180^0=Q''c\sin 180^0,$$
$$Qa\sin 180^0=-Q''c\sin 360^0.$$

Or les deux dernières équations sont identiques puisque

$$\sin 180^0=\sin 360^0=0.$$

Donc dans le cas où

$$\alpha=\beta=180^0,$$

il n'existe qu'une seule équation, savoir

$$P=Q+Q'+Q'',$$

et, par suite, les valeurs de Q, Q', Q'' ne peuvent alors se tirer des équations établies par l'auteur.

IX.

RÉSOLUTION D'UN PROBLÈME DE MECANIQUE.

Journal für die reine und angewandte Mathematik, herausgegeben von *Crelle*, Bd. I, Berlin 1826.

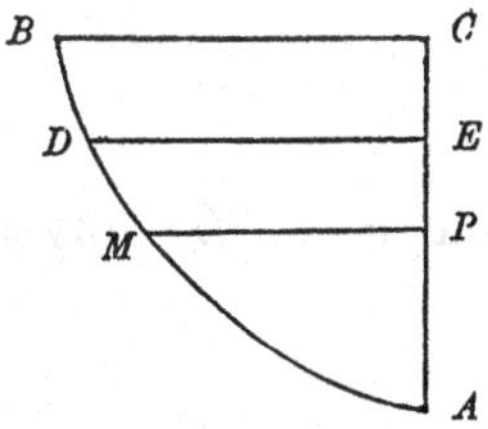

Soit $BDMA$ une courbe quelconque. Soit BC une droite horizontale et CA une droite verticale. Supposons qu'un point sollicité par la pesanteur se meuve sur la courbe, un point quelconque D étant son point de départ. Soit τ le temps qui s'est écoulé quand le mobile est parvenu à un point donné A, et soit a la hauteur EA. La quantité τ sera une certaine fonction de a, qui dépendra de la forme de la courbe. Réciproquement la forme de la courbe dépendra de cette fonction. Nous allons examiner comment, à l'aide d'une intégrale définie, on peut trouver l'équation de la courbe pour laquelle τ est une fonction continue donnée de a.

Soit $AM = s$, $AP = x$, et soit t le temps que le mobile emploie à parcourir l'arc DM. D'après les règles de la mécanique on a $-\frac{ds}{dt} = \sqrt{a-x}$, donc $dt = -\frac{ds}{\sqrt{a-x}}$. Il s'ensuit, lorsqu'on prend l'intégrale depuis $x=a$ jusqu'à $x=0$,

$$\tau = -\int_a^0 \frac{ds}{\sqrt{a-x}} = \int_0^a \frac{ds}{\sqrt{a-x}},$$

$\int_\alpha^\beta$ désignant que les limites de l'intégrale sont $x=\alpha$ et $x=\beta$. Soit maintenant

$$\tau = \varphi a$$

la fonction donnée, on aura

$$\varphi a = \int_0^a \frac{ds}{\sqrt{a-x}},$$

équation de laquelle on doit tirer s en fonction de x. Au lieu de cette équation, nous allons considérer cette autre plus générale

$$\varphi a = \int_0^a \frac{ds}{(a-x)^n},$$

de laquelle nous chercherons à déduire l'expression de s en x.

Désignons par $\Gamma\alpha$ la fonction

$$\Gamma\alpha = \int_0^1 dx \left(\log\frac{1}{x}\right)^{\alpha-1},$$

on a comme on sait

$$\int_0^1 y^{\alpha-1}(1-y)^{\beta-1}dy = \frac{\Gamma\alpha.\Gamma\beta}{\Gamma(\alpha+\beta)},$$

où α et β doivent être supérieurs à zéro. Soit $\beta = 1-n$, on trouvera

$$\int_0^1 \frac{y^{\alpha-1}dy}{(1-y)^n} = \frac{\Gamma\alpha.\Gamma(1-n)}{\Gamma(\alpha+1-n)},$$

d'où l'on tire, en faisant $z = ay$,

$$\int_0^a \frac{z^{\alpha-1}dz}{(a-z)^n} = \frac{\Gamma\alpha.\Gamma(1-n)}{\Gamma(\alpha+1-n)} a^{\alpha-n}.$$

En multipliant par $\frac{da}{(x-a)^{1-n}}$ et prenant l'intégrale depuis $a=0$ jusqu'à $a=x$, on trouve

$$\int_0^x \frac{da}{(x-a)^{1-n}} \int_0^a \frac{z^{\alpha-1}dz}{(a-z)^n} = \frac{\Gamma\alpha.\Gamma(1-n)}{\Gamma(\alpha+1-n)} \int_0^x \frac{a^{\alpha-n}da}{(x-a)^{1-n}}.$$

En faisant $a = xy$, on aura

$$\int_0^x \frac{a^{\alpha-n}da}{(x-a)^{1-n}} = x^\alpha \int_0^1 \frac{y^{\alpha-n}dy}{(1-y)^{1-n}} = x^\alpha \frac{\Gamma(\alpha-n+1)\Gamma n}{\Gamma(\alpha+1)},$$

donc

$$\int_0^x \frac{da}{(x-a)^{1-n}} \int_0^a \frac{z^{\alpha-1}dz}{(a-z)^n} = \Gamma n.\Gamma(1-n)\frac{\Gamma\alpha}{\Gamma(\alpha+1)} x^\alpha.$$

Or d'après une propriété connue de la fonction Γ, on a

$$\Gamma(\alpha+1)=\alpha\,\Gamma\alpha;$$

on aura donc en substituant:

$$\int_0^x\frac{da}{(x-a)^{1-n}}\int_0^a\frac{z^{\alpha-1}\,dz}{(a-z)^n}=\frac{x^\alpha}{\alpha}\,\Gamma n\,.\,\Gamma(1-n).$$

En multipliant par $\alpha\varphi\alpha\,.\,d\alpha$, et intégrant par rapport à α, on trouve

$$\int_0^x\frac{da}{(x-a)^{1-n}}\int_0^a\frac{(\int\varphi\alpha\,.\,\alpha z^{\alpha-1}\,d\alpha)dz}{(a-z)^n}=\Gamma n\,.\,\Gamma(1-n)\int\varphi\alpha\,.\,x^\alpha\,d\alpha.$$

Soit

$$\int\varphi\alpha\,.\,x^\alpha d\alpha=fx,$$

on en tire en différentiant,

$$\int\varphi\alpha\,.\,\alpha x^{\alpha-1}d\alpha=f'x,$$

donc

$$\int\varphi\alpha\,.\,\alpha z^{\alpha-1}d\alpha=f'z;$$

par conséquent

$$\int_0^x\frac{da}{(x-a)^{1-n}}\int_0^a\frac{f'z\,.\,dz}{(a-z)^n}=\Gamma n\,.\,\Gamma(1-n)fx,$$

ou, puisque $\Gamma n\,.\,\Gamma(1-n)=\frac{\pi}{\sin n\pi}$,

(1) $$fx=\frac{\sin n\pi}{\pi}\int_0^x\frac{da}{(x-a)^{1-n}}\int_0^a\frac{f'z\,.\,dz}{(a-z)^n}.$$

A l'aide de cette équation, il sera facile de tirer la valeur de s de l'équation

$$\varphi a=\int_0^a\frac{ds}{(a-x)^n}.$$

Qu'on multiplie cette équation par $\frac{\sin n\pi}{\pi}\frac{da}{(x-a)^{1-n}}$, et qu'on prenne l'intégrale depuis $a=0$ jusqu'à $a=x$, on aura

$$\frac{\sin n\pi}{\pi}\int_0^x\frac{\varphi a\,.\,da}{(x-a)^{1-n}}=\frac{\sin n\pi}{\pi}\int_0^x\frac{da}{(x-a)^{1-n}}\int_0^a\frac{ds}{(a-x)^n},$$

donc en vertu de l'équation (1)

$$s = \frac{\sin n\pi}{\pi}\int_0^x \frac{\varphi a \,.\, da}{(x-a)^{1-n}}.$$

Soit maintenant $n = \frac{1}{2}$, on obtient

$$\varphi a = \int_0^a \frac{ds}{\sqrt{a-x}}$$

et

$$s = \frac{1}{\pi}\int_0^x \frac{\varphi a \,.\, da}{\sqrt{x-a}}.$$

Cette équation donne l'arc s par l'abscisse x, et par suite la courbe est entièrement déterminée.

Nous allons appliquer l'expression trouvée à quelques exemples.

I. Soit

$$\varphi a = \alpha_0 a^{\mu_0} + \alpha_1 a^{\mu_1} + \cdots + \alpha_m a^{\mu_m} = \Sigma \alpha a^{\mu},$$

la valeur de s sera

$$s = \frac{1}{\pi}\int_0^x \frac{da}{\sqrt{x-a}} \Sigma \alpha a^{\mu} = \frac{1}{\pi}\Sigma\left(\alpha\int_0^x \frac{a^{\mu} da}{\sqrt{x-a}}\right)$$

Si l'on fait $a = xy$, on aura

$$\int_0^x \frac{a^{\mu} da}{\sqrt{x-a}} = x^{\mu+\frac{1}{2}}\int_0^1 \frac{y^{\mu} dy}{\sqrt{1-y}} = x^{\mu+\frac{1}{2}}\frac{\Gamma(\mu+1)\,\Gamma(\frac{1}{2})}{\Gamma(\mu+\frac{3}{2})},$$

donc

$$s = \frac{\Gamma(\frac{1}{2})}{\pi}\Sigma\frac{\alpha\,\Gamma(\mu+1)}{\Gamma(\mu+\frac{3}{2})}x^{\mu+\frac{1}{2}},$$

ou, puisque $\Gamma(\frac{1}{2}) = \sqrt{\pi}$,

$$s = \sqrt{\frac{x}{\pi}}\left[\alpha_0\frac{\Gamma(\mu_0+1)}{\Gamma(\mu_0+\frac{3}{2})}x^{\mu_0} + \alpha_1\frac{\Gamma(\mu_1+1)}{\Gamma(\mu_1+\frac{3}{2})}x^{\mu_1} + \cdots + \alpha_m\frac{\Gamma(\mu_m+1)}{\Gamma(\mu_m+\frac{3}{2})}x^{\mu_m}\right].$$

Si l'on suppose p. ex. que $m = 0$, $\mu_0 = 0$, c'est-à-dire que la courbe cherchée soit isochrone, on trouve

$$s = \sqrt{\frac{x}{\pi}}\,\alpha_0\frac{\Gamma(1)}{\Gamma(\frac{3}{2})} = \frac{\alpha_0}{\frac{1}{2}\Gamma(\frac{1}{2})}\sqrt{\frac{x}{\pi}} = \frac{2\alpha_0}{\pi}\sqrt{x},$$

or $s = \frac{2\alpha_0}{\pi}\sqrt{x}$ est l'équation connue de la cycloide.

II. Soit

φa depuis $a=0$ jusqu'à $a=a_0$, égal à $\varphi_0 a$
φa depuis $a=a_0$ jusqu'à $a=a_1$, égal à $\varphi_1 a$
φa depuis $a=a_1$ jusqu'à $a=a_2$, égal à $\varphi_2 a$
. . . .
φa depuis $a=a_{m-1}$ jusqu'à $a=a_m$, égal à $\varphi_m a$,

on aura

$$\pi s=\int_0^x \frac{\varphi_0 a . da}{\sqrt{a-x}}, \text{ depuis } x=0 \text{ jusqu'à } x=a_0,$$

$$\pi s=\int_0^{a_0} \frac{\varphi_0 a . da}{\sqrt{a-x}}+\int_{a_0}^x \frac{\varphi_1 a . da}{\sqrt{a-x}}, \text{ depuis } x=a_0 \text{ jusqu'à } x=a_1,$$

$$\pi s=\int_0^{a_0} \frac{\varphi_0 a . da}{\sqrt{a-x}}+\int_{a_0}^{a_1} \frac{\varphi_1 a . da}{\sqrt{a-x}}+\int_{a_1}^x \frac{\varphi_2 a . da}{\sqrt{a-x}}, \text{ depuis } x=a_1 \text{ jusqu'à } x=a_2,$$

. . . .

$$\pi s=\int_0^{a_0} \frac{\varphi_0 a . da}{\sqrt{a-x}}+\int_{a_0}^{a_1} \frac{\varphi_1 a . da}{\sqrt{a-x}}+\cdots+\int_{a_{m-2}}^{a_{m-1}} \frac{\varphi_{m-1} a . da}{\sqrt{a-x}}+\int_{a_{m-1}}^x \frac{\varphi_m a . da}{\sqrt{a-x}},$$

depuis $x=a_{m-1}$ jusqu'à $x=a_m$,

où il faut remarquer que les fonctions $\varphi_0 a$, $\varphi_1 a$, $\varphi_2 a \ldots \varphi_m a$ doivent être telles que

$$\varphi_0 a_0=\varphi_1 a_0,\ \varphi_1 a_1=\varphi_2 a_1,\ \varphi_2 a_2=\varphi_3 a_2, \text{ etc.},$$

car la fonction φa doit nécessairement être continue.

X.

DÉMONSTRATION D'UNE EXPRESSION DE LAQUELLE LA FORMULE BINOME EST UN CAS PARTICULIER.

Journal für die reine und angewandte Mathematik, herausgegeben von *Crelle*, Bd. 1, Berlin 1826.

Cette expression est la suivante:

$$(x+\alpha)^n = x^n + \frac{n}{1}\alpha(x+\beta)^{n-1} + \frac{n(n-1)}{1.2}\alpha(\alpha-2\beta)(x+2\beta)^{n-2} + \cdots$$
$$+ \frac{n(n-1)\ldots(n-\mu+1)}{1.2\ldots\mu}\alpha(\alpha-\mu\beta)^{\mu-1}(x+\mu\beta)^{n-\mu} + \cdots$$
$$+ \frac{n}{1}\alpha(\alpha-(n-1)\beta)^{n-2}(x+(n-1)\beta) + \alpha(\alpha-n\beta)^{n-1};$$

x, α et β sont des quantités quelconques, n est un nombre entier positif.

Lorsque $n=0$, l'expression donne

$$(x+\alpha)^0 = x^0,$$

qu'il fallait. Or on peut, comme il suit, démontrer que si l'expression subsiste pour $n=m$, elle doit aussi subsister pour $n=m+1$, c'est-à-dire qu'elle est vraie en général.

Soit

$$(x+\alpha)^m = x^m + \frac{m}{1}\alpha(x+\beta)^{m-1} + \frac{m(m-1)}{1.2}\alpha(\alpha-2\beta)(x+2\beta)^{m-2} + \cdots$$
$$+ \frac{m}{1}\alpha(\alpha-(m-1)\beta)^{m-2}(x+(m-1)\beta) + \alpha(\alpha-m\beta)^{m-1}.$$

En multipliant par $(m+1)dx$ et intégrant, on trouve

$$(x+\alpha)^{m+1} = x^{m+1} + \frac{m+1}{1}\alpha(x+\beta)^m + \frac{(m+1)m}{1.2}\alpha(\alpha-2\beta)(x+2\beta)^{m-1} + \cdots$$
$$+ \frac{m+1}{1}\alpha(\alpha-m\beta)^{m-1}(x+m\beta) + C,$$

C étant la constante arbitraire. Pour trouver sa valeur posons $x = -(m+1)\beta$, les deux dernières équations donneront

$$(\alpha-(m+1)\beta)^m = (-1)^m\Big[(m+1)^m\beta^m - m^m\alpha\beta^{m-1}$$
$$+ \frac{m}{2}(m-1)^{m-1}\alpha(\alpha-2\beta)\beta^{m-2} - \frac{m(m-1)}{2.3}(m-2)^{m-2}\alpha(\alpha-3\beta)^2\beta^{m-3} + \cdots\Big],$$
$$(\alpha-(m+1)\beta)^{m+1} = (-1)^{m+1}\Big[(m+1)^{m+1}\beta^{m+1} - (m+1)m^m\alpha\beta^m$$
$$+ \frac{(m+1)m}{2}(m-1)^{m-1}\alpha(a-2\beta)\beta^{m-1} - \cdots\Big] + C.$$

Multipliant la première de ces équations par $(m+1)\beta$ et ajoutant le produit à la seconde, on trouve

$$C = (\alpha-(m+1)\beta)^{m+1} + (m+1)\beta(\alpha-(m+1)\beta)^m,$$

ou bien

$$C = \alpha(\alpha-(m+1)\beta)^m.$$

Il s'ensuit que l'équation proposée subsiste de même pour $n = m+1$. Or elle a lieu pour $n = 0$; donc elle aura lieu pour $n = 0, 1, 2, 3$ etc. c'est-à-dire pour toute valeur entière et positive de n.

Si l'on fait $\beta = 0$, on obtient la formule binome. Si l'on fait $\alpha = -x$, on trouve

$$0 = x^n - \frac{n}{1}x(x+\beta)^{n-1} + \frac{n(n-1)}{1.2}x(x+2\beta)^{n-1}$$
$$- \frac{n(n-1)(n-2)}{1.2.3}x(x+3\beta)^{n-1} + \cdots$$

ou en divisant par x,

$$0 = x^{n-1} - \frac{n}{1}(x+\beta)^{n-1} + \frac{n(n-1)}{1.2}(x+2\beta)^{n-1}$$
$$- \frac{n(n-1)(n-2)}{1.2.3}(x+3\beta)^{n-1} + \cdots$$

ce qui est d'ailleurs connu; car le second membre de cette équation n'est autre chose que

$$(-1)^n . \Delta^n(x^{n-1}),$$

en faisant la différence constante égale à β.

XI.

SUR L'INTÉGRATION DE LA FORMULE DIFFÉRENTIELLE $\frac{\varrho dx}{\sqrt{R}}$, R ET ϱ ÉTANT DES FONCTIONS ENTIÈRES.

Journal für die reine und angewandte Mathematik, herausgegeben von *Crelle,* Bd. 1, Berlin 1826.

1.

Si l'on différentie par rapport à x l'expression

(1) $$z = \log \frac{p + q\sqrt{R}}{p - q\sqrt{R}},$$

où p, q et R sont des fonctions entières d'une quantité variable x, on obtiendra

$$dz = \frac{dp + d(q\sqrt{R})}{p + q\sqrt{R}} - \frac{dp - d(q\sqrt{R})}{p - q\sqrt{R}},$$

ou

$$dz = \frac{(p - q\sqrt{R})\,[dp + d(q\sqrt{R})] - (p + q\sqrt{R})\,[dp - d(q\sqrt{R})]}{p^2 - q^2 R},$$

c'est-à-dire,

$$dz = \frac{2p\,d(q\sqrt{R}) - 2dp\,.\,q\sqrt{R}}{p^2 - q^2 R}.$$

Or

$$d(q\sqrt{R}) = dq\sqrt{R} + \tfrac{1}{2} q \frac{dR}{\sqrt{R}},$$

donc par substitution

$$dz = \frac{pq\,dR + 2(pdq - qdp)R}{(p^2 - q^2 R)\sqrt{R}},$$

par conséquent, en faisant

$$(2)\qquad pq\frac{dR}{dx}+2\left(p\frac{dq}{dx}-q\frac{dp}{dx}\right)R=M,$$
$$p^2-q^2R=N,$$

on aura

$$(3)\qquad dz=\frac{M\,dx}{N\sqrt{R}},$$

où, comme on le voit aisément, M et N sont des fonctions entières de x.

Or, z étant égal à $\log\frac{p+q\sqrt{R}}{p-q\sqrt{R}}$, on aura en intégrant

$$(4)\qquad \int\frac{M\,dx}{N\sqrt{R}}=\log\frac{p+q\sqrt{R}}{p-q\sqrt{R}}.$$

Il s'ensuit que dans la différentielle $\frac{\varrho\,dx}{\sqrt{R}}$ on peut trouver une infinité de formes différentes pour la fonction rationnelle ϱ, qui rendent cette différentielle intégrable par des logarithmes, savoir par une expression de la forme $\log\frac{p+q\sqrt{R}}{p-q\sqrt{R}}$. La fonction ϱ contient, comme on le voit par les équations (2), outre R, encore deux fonctions indéterminées p et q; c'est par ces fonctions qu'elle sera déterminée.

On peut renverser la question et demander s'il est possible de supposer les fonctions p et q telles, que ϱ ou $\frac{M}{N}$ prenne une forme déterminée donnée. La solution de ce problème conduit à une foule de résultats intéressants, que l'on doit considérer comme autant de propriétés des fonctions de la forme $\int\frac{\varrho dx}{\sqrt{R}}$. Dans ce mémoire je me bornerai au cas où $\frac{M}{N}$ est une fonction entière de x, en essayant de résoudre ce problème général:

„Trouver toutes les différentielles de la forme $\frac{\varrho dx}{\sqrt{R}}$, où ϱ et R sont „des fonctions entières de x, dont les intégrales puissent s'exprimer „par une fonction de la forme $\log\frac{p+q\sqrt{R}}{p-q\sqrt{R}}$.

2.

En différentiant l'équation

$$N = p^2 - q^2 R,$$

on obtient

$$dN = 2p\,dp - 2q\,dq\,.\,R - q^2 dR;$$

donc en multipliant par p,

$$p\,dN = 2p^2 dp - 2pq\,dq\,.\,R - pq^2 dR,$$

c'est-à-dire, lorsqu'on remet à la place de p^2 sa valeur $N + q^2 R$,

$$p\,dN = 2N dp + 2q^2 dp\,.\,R - 2pq\,dq\,.\,R - pq^2\,dR,$$

ou

$$p\,dN = 2N dp - q\,[2(p\,dq - q\,dp)R + pq\,dR],$$

donc, puisque (2)

$$2\,(p\,dq - q\,dp)R + pq\,dR = M dx,$$

on a

$$p\,dN = 2N\,dp - qM\,dx,$$

ou bien

$$qM = 2N\frac{dp}{dx} - p\frac{dN}{dx},$$

donc

(5) $$\frac{M}{N} = \left(2\frac{dp}{dx} - p\frac{dN}{N dx}\right) : q.$$

Maintenant $\frac{M}{N}$ doit être une fonction entière de x; en désignant cette fonction par ϱ, on aura

$$q\varrho = 2\frac{dp}{dx} - p\frac{dN}{N dx}.$$

Il s'ensuit que $p\frac{dN}{N dx}$ doit être une fonction entière de x. En faisant

$$N = (x + a)^m\,(x + a_1)^{m_1} \cdots (x + a_n)^{m_n},$$

on aura

$$\frac{dN}{N dx} = \frac{m}{x + a} + \frac{m_1}{x + a_1} + \cdots + \frac{m_n}{x + a_n},$$

donc l'expression

$$p\left(\frac{m}{x+a}+\frac{m_1}{x+a_1}+\cdots+\frac{m_n}{x+a_n}\right)$$

doit de même être une fonction entière, ce qui ne peut avoir lieu à moins que le produit $(x+a)\cdots(x+a_n)$ ne soit facteur de p. Il faut donc que

$$p=(x+a)\cdots(x+a_n)\,p_1,$$

p_1 étant une fonction entière. Or

$$N=p^2-q^2R,$$

donc

$$(x+a)^m\cdots(x+a_n)^{m_n}=p_1^2(x+a)^2(x+a_1)^2\cdots(x+a_n)^2-q^2R.$$

Comme R n'a pas de facteur de la forme $(x+a)^2$, et comme on peut toujours supposer que p et q n'ont pas de facteur commun, il est clair que

$$m=m_1=\cdots=m_n=1,$$

et que

$$R=(x+a)(x+a_1)\cdots(x+a_n)\,R_1,$$

R_1 étant une fonction entière. On a donc

$$N=(x+a)(x+a_1)\cdots(x+a_n),\quad R=NR_1,$$

c'est-à-dire que N doit être facteur de R. On a de même $p=Np_1$. En substituant ces valeurs de R et de p dans les équations (2), on trouvera les deux équations suivantes

$$(6)\qquad \begin{aligned} &p_1^2N-q^2R_1=1,\\ &\frac{M}{N}=p_1q\,\frac{dR}{dx}+2\left(p\,\frac{dq}{dx}-q\,\frac{dp}{dx}\right)R_1=\varrho. \end{aligned}$$

La première de ces équations détermine la forme des fonctions p_1, q, N et R_1; celles-ci étant déterminées, la seconde équation donnera ensuite la fonction ϱ. On peut aussi trouver cette dernière fonction par l'équation (5).

3.

Maintenant tout dépend de l'équation

$$(7)\qquad p_1^2N-q^2R_1=1.$$

Cette équation peut bien être résolue par la méthode ordinaire des coefficiens indéterminés, mais l'application de cette méthode serait ici extrêmement prolixe, et ne conduirait guère à un résultat général. Je vais donc prendre une autre route, semblable à celle qu'on emploie pour la résolution des équations indéterminées du second degré à deux inconnues. La seule différence est, qu'au lieu de nombres entiers, on aura à traiter des fonctions entières. Comme dans la suite nous aurons souvent besoin de parler du degré d'une fonction, je me servirai de la lettre δ pour désigner ce degré, en sorte que δP désignera le degré de la fonction P, par exemple,

$$\delta(x^m + ax^{m-1} + \cdots) = m,$$

$$\delta\left(\frac{x^5 + cx}{x^3 + e}\right) = 2,$$

$$\delta\left(\frac{x + e}{x^2 + k}\right) = -1, \text{ etc.}$$

D'ailleurs, il est clair que les équations suivantes auront lieu:

$$\delta(PQ) = \delta P + \delta Q,$$

$$\delta\left(\frac{P}{Q}\right) = \delta P - \delta Q,$$

$$\delta(P^m) = m\delta P;$$

de plus

$$\delta(P + P') = \delta P,$$

si $\delta P'$ est moindre que δP. De même je désignerai, pour abréger, la partie entière d'une fonction rationnelle u par Eu, en sorte que

$$u = Eu + u',$$

où $\delta u'$ est négatif. Il est clair que

$$E(s + s') = Es + Es',$$

donc, lorsque $\delta s'$ est négatif,

$$E(s + s') = Es.$$

Relativement à ce signe, on aura le théorème suivant:

„Lorsque les trois fonctions rationnelles u, v et z ont la propriété que

$$u^2 = v^2 + z,$$

„on aura, si $\delta z < \delta r$,

$$Eu = \pm Ev.$$

En effet, on a par définition

$$u = Eu + u',$$
$$v = Ev + v',$$

$\delta u'$ et $\delta v'$ étant négatifs; donc en substituant ces valeurs dans l'équation $u^2 = v^2 + z$,

$$(Eu)^2 + 2u'Eu + u'^2 = (Ev)^2 + 2v'Ev + v'^2 + z.$$

Il s'ensuit

$$(Eu)^2 - (Ev)^2 = z + v'^2 - u'^2 + 2v'Ev - 2u'Eu = t,$$

ou bien,

$$(Eu + Ev)(Eu - Ev) = t.$$

On voit aisément que $\delta t < \delta v$; au contraire $\delta(Eu + Ev)(Eu - Ev)$ est au moins égal à δv, si $(Eu + Ev)(Eu - Ev)$ n'est pas égal à zéro. Il faut donc nécessairement que $(Eu + Ev)(Eu - Ev)$ soit nul, ce qui donne

$$Eu = \pm Ev \text{ c. q. f. d.}$$

Il est clair que l'équation (7) ne saurait subsister à moins qu'on n'ait

$$\delta(Np_1^2) = \delta(R_1 q^2),$$

c'est-à-dire,

$$\delta N + 2\delta p_1 = \delta R_1 + 2\delta q,$$

d'où

$$\delta(NR_1) = 2(\delta q - \delta p_1 + \delta R_1).$$

Le plus grand exposant de la fonction R doit donc être un nombre pair. Soit $\delta N = n - m$, $\delta R_1 = n + m$.

4.

Cela posé, au lieu de l'équation

$$p_1^2 N - q^2 R_1 = 1,$$

je vais proposer la suivante

(8) $$p_1^2 N - q^2 R_1 = v,$$

où v est une fonction entière dont le degré est moindre que $\frac{\delta N + \delta R_1}{2}$. Cette équation, comme on le voit, est plus générale; elle peut être résolue par le même procédé.

Soit t la partie entière de la fonction fractionnaire $\frac{R_1}{N}$, et soit t' le reste; cela posé, on aura

(9) $$R_1 = Nt + t',$$

et il est clair que t doit être du degré $2m$, lorsque $\delta N = n - m$ et $\delta R_1 = n + m$. En substituant cette expression de R_1 dans l'équation (8), on en tirera

(10) $$(p_1^2 - q^2 t) N - q^2 t' = v.$$

Soit maintenant

(11) $$t = t_1^2 + t_1',$$

on peut toujours déterminer t_1 de manière que le degré de t_1' soit moindre que m. A cet effet, faisons

$$t = \alpha_0 + \alpha_1 x + \cdots + \alpha_{2m} x^{2m},$$
$$t_1 = \beta_0 + \beta_1 x + \cdots + \beta_m x^m,$$
$$t_1' = \gamma_0 + \gamma_1 x + \cdots + \gamma_{m-1} x^{m-1};$$

cela posé, l'équation (11) donnera

$$\begin{aligned}\alpha_{2m} x^{2m} + \alpha_{2m-1} x^{2m-1} + \alpha_{2m-2} x^{2m-2} + \cdots + \alpha_{m-1} x^{m-1} + \cdots + \alpha_1 x + \alpha_0 \\ = \beta_m^2 x^{2m} + 2\beta_m \beta_{m-1} x^{2m-1} + (\beta_{m-1}^2 + 2\beta_m \beta_{m-2}) x^{2m-2} + \cdots \\ + \gamma_{m-1} x^{m-1} + \gamma_{m-2} x^{m-2} + \cdots + \gamma_1 x + \gamma_0.\end{aligned}$$

De cette équation on déduira, en comparant les coefficiens entre eux,

$$\begin{aligned}
\alpha_{2m} &= \beta_m^2, \\
\alpha_{2m-1} &= 2\beta_m \beta_{m-1}, \\
\alpha_{2m-2} &= 2\beta_m \beta_{m-2} + \beta_{m-1}^2, \\
\alpha_{2m-3} &= 2\beta_m \beta_{m-3} + 2\beta_{m-1} \beta_{m-2}, \\
\alpha_{2m-4} &= 2\beta_m \beta_{m-4} + 2\beta_{m-1} \beta_{m-3} + \beta_{m-2}^2, \\
&\cdots\cdots\cdots\cdots\cdots\cdots \\
\alpha_m &= 2\beta_m \beta_0 + 2\beta_{m-1} \beta_1 + 2\beta_{m-2} \beta_2 + \cdots \\
\gamma_{m-1} &= \alpha_{m-1} - 2\beta_{m-1} \beta_0 - 2\beta_{m-2} \beta_1 \cdots\cdots
\end{aligned}$$

$$\gamma_{m-2} = \alpha_{m-2} - 2\beta_{m-2}\beta_0 - 2\beta_{m-3}\beta_1 - \cdots$$
$$\cdots\cdots\cdots\cdots\cdots\cdots$$
$$\gamma_2 = \alpha_2 - 2\beta_2\beta_0 - \beta_1^2,$$
$$\gamma_1 = \alpha_1 - 2\beta_1\beta_0,$$
$$\gamma_0 = \alpha_0 - \beta_0^2.$$

Les $m+1$ premières équations donnent toujours, comme il est aisé de le voir, les valeurs des $m+1$ quantités $\beta_m, \beta_{m-1} \cdots \beta_0$, et les m dernières équations donnent les valeurs de $\gamma_0, \gamma_1, \gamma_2 \cdots \gamma_{m-1}$. L'équation supposée (11) est donc toujours possible.

Substituant dans l'équation (10), au lieu de t, sa valeur tirée de l'équation (11), on aura

(12) $$(p_1^2 - q^2 t_1^2) N - q^2 (N t_1' + t') = v;$$

d'où l'on tire

$$\left(\frac{p_1}{q}\right)^2 = t_1^2 + t_1' + \frac{t'}{N} + \frac{v}{q^2 N}.$$

En remarquant que

$$\delta\left(t_1' + \frac{t'}{N} + \frac{v}{q^2 N}\right) < \delta t_1,$$

on aura, par ce qui précède,

$$E\left(\frac{p_1}{q}\right) = \pm E t_1 = \pm t_1,$$

donc

$$p_1 = \pm t_1 q + \beta, \quad \text{où} \quad \delta\beta < \delta q,$$

ou bien, comme on peut prendre t_1 avec le signe qu'on voudra,

$$p_1 = t_1 q + \beta.$$

En substituant cette expression, au lieu de p_1 dans l'équation (12), elle se changera en

(13) $$(\beta^2 + 2\beta t_1 q) N - q^2 s = v,$$

où, pour abréger, on a fait

$$N t_1' + t' = s.$$

De cette équation il est facile de tirer

$$\left(\frac{q}{\beta}-\frac{t_1N}{s}\right)^2=\frac{N(t_1^2N+s)}{s^2}-\frac{v}{s\beta^2},$$

ou, puisque $t_1^2N+s=R_1$ (car $R_1=tN+t'$, $s=Nt_1'+t'$, et $t=t_1^2+t_1'$),

$$\left(\frac{q}{\beta}-\frac{t_1N}{s}\right)^2=\frac{R_1N}{s^2}-\frac{v}{s\beta^2}.$$

Soit maintenant

$$R_1N=r^2+r', \text{ où } \delta r'<\delta r,$$

on aura

$$\left(\frac{q}{\beta}-\frac{t_1N}{s}\right)^2=\left(\frac{r}{s}\right)^2+\frac{r'}{s^2}-\frac{v}{s\beta^2}.$$

Or, on voit aisément que

$$\delta\left(\frac{r'}{s^2}-\frac{v}{s\beta^2}\right)<\delta\left(\frac{r}{s}\right),$$

donc

$$E\left(\frac{q}{\beta}-\frac{t_1N}{s}\right)=E\left(\frac{r}{s}\right),$$

et par suite

$$E\left(\frac{q}{\beta}\right)=E\left(\frac{r+t_1N}{s}\right);$$

donc en faisant

$$E\left(\frac{r+t_1N}{s}\right)=2\mu,$$

on aura

$$q=2\mu\beta+\beta_1, \text{ où } \delta\beta_1<\delta\beta.$$

En substituant cette expression de q dans l'équation (13), on aura

$$\beta^2N+2\beta t_1N(2\mu\beta+\beta_1)-s(4\mu^2\beta^2+4\mu\beta_1\beta+\beta_1^2)=v,$$

c'est-à-dire,

$$\beta^2(N+4\mu t_1N-4s\mu^2)+2(t_1N-2\mu s)\beta\beta_1-s\beta_1^2=v.$$

Faisant pour abréger

$$(14)\qquad \begin{aligned} s_1&=N+4\mu t_1N-4s\mu^2,\\ t_1N-2\mu s&=-r_1,\end{aligned}$$

on obtient

$$(15)\qquad s_1\beta^2-2r_1\beta\beta_1-s\beta_1^2=v.$$

Puisque $E\left(\frac{r+t_1N}{s}\right)=2\mu$, on a

$$r + t_1 N = 2s\mu + \varepsilon, \text{ où } \delta\varepsilon < \delta s,$$

par suite la dernière des équations (14) donnera

$$r_1 = r - \varepsilon.$$

En multipliant l'expression de s_1 par s, on obtient

$$ss_1 = Ns + 4\mu t_1 Ns - 4s^2\mu^2 = Ns + t_1^2 N^2 - (2s\mu - t_1 N)^2.$$

Or $2s\mu - t_1 N = r_1$, donc

$$ss_1 = Ns + t_1^2 N^2 - r_1^2, \text{ et } r_1^2 + ss_1 = N(s + t_1^2 N);$$

de plus on a

$$s + t_1^2 N = R_1,$$

donc

(16) $$r_1^2 + ss_1 = NR_1 = R.$$

D'après ce qui précède on a $R = r^2 + r'$, donc

$$r^2 - r_1^2 = ss_1 - r', \quad (r + r_1)(r - r_1) = ss_1 - r'.$$

Or puisque $\delta r' < \delta r$, il suit de cette équation que

$$\delta(ss_1) = \delta(r + r_1)(r - r_1),$$

c'est-à-dire, puisque $r - r_1 = \varepsilon$, où $\delta\varepsilon < \delta r$,

$$\delta s + \delta s_1 = \delta r + \delta\varepsilon.$$

Or $\delta s > \delta\varepsilon$, donc

$$\delta s_1 < \delta r.$$

On a de plus $s = Nt_1' + t'$, où $\delta t' < \delta N$ et $\delta t_1' < \delta t_1$, donc

$$\delta s < \delta N + \delta t_1.$$

Mais $R = N(s + t_1^2 N)$, par conséquent,

$$\delta R = 2\delta t_1 + 2\delta N,$$

et puisque $\delta R = 2\delta r = 2\delta r_1$, on aura

$$\delta t_1 + \delta N = \delta r_1.$$

On en conclut

$$\delta s < \delta r_1.$$

L'équation $p_1^2 N - q^2 R_1 = v$ est donc transformée en celle-ci:

$$s_1\beta^2 - 2r_1\beta\beta_1 - s\beta_1^2 = v,$$

où

$$\delta r_1 = \tfrac{1}{2}\delta R = n,\quad \delta\beta_1 < \delta\beta,\quad \delta s < n,\quad \delta s_1 < n.$$

On obtient cette équation, comme on vient de le voir, en faisant

$$(17)\qquad \begin{aligned} p_1 &= t_1 q + \beta, \\ q &= 2\mu\beta + \beta_1, \end{aligned}$$

t_1 étant déterminé par l'équation

$$t = t_1^2 + t_1',\ \text{où}\ \delta t_1' < \delta t_1,\quad t = E\left(\frac{R_1}{N}\right),$$

et μ par l'équation,

$$2\mu = E\left(\frac{r + t_1 N}{s}\right),$$

où

$$r^2 + r' = R_1 N,\quad s = N t_1' + R_1 - Nt.$$

De plus on a

$$(18)\qquad \begin{cases} r_1 = 2\mu s - t_1 N, \\ s_1 = N + 4\mu t_1 N - 4s\mu^2, \\ r_1^2 + s s_1 = R_1 N = R. \end{cases}$$

Il s'agit maintenant de l'équation (15).

5.

Résolution de l'équation: $s_1\beta^2 - 2r_1\beta\beta_1 - s\beta_1^2 = v$, *où* $\delta s < \delta r_1$, $\delta s_1 < \delta r_1$, $\delta v < \delta r_1$, $\delta\beta_1 < \delta\beta$.

En divisant l'équation

$$(19)\qquad s_1\beta^2 - 2r_1\beta\beta_1 - s\beta_1^2 = v,$$

par $s_1\beta_1^2$, on obtient

$$\frac{\beta^2}{\beta_1^2} - 2\frac{r_1}{s_1}\frac{\beta}{\beta_1} - \frac{s}{s_1} = \frac{v}{s_1\beta_1^2},$$

donc

$$\left(\frac{\beta}{\beta_1} - \frac{r_1}{s_1}\right)^2 = \left(\frac{r_1}{s_1}\right)^2 + \frac{s}{s_1} + \frac{v}{s_1\beta_1^2}.$$

On tire de là, en remarquant que $\delta\left(\frac{s}{s_1}+\frac{v}{s_1\beta_1^2}\right)<\delta\left(\frac{r_1}{s_1}\right)$,

$$E\left(\frac{\beta}{\beta_1}-\frac{r_1}{s_1}\right)=\pm E\left(\frac{r_1}{s_1}\right),$$

donc

$$E\left(\frac{\beta}{\beta_1}\right)=E\left(\frac{r_1}{s_1}\right)\cdot(1\pm 1),$$

où l'on doit prendre le signe $+$, car l'autre signe donnerait $E\left(\frac{\beta}{\beta_1}\right)=0$; donc

$$E\left(\frac{\beta}{\beta_1}\right)=2E\left(\frac{r_1}{s_1}\right),$$

par conséquent, en faisant

$$E\left(\frac{r_1}{s_1}\right)=\mu_1,$$

on aura

$$\beta=2\beta_1\mu_1+\beta_2, \text{ où } \delta\beta_2<\delta\beta_1.$$

Substituant cette valeur de β dans l'équation proposée, on a

$$s_1(\beta_2^2+4\beta_1\beta_2\mu_1+4\mu_1^2\beta_1^2)-2r_1\beta_1(\beta_2+2\mu_1\beta_1)-s\beta_1^2=v,$$

ou bien

(20) $$s_2\beta_1^2-2r_2\beta_1\beta_2-s_1\beta_2^2=-v,$$

où

$$r_2=2\mu_1 s_1-r_1, \quad s_2=s+4r_1\mu_1-4s_1\mu_1^2.$$

L'équation $E\left(\frac{r_1}{s_1}\right)=\mu_1$ donne

$$r_1=\mu_1 s_1+\varepsilon_1, \text{ où } \delta\varepsilon_1<\delta s_1.$$

On obtient par là,

$$r_2=r_1-2\varepsilon_1,$$
$$s_2=s+4\varepsilon_1\mu_1,$$

donc, comme il est facile de le voir,

$$\delta r_2=\delta r_1, \quad \delta s_2<\delta r_2.$$

L'équation (19) a par conséquent la même forme que l'équation (20); on peut donc appliquer à celle-ci la même opération, c'est-à-dire en faisant

$$\mu_2 = E\left(\frac{r_2}{s_2}\right), \quad r_2 = s_2\mu_2 + \varepsilon_2, \quad \beta_1 = 2\mu_2\beta_2 + \beta_3,$$

on aura

$$s_3\beta_2^2 - 2r_3\beta_2\beta_3 - s_2\beta_3^2 = v,$$

où

$$r_3 = 2\mu_2 s_2 - r_2 = r_2 - 2\varepsilon_2,$$

$$s_3 = s_1 + 4r_2\mu_2 - 4s_2\mu_2^2 = s_1 + 4\varepsilon_2\mu_2,$$

$$\delta\beta_3 < \delta\beta_2.$$

En continuant ce procédé, on obtiendra, après $n-1$ transformations, cette équation:

(21) $$s_n\beta_{n-1}^2 - 2r_n\beta_{n-1}\beta_n - s_{n-1}\beta_n^2 = (-1)^{n-1}v,$$

où $\delta\beta_n < \delta\beta_{n-1}$.

Les quantités s_n, r_n, β_n, sont déterminées par les équations suivantes:

$$\beta_{n-1} = 2\mu_n\beta_n + \beta_{n+1},$$

$$\mu_n = E\left(\frac{r_n}{s_n}\right),$$

$$r_n = 2\mu_{n-1}s_{n-1} - r_{n-1},$$

$$s_n = s_{n-2} + 4r_{n-1}\mu_{n-1} - 4s_{n-1}\mu_{n-1}^2.$$

A ces équations on peut ajouter celles-ci:

$$r_n = \mu_n s_n + \varepsilon_n,$$

$$r_n = r_{n-1} - 2\varepsilon_{n-1},$$

$$s_n = s_{n-2} + 4\varepsilon_{n-1}\mu_{n-1}.$$

Or, les nombres $\delta\beta$, $\delta\beta_1$, $\delta\beta_2 \ldots \delta\beta_n$, etc. formant une série décroissante, on doit nécessairement, après un certain nombre de transformations, trouver un β_n égal à zéro. Soit donc

$$\beta_m = 0,$$

l'équation (21) donnera, en posant $n = m$,

(22) $$s_m\beta_{m-1}^2 = (-1)^{m-1}v.$$

Voilà l'équation générale de condition pour la résolubilité de l'équation (19); s_m dépend des fonctions s, s_1, r_1, et β_{m-1} doit être pris de manière à satisfaire à la condition

$$\delta s_m + 2\delta\beta_{m-1} < \delta r.$$

L'équation (22) fait voir, que pour tous les s, s_1 et r_1, on peut trouver une infinité de valeurs de v, qui satisfont à l'équation (19).

En substituant dans l'équation proposée, au lieu de v, sa valeur $(-1)^{m-1} s_m \beta_{m-1}^2$, on obtiendra

$$s_1 \beta^2 - 2r_1 \beta\beta_1 - s\beta_1^2 = (-1)^{m-1} s_m \beta_{m-1}^2,$$

équation toujours résoluble. On voit aisément que β et β_1 ont le facteur commun β_{m-1}. Donc, si l'on suppose que β et β_1 n'ont pas de facteur commun, β_{m-1} sera indépendant de x. On peut donc faire $\beta_{m-1} = 1$, d'où résulte cette équation,

$$s_1 \beta^2 - 2r_1 \beta\beta_1 - s\beta_1^2 = (-1)^{m-1} s_m.$$

Les fonctions β, β_1, β_2 ... sont déterminées par l'équation

$$\beta_{n-1} = 2\mu_n \beta_n + \beta_{n+1},$$

en posant successivement $n = 1, 2, 3 \ldots m-1$ et en remarquant que $\beta_m = 0$. On obtient par là

$$\begin{aligned}
\beta_{m-2} &= 2\mu_{m-1}\beta_{m-1}, \\
\beta_{m-3} &= 2\mu_{m-2}\beta_{m-2} + \beta_{m-1}, \\
\beta_{m-4} &= 2\mu_{m-3}\beta_{m-3} + \beta_{m-2}, \\
&\cdots\cdots\cdots\cdots \\
\beta_3 &= 2\mu_4\beta_4 + \beta_5, \\
\beta_2 &= 2\mu_3\beta_3 + \beta_4, \\
\beta_1 &= 2\mu_2\beta_2 + \beta_3, \\
\beta &= 2\mu_1\beta_1 + \beta_2.
\end{aligned}$$

Ces équations donnent

$$\frac{\beta}{\beta_1} = 2\mu_1 + \cfrac{1}{\cfrac{\beta_1}{\beta_2}},$$

$$\frac{\beta_1}{\beta_2} = 2\mu_2 + \cfrac{1}{\cfrac{\beta_2}{\beta_3}},$$

. . . .

$$\frac{\beta_{m-3}}{\beta_{m-2}} = 2\mu_{m-2} + \cfrac{1}{\cfrac{\beta_{m-2}}{\beta_{m-1}}},$$

$$\frac{\beta_{m-2}}{\beta_{m-1}} = 2\mu_{m-1}.$$

On en tire par des substitutions successives:

$$\frac{\beta}{\beta_1} = 2\mu_1 + \cfrac{1}{2\mu_2 + \cfrac{1}{2\mu_3 + \cdots + \cfrac{1}{2\mu_{m-2} + \cfrac{1}{2\mu_{m-1}}}}}.$$

On aura donc les valeurs de β et de β_1 en transformant cette fraction continue en fraction ordinaire.

6.

En substituant dans l'équation

$$p_1^2 N - q^2 R_1 = v$$

pour v sa valeur $(-1)^{m-1} s_m$, on aura

$$p_1^2 N - q^2 R_1 = (-1)^{m-1} s_m,$$

où

$$q = 2\mu\beta + \beta_1,$$
$$p_1 = t_1 q + \beta,$$

donc

$$\frac{p_1}{q} = t_1 + \frac{\beta}{q} = t_1 + \cfrac{1}{\cfrac{q}{\beta}};$$

or

$$\frac{q}{\beta} = 2\mu + \frac{\beta_1}{\beta};$$

par conséquent,

$$\frac{p_1}{q} = t_1 + \cfrac{1}{2\mu + \cfrac{1}{2\mu_1 + \cfrac{1}{2\mu_2 + \cdots + \cfrac{1}{2\mu_{m-1}}}}}.$$

L'équation

$$p_1^2 N - q^2 R_1 = v$$

donne

$$\left(\frac{p_1}{q}\right)^2 = \frac{R_1}{N} + \frac{v}{q^2 N},$$

$$\frac{p_1}{q} = \sqrt{\frac{R_1}{N} + \frac{v}{q^2 N}};$$

donc en supposant m infini

$$\frac{p_1}{q} = \sqrt{\frac{R_1}{N}};$$

donc

$$\sqrt{\frac{R_1}{N}} = t_1 + \cfrac{1}{2\mu + \cfrac{1}{2\mu_1 + \cfrac{1}{2\mu_2 + \cfrac{1}{2\mu_3 + \text{etc.}}}}}$$

On trouve donc les valeurs de p_1 et de q par la transformation de la fonction $\sqrt{\frac{R_1}{N}}$ en fraction continue.*)

7

Soit maintenant $v = a$, l'on aura

$$s_m = (-1)^{m-1} a.$$

Donc si l'équation

$$p_1^2 N - q^2 R_1 = a,$$

est résoluble, il faut qu'au moins une des quantités,

$$s, s_1, s_2 \ldots s_m, \text{ etc.},$$

soit indépendante de x.

D'autre part, lorsqu'une de ces quantités est indépendante de x, il est toujours possible de trouver deux fonctions entières p_1 et q qui satisfassent à cette équation. En effet, lorsque $s_m = a$, on aura les valeurs de p_1 et de q en transformant la fraction continue

*) L'équation ci-dessus n'exprime pas une égalité absolue. Elle indique seulement d'une manière abrégée, comment on peut trouver les quantités $t_1, \mu, \mu_1, \mu_2 \ldots$ Si toutefois la fraction continue a une valeur, celle-ci sera toujours égale à $\sqrt{\frac{R_1}{N}}$.

$$\frac{p_1}{q} = t_1 + \cfrac{1}{2\mu + \cfrac{1}{2\mu_1 + \cfrac{1}{2\mu_2 + \ddots + \cfrac{1}{2\mu_{m-1}}}}}$$

en fraction ordinaire. Les fonctions s, s_1, s_2, etc., sont en général, comme il est aisé de le voir, du degré $n-1$, lorsque NR_1 est du degré $2n$. L'équation de condition

$$s_m = a,$$

donnera donc $n-1$ équations entre les coefficiens des fonctions N et R_1; il n'y a donc que $n+1$ de ces coefficiens qu'on puisse prendre arbitrairement, les autres sont déterminés par les équations de condition.

8.

De ce qui précède, il s'ensuit qu'on trouve toutes les valeurs de R_1 et de N, qui rendent la différentielle $\frac{\varrho dx}{\sqrt{R_1 N}}$ intégrable par une expression de la forme

$$\log \frac{p + q\sqrt{R_1 N}}{p - q\sqrt{R_1 N}},$$

en faisant successivement les quantités s, s_1, $s_2 \ldots s_m$, indépendantes de x.

Puisque $p = p_1 N$, on a de même,

$$\int \frac{\varrho dx}{\sqrt{R_1 N}} = \log \frac{p_1\sqrt{N} + q\sqrt{R_1}}{p_1\sqrt{N} - q\sqrt{R_1}};$$

ou bien

(23)
$$\int \frac{\varrho dx}{\sqrt{R_1 N}} = \log \frac{y\sqrt{N} + \sqrt{R_1}}{y\sqrt{N} - \sqrt{R_1}},$$

où

$$y = t_1 + \cfrac{1}{2\mu + \cfrac{1}{2\mu_1 + \cfrac{1}{2\mu_2 + \ddots + \cfrac{1}{2\mu_{m-1}}}}},$$

en supposant s_m égal à une constante.

Les quantités R_1, N, p_1 et q étant ainsi déterminées, on trouve ϱ

par l'équation (5). Cette équation donne, en mettant $p_1 N$ au lieu de p, et ϱ au lieu de $\frac{M}{N}$,

$$\varrho = \left(p_1 \frac{dN}{dx} + 2N\frac{dp_1}{dx}\right) : q.$$

Il s'ensuit que

$$\delta\varrho = \delta p_1 + \delta N - 1 - \delta q = \delta p - \delta q - 1.$$

Or on a vu que $\delta p - \delta q = n$, donc

$$\delta\varrho = n - 1.$$

Donc si la fonction R ou $R_1 N$ est du degré $2n$, la fonction ϱ sera nécessairement du degré $n-1$.

9.

Nous avons vu plus haut que

$$R = R_1 N;$$

mais on peut toujours supposer que la fonction N est constante. En effet on a

$$\int \frac{\varrho dx}{\sqrt{R_1 N}} = \log \frac{p_1\sqrt{N} + q\sqrt{R_1}}{p_1\sqrt{N} - q\sqrt{R_1}},$$

et par conséquent,

$$\int \frac{\varrho dx}{\sqrt{R_1 N}} = \tfrac{1}{2}\log\left(\frac{p_1\sqrt{N} + q\sqrt{R_1}}{p_1\sqrt{N} - q\sqrt{R_1}}\right)^2 = \tfrac{1}{2}\log \frac{p_1^2 N + q^2 R_1 + 2p_1 q\sqrt{R_1 N}}{p_1^2 N + q^2 R_1 - 2p_1 q\sqrt{R_1 N}};$$

ou, en faisant $p_1^2 N + q^2 R_1 = p'$ et $2p_1 q = q'$,

$$\int \frac{2\varrho dx}{\sqrt{R}} = \log \frac{p' + q'\sqrt{R}}{p' - q'\sqrt{R}}.$$

Il est clair que p' et q' n'ont pas de facteur commun; on peut donc toujours poser

$$N = 1.$$

Au lieu de l'équation $p_1^2 N - q_2 R_1 = 1$, on a alors celle-ci,

$$p'^2 - q'^2 R = 1,$$

dont on obtient la solution en faisant $N=1$ et mettant R au lieu de R_1.

Ayant $N=1$, on voit aisément que

$$t=R;\ t_1=r;\ R=r^2+s;$$

donc

$$(24)\quad \left\{\begin{aligned}
&\frac{p'}{q'}=r+\cfrac{1}{2\mu+\cfrac{1}{2\mu_1+\cfrac{1}{2\mu_2+\cdots+\cfrac{1}{2\mu_{m-1}}}}},\\
&R=r^2+s,\\
&\mu=E\left(\frac{r}{s}\right),\quad r=s\mu+\varepsilon,\\
&r_1=r-2\varepsilon,\quad s_1=1+4\varepsilon\mu,\\
&\mu_1=E\left(\frac{r_1}{s_1}\right),\quad r_1=s_1\mu_1+\varepsilon_1,\\
&r_2=r_1-2\varepsilon_1,\quad s_2=s+4\varepsilon_1\mu_1,\\
&\ldots\ldots\ldots\ldots\ldots\ldots\\
&\mu_n=E\left(\frac{r_n}{s_n}\right),\quad r_n=\mu_n s_n+\varepsilon_n,\\
&r_{n+1}=r_n-2\varepsilon_n,\quad s_{n+1}=s_{n-1}+4\varepsilon_n\mu_n,\\
&\ldots\ldots\ldots\ldots\ldots\ldots\\
&\mu_{m-1}=E\left(\frac{r_{m-1}}{s_{m-1}}\right),\quad r_{m-1}=\mu_{m-1}s_{m-1}+\varepsilon_{m-1},\\
&r_m=r_{m-1}-2\varepsilon_{m-1},\quad s_m=s_{m-2}+4\varepsilon_{m-1}\mu_{m-1}=a.
\end{aligned}\right.$$

Ayant déterminé les quantités R, r, μ, $\mu_1 \ldots \mu_{m-1}$ par ces équations, on aura

$$(25)\quad \left\{\begin{aligned}
&\int\frac{\varrho dx}{\sqrt{R}}=\log\frac{p'+q'\sqrt{R}}{p'-q'\sqrt{R}},\\
&\text{où}\quad \varrho=\frac{2}{q'}\frac{dp'}{dx},
\end{aligned}\right.$$

ce qui résulte de l'équation (5) en y posant $N=1$.

10.

On peut donner à l'expression $\log \frac{p_1\sqrt{N}+q\sqrt{R_1}}{p_1\sqrt{N}-q\sqrt{R_1}}$ une forme plus simple, savoir,

$$\log \frac{p_1\sqrt{N}+q\sqrt{R_1}}{p_1\sqrt{N}-q\sqrt{R_1}} = \log \frac{t_1\sqrt{N}+\sqrt{R_1}}{t_1\sqrt{N}-\sqrt{R_1}}$$

$$+\log\frac{r_1+\sqrt{R}}{r_1-\sqrt{R}}+\log\frac{r_2+\sqrt{R}}{r_2-\sqrt{R}}+\cdots+\log\frac{r_m+\sqrt{R}}{r_m-\sqrt{R}},$$

ce qu'on peut démontrer comme il suit. Soit

$$\frac{\alpha_m}{\beta_m} = t_1 + \cfrac{1}{2\mu + \cfrac{1}{2\mu_1 + \cdots + \cfrac{1}{2\mu_{m-1}}}},$$

on a par la théorie des fractions continues,

(a) $$\alpha_m = \alpha_{m-2} + 2\mu_{m-1}\alpha_{m-1},$$

(b) $$\beta_m = \beta_{m-2} + 2\mu_{m-1}\beta_{m-1}.$$

De ces équations on tire, en éliminant μ_{m-1},

$$\alpha_m\beta_{m-1} - \beta_m\alpha_{m-1} = -(\alpha_{m-1}\beta_{m-2} - \beta_{m-1}\alpha_{m-2}),$$

donc

$$\alpha_m\beta_{m-1} - \beta_m\alpha_{m-1} = (-1)^{m-1},$$

ce qui est connu.

Les deux équations (a) et (b) donnent encore

$$\alpha_m^2 = \alpha_{m-2}^2 + 4\alpha_{m-1}\alpha_{m-2}\mu_{m-1} + 4\mu_{m-1}^2\alpha_{m-1}^2,$$

$$\beta_m^2 = \beta_{m-2}^2 + 4\beta_{m-1}\beta_{m-2}\mu_{m-1} + 4\mu_{m-1}^2\beta_{m-1}^2.$$

Il s'ensuit que

$$\alpha_m^2 N - \beta_m^2 R_1 = \alpha_{m-2}^2 N - \beta_{m-2}^2 R_1$$

$$+4\mu_{m-1}(\alpha_{m-1}\alpha_{m-2}N - \beta_{m-1}\beta_{m-2}R_1) + 4\mu_{m-1}^2(\alpha_{m-1}^2 N - \beta_{m-1}^2 R_1).$$

Or on a

$$\alpha_m^2 N - \beta_m^2 R_1 = (-1)^{m-1} s_m,$$

$$\alpha_{m-1}^2 N - \beta_{m-1}^2 R_1 = (-1)^{m-2} s_{m-1},$$

$$\alpha_{m-2}^2 N - \beta_{m-2}^2 R_1 = (-1)^{m-3} s_{m-2},$$

16*

donc, en substituant,

$$s_m = s_{m-2} + 4(-1)^{m-1}\mu_{m-1}(\alpha_{m-1}\alpha_{m-2}N - \beta_{m-1}\beta_{m-2}R_1) - 4\mu^2_{m-1}s_{m-1}.$$

Mais, d'après ce qui précède, on a

$$s_m = s_{m-2} + 4\mu_{m-1}r_{m-1} - 4s_{m-1}\mu^2_{m-1},$$

donc

$$r_{m-1} = (-1)^{m-1}(\alpha_{m-1}\alpha_{m-2}N - \beta_{m-1}\beta_{m-2}R_1).$$

Soit

$$z_m = \alpha_m\sqrt{N} + \beta_m\sqrt{R_1}, \quad \text{et} \quad z_m' = \alpha_m\sqrt{N} - \beta_m\sqrt{R_1},$$

on aura en multipliant,

$$z_m z'_{m-1} = \alpha_m\alpha_{m-1}N - \beta_m\beta_{m-1}R_1 - (\alpha_m\beta_{m-1} - \alpha_{m-1}\beta_m)\sqrt{NR_1};$$

mais on vient de voir qu'on a

$$\alpha_m\beta_{m-1} - \alpha_{m-1}\beta_m = (-1)^{m-1}, \quad \alpha_m\alpha_{m-1}N - \beta_m\beta_{m-1}R_1 = (-1)^m r_m;$$

on tire de là

$$z_m z'_{m-1} = (-1)^m(r_m + \sqrt{R}),$$

et de la même manière,

$$z_m' z_{m-1} = (-1)^m(r_m - \sqrt{R});$$

on en tire en divisant,

$$\frac{z_m}{z_m'}\frac{z'_{m-1}}{z_{m-1}} = \frac{r_m + \sqrt{R}}{r_m - \sqrt{R}};$$

ou, en multipliant par $\frac{z_{m-1}}{z'_{m-1}}$,

$$\frac{z_m}{z_m'} = \frac{r_m + \sqrt{R}}{r_m - \sqrt{R}}\frac{z_{m-1}}{z'_{m-1}},$$

En faisant successivement $m = 1, 2, 3 \ldots m$, on aura,

$$\frac{z_1}{z_1'} = \frac{r_1 + \sqrt{R}}{r_1 - \sqrt{R}}\frac{z_0}{z_0'}$$

$$\frac{z_2}{z_2'} = \frac{r_2 + \sqrt{R}}{r_2 - \sqrt{R}}\frac{z_1}{z_1'}$$

. . . .

$$\frac{z_m}{z_m'} = \frac{r_m + \sqrt{R}}{r_m - \sqrt{R}} \, \frac{z_{m-1}}{z'_{m-1}},$$

d'où l'on tire,

$$\frac{z_m}{z_m'} = \frac{z_0}{z_0'} \, \frac{r_1 + \sqrt{R}}{r_1 - \sqrt{R}} \, \frac{r_2 + \sqrt{R}}{r_2 - \sqrt{R}} \, \frac{r_3 + \sqrt{R}}{r_3 - \sqrt{R}} \cdots \frac{r_m + \sqrt{R}}{r_m - \sqrt{R}}.$$

Or on a

$$z_0 = \alpha_0 \sqrt{N} + \beta_0 \sqrt{R_1} = t_1 \sqrt{N} + \sqrt{R_1},$$
$$z_0' = \alpha_0 \sqrt{N} - \beta_0 \sqrt{R_1} = t_1 \sqrt{N} - \sqrt{R_1},$$

et

$$\frac{z_m}{z_m'} = \frac{\alpha_m \sqrt{N} + \beta_m \sqrt{R_1}}{\alpha_m \sqrt{N} - \beta_m \sqrt{R_1}},$$

donc

$$\frac{\alpha_m \sqrt{N} + \beta_m \sqrt{R_1}}{\alpha_m \sqrt{N} - \beta_m \sqrt{R_1}} = \frac{t_1 \sqrt{N} + \sqrt{R_1}}{t_1 \sqrt{N} - \sqrt{R_1}} \cdot \frac{r_1 + \sqrt{R}}{r_1 - \sqrt{R}} \cdot \frac{r_2 + \sqrt{R}}{r_2 - \sqrt{R}} \cdots \frac{r_m + \sqrt{R}}{r_m - \sqrt{R}},$$

et en prenant les logarithmes

$$(26) \qquad \log \frac{\alpha_m \sqrt{N} + \beta_m \sqrt{R_1}}{\alpha_m \sqrt{N} - \beta_m \sqrt{R_1}}$$
$$= \log \frac{t_1 \sqrt{N} + \sqrt{R_1}}{t_1 \sqrt{N} - \sqrt{R_1}} + \log \frac{r_1 + \sqrt{R}}{r_1 - \sqrt{R}} + \log \frac{r_2 + \sqrt{R}}{r_2 - \sqrt{R}} + \cdots + \log \frac{r_m + \sqrt{R}}{r_m - \sqrt{R}},$$

ce qu'il fallait démontrer.

11.

En différentiant l'expression $z = \log \frac{\alpha_m \sqrt{N} + \beta_m \sqrt{R_1}}{\alpha_m \sqrt{N} - \beta_m \sqrt{R_1}}$, on aura, après les réductions convenables,

$$dz = \frac{2(\alpha_m \, d\beta_m - \beta_m \, d\alpha_m) N R_1 - \alpha_m \beta_m (R_1 \, dN - N dR_1)}{(\alpha_m^2 N - \beta_m^2 R_1) \sqrt{N R_1}}.$$

Or on a

$$\alpha_m^2 N - \beta_m^2 R_1 = (-1)^{m-1} s_m,$$

donc en faisant

$$(27) \qquad (-1)^{m-1} \varrho_m = 2 \left(\alpha_m \frac{d\beta_m}{dx} - \beta_m \frac{d\alpha_m}{dx} \right) N R_1 - \alpha_m \beta_m \left(\frac{R_1 \, dN - N \, dR_1}{dx} \right),$$

on aura

$$dz = \frac{\varrho_m}{s_m}\,\frac{dx}{\sqrt{NR_1}},$$

et

$$z = \int \frac{\varrho_m}{s_m}\,\frac{dx}{\sqrt{NR_1}},$$

donc

$$\int \frac{\varrho_m}{s_m}\,\frac{dx}{\sqrt{NR_1}} = \log \frac{\alpha_m\sqrt{N} + \beta_m\sqrt{R_1}}{\alpha_m\sqrt{N} - \beta_m\sqrt{R_1}},$$

ou bien

$$(28)\qquad \int \frac{\varrho_m}{s_m}\frac{dx}{\sqrt{R}} = \log\frac{t_1\sqrt{N}+\sqrt{R_1}}{t_1\sqrt{N}-\sqrt{R_1}} + \log\frac{r_1+\sqrt{R}}{r_1-\sqrt{R}} + \cdots + \log\frac{r_m+\sqrt{R}}{r_m-\sqrt{R}}.$$

Dans cette expression s_m est tout au plus du degré $(n-1)$ et ϱ_m est nécessairement du degré $(n-1+\delta s_m)$, ce dont on peut se convaincre de la manière suivante. En différentiant l'équation

$$(29)\qquad \alpha_m^2 N - \beta_m^2 R_1 = (-1)^{m-1}\ {}_{n},$$

on trouvera la suivante

$$2\alpha_m\, d\alpha_m N + \alpha_m^2\, dN - 2\beta_m\, d\beta_m \,.\, R_1 - \beta_m^2\, dR_1 = (-1)^{m-1} ds_m,$$

ou, en multipliant par $\alpha_m N$,

$$\alpha_m^2 N(2N d\alpha_m + \alpha_m dN) - 2\alpha_m\beta_m\, d\beta_m NR_1 - \beta_m^2\alpha_m N\, dR_1 = (-1)^{m-1}\alpha_m N\, ds_m.$$

Mettant ici à la place de $\alpha_m^2 N$, sa valeur tirée de l'équation (29), on aura

$$(-1)^{m-1}s_m(2N d\alpha_m + \alpha_m dN) + \beta_m\,[2NR_1\beta_m\, d\alpha_m + \alpha_m\beta_m R_1\, dN - 2\alpha_m\, d\beta_m NR_1 \\ - \beta_m\alpha_m N dR_1] = (-1)^{m-1}\alpha_m N\, ds_m,$$

c'est-à-dire,

$$\beta_m\,[2(\alpha_m\, d\beta_m - \beta_m\, d\alpha_m)NR_1 - \alpha_m\beta_m(R_1\, dN - N dR_1)] \\ = (-1)^{m-1}[s_m(2N d\alpha_m + \alpha_m\, dN) - \alpha_m N ds_m].$$

En vertu de l'équation (27) le premier membre de cette équation est égal à $\beta_m(-1)^{m-1}\varrho_m\, dx$; donc on aura

$$(30)\qquad \beta_m\,\varrho_m = s_m\left(\frac{2N\, d\alpha_m}{dx} + \frac{\alpha_m\, dN}{dx}\right) - \alpha_m\,\frac{N\, ds_m}{dx}$$

Puisque $\delta s_m < n$, le second membre de cette équation sera nécessairement du degré $(\delta s_m + \delta N + \delta \alpha_m - 1)$, comme il est facile de le voir; donc

$$\delta \varrho_m = \delta s_m + \delta N + \delta \alpha_m - \delta \beta_m - 1.$$

Or de l'équation (29) il suit que

$$2\delta \alpha_m + \delta N = 2\delta \beta_m + \delta R_1,$$

donc

$$\delta \varrho_m = \delta s_m + \frac{\delta N + \delta R_1}{2} - 1;$$

ou, puisque $\delta N + \delta R_1 = 2n$,

$$\delta \varrho_m = \delta s_m + n - 1,$$

c'est-à-dire que ϱ_m est nécessairement du degré $(\delta s_m + n - 1)$. Il suit de là que la fonction $\frac{\varrho_m}{s_m}$ est du degré $(n-1)$.

Faisant dans la formule (28) $N = 1$, on aura $t_1 = r$, et par conséquent

$$(31) \qquad \int \frac{\varrho_m dx}{s_m \sqrt{R}} = \log \frac{r + \sqrt{R}}{r - \sqrt{R}} + \log \frac{r_1 + \sqrt{R}}{r_1 - \sqrt{R}} + \cdots + \log \frac{r_m + \sqrt{R}}{r_m - \sqrt{R}},$$

où, suivant l'équation (30),

$$\beta_m \varrho_m = 2 s_m \frac{d\alpha_m}{dx} - \alpha_m \frac{ds_m}{dx}.$$

L'équation (28) donne, en faisant $s_m = a$,

$$(32) \quad \int \frac{\varrho_m dx}{a\sqrt{R}} = \log \frac{t_1 \sqrt{N} + \sqrt{R_1}}{t_1 \sqrt{N} - \sqrt{R_1}} + \log \frac{r_1 + \sqrt{R}}{r_1 - \sqrt{R}} + \cdots + \log \frac{r_m + \sqrt{R}}{r_m - \sqrt{R}}$$

$$\text{où} \quad \beta_m \varrho_m = a\left(2N \frac{d\alpha_m}{dx} + \alpha_m \frac{dN}{dx}\right),$$

et lorsque $N = 1$,

$$(33) \qquad \int \frac{\varrho_m dx}{\sqrt{R}} = \log \frac{r + \sqrt{R}}{r - \sqrt{R}} + \log \frac{r_1 + \sqrt{R}}{r_1 - \sqrt{R}} + \cdots + \log \frac{r_m + \sqrt{R}}{r_m - \sqrt{R}},$$

$$\text{où} \quad \varrho_m = \frac{2}{\beta_m} \frac{d\alpha_m}{dx}.$$

D'après ce qui précède, cette formule a la même généralité que la formule (32), et donne toutes les intégrales de la forme $\int \frac{\varrho dx}{\sqrt{R}}$, où ϱ et R sont des fonctions entières, qui sont exprimables par une fonction logarithmique de la forme $\log \frac{p+q\sqrt{R}}{p-q\sqrt{R}}$.

12.

Dans l'équation (28) la fonction $\frac{\varrho_m}{s_m}$ est donnée par l'équation (30). Mais on peut exprimer cette fonction d'une manière plus commode à l'aide des quantités t_1, r_1, r_2, etc. μ, μ_1, μ_2, etc. En effet, soit

$$z_m = \log \frac{r_m + \sqrt{R}}{r_m - \sqrt{R}},$$

on aura en différentiant,

$$dz_m = \frac{dr_m + \frac{1}{2}\frac{dR}{\sqrt{R}}}{r_m + \sqrt{R}} - \frac{dr_m - \frac{1}{2}\frac{dR}{\sqrt{R}}}{r_m - \sqrt{R}},$$

ou en réduisant,

(33′) $$dz_m = \frac{r_m\, dR - 2R\, dr_m}{r_m^2 - R}\,\frac{1}{\sqrt{R}}.$$

Or nous avons trouvé plus haut

$$s_m = s_{m-2} + 4\mu_{m-1} r_{m-1} - 4 s_{m-1}\mu_{m-1}^2,$$

donc en multipliant par s_{m-1},

$$s_m s_{m-1} = s_{m-1} s_{m-2} + 4\mu_{m-1} s_{m-1} r_{m-1} - 4 s_{m-1}^2 \mu_{m-1}^2,$$

c'est-à-dire,

$$s_m s_{m-1} = s_{m-1} s_{m-2} + r_{m-1}^2 - (2 s_{m-1}\mu_{m-1} - r_{m-1})^2.$$

Mais on a

$$r_m = 2 s_{m-1}\mu_{m-1} - r_{m-1},$$

donc en substituant cette quantité,

$$s_m s_{m-1} = s_{m-1} s_{m-2} + r_{m-1}^2 - r_m^2,$$

d'où l'on déduit par transposition,

$$r_m^2 + s_m s_{m-1} = r_{m-1}^2 + s_{m-1} s_{m-2}.$$

Il suit de cette équation que $r_m^2 + s_m s_{m-1}$ a la même valeur pour tous les m et par conséquent que

$$r_m^2 + s_m s_{m-1} = r_1^2 + s s_1;$$

or nous avons vu plus haut que $r_1^2 + s s_1 = R$, et par suite,

(34) $$R = r_m^2 + s_m s_{m-1}.$$

Substituant cette expression pour R dans l'équation (33′), on aura après les réductions convenables

$$dz_m = \frac{2\,dr_m}{\sqrt{R}} - \frac{ds_m}{s_m}\frac{r_m}{\sqrt{R}} - \frac{ds_{m-1}}{s_{m-1}}\frac{r_m}{\sqrt{R}};$$

mais puisque $r_m = 2s_{m-1}\mu_{m-1} - r_{m-1}$, le terme $-\frac{ds_{m-1}}{s_{m-1}}\frac{r_m}{\sqrt{R}}$ se transforme en $-2\mu_{m-1}\frac{ds_{m-1}}{\sqrt{R}} + \frac{ds_{m-1}}{s_{m-1}}\frac{r_{m-1}}{\sqrt{R}}$. On obtient donc

$$dz_m = (2dr_m - 2\mu_{m-1}\,ds_{m-1})\frac{1}{\sqrt{R}} - \frac{ds_m}{s_m}\frac{r_m}{\sqrt{R}} + \frac{ds_{m-1}}{s_{m-1}}\frac{r_{m-1}}{\sqrt{R}},$$

et en intégrant

(35) $$\int\frac{ds_m}{s_m}\frac{r_m}{\sqrt{R}} = -z_m + \int(2dr_m - 2\mu_{m-1}\,ds_{m-1})\frac{1}{\sqrt{R}} + \int\frac{ds_{m-1}}{s_{m-1}}\frac{r_{m-1}}{\sqrt{R}}.$$

Cette expression est, comme on le voit, une formule de réduction pour les intégrales de la forme $\int\frac{ds_m}{s_m}\frac{r_m}{\sqrt{R}}$. Car elle donne l'intégrale $\int\frac{ds_m}{s_m}\frac{r_m}{\sqrt{R}}$ par une autre intégrale de la même forme et par une intégrale de la forme $\int\frac{t\,dx}{\sqrt{R}}$ où t est une fonction entière. Mettant dans cette formule à la place de m successivement m, $m-1$, $m-2\ldots 3$, 2, 1, on obtiendra m équations semblables, dont la somme donnera la formule suivante (en remarquant que $r_0 = 2s\mu - r_1 = t_1 N$ en vertu de l'équation $r_1 + t_1 N = 2s\mu$)

$$\int\frac{ds_m}{s_m}\frac{r_m}{\sqrt{R}} = -(z_1 + z_2 + z_3 + \cdots + z_m) + \int\frac{ds}{s}\frac{t_1 N}{\sqrt{R}}$$
$$+ \int 2(dr_1 + dr_2 + \cdots + dr_m - \mu\,ds - \mu_1\,ds_1 - \cdots - \mu_{m-1}\,ds_{m-1})\frac{1}{\sqrt{R}}.$$

On peut encore réduire l'intégrale $\int\frac{ds}{s}\frac{t_1 N}{\sqrt{R}}$. En différentiant l'expression

$$z = \log.\frac{t_1\sqrt{N}+\sqrt{R_1}}{t_1\sqrt{N}-\sqrt{R_1}},$$

on aura après quelques réductions,

$$dz = \frac{-2dt_1 NR_1 - t_1(R_1 dN - NdR_1)}{(t_1^2 N - R_1)\sqrt{R}}.$$

Or on a

$$R_1 = t_1^2 N + s;$$

substituant donc cette valeur de R_1 dans l'équation ci-dessus, on trouve

$$dz = (2Ndt_1 + t_1 dN)\frac{1}{\sqrt{R}} - \frac{ds}{s}\frac{t_1 N}{\sqrt{R}},$$

donc en intégrant

$$\int \frac{ds}{s}\frac{t_1 N}{\sqrt{R}} = -z + \int (2Ndt_1 + t_1 dN)\frac{1}{\sqrt{R}}$$

L'expression de $\int \frac{ds_m}{s_m}\frac{r_m}{\sqrt{R}}$ se transforme par là en celle-ci,

$$\int \frac{ds_m}{s_m}\frac{r_m}{\sqrt{R}} = -(z + z_1 + z_2 + \cdots + z_m)$$

$$+\int \frac{2}{\sqrt{R}}(Ndt_1 + \tfrac{1}{2}t_1 dN + dr_1 + \cdots + dr_m - \mu ds - \mu_1 ds_1 - \cdots - \mu_{m-1} ds_{m-1}),$$

ou, en mettant à la place des quantités z, z_1, $z_2 \ldots$ leurs valeurs,

(36) $$\int \frac{ds_m}{s_m}\frac{r_m}{\sqrt{R}}$$

$$= \int \frac{2}{\sqrt{R}}(Ndt_1 + \tfrac{1}{2}t_1 dN + dr_1 + \cdots + dr_m - \mu ds - \mu_1 ds_1 - \cdots - \mu_{m-1} ds_{m-1})$$

$$-\log\frac{t_1\sqrt{N}+\sqrt{R_1}}{t_1\sqrt{N}-\sqrt{R_1}} - \log\frac{r_1+\sqrt{R}}{r_1-\sqrt{R}} - \log\frac{r_2+\sqrt{R}}{r_2-\sqrt{R}} - \cdots - \log\frac{r_m+\sqrt{R}}{r_m-\sqrt{R}}.$$

Cette formule est entièrement la même que la formule (28); elle donne

(37) $$\frac{\varrho_m}{s_m}dx = -\frac{r_m ds_m}{s_m}$$

$$+2(Ndt_1 + \tfrac{1}{2}t_1 dN + dr_1 + \cdots + dr_m - \mu ds - \cdots - \mu_{m-1} ds_{m-1}).$$

Mais l'expression ci-dessus dispense du calcul des fonctions α_m et β_m.

Si maintenant s_m est indépendant de x, l'intégrale $\int \frac{ds_m}{s_m} \frac{r_m}{\sqrt{R}}$ disparaît et l'on obtient la formule suivante:

$$(38)\quad \int \frac{2}{\sqrt{R}} (\tfrac{1}{2} t_1\, dN + N\, dt_1 + dr_1 + \cdots + dr_m - \mu\, ds - \cdots - \mu_{m-1}\, ds_{m-1})$$
$$= \log \frac{t_1\sqrt{N} + \sqrt{R_1}}{t_1\sqrt{N} - \sqrt{R_1}} + \log \frac{r_1 + \sqrt{R}}{r_1 - \sqrt{R}} + \log \frac{r_2 + \sqrt{R}}{r_2 - \sqrt{R}} + \cdots + \log \frac{r_m + \sqrt{R}}{r_m - \sqrt{R}}.$$

Si dans l'expression (36) on fait $N = 1$, on a $t_1 = r$, et par suite

$$(39)\quad \int \frac{ds_m}{s_m} \frac{r_m}{\sqrt{R}} = \int \frac{2}{\sqrt{R}} (dr + dr_1 + \cdots + dr_m - \mu\, ds - \cdots - \mu_{m-1}\, ds_{m-1})$$
$$- \log \frac{r + \sqrt{R}}{r - \sqrt{R}} - \log \frac{r_1 + \sqrt{R}}{r_1 - \sqrt{R}} - \cdots - \log \frac{r_m + \sqrt{R}}{r_m - \sqrt{R}},$$

et si l'on fait $s_m = a$:

$$(40)\quad \int \frac{2}{\sqrt{R}} (dr + dr_1 + \cdots + dr_m - \mu\, ds - \mu_1\, ds_1 - \cdots - \mu_{m-1}\, ds_{m-1})$$
$$= \log \frac{r + \sqrt{R}}{r - \sqrt{R}} + \log \frac{r_1 + \sqrt{R}}{r_1 - \sqrt{R}} + \cdots + \log \frac{r_m + \sqrt{R}}{r_m - \sqrt{R}}.$$

En vertu de ce qui précède, cette formule a la même généralité que (38); elle donne par conséquent toutes les intégrales de la forme $\int \frac{t\,dx}{\sqrt{R}}$, où t est une fonction entière, qui peuvent être exprimées par une fonction de la forme $\log \frac{p + q\sqrt{R}}{p - q\sqrt{R}}$.

13.

Nous avons vu ci-dessus que

$$\sqrt{\frac{R_1}{N}} = t_1 + \cfrac{1}{2\mu + \cfrac{1}{2\mu_1 + \cfrac{1}{2\mu_2 + \cfrac{1}{2\mu_3 + \cdots}}}}$$

donc, lorsque $N = 1$,

$$\sqrt{R} = r + \cfrac{1}{2\mu + \cfrac{1}{2\mu_1 + \cfrac{1}{2\mu_2 + \cfrac{1}{2\mu_3 + \cdots}}}}$$

En général les quantités μ, μ_1, μ_2, μ_3 ... sont différentes entre elles. Mais lorsqu'une des quantités s, s_1, s_2 ... est indépendante de x, la fraction continue devient *périodique.* On peut le démontrer comme il suit.

On a

$$r_{m+1}^2 + s_m s_{m+1} = R = r^2 + s,$$

donc, lorsque $s_m = a$,

$$r_{m+1}^2 - r^2 = s - as_{m+1} = (r_{m+1} + r)(r_{m+1} - r).$$

Or $\delta r_{m+1} = \delta r$, $\delta s < \delta r$, $\delta s_{m+1} < \delta r$, donc cette équation ne peut subsister à moins qu'on n'ait en même temps,

$$r_{m+1} = r, \quad s_{m+1} = \frac{s}{a}.$$

Or, puisque $\mu_{m+1} = E\left(\frac{r_{m+1}}{s_{m+1}}\right)$ on a de même

$$\mu_{m+1} = a\,E\left(\frac{r}{s}\right);$$

mais $E\left(\frac{r}{s}\right) = \mu$, donc

$$\mu_{m+1} = a\mu.$$

On a de plus

$$s_{m+2} = s_m + 4\mu_{m+1} r_{m+1} - 4\mu_{m+1}^2 s_{m+1},$$

donc ayant $s_m = a$, $r_{m+1} = r$, $\mu_{m+1} = a\mu$, on en conclut

$$s_{m+2} = a(1 + 4\mu r - 4\mu^2 s);$$

or $s_1 = 1 + 4\mu r - 4\mu^2 s$, donc

$$s_{m+2} = as_1.$$

On a de même

$$r_{m+2} = 2\mu_{m+1} s_{m+1} - r_{m+1} = 2\mu s - r,$$

donc, puisque $r_1 = 2\mu s - r$,

$$r_{m+2} = r_1,$$

d'où l'on tire

$$\mu_{m+2} = E\left(\frac{r_{m+2}}{s_{m+2}}\right) = \frac{1}{a} E\left(\frac{r_1}{s_1}\right),$$

donc

$$\mu_{m+2} = \frac{\mu_1}{a}.$$

En continuant ce procédé on voit sans peine qu'on aura en général

$$(41) \qquad \begin{cases} r_{m+n} = r_{n-1}, & s_{m+n} = a^{\pm 1} s_{n-1}, \\ \mu_{m+n} = a^{\mp 1} \mu_{n-1}. \end{cases}$$

Le signe supérieur doit être pris lorsque n est pair et le signe inférieur dans le cas contraire.

Mettant dans l'équation

$$r_m^2 + s_{m-1} s_m = r^2 + s$$

a à la place de s_m, on aura

$$(r_m - r)(r_m + r) = s - a s_{m-1}.$$

Il s'ensuit que

$$r_m = r, \quad s_{m-1} = \frac{s}{a}.$$

Or on a $\mu_m = E\left(\frac{r_m}{s_m}\right)$, donc

$$\mu_m = \frac{1}{a} E r;$$

c'est-à-dire

$$\mu_m = \frac{1}{a} r.$$

On a de plus

$$r_m + r_{m-1} = 2 s_{m-1} \mu_{m-1},$$

c'est-à-dire, puisque $r_m = r$, $s_{m-1} = \frac{s}{a}$,

$$r + r_{m-1} = \frac{2s}{a} \mu_{m-1}.$$

Mais $r + r_1 = 2s\mu$, donc

$$r_{m-1} - r_1 = \frac{2s}{a}(\mu_{m-1} - a\mu).$$

On a

$$r_{m-1}^2 + s_{m-1}s_{m-2} = r_1^2 + ss_1,$$

c'est-à-dire, puisque $s_{m-1} = \frac{s}{a}$,

$$(r_{m-1} + r_1)(r_{m-1} - r_1) = \frac{s}{a}(as_1 - s_{m-2}).$$

Or nous avons vu que

$$r_{m-1} - r_1 = \frac{2s}{a}(\mu_{m-1} - a\mu),$$

donc en substituant,

$$2(r_{m-1} + r_1)(\mu_{m-1} - a\mu) = as_1 - s_{m-2}.$$

Cette équation donne, en remarquant que $\delta(r_{m-1} + r_1) > \delta(as_1 - s_{m-2})$,

$$\mu_{m-1} = a\mu, \quad s_{m-2} = as_1,$$

et par conséquent

$$r_{m-1} = r_1.$$

Par un procédé semblable on trouvera aisément,

$$r_{m-2} = r_2, \quad s_{m-3} = \frac{1}{a}s_2, \quad \mu_{m-2} = \frac{\mu_1}{a},$$

et en général

(42) $$\begin{cases} r_{m-n} = r_n, \quad s_{m-n} = a^{\pm 1} s_{n-1}, \\ \mu_{m-n} = a^{\mp 1} \mu_{n-1}. \end{cases}$$

14.

A. Soit m un nombre pair, $2k$.

Dans ce cas on voit aisément, en vertu des équations (41) et (42), que les quantités $r, r_1, r_2 \ldots s, s_1, s_2 \ldots \mu, \mu_1, \mu_2 \ldots$ forment les séries suivantes:

0	1	..	$2k-2$	$2k-1$	$2k$	$2k+1$	$2k+2$	..	$4k-1$	$4k$	$4k+1$	$4k+2$	$4k+3$	etc.
r	r_1	..	r_2	r_1	r	r	r_1	..	r_2	r_1	r	r	r_1	etc.
s	s_1	..	as_1	$\frac{s}{a}$	a	$\frac{s}{a}$	as_1	..	s_1	s	1	s	s_1	etc.
μ	μ_1	..	$\frac{\mu_1}{a}$	$a\mu$	$\frac{r}{a}$	$a\mu$	$\frac{\mu_1}{a}$	..	μ_1	μ	r	μ	μ_1	etc.

B. Soit m un nombre impair, $2k-1$.

Dans ce cas l'équation

$$s_{m-n} = a^{\pm 1} s_{n-1} \quad \text{ou} \quad s_{2k-n-1} = a^{\pm 1} s_{n-1}$$

donne, pour $n = k$,

$$s_{k-1} = a^{\pm 1} s_{k-1}, \quad \text{donc} \quad a = 1.$$

Les quantités r, r_1 etc. s, s_1 etc. μ, μ_1 etc. forment les séries suivantes:

0	1	..	$k-2$	$k-1$	k	$k+1$	..	$2k-2$	$2k-1$.	$2k$	$2k+1$	etc.
r	r_1	..	r_{k-2}	r_{k-1}	r_{k-1}	r_{k-2}	..	r_1	r	r	r_1	etc.
s	s_1	..	s_{k-2}	s_{k-1}	s_{k-2}	s_{k-3}	..	s	1	s	s_1	etc.
μ	μ_1	..	μ_{k-2}	μ_{k-1}	μ_{k-2}	μ_{k-3}	..	μ	r	μ	μ_1	etc.

On voit par là que, lorsqu'une des quantités s, s_1, s_2 ... est indépendante de x, la fraction continue résultant de $\sqrt{R}$ est toujours périodique et de la forme suivante, lorsque $s_m = a$:

$$\sqrt{R} = r + \frac{1}{2\mu} + \frac{1}{2\mu_1} + \cdots + \frac{1}{\frac{2\mu_1}{a}} + \frac{1}{2a\mu} + \frac{1}{\frac{2r}{a}} + \frac{1}{2a\mu} + \frac{1}{\frac{2\mu_1}{a}} + \cdots + \frac{1}{2\mu} + \frac{1}{2r} + \frac{1}{2\mu} + \cdots$$

Lorsque m est impair, on a de plus $a = 1$, et par suite

$$\sqrt{R} = r + \frac{1}{2\mu} + \frac{1}{2\mu_1} + \cdots + \frac{1}{2\mu_1} + \frac{1}{2\mu} + \frac{1}{2r} + \frac{1}{2\mu} + \frac{1}{2\mu_1} + \cdots$$

La réciproque a également lieu; c'est-à-dire que, lorsque la fraction continue résultant de $\sqrt{R}$ a la forme ci-dessus, s_m sera indépendant de x. En effet, soit

$$\mu_m = \frac{r}{a}.$$

on tire de l'équation $r_m = s_m \mu_m + \varepsilon_m$,

$$r_m = \frac{r}{a} s_m + \varepsilon_m.$$

Or, puisque $r_m = r_{m-1} - 2\varepsilon_{m-1}$, où $\delta\varepsilon_{m-1} < \delta r$, il est clair que

$$r_m = r + \gamma_m, \quad \text{où} \quad \delta\gamma_m < \delta r.$$

On en tire

$$r\left(1 - \frac{s_m}{a}\right) = \varepsilon_m - \gamma_m,$$

et par conséquent $s_m = a$, ce qu'il fallait démontrer. En combinant cela avec ce qui précède, on trouve la proposition suivante:

"Lorsqu'il est possible de trouver pour ϱ une fonction entière telle, que

$$\int \frac{\varrho\, dx}{\sqrt{R}} = \log \frac{y + \sqrt{R}}{y - \sqrt{R}},$$

"la fraction continue résultant de $\sqrt{R}$ est périodique, et a la forme suivante:

$$\sqrt{R} = r + \cfrac{1}{2\mu + \cfrac{1}{2\mu_1 + \cdots + \cfrac{1}{2\mu_1 + \cfrac{1}{2\mu + \cfrac{1}{2r + \cfrac{1}{2\mu + \cfrac{1}{2\mu_1 + \text{etc.}}}}}}}}$$

"et réciproquement, lorsque la fraction continue résultant de $\sqrt{R}$ a cette "forme, il est toujours possible de trouver pour ϱ une fonction entière qui "satisfasse à l'équation,

$$\int \frac{\varrho\, dx}{\sqrt{R}} = \log \frac{y + \sqrt{R}}{y - \sqrt{R}}.$$

"La fonction y est donnée par l'expression suivante:

$$y = r + \cfrac{1}{2\mu + \cfrac{1}{2\mu_1 + \cfrac{1}{2\mu_2 + \cdots + \cfrac{1}{2\mu + \cfrac{1}{2r}}}}}.$$

Dans cette proposition est contenue la solution complète du problème proposé au commencement de ce mémoire.

15.

Nous venons de voir que, lorsque s_{2k-1} est indépendant de x, on aura toujours $s_k = s_{k-2}$, et lorsque s_{2k} est indépendant de x, on aura $s_k = cs_{k-1}$, où c est constant. La réciproque a également lieu, ce qu'on peut démontrer comme il suit.

I. Soit d'abord $s_k = s_{k-2}$, on a

$$r_{k-1}^2 + s_{k-1}s_{k-2} = r_k^2 + s_k s_{k-1};$$

or $s_k = s_{k-2}$, donc

$$r_k = r_{k-1}.$$

De plus

$$r_k = \mu_k s_k + \varepsilon_k,$$

$$r_{k-2} = \mu_{k-2}s_{k-2} + \varepsilon_{k-2},$$

donc

$$r_k - r_{k-2} = s_k(\mu_k - \mu_{k-2}) + \varepsilon_k - \varepsilon_{k-2}.$$

Mais

$$r_k = r_{k-1}, \quad r_{k-2} = r_{k-1} + 2\varepsilon_{k-2},$$

donc, en substituant, on trouve

$$0 = s_k(\mu_k - \mu_{k-2}) + \varepsilon_k + \varepsilon_{k-2}.$$

Cette équation donne, en remarquant que $\delta\varepsilon_k < \delta s_k$, $\delta\varepsilon_{k-2} < \delta s_{k-2}$,

$$\mu_k = \mu_{k-2}, \quad \varepsilon_k = -\varepsilon_{k-2}.$$

Or $r_{k+1} = r_k - 2\varepsilon_k$, donc, en vertu de la dernière équation,

$$r_{k+1} = r_{k-1} + 2\varepsilon_{k-2},$$

et, puisque $r_{k-1} = r_{k-2} - 2\varepsilon_{k-2}$, on en conclut

$$r_{k+1} = r_{k-2}.$$

On a

$$r_{k+1}^2 + s_k s_{k+1} = r_{k-2}^2 + s_{k-2} s_{k-3},$$

donc, puisque $r_{k+1} = r_{k-2}$, $s_k = s_{k-2}$, on a aussi

$$s_{k+1} = s_{k-3}.$$

En combinant cette équation avec celles-ci,

$$r_{k+1} = \mu_{k+1} s_{k+1} + \varepsilon_{k+1}, \quad r_{k-3} = \mu_{k-3} s_{k-3} + \varepsilon_{k-3},$$

on obtiendra

$$r_{k+1} - r_{k-3} = s_{k+1}(\mu_{k+1} - \mu_{k-3}) + \varepsilon_{k+1} - \varepsilon_{k-3};$$

Or on a $r_{k+1} = r_{k-2}$, et $r_{k-2} = r_{k-3} - 2\varepsilon_{k-3}$, par conséquent

$$0 = s_{k+1}(\mu_{k+1} - \mu_{k-3}) + \varepsilon_{k+1} + \varepsilon_{k-3}.$$

Il s'ensuit que

$$\mu_{k+1} = \mu_{k-3}, \quad \varepsilon_{k+1} = -\varepsilon_{k-3}.$$

En continuant de cette manière, on voit aisément qu'on aura en général

$$r_{k+n} = r_{k-n-1}, \quad \mu_{k+n} = \mu_{k-n-2}, \quad s_{k+n} = s_{k-n-2}.$$

En posant dans la dernière équation $n = k - 1$, on trouvera

$$s_{2k-1} = s_{-1}.$$

Or il est clair que s_{-1} est la même chose que 1; car on a en général

$$R = r_m^2 + s_m s_{m-1},$$

donc en faisant $m = 0$,

$$R = r^2 + s s_{-1};$$

mais $R = r^2 + s$, donc $s_{-1} = 1$, et par conséquent

$$s_{2k-1} = 1.$$

II. Soit en second lieu $s_k = c s_{k-1}$, on a

$$r_k = \mu_k s_k + \varepsilon_k,$$

$$r_{k-1} = \mu_{k-1} s_{k-1} + \varepsilon_{k-1},$$

donc

$$r_k - r_{k-1} = s_{k-1}(c\mu_k - \mu_{k-1}) + \varepsilon_k - \varepsilon_{k-1}.$$

Or $r_k - r_{k-1} = -2\varepsilon_{k-1}$, donc

$$0 = s_{k-1}(c\mu_k - \mu_{k-1}) + \varepsilon_k + \varepsilon_{k-1}.$$

Cette équation donne

$$\mu_k = \frac{1}{c}\mu_{k-1}, \quad \varepsilon_k = -\varepsilon_{k-1}.$$

Donc des équations

$$r_k - r_{k-1} = -2\varepsilon_{k-1}, \quad r_{k+1} - r_k = -2\varepsilon_k,$$

on déduit en ajoutant

$$r_{k+1} = r_{k-1}.$$

On a de plus

$$r_{k+1}^2 + s_k s_{k+1} = r_{k-1}^2 + s_{k-1} s_{k-2},$$

et, puisque $r_{k+1} = r_{k-1}$ et $s_k = cs_{k-1}$, on en conclut

$$s_{k+1} = \frac{1}{c} s_{k-2}.$$

En continuant de cette manière, on aura,

$$s_{2k} = c^{\pm 1},$$

c'est-à-dire que s_{2k} est indépendant de x.

Cette propriété des quantités s, s_1, s_2 etc. fait voir que l'équation $s_{2k} = a$ est identique avec l'équation $s_k = a^{\pm 1} s_{k-1}$ et que l'équation $s_{2k-1} = 1$ est identique avec l'équation $s_k = s_{k-2}$. Il s'ensuit que, lorsqu'on cherche la forme de R qui convient à l'équation $s_{2k} = a$, on peut au lieu de cette équation poser $s_k = a^{\pm 1} s_{k-1}$, et que, lorsqu'on cherche la forme de R qui convient à l'équation $s_{2k-1} = 1$, il suffit de faire $s_k = s_{k-2}$, ce qui abrége beaucoup le calcul.

16.

En vertu des équations (41) et (42) on peut donner à l'expression (40) une forme plus simple.

a) Lorsque m est pair et égal à $2k$, on a

$$(43)\quad \begin{cases} \displaystyle\int \frac{2}{\sqrt{R}}(dr+dr_1+\cdots+dr_{k-1}+\tfrac{1}{2}dr_k-\mu\, ds-\mu_1 ds_1-\cdots-\mu_{k-1}ds_{k-1}) \\ \displaystyle =\log\frac{r+\sqrt{R}}{r-\sqrt{R}}+\log\frac{r_1+\sqrt{R}}{r_1-\sqrt{R}}+\cdots+\log\frac{r_{k-1}+\sqrt{R}}{r_{k-1}-\sqrt{R}}+\tfrac{1}{2}\log\frac{r_k+\sqrt{R}}{r_k-\sqrt{R}}. \end{cases}$$

b) Lorsque m est impair et égal à $2k-1$, on a

$$(44)\quad \begin{cases} \displaystyle\int \frac{2}{\sqrt{R}}(dr+dr_1+\cdots+dr_{k-1}-\mu\, ds-\mu_1 ds_1-\cdots-\mu_{k-2}ds_{k-2}-\tfrac{1}{2}\mu_{k-1}ds_{k-1}) \\ \displaystyle =\log\frac{r+\sqrt{R}}{r-\sqrt{R}}+\log\frac{r_1+\sqrt{R}}{r_1-\sqrt{R}}+\cdots+\log\frac{r_{k-1}+\sqrt{R}}{r_{k-1}-\sqrt{R}}. \end{cases}$$

17.

Pour appliquer ce qui précède à un exemple, prenons l'intégrale

$$\int \frac{\varrho\, dx}{\sqrt{x^4+\alpha x^3+\beta x^2+\gamma x+\delta}}.$$

On a ici $\delta R=4$, donc les fonctions s, s_1, s_2, s_3 ... sont du premier degré, et par suite l'équation $s_m=\text{const.}$ ne donne qu'une seule équation de condition entre les quantités, α, β, γ, δ, ε.

Faisant

$$x^4+\alpha x^3+\beta x^2+\gamma x+\delta=(x^2+ax+b)^2+c+ex,$$

on aura

$$r=x^2+ax+b,\quad s=c+ex.$$

Pour abréger le calcul, nous ferons $c=0$. Dans ce cas on a $s=ex$, et par conséquent,

$$\mu=E\left(\frac{r}{s}\right)=E\left(\frac{x^2+ax+b}{ex}\right);$$

c'est-à-dire

$$\mu=\frac{x}{e}+\frac{a}{e},\quad \varepsilon=b.$$

De plus

$$r_1=r-2\varepsilon=x^2+ax+b-2b=x^2+ax-b,$$

$$s_1 = 1 + 4\varepsilon\mu = 1 + 4b\frac{x+a}{e} = \frac{4b}{e}x + \frac{4ab}{e} + 1,$$

$$\mu_1 = E\left(\frac{r_1}{s_1}\right) = E\frac{x^2+ax-b}{\frac{4b}{e}x+\frac{4ab}{e}+1} = \frac{e}{4b}x - \frac{e^2}{16b^2},$$

$$\varepsilon_1 = r_1 - \mu_1 s_1 = \frac{ae}{4b} + \frac{e^2}{16b^2} - b,$$

$$s_2 = s + 4\varepsilon_1\mu_1 = \left(\frac{ae^2}{4b^2} + \frac{e^3}{16b^3}\right)x - \frac{e^2}{4b^2}\left(\frac{ae}{4b} + \frac{e^2}{16b^2} - b\right).$$

Soit maintenant en premier lieu s_1 constant. Alors l'équation

$$s_1 = \frac{4b}{e}x + \frac{4ab}{e} + 1$$

donne

$$b = 0,$$

par conséquent,

$$r = x^2 + ax,$$

$$\int \frac{2}{\sqrt{R}}(dr - \tfrac{1}{2}\mu ds) = \log\frac{r+\sqrt{R}}{r-\sqrt{R}},$$

ou, puisque $\mu = \frac{x+a}{e}$, $s = ex$,

$$\int \frac{(3x+a)dx}{\sqrt{(x^2+ax)^2+ex}} = \log\frac{x^2+ax+\sqrt{R}}{x^2+ax-\sqrt{R}}.$$

Cette intégrale se trouve aussi facilement en divisant le numérateur et le dénominateur de la différentielle par $\sqrt{x}$.

Soit en deuxième lieu s_2 constant. Dans ce cas la formule (43) donne, k étant égal à l'unité,

$$\int \frac{2}{\sqrt{R}}(dr + \tfrac{1}{2}dr_1 - \mu ds) = \log\frac{r+\sqrt{R}}{r-\sqrt{R}} + \tfrac{1}{2}\log\frac{r_1+\sqrt{R}}{r_1-\sqrt{R}}.$$

Or l'équation $s_2 = \text{const.}$ donne $s_1 = cs$, donc

$$\frac{4b}{e}x + \frac{4ab}{e} + 1 = cex.$$

L'équation de condition sera donc $\frac{4ab}{e}+1=0$, c'est-à-dire

$$e=-4ab,$$

donc

$$R=(x^2+ax+b)^2-4abx.$$

De plus, ayant $\mu=\frac{x+a}{e}$, $r=x^2+ax+b$, $r_1=x^2+ax-b$, on aura la formule,

$$\int\frac{(4x+a)\,dx}{\sqrt{(x^2+ax+b)^2-4abx}}=\log\frac{x^2+ax+b+\sqrt{R}}{x^2+ax+b-\sqrt{R}}+\tfrac{1}{2}\log\frac{x^2+ax-b+\sqrt{R}}{x^2+ax-b-\sqrt{R}}.$$

Soit en troisième lieu s_3 constant. Cette équation donne $s=s_2$, c'est-à-dire

$$\frac{ae}{4b}+\frac{e^2}{16b^2}-b=0.$$

On en tire

$$e=-2b(a\pm\sqrt{a^2+4b}).$$

La formule (44) donne par conséquent, puisque $k=2$,

$$\int\frac{(5x+\frac{3}{2}a\mp\frac{1}{2}\sqrt{a^2+4b})\,dx}{\sqrt{(x^2+ax+b)^2-2bx(a\pm\sqrt{a^2+4b})}}$$
$$=\log\frac{x^2+ax+b+\sqrt{R}}{x^2+ax+b-\sqrt{R}}+\log\frac{x^2+ax-b+\sqrt{R}}{x^2+ax-b-\sqrt{R}}.$$

Si par exemple $a=0$, $b=1$, on aura cette intégrale:

$$\int\frac{(5x-1)\,dx}{\sqrt{(x^2+1)^2-4x}}=\log\frac{x^2+1+\sqrt{(x^2+1)^2-4x}}{x^2+1-\sqrt{(x^2+1)^2-4x}}+\log\frac{x^2-1+\sqrt{(x^2+1)^2-4x}}{x^2-1-\sqrt{(x^2+1)^2-4x}}$$

Soit en quatrième lieu s_4 constant. Cela donne $s_2=cs_1$, c'est-à-dire

$$\left(\frac{ae^2}{4b^2}+\frac{e^3}{16b^3}\right)x-\frac{e^2}{4b^2}\left(\frac{ae}{4b}+\frac{e^2}{16b^2}-b\right)=\frac{4cb}{e}x+\left(\frac{4ab}{e}+1\right)c.$$

On en tire, en comparant les coefficiens et éliminant ensuite c,

$$\frac{e}{16b^3}(e+4ab)^2=-\frac{e}{b}\left(\frac{ae}{4b}+\frac{e^2}{16b^2}-b\right),$$

$$(e+4ab)^2 = 16b^3 - e(e+4ab),$$
$$e^2 + 6abe = 8b^3 - 8a^2b^2,$$
$$e = -3ab \mp \sqrt{8b^3 + a^2b^2} = -b(3a \pm \sqrt{a^2+8b}).$$

En vertu de cette expression la formule (43) donne,

$$\int \frac{(6x + \frac{3}{2}a - \frac{1}{2}\sqrt{a^2+8b})dx}{\sqrt{(x^2+ax+b)^2 - b(3a+\sqrt{a^2+8b})x}} = \log \frac{x^2+ax+b+\sqrt{R}}{x^2+ax+b-\sqrt{R}}$$
$$+\log \frac{x^2+ax-b+\sqrt{R}}{x^2+ax-b-\sqrt{R}} + \frac{1}{2}\log \frac{x^2+ax+\frac{1}{4}a(a-\sqrt{a^2+8b})+\sqrt{R}}{x^2+ax+\frac{1}{4}a(a-\sqrt{a^2+8b})-\sqrt{R}}.$$

Si l'on fait par exemple $a=0$, $b=\frac{1}{2}$, on obtiendra

$$\int \frac{(x+\frac{1}{6})\,dx}{\sqrt{x^4+x^2+x+\frac{1}{4}}} = \frac{1}{6}\log \frac{x^2+\frac{1}{2}+\sqrt{x^4+x^2+x+\frac{1}{4}}}{x^2+\frac{1}{2}-\sqrt{x^4+x^2+x+\frac{1}{4}}}$$
$$+\frac{1}{6}\log \frac{x^2-\frac{1}{2}+\sqrt{x^4+x^2+x+\frac{1}{4}}}{x^2-\frac{1}{2}-\sqrt{x^4+x^2+x+\frac{1}{4}}} + \frac{1}{12}\log \frac{x^2+\sqrt{x^4+x^2+x+\frac{1}{4}}}{x^2-\sqrt{x^4+x^2+x+\frac{1}{4}}}.$$

On peut continuer de cette manière et trouver un plus grand nombre d'intégrales. Ainsi par exemple l'intégrale

$$\int \frac{\left(x+\frac{\sqrt{5}+1}{14}\right)dx}{\sqrt{\left(x^2+\frac{\sqrt{5}-1}{2}\right)^2+(\sqrt{5}-1)^2 x}}$$

peut s'exprimer par des logarithmes.

Nous avons ici cherché les intégrales de la forme $\int \frac{\varrho\, dx}{\sqrt{R}}$ qui peuvent s'exprimer par une fonction logarithmique de la forme $\log \frac{p+q\sqrt{R}}{p-q\sqrt{R}}$. On pourrait rendre le problème encore plus général, et chercher en général toutes les intégrales de la forme ci-dessus qui pourraient s'exprimer d'une manière quelconque par des logarithmes; mais on ne trouverait pas d'intégrales nouvelles. On a en effet ce théorème remarquable:

„Lorsqu'une intégrale de la forme $\int\frac{\varrho\,dx}{\sqrt{R}}$, où ϱ et R sont des „fonctions entières de x, est exprimable par des logarithmes, on peut „toujours l'exprimer de la manière suivante:

$$\int\frac{\varrho\,dx}{\sqrt{R}} = A\log\frac{p+q\sqrt{R}}{p-q\sqrt{R}},$$

„où A est constant, et p et q des fonctions entières de x."

Je démontrerai ce théorème dans une autre occasion.

XII.

MÉMOIRE SUR UNE PROPRIÉTÉ GÉNÉRALE D'UNE CLASSE TRÈS-ÉTENDUE DE FONCTIONS TRANSCENDANTES.

Présenté à l'Académie des sciences à Paris le 30 Octobre 1826. Mémoires présentés par divers savants t. VII, Paris 1841.

Les fonctions transcendantes considérées jusqu'à présent par les géomètres sont en très-petit nombre. Presque toute la théorie des fonctions transcendantes se réduit à celle des fonctions logarithmiques, exponentielles et circulaires, fonctions qui, dans le fond, ne forment qu'une seule espèce. Ce n'est que dans les derniers temps qu'on a aussi commencé à considérer quelques autres fonctions. Parmi celles-ci, les transcendantes elliptiques, dont M. Legendre a developpé tant de propriétés remarquables et élégantes, tiennent le premier rang. L'auteur a considéré, dans le mémoire qu'il a l'honneur de présenter à l'Académie, une classe très-étendue de fonctions, savoir: toutes celles dont les dérivées peuvent être exprimées au moyen d'équations algébriques, dont tous les coefficients sont des fonctions rationnelles d'une même variable, et il a trouvé pour ces fonctions des propriétés analogues à celles des fonctions logarithmiques et elliptiques.

Une fonction dont la dérivée est rationnelle a, comme on le sait, la propriété qu'on peut exprimer la somme d'un nombre quelconque de semblables fonctions par une fonction algébrique et logarithmique, quelles que soient d'ailleurs les variables de ces fonctions. De même une fonction elliptique quelconque, c'est-à-dire une fonction dont la dérivée ne contient d'autres irrationnalités qu'un radical du second degré, sous lequel la variable ne passe pas le quatrième degré, aura encore la propriété qu'on peut exprimer une somme quelconque de semblables fonctions par une fonction algébrique et logarithmique, pourvu qu'on établisse entre les variables de ces fonctions une certaine relation algébrique. Cette analogie entre les propriétés de ces fonctions a conduit l'auteur à chercher s'il ne serait pas possible de trouver des propriétés analogues de fonctions plus générales, et il est parvenu au théorème suivant:

„Si l'on a plusieurs fonctions dont les dérivées peuvent être racines „d'une *même équation algébrique*, dont tous les coefficients sont des fonctions „*rationnelles* d'une même variable, on peut toujours exprimer la somme d'un „nombre quelconque de semblables fonctions par une fonction *algébrique* et „*logarithmique*, pourvu qu'on établisse entre les variables des fonctions en „question un certain nombre de relations *algébriques*."

Le nombre de ces relations ne dépend nullement du nombre des fonctions, mais seulement de la nature des fonctions particulières qu'on considère. Ainsi, par exemple, pour une fonction elliptique ce nombre est 1; pour une fonction dont la dérivée ne contient d'autres irrationnalités qu'un radical du second degré, sous lequel la variable ne passe pas le cinquième ou sixième degré, le nombre des relations nécessaires est 2, et ainsi de suite.

Le même théorème subsiste encore lorsqu'on suppose les fonctions multipliées par des nombres rationnels quelconques positifs ou négatifs.

On en déduit encore le théorème suivant:

„On peut toujours exprimer la somme d'un nombre *donné* de fonctions, „qui sont multipliées chacune par un nombre rationnel, et dont les variables „sont arbitraires, par une somme semblable en nombre *déterminé* de fonctions, „dont les variables sont des fonctions *algébriques* des variables des fonctions „données."

A la fin du mémoire on donne l'application de la théorie à une classe particulière de fonctions, savoir, à celles qui sont exprimées comme intégrales de formules différentielles, qui ne contiennent d'autres irrationnalités qu'un radical quelconque.

1.

Soit

(1) $$0 = p_0 + p_1 y + p_2 y^2 + \cdots + p_{n-1} y^{n-1} + y^n = \chi y$$

une équation algébrique quelconque, dont tous les coefficients sont des fonctions rationnelles et entières d'une même quantité variable x. Cette équation, supposée irréductible, donne pour la fonction y un nombre n de formes différentes; nous les désignerons par y', $y'' \ldots y^{(n)}$, en conservant la lettre y pour indiquer l'une quelconque d'entre elles.

Soit de même

$$(2) \qquad \theta y = q_0 + q_1 y + q_2 y^2 + \cdots + q_{n-1} y^{n-1}$$

une fonction rationnelle entière de y et x, en sorte que les coefficients q_0, q_1, $q_2 \ldots q_{n-1}$, soient des fonctions entières de x. Un certain nombre des coefficients des diverses puissances de x dans ces fonctions seront supposés indéterminés; nous les désignerons par a, a', a'', etc.

Cela posé, si l'on met dans la fonction θy, au lieu de y, successivement y', $y'' \ldots y^{(n)}$, et si l'on désigne par r le produit de toutes les fonctions ainsi formées, c'est-à-dire si l'on fait

$$(3) \qquad r = \theta y' . \theta y'' \ldots . \theta y^{(n)},$$

la quantité r sera, comme on sait par la théorie des équations algébriques, une fonction rationnelle et entière de x et des quantités a, a', a'', etc.

Supposons que l'on ait

$$(4) \qquad r = F_0 x . Fx,$$

$F_0 x$ et Fx étant deux fonctions entières de x, dont la première, $F_0 x$, est indépendante des quantités a, a', a'', etc.; et soit

$$(5) \qquad Fx = 0.$$

Cette équation, dont les coefficients sont des fonctions rationnelles des quantités a, a', a'', etc., donnera x en fonction de ces quantités, et on aura, pour cette fonction, autant de formes que l'équation $Fx = 0$ a de racines. Désignons ces racines par x_1, $x_2 \ldots x_\mu$, et par x, l'une quelconque d'entre elles.

L'équation $Fx = 0$, que nous venons de former, entraîne nécessairement la suivante $r = 0$, et celle-ci en amène une autre de la forme

$$(6) \qquad \theta y = 0.$$

En mettant dans cette dernière, au lieu de x, successivement x_1, $x_2 \ldots x_\mu$, et désignant les valeurs correspondantes de y par $y_1, y_2 \ldots y_\mu$, on aura les μ équations suivantes:

$$(7) \qquad \theta y_1 = 0, \;\; \theta y_2 = 0 \ldots . \theta y_\mu = 0.$$

2.

Cela posé, je dis que si l'on désigne par $f(x, y)$ une fonction quelconque rationnelle de x et y, et si l'on fait

$$(8) \qquad dv = f(x_1, y_1)dx_1 + f(x_2, y_2)dx_2 + \cdots + f(x_\mu, y_\mu)dx_\mu,$$

la différentielle dv sera une fonction *rationnelle* des quantités a, a', a'', etc.

En effet, en combinant les équations $\theta y = 0$ et $\chi y = 0$, on en peut tirer la valeur de y, exprimée en fonction rationnelle de x et des quantités a, etc.; en désignant cette fonction par ϱ, on aura donc

$$(9) \qquad y = \varrho \quad \text{et} \quad f(x, y) = f(x, \varrho)$$

Mais en différentiant l'équation $Fx = 0$, on aura

$$F'x \,.\, dx + \delta Fx = 0,$$

en désignant, pour abréger, par $F'x$ la dérivée de Fx par rapport à x seul, et par δFx la différentielle de la même fonction par rapport aux quantités a, a', a'', etc. De là on tire

$$(10) \qquad dx = -\frac{\delta Fx}{F'x};$$

et par conséquent

$$(11) \qquad f(x, y)dx = -\frac{f(x, \varrho)}{F'x}\delta Fx = \varphi_2 x,$$

où il est clair que $\varphi_2 x$ est une fonction rationnelle de x, a, a', a'', etc. Au moyen de cette expression de la différentielle $f(x, y)dx$, la valeur de dv deviendra

$$dv = \varphi_2 x_1 + \varphi_2 x_2 + \cdots + \varphi_2 x_\mu .$$

Or, le second membre de cette équation est une fonction rationnelle des quantités a, a', a'' ... x_1, x_2 ... x_μ, et en outre symétrique par rapport à x_1, x_2 ... x_μ; donc dv peut s'exprimer par une fonction *rationnelle* de a, a', a'' ... et des coefficients de l'équation $Fx=0$; mais ces coefficients sont eux-mêmes des fonctions *rationnelles* de a, a', etc.; donc dv le sera de même, comme on vient de le dire.

Si maintenant dv est une fonction différentielle rationnelle des quantités a, a' a'' ... son intégrale ou la quantité v sera une fonction algébrique et logarithmique de a, a', a'' .... L'équation (8) donnera donc, en intégrant entre certaines limites des quantités a, a', a'' ...

$$(12) \qquad \int f(x_1, y_1)dx_1 + \int f(x_2, y_2)dx_2 + \cdots + \int f(x_\mu, y_\mu)dx_\mu = v,$$

ou bien, en faisant

$$(13) \quad \int f(x_1, y_1)dx_1 = \psi_1 x_1; \int f(x_2, y_2)dx_2 = \psi_2 x_2 \ldots \int f(x_\mu, y_\mu)dx_\mu = \psi_\mu x_\mu,$$

$$(14) \qquad \psi_1 x_1 + \psi_2 x_2 + \psi_3 x_3 + \cdots + \psi_\mu x_\mu = v.$$

Voilà la propriété générale des fonctions $\psi_1 x_1$, $\psi_2 x_2$, etc., que nous avons énoncée au commencement de ce mémoire.

3.

Les formes des fonctions $\psi_1 x_1$, $\psi_2 x_2$, etc., dépendent, en vertu des équations (13), de celles des fonctions y_1, y_2 ... y_μ. Ces dernières ne peuvent être choisies arbitrairement parmi celles qui satisfont à l'équation $\chi y=0$; elles doivent en outre satisfaire aux équations (7); mais comme on a plusieurs variables indépendantes, a, a', a'' ... il est clair qu'on peut établir entre les formes des fonctions y_1, y_2 ... y_μ, un nombre de relations égal à celui de ces variables. On peut donc choisir arbitrairement les formes d'un certain nombre de fonctions y_1, y_2 ... y_μ; mais alors celles des autres fonctions dépendront, en vertu des équations (7), de celles-ci et de la grandeur des quantités a, a', ... Il se peut donc que la quantité constante d'intégration contenue dans la fonction v change de valeur pour des valeurs différentes des quantités a, a', a'' ...; mais par la nature de cette quantité, elle doit rester la même pour des valeurs de a, a', a'' ... contenues entre certaines limites.

Les fonctions x_1, x_2 ... x_μ, sont déterminées par l'équation $Fx=0$;

cette équation dépend de la forme de la fonction θy; mais comme on peut varier celle-ci d'une infinité de manières, il s'ensuit que l'équation (14) est susceptible d'une infinité de formes différentes pour la même espèce de fonctions. Les fonctions $x_1, x_2 \ldots x_\mu$, ont encore cela de très-remarquable que les mêmes valeurs répondent à une infinité de fonctions différentes. En effet la forme de la fonction $f(x, y)$, de laquelle ces quantités sont entièrement indépendantes, est assujettie à la seule condition d'être une fonction rationnelle de x et y.

4.

Nous avons montré dans ce qui précède comment on peut toujours former la différentielle rationnelle dv; mais comme la méthode indiquée sera en général très-longue, et pour des fonctions un peu composées, presque impraticable, je vais en donner une autre, par laquelle on obtiendra immédiatement l'expression de la fonction v dans tous les cas possibles.

On a par l'équation (3)

$$r = \theta y' . \theta y'' \ldots \theta y^{(n)},$$

donc, en différentiant par rapport aux quantités a, a', a'', etc., on obtiendra

$$\delta r = \frac{r}{\theta y'} \delta \theta y' + \frac{r}{\theta y''} \delta \theta y'' + \cdots + \frac{r}{\theta y^{(n)}} \delta \theta y^{(n)};$$

or, on a $\theta y = 0$, donc le second membre de l'équation précédente se réduira à $\frac{r}{\theta y} \delta \theta y$, et l'on aura par conséquent

$$\delta r = \frac{r}{\theta y} \delta \theta y.$$

Maintenant on a

$$r = F_0 x . F x,$$

où $F_0 x$ est indépendante de a, a', a'', etc.; donc, en différentiant, on obtiendra

$$\delta r = F_0 x . \delta F x$$

et, par conséquent, en substituant et divisant par $F_0 x$, on trouvera

$$\delta F x = \frac{r \, . \, \delta \theta y}{F_0 x \, . \, \theta y}.$$

Par là, la valeur de

$$dx = -\frac{\delta F x}{F' x}$$

deviendra

$$dx = -\frac{1}{F_0 x \, . \, F' x} \frac{r}{\theta y} \delta \theta y,$$

et en multipliant par $f(x, y)$

$$f(x, y)\, dx = -\frac{1}{F_0 x \, . \, F' x} f(x, y) \frac{r}{\theta y} \delta \theta y.$$

En remarquant maintenant que $\frac{r}{\theta y^{(k)}}$ s'évanouit, car autrement on aurait $y^{(k)} = y$, il est clair que l'expression de $f(x, y)\, dx$ peut s'écrire comme il suit:

$$f(x, y)\, dx =$$

$$-\frac{1}{F_0 x \, . \, F' x} \left\{ f(x, y') \frac{r}{\theta y'} \delta \theta y' + f(x, y'') \frac{r}{\theta y''} \delta \theta y'' + \cdots + f(x, y^{(n)}) \frac{r}{\theta y^{(n)}} \delta \theta y^{(n)} \right\}.$$

Pour abréger, nous désignerons dans la suite par $\Sigma F_1 y$ toute fonction de la forme

$$F_1 y' + F_1 y'' + F_1 y''' + \cdots + F_1 y^{(n)};$$

et par là la valeur précédente de $f(x, y)\, dx$ deviendra

$$(15) \qquad f(x, y)\, dx = -\frac{1}{F_0 x \, . \, F' x} \Sigma f(x, y) \frac{r}{\theta y} \delta \theta y.$$

Cela posé, soit $\chi' y$ la dérivée de χy prise par rapport à y seul, le produit $f(x, y)\, \chi' y$ sera une fonction rationnelle de x et y. On peut donc faire

$$f(x, y)\, \chi' y = \frac{P_1 y}{P y},$$

où P et P_1 sont deux fonctions entières de x et y. Mais si l'on désigne par T le produit $P y' . P y'' \ldots P y^{(n)}$, on aura

$$\frac{P_1 y}{Py} = \frac{1}{T} P_1 y \frac{T}{Py},$$

or $\frac{T}{Py}$ peut toujours s'exprimer par une fonction entière de x et y, et T par une fonction entière de x, donc on aura

$$\frac{P_1 y}{Py} = \frac{T_1}{T},$$

où T_1 est une fonction entière de x et y; mais toute fonction entière de x et y peut se mettre sous la forme

(16) $$t_0 + t_1 y + t_2 y^2 + \cdots + t_{n-1} y^{n-1} = f_1(x, y),$$

où $t_0, t_1 \ldots t_{n-1}$, sont des fonctions entières de x seul. On peut donc supposer

$$f(x, y)\, \chi' y = \frac{f_1(x, y)}{f_2 x},$$

$f_2 x$ étant une fonction entière de x sans y.

De là on tire

(17) $$f(x, y) = \frac{f_1(x, y)}{f_2 x \cdot \chi' y}.$$

En substituant maintenant cette valeur de $f(x, y)$ dans l'expression de $f(x, y)\, dx$ trouvée plus haut, il viendra

(18) $$\frac{f_1(x, y)}{f_2 x \cdot \chi' y} dx = -\frac{1}{F_0 x \cdot F' x \cdot f_2 x} \Sigma \frac{f_1(x, y)}{\chi' y} \frac{r}{\theta y} \delta \theta y.$$

Dans le second membre de cette équation la quantité $f_1(x, y) \frac{r}{\theta y}$ est une fonction entière par rapport à x et y; on peut donc supposer

$$f_1(x, y) \frac{r}{\theta y} \delta \theta y = R^{(1)} y + Rx \cdot y^{n-1},$$

où $R^{(1)} y$ est une fonction entière de x et y, dans laquelle les puissances de y ne montent qu'au $(n-2)^e$ degré; Rx étant une fonction entière de x sans y. On aura donc

$$\Sigma \frac{f_1(x, y)}{\chi' y} \frac{r}{\theta y} \delta \theta y = \Sigma \frac{R^{(1)} y}{\chi' y} + Rx \cdot \Sigma \frac{y^{n-1}}{\chi' y}.$$

Or, on a

$$\chi' y' = (y' - y'')(y' - y''') \cdots (y' - y^{(n)}),$$
$$\chi' y'' = (y'' - y')(y'' - y''') \cdots (y'' - y^{(n)}), \quad \text{etc.};$$

donc, d'après des formules connues,

$$\Sigma \frac{R^{(1)} y}{\chi' y} = 0; \quad \Sigma \frac{y^{n-1}}{\chi' y} = 1.$$

Par conséquent

(19) $$\Sigma \frac{f_1(x, y)}{\chi' y} \frac{r}{\theta y} \delta \theta y = Rx.$$

La fonction $\Sigma \frac{f_1(x, y)}{\chi' y} \frac{r}{\theta y} \delta \theta y$ peut donc s'exprimer par une fonction *entière* de x seul sans y. Les quantités a, a', a'' etc. d'ailleurs y entrent rationnellement.

Par là l'équation (18) donnera

(20) $$\frac{f_1(x, y)}{f_2 x \cdot \chi' y} dx = -\frac{Rx}{f_2 x \,.\, F_0 x \,.\, F' x}.$$

En mettant dans cette équation au lieu de x successivement x_1, $x_2 \ldots x_\mu$, on obtiendra μ équations qui, ajoutées ensemble, donneront la suivante:

(21) $$dv = \frac{f_1(x_1, y_1) dx_1}{f_2 x_1 \cdot \chi' y_1} + \frac{f_1(x_2, y_2) dx_2}{f_2 x_2 \cdot \chi' y_2} + \cdots + \frac{f_1(x_\mu, y_\mu) dx_\mu}{f_2 x_\mu \cdot \chi' y_\mu} =$$
$$-\frac{Rx_1}{f_2 x_1 \,.\, F_0 x_1 \,.\, F' x_1} - \frac{Rx_2}{f_2 x_2 \,.\, F_0 x_2 \,.\, F' x_2} - \cdots - \frac{Rx_\mu}{f_2 x_\mu \,.\, F_0 x_\mu \,.\, F' x_\mu}.$$

Si donc on désigne par $\Sigma F_1 x$ une somme de la forme

$$F_1 x_1 + F_1 x_2 + F_1 x_3 + \cdots + F_1 x_\mu,$$

l'expression de dv pourra s'écrire comme il suit:

(22) $$dv = -\Sigma \frac{Rx}{f_2 x \,.\, F_0 x \,.\, F' x}.$$

Cela posé, soient

(23) $$\begin{cases} F_0 x = (x - \beta_1)^{\mu_1} (x - \beta_2)^{\mu_2} \ldots (x - \beta_\alpha)^{\mu_\alpha}, \\ f_2 x = (x - \beta_1)^{m_1} (x - \beta_2)^{m_2} \ldots (x - \beta_\alpha)^{m_\alpha} A, \\ Rx = (x - \beta_1)^{k_1} (x - \beta_2)^{k_2} \ldots (x - \beta_\alpha)^{k_\alpha} R_1 x, \end{cases}$$

$\beta_1, \beta_2 \ldots \beta_\alpha$, étant des quantités indépendantes de a, a', a'' etc.; $\mu_1, \mu_2 \ldots m_1, m_2 \ldots k_1, k_2$, etc., étant des nombres entiers, zéro y compris; et $R_1 x$ étant une fonction entière de x.

En substituant ces valeurs de $F_0 x$, $f_2 x$, Rx dans l'expression de dv, elle deviendra

$$dv = -\Sigma \frac{R_1 x}{AF'x \,.\, (x-\beta_1)^{\mu_1+m_1-k_1}(x-\beta_2)^{\mu_2+m_2-k_2} \ldots (x-\beta_\alpha)^{\mu_\alpha+m_\alpha-k_\alpha}},$$

ou bien en faisant, pour abréger,

(24) $$\mu_1 + m_1 - k_1 = \nu_1, \quad \mu_2 + m_2 - k_2 = \nu_2, \ldots \mu_\alpha + m_\alpha - k_\alpha = \nu_\alpha,$$

(25) $$A(x-\beta_1)^{\nu_1}(x-\beta_2)^{\nu_2} \ldots (x-\beta_\alpha)^{\nu_\alpha} = \theta_1 x:$$

(26) $$dv = -\Sigma \frac{R_1 x}{\theta_1 x \,.\, F'x}.$$

Maintenant on peut toujours supposer

$$\frac{R_1 x}{\theta_1 x} = R_2 x + \frac{R_3 x}{\theta_1 x},$$

où $R_2 x$ et $R_3 x$ sont deux fonctions entières de x, le degré de la dernière étant plus petit que celui de la fonction $\theta_1 x$; en substituant, il viendra donc

(27) $$dv = -\Sigma \frac{R_2 x}{F'x} - \Sigma \frac{R_3 x}{\theta_1 x \,.\, F'x}.$$

La fonction $-\Sigma \frac{R_2 x}{F'x}$ peut se trouver de la manière suivante.

Puisque $x_1, x_2 \ldots x_\mu$ sont les racines de l'équation $Fx = 0$, on aura, en désignant par α une quantité indéterminée quelconque,

$$\frac{1}{F\alpha} = \frac{1}{\alpha - x_1}\frac{1}{F'x_1} + \frac{1}{\alpha - x_2}\frac{1}{F'x_2} + \cdots + \frac{1}{\alpha - x_\mu}\frac{1}{F'x_\mu},$$

c'est-à-dire

(28) $$\frac{1}{F\alpha} = \Sigma \frac{1}{\alpha - x}\frac{1}{F'x},$$

d'où l'on tire, en développant $\frac{1}{\alpha - x}$ suivant les puissances descendantes de α,

$$\frac{1}{F\alpha} = \frac{1}{\alpha}\Sigma\frac{1}{F'x} + \frac{1}{\alpha^2}\Sigma\frac{x}{F'x} + \cdots + \frac{1}{\alpha^{m+1}}\Sigma\frac{x^m}{F'x} + \cdots,$$

d'où il suit que $\Sigma\frac{x^m}{F'x}$ est égal au coefficient de $\frac{1}{\alpha^{m+1}}$ dans le développement de la fonction $\frac{1}{F\alpha}$, ou, ce qui revient au même, à celui de $\frac{1}{\alpha}$ dans le développement de $\frac{\alpha^m}{F\alpha}$. En désignant donc par $\Pi F_1 x$ le coefficient de $\frac{1}{x}$ dans le développement d'une fonction quelconque $F_1 x$, suivant les puissances descendantes de x, on aura

$$\Sigma\frac{x^m}{F'x} = \Pi\frac{x^m}{Fx}.$$

De là il suit que

$$\Sigma\frac{F_1 x}{F'x} = \Pi\frac{F_1 x}{Fx},$$

en désignant par $F_1 x$ une fonction quelconque entière de x. On aura donc, en mettant $R_2 x$,

$$\Sigma\frac{R_2 x}{F'x} = \Pi\frac{R_2 x}{Fx}; \tag{29}$$

mais ayant

$$\frac{R_1 x}{\theta_1 x \,.\, Fx} = \frac{R_3 x}{\theta_1 x \,.\, Fx} + \frac{R_2 x}{Fx},$$

on aura aussi

$$\Pi\frac{R_1 x}{\theta_1 x \,.\, Fx} = \Pi\frac{R_3 x}{\theta_1 x \,.\, Fx} + \Pi\frac{R_2 x}{Fx}.$$

Or, le degré de $R_3 x$ étant moindre que celui de $\theta_1 x$, il est clair qu'on aura

$$\Pi\frac{R_3 x}{\theta_1 x \,.\, Fx} = 0,$$

donc

$$\Sigma\frac{R_2 x}{F'x} = \Pi\frac{R_1 x}{\theta_1 x \,.\, Fx}.$$

Le second terme du second membre de l'équation (27), savoir la quantité $\Sigma \frac{R_3 x}{\theta_1 x . F' x}$, se trouve comme il suit:

Soit

$$\frac{R_3 x}{\theta_1 x} = \frac{A_1^{(1)}}{x-\beta_1} + \frac{A_1^{(2)}}{(x-\beta_1)^2} + \cdots + \frac{A_1^{(\nu_1)}}{(x-\beta_1)^{\nu_1}}$$
$$+ \frac{A_2^{(1)}}{x-\beta_2} + \frac{A_2^{(2)}}{(x-\beta_2)^2} + \cdots + \frac{A_2^{(\nu_2)}}{(x-\beta_2)^{\nu_2}} + \text{etc.};$$

ou bien, pour abréger,

$$\frac{R_3 x}{\theta_1 x} = \Sigma' \left\{ \frac{A_1}{x-\beta} + \frac{A_2}{(x-\beta)^2} + \cdots + \frac{A_\nu}{(x-\beta)^\nu} \right\},$$

on aura

$$A_1 = \frac{d^{\nu-1} p}{\Gamma \nu . d\beta^{\nu-1}}, \quad A_2 = \frac{d^{\nu-2} p}{\Gamma(\nu-1) d\beta^{\nu-2}}, \ \ldots \ A_\nu = p,$$

où

$$p = \frac{(x-\beta)^\nu R_3 x}{\theta_1 x}$$

pour $x = \beta$; c'est-à-dire

$$p = \frac{\Gamma(\nu+1) R_3 \beta}{\theta_1^{(\nu)} \beta},$$

en désignant par $\theta_1^{(\nu)} x$ la ν^e dérivée de la fonction $\theta_1 x$ par rapport à x, et par $\Gamma(\nu+1)$ le produit $1.2.3 \ldots (\nu-1).\nu$.

En substituant ces valeurs des quantités $A_1, A_2 \ldots A_\nu$, il viendra

$$\frac{R_3 x}{\theta_1 x} = \Sigma' \left\{ \begin{array}{l} \dfrac{d^{\nu-1} p}{(x-\beta) d\beta^{\nu-1}} + (\nu-1) \dfrac{d^{\nu-2} p}{(x-\beta)^2 d\beta^{\nu-2}} \\ + (\nu-1)(\nu-2) \dfrac{d^{\nu-3} p}{(x-\beta)^3 d\beta^{\nu-3}} + \text{etc.} \end{array} \right\} \frac{1}{\Gamma \nu}.$$

Maintenant on a, en désignant $\frac{1}{x-\beta}$ par q,

$$\frac{1}{(x-\beta)^2} = \frac{dq}{d\beta}, \quad \frac{1}{(x-\beta)^3} = \frac{1}{2} \frac{d^2 q}{d\beta^2}, \ \ldots \ \frac{1}{(x-\beta)^\nu} = \frac{1}{\Gamma \nu} \frac{d^{\nu-1} q}{d\beta^{\nu-1}};$$

donc l'expression de $\frac{R_3 x}{\theta_1 x}$ peut s'écrire comme il suit:

$$\frac{R_3 x}{\theta_1 x} = \Sigma' \frac{1}{\Gamma \nu} \left\{ \begin{array}{c} \frac{d^{\nu-1} p}{d\beta^{\nu-1}} q + \frac{\nu - 1}{1} \frac{d^{\nu-2} p}{d\beta^{\nu-2}} \frac{dq}{d\beta} \\ + \frac{(\nu-1)(\nu-2)}{1.2} \frac{d^{\nu-3} p}{d\beta^{\nu-3}} \frac{d^2 q}{d\beta^2} + \cdots + p \frac{d^{\nu-1} q}{d\beta^{\nu-1}} \end{array} \right\}$$

Or la quantité entre les accolades est égale à $\frac{d^{\nu-1}(pq)}{d\beta^{\nu-1}}$, donc

$$\frac{R_3 x}{\theta_1 x} = \Sigma' \frac{1}{\Gamma \nu} \frac{d^{\nu-1}(pq)}{d\beta^{\nu-1}},$$

d'où l'on tirera, en substituant les valeurs de p et q, et remarquant que $\Gamma(\nu+1) = \nu \Gamma \nu$,

$$\frac{R_3 x}{\theta_1 x} = \Sigma' \nu \frac{d^{\nu-1}}{d\beta^{\nu-1}} \left\{ \frac{R_3 \beta}{\theta_1^{(\nu)} \beta . (x - \beta)} \right\}.$$

En substituant cette expression au lieu de $\frac{R_3 x}{\theta_1 x}$ dans la fonction $\Sigma \frac{R_3 x}{\theta_1 x . F' x}$, il viendra

$$(30) \qquad \Sigma \frac{R_3 x}{\theta_1 x . F' x} = \Sigma \frac{1}{F' x} \Sigma' \nu \frac{d^{\nu-1}}{d\beta^{\nu-1}} \left\{ \frac{R_3 \beta}{\theta_1^{(\nu)} \beta . (x - \beta)} \right\};$$

ou bien

$$(31) \qquad \Sigma \frac{R_3 x}{\theta_1 x . F' x} = \Sigma' \nu \frac{d^{\nu-1}}{d\beta^{\nu-1}} \left\{ \frac{R_3 \beta}{\theta_1^{(\nu)} \beta} \Sigma \frac{1}{(x - \beta) F' x} \right\}.$$

Or, comme nous avons vu plus haut (28),

$$\Sigma \frac{1}{(x - \beta) F' x} = - \frac{1}{F \beta},$$

donc

$$\Sigma \frac{R_3 x}{\theta_1 x . F' x} = - \Sigma' \nu \frac{d^{\nu-1}}{d\beta^{\nu-1}} \left\{ \frac{R_3 \beta}{\theta_1^{(\nu)} \beta . F \beta} \right\};$$

mais l'équation

$$\frac{R_1 x}{\theta_1 x} = R_2 x + \frac{R_3 x}{\theta_1 x}$$

donne, si l'on multiplie les deux membres par $(x - \beta)^\nu$, et qu'on fasse ensuite $x = \beta$,

$$\frac{R_1\beta}{\theta_1^{(\nu)}\beta}=\frac{R_3\beta}{\theta_1^{(\nu)}\beta},$$

donc, en substituant,

$$(32)\qquad \Sigma\frac{R_3x}{\theta_1x.F'x}=-\Sigma'\nu\frac{d^{\nu-1}}{d\beta^{\nu-1}}\left\{\frac{R_1\beta}{\theta_1^{(\nu)}\beta.F\beta}\right\}.$$

Ayant ainsi trouvé les valeurs de $\Sigma\frac{R_2x}{F'x}$ et $\Sigma\frac{R_3x}{\theta_1x.F'x}$, l'équation (27) donnera, pour la différentielle dv, l'expression suivante,

$$(33)\qquad dv=-\Pi\frac{R_1x}{\theta_1x.Fx}+\Sigma'\nu\frac{d^{\nu-1}}{d\beta^{\nu-1}}\left\{\frac{R_1\beta}{\theta_1^{(\nu)}\beta.F\beta}\right\},$$

ou bien

$$(34)\qquad dv=-\Pi\frac{R_1x}{\theta_1x.Fx}+\Sigma'\nu\frac{d^{\nu-1}}{dx^{\nu-1}}\left\{\frac{R_1x}{\theta_1^{(\nu)}x.Fx}\right\}$$

$$(x=\beta_1,\ \beta_2\ldots\beta_\alpha).$$

Maintenant on a (19)

$$Rx=\Sigma\frac{f_1(x,y)}{\chi'y}\frac{r}{\theta y}\delta\theta y=F_0x.Fx.\Sigma\frac{f_1(x,y)}{\chi'y}\frac{\delta\theta y}{\theta y}$$

et (23)

$$R_1x=Rx.(x-\beta_1)^{-k_1}(x-\beta_2)^{-k_2}\ldots(x-\beta_\alpha)^{-k_\alpha};$$

donc en faisant, pour abréger,

$$(35)\qquad F_0x.(x-\beta_1)^{-k_1}(x-\beta_2)^{-k_2}\ldots(x-\beta_\alpha)^{-k_\alpha}$$
$$=(x-\beta_1)^{\mu_1-k_1}(x-\beta_2)^{\mu_2-k_2}\ldots(x-\beta_\alpha)^{\mu_\alpha-k_\alpha}=F_2x:$$

$$R_1x=F_2x.Fx.\Sigma\frac{f_1(x,y)}{\chi'y}\frac{\delta\theta y}{\theta y},$$

et en substituant cette valeur de R_1x dans l'expression précédente de dv, on obtiendra

$$(36)\quad dv=-\Pi\frac{F_2x}{\theta_1x}\Sigma\frac{f_1(x,y)}{\chi'y}\frac{\delta\theta y}{\theta y}+\Sigma'\nu\frac{d^{\nu-1}}{dx^{\nu-1}}\left\{\frac{F_2x}{\theta_1^{(\nu)}x}\Sigma\frac{f_1(x,y)}{\chi'y}\frac{\delta\theta y}{\theta y}\right\}.$$

Sous cette forme la valeur de dv est immédiatement intégrable, car F_2x, θ_1x, $f_1(x,y)$ et $\chi'y$ sont toutes indépendantes des quantités $a, a', a''\ldots$, auxquelles la différentiation se rapporte. On aura donc, en intégrant, pour v l'expression suivante:

$$(37)\qquad v = C - \Pi \frac{F_2 x}{\theta_1 x} \Sigma \frac{f_1(x, y)}{\chi' y} \log \theta y + \Sigma' \nu \frac{d^{\nu-1}}{dx^{\nu-1}} \left\{ \frac{F_2 x}{\theta_1^{(\nu)} x} \Sigma \frac{f_1(x, y)}{\chi' y} \log \theta y \right\}$$

$$(x = \beta_1, \beta_2 \ldots \beta_\alpha);$$

ou bien en faisant, pour abréger,

$$(38)\qquad \begin{gathered} \Sigma \frac{f_1(x, y)}{f_2 x . \chi' y} \log \theta y = \varphi x, \\ \frac{F_2 x}{\theta_1^{(\nu)} x} \Sigma \frac{f_1(x, y)}{\chi' y} \log \theta y = \varphi_1 x, \end{gathered}$$

et remarquant que d'après (23), (24), (25) et (35),

$$F_2 x = \frac{\theta_1 x}{f_2 x}:$$

$$(39)\qquad v = C - \Pi \varphi x + \Sigma' \nu \frac{d^{\nu-1} \varphi_1 x}{dx^{\nu-1}};$$

voilà l'expression de la fonction v dans tous les cas possibles. Elle contient, comme on le voit, en général, des fonctions logarithmiques; mais dans des cas particuliers elle peut aussi devenir seulement algébrique et même constante.

En substituant cette valeur au lieu de v dans la formule (14), il viendra

$$(40)\qquad \psi_1 x_1 + \psi_2 x_2 + \cdots + \psi_\mu x_\mu = C - \Pi \varphi x + \Sigma' \nu \frac{d^{\nu-1} \varphi_1 x}{dx^{\nu-1}},$$

ou bien pour abréger:

$$(41)\qquad \Sigma \psi x = C - \Pi \varphi x + \Sigma \nu \frac{d^{\nu-1} \varphi_1 x}{dx^{\nu-1}}$$

lorsqu'on fait

$$(42)\qquad \psi_1 x_1 + \psi_2 x_2 + \cdots + \psi_\mu x_\mu = \Sigma \psi x \quad \text{et} \quad \Sigma' = \Sigma.$$

5.

Nous avons supposé dans ce qui précède que la fonction r aurait pour facteur la fonction

$$F_0 x = (x - \beta_1)^{\mu_1} (x - \beta_2)^{\mu_2} \ldots (x - \beta_\alpha)^{\mu_\alpha}.$$

Sinon tous les exposants $\mu_1, \mu_2 \ldots \mu_\alpha$ sont égaux à zéro, il en résultera nécessairement certaines relations entre les coefficients des fonctions q_0, q_1, q_2 ... q_{n-1}, relations qui peuvent toujours s'exprimer par des équations linéaires entre ces coefficients; car si $r=0$ pour $x=\beta$, il faut aussi qu'on ait une équation de la forme $\theta y=0$ pour la même valeur de x; mais cette équation est linéaire. En général donc la fonction r n'aura pas de facteur comme $F_0 x$, c'est-à-dire indépendant des quantités a, a', a'' .... Ce cas mérite d'être remarqué:

Ayant (19)

$$Rx=\Sigma\frac{f_1(x,y)}{\chi' y}\frac{r}{\theta y}\delta\theta y,$$

on aura en général, si $F_0 x=1$, $k_1=k_2=k_3=\cdots=k_\alpha=0$ (on peut faire la même supposition dans tous les cas); on aura donc en vertu de (35) et (25)

$$F_2 x=1,\quad \theta_1 x=F_2 x.f_2 x=f_2 x,$$

la valeur (38) de $\varphi_1 x$ deviendra donc (en remarquant que $\nu_1=m_1$, $\nu_2=m_2$, etc., et désignant ν par m)

$$\varphi_1 x=\frac{1}{f_2^{(m)}x}\Sigma\frac{f_1(x,y)}{\chi' y}\log\theta y,$$

et par conséquent la formule (41) (en désignant par B la valeur de y pour $x=\beta$)

$$(43)\qquad \Sigma\int\frac{f_1(x,y)\,dx}{f_2 x.\chi' y}=\left\{\begin{aligned}&C-\Pi\Sigma\frac{f_1(x,y)}{f_2 x.\chi' y}\log\theta y\\&+\Sigma m\frac{d^{m-1}}{d\beta^{m-1}}\left(\frac{1}{f_2^{(m)}\beta}\Sigma\frac{f_1(\beta,B)}{\chi' B}\log\theta B\right).\end{aligned}\right.$$

Pour le cas particulier où $f_2 x=(x-\beta)^m$, on aura $f_2^{(m)}\beta=1.2\ldots m$, donc en substituant

$$(44)\qquad \Sigma\int\frac{f_1(x,y)\,dx}{(x-\beta)^m\chi' y}=\left\{\begin{aligned}&C-\Pi\Sigma\frac{f_1(x,y)}{(x-\beta)^m\chi' y}\log\theta y\\&+\frac{1}{1.2\ldots(m-1)}\frac{d^{m-1}}{d\beta^{m-1}}\left(\Sigma\frac{f_1(\beta,B)}{\chi' B}\log\theta B\right).\end{aligned}\right.$$

Si $m=1$, il vient

$$(45)\qquad \Sigma\int\frac{f_1(x,y)\,dx}{(x-\beta)\chi' y}=C-\Sigma\Pi\frac{f_1(x,y)}{(x-\beta)\chi' y}\log\theta y+\Sigma\frac{f_1(\beta,B)}{\chi' B}\log\theta B,$$

et si $m=0$,

(46) $$\Sigma\int\frac{f_1(x,y)\,dx}{\chi'y}=C-\Sigma\Pi\frac{f_1(x,y)}{\chi'y}\log\theta y.$$

Dans la formule (43), le second membre est en général une fonction des quantités a, a', a'', etc. Si on le suppose égal à une constante, il en résultera donc en général certaines relations entre ces quantités; mais il y a aussi certains cas pour lesquels le second membre se réduit à une constante, quelles que soient d'ailleurs les valeurs des quantités a, a' a'', etc. Cherchons ces cas:

D'abord il est évident que la fonction f_2x doit être constante, car dans le cas contraire le second membre contiendrait nécessairement les quantités a, a', a'' ..., vu les valeurs arbitraires de ces quantités.

En faisant donc $f_2x=1$, il viendra

$$\Sigma\int\frac{f_1(x,y)}{\chi'y}dx=C-\Sigma\Pi\frac{f_1(x,y)}{\chi'y}\log\theta y.$$

Or, en observant que ces quantités a, a', a'', ... sont toutes arbitraires, il est clair que la fonction $\Sigma\frac{f_1(x,y)}{\chi'y}\log\theta y$, développée suivant les puissances descendantes de x, aura la forme suivante:

$$R\log x+A_0x^{\mu_0}+A_1x^{\mu_0-1}+\cdots+A_{\mu_0}+\frac{A_{\mu_0+1}}{x}+\frac{A_{\mu_0+2}}{x^2}+\cdots,$$

R étant une fonction de x indépendante de a, a', a'', etc., μ_0 un nombre entier, et A_0, A_1, ... A_{μ_0}, A_{μ_0+1}, etc., des fonctions de a, a', a'', etc.; donc pour que la fonction dont il s'agit soit constante, il faut que μ_0 soit moindre que -1; et par conséquent la plus grande valeur de ce nombre est -2.

Cela posé, en désignant par le symbole hR le plus haut exposant de x dans le développement d'une fonction quelconque R de cette quantité, suivant les puissances descendantes, il est clair que μ_0 sera égal au nombre entier le plus grand contenu dans les nombres:

$$h\frac{f_1(x,y')}{\chi'y'},\quad h\frac{f_1(x,y'')}{\chi'y''},\quad\ldots h\frac{f_1(x,y^{(n)})}{\chi'y^{(n)}};$$

il faut donc que tous ces nombres soient inférieurs à l'unité prise négativement.

Or, si $\frac{R}{R_1}$ est une fonction de x, on aura, comme il est aisé de le voir,

$$h\frac{R}{R_1}=hR-hR_1,$$

par conséquent

$$(47)\qquad hf_1(x,y')<h\chi'y'-1,\ hf_1(x,y'')<h\chi'y''-1,\ \ldots hf_1(x,y^{(n)})<h\chi'y^{(n)}-1.$$

De ces inégalités on déduira facilement dans chaque cas particulier la forme la plus générale de la fonction $f_1(x, y)$.

Comme on a

$$\chi'y'=(y'-y'')(y'-y''')\cdots(y'-y^{(n)})$$
$$\chi'y''=(y''-y')(y''-y''')\cdots(y''-y^{(n)}),\ \text{etc.},$$

il s'ensuit que

$$(48)\qquad \begin{aligned} h\chi'y'&=h(y'-y'')+h(y'-y''')+\cdots+h(y'-y^{(n)})\\ h\chi'y''&=h(y''-y')+h(y''-y''')+\cdots+h(y''-y^{(n)}),\ \text{etc.} \end{aligned}$$

Supposons, ce qui est permis, que l'on ait

$$(49)\qquad hy'\geqq hy'',\ hy''\geqq hy''',\ hy'''\geqq hy'''',\ \ldots hy^{(n-1)}\geqq hy^{(n)},$$

de sorte que les quantités hy', hy'', hy''', ... suivent l'ordre de leurs grandeurs en commençant par la plus grande. Alors on aura, en général, excepté quelques cas particuliers que je me dispense de considérer:

$$(50)\qquad \begin{cases} h(y'-y'')=hy',\ h(y'-y''')=hy',\ h(y'-y'''')=hy'\\ \qquad\ldots h(y'-y^{(n)})=hy',\\ h(y''-y')=hy',\ h(y''-y''')=hy'',\ h(y''-y'''')=hy''\\ \qquad\ldots h(y''-y^{(n)})=hy'',\\ h(y'''-y')=hy',\ h(y'''-y'')=hy'',\ h(y'''-y'''')=hy'''\\ \qquad\ldots h(y'''-y^{(n)})=hy''',\\ \text{etc., etc.} \end{cases}$$

Si ces équations ont lieu, on se convaincra sans peine, en supposant

$$(51)\qquad f_1(x,y)=t_0+t_1y+t_2y^2+\cdots+t_{n-1}y^{n-1},$$

que les inégalités (47) entraînent nécessairement les suivantes:

$$(52)\qquad h(t_my'^m)<h\chi'y'-1,\ h(t_my''^m)<h\chi'y''-1,\ h(t_my'''^m)<h\chi'y'''-1,\ \ldots$$

m étant l'un quelconque des nombres 0, 1, 2, ... $n-1$.

D'où l'on tire, en remarquant que

$$h(t_m y^m) = ht_m + hy^m = ht_m + mhy,$$

les inégalités

$$ht_m < h\chi' y' - mhy' - 1, \quad ht_m < h\chi' y'' - mhy'' - 1,$$
$$\ldots ht_m < h\chi' y^{(n)} - mhy^{(n)} - 1.$$

Or, au moyen des équations (48) et (50), on aura

$$h\chi' y' \quad - \quad mhy' \quad - 1 = (n-m-1)hy' - 1,$$
$$h\chi' y'' \quad - \quad mhy'' \quad - 1 = (n-m-2)hy'' + hy' - 1,$$
$$h\chi' y''' \quad - \quad mhy''' \quad - 1 = (n-m-3)hy''' + hy' + hy'' - 1,$$

etc.,

$$h\chi' y^{(n-m-1)} - mhy^{(n-m-1)} - 1 = hy^{(n-m-1)} + hy' + hy'' + \cdots + hy^{(n-m-2)} - 1,$$
$$h\chi' y^{(n-m)} \quad - \quad mhy^{(n-m)} \quad - 1 = hy' + hy'' + \cdots + hy^{(n-m-1)} - 1,$$
$$h\chi' y^{(n-m+1)} - mhy^{(n-m+1)} - 1 = -hy^{(n-m+1)} + hy' + hy'' + \cdots + hy^{(n-m)} - 1,$$

etc.,

$$h\chi' y^{(n)} \quad - \quad mhy^{(n)} \quad - 1 = -mhy^{(n)} + hy' + hy'' + \cdots + hy^{(n-1)} - 1.$$

En remarquant donc que les quantités hy', hy'', ... suivent l'ordre de leurs grandeurs, il est clair que le plus petit des nombres

$$h\chi' y' - mhy' - 1, \; h\chi' y'' - mhy'' - 1, \text{ etc.}, \; h\chi' y^{(n)} - mhy^{(n)} - 1$$

est égal à

$$hy' + hy'' + hy''' + \cdots + hy^{(n-m-1)} - 1.$$

Donc la plus grande valeur de ht_m est égale au nombre entier immédiatement inférieur à cette quantité, et on aura

(53) $$ht_m = hy' + hy'' + \cdots + hy^{(n-m-1)} - 2 + \varepsilon_{n-m-1},$$

où ε_{n-m-1} est le nombre positif moindre que l'unité qui rend possible cette équation.

Cela posé, soit $hy' = \frac{m'}{\mu'}$, m' et μ' étant deux nombres entiers et la fraction $\frac{m'}{\mu'}$ réduite à sa plus simple expression, alors il faudra que l'on ait

$$hy' = hy'' = hy''' = \cdots = hy^{(m')} = \frac{m'}{\mu'}.$$

Car si une équation de la forme $\chi y = 0$ est satisfaite par une fonction de la forme

$$y = Ax^{\frac{m'}{\mu'}} + \text{etc.},$$

cette même équation est aussi satisfaite par les μ' valeurs de y qu'on obtiendra en mettant au lieu de $x^{\frac{1}{\mu'}}$,

$$\alpha_1 x^{\frac{1}{\mu'}}, \quad \alpha_2 x^{\frac{1}{\mu'}}, \quad \ldots \quad \alpha_{\mu'-1} x^{\frac{1}{\mu'}},$$

$1, \alpha_1, \alpha_2, \ldots \alpha_{\mu'-1}$ étant les μ' racines de l'équation $\alpha^{\mu'} - 1 = 0$.

Parmi les quantités $hy', hy'', \ldots hy^{(n)}$, il y en a donc μ' qui sont égales entre elles. De même le nombre total des exposants qui sont égaux à une fraction réduite doit être un multiple du dénominateur.

On peut donc supposer

$$(54) \quad \begin{cases} hy' = hy'' = \cdots = hy^{(k')} = \dfrac{m'}{\mu'}, \\ hy^{(k'+1)} = hy^{(k'+2)} = \cdots = hy^{(k'')} = \dfrac{m''}{\mu''}, \\ hy^{(k''+1)} = hy^{(k''+2)} = \cdots = hy^{(k''')} = \dfrac{m'''}{\mu'''}, \\ \text{etc.}, \\ hy^{(k^{(\varepsilon-1)}+1)} = hy^{(k^{(\varepsilon-1)}+2)} = \cdots = hy^{(n)} = \dfrac{m^{(\varepsilon)}}{\mu^{(\varepsilon)}}, \end{cases}$$

où

$$(55) \quad \begin{cases} k' = n'\mu'; \; k'' = n'\mu' + n''\mu''; \; k''' = n'\mu' + n''\mu'' + n'''\mu'''; \; \text{etc.} \\ n = n'\mu' + n''\mu'' + n'''\mu''' + \cdots + n^{(\varepsilon)}\mu^{(\varepsilon)}; \end{cases}$$

les fractions $\frac{m'}{\mu'}, \frac{m''}{\mu''}, \ldots \frac{m^{(\varepsilon)}}{\mu^{(\varepsilon)}}$ sont réduites à leur plus simple expression, et $n', n'', n''', \ldots n^{(\varepsilon)}$ sont des nombres entiers.

Supposons maintenant dans l'expression de ht_m, que $m = n - k^{(\alpha)} - \beta - 1$, β étant un nombre moindre que $k^{(\alpha+1)} - k^{(\alpha)}$, c'est-à-dire moindre que $n^{(\alpha+1)}\mu^{(\alpha+1)}$, il viendra alors

$$ht_{n-k^{(\alpha)}-\beta-1}=\left\{\begin{array}{l} hy' + hy'' + \cdots + hy^{(k')} \\ + hy^{(k'+1)} + hy^{(k'+2)} + \cdots + hy^{(k'')} \\ + \text{etc.} \\ + hy^{(k^{(\alpha-1)}+1)} + hy^{(k^{(\alpha-1)}+2)} + \cdots + hy^{(k^{(\alpha)})} \\ + hy^{(k^{(\alpha)}+1)} + hy^{(k^{(\alpha)}+2)} + \cdots + hy^{(k^{(\alpha)}+\beta)} \\ + \varepsilon_{(k^{(\alpha)}+\beta)} - 2; \end{array}\right.$$

or, les équations (54) et (55) donnent

$$hy' + hy'' + \cdots + hy^{(k')} = k'\frac{m'}{\mu'} = n'm',$$

$$hy^{(k'+1)} + hy^{(k'+2)} + \cdots + hy^{(k'')} = (k'' - k')\frac{m''}{\mu''} = n''m'',$$

etc.,

$$hy^{(k^{(\alpha)}+1)} + \cdots + hy^{(k^{(\alpha)}+\beta)} = \beta\frac{m^{(\alpha+1)}}{\mu^{(\alpha+1)}},$$

donc, en substituant

$$(56)\qquad ht_{n-k^{(\alpha)}-\beta-1} = \left\{\begin{array}{l} n'm' + n''m'' + n'''m''' + \cdots + n^{(\alpha)}m^{(\alpha)} \\ \quad + \beta\frac{m^{(\alpha+1)}}{\mu^{(\alpha+1)}} + \varepsilon_{k^{(\alpha)}+\beta} - 2. \end{array}\right.$$

Quant à la valeur de $\varepsilon_{k^{(\alpha)}+\beta}$, il est clair qu'en faisant

$$\mu^{(\alpha+1)}.\varepsilon_{k^{(\alpha)}+\beta} = A_\beta^{(\alpha+1)},$$

cette quantité $A_\beta^{(\alpha+1)}$ sera le plus petit nombre entier positif, qui rend le nombre $\beta m^{(\alpha+1)} + A_\beta^{(\alpha+1)}$ divisible par $\mu^{(\alpha+1)}$; on aura donc

$$(57)\qquad ht_{n-k^{(\alpha)}-\beta-1} = \left\{\begin{array}{l} -2 + n'm' + n''m'' + n'''m''' + \cdots + n^{(\alpha)}m^{(\alpha)} \\ + \frac{\beta m^{(\alpha+1)} + A_\beta^{(\alpha+1)}}{\mu^{(\alpha+1)}}. \end{array}\right.$$

En faisant dans cette équation $\alpha = 0$, il viendra

$$ht_{n-\beta-1} = -2 + \frac{\beta m' + A'_\beta}{\mu'};$$

donc si $\frac{\beta m' + A'_\beta}{\mu'} < 2$, $ht_{n-\beta-1}$ est négatif, et par conséquent il faut faire $t_{n-\beta-1} = 0$; car, pour toute fonction entière t, ht est nécessairement positif, zéro y compris. Or, en faisant $\beta = 0$, on a toujours $\frac{\beta m' + A'_\beta}{\mu'} < 2$; donc

t_{n-1} est toujours égal à zéro, c'est-à-dire que la fonction $f_1(x, y)$ doit être de la forme

(58) $$f_1(x, y) = t_0 + t_1 y + t_2 y^2 + \cdots + t_{n-\beta'-1} y^{n-\beta'-1},$$

où β', étant plus grand que zéro, est déterminé par l'équation

$$\frac{\beta' m' + A'_{\beta'}}{\mu'} = 2,$$

d'où il suit que β' est égal au plus grand nombre entier contenu dans la fraction $\frac{\mu'}{m'} + 1$.

Une fonction telle que $f_1(x, y)$ existe donc toujours à moins que β' ne surpasse $n-1$. Pour que cela puisse avoir lieu, il faut que

$$\frac{\mu'}{m'} + 1 = n + \varepsilon,$$

où ε est une quantité positive, zéro y compris; de là il suit

$$\frac{m'}{\mu'} = \frac{1}{n-1+\varepsilon}.$$

Or, la plus grande valeur de μ' est n, donc cette équation donne

$$\frac{m'}{\mu'} = \frac{1}{n-1} \quad \text{ou} \quad \frac{m'}{\mu'} = \frac{1}{n}.$$

Or, je dis que dans ces deux cas l'intégrale $\int f(x, y)\, dx$ peut s'exprimer au moyen de fonctions algébriques et logarithmiques. En effet, pour que $\frac{m'}{\mu'}$, qui est le plus grand des exposants hy', hy'', $\ldots hy^{(n)}$, ait une des deux valeurs $\frac{1}{n-1}$, $\frac{1}{n}$, il faut que l'équation $\chi y = 0$, qui donne la fonction y, ne contienne la variable x que sous une forme linéaire. On aura donc

$$\chi y = P + xQ,$$

où P et Q sont des fonctions entières de y; de là il suit

$$x = -\frac{P}{Q}, \quad dx = \frac{PdQ - QdP}{Q^2},$$

et

$$f(x, y)\, dx = f\left(-\frac{P}{Q}, y\right) \frac{PdQ - QdP}{Q^2} = R\, dy,$$

où il est clair que R est une fonction rationnelle de y; par conséquent l'intégrale $\int R dy$, et par suite $\int f(x, y) dx$, peut être exprimée au moyen de fonctions logarithmiques et algébriques.

Excepté ce cas donc, la fonction $f_1(x, y)$ existe toujours; en la substituant dans l'équation (46), elle deviendra

$$(59) \qquad \Sigma \int \frac{(t_0 + t_1 y + \cdots + t_{n-\beta'-1} y^{(n-\beta'-1)})\, dx}{\chi' y} = C.$$

Un cas particulier de cette équation est le suivant:

$$(60) \qquad \Sigma \int \frac{x^k y^m dx}{\chi' y} = C.$$

où k et m sont deux nombres entiers et positifs, tels que

$$(61) \qquad m < n - \frac{\mu'}{m'} - 1;$$

$$k < -1 + n'm' + n''m'' + \cdots + n^{(\alpha)} m^{(\alpha)} + \frac{\beta\, m^{(\alpha+1)}}{\mu^{(\alpha+1)}};$$

$$m = n - k^{(\alpha)} - \beta - 1; \quad \beta < \mu^{(\alpha+1)} n^{(\alpha+1)};$$

et il est clair que cette formule peut remplacer la formule (59) dans toute sa généralité.

Puisque le degré de la fonction entière t_m est égal à ht_m, cette même fonction contiendra un nombre de constantes arbitraires égal à $ht_m + 1$. La fonction $f_1(x, y)$ en contiendra donc un nombre exprimé par

$$ht_0 + ht_1 + \cdots + ht_{n-\beta'-1} + n - \beta',$$

ou bien, comme il est aisé de le voir,

$$ht_0 + ht_1 + \cdots + ht_{n-\beta'-1} + \cdots + ht_{n-2} + n - 1.$$

En désignant ce nombre par γ, on trouvera aisément, en vertu de l'équation qui donne la valeur générale de ht_m,

$$\gamma = \left\{ \begin{array}{l} \frac{A_0'}{\mu'} + \frac{m' + A_1'}{\mu'} + \frac{2m' + A_2'}{\mu'} + \cdots + \frac{(n'\mu' - 1)m' + A'_{n'\mu'-1}}{\mu'} \\ + \frac{A_0''}{\mu''} + \frac{m'' + A_1''}{\mu''} + \frac{2m'' + A_2''}{\mu''} + \cdots + \frac{(n''\mu'' - 1)m'' + A''_{n''\mu''-1}}{\mu''} \\ \qquad\qquad + n'm'n''\mu'' \\ + \frac{A_0'''}{\mu'''} + \frac{m''' + A_1'''}{\mu'''} + \frac{2m''' + A_2'''}{\mu'''} + \cdots + \frac{(n'''\mu''' - 1)m''' + A'''_{n'''\mu'''-1}}{\mu'''} \\ \qquad\qquad + (n'm' + n''m'')n'''\mu''' \\ + \cdots\cdots\cdots\cdots \\ - n + 1; \end{array} \right.$$

or, en remarquant que m' et μ' sont premiers entre eux, on sait par la théorie des nombres que la suite A_0', A_1', A_2', $A_3' \ldots A'_{n'\mu'-1}$, contiendra n' fois la suite des nombres naturels $0, 1, 2, 3, \ldots \mu'-1$, donc

$$A_0'+A_1'+A_2'+\cdots+A'_{n'\mu'-1}=n'(0+1+2+\cdots+\mu'-1)$$
$$=n'\frac{\mu'(\mu'-1)}{2};$$

de même

$$A_0''+A_1''+A_2''+\cdots+A''_{n''\mu''-1}=n''(0+1+2+\cdots+\mu''-1)$$
$$=n''\frac{\mu''(\mu''-1)}{2},$$

etc.

En substituant ces valeurs et réduisant, la valeur de γ deviendra

$$\gamma=\begin{cases} -n+1+\frac{1}{2}m'n'(n'\mu'-1)+\frac{1}{2}n'(\mu'-1)+\frac{1}{2}m''n''(n''\mu''-1) \\ \qquad +\frac{1}{2}n''(\mu''-1) \\ +\cdots+\frac{1}{2}n^{(\varepsilon)}m^{(\varepsilon)}(n^{(\varepsilon)}\mu^{(\varepsilon)}-1)+\frac{1}{2}n^{(\varepsilon)}(\mu^{(\varepsilon)}-1)+\cdots \\ +n'm'n''\mu''+(n'm'+n''m'')n'''\mu'''+(n'm'+n''m''+n'''m''')n''''\mu'''' \\ +\cdots+(n'm'+n''m''+\cdots+n^{(\varepsilon-1)}m^{(\varepsilon-1)})n^{(\varepsilon)}\mu^{(\varepsilon)}; \end{cases}$$

ou bien en remarquant que

$$n=n'\mu'+n''\mu''+\cdots+n^{(\varepsilon)}\mu^{(\varepsilon)},$$

(62)

$$\gamma=\begin{cases} n'\mu'\left(\frac{m'n'-1}{2}\right)+n''\mu''\left(m'n'+\frac{m''n''-1}{2}\right)+n'''\mu'''\left(m'n'+m''n''+\frac{m'''n'''-1}{2}\right) \\ +\cdots+n^{(\varepsilon)}\mu^{(\varepsilon)}\left(m'n'+m''n''+\cdots+m^{(\varepsilon-1)}n^{(\varepsilon-1)}+\frac{m^{(\varepsilon)}n^{(\varepsilon)}-1}{2}\right) \\ -\frac{n'(m'+1)}{2}-\frac{n''(m''+1)}{2}-\frac{n'''(m'''+1)}{2}-\cdots-\frac{n^{(\varepsilon)}(m^{(\varepsilon)}+1)}{2}+1. \end{cases}$$

Comme cas particuliers on doit remarquer les deux suivants:

1. Lorsque

$$hy'=hy''=\cdots=hy^{(n)}=\frac{m'}{\mu'}.$$

Dans ce cas $\varepsilon=1$, et par conséquent

(63) $$\gamma=n'\mu'\frac{n'm'-1}{2}-n'\frac{m'+1}{2}+1.$$

Si en outre $\mu'=n$, on aura $n'=1$, et

(64) $$\gamma=(n-1)\frac{m'-1}{2}.$$

2. Lorsque toutes les quantités hy', hy'', $\dots hy^{(n)}$ sont des nombres entiers. Alors on aura

$$\mu' = \mu'' = \mu''' = \dots = \mu^{(\varepsilon)} = 1;$$

et si l'on fait de plus

$$n' = n'' = \dots = n^{(\varepsilon)} = 1,$$

on aura $\varepsilon = n$, et par conséquent en substituant,

$$(65) \qquad \gamma = (n-1)m' + (n-2)m'' + (n-3)m''' + \dots + 2m^{(n-2)} + m^{(n-1)} - n + 1;$$

c'est-à-dire, en remarquant que $m' = hy'$, $m'' = hy''$, etc.

$$(66) \qquad \gamma = (n-1)hy' + (n-2)hy'' + (n-3)hy''' + \dots + 2hy^{(n-2)} + hy^{(n-1)} - n + 1.$$

Dans le cas où tous les nombres hy', hy'', $\dots hy^{(n-1)}$ sont égaux entre eux, la valeur de γ deviendra

$$(67) \qquad \gamma = \frac{n(n-1)}{2} hy' - n + 1 = (n-1)\left(\frac{nhy'}{2} - 1\right).$$

La formule (59) a généralement lieu pour des valeurs quelconques des quantités a, a', a'', ... toutes les fois que la fonction r n'a pas un facteur de la forme F_0x; mais dans ce cas elle a encore lieu, sinon F_0x et $\frac{\chi' y}{f_1(x,y)}$ s'évanouissent pour une même valeur de x. Alors la formule dont il s'agit cesse d'avoir lieu, et on aura au lieu d'elle la formule (40), qui deviendra, en faisant $f_2x = 1$,

$$(68) \qquad \Sigma \int \frac{f_1(x,y)\,dx}{\chi' y} = \left\{ \begin{aligned} & C - \Pi \Sigma \frac{f_1(x,y)}{\chi' y} \log \theta y \\ & + \Sigma \nu \frac{d^{\nu-1}}{d\beta^{\nu-1}} \left(\frac{\theta_1 \beta}{\theta_1^{(\nu)} \beta} \, \Sigma \frac{f_1(\beta, B)}{\chi' B} \log \theta B \right), \end{aligned} \right.$$

c'est-à-dire, en remarquant que

$$\Pi \Sigma \frac{f_1(x,y)}{\chi' y} \log \theta y = 0,$$

$$(69) \qquad \Sigma \int \frac{f_1(x,y)\,dx}{\chi' y} = C + \Sigma \nu \frac{d^{\nu-1}}{d\beta^{\nu-1}} \left(\frac{\theta_1 \beta}{\theta_1^{(\nu)} \beta} \, \Sigma \frac{f_1(\beta, B)}{\chi' B} \log \theta B \right).$$

Maintenant on a (19)

$$Rx = \Sigma \frac{f_1(x,y)}{\chi' y} \frac{r}{\theta y} \delta \theta y,$$

d'où il suit que si $\frac{f_1(x,y)}{\chi' y}$ conserve une valeur finie pour $x=\beta_1$, la fonction entière Rx aura $(x-\beta_1)^{\mu_1}$ pour facteur, donc

$$k_1=\mu_1 \quad \text{et} \quad \nu_1=\mu_1-k_1=0.$$

Par là on voit que, dans le second membre de l'équation précédente, tous les termes relatifs à des valeurs de β, qui ne rendent point infinie la valeur de $\frac{f_1(\beta,B)}{\chi' B}$, s'évanouiront; par conséquent ledit nombre se réduit à une constante, si $F_0 x$ n'a pas de facteur commun avec $\frac{\chi' y}{f_1(x,y)}$.

6.

Reprenons maintenant la formule générale (14), et considérons les fonctions $x_1, x_2, x_3, \ldots x_\mu$. Ces quantités sont données, par l'équation $Fx=0$, en fonctions des quantités indépendantes a, a', a'', etc.; soient

$$x_1=f_1(a,a',a'',\ldots);\ x_2=f_2(a,a',a'',\ldots);\ \ldots x_\mu=f_\mu(a,a',a'',\ldots).$$

Si maintenant on désigne par α le nombre des quantités a, a', a'', ... on peut en général tirer de ces équations les valeurs de a, a', a'', ... en fonctions d'un nombre α des quantités $x_1, x_2 \ldots x_\mu$; par exemple, en fonctions de $x_1, x_2, \ldots x_\alpha$. En substituant les valeurs de a, a', a'', ... ainsi déterminées, dans les expressions de $x_{\alpha+1}, x_{\alpha+2}, \ldots x_\mu$, ces dernières quantités deviendront des fonctions de $x_1, x_2, \ldots x_\alpha$; et alors celles-ci seront indéterminées. La formule (14) deviendra donc

$$(70)\qquad v=\left\{\begin{array}{l}\psi_1 x_1+\psi_2 x_2+\cdots+\psi_\alpha x_\alpha\\ \qquad +\psi_{\alpha+1}x_{\alpha+1}+\psi_{\alpha+2}x_{\alpha+2}+\cdots+\psi_\mu x_\mu,\end{array}\right.$$

où $x_1, x_2, \ldots x_\alpha$ sont des quantités quelconques, $x_{\alpha+1}, x_{\alpha+2}, \ldots x_\mu$ des fonctions algébriques de $x_1, x_2, \ldots x_\alpha$, et v une fonction algébrique et logarithmique des mêmes quantités.

Les quantités a, a', a'', ... et $x_{\alpha+1}, x_{\alpha+2}, \ldots x_\mu$ se trouvent de la manière suivante. Les équations (7) donnent les suivantes:

$$(71)\qquad \theta y_1=0,\ \theta y_2=0,\ \ldots \theta y_\alpha=0,$$

qui toutes sont linéaires par rapport aux quantités a, a', a'', ... Elles donneront donc ces quantités en fonctions rationnelles de x_1, y_1; x_2, y_2; x_3, y_3;

$\ldots x_\alpha, y_\alpha$. Maintenant si l'on substitue ces fonctions au lieu de $a, a', a'', \ldots$ dans l'équation $Fx = 0$, la fonction Fx deviendra divisible par le produit $(x-x_1)(x-x_2)\cdots(x-x_\alpha)$; car on a

$$Fx = B(x-x_1)(x-x_2)\cdots(x-x_\alpha)(x-x_{\alpha+1})\cdots(x-x_\mu).$$

En désignant donc le quotient $\dfrac{Fx}{(x-x_1)(x-x_2)\cdots(x-x_\alpha)}$ par $F^{(1)}x$, l'équation

(72) $$F^{(1)}x = 0$$

sera du degré $\mu-\alpha$, et aura pour racines les quantités $x_{\alpha+1}, \ldots x_\mu$. Quant aux coefficients de cette équation, il est aisé de voir qu'ils seront des fonctions rationnelles des quantités

$$x_1, y_1;\ x_2, y_2;\ \ldots x_\alpha, y_\alpha.$$

De cette manière donc les $\mu-\alpha$ quantités $x_{\alpha+1}, \ldots x_\mu$ sont déterminées en fonctions de $x_1, x_2, \ldots x_\alpha$ par une même équation du $(\mu-\alpha)^e$ degré.

Les équations (71) sont en général en nombre suffisant pour déterminer les α quantités $a, a', a'', \ldots$, mais il y a un cas où plusieurs d'entre elles deviendront identiques. C'est ce qui arrive lorsqu'on a à la fois

$$x_1 = x_2 = \cdots = x_k;\quad y_1 = y_2 = \cdots = y_k;$$

car alors

$$\theta y_1 = \theta y_2 = \cdots = \theta y_k.$$

Or dans ce cas on aura, d'après les principes du calcul différentiel, au lieu des k équations identiques,

$$\theta y_1 = 0,\ \theta y_2 = 0,\ \ldots,\ \theta y_k = 0,$$

les suivantes

(73) $$\theta y_1 = 0,\ \frac{d\theta y_1}{dx_1} = 0,\ \frac{d^2\theta y_1}{dx_1^2} = 0,\ \ldots\ \frac{d^k\theta y_1}{dx_1^k} = 0,$$

qui, jointes aux équations

$$\theta y_{k+1} = 0,\ \ldots\ \theta y_\alpha = 0,$$

détermineront les valeurs de $a, a', \ldots a^{(\alpha-1)}$.

La formule (70) montre qu'on peut exprimer une somme quelconque de la forme

$$\psi_1 x_1 + \psi_2 x_2 + \cdots + \psi_\alpha x_\alpha$$

par une fonction connue v et une somme semblable d'autres fonctions; en effet elle donnera

(74) $$\psi_1 x_1 + \psi_2 x_2 + \cdots + \psi_\alpha x_\alpha = v - (\psi_{\alpha+1} x_{\alpha+1} + \cdots + \psi_\mu x_\mu).$$

7.

Dans cette formule le nombre des fonctions $\psi_{\alpha+1} x_{\alpha+1}, \psi_{\alpha+2} x_{\alpha+2}, \ldots \psi_\mu x_\mu$ est très-remarquable. Plus il est petit, plus la formule est simple. Nous allons, dans ce qui suit, chercher la moindre valeur dont ce nombre, qui est exprimé par $\mu - \alpha$, est susceptible.

Si la fonction $F_0 x$ se réduit à l'unité, tous les coefficients dans les fonctions $q_0, q_1, q_2, \ldots q_{n-1}$ seront arbitraires; dans ce cas donc on aura (en remarquant que, d'après la forme des équations (71), un des coefficients dans les fonctions $q_0, q_1, \ldots$ peut être pris à volonté sans nuire à la généralité),

$$\alpha = hq_0 + hq_1 + hq_2 + \cdots + hq_{n-1} + n - 1.$$

Si $F_0 x$ n'est pas égal à l'unité, il faut en général un nombre $hF_0 x$ de conditions différentes pour que l'équation

$$F_0 x . Fx = r$$

soit satisfaite; mais la forme particulière de la fonction y pourrait rendre moindre ce nombre de conditions nécessaires. Supposons donc qu'il soit égal à

(75) $$hF_0 x - A,$$

le nombre des quantités indéterminées $a, a', a'', \ldots$ deviendra

(76) $$\alpha = hq_0 + hq_1 + hq_2 + \cdots + hq_{n-1} + n - 1 - hF_0 x + A;$$

maintenant on a

$$hr = hF_0 x + hFx = hF_0 x + \mu,$$

donc

(77) $$\mu = hr - hF_0 x,$$

et par conséquent

(78) $$\mu - \alpha = hr - (hq_0 + hq_1 + hq_2 + \cdots + hq_{n-1}) - n + 1 - A.$$

Mais comme on a (3)

$$r=\theta y'.\theta y''\ldots\theta y^{(n)},$$

il est clair que

(79) $$hr=h\theta y'+h\theta y''+\cdots+h\theta y^{(n)};$$

donc

(80) $$\mu-\alpha=h\theta y'+h\theta y''+\cdots+h\theta y^{(n)}$$
$$-(hq_0+hq_1+\cdots+hq_{n-1})-n+1-A.$$

Ayant maintenant (2)

$$\theta y=q_0+q_1y+q_2y^2+\cdots+q_{n-1}y^{n-1},$$

on aura nécessairement, pour toutes les valeurs de m,

$$h\theta y>h(q_my^m),$$

où le signe > n'exclut pas l'égalité.

Donc en faisant

$$y=y',\,y'',\,y''',\ldots y^{(n)},$$

et remarquant que

$$h(q_my^m)=hq_m+mhy,$$

on aura aussi

(81) $$h\theta y'>hq_m+mhy';\ h\theta y''>hq_m+mhy'',\ldots h\theta y^{(n)}>hq_m+mhy^{(n)}.$$

Cela posé, désignons par n', m', μ', k'; n'', m'', μ'', k''; etc. les mêmes choses que plus haut dans le numéro (5), et supposons que $h(q_{\varrho_1}y'^{\varrho_1})$ soit la plus grande des $n'\mu'$ quantités

$$h(q_{n-1}y'^{n-1});\ h(q_{n-2}y'^{n-2});\ \ldots h(q_{n-k'}y'^{n-k'}),$$

en sorte que

(82) $$hq_{\varrho_1}+\varrho_1hy'>hq_{n-\beta-1}+(n-\beta-1)hy'.$$

En désignant, pour abréger, hq_m par fm, et mettant $\frac{m'}{\mu'}$ au lieu de hy', il est clair que cette formule donne

(83) $$f\varrho_1-f(n-\beta-1)=(n-\beta-1-\varrho_1)\frac{m'}{\mu'}+\varepsilon'_\beta+A'_\beta$$

$$(\text{depuis } \beta=0,\ \text{jusqu'à } \beta=k'-1),$$

où A_β' est un nombre positif moindre que l'unité, et ε'_β un nombre entier positif, zéro y compris.

Soient de même

$$(84)\left\{\begin{array}{l}
f\varrho_2 - f(n-\beta-1) = (n-\beta-1-\varrho_2)\dfrac{m''}{\mu''} + \varepsilon_\beta'' + A_\beta'' \\
\qquad\qquad\text{(depuis } \beta = k', \text{ jusqu'à } \beta = k''-1), \\
f\varrho_3 - f(n-\beta-1) = (n-\beta-1-\varrho_3)\dfrac{m'''}{\mu'''} + \varepsilon_\beta''' + A_\beta''' \\
\qquad\qquad\text{(depuis } \beta = k'', \text{ jusqu'à } \beta = k'''-1), \\
\qquad \text{etc.,} \\
f\varrho_m - f(n-\beta-1) = (n-\beta-1-\varrho_m)\dfrac{m^{(m)}}{\mu^{(m)}} + \varepsilon_\beta^{(m)} + A_\beta^{(m)} \\
\qquad\qquad\text{(depuis } \beta = k^{(m-1)}, \text{ jusqu'à } \beta = k^{(m)}-1), \\
\qquad \text{etc.,} \\
f\varrho_\varepsilon - f(n-\beta-1) = (n-\beta-1-\varrho_\varepsilon)\dfrac{m^{(\varepsilon)}}{\mu^{(\varepsilon)}} + \varepsilon_\beta^{(\varepsilon)} + A_\beta^{(\varepsilon)} \\
\qquad\qquad\text{(depuis } \beta = k^{(\varepsilon-1)}, \text{ jusqu'à } \beta = n-1).
\end{array}\right.$$

A_β'', A_β''', ... $A_\beta^{(\varepsilon)}$ étant des nombres positifs et moindres que l'unité, et ε_β'', ε_β''', etc. des nombres entiers positifs, en y comprenant zéro.

Considérons l'une quelconque de ces équations, par exemple la $(m-1)^e$; en donnant à β les $k^{(m)} - k^{(m-1)}$ valeurs,

$$\beta = k^{(m-1)},\ k^{(m-1)}+1,\ k^{(m-1)}+2, \ldots k^{(m)}-1,$$

on obtiendra un nombre $k^{(m)} - k^{(m-1)}$ d'équations semblables; et en les ajoutant il viendra

$$(k^{(m)}-k^{(m-1)})\left(f\varrho_m + \varrho_m\frac{m^{(m)}}{\mu^{(m)}}\right) = \left\{\begin{array}{l}
\frac{1}{2}(2n - k^{(m)} - k^{(m-1)} - 1)(k^{(m)} - k^{(m-1)})\dfrac{m^{(m)}}{\mu^{(m)}} \\
+ A_0^{(m)} + A_1^{(m)} + \cdots + A^{(m)}_{k^{(m)}-k^{(m-1)}-1} \\
+ \varepsilon_0^{(m)} + \varepsilon_1^{(m)} + \cdots + \varepsilon^{(m)}_{k^{(m)}-k^{(m-1)}-1} \\
+ f(n-1-k^{(m-1)}) + f(n-2-k^{(m-1)}) + \cdots \\
\qquad + f(n-k^{(m)}).
\end{array}\right.$$

Or

$$k^{(m)} - k^{(m-1)} = n^{(m)}\mu^{(m)},$$

donc en substituant,

$$n^{(m)}\mu^{(m)}\left(f\varrho_m + \varrho_m\frac{m^{(m)}}{\mu^{(m)}}\right) = \left\{\begin{array}{l}
\frac{1}{2}(2n - k^{(m)} - k^{(m-1)} - 1)\, n^{(m)} m^{(m)} \\
\quad + A_0^{(m)} + A_1^{(m)} + \cdots + A^{(m)}_{n^{(m)}\mu^{(m)}-1} \\
\quad + \varepsilon_0^{(m)} + \varepsilon_1^{(m)} + \cdots + \varepsilon^{(m)}_{n^{(m)}\mu^{(m)}-1} \\
\quad + f(n-1-k^{(m-1)}) + \cdots + f(n-k^{(m)}).
\end{array}\right.$$

Or, en remarquant que $A_\beta^{(m)}$ est le nombre, moindre que l'unité, qui, ajouté à $(n-\beta-1-\varrho_m)\frac{m^{(m)}}{\mu^{(m)}}$, rend cette quantité égale à un nombre entier, on voit sans peine que la suite

$$A_0^{(m)}+A_1^{(m)}+\cdots+A^{(m)}_{n^{(m)}\mu^{(m)}-1},$$

qui est composée de $n^{(m)}\mu^{(m)}$ termes, contiendra $n^{(m)}$ fois la suite des nombres

$$\frac{0}{\mu^{(m)}},\ \frac{1}{\mu^{(m)}},\ \frac{2}{\mu^{(m)}},\ \ldots\ \frac{\mu^{(m)}-1}{\mu^{(m)}};$$

donc

$$(85)\quad A_0^{(m)}+A_1^{(m)}+\cdots+A^{(m)}_{n^{(m)}\mu^{(m)}-1}=\frac{n^{(m)}(0+1+\cdots+\mu^{(m)}-1)}{\mu^{(m)}}$$
$$=\frac{n^{(m)}\mu^{(m)}(\mu^{(m)}-1)}{2\mu^{(m)}}=\tfrac{1}{2}n^{(m)}(\mu^{(m)}-1).$$

En substituant cette valeur, et faisant pour abréger,

$$\varepsilon_0^{(m)}+\varepsilon_1^{(m)}+\cdots+\varepsilon^{(m)}_{n^{(m)}\mu^{(m)}-1}=C_m,$$

il viendra

$$(86)\quad n^{(m)}\mu^{(m)}\left(f\varrho_m+\varrho_m\frac{m^{(m)}}{\mu^{(m)}}\right)=\left\{\begin{array}{l}\tfrac{1}{2}(2n-k^{(m)}-k^{(m-1)}-1)n^{(m)}m^{(m)}\\ +\tfrac{1}{2}n^{(m)}(\mu^{(m)}-1)+C_m\\ +f(n-k^{(m-1)}-1)+\cdots+f(n-k^{(m)}).\end{array}\right.$$

Maintenant on a, en désignant $h\theta y^{(m)}$ par φm,

$$(87)\quad \varphi(k^{(m-1)}+1)=\varphi(k^{(m-1)}+2)=\varphi(k^{(m-1)}+3)=\cdots=\varphi(k^{(m)});$$

en remarquant que $hy^{(m)}$ conserve la même valeur pour toutes les valeurs de m, de $k^{(m-1)}+1$ à $k^{(m)}$. Les inégalités (81) donneront donc

$$\varphi(k^{(m-1)}+1)+\varphi(k^{(m-1)}+2)+\varphi(k^{(m-1)}+3)+\cdots+\varphi(k^{(m)})$$
$$>\left(f\varrho_m+\varrho_m\frac{m^{(m)}}{\mu^{(m)}}\right)(k^{(m)}-k^{(m-1)})>n^{(m)}\mu^{(m)}\left(f\varrho_m+\varrho_m\frac{m^{(m)}}{\mu^{(m)}}\right),$$

donc on aura, en vertu de l'équation précédente,

$$\varphi(k^{(m-1)}+1)+(\varphi(k^{(m-1)}+2)+\varphi(k^{(m-1)}+3)+\cdots+\varphi(k^{(m)})$$
$$>\left\{\begin{array}{l}\tfrac{1}{2}n^{(m)}m^{(m)}(2n-k^{(m)}-k^{(m-1)}-1)+\tfrac{1}{2}n^{(m)}(\mu^{(m)}-1)+C_m\\ +f(n-k^{(m-1)}-1)+f(n-k^{(m-1)}-2)+\cdots+f(n-k^{(m)}).\end{array}\right.$$

En faisant dans cette formule successivement $m=1, 2, 3, \ldots$ et puis ajoutant les équations qu'on obtiendra, il viendra

$$\varphi(1)+\varphi(2)+\varphi(3)+\cdots+\varphi(n)$$
$$>\left\{\begin{array}{l} f(n-1)+f(n-2)+f(n-3)+\cdots+f(1)+f(0) \\ +\frac{1}{2}n'm'(2n-k'-1)+\frac{1}{2}n'(\mu'-1)+C_1 \\ +\frac{1}{2}n''m''(2n-k''-k'-1)+\frac{1}{2}n''(\mu''-1)+C_2 \\ +\frac{1}{2}n'''m'''(2n-k'''-k''-1)+\frac{1}{2}n'''(\mu'''-1)+C_3 \\ +\cdots\cdots\cdots\cdots\cdots\cdots \\ +\frac{1}{2}n^{(\varepsilon)}m^{(\varepsilon)}(2n-k^{(\varepsilon)}-k^{(\varepsilon-1)}-1)+\frac{1}{2}n^{(\varepsilon)}(\mu^{(\varepsilon)}-1)+C_\varepsilon. \end{array}\right.$$

En substituant les valeurs des quantités $k', k'', k''', \ldots$ savoir,

$$k'=n'\mu';\ k''=n'\mu'+n''\mu'';\ k'''=n'\mu'+n''\mu''+n'''\mu''', \text{ etc.},$$

et pour n sa valeur (55)

$$n=n'\mu'+n''\mu''+\cdots+n^{(\varepsilon)}\mu^{(\varepsilon)},$$

on obtiendra

$$h\theta y'+h\theta y''+h\theta y'''+\cdots+h\theta y^{(n)}-(hq_0+hq_1+hq_2+\cdots+hq_{n-1})$$
$$>\gamma'+C_1+C_2+\cdots+C_\varepsilon,$$

où l'on a fait pour abréger

$$(88)\quad \gamma'=\left\{\begin{array}{l} n'm'\left(\frac{n'\mu'-1}{2}+n''\mu''+n'''\mu'''+\cdots+n^{(\varepsilon)}\mu^{(\varepsilon)}\right)+n'\frac{\mu'-1}{2} \\ +n''m''\left(\frac{n''\mu''-1}{2}+n'''\mu'''+n''''\mu''''+\cdots+n^{(\varepsilon)}\mu^{(\varepsilon)}\right)+n''\frac{\mu''-1}{2} \\ +\cdots\cdots\cdots\cdots\cdots\cdots \\ +n^{(\varepsilon-1)}m^{(\varepsilon-1)}\left(\frac{n^{(\varepsilon-1)}\mu^{(\varepsilon-1)}-1}{2}+n^{(\varepsilon)}\mu^{(\varepsilon)}\right)+n^{(\varepsilon-1)}\left(\frac{\mu^{(\varepsilon-1)}-1}{2}\right) \\ +n^{(\varepsilon)}m^{(\varepsilon)}\frac{n^{(\varepsilon)}\mu^{(\varepsilon)}-1}{2}+n^{(\varepsilon)}\frac{\mu^{(\varepsilon)}-1}{2}. \end{array}\right.$$

De cette formule combinée avec l'équation (80) on déduira

$$(89)\qquad \mu-\alpha>\gamma'-n+1-A+C_1+C_2+\cdots+C_\varepsilon.$$

Or, je remarque que le nombre $\gamma'-n+1$ est précisément égal à celui que nous avons désigné précédemment par γ, équation (62), donc

$$(90)\qquad \mu-\alpha>\gamma-A+C_1+C_2+\cdots+C_\varepsilon.$$

Cette formule nous montre que $\mu-\alpha$ ne peut être moindre que $\gamma-A$, or je dis qu'il peut être précisément égal à ce nombre.

En effet c'est ce qui arrive lorsqu'on a

$$(91)\quad \begin{cases} \varphi k^{(m)} = f\varrho_m + \varrho_m \dfrac{m^{(m)}}{\mu^{(m)}}, \\ \text{et} \quad C_1 + C_2 + C_3 + \cdots + C_\varepsilon = 0; \end{cases}$$

or on peut démontrer de la manière suivante que ces équations pourront avoir lieu.

En se rappelant la valeur de C_m, il est clair que l'équation (91) entraîne la suivante:

$$\varepsilon_\beta^{(m)} = 0 \text{ (depuis } \beta = k^{(m-1)}, \text{ jusqu'à } \beta = k^{(m)} - 1);$$

donc en vertu des équations (83) et (84)

$$(92)\quad f(n-\beta-1) = f\varrho_m - (n-\beta-1-\varrho_m)\frac{m^{(m)}}{\mu^{(m)}} - A_\beta^{(m)},$$

$$\text{(depuis } \beta = k^{(m-1)}, \text{ jusqu'à } \beta = k^{(m)} - 1).$$

Il s'agit maintenant de trouver la valeur de $f\varrho_m$.

Or l'équation (91) donne

$$(93)\quad f\varrho_m + \varrho_m \frac{m^{(m)}}{\mu^{(m)}} > f\varrho_\alpha + \varrho_\alpha \frac{m^{(m)}}{\mu^{(m)}}$$

pour toutes les valeurs de m et de α.

De là on tire, en désignant pour abréger

$$(94)\quad \frac{m^{(\alpha)}}{\mu^{(\alpha)}} \text{ par } \sigma_\alpha,$$

$$(95)\quad f\varrho_m - f\varrho_\alpha > (\varrho_\alpha - \varrho_m)\sigma_m.$$

En faisant $m = \alpha - 1$, et changeant ensuite α en m, de même que α en $m-1$, on obtiendra les deux formules

$$(96)\quad \begin{cases} f\varrho_m - f\varrho_{m-1} < (\varrho_{m-1} - \varrho_m)\sigma_{m-1}, \\ f\varrho_m - f\varrho_{m-1} > (\varrho_{m-1} - \varrho_m)\sigma_m. \end{cases}$$

Par là on voit que la différence entre la plus grande et la plus petite valeur de $f\varrho_m - f\varrho_{m-1}$ ne peut surpasser $(\varrho_{m-1} - \varrho_m)(\sigma_{m-1} - \sigma_m)$. Par conséquent on doit avoir

$$f\varrho_m - f\varrho_{m-1} = (\varrho_{m-1} - \varrho_m)\sigma_m + \theta_{m-1}(\varrho_{m-1} - \varrho_m)(\sigma_{m-1} - \sigma_m),$$

où θ_{m-1} est une quantité positive qui ne peut surpasser l'unité.

Cette équation peut s'écrire comme il suit:

$$(97)\quad f\varrho_m - f\varrho_{m-1} = (\varrho_{m-1} - \varrho_m)[\theta_{m-1}\sigma_{m-1} + (1 - \theta_{m-1})\sigma_m].$$

De là on tire sans peine

$$(98)\qquad f\varrho_m = \begin{cases} f\varrho_1 + (\varrho_1 - \varrho_2)[\theta_1\sigma_1 + (1-\theta_1)\sigma_2] \\ + (\varrho_2 - \varrho_3)[\theta_2\sigma_2 + (1-\theta_2)\sigma_3] + \cdots \\ \cdots + (\varrho_{m-1} - \varrho_m)[\theta_{m-1}\sigma_{m-1} + (1-\theta_{m-1})\sigma_m]. \end{cases}$$

Si $f\varrho_m$ a cette valeur, il n'est pas difficile de voir que la condition

$$f\varrho_m - f\varrho_\alpha > (\varrho_\alpha - \varrho_m)\sigma_m$$

est satisfaite pour toute valeur de α et m, quelle que soit la valeur de $f\varrho_1$ et celles des quantités $\theta_1, \theta_2, \cdots \theta_{m-1}$, pourvu qu'elles ne surpassent pas l'unité.

Connaissant ainsi la valeur de $f\varrho_m$, on aura celle de $f(n-\beta-1)$ par l'équation (92).

Après avoir de cette manière déterminé les valeurs de toutes les quantités $f(0), f(1), f(2), \ldots f(n-1)$, voyons à présent si elles satisfont en effet à l'équation (91)

$$\varphi k^{(m)} = f\varrho_m + \varrho_m \frac{m^{(m)}}{\mu^{(m)}} = f\varrho_m + \varrho_m\sigma_m.$$

Pour que cette équation ait lieu, il est nécessaire et il suffit que l'équation

$$(99)\qquad f\varrho_m + \varrho_m\sigma_m > f\alpha + \alpha\sigma_m$$

soit satisfaite pour toutes les valeurs de α et m. Il faut donc que

$$(100)\qquad P_m^{(\delta)} = f\varrho_m - f\alpha_\delta + (\varrho_m - \alpha_\delta)\sigma_m > 0.$$

Soit $\alpha_\delta = n - \beta - 1$, où β a une valeur quelconque comprise entre $k^{(\delta-1)}$ et $k^{(\delta)} - 1$ inclusivement, l'équation (92) donnera

$$f\alpha_\delta = f\varrho_\delta - (\alpha_\delta - \varrho_\delta)\sigma_\delta - A_\beta^{(\delta)};$$

et par conséquent

$$(101)\qquad P_m^{(\delta)} = f\varrho_m - f\varrho_\delta + (\varrho_m - \alpha_\delta)\sigma_m + (\alpha_\delta - \varrho_\delta)\sigma_\delta + A_\beta^{(\delta)}.$$

En mettant $m+1$ au lieu de m, il viendra

$$P_{m+1}^{(\delta)} - P_m^{(\delta)} = f\varrho_{m+1} - f\varrho_m + \varrho_{m+1}\sigma_{m+1} - \varrho_m\sigma_m + \alpha_\delta(\sigma_m - \sigma_{m+1}).$$

On a par l'équation (97)

$$f\varrho_{m+1} - f\varrho_m = (\varrho_m - \varrho_{m+1})[\theta_m\sigma_m + (1-\theta_m)\sigma_{m+1}];$$

donc, en substituant et réduisant,

$$(102)\qquad P_{m+1}^{(\delta)} - P_m^{(\delta)} = \Big(\alpha_\delta - [\varrho_m(1-\theta_m) + \varrho_{m+1}\theta_m]\Big)(\sigma_m - \sigma_{m+1});$$

or, en remarquant que α_δ est compris entre $n-1-k^{(\delta-1)}$ et $n-k^{(\delta)}$, que $\varrho_m(1-\theta_m)+\varrho_{m+1}\theta_m$ l'est entre ϱ_m et ϱ_{m+1}, c'est-à-dire entre $n-k^{(m-1)}-1$ et $n-k^{(m+1)}$, il est clair que le second membre de cette équation sera toujours positif si $m \gtreqless \delta+1$, et toujours négatif si $m \lesseqgtr \delta-2$.

De là il suit: 1° que $P_{m+1+\delta}>0$ si $P_{\delta+1}>0$; 2° que $P_{\delta-1-m}>0$ si $P_{\delta-1}>0$. Donc pour que $P_m^{(\delta)}$ soit positif pour toutes les valeurs de m, il suffit qu'il le soit pour $m=\delta+1,\ \delta,\ \delta-1$.

Or, en faisant dans l'équation (102) $m=\delta$, $m=\delta-1$, il viendra

$$P_{\delta+1}^{(\delta)}-P_\delta^{(\delta)}=\Big(\alpha_\delta-[\varrho_\delta(1-\theta_\delta)+\varrho_{\delta+1}\theta_\delta]\Big)(\sigma_\delta-\sigma_{\delta+1}),$$
$$P_\delta^{(\delta)}-P_{\delta-1}^{(\delta)}=\Big(\alpha_\delta-[\varrho_{\delta-1}(1-\theta_{\delta-1})+\varrho_\delta\theta_{\delta-1}]\Big)(\sigma_{\delta-1}-\sigma_\delta).$$

Mais l'équation (101) donne pour $m=\delta$,

$$P_\delta^{(\delta)}=A_\beta^{(\delta)},$$

donc $P_\delta^{(\delta)}$ est toujours positif, et en substituant cette valeur, les deux équations précédentes donneront, en mettant $\delta+1$ au lieu de δ dans la dernière,

$$P_{\delta+1}^{(\delta)}=[\alpha_\delta-\varrho_\delta+\theta_\delta(\varrho_\delta-\varrho_{\delta+1})](\sigma_\delta-\sigma_{\delta+1})+A_\beta^{(\delta)},$$
$$P_\delta^{(\delta+1)}=[\varrho_\delta-\alpha_{\delta+1}-\theta_\delta(\varrho_\delta-\varrho_{\delta+1})](\sigma_\delta-\sigma_{\delta+1})+A_\beta^{(\delta+1)}$$

De ces équations on tire (en remarquant qu'on doit avoir pour $P_{\delta+1}^{(\delta)}$ et $P_\delta^{(\delta+1)}$ des valeurs positives),

$$(103)\qquad \begin{cases} \theta_\delta>\dfrac{\varrho_\delta-\alpha_\delta}{\varrho_\delta-\varrho_{\delta+1}}-\dfrac{A_{\beta^{(\delta)}}}{(\varrho_\delta-\varrho_{\delta+1})(\sigma_\delta-\sigma_{\delta+1})}=B_\delta, \\ \theta_\delta<\dfrac{\varrho_\delta-\alpha_{\delta+1}}{\varrho_\delta-\varrho_{\delta+1}}+\dfrac{A_{\beta^{(\delta+1)}}}{(\varrho_\delta-\varrho_{\delta+1})(\sigma_\delta-\sigma_{\delta+1})}=C_\delta, \end{cases}$$

Maintenant θ_δ est compris entre 0 et 1; par conséquent il faut que B_δ ne surpasse pas l'unité, et que C_δ soit positif. Or c'est ce qui a toujours lieu. En effet on trouve

$$1-B_\delta=\frac{\alpha_\delta-\varrho_{\delta+1}}{\varrho_\delta-\varrho_{\delta+1}}+\frac{A_{\beta^{(\delta)}}}{(\varrho_\delta-\varrho_{\delta+1})(\sigma_\delta-\sigma_{\delta+1})};$$

donc $1-B_\delta$ est toujours positif en remarquant que $\alpha_\delta>\varrho_{\delta+1}$; par conséquent B_δ ne peut surpasser l'unité. De même $\varrho_\delta>\alpha_{\delta+1}$; donc C_δ est toujours positif.

La condition

$$P_m^{(\delta)}>0$$

est donc satisfaite pour toute valeur de δ et m; d'où résulte l'équation

$$\varphi k^{(\delta)} = f\varrho_\delta + \varrho_\delta \frac{m^{(\delta)}}{\mu^{(\delta)}}.$$

On aura donc, comme on vient de le dire,

(104) $$\mu - \alpha = \gamma - A,$$

qui est la moindre valeur que peut avoir $\mu - \alpha$.

Si l'on suppose que tous les coefficients dans les fonctions $q_0, q_1, \ldots q_{n-1}$, soient des quantités indéterminées, alors $F_0 x = 1$, et par suite $A = 0$; donc dans ce cas

(105) $$\mu - \alpha = \gamma.$$

C'est ce qui a lieu généralement, car c'est seulement pour des fonctions d'une forme particulière que le nombre A a une valeur plus grande que zéro.

Dans ce qui précède nous avons supposé que tous les coefficients dans $q_0, q_1, \ldots q_{n-1}$, étaient indéterminés, excepté ceux qui sont déterminés par la condition que r ait pour diviseur la fonction $F_0 x$. Dans ce cas on a toujours, comme nous l'avons supposé plus haut (87),

$$\varphi(k^{(m-1)} + 1) = \varphi(k^{(m-1)} + 2) = \cdots = \varphi(k^{(m)}) = f\varrho_m + \varrho_m \sigma_m,$$

et par suite

(106) $$hr = \left\{ \begin{array}{l} n'\mu'(f\varrho_1 + \varrho_1\sigma_1) + n''\mu''(f\varrho_2 + \varrho_2\sigma_2) + \cdots \\ \qquad\qquad + n^{(\varepsilon)}\mu^{(\varepsilon)}(f\varrho_\varepsilon + \varrho_\varepsilon\sigma_\varepsilon). \end{array} \right.$$

C'est la valeur de hr en général. Supposons maintenant que les quantités $a, a', a'', \ldots$ ne soient pas toutes indéterminées, mais qu'un certain nombre d'elles soient déterminées par la condition que la valeur de hr soit de A' unités moindre que la valeur précédente. En général, un nombre A' des quantités $a, a', a'', \ldots$ sera déterminé par cette condition, et alors $\mu - \alpha$ ne change pas de valeur; mais il est possible que, pour les fonctions d'une forme particulière, la condition dont il s'agit n'entraîne qu'un nombre moindre d'équations différentes entre $a, a', a'', \ldots$ Soit donc ce nombre $A' - B$, la valeur de $\mu - \alpha$ deviendra

$$(\mu - A') - [\alpha - (A' - B)] - A,$$

c'est-à-dire

(107) $$\mu - \alpha = \gamma - A - B.$$

8.

Pour donner un exemple de l'application de la théorie précédente, supposons que $n=13$, en sorte que y soit déterminé par l'équation

$$0=\left\{\begin{array}{l} p_0+p_1y+p_2y^2+p_3y^3+p_4y^4+p_5y^5+p_6y^6+p_7y^7 \\ \quad +p_8y^8+p_9y^9+p_{10}y^{10}+p_{11}y^{11}+p_{12}y^{12}+y^{13}, \end{array}\right.$$

et

$$\theta y=q_0+q_1y+q_2y^2+\cdots+q_{12}y^{12}.$$

Supposons que les degrés des fonctions entières

$$p_0, p_1, p_2, p_3, p_4, p_5, p_6, p_7, p_8, p_9, p_{10}, p_{11}, p_{12},$$

soient respectivement

$$2,\ 3,\ 2,\ 3,\ 4,\ 5,\ 3,\ 4,\ 2,\ 3,\ 4,\ 1,\ 1,$$

D'abord, il faut chercher les valeurs de hy', hy'', ... $hy^{(13)}$. Or, pour cela, il suffit de faire dans l'équation proposée,

$$y=Ax^m,$$

et de déterminer ensuite A et m de manière que l'équation soit satisfaite pour $x=\infty$.

On obtiendra l'équation

$$0=\left\{\begin{array}{l} A^{13}x^{13m}+B_{12}A^{12}x^{12m+1}+B_{11}A^{11}x^{11m+1}+B_{10}A^{10}x^{10m+4} \\ \quad +\cdots+B_2A^2x^{2m+2}+B_1Ax^{m+3}+B_0x^2. \end{array}\right.$$

Pour y satisfaire il faut qu'un certain nombre des exposants soient égaux et en même temps plus grands que les autres, et que la somme des termes correspondants soit égale à zéro.

Or on trouve qu'en faisant

1° $13m=10m+4$, d'où $m=\frac{4}{3}$, les deux exposants $13m$, $10m+4$, seront les plus grands;

2° $10m+4=5m+5$, d'où $m=\frac{1}{5}$, $10m+4$, $5m+5$;

3° $5m+5=m+3$, d'où $m=-\frac{1}{2}$, $5m+5$, $m+3$,

4° $m+3=2$, d'où $m=-1$, $m+3$, 2.

On a donc

$$y=Ax^{\frac{4}{3}},\quad A^{13}+B_{10}A^{10}=0,$$

donc

$$A=-\sqrt[3]{B_{10}} \text{ et } hy'=hy''=hy'''=\frac{m'}{\mu'}=\frac{4}{3}, \; n'=1;$$

$$y=Ax^{\frac{1}{5}}, \; B_{10}A^{10}+B_5A^5=0,$$

donc

$$A=-\sqrt[5]{\frac{B_5}{B_{10}}} \text{ et } hy^{(4)}=hy^{(5)}=hy^{(6)}=hy^{(7)}=hy^{(8)}=\frac{m''}{\mu''}=\frac{1}{5}, \; n''=1;$$

$$y=Ax^{-\frac{1}{2}}, \; B_5A^5+B_1A=0,$$

donc

$$A=\sqrt[4]{-\frac{B_1}{B_5}} \text{ et } hy^{(9)}=hy^{(10)}=hy^{(11)}=hy^{(12)}=\frac{m'''}{\mu'''}=\frac{-1}{2}, \; n'''=2;$$

$$y=Ax^{-1}, \; B_1A+B_0=0,$$

donc

$$A=-\frac{B_0}{B_1} \text{ et } hy^{(13)}=\frac{m''''}{\mu''''}=-1, \; n''''=1.$$

Ayant ainsi trouvé les valeurs des nombres m', μ', n', m'', μ'', n'', m''', μ''', n''', m'''', μ'''', n'''', on aura

$$k'=n'\mu'=3, \; k''=n'\mu'+n''\mu''=8, \; k'''=n'\mu'+n''\mu''+n'''\mu'''=12,$$
$$k''''=n'\mu'+n''\mu''+n'''\mu'''+n''''\mu''''=13=n.$$

Maintenant le nombre ϱ_1 doit être compris entre $n-1$ et $n-k'$, ϱ_2 entre $n-k'-1$ et $n-k''$, etc.; donc on trouvera pour ces quantités, les valeurs suivantes:

$$\varrho_1=12, \; 11, \; 10, \quad \varrho_2=9, \; 8, \; 7, \; 6, \; 5, \quad \varrho_3=4, \; 3, \; 2, \; 1, \quad \varrho_4=0.$$

Connaissant ϱ_1, ϱ_2, ϱ_3, ϱ_4, on aura A_β', A_β'', A_β''', A_β'''' par l'équation (92); ensuite θ_1, θ_2, θ_3, θ_4 par les équations (103); $f\varrho_2$, $f\varrho_3$, $f\varrho_4$ par l'équation (98); et enfin $f(0)$, $f(1)$, $f(2)$, ... $f(12)$ par l'équation (92).

La valeur de γ, qui est toujours la même, deviendra par l'équation (88) et la relation $\gamma=\gamma'-n+1$,

$$\gamma=\left\{\begin{array}{l} 1.4.\left(\frac{3-1}{2}+5+4+1\right)+1.\frac{3-1}{2} \\ +1.1.\left(\frac{5-1}{2}+4+1\right)+1.\frac{5-1}{2} \\ +2.(-1).\left(\frac{4-1}{2}+1\right)+2.\frac{2-1}{2} \\ +1.(-1).\left(\frac{1-1}{2}\right)+1.\frac{1-1}{2}-13+1, \end{array}\right.$$

c'est-à-dire, en réduisant,

$$\gamma = 38.$$

Pour pouvoir déterminer numériquement les valeurs de α et de μ, supposons, par exemple,

$$\varrho_1 = 11, \quad \varrho_2 = 6, \quad \varrho_3 = 4, \quad \varrho_4 = 0.$$

Alors l'équation (92) donnera les suivantes:

$$\begin{array}{lll}
f(12) = f(11) - \frac{4}{3} - A_0', & \text{donc } A_0' = \frac{2}{3}, & f(12) = f(11) - 2 \\
f(10) = f(11) + \frac{4}{3} - A_2', & \text{donc } A_2' = \frac{1}{3}, & f(10) = f(11) + 1 \\
f(9) = f(6) - \frac{3}{5} - A_3'', & \text{donc } A_3'' = \frac{2}{5}, & f(9) = f(6) - 1 \\
f(8) = f(6) - \frac{2}{5} - A_4'', & \text{donc } A_4'' = \frac{3}{5}, & f(8) = f(6) - 1 \\
f(7) = f(6) - \frac{1}{5} - A_5'', & \text{donc } A_5'' = \frac{4}{5}, & f(7) = f(6) - 1 \\
f(5) = f(6) + \frac{1}{5} - A_7'', & \text{donc } A_7'' = \frac{1}{5}, & f(5) = f(6) \\
f(3) = f(4) - \frac{1}{2} - A_9''', & \text{donc } A_9''' = \frac{1}{2}, & f(3) = f(4) - 1 \\
f(2) = f(4) - 1 - A_{10}''', & \text{donc } A_{10}''' = 0, & f(2) = f(4) - 1 \\
f(1) = f(4) - \frac{3}{2} - A_{11}''', & \text{donc } A_{11}''' = \frac{1}{2}, & f(1) = f(4) - 2.
\end{array}$$

Pour trouver maintenant $f(0)$, $f(4)$, $f(6)$, $f(11)$, il faut chercher les limites de θ_1, θ_2, θ_3, θ_4.

Or les équations (103), qui déterminent ces limites, donnent

$$\theta_1 > \frac{11-\alpha_1}{5} - \frac{3A_\beta'}{17}, \text{ d'où } \theta_1 > -\frac{1}{5} - \frac{2}{17}, \; 0, \; \frac{1}{5} - \frac{1}{17};$$

$$\theta_1 < \frac{11-\alpha_2}{5} + \frac{3A_\beta''}{17}, \text{ d'où } \theta_1 < \frac{2}{5} + \frac{6}{5.17}, \; \frac{3}{5} + \frac{9}{5.17}, \; \frac{4}{5} + \frac{12}{5\,17}, \; 1, \; \frac{6}{5} + \frac{3}{5.17}.$$

Il suit de là que

$$\theta_1 > \frac{12}{85}, \quad \theta_1 < \frac{8}{17}.$$

On trouve de la même manière

$$\theta_2 > \frac{5}{14}, \quad \theta_2 < 1, \quad \theta_3 > \frac{1}{2}, \quad \theta_3 < 1.$$

Maintenant l'équation (97) donne

$$f\varrho_m - f\varrho_{m-1} > (\varrho_{m-1} - \varrho_m)\left[\theta''_{m-1}\sigma_{m-1} + (1-\theta''_{m-1})\sigma_m\right],$$

$$f\varrho_m - f\varrho_{m-1} < (\varrho_{m-1} - \varrho_m)\left[\theta'_{m-1}\sigma_{m-1} + (1-\theta'_{m-1})\sigma_m\right],$$

où θ''_{m-1} est la plus petite et θ'_{m-1} la plus grande valeur de θ_{m-1}; donc on trouvera, en faisant,

$$m = 2,\ 3,\ 4,$$

$$\begin{aligned}
&f(6)-f(11) > 5.\left[\tfrac{12}{85}.\tfrac{4}{3}+\left(1-\tfrac{12}{85}\right).\tfrac{1}{5}\right]\ \left(=1+\tfrac{68}{85}\right)\\
&f(6)-f(11) < 5.\left[\tfrac{8}{17}.\tfrac{4}{3}+\left(1-\tfrac{8}{17}\right).\tfrac{1}{5}\right]\ \left(=3+\tfrac{2}{3}\right)\\
&f(4)-f(6) > 2.\left[\tfrac{5}{14}.\tfrac{1}{5}-\left(1-\tfrac{5}{14}\right).\tfrac{1}{2}\right]\ \left(=\ -\tfrac{1}{2}\right)\\
&f(4)-f(6) < 2.\left[1\,.\tfrac{1}{5}-(1-1).\tfrac{1}{2}\right]\ \left(=\tfrac{2}{5}\right)\\
&f(0)-f(4) > 4.\left[\tfrac{1}{2}.\left(-\tfrac{1}{2}\right)+\left(1-\tfrac{1}{2}\right).(-1)\right]\ (=-3)\\
&f(0)-f(4) < 4.\left[1\,.\left(-\tfrac{1}{2}\right)+(1-1).(-1)\right]\ (=-2);
\end{aligned}$$

donc on aura pour $f(6)-f(11)$, $f(4)-f(6)$, $f(0)-f(4)$, les valeurs suivantes:

$$f(6)-f(11)=2,\ 3,\ f(4)-f(6)=0,\ f(0)-f(4)=-3,\ -2;$$

d'où

$$\begin{aligned}
&f(6)=f(11)+2,\ f(11)+3,\ f(4)=f(11)+2,\ f(11)+3;\\
&f(0)=f(11)-1,\ f(11),\ f(11)+1;\\
&f(12)=f(11)-2;\ f(10)=f(11)+1;\ f(9)=f(11)+1,\ f(11)+2;\\
&f(8)=f(11)+1,\ f(11)+2;\ f(7)=f(11)+1,\ f(11)+2;\\
&f(5)=f(11)+2,\ f(11)+3;\ f(3)=f(11)+1,\ f(11)+2;\\
&f(2)=f(11)+1,\ f(11)+2;\ f(1)=f(11),\ f(11)+1.
\end{aligned}$$

En exprimant donc toutes ces quantités par $f(12)$, on voit que les fonctions q_{12}, q_{11}, q_{10}, ... q_0, sont respectivement des degrés suivants

$$\overset{(12)}{\theta},\ \overset{(11)}{\theta+2},\ \overset{(10)}{\theta+3},\ \overset{(9)}{[\theta+3,\ \theta+4]},\ \overset{(8)}{[\theta+3,\ \theta+4]},\ \overset{(7)}{[\theta+3,\ \theta+4]},$$

$$\overset{(6)}{[\theta+4,\ \theta+5]},\ \overset{(5)}{[\theta+4,\ \theta+5]},\ \overset{(4)}{[\theta+4,\ \theta+5]},\ \overset{(3)}{[\theta+3,\ \theta+4]};$$

$$\overset{(2)}{[\theta+3,\ \theta+4]},\ \overset{(1)}{[\theta+2,\ \theta+3]},\ \overset{(0)}{\begin{bmatrix}\theta+1,\ \theta+2\\ \theta+2,\ \theta+3\end{bmatrix}},$$

où θ est le degré de la fonction q_{12}.

De là suit que

$$\begin{aligned}
\alpha=f(0)+f(1)+\cdots+f(12)+12=13\theta+47,\ 13\theta+48,&\\
13\theta+57,\ 13\theta+58,&
\end{aligned}$$

et

$$\mu = n'\mu'\left(f\varrho_1 + \varrho_1\frac{m'}{\mu'}\right) + n''\mu''\left(f\varrho_2 + \varrho_2\frac{m''}{\mu''}\right)$$
$$+ n'''\mu'''\left(f\varrho_3 + \varrho_3\frac{m'''}{\mu'''}\right) + n''''\mu''''\left(f\varrho_4 + \varrho_4\frac{m''''}{\mu''''}\right)$$
$$= 3(f(11) + 11.\tfrac{4}{3}) + 5.(f(6) + 6.\tfrac{1}{5}) + 4(f(4) - 4.\tfrac{1}{2}) + 1.(f(0) - 0);$$

c'est-à-dire,

$$\mu = 13\theta + 85, \quad 13\theta + 86, \quad 13\theta + 95, \quad 13\theta + 96.$$

La valeur de $\mu - \alpha$ deviendra donc

$$\mu - \alpha = 38,$$

comme nous avons trouvé plus haut pour la valeur de γ.

9.

Par les équations (92) et (98) établies précédemment, on aura les valeurs de toutes les quantités $f(0)$, $f(1)$, $f(2) \ldots f(n-1)$, exprimées de la manière suivante:

(108) $$fm = f\varrho_1 + M_m,$$

où M_m est indépendant de $f\varrho_1$. Cette dernière quantité est entièrement arbitraire. Le nombre des coefficients dans q_0, q_1, $q_2 \ldots q_{n-1}$, sera donc égal à

(109) $$nf\varrho_1 + M_0 + M_1 + M_2 + \cdots + M_{n-1};$$

mais α, ou le nombre des quantités indéterminées a, a', $a'' \ldots$, est égal au nombre des coefficients déjà mentionnés diminué d'un certain nombre. On aura donc

(110) $$\alpha = nf\varrho_1 + M,$$

où M est indépendant de $f\varrho_1$.

De là il suit qu'on peut prendre α aussi grand qu'on voudra, le nombre $\mu - \alpha$ restant toujours le même.

L'équation (74) nous met donc en état d'exprimer une somme d'un nombre quelconque de fonctions données, de la forme ψx, par une somme d'un nombre déterminé de fonctions. Le dernier nombre peut toujours être supposé égal à γ, qui, en général, sera sa plus petite valeur.

De la formule (74) on peut en déduire une autre qui est plus générale encore, et dont elle est un cas particulier.

En effet, soient

$$(111)\quad \psi_1 x_1 + \psi_2 x_2 + \cdots + \psi_\alpha x_\alpha = v - (\psi_{\alpha+1} x_{\alpha+1} + \psi_{\alpha+2} x_{\alpha+2} + \cdots + \psi_\mu x_\mu),$$

$$\psi_1' x_1' + \psi_2' x_2' + \cdots + \psi'_{\alpha'} x'_{\alpha'} = v' - (\psi'_{\alpha'+1} x'_{\alpha'+1} + \psi'_{\alpha'+2} x'_{\alpha'+2} + \cdots + \psi'_{\mu'} x'_{\mu'}),$$

où $\psi_1', \psi_2', \ldots$ sont des fonctions semblables à $\psi_1, \psi_2, \ldots$

Supposons, ce qui est permis, que

$$x'_{\alpha'} = x_\mu,\ x'_{\alpha'-1} = x_{\mu-1},\ x'_{\alpha'-2} = x_{\mu-2},\ \ldots\ x'_{\alpha'-\mu+\alpha+1} = x_{\alpha+1},$$

et

$$\psi'_{\alpha'} x'_{\alpha'} = \psi_\mu x_\mu,\ \psi'_{\alpha'-1} x'_{\alpha'-1} = \psi_{\mu-1} x_{\mu-1},\ \ldots\ \psi'_{\alpha'-\mu+\alpha+1} x'_{\alpha'-\mu+\alpha+1} = \psi_{\alpha+1} x_{\alpha+1};$$

les équations précédentes donneront

$$\psi_1 x_1 + \psi_2 x_2 + \cdots + \psi_\alpha x_\alpha - \psi_1' x_1' - \psi_2' x_2' - \cdots - \psi'_{\alpha'-\mu+\alpha} x'_{\alpha'-\mu+\alpha}$$
$$= v - v' + \psi'_{\alpha'+1} x'_{\alpha'+1} + \cdots + \psi'_{\mu'} x'_{\mu'};$$

donc en mettant V au lieu de $v - v'$, α' au lieu de $\alpha' - \mu + \alpha$,

$$\psi_1'', \psi_2'', \ldots \psi_k'' \text{ au lieu de } \psi'_{\alpha'+1}, \psi'_{\alpha'+2}, \ldots \psi'_{\mu'},$$
$$x_1'', x_2'', \ldots x_k'' \text{ au lieu de } x'_{\alpha'+1}, x'_{\alpha'+2}, \ldots x'_{\mu'},$$

et enfin k au lieu de $\mu' - \alpha'$, il viendra

$$(112)\quad \psi_1 x_1 + \psi_2 x_2 + \cdots + \psi_\alpha x_\alpha - \psi_1' x_1' - \psi_2' x_2' - \cdots - \psi'_{\alpha'} x'_{\alpha'}$$
$$= V + \psi_1'' x_1'' + \psi_2'' x_2'' + \psi_3'' x_3'' + \cdots + \psi_k'' x_k''.$$

Le nombre k, qui est égal à $\mu' - \alpha'$, est indépendant de α et α', qui sont des nombres quelconques.

Si l'on suppose

$$(113)\quad x_1'' = c_1,\ x_2'' = c_2,\ \ldots\ x_k'' = c_k,$$

$c_1, c_2, \ldots c_k$ étant des constantes, alors la formule (112) deviendra

$$(114)\quad \psi_1 x_1 + \psi_2 x_2 + \cdots + \psi_\alpha x_\alpha - \psi_1' x_1' - \psi_2' x_2' - \cdots - \psi'_{\alpha'} x'_{\alpha'} = C + V,$$

où un nombre k des quantités $x_1, x_2, \ldots x_\alpha, x_1', x_2', \ldots x'_{\alpha'}$ sont fonctions des autres, en vertu des équations (113). Il est clair qu'on peut prendre $c_1, c_2, \ldots c_k$ de manière que C deviendra égal à zéro.

Supposons maintenant qu'on ait dans la formule précédente

$$(115)\quad \left\{\begin{array}{l}
x_1 = x_2 = x_3 = \cdots = x_{\varepsilon_1} = z_1\\
x_{\varepsilon_1+1} = x_{\varepsilon_1+2} = x_{\varepsilon_1+3} = \cdots = x_{\varepsilon_1+\varepsilon_2} = z_2,\\
x_{\varepsilon_1+\varepsilon_2+1} = x_{\varepsilon_1+\varepsilon_2+2} = \cdots = x_{\varepsilon_1+\varepsilon_2+\varepsilon_3} = z_3,\\
\dots\dots\dots\dots\dots\dots\dots\dots\\
x_{\alpha-\varepsilon_m+1} = x_{\alpha-\varepsilon_m+2} = \cdots = x_\alpha = z_m,\\
\psi_1 = \psi_2 = \cdots = \psi_{\varepsilon_1} = \pi_1,\\
\psi_{\varepsilon_1+1} = \psi_{\varepsilon_1+2} = \cdots = \psi_{\varepsilon_1+\varepsilon_2} = \pi_2,\\
\psi_{\varepsilon_1+\varepsilon_2+1} = \psi_{\varepsilon_1+\varepsilon_2+2} = \cdots = \psi_{\varepsilon_1+\varepsilon_2+\varepsilon_3} = \pi_3,\\
\dots\dots\dots\dots\dots\dots\dots\dots\\
\psi_{\alpha-\varepsilon_m+1} = \psi_{\alpha-\varepsilon_m+2} = \cdots = \psi_\alpha = \pi_m;
\end{array}\right.$$

en sorte que

$$\alpha = \varepsilon_1 + \varepsilon_2 + \cdots + \varepsilon_m.$$

Supposons les mêmes choses relativement aux quantités $x'_1, x'_2, \dots \psi'_1, \psi'_2, \dots \alpha'$, en accentuant les lettres $\varepsilon_1, \varepsilon_2, \dots \varepsilon_m, z_1, z_2, \dots z_m, \pi_1, \pi_2, \dots \pi_m$ et m. Alors la formule (114) deviendra:

$$(116)\quad V = \left\{\begin{array}{l} \varepsilon_1\pi_1 z_1 + \varepsilon_2\pi_2 z_2 + \varepsilon_3\pi_3 z_3 + \cdots + \varepsilon_m\pi_m z_m - \varepsilon_1'\pi_1' z_1' \\ \qquad - \varepsilon_2'\pi_2' z_2' - \cdots - \varepsilon'_{m'}\pi'_{m'} z'_{m'}, \end{array}\right.$$

où un nombre k des fonctions $\pi_1 z_1, \pi_2 z_2, \dots \pi_1' z_1', \dots$ dépendent des formes et des valeurs des autres.

En divisant les deux membres de cette équation par un nombre quelconque A et désignant les nombres rationnels

$$\frac{\varepsilon_1}{A}, \frac{\varepsilon_2}{A}, \dots \frac{\varepsilon_m}{A}, -\frac{\varepsilon_1'}{A}, -\frac{\varepsilon_2'}{A}, \dots -\frac{\varepsilon'_{m'}}{A},$$

par $h_1, h_2, h_3, \dots h_\alpha$, et mettant ψ au lieu de π, x au lieu de z, et v au lieu de $\frac{V}{A}$, il viendra:

$$(117)\quad h_1\psi_1 x_1 + h_2\psi_2 x_2 + \cdots + h_\alpha\psi_\alpha x_\alpha = v,$$

où il est clair que $h_1, h_2, \dots h_\alpha$ peuvent être des nombres rationnels quelconques, positifs ou négatifs.

En remarquant que k des quantités $x_1, x_2, \dots x_\alpha$ sont déterminées en fonctions des autres, on peut écrire cette formule comme il suit:

$$(118)\quad \begin{array}{l} h_1\psi_1 x_1 + h_2\psi_2 x_2 + \cdots + h_m\psi_m x_m \\ \qquad = v + k_1\psi_1' x_1' + k_2\psi_2' x_2' + \cdots + k_k\psi_k' x_k', \end{array}$$

$$h_1, h_2, \dots h_m, k_1, k_2, \dots k_k$$

étant des nombres *rationnels* quelconques;

$$x_1,\ x_2,\ \ldots\ x_m$$

étant des quantités indéterminées en nombre arbitraire;

$$x_1',\ x_2',\ \ldots\ x_k'$$

étant des fonctions de ces quantités, qui peuvent se trouver algébriquement, et k étant un nombre indépendant de m.

Si l'on prend, par exemple,

$$k_1 = k_2 = \cdots = k_k = 1,$$

on aura la formule

(119) $$h_1\psi_1 x_1 + h_2\psi_2 x_2 + \cdots + h_m\psi_m x_m$$
$$= v + \psi_1' x_1' + \psi_2' x_2' + \cdots + \psi_k' x_k'.$$

10.

Après avoir ainsi, dans ce qui précède, considéré les fonctions en général, je vais maintenant appliquer la théorie à une classe de fonctions qui méritent une attention particulière. Ce sont les fonctions de la forme

(120) $$\int f(x, y)\, dx,$$

où y est donné par l'équation

(121) $$\chi y = y^n + p_0 = 0,$$

p_0 étant une fonction entière de x.

Quelle que soit la fonction entière p_0, on peut toujours supposer

(122) $$-p_0 = r_1^{\mu_1} r_2^{\mu_2} r_3^{\mu_3} \ldots r_\varepsilon^{\mu_\varepsilon},$$

où $\mu_1,\ \mu_2,\ \ldots\ \mu_\varepsilon$ sont des nombres entiers et positifs, et $r_1,\ r_2,\ \ldots\ r_\varepsilon$ des fonctions entières qui n'ont point de facteurs égaux.

En substituant cette expression de $-p_0$ dans l'équation (121), on en tirera la valeur de y, savoir:

(123) $$y = r_1^{\frac{\mu_1}{n}} r_2^{\frac{\mu_2}{n}} r_3^{\frac{\mu_3}{n}} \ldots r_\varepsilon^{\frac{\mu_\varepsilon}{n}}.$$

Si l'on désigne cette valeur de y par R, et par $1,\ \omega,\ \omega^2,\ \ldots\ \omega^{n-1}$ les n racines de l'équation $\omega^n - 1 = 0$, les n valeurs de y seront

(124) $$R,\ \omega R,\ \omega^2 R,\ \omega^3 R,\ \ldots\ \omega^{n-1} R;$$

on aura, par conséquent,

$$(125)\quad r=\theta y'.\theta y''\ldots\theta y^{(n)}=(q_0+q_1R+q_2R^2+\cdots+q_{n-1}R^{n-1})$$
$$\times(q_0+\omega q_1R+\omega^2q_2R^2+\cdots+\omega^{n-1}q_{n-1}R^{n-1})$$
$$\times(q_0+\omega^2q_1R+\omega^4q_2R^2+\cdots+\omega^{2n-2}q_{n-1}R^{n-1})$$
$$\times(q_0+\omega^3q_1R+\omega^6q_2R^2+\cdots+\omega^{3n-3}q_{n-1}R^{n-1})$$
$$\cdots\cdots\cdots\cdots\cdots$$
$$\times(q_0+\omega^{n-1}q_1R+\omega^{2n-2}q_2R^2+\cdots+\omega^{(n-1)^2}q_{n-1}R^{n-1});$$

attendu que

$$(126)\quad\begin{cases}\theta y'=q_0+q_1R+q_2R^2+\cdots+q_{n-1}R^{n-1},\\ \theta y''=q_0+\omega q_1R+\omega^2q_2R^2+\cdots+\omega^{n-1}q_{n-1}R^{n-1},\\ \theta y'''=q_0+\omega^2q_1R+\omega^4q_2R^2+\cdots+\omega^{2n-2}q_{n-1}R^{n-1},\\ \text{etc., etc.}\end{cases}$$

Cela posé, soit

$$(127)\qquad f(x,y)=\frac{f_1(x,y)}{f_2x.\chi'y},$$

et supposons

$$f_1(x,y)=nf_3x.y^{n-m-1},$$

où f_2x et f_3x sont deux fonctions entières de x; alors on aura, en vertu de l'équation $\chi y=y^n+p_0$, qui donne $\chi'y=ny^{n-1}$,

$$(128).\qquad f(x,y)=\frac{f_3x}{f_2x.y^m};$$

d'où

$$(129)\qquad \psi x=\int\frac{f_3x.dx}{y^mf_2x}.$$

L'une quelconque des valeurs de y est de la forme ω^eR, donc

$$(130)\qquad \psi x=\omega^{-em}\int\frac{f_3x.dx}{R^mf_2x}.$$

En indiquant donc par ψx la fonction $\int\frac{f_3x.dx}{R^mf_2x}$, toutes les fonctions ψ_1x, $\psi_2x\ldots\psi_\mu x$ seront de la forme $\omega^{-em}\psi x$. Soient donc

$$(131)\qquad \psi_1x=\omega^{-e_1m}\psi x,\ \psi_2x=\omega^{-e_2m}\psi x,\ \ldots\ \psi_\mu x=\omega^{-e_\mu m}\psi x,$$

où

$$\psi x=\int\frac{f_3x.dx}{R^mf_2x}.$$

Maintenant les équations (38) donnent pour φx et φ_1x les expressions suivantes:

$$\varphi x = \Sigma \frac{f_3 x}{f_2 x \, . \, y^m} \log \theta y, \quad \varphi_1 x = \frac{F_2 x}{\theta_1^{(\nu)} x} \Sigma \frac{f_3 x}{y^m} \log \theta y,$$

c'est-à-dire

$$\varphi x = \frac{f_3 x}{f_2 x} \Sigma \frac{\log \theta y}{y^m}, \quad \varphi_1 x = \frac{F_2 x \, . \, f_3 x}{\theta_1^{(\nu)} x} \Sigma \frac{\log \theta y}{y^m},$$

où il est clair que

$$\Sigma \frac{\log \theta y}{y^m} = \frac{\log \theta R}{R^m} + \omega^{-m} \frac{\log \theta(\omega R)}{R^m} + \cdots + \omega^{-(n-1)m} \frac{\log \theta(\omega^{n-1} R)}{R^m},$$

ou bien

$$\Sigma \frac{\log \theta y}{y^m} = \frac{1}{R^m} \left\{ \begin{array}{l} \log \theta R + \omega^{-m} \log \theta(\omega R) + \omega^{-2m} \log \theta(\omega^2 R) \\ + \cdots + \omega^{-(n-1)m} \log \theta(\omega^{n-1} R). \end{array} \right\}$$

En faisant donc, pour abréger,

$$\varphi_2 x = \frac{f_3 x}{R^m} \left\{ \begin{array}{l} \log \theta R + \omega^{-m} \log \theta(\omega R) + \omega^{-2m} \log \theta(\omega^2 R) \\ + \cdots + \omega^{-(n-1)m} \log \theta(\omega^{n-1} R) \end{array} \right\} \tag{132}$$

on aura

$$\varphi x = \frac{\varphi_2 x}{f_2 x}, \quad \varphi_1 x = \frac{F_2 x}{\theta_1^{(\nu)} x} \varphi_2 x. \tag{133}$$

La formule (41) deviendra donc

$$\begin{aligned} & \omega^{-e_1 m} \psi x_1 + \omega^{-e_2 m} \psi x_2 + \cdots + \omega^{-e_\mu m} \psi x_\mu \\ & \qquad = C - \Pi \frac{\varphi_2 x}{f_2 x} + \Sigma \nu \frac{d^{\nu-1}}{d\beta^{\nu-1}} \left(\frac{F_2 \beta \, . \, \varphi_2 \beta}{\theta_1^{(\nu)} \beta} \right) \end{aligned} \tag{134}$$

Les équations

$$\theta y_1 = 0, \quad \theta y_2 = 0, \quad \ldots \quad \theta y_\mu = 0,$$

qui ont lieu entre les quantités $a, a', a'', \ldots x_1, x_2, \ldots x_\mu, y_1, y_2, \ldots y^\mu$, peuvent, dans les cas que nous considérons, s'écrire comme il suit:

$$\theta(x_1, \omega^{e_1} R_1) = 0, \quad \theta(x_2, \omega^{e_2} R_2) = 0, \quad \theta(x_3, \omega^{e_3} R_3) = 0, \quad \ldots \quad \theta(x_\mu, \omega^{e_\mu} R_\mu) = 0,$$

où

$$\theta(x, y) = q_0 + q_1 y + q_2 y^2 + \cdots + q_{n-1} y^{n-1},$$

et $R_1, R_2, R_3, \ldots R_\mu$ désignent les valeurs de R pour $x = x_1, x_2, x_3, \ldots x_\mu$.

Cela posé, supposons d'abord que tous les coefficients dans $q_0, q_1, \ldots q_{n-1}$ soient des quantités indéterminées, en sorte que le nombre des quantités $a, a', a'', \ldots$ serait

$$\alpha = hq_0 + hq_1 + hq_2 + \cdots + hq_{n-1} + n - 1, \tag{135}$$

et cherchons la plus petite valeur de $\mu - \alpha$.

Comme toutes les fonctions y', y'', y''', ... $y^{(n)}$ sont du même degré, on aura

$$hy' = hy'' = hy''' = \cdots = hy^{(n)} = \frac{m'}{\mu'};$$

par conséquent

$$\varepsilon = 1, \quad n = n'\mu' = k'.$$

L'équation (92) donne donc

(136) $$fm = f\varrho_1 + (\varrho_1 - m)\frac{m'}{\mu'} - A_m',$$

où m est un nombre entier quelconque depuis zéro jusqu'à $n-1$, et A_m' une quantité positive moindre que l'unité.

On a de même par (106)

$$\mu = hr = n'\mu'\left(f\varrho_1 + \varrho_1\frac{m'}{\mu'}\right),$$

donc

(137) $$\mu = nf\varrho_1 + n'm'\varrho_1,$$

et par l'équation (62) la valeur de γ, qui sera celle de $\mu - \alpha$, savoir:

(138) $$\mu - \alpha = \gamma = n'\mu'\frac{n'm' - 1}{2} - n'\frac{m'+1}{2} + 1,$$

ou bien en remarquant que $n = n'\mu'$, $n'm' = nhR$:

(139) $$\mu - \alpha = \gamma = \frac{n-1}{2}n.hR - \frac{n+n'}{2} + 1.$$

C'est là la moindre valeur de $\mu - \alpha$ lorsque toutes les quantités a, a', a'', ... sont indéterminées; mais dans le cas qui nous occupe, on peut rendre ce nombre beaucoup plus petit en déterminant convenablement quelques-unes des quantités a, a', a'', ...

Désignons, pour abréger, par EA le plus grand nombre entier contenu dans un nombre quelconque A, et par εA le reste, on aura:

(140) $$A = EA + \varepsilon A,$$

où il est clair que εA est positif et plus petit que l'unité.

Cela posé, soient

(141) $$\theta_m = E\frac{\mu_m}{n} + E\frac{2\mu_m}{n} + E\frac{3\mu_m}{n} + \cdots + E\frac{(n-1)\mu_m}{n},$$

et

(142) $$\delta_{m,\pi} = \theta_m - E\left(\frac{\pi\mu_m}{n} - \frac{\alpha_m}{n}\right),$$

où m est l'un quelconque des nombres 1, 2, 3, ... ε, π un des nombres 0, 1, 2, ... $n-1$, et α_1, α_2, ... α_ε des nombres entiers positifs.

Supposons

$$(143)\qquad q_\pi = v_\pi r_1^{\delta_{1,\pi}} r_2^{\delta_{2,\pi}} \ldots r_\varepsilon^{\delta_{\varepsilon,\pi}},$$

v_π étant une fonction entière de x.

De là on tire

$$q_\pi R^\pi = v_\pi r_1^{\frac{\pi\mu_1}{n}+\delta_{1,\pi}} r_2^{\frac{\pi\mu_2}{n}+\delta_{2,\pi}} \ldots r_\varepsilon^{\frac{\pi\mu_\varepsilon}{n}+\delta_{\varepsilon,\pi}};$$

or

$$\frac{\pi\mu_m}{n} + \delta_{m,\pi} = \frac{\pi\mu_m}{n} + \theta_m - E\left(\frac{\pi\mu_m}{n} - \frac{\alpha_m}{n}\right);$$

mais en vertu de l'équation (140),

$$E\left(\frac{\pi\mu_m}{n} - \frac{\alpha_m}{n}\right) = \frac{\pi\mu_m}{n} - \frac{\alpha_m}{n} - \varepsilon\left(\frac{\pi\mu_m - \alpha_m}{n}\right),$$

donc en substituant:

$$(144)\qquad \frac{\pi\mu_m}{n} + \delta_{m,\pi} = \theta_m + \frac{\alpha_m}{n} + \varepsilon\frac{\pi\mu_m - \alpha_m}{n};$$

en faisant donc, pour abréger,

$$(145)\qquad \varepsilon\frac{\pi\mu_m - \alpha_m}{n} = k_{m,\pi},$$

on aura

$$(146)\qquad q_\pi R^\pi = v_\pi r_1^{\theta_1+\frac{\alpha_1}{n}} r_2^{\theta_2+\frac{\alpha_2}{n}} \ldots r_\varepsilon^{\theta_\varepsilon+\frac{\alpha_\varepsilon}{n}} \times r_1^{k_{1,\pi}} r_2^{k_{2,\pi}} \ldots r_\varepsilon^{k_{\varepsilon,\pi}},$$

ou bien en faisant

$$(147)\qquad r_1^{k_{1,\pi}} r_1^{k_{2,\pi}} r_3^{k_{3,\pi}} \ldots r_\varepsilon^{k_{\varepsilon,\pi}} = R^{(\pi)}:$$

$$(148)\qquad q_\pi R^\pi = v_\pi r_1^{\theta_1+\frac{\alpha_1}{n}} r_2^{\theta_2+\frac{\alpha_2}{n}} \ldots r_\varepsilon^{\theta_\varepsilon+\frac{\alpha_\varepsilon}{n}} R^{(\pi)}.$$

Par là il est évident qu'on aura

$$(149)\qquad \left\{\begin{aligned} & q_0 + q_1 R + q_2 R^2 + \cdots + q_\pi R^\pi + \cdots + q_{n-1} R^{n-1} \\ & = (v_0 R^{(0)} + v_1 R^{(1)} + v_2 R^{(2)} + \cdots + v_\pi R^{(\pi)} + \cdots + v_{n-1} R^{(n-1)}) \\ & \qquad \times r_1^{\theta_1+\frac{\alpha_1}{n}} r_2^{\theta_2+\frac{\alpha_2}{n}} \ldots r_\varepsilon^{\theta_\varepsilon+\frac{\alpha_\varepsilon}{n}}; \end{aligned}\right.$$

et en général (126)

$$(150)\quad \begin{cases} \theta y^{(e)} = q_0 + \omega^e q_1 R + \omega^{2e} q_2 R^2 + \cdots + \omega^{(n-1)e} q_{n-1} R^{n-1}, \\ \quad = (v_0 R^{(0)} + \omega^e v_1 R^{(1)} + \omega^{2e} v_2 R^{(2)} + \cdots + \omega^{(n-1)e} v_{n-1} R^{(n-1)}) \\ \qquad \times r_1^{\theta_1 + \frac{\alpha_1}{n}} r_2^{\theta_2 + \frac{\alpha_2}{n}} \cdots r_\varepsilon^{\theta_\varepsilon + \frac{\alpha_\varepsilon}{n}}; \end{cases}$$

Soit, pour abréger,

$$(151)\quad v_0 R^{(0)} + \omega^e v_1 R^{(1)} + \omega^{2e} v_2 R^{(2)} + \cdots + \omega^{(n-1)e} v_{n-1} R^{(n-1)} = \theta'(x, e),$$

il est clair que

$$(152)\quad \begin{aligned} r &= \theta y' . \theta y'' \ldots \theta y^{(n)} \\ &= \theta'(x,0)\, \theta'(x,1)\, \theta'(x,2) \ldots \theta'(x, n-1)\, r_1^{n\theta_1+\alpha_1} r_2^{n\theta_2+\alpha_2} \ldots r_\varepsilon^{n\theta_\varepsilon+\alpha_\varepsilon}; \end{aligned}$$

donc en supposant que tous les coefficients dans $v_0, v_1, \ldots v_{n-1}$ soient des quantités indéterminées, on aura

$$(153)\quad \begin{aligned} F_0 x &= r_1^{n\theta_1+\alpha_1} r_2^{n\theta_2+\alpha_2} \ldots r_\varepsilon^{n\theta_\varepsilon+\alpha_\varepsilon}, \\ Fx &= \theta'(x, 0)\, \theta'(x,1)\, \theta'(x,2) \ldots \theta'(x, n-1). \end{aligned}$$

Maintenant l'équation (19) donne, en substituant les valeurs de $f_1(x,y) = nf_3 x . y^{n-m-1}$ et de $\chi' y = ny^{n-1}$,

$$Rx = \Sigma \frac{f_3 x}{y^m} \frac{r . \delta\theta y}{\theta y};$$

or, par l'équation (150),

$$\frac{\delta\theta y^{(e)}}{\theta y^{(e)}} = \frac{\delta\theta'(x,e)}{\theta'(x,e)},$$

donc, en substituant et mettant au lieu de r sa valeur,

$$r = F_0 x . Fx:$$

$$(154)\quad Rx = F_0 x \,\Sigma \frac{f_3 x}{y^m} \frac{Fx . \delta\theta'(x,e)}{\theta'(x,e)},$$

où

$$y = y^{(e)};$$

or, on a par (123)

$$y^m = r_1^{\frac{m\mu_1}{n}} r_2^{\frac{m\mu_2}{n}} \ldots r^{\frac{m\mu_\varepsilon}{n}},$$

donc

$$(155)\quad y^m = r_1^{E\frac{m\mu_1}{n}} r_2^{E\frac{m\mu_2}{n}} \ldots r_\varepsilon^{E\frac{m\mu_\varepsilon}{n}} \times r_1^{\varepsilon\frac{m\mu_1}{n}} r_2^{\varepsilon\frac{m\mu_2}{n}} \ldots r_\varepsilon^{\varepsilon\frac{m\mu_\varepsilon}{n}};$$

en faisant donc pour abréger

$$(156)\quad s_m = r_1^{\varepsilon\frac{m\mu_1}{n}} r_2^{\varepsilon\frac{m\mu_2}{n}} \ldots r_\varepsilon^{\varepsilon\frac{m\mu_\varepsilon}{n}},$$

et posant ensuite

(157) $$f_3 x = fx \, . \, r_1^{E\frac{m\mu_1}{n}} r_2^{E\frac{m\mu_2}{n}} \ldots r_\varepsilon^{E\frac{m\mu_\varepsilon}{n}},$$

on aura

$$\frac{f_3 x}{y^m} = \frac{fx}{s_m};$$

donc

$$\frac{f_3 x}{(y^{(e)})^m} = \omega^{-em} \frac{fx}{s_m},$$

et par conséquent la valeur de Rx deviendra

(158) $$Rx = \frac{fx \, . \, F_0 x}{s_m} \Sigma \, \omega^{-em} \frac{Fx}{\theta'(x, e)} \delta\theta'(x, e)$$

$$= \frac{F_0 x \, . \, fx}{s_m} \left\{ \begin{array}{l} \frac{Fx}{\theta'(x,0)} \delta\theta'(x,0) + \omega^{-m} \frac{Fx}{\theta'(x,1)} \delta\theta'(x,1) + \omega^{-2m} \frac{Fx}{\theta'(x,2)} \delta\theta'(x,2) \\ \qquad + \cdots + \omega^{-(n-1)m} \frac{Fx}{\theta'(x, n-1)} \delta\theta'(x, n-1) \end{array} \right\}$$

Maintenant il est clair que

$$\frac{Fx}{\theta'(x,0)} \delta\theta'(x,0),$$

qui est égal à (153)

$$\theta'(x,1) \, \theta'(x,2) \ldots \theta'(x, n-1) \, \delta\theta'(x,0)$$

et par conséquent une fonction entière de x et de $R^{(0)}$, $R^{(1)}$, ... $R^{(n-1)}$, peut être mise sous la forme

$$M_0 + M_1 s_1 + M_2 s_2 + \cdots + M_m s_m + \cdots + M_{n-1} s_{n-1},$$

où M_0, M_1, ... M_{n-1} sont des fonctions entières de x.

De là il suit que la fonction Rx, qui doit être entière, sera égale à

$$nF_0 x \, . \, fx \, . \, M_m \, .$$

La fonction $F_0 x$ est donc un facteur de Rx, et par conséquent

(159) $$Rx = F_0 x \, . \, R_1 x.$$

Par là il est clair, en vertu des équations (23), (25) et (35), qu'on aura

(160) $$F_2 x = 1, \quad \theta_1 x = f_2 x.$$

Cela posé, la valeur (132) de $\varphi_2 x$ deviendra, en mettant $\frac{fx}{s_m}$ au lieu de $\frac{f_3 x}{R^m}$, substituant les valeurs de $\theta(R)$, $\theta(\omega R)$, etc., données par l'équation (150), en remarquant que

$$1+\omega^{-m}+\omega^{-2m}+\cdots+\omega^{-(n-1)m}=0:$$

$$(161)\qquad \varphi_2 x=\frac{fx}{s_m}\left\{\begin{array}{l}\log\theta'(x,0)+\omega^{-m}\log\theta'(x,1)+\omega^{-2m}\log\theta'(x,2)\\ \qquad\qquad+\cdots+\omega^{-(n-1)m}\log\theta'(x,n-1)\end{array}\right\},$$

et les valeurs (133) de φx et $\varphi_1 x$:

$$\varphi x=\frac{\varphi_2 x}{f_2 x},\quad \varphi_1 x=\frac{\varphi_2 x}{f_2^{(\nu)} x},$$

et par suite la formule (134) donnera

$$(162)\qquad \omega^{-e_1 m}\psi x_1+\omega^{-e_2 m}\psi x_2+\cdots+\omega^{-e_\mu m}\psi x_\mu$$
$$=C-\Pi\frac{\varphi_2 x}{f_2 x}+\Sigma\nu\frac{d^{\nu-1}}{d\beta^{\nu-1}}\left\{\frac{\varphi_2\beta}{f_2^{(\nu)}\beta}\right\};$$

on a

$$f_2 x=(x-\beta_1)^{\nu_1}(x-\beta_2)^{\nu_2}\ldots(x-\beta_k)^{\nu_k}.$$

Il nous reste à trouver la valeur de μ et le nombre des quantités indéterminées; or, on a par l'équation (153)

$$(163)\qquad hF_0 x=(n\theta_1+\alpha_1)hr_1+(n\theta_2+\alpha_2)hr_2+\cdots+(n\theta_\varepsilon+\alpha_\varepsilon)hr_\varepsilon;$$

mais

$$hr=nf\varrho_1+n'm'\varrho_1,$$

donc

$$\mu=nf\varrho_1+n'm'\varrho_1-[(n\theta_1+\alpha_1)hr_1+(n\theta_2+\alpha_2)hr_2+\cdots+(n\theta_\varepsilon+\alpha_\varepsilon)hr_\varepsilon];$$

or

$$n'm'=n.hR=n\left(\frac{\mu_1}{n}hr_1+\frac{\mu_2}{n}hr_2+\cdots+\frac{\mu_\varepsilon}{n}hr_\varepsilon\right)$$
$$=\mu_1 hr_1+\mu_2 hr_2+\cdots+\mu_\varepsilon hr_\varepsilon,$$

donc en substituant,

$$(164)\qquad \mu=\left\{\begin{array}{l}nf\varrho_1+(\mu_1\varrho_1-n\theta_1-\alpha_1)hr_1\\ +(\mu_2\varrho_1-n\theta_2-\alpha_2)hr_2+\cdots+(\mu_\varepsilon\varrho_1-n\theta_\varepsilon-\alpha_\varepsilon)hr_\varepsilon.\end{array}\right.$$

Maintenant l'équation (143) donne

$$(165)\qquad hq_\pi=f\pi=\delta_{1,\pi}.hr_1+\delta_{2,\pi}.hr_2+\cdots+\delta_{\varepsilon,\pi}.hr_\varepsilon+hv_\pi,$$

donc, en écrivant ϱ au lieu de ϱ_1,

$$\mu=nhv_\varrho+(n\delta_{1,\varrho}-n\theta_1+\varrho\mu_1-\alpha_1)hr_1+(n\delta_{2,\pi}-n\theta_2+\varrho\mu_2-\alpha_2)hr_2+\cdots;$$

mais en vertu de (144) on aura

$$n\delta_{m,\varrho} - n\theta_m + \varrho\mu_m - \alpha_m = n.\varepsilon\frac{\varrho\mu_m - \alpha_m}{n},$$

donc

(166) $$\mu = nhv_\varrho + n.\varepsilon\frac{\varrho\mu_1 - \alpha_1}{n}hr_1 + n.\varepsilon\frac{\varrho\mu_2 - \alpha_2}{n}hr_2 + \cdots + n.\varepsilon\frac{\varrho\mu_\varepsilon - \alpha_\varepsilon}{n}hr_\varepsilon.$$

Cherchons maintenant la valeur de α ou le nombre des indéterminées. On a

$$\alpha = hv_0 + hv_1 + hv_2 + \cdots + hv_{n-1} + n - 1,$$

donc en vertu de (165)

(167) $$\alpha = \begin{cases} hq_0 + hq_1 + hq_2 + \cdots + hq_{n-1} + n - 1 \\ -(\delta_{1,0} + \delta_{1,1} + \delta_{1,2} + \cdots + \delta_{1,n-1})hr_1 \\ -(\delta_{2,0} + \delta_{2,1} + \delta_{2,2} + \cdots + \delta_{2,n-1})hr_2 \\ \dots\dots\dots\dots\dots\dots \\ -(\delta_{\varepsilon,0} + \delta_{\varepsilon,1} + \delta_{\varepsilon,2} + \cdots + \delta_{\varepsilon,n-1})hr_\varepsilon. \end{cases}$$

On a d'après (136) et (85)

(168) $$hq_0 + hq_1 + \cdots + hq_{n-1}$$
$$= n.hq_\varrho + [\varrho + (\varrho - 1) + \cdots + (\varrho - n + 1)]\frac{m'}{\mu'} - (A_0' + A_1' + \cdots + A'_{n-1})$$
$$= n(hv_\varrho + \delta_{1,\varrho}hr_1 + \delta_{2,\varrho}hr_2 + \cdots + \delta_{\varepsilon,\varrho}hr_\varepsilon) + \left(n\varrho - \frac{n(n-1)}{2}\right)\frac{m'}{\mu'} - \frac{n'(\mu'-1)}{2},$$

et d'après (142)

(169) $$\delta_{m,0} + \delta_{m,1} + \cdots + \delta_{m,n-1} = n\theta_m$$
$$-\left(E\frac{-\alpha_m}{n} + E\frac{\mu_m - \alpha_m}{n} + E\frac{2\mu_m - \alpha_m}{n} + \cdots + E\frac{(n-1)\mu_m - \alpha_m}{n}\right)$$

En désignant le second membre par

$$n\theta_m - P_m,$$

on aura

$$P_m = \begin{cases} \dfrac{-\alpha_m}{n} + \dfrac{\mu_m - \alpha_m}{n} + \dfrac{2\mu_m - \alpha_m}{n} + \cdots + \dfrac{(n-1)\mu_m - \alpha_m}{n} \\ -\left(\varepsilon\dfrac{-\alpha_m}{n} + \varepsilon\dfrac{\mu_m - \alpha_m}{n} + \cdots + \varepsilon\dfrac{(n-1)\mu_m - \alpha_m}{n}\right); \end{cases}$$

or, la suite

$$\varepsilon\frac{-\alpha_m}{n} + \varepsilon\frac{\mu_m - \alpha_m}{n} + \cdots + \varepsilon\frac{(n-1)\mu_m - \alpha_m}{n}$$

contiendra k_m fois la suivante

$$\frac{0}{n_m}+\frac{1}{n_m}+\frac{2}{n_m}+\cdots+\frac{n_m-1}{n_m},$$

si l'on suppose

$$\frac{\mu_m}{n}=\frac{\mu_m'}{n_m.}\quad\text{et}\quad n=k_m n_m$$

et

(170) $$\alpha_m=\varepsilon_m k_m,$$

ε_m étant un nombre entier.

La somme dont il s'agit sera donc

$$k_m\frac{n_m-1}{2},$$

et par conséquent

$$P_m=-\alpha_m+\frac{n-1}{2}\mu_m-\frac{n_m-1}{2}k_m.$$

En faisant $\alpha_m=0$, on aura d'après (141) $P_m=\theta_m$, donc

$$\theta_m=\frac{n-1}{2}\mu_m-\frac{n_m-1}{2}k_m;$$

de là il suit:

$$\delta_{m,0}+\delta_{m,1}+\cdots+\delta_{m,n-1}=\alpha_m+(n-1)\theta_m;$$

la valeur de α deviendra donc

$$\alpha=\left\{\begin{aligned}&nhv_\varrho+[n\delta_{1,\varrho}-\alpha_1-(n-1)\theta_1]hr_1\\&\quad+[n\delta_{2,\varrho}-\alpha_2-(n-1)\theta_2]hr_2+\cdots\\&\quad+n-1-\frac{n'(\mu'-1)}{2}+\left(n\varrho-\frac{n(n-1)}{2}\right)\frac{m'}{\mu'};\end{aligned}\right.$$

or

$$n\delta_{m,\varrho}-\alpha_m-n\theta_m=n.\varepsilon\frac{\varrho\mu_m-\alpha_m}{n}-\varrho\mu_m,\quad n'\mu'=n$$

et

$$\frac{m'}{\mu'}=hR=\frac{1}{n}(\mu_1hr_1+\mu_2hr_2+\cdots+\mu_\varepsilon hr_\varepsilon),$$

donc en substituant

$$\alpha=\left\{\begin{aligned}&nhv_\varrho+\left(n.\varepsilon\frac{\varrho\mu_1-\alpha_1}{n}+\theta_1-\frac{n-1}{2}\mu_1\right)hr_1\\&\quad+\left(n.\varepsilon\frac{\varrho\mu_2-\alpha_2}{n}+\theta_2-\frac{n-1}{2}\mu_2\right)hr_2+\cdots\\&\quad+\left(n.\varepsilon\frac{\varrho\mu_\varepsilon-\alpha_\varepsilon}{n}+\theta_\varepsilon-\frac{n-1}{2}\mu_\varepsilon\right)hr_\varepsilon-1+\frac{n+n'}{2};\end{aligned}\right.$$

mais nous avons vu que

$$\theta_m = \frac{n-1}{2}\mu_m - \frac{n_m-1}{2}k_m = \frac{n-1}{2}\mu_m - \frac{n-k_m}{2},$$

donc

$$(171)\qquad \alpha = \begin{cases} nhv_\varrho + \left(n.\varepsilon\dfrac{\varrho\mu_1-\alpha_1}{n} - \dfrac{n-k_1}{2}\right)hr_1 \\ \quad + \left(n.\varepsilon\dfrac{\varrho\mu_2-\alpha_2}{n} - \dfrac{n-k_2}{2}\right)hr_2 + \cdots \\ \quad + \left(n.\varepsilon\dfrac{\varrho\mu_\varepsilon-\alpha_\varepsilon}{n} - \dfrac{n-k_\varepsilon}{2}\right)hr_\varepsilon - 1 + \dfrac{n+n'}{2}. \end{cases}$$

Ayant ainsi trouvé les valeurs de μ et α on aura celle de $\mu-\alpha$, savoir:

$$(172)\qquad \mu-\alpha = \frac{n-k_1}{2}hr_1 + \frac{n-k_2}{2}hr_2 + \frac{n-k_3}{2}hr_3 + \cdots$$
$$+ \frac{n-k_\varepsilon}{2}hr_\varepsilon + 1 - \frac{n'+n}{2} = \theta;$$

$\mu-\alpha$ est donc, comme on le voit, indépendant de ϱ et $\alpha_1, \alpha_2, \alpha_3, \ldots \alpha_\varepsilon$.

En vertu des équations (145) et (147), il est clair qu'on aura aussi

$$(173)\qquad \mu = n.hv_\varrho + n.hR^{(\varrho)},$$

$$(174)\qquad \alpha = n.hv_\varrho + n.hR^{(\varrho)} - \theta.$$

Les quantités $hv_0, hv_1, \ldots hv_{n-1}$ peuvent s'exprimer en hv_ϱ au moyen des équations (136) et (165).

On a.

$$fm = \delta_{1,m}hr_1 + \delta_{2,m}hr_2 + \cdots + \delta_{\varepsilon,m}hr_\varepsilon + hv_m$$
$$f\varrho = \delta_{1,\varrho}hr_1 + \delta_{2,\varrho}hr_2 + \cdots + \delta_{\varepsilon,\varrho}hr_\varepsilon + hv_\varrho$$

et

$$fm = f\varrho + (\varrho - m)\frac{m'}{\mu'} - A_m';$$

donc en éliminant fm et $f\varrho$,

$$hv_m = \begin{cases} hv_\varrho + (\varrho - m)\dfrac{m'}{\mu'} + (\delta_{1,\varrho} - \delta_{1,m})hr_1 + (\delta_{2,\varrho} - \delta_{2,m})hr_2 + \cdots \\ \qquad + (\delta_{\varepsilon,\varrho} - \delta_{\varepsilon,m})hr_\varepsilon - A_m'. \end{cases}$$

Or,

$$\frac{m'}{\mu'} = \frac{1}{n}(\mu_1 hr_1 + \mu_2 hr_2 + \cdots + \mu_\varepsilon hr_\varepsilon),$$

et par (142)

$$\delta_{k,\varrho}-\delta_{k,m}=\theta_k-E\left(\frac{\varrho\mu_k}{n}-\frac{\alpha_k}{n}\right)-\left\{\theta_k-E\left(\frac{m\mu_k}{n}-\frac{\alpha_k}{n}\right)\right\}$$
$$=(m-\varrho)\frac{\mu_k}{n}+\varepsilon\frac{\varrho\mu_k-\alpha_k}{n}-\varepsilon\frac{m\mu_k-\alpha_k}{n}=(m-\varrho)\frac{\mu_k}{n}+k_{k,\varrho}-k_{k,m};$$

donc en substituant et réduisant

$$hv_m=\left\{\begin{array}{l}hv_\varrho+(k_{1,\varrho}-k_{1,m})hr_1+(k_{2,\varrho}-k_{2,m})hr_2+\cdots\\ \qquad\qquad+(k_{\varepsilon,\varrho}-k_{\varepsilon,m})hr_\varepsilon-A_m';\end{array}\right.$$

c'est-à-dire en remarquant que A_m' est positif et plus petit que l'unité,

$$(175)\quad hv_m=hv_\varrho+E\left\{\begin{array}{l}(k_{1,\varrho}-k_{1,m})hr_1+(k_{2,\varrho}-k_{2,m})hr_2+\cdots\\ \qquad\qquad+(k_{\varepsilon,\varrho}-k_{\varepsilon,m})hr_\varepsilon\end{array}\right\}.$$

D'après l'équation (147), qui donne la valeur de $R^{(\pi)}$, on peut aussi écrire

$$(176)\qquad hv_m=hv_\varrho+E\,h\frac{R^{(\varrho)}}{R^{(m)}}$$

Cela posé, soient

$$(177)\quad\left\{\begin{array}{l}x_{\alpha+1}=z_1,\ x_{\alpha+2}=z_2,\ x_{\alpha+3}=z_3,\ \ldots\ x_{\mu-1}=z_{\theta-1},\ x_\mu=z_\theta,\\ e_{\alpha+1}=\varepsilon_1,\ e_{\alpha+2}=\varepsilon_2,\ e_{\alpha+3}=\varepsilon_3,\ \ldots\ e_{\mu-1}=\varepsilon_{\theta-1},\ e_\mu=\varepsilon_\theta,\end{array}\right.$$

et pour abréger

$$(178)\qquad \omega^{-e_\mu}=\omega_\mu,\quad \omega^{-\varepsilon_\mu}=\pi_\mu.$$

La formule (134) deviendra, en mettant $s_m(x)$ au lieu de s_m, et $\frac{fx\,.\,\varphi x}{s_m(x)}$ au lieu de $\varphi_2 x$,

$$(179)\quad \omega_1^m\psi x_1+\omega_2^m\psi x_2+\cdots+\omega_\alpha^m\psi x_\alpha+\pi_1^m\psi z_1+\pi_2^m\psi z_2+\cdots+\pi_\theta^m\psi z_\theta$$
$$=C-\Pi\frac{fx\,.\,\varphi x}{s_m(x)\,.\,f_2 x}+\Sigma\nu\frac{d^{\nu-1}}{d\beta^{\nu-1}}\left\{\frac{f\beta\,.\,\varphi\beta}{s_m(\beta)\,.\,f_2^{(\nu)}\beta}\right\}$$

Dans cette formule on a

$$(180)\qquad \psi x=\int\frac{fx\,.\,dx}{f_2 x\,.\,s_m(x)},$$

où fx est une fonction entière quelconque, et

$$f_2 x=A(x-\beta_1)^{\nu_1}(x-\beta_2)^{\nu_2}\ldots$$

Les quantités x_1, x_2, ... x_α, sont des variables indépendantes; ω_1, ω_2, ... ω_α, des racines quelconques de l'équation

$$\omega^n-1=0.$$

Les fonctions $z_1, z_2, \ldots z_\theta$, sont les θ racines de l'équation

$$(181) \qquad \frac{\theta'(z,0)\theta'(z,1)\theta'(z,2)\ldots\theta'(z,n-1)}{(z-x_1)(z-x_2)(z-x_3)\ldots(z-x_\alpha)} = 0.$$

Les quantités $a, a', a'', \ldots$ sont déterminées par les α équations

$$(182) \qquad \theta'(x_1,e_1)=0,\ \theta'(x_2,e_2)=0,\ \theta'(x_3,e_3)=0,\ \ldots\ \theta'(x_\alpha,e_\alpha)=0;$$

et les nombres $\varepsilon_1, \varepsilon_2, \ldots \varepsilon_\theta$, par les θ équations

$$(183) \qquad \theta'(z_1,\varepsilon_1)=0,\ \theta'(z_2,\varepsilon_2)=0,\ \theta'(z_3,\varepsilon_3)=0,\ \ldots\ \theta'(z_\theta,\varepsilon_\theta)=0.$$

La fonction $\theta'(x,e)$ est donnée par l'équation

$$(184) \qquad \theta'(x,e) = v_0 R^{(0)} + \omega^e v_1 R^{(1)} + \omega^{2e} v_2 R^{(2)} + \cdots + \omega^{(n-1)e} v_{n-1} R^{(n-1)},$$

et la fonction φx par

$$(185) \qquad \varphi(x) = \log\theta'(x,0) + \omega^{-m}\log\theta'(x,1) + \omega^{-2m}\log\theta'(x,2) + \cdots + \omega^{-(n-1)m}\log\theta'(x,n-1).$$

Si les fonctions $v_0, v_1, \ldots v_{n-1}$ sont déterminées d'après l'équation (175), les quantités θ, μ et α auront les valeurs que leur donnent les équations (172), (173), (174), et dans le même cas la valeur de $\mu-\alpha$ ou le nombre des fonctions dépendantes est le plus petit possible. Mais si les fonctions $v_0, v_1, \ldots v_{n-1}$ ont des formes quelconques, alors on a toujours

$$(186) \qquad \theta = \mu - \alpha,\ \mu = h[\theta'(x,0).\theta'(x,1).\theta'(x,2)\ldots\theta'(x,n-1)];$$

α ou le nombre des indéterminées $a, a'\ a'', \ldots$ est arbitraire, mais sa valeur ne peut pas surpasser le nombre

$$hv_0 + hv_1 + hv_2 + \cdots + hv_{n-1} + n - 1,$$

ou celui des coefficients dans $v_0, v_1, \ldots v_{n-1}$ moins un.

Comme cas particuliers on doit remarquer les suivants:

1° Lorsque $f_2 x = (x-\beta)^\nu$.

Alors la formule (179) deviendra, en faisant pour abréger,

$$\omega_1^m\psi x_1 + \omega_2^m\psi x_2 + \cdots + \omega_\alpha^m\psi x_\alpha = \Sigma\omega^m\psi x,$$
$$\pi_1^m\psi z_1 + \pi_2^m\psi z_2 + \cdots + \pi_\theta^m\psi z_\theta = \Sigma\pi^m\psi z,$$

$$(187) \qquad \Sigma\omega^m\psi x + \Sigma\pi^m\psi z = C - \Pi\frac{fx.\varphi x}{s_m(x)(x-\beta)^\nu} + \frac{1}{\Gamma\nu}\frac{d^{\nu-1}}{d\beta^{\nu-1}}\left\{\frac{f\beta.\varphi\beta}{s_m(\beta)}\right\},$$

et

$$\psi x = \int\frac{fx.dx}{(x-\beta)^\nu s_m(x)};$$

2° Lorsque $f_2 x = x - \beta$,

(188) $$\Sigma\omega^m \psi x + \Sigma\pi^m \psi z = C - \Pi \frac{fx \cdot \varphi x}{s_m(x) \cdot (x-\beta)} + \frac{f\beta \cdot \varphi\beta}{s_m(\beta)},$$

où

$$\psi x = \int \frac{fx \cdot dx}{(x-\beta) \cdot s_m(x)};$$

3° Lorsque $f_2 x = 1$.

Alors on aura la formule

(189) $$\Sigma\omega^m \psi x + \Sigma\pi^m \psi z = C - \Pi \frac{fx \cdot \varphi x}{s_m(x)}.$$

Si le degré de la fonction $\frac{fx \cdot \varphi x}{s_m(x)}$ est moindre que -1, alors $\Pi \frac{fx \cdot \varphi x}{s_m(x)}$ s'évanouira, et on aura

(190) $$\Sigma\omega^m \psi x + \Sigma\pi^m \psi z = C.$$

D'après la valeur de φx, il est clair que le degré de la fonction $\frac{fx \cdot \varphi x}{s_m(x)}$ ou le nombre $h \frac{fx \cdot \varphi x}{s_m(x)}$ est toujours un nombre entier; or φx est du degré zéro en général, et ne peut pas être d'un degré plus élevé, donc $h \frac{fx \cdot \varphi x}{s_m(x)}$ ne peut pas surpasser le plus grand nombre entier contenu dans $h \frac{fx}{s_m(x)}$, c'est-à-dire que, d'après la notation adoptée, on aura en général

$$h \frac{fx \cdot \varphi x}{s_m(x)} \leqq Eh \frac{fx}{s_m(x)} \leqq E(hfx) + E[-hs_m(x)] \leqq hfx + E[-hs_m(x)].$$

Si donc

(191) $$hfx \leqq -E[-hs_m(x)] - 2,$$

le nombre $h \frac{fx \cdot \varphi x}{s_m(x)}$ sera toujours moindre que -1, et par conséquent la formule (190) aura lieu.

La détermination de la fonction φx, qui dépend de celle des quantités a, a', a'', etc., est en général assez longue; mais il y a un cas dans lequel on peut déterminer cette fonction d'une manière assez simple; c'est celui où l'on suppose

(192) $$\theta'(x, 0) = v_t R^{(t)} + R^{(t_1)}$$

En effet, en faisant

(193) $$v_t = \theta x, \quad \frac{R^{(t_1)}}{R^{(t)}} = -\theta_1 x,$$

les équations

$$\theta'(x_1, e_1) = 0, \quad \theta'(x_2, e_2) = 0, \quad \ldots \quad \theta'(x_\alpha, e_\alpha) = 0$$

peuvent s'écrire comme il suit:

(194) $$\theta x_1 = \omega_1^{t_1 - t}\theta_1 x_1, \quad \theta x_2 = \omega_2^{t_1 - t}\theta_1 x_2, \quad \ldots \quad \theta x_\alpha = \omega_\alpha^{t_1 - t}\theta_1 x_\alpha.$$

En supposant maintenant que tous les coefficients dans θx soient des quantités indéterminées, la fonction θx sera du degré $\alpha - 1$; il s'agit donc de trouver une fonction entière de x du degré $\alpha - 1$, qui, pour les α valeurs particulieres de x: $x_1, x_2, \ldots x_\alpha$, auront les α valeurs correspondantes

$$\omega_1^{t_1 - t}\theta_1 x_1, \quad \omega_2^{t_1 - t}\theta_1 x_2, \quad \ldots \quad \omega_\alpha^{t_1 - t}\theta_1 x_\alpha.$$

Or, comme on sait, la fonction θx aura alors la valeur suivante:

(195) $$\theta x = \left\{ \begin{array}{l} \dfrac{(x - x_2)(x - x_3)\cdots(x - x_\alpha)}{(x_1 - x_2)(x_1 - x_3)\cdots(x_1 - x_\alpha)}\,\omega_1^{t_1 - t}\theta_1 x_1 \\ + \dfrac{(x - x_1)(x - x_3)\cdots(x - x_\alpha)}{(x_2 - x_1)(x_2 - x_3)\cdots(x_2 - x_\alpha)}\,\omega_2^{t_1 - t}\theta_1 x_2 + \cdots \\ + \dfrac{(x - x_1)(x - x_2)\cdots(x - x_{\alpha-1})}{(x_\alpha - x_1)(x_\alpha - x_2)\cdots(x_\alpha - x_{\alpha-1})}\,\omega_\alpha^{t_1 - t}\theta_1 x_\alpha \end{array} \right.$$

En désignant cette fonction par $\theta' x$, la fonction la plus générale qui peut satisfaire aux équations (194) sera

(196) $$\theta x = \theta' x + (x - x_1)(x - x_2)\cdots(x - x_\alpha)\theta'' x,$$

$\theta'' x$ étant une fonction entière quelconque.

Ayant ainsi déterminé θx, on aura $\theta'(x, m)$ d'après l'équation

(197) $$\theta(x, m) = \omega^{tm}\theta x R^{(t)} + \omega^{mt_1} R^{(t_1)},$$

et la fonction φx par l'équation (185).

Dans ce qui précède nous avons exposé ce qui concerne les fonctions $\int \frac{fx \cdot dx}{f_2 x \cdot s_m}$ en général, quelle que soit la forme de la fonction s_m

Considérons maintenant quelques cas particuliers:

A) soit d'abord $n = 1$.

Dans ce cas, le nombre des fonctions $s_0, s_1, s_2, \ldots s_{n-1}$ se réduit à l'unité, c'est-à-dire qu'on aura la seule fonction s_0, qui, d'après l'équation (156), se réduit à l'unité.

On aura donc

$$s_0 = 1, \quad \psi x = \int \frac{fx \, . \, dx}{f_2 x}.$$

L'équation (147) donne $R^{(0)} = 1$, et l'équation (184)

$$\theta'(x, 0) = v_0 R^{(0)} = v_0(x);$$

on aura ensuite la fonction φx par (185), savoir:

$$\varphi x = \log v_0(x).$$

Les équations (182) qui détermineront

$$x_1, \; x_2, \; \ldots \; x_\alpha,$$

seront

(198) $$v_0(x_1) = 0, \quad v_0(x_2) = 0, \quad \ldots \; v_0(x_\alpha) = 0,$$

et celle qui donne $z_1, z_2, \ldots z_\theta$,

(199) $$\frac{v_0(z)}{(z - x_1)(z - x_2) \cdots (z - x_\alpha)} = 0.$$

Céla posé, la formule générale (179) deviendra, en remarquant que $m = 0$,

(200) $$\psi x_1 + \psi x_2 + \cdots + \psi x_\alpha + \psi z_1 + \psi z_2 + \cdots + \psi z_\theta$$
$$= C - \Pi \frac{fx}{f_2 x} \log v_0(x) + \Sigma \nu \frac{d^{\nu-1}}{d\beta^{\nu-1}} \left(\frac{f\beta}{f_2^{(\nu)}\beta} \log v_0(\beta) \right).$$

Les équations (198) et (199) donnent

$$v_0(x) = a(x - x_1)(x - x_2)(x - x_3) \ldots (x - x_\alpha) . (x - z_1)(x - z_2) \ldots (x - z_\theta).$$

D'après l'équation (172) il est clair qu'on peut faire $\theta = 0$. Alors on aura, en faisant en même temps $\nu = 1$,

$$\Sigma \psi x = \begin{cases} C - \Pi \dfrac{fx}{f_2 x} [\log a + \log(x - x_1) + \log(x - x_2) + \cdots + \log(x - x_\alpha)] \\ \quad + \Sigma \dfrac{f\beta}{f_2'\beta} [\log a + \log(\beta - x_1) + \log(\beta - x_2) + \cdots + \log(\beta - x_\alpha)]. \end{cases}$$

En faisant $\alpha = 1$, il viendra

(201) $$\int \frac{fx_1 . dx_1}{f_2 x_1} = C - \Pi \frac{fx}{f_2 x} \log(x - x_1) + \Sigma \nu \frac{d^{\nu-1}}{d\beta^{\nu-1}} \left(\frac{f\beta}{f_2^{(\nu)}\beta} \log(\beta - x_1) \right),$$

formule qu'il est aisé de vérifier. Elle donne, comme on le voit, l'intégrale de toute différentielle rationnelle.

B) soit en second lieu $n=2$, $R=r_1^{\frac{1}{2}}r_2^{\frac{1}{2}}$, $\alpha_1=1$, $\alpha_2=0$. Dans ce cas on aura

$$s_0=1,\ s_1=(r_1 r_2)^{\frac{1}{2}},\ R^{(0)}=r_1^{\frac{1}{2}},\ R^{(1)}=r_2^{\frac{1}{2}},$$

$$\theta'(x,0)=v_0 r_1^{\frac{1}{2}}+v_1 r_2^{\frac{1}{2}},\ \theta'(x,1)=v_0 r_1^{\frac{1}{2}}-v_1 r_2^{\frac{1}{2}},\ \omega=-1.$$

La fonction φx sera, en faisant $m=1$,

$$\varphi x=\log\theta'(x,0)-\log\theta'(x,1)=\log\frac{\theta'(x,0)}{\theta'(x,1)},$$

donc

$$\varphi x=\log\frac{v_0 r_1^{\frac{1}{2}}+v_1 r_2^{\frac{1}{2}}}{v_0 r_1^{\frac{1}{2}}-v_1 r_2^{\frac{1}{2}}}.$$

Cela posé, en mettant $v_0(x)$ et $v_1(x)$ au lieu de v_0 et v_1, et faisant

$$r_1=\varphi_0 x,\ r_2=\varphi_1 x,$$

la formule (179) deviendra, en faisant $m=1$,

(202) $$\Sigma\omega\psi x+\Sigma\pi\psi z=C-\Pi\frac{fx}{f_2 x\sqrt{\varphi_0 x\cdot\varphi_1 x}}\log\left(\frac{v_0(x)\sqrt{\varphi_0 x}+v_1(x)\sqrt{\varphi_1 x}}{v_0(x)\sqrt{\varphi_0 x}-v_1(x)\sqrt{\varphi_1 x}}\right)$$
$$+\Sigma\nu\frac{d^{\nu-1}}{d\beta^{\nu-1}}\frac{f\beta}{f_2^{(\nu)}\beta\cdot\sqrt{\varphi_0\beta\cdot\varphi_1\beta}}\log\left(\frac{v_0(\beta)\sqrt{\varphi_0\beta}+v_1(\beta)\sqrt{\varphi_1\beta}}{v_0(\beta)\sqrt{\varphi_0\beta}-v_1(\beta)\sqrt{\varphi_1\beta}}\right),$$

où

$$\psi x=\int\frac{fx\,.\,dx}{f_2 x\sqrt{\varphi_0 x\cdot\varphi_1 x}}.$$

Les fonctions $v_0(x)$ et $v_1(x)$ sont déterminées par les équations:

$$v_0(x_1)\sqrt{\varphi_0 x_1}+\omega_1 v_1(x_1)\sqrt{\varphi_1 x_1}=0,$$
$$v_0(x_2)\sqrt{\varphi_0 x_2}+\omega_2 v_1(x_2)\sqrt{\varphi_1 x_2}=0,\ \text{etc.}$$

et $z_1, z_2, \dots z_\theta$, par l'équation (181), qui deviendra

(203) $$\frac{[v_0(z)]^2\varphi_0 z-[v_1(z)]^2\varphi_1 z}{(z-x_1)(z-x_2)\cdots(z-x_\alpha)}=0.$$

Les quantités $\omega_1, \omega_2, \dots \omega_\alpha$ sont toutes égales à $+1$ ou à -1, et $\pi_1, \pi_2, \dots \pi_\theta$, qui sont aussi de la même forme, sont déterminées par

$$\pi_1=-\frac{v_0(z_1)\sqrt{\varphi_0 z_1}}{v_1(z_1)\sqrt{\varphi_1 z_1}},\ \pi_2=-\frac{v_0(z_2)\sqrt{\varphi_0 z_2}}{v_1(z_2)\sqrt{\varphi_1 z_2}},\ \dots$$

La plus petite valeur de θ se trouve par l'équation (172), en remarquant que

$$k_1 = 1, \quad k_2 = 1;$$

on aura

$$\theta = \tfrac{1}{2}hr_1 + \tfrac{1}{2}hr_2 - \frac{n'}{2} = \tfrac{1}{2}[h(r_1 r_2) - n'],$$

où n' est le plus grand commun diviseur de 2 et $hr_1 + hr_2$; si donc

$$h(\varphi_0 x \,.\, \varphi_1 x) = 2m - 1,$$

ou

$$h(\varphi_0 x \,.\, \varphi_1 x) = 2m,$$

on aura pour θ la même valeur, savoir:

$$\theta = m - 1;$$

quant aux valeurs de v_0 et v_1, on aura l'équation (176), savoir, si $\varrho = 1$,

$$hv_0 = hv_1 + Eh\frac{R^{(1)}}{R^{(0)}} = hv_1 + E\tfrac{1}{2}(h\varphi_1 x - h\varphi_0 x);$$

donc dans le cas où $h(\varphi_0 x \,.\, \varphi_1 x) = 2m - 1$,

$$hv_0 = hv_1 + \tfrac{1}{2}(h\varphi_1 x - h\varphi_0 x) - \tfrac{1}{2},$$

et dans le cas où $h(\varphi_0 x \,.\, \varphi_1 x) = 2m$,

$$hv_0 = hv_1 + \tfrac{1}{2}(h\varphi_1 x - h\varphi_0 x).$$

Pour les valeurs de μ et α on aura, d'après les équations (173) et (174),

$$\mu = 2hv_1 + h\varphi_1 x,$$
$$\alpha = 2hv_1 + h\varphi_1 x - m + 1.$$

Si $m = 1$, on a $\theta = 0$, donc alors:

$$\Sigma\, \omega\psi x = v.$$

Dans ce cas:

$$\psi x = \int \frac{fx \,.\, dx}{f_2 x \,.\, \sqrt{R}},$$

où R est du premier ou du second degré.

Cette intégrale peut donc s'exprimer par des fonctions algébriques et logarithmiques, comme on le voit, en faisant

$$\varphi_0 x = \varepsilon_0 x + \delta_0, \quad \varphi_1 x = \varepsilon_1 x + \delta_1, \quad f_2 x = (x - \beta)^r,$$
$$v_1(x) = 1, \quad v_0(x) = a;$$

on aura

$$a = -\frac{\omega_1 \sqrt{\varphi_1 x_1}}{\sqrt{\varphi_0 x_1}} = v_0(x),$$

donc en substituant et faisant $\omega_1 = 1$,

(204) $$\int \frac{fx_1 \, . \, dx_1}{(x_1-\beta)^\nu \sqrt{(\varepsilon_0 x_1+\delta_0)(\varepsilon_1 x_1+\delta_1)}} = C$$

$$+ \Pi\left(\frac{fx}{(x-\beta)^\nu \sqrt{(\varepsilon_0 x+\delta_0)(\varepsilon_1 x+\delta_1)}} \log \frac{\sqrt{(\varepsilon_0 x+\delta_0)(\varepsilon_1 x_1+\delta_1)}+\sqrt{(\varepsilon_0 x_1+\delta_0)(\varepsilon_1 x+\delta_1)}}{\sqrt{(\varepsilon_0 x+\delta_0)(\varepsilon_1 x_1+\delta_1)}-\sqrt{(\varepsilon_0 x_1+\delta_0)(\varepsilon_1 x+\delta_1)}}\right)$$

$$-\frac{1}{\Gamma\nu}\frac{d^{\nu-1}}{d\beta^{\nu-1}}\left(\frac{f\beta}{\sqrt{(\varepsilon_0\beta+\delta_0)(\varepsilon_1\beta+\delta_1)}} \log \frac{\sqrt{(\varepsilon_0\beta+\delta_0)(\varepsilon_1 x_1+\delta_1)}+\sqrt{(\varepsilon_1\beta+\delta_1)(\varepsilon_0 x_1+\delta_0)}}{\sqrt{(\varepsilon_0\beta+\delta_0)(\varepsilon_1 x_1+\delta_1)}-\sqrt{(\varepsilon_1\beta+\delta_1)(\varepsilon_0 x_1+\delta_0)}}\right),$$

soit, par exemple, $\nu = 0$, $fx_1 = 1$, on aura, en mettant z au lieu de x_1,

$$\int \frac{dz}{\sqrt{(\varepsilon_0 z+\delta_0)(\varepsilon_1 z+\delta_1)}} =$$

$$C + \Pi\left(\frac{1}{\sqrt{(\varepsilon_0 x+\delta_0)(\varepsilon_1 x+\delta_1)}} \log \frac{\sqrt{(\varepsilon_0 x+\delta_0)(\varepsilon_1 z+\delta_1)}+\sqrt{(\varepsilon_1 x+\delta_1)(\varepsilon_0 z+\delta_0)}}{\sqrt{(\varepsilon_0 x+\delta_0)(\varepsilon_1 z+\delta_1)}-\sqrt{(\varepsilon_1 x+\delta_1)(\varepsilon_0 z+\delta_0)}}\right)$$

$$= C + \Pi\left\{\left(\frac{1}{x}\frac{1}{\sqrt{\varepsilon_0\varepsilon_1}}+\cdots\right)\log\left(\frac{\sqrt{\varepsilon_0}\sqrt{\varepsilon_1 z+\delta_1}+\sqrt{\varepsilon_1}\sqrt{\varepsilon_0 z+\delta_0}}{\sqrt{\varepsilon_0}\sqrt{\varepsilon_1 z+\delta_1}-\sqrt{\varepsilon_1}\sqrt{\varepsilon_0 z+\delta_0}}+\cdots\right)\right\}.$$

donc

$$\int \frac{dz}{\sqrt{(\varepsilon_0 z+\delta_0)(\varepsilon_1 z+\delta_1)}} = C + \frac{1}{\sqrt{\varepsilon_0\varepsilon_1}} \log \frac{\sqrt{\varepsilon_0}\sqrt{\varepsilon_1 z+\delta_1}+\sqrt{\varepsilon_1}\sqrt{\varepsilon_0 z+\delta_0}}{\sqrt{\varepsilon_0}\sqrt{\varepsilon_1 z+\delta_1}-\sqrt{\varepsilon_1}\sqrt{\varepsilon_0 z+\delta_0}}.$$

Si $m = 2$, on aura $\theta = 1$,

$$h(\varphi_0 x \, . \, \varphi_1 x) = 3 \text{ ou } 4.$$

Dans ce cas on aura donc

(205) $$\Sigma\omega\psi x = v - \pi_1\psi z_1 = \omega_1\psi x_1 + \omega_2\psi x_2 + \cdots + \omega_\alpha\psi x_\alpha,$$

et la fonction ψx sera une fonction elliptique.

On aura immédiatement la valeur de z_1 par l'équation (203). En effet, en faisant

$$(v_0 z)^2\varphi_0 z - (v_1 z)^2\varphi_1 z = A + \cdots + Bz^{\alpha+1},$$

on aura

$$x_1 x_2 \ldots x_\alpha z_1 = \frac{A}{B}(-1)^{\alpha+1},$$

donc

$$z_1 = \frac{A}{B}\frac{(-1)^{\alpha+1}}{x_1 x_2 \ldots x_\alpha};$$

il est clair que $\frac{A}{B}$ est une fonction rationnelle de $x_1, x_2, \ldots x_\alpha, \sqrt{\varphi_0 x_1}, \sqrt{\varphi_0 x_2}, \ldots \sqrt{\varphi_0 x_\alpha}, \sqrt{\varphi_1 x_1}, \sqrt{\varphi_1 x_2}, \ldots \sqrt{\varphi_1 x_\alpha}$.

Soit, par exemple,

$$\varphi_0 x = 1,\ \varphi_1 x = \alpha_0 + \alpha_1 x + \alpha_2 x^2 + \alpha_3 x^3,\ v_1 x = 1,\ v_0 x = a_0 + a_1 x,$$

on trouvera les équations:

$$v_0(x_1) = -\omega_1 \sqrt{\varphi_1 x_1},\ v_0 x_2 = -\omega_2 \sqrt{\varphi_1 x_2},$$

$$v_0(x) = -\omega_1 \frac{x - x_2}{x_1 - x_2} \sqrt{\varphi_1 x_1} - \omega_2 \frac{x - x_1}{x_2 - x_1} \sqrt{\varphi_1 x_2},$$

$$a_0 = \omega_1 \frac{x_2}{x_1 - x_2} \sqrt{\varphi_1 x_1} + \omega_2 \frac{x_1}{x_2 - x_1} \sqrt{\varphi_1 x_2} = \frac{\omega_1 x_2 \sqrt{\varphi_1 x_1} - \omega_2 x_1 \sqrt{\varphi_1 x_2}}{x_1 - x_2},$$

$$a_1 = -\omega_1 \frac{1}{x_1 - x_2} \sqrt{\varphi_1 x_1} - \omega_2 \frac{1}{x_2 - x_1} \sqrt{\varphi_1 x_2} = \frac{\omega_2 \sqrt{\varphi_1 x_2} - \omega_1 \sqrt{\varphi_1 x_1}}{x_1 - x_2};$$

on trouve de même:

$$A = a_0^2 - \alpha_0,\ B = -\alpha_3,$$

donc

$$z_1 = \frac{1}{x_1 x_2} \frac{(a_0^2 - \alpha_0)}{\alpha_3} = \frac{1}{\alpha_3 x_1 x_2} \left(\frac{x_2^2 \varphi_1 x_1 + x_1^2 \varphi_1 x_2 - 2\omega_1 \omega_2 . x_1 x_2 \sqrt{\varphi_1 x_1 . \varphi_1 x_2}}{(x_1 - x_2)^2} - \alpha_0 \right);$$

si l'on fait

$$\omega_1 = 1,\ \omega_2 = \pm 1,$$

l'équation (205) deviendra donc

$$\psi x_1 \pm \psi x_2 = \pm \psi z + C - \Pi \left(\frac{fx}{f_2 x . \sqrt{\varphi x}} \log Fx \right) + \Sigma \nu \frac{d^{\nu-1}}{d\beta^{\nu-1}} \left(\frac{f\beta}{f_2^{(\nu)}\beta \sqrt{\varphi\beta}} \log F\beta \right), \tag{206}$$

où

$$\psi x = \int \frac{fx . dx}{f_2 x . \sqrt{\alpha_0 + \alpha_1 x + \alpha_2 x^2 + \alpha_3 x^3}},\ \varphi x = \alpha_0 + \alpha_1 x + \alpha_2 x^2 + \alpha_3 x^3,$$

$$z = \frac{(x_2 \sqrt{\varphi x_1} \pm x_1 \sqrt{\varphi x_2})^2 - \alpha_0 (x_1 - x_2)^2}{\alpha_3 x_1 x_2 (x_1 - x_2)^2},$$

$$Fx = \frac{-\frac{x - x_2}{x_1 - x_2} \sqrt{\varphi x_1} \mp \frac{x - x_1}{x_2 - x_1} \sqrt{\varphi x_2} + \sqrt{\varphi x}}{-\frac{x - x_2}{x_1 - x_2} \sqrt{\varphi x_1} \mp \frac{x - x_1}{x_2 - x_1} \sqrt{\varphi x_2} - \sqrt{\varphi x}},$$

ou bien

$$Fx = \frac{\frac{\sqrt{\varphi x_1}}{(x_1 - x)(x_1 - x_2)} \pm \frac{\sqrt{\varphi x_2}}{(x_2 - x)(x_2 - x_1)} + \frac{\sqrt{\varphi x}}{(x - x_1)(x - x_2)}}{\frac{\sqrt{\varphi x_1}}{(x_1 - x)(x_1 - x_2)} \pm \frac{\sqrt{\varphi x_2}}{(x_2 - x)(x_2 - x_1)} - \frac{\sqrt{\varphi x}}{(x - x_1)(x - x_2)}}.$$

Pour $f_2x = x - \beta$, $fx = 1$, on a

$$\psi x_1 \pm \psi x_2 = \pm \psi z + C + \frac{1}{\sqrt{\varphi\beta}} \log F\beta, \text{ où } \psi x = \int \frac{dx}{(x-\beta)\sqrt{\varphi x}};$$

et pour $f_2x = 1$, $fx = 1$,

$$\psi x_1 \pm \psi x_2 = \pm \psi z + C, \text{ où } \psi x = \int \frac{dx}{\sqrt{\varphi x}}.$$

Soit encore $m = 3$, on aura $\theta = 2$, et $h(\varphi_0 x . \varphi_1 x) = 5$ ou 6. Dans ce cas donc on a

$$\psi x = \int \frac{fx . dx}{f_2 x \sqrt{R}},$$

où R est un polynome du cinquième ou sixième degré, et

$$\omega_1 \psi x_1 + \omega_2 \psi x_2 + \cdots + \omega_\alpha \psi x_\alpha = v - \pi_1 \psi z_1 - \pi_2 \psi z_2.$$

Ces fonctions z_1, z_2 sont les deux racines d'une équation du second degré, dont les coefficients sont des fonctions rationnelles de $x_1, x_2, x_3 \ldots$ et $\sqrt{R_1}, \sqrt{R_2}, \sqrt{R_3} \ldots$, en désignant par $R_1, R_2, R_3 \ldots$, les valeurs de R correspondant à $x_1, x_2, x_3 \ldots$.

Comme cas particuliers je citerai seulement les suivants:

1° Lorsque $fx = A_0 + A_1 x$, $f_2 x = 1$. Alors on aura

$$\psi x = \int \frac{(A_0 + A_1 x)\, dx}{\sqrt{\alpha_0 + \alpha_1 x + \cdots + \alpha_5 x^5 + \alpha_6 x^6}}$$

et

$$\pm \psi x_1 \pm \psi x_2 \pm \psi x_3 \pm \ldots \pm \psi x_\alpha = \pm \psi z_1 \pm \psi z_2 + C.$$

2° Lorsque $\varphi_0 x = 1$, $\varphi_1 x = \alpha_0 + \alpha_1 x + \alpha_2 x^2 + \alpha_3 x^3 + \alpha_4 x^4 + \alpha_5 x^5 = \varphi x$, $v_0 x = a_0 + a_1 x + a_2 x^2$, $v_1 x = 1$.

Alors on trouvera facilement

$$v_0 x = \mp \frac{(x-x_2)(x-x_3)}{(x_1-x_2)(x_1-x_3)} \sqrt{\varphi x_1} \mp \frac{(x-x_1)(x-x_3)}{(x_2-x_1)(x_2-x_3)} \sqrt{\varphi x_2} \mp \frac{(x-x_1)(x-x_2)}{(x_3-x_1)(x_3-x_2)} \sqrt{\varphi x_3}$$

et

$$\pm \psi x_1 \pm \psi x_2 \pm \psi x_3 = \pm \psi z_1 \pm \psi z_2 + C$$
$$- \Pi \frac{fx}{f_2 x \sqrt{\varphi x}} \log \frac{F_0 x}{F_1 x} + \Sigma \nu \frac{d^{\nu-1}}{d\beta^{\nu-1}} \left\{ \frac{f\beta}{f_2^{(\nu)}\beta \sqrt{\varphi\beta}} \log \frac{F_0 \beta}{F_1 \beta} \right\},$$

où

$$\psi x = \int \frac{fx . dx}{f_2 x . \sqrt{\varphi x}}$$

et

$$\frac{F_0x}{F_1x}=\frac{\frac{\pm\sqrt{\varphi x_1}}{(x_1-x)(x_1-x_2)(x_1-x_3)}+\frac{\pm\sqrt{\varphi x_2}}{(x_2-x)(x_2-x_1)(x_2-x_3)}+\frac{\pm\sqrt{\varphi x_3}}{(x_3-x)(x_3-x_1)(x_3-x_2)}+\frac{\sqrt{\varphi x}}{(x-x_1)(x-x_2)(x-x_3)}}{\frac{\pm\sqrt{\varphi x_1}}{(x_1-x)(x_1-x_2)(x_1-x_3)}+\frac{\pm\sqrt{\varphi x_2}}{(x_2-x)(x_2-x_1)(x_2-x_3)}+\frac{\pm\sqrt{\varphi x_3}}{(x_3-x)(x_3-x_1)(x_3-x_2)}-\frac{\sqrt{\varphi x}}{(x-x_1)(x-x_2)(x-x_3)}};$$

z_1 et z_2 sont les racines de l'équation

$$\frac{(v_0z)^2-\varphi z}{(z-x_1)(z-x_2)(z-x_3)}=0.$$

En faisant dans la formule générale (202) $v_1=1$, on aura

$$v_0x=\left\{\begin{array}{l}-\omega_1\frac{(x-x_2)\cdots(x-x_\alpha)}{(x_1-x_2)\cdots(x_1-x_\alpha)}\sqrt{\frac{\varphi_1x_1}{\varphi_0x_1}}-\omega_2\frac{(x-x_1)(x-x_3)\cdots(x-x_\alpha)}{(x_2-x_1)(x_2-x_3)\cdots(x_2-x_\alpha)}\sqrt{\frac{\varphi_1x_2}{\varphi_0x_2}}\\ \qquad-\cdots-\omega_\alpha\frac{(x-x_1)\cdots(x-x_{\alpha-1})}{(x_\alpha-x_1)\cdots(x_\alpha-x_{\alpha-1})}\sqrt{\frac{\varphi_1x_\alpha}{\varphi_0x_\alpha}},\end{array}\right.$$

et d'après cela

$$\Sigma\omega\psi x+\Sigma\pi\psi z=\left\{\begin{array}{l}C-\Pi\left(\frac{fx}{f_2x\,.\sqrt{\varphi_0x\,.\,\varphi_1x}}\log\frac{F_0x}{F_1x}\right)\\ +\Sigma\nu\frac{d^{\nu-1}}{d\beta^{\nu-1}}\left(\frac{f\beta}{f_2^{(\nu)}\beta\,.\sqrt{\varphi_0\beta\,.\,\varphi_1\beta}}\log\frac{F_0\beta}{F_1\beta}\right),\end{array}\right.$$

où

$$F_0x=\left\{\begin{array}{l}\frac{\omega_1\sqrt{\frac{\varphi_1x_1}{\varphi_0x_1}}}{(x_1-x)(x_1-x_2)\cdots(x_1-x_\alpha)}+\frac{\omega_2\sqrt{\frac{\varphi_1x_2}{\varphi_0x_2}}}{(x_2-x)(x_2-x_1)\cdots(x_2-x_\alpha)}+\cdots\\ +\frac{\omega_\alpha\sqrt{\frac{\varphi_1x_\alpha}{\varphi_0x_\alpha}}}{(x_\alpha-x)(x_\alpha-x_1)\cdots(x_\alpha-x_{\alpha-1})}+\frac{\sqrt{\frac{\varphi_1x}{\varphi_0x}}}{(x-x_1)(x-x_2)\cdots(x-x_\alpha)},\end{array}\right.$$

$$F_1x=\left\{\begin{array}{l}\frac{\omega_1\sqrt{\frac{\varphi_1x_1}{\varphi_0x_1}}}{(x_1-x)(x_1-x_2)\cdots(x_1-x_\alpha)}+\frac{\omega_2\sqrt{\frac{\varphi_1x_2}{\varphi_0x_2}}}{(x_2-x)(x_2-x_1)\cdots(x_2-x_\alpha)}+\cdots\\ +\frac{\omega_\alpha\sqrt{\frac{\varphi_1x_\alpha}{\varphi_0x_\alpha}}}{(x_\alpha-x)(x_\alpha-x_1)\cdots(x_\alpha-x_{\alpha-1})}-\frac{\sqrt{\frac{\varphi_1x}{\varphi_0x}}}{(x-x_1)(x-x_2)\cdots(x-x_\alpha)};\end{array}\right.$$

$z_1, z_2, \ldots z_\theta$ sont les racines de l'équation

$$\frac{v_0{}^2\,.\,\varphi_0z-\varphi_1z}{(z-x_1)(z-x_2)\cdots(z-x_\alpha)}=0.$$

En faisant dans la même formule générale $f_2x=1$, on aura

$$\Sigma\omega\psi x+\Sigma\pi\psi z=C-\Pi\left(\frac{fx}{\sqrt{\varphi_0x\,.\,\varphi_1x}}\log\frac{v_0x\sqrt{\varphi_0x}+v_1x\sqrt{\varphi_1x}}{v_0x\sqrt{\varphi_0x}-v_1x\sqrt{\varphi_1x}}\right),$$

où

$$\psi x = \int \frac{fx \, . \, dx}{\sqrt{\varphi_0 x \, . \, \varphi_1 x}} \, .$$

Si fx est du $(m-2)^e$ degré, on aura

$$\Sigma \omega \psi x + \Sigma \pi \psi z = C;$$

Si l'on fait $f_2 x = x - \beta$, $fx = 1$, on aura

$$\Sigma \omega \psi x + \Sigma \pi \psi z = C + \frac{1}{\sqrt{\varphi_0 \beta \cdot \varphi_1 \beta}} \log \frac{v_0 \beta \sqrt{\varphi_0 \beta} + v_1 \beta \sqrt{\varphi_1 \beta}}{v_0 \beta \sqrt{\varphi_0 \beta} - v_1 \beta \sqrt{\varphi_1 \beta}},$$

où

$$\psi x = \int \frac{dx}{(x-\beta)\sqrt{\varphi_0 x \, . \, \varphi_1 x}}$$

C) Soit en troisième lieu $n = 3$, $R = r_1^{\frac{1}{3}} r_2^{\frac{2}{3}}$, $\alpha_1 = 0$, $\alpha_2 = 0$. Alors on aura

$$s_0 = 1, \quad s_1 = r_1^{\frac{1}{3}} r_2^{\frac{2}{3}}, \quad s_2 = r_1^{\frac{2}{3}} r_2^{\frac{1}{3}}, \quad R^{(0)} = s_0, \quad R^{(1)} = s_1, \quad R^{(2)} = s_2,$$

$$\theta'(x,0) = v_0 + v_1 r_1^{\frac{1}{3}} r_2^{\frac{2}{3}} + v_2 r_1^{\frac{2}{3}} r_2^{\frac{1}{3}},$$

$$\theta'(x,1) = v_0 + \omega v_1 r_1^{\frac{1}{3}} r_2^{\frac{2}{3}} + \omega^2 v_2 r_1^{\frac{2}{3}} r_2^{\frac{1}{3}},$$

$$\theta'(x,2) = v_0 + \omega^2 v_1 r_1^{\frac{1}{3}} r_2^{\frac{2}{3}} + \omega v_2 r_1^{\frac{2}{3}} r_2^{\frac{1}{3}},$$

$$\varphi x = \log \theta'(x,0) + \omega^m \log \theta'(x,1) + \omega^{2m} \log \theta'(x,2),$$

$$\theta'(x,0)\,\theta'(x,1)\,\theta'(x,2) = v_0^3 + v_1^3 r_1 r_2^2 + v_2^3 r_1^2 r_2 - 3 v_0 v_1 v_2 r_1 r_2 .$$

En faisant donc $m = 1$, $r_1 = \varphi_0 x$, $r_2 = \varphi_1 x$, $v_0 = v_0(x)$, $v_1 = v_1(x)$, $v_2 = v_2(x)$, la formule (179) deviendra

$$\Sigma \omega \psi x + \Sigma \pi \psi z$$

$$= C - \Pi \frac{fx}{f_2 x \, . \, (\varphi_0 x)^{\frac{1}{3}} (\varphi_1 x)^{\frac{2}{3}}} \left[\log(F_0 x) + \omega \log(F_1 x) + \omega^2 \log(F_2 x)\right]$$

$$+ \Sigma \nu \frac{d^{\nu-1}}{d\beta^{\nu-1}} \left\{ \frac{f\beta}{f_2^{(\nu)}\beta \, . \, (\varphi_0 \beta)^{\frac{1}{3}} (\varphi_1 \beta)^{\frac{2}{3}}} \left[\log(F_0 \beta) + \omega \log(F_1 \beta) + \omega^2 \log(F_2 \beta)\right] \right\},$$

où

$$\psi x = \int \frac{fx \, . \, dx}{f_2 x \, . \, (\varphi_0 x)^{\frac{1}{3}} (\varphi_1 x)^{\frac{2}{3}}},$$

$$F_0x = v_0(x) + v_1(x)(\varphi_0 x)^{\frac{1}{3}}(\varphi_1 x)^{\frac{2}{3}} + v_2(x)(\varphi_0 x)^{\frac{2}{3}}(\varphi_1 x)^{\frac{1}{3}},$$

$$F_1x = v_0(x) + \omega v_1(x)(\varphi_0 x)^{\frac{1}{3}}(\varphi_1 x)^{\frac{2}{3}} + \omega^2 v_2(x)(\varphi_0 x)^{\frac{2}{3}}(\varphi_1 x)^{\frac{1}{3}},$$

$$F_2x = v_0(x) + \omega^2 v_1(x)(\varphi_0 x)^{\frac{1}{3}}(\varphi_1 x)^{\frac{2}{3}} + \omega v_2(x)(\varphi_0 x)^{\frac{2}{3}}(\varphi_1 x)^{\frac{1}{3}}.$$

Pour les mêmes valeurs de $x_1, x_2, x_3, \ldots z_1, z_2, \ldots F_0x, F_1x, F_2x$, on aura aussi

$$\Sigma \omega \psi x + \Sigma \pi \psi z =$$
$$C - \Pi \frac{fx}{f_2x.(\varphi_0 x)^{\frac{2}{3}}(\varphi_1 x)^{\frac{1}{3}}}\left[\log(F_0x) + \omega^2 \log(F_1x) + \omega \log(F_2x)\right]$$
$$+ \Sigma \nu \frac{d^{\nu-1}}{d\beta^{\nu-1}}\left\{\frac{f\beta}{f_2^{(\nu)}\beta.(\varphi_0\beta)^{\frac{2}{3}}(\varphi_1\beta)^{\frac{1}{3}}}\left[\log(F_0\beta) + \omega^2 \log(F_1\beta) + \omega \log(F_2\beta)\right]\right\}$$

Les fonctions $z_1, z_2, \ldots z_\theta$, sont les racines de l'équation

$$\frac{[v_0(z)]^3 + [v_1(z)]^3\varphi_0 z(\varphi_1 z)^2 + [v_2(z)]^3(\varphi_0 z)^2(\varphi_1 z) - 3v_0(z).v_1(z).v_2(z).\varphi_0 z.\varphi_1 z}{(z-x_1)(z-x_2)(z-x_3)\cdots(z-x_{\alpha-1})(z-x_\alpha)} = 0.$$

D'après l'équation (172), la plus petite valeur sera

$$\theta = hr_1 + hr_2 + 1 - \frac{3+n'}{2};$$

en remarquant que $k_1 = 1$, $k_2 = 1$, n' est le plus grand commun diviseur de 3 et $hr_1 + 2hr_2$.

Soit d'abord $hr_1 + 2hr_2 = 3m$, on aura $n' = 3$ et $\theta = h(\varphi_0 x.\varphi_1 x) - 2$.

Si $hr_1 + 2hr_2 = 3m - 1$ ou $3m - 2$, on aura $n' = 1$, et par suite $\theta = h(\varphi_0 x.\varphi_1 x) - 1$.

Ainsi, par exemple, on aura pour

$h(\varphi_0 x.\varphi_1 x) = 1, 2, 3, 4, 5, 6 \ldots$

$\theta = 0, 1, 2, 3, 4, 5 \ldots$ lorsque $h\varphi_0 x + 2h\varphi_1 x = 3m \pm 1$

et $\theta =$ $0, 1, 2, 3, 4 \ldots$ lorsque $h\varphi_0 x + 2h\varphi_1 x = 3m$.

XIII.

RECHERCHE DE LA QUANTITÉ QUI SATISFAIT A LA FOIS A DEUX ÉQUATIONS ALGÉBRIQUES DONNÉES.

Annales de Mathématiques pures et appliquées rédigées par M. *J. D. Gergonne,* t. XVII, Paris 1827.

Lorsqu'une quantité satisfait, à la fois, à deux équations algébriques données, ces deux équations ont un facteur commun du premier degré. En supposant quelles n'ont pas d'autre facteur commun que celui-là, on peut toujours, comme l'on sait, exprimer rationnellement l'inconnue en fonction des coefficiens des deux équations. On y parvient d'ordinaire à l'aide de l'élimination; mais je vais faire voir, dans ce qui va suivre, que, dans tous les cas, on peut calculer immédiatement la valeur de l'inconnue, ou, plus généralement encore, la valeur d'une fonction rationnelle quelconque de cette inconnue.

Soient

(1) $$\varphi y = p_0 + p_1 y + p_2 y^2 + \cdots + p_{m-1} y^{m-1} + y^m = 0,$$

(2) $$\psi y = q_0 + q_1 y + q_2 y^2 + \cdots + q_{n-1} y^{n-1} + y^n = 0,$$

les deux équations proposées, la première du $m^{\text{ième}}$ et l'autre du $n^{\text{ième}}$ degré.

Désignons les n racines de (2) par $y, y_1, y_2, \ldots y_{n-1}$; en les substituant tour à tour dans (1), on aura les n fonctions

(3) $$\varphi y, \ \varphi y_1, \ \varphi y_2, \ \ldots \ \varphi y_{n-1}.$$

Soient

$$(4)\quad \left\{\begin{aligned} R &= \varphi y_1 . \varphi y_2 . \varphi y_3 \dots \varphi y_{n-2} . \varphi y_{n-1},\\ R_1 &= \varphi y . \varphi y_2 . \varphi y_3 \dots \varphi y_{n-2} . \varphi y_{n-1},\\ R_2 &= \varphi y . \varphi y_1 . \varphi y_3 \dots \varphi y_{n-2} . \varphi y_{n-1},\\ &\dots\dots\dots\dots\dots\dots\\ R_{n-2} &= \varphi y . \varphi y_1 . \varphi y_2 \dots \varphi y_{n-3} . \varphi y_{n-1},\\ R_{n-1} &= \varphi y . \varphi y_1 . \varphi y_2 \dots \varphi y_{n-3} . \varphi y_{n-2}. \end{aligned}\right.$$

Cela posé, soit fy la fonction rationnelle de y dont on veut déterminer la valeur, et désignons par θy une autre fonction rationnelle quelconque de y. On aura l'équation identique

$$(5)\qquad fy . \theta y . R = fy . \theta y . R.$$

Maintenant, ayant $\varphi y = 0$, on aura

$$R_1 = 0,\ R_2 = 0,\ R_3 = 0,\ \dots\ R_{n-1} = 0,$$

et, par suite,

$$tR + t_1 R_1 + t_2 R_2 + t_3 R_3 + \dots + t_{n-2} R_{n-2} + t_{n-1} R_{n-1} = tR,$$

où t, t_1, t_2, ... t_{n-2}, t_{n-1} sont des quantités quelconques.

En faisant donc d'abord

$$t = \theta y,\ t_1 = \theta y_1,\ t_2 = \theta y_2,\ \dots\ t_{n-1} = \theta y_{n-1},$$

et ensuite

$$t = fy . \theta y,\ t_1 = fy_1 . \theta y_1,\ t_2 = fy_2 . \theta y_2,\ \dots\ t_{n-1} = fy_{n-1} . \theta y_{n-1},$$

on obtiendra les deux équations

$$(6)\quad \left\{\begin{aligned} &\theta y . R = \theta y . R + \theta y_1 . R_1 + \theta y_2 . R_2 + \dots + \theta y_{n-1} . R_{n-1},\\ &fy . \theta y . R = fy . \theta y . R + fy_1 . \theta y_1 . R_1 + fy_2 . \theta y_2 . R_2 + \dots\\ &\qquad\qquad + fy_{n-1} . \theta y_{n-1} . R_{n-1}; \end{aligned}\right.$$

par là, l'équation (5) deviendra

$$\begin{aligned} &fy(\theta y . R + \theta y_1 . R_1 + \theta y_2 . R_2 + \dots + \theta y_{n-1} . R_{n-1})\\ &\quad = \theta y . fy . R + \theta y_1 . fy_1 . R_1 + \theta y_2 . fy_2 . R_2 + \dots + \theta y_{n-1} . fy_{n-1} . R_{n-1}; \end{aligned}$$

équation qui, en posant, pour abréger,

$$(7)\quad \left\{\begin{aligned} &\theta y . R + \theta y_1 . R_1 + \theta y_2 . R_2 + \dots + \theta y_{n-1} . R_{n-1} = \Sigma\, \theta y . R,\\ &fy . \theta y . R + fy_1 . \theta y_1 . R_1 + fy_2 . \theta y_2 . R_2 + \dots\\ &\qquad\qquad + fy_{n-1} . \theta y_{n-1} . R_{n-1} = \Sigma\, fy . \theta y . R, \end{aligned}\right.$$

deviendra

$$fy\,\Sigma\,\theta y\,.\,R = \Sigma\, fy\,.\,\theta y\,.\,R,$$

et de là

(8) $$fy = \frac{\Sigma\, fy\,.\,\theta y\,.\,R}{\Sigma\,\theta y\,.\,R}.$$

Maintenant il est clair que le numérateur et le dénominateur de cette valeur de fy sont des fonctions rationnelles et symétriques des racines y, y_1, y_2, y_3, ... y_{n-1}; on peut donc en vertu des formules connues, les exprimer rationnellement par les coefficiens des équations (1) et (2). Il en est donc de même de la fonction fy.

La fonction rationnelle θy étant arbitraire, on peut en disposer pour simplifier l'expression de fy. Pour cela, soit

$$fy = \frac{Fy}{\chi y},$$

où Fy et χy sont deux fonctions entières; on aura, en substituant,

$$\frac{Fy}{\chi y} = \frac{\Sigma \frac{Fy\,.\,\theta y\,.\,R}{\chi(y)}}{\Sigma\,\theta y\,.\,R};$$

si donc on suppose $\theta y = \chi y$, on aura

(9) $$\frac{Fy}{\chi y} = \frac{\Sigma\, Fy\,.\,R}{\Sigma\,\chi y\,.\,R};$$

et alors le numérateur et le dénominateur de cette fonction seront des fonctions entières des coefficiens des équations proposées.

Si $\chi y = 1$, on aura, pour une fonction entière quelconque Fy,

(10) $$Fy = \frac{\Sigma\, Fy\,.\,R}{\Sigma R};$$

ou bien

$$Fy = \frac{Fy\,.\,R + Fy_1\,.\,R_1 + Fy_2\,.\,R_2 + \cdots + Fy_{n-1}\,.\,R_{n-1}}{R + R_1 + R_2 + \cdots + R_{n-1}}.$$

Mais on peut encore simplifier beaucoup l'expression de Fy de la manière suivante:

Désignons par $\psi' y$ la dérivée de ψy, par rapport à y, et faisons

$$\theta y = \frac{1}{\psi' y},$$

l'équation (8) donnera

(11) $$Fy = \frac{\Sigma \frac{Fy\,R}{\psi' y}}{\Sigma \frac{R}{\psi' y}}.$$

Cela posé, on peut d'abord exprimer R par une fonction entière de y. En effet, si l'on fait

$$(z-y_1)(z-y_2)\cdots(z-y_{n-1}) = z^{n-1} + v_{n-2}z^{n-2} + v_{n-3}z^{n-3} + \cdots + v_0 = 0,$$

on peut transformer R, qui est une fonction entière et symétrique de y_1, y_2, y_3, ... y_{n-1}, en fonction entière des coefficiens v_0, v_1, v_2, ... v_{n-2}.

Maintenant, on a

$$\begin{aligned} v_0 + v_1 z + v_2 z^2 + \cdots + v_{n-2}z^{n-2} + z^{n-1})(z-y) \\ = q_0 + q_1 z + q_2 z^2 + \cdots + q_{n-1}z^{n-1} + z^n = z^n + (v_{n-2} - y)z^{n-1} \\ + (v_{n-3} - y v_{n-2})z^{n-2} + (v_{n-4} - y v_{n-3})z^{n-3} + \cdots \end{aligned}$$

donc

$$\begin{aligned} v_{n-2} &= q_{n-1} + y, \\ v_{n-3} &= q_{n-2} + y \cdot v_{n-2}, \\ v_{n-4} &= q_{n-3} + y \cdot v_{n-3}, \\ &\cdots\cdots\cdots\cdots \end{aligned}$$

d'où il suit que v_0, v_1, v_2, ... v_{n-2} sont des fonctions entières de y; la fonction R l'est donc aussi; elle est donc de la forme

(12) $$R = \varrho_0 + \varrho_1 y + \varrho_2 y^2 + \varrho_3 y^3 + \cdots + \varrho_\mu y^\mu,$$

où il est évident que ϱ_0, ϱ_1, ϱ_2, ... ϱ_μ seront des fonctions *entières* des coefficiens des équations (1) et (2).

La fonction R sera d'un degré supérieur à $n-1$; mais il est clair qu'on peut, en vertu de l'équation (2), en éliminer toutes les puissances de y supérieures à la $(n-1)^{ième}$, et de cette manière mettre R sous la forme

$$R = \varrho_0 + \varrho_1 y + \varrho_2 y^2 + \varrho_3 y^3 + \cdots + \varrho_{n-1} y^{n-1},$$

où ϱ_0, ϱ_1, ϱ_2, ... ϱ_{n-1} sont toujours des fonctions entières de p_0, p_1, p_2, ... p_{m-1}, q_0, q_1, q_2, ... q_{n-1}.

En multipliant R par la fonction entière Fy on aura la fonction $Fy.R$, qui est de même une fonction entière de y. On peut donc la mettre sous la même forme que R, c'est-à-dire qu'on peut poser

(13) $$Fy.R = t_0 + t_1 y + t_2 y^2 + t_3 y^3 + \cdots + t_{n-1} y^{n-1},$$

$t_0, t_1, t_2, \ldots t_{n-1}$ étant encore des fonctions entières de $p_0, p_1, p_2 \ldots p_{m-1}$, $q_0, q_1, q_2, \ldots q_{n-1}$.

Dès que R sera déterminé par l'équation (12), il est clair qu'on aura

$$R_1 = \varrho_0 + \varrho_1 y_1 + \varrho_2 y_1^2 + \varrho_3 y_1^3 + \cdots + \varrho_{n-1} y_1^{n-1},$$
$$R_2 = \varrho_0 + \varrho_1 y_2 + \varrho_2 y_2^2 + \varrho_3 y_2^3 + \cdots + \varrho_{n-1} y_2^{n-1},$$
$$\cdots\cdots\cdots\cdots\cdots\cdots$$
$$R_{n-1} = \varrho_0 + \varrho_1 y_{n-1} + \varrho_2 y_{n-1}^2 + \varrho_3 y_{n-1}^3 + \cdots + \varrho_{n-1} y_{n-1}^{n-1}.$$

On aura de même

$$Fy_1 . R_1 = t_0 + t_1 y_1 + t_2 y_1^2 + t_3 y_1^3 + \cdots + t_{n-1} y_1^{n-1},$$
$$Fy_2 . R_2 = t_0 + t_1 y_2 + t_2 y_2^2 + t_3 y_2^3 + \cdots + t_{n-1} y_2^{n-1},$$
$$\cdots\cdots\cdots\cdots\cdots\cdots$$
$$Fy_{n-1} . R_{n-1} = t_0 + t_1 y_{n-1} + t_2 y_{n-1}^2 + t_3 y_{n-1}^3 + \cdots + t_{n-1} y_{n-1}^{n-1}.$$

Maintenant je dis qu'on aura

$$Fy = \frac{t_{n-1}}{\varrho_{n-1}}.$$

En effet, on a d'abord

$$\Sigma \frac{R}{\psi' y} = \frac{R}{\psi' y} + \frac{R_1}{\psi' y_1} + \frac{R_2}{\psi' y_2} + \cdots + \frac{R_{n-1}}{\psi' y_{n-1}};$$

donc, en substituant les valeurs de $R, R_1, R_2, \ldots R_{n-1}$,

$$\begin{aligned} \Sigma \frac{R}{\psi' y} = \quad & \varrho_0 \left(\frac{1}{\psi' y} + \frac{1}{\psi' y_1} + \frac{1}{\psi' y_2} + \cdots + \frac{1}{\psi' y_{n-1}} \right) \\ & + \varrho_1 \left(\frac{y}{\psi' y} + \frac{y_1}{\psi' y_1} + \frac{y_2}{\psi' y_2} + \cdots + \frac{y_{n-1}}{\psi' y_{n-1}} \right) \\ & + \varrho_2 \left(\frac{y^2}{\psi' y} + \frac{y_1^2}{\psi' y_1} + \frac{y_2^2}{\psi' y_2} + \cdots + \frac{y_{n-1}^2}{\psi' y_{n-1}} \right) \\ & + \cdots\cdots\cdots\cdots \\ & + \varrho_{n-1} \left(\frac{y^{n-1}}{\psi' y} + \frac{y_1^{n-1}}{\psi' y_1} + \frac{y_2^{n-1}}{\psi' y_2} + \cdots + \frac{y_{n-1}^{n-1}}{\psi' y_{n-1}} \right) \end{aligned}$$

Or, $y, y_1, y_2, \ldots y_{n-1}$, étant les racines de l'équation (2) on a

$$\psi' y = (y - y_1)(y - y_2)(y - y_3) \cdots (y - y_{n-1}),$$
$$\psi' y_1 = (y_1 - y)(y_1 - y_2)(y_1 - y_3) \cdots (y_1 - y_{n-1}),$$
$$\psi' y_2 = (y_2 - y)(y_2 - y_1)(y_2 - y_3) \cdots (y_2 - y_{n-1}),$$
$$\cdots\cdots\cdots\cdots\cdots\cdots$$

$$\psi' y_{n-1} = (y_{n-1} - y)(y_{n-1} - y_1)(y_{n-1} - y_2) \cdots (y_{n-1} - y_{n-2});$$

donc, d'après une formule connue, les coefficiens de $\varrho_0, \varrho_1, \varrho_2, \ldots \varrho_{n-1}$, dans l'expression de $\Sigma \frac{R}{\psi' y}$, s'évanouiront tous, excepté celui de ϱ_{n-1}, qui se réduira à l'unité; on aura donc

$$\Sigma \frac{R}{\psi' y} = \varrho_{n-1}.$$

On prouvera exactement de la même manière que

$$\Sigma \frac{R \,.\, Fy}{\psi' y} = t_{n-1};$$

donc, en vertu de l'équation (11),

$$Fy = \frac{t_{n-1}}{\varrho_{n-1}},$$

ou bien, en écrivant t et ϱ, au lieu de t_{n-1} et ϱ_{n-1},

(14) $$Fy = \frac{t}{\varrho}.$$

Soit maintenant $F'y$ une autre fonction entière de y; en supposant

(15) $$F'y \,.\, R = t' y^{n-1} + t'_{n-2} y^{n-2} + t'_{n-3} y^{n-3} + \cdots + t_1' y + t_0',$$

$t', t'_{n-2}, t'_{n-3}, \ldots t'_0$ étant des fonctions entières des quantités $p_0, p_1, p_2, \ldots p_{m-1}, q_0, q_1, q_2, \ldots q_{n-1}$, on aura

(16) $$F'y = \frac{t'}{\varrho};$$

d'où, en comparant (14) à (16),

(17) $$\frac{Fy}{F'y} = \frac{t}{t'}.$$

Ainsi on aura la valeur d'une fonction rationnelle quelconque $\frac{Fy}{F'y}$ par le développement des deux fonctions

$$Fy \,.\, R \quad \text{et} \quad F'y \,.\, R.$$

La formule (17) peut facilement être traduite en théorème.

Le cas le plus simple est celui où l'on cherche uniquement la valeur de y. Alors on a

$$y = \frac{t}{\varrho}$$

où

$$R = \varrho y^{n-1} + \varrho' y^{n-2} + \cdots \quad \text{et} \quad Ry = t y^{n-1} + t' y^{n-2} + \cdots$$

On peut exprimer t en ϱ et ϱ'. En effet en substituant la valeur de R, il viendra

$$Ry = \varrho y^n + \varrho' y^{n-1} + \cdots;$$

or, en vertu de l'équation (2), on a

$$y^n = -q_{n-1}y^{n-1} - q_{n-2}y^{n-2} - \cdots;$$

donc, en substituant

$$Ry = (\varrho' - \varrho q_{n-1})y^{n-1} + \cdots.$$

Dans le développement de Ry, le coefficient de y^{n-1} est donc

$$\varrho' - \varrho q_{n-1} = t;$$

donc

$$y = \frac{\varrho' - \varrho q_{n-1}}{\varrho},$$

ou bien

(18) $$y = -q_{n-1} + \frac{\varrho'}{\varrho}.$$

De cette manière, on n'a besoin de connaître que les coefficiens de y^{n-1} et y^{n-2} dans le développement de

$$R = \varrho y^{n-1} + \varrho' y^{n-2} + \cdots = \varphi y_1 . \varphi y_2 . \varphi y_3 \ldots \varphi y_{n-1}.$$

Paris, le 2 novembre 1826

XIV.

RECHERCHES SUR LA SÉRIE $1 + \frac{m}{1}x + \frac{m(m-1)}{1\ 2}x^2 + \frac{m(m-1)(m-2)}{1.2.3}x^3 + \cdots$

Journal für die reine und angewandte Mathematik, herausgegeben von *Crelle*, Bd. I, Berlin 1826.

1.

Si l'on fait subir au raisonnement dont on se sert en général quand il s'agit des séries infinies, un examen plus exact, on trouvera qu'il est, à tout prendre, peu satisfaisant, et que par conséquent le nombre des théorèmes, concernant les séries infinies, qui peuvent être considérés comme rigoureusement fondés, est très limité. On applique ordinairement les opérations de l'analyse aux séries infinies de la même manière que si les séries étaient finies, ce qui ne me semble pas permis sans démonstration particulière. Si par exemple on doit multiplier deux séries infinies l'une par l'autre, on pose

$$(u_0 + u_1 + u_2 + u_3 + \cdots)(v_0 + v_1 + v_2 + v_3 + \cdots) = u_0v_0 + (u_0v_1 + u_1v_0)$$
$$+ (u_0v_2 + u_1v_1 + u_2v_0) + \cdots + (u_0v_n + u_1v_{n-1} + u_2v_{n-2} + \cdots + u_nv_0) + \cdots$$

Cette équation est très juste lorsque les séries $u_0 + u_1 + \cdots$ et $v_0 + v_1 + \cdots$ sont finies. Mais si elles sont infinies, il est d'abord nécessaire qu'elles convergent, car une série divergente n'a pas de somme; ensuite la série du second membre doit de même converger. C'est seulement avec cette restriction que l'expression ci-dessus est juste; mais, si je ne me trompe, jusqu'à présent on n'y a pas eu égard. C'est ce qu'on se propose de faire dans ce mémoire. Il y a encore plusieurs opérations semblables à justifier p. ex.

le procédé ordinaire pour diviser une quantité par une série infinie, celui de l'élévation d'une série infinie à une puissance, celui de la détermination de son logarithme, de son sinus, de son cosinus, etc.

Un autre procédé qu'on trouve fréquemment dans l'analyse, et qui assez souvent conduit à des contradictions, c'est qu'on se sert des séries divergentes pour l'évaluation des valeurs numériques des séries. Une série divergente ne peut jamais être égale à une quantité déterminée; c'est seulement une expression jouissant de certaines propriétés qui se rapportent aux opérations auxquelles la série est soumise.

Les séries divergentes peuvent quelquefois servir avec succès de symboles pour exprimer telle ou telle proposition d'une manière abrégée; mais on ne saurait jamais les mettre à la place de quantités déterminées. Par un tel procédé on peut démontrer tout ce qu'on veut, l'impossible aussi bien que le possible.

Une des séries les plus remarquables dans l'analyse algébrique est celle-ci:

$$1+\frac{m}{1}x+\frac{m(m-1)}{1.2}x^2+\frac{m(m-1)(m-2)}{1.2.3}x^3+\cdots$$
$$+\frac{m(m-1)(m-2)\cdots[m-(n-1)]}{1.2.3\ldots n}x^n+\cdots$$

Lorsque m est un nombre entier positif, on sait que la somme de cette série, qui dans ce cas est finie, peut s'exprimer par $(1+x)^m$. Lorsque m n'est pas un nombre entier, la série ira à l'infini, et elle sera convergente ou divergente, selon les différentes valeurs qu'on attribuera à m et à x. Dans ce cas on pose de même l'équation

$$(1+x)^m=1+\frac{m}{1}x+\frac{m(m-1)}{1.2}x^2+\cdots,$$

mais alors l'égalité exprime seulement que les deux expressions

$$(1+x)^m \quad \text{et} \quad 1+\frac{m}{1}x+\frac{m(m-1)}{1.2}x^2+\cdots$$

ont certaines propriétés communes desquelles, pour certaines valeurs de m et de x, dépend l'égalité numérique des expressions. On suppose que l'égalité numérique aura toujours lieu, lorsque la série est convergente; mais c'est ce qui jusqu'à présent n'est pas encore démontré. On n'a même pas examiné tous les cas où la série est convergente. Lors même qu'on suppose l'existence de l'équation ci-dessus, il reste encore à chercher la valeur de $(1+x)^m$, car cette expression a en général une infinité de valeurs différentes, tandis que la série $1+mx+\cdots$ n'en a qu'une seule.

Le but de ce mémoire est d'essayer de remplir une lacune par la solution complète du problème suivant:

"Trouver la somme de la série

$$1+\frac{m}{1}x+\frac{m(m-1)}{1.2}x^2+\frac{m(m-1)(m-2)}{1.2.3}x^3+\cdots$$

"pour toutes les valeurs réelles ou imaginaires de x et de m pour "lesquelles la série est convergente."

2.

Nous allons d'abord établir quelques théorèmes nécessaires sur les séries. L'excellent ouvrage de M. *Cauchy* "Cours d'analyse de l'école polytechnique", qui doit être lu par tout analyste qui aime la rigueur dans les recherches mathématiques, nous servira de guide.

Définition. Une série quelconque

$$v_0+v_1+v_2+\cdots+v_m+\cdots$$

sera dite convergente, si pour des valeurs toujours croissantes de m, la somme $v_0+v_1+\cdots+v_m$ s'approche indéfiniment d'une certaine limite. Cette limite s'appellera *la somme de la série.* Dans le cas contraire la série sera dite divergente, et elle n'a pas de somme. D'après cette définition, pour qu'une série soit convergente, il est nécessaire et il suffit que pour des valeurs toujours croissantes de m, la somme $v_m+v_{m+1}+\cdots+v_{m+n}$ s'approche indéfiniment de zéro, quelle que soit la valeur de n.

Donc, dans une série convergente quelconque, le terme général v_m s'approchera indéfiniment de zéro*).

Théorème I. Si en désignant par ϱ_0, ϱ_1, ϱ_2 ... une série de quantités positives, le quotient $\frac{\varrho_{m+1}}{\varrho_m}$, pour des valeurs toujours croissantes de m, s'approche indéfiniment d'une limite α plus grande que 1, la série

---

*) Pour abréger, on représentera dans ce mémoire par ω une quantité qui peut être plus petite que toute quantité donnée.

$$\varepsilon_0\varrho_0+\varepsilon_1\varrho_1+\varepsilon_2\varrho_2+\cdots+\varepsilon_m\varrho_m+\cdots,$$

où ε_m est une quantité qui pour des valeurs toujours croissantes de m ne s'approche pas indéfiniment de zéro, sera nécessairement divergente.

Théorème II. Si dans une série de quantités positives $\varrho_0+\varrho_1+\varrho_2+\cdots+\varrho_m+\cdots$ le quotient $\frac{\varrho_{m+1}}{\varrho_m}$, pour des valeurs toujours croissantes de m, s'approche indéfiniment d'une limite α plus petite que 1, la série

$$\varepsilon_0\varrho_0+\varepsilon_1\varrho_1+\varepsilon_2\varrho_2+\cdots+\varepsilon_m\varrho_m+\cdots,$$

où ε_0, ε_1, ε_2 etc. sont des quantités qui ne surpassent pas l'unité, sera nécessairement convergente.

En effet, d'après la supposition, on peut toujours prendre m assez grand pour que $\varrho_{m+1}<\alpha\varrho_m$, $\varrho_{m+2}<\alpha\varrho_{m+1}$, $\ldots$ $\varrho_{m+n}<\alpha\varrho_{m+n-1}$. Il suit de là que $\varrho_{m+k}<\alpha^k\varrho_m$ et par suite

$$\varrho_m+\varrho_{m+1}+\cdots+\varrho_{m+n}<\varrho_m(1+\alpha+\alpha^2+\cdots+\alpha^n)<\frac{\varrho_m}{1-\alpha},$$

donc, à plus forte raison

$$\varepsilon_m\varrho_m+\varepsilon_{m+1}\varrho_{m+1}+\cdots+\varepsilon_{m+n}\varrho_{m+n}<\frac{\varrho_m}{1-\alpha}.$$

Or, puisque $\varrho_{m+k}<\alpha^k\varrho_m$ et $\alpha<1$, il est clair que ϱ_m et par conséquent la somme

$$\varepsilon_m\varrho_m+\varepsilon_{m+1}\varrho_{m+1}+\cdots+\varepsilon_{m+n}\varrho_{m+n}$$

aura zéro pour limite. La série ci-dessus est donc convergente.

Théorème III. En désignant par t_0, t_1, t_2, $\ldots$ t_m $\ldots$ une série de quantités quelconques, si $p_m=t_0+t_1+t_2+\cdots+t_m$ est toujours moindre qu'une quantité déterminée δ, on aura

$$r=\varepsilon_0t_0+\varepsilon_1t_1+\varepsilon_2t_2+\cdots+\varepsilon_mt_m<\delta\varepsilon_0,$$

où ε_0, ε_1, ε_2. . . sont des quantités positives décroissantes.

En effet, on a

$$t_0=p_0,\quad t_1=p_1-p_0,\quad t_2=p_2-p_1 \text{ etc.}$$

donc

$$r=\varepsilon_0p_0+\varepsilon_1(p_1-p_0)+\varepsilon_2(p_2-p_1)+\cdots+\varepsilon_m(p_m-p_{m-1}),$$

ou bien

$$r=p_0(\varepsilon_0-\varepsilon_1)+p_1(\varepsilon_1-\varepsilon_2)+\cdots+p_{m-1}(\varepsilon_{m-1}-\varepsilon_m)+p_m\varepsilon_m.$$

Or les différences $\varepsilon_0-\varepsilon_1$, $\varepsilon_1-\varepsilon_2$, ... étant positives, la quantité r sera évidemment moindre que $\delta\varepsilon_0$.

Définition. Une fonction fx sera dite *fonction continue* de x entre les limites $x=a$ et $x=b$, si pour une valeur quelconque de x comprise entre ces limites, la quantité $f(x-\beta)$, pour des valeurs toujours décroissantes de β, s'approche indéfiniment de la limite fx.

Théorème IV. Si la série

$$f\alpha=v_0+v_1\alpha+v_2\alpha^2+\cdots+v_m\alpha^m+\cdots$$

est convergente pour une certaine valeur δ de α, elle sera aussi convergente pour toute valeur moindre que δ, et, pour des valeurs toujours décroissantes de β, la fonction $f(\alpha-\beta)$ s'approchera indéfiniment de la limite $f\alpha$, en supposant que α soit égal ou inférieur à δ.

Soit

$$v_0+v_1\alpha+\cdots+v_{m-1}\alpha^{m-1}=\varphi\alpha,$$
$$v_m\alpha^m+v_{m+1}\alpha^{m+1}+\cdots=\psi\alpha,$$

on aura

$$\psi\alpha=\left(\frac{\alpha}{\delta}\right)^m v_m\delta^m+\left(\frac{\alpha}{\delta}\right)^{m+1} v_{m+1}\delta^{m+1}+\cdots;$$

donc, d'après le théorème III, $\psi\alpha<\left(\frac{\alpha}{\delta}\right)^m p$, p désignant la plus grande des quantités $v_m\delta^m$, $v_m\delta^m+v_{m+1}\delta^{m+1}$, $v_m\delta^m+v_{m+1}\delta^{m+1}+v_{m+2}\delta^{m+2}$ etc. On pourra donc pour toute valeur de α, égale ou inférieure à δ, prendre m assez grand pour qu'on ait

$$\psi\alpha=\omega.$$

Or $f\alpha=\varphi\alpha+\psi\alpha$, donc $f\alpha-f(\alpha-\beta)=\varphi\alpha-\varphi(\alpha-\beta)+\omega$.

De plus, $\varphi\alpha$ étant une fonction entière de α, on peut prendre β assez petit pour que

$$\varphi\alpha-\varphi(\alpha-\beta)=\omega;$$

donc on a de même

$$f\alpha-f(\alpha-\beta)=\omega,$$

ce qu'il fallait démontrer.

Théorème V. Soit

$$v_0+v_1\delta+v_2\delta^2+\cdots$$

une série convergente, dans laquelle v_0, v_1, v_2 ... sont des fonctions continues d'une même quantité variable x entre les limites $x=a$ et $x=b$, la série

$$fx=v_0+v_1\alpha+v_2\alpha^2+\cdots,$$

où $\alpha<\delta$, sera convergente et fonction continue de x entre les mêmes limites.

Il est déjà démontré que la série fx est convergente. On peut démontrer comme il suit, que la fonction fx est continue.

Soit

$$v_0+v_1\alpha+\cdots+v_{m-1}\alpha^{m-1}=\varphi x,$$
$$v_m\alpha^m+v_{m+1}\alpha^{m+1}+\cdots=\psi x,$$

on aura

$$fx=\varphi x+\psi x.$$

Or

$$\psi x=\left(\frac{\alpha}{\delta}\right)^m v_m\delta^m+\left(\frac{\alpha}{\delta}\right)^{m+1}v_{m+1}\delta^{m+1}+\left(\frac{\alpha}{\delta}\right)^{m+2}v_{m+2}\delta^{m+2}+\cdots;$$

donc en désignant par θx la plus grande des quantités $v_m\delta^m$, $v_m\delta^m+v_{m+1}\delta^{m+1}$, $v_m\delta^m+v_{m+1}\delta^{m+1}+v_{m+2}\delta^{m+2}$ etc., on aura en vertu du théorème III:

$$\psi x<\left(\frac{\alpha}{\delta}\right)^m\theta x.$$

Il s'ensuit qu'on peut prendre m assez grand pour qu'on ait $\psi x=\omega$, et que par conséquent on ait aussi

$$fx=\varphi x+\omega,$$

où ω est moindre que toute quantité assignable.

On a de même

$$f(x-\beta)=\varphi(x-\beta)+\omega,$$

donc

$$fx-f(x-\beta)=\varphi x-\varphi(x-\beta)+\omega.$$

Or d'après la forme de φx il est clair qu'on peut prendre β assez petit pour qu'on ait

$$\varphi x-\varphi(x-\beta)=\omega,$$

d'où l'on tire

$$fx-f(x-\beta)=\omega.$$

Donc la fonction fx est continue*).

*) Dans l'ouvrage cité de M. *Cauchy* on trouve (p. 131) le théorème suivant: "Lorsque les différens termes de la série, $u_0+u_1+u_2+\cdots$ sont des fonctions d'une

Théorème VI. Lorsqu'on désigne par ϱ_0, ϱ_1, ϱ_2 etc. ϱ_0', ϱ_1', ϱ_2' etc. les valeurs numériques des membres respectifs des deux séries convergentes

$$v_0+v_1+v_2+\cdots=p,$$
$$v_0'+v_1'+v_2'+\cdots=p',$$

si les séries

$$\varrho_0+\varrho_1+\varrho_2+\cdots$$
$$\varrho_0'+\varrho_1'+\varrho_2'+\cdots$$

sont de même convergentes, la série $r_0+r_1+r_2+\cdots$, dont le terme général est,

$$r_m=v_0v_m'+v_1v'_{m-1}+v_2v'_{m-2}+\cdots+v_mv_0',$$

sera de même convergente, et aura pour somme

$$(v_0+v_1+v_2+\cdots)(v_0'+v_1'+v_2'+\cdots).$$

Démonstration. En faisant,

$$p_m=v_0+v_1+\cdots+v_m,$$
$$p_m'=v_0'+v_1'+\cdots+v_m',$$

on voit aisément que

$$\text{(a)}\quad r_0+r_1+r_2+\cdots+r_{2m}=p_mp_m'+[p_0v_{2m}'+p_1v'_{2m-1}+\cdots+p_{m-1}v'_{m+1}\,(=t)$$
$$+p_0'v_{2m}+p_1'v_{2m-1}+\cdots+p'_{m-1}v_{m+1}\,(=t')]$$

Soit

$$\varrho_0+\varrho_1+\varrho_2+\cdots=u,$$
$$\varrho_0'+\varrho_1'+\varrho_2'+\cdots=u',$$

il est clair que, sans égard au signe, on aura,

$$t<u(\varrho'_{2m}+\varrho'_{2m-1}+\cdots+\varrho'_{m+1})$$
$$t'<u'(\varrho_{2m}+\varrho_{2m-1}+\cdots+\varrho_{m+1}).$$

"même variable x, continues par rapport à cette variable dans le voisinage d'une "valeur particulière pour laquelle la série est convergente, la somme s de la série "est aussi, dans le voisinage de cette valeur particulière, fonction continue de x." Mais il me semble que ce théorème admet des exceptions. Par exemple la série

$$\sin x-\tfrac{1}{2}\sin 2x+\tfrac{1}{3}\sin 3x-\cdots$$

est discontinue pour toute valeur $(2m+1)\pi$ de x, m étant un nombre entier. Il y a, comme on sait, beaucoup de séries de cette espèce.

29

Or les séries $\rho_0+\rho_1+\rho_2+\cdots$ et $\rho_0'+\rho_1'+\rho_2'+\cdots$ étant convergentes, les quantités t et t', pour des valeurs toujours croissantes de m, s'approcheront indéfiniment de la limite zéro. Donc en faisant dans l'équation (a) m infini, on aura

$$r_0+r_1+r_2+r_3+\cdots=(v_0+v_1+v_2+\cdots)(v_0'+v_1'+v_2'+\cdots).$$

Soient $t_0, t_1, t_2, \ldots, t_0', t_1', t_2' \ldots$ deux séries de quantités positives ou négatives, dont les termes généraux s'approchent indéfiniment de zéro, il suit du théorème II que les séries $t_0+t_1\alpha+t_2\alpha^2+\cdots$ et $t_0'+t_1'\alpha+t_2'\alpha^2+\cdots$, où α désigne une quantité inférieure à l'unité, doivent être convergentes. Il en sera de même en attribuant à chaque terme sa valeur numérique, donc en vertu du théorème précédent:

$$\text{(b)}\quad\left\{\begin{aligned}&(t_0+t_1\alpha+t_2\alpha^2+\cdots)(t_0'+t_1'\alpha+t_2'\alpha^2+\cdots)\\&\quad=t_0t_0'+(t_1t_0'+t_0t_1')\alpha+(t_2t_0'+t_1t_1'+t_0t_2')\alpha^2+\cdots\\&\quad\quad+(t_mt_0'+t_{m-1}t_1'+t_{m-2}t_2'+\cdots+t_0t_m')\alpha^m+\cdots\end{aligned}\right.$$

Maintenant si l'on suppose que les trois séries,

$$t_0+t_1+t_2+\cdots$$
$$t_0'+t_1'+t_2'+\cdots$$
$$t_0t_0'+(t_1t_0'+t_0t_1')+(t_2t_0'+t_1t_1'+t_0t_2')+\cdots$$

soient convergentes, on trouvera, en vertu du théorème IV, en faisant dans l'équation (b) α converger vers l'unité:

$$\begin{aligned}&(t_0+t_1+t_2+\cdots)(t_0'+t_1'+t_2'+\cdots)\\&\quad=t_0t_0'+(t_1t_0'+t_0t_1')+(t_2t_0'+t_1t_1'+t_0t_2')+\cdots\end{aligned}$$

3.

Examinons maintenant la série proposée,

$$1+\frac{m}{1}x+\frac{m(m-1)}{1.2}x^2+\cdots.$$

En la désignant par φm, et faisant pour abréger, $1=m_0$, $\frac{m}{1}=m_1$, $\frac{m(m-1)}{1.2}=m_2$, et en général $\frac{m(m-1)\ldots(m-\mu+1)}{1.2\ldots\mu}=m_\mu$, on aura

(1) $$\varphi m = m_0 + m_1 x + m_2 x^2 + \cdots + m_\mu x^\mu + \cdots$$

Il s'agit d'abord de trouver les valeurs de m et de x pour lesquelles la série est convergente.

Les quantités m et x étant généralement imaginaires, soit*)

$$x = a + bi, \quad m = k + k'i,$$

où a, b, k, k' sont des quantités réelles. En substituant ces valeurs dans l'équation (1), elle prendra la forme

$$\varphi m = p + qi,$$

où p et q sont des séries dont les termes ont des valeurs réelles. On peut trouver ces séries de la manière suivante: Soit

$$(a^2 + b^2)^{\frac{1}{2}} = \alpha, \quad \frac{a}{\alpha} = \cos\varphi, \quad \frac{b}{\alpha} = \sin\varphi,$$

l'on aura

$$x = \alpha(\cos\varphi + i\sin\varphi),$$

où α et φ sont des quantités réelles, α étant en outre positif. Si l'on fait de plus

$$\frac{m-\mu+1}{\mu} = \delta_\mu(\cos\gamma_\mu + i\sin\gamma_\mu) = \frac{k+k'i-\mu+1}{\mu},$$

on trouvera

$$\delta_\mu = \left[\left(\frac{k-\mu+1}{\mu}\right)^2 + \left(\frac{k'}{\mu}\right)^2\right]^{\frac{1}{2}}; \quad \cos\gamma_\mu = \frac{k-\mu+1}{\mu\delta_\mu}; \quad \sin\gamma_\mu = \frac{k'}{\mu\delta_\mu}.$$

Si dans l'expression

$$\frac{m-\mu+1}{\mu} = \delta_\mu(\cos\gamma_\mu + i\sin\gamma_\mu),$$

on fait successivement μ égal à 1, 2, 3, ... μ, on obtiendra μ équations qui multipliées terme à terme donneront

$$m_\mu = \frac{m(m-1)(m-2)\ldots(m-\mu+1)}{1.2.3\ldots.\mu}$$
$$= \delta_1\delta_2\delta_3\ldots\delta_\mu[\cos(\gamma_1+\gamma_2+\cdots+\gamma_\mu) + i\sin(\gamma_1+\gamma_2+\cdots+\gamma_\mu)].$$

On tire de là, en multipliant par

---

*) Pour abréger les formules nous écrivons partout dans ce mémoire i au lieu de $\sqrt{-1}$.

Note des éd.

$$x^\mu = \alpha^\mu(\cos\varphi + i\sin\varphi)^\mu = \alpha^\mu(\cos\mu\varphi + i\sin\mu\varphi):$$

$$m_\mu x^\mu = \alpha^\mu \delta_1\delta_2\delta_3\ldots\delta_\mu[\cos(\mu\varphi+\gamma_1+\gamma_2+\cdots+\gamma_\mu)$$
$$+ i\sin(\mu\varphi+\gamma_1+\gamma_2+\cdots+\gamma_\mu)],$$

ou bien en faisant pour abréger

$$\delta_1\delta_2\delta_3\ldots\delta_\mu = \lambda_\mu,\ \mu\varphi+\gamma_1+\gamma_2+\cdots+\gamma_\mu = \theta_\mu:$$
$$m_\mu x^\mu = \lambda_\mu \alpha^\mu(\cos\theta_\mu + i\sin\theta_\mu).$$

L'expression (1) se change par là en celle-ci,

$$\varphi m = 1 + \lambda_1\alpha(\cos\theta_1 + i\sin\theta_1) + \lambda_2\alpha^2(\cos\theta_2 + i\sin\theta_2)$$
$$+\cdots+\lambda_\mu\alpha^\mu(\cos\theta_\mu + i\sin\theta_\mu)+\cdots,$$

ou en celle-ci,

$$\varphi m = 1 + \lambda_1\alpha\cos\theta_1 + \lambda_2\alpha^2\cos\theta_2 + \cdots + \lambda_\mu\alpha^\mu\cos\theta_\mu + \cdots$$
$$+ i(\lambda_1\alpha\sin\theta_1 + \lambda_2\alpha^2\sin\theta_2 + \cdots + \lambda_\mu\alpha^\mu\sin\theta_\mu + \cdots).$$

On a donc

$$(2)\quad \begin{cases} p = 1 + \lambda_1\alpha\cos\theta_1 + \lambda_2\alpha^2\cos\theta_2 + \cdots + \lambda_\mu\alpha^\mu\cos\theta_\mu + \cdots \\ q = \phantom{1+{}} \lambda_1\alpha\sin\theta_1 + \lambda_2\alpha^2\sin\theta_2 + \cdots + \lambda_\mu\alpha^\mu\sin\theta_\mu + \cdots \end{cases}$$

Or je dis que ces séries seront *divergentes* ou *convergentes*, selon que α est *supérieur* ou *inférieur* à l'unité.

De l'expression de λ_μ on tire $\lambda_{\mu+1} = \delta_{\mu+1}\lambda_\mu$, donc

$$\lambda_{\mu+1}\alpha^{\mu+1} = \alpha\delta_{\mu+1}\lambda_\mu\alpha^\mu,$$

et

$$\frac{\lambda_{\mu+1}\alpha^{\mu+1}}{\lambda_\mu\alpha^\mu} = \alpha\delta_{\mu+1},$$

mais on a

$$\delta_{\mu+1} = \left[\left(\frac{k-\mu}{\mu+1}\right)^2 + \left(\frac{k'}{\mu+1}\right)^2\right]^{\frac{1}{2}},$$

donc pour des valeurs toujours croissantes de μ, δ_μ s'approchera de la limite 1, et par suite $\frac{\lambda_{\mu+1}\alpha^{\mu+1}}{\lambda_\mu\alpha^\mu}$ de la limite α. Donc en vertu des théorèmes I et II du paragraphe précédent les séries p et q seront divergentes ou convergentes, suivant que α est supérieur ou inférieur à l'unité. Il en est donc de même de la série proposée φm.

Le cas où $\alpha = 1$, sera traité plus bas.

Comme la série φm est convergente pour toute valeur de α inférieure à l'unité, la somme en sera une certaine fonction de m et de x. On peut, comme il suit, établir une propriété de cette fonction à l'aide de laquelle on peut la trouver: On a

$$\varphi m = m_0 + m_1 x + m_2 x^2 + \cdots + m_\mu x^\mu + \cdots,$$
$$\varphi n = n_0 + n_1 x + n_2 x^2 + \cdots + n_\mu x^\mu + \cdots,$$

où n_μ désigne la valeur de m_μ pour $m=n$. On en conclut d'après le théorème VI:

$$\varphi m \,.\, \varphi n = t_0 t_0' + (t_0 t_1' + t_1 t_0') + (t_0 t_2' + t_1 t_1' + t_2 t_0') + \cdots$$
$$+ (t_0 t_\mu' + t_1 t'_{\mu-1} + t_2 t'_{\mu-2} + \cdots + t_\mu t_0') + \cdots,$$

où $t_\mu = m_\mu x^\mu$, $t_\mu' = n_\mu x^\mu$, en supposant que la série du second membre soit convergente. En substituant les valeurs de t_μ et t_μ', on aura

$$\varphi m \,.\, \varphi n = m_0 n_0 + (m_0 n_1 + m_1 n_0) x + (m_0 n_2 + m_1 n_1 + m_2 n_0) x^2 + \cdots$$
$$+ (m_0 n_\mu + m_1 n_{\mu-1} + m_2 n_{\mu-2} + \cdots + m_\mu n_0) x^\mu + \cdots$$

Or, d'après une propriété connue de la fonction m_μ, on a

$$(m+n)_\mu = m_0 n_\mu + m_1 n_{\mu-1} + m_2 n_{\mu-2} + \cdots + m_\mu n_0,$$

$(m+n)_\mu$ désignant la valeur de m_μ lorsqu'on y substitue $m+n$ pour m. On aura donc par substitution

$$\varphi m \,.\, \varphi n = (m+n)_0 + (m+n)_1 x + (m+n)_2 x^2 + \cdots + (m+n)_\mu x^\mu + \cdots$$

Or d'après ce qui précède, le second membre de cette équation est une série convergente et précisément la même chose que $\varphi(m+n)$; donc

$$\text{(3)} \qquad \varphi m \,.\, \varphi n = \varphi(m+n).$$

Cette équation exprime une propriété fondamentale de la fonction φm. De cette propriété nous déduirons une expression de la fonction sous forme finie à l'aide des fonctions exponentielles, logarithmiques et circulaires.

Comme on l'a vu plus haut, la fonction φm est de la forme $p+qi$, p et q étant toujours réels et fonctions des quantités k, k', α et φ, et $m=k+k'i$, $x=\alpha(\cos\varphi + i\sin\varphi)$. Soit

$$p+qi = r(\cos s + i \sin s),$$

on trouvera

$$(p^2+q^2)^{\frac{1}{2}} = r, \quad \frac{p}{r} = \cos s, \quad \frac{q}{r} = \sin s,$$

r étant toujours positif et s une quantité réelle. Soit

$$r=f(k,k'),\quad s=\psi(k,k'),$$

on aura

$$(3')\qquad p+qi=\varphi(k+k'i)=f(k,k')[\cos\psi(k,k')+i\sin\psi(k,k')].$$

On en tire, en mettant successivement l, l' et $k+l$, $k'+l'$ à la place de k et k',

$$\varphi(l+l'i)=f(l,l')[\cos\psi(l,l')+i\sin\psi(l,l')],$$
$$\varphi[k+l+(k'+l')i]$$
$$=f(k+l,k'+l')[\cos\psi(k+l,k'+l')+i\sin\psi(k+l,k'+l')].$$

Or en vertu de l'équation $\varphi m.\varphi n=\varphi(m+n)$, on a

$$\varphi[k+l+(k'+l')i]=\varphi(k+k'i)\varphi(l+l'i),$$

en faisant $m=k+k'i$, $n=l+l'i$. Donc en substituant, on obtient

$$f(k+l,k'+l')[\cos\psi(k+l,k'+l')+i\sin\psi(k+l,k'+l')]$$
$$=f(k,k')f(l,l')[\cos(\psi(k,k')+\psi(l,l'))+i\sin(\psi(k,k')+\psi(l,l'))].$$

Cette équation donne, lorsqu'on sépare les termes réels des termes imaginaires,

$$f(k+l,k'+l')\cos\psi(k+l,k'+l')=f(k,k')f(l,l')\cos[\psi(k,k')+\psi(l,l')],$$
$$f(k+l,k'+l')\sin\psi(k+l,k'+l')=f(k,k')f(l,l')\sin[\psi(k,k')+\psi(l,l')].$$

En faisant les carrés et ajoutant les équations membre à membre, on aura

$$[f(k+l,k'+l')]^2=[f(k,k')f(l,l')]^2,$$

d'où

$$(4)\qquad f(k+l,k'+l')=f(k,k')f(l,l').$$

En vertu de cette équation les précédentes se transforment en celles-ci:

$$\cos\psi(k+l,k'+l')=\cos[\psi(k,k')+\psi(l,l')],$$
$$\sin\psi(k+l,k'+l')=\sin[\psi(k,k')+\psi(l,l')],$$

d'où l'on tire,

$$(5)\qquad \psi(k+l,k'+l')=2m\pi+\psi(k,k')+\psi(l,l'),$$

m étant un nombre entier positif ou négatif.

Maintenant il s'agit de tirer les fonctions $f(k,k')$ et $\psi(k,k')$ des équations (4) et (5). D'abord je dis qu'elles sont des fonctions continues de k et k' entre des limites quelconques de ces variables. En effet, d'après le théorème V, p et q sont évidemment des fonctions continues. Or on a

$$f(k,k')=(p^2+q^2)^{\frac{1}{2}},\quad \cos\psi(k,k')=\frac{p}{f(k,k')},\quad \sin\psi(k,k')=\frac{q}{f(k,k')};$$

donc $f(k,k')$, de même que $\cos\psi(k,k')$ et $\sin\psi(k,k')$, est une fonction continue. On peut donc supposer que $\psi(k,k')$ est aussi une fonction continue. Nous allons d'abord examiner l'équation (5). $\psi(k,k')$ étant une fonction continue, il faut que m ait la même valeur pour toutes les valeurs de k, k', l, l' En faisant donc successivement $l=0$, $k=0$, on obtient

$$\psi(k,k'+l')=2m\pi+\psi(k,k')+\psi(0,l'),$$
$$\psi(l,k'+l')=2m\pi+\psi(0,k')+\psi(l,l').$$

En éliminant entre ces équations et l'équation (5) les deux quantités $\psi(k,k')$ et $\psi(l,l')$, on trouvera

$$\psi(k,k'+l')+\psi(l,k'+l')=2m\pi+\psi(0,k')+\psi(0,l')+\psi(k+l,k'+l').$$

Soit pour abréger

$$(6)\qquad \begin{cases} \psi(k,k'+l')=\theta k, \\ 2m\pi+\psi(0,k')+\psi(0,l')=a, \end{cases}$$

on aura

$$(7)\qquad \theta k+\theta l=a+\theta(k+l).$$

En faisant ici successivement $l=k, 2k, \ldots \varrho k$, on aura

$$2\theta k=a+\theta(2k),$$
$$\theta k+\theta(2k)=a+\theta(3k),$$
$$\theta k+\theta(3k)=a+\theta(4k),$$
$$\cdots\cdots\cdots\cdots\cdots$$
$$\theta k+\theta(\varrho-1)k=a+\theta(\varrho k).$$

En ajoutant ces équations, on trouve

$$(7')\qquad \varrho\,\theta k=(\varrho-1)a+\theta(\varrho k).$$

On en tire, en faisant $k=1$,

$$\theta\varrho=\varrho[\theta(1)-a]+a,$$

ou bien en faisant $\theta(1)-a=c$,

(8) $$\theta\varrho=c\varrho+a.$$

Voilà donc la valeur de la fonction θk, lorsque k est un nombre entier. Mais la fonction θk aura la même forme pour toute valeur de k, ce qu'on peut démontrer aisément comme il suit. Si l'on pose dans l'équation (7') $k=\frac{\mu}{\varrho}$, μ étant un nombre entier, on en tire $\varrho.\theta\left(\frac{\mu}{\varrho}\right)=(\varrho-1)a+\theta\mu$. Or en vertu de l'équation (8)

$$\theta\mu=c\mu+a,$$

donc en substituant et divisant par ϱ, on trouve

$$\theta\left(\frac{\mu}{\varrho}\right)=c\left(\frac{\mu}{\varrho}\right)+a.$$

L'équation (8) a donc lieu pour toute valeur positive et rationnelle de ϱ.

Soit $l=-k$, l'équation (7) deviendra,

$$\theta k+\theta(-k)=a+\theta(0).$$

Il s'ensuit, en posant $k=0$,

$$\theta(0)=a,$$

et par conséquent

$$\theta(-k)=2a-\theta k.$$

Or k étant rationnel et positif, on a $\theta k=ck+a$, donc

$$\theta(-k)=-ck+a.$$

L'équation

(9) $$\theta k=ck+a,$$

a donc lieu pour toute valeur rationnelle de k et par conséquent, puisque θk est une fonction continue, pour toute valeur réelle de k.

Or $\theta k=\psi(k,k'+l')$, et $a=2m\pi+\psi(0,k')+\psi(0,l')$; faisant donc $c=\theta(k',l')$, on obtient

(10) $$\psi(k,k'+l')=\theta(k',l').k+2m\pi+\psi(0,k')+\psi(0,l').$$

On tire de là, en faisant $k=0$,

$$\psi(0,k'+l')=2m\pi+\psi(0,k')+\psi(0,l').$$

Cette équation étant de la même forme que l'équation (7), elle donnera de la même manière

$$\psi(0,k')=\beta' k'-2m\pi,$$

β' étant une quantité indépendante de k'.

En mettant l' à la place de k', on obtient $\psi(0,l')=-2m\pi+\beta' l'$. En substituant ces valeurs de $\psi(0,k')$ et de $\psi(0,l')$ dans l'équation (10) on en tirera

$$\psi(k,k'+l')=\theta(k',l').k+\beta'(k'+l')-2m\pi.$$

On voit par là que $\theta(k',l')$ est une fonction de $k'+l'$. En la désignant par $F(k'+l')$, on aura

$$\psi(k,k'+l')=F(k'+l').k+\beta'(k'+l')-2m\pi,$$

et par conséquent, en faisant $l'=0$,

$$\psi(k,k')=Fk'.k+\beta' k'-2m\pi.$$

En remarquant que

$$\psi(k,k'+l')=2m\pi+\psi(k,k')+\psi(0,l'),$$

$$\psi(0,l')=\beta' l'-2m\pi,$$

l'équation précédente donne

$$F(k'+l').k+\beta'(k'+l')-2m\pi=2m\pi+Fk'.k+\beta' k'-2m\pi+\beta' l'-2m\pi,$$

c'est-à-dire:

$$F(k'+l')=Fk'.$$

Donc faisant $k'=0$, on obtient $Fl'=F(0)=\beta=Fk'$. Par suite la valeur de $\psi(k,k')$ prend la forme,

$$\psi(k,k')=\beta k+\beta' k'-2m\pi, \tag{11}$$

β et β' étant deux constantes. Cette valeur de $\psi(k,k')$ satisfera à l'équation (5) dans toute sa généralité comme il est aisé de le voir.

Maintenant, examinons l'équation,

$$f(k+l,k'+l')=f(k,k')f(l,l').$$

Puisque $f(k,k')$ est toujours une quantité positive, on peut poser

$$f(k,k')=e^{F(k,k')},$$

$F(k,k')$ désignant une fonction réelle continue de k et k'. En substituant et en prenant les logarithmes des deux membres, on trouvera

$$F(k+l,k'+l')=F(k,k')+F(l,l').$$

Comme cette équation coïncide avec l'équation (5), en mettant F à la place de ψ, et 0 à la place de m, elle donnera en vertu de l'équation (11)

$$(12)\qquad F(k,k')=\delta k+\delta' k',$$

δ et δ', de même que β et β', étant deux quantités indépendantes de k et de k'. La fonction $f(k,k')$ prendra donc la forme,

$$f(k,k')=e^{\delta k+\delta' k'}$$

Les fonctions $\psi(k,k')$ et $f(k,k')$ étant trouvées de cette manière, on aura, d'après l'équation (3'),

$$(13)\qquad \varphi(k+k'i)=e^{\delta k+\delta' k'}[\cos(\beta k+\beta' k')+i\sin(\beta k+\beta' k')],$$

où il reste encore à trouver les quantités δ, δ', β, β', qui ne peuvent être que des fonctions de α et de φ. On a

$$\varphi(k+k'i)=p+qi,$$

p et q étant donnés par les équations (2). En séparant les quantités réelles des imaginaires, on aura

$$(14)\quad \begin{cases} e^{\delta k+\delta' k'}\cos(\beta k+\beta' k')=1+\lambda_1\alpha\cos\theta_1+\lambda_2\alpha^2\cos\theta_2+\cdots \\ \qquad\qquad +\lambda_\mu\alpha^\mu\cos\theta_\mu+\cdots \\ e^{\delta k+\delta' k'}\sin(\beta k+\beta' k')=\lambda_1\alpha\sin\theta_1+\lambda_2\alpha^2\sin\theta_2+\cdots \\ \qquad\qquad +\lambda_\mu\alpha^\mu\sin\theta_\mu+\cdots \end{cases}$$

Nous allons d'abord considérer le cas où m est réel, c'est-à-dire où $k'=0$. Alors les expressions (14) prennent la forme,

$$(15)\quad \begin{cases} e^{\delta k}\cos\beta k=1+\frac{k}{1}\alpha\cos\varphi+\frac{k(k-1)}{1.2}\alpha^2\cos 2\varphi \\ \qquad\qquad +\frac{k(k-1)(k-2)}{1.2.3}\alpha^3\cos 3\varphi+\cdots=f\alpha \\ e^{\delta k}\sin\beta k=\frac{k}{1}\alpha\sin\varphi+\frac{k(k-1)}{1.2}\alpha^2\sin 2\varphi \\ \qquad\qquad +\frac{k(k-1)(k-2)}{1.2.3}\alpha^3\sin 3\varphi+\cdots=\theta\alpha. \end{cases}$$

Pour trouver δ et β, posons $k=1$, on aura

$$e^\delta\cos\beta=1+\alpha\cos\varphi;\quad e^\delta\sin\beta=\alpha\sin\varphi.$$

On en tire

$$e^\delta=(1+2\alpha\cos\varphi+\alpha^2)^{\frac{1}{2}},$$

$$\cos\beta=\frac{1+\alpha\cos\varphi}{(1+2\alpha\cos\varphi+\alpha^2)^{\frac{1}{2}}},\quad \sin\beta=\frac{\alpha\sin\varphi}{(1+2\alpha\cos\varphi+\alpha^2)^{\frac{1}{2}}},$$

$$\tang\beta=\frac{\alpha\sin\varphi}{1+\alpha\cos\varphi}.$$

Cette dernière équation donne, en désignant par s la plus petite de toutes les valeurs de β qui y satisfasse, et qui est toujours renfermée entre les limites $-\frac{\pi}{2}$ et $\frac{\pi}{2}$,

$$\beta=s+\mu\pi,$$

μ étant un nombre entier positif ou négatif. Donc les équations (15) se changent en celles-ci:

$$f\alpha=e^{\delta k}\cos k(s+\mu\pi)=e^{\delta k}\cos ks\cos k\mu\pi-e^{\delta k}\sin ks.\sin k\mu\pi,$$
$$\theta\alpha=e^{\delta k}\sin k(s+\mu\pi)=e^{\delta k}\sin ks\cos k\mu\pi+e^{\delta k}\cos ks.\sin k\mu\pi.$$

De ces équations on tire

$$\cos k\mu\pi=e^{-\delta k}(f\alpha.\cos ks+\theta\alpha.\sin ks),$$
$$\sin k\mu\pi=e^{-\delta k}(\theta\alpha.\cos ks-f\alpha.\sin ks).$$

Or, d'après le théorème IV, $\theta\alpha$ et $f\alpha$ sont des fonctions continues de α; par conséquent il faut que $\cos k\mu\pi$ et $\sin k\mu\pi$ conservent les mêmes valeurs pour toute valeur de α. Il suffit donc pour les trouver, d'attribuer à α une valeur quelconque. Soit $\alpha=0$, on aura, en remarquant qu'alors $e^{\delta}=1$, $f\alpha=1$, $\theta\alpha=0$, $s=0$,

$$\cos k\mu\pi=1,\quad \sin k\mu\pi=0.$$

En substituant ces valeurs dans les expressions de $f\alpha$ et $\theta\alpha$, et en se rappelant que $e^{\delta}=(1+2\alpha\cos\varphi+\alpha^2)^{\frac{1}{2}}$, on obtiendra

$$f\alpha=(1+2\alpha\cos\varphi+\alpha^2)^{\frac{k}{2}}\cos ks,\quad \theta\alpha=(1+2\alpha\cos\varphi+\alpha^2)^{\frac{k}{2}}\sin ks.$$

Donc enfin les expressions (15) deviendront:

$$(16)\quad\begin{cases} 1+\frac{k}{1}\alpha\cos\varphi+\frac{k(k-1)}{1.2}\alpha^2\cos2\varphi+\frac{k(k-1)(k-2)}{1.2.3}\alpha^3\cos3\varphi+\cdots \\ \qquad\qquad=(1+2\alpha\cos\varphi+\alpha^2)^{\frac{k}{2}}\cos ks, \\ \frac{k}{1}\alpha\sin\varphi+\frac{k(k-1)}{1.2}\alpha^2\sin2\varphi+\frac{k(k-1)(k-2)}{1.2.3}\alpha^3\sin3\varphi+\cdots \\ \qquad\qquad=(1+2\alpha\cos\varphi+\alpha^2)^{\frac{k}{2}}\sin ks, \end{cases}$$

s étant renfermé entre les limites $-\frac{\pi}{2}$ et $+\frac{\pi}{2}$ et satisfaisant à l'équation

$$\operatorname{tang} s = \frac{\alpha \sin \varphi}{1+\alpha \cos \varphi}.$$

Les expressions (16) ont été établies pour la première fois par M. *Cauchy* dans l'ouvrage cité plus haut.

On a supposé ici la quantité α moindre que l'unité. On verra plus bas que α peut aussi être égal à l'unité, lorsqu'on donne à la quantité k une valeur convenable.

Dans ce qui précède nous avons trouvé les quantités δ et β. Maintenant nous allons montrer comment on peut trouver les deux autres quantités inconnues δ' et β'. Faisant à cet effet dans les équations (14) $k=0$ et $k'=n$, on obtiendra

$$e^{\delta' n}\cos \beta' n = 1+\lambda_1 \alpha \cos \theta_1 + \lambda_2 \alpha^2 \cos \theta_2 + \cdots,$$
$$e^{\delta' n}\sin \beta' n = \lambda_1 \alpha \sin \theta_1 + \lambda_2 \alpha^2 \sin \theta_2 + \cdots,$$

où $\lambda_\mu = \delta_1 \delta_2 \delta_3 \ldots \delta_\mu$, $\theta_\mu = \mu\varphi + \gamma_1 + \gamma_2 + \cdots + \gamma_\mu$, δ_μ et γ_μ étant déterminés par les équations

$$\delta_\mu = \left[\left(\frac{\mu-1}{\mu}\right)^2 + \left(\frac{n}{\mu}\right)^2\right]^{\frac{1}{2}}, \quad \cos\gamma_\mu = -\frac{\mu-1}{\mu\delta_\mu}, \quad \sin\gamma_\mu = \frac{n}{\mu\delta_\mu}.$$

De ces équations on déduit les suivantes:

$$\frac{e^{\delta' n}\cos\beta' n - 1}{n} = \frac{\lambda_1}{n}\alpha\cos\theta_1 + \frac{\lambda_2}{n}\alpha^2\cos\theta_2 + \cdots,$$
$$\frac{e^{\delta' n}\sin\beta' n}{n} = \frac{\lambda_1}{n}\alpha\sin\theta_1 + \frac{\lambda_2}{n}\alpha^2\sin\theta_2 + \cdots.$$

Or en supposant n positif on a $\lambda_1 = \delta_1 = n$, donc $\frac{\lambda_\mu}{n} = \delta_2\delta_3\ldots\delta_\mu$, et par suite

$$\frac{e^{\delta' n}\cos\beta' n - 1}{n} = \alpha\cos\theta_1 + \delta_2\alpha^2\cos\theta_2 + \delta_2\delta_3\alpha^3\cos\theta_3 + \cdots,$$
$$\frac{e^{\delta' n}\sin\beta' n}{n} = \alpha\sin\theta_1 + \delta_2\alpha^2\sin\theta_2 + \delta_2\delta_3\alpha^3\sin\theta_3 + \cdots.$$

Ces séries sont convergentes pour toute valeur de n, zéro y compris, ce qu'on voit aisément par le théorème II. En faisant donc converger n vers la limite zéro, et remarquant que, d'après le théorème V, les séries sont des fonctions continues, on obtient

$$\delta'=\alpha\cos\theta_1'+\delta_2'\alpha^2\cos\theta_2'+\delta_2'\delta_3'\alpha^3\cos\theta_3'+\cdots,$$
$$\beta'=\alpha\sin\theta_1'+\delta_2'\alpha^2\sin\theta_2'+\delta_2'\delta_3'\alpha^3\sin\theta_3'+\cdots,$$

puisque δ' et β' sont les limites des quantités $\frac{e^{\delta' n}\cos\beta' n-1}{n}$ et $\frac{e^{\delta' n}\sin\beta' n}{n}$; θ_μ' est la limite de θ_μ et δ_μ' celle de δ_μ. Or, d'après l'expression de δ_μ, on a $\delta_\mu'=\frac{\mu-1}{\mu}$; donc $\cos\gamma_\mu=-1$; $\sin\gamma_\mu=0$ (lorsque $\mu>1$), donc

$$\cos\theta_\mu'=\cos(\mu\varphi+\gamma_1+\gamma_2+\cdots+\gamma_\mu)=+\sin\mu\varphi.(-1)^\mu,$$
$$\sin\theta_\mu'=\sin(\mu\varphi+\gamma_1+\gamma_2+\cdots+\gamma_\mu)=-\cos\mu\varphi.(-1)^\mu,$$

où il faut se rappeler qu'en vertu de l'équation

$$n\,i=\delta_1(\cos\gamma_1+i\sin\gamma_1),$$

on a $\cos\gamma_1=0$, $\sin\gamma_1=1$. Donc les valeurs de β' et δ' seront celles-ci:

$$\beta'=\alpha\cos\varphi-\tfrac{1}{2}\alpha^2\cos2\varphi+\tfrac{1}{3}\alpha^3\cos3\varphi-\cdots,$$
$$\delta'=-\alpha\sin\varphi-\tfrac{1}{2}\alpha^2\sin2\varphi+\tfrac{1}{3}\alpha^3\sin3\varphi-\cdots.$$

De cette manière on a trouvé les quantités β' et δ' par des séries infinies. On peut aussi les exprimer sous forme finie. Car on tire de l'équation (15):

$$\frac{e^{\delta k}\cos\beta k-1}{k}=\alpha\cos\varphi+\frac{k-1}{1.2}\alpha^2\cos2\varphi+\frac{(k-1)(k-2)}{1.2.3}\alpha^3\cos3\varphi+\cdots,$$
$$\frac{e^{\delta k}\sin\beta k}{k}=\alpha\sin\varphi+\frac{k-1}{1.2}\alpha^2\sin2\varphi+\frac{(k-1)(k-2)}{1.2.3}\alpha^3\sin3\varphi+\cdots.$$

On en déduit, en faisant converger k vers zéro,

$$(17)\quad\begin{cases}\delta=\alpha\cos\varphi-\tfrac{1}{2}\alpha^2\cos2\varphi+\tfrac{1}{3}\alpha^3\cos3\varphi-\cdots,\\ \beta=\alpha\sin\varphi-\tfrac{1}{2}\alpha^2\sin2\varphi+\tfrac{1}{3}\alpha^3\sin3\varphi-\cdots,\end{cases}$$

donc $\beta'=\delta$; $\delta'=-\beta$. Donc les expressions (14) prennent la forme

$$(18)\quad\begin{cases}1+\lambda_1\alpha\cos\theta_1+\lambda_2\alpha^2\cos\theta_2+\cdots+\lambda_\mu\alpha^\mu\cos\theta_\mu+\cdots\\ \qquad=e^{\delta k-\beta k'}\cos(\beta k+\delta k')=p,\\ \lambda_1\alpha\sin\theta_1+\lambda_2\alpha^2\sin\theta_2+\cdots+\lambda_\mu\alpha^\mu\sin\theta_\mu+\cdots\\ \qquad=e^{\delta k-\beta k'}\sin(\beta k+\delta k')=q,\end{cases}$$

où

$$\delta=\tfrac{1}{2}\log(1+2\alpha\cos\varphi+\alpha^2),\quad \beta=\text{arc. tang}\frac{\alpha\sin\varphi}{1+\alpha\cos\varphi};$$

or la somme de la série proposée étant égale à $p+qi$, on aura

$$1+\frac{m}{1}x+\frac{m(m-1)}{1\ 2}x^2+\cdots+\frac{m(m-1)\ldots(m-\mu+1)}{1.2\ldots\mu}x^\mu+\cdots$$
$$=e^{\delta k-\beta k'}[\cos(\beta k+\delta k')+i\sin(\beta k+\delta k')].$$

Maintenant on a

$$m=k+k'i,\ x=\alpha(\cos\varphi+i\sin\varphi)=a+bi;$$

donc

$$\alpha=\sqrt{a^2+b^2},\ \alpha\cos\varphi=a,\ \alpha\sin\varphi=b,$$

$$\delta=\tfrac{1}{2}\log(1+2a+a^2+b^2)=\tfrac{1}{2}\log[(1+a)^2+b^2],\ \beta=\text{arc tang}\frac{b}{1+a}\cdot$$

En substituant et en écrivant m pour k et n pour k', l'expression ci-dessus prend la forme:

(19)

$$1+\frac{m+ni}{1}(a+bi)+\frac{(m+ni)(m-1+ni)}{1\ .\ 2}(a+bi)^2$$
$$+\frac{(m+ni)(m-1+ni)(m-2+ni)}{1\ .\ 2\ .\ 3}(a+bi)^3+\cdots$$
$$+\frac{(m+ni)(m-1+ni)(m-2+ni)\ldots(m-\mu+1+ni)}{1\ .\ 2\ .\ 3\ .\ .\ .\ \mu}(a+bi)^\mu+\cdots$$
$$=\left[\cos\left(m\,\text{arc tang}\frac{b}{1+a}+\tfrac{1}{2}n\log[(1+a)^2+b^2]\right)+i\sin\left(m\,\text{arc tang}\frac{b}{1+a}+\tfrac{1}{2}n\log[(1+a)^2+b^2]\right)\right]$$
$$\times[(1+a)^2+b^2]^{\frac{m}{2}}e^{-n\,\text{arc tang}\frac{b}{1+a}}.$$

Cette expression a lieu comme nous l'avons vu, de même que l'expression (18), pour toute valeur de $\alpha=\sqrt{a^2+b^2}$ inférieure à l'unité.

En faisant p. ex. $b=0$, $n=0$, on a l'expression

(20) $$1+\frac{m}{1}a+\frac{m(m-1)}{1.2}a^2+\cdots=(1+a)^m,$$

de laquelle nous tirerons parti ci-après.

4.

Dans ce qui précède on a trouvé la somme de la série proposée toutes les fois que $\alpha=\sqrt{a^2+b^2}$ est inférieur à l'unité. Il reste encore à examiner le cas où cette quantité est égale à 1.

Nous avons vu par le théorème IV que lorsque α s'approche indéfiniment de l'unité, la série

$$v_0+v_1\alpha+v_2\alpha^2+\cdots$$

s'approchera en même temps de la limite $v_0+v_1+v_2+\cdots$, en supposant que cette dernière série soit convergente. En faisant donc converger α vers l'unité dans les équations (18), on aura

$$(21)\quad\begin{cases}1+\lambda_1\cos\theta_1+\lambda_2\cos\theta_2+\cdots+\lambda_\mu\cos\theta_\mu+\cdots=e^{\delta_1 k-\beta_1 k'}\cos(\beta_1 k+\delta_1 k'),\\ \lambda_1\sin\theta_1+\lambda_2\sin\theta_2+\cdots+\lambda_\mu\sin\theta_\mu+\cdots=e^{\delta_1 k-\beta_1 k'}\sin(\beta_1 k+\delta_1 k'),\end{cases}$$

où δ_1 et β_1 sont les limites des quantités δ et β, en supposant que les séries, contenues dans ces équations, soient convergentes. Or il est clair que $\frac{1}{2}\log(2+2\cos\varphi)$ est la limite de δ, et que

$$\text{arc tang}\,\frac{\sin\varphi}{1+\cos\varphi}=\text{arc tang}\,\frac{2\cos\frac{1}{2}\varphi\sin\frac{1}{2}\varphi}{2(\cos\frac{1}{2}\varphi)^2}=\text{arc tang}\,(\text{tang}\,\tfrac{1}{2}\varphi)$$

est celle de β; on a donc

$$(22)\qquad \delta_1=\tfrac{1}{2}\log(2+2\cos\varphi),\quad \beta_1=\text{arc tang}\,(\text{tang}\,\tfrac{1}{2}\varphi).$$

Nous n'avons donc qu'à examiner dans quels cas les séries sont convergentes. A cet effet il faut distinguer trois cas: lorsque k est égal à -1, ou compris entre -1 et $-\infty$; lorsque k est égal à zéro ou compris entre 0 et $+\infty$, et lorsque k est compris entre 0 et -1.

Premier cas, lorsque k est égal à -1 ou compris entre -1 et $-\infty$. On a

$$\delta_\mu=\left[\left(\frac{k-\mu+1}{\mu}\right)^2+\left(\frac{k'}{\mu}\right)^2\right]^{\frac{1}{2}}.$$

En faisant donc $k=-1-n$, on a

$$\delta_\mu=\left[\left(\frac{n+\mu}{\mu}\right)^2+\left(\frac{k'}{\mu}\right)^2\right]^{\frac{1}{2}},$$

d'où l'on voit que δ_μ est toujours égal ou supérieur à l'unité. Or on a $\lambda_\mu = \delta_1 \delta_2 \delta_3 \dots \delta_\mu$, donc pour des valeurs toujours croissantes de μ, λ_μ ne convergera pas vers zéro, donc en vertu du théorème I les séries (21) sont divergentes.

Deuxième cas, lorsque k est positif. Supposons que c soit une quantité positive inférieure à k, on aura

$$(\mu-k-1+c)^2 = (\mu-k-1)^2 + 2c(\mu-k-1)+c^2,$$

donc

$$(\mu-k-1)^2+k'^2 = (\mu-k-1+c)^2+k'^2-c^2-2c(\mu-k-1).$$

Si l'on fait

$$\mu > k+1-\tfrac{1}{2}c+\frac{k'^2}{2c},$$

il s'ensuit que $k'^2-c^2-2c(\mu-k-1)$ est négatif; par conséquent

$$(\mu-k-1)^2+k'^2 < (\mu-k-1+c)^2,$$

c'est-à-dire:

$$\delta_\mu < \frac{\mu-k-1+c}{\mu}, \quad \delta_\mu < 1-\frac{1+k-c}{\mu}.$$

Si dans l'équation (20) on fait $a=\frac{1}{\mu}$, $m=-n$, on aura

$$\left(1+\frac{1}{\mu}\right)^{-n} = 1-\frac{n}{\mu}+\frac{n(1+n)}{1.2}\frac{1}{\mu^2}-\dots$$
$$= 1-\frac{n}{\mu}+\frac{n(n+1)}{1.2}\frac{1}{\mu^2}\left(1-\frac{2+n}{3\mu}\right)+\dots$$

Donc en faisant $n=1+k-c$, on voit aisément que

$$\left(1+\frac{1}{\mu}\right)^{-1-k+c} > 1-\frac{1+k-c}{\mu};$$

par conséquent

$$\delta_\mu < \left(\frac{\mu}{1+\mu}\right)^{1+k-c}, \quad \text{où } \mu > k+1-\tfrac{1}{2}c+\frac{k'^2}{2c} \, (=\varrho),$$

donc

$$\delta_{\varrho+\mu} < \left(\frac{\varrho+\mu}{\varrho+\mu+1}\right)^{1+k-c}, \quad \text{où } \mu > 0.$$

En posant successivement $\mu = 1, 2, 3 \dots \mu$, et en faisant le produit des résultats, on obtiendra

$$\delta_{\varrho+1}\delta_{\varrho+2}\ldots\delta_{\varrho+\mu}<\left(\frac{\varrho+1}{\varrho+\mu+1}\right)^{1+k-c};$$

or $\lambda_{\mu+\varrho}=\delta_1\delta_2\delta_3\ldots\delta_{\mu+\varrho}$, donc

$$\lambda_{\mu+\varrho}<\delta_1\delta_2\ldots\delta_\varrho\left(\frac{\varrho+1}{\varrho+\mu+1}\right)^{1+k-c},$$

par conséquent lorsqu'on fait $\mu=0, 1, 2\ldots\mu$,

$$\lambda_\varrho+\lambda_{\varrho+1}+\cdots+\lambda_{\varrho+\mu}<\delta_1\delta_2\ldots\delta_\varrho(\varrho+1)^{1+k-c}\left(\frac{1}{(\varrho+1)^{1+k-c}}+\frac{1}{(\varrho+2)^{1+k-c}}+\cdots+\frac{1}{(\varrho+\mu+1)^{1+k-c}}\right).$$

Si maintenant dans l'expression (20) on fait $a=-\frac{1}{\varrho+\mu+1}$, $m=-k+c$, on aura

$$\left(1-\frac{1}{\varrho+\mu+1}\right)^{c-k}=1+\frac{k-c}{\varrho+\mu+1}+\frac{(k-c)(k-c+1)}{1.2(\varrho+\mu+1)^2}+\cdots,$$

donc en se rappelant que $k>c$:

$$\left(\frac{\varrho+\mu}{\varrho+\mu+1}\right)^{c-k}>1+\frac{k-c}{\varrho+\mu+1}.$$

Il s'ensuit, en divisant par $(k-c)(\varrho+\mu+1)^{k-c}$,

$$\frac{1}{(\varrho+\mu+1)^{1+k-c}}<\frac{1}{k-c}\left(\frac{1}{(\varrho+\mu)^{k-c}}-\frac{1}{(\varrho+\mu+1)^{k-c}}\right).$$

Cela donne, en faisant $\mu=0, 1, 2\ldots\mu$ et ajoutant,

$$\frac{1}{(\varrho+1)^{1+k-c}}+\frac{1}{(\varrho+2)^{1+k-c}}+\cdots+\frac{1}{(\varrho+\mu+1)^{1+k-c}}$$
$$<\frac{1}{k-c}\left(\frac{1}{\varrho^{k-c}}-\frac{1}{(\varrho+\mu+1)^{k-c}}\right)<\frac{1}{k-c}\cdot\frac{1}{\varrho^{k-c}}.$$

Il s'ensuit que

$$\lambda_\varrho+\lambda_{\varrho+1}+\cdots+\lambda_{\varrho+\mu}<\delta_1\delta_2\delta_3\ldots\delta_\varrho\frac{(\varrho+1)^{1+k-c}}{(k-c)\varrho^{k-c}},$$

pour toute valeur de μ. Donc la série $1+\lambda_0+\lambda_1+\lambda_2+\cdots$, dont tous les termes sont positifs, est convergente, et par conséquent, d'après le théorème II, les séries

$$1+\lambda_1\cos\theta_1+\lambda_2\cos\theta_2+\cdots+\lambda_\mu\cos\theta_\mu+\cdots$$
$$\lambda_1\sin\theta_1+\lambda_2\sin\theta_2+\cdots+\lambda_\mu\sin\theta_\mu+\cdots$$

seront de même convergentes.

Troisième cas, lorsque k est égal à zéro ou compris entre zéro et -1. Dans ce cas les séries ci-dessus seront convergentes pour toute valeur de k, pourvu que φ ne soit pas égal à $(2n+1)\pi$. Cela peut se démontrer comme il suit: Soit

$$m=k+k'i,\quad x=\cos\varphi+i\sin\varphi,$$

$$1+m_1x+m_2x^2+m_3x^3+\cdots+m_nx^n=p_n.$$

En multipliant par $1+x$, on obtient

$$1+(m_1+1)x+(m_2+m_1)x^2+\cdots+(m_n+m_{n-1})x^n+m_nx^{n+1}=p_n(1+x).$$

Or on sait que

$$m_1+1=(m+1)_1,\quad m_2+m_1=(m+1)_2\ldots,\quad m_n+m_{n-1}=(m+1)_n,$$

donc en substituant:

$$1+(m+1)_1x+(m+1)_2x^2+\cdots+(m+1)_nx^n=-m_nx^{n+1}+p_n(1+x).$$

Maintenant, si l'on fait $n=\infty$, le premier membre de cette équation sera, d'après le cas précédent, une série convergente. En la désignant par s, on aura

$$s=p_n(1+x)-m_n[\cos(n+1)\varphi+i\sin(n+1)\varphi],$$

où n est infini. Or on peut démontrer comme dans le deuxième cas que $m_n=0$ pour $n=\infty$. On a donc

$$s=p(1+x),\ \text{où}\ p=1+m_1x+m_2x^2+\cdots$$

Cette équation donne, si $x+1$ n'est pas égal à zéro,

$$p=\frac{s}{1+x}.$$

La série p est donc alors convergente, et par conséquent les séries ci-dessus le sont également.

Si $x+1=0$, on a $1+\cos\varphi+i\sin\varphi=0$, donc $\sin\varphi=0$, $1+\cos\varphi=0$, d'où $\varphi=(2n+1)\pi$, n étant un nombre entier positif ou négatif. Donc les séries en question sont convergentes pour toute valeur de k égale à zéro ou comprise entre 0 et -1, si φ n'est pas égal à $(2n+1)\pi$.

Lorsque $\varphi=(2n+1)\pi$, les séries sont nécessairement divergentes, car si elles étaient convergentes, elles auraient pour somme les limites des fonctions

$$e^{k\delta-k'\beta}[\cos(k\beta+k'\delta)+i\sin(k\beta+k'\delta)],$$

en y faisant converger α vers l'unité, et faisant $\varphi=(2n+1)\pi$. Or

$$\delta=\tfrac{1}{2}\log(1+2\alpha\cos\varphi+\alpha^2),\quad \beta=\text{arc. tang}\frac{\alpha\sin\varphi}{1+\alpha\cos\varphi},$$

donc pour $\varphi=(2n+1)\pi$ on a

$$\delta=\log(1-\alpha),\quad \beta=0.$$

La fonction en question prendra donc la forme

$$(1-\alpha)^k[\cos(k'\log(1-\alpha))+i\sin(k'\log(1-\alpha))].$$

Or, k étant égal à zéro ou négatif, il est clair qu'en faisant converger α vers l'unité, on n'obtiendra pas pour cette fonction une limite finie et déterminée. Donc les séries sont divergentes.

De ce qui précède il s'ensuit, que les séries (21) ont lieu pour toute valeur de φ, lorsque k est positif, et pour toute valeur de φ pour laquelle $\cos\frac{\varphi}{2}$ n'est pas zéro, lorsque k est égal à zéro ou compris entre -1 et 0, quelle que soit d'ailleurs la valeur de k'. Dans tout autre cas les séries sont divergentes. Dans le cas que nous examinons, la série générale (19), lorsqu'on y fait $b^2+a^2=1$, ou $b=\sqrt{1-a^2}$, prend la forme:

$$(23)\quad \begin{cases} 1+\frac{m+ni}{1}(a+\sqrt{a^2-1})+\frac{(m+ni)(m-1+ni)}{1\quad 2}(a+\sqrt{a^2-1})^2 \\ \quad +\frac{(m+ni)(m-1+ni)(m-2+ni)}{1\quad .\quad 2\quad .\quad 3}(a+\sqrt{a^2-1})^3+\cdots \\ =(2+2a)^{\frac{m}{2}}e^{-n\,\text{arc. tang}\sqrt{\frac{1-a}{1+a}}}\Big[\cos\Big(m\,\text{arc. tang}\sqrt{\frac{1-a}{1+a}}+\tfrac{1}{2}n\log(2+2a)\Big) \\ \qquad +i\sin\Big(m\,\text{arc. tang}\sqrt{\frac{1-a}{1+a}}+\tfrac{1}{2}n\log(2+2a)\Big)\Big]. \end{cases}$$

Voici un résumé des résultats précédents:

I. Lorsque la série,

$$1+\frac{m+ni}{1}(a+bi)+\frac{(m+ni)(m-1+ni)}{1\quad 2}(a+bi)^2+\cdots$$

est convergente, elle a pour somme

$$[(1+a)^2+b^2]^{\frac{m}{2}}e^{-n\,\text{arc. tang}\frac{b}{1+a}}\Big[\cos\Big(m\,\text{arc. tang}\frac{b}{1+a}+\frac{n}{2}\log[(1+a)^2+b^2]\Big)$$
$$+i\sin\Big(m\,\text{arc. tang}\frac{b}{1+a}+\frac{n}{2}\log[(1+a)^2+b^2]\Big)\Big].$$

II. La série est convergente pour toute valeur de m et n, lorsque la quantité $\sqrt{a^2+b^2}$ est inférieure à l'unité. Si $\sqrt{a^2+b^2}$ est égal à l'unité, la série est convergente pour toute valeur de m comprise entre -1 et $+\infty$, si l'on n'a pas en même temps $a=-1$. Si $a=-1$, m doit être positif. Dans tout autre cas la série proposée est divergente.

Comme cas particuliers on doit considérer les suivants:

A. Lorsque $n=0$. On a alors

$$(24)\quad \begin{cases} 1+\frac{m}{1}(a+bi)+\frac{m(m-1)}{1.2}(a+bi)^2+\cdots \\ =[(1+a)^2+b^2]^{\frac{m}{2}}\left[\cos\left(m \operatorname{arc} \operatorname{tang}\frac{b}{1+a}\right)+i\sin\left(m \operatorname{arc.} \operatorname{tang}\frac{b}{1+a}\right)\right] \end{cases}$$

Cette expression donne, en faisant $a=\alpha\cos\varphi$, $b=\alpha\sin\varphi$ et en séparant les termes réels des imaginaires:

$$(25)\quad \begin{cases} 1+\frac{m}{1}\alpha\cos\varphi+\frac{m(m-1)}{1.2}\alpha^2\cos 2\varphi+\cdots \\ \qquad =(1+2\alpha\cos\varphi+\alpha^2)^{\frac{m}{2}}\cos\left(m \operatorname{arc.} \operatorname{tang}\frac{\alpha\sin\varphi}{1+\alpha\cos\varphi}\right), \\ \frac{m}{1}\alpha\sin\varphi+\frac{m(m-1)}{1.2}\alpha^2\sin 2\varphi+\cdots \\ \qquad =(1+2\alpha\cos\varphi+\alpha^2)^{\frac{m}{2}}\sin\left(m \operatorname{arc.} \operatorname{tang}\frac{\alpha\sin\varphi}{1+\alpha\cos\varphi}\right) \end{cases}$$

B. Lorsque $b=0$.

Dans ce cas l'expression générale prend la forme suivante:

$$(26)\quad \begin{cases} 1+\frac{m+ni}{1}a+\frac{(m+ni)(m-1+ni)}{1\,.\,2}a^2+\cdots \\ \qquad =(1+a)^m[\cos(n\,.\log(1+a))+i\sin(n\,.\log(1+a))]. \end{cases}$$

C. Lorsque $n=0$, $b=0$.

Alors on a

$$(27)\quad 1+\frac{m}{1}a+\frac{m(m-1)}{1.2}a^2+\frac{m(m-1)(m-2)}{1.2.3}a^3+\cdots=(1+a)^m.$$

Cette expression a lieu pour toute valeur de m lorsque la valeur numérique de a est inférieure à l'unité, de plus pour toute valeur de m comprise entre

-1 et $+\infty$, lorsque $a=1$, et pour toute valeur positive de m, lorsque $a=-1$. Pour toute autre valeur de a et de m le premier membre est une série divergente.

Faisant p. ex. $a=1$, $a=-1$, on a

$$1+\frac{m}{1}+\frac{m(m-1)}{1.2}+\cdots=2^m,$$

$$1-\frac{m}{1}+\frac{m(m-1)}{1.2}-\cdots=0.$$

La première équation a lieu pour toute valeur de m comprise entre -1 et $+\infty$, et la seconde pour toute valeur positive de m.

D. Lorsque $\sqrt{a^2+b^2}=1$.

Alors on a

$$(28)\quad \begin{cases} 1+\frac{m+ni}{1}(a+\sqrt{a^2-1})+\frac{(m+ni)(m-1+ni)}{1\,.\,2}(a+\sqrt{a^2-1})^2+\cdots \\ =(2+2a)^{\frac{m}{2}}e^{-n\,\text{arc. tang}\sqrt{\frac{1-a}{1+a}}}\left[\cos\left(m\,\text{arc. tang}\sqrt{\frac{1-a}{1+a}}+\frac{n}{2}\log(2+2a)\right),\right. \\ \left.\qquad +i\sin\left(m\,\text{arc. tang}\sqrt{\frac{1-a}{1+a}}+\frac{n}{2}\log(2+2a)\right)\right]. \end{cases}$$

Si l'on fait ici $a=\cos\varphi$, on obtient

$$(29)\quad \begin{cases} 1+\frac{m+ni}{1}(\cos\varphi+i\sin\varphi)+\frac{(m+ni)(m-1+ni)}{1\,.\,2}(\cos 2\varphi+i\sin 2\varphi)+\cdots \\ =(2+2\cos\varphi)^{\frac{m}{2}}e^{-n(\frac{1}{2}\varphi-\varrho\pi)}\left[\cos\left(m(\tfrac{1}{2}\varphi-\varrho\pi)+\frac{n}{2}\log(2+2\cos\varphi)\right)\right. \\ \left.\qquad +i\sin\left(m(\tfrac{1}{2}\varphi-\varrho\pi)+\frac{n}{2}\log(2+2\cos\varphi)\right)\right], \end{cases}$$

en remarquant qu'on a

$$\text{arc. tang}\sqrt{\frac{1-a}{1+a}}=\text{arc. tang}\sqrt{\frac{1-\cos\varphi}{1+\cos\varphi}}=\text{arc. tang}(\text{tang}\,\tfrac{1}{2}\varphi)=\tfrac{1}{2}\varphi-\varrho\pi,$$

si l'on suppose $\frac{1}{2}\varphi$ compris entre $\varrho\pi-\frac{\pi}{2}$ et $\varrho\pi+\frac{\pi}{2}$.

E. Lorsque $\sqrt{a^2+b^2}=1$, $a=\cos\varphi$, $b=\sin\varphi$, $n=0$.

Dans ce cas l'expression précédente donne

$$(30)\quad \begin{cases} 1+\frac{m}{1}(\cos\varphi+i\sin\varphi)+\frac{m(m-1)}{1.2}(\cos 2\varphi+i\sin 2\varphi)+\cdots \\ =(2+2\cos\varphi)^{\frac{m}{2}}[\cos m(\tfrac{1}{2}\varphi-\varrho\pi)+i\sin m(\tfrac{1}{2}\varphi-\varrho\pi)] \\ \text{depuis } \tfrac{1}{2}\varphi=\varrho\pi-\frac{\pi}{2} \text{ jusqu'à } \tfrac{1}{2}\varphi=\varrho\pi+\frac{\pi}{2}, \end{cases}$$

ou, en séparant la partie réelle de l'imaginaire,

$$(31)\quad \begin{cases} 1+\frac{m}{1}\cos\varphi+\frac{m(m-1)}{1.2}\cos 2\varphi+\cdots=(2+2\cos\varphi)^{\frac{m}{2}}\cos m(\tfrac{1}{2}\varphi-\varrho\pi) \\ \frac{m}{1}\sin\varphi+\frac{m(m-1)}{1.2}\sin 2\varphi+\cdots=(2+2\cos\varphi)^{\frac{m}{2}}\sin m(\tfrac{1}{2}\varphi-\varrho\pi) \\ \text{depuis } \tfrac{1}{2}\varphi=\varrho\pi-\frac{\pi}{2} \text{ jusqu'à } \tfrac{1}{2}\varphi=\varrho\pi+\frac{\pi}{2}. \end{cases}$$

F. Lorsque $a=0$, $b=\operatorname{tang}\varphi$.

Dans ce cas on obtient, lorsque φ est compris entre $+\frac{\pi}{4}$ et $-\frac{\pi}{4}$,

$$(32)\quad \begin{cases} 1+\frac{m+ni}{1}i\operatorname{tang}\varphi+\frac{(m+ni)(m-1+ni)}{1\,.\,2}(i\operatorname{tang}\varphi)^2+\cdots \\ =(\cos\varphi)^{-m}e^{-n\varphi}[\cos(m\varphi-n\log\cos\varphi)+i\sin(m\varphi-n\log\cos\varphi)]. \end{cases}$$

5.

Des expressions précédentes on peut, par des transformations convenables, en déduire plusieurs autres, parmi lesquelles il s'en trouve de très remarquables. Nous allons en développer quelques unes. Pour plus de détail on peut consulter l'ouvrage cité de M. *Cauchy*.

A.

Sommation des séries $\alpha\cos\varphi-\frac{1}{2}\alpha^2\cos 2\varphi+\frac{1}{3}\alpha^3\cos 3\varphi-\cdots$,
$\alpha\sin\varphi-\frac{1}{2}\alpha^2\sin 2\varphi+\frac{1}{3}\alpha^3\sin 3\varphi-\cdots$.

Lorsque α est supérieur à l'unité, on voit aisément que ces séries sont divergentes. Si α est inférieur à l'unité, nous avons vu plus haut qu'elles sont convergentes; leurs sommes sont les quantités β et δ du § 3, c'est-à-dire, en mettant pour β et δ leurs valeurs données par les équations (18),

$$(33)\quad \begin{cases} \frac{1}{2}\log(1+2\alpha\cos\varphi+\alpha^2)=\alpha\cos\varphi-\frac{1}{2}\alpha^2\cos 2\varphi+\frac{1}{3}\alpha^3\cos 3\varphi-\cdots, \\ \text{arc. tang}\,\frac{\alpha\sin\varphi}{1+\alpha\cos\varphi}=\alpha\sin\varphi-\frac{1}{2}\alpha^2\sin 2\varphi+\frac{1}{3}\alpha^3\sin 3\varphi-\cdots \end{cases}$$

Pour avoir les sommes de ces séries lorsque $\alpha=+1$ ou -1, il faut seulement faire converger α vers cette limite. La première expression donne de cette manière

$$(34)\quad \begin{cases} \frac{1}{2}\log(2+2\cos\varphi)=\cos\varphi-\frac{1}{2}\cos 2\varphi+\frac{1}{3}\cos 3\varphi-\cdots, \\ \frac{1}{2}\log(2-2\cos\varphi)=-\cos\varphi-\frac{1}{2}\cos 2\varphi-\frac{1}{3}\cos 3\varphi-\cdots, \end{cases}$$

en supposant que les seconds membres de ces équations soient des séries convergentes, ce qui a lieu, d'après le théorème II, pour toute valeur de φ, excepté pour $\varphi=(2\mu+1)\pi$ dans la première expression, et pour $\varphi=2\mu\pi$ dans la seconde, μ étant un nombre entier quelconque positif ou négatif.

La seconde formule donne, en supposant φ compris entre π et $-\pi$, et en se rappelant qu'on a alors

$$\text{arc. tang}\,\frac{\sin\varphi}{1+\cos\varphi}=\text{arc. tang}\,(\text{tang}\,\tfrac{1}{2}\varphi)=\tfrac{1}{2}\varphi:$$

$$(35)\quad \tfrac{1}{2}\varphi=\sin\varphi-\tfrac{1}{2}\sin 2\varphi+\tfrac{1}{3}\sin 3\varphi-\cdots\ (\text{depuis } \varphi=+\pi \text{ jusqu'à } \varphi=-\pi).$$

Lorsque $\varphi=\pi$ ou $=-\pi$, la série se réduit à zéro, comme on le voit aisément. Il s'ensuit que la fonction:

$$\sin\varphi-\tfrac{1}{2}\sin 2\varphi+\tfrac{1}{3}\sin 3\varphi-\cdots$$

a la propriété remarquable d'être discontinue pour les valeurs $\varphi=\pi$ et $\varphi=-\pi$. En effet, lorsque $\varphi=\pm\pi$, la fonction se réduit à zéro; si au contraire $\varphi=\pm(\pi-\alpha)$, α étant positif et moindre que π, la valeur de la fonction est

$$\pm\left(\frac{\pi}{2}-\frac{\alpha}{2}\right).$$

La formule (33) contient comme cas particulier la suivante:

$$(36)\qquad \text{arc. tang}\,\alpha=\alpha-\tfrac{1}{3}\alpha^3+\tfrac{1}{5}\alpha^5-\cdots$$

ce qu'on trouve en faisant $\varphi=\frac{\pi}{2}$. Cette formule sera applicable pour toute valeur de α, depuis -1 jusqu'à $+1$, les limites y comprises.

B.

Développement de $\cos m\varphi$ et de $\sin m\varphi$ suivant les puissances de $\operatorname{tang}\varphi$.

On peut déduire ces développemens de l'expression (32). En effet, en faisant $n=0$, et séparant les parties réelles des parties imaginaires, on obtient, après avoir multiplié par $(\cos\varphi)^m$,

$$(37)\quad \begin{cases} \cos m\varphi = (\cos\varphi)^m\Big(1-\frac{m(m-1)}{1.2}(\operatorname{tang}\varphi)^2 \\ \qquad\qquad +\frac{m(m-1)(m-2)(m-3)}{1.2.3.4}(\operatorname{tang}\varphi)^4-\cdots\Big), \\ \sin m\varphi = (\cos\varphi)^m\Big(m(\operatorname{tang}\varphi)-\frac{m(m-1)(m-2)}{1.2.3}(\operatorname{tang}\varphi)^3+\cdots\Big), \end{cases}$$

depuis $\varphi=\frac{\pi}{4}$ jusqu'à $\varphi=-\frac{\pi}{4}$, et ces équations ont lieu pour toute valeur de m lorsque $\operatorname{tang}\varphi$ est moindre que 1. Si $\operatorname{tang}\varphi=\pm 1$, elles ont lieu pour tout m compris entre -1 et $+\infty$. Elles sont alors:

$$(38)\quad \begin{cases} \cos\left(m\frac{\pi}{4}\right)=\left(\frac{1}{2}\right)^{\frac{m}{2}}\left(1-\frac{m(m-1)}{1.2}+\frac{m(m-1)(m-2)(m-3)}{1.2.3.4}-\cdots\right) \\ \sin\left(m\frac{\pi}{4}\right)=\left(\frac{1}{2}\right)^{\frac{m}{2}}\left(m-\frac{m(m-1)(m-2)}{1.2.3}+\cdots\right). \end{cases}$$

C.

Développement de $(\cos x)^n$ et $(\sin x)^n$ en séries ordonnées suivant les cosinus et les sinus des arcs multiples.

Depuis quelque temps plusieurs analystes se sont occupés du développement de $(\cos x)^n$ et $(\sin x)^n$. Mais jusqu'à présent, si je ne me trompe, ces efforts n'ont pas entièrement réussi. On est bien parvenu à des expressions justes sous certaines restrictions, mais ces expressions n'ont pas été rigoureusement fondées. On peut les déduire assez simplement des expressions démontrées ci-dessus. En effet, si l'on ajoute les deux équations (31), après avoir multiplié la première par $\cos\alpha$ et la seconde par $\sin\alpha$, on obtient

$$\cos\alpha+\frac{m}{1}\cos(\alpha-\varphi)+\frac{m(m-1)}{1.2}\cos(\alpha-2\varphi)+\cdots$$
$$=(2+2\cos\varphi)^{\frac{m}{2}}\cos\left(\alpha-\frac{m\varphi}{2}+m\varrho\pi\right)$$
$$\left(\text{depuis } \tfrac{1}{2}\varphi=\varrho\pi-\frac{\pi}{2} \text{ jusqu'à } \tfrac{1}{2}\varphi=\varrho\pi+\frac{\pi}{2}\right).$$

Or puisque $2+2\cos\varphi=4(\cos\frac{1}{2}\varphi)^2$, on aura, en faisant $\varphi=2x$,

$$\cos\alpha+\frac{m}{1}\cos(\alpha-2x)+\frac{m(m-1)}{1.2}\cos(\alpha-4x)+\cdots=(2\cos x)^m\cos(\alpha-mx+2m\varrho\pi)$$
$$\text{depuis } x=2\varrho\pi-\frac{\pi}{2} \text{ jusqu'à } x=2\varrho\pi+\frac{\pi}{2}$$
$$\cos\alpha+\frac{m}{1}\cos(\alpha-2x)+\frac{m(m-1)}{1.2}\cos(\alpha-4x)+\cdots=(-2\cos x)^m\cos[\alpha-mx+m(2\varrho+1)\pi]$$
$$\text{depuis } x=2\varrho\pi+\frac{\pi}{2} \text{ jusqu'à } x=2\varrho\pi+\frac{3\pi}{2}.$$

Si l'on fait ici 1) $\alpha=mx$; 2) $\alpha=mx+\frac{\pi}{2}$; 3) $\alpha=my$, $x=y-\frac{\pi}{2}$; 4) $\alpha=my-\frac{\pi}{2}$, $x=y-\frac{\pi}{2}$, on obtiendra

1) $(2\cos x)^m\cos 2m\varrho\pi=\cos mx+\frac{m}{1}\cos(m-2)x+\frac{m(m-1)}{1.2}\cos(m-4)x+\cdots,$

2) $(2\cos x)^m\sin 2m\varrho\pi=\sin mx+\frac{m}{1}\sin(m-2)x+\frac{m(m-1)}{1.2}\sin(m-4)x+\cdots,$

$$\text{depuis } x=2\varrho\pi-\frac{\pi}{2} \text{ jusqu'à } x=2\varrho\pi+\frac{\pi}{2};$$

3) $(2\sin x)^m\cos m(2\varrho+\frac{1}{2})\pi=\cos mx-\frac{m}{1}\cos(m-2)x+\frac{m(m-1)}{1.2}\cos(m-4)x-\cdots,$

4) $(2\sin x)^m\sin m(2\varrho+\frac{1}{2})\pi=\sin mx-\frac{m}{1}\sin(m-2)x+\frac{m(m-1)}{1.2}\sin(m-4)x-\cdots,$

$$\text{depuis } x=2\varrho\pi \text{ jusqu'à } x=(2\varrho+1)\pi;$$

5) $(-2\cos x)^m\cos m(2\varrho+1)\pi=\cos mx+\frac{m}{1}\cos(m-2)x+\frac{m(m-1)}{1.2}\cos(m-4)x+\cdots,$

6) $(-2\cos x)^m\sin m(2\varrho+1)\pi=\sin mx+\frac{m}{1}\sin(m-2)x+\frac{m(m-1)}{1.2}\sin(m-4)x+\cdots,$

$$\text{depuis } x=(2\varrho+\tfrac{1}{2})\pi \text{ jusqu'à } x=(2\varrho+\tfrac{3}{2})\pi;$$

7) $(-2\sin x)^m\cos m(2\varrho+\frac{3}{2})\pi=\cos mx-\frac{m}{1}\cos(m-2)x+\frac{m(m-1)}{1.2}\cos(m-4)x-\cdots,$

8) $(-2\sin x)^m\sin m(2\varrho+\frac{3}{2})\pi=\sin mx-\frac{m}{1}\sin(m-2)x+\frac{m(m-1)}{1.2}\sin(m-4)x-\cdots,$

$$\text{depuis } x=(2\varrho+1)\pi \text{ jusqu'à } x=(2\varrho+2)\pi.$$

Ces formules ont encore lieu pour les valeurs limites de x, lorsque m est positif. Lorsque m est compris entre -1 et 0 ces valeurs sont exclues.

Comme cas particuliers on peut considérer les deux suivants:

$$(2\cos x)^m = \cos mx + \frac{m}{1}\cos(m-2)x + \frac{m(m-1)}{1.2}\cos(m-4)x + \cdots,$$

$$0 = \sin mx + \frac{m}{1}\sin(m-2)x + \frac{m(m-1)}{1.2}\sin(m-4)x + \cdots,$$

$$\left(\text{depuis } x = -\frac{\pi}{2} \text{ jusqu'à } x = \frac{\pi}{2}\right).$$

XV.

SUR QUELQUES INTÉGRALES DÉFINIES.

Journal für die reine und angewandte Mathematik, herausgegeben von *Crelle,* Bd. II, Berlin 1827

Lorsque une intégrale définie contient une quantité constante indéterminée, on peut souvent en déduire, par différentiation, une équation différentielle par laquelle l'intégrale définie peut se déterminer en fonction de la quantité constante. Le plus souvent cette équation différentielle est linéaire; si elle est en même temps du premier ordre, elle peut, comme on sait, s'intégrer. Quoique cela n'ait pas lieu en général, lorsque l'équation est du second ordre ou d'un ordre plus élevé, on peut pourtant quelquefois déduire de ces équations plusieurs relations intéressantes entre les intégrales définies. Montrer cela sera l'objet de ce mémoire.

Soit $\frac{d^2y}{da^2}+p\frac{dy}{da}+qy=0$ une équation différentielle linéaire du second ordre entre y et a, p et q étant deux fonctions de a. Supposons qu'on connaisse deux intégrales particulières de cette équation, savoir $y=y_1$ et $y=y_2$, on aura

$$\frac{d^2y_1}{da^2}+p\frac{dy_1}{da}+qy_1=0;\quad \frac{d^2y_2}{da^2}+p\frac{dy_2}{da}+qy_2=0.$$

De ces équations on tire, en éliminant q,

$$y_2\frac{d^2y_1}{da^2}-y_1\frac{d^2y_2}{da^2}=\frac{d\left(y_2\frac{dy_1}{da}-y_1\frac{dy_2}{da}\right)}{da}=-p\left(y_2\frac{dy_1}{da}-y_1\frac{dy_2}{da}\right),$$

donc en intégrant

(0) $$y_2 \frac{dy_1}{da} - y_1 \frac{dy_2}{da} = e^{-\int p\,da},$$

e étant la base des logarithmes Népériens.

Supposons que les deux fonctions y_1 et y_2 soient exprimées en intégrales définies, de sorte que $y_1 = \int v\,dx$, $y_2 = \int u\,dx$, v et u étant des fonctions de x et de a, cette relation entre y_1 et y_2 donne en substituant,

(1) $$\int u\,dx \int \frac{dv}{da}\,dx - \int v\,dx \int \frac{du}{da}\,dx = e^{-\int p\,da}$$

Cette équation exprime, comme on le voit, une relation entre les quatre intégrales $\int u\,dx$, $\int v\,dx$, $\int \frac{du}{da}\,dx$, $\int \frac{dv}{da}\,dx$. Il s'agit maintenant de trouver des intégrales qui puissent satisfaire à une équation différentielle du second ordre. Il y a plusieurs intégrales qui jouissent de cette propriété, et que nous allons considérer successivement.

I. Soit $v = \frac{(x+a)^{\gamma+1}}{x^{1-\alpha}(1-x)^{1-\beta}}$ et $y = \int_0^1 \frac{(x+a)^{\gamma+1}\,dx}{x^{1-\alpha}(1-x)^{1-\beta}}$,

$$\frac{dy}{da} = (\gamma+1)\int_0^1 \frac{(x+a)^{\gamma}\,dx}{x^{1-\alpha}(1-x)^{1-\beta}}, \quad \frac{d^2y}{da^2} = \gamma(\gamma+1)\int_0^1 \frac{(x+a)^{\gamma-1}dx}{x^{1-\alpha}(1-x)^{1-\beta}},$$

le signe $\int_0^1$ dénotant que l'intégrale est prise depuis $x=0$ jusqu'à $x=1$. En différentiant la quantité $(x+a)^\gamma x^\alpha (1-x)^\beta = r$ par rapport à x, on obtient

$$dr = dx \,.\, x^{\alpha-1}(1-x)^{\beta-1}(x+a)^{\gamma-1}[\gamma x(1-x) + \alpha(x+a)(1-x) - \beta(x+a)x].$$

Or

$$\gamma x(1-x) + \alpha(x+a)(1-x) - \beta(x+a)x$$
$$= -\gamma(a^2+a) + [a(\beta+\gamma) + (a+1)(\alpha+\gamma)](x+a) - (\alpha+\beta+\gamma)(x+a)^2,$$

donc en intégrant entre les limites $x=0$, $x=1$, on obtient

$$0 = -\gamma(a^2+a)\int_0^1 \frac{(x+a)^{\gamma-1}dx}{x^{1-\alpha}(1-x)^{1-\beta}}$$
$$+[(\beta+\gamma)a + (\alpha+\gamma)(a+1)]\int_0^1 \frac{(x+a)^{\gamma}\,dx}{x^{1-\alpha}(1-x)^{1-\beta}} - (\alpha+\beta+\gamma)\int_0^1 \frac{(x+a)^{\gamma+1}dx}{x^{1-\alpha}(1-x)^{1-\beta}}.$$

De cette équation on tire, en divisant par $\frac{a^2+a}{\gamma+1}$ et substituant à la place des intégrales leurs valeurs en y,

(2) $$\frac{d^2y}{da^2}-\left(\frac{\alpha+\gamma}{a}+\frac{\beta+\gamma}{1+a}\right)\frac{dy}{da}+\frac{(\gamma+1)(\alpha+\beta+\gamma)}{a(a+1)}y=0.$$

Si l'on met à la place de α, β, γ respectivement $1-\beta$, $1-\alpha$, $\alpha+\beta+\gamma-1$, on aura la même équation, donc

(3) $$y_1=\int_0^1\frac{(x+a)^{\gamma+1}dx}{x^{1-\alpha}(1-x)^{1-\beta}} \text{ ét } y_2=\int_0^1\frac{(x+a)^{\alpha+\beta+\gamma}dx}{x^\beta(1-x)^\alpha}$$

sont deux intégrales particulières de cette équation.

Or $p=-\frac{\alpha+\gamma}{a}-\frac{\beta+\gamma}{1+a}$, et par conséquent $e^{-\int p\,da}=Ca^{\alpha+\gamma}(1+a)^{\beta+\gamma}$, donc l'équation (0) donne

(4) $$y_2\frac{dy_1}{da}-y_1\frac{dy_2}{da}=Ca^{\alpha+\gamma}(1+a)^{\beta+\gamma}.$$

Pour déterminer la quantité constante C, soit $a=\infty$, on trouvera facilement

$$C=-(\alpha+\beta-1)\int_0^1 dx\,.\,x^{\alpha-1}(1-x)^{\beta-1}.\int_0^1 dx\,.\,x^{-\beta}(1-x)^{-\alpha},$$

c'est-à-dire

$$C=\pi[\cot(\alpha\pi)+\cot(\beta\pi)].$$

Par suite l'équation (4) donne

(5) $$\left\{\begin{aligned}&(\alpha+\beta+\gamma)\int_0^1\frac{dx\,(x+a)^{\gamma+1}}{x^{1-\alpha}(1-x)^{1-\beta}}\cdot\int_0^1\frac{dx\,(x+a)^{\alpha+\beta+\gamma-1}}{x^\beta(1-x)^\alpha}\\&-(\gamma+1)\int_0^1\frac{dx\,(x+a)^{\gamma}}{x^{1-\alpha}(1-x)^{1-\beta}}\cdot\int_0^1\frac{dx\,(x+a)^{\alpha+\beta+\gamma}}{x^\beta(1-x)^\alpha}\\&=-\pi[\cot(\alpha\pi)+\cot(\beta\pi)]\,a^{\alpha+\gamma}(1+a)^{\beta+\gamma}\end{aligned}\right.$$

Le cas où $\gamma=-\alpha-\beta$ mérite d'être remarqué. On a alors, comme on le voit aisément,

$$\int_0^1\frac{dx}{x^{1-\alpha}(1-x)^{1-\beta}(x+a)^{\alpha+\beta}}=\frac{1}{a^\beta(1+a)^\alpha}\int_0^1\frac{dx}{x^{1-\alpha}(1-x)^{1-\beta}}$$

Or

$$\int_0^1\frac{dx}{x^{1-\alpha}(1-x)^{1-\beta}}=\frac{\Gamma\alpha\,.\,\Gamma\beta}{\Gamma(\alpha+\beta)},$$

Γm étant égal à $\int_0^\infty x^{m-1} e^{-x} dx$, donc

$$\int_0^1 \frac{dx}{x^{1-\alpha}(1-x)^{1-\beta}(x+a)^{\alpha+\beta}} = \frac{\Gamma\alpha . \Gamma\beta}{\Gamma(\alpha+\beta)} \frac{1}{a^\beta(1+a)^\alpha}.$$

Soit p. ex. $\beta = 1-\alpha$, on aura

$$\int_0^1 \frac{dx}{(1-x)^\alpha x^{1-\alpha}(x+a)} = \frac{\Gamma\alpha . \Gamma(1-\alpha)}{\Gamma(1)} \frac{1}{a^{1-\alpha}(1+a)^\alpha},$$

or $\Gamma(1)=1$, $\Gamma\alpha . \Gamma(1-\alpha) = \frac{\pi}{\sin\alpha\pi}$, donc

$$\int_0^1 \frac{dx}{(x+a)x^{1-\alpha}(1-x)^\alpha} = \frac{\pi}{\sin\alpha\pi} \frac{1}{a^{1-\alpha}(1+a)^\alpha}.$$

II. Soit $y = \int_0^\infty \frac{x^{-\alpha} dx}{(1+x)^\beta (x+a)^\gamma}$. En différentiant on obtient

$$\frac{dy}{da} = -\gamma \int_0^\infty \frac{x^{-\alpha} dx}{(1+x)^\beta(x+a)^{\gamma+1}},$$

$$\frac{d^2y}{da^2} = \gamma(\gamma+1) \int_0^\infty \frac{x^{-\alpha} dx}{(1+x)^\beta(x+a)^{\gamma+2}}.$$

Lorsqu'on différentie la fonction $x^{1-\alpha}(1+x)^{1-\beta}(x+a)^{-\gamma-1} = r$, on obtient

$$dr = \frac{x^{-\alpha} dx}{(1+x)^\beta(x+a)^{\gamma+2}}[(1-\alpha)(1+x)(x+a)+(1-\beta)x(x+a)-(\gamma+1)x(1+x)]$$
$$= \frac{x^{-\alpha} dx}{(1+x)^\beta(x+a)^{\gamma+2}} q,$$

donc, puisque

$$q = (\gamma+1)(1-a)a - [(\alpha+\gamma)(1-a)-(\gamma+\beta)a](x+a)$$
$$+(1-\alpha-\beta-\gamma)(x+a)^2:$$

$$dr = (\gamma+1)a(1-a)\frac{x^{-\alpha} dx}{(1+x)^\beta(x+a)^{\gamma+2}}$$
$$-[(\alpha+\gamma)(1-a)-(\beta+\gamma)a]\frac{x^{-\alpha} dx}{(1+x)^\beta(x+a)^{\gamma+1}} + (1-\alpha-\beta-\gamma)\frac{x^{-\alpha} dx}{(1+x)^\beta(x+a)^\gamma}.$$

On tire de là en intégrant

$$(6) \qquad \frac{d^2y}{da^2} + \left(\frac{\alpha+\gamma}{a} - \frac{\beta+\gamma}{1-a}\right)\frac{dy}{da} + \frac{\gamma(1-\alpha-\beta-\gamma)}{a(1-a)} y = 0.$$

En mettant respectivement $1-\beta$, $1-\alpha$, $\gamma+\alpha+\beta-1$ à la place de α, β, γ, il en résulte la même équation, donc

$$y_1 = \int_0^\infty \frac{x^{-\alpha}\,dx}{(1+x)^\beta (x+a)^\gamma} \quad \text{et} \quad y_2 = \int_0^\infty \frac{x^{\beta-1}\,dx}{(1+x)^{1-\alpha}(x+a)^{\alpha+\beta+\gamma-1}},$$

sont deux intégrales particulières de cette équation.

Or, puisque $p = \frac{\alpha+\gamma}{a} - \frac{\beta+\gamma}{1-a}$ et par suite $e^{-\int p\,da} = \frac{C}{a^{\alpha+\gamma}(1-a)^{\beta+\gamma}}$, on a en vertu de l'équation (0)

$$y_2 \frac{dy_1}{da} - y_1 \frac{dy_2}{da} = \frac{C}{a^{\alpha+\gamma}(1-a)^{\beta+\gamma}}.$$

En faisant $a=1$, on trouve $C=0$, et par conséquent

$$y_2 \frac{dy_1}{da} - y_1 \frac{dy_2}{da} = 0,$$

c'est-à-dire $y_1 = Cy_2$, C étant une constante. Pour la trouver on fera $a=1$; on aura

$$\int_0^\infty \frac{x^{-\alpha}\,dx}{(1+x)^{\beta+\gamma}} = C\int_0^\infty \frac{x^{\beta-1}\,dx}{(1+x)^{\beta+\gamma}}.$$

Or

$$\int_0^\infty \frac{x^{-\alpha}\,dx}{(1+x)^{\beta+\gamma}} = \frac{\Gamma(1-\alpha)\,\Gamma(\alpha+\beta+\gamma-1)}{\Gamma(\beta+\gamma)}$$

$$\int_0^\infty \frac{x^{\beta-1}\,dx}{(1+x)^{\beta+\gamma}} = \frac{\Gamma\beta\,.\,\Gamma\gamma}{\Gamma(\beta+\gamma)},$$

donc

$$C = \frac{\Gamma(1-\alpha)\,\Gamma(\alpha+\beta+\gamma-1)}{\Gamma\beta\,.\,\Gamma\gamma}.$$

Par conséquent l'équation $y_1 = Cy_2$ donne

$$\int_0^\infty \frac{x^{-\alpha}\,dx}{(1+x)^\beta(x+a)^\gamma} = \frac{\Gamma(1-\alpha)\,\Gamma(\alpha+\beta+\gamma-1)}{\Gamma\beta\,.\,\Gamma\gamma}\int_0^\infty \frac{x^{\beta-1}\,dx}{(1+x)^{1-\alpha}(x+a)^{\alpha+\beta+\gamma-1}}.$$

Si dans l'équation (6) on met $(1-a)$ à la place de a, β et α à la place de α et β, elle ne change pas de forme.

Il s'ensuit que

$$y_3 = \int_0^\infty \frac{x^{-\beta}\,dx}{(1+x)^\alpha (x+1-a)^\gamma}$$

est de même une intégrale particulière de la même équation. On a donc

$$y_3 \frac{dy_1}{da} - y_1 \frac{dy_3}{da} = \frac{C}{a^{\alpha+\gamma}(1-a)^{\beta+\gamma}}.$$

En mettant xa à la place de x dans l'expression de y_1, on obtient

$$y_1 = a^{-\alpha-\gamma+1}\int_0^\infty \frac{x^{-\alpha}dx}{(1+x)^\gamma(1+ax)^\beta}; \quad \frac{dy_1}{da} = -\gamma a^{-\alpha-\gamma}\int_0^\infty \frac{x^{-\alpha}dx}{(1+x)^{\gamma+1}(1+ax)^\beta}.$$

On trouve de même, en mettant $(1-a)x$ à la place de x,

$$y_3 = (1-a)^{-\beta-\gamma+1}\int_0^\infty \frac{x^{-\beta}\,dx}{(1+x)^\gamma[1+(1-a)x]^\alpha},$$

$$\frac{dy_3}{da} = \gamma(1-a)^{-\beta-\gamma}\int_0^\infty \frac{x^{-\beta}dx}{(1+x)^{\gamma+1}[1+(1-a)x]^\alpha}$$

En substituant ces valeurs, multipliant par $a^{\alpha+\gamma}(1-a)^{\beta+\gamma}$ et écrivant C au lieu de $-\frac{C}{\gamma}$, on trouve

$$(7)\quad \left\{\begin{aligned} C = a\int_0^\infty \frac{x^{-\alpha}\,dx}{(1+x)^\gamma(1+ax)^\beta}\cdot\int_0^\infty \frac{x^{-\beta}\,dx}{(1+x)^{\gamma+1}[1+(1-a)x]^\alpha} \\ +(1-a)\int_0^\infty \frac{x^{-\beta}\,dx}{(1+x)^\gamma[1+(1-a)x]^\alpha}\cdot\int_0^\infty \frac{x^{-\alpha}\,dx}{(1+x)^{\gamma+1}(1+ax)^\beta}. \end{aligned}\right.$$

Pour trouver C, soit $a=0$, on aura

$$C = \int_0^\infty \frac{x^{-\beta}\,dx}{(1+x)^{\gamma+\alpha}}\cdot\int_0^\infty \frac{x^{-\alpha}\,dx}{(1+x)^{\gamma+1}} = \frac{\Gamma(1-\alpha)\,\Gamma(1-\beta)}{\Gamma(\gamma+1)}\,\Gamma(\alpha+\beta+\gamma-1).$$

Si l'on fait p. ex. $\beta = 1-\alpha$, on aura en remarquant que

$$\Gamma(1-\alpha)\,\Gamma\alpha = \frac{\pi}{\sin\alpha\pi}, \quad \Gamma(\gamma+1) = \gamma.\Gamma\gamma:$$

$$\frac{\pi}{\gamma.\sin\alpha\pi} = a\int_0^\infty \frac{x^{-\alpha}\,dx}{(1+x)^\gamma(1+ax)^{1-\alpha}}\cdot\int_0^\infty \frac{x^{\alpha-1}\,dx}{(1+x)^{\gamma+1}[1+(1-a)x]^\alpha}$$
$$+(1-a)\int_0^\infty \frac{x^{-\alpha}\,dx}{(1+x)^{\gamma+1}(1+ax)^{1-\alpha}}\cdot\int_0^\infty \frac{x^{\alpha-1}\,dx}{(1+x)^\gamma[1+(1-a)x]^\alpha}.$$

Lorsque $\alpha=\gamma=\frac{1}{2}$ on a

$$2\pi = a\int_0^\infty \frac{dx}{\sqrt{x(1+x)(1+ax)}}\cdot\int_0^\infty \frac{dx}{\sqrt{x(1+x)^3[1+(1-a)x]}}$$
$$+(1-a)\int_0^\infty \frac{dx}{\sqrt{x(1+x)[1+(1-a)x]}}\cdot\int_0^\infty \frac{dx}{\sqrt{x(1+x)^3(1+ax)}}$$

Toutes ces intégrales peuvent s'exprimer par des fonctions elliptiques. En effet, soit $x=(\tang\varphi)^2$, on aura après quelques transformations légères

$$\frac{\pi}{2}=a\int_0^{\frac{\pi}{2}}\frac{d\varphi}{\sqrt{1-(1-a)\sin^2\varphi}}\cdot\int_0^{\frac{\pi}{2}}\frac{d\varphi.\cos^2\varphi}{\sqrt{1-a.\sin^2\varphi}}$$
$$+(1-a)\int_0^{\frac{\pi}{2}}\frac{d\varphi}{\sqrt{1-a\sin^2\varphi}}\cdot\int_0^{\frac{\pi}{2}}\frac{d\varphi.\cos^2\varphi}{\sqrt{1-(1-a)\sin^2\varphi}},$$

c'est-à-dire, lorsqu'on fait $a=c^2$, $b^2=1-c^2$,

$$\frac{\pi}{2}=F^1(c)E^1(b)+F^1(b)E^1(c)-F^1(c)F^1(b),$$

où, d'après la notation de M. *Legendre*,

$$F^1(c)=\int_0^{\frac{\pi}{2}}\frac{d\varphi}{\sqrt{1-c^2\sin^2\varphi}},\quad E^1(c)=\int_0^{\frac{\pi}{2}}d\varphi.\sqrt{1-c^2\sin^2\varphi}.$$

La formule ci-dessus se trouve dans les *Exercices de Calcul intégral par M. Legendre*, t. I, p. 61.

Dans la formule générale (7) les intégrales peuvent s'exprimer par d'autres dont les limites sont 0 et 1. Soit à cet effet $x=\frac{y}{1-y}$; on aura

$$(8)\quad\left\{\begin{aligned}\frac{\Gamma(1-\alpha)\Gamma(1-\beta)\Gamma(\alpha+\beta+\gamma-1)}{\Gamma(\gamma+1)}&=a\int_0^1\frac{dy(1-y)^{\alpha+\beta+\gamma-2}}{y^\alpha[1-(1-a)y]^\beta}\int_0^1\frac{dy(1-y)^{\alpha+\beta+\gamma-1}}{y^\beta(1-ay)^\alpha}\\&+(1-a)\int_0^1\frac{dy(1-y)^{\alpha+\beta+\gamma-1}}{y^\alpha[1-(1-a)y]^\beta}\cdot\int_0^1\frac{dy(1-y)^{\alpha+\beta+\gamma-2}}{y^\beta(1-ay)^\alpha}.\end{aligned}\right.$$

Nous avons vu plus haut que

$$\int_0^1\frac{dx}{x^{1-\alpha}(1-x)^{1-\beta}(x+a)^{\alpha+\beta}}=\frac{\Gamma\alpha.\Gamma\beta}{\Gamma(\alpha+\beta)}\cdot\frac{1}{a^\beta(1+a)^\alpha}.$$

On peut trouver, comme il suit, une expression plus générale de laquelle celle-ci est un cas particulier. En différentiant l'intégrale

$$y=\int_0^x\frac{dx.x^{\alpha-1}(1-x)^{\beta-1}}{(x+a)^{\alpha+\beta}}$$

par rapport à a, on obtient

$$\frac{dy}{da}=-(\alpha+\beta)\int_0^x\frac{dx.x^{\alpha-1}(1-x)^{\beta-1}}{(x+a)^{\alpha+\beta+1}}.$$

Il s'ensuit que

$$\frac{dy}{da}+\left(\frac{\alpha}{1+a}+\frac{\beta}{a}\right)y=-\frac{x^\alpha(1-x)^\beta}{a(1+a)(x+a)^{\alpha+\beta}}.$$

En multipliant cette équation par $a^\beta(1+a)^\alpha$, le premier membre devient une différentielle complète, égale à $d[y.a^\beta(1+a)^\alpha]$, on aura donc en intégrant

$$y.a^\beta(1+a)^\alpha=C-x^\alpha(1-x)^\beta\int_0^a\frac{da.a^{\beta-1}(1+a)^{\alpha-1}}{(a+x)^{\alpha+\beta}}.$$

Pour trouver C, qui peut être une fonction de x, nous ferons $a=\infty$. On aura

$$y.a^\beta(1+a)^\alpha=\int_0^x dx.x^{\alpha-1}(1-x)^{\beta-1},$$

et par conséquent,

$$C=\int_0^x dx.x^{\alpha-1}(1-x)^{\beta-1}+x^\alpha(1-x)^\beta\int_0^\infty\frac{da.a^{\beta-1}(1+a)^{\alpha-1}}{(a+x)^{\alpha+\beta}}.$$

Si l'on fait $a=\frac{x-xy}{y-x}$, et par suite $y=\frac{x+ax}{a+x}$, on trouvera

$$\int_0^\infty\frac{da.a^{\beta-1}(1+a)^{\alpha-1}}{(a+x)^{\alpha+\beta}}=-x^{-\alpha}(1-x)^{-\beta}\int_1^x dy.y^{\alpha-1}(1-y)^{\beta-1}$$

$$=x^{-\alpha}(1-x)^{-\beta}\left(-\int_0^x dx.x^{\alpha-1}(1-x)^{\beta-1}+\int_0^1 dx.x^{\alpha-1}(1-x)^{\beta-1}\right).$$

En substituant cette valeur, on obtient

$$C=\int_0^1 dx.x^{\alpha-1}(1-x)^{\beta-1}=\frac{\Gamma\alpha.\Gamma\beta}{\Gamma(\alpha+\beta)},$$

et par conséquent

$$\frac{\Gamma\alpha.\Gamma\beta}{\Gamma(\alpha+\beta)}=a^\beta(1+a)^\alpha\int_0^x\frac{dx.x^{\alpha-1}(1-x)^{\beta-1}}{(x+a)^{\alpha+\beta}}+x^\alpha(1-x)^\beta\int_0^a\frac{da.a^{\beta-1}(1+a)^{\alpha-1}}{(x+a)^{\alpha+\beta}}.$$

Si p. ex. $\alpha+\beta=1$, on aura

$$\frac{\pi}{\sin\alpha\pi}=\frac{(1+a)^\alpha}{a^{\alpha-1}}\int_0^x\frac{dx.x^{\alpha-1}(1-x)^{-\alpha}}{x+a}+\frac{x^\alpha}{(1-x)^{\alpha-1}}\int_0^a\frac{da.a^{-\alpha}(1+a)^{\alpha-1}}{x+a}$$

Si de plus $\alpha=\frac{1}{2}$, on obtient

$$\pi=\sqrt{a+a^2}\int_0^x\frac{dx}{(x+a)\sqrt{x-x^2}}+\sqrt{x-x^2}\int_0^a\frac{da}{(a+x)\sqrt{a+a^2}},$$

ce qui est juste, car

$$\int_0^x \frac{dx}{(x+a)\sqrt{x-x^2}} = \frac{2}{\sqrt{a+a^2}} \text{ arc. tang } \sqrt{\frac{x+xa}{a-ax}},$$

$$\int_0^a \frac{da}{(a+x)\sqrt{a+a^2}} = \frac{2}{\sqrt{x-x^2}} \text{ arc. tang } \sqrt{\frac{a-ax}{x+xa}};$$

et $\text{arc. tang}\, z + \text{arc. tang} \frac{1}{z} = \frac{\pi}{2}$

III. Soit $y = \int_0^1 e^{-ax} x^{\alpha-1} (1-x)^{\beta-1} dx$, où $\alpha > 0$, $\beta > 0$.

En différentiant par rapport à a on obtient

$$\frac{dy}{da} = -\int_0^1 e^{-ax} x^{\alpha} (1-x)^{\beta-1} dx,$$

$$\frac{d^2y}{da^2} = \int_0^1 e^{-ax} x^{\alpha+1} (1-x)^{\beta-1} dx.$$

Lorsqu'on différentie la fonction $r = e^{-ax} x^{\alpha} (1-x)^{\beta}$ par rapport à x on obtient

$$dr = \alpha e^{-ax} x^{\alpha-1} (1-x)^{\beta-1} dx - (\alpha+\beta+a) e^{-ax} x^{\alpha} (1-x)^{\beta-1} dx$$
$$+ a e^{-ax} x^{\alpha+1} (1-x)^{\beta-1} dx,$$

donc en intégrant depuis $x=0$ jusqu'à $x=1$, et substituant pour les intégrales leurs valeurs en y, $\frac{dy}{da}$ et $\frac{d^2y}{da^2}$:

$$\frac{d^2y}{da^2} + \left(\frac{\alpha+\beta}{a} + 1\right) \frac{dy}{da} + \frac{\alpha}{a} y = 0.$$

On satisfait aussi à cette équation en faisant

$$y = y_1 = \int_1^{\infty} e^{-ax} x^{\alpha-1} (x-1)^{\beta-1} dx,$$

a étant positif. Or on a $p = \frac{\alpha+\beta}{a} + 1$, donc $e^{-\int p\, da} = \frac{C}{e^a a^{\alpha+\beta}}$. Donc l'équation (0) donne

$$y_1 \frac{dy}{da} - y \frac{dy_1}{da} = \frac{C}{e^a a^{\alpha+\beta}}.$$

Si dans l'expression de y_1 on met $x+1$ à la place de x, on trouve

$$y_1 = e^{-a}\int_0^\infty e^{-ax}x^{\beta-1}(1+x)^{\alpha-1}\,dx,$$

$$\frac{dy_1}{da} = -e^{-a}\int_0^\infty e^{-ax}x^{\beta-1}(1+x)^{\alpha}\,dx,$$

ou bien, en mettant $\frac{x}{a}$ à la place de x,

$$y_1 = e^{-a}a^{-\alpha-\beta+1}\int_0^\infty e^{-x}x^{\beta-1}(a+x)^{\alpha-1}\,dx,$$

$$\frac{dy_1}{da} = -e^{-a}a^{-\alpha-\beta}\int_0^\infty e^{-x}x^{\beta-1}(a+x)^{\alpha}\,dx.$$

En substituant ces valeurs de y_1, $\frac{dy_1}{da}$ de même que celles de y, $\frac{dy}{da}$, en multipliant par $e^a a^{\alpha+\beta}$, et faisant $a=0$, on trouvera

$$C = \int_0^\infty e^{-x}dx\,.\,x^{\beta+\alpha-1}\,.\int_0^1 dx\,.\,x^{\alpha-1}(1-x)^{\beta-1},$$

c'est-à-dire

$$C = \Gamma(\alpha+\beta)\frac{\Gamma\alpha\,.\,\Gamma\beta}{\Gamma(\alpha+\beta)} = \Gamma\alpha\,.\,\Gamma\beta.$$

On aura donc

$$\Gamma\alpha\,.\,\Gamma\beta = \int_0^1 e^{-ax}dx\,.\,x^{\alpha-1}(1-x)^{\beta-1}\,.\int_0^\infty e^{-x}dx\,.\,x^{\beta-1}(a+x)^{\alpha}$$
$$-a\int_0^1 e^{-ax}dx\,.\,x^{\alpha}(1-x)^{\beta-1}\,.\int_0^\infty e^{-x}dx\,.\,x^{\beta-1}(a+x)^{\alpha-1}$$

Lorsque $\beta = 1-\alpha$, on a

$$\frac{\pi}{\sin\alpha\pi} = \int_0^1 \frac{dx}{x}e^{-ax}\left(\frac{x}{1-x}\right)^{\alpha}.\int_0^\infty e^{-x}dx\left(1+\frac{a}{x}\right)^{\alpha}$$
$$-a\int_0^1 dx\,.\,e^{-ax}\left(\frac{x}{1-x}\right)^{\alpha}.\int_0^\infty \frac{dx}{x+a}e^{-}\left(1+\frac{a}{x}\right)^{\alpha}$$

IV. Soit

$$y = \int_0^\infty e^{ax-x^2}x^{\alpha-1}\,dx, \text{ où } \alpha>0.$$

En différentiant on aura

$$\frac{dy}{da}=\int_0^\infty e^{ax-x^2}x^\alpha\,dx,\quad \frac{d^2y}{da^2}=\int_0^\infty e^{ax-x^2}x^{\alpha+1}\,dx.$$

Or

$$d(e^{ax-x^2}x^\alpha)=dx\,.\,e^{ax-x^2}x^{\alpha-1}(\alpha+ax-2x^2),$$

donc en intégrant depuis $x=0$, jusqu'à $x=\infty$, en substituant les valeurs des intégrales en y, $\frac{dy}{da}$ et $\frac{d^2y}{da^2}$, et divisant par -2, on aura

$$\frac{d^2y}{da^2}-\tfrac{1}{2}a\frac{dy}{da}-\tfrac{1}{2}\alpha y=0.$$

Cette équation conserve la même forme lorsqu'on remplace a par $-a$, donc

$$y=y_1=\int_0^\infty e^{-ax-x^2}x^{\alpha-1}\,dx$$

est de même une intégrale particulière de cette équation. Puisque p est égal à $-\frac{1}{2}a$, on a $e^{-\int p\,da}=Ce^{\frac{a^2}{4}}$, et par conséquent,

$$y_1\frac{dy}{da}-y\frac{dy_1}{da}=Ce^{\frac{a^2}{4}}.$$

Si, pour trouver la quantité constante C, on fait $a=0$, on trouvera

$$y=\int_0^\infty e^{-x^2}x^{\alpha-1}\,dx=\tfrac{1}{2}\Gamma\left(\frac{\alpha}{2}\right),$$

$$\frac{dy}{da}=\int_0^\infty e^{-x^2}x^\alpha\,dx=\tfrac{1}{2}\Gamma\left(\frac{\alpha+1}{2}\right),$$

$$y_1=\int_0^\infty e^{-x^2}x^{\alpha-1}\,dx=\tfrac{1}{2}\Gamma\left(\frac{\alpha}{2}\right),$$

$$\frac{dy_1}{da}=-\int_0^\infty e^{-x^2}x^\alpha\,dx=-\tfrac{1}{2}\Gamma\left(\frac{\alpha+1}{2}\right),$$

donc en substituant:

$$C=\tfrac{1}{2}\Gamma\left(\frac{\alpha+1}{2}\right)\Gamma\left(\frac{\alpha}{2}\right),$$

et par suite

$$\tfrac{1}{2}\Gamma\left(\frac{\alpha+1}{2}\right)\Gamma\left(\frac{\alpha}{2}\right)e^{\frac{a^2}{4}}=\int_0^\infty e^{ax-x^2}dx\,.\,x^{\alpha-1}\,.\int_0^\infty e^{-ax-x^2}dx\,.\,x^\alpha$$
$$+\int_0^\infty e^{ax-x^2}dx\,.\,x^\alpha\,.\int_0^\infty e^{-ax-x^2}dx\,.\,x^{\alpha-1}.$$

Si l'on met $a\sqrt{-1}$ à la place de a, on obtient la formule suivante:

$$\tfrac{1}{4}\Gamma\left(\frac{\alpha+1}{2}\right)\Gamma\left(\frac{\alpha}{2}\right)e^{-\frac{a^2}{4}}=\int_0^\infty dx\,.\,e^{-x^2}\cos ax\,.\,x^{\alpha-1}\,.\int_0^\infty dx\,.\,e^{-x^2}\cos ax\,.\,x^{\alpha}$$
$$+\int_0^\infty dx\,.\,e^{-x^2}\sin ax\,x^{\alpha-1}\,.\int_0^\infty dx\,.\,e^{-x^2}\sin ax\,.\,x^{\alpha}.$$

Note. Les quantités constantes (exposants), qui se trouvent dans les intégrales de ce mémoire, doivent avoir des valeurs telles que les intégrales ne deviennent pas infinies. Ces valeurs sont faciles à trouver.

XVI.

RECHERCHES SUR LES FONCTIONS ELLIPTIQUES.

Journal für die reine und angewandte Mathematik, herausgegeben von *Crelle*, Bd. 2, 3. Berlin 1827, 1828.

Depuis longtemps les fonctions logarithmiques, et les fonctions exponentielles et circulaires, ont été les seules fonctions transcendantes, qui ont attiré l'attention des géomètres. Ce n'est que dans ces derniers temps, qu'on a commencé à en considérer quelques autres. Parmi celles-ci il faut distinguer les fonctions nommées elliptiques, tant pour leur belles propriétés analytiques, que pour leur application dans les diverses branches des mathématiques. La première idée de ces fonctions à été donnée par l'immortel *Euler*, en démontrant, que l'équation séparée

$$\frac{dx}{\sqrt{\alpha+\beta x+\gamma x^2+\delta x^3+\varepsilon x^4}}+\frac{dy}{\sqrt{\alpha+\beta y+\gamma y^2+\delta y^3+\varepsilon y^4}}=0$$

est intégrable algébriquement. Après *Euler*, *Lagrange* y a ajouté quelque chose, en donnant son élégante théorie de la transformation de l'intégrale $\int\frac{R\,.\,dx}{\sqrt{(1-p^2x^2)(1-q^2x^2)}}$, où R est une fonction rationnelle de x. Mais le premier et, si je ne me trompe, le seul, qui ait approfondi la nature de ces fonctions, est M. *Legendre*, qui, d'abord dans un mémoire sur les fonctions elliptiques, et ensuite dans ses excellents Exercices de mathématiques, a développé nombre de propriétés élégantes de ces fonctions, et en a montré l'application. Depuis la publication de cet ouvrage, rien n'a été ajouté à la théorie de M. *Legendre*. Je crois qu'on ne verra pas ici sans plaisir des recherches ultérieures sur ces fonctions.

En général on comprend sous la dénomination de fonctions elliptiques, toute fonction comprise dans l'intégrale

$$\int \frac{R\,dx}{\sqrt{\alpha+\beta x+\gamma x^2+\delta x^3+\varepsilon x^4}},$$

où R est une fonction rationnelle et α, β, γ, δ, ε sont des quantités constantes et *réelles*. M. *Legendre* a démontré que par des substitutions convenables on peut toujours ramener cette intégrale à la forme

$$\int \frac{P\,dy}{\sqrt{a+by^2+cy^4}},$$

où P est une fonction rationnelle de y^2. Par des réductions convenables, cette intégrale peut être ensuite ramenée à la forme

$$\int \frac{A+By^2}{C+Dy^2}\,\frac{dy}{\sqrt{a+by^2+cy^4}},$$

et celle-ci à

$$\int \frac{A+B\sin^2\theta}{C+D\sin^2\theta}\,\frac{d\theta}{\sqrt{1-c^2\sin^2\theta}},$$

où c est réel et moindre que l'unité.

Il suit de là, que toute fonction elliptique peut être réduite à l'une des trois formes:

$$\int \frac{d\theta}{\sqrt{1-c^2\sin^2\theta}};\quad \int d\theta\sqrt{1-c^2\sin^2\theta},\quad \int \frac{d\theta}{(1+n\sin^2\theta)\sqrt{1-c^2\sin^2\theta}},$$

auxquelles M. *Legendre* donne les noms de fonctions elliptiques de la première, seconde et troisième espèce. Ce sont ces trois fonctions que M. *Legendre* a considérées, surtout la première, qui a les propriétés les plus remarquables et les plus simples.

Je me propose, dans ce mémoire, de considérer la fonction inverse, c'est-à-dire la fonction $\varphi\alpha$, déterminée par les équations

$$\alpha = \int \frac{d\theta}{\sqrt{1-c^2\sin^2\theta}},$$

$$\sin\theta = \varphi\alpha = x.$$

La dernière équation donne

$$d\theta\sqrt{1-\sin^2\theta} = d(\varphi\alpha) = dx,$$

donc

$$\alpha = \int_0 \frac{dx}{\sqrt{(1-x^2)(1-c^2 x^2)}}.$$

M. *Legendre* suppose c^2 positif, mais j'ai remarqué que les formules deviennent plus simples, en supposant c^2 négatif, égal à $-e^2$. De même j'écris pour plus de symétrie $1-c^2x^2$ au lieu de $1-x^2$, en sorte que la fonction $\varphi\alpha = x$ sera donnée par l'équation

$$\alpha = \int_0 \frac{dx}{\sqrt{(1-c^2x^2)(1+e^2x^2)}},$$

ou bien

$$\varphi'\alpha = \sqrt{(1-c^2\varphi^2\alpha)(1+e^2\varphi^2\alpha)}.$$

Pour abréger, j'introduis deux autres fonctions de α, savoir

$$f\alpha = \sqrt{1-c^2\varphi^2\alpha}; \quad F\alpha = \sqrt{1+e^2\varphi^2\alpha}.$$

Plusieurs propriétés de ces fonctions se déduisent immédiatement des propriétés connues de la fonction elliptique de la première espèce, mais d'autres sont plus cachées. Par exemple on démontre que les équations $\varphi\alpha = 0$, $f\alpha = 0$, $F\alpha = 0$ ont un nombre infini de racines, qu'on peut trouver toutes. Une des propriétés les plus remarquables est qu'on peut exprimer rationnellement $\varphi(m\alpha)$, $f(m\alpha)$, $F(m\alpha)$ (m étant un nombre entier) en $\varphi\alpha$, $f\alpha$, $F\alpha$. Aussi rien n'est plus facile que de trouver $\varphi(m\alpha)$, $f(m\alpha)$, $F(m\alpha)$, lorsqu'on connaît $\varphi\alpha$, $f\alpha$, $F\alpha$; mais le problème inverse, savoir de déterminer $\varphi\alpha$, $f\alpha$, $F\alpha$ en $\varphi(m\alpha)$, $f(m\alpha)$, $F(m\alpha)$, est plus difficile, parcequ'il dépend d'une équation d'un degré élevé (savoir du degré m^2).

La résolution de cette équation est l'objet principal de ce mémoire. D'abord on fera voir, comment on peut trouver toutes les racines, au moyen des fonctions φ, f, F. On traitera ensuite de la résolution algébrique de l'équation en question, et on parviendra à ce résultat remarquable, que $\varphi\frac{\alpha}{m}$, $f\frac{\alpha}{m}$, $F\frac{\alpha}{m}$ peuvent être exprimés en $\varphi\alpha$, $f\alpha$, $F\alpha$, par une formule qui, par rapport à α, ne contient d'autres irrationnalités que des radicaux. Cela donne une classe très générale d'équations qui sont résolubles algébriquement. Il est à remarquer que les expressions des racines contiennent des quantités constantes qui, en général, ne sont pas exprimables par des quantités algébriques. Ces quantités constantes dépendent d'une équation du degré m^2-1. On fera voir comment, au moyen de fonctions algébriques, on peut en ramener la résolution à celle d'une équation du degré $m+1$. On donnera plusieurs expressions des fonctions $\varphi(2n+1)\alpha$, $f(2n+1)\alpha$, $F(2n+1)\alpha$ en fonction de $\varphi\alpha$, $f\alpha$, $F\alpha$. On en déduira ensuite les valeurs de $\varphi\alpha$, $f\alpha$, $F\alpha$ en fonction de α. On démontrera, que ces fonctions peuvent être décomposées en un nombre infini de facteurs, et même en une infinité de fractions partielles.

§ I.

Propriétés fondamentales des fonctions $\varphi\alpha$, $f\alpha$, $F\alpha$.

1.

En supposant que

(1) $$\varphi\alpha = x,$$

on aura en vertu de ce qui précède

(2) $$\alpha = \int_0^x \frac{dx}{\sqrt{(1-c^2x^2)(1+e^2x^2)}}.$$

Par là on voit que α, considéré comme fonction de x, est positif depuis $x=0$ jusqu'à $x=\frac{1}{c}\cdot$ En faisant donc

(3) $$\frac{\omega}{2} = \int_0^{\frac{1}{c}} \frac{dx}{\sqrt{(1-c^2x^2)(1+e^2x^2)}},$$

il est évident que $\varphi\alpha$ est positif et va en augmentant depuis $\alpha=0$ jusqu'à $\alpha=\frac{\omega}{2}$, et qu'on aura

(4) $$\varphi(0)=0,\quad \varphi\left(\frac{\omega}{2}\right)=\frac{1}{c}\cdot$$

Comme α change de signe, lorsqu'on écrit $-x$ à la place de x, il en est de même de la fonction $\varphi\alpha$ par rapport à α, et par conséquent on aura l'équation

(5) $$\varphi(-\alpha) = -\varphi\alpha.$$

En mettant dans (1) xi au lieu de x (où i, pour abréger, représente la quantité imaginaire $\sqrt{-1}$) et désignant la valeur de α par βi, il viendra

(6) $$xi = \varphi(\beta i) \quad \text{et} \quad \beta = \int_0^x \frac{dx}{\sqrt{(1+c^2x^2)(1-e^2x^2)}}.$$

β est réel et positif depuis $x=0$ jusqu'à $x=\frac{1}{e}$, donc en faisant

(7) $$\frac{\varpi}{2}=\int_0^{\frac{1}{e}}\frac{dx}{\sqrt{(1-e^2x^2)(1+c^2x^2)}},$$

x sera positif, depuis $\beta=0$ jusqu'à $\beta=\frac{\varpi}{2}$, c'est-à-dire que la fonction $\frac{1}{i}\varphi(\beta i)$ sera positive entre les mêmes limites. En faisant $\beta=\alpha$ et $y=\frac{\varphi(\alpha i)}{i}$, on a

$$\alpha=\int_0^y\frac{dy}{\sqrt{(1-e^2y^2)(1+c^2y^2)}},$$

donc on voit, qu'en supposant c au lieu de e et e au lieu de c,

$$\frac{\varphi(\alpha i)}{i} \text{ se changera en } \varphi\alpha.$$

Et comme

$$f\alpha=\sqrt{1-c^2\varphi^2\alpha},$$
$$F\alpha=\sqrt{1+e^2\varphi^2\alpha},$$

on voit que par le changement de c en e et e en c, $f(\alpha i)$ et $F(\alpha i)$ se changeront respectivement en $F\alpha$ et $f\alpha$. Enfin les équations (3) et (7) font voir que par la même transformation ω et ϖ se changeront respectivement en ϖ et ω.

D'après la formule (7) on aura $x=\frac{1}{e}$ pour $\beta=\frac{\varpi}{2}$, donc en vertu de l'équation $xi=\varphi(\beta i)$, il viendra

(8) $$\varphi\left(\frac{\varpi i}{2}\right)=i\cdot\frac{1}{e}.$$

2.

En vertu de ce qui précède, on aura les valeurs de $\varphi\alpha$ pour toute valeur réelle de α, comprise entre $-\frac{\omega}{2}$ et $+\frac{\omega}{2}$, et pour toute valeur imaginaire de la forme βi de cette quantité, si β est une quantité contenue entre les limites $-\frac{\varpi}{2}$ et $+\frac{\varpi}{2}$. Il s'agit maintenant de trouver la valeur de cette fonction pour une valeur quelconque, réelle ou imaginaire, de la variable. Pour y parvenir, nous allons d'abord établir les propriétés fondamentales des fonctions φ, f et F.

Ayant

$$f^2\alpha = 1 - c^2\varphi^2\alpha,$$
$$F^2\alpha = 1 + e^2\varphi^2\alpha,$$

on aura, en différentiant

$$f\alpha . f'\alpha = -c^2\varphi\alpha . \varphi'\alpha,$$
$$F\alpha . F'\alpha = e^2\varphi\alpha . \varphi'\alpha.$$

Or d'après (2) on a

$$\varphi'\alpha = \sqrt{(1 - c^2\varphi^2\alpha)(1 + e^2\varphi^2\alpha)} = f\alpha . F\alpha,$$

donc, en substituant cette valeur de $\varphi'\alpha$ dans les deux équations précédentes, on trouvera que les fonctions $\varphi\alpha$, $f\alpha$, $F\alpha$ sont liées entre elles par les équations

$$(9) \qquad \begin{cases} \varphi'\alpha = f\alpha . F\alpha, \\ f'\alpha = -c^2\varphi\alpha . F\alpha, \\ F'\alpha = e^2\varphi\alpha . f\alpha. \end{cases}$$

Cela posé, je dis qu'en désignant par α et β deux indéterminées, on aura

$$(10) \qquad \begin{cases} \varphi(\alpha + \beta) = \dfrac{\varphi\alpha . f\beta . F\beta + \varphi\beta . f\alpha . F\alpha}{1 + e^2c^2\varphi^2\alpha . \varphi^2\beta}, \\ f(\alpha + \beta) = \dfrac{f\alpha . f\beta - c^2\varphi\alpha . \varphi\beta . F\alpha . F\beta}{1 + e^2c^2\varphi^2\alpha . \varphi^2\beta}, \\ F(\alpha + \beta) = \dfrac{F\alpha . F\beta + e^2\varphi\alpha . \varphi\beta . f\alpha . f\beta}{1 + e^2c^2\varphi^2\alpha . \varphi^2\beta}. \end{cases}$$

Ces formules peuvent être déduites sur le champ des propriétés connues des fonctions elliptiques (*Legendre* Exercices de Calcul intégral); mais on peut aussi les vérifier aisément de la manière suivante.

En désignant par r le second membre de la première des équations (10), on aura, en différentiant par rapport à α,

$$\frac{dr}{d\alpha} = \frac{\varphi'\alpha . f\beta . F\beta + \varphi\beta . F\alpha . f'\alpha + \varphi\beta . f\alpha . F'\alpha}{1 + e^2c^2\varphi^2\alpha . \varphi^2\beta}$$
$$- \frac{(\varphi\alpha . f\beta . F\beta + \varphi\beta . f\alpha . F\alpha)\, 2e^2c^2\varphi\alpha . \varphi^2\beta . \varphi'\alpha}{(1 + e^2c^2\varphi^2\alpha . \varphi^2\beta)^2}.$$

En substituant pour $\varphi'\alpha$, $f'\alpha$, $F'\alpha$ leurs valeurs données par les équations (9), il viendra

$$\frac{dr}{d\alpha}=\frac{f\alpha.F\alpha.f\beta.F\beta}{1+e^2c^2\varphi^2\alpha.\varphi^2\beta}-\frac{2e^2c^2\varphi^2\alpha.\varphi^2\beta.f\alpha.f\beta.F\alpha.F\beta}{(1+e^2c^2\varphi^2\alpha.\varphi^2\beta)^2}$$
$$+\frac{\varphi\alpha.\varphi\beta.(1+e^2c^2\varphi^2\alpha.\varphi^2\beta)(-c^2F^2\alpha+e^2f^2\alpha)-2e^2c^2\varphi\alpha.\varphi\beta.\varphi^2\beta.f^2\alpha.F^2\alpha}{(1+e^2c^2\varphi^2\alpha.\varphi^2\beta)^2},$$

d'où, en substituant pour $f^2\alpha$ et $F^2\alpha$ leurs valeurs $1-c^2\varphi^2\alpha$, $1+e^2\varphi^2\alpha$, et en réduisant, on tire

$$\frac{dr}{d\alpha}=\frac{(1-e^2c^2\varphi^2\alpha.\varphi^2\beta)\,[(e^2-c^2)\varphi\alpha.\varphi\beta+f\alpha.f\beta.F\alpha.F\beta]-2e^2c^2\varphi\alpha.\varphi\beta\,(\varphi^2\alpha+\varphi^2\beta)}{(1+e^2c^2\varphi^2\alpha.\varphi^2\beta)^2}.$$

Maintenant α et β entrent symétriquement dans l'expression de r; donc on aura la valeur de $\frac{dr}{d\beta}$, en permutant α et β dans la valeur de $\frac{dr}{d\alpha}$. Or par là l'expression de $\frac{dr}{d\alpha}$ ne change pas de valeur, donc on aura

$$\frac{dr}{d\alpha}=\frac{dr}{d\beta}$$

Cette équation aux différentielles partielles fait voir que r est fonction de $\alpha+\beta$; donc on aura

$$r=\psi(\alpha+\beta).$$

La forme de la fonction ψ se trouvera en donnant à β une valeur particulière. En supposant par exemple $\beta=0$, et en remarquant que $\varphi(0)=0$, $f(0)=1$, $F(0)=1$, les deux valeurs de r deviendront

$$r=\varphi\alpha \quad\text{et}\quad r=\psi\alpha,$$

donc

$$\psi\alpha=\varphi\alpha,$$

d'où

$$r=\psi(\alpha+\beta)=\varphi(\alpha+\beta).$$

La première des formules (10) a donc effectivement lieu.

On vérifiera de la même manière les deux autres formules.

3.

Des formules (10) on peut déduire une foule d'autres. Je vais rapporter quelques-unes des plus remarquables. Pour abréger je fais

$$1+e^2c^2\varphi^2\alpha.\varphi^2\beta=R. \tag{11}$$

En changeant d'abord le signe de β, on obtiendra

$$(12)\quad\begin{cases}\varphi(\alpha+\beta)+\varphi(\alpha-\beta)=\dfrac{2\,\varphi\alpha\,.\,f\beta\,.\,F\beta}{R},\\ \varphi(\alpha+\beta)-\varphi(\alpha-\beta)=\dfrac{2\,\varphi\beta\,.\,f\alpha\,.\,F\alpha}{R},\\ f(\alpha+\beta)+f(\alpha-\beta)=\dfrac{2\,f\alpha\,.\,f\beta}{R},\\ f(\alpha+\beta)-f(\alpha-\beta)=\dfrac{-2\,c^2\,.\,\varphi\alpha\,.\,\varphi\beta\,.\,F\alpha\,.\,F\beta}{R},\\ F(\alpha+\beta)+F(\alpha-\beta)=\dfrac{2\,F\alpha\,.\,F\beta}{R},\\ F(\alpha+\beta)-F(\alpha-\beta)=\dfrac{2\,e^2\,.\,\varphi\alpha\,.\,\varphi\beta\,.\,f\alpha\,.\,f\beta}{R}.\end{cases}$$

En formant le produit de $\varphi(\alpha+\beta)$ et $\varphi(\alpha-\beta)$, on trouvera

$$\varphi(\alpha+\beta)\,.\,\varphi(\alpha-\beta)=\frac{\varphi\alpha\,.\,f\beta\,.\,F\beta+\varphi\beta\,.\,f\alpha\,.\,F\alpha}{R}\,.\,\frac{\varphi\alpha\,.\,f\beta\,.\,F\beta-\varphi\beta\,.\,f\alpha\,.\,F\alpha}{R}$$
$$=\frac{\varphi^2\alpha\,.\,f^2\beta\,.\,F^2\beta-\varphi^2\beta\,.\,f^2\alpha\,.\,F^2\alpha}{R^2},$$

ou, en substituant les valeurs de $f^2\beta$, $F^2\beta$, $f^2\alpha$, $F^2\alpha$ en $\varphi\beta$ et $\varphi\alpha$,

$$\varphi(\alpha+\beta)\,.\,\varphi(\alpha-\beta)=\frac{\varphi^2\alpha-\varphi^2\beta-e^2c^2\varphi^2\alpha\,.\,\varphi^4\beta+e^2c^2\varphi^2\beta\,.\,\varphi^4\alpha}{R^2}$$
$$=\frac{(\varphi^2\alpha-\varphi^2\beta)(1+e^2c^2\varphi^2\alpha\,.\,\varphi^2\beta)}{R^2};$$

or $R=1+e^2c^2\varphi^2\alpha\,.\,\varphi^2\beta$, donc

$$(13)\qquad \varphi(\alpha+\beta)\,.\,\varphi(\alpha-\beta)=\frac{\varphi^2\alpha-\varphi^2\beta}{R}.$$

On trouvera de même

$$(14)\quad\begin{cases}f(\alpha+\beta)\,.\,f(\alpha-\beta)=\dfrac{f^2\alpha-c^2\varphi^2\beta\,.\,F^2\alpha}{R}=\dfrac{f^2\beta-c^2\varphi^2\alpha\,.\,F^2\beta}{R}\\ \qquad=\dfrac{1-c^2\varphi^2\alpha-c^2\varphi^2\beta-c^2e^2\varphi^2\alpha\,.\,\varphi^2\beta}{R}=\dfrac{f^2\alpha\,.\,f^2\beta-c^2(c^2+e^2)\varphi^2\alpha\,.\,\varphi^2\beta}{R},\\ F(\alpha+\beta)\,.\,F(\alpha-\beta)=\dfrac{F^2\alpha+e^2\varphi^2\beta\,.\,f^2\alpha}{R}=\dfrac{F^2\beta+e^2\varphi^2\alpha\,.\,f^2\beta}{R}\\ \qquad=\dfrac{1+e^2\varphi^2\alpha+e^2\varphi^2\beta-e^2c^2\varphi^2\alpha\,.\,\varphi^2\beta}{R}=\dfrac{F^2\alpha\,.\,F^2\beta-e^2(c^2+e^2)\varphi^2\alpha\,.\,\varphi^2\beta}{R}.\end{cases}$$

4.

En faisant dans les formules (10) $\beta = \pm \frac{\omega}{2}$, $\beta = \pm \frac{\varpi}{2} i$, et en remarquant que $f\left(\pm\frac{\omega}{2}\right)=0$, $F\left(\pm\frac{\varpi}{2}i\right)=0$, on aura

$$(15)\quad \left\{\begin{aligned}
&\varphi\left(\alpha\pm\frac{\omega}{2}\right)=\pm\varphi\frac{\omega}{2}\cdot\frac{f\alpha}{F\alpha};\quad f\left(\alpha\pm\frac{\omega}{2}\right)=\mp\frac{F\frac{\omega}{2}}{\varphi\frac{\omega}{2}}\cdot\frac{\varphi\alpha}{F\alpha};\\
&F\left(\alpha\pm\frac{\omega}{2}\right)=\frac{F\frac{\omega}{2}}{F\alpha};\\
&\varphi\left(\alpha\pm\frac{\varpi}{2}i\right)=\pm\varphi\left(\frac{\varpi}{2}i\right)\cdot\frac{F\alpha}{f\alpha};\quad F\left(\alpha\pm\frac{\varpi}{2}i\right)=\mp\frac{f\left(\frac{\varpi}{2}i\right)}{\varphi\left(\frac{\varpi}{2}i\right)}\cdot\frac{\varphi\alpha}{f\alpha};\\
&f\left(\alpha\pm\frac{\varpi}{2}i\right)=\frac{f\left(\frac{\varpi}{2}i\right)}{f\alpha};
\end{aligned}\right.$$

ou bien:

$$(16)\quad \left\{\begin{aligned}
&\varphi\left(\alpha\pm\frac{\omega}{2}\right)=\pm\frac{1}{c}\,\frac{f\alpha}{F\alpha};\quad f\left(\alpha\pm\frac{\omega}{2}\right)=\mp\sqrt{e^2+c^2}\,\frac{\varphi\alpha}{F\alpha};\\
&F\left(\alpha\pm\frac{\omega}{2}\right)=\frac{\sqrt{e^2+c^2}}{c}\,\frac{1}{F\alpha};\\
&\varphi\left(\alpha\pm\frac{\varpi}{2}i\right)=\pm\frac{i}{e}\,\frac{F\alpha}{f\alpha};\quad F\left(\alpha\pm\frac{\varpi}{2}i\right)=\pm i\sqrt{e^2+c^2}\,\frac{\varphi\alpha}{f\alpha};\\
&f\left(\alpha\pm\frac{\varpi}{2}i\right)=\frac{\sqrt{e^2+c^2}}{e}\,\frac{1}{f\alpha}.
\end{aligned}\right.$$

De là on tire sur le champ

$$(17)\quad \left\{\begin{aligned}
&\varphi\left(\frac{\omega}{2}+\alpha\right)=\varphi\left(\frac{\omega}{2}-\alpha\right);\quad f\left(\frac{\omega}{2}+\alpha\right)=-f\left(\frac{\omega}{2}-\alpha\right);\\
&F\left(\frac{\omega}{2}+\alpha\right)=F\left(\frac{\omega}{2}-\alpha\right);\\
&\varphi\left(\frac{\varpi}{2}i+\alpha\right)=\varphi\left(\frac{\varpi}{2}i-\alpha\right);\quad F\left(\frac{\varpi}{2}i+\alpha\right)=-F\left(\frac{\varpi}{2}i-\alpha\right);\\
&f\left(\frac{\varpi}{2}i+\alpha\right)=f\left(\frac{\varpi}{2}i-\alpha\right).
\end{aligned}\right.$$

$$(18)\quad\begin{cases}\varphi\left(\alpha\pm\frac{\omega}{2}\right)\varphi\left(\alpha+\frac{\varpi}{2}i\right)=\pm\frac{i}{ce};\quad F\left(\alpha\pm\frac{\omega}{2}\right)Fa=\frac{\sqrt{e^2+c^2}}{c};\\ f\left(\alpha\pm\frac{\varpi}{2}i\right)f\alpha=\frac{\sqrt{e^2+c^2}}{e}.\end{cases}$$

En faisant $\alpha=\frac{\omega}{2}$ et $\frac{\varpi}{2}i$, on en déduit

$$\varphi\left(\frac{\omega}{2}+\frac{\omega}{2}i\right)=\frac{1}{0},\ f\left(\frac{\omega}{2}+\frac{\varpi}{2}i\right)=\frac{1}{0},\ F\left(\frac{\omega}{2}+\frac{\varpi}{2}i\right)=\frac{1}{0}.$$

En mettant ensuite dans les trois premières équations (17) $\alpha+\frac{\omega}{2}$ au lieu de α, et dans les trois dernières $\alpha+\frac{\varpi}{2}i$ au lieu de α, on obtiendra les suivantes

$$(19)\quad\begin{cases}\varphi(\alpha+\omega)=-\varphi\alpha;\ f(\alpha+\omega)=-f\alpha;\ F(\alpha+\omega)=\ \ F\alpha;\\ \varphi(\alpha+\varpi i)=-\varphi\alpha;\ f(\alpha+\varpi i)=\ \ f\alpha;\ F(\alpha+\varpi i)=-F\alpha;\end{cases}$$

et en mettant $\alpha+\omega$ et $\alpha+\varpi i$ au lieu de α:

$$(20)\quad\begin{cases}\varphi(2\omega+\alpha)=\varphi\alpha;\ \varphi(2\varpi i+\alpha)=\varphi\alpha;\ \varphi(\omega+\varpi i+\alpha)=\varphi\alpha;\\ f(2\omega+\alpha)=f\alpha;\quad f(\varpi i+\alpha)=f\alpha;\\ F(\omega+\alpha)=F\alpha;\ F(2\varpi i+\alpha)=F\alpha.\end{cases}$$

Ces équations font voir que les fonctions $\varphi\alpha$, $f\alpha$, $F\alpha$ sont des fonctions *périodiques*. On en déduira sans peine les suivantes, où m et n sont deux nombres entiers positifs ou négatifs:

$$(21)\quad\begin{cases}\varphi[(m+n)\omega+(m-n)\varpi i+\alpha]=\varphi\alpha;\\ \varphi[(m+n)\omega+(m-n+1)\varpi i+\alpha]=-\varphi\alpha;\\ f(2m\omega+n\varpi i+\alpha)=f\alpha;\ f[(2m+1)\omega+n\varpi i+\alpha]=-f\alpha.\\ F(m\omega+2n\varpi i+\alpha)=F\alpha;\ F[m\omega+(2n+1)\varpi i+\alpha]=-F\alpha.\end{cases}$$

Ces formules peuvent aussi s'écrire comme il suit:

$$(22)\quad\begin{cases}\varphi(m\omega+n\varpi i\pm\alpha)=\pm(-1)^{m+n}\varphi\alpha,\\ f(m\omega+n\varpi i\pm\alpha)=(-1)^m f\alpha,\\ F(m\omega+n\varpi i\pm\alpha)=(-1)^n F\alpha.\end{cases}$$

On peut remarquer comme cas particuliers:

$$(22')\quad\begin{cases}\varphi(m\omega\pm\alpha)=\pm(-1)^m\varphi\alpha; & \varphi(n\varpi i\pm\alpha)=\pm(-1)^n\varphi\alpha;\\ f(m\omega\pm\alpha)=(-1)^m f\alpha; & f(n\varpi i\pm\alpha)=f\alpha;\\ F(m\omega\pm\alpha)=F\alpha; & F(n\varpi i\pm\alpha)=(-1)^n F\alpha.\end{cases}$$

5.

Les formules qu'on vient d'établir font voir qu'on aura les valeurs des fonctions $\varphi\alpha$, $f\alpha$, $F\alpha$ pour toutes les valeurs réelles ou imaginaires de la variable, si on les connaît pour les valeurs réelles de cette quantité, comprises entre $\frac{\omega}{2}$ et $-\frac{\omega}{2}$ et pour les valeurs imaginaires de la forme βi, où β est compris entre $\frac{\varpi}{2}$ et $-\frac{\varpi}{2}$.

En effet, supposons qu'on demande la valeur des fonctions $\varphi(\alpha+\beta i)$, $f(\alpha+\beta i)$, $F(\alpha+\beta i)$, où α et β sont des quantités réelles quelconques. En mettant dans les formules (10) βi à la place de β, il est clair qu'on aura les trois fonctions dont il s'agit, exprimées par les fonctions $\varphi\alpha$, $f\alpha$, $F\alpha$, $\varphi(\beta i)$, $f(\beta i)$, $F(\beta i)$. Il ne reste donc qu'à déterminer ces dernières. Or, quelles que soient les valeurs de α et β, on peut toujours trouver deux nombres entiers m et n, tels que $\alpha=m\omega\pm\alpha'$, $\beta=n\varpi\pm\beta'$, où α' est une quantité comprise entre 0 et $+\frac{\omega}{2}$, et β' entre 0 et $+\frac{\varpi}{2}$. Donc on aura, en vertu des équations (22'), en substituant les valeurs précédentes de α et β,

$$\begin{aligned}\varphi\alpha &= \varphi(m\omega\pm\alpha') = \pm(-1)^m\varphi\alpha',\\ f\alpha &= f(m\omega\pm\alpha') = (-1)^m f\alpha',\\ F\alpha &= F(m\omega\pm\alpha') = F\alpha',\\ \varphi(\beta i) &= \varphi(n\varpi i\pm\beta' i) = \pm(-1)^n\varphi(\beta' i),\\ f(\beta i) &= f(n\varpi i\pm\beta' i) = f(\beta' i),\\ F(\beta i) &= F(n\varpi i\pm\beta' i) = (-1)^n F(\beta' i).\end{aligned}$$

Donc les fonctions $\varphi\alpha$, $f\alpha$, $F\alpha$, $\varphi(\beta i)$, $f(\beta i)$, $F(\beta i)$ seront exprimées comme on vient de le dire, et par suite aussi les fonctions $\varphi(\alpha+\beta i)$, $f(\alpha+\beta i)$, $F(\alpha+\beta i)$.

Nous avons vu précédemment, que $\varphi\alpha$ est réel depuis $\alpha=-\frac{\omega}{2}$ jusqu'à

$\alpha = +\frac{\omega}{2}$, et que $\frac{\varphi(\alpha i)}{i}$ est réel depuis $\alpha = -\frac{\varpi}{2}$ jusqu'à $\alpha = +\frac{\varpi}{2}$. Donc en vertu des équations (22) il est clair

1) que $\varphi\alpha$ et $\frac{\varphi(\alpha i)}{i}$ sont réels pour toute valeur réelle de α; $\varphi\alpha$ est compris entre $-\frac{1}{c}$ et $+\frac{1}{c}$, et $\frac{\varphi(\alpha i)}{i}$ entre $-\frac{1}{e}$ et $+\frac{1}{e}$;

2) que $\varphi\alpha$ s'évanouit pour $\alpha = m\omega$, et $\frac{\varphi(\alpha i)}{i}$ pour $\alpha = m\varpi$, m étant un nombre entier positif ou négatif; mais $\varphi\alpha$ n'est pas nul pour aucune autre valeur réelle de α.

En remarquant, que $f\alpha = \sqrt{1 - c^2\varphi^2\alpha}$, $F\alpha = \sqrt{1 + e^2\varphi^2\alpha}$, il suit de ce que nous venons de dire

1) que les fonctions $f\alpha$, $F\alpha$, $f(\alpha i)$, $F(\alpha i)$ sont réelles pour toute valeur de α;

2) que $f\alpha$ est compris entre les limites -1 et $+1$ et $F\alpha$ entre les limites $+1$ et $+\sqrt{1 + \frac{e^2}{c^2}}$, de sorte que $F\alpha$ est positif pour toute valeur réelle de α;

3) que $f(\alpha i)$ est positif et compris entre les limites $+1$ et $\sqrt{1 + \frac{c^2}{e^2}}$ et $F(\alpha i)$ entre les limites -1 et $+1$ pour toute valeur réelle de α;

4) que $f\alpha$ s'évanouit pour $\alpha = (m + \frac{1}{2})\omega$ et $F(\alpha i)$ pour $\alpha = (m + \frac{1}{2})\varpi$; mais que ces fonctions ne s'annulent pour aucune autre valeur de α.

On remarquera ce qui suit, comme corollaires des formules (22):

1) Soit $\alpha = 0$. Dans ce cas, en remarquant que $\varphi(0) = 0$, $f(0) = 1$, $F(0) = 1$, on aura

$$(23) \quad \begin{cases} \varphi(m\omega + n\varpi i) = 0, \\ f(m\omega + n\varpi i) = (-1)^m, \\ F(m\omega + n\varpi i) = (-1)^n. \end{cases}$$

2) Soit $\alpha = \frac{\omega}{2}$. En vertu des équations:

$$\varphi\left(\frac{\omega}{2}\right) = \frac{1}{c}, \quad f\left(\frac{\omega}{2}\right) = 0, \quad F\left(\frac{\omega}{2}\right) = \frac{\sqrt{e^2 + c^2}}{c} = \frac{b}{c},$$

on aura

$$(24) \quad \begin{cases} \varphi[(m + \frac{1}{2})\omega + n\varpi i] = (-1)^{m+n}\frac{1}{c}, \\ f[(m + \frac{1}{2})\omega + n\varpi i] = 0, \\ F[(m + \frac{1}{2})\omega + n\varpi i] = (-1)^n\frac{b}{c}. \end{cases}$$

3) Soit $\alpha = \frac{\varpi}{2} i$. En vertu des équations

$$\varphi\left(\frac{\varpi}{2} i\right) = \frac{i}{e}, \quad f\left(\frac{\varpi}{2} i\right) = \frac{b}{e}, \quad F\left(\frac{\varpi}{2} i\right) = 0,$$

on aura

$$(25) \quad \begin{cases} \varphi[m\omega + (n+\frac{1}{2})\varpi i] = (-1)^{m+n} \frac{i}{e}, \\ f[m\omega + (n+\frac{1}{2})\varpi i] = (-1)^m \frac{b}{e}, \\ F[m\omega + (n+\frac{1}{2})\varpi i] = 0. \end{cases}$$

4) Soit $\alpha = \frac{\omega}{2} + \frac{\varpi}{2} i$. En vertu des équations ci-dessus on aura

$$(26) \quad \begin{cases} \varphi[(m+\frac{1}{2})\omega + (n+\frac{1}{2})\varpi i] = \frac{1}{0}, \\ f[(m+\frac{1}{2})\omega + (n+\frac{1}{2})\varpi i] = \frac{1}{0}, \\ F[(m+\frac{1}{2})\omega + (n+\frac{1}{2})\varpi i] = \frac{1}{0}. \end{cases}$$

6.

Les équations (23), (24), (25) font voir que la fonction $\varphi\alpha$ s'évanouit toutes les fois que α est de la forme $\alpha = m\omega + n\varpi i$; que $f\alpha$ s'évanouit toutes les fois que α est de la forme $\alpha = (m+\frac{1}{2})\omega + n\varpi i$, et que $F\alpha$ s'évanouit toutes les fois que α est de la forme $\alpha = m\omega + (n+\frac{1}{2})\varpi i$. Or je dis que pour toute autre valeur de α, les fonctions $\varphi\alpha$, $f\alpha$, $F\alpha$ auront nécessairement une valeur différente de zéro. Supposons en effet qu'on ait

$$\varphi(\alpha + \beta i) = 0,$$

α et β étant des quantités réelles. En vertu de la première des formules (10), cette équation peut s'écrire comme il suit:

$$\frac{\varphi\alpha . f(\beta i) F(\beta i) + \varphi(\beta i) f\alpha . F\alpha}{1 + e^2 c^2 \varphi^2 \alpha . \varphi^2(\beta i)} = 0.$$

Maintenant les quantités $\varphi\alpha$, $f(\beta i)$, $F(\beta i)$ sont réelles et $\varphi(\beta i)$ est de la forme iA, où A est réel; donc cette équation ne peut subsister à moins qu'on n'ait séparément

$$\varphi\alpha . f(\beta i) F(\beta i) = 0; \quad \varphi(\beta i) f\alpha . F\alpha = 0.$$

Ces équations ne peuvent être satisfaites que de deux manières, savoir en faisant

$$\varphi\alpha = 0,\quad \varphi(\beta i) = 0,$$

ou

$$f(\beta i)\, F(\beta i) = 0,\quad f\alpha \,.\, F\alpha = 0.$$

Les deux premières équations donnent $\alpha = m\omega$; $\beta = n\varpi$. Les deux dernières, en remarquant que $F\alpha$ et $f(\beta i)$ ne peuvent jamais s'évanouir, donnent

$$f\alpha = 0,\quad F(\beta i) = 0,$$

d'où

$$\alpha = (m + \tfrac{1}{2})\,\omega,\quad \beta = (n + \tfrac{1}{2})\,\varpi.$$

Mais pour ces valeurs de α et β, la valeur de $\varphi(\alpha + \beta i)$ deviendra infinie; donc les seules valeurs de α et β sont $\alpha = m\omega$ et $\beta = n\varpi$, et par conséquent toutes les racines de l'équation

$$\varphi x = 0,$$

peuvent être représentées par

(27) $$x = m\omega + n\varpi i.$$

De la même manière on trouvera que toutes les racines de l'équation

$$fx = 0,$$

peuvent être représentées par

(28) $$x = (m + \tfrac{1}{2})\,\omega + n\varpi i,$$

et celles de l'équation

$$Fx = 0,$$

par

(29) $$x = m\omega + (n + \tfrac{1}{2})\,\varpi i.$$

7.

Les formules (26) font voir qu'on satisfait aux trois équations

$$\varphi x = \tfrac{1}{0},\quad fx = \tfrac{1}{0},\quad Fx = \tfrac{1}{0},$$

en donnant à x une des valeurs de la forme

(30) $$x = (m + \tfrac{1}{2})\,\omega + (n + \tfrac{1}{2})\varpi i.$$

Or on peut démontrer que les équations en question n'ont pas d'autres racines. En effet, ayant

$$\varphi x = \frac{i}{ec}\frac{1}{\varphi\left(x-\frac{\omega}{2}-\frac{\varpi}{2}i\right)},\quad fx=\frac{b}{e}\frac{1}{f\left(x-\frac{\varpi}{2}i\right)},\quad Fx=\frac{b}{c}\frac{1}{F\left(x-\frac{\omega}{2}\right)},$$

les équations en question entraîneront celles-ci:

$$\varphi\left(x-\frac{\omega}{2}-\frac{\varpi}{2}i\right)=0,\quad f\left(x-\frac{\varpi}{2}i\right)=0,\quad F\left(x-\frac{\omega}{2}\right)=0;$$

mais en vertu de ce qu'on vient de voir dans le numéro précédent, ces équations donnent respectivement

$$x-\frac{\omega}{2}-\frac{\varpi}{2}i=m\omega+n\varpi i;\quad x-\frac{\varpi}{2}i=(m+\tfrac{1}{2})\,\omega+n\varpi i,$$

$$x-\frac{\omega}{2}=m\omega+(n+\tfrac{1}{2})\,\varpi i;$$

ces trois équations sont équivalentes à la suivante:

$$x=(m+\tfrac{1}{2})\,\omega+(n+\tfrac{1}{2})\,\varpi i,$$

c. q. f. d.

8.

Ayant trouvé comme ci-dessus toutes les racines des équations

$$\varphi x=0,\quad fx=0,\quad Fx=0,$$
$$\varphi x=\tfrac{1}{0},\quad fx=\tfrac{1}{0},\quad Fx=\tfrac{1}{0};$$

je vais maintenant chercher les racines des équations plus générales

$$\varphi x=\varphi a,\quad fx=fa,\quad Fx=Fa,$$

où a est une quantité quelconque réelle ou imaginaire. Considérons d'abord l'équation

$$\varphi x-\varphi a=0.$$

En faisant dans la seconde des formules (12)

$$\alpha=\frac{x+a}{2},\quad \beta=\frac{x-a}{2},$$

on trouvera

$$\varphi x-\varphi a=\frac{2\varphi\left(\frac{x-a}{2}\right)f\left(\frac{x+a}{2}\right)F\left(\frac{x+a}{2}\right)}{1+e^2c^2\,\varphi^2\left(\frac{x+a}{2}\right)\varphi^2\left(\frac{x-a}{2}\right)}=0.$$

Cette équation ne peut subsister que dans l'un des cinq cas suivants:

1) si $\varphi\left(\frac{x-a}{2}\right)=0$, d'où $x=a+2m\omega+2n\varpi i$,

2) si $f\left(\frac{x+a}{2}\right)=0$, d'où $x=-a+(2m+1)\omega+2n\varpi i$,

3) si $F\left(\frac{x+a}{2}\right)=0$, d'où $x=-a+2m\omega+(2n+1)\varpi i$,

4) si $\varphi\left(\frac{x-a}{2}\right)=\frac{1}{0}$, d'où $x=a+(2m+1)\omega+(2n+1)\varpi i$,

5) si $\varphi\left(\frac{x+a}{2}\right)=\frac{1}{0}$, d'où $x=-a+(2m+1)\omega+(2n+1)\varpi i$.

La résolution de ces cinq équations est contenue dans les formules (27), (28), (29), (30).

Des valeurs trouvées de x il faut rejeter celles que donne la formule

$$x=-a+(2m+1)\omega+(2n+1)\varpi i,$$

car une telle valeur de x donne, en vertu de l'équation (22),

$$\varphi x=-\varphi a,$$

tandis qu'on doit avoir $\varphi x=\varphi a$; mais les autres valeurs de x, exprimées par les quatre premières formules, peuvent être admises. Elles sont, comme on le voit, contenues dans la seule formule:

(31) $$x=(-1)^{m+n}a+m\omega+n\varpi i.$$

Telle est donc l'expression générale de toutes les racines de l'équation

$$\varphi x=\varphi a.$$

On trouvera de la même manière que toutes les racines de l'équation

$$fx=fa$$

sont représentées par la formule

(32) $$x=\pm a+2m\omega+n\varpi i,$$

et toutes celles de l'équation

$$Fx=Fa$$

par la formule

(33) $$x=\pm a+m\omega+2n\varpi i.$$

§ II.

Formules qui donnent les valeurs de $\varphi(n\alpha)$, $f(n\alpha)$, $F(n\alpha)$ exprimées en fonctions rationnelles de $\varphi\alpha$, $f\alpha$, $F\alpha$.

9.

Reprenons les formules (12). En faisant dans la 1e, la 3e et la 5[e] $\alpha = n\beta$, il viendra

$$(34)\quad \begin{cases} \varphi(n+1)\beta = -\varphi(n-1)\beta + \dfrac{2\varphi(n\beta)f\beta \, . \, F\beta}{R}, \\ f(n+1)\beta = -f(n-1)\beta + \dfrac{2f(n\beta)f\beta}{R}, \\ F(n+1)\beta = -F(n-1)\beta + \dfrac{2F(n\beta)F\beta}{R}, \end{cases}$$

où $R = 1 + c^2e^2\varphi^2(n\beta)\varphi^2\beta$.

Ces formules donnent la valeur de $\varphi(n+1)\beta$ en $\varphi(n-1)\beta$ et $\varphi(n\beta)$; celle de $f(n+1)\beta$ en $f(n-1)\beta$ et $f(n\beta)$, et celle de $F(n+1)\beta$ en $F(n-1)\beta$ et $F(n\beta)$. Donc en faisant successivement $n = 1, 2, 3 \ldots$, on trouvera successivement les valeurs des fonctions:

$$\begin{gathered} \varphi(2\beta),\ \varphi(3\beta),\ \varphi(4\beta) \ldots \varphi(n\beta), \\ f(2\beta),\ f(3\beta),\ f(4\beta) \ldots f(n\beta), \\ F(2\beta),\ F(3\beta),\ F(4\beta) \ldots F(n\beta), \end{gathered}$$

exprimées en fonctions rationnelles des trois quantités

$$\varphi\beta,\ f\beta,\ F\beta.$$

En faisant p. ex. $n = 1$, on aura

$$(35)\quad \begin{cases} \varphi(2\beta) = \dfrac{2\varphi\beta \, . \, f\beta \, . \, F\beta}{1 + e^2c^2\varphi^4\beta}, \\ f(2\beta) = -1 + \dfrac{2f^2\beta}{1 + e^2c^2\varphi^4\beta}, \\ F(2\beta) = -1 + \dfrac{2F^2\beta}{1 + e^2c^2\varphi^4\beta}. \end{cases}$$

Les fonctions $\varphi(n\beta)$, $f(n\beta)$, $F(n\beta)$ étant des fonctions rationnelles de $\varphi\beta$, $f\beta$, $F\beta$, on peut toujours les réduire à la forme $\dfrac{P}{Q}$, où P et Q sont des fonctions entières de $\varphi\beta$, $f\beta$, $F\beta$. De même il est clair que le dénominateur Q aura la même valeur pour les trois fonctions que l'on considère. Soit donc

(35') $$\varphi(n\beta)=\frac{P_n}{Q_n},\ f(n\beta)=\frac{P_n'}{Q_n},\ F(n\beta)=\frac{P_n''}{Q_n},$$

on aura également

$$\varphi(n+1)\beta=\frac{P_{n+1}}{Q_{n+1}},\ f(n+1)\beta=\frac{P'_{n+1}}{Q_{n+1}},\ F(n+1)\beta=\frac{P''_{n+1}}{Q_{n+1}},$$
$$\varphi(n-1)\beta=\frac{P_{n-1}}{Q_{n-1}},\ f(n-1)\beta=\frac{P'_{n-1}}{Q_{n-1}},\ F(n-1)\beta=\frac{P''_{n-1}}{Q_{n-1}}.$$

En substituant ces valeurs, la première des formules (34) deviendra

$$\frac{P_{n+1}}{Q_{n+1}}=-\frac{P_{n-1}}{Q_{n-1}}+\frac{2f\beta.F\beta\dfrac{P_n}{Q_n}}{1+c^2e^2\varphi^2\beta\dfrac{P_n^2}{Q_n^2}},$$

ou bien

$$\frac{P_{n+1}}{Q_{n+1}}=\frac{-P_{n-1}(Q_n^2+c^2e^2\varphi^2\beta.P_n^2)+2P_nQ_nQ_{n-1}f\beta.F\beta}{Q_{n-1}(Q_n^2+e^2c^2\varphi^2\beta.P_n^2)}.$$

En égalant les numérateurs et les dénominateurs de ces deux fractions, on aura

(36) $$P_{n+1}=-P_{n-1}(Q_n^2+c^2e^2\varphi^2\beta.P_n^2)+2f\beta.F\beta.P_nQ_nQ_{n-1},$$

(37) $$Q_{n+1}=\quad Q_{n-1}(Q_n^2+e^2c^2\varphi^2\beta.P_n^2).$$

La seconde et la troisième des équations (34) donneront de la même manière

(38) $$P'_{n+1}=-P'_{n-1}(Q_n^2+c^2e^2\varphi^2\beta.P_n^2)+2f\beta.P_n'Q_nQ_{n-1},$$

(39) $$P''_{n+1}=-P''_{n-1}(Q_n^2+c^2e^2\varphi^2\beta.P_n^2)+2F\beta.P_n''Q_nQ_{n-1}.$$

En faisant dans ces quatre formules $n=1, 2, 3\ldots$, et remarquant qu'on aura

$$Q_0=1,\ Q_1=1,\quad P_0=0,\ P_1=\varphi\beta,$$
$$P_0'=1,\ P_1'=f\beta,\ P_0''=1,\ P_1''=F\beta,$$

on trouvera successivement les fonctions entières Q_n, P_n, P_n', P_n'', pour toutes les valeurs de n.

Soient pour abréger:

(40) $$\varphi\beta=x,\ f\beta=y,\ F\beta=z,$$

(41) $$R_n=Q_n^2+e^2c^2x^2P_n^2,$$

les formules précédentes donneront

$$(42)\quad \begin{cases} Q_{n+1} = Q_{n-1} R_n, \\ P_{n+1} = -P_{n-1} R_n + 2yz P_n Q_n Q_{n-1}, \\ P'_{n+1} = -P'_{n-1} R_n + 2y P_n' Q_n Q_{n-1}, \\ P''_{n+1} = -P''_{n-1} R_n + 2z P_n'' Q_n Q_{n-1}. \end{cases}$$

En posant $n=1$, 2, on aura

$$(43)\quad \begin{cases} R_1 = Q_1^2 + e^2c^2x^2P_1^2 = 1 + e^2c^2x^4, \\ Q_2 = Q_0 R_1 = 1 + e^2c^2x^4, \\ P_2 = -P_0 R_1 + 2yzP_1Q_1Q_0 = 2xyz, \\ P_2' = -P_0' R_1 + 2yP_1'Q_1Q_0 = -1 - e^2c^2x^4 + 2y^2, \\ P_2'' = -P_0'' R_1 + 2zP_1''Q_1Q_0 = -1 - e^2c^2x^4 + 2z^2. \end{cases}$$

$$(44)\quad \begin{cases} R_2 = Q_2^2 + e^2c^2x^2P_2^2 = (1+e^2c^2x^4)^2 + e^2c^2x^2 . 4x^2y^2z^2, \\ Q_3 = Q_1 R_2 = R_2, \\ P_3 = -P_1R_2 + 2yzP_2Q_2Q_1 = -xR_2 + 4y^2z^2xQ_2 \\ \qquad = x(4y^2z^2Q_2 - R_2), \\ P_3' = -P_1'R_2 + 2yP_2'Q_2Q_1 = -yR_2 + 2yP_2'Q_2 \\ \qquad = y(2Q_2P_2' - R_2), \\ P_3'' = z(2Q_2P_2'' - R_2). \end{cases}$$

En continuant de la sorte, et en remarquant que $y^2 = 1 - c^2x^2$, $z^2 = 1 + e^2x^2$, on verra aisément que les quantités

$$Q_n,\ \frac{P_{2n}}{xyz},\ \frac{P_{2n+1}}{x},\ P_{2n}',\ \frac{P'_{2n+1}}{y},\ P_{2n}'',\ \frac{P''_{2n+1}}{z}$$

sont des fonctions entières des trois quantités x^2, y^2, z^2, et par conséquent aussi de l'une quelconque de ces quantités, pour une valeur entière quelconque de n.

Cela fait voir que les expressions de $\varphi(n\beta)$, $f(n\beta)$, $F(n\beta)$ seront de la forme suivante:

$$(45)\quad \begin{cases} \varphi(2n\beta) = \varphi\beta . f\beta . F\beta . T, & \varphi(2n+1)\beta = \varphi\beta . T', \\ f(2n\beta) = T_1, & f(2n+1)\beta = f\beta . T'', \\ F(2n\beta) = T_2, & F(2n+1)\beta = F\beta . T''', \end{cases}$$

où T etc. représentent des fonctions rationnelles des quantités $(\varphi\beta)^2$, $(f\beta)^2$, $(F\beta)^2$.

§ III.

Résolution des équations

$$\varphi(n\beta)=\frac{P_n}{Q_n},\quad f(n\beta)=\frac{P_n'}{Q_n},\quad F(n\beta)=\frac{P_n''}{Q_n}.$$

10.

D'après ce qu'on a vu, les fonctions $\varphi(n\beta)$, $f(n\beta)$, $F(n\beta)$ s'expriment rationnellement en x, y, z. La réciproque n'a pas lieu, car les équations (35′) sont en général d'un degré très-élevé. Elles ont par cette raison un certain nombre de racines. Nous allons voir comment on peut aisément exprimer toutes ces racines au moyen des fonctions φ, f, F.

A. Considérons d'abord l'équation $\varphi(n\beta)=\frac{P_n}{Q_n}$, ou $Q_n.\varphi(n\beta)=P_n$, et cherchons toutes les valeurs de x. Il faut distinguer deux cas, selon que n est pair ou impair:

1) *Si n est un nombre pair.*

D'après ce qu'on a vu dans le paragraphe précédent (45), on aura dans ce cas

$$\varphi(2n\beta)=xyz.\psi(x^2),$$

ou, en vertu des formules

$$y=\sqrt{1-c^2x^2},\quad z=\sqrt{1+e^2x^2}:$$

$$\varphi(2n\beta)=x.\psi(x^2)\sqrt{(1-c^2x^2)(1+e^2x^2)}.$$

Donc l'équation en x deviendra,

$$\varphi^2(2n\beta)=x^2(\psi x^2)^2(1-c^2x^2)(1+e^2x^2).$$

En désignant le second membre par $\theta(x^2)$, on aura

$$\varphi^2(2n\beta)=\theta(x^2).$$

$\varphi\beta$ étant une des valeurs de x, on aura

(46) $$\varphi^2(2n\beta)=\theta(\varphi^2\beta),$$

équation qui a lieu, quelle que soit la valeur de β. On trouvera comme il suit les autres valeurs de x. Soit $x=\varphi\alpha$ une racine quelconque, on doit avoir

$$\varphi^2(2n\beta)\doteq\theta(\varphi^2\alpha).$$

Or, en mettant dans (46) α au lieu de β, il viendra

$$\varphi^2(2n\alpha) = \theta(\varphi^2\alpha),$$

donc

(47) $$\varphi^2(2n\beta) = \varphi^2(2n\alpha),$$

équation qui revient à ces deux que voici:

$$\varphi(2n\alpha) = \varphi(2n\beta) \text{ et } \varphi(2n\alpha) = -\varphi(2n\beta).$$

La première donne, en vertu de (31),

$$2n\alpha = (-1)^{m+\mu} 2n\beta + m\omega + \mu\varpi i,$$

où m et μ sont deux nombres entiers quelconques, positifs ou négatifs, zéro y compris.

La seconde donne les mêmes valeurs de $2n\alpha$, mais de signe contraire, comme il est aisé de le voir, en l'écrivant comme il suit:

$$\varphi(-2n\alpha) = \varphi(2n\beta).$$

Toute valeur de $2n\alpha$ qui satisfait à l'équation (47) peut donc être représentée par

$$2n\alpha = \pm[(-1)^{m+\mu} 2n\beta + m\omega + \mu\varpi i].$$

De là on tire la valeur de α, en divisant par $2n$, savoir

$$\alpha = \pm\left((-1)^{m+\mu}\beta + \frac{m}{2n}\omega + \frac{\mu}{2n}\varpi i\right).$$

Ayant la valeur de α, on aura

(48) $$\varphi\alpha = \pm\varphi\left((-1)^{m+\mu}\beta + \frac{m}{2n}\omega + \frac{\mu}{2n}\varpi i\right) = x.$$

Donc toutes les valeurs de x sont contenues dans cette expression, et on les trouvera en donnant aux nombres m et μ toutes les valeurs entières depuis $-\infty$ jusqu'à $+\infty$. Or pour avoir toutes celles qui sont différentes entre elles, il suffit de donner à m et μ des valeurs entières moindres que $2n$. En effet, quels que soient ces nombres, on peut toujours les supposer réduits à la forme:

$$m = 2nk + m', \quad \mu = 2nk' + \mu',$$

où k, k' sont des nombres entiers, et m', μ' des nombres entiers moindres que $2n$. En substituant ces valeurs dans l'expression de x, elle deviendra:

$$x = \pm\varphi\left((-1)^{m'+\mu'}\beta + \frac{m'}{2n}\omega + \frac{\mu'}{2n}\varpi i + k\omega + k'\varpi i\right);$$

or en vertu de (22) cette expression se réduit à

$$(49)\qquad x = \pm\varphi\left((-1)^{m'+\mu'}\beta + \frac{m'}{2n}\omega + \frac{\mu'}{2n}\varpi i\right).$$

Cette valeur de x est de la même forme que la précédente (48), seulement m et μ sont remplacés par m' et μ', qui, tous les deux, sont positifs et moindres que $2n$; donc on obtiendra toutes les valeurs différentes de x, en donnant seulement à m et μ toutes les valeurs entières depuis zéro jusqu'à $2n$ exclusivement. Toutes ces valeurs sont nécessairement différentes entre elles. En effet, supposons par exemple qu'on ait

$$\pm\varphi\left((-1)^{m'+\mu'}\beta + \frac{m'}{2n}\omega + \frac{\mu'}{2n}\varpi i\right)$$
$$= \pm\varphi\left((-1)^{m+\mu}\beta + \frac{m}{2n}\omega + \frac{\mu}{2n}\varpi i\right),$$

il s'ensuivrait, d'après (31),

$$(-1)^{m'+\mu'}\beta + \frac{m'}{2n}\omega + \frac{\mu'}{2n}\varpi i = \pm\left((-1)^{m+\mu}\beta + \frac{m}{2n}\omega + \frac{\mu}{2n}\varpi i\right) + k\omega + k'\varpi i,$$

k et k' étant des entiers. Cette équation donne

$$\mu' = k'.2n \pm \mu,\quad m' = k.2n \pm m,\quad (-1)^{m'+\mu'} = \pm(-1)^{m+\mu}.$$

Les deux premières équations ne peuvent subsister à moins qu'on n'ait $k'=1$, $k=1$, $\mu'=2n-\mu$, $m'=2n-m$, et alors la dernière deviendra

$$(-1)^{4n-m-\mu} = -(-1)^{m+\mu},$$

d'où l'on tire

$$(-1)^{2m+2\mu} = -1,$$

résultat absurde. Donc toutes les valeurs de x, contenues dans la formule (48) sont différentes entre elles, si m et μ sont positifs et moindres que $2n$.

Le nombre total des valeurs de x est, comme il est aisé de le voir, égal à $2(2n)^2 = 8n^2$; or l'équation $\varphi^2(2n\beta) = \theta(x^2)$ ne peut avoir de racines égales, car dans ce cas on aurait $\frac{d\theta(x^2)}{dx} = 0$, ce qui donnerait pour x une valeur indépendante de β. Donc le degré de l'équation $\varphi^2(2n\beta)) = \theta(x^2)$ est égal au nombre des racines, c'est-à-dire à $8n^2$. Si par exemple $n=1$, on aura l'équation

$$\varphi^2(2\beta) = \theta(x^2) = \frac{4x^2(1-c^2x^2)(1+e^2x^2)}{(1+e^2c^2x^4)^2},$$

ou bien

$$(1+e^2c^2x^4)^2\varphi^2(2\beta)=4x^2(1-c^2x^2)(1+e^2x^2),$$

et, d'après la formule (48), les racines de cette équation, au nombre de huit, seront:

$$x=\pm\varphi\beta,\quad x=\pm\varphi\left(-\beta+\frac{\omega}{2}\right),$$

$$x=\pm\varphi\left(-\beta+\frac{\varpi}{2}i\right),\quad x=\pm\varphi\left(\beta+\frac{\omega}{2}+\frac{\varpi}{2}i\right).$$

2) *Si n est un nombre impair, égal à* $2n+1$.

Dans ce cas $\frac{P_{2n+1}}{Q_{2n+1}}$ est, comme nous l'avons vu, une fonction rationnelle de x, et par conséquent l'équation en x sera:

$$\varphi(2n+1)\beta=\frac{P_{2n+1}}{Q_{2n+1}}. \tag{50}$$

On trouvera, précisément comme dans le cas précédent, que toutes les racines de cette équation peuvent être représentées par

$$x=\varphi\left((-1)^{m+\mu}\beta+\frac{m}{2n+1}\omega+\frac{\mu}{2n+1}\varpi i\right), \tag{51}$$

où il faut donner à m et μ toutes les valeurs entières depuis $-n$ jusqu'à $+n$ inclusivement. Donc le nombre des racines différentes est $(2n+1)^2$. C'est aussi le degré de l'équation en question. On peut aussi exprimer les racines par

$$x=(-1)^{m+\mu}\cdot\varphi\left(\beta+\frac{m}{2n+1}\omega+\frac{\mu}{2n+1}\varpi i\right).$$

Si par exemple $n=1$, on aura une équation du degré $3^2=9$. La formule (51) donne pour x les 9 valeurs suivantes:

$$\varphi(\beta);$$
$$\varphi\left(-\beta-\frac{\omega}{3}\right),$$
$$\varphi\left(-\beta+\frac{\omega}{3}\right),$$
$$\varphi\left(-\beta-\frac{\varpi}{3}i\right),$$
$$\varphi\left(-\beta+\frac{\varpi}{3}i\right),$$

$$\varphi\left(\beta-\frac{\omega}{3}-\frac{\varpi}{3}i\right),$$
$$\varphi\left(\beta-\frac{\omega}{3}+\frac{\varpi}{3}i\right),$$
$$\varphi\left(\beta+\frac{\omega}{3}-\frac{\varpi}{3}i\right),$$
$$\varphi\left(\beta+\frac{\omega}{3}+\frac{\varpi}{3}i\right).$$

B. Considérons maintenant l'équation

(52) $$f(n\beta)=\frac{P_n'}{Q_n},$$

et cherchons les valeurs de y qui satisfont à cette équation. La fonction $\frac{P_n'}{Q_n}$ étant, comme on l'a vu plus haut, rationnelle en y, l'équation en y, en faisant $\frac{P_n'}{Q_n}=\psi y$, sera

$$f(n\beta)=\psi y.$$

Une des racines de cette équation est $y=f\beta$, donc, quelle que soit la valeur de β,

(53) $$f(n\beta)=\psi(f\beta).$$

Pour trouver les autres valeurs de y, désignons par α une nouvelle inconnue, telle que $y=f\alpha$; on aura

$$f(n\beta)=\psi(f\alpha);$$

or, en vertu de (53) le second membre est égal à $f(n\alpha)$; donc pour déterminer α, on aura l'équation

$$f(n\alpha)=f(n\beta).$$

En vertu de la formule (32) cette équation donne pour expression générale dè $n\alpha$:

$$n\alpha=\pm n\beta+2m\omega+\mu\varpi i,$$

m et μ étant deux nombres entiers positifs ou négatifs, zéro y compris. De là on tire

$$\alpha=\pm\beta+\frac{2m}{n}\omega+\frac{\mu}{n}\varpi i$$

et par conséquent:

$$f\alpha=f\left(\pm\beta+\frac{2m}{n}\omega+\frac{\mu}{n}\varpi i\right)=y.$$

C'est la valeur générale de y.

Maintenant pour avoir les valeurs différentes de y, je dis qu'il suffit de prendre β avec le signe $+$ et de donner à m et μ toutes les valeurs entières, moindres que n. En effet, comme on a $f(+\alpha)=f(-\alpha)$, on aura d'abord

$$f\left(-\beta+\frac{2m}{n}\omega+\frac{\mu}{n}\varpi i\right)=f\left(\beta-\frac{2m}{n}\omega-\frac{\mu}{n}\varpi i\right).$$

Donc on peut toujours dans l'expression de y prendre β avec le signe $+$ Ainsi toutes les valeurs de y sont contenues dans l'expression

$$(54)\qquad y=f\left(\beta+\frac{2m}{n}\omega+\frac{\mu}{n}\varpi i\right).$$

Maintenant, quels que soient les nombres m et μ, on peut toujours supposer

$$m=k.n+m',\quad \mu=k'\,n+\mu',$$

où k, k', m', μ' sont des nombres entiers, les deux derniers étant en même temps positifs et moindres que n.

En substituant, il viendra

$$y=f\left(\beta+\frac{2m'}{n}\omega+\frac{\mu'}{n}\varpi i+2k\omega+k'\varpi i\right).$$

Or, en vertu de la formule (22), le second membre de cette équation est égal à

$$(55)\qquad f\left(\beta+\frac{2m'}{n}\omega+\frac{\mu'}{n}\varpi i\right)=y,$$

quantité de la même forme que le second membre de (54); seulement m' et μ' sont positifs et moindres que n. Donc etc.

En donnant à m et μ toutes les valeurs possibles, moindres que n, on trouvera n^2 valeurs de y. Or, en général toutes ces quantités sont différentes entre elles. En effet, supposons par exemple

$$f\left(\beta+\frac{2m}{n}\omega+\frac{\mu}{n}\varpi i\right)=f\left(\beta+\frac{2m'}{n}\omega+\frac{\mu'}{n}\varpi i\right),$$

on aura en vertu de la formule (32), en désignant par k, k' deux nombres entiers,

$$\beta+\frac{2m}{n}\omega+\frac{\mu}{n}\varpi i=\pm\left(\beta+\frac{2m'}{n}\omega+\frac{\mu'}{n}\varpi i\right)+2k\omega+k'\varpi i.$$

Puisque β peut avoir une valeur quelconque, il est clair que cette équation ne peut subsister à moins qu'on ne prenne dans le second membre le signe supérieur. Alors il viendra

$$\frac{2m}{n}\omega+\frac{\mu}{n}\varpi i=\frac{2m'}{n}\omega+\frac{\mu'}{n}\varpi i+2k\omega+k'\varpi i,$$

d'où l'on tire, en égalant les parties réelles et les parties imaginaires,

$$m=m'+kn,\quad \mu=\mu'+k'n,$$

équations absurdes, en remarquant que les nombres m, m', μ et μ' sont tous positifs et inférieurs à n. Donc en général l'équation

$$f(n\beta)=\psi y$$

a n^2 racines différentes entre elles et pas davantage. Or généralement toutes les racines de cette équation sont différentes entre elles. En effet, si deux d'entre elles étaient égales, on aurait à la fois

$$f(n\beta)=\psi y \text{ et } 0=\psi' y,$$

et cela est impossible, car on remarquera que les coefficiens de y dans ψy ne contiennent pas β. Donc généralement l'équation (52) est nécessairement du degré n^2.

C. L'équation

$$F(n\beta)=\frac{P_n''}{Q_n}, \tag{56}$$

étant traitée par rapport à z, absolument de la même manière que l'équation $f(n\beta)=\frac{P_n'}{Q_n}$ l'a été par rapport à y, donne pour expression générale des valeurs de z

$$z=F\left(\beta+\frac{m}{n}\omega+\frac{2\mu}{n}\varpi i\right), \tag{57}$$

où m et μ sont entiers, positifs et moindres que n. Le nombre des valeurs de z est n^2, et elles sont en général toutes différentes entre elles.

Donc généralement l'équation (56) est du degré n^2.

11.

Nous avons trouvé ci-dessus toutes les racines des équations

$$\varphi(n\beta)=\frac{P_n}{Q_n},\quad f(n\beta)=\frac{P_n'}{Q_n},\quad F(n\beta)=\frac{P_n''}{Q_n},$$

racines, qui sont exprimées par les formules (48), (51), (54), (57). Toutes ces racines sont différentes entre elles, excepté pour des valeurs particulières de β; mais pour ces valeurs, les racines différentes sont contenues dans les mêmes formules. — Dans ce dernier cas un certain nombre des valeurs des quantités x, y, z seront égales; mais il est clair que toutes ces valeurs égales ou inégales seront néanmoins les racines des équations dont il s'agit. Cela se fait voir en faisant converger β vers une valeur particulière qui donne pour x, ou y, ou z des valeurs égales.

En faisant dans la formule (48) $\beta=\frac{\alpha}{2n}$, on aura l'équation

$$\varphi^2\alpha=\frac{P_{2n}^2}{Q_{2n}^2},$$

dont les racines sont

(58) $$x=\pm\varphi\left((-1)^{m+\mu}\frac{\alpha}{2n}+\frac{m}{2n}\omega+\frac{\mu}{2n}\varpi i\right),$$

où m et μ ont toutes les valeurs entières et positives moindres que $2n$.

En faisant de même dans la formule (50) $\beta=\frac{\alpha}{2n+1}$, on aura l'équation $\varphi\alpha=\frac{P_{2n+1}}{Q_{2n+1}}$, dont les racines sont

(59) $$x=(-1)^{m+\mu}\varphi\left(\frac{\alpha}{2n+1}+\frac{m\omega+\mu\varpi i}{2n+1}\right),$$

m et μ ayant pour valeurs tous les nombres entiers depuis $-n$ jusqu'à $+n$.

Enfin en faisant dans les formules (52), (56) $\beta=\frac{\alpha}{n}$, on aura l'équation $f\alpha=\frac{P_n'}{Q_n}$, dont les racines sont

(60) $$y=f\left(\frac{\alpha}{n}+\frac{2m}{n}\omega+\frac{\mu}{n}\varpi i\right),$$

et l'équation $F\alpha=\frac{P_n''}{Q_n}$, dont les racines sont

(61) $$z=F\left(\frac{\alpha}{n}+\frac{m}{n}\omega+\frac{2\mu}{n}\varpi i\right),$$

où m et μ sont renfermés entre les limites 0 et $n-1$ inclusivement. Si n est impair et égal à $2n+1$, on peut aussi supposer

$$y=(-1)^m f\left(\frac{\alpha}{2n+1}+\frac{m}{2n+1}\omega+\frac{\mu}{2n+1}\varpi i\right),$$

$$z = (-1)^\mu F\left(\frac{\alpha}{2n+1} + \frac{m}{2n+1}\omega + \frac{\mu}{2n+1}\varpi i\right),$$

m et μ ayant toutes les valeurs entières de $-n$ à $+n$.

Dans toutes ces équations la quantité α peut avoir une valeur quelconque.

Comme cas particuliers on doit remarquer les suivants:

1) En faisant dans (58) et (59) $\alpha = 0$, on aura les équations

$$(62)\quad \begin{cases} P^2_{2n} = 0, \text{ dont les racines sont } x = \pm\varphi\left(\frac{m}{2n}\omega + \frac{\mu}{2n}\varpi i\right) \\ \qquad \text{(les limites de } m \text{ et } \mu \text{ étant } 0 \text{ et } 2n-1), \\ P_{2n+1} = 0, \text{ dont les racines sont } x = \varphi\left(\frac{m}{2n+1}\omega + \frac{\mu}{2n+1}\varpi i\right) \\ \qquad \text{(les limites de } m \text{ et } \mu \text{ étant } -n \text{ et } +n). \end{cases}$$

2) En faisant dans (60) $\alpha = \frac{\omega}{2}$ et dans (61) $\alpha = \frac{\varpi}{2}i$, et remarquant que $f\left(\frac{\omega}{2}\right) = 0$, $F\left(\frac{\varpi}{2}i\right) = 0$, on obtiendra les deux équations

$$(63)\qquad P_n' = 0, \text{ dont les racines sont } y = f\left((2m+\tfrac{1}{2})\frac{\omega}{n} + \frac{\mu}{n}\varpi i\right)$$

$$(64)\qquad P_n'' = 0, \text{ dont les racines sont } z = F\left(\frac{m}{n}\omega + (2\mu+\tfrac{1}{2})\frac{\varpi i}{n}\right)$$

(les limites de m et μ étant 0 et $n-1$).

3) En faisant dans (58) $\alpha = \frac{\omega}{2} + \frac{\varpi}{2}i$, et en remarquant que $\varphi\left(\frac{\omega}{2} + \frac{\varpi}{2}i\right) = \frac{1}{0}$, on aura l'équation

$$Q^2_{2n} = 0,$$

dont les racines seront

$$x = \pm\varphi\left([m + \tfrac{1}{2}(-1)^{m+\mu}]\frac{\omega}{2n} + [\mu + \tfrac{1}{2}(-1)^{m+\mu}]\frac{\varpi i}{2n}\right).$$

Les valeurs de x doivent être égales deux à deux, et l'on verra aisément que les valeurs inégales peuvent être représentées par

$$(65)\qquad x = \varphi\left((m+\tfrac{1}{2})\frac{\omega}{2n} + (\mu+\tfrac{1}{2})\frac{\varpi i}{2n}\right),$$

en donnant à m et à μ toutes les valeurs entières depuis 0 jusqu'à $2n-1$. Donc ce sont les racines de l'équation par rapport à x

$$Q_{2n} = 0.$$

En faisant de même dans (59) $\alpha=\frac{\omega}{2}+\frac{\varpi}{2}i$, on aura l'équation

$$Q_{2n+1}=0,$$

dont les racines seront

$$(66)\qquad\left\{\begin{aligned} x&=(-1)^{m+\mu}\varphi\left((m+\tfrac{1}{2})\frac{\omega}{2n+1}+(\mu+\tfrac{1}{2})\frac{\varpi i}{2n+1}\right),\\ y&=(-1)^{m}\,f\left((m+\tfrac{1}{2})\frac{\omega}{2n+1}+(\mu+\tfrac{1}{2})\frac{\varpi i}{2n+1}\right),\\ z&=(-1)^{\mu}\,F\left((m+\tfrac{1}{2})\frac{\omega}{2n+1}+(\mu+\tfrac{1}{2})\frac{\varpi i}{2n+1}\right),\end{aligned}\right.$$

m et μ ayant pour valeurs tous les nombres entiers de $-n$ à $+n$.

Parmi les valeurs de x, y, z, il faut remarquer celles qui répondent à $m=n$, $\mu=n$. Alors on a

$$x=\varphi\left(\frac{\omega}{2}+\frac{\varpi}{2}i\right)=\tfrac{1}{0}.$$

$$y=(-1)^n f\left(\frac{\omega}{2}+\frac{\varpi}{2}i\right)=\tfrac{1}{0}.$$

$$z=(-1)^n F\left(\frac{\omega}{2}+\frac{\varpi}{2}i\right)=\tfrac{1}{0}.$$

Ces valeurs infinies font voir que le degré de l'équation $Q_{2n+1}=0$ est moindre d'une unité que celui des équations dont elle sort. En écartant ces valeurs, celles qui restent, au nombre de $(2n+1)^2-1$, seront les racines de l'équation $Q_{2n+1}=0$.

§ IV.

Résolution algébrique des équations

$$\varphi\alpha=\frac{P_{2n+1}}{Q_{2n+1}},\ f\alpha=\frac{P'_{2n+1}}{Q_{2n+1}}.\ F\alpha=\frac{P''_{2n+1}}{Q_{2n+1}}.$$

12.

Nous avons vu dans le paragraphe précédent, comment on peut aisément exprimer les racines des équations en question au moyen des fonctions φ, f, F. Nous allons maintenant en déduire la résolution de ces mêmes équations, ou la détermination des fonctions $\varphi\frac{\alpha}{n}$, $f\frac{\alpha}{n}$, $F\frac{\alpha}{n}$ en fonctions de $\varphi\alpha$, $f\alpha$, $F\alpha$.

Comme on a

$$\varphi\frac{\alpha}{m\mu}=\varphi\left(\frac{1}{m}\frac{\alpha}{\mu}\right),$$

on peut supposer que n est un nombre premier. Nous considérerons d'abord le cas où $n=2$, et ensuite celui où n est un nombre impair.

A. *Expressions des fonctions* $\varphi\frac{\alpha}{2}$, $f\frac{\alpha}{2}$, $F\frac{\alpha}{2}$.

13.

Les valeurs de $\varphi\frac{\alpha}{2}$, $f\frac{\alpha}{2}$, $F\frac{\alpha}{2}$ peuvent être trouvées très facilement de la manière suivante. En supposant dans les formules (35) $\beta=\frac{\alpha}{2}$, et en faisant

$$x=\varphi\frac{\alpha}{2},\quad y=f\frac{\alpha}{2},\quad z=F\frac{\alpha}{2},$$

il viendra

$$f\alpha=\frac{y^2-c^2x^2z^2}{1+e^2c^2x^4},\quad F\alpha=\frac{z^2+e^2y^2x^2}{1+e^2c^2x^4},$$

ou bien, en substituant les valeurs de y^2 et z^2 en x^2,

$$f\alpha=\frac{1-2c^2x^2-c^2e^2x^4}{1+e^2c^2x^4},\quad F\alpha=\frac{1+2e^2x^2-e^2c^2x^4}{1+e^2c^2x^4}.$$

Ces équations donnent

$$1+f\alpha=\frac{2(1-c^2x^2)}{1+e^2c^2x^4},\quad 1-f\alpha=\frac{2c^2x^2(1+e^2x^2)}{1+e^2c^2x^4},$$

$$F\alpha-1=\frac{2e^2x^2(1-c^2x^2)}{1+e^2c^2x^4},\quad F\alpha+1=\frac{2(1+e^2x^2)}{1+e^2c^2x^4},$$

d'où

$$\frac{F\alpha-1}{1+f\alpha}=e^2x^2,\quad \frac{1-f\alpha}{F\alpha+1}=c^2x^2,$$

et par suite, en remarquant que $y^2=1-c^2x^2$, $z^2=1+e^2x^2$,

$$z^2=\frac{F\alpha+f\alpha}{1+f\alpha},\quad y^2=\frac{F\alpha+f\alpha}{1+F\alpha}.$$

De ces équations on tire, en extrayant la racine carrée, et en remplaçant x, y, z par leurs valeurs $\varphi\frac{\alpha}{2}$, $f\frac{\alpha}{2}$, $F\frac{\alpha}{2}$,

$$(67)\quad \begin{cases} \varphi\frac{\alpha}{2} = \frac{1}{c}\sqrt{\frac{1-f\alpha}{1+F\alpha}} = \frac{1}{e}\sqrt{\frac{F\alpha-1}{f\alpha+1}}, \\ f\frac{\alpha}{2} = \sqrt{\frac{F\alpha+f\alpha}{1+F\alpha}}, \quad F\frac{\alpha}{2} = \sqrt{\frac{F\alpha+f\alpha}{1+f\alpha}}. \end{cases}$$

Telles sont les formes les plus simples qu'on puisse donner aux valeurs des fonctions $\varphi\frac{\alpha}{2}$, $f\frac{\alpha}{2}$, $F\frac{\alpha}{2}$. De cette manière on peut exprimer algébriquement $\varphi\frac{\alpha}{2}$, $f\frac{\alpha}{2}$, $F\frac{\alpha}{2}$ en $f\alpha$, $F\alpha$. De la même manière $\varphi\frac{\alpha}{4}$, $f\frac{\alpha}{4}$, $F\frac{\alpha}{4}$ s'exprimeront en $f\frac{\alpha}{2}$, $F\frac{\alpha}{2}$, et ainsi de suite. Donc en général les fonctions $\varphi\frac{\alpha}{2^n}$, $f\frac{\alpha}{2^n}$, $F\frac{\alpha}{2^n}$ peuvent être exprimées au moyen d'extractions de racines carrées, en fonctions des trois quantités $\varphi\alpha$, $f\alpha$, $F\alpha$.

Pour appliquer les formules trouvées ci-dessus pour la *bissection* à un exemple, supposons $\alpha = \frac{\omega}{2}$. Alors on aura $f\frac{\omega}{2} = 0$, $F\frac{\omega}{2} = \frac{\sqrt{e^2+c^2}}{c}$, donc en substituant,

$$\varphi\frac{\omega}{4} = \frac{1}{c}\sqrt{\frac{1}{1+\frac{1}{c}\sqrt{e^2+c^2}}} = \frac{1}{e}\sqrt{\frac{1}{c}\sqrt{e^2+c^2}-1},$$

$$f\frac{\omega}{4} = \sqrt{\frac{\frac{1}{c}\sqrt{e^2+c^2}}{1+\frac{1}{c}\sqrt{e^2+c^2}}},$$

$$F\frac{\omega}{4} = \sqrt{\frac{1}{c}\sqrt{e^2+c^2}},$$

ou bien

$$\varphi\frac{\omega}{4} = \frac{1}{\sqrt{c^2+c\sqrt{e^2+c^2}}} = \frac{\sqrt{c\sqrt{e^2+c^2}-c^2}}{ec},$$

$$f\frac{\omega}{4} = \frac{\sqrt[4]{e^2+c^2}}{\sqrt{c+\sqrt{e^2+c^2}}} = \frac{1}{e}\sqrt{e^2+c^2-c\sqrt{e^2+c^2}},$$

$$F\frac{\omega}{4} = \sqrt[4]{1+\frac{e^2}{c^2}} = \sqrt{F\frac{\omega}{2}}.$$

B. *Expressions des fonctions* $\varphi\frac{\alpha}{2n+1}$, $f\frac{\alpha}{2n+1}$, $F\frac{\alpha}{2n+1}$ *en fonction algébrique des quantités* $\varphi\alpha$, $f\alpha$, $F\alpha$.

14.

Pour trouver les valeurs de $\varphi\frac{\alpha}{2n+1}$, $f\frac{\alpha}{2n+1}$, $F\frac{\alpha}{2n+1}$ en $\varphi\alpha$, $f\alpha$, $F\alpha$, il faut résoudre les équations

$$\varphi\alpha=\frac{P_{2n+1}}{Q_{2n+1}},\ f\alpha=\frac{P'_{2n+1}}{Q_{2n+1}},\ F\alpha=\frac{P''_{2n+1}}{Q_{2n+1}},$$

qui toutes sont du degré $(2n+1)^2$. Nous allons voir qu'il est toujours possible d'effectuer algébriquement cette résolution.

Soient

(68) $$\varphi_1\beta=\sum_{-n}^{+n}{}_m\,\varphi\left(\beta+\frac{2m\omega}{2n+1}\right)$$

et

(69) $$\psi\beta=\sum_{-n}^{+n}{}_\mu\,\theta^\mu\varphi_1\left(\beta+\frac{2\mu\varpi i}{2n+1}\right),\quad \psi_1\beta=\sum_{-n}^{+n}{}_\mu\,\theta^\mu\varphi_1\left(\beta-\frac{2\mu\varpi i}{2n+1}\right),$$

où θ est une racine imaginaire quelconque de l'équation $\theta^{2n+1}-1=0$. Cela posé, je dis que les deux quantités

$$\psi\beta\,.\,\psi_1\beta \quad\text{et}\quad (\psi\beta)^{2n+1}+(\psi_1\beta)^{2n+1}$$

pourront être exprimées rationnellement en $\varphi(2n+1)\beta$.

D'abord, en écrivant $\varphi_1\beta$ comme il suit:

$$\varphi_1\beta=\varphi\beta+\sum_1^n{}_m\left[\varphi\left(\beta+\frac{2m\omega}{2n+1}\right)+\varphi\left(\beta-\frac{2m\omega}{2n+1}\right)\right]$$
$$=\varphi\beta+\sum_1^n{}_m\frac{2\varphi\beta\,.\,f\left(\frac{2m\omega}{2n+1}\right)F\left(\frac{2m\omega}{2n+1}\right)}{1+e^2c^2\varphi^2\left(\frac{2m\omega}{2n+1}\right)\varphi^2\beta},$$

on voit que $\varphi_1\beta$ peut s'exprimer rationnellement en $\varphi\beta$. Soit donc $\varphi_1\beta=\chi(\varphi\beta)$, on a de même

$$\varphi_1\left(\beta\pm\frac{2\mu\varpi i}{2n+1}\right)=\chi\left[\varphi\left(\beta\pm\frac{2\mu\varpi i}{2n+1}\right)\right]$$
$$=\chi\left\{\frac{\varphi\beta\,.\,f\left(\frac{2\mu\varpi i}{2n+1}\right)F\left(\frac{2\mu\varpi i}{2n+1}\right)\pm\varphi\left(\frac{2\mu\varpi i}{2n+1}\right).f\beta\,.\,F\beta}{1+e^2c^2\varphi^2\left(\frac{2\mu\varpi i}{2n+1}\right)\varphi^2\beta}\right\},$$

ou bien, en faisant

$$\varphi\beta = x,\ f\left(\frac{2\mu\varpi i}{2n+1}\right) F\left(\frac{2\mu\varpi i}{2n+1}\right) = a,\ \varphi\left(\frac{2\mu\varpi i}{2n+1}\right) = b,$$

et en substituant pour $f\beta$ et $F\beta$ leurs valeurs $\sqrt{1-c^2x^2}$ et $\sqrt{1+e^2x^2}$:

$$\varphi_1\left(\beta \pm \frac{2\mu\varpi i}{2n+1}\right) = \chi\left(\frac{ax \pm b\sqrt{(1-c^2x^2)(1+e^2x^2)}}{1+e^2c^2b^2x^2}\right);$$

or, χ désignant une fonction rationnelle, le second membre de cette équation peut se mettre sous la forme

$$R_\mu \pm R_\mu' \sqrt{(1-c^2x^2)(1+e^2x^2)},$$

où R_μ et R_μ' sont des fonctions rationnelles de x. Donc on a

$$\varphi_1\left(\beta \pm \frac{2\mu\varpi i}{2n+1}\right) = R_\mu \pm R_\mu' \sqrt{(1-c^2x^2)(1+e^2x^2)}.$$

En substituant dans les expressions de $\psi\beta$ et $\psi_1\beta$, il viendra

$$(70)\qquad \begin{cases} \psi\beta = \sum_{-n}^{+n}{}_\mu\, \theta^\mu R_\mu + \sqrt{(1-c^2x^2)(1+e^2x^2)} \sum_{-n}^{+n}{}_\mu\, \theta^\mu R_\mu', \\ \psi_1\beta = \sum_{-n}^{+n}{}_\mu\, \theta^\mu R_\mu - \sqrt{(1-c^2x^2)(1+e^2x^2)} \sum_{-n}^{+n}{}_\mu\, \theta^\mu R_\mu'. \end{cases}$$

Maintenant, R_μ et R_μ' étant des fonctions rationnelles de x, les quantités $\sum_{-n}^{+n}{}_\mu \theta^\mu R_\mu$ et $\sum_{-n}^{+n}{}_\mu \theta^\mu R_\mu'$ le sont également. En élevant donc $\psi\beta$ et $\psi_1\beta$ à la $(2n+1)^{\text{ième}}$ puissance, les deux quantités $(\psi\beta)^{2n+1}$ et $(\psi_1\beta)^{2n+1}$ pourront se mettre sous la forme:

$$(\psi\beta)^{2n+1} = t + t'\sqrt{(1-c^2x^2)(1+e^2x^2)},$$
$$(\psi_1\beta)^{2n+1} = t - t'\sqrt{(1-c^2x^2)(1+e^2x^2)},$$

t et t' étant des fonctions rationnelles de x. En prenant la somme des valeurs de $(\psi\beta)^{2n+1}$ et $(\psi_1\beta)^{2n+1}$, on aura

$$(\psi\beta)^{2n+1} + (\psi_1\beta)^{2n+1} = 2t.$$

Donc la quantité $(\psi\beta)^{2n+1} + (\psi_1\beta)^{2n+1}$ peut être exprimée rationnellement en x. Il en est de même du produit $\psi\beta\,.\,\psi_1\beta$, comme on le voit par les équations (70). Donc on peut faire

$$(71)\qquad \begin{cases} \psi\beta\,.\,\psi_1\beta = \lambda x, \\ (\psi\beta)^{2n+1} + (\psi_1\beta)^{2n+1} = \lambda_1 x, \end{cases}$$

λx et $\lambda_1 x$ désignant des fonctions rationnelles de x. Or ces fonctions ont la propriété de ne pas changer de valeur, lorsqu'on met à la place de x une autre racine quelconque de l'équation

$$\varphi(2n+1)\beta = \frac{P_{2n+1}}{Q_{2n+1}}.$$

Considérons d'abord la fonction λx. En remettant la valeur de $x = \varphi\beta$, on aura

$$\psi\beta \, . \, \psi_1\beta = \lambda(\varphi\beta),$$

d'où l'on tire, en mettant $\beta + \frac{2k\omega}{2n+1} + \frac{2k'\varpi i}{2n+1}$ au lieu de β,

$$\lambda\left[\varphi\left(\beta + \frac{2k\omega}{2n+1} + \frac{2k'\varpi i}{2n+1}\right)\right] = \psi\left(\beta + \frac{2k'\varpi i}{2n+1} + \frac{2k\omega}{2n+1}\right) . \psi_1\left(\beta + \frac{2k'\varpi i}{2n+1} + \frac{2k\omega}{2n+1}\right).$$

Cela posé, en remarquant que

$$(72) \qquad \sum_{-n}^{+n}{}_m \psi(m+k) = \sum_{-n}^{+n}{}_m \psi(m) + \sum_{1}^{k}{}_m [\psi(m+n) - \psi(m-n-1)],$$

on aura, en faisant, dans l'expression de $\varphi_1\beta$, $\beta = \beta + \frac{2k\omega}{2n+1}$,

$$\varphi_1\left(\beta + \frac{2k\omega}{2n+1}\right) = \sum_{-n}^{+n}{}_m \varphi\left(\beta + \frac{2(k+m)}{2n+1}\omega\right)$$
$$= \varphi_1\beta + \sum_{1}^{k}{}_m \left[\varphi\left(\beta + \frac{2(m+n)\omega}{2n+1}\right) - \varphi\left(\beta + \frac{2(m-n-1)\omega}{2n+1}\right)\right],$$

or

$$\varphi\left(\beta + \frac{2(m-n-1)}{2n+1}\omega\right) = \varphi\left(\beta + \frac{2(m+n)}{2n+1}\omega - 2\omega\right) = \varphi\left(\beta + \frac{2(m+n)}{2n+1}\omega\right),$$

donc

$$(73) \qquad \varphi_1\left(\beta + \frac{2k\omega}{2n+1}\right) = \varphi_1\beta.$$

En mettant dans l'expression de $\psi\beta$, $\beta + \frac{2k'\omega i}{2n+1} + \frac{2k\omega}{2n+1}$ au lieu de β, on trouvera

$$\psi\left(\beta + \frac{2k'\varpi i}{2n+1} + \frac{2k\omega}{2n+1}\right) = \sum_{-n}^{+n}{}_\mu \theta^\mu \varphi_1\left(\beta + \frac{2(k'+\mu)\varpi i}{2n+1} + \frac{2k\omega}{2n+1}\right);$$

or en vertu de la formule (73) on a

$$\varphi_1\left(\beta + \frac{2(k'+\mu)\varpi i}{2n+1} + \frac{2k\omega}{2n+1}\right) = \varphi_1\left(\beta + \frac{2(k'+\mu)\varpi i}{2n+1}\right),$$

donc

$$\psi\left(\beta+\frac{2k'\varpi i}{2n+1}+\frac{2k\omega}{2n+1}\right)=\sum_{-n}^{+n}{}_{\mu}\,\theta^{\mu}\,\varphi_1\left(\beta+\frac{2(k'+\mu)\varpi i}{2n+1}\right).$$

En vertu de la formule (72) on a

$$\begin{aligned}\sum_{-n}^{+n}{}_{\mu}\,\theta^{\mu}\,\varphi_1\left(\beta+\frac{2(k'+\mu)\varpi i}{2n+1}\right)\\ =\theta^{-k'}\sum_{-n}^{+n}{}_{\mu}\,\theta^{\mu}\,\varphi_1\left(\beta+\frac{2\mu\varpi i}{2n+1}\right)+\sum_{1}^{k'}{}_{\mu}\,\theta^{n+\mu-k'}\varphi_1\left(\beta+\frac{2(\mu+n)\varpi i}{2n+1}\right)\\ -\sum_{1}^{k'}{}_{\mu}\,\theta^{\mu-n-1-k'}\varphi_1\left(\beta+\frac{2(\mu-n-1)\varpi i}{2n+1}\right),\end{aligned}$$

donc, en remarquant que $\theta^{n+\mu-k'}=\theta^{\mu-n-1-k'}$ et que

$$\varphi_1\left(\beta+\frac{2(\mu-n-1)\varpi i}{2n+1}\right)=\varphi_1\left(\beta+\frac{2(\mu+n)\varpi i}{2n+1}-2\varpi i\right)=\varphi_1\left(\beta+\frac{2(\mu+n)\varpi i}{2n+1}\right),$$

il viendra

$$\psi\left(\beta+\frac{2k'\varpi i}{2n+1}+\frac{2k\omega}{2n+1}\right)=\theta^{-k'}\psi\beta. \tag{74}$$

On trouvera de même

$$\psi_1\left(\beta+\frac{2k'\varpi i}{2n+1}+\frac{2k\omega}{2n+1}\right)=\theta^{k'}\psi_1\beta.$$

Ces deux équations donneront

$$\psi\left(\beta+\frac{2k\omega+2k'\varpi i}{2n+1}\right).\psi_1\left(\beta+\frac{2k\omega+2k'\varpi i}{2n+1}\right)=\psi\beta.\psi_1\beta,$$

$$\left[\psi\left(\beta+\frac{2k\omega+2k'\varpi i}{2n+1}\right)\right]^{2n+1}+\left[\psi_1\left(\beta+\frac{2k\omega+2k'\varpi i}{2n+1}\right)\right]^{2n+1}=(\psi\beta)^{2n+1}+(\psi_1\beta)^{2n+1}$$

En vertu de ces équations on obtiendra, en mettant, dans les valeurs de $\lambda(\varphi\beta)$ et $\lambda_1(\varphi\beta)$, $\beta+\frac{2k\omega+2k'\varpi i}{2n+1}$ au lieu de β,

$$\lambda(\varphi\beta)=\lambda\left[\varphi\left(\beta+\frac{2k\omega+2k'\varpi i}{2n+1}\right)\right],$$

$$\lambda_1(\varphi\beta)=\lambda_1\left[\varphi\left(\beta+\frac{2k\omega+2k'\varpi i}{2n+1}\right)\right].$$

Or $\varphi\left(\beta+\frac{2k\omega+2k'\varpi i}{2n+1}\right)$ exprime une racine quelconque de l'équation

$$\varphi(2n+1)\beta=\frac{P_{2n+1}}{Q_{2n+1}}.$$

Donc, comme nous l'avons dit, les fonctions λx et $\lambda_1 x$ auront les mêmes valeurs, quelle que soit la racine qu'on mette à la place de x. Soient x_0, x_1, $x_2 \ldots x_{2\nu}$ ces racines, on aura

$$\lambda x = \frac{1}{2\nu+1}(\lambda x_0 + \lambda x_1 + \cdots + \lambda x_{2\nu}),$$

$$\lambda_1 x = \frac{1}{2\nu+1}(\lambda_1 x_0 + \lambda_1 x_1 + \cdots + \lambda_1 x_{2\nu}).$$

Or le second membre de ces équations est une fonction *rationnelle et symétrique* des racines de l'équation $\varphi(2n+1)\beta = \frac{P_{2n+1}}{Q_{2n+1}}$, donc λx et $\lambda_1 x$ pourront s'exprimer rationnellement en $\varphi(2n+1)\beta$. En faisant

$$\lambda x = B, \quad \lambda_1 x = 2A,$$

les équations (71) donneront

$$(\psi\beta)^{2n+1}(\psi_1\beta)^{2n+1} = B^{2n+1}, \quad (\psi\beta)^{2n+1} + (\psi_1\beta)^{2n+1} = 2A,$$

d'où l'on tire

$$\psi\beta = \sqrt[2n+1]{A + \sqrt{A^2 - B^{2n+1}}} = \sum_{-n}^{+n}{}_\mu\, \theta^\mu \varphi_1\left(\beta + \frac{2\mu\varpi i}{2n+1}\right). \tag{75}$$

15.

Ayant trouvé la valeur de $\psi\beta$, on en déduira facilement celle de $\varphi_1\beta$. En effet, en prenant pour θ successivement toutes les racines imaginaires de l'équation $\theta^{2n+1} - 1 = 0$, et en désignant les valeurs correspondantes de A et B par A_1, B_1, A_2, B_2 etc., on obtiendra

$$\sqrt[2n+1]{A_1 + \sqrt{A_1^2 - B_1^{2n+1}}} = \sum_{-n}^{+n}{}_\mu\, \theta_1^\mu \varphi_1\left(\beta + \frac{2\mu\varpi i}{2n+1}\right),$$

$$\sqrt[2n+1]{A_2 + \sqrt{A_2^2 - B_2^{2n+1}}} = \sum_{-n}^{+n}{}_\mu\, \theta_2^\mu \varphi_1\left(\beta + \frac{2\mu\varpi i}{2n+1}\right),$$

. . . .

$$\sqrt[2n+1]{A_{2n} + \sqrt{A_{2n}^2 - B_{2n}^{2n+1}}} = \sum_{-n}^{+n}{}_\mu\, \theta_{2n}^\mu \varphi_1\left(\beta + \frac{2\mu\varpi i}{2n+1}\right)$$

On connaît de même la somme des racines:

$$\sum_{-n}^{+n}{}_m \sum_{-n}^{+n}{}_\mu\, \varphi\left(\beta + \frac{2m\omega}{2n+1} + \frac{2\mu\varpi i}{2n+1}\right) = \sum_{-n}^{+n}{}_\mu\, \varphi_1\left(\beta + \frac{2\mu\varpi i}{2n+1}\right),$$

qui est égale à $(2n+1)\varphi(2n+1)\beta$, comme nous le verrons dans la suite. En ajoutant ces équations membre à membre, après avoir multiplié la première par θ_1^{-k}, la seconde par θ_2^{-k}, la troisième par $\theta_3^{-k}\dots$ et la $(2n)^{ième}$ par θ_{2n}^{-k}, il viendra

$$\sum_{-n}^{+n}{}_\mu (1+\theta_1^{\mu-k}+\theta_2^{\mu-k}+\dots+\theta_{2n}^{\mu-k})\,\varphi_1\left(\beta+\frac{2\mu\tilde{\omega} i}{2n+1}\right)$$
$$=(2n+1)\,\varphi(2n+1)\beta+\sum_1^{2n}{}_\mu\,\theta_\mu^{-k}\sqrt[2n+1]{A_\mu+\sqrt{A_\mu^2-B_\mu^{2n+1}}};$$

or la somme

$$1+\theta_1^{\mu-k}+\theta_2^{\mu-k}+\dots+\theta_{2n}^{\mu-k}$$

se réduit à zéro pour toutes les valeurs de k, excepté pour $k=\mu$. Dans ce cas elle devient égale à $2n+1$. Donc le premier membre de l'équation précédente devient

$$(2n+1)\,\varphi_1\left(\beta+\frac{2k\tilde{\omega} i}{2n+1}\right),$$

donc, en substituant et divisant par $(2n+1)$, on a

(76) $$\varphi_1\left(\beta+\frac{2k\tilde{\omega} i}{2n+1}\right)=$$
$$\varphi(2n+1)\beta+\frac{1}{2n+1}\Big[\theta_1^{-k}\sqrt[2n+1]{A_1+\sqrt{A_1^2-B_1^{2n+1}}}+\theta_2^{-k}\sqrt[2n+1]{A_2+\sqrt{A_2^2-B_2^{2n+1}}}$$
$$+\dots+\theta_{2n}^{-k}\sqrt[2n+1]{A_{2n}+\sqrt{A_{2n}^2-B_{2n}^{2n+1}}}\Big].$$

Pour $k=0$, on a

(77) $$\varphi_1\beta=\varphi(2n+1)\beta+\frac{1}{2n+1}\Big[\sqrt[2n+1]{A_1+\sqrt{A_1^2-B_1^{2n+1}}}+\sqrt[2n+1]{A_2+\sqrt{A_2^2-B_2^{2n+1}}}$$
$$+\dots+\sqrt[2n+1]{A_{2n}+\sqrt{A_{2n}^2-B_{2n}^{2n+1}}}\Big].$$

16.

Ayant ainsi trouvé la valeur de $\varphi_1\beta$, il s'agit d'en tirer celle de $\varphi\beta$. Or cela peut se faire aisément comme il suit. Soit

(78) $$\psi_2\beta=\sum_{-n}^{+n}{}_m\,\theta^m\,\varphi\left(\beta+\frac{2m\omega}{2n+1}\right),\quad \psi_3\beta=\sum_{-n}^{+n}{}_m\,\theta^m\,\varphi\left(\beta-\frac{2m\omega}{2n+1}\right),$$

on a

$$\varphi\left(\beta\pm\frac{2m\omega}{2n+1}\right)=\frac{\varphi\beta\,.\,f\left(\frac{2m\omega}{2n+1}\right)F\left(\frac{2m\omega}{2n+1}\right)\pm f\beta\,.\,F\beta\,.\,\varphi\left(\frac{2m\omega}{2n+1}\right)}{1+e^2c^2\varphi^2\left(\frac{2m\omega}{2n+1}\right)\varphi^2\beta}.$$

Il suit de là qu'on peut faire

$$\psi_2\beta=r+f\beta\,.\,F\beta\,.\,s,\quad \psi_3\beta=r-f\beta\,.\,F\beta\,.\,s,$$

où r et s sont des fonctions rationnelles de $\varphi\beta$. De là on tire

$$(79)\qquad \begin{cases} \psi_2\beta\,.\,\psi_3\beta=\chi(\varphi\beta), \\ (\psi_2\beta)^{2n+1}+(\psi_3\beta)^{2n+1}=\chi_1(\varphi\beta), \end{cases}$$

$\chi(\varphi\beta)$ et $\chi_1(\varphi\beta)$ étant deux fonctions rationnelles de $\varphi\beta$.

Cela posé, je dis que $\chi(\varphi\beta)$ et $\chi_1(\varphi\beta)$ pourront s'exprimer rationnellement en $\varphi_1\beta$. On a vu que

$$(80)\qquad \varphi_1\beta=\varphi\beta+\sum_1^n{}_m\frac{2\varphi\beta\,.\,f\left(\frac{2m\omega}{2n+1}\right)F\left(\frac{2m\omega}{2n+1}\right)}{1+e^2c^2\varphi^2\left(\frac{2m\omega}{2n+1}\right)\varphi^2\beta}.$$

En faisant $\varphi\beta=x$, on aura une équation en x du degré $(2n+1)$. Une racine de cette équation est $x=\varphi\beta$; or, en mettant $\beta+\frac{2k\omega}{2n+1}$ au lieu de β, $\varphi_1\beta$ ne change pas de valeur; donc $x=\varphi\left(\beta+\frac{2k\omega}{2n+1}\right)$ sera une racine, quel que soit le nombre entier k. Or, en donnant à k toutes les valeurs entières depuis $-n$ jusqu'à $+n$, $\varphi\left(\beta+\frac{2k\omega}{2n+1}\right)$ prendra $2n+1$ valeurs différentes, donc ces $2n+1$ quantités seront précisément les $2n+1$ racines de l'équation en x.

Cela posé, en mettant $\beta+\frac{2k\omega}{2n+1}$ au lieu de β dans l'expression de $\psi_2\beta$, il viendra en vertu de l'équation (72)

$$\begin{aligned}\psi_2\left(\beta+\frac{2k\omega}{2n+1}\right)&=\sum_{-n}^{+n}{}_m\theta^m\varphi\left(\beta+\frac{2(k+m)\omega}{2n+1}\right)\\ &=\theta^{-k}\psi_2\beta+\sum_1^k{}_m\theta^{m+n-k}\varphi\left(\beta+\frac{2(m+n)\omega}{2n+1}\right)\\ &\quad-\sum_1^k{}_m\theta^{m-n-1-k}\varphi\left(\beta+\frac{2(m-n-1)\omega}{2n+1}\right),\end{aligned}$$

donc, puisque $\theta^{m+n-k}=\theta^{m-n-1-k}$ et $\varphi\left(\beta+\frac{2(m-n-1)}{2n+1}\omega\right)=\varphi\left(\beta+\frac{2(m+n)\omega}{2n+1}\right)$, on en tirera

$$(81)\qquad \psi_2\left(\beta+\frac{2k\omega}{2n+1}\right)=\theta^{-k}\psi_2\beta.$$

De même on aura

$$\psi_3\left(\beta+\frac{2k\omega}{2n+1}\right)=\theta^{+k}\psi_3\beta.$$

On voit par ces relations que les équations qui donnent les valeurs des fonctions $\chi(\varphi\beta)$ et $\chi_1(\varphi\beta)$, conduisent à ces deux égalités:

$$\chi\left[\varphi\left(\beta+\frac{2k\omega}{2n+1}\right)\right]=\chi(\varphi\beta),$$

$$\chi_1\left[\varphi\left(\beta+\frac{2k\omega}{2n+1}\right)\right]=\chi_1(\varphi\beta).$$

De là on tire

$$\chi(\varphi\beta)=\frac{1}{2n+1}\sum_{-n}^{+n}{}_k\,\chi\left[\varphi\left(\beta+\frac{2k\omega}{2n+1}\right)\right],$$

$$\chi_1(\varphi\beta)=\frac{1}{2n+1}\sum_{-n}^{+n}{}_k\,\chi_1\left[\varphi\left(\beta+\frac{2k\omega}{2n+1}\right)\right].$$

Or, ces valeurs de $\chi(\varphi\beta)$ et $\chi_1(\varphi\beta)$ sont des fonctions rationnelles et symétriques de toutes les racines de l'équation (80). Donc elles peuvent être exprimées rationnellement par les coefficiens de la même équation, c'est-à-dire rationnellement en $\varphi_1\beta$.

Soit

$$\chi(\varphi\beta)=D,\quad \chi_1(\varphi\beta)=2C,$$

les équations (79) donneront

$$\psi_2\beta=\sqrt[2n+1]{C+\sqrt{C^2-D^{2n+1}}},$$

d'où, en remettant la valeur de $\psi_2\beta$,

$$(82)\qquad \sqrt[2n+1]{C+\sqrt{C^2-D^{2n+1}}}=\sum_{-n}^{+n}{}_m\,\theta^m\varphi\left(\beta+\frac{2m\omega}{2n+1}\right).$$

De là on tire, en mettant θ_μ au lieu de θ, et en désignant les valeurs correspondantes de C et D par C_μ et D_μ,

$$\theta_\mu^{-k}\sqrt[2n+1]{C_\mu+\sqrt{C_\mu^2-D_\mu^{2n+1}}}=\sum_{-n}^{+n}{}_m\,\theta_\mu^{m-k}\varphi\left(\beta+\frac{2m\omega}{2n+1}\right).$$

En y joignant l'équation

$$\varphi_1\beta = \overset{+n}{\underset{-n}{\Sigma_m}}\, \varphi\left(\beta + \frac{2m\omega}{2n+1}\right),$$

on en tirera facilement

$$(83)\quad (2n+1).\varphi\left(\beta+\frac{2k\omega}{2n+1}\right) = \varphi_1\beta + \overset{2n}{\underset{1}{\Sigma_\mu}}\, \theta_\mu^{-k} \sqrt[2n+1]{C_\mu + \sqrt{C_\mu^2 - D_\mu^{2n+1}}}$$

En supposant $k=0$, il viendra

$$(84)\quad \varphi\beta = \frac{1}{2n+1}\left(\varphi_1\beta + \sqrt[2n+1]{C_1+\sqrt{C_1^2-D_1^{2n+1}}} + \cdots + \sqrt[2n+1]{C_{2n}+\sqrt{C_{2n}^2-D_{2n}^{2n+1}}}\right).$$

Cette équation donne $\varphi\beta$ en fonction algébrique de $\varphi_1\beta$; or nous avons trouvé précédemment $\varphi_1\beta$ en fonction algébrique de $\varphi(2n+1)\beta$. Donc en mettant $\frac{\alpha}{2n+1}$ au lieu de β, on aura $\varphi\left(\frac{\alpha}{2n+1}\right)$ en fonction algébrique de $\varphi\alpha$.

Par une analyse toute semblable on trouvera $f\left(\frac{\alpha}{2n+1}\right)$ en fonction de $f\alpha$ et $F\left(\frac{\alpha}{2n+1}\right)$ en fonction de $F\alpha$.

17.

Les expressions que nous venons de trouver des quantités $\varphi_1\beta$ et $\varphi\beta$, la première en $\varphi(2n+1)\beta$, et la seconde en $\varphi_1\beta$, contiennent chacune la somme de $2n$ radicaux différens du $(2n+1)^{\text{ième}}$ degré. Il en résultera pour $\varphi\beta$, $\varphi_1\beta$, $(2n+1)^{2n}$ valeurs, tandis que chacune de ces quantités est la racine d'une équation du $(2n+1)^{\text{ième}}$ degré. Mais on peut donner aux expressions de $\varphi\beta$ et $\varphi_1\beta$ une forme telle que le nombre des valeurs de ces quantités soit précisément égal à $2n+1$. Pour cela soit

$$\theta = \cos\frac{2\pi}{2n+1} + i.\sin\frac{2\pi}{2n+1};$$

on peut faire

$$\theta_1 = \theta,\ \theta_2 = \theta^2,\ \theta_3 = \theta^3, \ldots\ \theta_{2n} = \theta^{2n}.$$

Soient de même

$$(85)\quad \begin{cases} \psi^k\beta = \overset{+n}{\underset{-n}{\Sigma_\mu}}\, \theta^{k\mu}\varphi_1\left(\beta + \frac{2\mu\varpi i}{2n+1}\right), \\ \psi_1^k\beta = \overset{+n}{\underset{-n}{\Sigma_\mu}}\, \theta^{k\mu}\varphi_1\left(\beta - \frac{2\mu\varpi i}{2n+1}\right), \end{cases}$$

on aura en vertu de l'équation (74)

$$\psi^k\left(\beta+\frac{2\nu\tilde{\omega}i}{2n+1}\right)=\theta^{-k\nu}\,\psi^k\beta,$$
$$\psi_1^k\left(\beta+\frac{2\nu\tilde{\omega}i}{2n+1}\right)=\theta^{+k\nu}\,\psi_1^k\beta,$$
$$\psi^1\left(\beta+\frac{2\nu\tilde{\omega}i}{2n+1}\right)=\theta^{-\nu}\,\psi^1\beta,$$
$$\psi_1^1\left(\beta+\frac{2\nu\tilde{\omega}i}{2n+1}\right)=\theta^{+\nu}\,\psi_1^1\beta.$$

Soit maintenant

$$(86)\qquad \begin{cases} \dfrac{\psi^k\beta}{(\psi^1\beta)^k}+\dfrac{\psi_1^k\beta}{(\psi_1^1\beta)^k}=P(\varphi\beta), \\[2ex] \dfrac{\psi^k\beta}{(\psi^1\beta)^{k-2n-1}}+\dfrac{\psi_1^k\beta}{(\psi_1^1\beta)^{k-2n-1}}=Q(\varphi\beta), \end{cases}$$

$P(\varphi\beta)$ et $Q(\varphi\beta)$ seront des fonctions rationnelles de $\varphi\beta$; or en mettant $\beta+\frac{2m\omega+2\mu\tilde{\omega}i}{2n+1}$ au lieu de β, il est clair, en vertu des formules précédentes, que P et Q ne changent pas de valeur; donc on aura

$$P(\varphi\beta)=\frac{1}{(2n+1)^2}\cdot\sum_{-n}^{+n}{}_m\sum_{-n}^{+n}{}_\mu\, P\left[\varphi\left(\beta+\frac{2m\omega+2\mu\tilde{\omega}i}{2n+1}\right)\right];$$

or, le second membre étant une fonction symétrique et rationnelle des racines de l'équation $\varphi(2n+1)\beta=\frac{P_{2n+1}}{Q_{2n+1}}$, $P(\varphi\beta)$ pourra s'exprimer rationnellement en $\varphi(2n+1)\beta$. Il en est de même de $Q(\varphi\beta)$. Ces deux quantités étant connues, les équations (86) donneront

$$\frac{\psi^k\beta}{(\psi^1\beta)^k}\left[1-\left(\frac{\psi^1\beta}{\psi_1^1\beta}\right)^{2n+1}\right]=P(\varphi\beta)-\frac{Q(\varphi\beta)}{(\psi_1^1\beta)^{2n+1}};$$

or

$$(\psi^1\beta)^{2n+1}=A_1+\sqrt{A_1^2-B_1^{2n+1}},$$
$$(\psi_1^1\beta)^{2n+1}=A_1-\sqrt{A_1^2-B_1^{2n+1}},$$

donc

$$\frac{\psi^k\beta}{(\psi^1\beta)^k}2\sqrt{A_1^2-B_1^{2n+1}}=Q(\varphi\beta)-(A_1-\sqrt{A_1^2-B_1^{2n+1}})\,P(\varphi\beta).$$

Donc on aura

$$\psi^k\beta=(\psi^1\beta)^k\cdot(F_k+H_k\sqrt{A_1^2-B_1^{2n+1}}),$$

où F_k et H_k sont des fonctions rationnelles de $\varphi(2n+1)\beta$. En remplaçant A_1 et B_1 par A et B et substituant les valeurs de $\psi^k\beta$ et $(\psi^1\beta)^k$, il viendra

$$\sqrt[2n+1]{A_k+\sqrt{A_k^2-B_k^{2n+1}}}=(A+\sqrt{A^2-B^{2n+1}})^{\frac{k}{2n+1}}(F_k+H_k\sqrt{A^2-B^{2n+1}}),$$

donc la valeur de $\varphi_1\beta$ deviendra

$$(87)\quad \varphi_1\beta=\varphi(2n+1)\beta+\frac{1}{2n+1}\Big[(A+\sqrt{A^2-B^{2n+1}})^{\frac{1}{2n+1}}$$
$$+(F_2+H_2\sqrt{A^2-B^{2n+1}})(A+\sqrt{A^2-B^{2n+1}})^{\frac{2}{2n+1}}$$
$$+\cdots+(F_{2n}+H_{2n}\sqrt{A^2-B^{2n+1}})(A+\sqrt{A^2-B^{2n+1}})^{\frac{2n}{2n+1}}\Big].$$

Par un procédé tout semblable on trouvera

$$(88)\quad \varphi\beta=\frac{1}{2n+1}\Big[\varphi_1\beta+(C+\sqrt{C^2-D^{2n+1}})^{\frac{1}{2n+1}}$$
$$+(K_2+L_2\sqrt{C^2-D^{2n+1}})(C+\sqrt{C^2-D^{2n+1}})^{\frac{2}{2n+1}}$$
$$+\cdots+(K_{2n}+L_{2n}\sqrt{C^2-D^{2n+1}})(C+\sqrt{C^2-D^{2n+1}})^{\frac{2n}{2n+1}}\Big].$$

où K_2, L_2, K_3, L_3 ... K_{2n}, L_{2n} sont des fonctions rationnelles de $\varphi_1\beta$.

Ces expressions de $\varphi_1\beta$ et $\varphi\beta$ n'ont que $2n+1$ valeurs différentes, qu'on obtiendra en attribuant aux radicaux leurs $2n+1$ valeurs. Il suit de notre analyse qu'on peut prendre $\sqrt{A^2-B^{2n+1}}$ et $\sqrt{C^2-D^{2n+1}}$ avec tel signe qu'on voudra.

18.

La valeur que nous avons trouvée pour $\varphi\beta$ ou $\varphi\left(\frac{\alpha}{2n+1}\right)$ contient encore, outre la fonction $\varphi\alpha$, les suivantes:

$$e,\ c,\ \theta,$$
$$\varphi\left(\frac{m\omega}{2n+1}\right),\ \varphi\left(\frac{m\varpi i}{2n+1}\right),\ f\left(\frac{m\omega}{2n+1}\right),$$
$$f\left(\frac{m\varpi i}{2n+1}\right),\ F\left(\frac{m\omega}{2n+1}\right),\ F\left(\frac{m\varpi i}{2n+1}\right),$$

pour des valeurs quelconques de m depuis 1 jusqu'à $2n$. Maintenant, quelle que soit la valeur de m, on peut toujours exprimer algébriquement $\varphi\left(\frac{m\omega}{2n+1}\right)$,

$f\left(\frac{m\omega}{2n+1}\right)$, $F\left(\frac{m\omega}{2n+1}\right)$ en $\varphi\left(\frac{\omega}{2n+1}\right)$, et $\varphi\left(\frac{m\varpi i}{2n+1}\right)$, $f\left(\frac{m\varpi i}{2n+1}\right)$, $F\left(\frac{m\varpi i}{2n+1}\right)$ en $\varphi\left(\frac{\varpi i}{2n+1}\right)$. Tout est donc connu dans l'expression de $\varphi\left(\frac{\alpha}{2n+1}\right)$, excepté les deux quantités indépendantes de α, $\varphi\left(\frac{\omega}{2n+1}\right)$, $\varphi\left(\frac{\varpi i}{2n+1}\right)$. Ces quantités dépendent seulement de c et e, et elles peuvent être trouvées par la résolution d'une équation du degré $(2n+1)^2-1$, savoir de l'équation $\frac{P_{2n+1}}{x}=0$. Nous allons voir dans le paragraphe suivant comment on peut en ramener la résolution à celle d'équations moins élevées.

§ V.

C. *Sur l'équation* $P_{2n+1}=0$.

19.

L'expression que nous venons de trouver pour $\varphi\left(\frac{\alpha}{2n+1}\right)$ contiendra, comme nous l'avons vu, les deux quantités constantes $\varphi\left(\frac{\omega}{2n+1}\right)$ et $\varphi\left(\frac{\varpi i}{2n+1}\right)$. On trouvera ces quantités en résolvant l'équation

$$P_{2n+1}=0,$$

dont les racines seront représentées par

(89) $$x=\varphi\left(\frac{m\omega+\mu\varpi i}{2n+1}\right),$$

où m et μ pourront être tous les nombres entiers depuis $-n$ jusqu'à $+n$. Une de ces racines, qui répond à $m=0$, $\mu=0$, est égale à zéro. Donc P_{2n+1} est divisible par x. En écartant ce facteur, on aura une équation du degré $(2n+1)^2-1$,

(90) $$R=0.$$

En faisant $x^2=r$, l'équation en r, $R=0$, sera du degré $\frac{(2n+1)^2-1}{2}$ $=2n(n+1)$, et les racines de cette équation seront

(91) $$r=\varphi^2\left(\frac{m\omega\pm\mu\varpi i}{2n+1}\right),$$

μ et m ayant toutes les valeurs positives au dessous de $n+1$, en faisant abstraction de la racine zéro.

Nous allons voir maintenant, comment on peut ramener la résolution de l'équation $R=0$ à celle de deux équations, l'une du degré n et l'autre du degré $2n+2$. D'abord, je dis qu'on peut représenter toutes les valeurs de r par

(92) $$\varphi^2\left(\frac{m\omega}{2n+1}\right) \text{ et } \varphi^2\left(m\,.\,\frac{\mu\omega+\varpi i}{2n+1}\right),$$

en donnant à μ toutes les valeurs entières depuis zéro jusqu'à $2n$, et à m toutes celles depuis 1 jusqu'à n. En effet $\varphi^2\left(\frac{m\omega}{2n+1}\right)$ représente d'abord n valeurs de r; or les autres peuvent être représentées par $\varphi^2\left(m\frac{\mu\omega+\varpi i}{2n+1}\right)$. Soit, pour le démontrer, $m\mu=(2n+1)k+m'$, où m' est un nombre entier compris entre les limites $-n$ et $+n$. En substituant, on aura

$$\varphi^2\left(m\frac{\mu\omega+\varpi i}{2n+1}\right)=\varphi^2\left(k\omega+\frac{m'\omega+m\varpi i}{2n+1}\right)$$
$$=\varphi^2\left(\frac{m'\omega+m\varpi i}{2n+1}\right)=\varphi^2\left(\frac{-m'\omega-m\varpi i}{2n+1}\right)$$

$\varphi^2\left(m\frac{\mu\omega+\varpi i}{2n+1}\right)$ est donc une valeur de r; maintenant, à chaque valeur de μ répond une valeur différente de m'. Car si l'on avait

$$mu_1=(2n+1)k_1+m',$$

il s'ensuivrait

$$m(\mu-\mu_1)=(2n+1)(k-k_1),$$

ce qui est impossible, puisque $2n+1$ est un nombre premier. Donc $\varphi^2\left(m\frac{\mu\omega+\varpi i}{2n+1}\right)$, combiné avec $\varphi^2\left(\frac{m\omega}{2n+1}\right)$, représente toutes les valeurs de r.

Cela posé, soit

(93) $$\left[r-\varphi^2\left(\frac{\omega}{2n+1}\right)\right]\left[r-\varphi^2\left(\frac{2\omega}{2n+1}\right)\right]\dots\left[r-\varphi^2\left(\frac{n\omega}{2n+1}\right)\right]$$
$$=r^n+p_{n-1}r^{n-1}+p_{n-2}r^{n-2}+\dots+p_1r+p_0.$$

Les quantités $p_0, p_1, \dots p_{n-1}$, seront des fonctions rationnelles et symétriques de $\varphi^2\left(\frac{\omega}{2n+1}\right)$, $\varphi^2\left(\frac{2\omega}{2n+1}\right)\dots\varphi^2\left(\frac{n\omega}{2n+1}\right)$; ces fonctions peuvent être trouvées au moyen d'une équation du degré $2n+2$. Soit p une fonction rationnelle et symétrique quelconque de $\varphi^2\left(\frac{\omega'}{2n+1}\right)$, $\varphi^2\left(\frac{2\omega'}{2n+1}\right)\dots$

$\varphi^2\left(\frac{n\omega'}{2n+1}\right)$, où ω' désigne la quantité $m\omega+\mu\varpi i$. En vertu des formules que nous avons données plus haut pour exprimer $\varphi(n\beta)$ en $\varphi\beta$, il est clair qu'on peut exprimer $\varphi^2\left(m'\frac{\omega'}{2n+1}\right)$ en fonction rationnelle de $\varphi^2\left(\frac{\omega'}{2n+1}\right)$. Donc on peut faire

$$(94)\quad p=\psi\left[\varphi^2\left(\frac{\omega'}{2n+1}\right)\right]=\theta\left[\varphi^2\left(\frac{\omega'}{2n+1}\right),\ \varphi^2\left(\frac{2\omega'}{2n+1}\right)\dots\varphi^2\left(\frac{n\omega'}{2n+1}\right)\right],$$

θ désignant une fonction symétrique et rationnelle. En mettant $\nu\omega'$ au lieu de ω', il viendra

$$(95)\quad \psi\left[\varphi^2\left(\frac{\nu\omega'}{2n+1}\right)\right]=\theta\left[\varphi^2\left(\frac{\nu\omega'}{2n+1}\right),\ \varphi^2\left(\frac{2\nu\omega'}{2n+1}\right)\dots\varphi^2\left(\frac{n\nu\omega'}{2n+1}\right)\right];$$

or en faisant

$$a\nu=(2n+1)k_a'+k_a,$$

où k_a est entier et compris entre $-n$ et $+n$, la série

$$k_1,\ k_2,\ \dots k_n$$

aura au signe près les mêmes termes que celle-ci:

$$1,\ 2,\ 3\ \dots n;$$

donc il est clair que le second membre de l'équation (95) aura la même valeur que p. Donc

$$(96)\quad \psi\left[\varphi^2\left(\frac{\nu\omega'}{2n+1}\right)\right]=\psi\left[\varphi^2\left(\frac{\omega'}{2n+1}\right)\right],$$

équation qui, en faisant $\omega'=\omega$ et $\omega'=m\omega+\varpi i$, donnera les deux suivantes:

$$(97)\quad \begin{cases} \psi\left[\varphi^2\left(\frac{\nu\omega}{2n+1}\right)\right]=\psi\left[\varphi^2\left(\frac{\omega}{2n+1}\right)\right], \\ \psi\left[\varphi^2\left(\nu\frac{m\omega+\varpi i}{2n+1}\right)\right]=\psi\left[\varphi^2\frac{m\omega+\varpi i}{2n+1}\right)\right], \end{cases}$$

donc, en faisant, pour abréger,

$$(98)\quad \varphi^2\left(\frac{\nu\omega}{2n+1}\right)=r_\nu,\quad \varphi^2\left(\nu\frac{m\omega+\varpi i}{2n+1}\right)=r_{\nu,m},$$

il viendra

$$(99)\quad \psi r_\nu=\psi r_1;\quad \psi r_{\nu,m}=\psi r_{1,m}.$$

Cela posé, soit

$$(100)\quad \begin{cases} (p-\psi r_1)(p-\psi r_{1,0})(p-\psi r_{1,1})(p-\psi r_{1,2})\dots(p-\psi r_{1,2n}) \\ \qquad = q_0+q_1.p+q_2.p^2+\dots+q_{2n+1}.p^{2n+1}+p^{2n+2}. \end{cases}$$

Je dis qu'on peut exprimer les coefficiens q_0, q_1 etc. rationnellement en e et c. D'abord, en vertu des formules connues, on peut exprimer rationnellement ces coefficiens en t_1, $t_2 \dots t_{2n+2}$, si l'on fait, pour abréger,

$$(101)\qquad t_k=(\psi r_1)^k+(\psi r_{1,0})^k+(\psi r_{1,1})^k+\dots+(\psi r_{1,2n})^k.$$

Il s'agit donc de trouver les quantités t_1, $t_2 \dots$; or cela pourra aisément se faire au moyen des relations (99). En effet, en y faisant successivement $\nu=1, 2 \dots n$, après avoir élevé les deux membres à la $k^{\text{ième}}$ puissance, on en tirera sur le champ:

$$(102)\quad \begin{cases} (\psi r_1)^k=\frac{1}{n}[(\psi r_1)^k+(\psi r_2)^k+\dots+(\psi r_n)^k], \\ (\psi r_{1,m})^k=\frac{1}{n}[(\psi r_{1,m})^k+(\psi r_{2,m})^k+\dots+(\psi r_{n,m})^k]. \end{cases}$$

Donc en mettant pour m tous les nombres entiers $0, 1 \dots 2n$, et en substituant ensuite dans l'expression de t_k, il viendra:

$$(103)\quad \begin{cases} n.t_k= (\psi r_1)^k + (\psi r_2)^k +\dots+ (\psi r_n)^k \\ \quad +(\psi r_{1,0})^k+(\psi r_{2,0})^k+\dots+(\psi r_{n,0})^k \\ \quad +(\psi r_{1,1})^k+(\psi r_{2,1})^k+\dots+(\psi r_{n,1})^k \\ \quad +\dots\dots\dots\dots\dots\dots \\ \quad +(\psi r_{1,2n})^k+(\psi r_{2,2n})^k+\dots+(\psi r_{n,2n})^k. \end{cases}$$

Cette valeur de t_k est, comme on le voit, une fonction rationnelle et symétrique des $n(2n+2)$ quantités r_1, $r_2 \dots r_n$, $r_{1,0}$, $r_{2,0} \dots r_{n,0} \dots r_{1,2n}$, $r_{2,2n} \dots r_{n,2n}$, qui sont les $n(2n+2)$ racines de l'équation $R=0$. Donc, comme on sait, t_k pourra s'exprimer rationnellement par les coefficiens de cette équation, et par suite en fonction rationnelle de e et c. Ayant ainsi trouvé les quantités t_k, on en tire les valeurs de q_0, $q_1 \dots q_{2n+1}$, qui seront également des fonctions rationnelles de e et c.

20.

Cela posé, en faisant

$$(104)\qquad 0=q_0+q_1p+q_2p^2+\dots+q_{2n+1}p^{2n+1}+p^{2n+2},$$

on aura une équation du $(2n+2)^{\text{ième}}$ degré, dont les racines seront

$$\psi r_1,\ \psi r_{1,0},\ \psi r_{1,1},\ \psi r_{1,2}\ldots \psi r_{1,2n}.$$

La fonction ψr_1, c'est-à-dire une fonction quelconque rationnelle et symétrique des racines $r_1, r_2, r_3 \ldots r_n$ pourra donc être trouvée au moyen d'une équation du degré $2n+2$. Donc on aura de cette manière les coefficiens $p_0, p_1 \ldots p_{n-1}$, en résolvant n équations, chacune du $(2n+2)^{\text{ième}}$ degré.

Ayant déterminé $p_0, p_1 \ldots$, on aura, en résolvant l'équation

$$(105) \qquad 0 = p_0 + p_1 r + \cdots + p_{n-1} r^{n-1} + r^n,$$

les valeurs des quantités

$$r_1,\ r_2 \ldots r_n;\ r_{1,0},\ r_{2,0} \ldots r_{n,0};\ r_{1,1},\ r_{2,1} \ldots r_{n,1} \text{ etc.}$$

dont la première est égale à $\varphi^2\left(\frac{\omega}{2n+1}\right)$. Donc la détermination de cette quantité, ou bien la résolution de l'équation $R=0$, qui est du degré $(2n+2)n$, est réduite à celle d'équations des degrés $(2n+2)$ et n.

Mais on peut encore simplifier le procédé précédent. En effet, comme nous le verrons, pour avoir les quantités $p_0, p_1 \ldots$, il suffit de connaître l'une quelconque d'entre elles, et alors on peut exprimer les autres rationnellement par celle-là. Soient généralement p, q deux fonctions rationnelles et symétriques des quantités $r_1, r_2 \ldots r_n$, on peut faire, comme nous l'avons vu,

$$p = \psi r_1,\quad q = \theta r_1,$$

ψr_1 et θr_1 désignant deux fonctions rationnelles de r_1, qui ont cette propriété de rester les mêmes, si l'on change r_1 en une autre quelconque des quantités $r_1, r_2 \ldots r_n$. Supposons maintenant

$$s_k = (\psi r_1)^k \theta r_1 + (\psi r_{1,0})^k \theta r_{1,0} + (\psi r_{1,1})^k \theta r_{1,1} + \cdots + (\psi r_{1,2n})^k \theta r_{1,2n},$$

je dis que s_k pourra être exprimé rationnellement en e et c. En effet, on a

$$(\psi r_1)^k \theta r_1 = (\psi r_\nu)^k \theta r_\nu = \frac{1}{n}[(\psi r_1)^k \theta r_1 + (\psi r_2)^k \theta r_2 + \cdots + (\psi r_n)^k \theta r_n],$$

$$(\psi r_{1,m})^k \theta r_{1,m} = (\psi r_{\nu,m})^k \theta r_{\nu,m} = \frac{1}{n}[(\psi r_{1,m})^k \theta r_{1,m} + (\psi r_{2,m})^k \theta r_{2,m} + \cdots + (\psi r_{n,m})^k \theta r_{n,m}].$$

En faisant $m = 0, 1, 2 \ldots 2n$, et en substituant dans l'expression de s_k, on verra que s_k est une fonction rationnelle et symétrique des racines r_1, r_2

$\dots r_{1,0}\dots$ de l'équation $R=0$; donc s_k pourra s'exprimer rationnellement en e et c.

Connaissant s_k, on obtiendra, en faisant $k=0, 1, 2 \dots 2n$, $2n+1$ équations, desquelles on tirera aisément la valeur de θr_1, en fonction rationnelle de ψr_1. Donc, une fonction de la forme p étant donnée, on peut exprimer une autre fonction quelconque de la même forme en fonction rationnelle de p. Donc, comme nous l'avons dit, on peut exprimer les coefficiens $p_0, p_1, \dots p_{n-1}$ rationnellement par l'un quelconque d'entre eux. Donc enfin, pour en avoir les valeurs, il suffit de résoudre une seule équation du degré $2n+2$, et par conséquent, pour avoir les racines de l'équation $R=0$, il suffit de résoudre une équation du degré $2n+2$, et $2n+2$ équations du degré n.

21.

Maintenant, parmi les équations dont dépend la détermination des quantités $\varphi\left(\frac{\omega}{2n+1}\right)$, $\varphi\left(\frac{\varpi i}{2n+1}\right)$, celles du degré n peuvent être résolues algébriquement. Le procédé par lequel nous allons effectuer cette résolution est entièrement semblable à celui qui est dû à M. *Gauss* pour la résolution de l'équation

$$\theta^{2n+1}-1=0.$$

Soit proposée l'équation

$$(106)\qquad 0=p_0+p_1 r+p_2 r^2+\cdots+p_{n-1}r^{n-1}+r^n,$$

dont les racines sont:

$$\varphi^2\left(\frac{\omega'}{2n+1}\right),\ \varphi^2\left(\frac{2\omega'}{2n+1}\right), \dots \varphi^2\left(\frac{n\omega'}{2n+1}\right),$$

où ω' a une des valeurs ω, $m\omega+\varpi i$. Désignons par α une des racines primitives du nombre $2n+1$, c'est-à-dire un nombre entier tel que $\mu=2n+1$ soit le nombre le plus petit qui rende $\alpha^{\mu-1}-1$ divisible par $2n+1$: je dis que les racines de l'équation (106) peuvent aussi être représentées par

$$(107)\qquad \varphi^2(\varepsilon),\ \varphi^2(\alpha\varepsilon),\ \varphi^2(\alpha^2\varepsilon),\ \varphi^2(\alpha^3\varepsilon)\dots\varphi^2(\alpha^{n-1}\varepsilon),$$

où $\varepsilon=\frac{\omega'}{2n+1}$.

Soit

$$\alpha^m = (2n+1)k_m \pm a_m,$$

où k est entier, et a_m entier, positif et moindre que $n+1$, je dis que les termes de la série

$$1,\ a_1,\ a_2 \ldots a_{n-1}$$

seront tous différens entre eux. En effet, si l'on a

$$a_m = a_\mu,$$

il en résulte, ou

$$\alpha^m - \alpha^\mu = (2n+1)(k_m - k_\mu),$$

ou

$$\alpha^m + \alpha^\mu = (2n+1)(k_m + k_\mu).$$

Il faut donc que l'une des quantités $\alpha^m - \alpha^\mu$, $\alpha^m + \alpha^\mu$ soit divisible par $2n+1$; or supposons $m > \mu$, ce qui est permis, il faut que $\alpha^{m-\mu} - 1$ ou $\alpha^{m-\mu} + 1$ soit divisible par $2n+1$; or cela est impossible, car $m - \mu$ est moindre que n. Donc les quantités $1,\ a_1,\ a_2 \ldots a_{n-1}$ sont différentes entre elles, et par conséquent elles coïncident, mais dans un ordre différent, avec les nombres $1,\ 2,\ 3,\ 4 \ldots n$. Donc, en remarquant que

$$\varphi^2[((2n+1)k_m \pm a_m)\varepsilon] = \varphi^2(a_m\varepsilon),$$

on voit que les quantités (107) sont les mêmes que celles-ci:

$$\varphi^2(\varepsilon),\ \varphi^2(2\varepsilon) \ldots \varphi^2(n\varepsilon),$$

c'est-à-dire les racines de l'équation (106) c. q. f. d.

Il y a encore à remarquer, qu'ayant

$$\alpha^n = (2n+1)k_n - 1,$$

on aura

$$\alpha^{n+m} = (2n+1)k_n\alpha^m - \alpha^m,$$

donc

$$a_{n+m} = -a_m$$

et

$$\varphi^2(\alpha^{n+m}\varepsilon) = \varphi^2(\alpha^m\varepsilon).$$

Cela posé, soit θ une racine imaginaire quelconque de l'équation

$$\theta^n - 1 = 0$$

et

(108) $$\psi(\varepsilon) = \varphi^2(\varepsilon) + \varphi^2(\alpha\varepsilon)\theta + \varphi^2(\alpha^2\varepsilon)\theta^2 + \cdots + \varphi^2(\alpha^{n-1}\varepsilon)\theta^{n-1}.$$

En vertu de ce que nous avons vu précédemment, le second membre de cette équation peut être transformé en une fonction *rationnelle* de $\varphi^2(\varepsilon)$. Faisons

$$\psi\varepsilon = \chi(\varphi^2\varepsilon). \tag{109}$$

En mettant dans la première expression de $\psi(\varepsilon)$, $\alpha^m\varepsilon$ au lieu de ε, il viendra

$$\begin{aligned}\psi(\alpha^m\varepsilon) = \varphi^2(\alpha^m\varepsilon) + \varphi^2(\alpha^{m+1}\varepsilon)\theta + \varphi^2(\alpha^{m+2}\varepsilon)\theta^2 + \cdots \\ + \varphi^2(\alpha^{n-1}\varepsilon)\theta^{n-m-1} + \varphi^2(\alpha^n\varepsilon)\theta^{n-m} + \cdots + \varphi^2(\alpha^{n+m-1}\varepsilon)\theta^{n-1};\end{aligned}$$

mais nous avons vu que $\varphi^2(\alpha^{n+m}\varepsilon) = \varphi^2(\alpha^m\varepsilon)$, donc

$$\begin{aligned}\psi(\alpha^m\varepsilon) = \theta^{n-m}\varphi^2(\varepsilon) + \theta^{n-m+1}\varphi^2(\alpha\varepsilon) + \theta^{n-m+2}\varphi^2(\alpha^2\varepsilon) + \cdots \\ + \theta^{n-1}\varphi^2(\alpha^{m-1}\varepsilon) + \varphi^2(\alpha^m\varepsilon) + \theta\varphi^2(\alpha^{m+1}\varepsilon) + \cdots + \theta^{n-m-1}\varphi^2(\alpha^{n-1}\varepsilon).\end{aligned}$$

En multipliant par θ^m, le second membre deviendra égal à $\psi\varepsilon$, donc

$$\psi(\alpha^m\varepsilon) = \theta^{-m}\psi\varepsilon, \tag{110}$$

ou bien

$$\psi\varepsilon = \theta^m\chi[\varphi^2(\alpha^m\varepsilon)],$$

d'où l'on tire, en élevant les deux membres à la $n^{\text{ième}}$ puissance, et en tenant compte de la relation $\theta^{mn} = 1$,

$$(\psi\varepsilon)^n = [\chi(\varphi^2(\alpha^m\varepsilon))]^n. \tag{111}$$

Cette formule donne, en faisant successivement $m = 0, 1, 2, 3 \ldots n-1$, n équations qui, ajoutées membre à membre donneront la suivante:

$$\begin{aligned}n(\psi\varepsilon)^n = [\chi(\varphi^2\varepsilon)]^n + [\chi(\varphi^2(\alpha\varepsilon))]^n + [\chi(\varphi^2(\alpha^2\varepsilon))]^n + \cdots \\ + [\chi(\varphi^2(\alpha^{n-1}\varepsilon))]^n;\end{aligned} \tag{112}$$

or le second membre de cette équation est une fonction rationnelle et symétrique des quantités $\varphi^2\varepsilon$, $\varphi^2(\alpha\varepsilon) \ldots \varphi^2(\alpha^{n-1}\varepsilon)$, c'est-à-dire des racines de l'équation (106); donc $(\psi\varepsilon)^n$ peut être exprimé en fonction rationnelle de p_0, $p_1 \ldots p_{n-1}$, par conséquent en fonction rationnelle de l'une quelconque de ces quantités. Soit v la valeur de $(\psi\varepsilon)^n$, on aura

$$\sqrt[n]{v} = \varphi^2\varepsilon + \theta\varphi^2(\alpha\varepsilon) + \theta^2\varphi^2(\alpha^2\varepsilon) + \cdots + \theta^{n-1}\varphi^2(\alpha^{n-1}\varepsilon). \tag{113}$$

Cela posé, soit $\theta = \cos\frac{2\pi}{n} + i\sin\frac{2\pi}{n}\cdot$ Les racines imaginaires de l'équation $\theta^n - 1$ peuvent être représentées par

$$\theta,\ \theta^2, \ldots \theta^{n-1}.$$

Donc en faisant successivement θ égal à chacune de ces racines et en désignant les valeurs correspondantes de v par $v_1, v_2 \ldots v_{n-1}$, il viendra

$$\sqrt[n]{v_1} = \varphi^2(\varepsilon) + \theta\varphi^2(\alpha\varepsilon) + \cdots + \theta^{n-1}\varphi^2(\alpha^{n-1}\varepsilon),$$

$$\sqrt[n]{v_2} = \varphi^2(\varepsilon) + \theta^2\varphi^2(\alpha\varepsilon) + \cdots + \theta^{2n-2}\varphi^2(\alpha^{n-1}\varepsilon),$$

$$\cdots\cdots\cdots\cdots\cdots\cdots\cdots\cdots\cdots$$

$$\sqrt[n]{v_{n-1}} = \varphi^2(\varepsilon) + \theta^{n-1}\varphi^2(\alpha\varepsilon) + \cdots + \theta^{(n-1)^2}\varphi^2(\alpha^{n-1}\varepsilon).$$

En combinant ces équations avec la suivante:

$$-p_{n-1} = \varphi^2(\varepsilon) + \varphi^2(\alpha\varepsilon) + \cdots + \varphi^2(\alpha^{n-1}\varepsilon),$$

on en tire aisément

$$(114) \quad \varphi^2(\alpha^m\varepsilon) = \frac{1}{n}\left(-p_{n-1} + \theta^{-m}\sqrt[n]{v_1} + \theta^{-2m}\sqrt[n]{v_2} + \theta^{-3m}\sqrt[n]{v_3} + \cdots + \theta^{-(n-1)m}\sqrt[n]{v_{n-1}}\right),$$

et pour $m=0$,

$$(115) \quad \varphi^2(\varepsilon) = \frac{1}{n}\left(-p_{n-1} + \sqrt[n]{v_1} + \sqrt[n]{v_2} + \cdots + \sqrt[n]{v_{n-1}}\right).$$

22.

Toutes les racines de l'équation (106) sont contenues dans la formule (115), mais puisque leur nombre n'est que n, il reste encore à donner à $\varphi^2(\varepsilon)$ une forme qui ne contienne pas de racines étrangères à la question. Or cela se fait aisément comme il suit. Soit

$$s_k = \frac{\sqrt[n]{v_k}}{(\sqrt[n]{v_1})^k}.$$

En posant ici $\alpha^m\varepsilon$ au lieu de ε, $\sqrt[n]{v_k}$ se changera en $\theta^{-km}\sqrt[n]{v_k}$, et v_1 en $\theta^{-m}v_1$, donc s_k se changera en

$$\frac{\theta^{-km}\sqrt[n]{v_k}}{(\theta^{-m}\sqrt[n]{v_1})^k} = \frac{\sqrt[n]{v_k}}{(\sqrt[n]{v_1})^k}.$$

La fonction s_k, comme on le voit, ne change pas de valeur, en mettant $\alpha^m\varepsilon$

au lieu de ε. Or s_k est une fonction rationnelle de $\varphi^2(\varepsilon)$. Donc, en désignant s_k par $\lambda[\varphi^2(\varepsilon)]$, on aura

$$s_k = \lambda[\varphi^2(\alpha^m\varepsilon)],$$

quel que soit le nombre entier m. De là on tirera, de la même manière que nous avons trouvé $(\psi\varepsilon)^n$, la valeur de s_k en fonction rationnelle de l'une des quantités $p_0, p_1 \ldots p_{n-1}$. Connaissant s_k, on a

$$\sqrt[n]{v_k} = s_k(\sqrt[n]{v_1})^k.$$

Donc en mettant v au lieu de v_1, l'expression de $\varphi^2(\alpha^m\varepsilon)$ deviendra

$$(116)\quad \varphi^2(\alpha^m\varepsilon) = \frac{1}{n}\left(-p_{n-1} + \theta^{-m}v^{\frac{1}{n}} + s_2\theta^{-2m}v^{\frac{2}{n}} + \cdots + s_{n-1}\theta^{-(n-1)m}v^{\frac{n-1}{n}}\right);$$

pour $m = 0$:

$$(117)\quad \varphi^2(\varepsilon) = \frac{1}{n}\left(-p_{n-1} + v^{\frac{1}{n}} + s_2 v^{\frac{2}{n}} + s_3 v^{\frac{3}{n}} + \cdots + s_{n-1}v^{\frac{n-1}{n}}\right).$$

Cette expression n'a que n valeurs différentes, qui répondent aux n valeurs de $v^{\frac{1}{n}}$. Donc en dernier lieu la résolution de l'équation $P_{2n+1} = 0$ est réduite à celle d'une seule équation du degré $2n+2$; mais *en général* cette équation ne paraît pas être résoluble algébriquement. Néanmoins on peut la résoudre complètement dans plusieurs cas particuliers, par exemple, lorsque $e = c$, $e = c\sqrt{3}$, $e = c(2 \pm \sqrt{3})$ etc. Dans le cours de ce mémoire je m'occuperai de ces cas, dont le premier surtout est remarquable, tant par la simplicité de la solution, que par sa belle application dans la géométrie.

En effet entre autres théorèmes je suis parvenu à celui-ci:

"On peut diviser la circonférence entière de la lemniscate en m parties "égales *par la règle et le compas seuls*, si m est de la forme 2^n ou "$2^n + 1$, ce dernier nombre étant en même temps premier; ou bien si "m est un produit de plusieurs nombres de ces deux formes."

Ce théorème est, comme on le voit, précisément le même que celui de M. *Gauss*, relativement au cercle.

§ VI.

Expressions diverses des fonctions $\varphi(n\beta)$, $f(n\beta)$, $F(n\beta)$.

23.

En faisant usage des formules connues, qui donnent les valeurs des coefficiens d'une équation algébrique en fonction des racines, on peut tirer plusieurs expressions des fonctions $\varphi(n\beta)$, $f(n\beta)$, $F(n\beta)$ des formules du paragraphe précédent. Je vais considérer les plus remarquables. Pour abréger les formules, je me servirai des notations suivantes. Je désignerai

1) Par $\overset{k'}{\underset{k}{\Sigma_m}}\psi m$ la somme, et par $\overset{k'}{\underset{k}{\Pi_m}}\psi m$ le produit de toutes les quantités de la forme ψm, qu'on obtiendra en donnant à m toutes les valeurs entières, depuis k jusqu'à k', les limites k et k' y comprises.

2) Par $\overset{k'}{\underset{k}{\Sigma_m}}\overset{\nu'}{\underset{\nu}{\Sigma_\mu}}\psi(m,\mu)$ la somme, et par $\overset{k'}{\underset{k}{\Pi_m}}\overset{\nu'}{\underset{\nu}{\Pi_\mu}}\psi(m,\mu)$ le produit de toutes les quantités de la forme $\psi(m,\mu)$ qu'on obtiendra en donnant à m toutes les valeurs entières de k à k', et à μ les valeurs entières de ν à ν', en y comprenant toujours les limites.

D'après cela il est clair qu'on aura

$$(119) \qquad \overset{k'}{\underset{k}{\Sigma_m}}\psi(m) = \psi(k) + \psi(k+1) + \cdots + \psi(k'),$$

$$(120) \qquad \overset{k'}{\underset{k}{\Pi_m}}\psi(m) = \psi(k).\psi(k+1)\ldots\psi(k'),$$

$$(121) \qquad \overset{k'}{\underset{k}{\Sigma_m}}\overset{\nu'}{\underset{\nu}{\Sigma_\mu}}\psi(m,\mu) = \overset{\nu'}{\underset{\nu}{\Sigma_\mu}}\psi(k,\mu) + \overset{\nu'}{\underset{\nu}{\Sigma_\mu}}\psi(k+1,\mu) + \cdots + \overset{\nu'}{\underset{\nu}{\Sigma_\mu}}\psi(k',\mu),$$

$$(122) \qquad \overset{k'}{\underset{k}{\Pi_m}}\overset{\nu'}{\underset{\nu}{\Pi_\mu}}\psi(m,\mu) = \overset{\nu'}{\underset{\nu}{\Pi_\mu}}\psi(k,\mu) \;.\; \overset{\nu'}{\underset{\nu}{\Pi_\mu}}\psi(k+1,\mu) \ldots\ldots \overset{\nu'}{\underset{\nu}{\Pi_\mu}}\psi(k',\mu).$$

Cela posé, considérons les équations

$$(123) \qquad \left\{ \begin{aligned} \varphi(2n+1)\beta &= \frac{P_{2n+1}}{Q_{2n+1}}, \\ f(2n+1)\beta &= \frac{P'_{2n+1}}{Q_{2n+1}}, \\ F(2n+1)\beta &= \frac{P''_{2n+1}}{Q_{2n+1}}. \end{aligned} \right.$$

Nous avons vu que P_{2n+1} est une fonction rationnelle de x du degré

$(2n+1)^2$ et de la forme $x.\psi(x^2)$. De même P'_{2n+1} et P''_{2n+1} sont des fonctions de cette même forme, la première par rapport à y et la seconde par rapport à z. Enfin Q_{2n+1} est une fonction qui, exprimée indifféremment en x, y ou z, sera du degré $(2n+1)^2-1$, et contiendra seulement des puissances paires. Donc on aura

$$P_{2n+1} = Ax^{(2n+1)^2} + \cdots + Bx,$$
$$P'_{2n+1} = A'y^{(2n+1)^2} + \cdots + B'y,$$
$$P''_{2n+1} = A''z^{(2n+1)^2} + \cdots + B''z,$$
$$Q_{2n+1} = Cx^{(2n+1)^2-1} + \cdots + D,$$
$$Q_{2n+1} = C'y^{(2n+1)^2-1} + \cdots + D',$$
$$Q_{2n+1} = C''z^{(2n+1)^2-1} + \cdots + D''.$$

En substituant ces valeurs dans l'équation (123), il viendra

$$(Ax^{(2n+1)^2} + \cdots + Bx) = \varphi(2n+1)\beta.(Cx^{(2n+1)^2-1} + \cdots + D),$$
$$(A'y^{(2n+1)^2} + \cdots + B'y) = f(2n+1)\beta.(C'y^{(2n+1)^2-1} + \cdots + D'),$$
$$(A''z^{(2n+1)^2} + \cdots + B''z) = F(2n+1)\beta.(C''z^{(2n+1)^2-1} + \cdots + D'').$$

Dans la première de ces équations A est le coefficient du premier terme, $-\varphi(2n+1)\beta.C$ celui du second, et $-\varphi(2n+1)\beta.D$ le dernier terme. Donc $\frac{C}{A}\varphi(2n+1)\beta$ est égal à la somme, et $\frac{D}{A}\varphi(2n+1)\beta$ égal au produit des racines de l'équation dont il s'agit, équation qui est la même que célle-ci:

$$(124) \qquad \varphi(2n+1)\beta = \frac{P_{2n+1}}{Q_{2n+1}}.$$

Donc en remarquant que A, C et D (et en général tous les coefficiens) sont indépendants de β, on voit que $\varphi(2n+1)\beta$ est (à un coefficient constant près) égal à la somme et au produit de toutes les racines de l'équation (124).

De la même manière on voit que $f(2n+1)\beta$ et $F(2n+1)\beta$ sont respectivement égaux au produit ou à la somme des racines des équations

en ayant soin de multiplier le résultat par un coefficient constant, choisi convenablement.

Maintenant d'après le n° 11 les racines des équations (123) sont respectivement:

$$x = (-1)^{m+\mu}\varphi\left(\beta + \frac{m}{2n+1}\omega + \frac{\mu}{2n+1}\varpi i\right),$$
$$y = (-1)^{m} f\left(\beta + \frac{m}{2n+1}\omega + \frac{\mu}{2n+1}\varpi i\right),$$
$$z = (-1)^{\mu} F\left(\beta + \frac{m}{2n+1}\omega + \frac{\mu}{2n+1}\varpi i\right),$$

où les limites de m et μ sont $-n$ et $+n$. Donc en vertu de ce qu'on vient de voir, et en faisant usage des notations adoptées, on aura les formules suivantes:

$$(125)\quad \left\{\begin{aligned}
\varphi(2n+1)\beta &= A \sum_{-n}^{+n}{}_m \sum_{-n}^{+n}{}_\mu (-1)^{m+\mu}\varphi\left(\beta + \frac{m\omega+\mu\varpi i}{2n+1}\right)\\
f(2n+1)\beta &= A' \sum_{-n}^{+n}{}_m \sum_{-n}^{+n}{}_\mu (-1)^{m} f\left(\beta + \frac{m\omega+\mu\varpi i}{2n+1}\right),\\
F(2n+1)\beta &= A'' \sum_{-n}^{+n}{}_m \sum_{-n}^{+n}{}_\mu (-1)^{\mu} F\left(\beta + \frac{m\omega+\mu\varpi i}{2n+1}\right);\\
\varphi(2n+1)\beta &= B \prod_{-n}^{+n}{}_m \prod_{-n}^{+n}{}_\mu \varphi\left(\beta + \frac{m\omega+\mu\varpi i}{2n+1}\right),\\
f(2n+1)\beta &= B' \prod_{-n}^{+n}{}_m \prod_{-n}^{+n}{}_\mu f\left(\beta + \frac{m\omega+\mu\varpi i}{2n+1}\right),\\
F(2n+1)\beta &= B'' \prod_{-n}^{+n}{}_m \prod_{-n}^{+n}{}_\mu F\left(\beta + \frac{m\omega+\mu\varpi i}{2n+1}\right).
\end{aligned}\right.$$

Pour déterminer les quantités constantes A, A', A'', B, B', B'', il faudra donner à β une valeur particulière. Ainsi en faisant dans les trois premières formules $\beta = \frac{\omega}{2} + \frac{\varpi}{2}i$, après avoir divisé les deux membres par $\varphi\beta$, il viendra, en remarquant que $\varphi\left(\frac{\omega}{2} + \frac{\varpi}{2}i\right) = \frac{1}{0}$,

$$\left.\begin{aligned}
A &= \frac{\varphi(2n+1)\beta}{\varphi\beta}\\
A' &= \frac{f(2n+1)\beta}{f\beta}\\
A'' &= \frac{F(2n+1)\beta}{F\beta}
\end{aligned}\right\} \text{ pour } \beta = \frac{\omega}{2} + \frac{\varpi}{2}i.$$

Soit $\beta = \frac{\omega}{2} + \frac{\varpi}{2}i + \alpha$, on a

$$\left.\begin{aligned}
A &= \frac{\varphi\left((2n+1)\alpha+n\omega+n\varpi i+\frac{\omega}{2}+\frac{\varpi}{2}i\right)}{\varphi\left(\alpha+\frac{\omega}{2}+\frac{\varpi}{2}i\right)} \\
&= \frac{\varphi\left((2n+1)\alpha+\frac{\omega}{2}+\frac{\varpi}{2}i\right)}{\varphi\left(\alpha+\frac{\omega}{2}+\frac{\varpi}{2}i\right)} = \frac{\varphi\alpha}{\varphi(2n+1)\alpha}, \\
A' &= \frac{f\left((2n+1)\alpha+n\omega+n\varpi i+\frac{\omega}{2}+\frac{\varpi}{2}i\right)}{f\left(\alpha+\frac{\omega}{2}+\frac{\varpi}{2}i\right)} \\
&= (-1)^n\frac{f\left((2n+1)\alpha+\frac{\omega}{2}+\frac{\varpi}{2}i\right)}{f\left(\alpha+\frac{\omega}{2}+\frac{\varpi}{2}i\right)} = (-1)^n\frac{f\left(\alpha+\frac{\omega}{2}\right)}{f\left((2n+1)\alpha+\frac{\omega}{2}\right)}, \\
A'' &= \frac{F\left((2n+1)\alpha+n\omega+n\varpi i+\frac{\omega}{2}+\frac{\varpi}{2}i\right)}{F\left(\alpha+\frac{\omega}{2}+\frac{\varpi}{2}i\right)} \\
&= (-1)^n\frac{F\left((2n+1)\alpha+\frac{\omega}{2}+\frac{\varpi}{2}i\right)}{F\left(\alpha+\frac{\omega}{2}+\frac{\varpi}{2}i\right)} = (-1)^n\frac{F\left(\alpha+\frac{\varpi}{2}i\right)}{F\left((2n+1)\alpha+\frac{\varpi}{2}i\right)}.
\end{aligned}\right\}\text{pour } \alpha=0.$$

Ces expressions de A, A', A'' deviendront de la forme $\frac{0}{0}$ en faisant $\alpha=0$, donc on trouvera d'après les règles connues

$$A=\frac{1}{2n+1},\quad A'=A''=\frac{(-1)^n}{2n+1}.$$

D'après cela les trois premières formules deviendront

$$(126)\quad \left\{\begin{aligned}
\varphi(2n+1)\beta &= \frac{1}{2n+1}\sum_{-n}^{+n}{}_m\sum_{-n}^{+n}{}_\mu(-1)^{m+\mu}\,\varphi\left(\beta+\frac{m\omega+\mu\varpi i}{2n+1}\right), \\
f(2n+1)\beta &= \frac{(-1)^n}{2n+1}\sum_{-n}^{+n}{}_m\sum_{-n}^{+n}{}_\mu(-1)^{m}\,f\left(\beta+\frac{m\omega+\mu\varpi i}{2n+1}\right), \\
F(2n+1)\beta &= \frac{(-1)^n}{2n+1}\sum_{-n}^{+n}{}_m\sum_{-n}^{+n}{}_\mu(-1)^{\mu}\,F\left(\beta+\frac{m\omega+\mu\varpi i}{2n+1}\right).
\end{aligned}\right.$$

Pour avoir la valeur des constantes B, B', B'', je remarque qu'on aura

$$(127)\quad \prod_{-n}^{+n}{}_m\prod_{-n}^{+n}{}_\mu\psi(m,\mu)=\psi(0,0)\prod_{1}^{n}{}_m\psi(m,0)\,\psi(-m,0)\prod_{1}^{n}{}_\mu\psi(0,\mu)\,\psi(0,-\mu)$$
$$\times\prod_{1}^{n}{}_m\prod_{1}^{n}{}_\mu\psi(m,\mu)\,\psi(-m,-\mu)\prod_{1}^{n}{}_m\prod_{1}^{n}{}_\mu\psi(m,-\mu)\,\psi(-m,\mu).$$

En appliquant cette transformation aux formules (125), en divisant la première par $\varphi\beta$, la seconde par $f\beta$ et la troisième par $F\beta$, en faisant ensuite dans la première $\beta=0$, dans la seconde $\beta=\frac{\omega}{2}$ et dans la troisième $\beta=\frac{\varpi}{2}i$, et en remarquant que $\frac{\varphi(2n+1)\beta}{\varphi\beta}=2n+1$, pour $\beta=0$, que $\frac{f(2n+1)\beta}{f\beta}=(-1)^n(2n+1)$, pour $\beta=\frac{\omega}{2}$, et que $\frac{F(2n+1)\beta}{F\beta}=(-1)^n(2n+1)$, pour $\beta=\frac{\varpi}{2}i$, on trouvera

$$(128)\quad\left\{\begin{aligned}
(2n+1)&=B\,\overset{n}{\underset{1}{\Pi}}{}_m\,\varphi^2\left(\frac{m\omega}{2n+1}\right)\overset{n}{\underset{1}{\Pi}}{}_\mu\,\varphi^2\left(\frac{\mu\varpi i}{2n+1}\right)\\
&\quad\times\overset{n}{\underset{1}{\Pi}}{}_m\overset{n}{\underset{1}{\Pi}}{}_\mu\,\varphi^2\left(\frac{m\omega+\mu\varpi i}{2n+1}\right)\varphi^2\left(\frac{m\omega-\mu\varpi i}{2n+1}\right),\\
(-1)^n(2n+1)&=B'\,\overset{n}{\underset{1}{\Pi}}{}_m\,f^2\left(\frac{\omega}{2}+\frac{m\omega}{2n+1}\right)\overset{n}{\underset{1}{\Pi}}{}_\mu\,f^2\left(\frac{\omega}{2}+\frac{\mu\varpi i}{2n+1}\right)\\
&\quad\times\overset{n}{\underset{1}{\Pi}}{}_m\overset{n}{\underset{1}{\Pi}}{}_\mu\,f^2\left(\frac{\omega}{2}+\frac{m\omega+\mu\varpi i}{2n+1}\right)f^2\left(\frac{\omega}{2}+\frac{m\omega-\mu\varpi i}{2n+1}\right),\\
(-1)^n(2n+1)&=B''\,\overset{n}{\underset{1}{\Pi}}{}_m\,F^2\left(\frac{\varpi}{2}i+\frac{m\omega}{2n+1}\right)\overset{n}{\underset{1}{\Pi}}{}_\mu\,F^2\left(\frac{\varpi}{2}i+\frac{\mu\varpi i}{2n+1}\right)\\
&\quad\times\overset{n}{\underset{1}{\Pi}}{}_m\overset{n}{\underset{1}{\Pi}}{}_\mu\,F^2\left(\frac{\varpi}{2}i+\frac{m\omega+\mu\varpi i}{2n+1}\right)F^2\left(\frac{\varpi}{2}i+\frac{m\omega-\mu\varpi i}{2n+1}\right).
\end{aligned}\right.$$

En tirant de ces équations les valeurs de B, B', B'', et les substituant ensuite dans les formules transformées, il viendra

$$(129)\left\{\begin{aligned}
&\varphi(2n+1)\beta= \\
&\quad(2n+1)\varphi\beta\,\overset{n}{\underset{1}{\Pi_m}}\frac{\varphi\left(\beta+\frac{m\omega}{2n+1}\right)\varphi\left(\beta-\frac{m\omega}{2n+1}\right)}{\varphi^2\left(\frac{m\omega}{2n+1}\right)}\overset{n}{\underset{1}{\Pi_\mu}}\frac{\varphi\left(\beta+\frac{\mu\varpi i}{2n+1}\right)\varphi\left(\beta-\frac{\mu\varpi i}{2n+1}\right)}{\varphi^2\left(\frac{\mu\varpi i}{2n+1}\right)} \\
&\quad\times\overset{n}{\underset{1}{\Pi_m}}\overset{n}{\underset{1}{\Pi_\mu}}\frac{\varphi\left(\beta+\frac{m\omega+\mu\varpi i}{2n+1}\right)\varphi\left(\beta-\frac{m\omega+\mu\varpi i}{2n+1}\right)}{\varphi^2\left(\frac{m\omega+\mu\varpi i}{2n+1}\right)}\,\frac{\varphi\left(\beta+\frac{m\omega-\mu\varpi i}{2n+1}\right)\varphi\left(\beta-\frac{m\omega-\mu\varpi i}{2n+1}\right)}{\varphi^2\left(\frac{m\omega-\mu\varpi i}{2n+1}\right)}, \\
&f(2n+1)\beta= \\
&\quad(-1)^n(2n+1)f\beta\,\overset{n}{\underset{1}{\Pi_m}}\frac{f\left(\beta+\frac{m\omega}{2n+1}\right)f\left(\beta-\frac{m\omega}{2n+1}\right)}{f^2\left(\frac{\omega}{2}+\frac{m\omega}{2n+1}\right)}\overset{n}{\underset{1}{\Pi_\mu}}\frac{f\left(\beta+\frac{\mu\varpi i}{2n+1}\right)f\left(\beta-\frac{\mu\varpi i}{2n+1}\right)}{f^2\left(\frac{\omega}{2}+\frac{\mu\varpi i}{2n+1}\right)} \\
&\quad\times\overset{n}{\underset{1}{\Pi_m}}\overset{n}{\underset{1}{\Pi_\mu}}\frac{f\left(\beta+\frac{m\omega+\mu\varpi i}{2n+1}\right)f\left(\beta-\frac{m\omega+\mu\varpi i}{2n+1}\right)}{f^2\left(\frac{\omega}{2}+\frac{m\omega+\mu\varpi i}{2n+1}\right)}\,\frac{f\left(\beta+\frac{m\omega-\mu\varpi i}{2n+1}\right)f\left(\beta-\frac{m\omega-\mu\varpi i}{2n+1}\right)}{f^2\left(\frac{\omega}{2}+\frac{m\omega-\mu\varpi i}{2n+1}\right)}, \\
&F(2n+1)\beta= \\
&\quad(-1)^n(2n+1)F\beta\,\overset{n}{\underset{1}{\Pi_m}}\frac{F\left(\beta+\frac{m\omega}{2n+1}\right)F\left(\beta-\frac{m\omega}{2n+1}\right)}{F^2\left(\frac{\varpi}{2}i+\frac{m\omega}{2n+1}\right)}\overset{n}{\underset{1}{\Pi_\mu}}\frac{F\left(\beta+\frac{\mu\varpi i}{2n+1}\right)F\left(\beta-\frac{\mu\varpi i}{2n+1}\right)}{F^2\left(\frac{\varpi}{2}i+\frac{\mu\varpi i}{2n+1}\right)} \\
&\quad\times\overset{n}{\underset{1}{\Pi_m}}\overset{n}{\underset{1}{\Pi_\mu}}\frac{F\left(\beta+\frac{m\omega+\mu\varpi i}{2n+1}\right)F\left(\beta-\frac{m\omega+\mu\varpi i}{2n+1}\right)}{F^2\left(\frac{\varpi}{2}i+\frac{m\omega+\mu\varpi i}{2n+1}\right)}\,\frac{F\left(\beta+\frac{m\omega-\mu\varpi i}{2n+1}\right)F\left(\beta-\frac{m\omega-\mu\varpi i}{2n+1}\right)}{F^2\left(\frac{\varpi}{2}i+\frac{m\omega-\mu\varpi i}{2n+1}\right)}.
\end{aligned}\right.$$

On peut donner à ces expressions des formes plus simples, en faisant usage des formules suivantes:

$$\frac{\varphi(\beta+\alpha)\,\varphi(\beta-\alpha)}{\varphi^2\alpha}=-\frac{1-\frac{\varphi^2\beta}{\varphi^2\alpha}}{1-\frac{\varphi^2\beta}{\varphi^2\left(\alpha+\frac{\omega}{2}+\frac{\varpi}{2}i\right)}},$$

$$\frac{f(\beta+\alpha)\,f(\beta-\alpha)}{f^2\left(\frac{\omega}{2}+\alpha\right)}=-\frac{1-\frac{f^2\beta}{f^2\left(\frac{\omega}{2}+\alpha\right)}}{1-\frac{f^2\beta}{f^2\left(\alpha+\frac{\omega}{2}+\frac{\varpi}{2}i\right)}},$$

$$\frac{F(\beta+\alpha)\,F(\beta-\alpha)}{F^2\left(\frac{\varpi}{2}i+\alpha\right)}=-\frac{1-\frac{F^2\beta}{F^2\left(\frac{\varpi}{2}i+\alpha\right)}}{1-\frac{F^2\beta}{F^2\left(\frac{\omega}{2}+\frac{\varpi}{2}i+\alpha\right)}},$$

qu'on vérifiera aisément au moyen des formules (13), (16), (18).

En vertu de ces formules il est clair qu'on peut mettre les équations (129) sous la forme:

$$(130)\quad \begin{cases} \varphi(2n+1)\beta = \\ \quad (2n+1)\varphi\beta\, \prod_{1}^{n}{}_{m} \dfrac{1-\dfrac{\varphi^2\beta}{\varphi^2\left(\frac{m\omega}{2n+1}\right)}}{1-\dfrac{\varphi^2\beta}{\varphi^2\left(\frac{\omega}{2}+\frac{\varpi}{2}i+\frac{m\omega}{2n+1}\right)}} \prod_{1}^{n}{}_{\mu} \dfrac{1-\dfrac{\varphi^2\beta}{\varphi^2\left(\frac{\mu\varpi i}{2n+1}\right)}}{1-\dfrac{\varphi^2\beta}{\varphi^2\left(\frac{\omega}{2}+\frac{\varpi}{2}i+\frac{\mu\varpi i}{2n+1}\right)}} \\ \quad \times \prod_{1}^{n}{}_{m} \prod_{1}^{n}{}_{\mu} \dfrac{1-\dfrac{\varphi^2\beta}{\varphi^2\left(\frac{m\omega+\mu\varpi i}{2n+1}\right)}}{1-\dfrac{\varphi^2\beta}{\varphi^2\left(\frac{\omega}{2}+\frac{\varpi}{2}i+\frac{m\omega+\mu\varpi i}{2n+1}\right)}} \dfrac{1-\dfrac{\varphi^2\beta}{\varphi^2\left(\frac{m\omega-\mu\varpi i}{2n+1}\right)}}{1-\dfrac{\varphi^2\beta}{\varphi^2\left(\frac{\omega}{2}+\frac{\varpi}{2}i+\frac{m\omega-\mu\varpi i}{2n+1}\right)}}, \\ f(2n+1)\beta = \\ \quad (-1)^n(2n+1)f\beta\, \prod_{1}^{n}{}_{m} \dfrac{1-\dfrac{f^2\beta}{f^2\left(\frac{\omega}{2}+\frac{m\omega}{2n+1}\right)}}{1-\dfrac{f^2\beta}{f^2\left(\frac{\omega}{2}+\frac{\varpi}{2}i+\frac{m\omega}{2n+1}\right)}} \prod_{1}^{n}{}_{\mu} \dfrac{1-\dfrac{f^2\beta}{f^2\left(\frac{\omega}{2}+\frac{\mu\varpi i}{2n+1}\right)}}{1-\dfrac{f^2\beta}{f^2\left(\frac{\omega}{2}+\frac{\varpi}{2}i+\frac{\mu\varpi i}{2n+1}\right)}} \\ \quad \times \prod_{1}^{n}{}_{m} \prod_{1}^{n}{}_{\mu} \dfrac{1-\dfrac{f^2\beta}{f^2\left(\frac{\omega}{2}+\frac{m\omega+\mu\varpi i}{2n+1}\right)}}{1-\dfrac{f^2\beta}{f^2\left(\frac{\omega}{2}+\frac{\varpi}{2}i+\frac{m\omega+\mu\varpi i}{2n+1}\right)}} \dfrac{1-\dfrac{f^2\beta}{f^2\left(\frac{\omega}{2}+\frac{m\omega-\mu\varpi i}{2n+1}\right)}}{1-\dfrac{f^2\beta}{f^2\left(\frac{\omega}{2}+\frac{\varpi}{2}i+\frac{m\omega-\mu\varpi i}{2n+1}\right)}}, \\ F(2n+1)\beta = \\ \quad (-1)^n(2n+1)F\beta\, \prod_{1}^{n}{}_{m} \dfrac{1-\dfrac{F^2\beta}{F^2\left(\frac{\varpi}{2}i+\frac{m\omega}{2n+1}\right)}}{1-\dfrac{F^2\beta}{F^2\left(\frac{\omega}{2}+\frac{\varpi}{2}i+\frac{m\omega}{2n+1}\right)}} \prod_{1}^{n}{}_{\mu} \dfrac{1-\dfrac{F^2\beta}{F^2\left(\frac{\varpi}{2}i+\frac{\mu\varpi i}{2n+1}\right)}}{1-\dfrac{F^2\beta}{F^2\left(\frac{\omega}{2}+\frac{\varpi}{2}i+\frac{\mu\varpi i}{2n+1}\right)}} \\ \quad \times \prod_{1}^{n}{}_{m} \prod_{1}^{n}{}_{\mu} \dfrac{1-\dfrac{F^2\beta}{F^2\left(\frac{\varpi}{2}i+\frac{m\omega+\mu\varpi i}{2n+1}\right)}}{1-\dfrac{F^2\beta}{F^2\left(\frac{\omega}{2}+\frac{\varpi}{2}i+\frac{m\omega+\mu\varpi i}{2n+1}\right)}} \dfrac{1-\dfrac{F^2\beta}{F^2\left(\frac{\varpi}{2}i+\frac{m\omega-\mu\varpi i}{2n+1}\right)}}{1-\dfrac{F^2\beta}{F^2\left(\frac{\omega}{2}+\frac{\varpi}{2}i+\frac{m\omega-\mu\varpi i}{2n+1}\right)}}. \end{cases}$$

Ces formules donnent, comme on le voit, les valeurs de $\varphi(2n+1)\beta$, $f(2n+1)\beta$ et $F(2n+1)\beta$, exprimées respectivement en fonction rationnelle de $\varphi\beta$, $f\beta$ et $F\beta$ sous forme de produits.

Nous donnerons encore les valeurs de $f(2n+1)\beta$, $F(2n+1)\beta$ sous une autre forme, qui sera utile dans la suite.

On a $f^2\beta = 1 - c^2\varphi^2\beta$, donc

$$1 - \frac{f^2\beta}{f^2\alpha} = \frac{c^2(\varphi^2\beta - \varphi^2\alpha)}{f^2\alpha}$$

et

$$1 - \frac{f^2\beta}{f^2\left(\frac{\varpi}{2}i+\alpha\right)} = \frac{c^2\left[\varphi^2\beta - \varphi^2\left(\frac{\varpi}{2}i+\alpha\right)\right]}{f^2\left(\frac{\varpi}{2}i+\alpha\right)};$$

or en vertu de l'équation (18) on a

$$f^2\left(\frac{\varpi}{2}i+\alpha\right) = \frac{e^2+c^2}{e^2}\cdot\frac{1}{f^2\alpha},$$

donc

$$\frac{1-\frac{f^2\beta}{f^2\alpha}}{1-\frac{f^2\beta}{f^2\left(\frac{\varpi}{2}i+\alpha\right)}} = \frac{1}{f^4\alpha}\,\frac{e^2+c^2}{e^2}\cdot\frac{\varphi^2\alpha}{\varphi^2\left(\frac{\varpi}{2}i+\alpha\right)}\,\frac{1-\frac{\varphi^2\beta}{\varphi^2\alpha}}{1-\frac{\varphi^2\beta}{\varphi^2\left(\frac{\varpi}{2}i+\alpha\right)}}.$$

On trouvera de même

$$\frac{1-\frac{F^2\beta}{F^2\alpha}}{1-\frac{F^2\beta}{F^2\left(\frac{\omega}{2}+\alpha\right)}} = \frac{1}{F^4\alpha}\,\frac{e^2+c^2}{c^2}\cdot\frac{\varphi^2\alpha}{\varphi^2\left(\frac{\omega}{2}+\alpha\right)}\,\frac{1-\frac{\varphi^2\beta}{\varphi^2\alpha}}{1-\frac{\varphi^2\beta}{\varphi^2\left(\frac{\omega}{2}+\alpha\right)}}.$$

En vertu de ces formules, et en faisant $\beta=0$ pour déterminer le facteur constant, il est clair qu'on peut écrire les expressions de $f(2n+1)\beta$, $F(2n+1)\beta$, comme il suit:

$$
(130')\left\{
\begin{aligned}
f(2n+1)\beta &= f\beta\,\prod_1^n{}_m \frac{1-\dfrac{\varphi^2\beta}{\varphi^2\left(\dfrac{\omega}{2}+\dfrac{m\omega}{2n+1}\right)}}{1-\dfrac{\varphi^2\beta}{\varphi^2\left(\dfrac{\omega}{2}+\dfrac{\varpi}{2}i+\dfrac{m\omega}{2n+1}\right)}}\;\prod_1^n{}_\mu \frac{1-\dfrac{\varphi^2\beta}{\varphi^2\left(\dfrac{\omega}{2}+\dfrac{\mu\varpi i}{2n+1}\right)}}{1-\dfrac{\varphi^2\beta}{\varphi^2\left(\dfrac{\omega}{2}+\dfrac{\varpi}{2}i+\dfrac{\mu\varpi i}{2n+1}\right)}} \\
&\times \prod_1^n{}_m \prod_1^n{}_\mu \frac{1-\dfrac{\varphi^2\beta}{\varphi^2\left(\dfrac{\omega}{2}+\dfrac{m\omega+\mu\varpi i}{2n+1}\right)}}{1-\dfrac{\varphi^2\beta}{\varphi^2\left(\dfrac{\omega}{2}+\dfrac{\varpi}{2}i+\dfrac{m\omega+\mu\varpi i}{2n+1}\right)}}\;\frac{1-\dfrac{\varphi^2\beta}{\varphi^2\left(\dfrac{\omega}{2}+\dfrac{m\omega-\mu\varpi i}{2n+1}\right)}}{1-\dfrac{\varphi^2\beta}{\varphi^2\left(\dfrac{\omega}{2}+\dfrac{\varpi}{2}i+\dfrac{m\omega-\mu\varpi i}{2n+1}\right)}}, \\
F(2n+1)\beta &= F\beta\,\prod_1^n{}_m \frac{1-\dfrac{\varphi^2\beta}{\varphi^2\left(\dfrac{\varpi}{2}i+\dfrac{m\omega}{2n+1}\right)}}{1-\dfrac{\varphi^2\beta}{\varphi^2\left(\dfrac{\omega}{2}+\dfrac{\varpi}{2}i+\dfrac{m\omega}{2n+1}\right)}}\;\prod_1^n{}_\mu \frac{1-\dfrac{\varphi^2\beta}{\varphi^2\left(\dfrac{\varpi}{2}i+\dfrac{\mu\varpi i}{2n+1}\right)}}{1-\dfrac{\varphi^2\beta}{\varphi^2\left(\dfrac{\omega}{2}+\dfrac{\varpi}{2}i+\dfrac{\mu\varpi i}{2n+1}\right)}} \\
&\times \prod_1^n{}_m \prod_1^n{}_\mu \frac{1-\dfrac{\varphi^2\beta}{\varphi^2\left(\dfrac{\varpi}{2}i+\dfrac{m\omega+\mu\varpi i}{2n+1}\right)}}{1-\dfrac{\varphi^2\beta}{\varphi^2\left(\dfrac{\omega}{2}+\dfrac{\varpi}{2}i+\dfrac{m\omega+\mu\varpi i}{2n+1}\right)}}\;\frac{1-\dfrac{\varphi^2\beta}{\varphi^2\left(\dfrac{\varpi}{2}i+\dfrac{m\omega-\mu\varpi i}{2n+1}\right)}}{1-\dfrac{\varphi^2\beta}{\varphi^2\left(\dfrac{\omega}{2}+\dfrac{\varpi}{2}i+\dfrac{m\omega-\mu\varpi i}{2n+1}\right)}}
\end{aligned}
\right.
$$

Dans ce paragraphe nous n'avons considéré les fonctions $\varphi(n\beta)$, $f(n\beta)$, $F(n\beta)$ que dans le cas des valeurs impaires de n. On pourrait trouver des expressions analogues de ces fonctions pour des valeurs paires de n; mais comme il n'y a à cela aucune difficulté, et que d'ailleurs les formules auxquelles nous sommes parvenus sont celles qui nous seront les plus utiles dans la suite, je ne m'en occuperai pas.

§ VII.

Développement des fonctions $\varphi\alpha$, $f\alpha$, $F\alpha$ en séries et en produits infinis.

24.

En faisant dans les formules du paragraphe précédent $\beta = \dfrac{\alpha}{2n+1}$, on obtiendra des expressions des fonctions $\varphi\alpha$, $f\alpha$, $F\alpha$, qui, à cause du nombre indéterminé n, peuvent être variées d'une infinité de manières.

Parmi toutes les formules qu'on obtiendra ainsi, celles qui résultent de la supposition de n infini sont les plus remarquables. Alors les fonctions φ, f, F disparaîtront des valeurs de $\varphi\alpha$, $f\alpha$, $F\alpha$, et on obtiendra pour ces fonctions des expressions algébriques, mais composées d'une infinité de termes. Pour avoir ces expressions, il faut faire, dans les formules (126), (130), $\beta=\frac{\alpha}{2n+1}$, et ensuite chercher la limite du second membre de ces équations pour des valeurs toujours croissantes de n. Pour abréger, soit v une quantité dont la limite est zéro pour des valeurs toujours croissantes de n. Cela posé, considérons successivement les trois formules (126).

En faisant dans la première des formules (126) $\beta=\frac{\alpha}{2n+1}$, et remarquant que

$$(131)\quad \sum_{-n}^{+n}{}_m\sum_{-n}^{+n}{}_\mu\,\theta(m,\mu)=\theta(0,0)+\sum_1^n{}_m[\theta(m,0)+\theta(-m,0)]+\sum_1^n{}_\mu[\theta(0,\mu)+\theta(0,-\mu)]$$
$$+\sum_1^n{}_m\sum_1^n{}_\mu[\theta(m,\mu)+\theta(-m,-\mu)+\theta(m,-\mu)+\theta(-m,\mu)],$$

il est clair qu'on peut mettre la formule dont il s'agit sous la forme:

$$(132)\quad \varphi\alpha=\frac{1}{2n+1}\cdot\varphi\left(\frac{\alpha}{2n+1}\right)+\frac{1}{2n+1}\sum_1^n{}_m(-1)^m\left[\varphi\left(\frac{\alpha+m\omega}{2n+1}\right)+\varphi\left(\frac{\alpha-m\omega}{2n+1}\right)\right]$$
$$+\frac{1}{2n+1}\sum_1^n{}_\mu(-1)^\mu\left[\varphi\left(\frac{\alpha+\mu\varpi i}{2n+1}\right)+\varphi\left(\frac{\alpha-\mu\varpi i}{2n+1}\right)\right]-\frac{i}{ec}\sum_1^n{}_m\sum_1^n{}_\mu(-1)^{m+\mu}\psi(n-m,n-\mu)$$
$$+\frac{i}{ec}\sum_1^n{}_m\sum_1^n{}_\mu(-1)^{m+\mu}\psi_1(n-m,n-\mu),$$

où l'on a fait pour abréger,

$$(133)\quad\begin{cases}\psi(m,\mu)=\dfrac{1}{2n+1}\cdot\left\{\dfrac{1}{\varphi\left(\frac{\alpha+(m+\frac{1}{2})\omega+(\mu+\frac{1}{2})\varpi i}{2n+1}\right)}+\dfrac{1}{\varphi\left(\frac{\alpha-(m+\frac{1}{2})\omega-(\mu+\frac{1}{2})\varpi i}{2n+1}\right)}\right\},\\[2ex] \psi_1(m,\mu)=\dfrac{1}{2n+1}\cdot\left\{\dfrac{1}{\varphi\left(\frac{\alpha+(m+\frac{1}{2})\omega-(\mu+\frac{1}{2})\varpi i}{2n+1}\right)}+\dfrac{1}{\varphi\left(\frac{\alpha-(m+\frac{1}{2})\omega+(\mu+\frac{1}{2})\varpi i}{2n+1}\right)}\right\}.\end{cases}$$

Maintenant, en remarquant que

$$\varphi\left(\frac{\alpha+m\omega}{2n+1}\right)+\varphi\left(\frac{\alpha-m\omega}{2n+1}\right)=\frac{2\varphi\left(\frac{\alpha}{2n+1}\right)\cdot f\left(\frac{m\omega}{2n+1}\right)\cdot F\left(\frac{m\omega}{2n+1}\right)}{1+e^2c^2\cdot\varphi^2\left(\frac{m\omega}{2n+1}\right)\cdot\varphi^2\left(\frac{\alpha}{2n+1}\right)}=\frac{A_m}{2n+1},$$

$$\varphi\left(\frac{\alpha+\mu\varpi i}{2n+1}\right)+\varphi\left(\frac{\alpha-\mu\varpi i}{2n+1}\right)=\frac{2\varphi\left(\frac{\alpha}{2n+1}\right).f\left(\frac{\mu\varpi i}{2n+1}\right).F\left(\frac{\mu\varpi i}{2n+1}\right)}{1+e^2c^2.\varphi^2\left(\frac{\mu\varpi i}{2n+1}\right).\varphi^2\left(\frac{\alpha}{2n+1}\right)}=\frac{B_\mu}{2n+1},$$

où A_m et B_μ sont des quantités finies, le second membre de l'équation (132) jusqu'au terme qui a le signe $-$, prendra la forme

$$\frac{1}{2n+1}\varphi\frac{\alpha}{2n+1}+\frac{1}{(2n+1)^2}\sum_1^n{}_m(-1)^m(A_m+B_m);$$

or la limite de cette quantité est évidemment zéro; donc, en prenant la limite de la formule (132), on aura

$$\varphi\alpha=-\frac{i}{ec}\lim.\sum_1^n{}_m\sum_1^n{}_\mu(-1)^{m+\mu}\psi(n-m,\ n-\mu)$$
$$+\frac{i}{ec}\lim.\sum_1^n{}_m\sum_1^n{}_\mu(-1)^{m+\mu}\psi_1(n-m,\ n-\mu),$$

ou bien:

(134) $$\varphi\alpha=-\frac{i}{ec}\lim.\sum_0^{n-1}{}_m\sum_0^{n-1}{}_\mu(-1)^{m+\mu}\psi(m,\mu)$$
$$+\frac{i}{ec}\lim.\sum_0^{n-1}{}_m\sum_0^{n-1}{}_\mu(-1)^{m+\mu}\psi_1(m,\mu).$$

Il suffit de connaître l'une de ces limites, car on aura l'autre en changeant seulement le signe de i. Cherchons la limite de

$$\sum_0^{n-1}{}_m\sum_0^{n-1}{}_\mu(-1)^{m+\mu}\psi(m,\mu).$$

Pour cela, il faut essayer de mettre la quantité précédente sous la forme

$$P+v,$$

où P est indépendant de n, et v une quantité qui a zéro pour limite; car alors la quantité P sera précisément la limite dont il s'agit.

25.

Considérons d'abord l'expression

$$\sum_0^{n-1}{}_\mu(-1)^\mu\psi(m,\mu).$$

Soit

(135) $$\theta(m,\mu)=\frac{2\alpha}{\alpha^2-[(m+\frac{1}{2})\omega+(\mu+\frac{1}{2})\varpi i]^2},$$

et faisons

$$(136)\qquad \psi(m,\mu)-\theta(m,\mu)=\frac{2\alpha}{(2n+1)^2}R_\mu,$$

on aura

$$(137)\quad \sum_0^{n-1}{}_\mu(-1)^\mu\psi(m,\mu)-\sum_0^{n-1}{}_\mu(-1)^\mu\theta(m,\mu)=2\alpha\sum_0^{n-1}{}_\mu(-1)^\mu\frac{R_\mu}{(2n+1)^2}.$$

Cela posé, je dis que le second membre de cette équation est une quantité de la forme $\frac{v}{2n+1}$.

D'après les formules (12), (13) on aura

$$\frac{1}{\varphi(\beta+\varepsilon)}+\frac{1}{\varphi(\beta-\varepsilon)}=\frac{\varphi(\beta+\varepsilon)+\varphi(\beta-\varepsilon)}{\varphi(\beta+\varepsilon).\varphi(\beta-\varepsilon)}=\frac{2\varphi\beta\; f\varepsilon.F\varepsilon}{\varphi^2\beta-\varphi^2\varepsilon},$$

donc, en faisant $\beta=\frac{\alpha}{2n+1}$ et $\varepsilon=\frac{(m+\frac12)\omega+(\mu+\frac12)\varpi i}{2n+1}=\frac{\varepsilon_\mu}{2n+1}$ et $f\varepsilon.F\varepsilon=\theta\varepsilon$, on a

$$\psi(m,\mu)=\frac{1}{2n+1}\cdot\frac{2\varphi\left(\frac{\alpha}{2n+1}\right).\theta\left(\frac{\varepsilon_\mu}{2n+1}\right)}{\varphi^2\left(\frac{\alpha}{2n+1}\right)-\varphi^2\left(\frac{\varepsilon_\mu}{2n+1}\right)}.$$

Or on a

$$\varphi\left(\frac{\alpha}{2n+1}\right)=\frac{\alpha}{2n+1}+\frac{A\alpha^3}{(2n+1)^3},$$

donc

$$\psi(m,\mu)=\frac{\theta\left(\frac{\varepsilon_\mu}{2n+1}\right)}{\varphi^2\left(\frac{\alpha}{2n+1}\right)-\varphi^2\left(\frac{\varepsilon_\mu}{2n+1}\right)}\left(\frac{2\alpha}{(2n+1)^2}+\frac{2A\alpha^3}{(2n+1)^4}\right),$$

et par conséquent

$$\psi(m,\mu)-\theta(m,\mu)=\frac{2\alpha}{(2n+1)^2}\left\{\frac{\theta\left(\frac{\varepsilon_\mu}{2n+1}\right)}{\varphi^2\left(\frac{\alpha}{2n+1}\right)-\varphi^2\left(\frac{\varepsilon_\mu}{2n+1}\right)}-\frac{1}{\left(\frac{\alpha}{2n+1}\right)^2-\left(\frac{\varepsilon_\mu}{2n+1}\right)^2}\right\}$$
$$+\frac{2A\alpha^3}{(2n+1)^4}\cdot\frac{\theta\left(\frac{\varepsilon_\mu}{2n+1}\right)}{\varphi^2\left(\frac{\alpha}{2n+1}\right)-\varphi^2\left(\frac{\varepsilon_\mu}{2n+1}\right)}.$$

Donc la valeur de R_μ deviendra

$$(138)\quad R_\mu=\frac{\theta\left(\frac{\varepsilon_\mu}{2n+1}\right)}{\varphi^2\left(\frac{\alpha}{2n+1}\right)-\varphi^2\left(\frac{\varepsilon_\mu}{2n+1}\right)}\left(1+\frac{A\alpha^2}{(2n+1)^2}\right)-\frac{1}{\left(\frac{\alpha}{2n+1}\right)^2-\left(\frac{\varepsilon_\mu}{2n+1}\right)^2}.$$

Cela posé, il y a deux cas à considérer, suivant que $\frac{\varepsilon_\mu}{2n+1}$ a zéro pour limite ou non.

a) Si $\frac{\varepsilon_\mu}{2n+1}$ a zéro pour limite, on aura

$$\varphi^2\left(\frac{\varepsilon_\mu}{2n+1}\right)=\frac{\varepsilon_\mu^2}{(2n+1)^2}+\frac{B_\mu\,\varepsilon_\mu^4}{(2n+1)^4},$$

$$\theta\left(\frac{\varepsilon_\mu}{2n+1}\right)=\sqrt{1-c^2\varphi^2\left(\frac{\varepsilon_\mu}{2n+1}\right)}\sqrt{1+e^2\varphi^2\left(\frac{\varepsilon_\mu}{2n+1}\right)}=1+\frac{C_\mu\,\varepsilon_\mu^2}{(2n+1)^2},$$

$$\varphi^2\left(\frac{\alpha}{2n+1}\right)=\frac{\alpha^2}{(2n+1)^2}+\frac{D\alpha^4}{(2n+1)^4},$$

où B_μ, C_μ, D ont des limites finies; donc, en substituant,

$$(139)\qquad R_\mu=A\alpha^2\,\frac{\dfrac{1}{\varepsilon_\mu^2}+\dfrac{C_\mu}{(2n+1)^2}}{\dfrac{\alpha^2}{\varepsilon_\mu^2}-1+\dfrac{D\alpha^4}{(2n+1)^2.\,\varepsilon_\mu^2}-B_\mu\dfrac{\varepsilon_\mu^2}{(2n+1)^2}}$$

$$+\frac{C_\mu\dfrac{\alpha^2}{\varepsilon_\mu^2}-\dfrac{D\alpha^4}{\varepsilon_\mu^4}-C_\mu+B_\mu}{\left(1-\dfrac{\alpha^2}{\varepsilon_\mu^2}\right)^2-\left(1-\dfrac{\alpha^2}{\varepsilon_\mu^2}\right)\left(\dfrac{D\alpha^4}{(2n+1)^2\varepsilon_\mu^2}-B_\mu\dfrac{\varepsilon_\mu^2}{(2n+1)^2}\right)};$$

or que ε_μ soit fini ou infini, il est clair que cette quantité convergera toujours vers une quantité finie pour des valeurs toujours croissantes de n. Donc on aura

$$(140)\qquad R_\mu=r_\mu+v_\mu,$$

où r_μ est une quantité finie indépendante de n.

b) Si $\frac{\varepsilon_\mu}{2n+1}$ a pour limite une quantité finie, il est clair qu'en nommant cette limite δ_μ, on aura

$$(141)\qquad R_\mu=-\frac{\theta(\delta_\mu)}{\varphi^2(\delta_\mu)}+\frac{1}{\delta_\mu^2}+v_\mu'.$$

Cela posé, considérons l'expression $\sum_0^{n-1}{}_\mu(-1)^\mu\frac{R_\mu}{(2n+1)^2}$. On a

$$(142)\qquad \sum_0^{n-1}{}_\mu(-1)^\mu\frac{R_\mu}{(2n+1)^2}=\frac{1}{(2n+1)^2}\cdot[R_0-R_1+R_2-R_3+\cdots$$
$$+(-1)^{\nu-1}R_{\nu-1}+(-1)^\nu(R_\nu-R_{\nu+1}+R_{\nu+2}-R_{\nu+3}+\cdots+(-1)^{n-\nu-1}R_{n-1})].$$

Supposons d'abord que $\frac{\varepsilon_\mu}{2n+1}$ ait pour limite une quantité finie, quelle que soit la valeur de μ. Alors, en remarquant que

$$\delta_{\mu+1} = \delta_\mu,$$

on aura

$$R_\mu - R_{\mu+1} = v_\mu' - v'_{\mu+1},$$

donc

$$\sum_0^{n-1}{}_\mu (-1)^\mu \frac{R_\mu}{(2n+1)^2} = \frac{1}{(2n+1)^2}(v_0' - v_1' + v_2' - v_3' + \cdots$$
$$+ v'_{k-2} - v'_{k-1}) + \frac{B}{(2n+1)^2},$$

où $k = n$ ou $n-1$, selon que n est pair ou impair. La quantité B a toujours pour limite une quantité finie, savoir $B=0$ si n est pair, et $B = R_{n-1}$ si n est impair.

Maintenant on sait qu'une somme telle que

$$v_0' - v_1' + v_2' - \cdots + v'_{k-2} - v'_{k-1},$$

peut être mise sous la forme kv, v ayant zéro pour limite. Donc en substituant

$$\sum_0^{n-1} (-1)^\mu \frac{R_\mu}{(2n+1)^2} = \frac{kv+B}{(2n+1)^2};$$

or, k étant égal à n ou à $n-1$, et B fini, la limite de $\frac{kv+B}{2n+1}$ sera zéro, donc

(143) $$\sum_0^{n-1} (-1)^\mu \frac{R_\mu}{(2n+1)^2} = \frac{v}{2n+1}.$$

Supposons maintenant que $\frac{m}{2n+1}$ ait zéro pour limite. Alors $\frac{\varepsilon_\mu}{2n+1}$ a également zéro pour limite, à moins qu'en même temps $\frac{\mu}{2n+1}$ n'ait pour limite une quantité finie. Soit dans ce cas ν le nombre entier immédiatement inférieur à $\sqrt{n}$, et considérons la somme

$$R_0 - R_1 + R_2 - R_3 + \cdots + (-1)^{\nu-1} R_{\nu-1}.$$

En supposant que μ soit un des nombres $0, 1, \ldots \nu$, il est clair que $\frac{\varepsilon_\mu}{(2n+1)} = \frac{(m+\frac{1}{2})\omega + (\mu+\frac{1}{2})\varpi i}{2n+1}$ a zéro pour limite; donc, selon ce qu'on a vu, R_μ sera une quantité finie, et par conséquent

$$R_0 - R_1 + R_2 - \cdots + (-1)^{\nu-1} R_{\nu-1} = \nu . R,$$

où R est egalement une quantité finie.

Considérons maintenant la somme

$$(-1)^\nu (R_\nu - R_{\nu+1} + R_{\nu+2} - \cdots + (-1)^{n-\nu-1} . R_{n-1}).$$

Si $\frac{\varepsilon_\mu}{2n+1}$ a pour limite une quantité différente de zéro, on a, comme on l'a vu,

$$R_\mu - R_{\mu+1} = v_\mu - v_{\mu+1};$$

si au contraire $\frac{\varepsilon_\mu}{2n+1}$ a pour limite zéro, on a

$$R_\mu = r_\mu + v_\mu,$$

or, si en même temps $\mu > \sqrt{n}$, il est clair qu'en vertu de la valeur de R_μ,

$$r_\mu = B_\mu - C_\mu,$$

or il est clair que B_μ et C_μ, tous deux, ont pour limites des quantités indépendantes de μ, donc en nommant ces limites B et C, on aura

$$R_\mu = B - C + v_\mu,$$

et par suite, aussi dans ce cas,

$$R_\mu - R_{\mu+1} = v_\mu - v_{\mu+1}.$$

Donc, comme dans le cas où $\frac{\varepsilon_\mu}{2n+1}$ aurait une limite différente de zéro pour toutes les valeurs de μ, on démontrera que

$$\frac{(-1)^\nu}{(2n+1)^2}(R_\nu - R_{\nu+1} + \cdots + (-1)^{n-\nu-1} R_{n-1}) = \frac{v}{(2n+1)}.$$

Maintenant en combinant les équations ci-dessus, on en tirera

$$\sum_0^{n-1}{}_\mu (-1)^\mu \frac{R_\mu}{(2n+1)^2} = \frac{1}{(2n+1)^2}\cdot \nu R + \frac{v}{2n+1};$$

or $\frac{\nu}{2n+1}$ a zéro pour limite, donc

$$\sum_0^{n-1}{}_\mu (-1)^\mu \frac{R_\mu}{(2n+1)^2} = \frac{v}{2n+1}.$$

Donc cette formule a toujours lieu, et par conséquent la formule (137) deviendra

$$(144) \qquad \sum_0^{n-1}{}_\mu (-1)^\mu \psi(m,\mu) - \sum_0^{n-1}{}_\mu (-1)^\mu \theta(m,\mu) = \frac{v}{2n+1}.$$

Cela posé, il s'agit de mettre $\overset{n-1}{\underset{0}{\Sigma}}{}_\mu(-1)^\mu\theta(m,\mu)$ sous la forme $P+\frac{v}{2n+1}$. Or c'est ce qu'on peut faire comme il suit On a

$$(145)\quad \begin{cases} \overset{n-1}{\underset{0}{\Sigma}}{}_\mu(-1)^\mu\theta(m,\mu)=\overset{\infty}{\underset{0}{\Sigma}}{}_\mu(-1)^\mu\theta(m,\mu)-\overset{\infty}{\underset{n}{\Sigma}}{}_\mu(-1)^\mu\theta(m,\mu),\\ \overset{\infty}{\underset{n}{\Sigma}}{}_\mu(-1)^\mu\theta(m,\mu)=(-1)^n[\theta(m,n)-\theta(m,n+1)+\theta(m,n+2)-\cdots]. \end{cases}$$

Or d'après une formule connue on a

$$\theta(m,n)-\theta(m,n+1)+\theta(m,n+2)-\cdots$$
$$=\tfrac{1}{2}\theta(m,n)+A\frac{d\theta(m,n)}{dn}+B\frac{d^3\theta(m,n)}{dn^3}+\cdots,$$

où A, B . . . sont des nombres; or

$$\theta(m,n)=\frac{2\alpha}{\alpha^2-[(m+\frac{1}{2})\omega+(n+\frac{1}{2})\varpi i]^2},$$

donc en substituant

$$\theta(m,n)-\theta(m,n+1)+\cdots$$
$$=\frac{\alpha}{\alpha^2-[(m+\frac{1}{2})\omega+(n+\frac{1}{2})\varpi i]^2}+\frac{4A\alpha\varpi i[(m+\frac{1}{2})\omega+(n+\frac{1}{2})\varpi i]}{[\alpha^2-((m+\frac{1}{2})\omega+(n+\frac{1}{2})\varpi i)^2]^2}+\cdots$$

De là il suit que

$$\theta(m,n)-\theta(m,n+1)+\cdots=\frac{\alpha}{\varpi^2n^2}+\frac{v}{n^2}=\frac{v}{2n+1}.$$

Donc en vertu des équations (145)

$$\overset{n-1}{\underset{0}{\Sigma}}{}_\mu(-1)^\mu\theta(m,\mu)=\overset{\infty}{\underset{0}{\Sigma}}{}_\mu(-1)^\mu.\theta(m,\mu)+\frac{v}{2n+1},$$

et par conséquent

$$(146)\qquad \overset{n-1}{\underset{0}{\Sigma}}{}_\mu(-1)^\mu\psi(m,\mu)=\overset{\infty}{\underset{0}{\Sigma}}{}_\mu(-1)^\mu.\theta(m,\mu)+\frac{v}{2n+1}.$$

26.

Ayant transformé de cette sorte la quantité $\overset{n-1}{\underset{0}{\Sigma}}{}_\mu(-1)^\mu.\psi(m,\mu)$, on tire de l'équation (146)

(147) $$\sum_0^{n-1}{}_m \sum_0^{n-1}{}_\mu (-1)^{m+\mu} \psi(m,\mu) = \sum_0^{n-1} (-1)^m . \varrho_m + \sum_0^{n-1} \frac{v_m}{2n+1},$$

en faisant

(148) $$\varrho_m = \sum_0^{\infty}{}_\mu (-1)^\mu . \theta(m,\mu);$$

or

$$\sum_0^{n-1} \frac{v_m}{2n+1} = \frac{v_0+v_1+v_2+\cdots+v_{n-1}}{2n+1} = \frac{nv}{2n+1} = \frac{v}{2},$$

v ayant zéro pour limite. Donc l'équation (147) donnera, en faisant n infini,

(149) $$\lim. \sum_0^{n-1}{}_m \sum_0^{n-1}{}_\mu (-1)^{m+\mu} \psi(m,\mu) = \sum_0^{\infty} (-1)^m . \varrho_m.$$

De même, si l'on fait, pour abréger,

(150) $$\begin{cases} \theta_1(m,\mu) = \dfrac{2\alpha}{\alpha^2 - [(m+\frac{1}{2})\omega - (\mu+\frac{1}{2})\varpi i]^2}, \\ \varrho_m' = \sum_0^{\infty}{}_\mu (-1)^\mu \theta_1(m,\mu), \end{cases}$$

on aura

(151) $$\lim. \sum_0^{n-1}{}_m \sum_0^{n-1}{}_\mu (-1)^{m+\mu} \psi_1(m,\mu) = \sum_0^{\infty} (-1)^m \varrho_m'.$$

Ayant trouvé les deux quantités dont l'expression de $\varphi\alpha$ est composée, on aura en substituant

$$\varphi\alpha = -\frac{i}{ec} \sum_0^{\infty} (-1)^m \varrho_m + \frac{i}{ec} \sum_0^{\infty} (-1)^m \varrho_m' = \frac{i}{ec} \cdot \sum_0^{\infty} (-1)^m (\varrho_m' - \varrho_m),$$

ou bien, en remettant les valeurs de ϱ_m' et ϱ_m,

(152) $\varphi\alpha =$

$$\frac{i}{ec} \sum_0^{\infty}{}_m (-1)^m \left[\sum_0^{\infty}{}_\mu (-1)^\mu \left(\frac{2\alpha}{\alpha^2 - [(m+\frac{1}{2})\omega - (\mu+\frac{1}{2})\varpi i]^2} - \frac{2\alpha}{\alpha^2 - [(m+\frac{1}{2})\omega + (\mu+\frac{1}{2})\varpi i]^2} \right) \right].$$

Maintenant

$$\frac{2\alpha}{\alpha^2 - [(m+\frac{1}{2})\omega \pm (\mu+\frac{1}{2})\varpi i]^2} = \frac{1}{\alpha - (m+\frac{1}{2})\omega \mp (\mu+\frac{1}{2})\varpi i} + \frac{1}{\alpha + (m+\frac{1}{2})\omega \pm (\mu+\frac{1}{2})\varpi i},$$

donc

$$\frac{2\alpha}{\alpha^2 - [(m+\frac{1}{2})\omega - (\mu+\frac{1}{2})\varpi i]^2} - \frac{2\alpha}{\alpha^2 - [(m+\frac{1}{2})\omega + (\mu+\frac{1}{2})\varpi i]^2}$$
$$= \frac{(2\mu+1)\varpi i}{[\alpha + (m+\frac{1}{2})\omega]^2 + (\mu+\frac{1}{2})^2\varpi^2} - \frac{(2\mu+1)\varpi i}{[\alpha - (m+\frac{1}{2})\omega]^2 + (\mu+\frac{1}{2})^2\varpi^2},$$

donc l'expression de $\varphi\alpha$ prendra la forme réelle:

(153) $\varphi\alpha=$

$$\frac{1}{ec}\cdot\sum_0^\infty{}_m(-1)^m\sum_0^\infty{}_\mu(-1)^\mu\left(\frac{(2\mu+1)\varpi}{[\alpha-(m+\frac{1}{2})\omega]^2+(\mu+\frac{1}{2})^2\varpi^2}-\frac{(2\mu+1)\varpi}{[\alpha+(m+\frac{1}{2})\omega]^2+(\mu+\frac{1}{2})^2\varpi^2}\right),$$

c'est-à-dire qu'on aura

$$(154)\quad \varphi\alpha=\frac{\varpi}{ec}(\delta_0-\delta_1+\delta_2-\delta_3+\cdots+(-1)^m\delta_m\ldots)$$
$$-\frac{\varpi}{ec}(\delta_0'-\delta_1'+\delta_2'-\delta_3'+\cdots+(-1)^m\delta_m'\ldots),$$

où

$$(155)\quad \begin{cases} \delta_m=\dfrac{1}{[\alpha-(m+\frac{1}{2})\omega]^2+\frac{\varpi^2}{4}}-\dfrac{3}{[\alpha-(m+\frac{1}{2})\omega]^2+\frac{9\varpi^2}{4}}+\dfrac{5}{[\alpha-(m+\frac{1}{2})\omega]^2+\frac{25\varpi^2}{4}}-\cdots, \\ \delta_m'=\dfrac{1}{[\alpha+(m+\frac{1}{2})\omega]^2+\frac{\varpi^2}{4}}-\dfrac{3}{[\alpha+(m+\frac{1}{2})\omega]^2+\frac{9\varpi^2}{4}}+\dfrac{5}{[\alpha+(m+\frac{1}{2})\omega]^2+\frac{25\varpi^2}{4}}-\cdots. \end{cases}$$

Si l'on commence la recherche de la limite de la fonction $\sum_0^{n-1}{}_m\sum_0^{n-1}{}_\mu(-1)^{m+\mu}\psi(m,\mu)$ par celle de $\sum_0^{n-1}(-1)^m\psi(m,\mu)$ au lieu de celle de $\sum_0^{n-1}(-1)^\mu\psi(m,\mu)$, comme nous l'avons fait, on trouvera, au lieu de la formule (153), la suivante

(156) $\varphi\alpha=$

$$\frac{1}{ec}\cdot\sum_0^\infty{}_\mu(-1)^\mu\sum_0^\infty{}_m(-1)^m\left(\frac{(2\mu+1)\varpi}{[\alpha-(m+\frac{1}{2})\omega]^2+(\mu+\frac{1}{2})^2\varpi^2}-\frac{(2\mu+1)\varpi}{[\alpha+(m+\frac{1}{2})\omega]^2+(\mu+\frac{1}{2})^2\varpi^2}\right),$$

c'est-à-dire

$$(157)\quad \varphi\alpha=\frac{\varpi}{ec}(\varepsilon_0-3\varepsilon_1+5\varepsilon_2-7\varepsilon_3+\cdots+(-1)^\mu(2\mu+1)\varepsilon_\mu+\ldots)$$
$$-\frac{\varpi}{ec}(\varepsilon_0'-3\varepsilon_1'+5\varepsilon_2'-7\varepsilon_3'+\cdots+(-1)^\mu(2\mu+1)\varepsilon_\mu'+\ldots),$$

où

$$(158)\quad \begin{cases} \varepsilon_\mu=\dfrac{1}{\left(\alpha-\frac{\omega}{2}\right)^2+(\mu+\frac{1}{2})^2\varpi^2}-\dfrac{1}{\left(\alpha-\frac{3\omega}{2}\right)^2+(\mu+\frac{1}{2})^2\varpi^2}+\dfrac{1}{\left(\alpha-\frac{5\omega}{2}\right)^2+(\mu+\frac{1}{2})^2\varpi^2}-\cdots, \\ \varepsilon_\mu'=\dfrac{1}{\left(\alpha+\frac{\omega}{2}\right)^2+(\mu+\frac{1}{2})^2\varpi^2}-\dfrac{1}{\left(\alpha+\frac{3\omega}{2}\right)^2+(\mu+\frac{1}{2})^2\varpi^2}+\dfrac{1}{\left(\alpha+\frac{5\omega}{2}\right)^2+(\mu+\frac{1}{2})^2\varpi^2}-\cdots. \end{cases}$$

27.

Cherchons maintenant l'expression de $f\alpha$ au moyen de la deuxième des formules (126). En vertu de l'équation (131) le second membre prend la forme suivante:

$$\frac{(-1)^n}{2n+1}f\beta+\frac{(-1)^n}{2n+1}\sum_1^n{}_m(-1)^m\left[f\left(\beta+\frac{m\omega}{2n+1}\right)+f\left(\beta-\frac{m\omega}{2n+1}\right)\right]$$
$$+\frac{(-1)^n}{2n+1}\sum_1^n{}_\mu\left[f\left(\beta+\frac{\mu\varpi i}{2n+1}\right)+f\left(\beta-\frac{\mu\varpi i}{2n+1}\right)\right]$$
$$+\frac{(-1)^n}{2n+1}\sum_1^n{}_m\sum_1^n{}_\mu(-1)^m\left[f\left(\beta+\frac{m\omega+\mu\varpi i}{2n+1}\right)+f\left(\beta-\frac{m\omega+\mu\varpi i}{2n+1}\right)\right]$$
$$+\frac{(-1)^n}{2n+1}\sum_1^n{}_m\sum_1^n{}_\mu(-1)^m\left[f\left(\beta+\frac{m\omega-\mu\varpi i}{2n+1}\right)+f\left(\beta-\frac{m\omega-\mu\varpi i}{2n+1}\right)\right].$$

En y faisant $\beta=\frac{\alpha}{2n+1}$, et en remarquant qu'alors la limite des quantités contenues dans les deux premières lignes devient égale à zéro, on aura

$$(159)\qquad f\alpha=\lim.(-1)^n\sum_1^n{}_m\sum_1^n{}_\mu(-1)^m.\psi(n-m,\,n-\mu)$$
$$+\lim.(-1)^n\sum_1^n{}_m\sum_1^n{}_\mu(-1)^m.\psi_1(n-m,\,n-\mu),$$

où l'on a fait, pour abréger,

$$\psi(n-m,\,n-\mu)=\frac{1}{2n+1}\left[f\left(\frac{\alpha+m\omega+\mu\varpi i}{2n+1}\right)+f\left(\frac{\alpha-m\omega-\mu\varpi i}{2n+1}\right)\right],$$
$$\psi_1(n-m,\,n-\mu)=\frac{1}{2n+1}\left[f\left(\frac{\alpha+m\omega-\mu\varpi i}{2n+1}\right)+f\left(\frac{\alpha-m\omega+\mu\varpi i}{2n+1}\right)\right].$$

Maintenant on a

$$f(\beta+\varepsilon)+f(\beta-\varepsilon)=\frac{2f\beta.f\varepsilon}{1+e^2c^2\varphi^2\varepsilon.\varphi^2\beta}=\frac{f\varepsilon}{e^2c^2\varphi^2\varepsilon}\cdot\frac{2f\beta}{\varphi^2\beta+\frac{1}{e^2c^2\varphi^2\varepsilon}}.$$

Soit

$$\varepsilon=\frac{m\omega+\mu\varpi i}{2n+1},$$

on aura

$$\frac{1}{\varphi\varepsilon}=-iec.\varphi\left(\frac{\omega}{2}+\frac{\varpi}{2}i-\varepsilon\right)=-iec.\varphi\left(\frac{(n-m+\frac{1}{2})\omega+(n-\mu+\frac{1}{2})\varpi i}{2n+1}\right),$$

$$\frac{f\varepsilon}{\varphi\varepsilon} = -\frac{i\sqrt{e^2+c^2}}{F\left(\varepsilon-\frac{\varpi}{2}i\right)} = -i\sqrt{e^2+c^2}\cdot\frac{c}{\sqrt{e^2+c^2}}\cdot F\left(\varepsilon-\frac{\omega}{2}-\frac{\varpi}{2}i\right)$$

$$= -ci.F\left(\frac{(n-m+\frac{1}{2})\omega+(n-\mu+\frac{1}{2})\varpi i}{2n+1}\right).$$

Donc on aura, en substituant et en mettant m et μ respectivement au lieu de $n-m$ et $n-\mu$,

$$\psi(m,\mu) = -\frac{1}{e}\cdot\frac{2\varphi\left(\frac{(m+\frac{1}{2})\omega+(\mu+\frac{1}{2})\varpi i}{2n+1}\right).F\left(\frac{(m+\frac{1}{2})\omega+(\mu+\frac{1}{2})\varpi i}{2n+1}\right).f\left(\frac{\alpha}{2n+1}\right)}{(2n+1)\left[\varphi^2\left(\frac{\alpha}{2n+1}\right)-\varphi^2\left(\frac{(m+\frac{1}{2})\omega+(\mu+\frac{1}{2})\varpi i}{2n+1}\right)\right]}.$$

On aura la valeur de $\psi_1(m,\mu)$, en changeant seulement le signe de i. En faisant maintenant

$$\theta(m,\mu) = -\frac{(2m+1)\omega+(2\mu+1)\varpi i}{\alpha^2-[(m+\frac{1}{2})\omega+(\mu+\frac{1}{2})\varpi i]^2}$$

et

$$\theta_1(m,\mu) = -\frac{(2m+1)\omega-(2\mu+1)\varpi i}{\alpha^2-[(m+\frac{1}{2})\omega-(\mu+\frac{1}{2})\varpi i]^2},$$

et en cherchant ensuite la limite de la fonction

$$\sum_0^{n-1}{}_m \sum_0^{n-1}{}_\mu (-1)^m.\psi(m,\mu),$$

de la même manière que précédemment, on trouvera

$$\lim.\sum_0^{n-1}{}_m \sum_0^{n-1}{}_\mu (-1)^m.\psi(m,\mu) = \frac{1}{e}\cdot\sum_0^{\infty}{}_\mu\left(\sum_0^{\infty}{}_m (-1)^m.\theta(m,\mu)\right)$$

et

$$\lim.\sum_0^{n-1}{}_m \sum_0^{n-1}{}_\mu (-1)^m.\psi_1(m,\mu) = \frac{1}{e}\cdot\sum_0^{\infty}{}_\mu\left(\sum_0^{\infty}{}_m (-1)^m.\theta_1(m,\mu)\right);$$

donc en substituant dans (159), et en remettant les valeurs de $\theta(m,\mu)$ et $\theta_1(m,\mu)$, on a

(160) $f\alpha =$

$$-\frac{1}{e}\cdot\sum_0^{\infty}{}_\mu\sum_0^{\infty}{}_m(-1)^m\left(\frac{(2m+1)\omega+(2\mu+1)\varpi i}{\alpha^2-[(m+\frac{1}{2})\omega+(\mu+\frac{1}{2})\varpi i]^2}+\frac{(2m+1)\omega-(2\mu+1)\varpi i}{\alpha^2-[(m+\frac{1}{2})\omega-(\mu+\frac{1}{2})\varpi i]^2}\right).$$

La quantité renfermée entre les crochets peut aussi se mettre sous la forme

$$\frac{2[\alpha-(m+\frac{1}{2})\omega]}{[\alpha-(m+\frac{1}{2})\omega]^2+(\mu+\frac{1}{2})^2\varpi^2}-\frac{2[\alpha+(m+\frac{1}{2})\omega]}{[\alpha+(m+\frac{1}{2})\omega]^2+(\mu+\frac{1}{2})^2\varpi^2},$$

donc on a aussi

(161) $f\alpha =$

$$\frac{1}{e}\cdot \sum_0^\infty{}_\mu \left(\sum_0^\infty{}_m (-1)^m \frac{2[\alpha+(m+\frac{1}{2})\omega]}{[\alpha+(m+\frac{1}{2})\omega]^2+(\mu+\frac{1}{2})^2\varpi^2} - \sum_0^\infty{}_m (-1)^m \cdot \frac{2[\alpha-(m+\frac{1}{2})\omega]}{[\alpha-(m+\frac{1}{2})\omega]^2+(\mu+\frac{1}{2})^2\varpi^2} \right).$$

On aura de la même manière

(162) $F\alpha =$

$$\frac{1}{c}\cdot \sum_0^\infty{}_m \left(\sum_0^\infty{}_\mu (-1)^\mu \cdot \frac{(2\mu+1)\varpi}{[\alpha-(m+\frac{1}{2})\omega]^2+(\mu+\frac{1}{2})^2\varpi^2} + \sum_0^\infty{}_\mu (-1)^\mu \cdot \frac{(2\mu+1)\varpi}{[\alpha+(m+\frac{1}{2})\omega]^2+(\mu+\frac{1}{2})^2\varpi^2} \right).$$

28.

Venons maintenant aux formules (130). Pour trouver la valeur du second membre, après avoir fait $\beta = \frac{\alpha}{2n+1}$, et supposé n infini, nous allons d'abord chercher la limite de l'expression suivante:

(163)
$$t = \prod_1^n{}_m \prod_1^n{}_\mu \frac{1 - \dfrac{\varphi^2\left[\dfrac{\alpha}{2n+1}\right]}{\varphi^2\left[\dfrac{m\omega+\mu\varpi i+k}{2n+1}\right]}}{1 - \dfrac{\varphi^2\left[\dfrac{\alpha}{2n+1}\right]}{\varphi^2\left[\dfrac{m\omega+\mu\varpi i+l}{2n+1}\right]}},$$

où k et l sont deux quantités indépendantes de n, m, μ.

En prenant le logarithme, et en faisant pour abréger

(164)
$$\psi(m,\mu) = \log \frac{1 - \dfrac{\varphi^2\left[\dfrac{\alpha}{2n+1}\right]}{\varphi^2\left[\dfrac{m\omega+\mu\varpi i+k}{2n+1}\right]}}{1 - \dfrac{\varphi^2\left[\dfrac{\alpha}{2n+1}\right]}{\varphi^2\left[\dfrac{m\omega+\mu\varpi i+l}{2n+1}\right]}},$$

on aura

(165)
$$\log t = \sum_1^n{}_m \sum_1^n{}_\mu \psi(m,\mu).$$

Considérons d'abord l'expression $\sum_1^n{}_\mu \psi(m,\mu)$. Soit

(166) $$\theta(m,\mu)=\log\frac{1-\dfrac{\alpha^2}{(m\omega+\mu\varpi i+k)^2}}{1-\dfrac{\alpha^2}{(m\omega+\mu\varpi i+l)^2}},$$

on aura

$$\psi(m,\mu)-\theta(m,\mu)=\log\left\{\frac{1-\dfrac{\varphi^2\left[\dfrac{\alpha}{2n+1}\right]}{\varphi^2\left[\dfrac{m\omega+\mu\varpi i+k}{2n+1}\right]}}{1-\dfrac{\alpha^2}{(m\omega+\mu\varpi i+k)^2}}\cdot\frac{1-\dfrac{\alpha^2}{(m\omega+\mu\varpi i+l)^2}}{1-\dfrac{\varphi^2\left[\dfrac{\alpha}{2n+1}\right]}{\varphi^2\left[\dfrac{m\omega+\mu\varpi i+l}{2n+1}\right]}}\right\}.$$

Cela posé, je dis que le second membre de cette équation est pour toute valeur de m et μ de la forme

$$\psi(m,\mu)-\theta(m,\mu)=\frac{v}{(2n+1)^2}.$$

Pour le démontrer, il faut distinguer deux cas, suivant que la limite de $\dfrac{m\omega+\mu\varpi i}{2n+1}$ est une quantité différente de zéro, ou égale à zéro.

a) Dans le premier cas on aura, en nommant a la limite dont il s'agit,

$$\varphi^2\left(\frac{m\omega+\mu\varpi i+k}{2n+1}\right)=\varphi^2 a+v,$$

$$\varphi^2\left(\frac{m\omega+\mu\varpi i+l}{2n+1}\right)=\varphi^2 a+v',$$

$$\varphi^2\left(\frac{\alpha}{2n+1}\right)=\frac{\alpha^2}{(2n+1)^2}+\frac{v''}{(2n+1)^2},$$

donc

$$1-\frac{\varphi^2\left[\dfrac{\alpha}{2n+1}\right]}{\varphi^2\left[\dfrac{m\omega+\mu\varpi i+k}{2n+1}\right]}=1-\frac{\alpha^2}{(2n+1)^2\varphi^2 a}+\frac{v}{(2n+1)^2},$$

$$1-\frac{\varphi^2\left[\dfrac{\alpha}{2n+1}\right]}{\varphi^2\left[\dfrac{m\omega+\mu\varpi i+l}{2n+1}\right]}=1-\frac{\alpha^2}{(2n+1)^2\varphi^2 a}+\frac{v'}{(2n+1)^2}.$$

On a de même

$$1-\frac{\alpha^2}{(m\omega+\mu\varpi i+k)^2}=1-\frac{\alpha^2}{(2n+1)^2\left[\dfrac{m\omega+\mu\varpi i+k}{2n+1}\right]^2}=1-\frac{\alpha^2}{(2n+1)^2 a^2}+\frac{v}{(2n+1)^2},$$

$$1-\frac{\alpha^2}{(m\omega+\mu\varpi i+l)^2}=1-\frac{\alpha^2}{(2n+1)^2 a^2}+\frac{v'}{(2n+1)^2}.$$

En substituant ces valeurs, l'expression de $\psi(m,\mu) - \theta(m,\mu)$ prendra la forme:

$$\psi(m,\mu) - \theta(m,\mu) = \log\left\{\frac{1-\frac{v}{(2n+1)^2}}{1-\frac{v'}{(2n+1)^2}} \cdot \frac{1-\frac{v_1}{(2n+1)^2}}{1-\frac{v_1'}{(2n+1)^2}}\right\},$$

les quantités v, v', v_1, v_1' ayant toutes zéro pour limite. On a

$$\log\left(1-\frac{v}{(2n+1)^2}\right) = \frac{v}{(2n+1)^2} \text{ etc.};$$

par conséquent

$$\psi(m,\mu) - \theta(m,\mu) = \frac{v}{(2n+1)^2}.$$

b) Si la limite de la quantité $\frac{m\omega+\mu\varpi i}{2n+1}$ est égale à zéro, on aura

$$\varphi^2\left(\frac{m\omega+\mu\varpi i+k}{2n+1}\right) = \frac{(m\omega+\mu\varpi i+k)^2}{(2n+1)^2} + A.\frac{(m\omega+\mu\varpi i+k)^4}{(2n+1)^4},$$

$$\varphi^2\left(\frac{\alpha}{2n+1}\right) = \frac{\alpha^2}{(2n+1)^2} + A'.\frac{\alpha^4}{(2n+1)^4},$$

donc

$$1-\frac{\varphi^2\left[\frac{\alpha}{2n+1}\right]}{\varphi^2\left[\frac{m\omega+\mu\varpi i+k}{2n+1}\right]} = 1-\frac{\alpha^2+A\frac{\alpha^4}{(2n+1)^2}}{(m\omega+\mu\varpi i+k)^2+A\frac{(m\omega+\mu\varpi i+k)^4}{(2n+1)^2}}.$$

Si maintenant $m\omega+\mu\varpi i$ ne va pas en augmentant indéfiniment avec n, on aura

$$1-\frac{\varphi^2\left[\frac{\alpha}{2n+1}\right]}{\varphi^2\left[\frac{m\omega+\mu\varpi i+k}{2n+1}\right]} = 1-\frac{\alpha^2}{(m\omega+\mu\varpi i+k)^2} + \frac{B}{(2n+1)^2},$$

de même

$$1-\frac{\varphi^2\left[\frac{\alpha}{2n+1}\right]}{\varphi^2\left[\frac{m\omega+\mu\varpi i+l}{2n+1}\right]} = 1-\frac{\alpha^2}{(m\omega+\mu\varpi i+l)^2} + \frac{C}{(2n+1)^2};$$

donc dans ce cas

$$\psi(m,\mu) - \theta(m,\mu) = \log\frac{1-\frac{B}{(2n+1)^2}}{1-\frac{C'}{(2n+1)^2}}$$

B' et C' ayant des limites finies, ou bien

$$\psi(m,\mu)-\theta(m,\mu)=\frac{D}{(2n+1)^2},$$

la limite de D étant également une quantité finie.

Si au contraire la quantité $m\omega+\mu\varpi i$ augmente indéfiniment avec n, on a

$$\frac{1-\dfrac{\varphi^2\left[\dfrac{\alpha}{2n+1}\right]}{\varphi^2\left[\dfrac{m\omega+\mu\varpi i+k}{2n+1}\right]}}{1-\dfrac{\alpha^2}{(m\omega+\mu\varpi i+k)^2}}=1+\frac{\alpha^2}{(2n+1)^2}\cdot\frac{A-A'\dfrac{\alpha^2}{(m\omega+\mu\varpi i+k)^2}}{1+A\left[\dfrac{m\omega+\mu\varpi i+k}{2n+1}\right]^2}\,\frac{1}{1-\dfrac{\alpha^2}{(m\omega+\mu\varpi i+k)^2}},$$

or les quantités $\dfrac{1}{m\omega+\mu\varpi i+k}$, $\dfrac{m\omega+\mu\varpi i+k}{2n+1}$ ont zéro pour limite; donc la quantité précédente sera de la forme

$$1+\frac{\alpha^2}{(2n+1)^2}\cdot A\,,$$

A'' ayant une quantité finie pour limite. En changeant k en l, et désignant la valeur correspondante de A'' par A_1'', la valeur de $\psi(m,\mu)-\theta(m,\mu)$ deviendra

$$\psi(m,\mu)-\theta(m,\mu)=\log\frac{1+\dfrac{\alpha^2}{(2n+1)^2}A''}{1+\dfrac{\alpha^2}{(2n+1)^2}A_1''}=\frac{\alpha^2(A''-A_1'')}{(2n+1)^2}+\frac{v}{(2n+1)^2}.$$

Maintenant la limite de A'' est la même que celle de A; or il est clair que cette dernière limite est indépendante de k, m, μ (elle est en effet égale au coefficient de α^4 dans le développement de $\varphi^2\alpha$). Donc on aura

$$A''=M+v,$$

et en changeant k en l,

$$A_1''=M+v',$$

d'où $A''-A_1''=v-v'=v$. Donc $A''-A_1''$ a zéro pour limite, et par conséquent on a

$$\psi(m,\mu)-\theta(m,\mu)=\frac{v}{(2n+1)^2}.$$

Donc nous avons démontré, qu'en faisant

(167) $$\psi(m,\mu)-\theta(m,\mu)=\frac{A_{m,\mu}}{(2n+1)^2},$$

la limite de $A_{m,\mu}$ sera égale à zéro toutes les fois que $m\omega+\mu\varpi i$ augmente indéfiniment avec n, et qu'elle sera égale à une quantité finie dans le cas contraire.

29.

Cela posé, considérons la quantité $\overset{n}{\underset{1}{\Sigma}}_\mu \psi(m,\mu)$. En substituant la valeur de $\psi(m,u)$, il viendra:

$$(168)\qquad \overset{n}{\underset{1}{\Sigma}}_\mu \psi(m,\mu)=\overset{n}{\underset{1}{\Sigma}}_\mu \theta(m,\mu)+\frac{1}{(2n+1)^2}\cdot\overset{n}{\underset{1}{\Sigma}}_\mu A_{m,\mu}.$$

Soit ν le plus grand nombre entier contenu dans $\sqrt{n}$, on peut faire

$$\begin{aligned}\overset{n}{\underset{1}{\Sigma}}_\mu A_{m,\mu}= &\ A_{m,1}+A_{m,2}+\cdots+A_{m,\nu}\\ &+A_{m,\nu+1}+A_{m,\nu+2}+\cdots+A_{m,n}.\end{aligned}$$

Or, d'après la nature des quantités $A_{m,\mu}$, la somme contenue dans la première ligne sera égale à $\nu.A_m$, et la seconde égale à $A_m'(n-\nu)$, où A_m est une quantité finie et A_m' une quantité qui a zéro pour limite, donc

$$\overset{n}{\underset{1}{\Sigma}}_\mu A_{m\ \mu}=\nu A_m+(n-\nu)A_m'=(2n+1)B_m,$$

où

$$B_m=\frac{\nu}{2n+1}A_m+\frac{n-\nu}{2n+1}A_m'$$

Donc la quantité B_m a zéro pour limite, ν ne surpassant pas $\sqrt{n}$. Par là l'expression de $\overset{n}{\underset{1}{\Sigma}}_\mu \psi(m,\mu)$ se change en

$$(169)\qquad \overset{n}{\underset{1}{\Sigma}}_\mu \psi(m,\mu)=\overset{n}{\underset{1}{\Sigma}}_\mu \theta(m,\mu)+\frac{B_m}{2n+1}.$$

Pour avoir la limite de $\overset{n}{\underset{1}{\Sigma}}_\mu \theta(m,\mu)$, j'écris

$$\overset{n}{\underset{1}{\Sigma}}_\mu \theta(m,\mu)=\overset{\infty}{\underset{1}{\Sigma}}_\mu \theta(m,\mu)-\overset{\infty}{\underset{n+1}{\Sigma}}_\mu \theta(m,\mu)=\overset{\infty}{\underset{1}{\Sigma}}_\mu \theta(m,\mu)-\overset{\infty}{\underset{1}{\Sigma}}_\mu \theta(m,\mu+n).$$

Or on peut trouver la valeur de $\overset{\infty}{\underset{1}{\Sigma}}_\mu \theta(m,\mu+n)$ comme il suit. On a

$$\theta(m,\mu+n)=\log\frac{1-\frac{\alpha^2}{[m\omega+(\mu+n)\varpi i+k]^2}}{1-\frac{\alpha^2}{[m\omega+(\mu+n)\varpi i+l]^2}}$$

$$=\alpha^2\left(\frac{1}{[m\omega+(\mu+n)\varpi i+l]^2}-\frac{1}{[m\omega+(\mu+n)\varpi i+k]^2}\right)$$

$$+\tfrac{1}{2}\alpha^4\left(\frac{1}{[m\omega+(\mu+n)\varpi i+l]^4}-\frac{1}{[m\omega+(\mu+n)\varpi i+k]^4}\right)+\cdots$$

De là on tire

$$\overset{\mu}{\underset{1}{\Sigma}}{}_\mu\,\theta(m,\mu+n)=\frac{\alpha^2}{n}\cdot\Sigma\frac{1}{n}\,\theta\left(\frac{\mu}{n}\right)+\frac{\alpha^4}{2n^3}\cdot\Sigma\frac{1}{n}\,\theta_1\left(\frac{\mu}{n}\right)+\cdots,$$

où

$$\theta\left(\frac{\mu}{n}\right)=\frac{1}{\left[\frac{m\omega+l}{n}+\varpi i+\frac{\mu}{n}\varpi i\right]^2}-\frac{1}{\left[\frac{m\omega+k}{n}+\varpi i+\frac{\mu}{n}\varpi i\right]^2},$$

$$\theta_1\left(\frac{\mu}{n}\right)=\frac{1}{\left[\frac{m\omega+l}{n}+\varpi i+\frac{\mu}{n}\varpi i\right]^4}-\frac{1}{\left[\frac{m\omega+k}{n}+\varpi i+\frac{\mu}{n}\varpi i\right]^4},\quad\text{etc.}$$

Or on sait que la limite de $\overset{\mu}{\underset{1}{\Sigma}}{}_\mu\frac{1}{n}\,\theta\left(\frac{\mu}{n}\right)$ est égale à $\int_0^x\theta x\,.\,dx$, donc

$$\overset{\mu}{\underset{1}{\Sigma}}{}_\mu\frac{1}{n}\,\theta\left(\frac{\mu}{n}\right)=\int_0^x\theta x\,.\,dx+v,$$

$$\overset{\mu}{\underset{1}{\Sigma}}{}_\mu\frac{1}{n}\,\theta_1\left(\frac{\mu}{n}\right)=\int_0^x\theta_1 x\,.\,dx+v_1,\quad\text{etc.},$$

et par conséquent en substituant

$$\overset{\mu}{\underset{1}{\Sigma}}{}_\mu\,\theta(m,\mu+n)=\frac{\alpha^2}{n}\cdot\int_0^x\theta x\,.\,dx+\frac{\alpha^4}{2n^3}\cdot\int_0^x\theta_1 x\,.\,dx+\cdots+\frac{v\alpha^2}{n}+\frac{v_1\alpha^4}{2n^3}+\cdots,$$

or

$$\theta x=\frac{1}{\left[\frac{m\omega+l}{n}+\varpi i+x\varpi i\right]^2}-\frac{1}{\left[\frac{m\omega+k}{n}+\varpi i+x\varpi i\right]^2},\quad\text{etc.}$$

donc on aura

$$\int_0^x\theta x\,.\,dx=$$

$$\frac{1}{\varpi i}\cdot\left\{\frac{1}{\left[\frac{m\omega+k}{n}+\varpi i+x\varpi i\right]}-\frac{1}{\left[\frac{m\omega+l}{n}+\varpi i+x\varpi i\right]}\right\}-\frac{1}{\varpi i}\cdot\left\{\frac{1}{\left[\frac{m\omega+k}{n}+\varpi i\right]}-\frac{1}{\left[\frac{m\omega+l}{n}+\varpi i\right]}\right\}$$

$$=\frac{1}{\varpi i}\,\frac{l-k}{n}\,\frac{1}{\left[\frac{m\omega+l}{n}+\varpi i+x\varpi i\right]\left[\frac{m\omega+k}{n}+\varpi i+x\varpi i\right]}-\frac{1}{\varpi i}\,\frac{l-k}{n}\,\frac{1}{\left[\frac{m\omega+l}{n}+\varpi i\right]\left[\frac{m\omega+k}{n}+\varpi i\right]}$$

La limite de cette expression de $\int_0^x \theta x . dx$ est zéro pour une valeur quelconque de x. De même on trouvera que la limite de $\int_0^x \theta_1 x . dx$ est zéro, donc

$$\sum_1^{\mu}{}_{\mu}\, \theta(m, \mu+n) = \frac{\alpha^2}{n} v + \frac{\alpha^4}{2n^3} v' + \frac{\alpha^6}{3n^5} v'' + \cdots$$

$$= \frac{\alpha^2}{2n+1} \cdot \left(v + \frac{\alpha^2}{2n^2} v' + \frac{\alpha^4}{3n^4} v'' + \cdots\right) \frac{2n+1}{n} = \frac{v}{2n+1},$$

donc aussi, en faisant $\mu = \infty$,

$$\sum_1^{\infty}{}_{\mu}\, \theta(m, \mu+n) = \frac{v}{2n+1},$$

d'ou

$$\sum_1^{n}{}_{\mu}\, \theta(m, \mu) = \sum_1^{\infty}{}_{\mu}\, \theta(m, \mu) - \frac{v}{2n+1},$$

et

(170) $$\sum_1^{n}{}_{\mu}\, \psi(m, \mu) = \sum_1^{\infty}{}_{\mu}\, \theta(m, \mu) + \frac{v_m}{2n+1},$$

v_m ayant zero pour limite. De là on tire

$$\sum_1^{n}{}_{m} \sum_1^{n}{}_{\mu}\, \psi(m, \mu) = \sum_1^{n}{}_{m} \left(\sum_1^{\infty}{}_{\mu}\, \theta(m, \mu) \right) + \sum_1^{n} \frac{v_m}{2n+1}.$$

En prenant la limite des deux membres et remarquant que

$$\sum_1^{n} \frac{v_m}{2n+1} = \frac{v_1 + v_2 + \cdots + v_n}{2n+1} = v,$$

on aura

(171) $$\lim. \sum_1^{n}{}_{m} \sum_1^{n}{}_{\mu}\, \psi(m, \mu) = \sum_1^{\infty}{}_{m} \left(\sum_1^{\infty}{}_{\mu}\, \theta(m, \mu) \right).$$

En remettant les valeurs de $\psi(m, \mu)$ et $\theta(m, \mu)$, et passant des logarithmes aux nombres, on en tire

(172) $$\lim \prod_1^{n}{}_{m} \prod_1^{n}{}_{\mu} \frac{1 - \dfrac{\varphi^2\left[\dfrac{\alpha}{2n+1}\right]}{\varphi^2\left[\dfrac{m\omega + \mu\varpi i + k}{2n+1}\right]}}{1 - \dfrac{\varphi^2\left[\dfrac{\alpha}{2n+1}\right]}{\varphi^2\left[\dfrac{m\omega + \mu\varpi i + l}{2n+1}\right]}} = \prod_1^{\infty}{}_{m} \left\{ \prod_1^{\infty}{}_{\mu} \frac{1 - \dfrac{\alpha^2}{(m\omega + \mu\varpi i + k)^2}}{1 - \dfrac{\alpha^2}{(m\omega + \mu\varpi i + l)^2}} \right\}.$$

Par une analyse toute semblable à la précédente, mais plus simple, on trouvera de même

$$(173)\qquad \lim.\ \overset{n}{\underset{1}{\Pi_m}} \frac{1-\dfrac{\varphi^2\left[\dfrac{\alpha}{2n+1}\right]}{\varphi^2\left[\dfrac{m\omega+k}{2n+1}\right]}}{1-\dfrac{\varphi^2\left[\dfrac{\alpha}{2n+1}\right]}{\varphi^2\left[\dfrac{m\omega+l}{2n+1}\right]}} = \overset{\infty}{\underset{1}{\Pi_m}} \frac{1-\dfrac{\alpha^2}{(m\omega+k)^2}}{1-\dfrac{\alpha^2}{(m\omega+l)^2}},$$

$$(174)\qquad \lim.\ \overset{n}{\underset{1}{\Pi_\mu}} \frac{1-\dfrac{\varphi^2\left[\dfrac{\alpha}{2n+1}\right]}{\varphi^2\left[\dfrac{\mu\varpi i+k}{2n+1}\right]}}{1-\dfrac{\varphi^2\left[\dfrac{\alpha}{2n+1}\right]}{\varphi^2\left[\dfrac{\mu\varpi i+l}{2n+1}\right]}} = \overset{\infty}{\underset{1}{\Pi_\mu}} \frac{1-\dfrac{\alpha^2}{(\mu\varpi i+k)^2}}{1-\dfrac{\alpha^2}{(\mu\varpi i+l)^2}}.$$

30.

Maintenant rien n'est plus facile que de trouver les valeurs de $\varphi\alpha$, $f\alpha$, $F\alpha$. Considérons d'abord la première formule (130). On a

$$e^2c^2\varphi^2\left(\frac{m\omega+\mu\varpi i}{2n+1}\right) = -\frac{1}{\varphi^2\left[\dfrac{m\omega+\mu\varpi i}{2n+1}-\dfrac{\omega}{2}-\dfrac{\varpi}{2}i\right]} = -\frac{1}{\varphi^2\left[\dfrac{(n-m+\frac{1}{2})\omega+(n-\mu+\frac{1}{2})\varpi i}{2n+1}\right]},$$

donc

$$\overset{n}{\underset{1}{\Pi_m}}\overset{n}{\underset{1}{\Pi_\mu}} \frac{1-\dfrac{\varphi^2\beta}{\varphi^2\left[\dfrac{m\omega+\mu\varpi i}{2n+1}\right]}}{1+e^2c^2\varphi^2\left[\dfrac{m\omega+\mu\varpi i}{2n+1}\right]\varphi^2\beta} = \frac{\overset{n}{\underset{1}{\Pi_m}}\overset{n}{\underset{1}{\Pi_\mu}}\left\{1-\dfrac{\varphi^2\beta}{\varphi^2\left[\dfrac{m\omega+\mu\varpi i}{2n+1}\right]}\right\}}{\overset{n}{\underset{1}{\Pi_m}}\overset{n}{\underset{1}{\Pi_\mu}}\left\{1-\dfrac{\varphi^2\beta}{\varphi^2\left[\dfrac{(n-m+\frac{1}{2})\omega+(n-\mu+\frac{1}{2})\varpi i}{2n+1}\right]}\right\}}$$

$$= \overset{n}{\underset{1}{\Pi_m}}\overset{n}{\underset{1}{\Pi_\mu}} \frac{1-\dfrac{\varphi^2\beta}{\varphi^2\left[\dfrac{m\omega+\mu\varpi i}{2n+1}\right]}}{1-\dfrac{\varphi^2\beta}{\varphi^2\left\{\dfrac{\left[m\omega+\mu\varpi i-\dfrac{\omega}{2}-\dfrac{\varpi}{2}i\right]}{2n+1}\right\}}}.$$

Cela posé, si l'on fait $\beta=\dfrac{\alpha}{2n+1}$ et qu'on suppose n infini, il viendra, en faisant usage des formules (172), (173), (174), et en remarquant que la limite de $(2n+1)\varphi\left(\frac{\alpha}{2n+1}\right)$ est égale à α,

$$(175)\quad \varphi\alpha = \alpha \prod_{1}^{\infty}{}_{m}\left(1-\frac{\alpha^2}{(m\omega)^2}\right)\cdot\prod_{1}^{\infty}{}_{\mu}\left(1+\frac{\alpha^2}{(\mu\varpi)^2}\right)$$
$$\times\prod_{1}^{\infty}{}_{m}\left\{\prod_{1}^{\infty}{}_{\mu}\frac{1-\frac{\alpha^2}{(m\omega+\mu\varpi i)^2}}{1-\frac{\alpha^2}{[(m-\frac{1}{2})\omega+(\mu-\frac{1}{2})\varpi i]^2}}\cdot\prod_{1}^{\infty}{}_{\mu}\frac{1-\frac{\alpha^2}{(m\omega-\mu\varpi i)^2}}{1-\frac{\alpha^2}{[(m-\frac{1}{2})\omega-(\mu-\frac{1}{2})\varpi i]^2}}\right\}.$$

Les deux formules (130′) donneront de la même manière, en faisant $\beta=\frac{\alpha}{2n+1}$, et remarquant que $f(0)=1$, $F(0)=1$,

$$(176)\quad f\alpha =$$
$$\prod_{1}^{\infty}{}_{m}\left(1-\frac{\alpha^2}{(m-\frac{1}{2})^2\omega^2}\right)\cdot\prod_{1}^{\infty}{}_{m}\left\{\prod_{1}^{\infty}{}_{\mu}\frac{1-\frac{\alpha^2}{[(m-\frac{1}{2})\omega+\mu\varpi i]^2}}{1-\frac{\alpha^2}{[(m-\frac{1}{2})\omega+(\mu-\frac{1}{2})\varpi i]^2}}\cdot\frac{1-\frac{\alpha^2}{[(m-\frac{1}{2})\omega-\mu\varpi i]^2}}{1-\frac{\alpha^2}{[(m-\frac{1}{2})\omega-(\mu-\frac{1}{2})\varpi i]^2}}\right\},$$

$$(177)\quad F\alpha =$$
$$\prod_{1}^{\infty}{}_{\mu}\left(1+\frac{\alpha^2}{(\mu-\frac{1}{2})^2\varpi^2}\right)\cdot\prod_{1}^{\infty}{}_{m}\left\{\prod_{1}^{\infty}{}_{\mu}\frac{1-\frac{\alpha^2}{[m\omega+(\mu-\frac{1}{2})\varpi i]^2}}{1-\frac{\alpha^2}{[(m-\frac{1}{2})\omega+(\mu-\frac{1}{2})\varpi i]^2}}\cdot\frac{1-\frac{\alpha^2}{[m\omega+(\mu-\frac{1}{2})\varpi i]^2}}{1-\frac{\alpha^2}{[(m-\frac{1}{2})\omega-(\mu-\frac{1}{2})\varpi i]^2}}\right\}.$$

On peut aussi donner une forme réelle aux expressions précédentes comme il suit,

$$(178)\quad \varphi\alpha = \alpha\,.\prod_{1}^{\infty}{}_{\mu}\left(1+\frac{\alpha^2}{\mu^2\varpi^2}\right)\cdot\prod_{1}^{\infty}{}_{m}\left(1-\frac{\alpha^2}{m^2\omega^2}\right)$$
$$\times\prod_{1}^{\infty}{}_{m}\prod_{1}^{\infty}{}_{\mu}\frac{1+\frac{(\alpha+m\omega)^2}{\mu^2\varpi^2}}{1+\frac{[\alpha+(m-\frac{1}{2})\omega]^2}{(\mu-\frac{1}{2})^2\varpi^2}}\cdot\frac{1+\frac{(\alpha-m\omega)^2}{\mu^2\varpi^2}}{1+\frac{[\alpha-(m-\frac{1}{2})\omega]^2}{(\mu-\frac{1}{2})^2\varpi^2}}\cdot\left\{\frac{1+\frac{(m-\frac{1}{2})^2\omega^2}{(\mu-\frac{1}{2})^2\varpi^2}}{1+\frac{m^2\omega^2}{\mu^2\varpi^2}}\right\}^2,$$

$$(179)\quad f\alpha = \prod_{1}^{\infty}{}_{m}\left(1-\frac{\alpha^2}{(m-\frac{1}{2})^2\omega^2}\right)$$
$$\times\prod_{1}^{\infty}{}_{m}\prod_{1}^{\infty}{}_{\mu}\frac{1+\frac{[\alpha+(m-\frac{1}{2})\omega]^2}{\mu^2\varpi^2}}{1+\frac{[\alpha+(m-\frac{1}{2})\omega]^2}{(\mu-\frac{1}{2})^2\varpi^2}}\cdot\frac{1+\frac{[\alpha-(m-\frac{1}{2})\omega]^2}{\mu^2\varpi^2}}{1+\frac{[\alpha-(m-\frac{1}{2})\omega]^2}{(\mu-\frac{1}{2})^2\varpi^2}}\cdot\left\{\frac{1+\frac{(m-\frac{1}{2})^2\omega^2}{(\mu-\frac{1}{2})^2\varpi^2}}{1+\frac{(m-\frac{1}{2})^2\omega^2}{\mu^2\varpi^2}}\right\}^2,$$

$$(180)\quad F\alpha = \prod_{1}^{\infty}{}_{\mu}\left(1+\frac{\alpha^2}{(\mu-\frac{1}{2})^2\varpi^2}\right)$$
$$\times\prod_{1}^{\infty}{}_{m}\prod_{1}^{\infty}{}_{\mu}\frac{1+\frac{(\alpha+m\omega)^2}{(\mu-\frac{1}{2})^2\varpi^2}}{1+\frac{[\alpha+(m-\frac{1}{2})\omega]^2}{(\mu-\frac{1}{2})^2\varpi^2}}\cdot\frac{1+\frac{(\alpha-m\omega)^2}{(\mu-\frac{1}{2})^2\varpi^2}}{1+\frac{[\alpha-(m-\frac{1}{2})\omega]^2}{(\mu-\frac{1}{2})^2\varpi^2}}\cdot\left\{\frac{1+\frac{(m-\frac{1}{2})^2\omega^2}{(\mu-\frac{1}{2})^2\varpi^2}}{1+\frac{m^2\omega^2}{(\mu-\frac{1}{2})^2\varpi^2}}\right\}^2.$$

Ces transformations s'opèrent aisément au moyen de la formule

$$\left(1-\frac{\alpha^2}{(a+bi)^2}\right)\left(1-\frac{\alpha^2}{(a-bi)^2}\right)=\left(1+\frac{\alpha}{a+bi}\right)\left(1+\frac{\alpha}{a-bi}\right)\left(1-\frac{\alpha}{a+bi}\right)\left(1-\frac{\alpha}{a-bi}\right)$$
$$=\frac{(\alpha+a)^2+b^2}{a^2+b^2}\cdot\frac{(\alpha-a)^2+b^2}{a^2+b^2}=\left(1+\frac{(\alpha+a)^2}{b^2}\right)\left(1+\frac{(\alpha-a)^2}{b^2}\right)\cdot\frac{1}{\left[1+\frac{a^2}{b^2}\right]^2}.$$

31.

Dans ce qui précède nous sommes parvenus à deux espèces d'expressions des fonctions $\varphi\alpha$, $f\alpha$, $F\alpha$; les unes donnent ces fonctions décomposées en fractions partielles, dont la totalité forme des séries infinies doubles, les autres donnent ces mêmes fonctions décomposées en un nombre infini de facteurs, dont chacun est à son tour composé d'une infinité de facteurs. Or on peut beaucoup simplifier les formules précédentes au moyen des fonctions exponentielles et circulaires. C'est ce que nous allons voir par ce qui suit.

Considérons d'abord les équations (178), (179), (180). En vertu de formules connues, on a

$$\frac{\sin y}{y}=\overset{\infty}{\underset{1}{\Pi}}{}_\mu\left(1-\frac{y^2}{\mu^2\pi^2}\right);\quad \cos y=\overset{\infty}{\underset{1}{\Pi}}{}_\mu\left(1-\frac{y^2}{(\mu-\frac{1}{2})^2\pi^2}\right);$$

donc

$$\overset{\infty}{\underset{1}{\Pi}}{}_\mu\frac{\left[1-\frac{z^2}{\mu^2\pi^2}\right]}{\left[1-\frac{y^2}{(\mu-\frac{1}{2})^2\pi^2}\right]}=\frac{\sin z}{z\cos y};\quad \overset{\infty}{\underset{1}{\Pi}}{}_\mu\left\{\frac{1-\frac{z^2}{(\mu-\frac{1}{2})^2\pi^2}}{1-\frac{y^2}{(\mu-\frac{1}{2})^2\pi^2}}\right\}=\frac{\cos z}{\cos y}.$$

En vertu de ces formules il est clair que les expressions de $\varphi\alpha$, $f\alpha$, $F\alpha$ peuvent être mises sous la forme

$$\varphi\alpha=\frac{\varpi}{\pi}\,\frac{\sin\left[\alpha\frac{\pi i}{\varpi}\right]}{i}\overset{\infty}{\underset{1}{\Pi}}{}_m\left(1-\frac{\alpha^2}{m^2\omega^2}\right)$$
$$\times\overset{\infty}{\underset{1}{\Pi}}{}_m\left\{\frac{\sin(\alpha+m\omega)\frac{\pi i}{\varpi}\cdot\sin(\alpha-m\omega)\frac{\pi i}{\varpi}\cdot\cos^2(m-\frac{1}{2})\omega\frac{\pi i}{\varpi}}{\cos[\alpha+(m-\frac{1}{2})\omega]\frac{\pi i}{\varpi}\cdot\cos[\alpha-(m-\frac{1}{2})\omega]\frac{\pi i}{\varpi}\cdot\sin^2 m\omega\frac{\pi i}{\varpi}}\cdot\frac{\left[m\omega\frac{\pi i}{\varpi}\right]^2}{(\alpha+m\omega)(\alpha-m\omega)\frac{\pi^2 i^2}{\varpi^2}}\right\},$$

$$f\alpha=\overset{\infty}{\underset{1}{\Pi}}{}_m\left(1-\frac{\alpha^2}{(m-\frac{1}{2})^2\omega^2}\right)$$
$$\times\overset{\infty}{\underset{1}{\Pi}}{}_m\left(\operatorname{tang}[\alpha+(m-\tfrac{1}{2})\omega]\frac{\pi i}{\varpi}\cdot\operatorname{tang}[\alpha-(m-\tfrac{1}{2})\omega]\frac{\pi i}{\varpi}\cdot\cot^2(m-\tfrac{1}{2})\omega\frac{\pi i}{\varpi}\cdot\frac{(m-\frac{1}{2})^2\omega^2}{\alpha^2-(m-\frac{1}{2})^2\omega^2}\right),$$

$$F\alpha = \cos\alpha\frac{\pi i}{\varpi}\cdot\overset{\infty}{\underset{1}{\Pi_m}}\frac{\cos(\alpha+m\omega)\frac{\pi i}{\varpi}\cdot\cos(\alpha-m\omega)\frac{\pi i}{\varpi}\cdot\cos^2(m-\frac{1}{2})\omega\frac{\pi i}{\varpi}}{\cos[\alpha+(m-\frac{1}{2})\omega]\frac{\pi i}{\varpi}\cdot\cos[\alpha-(m-\frac{1}{2})\omega]\frac{\pi i}{\varpi}\cdot\cos^2 m\omega\frac{\pi i}{\varpi}}$$

On trouvera des expressions réelles, en substituant au lieu des fonctions circulaires leurs expressions en fonctions exponentielles. On a

$$\sin(a-b)\,.\,\sin(a+b) = \sin^2 a - \sin^2 b,$$

$$\cos(a+b)\,.\,\cos(a-b) = \cos^2 a - \sin^2 b,$$

donc

$$\frac{\sin(\alpha+m\omega)\frac{\pi i}{\varpi}\cdot\sin(\alpha-m\omega)\frac{\pi i}{\varpi}}{\sin^2 m\omega\frac{\pi i}{\varpi}} = -\left\{1-\frac{\sin^2\alpha\frac{\pi i}{\varpi}}{\sin^2 m\omega\frac{\pi i}{\varpi}}\right\},$$

$$\frac{\cos[\alpha+(m-\frac{1}{2})\omega]\frac{\pi i}{\varpi}\cdot\cos[\alpha-(m-\frac{1}{2})\omega]\frac{\pi i}{\varpi}}{\cos^2(m-\frac{1}{2})\omega\frac{\pi i}{\varpi}} = 1-\frac{\sin^2\alpha\frac{\pi i}{\varpi}}{\cos^2(m-\frac{1}{2})\omega\frac{\pi i}{\varpi}},$$

$$\operatorname{tang}[\alpha+(m-\tfrac{1}{2})\omega]\frac{\pi i}{\varpi}\cdot\operatorname{tang}[\alpha-(m-\tfrac{1}{2})\omega]\frac{\pi i}{\varpi}\,.\cot^2(m-\tfrac{1}{2})\omega\frac{\pi i}{\varpi}$$

$$= -\frac{1-\dfrac{\sin^2\alpha\frac{\pi i}{\varpi}}{\sin^2(m-\frac{1}{2})\omega\frac{\pi i}{\varpi}}}{1-\dfrac{\sin^2\alpha\frac{\pi i}{\varpi}}{\cos^2(m-\frac{1}{2})\omega\frac{\pi i}{\varpi}}}.$$

D'après cela, et en remarquant que

$$\frac{m^2\omega^2}{\alpha^2-m^2\omega^2} = -\frac{1}{1-\frac{\alpha^2}{m^2\omega^2}} \quad \text{et} \quad \frac{(m-\frac{1}{2})^2\omega^2}{\alpha^2-(m-\frac{1}{2})^2\omega^2} = -\frac{1}{1-\frac{\alpha^2}{(m-\frac{1}{2})^2\omega^2}},$$

il est clair qu'on aura

(181) $$\varphi\alpha = \frac{\varpi}{\pi}\,\frac{\sin\frac{\alpha}{\varpi}\pi i}{i}\,\overset{\infty}{\underset{1}{\Pi_m}}\frac{1-\dfrac{\sin^2\alpha\frac{\pi}{\varpi}i}{\sin^2 m\omega\frac{\pi}{\varpi}i}}{1-\dfrac{\sin^2\alpha\frac{\pi}{\varpi}i}{\cos^2(m-\frac{1}{2})\omega\frac{\pi}{\varpi}i}},$$

$$(182)\qquad f\alpha = \prod_0^\infty{}_m \frac{1-\dfrac{\sin^2\alpha\dfrac{\pi}{\varpi}i}{\sin^2(m+\frac{1}{2})\omega\dfrac{\pi}{\varpi}i}}{1-\dfrac{\sin^2\alpha\dfrac{\pi}{\varpi}i}{\cos^2(m+\frac{1}{2})\omega\dfrac{\pi}{\varpi}i}},$$

$$(183)\qquad F\alpha = \cos\left(\frac{\alpha}{\varpi}\pi i\right)\prod_1^\infty{}_m \frac{1-\dfrac{\sin^2\dfrac{\alpha}{\varpi}\pi i}{\cos^2 m\dfrac{\omega}{\varpi}\pi i}}{1-\dfrac{\sin^2\dfrac{\alpha}{\varpi}\pi i}{\cos^2(m-\frac{1}{2})\dfrac{\omega}{\varpi}\pi i}}$$

En substituant au lieu des cosinus et sinus d'arcs imaginaires leurs valeurs en quantités exponentielles, ces formules deviendront

$$(184)\qquad \varphi\alpha = \frac{1}{2}\frac{\varpi}{\pi}\left(h^{\frac{\alpha}{\varpi}\pi} - h^{-\frac{\alpha}{\varpi}\pi}\right)\prod_1^\infty{}_m \frac{1-\left\{\dfrac{h^{\frac{\alpha}{\varpi}\pi}-h^{-\frac{\alpha}{\varpi}\pi}}{h^{m\frac{\omega}{\varpi}\pi}-h^{-m\frac{\omega}{\varpi}\pi}}\right\}^2}{1+\left\{\dfrac{h^{\frac{\alpha}{\varpi}\pi}-h^{-\frac{\alpha}{\varpi}\pi}}{h^{(m-\frac{1}{2})\frac{\omega}{\varpi}\pi}+h^{-(m-\frac{1}{2})\frac{\omega}{\varpi}\pi}}\right\}^2},$$

$$(185)\qquad f\alpha = \prod_0^\infty{}_m \frac{1-\left\{\dfrac{h^{\frac{\alpha}{\varpi}\pi}-h^{-\frac{\alpha}{\varpi}\pi}}{h^{(m+\frac{1}{2})\frac{\omega}{\varpi}\pi}-h^{-(m+\frac{1}{2})\frac{\omega}{\varpi}\pi}}\right\}^2}{1+\left\{\dfrac{h^{\frac{\alpha}{\varpi}\pi}-h^{-\frac{\alpha}{\varpi}\pi}}{h^{(m+\frac{1}{2})\frac{\omega}{\varpi}\pi}+h^{-(m+\frac{1}{2})\frac{\omega}{\varpi}\pi}}\right\}^2},$$

$$(186)\qquad F\alpha = \frac{1}{2}\left(h^{\frac{\alpha}{\varpi}\pi} + h^{-\frac{\alpha}{\varpi}\pi}\right)\prod_1^\infty{}_m \frac{1+\left\{\dfrac{h^{\frac{\alpha}{\varpi}\pi}-h^{-\frac{\alpha}{\varpi}\pi}}{h^{m\frac{\omega}{\varpi}\pi}+h^{-m\frac{\omega}{\varpi}\pi}}\right\}^2}{1+\left\{\dfrac{h^{\frac{\alpha}{\varpi}\pi}-h^{-\frac{\alpha}{\varpi}\pi}}{h^{(m-\frac{1}{2})\frac{\omega}{\varpi}\pi}+h^{-(m-\frac{1}{2})\frac{\omega}{\varpi}\pi}}\right\}^2},$$

où h est le nombre 2,718281...

On peut encore transformer ces formules de la manière suivante. Si l'on remplace α par αi, on aura les valeurs de $\varphi(\alpha i)$, $f(\alpha i)$, $F(\alpha i)$ En changeant maintenant c en e et e en c, les quantités

$$\omega,\ \varpi,\ \varphi(\alpha i),\ f(\alpha i),\ F(\alpha i)$$

se changeront respectivement en

$$\varpi,\ \omega,\ i\varphi\alpha,\quad F\alpha,\quad f\alpha,$$

donc les formules précédentes donneront

(187) $$\varphi\alpha=\frac{\omega}{\pi}\sin\frac{\alpha\pi}{\omega}\,\overset{\infty}{\underset{1}{\Pi_m}}\,\frac{1+\dfrac{4\sin^2\left[\frac{\alpha\pi}{\omega}\right]}{\left[h^{\frac{m\varpi\pi}{\omega}}-h^{-\frac{m\varpi\pi}{\omega}}\right]^2}}{1-\dfrac{4\sin^2\left[\frac{\alpha\pi}{\omega}\right]}{\left[h^{\frac{(2m-1)\varpi\pi}{2\omega}}+h^{-\frac{(2m-1)\varpi\pi}{2\omega}}\right]^2}},$$

(188) $$F\alpha=\overset{\infty}{\underset{0}{\Pi_m}}\,\frac{1+\dfrac{4\sin^2\left[\frac{\alpha\pi}{\omega}\right]}{\left[h^{\frac{(2m+1)\varpi\pi}{2\omega}}-h^{-\frac{(2m+1)\varpi\pi}{2\omega}}\right]^2}}{1-\dfrac{4\sin^2\left[\frac{\alpha\pi}{\omega}\right]}{\left[h^{\frac{(2m+1)\varpi\pi}{2\omega}}+h^{-\frac{(2m+1)\varpi\pi}{2\omega}}\right]^2}},$$

(189) $$f\alpha=\cos\left(\frac{\alpha\pi}{\omega}\right)\overset{\infty}{\underset{1}{\Pi_m}}\,\frac{1-\dfrac{4\sin^2\left[\frac{\alpha\pi}{\omega}\right]}{\left[h^{\frac{m\varpi\pi}{\omega}}+h^{-\frac{m\varpi\pi}{\omega}}\right]^2}}{1-\dfrac{4\sin^2\left[\frac{\alpha\pi}{\omega}\right]}{\left[h^{\frac{(2m-1)\varpi\pi}{2\omega}}+h^{-\frac{(2m-1)\varpi\pi}{2\omega}}\right]^2}}.$$

32

Considérons maintenant les formules (160), (161), (162) On a

$$\overset{\infty}{\underset{0}{\Sigma_\mu}}(-1)^\mu\frac{(2\mu+1)\pi}{y^2+(\mu+\frac{1}{2})^2\pi^2}=\frac{2}{h^y+h^{-y}},$$

donc, en faisant

$$y=[\alpha\pm(m+\tfrac{1}{2})\omega]\frac{\pi}{\varpi}:$$

$$\overset{\infty}{\underset{0}{\Sigma_\mu}}(-1)^\mu\frac{(2\mu+1)\varpi}{[\alpha\pm(m+\frac{1}{2})\omega]^2+(\mu+\frac{1}{2})^2\varpi^2}=\frac{2\pi}{\varpi}\cdot\frac{1}{h^{(\alpha\pm(m+\frac{1}{2})\omega)\frac{\pi}{\varpi}}+h^{-(\alpha\pm(m+\frac{1}{2})\omega)\frac{\pi}{\varpi}}}$$

En vertu de cette formule il est aisé de voir que les expressions (153), (162) de $\varphi\alpha$ et $F\alpha$ deviendront

(190) $\varphi\alpha =$

$$\frac{2}{ec}\frac{\pi}{\varpi}\sum_{0}^{\infty}{}_{m}(-1)^{m}\left\{\frac{1}{h^{(\alpha-(m+\frac{1}{2})\omega)\frac{\pi}{\varpi}}+h^{-(\alpha-(m+\frac{1}{2})\omega)\frac{\pi}{\varpi}}}-\frac{1}{h^{(\alpha+(m+\frac{1}{2})\omega)\frac{\pi}{\varpi}}+h^{-(\alpha+(m+\frac{1}{2})\omega)\frac{\pi}{\varpi}}}\right\},$$

(191) $F\alpha =$

$$\frac{2}{c}\frac{\pi}{\varpi}\sum_{0}^{\infty}{}_{m}\left\{\frac{1}{h^{(\alpha-(m+\frac{1}{2})\omega)\frac{\pi}{\varpi}}+h^{-(\alpha-(m+\frac{1}{2})\omega)\frac{\pi}{\varpi}}}+\frac{1}{h^{(\alpha+(m+\frac{1}{2})\omega)\frac{\pi}{\varpi}}+h^{-(\alpha+(m+\frac{1}{2})\omega)\frac{\pi}{\varpi}}}\right\}$$

Les expressions précédentes de $\varphi\alpha$, $F\alpha$, peuvent être mises encore sous beaucoup d'autres formes; je vais rappeler les plus remarquables. D'abord en réunissant les termes du second membre, on trouvera

$$(192)\quad \varphi\alpha = \frac{2}{ec}\frac{\pi}{\varpi}\sum_{0}^{\infty}{}_{m}(-1)^{m}\,\frac{\left[h^{\frac{\alpha\pi}{\varpi}}-h^{-\frac{\alpha\pi}{\varpi}}\right]\left[h^{(m+\frac{1}{2})\frac{\omega\pi}{\varpi}}-h^{-(m+\frac{1}{2})\frac{\omega\pi}{\varpi}}\right]}{h^{\frac{2\alpha\pi}{\varpi}}+h^{-\frac{2\alpha\pi}{\varpi}}+h^{(2m+1)\frac{\omega\pi}{\varpi}}+h^{-(2m+1)\frac{\omega\pi}{\varpi}}},$$

$$(193)\quad F\alpha = \frac{2}{c}\frac{\pi}{\varpi}\sum_{0}^{\infty}{}_{m}\left\{\frac{\left[h^{\frac{\alpha\pi}{\varpi}}+h^{-\frac{\alpha\pi}{\varpi}}\right]\left[h^{(m+\frac{1}{2})\frac{\omega\pi}{\varpi}}+h^{-(m+\frac{1}{2})\frac{\omega\pi}{\varpi}}\right]}{h^{\frac{2\alpha\pi}{\varpi}}+h^{-\frac{2\alpha\pi}{\varpi}}+h^{(2m+1)\frac{\omega\pi}{\varpi}}+h^{-(2m+1)\frac{\omega\pi}{\varpi}}}\right\}$$

Si, pour abréger, on suppose

$$(194)\qquad h^{\frac{\alpha\pi}{\varpi}} = \varepsilon \quad\text{et}\quad h^{\frac{\omega\pi}{\varpi}} = r^{2},$$

ces formules, en développant le second membre, deviendront

(195) $\varphi\alpha =$

$$\frac{2}{ec}\frac{\pi}{\varpi}\left(\varepsilon-\frac{1}{\varepsilon}\right)\left\{\frac{r-\frac{1}{r}}{r^{2}+\varepsilon^{2}+\frac{1}{\varepsilon^{2}}+\frac{1}{r^{2}}}-\frac{r^{3}-\frac{1}{r^{3}}}{r^{6}+\varepsilon^{2}+\frac{1}{\varepsilon^{2}}+\frac{1}{r^{6}}}+\frac{r^{5}-\frac{1}{r^{5}}}{r^{10}+\varepsilon^{2}+\frac{1}{\varepsilon^{2}}+\frac{1}{r^{10}}}-\cdots\right\},$$

(196) $F\alpha =$

$$\frac{2}{c}\frac{\pi}{\varpi}\left(\varepsilon+\frac{1}{\varepsilon}\right)\left\{\frac{r+\frac{1}{r}}{r^{2}+\varepsilon^{2}+\frac{1}{\varepsilon^{2}}+\frac{1}{r^{2}}}+\frac{r^{3}+\frac{1}{r^{3}}}{r^{6}+\varepsilon^{2}+\frac{1}{\varepsilon^{2}}+\frac{1}{r^{6}}}+\frac{r^{5}+\frac{1}{r^{5}}}{r^{10}+\varepsilon^{2}+\frac{1}{\varepsilon^{2}}+\frac{1}{r^{10}}}+\cdots\right\}$$

En mettant αi au lieu de α dans les formules (192), (193), en changeant ensuite c en e et e en c, et remarquant que les quantités

$$\omega,\ \varpi,\ \varphi(\alpha i),\ F(\alpha i),\ h^{\alpha i\frac{\pi}{\varpi}}-h^{-\alpha i\frac{\pi}{\varpi}},\ h^{\alpha i\frac{\pi}{\varpi}}+h^{-\alpha i\frac{\pi}{\varpi}},$$

se changeront respectivement en

$$\varpi,\ \omega,\ i\varphi(\alpha),\ f\alpha,\quad 2i.\sin\alpha\frac{\pi}{\omega},\quad 2\cos\alpha\frac{\pi}{\omega},$$

il viendra

$$(197)\qquad \varphi\alpha=\frac{4}{ec}\frac{\pi}{\omega}\sum_0^\infty{}_m(-1)^m\left\{\frac{\sin\frac{\alpha\pi}{\omega}\cdot\left[h^{(m+\frac{1}{2})\frac{\varpi\pi}{\omega}}-h^{-(m+\frac{1}{2})\frac{\varpi\pi}{\omega}}\right]}{h^{(2m+1)\frac{\varpi\pi}{\omega}}+2\cos 2\alpha\frac{\pi}{\omega}+h^{-(2m+1)\frac{\varpi\pi}{\omega}}}\right\},$$

$$(198)\qquad f\alpha=\frac{4}{e}\frac{\pi}{\omega}\sum_0^\infty{}_m\left\{\frac{\cos\frac{\alpha\pi}{\omega}\cdot\left[h^{(m+\frac{1}{2})\frac{\varpi\pi}{\omega}}+h^{-(m+\frac{1}{2})\frac{\varpi\pi}{\omega}}\right]}{h^{(2m+1)\frac{\varpi\pi}{\omega}}+2\cos 2\alpha\frac{\pi}{\omega}+h^{-(2m+1)\frac{\varpi\pi}{\omega}}}\right\}.$$

En faisant pour abréger

$$(199)\qquad h^{\frac{\varpi\pi}{2\omega}}=\varrho,$$

et en développant, on obtiendra

$$(200)\qquad \varphi\left(\alpha\frac{\omega}{2}\right)=$$

$$\frac{4}{ec}\frac{\pi}{\omega}\sin\left(\alpha\frac{\pi}{2}\right)\left\{\frac{\varrho-\frac{1}{\varrho}}{\varrho^2+2\cos(\alpha\pi)+\frac{1}{\varrho^2}}-\frac{\varrho^3-\frac{1}{\varrho^3}}{\varrho^6+2\cos(\alpha\pi)+\frac{1}{\varrho^6}}+\frac{\varrho^5-\frac{1}{\varrho^5}}{\varrho^{10}+2\cos(\alpha\pi)+\frac{1}{\varrho^{10}}}-\cdots\right\},$$

$$(201)\qquad f\left(\alpha\frac{\omega}{2}\right)=$$

$$\frac{4}{e}\frac{\pi}{\omega}\cos\left(\alpha\frac{\pi}{2}\right)\left\{\frac{\varrho+\frac{1}{\varrho}}{\varrho^2+2\cos(\alpha\pi)+\frac{1}{\varrho^2}}+\frac{\varrho^3+\frac{1}{\varrho^3}}{\varrho^6+2\cos(\alpha\pi)+\frac{1}{\varrho^6}}+\frac{\varrho^5+\frac{1}{\varrho^5}}{\varrho^{10}+2\cos(\alpha\pi)+\frac{1}{\varrho^{10}}}+\cdots\right\}.$$

En substituant dans les formules (190), (191) au lieu de $h^{\alpha\frac{\pi}{\varpi}}$ et $h^{\frac{\omega\pi}{2\varpi}}$ leurs valeurs ε et r, il viendra

$$(202)\qquad \varphi\alpha=\frac{2}{ec}\frac{\pi}{\varpi}\sum_0^\infty{}_m(-1)^m\left(\frac{1}{\varepsilon r^{-(2m+1)}+\varepsilon^{-1}r^{2m+1}}-\frac{1}{\varepsilon r^{2m+1}+\varepsilon^{-1}r^{-(2m+1)}}\right),$$

$$(203)\qquad F\alpha=\frac{2}{c}\frac{\pi}{\varpi}\sum_0^\infty{}_m\left(\frac{1}{\varepsilon r^{-2m-1}+\varepsilon^{-1}r^{2m+1}}+\frac{1}{\varepsilon r^{2m+1}+\varepsilon^{-1}r^{-2m-1}}\right)$$

En supposant maintenant $\alpha<\frac{\omega}{2}$, on aura

$$\frac{1}{\varepsilon r^{-2m-1}+\varepsilon^{-1}r^{2m+1}}=\frac{\varepsilon r^{-2m-1}}{1+\varepsilon^{2}r^{-4m-2}}=\varepsilon r^{-2m-1}-\varepsilon^{3}r^{-6m-3}+\varepsilon^{5}r^{-10m-5}-\ldots,$$

$$\frac{1}{\varepsilon r^{2m+1}+\varepsilon^{-1}r^{-2m-1}}=\frac{\varepsilon^{-1}r^{-2m-1}}{1+\varepsilon^{-2}r^{-4m-2}}=\varepsilon^{-1}r^{-2m-1}-\varepsilon^{-3}r^{-6m-3}+\varepsilon^{-5}r^{-10m-5}-\ldots,$$

donc

$$\begin{aligned}\varphi\alpha&=\frac{2}{ec}\frac{\pi}{\varpi}\sum_{0}^{\infty}{}_m(-1)^m\left[(\varepsilon-\varepsilon^{-1})r^{-2m-1}-(\varepsilon^{3}-\varepsilon^{-3})r^{-6m-3}+(\varepsilon^{5}-\varepsilon^{-5})r^{-10m-5}-\ldots\right)\\&=\frac{2}{ec}\frac{\pi}{\varpi}\left[(\varepsilon-\varepsilon^{-1})\sum_{0}^{\infty}{}_m(-1)^m r^{-2m-1}-(\varepsilon^{3}-\varepsilon^{-3})\sum_{0}^{\infty}{}_m(-1)^m r^{-6m-3}+\ldots\right].\end{aligned}$$

Or

$$\sum_{0}^{\infty}{}_m(-1)^m r^{-2m-1}=r^{-1}-r^{-3}+r^{-5}-\ldots=\frac{r^{-1}}{1+r^{-2}}=\frac{r}{r^{2}+1},$$

$$\sum_{0}^{\infty}{}_m(-1)^m r^{-6m-3}=r^{-3}-r^{-9}+r^{-15}-\ldots=\frac{r^{-3}}{1+r^{-6}}=\frac{r^{3}}{r^{6}+1},\ \text{etc.},$$

donc

(204) $$\varphi\alpha=\frac{2}{ec}\frac{\pi}{\varpi}\left(\frac{\varepsilon-\varepsilon^{-1}}{r+r^{-1}}-\frac{\varepsilon^{3}-\varepsilon^{-3}}{r^{3}+r^{-3}}+\frac{\varepsilon^{5}-\varepsilon^{-5}}{r^{5}+r^{-5}}-\ldots\right).$$

De la même manière on trouvera

(205) $$F\alpha=\frac{2}{c}\frac{\pi}{\varpi}\left(\frac{\varepsilon+\varepsilon^{-1}}{r-r^{-1}}-\frac{\varepsilon^{3}+\varepsilon^{-3}}{r^{3}-r^{-3}}+\frac{\varepsilon^{5}+\varepsilon^{-5}}{r^{5}-r^{-5}}-\ldots\right).$$

En mettant $\alpha\frac{\varpi}{2}i$ au lieu de α, et changeant ensuite e en c et c en e,

$$\omega,\ \varpi,\ \varphi\left(\alpha\frac{\varpi}{2}i\right),\ F\left(\alpha\frac{\varpi}{2}i\right),\ r,\quad \varepsilon^{m}+\varepsilon^{-m},\qquad \varepsilon^{m}-\varepsilon^{-m}$$

se changent en

$$\varpi,\ \omega,\ i\varphi\left(\alpha\frac{\varpi}{2}\right),\ f\left(\alpha\frac{\omega}{2}\right),\ \varrho,\ 2\cos\left(m\alpha\frac{\pi}{2}\right),\ 2i\sin\left(m\alpha\frac{\pi}{2}\right);$$

donc

(206) $$\varphi\left(\alpha\frac{\omega}{2}\right)=\frac{4}{ec}\frac{\pi}{\omega}\left\{\frac{\sin\left[\alpha\frac{\pi}{2}\right]}{\varrho+\frac{1}{\varrho}}-\frac{\sin\left[3\alpha\frac{\pi}{2}\right]}{\varrho^{3}+\frac{1}{\varrho^{3}}}+\frac{\sin\left[5\alpha\frac{\pi}{2}\right]}{\varrho^{5}+\frac{1}{\varrho^{5}}}-\ldots\right\},$$

(207) $$f\left(\alpha\frac{\omega}{2}\right)=\frac{4}{e}\frac{\pi}{\omega}\left\{\frac{\cos\left[\alpha\frac{\pi}{2}\right]}{\varrho-\frac{1}{\varrho}}-\frac{\cos\left[3\alpha\frac{\pi}{2}\right]}{\varrho^{3}-\frac{1}{\varrho^{3}}}+\frac{\cos\left[5\alpha\frac{\pi}{2}\right]}{\varrho^{5}-\frac{1}{\varrho^{5}}}-\ldots\right\}.$$

Ces quatre dernières formules offrent des expressions très simples des fonctions $\varphi\alpha$, $f\alpha$, $F\alpha$. Par différentiation ou intégration on peut en déduire une foule d'autres plus ou moins remarquables.

33.

Dans le cas où $e=c$, les formules précédentes prennent une forme plus simple, à cause de la relation $\omega=\varpi$, qui a lieu dans ce cas. Soit pour plus de simplicité $e=c=1$. On a

$$r=h^{\frac{\omega\pi}{2\varpi}}=h^{\frac{\pi}{2}},\quad \varrho=h^{\frac{\varpi\pi}{2\omega}}=h^{\frac{\pi}{2}},$$

donc, en substituant, et faisant dans (204), (205) $\alpha=\alpha\frac{\varpi}{2}$, il vient

$$\varphi\left(\alpha\frac{\omega}{2}\right)=2\frac{\pi}{\omega}\left\{\frac{h^{\frac{\alpha\pi}{2}}-h^{-\frac{\alpha\pi}{2}}}{h^{\frac{\pi}{2}}+h^{-\frac{\pi}{2}}}-\frac{h^{\frac{3\alpha\pi}{2}}-h^{-\frac{3\alpha\pi}{2}}}{h^{\frac{3\pi}{2}}+h^{-\frac{3\pi}{2}}}+\frac{h^{\frac{5\alpha\pi}{2}}-h^{-\frac{5\alpha\pi}{2}}}{h^{\frac{5\pi}{2}}+h^{-\frac{5\pi}{2}}}-\cdots\right\},$$

$$F\left(\alpha\frac{\omega}{2}\right)=2\frac{\pi}{\omega}\left\{\frac{h^{\frac{\alpha\pi}{2}}+h^{-\frac{\alpha\pi}{2}}}{h^{\frac{\pi}{2}}-h^{-\frac{\pi}{2}}}-\frac{h^{\frac{3\alpha\pi}{2}}+h^{-\frac{3\alpha\pi}{2}}}{h^{\frac{3\pi}{2}}-h^{-\frac{3\pi}{2}}}+\frac{h^{\frac{5\alpha\pi}{2}}+h^{-\frac{5\alpha\pi}{2}}}{h^{\frac{5\pi}{2}}-h^{-\frac{5\pi}{2}}}-\cdots\right\},$$

$$\varphi\left(\alpha\frac{\omega}{2}\right)=\frac{4\pi}{\omega}\left\{\sin\left(\alpha\frac{\pi}{2}\right)\frac{h^{\frac{\pi}{2}}}{1+h^{\pi}}-\sin\left(3\alpha\frac{\pi}{2}\right)\frac{h^{3\frac{\pi}{2}}}{1+h^{3\pi}}+\sin\left(5\alpha\frac{\pi}{2}\right)\frac{h^{5\frac{\pi}{2}}}{1+h^{5\pi}}-\cdots\right\}$$

$$f\left(\alpha\frac{\omega}{2}\right)=\frac{4\pi}{\omega}\left\{\cos\left(\alpha\frac{\pi}{2}\right)\frac{h^{\frac{\pi}{2}}}{h^{\pi}-1}-\cos\left(3\alpha\frac{\pi}{2}\right)\frac{h^{3\frac{\pi}{2}}}{h^{3\pi}-1}+\cos\left(5\alpha\frac{\pi}{2}\right)\frac{h^{5\frac{\pi}{2}}}{h^{5\pi}-1}-\cdots\right\}.$$

Les fonctions φ, f, F sont déterminées par les équations

$$\alpha\frac{\omega}{2}=\int_0^x\frac{dx}{\sqrt{1-x^4}};\quad \frac{\omega}{2}=\int_0^1\frac{dx}{\sqrt{1-x^4}};$$

$$x=\varphi\left(\alpha\frac{\omega}{2}\right);\quad \sqrt{1-x^2}=f\left(\alpha\frac{\omega}{2}\right);\quad \sqrt{1+x^2}=F\left(\alpha\frac{\omega}{2}\right).$$

Si dans les deux dernières formules on fait $\alpha=0$, et qu'on remarque qu'alors la valeur de $\dfrac{\varphi\left[\alpha\frac{\omega}{2}\right]}{\sin\left[\alpha\frac{\pi}{2}\right]}$ est égale à $\dfrac{\omega}{\pi}$, et celle de $\dfrac{\sin\left[m\alpha\frac{\pi}{2}\right]}{\sin\left[\alpha\frac{\pi}{2}\right]}$ égale à m, on trouvera

$$\frac{\omega}{2}=2\pi\left\{\frac{h^{\frac{\pi}{2}}}{h^{\pi}-1}-\frac{h^{\frac{3\pi}{2}}}{h^{3\pi}-1}+\frac{h^{\frac{5\pi}{2}}}{h^{5\pi}-1}-\cdots\right\}=\int_0^1\frac{dx}{\sqrt{1-x^4}},$$

$$\frac{\omega^2}{4}=\pi^2\left\{\frac{h^{\frac{\pi}{2}}}{h^{\pi}+1}-3\frac{h^{\frac{3\pi}{2}}}{h^{3\pi}+1}+5\frac{h^{\frac{5\pi}{2}}}{h^{5\pi}+1}-\cdots\right\}=\left(\int_0^1\frac{dx}{\sqrt{1-x^4}}\right)^2$$

§ VIII.

Expression algébrique de la fonction $\varphi\left(\frac{\omega}{n}\right)$ *dans le cas où* $e=c=1$.

Application à la lemniscate).*

34.

Dans le cinquième paragraphe nous avons traité l'équation $P_n=0$, d'où dépend la détermination des fonctions $\varphi\left(\frac{\omega}{n}\right)$ et $\varphi\left(\frac{\varpi i}{n}\right)$. Cette équation, prise dans toute sa généralité, ne paraît guère résoluble algébriquement pour des valeurs quelconques de e et c; mais néanmoins il y a des cas particuliers, où on peut la résoudre complètement, et par suite obtenir des expressions algébriques des quantités $\varphi\left(\frac{\omega}{n}\right)$ et $\varphi\left(\frac{\varpi i}{n}\right)$ en fonction de e et c. C'est ce qui arrive toujours, si $\varphi\left(\frac{\varpi i}{n}\right)$ peut être exprimé rationnellement par $\varphi\left(\frac{\omega}{n}\right)$ et des quantités connues, ce qui a lieu pour une infinité de valeurs de $\frac{c}{e}$. Dans tous ces cas l'équation $P_n=0$ peut être résolue par une seule et même méthode uniforme, qui est applicable à une infinité d'autres équations de tous les degrés. J'exposerai cette méthode dans un mémoire séparé, et je me contenterai pour le moment à considérer le cas le plus simple, et qui résulte de la supposition $e=c=1$ et $n=4\nu+1$. Dans ce cas on aura

(208)
$$\alpha=\int_0\frac{dx}{\sqrt{1-x^4}},\quad \text{où}\quad x=\varphi\alpha,$$
$$f\alpha=\sqrt{1-\varphi^2\alpha},\quad F\alpha=\sqrt{1+\varphi^2\alpha}.$$

De même

(209)
$$\varphi(\alpha i)=i\,.\,\varphi\alpha,$$

ce qui se fait voir, en mettant xi au lieu de x. Cette formule donne ensuite

---

*) La première partie de ce mémoire contenant les sept premiers paragraphes a paru dans le deuxième tome du Journal für die reine und angewandte Mathematik, la seconde partie se trouve dans le troisième tome.

Note des éditeurs.

(210) $$f(\alpha i) = F\alpha;\quad F(\alpha i) = f\alpha.$$

Les deux quantités e et c étant égales entre elles, il est clair qu'il en sera de même des deux quantités que nous avons désignées par ω et ϖ. En effet on aura

(211) $$\frac{\omega}{2} = \frac{\varpi}{2} = \int_0^1 \frac{dx}{\sqrt{1-x^4}}.$$

35.

En posant dans les formules (10) βi au lieu de β, on en tirera, en ayant égard aux équations (209) et (210),

(212) $$\begin{cases} \varphi(\alpha+\beta i) = \dfrac{\varphi\alpha . f\beta . F\beta + i . \varphi\beta . f\alpha . F\alpha}{1-\varphi^2\alpha . \varphi^2\beta}, \\ f(\alpha+\beta i) = \dfrac{f\alpha . F\beta - i . \varphi\alpha . \varphi\beta . F\alpha . f\beta}{1-\varphi^2\alpha . \varphi^2\beta}, \\ F(\alpha+\beta i) = \dfrac{F\alpha . f\beta + i . \varphi\alpha . \varphi\beta . f\alpha . F\beta}{1-\varphi^2\alpha . \varphi^2\beta}. \end{cases}$$

Donc, pour trouver les fonctions φ, f, F pour une valeur imaginaire quelconque de la variable, il suffira d'en connaître les valeurs pour des valeurs réelles.

En supposant $\alpha = m\delta$, $\beta = \mu\delta$, on voit que $\varphi(m+\mu i)\delta$, $f(m+\mu i)\delta$, $F(m+\mu i)\delta$ pourront être exprimés rationnellement par les six fonctions suivantes:

$$\varphi(m\delta),\quad \varphi(\mu\delta),\quad f(m\delta),$$
$$f(\mu\delta),\quad F(m\delta),\quad F(\mu\delta),$$

et par suite aussi par des fonctions rationnelles des trois fonctions $\varphi\delta$, $f\delta$, $F\delta$, si m et μ sont des nombres entiers. En suivant ce développement, on voit également, et sans peine, que dans le cas où $m+\mu$ est un nombre impair, on aura

$$\varphi(m+\mu i)\delta = \varphi\delta . T,$$

où T est une fonction rationnelle de $(\varphi\delta)^2$, $(f\delta)^2$, $(F\delta)^2$, c'est-à-dire de $(\varphi\delta)^2$. Donc en faisant $\varphi\delta = x$, on aura

$$\varphi(m+\mu i)\delta = x . \psi(x^2).$$

En changeant δ en δi, $\varphi\delta$ se changera en $\varphi(\delta i) = i.\varphi\delta = ix$, et la fonction $\varphi(m+\mu i)\delta$ en $i\varphi(m+\mu i)\delta$, donc

$$\varphi(m+\mu i)\delta = x.\psi(-x^2);$$

par conséquent on doit avoir $\psi(-x^2)=\psi(x^2)$, ce qui fait voir que la fonction $\psi(x^2)$ ne contient que des puissances de la forme x^{4n}. Donc on aura

(213) $$\varphi(m+\mu i)\delta = x.T,$$

où T est une fonction rationnelle de x^4.

Cherchons par exemple l'expression de $\varphi(2+i)\delta$ en x. On a d'après les formules (212), en faisant $\alpha=2\delta$ et $\beta=\delta$,

$$\varphi(2+i)\delta = \frac{\varphi(2\delta).f\delta.F\delta + i\varphi\delta.f(2\delta).F(2\delta)}{1-(\varphi 2\delta)^2.\varphi^2\delta}.$$

Or les formules (10) donnent

$$\varphi(2\delta) = \frac{2\varphi\delta.f\delta.F\delta}{1+(\varphi\delta)^4};\quad f(2\delta) = \frac{(f\delta)^2-(\varphi\delta)^2.(F\delta)^2}{1+(\varphi\delta)^4};\quad F(2\delta) = \frac{(F\delta)^2+(\varphi\delta)^2.(f\delta)^2}{1+(\varphi\delta)^4};$$

c'est-à-dire, en remarquant que $\varphi\delta = x$, $f\delta=\sqrt{1-x^2}$ et $F\delta=\sqrt{1+x^2}$,

$$\varphi(2\delta) = \frac{2x\sqrt{1-x^4}}{1+x^4};\quad f(2\delta) = \frac{1-2x^2-x^4}{1+x^4};\quad F(2\delta) = \frac{1+2x^2-x^4}{1+x^4}.$$

En substituant ces valeurs et en réduisant, il viendra

(215) $$\varphi(2+i)\delta = x\,\frac{2-2x^8+i(1-6x^4+x^8)}{1-2x^4+5x^8} = xi.\frac{1-2i-x^4}{1-(1-2i)x^4}.$$

Expression algébrique de $\varphi\left(\frac{\omega}{4\nu+1}\right)$.

36.

On peut, comme on sait, décomposer le nombre $4\nu+1$ en deux carrés. Donc on peut supposer

$$\alpha^2+\beta^2 = 4\nu+1 = (\alpha+\beta i)(\alpha-\beta i).$$

Nous chercherons d'abord la valeur de $\varphi\left(\frac{\omega}{\alpha+\beta i}\right)$; car celle-ci étant trouvée, on en tirera facilement la valeur de $\varphi\left(\frac{\omega}{4\nu+1}\right)$.

La somme des deux-carrés α^2 et β^2 étant impaire, l'un des nombres α et β sera pair et l'autre impair. Donc la somme $\alpha+\beta$ est impaire. Donc en vertu de la formule (213), on aura

(216) $$\varphi(\alpha+\beta i)\delta = x\frac{T}{S},$$

où T et S sont des fonctions entières de $x^4=(\varphi\delta)^4$. En supposant $\delta = \frac{\omega}{\alpha+\beta i}$, le premier membre de l'équation (216) se réduit à zéro, et par conséquent $x=\varphi\left(\frac{\omega}{\alpha+\beta i}\right)$ sera une racine de l'équation

(217) $$T=0.$$

Donc on aura la valeur de $\varphi\left(\frac{\omega}{\alpha+\beta i}\right)$ au moyen de la résolution de cette équation.

D'abord on peut trouver toutes les racines de l'équation $T=0$ à l'aide de la fonction φ de la manière suivante. Si $T=0$, on doit avoir

$$\varphi(\alpha+\beta i)\delta=0,$$

d'où l'on tire, en vertu de (27),

$$(\alpha+\beta i)\delta = m\omega+\mu\varpi i=(m+\mu i)\omega,$$

et de là

$$\delta = \frac{m+\mu i}{\alpha+\beta i}\omega$$

et

(218) $$x=\varphi\left(\frac{m+\mu i}{\alpha+\beta i}\omega\right).$$

Dans cette expression sont conséquemment contenues toutes les racines de l'équation $T=0$. On les trouvera en donnant à m et μ toutes les valeurs entières depuis $-\infty$ jusqu'à $+\infty$.

Or je dis que les valeurs de x qui sont différentes entre elles peuvent être représentées par la formule

(218′) $$x=\varphi\left(\frac{\varrho\omega}{\alpha+\beta i}\right),$$

où ϱ a toutes les valeurs entières depuis $-\frac{\alpha^2+\beta^2-1}{2}$ jusqu'à $+\frac{\alpha^2+\beta^2-1}{2}$.

Pour le démontrer, soient λ et λ' deux nombres entiers qui satisfont à l'équation indéterminée

$$\alpha.\lambda'-\beta.\lambda=1;$$

soit de plus t un nombre entier indéterminé, et faisons

$$k = \mu\lambda + t\alpha, \quad k' = -\mu\lambda' - t\beta;$$

on en déduira sans peine

$$\mu + \beta k + \alpha k' = 0,$$

et si l'on fait

$$\varrho = m + \alpha k - \beta k',$$

on vérifiera aisément l'équation

$$\frac{m + \mu i}{\alpha + \beta i} = \frac{\varrho}{\alpha + \beta i} - k - k'i.$$

De là on tire

$$\varphi\left(\frac{m + \mu i}{\alpha + \beta i}\omega\right) = \varphi\left(\frac{\varrho\omega}{\alpha + \beta i} - k\omega - k'\omega i\right)$$

or d'après la relation (22) le second membre se réduit à

$$(-1)^{-k-k'}\varphi\left(\frac{\varrho\omega}{\alpha + \beta i}\right);$$

donc

$$\varphi\left(\frac{m + \mu i}{\alpha + \beta i}\omega\right) = (-1)^{-k-k'}\varphi\left(\frac{\varrho\omega}{\alpha + \beta i}\right) = \varphi\left(\frac{\pm\varrho\omega}{\alpha + \beta i}\right).$$

Maintenant l'expression de ϱ deviendra, en y substituant les valeurs de k et k',

$$\varrho = m + \mu(\lambda\alpha + \lambda'\beta) + t(\alpha^2 + \beta^2),$$

d'où l'on voit qu'on peut prendre t tel que la valeur de ϱ, positive ou négative, soit inférieure à $\frac{\alpha^2 + \beta^2}{2}$. Donc etc.

Toutes les racines de l'équation $T = 0$ seront représentées par la formule (218'); or toutes ces racines sont différentes entre elles. En effet si l'on avait par exemple

$$\varphi\left(\frac{\varrho\omega}{\alpha + \beta i}\right) = \varphi\left(\frac{\varrho'\omega}{\alpha + \beta i}\right),$$

on aurait d'après la formule (31), (en remarquant que $\varpi = \omega$)

$$\frac{\varrho\omega}{\alpha + \beta i} = (-1)^{m+n}\frac{\varrho'\omega}{\alpha + \beta i} + (m + ni)\omega,$$

d'où l'on tire

$$\alpha n + \beta m = 0; \quad \varrho = (-1)^{m+n}\varrho' + \alpha m - \beta n.$$

La première de ces équations donne $n=-\beta t$; $m=\alpha t$, où t est un entier indéterminé. En vertu de ces relations, l'expression de ϱ deviendrait

$$\varrho=(-1)^{m+n}\varrho'+(\alpha^2+\beta^2)t,$$

d'où l'on tire

$$\frac{\varrho\pm\varrho'}{\alpha^2+\beta^2}=t,$$

ce qui est impossible, car on remarquera que ϱ, ϱ' sont tous deux inférieurs à $\frac{\alpha^2+\beta^2}{2}$. Donc les racines différentes entre elles de l'équation $T=0$ sont au nombre de $\frac{\alpha^2+\beta^2-1}{2}$. Il faut voir encore, si l'équation en question a des racines égales. En différentiant l'équation (216) on en tirera, en remarquant que $d\varphi\alpha=d\alpha.f\alpha.F\alpha$,

$$(\alpha+\beta i).f(\alpha+\beta i)\delta.F(\alpha+\beta i)\delta.S+\left(\frac{dS}{d\delta}\right)\varphi(\alpha+\beta i)\delta$$
$$=x\frac{dT}{dx}\cdot f\delta.F\delta+T.f\delta.F\delta.$$

Si maintenant T a des facteurs égaux, il faut que T et $\frac{dT}{dx}$ soient égaux à zéro en même temps; donc l'équation précédente donnera

$$S.f(\alpha+\beta i)\delta.F(\alpha+\beta i)\delta=0;$$

or on a $\varphi(\alpha+\beta i)\delta=0$, donc $f(\alpha+\beta i)\delta=\pm 1=F(\alpha+\beta i)\delta$, et par conséquent

$$S=0,$$

ce qui est impossible, car nous supposons, ce qui est permis, que T et S n'aient point de facteurs communs. Par là on voit que l'équation

$$T=0$$

est du degré $\alpha^2+\beta^2-1$ par rapport à x, et aura pour racines les quantités:

$$\pm\varphi\left(\frac{\omega}{\alpha+\beta i}\right),\ \pm\varphi\left(\frac{2\omega}{\alpha+\beta i}\right),\ \ldots\ \pm\varphi\left(\frac{\alpha^2+\beta^2-1}{2}\cdot\frac{\omega}{\alpha+\beta i}\right).$$

En faisant $x^2=r$, on aura une équation

(219) $$R=0$$

du degré $\frac{\alpha^2+\beta^2-1}{2}=2\nu$, dont les racines seront

(220) $$\varphi^2(\delta),\ \varphi^2(2\delta),\ \varphi^2(3\delta)\ldots\varphi^2(2\nu\delta),$$

où pour abréger on a supposé $\delta=\frac{\omega}{\alpha+\beta i}$

Cela posé, on peut aisément résoudre l'équation $R=0$, à l'aide de la méthode de M. *Gauss.*

Soit ε une racine primitive de $\alpha^2+\beta^2$, je dis qu'on peut exprimer les racines comme il suit:

(221) $$\varphi^2(\delta),\ \varphi^2(\varepsilon\delta),\ \varphi^2(\varepsilon^2\delta),\ \varphi^2(\varepsilon^3\delta)\ldots\varphi^2(\varepsilon^{2\nu-1}\delta).$$

En effet, en faisant

(222) $$\varepsilon^m=\pm a_m+t(\alpha^2+\beta^2),$$

où a_m est moindre que $\frac{\alpha^2+\beta^2}{2}$, on aura

$$\varphi(\varepsilon^m\delta)=\varphi\left(\pm a_m\delta+\frac{t(\alpha^2+\beta^2)}{\alpha+\beta i}\omega\right)=\varphi[\pm a_m\delta+t(\alpha-\beta i)\omega],$$

ou, en vertu de la formule (22),

$$\varphi(\varepsilon^m\delta)=\pm\varphi(a_m\delta),$$

et par suite

$$\varphi^2(\varepsilon^m\delta)=\varphi^2(a_m\delta).$$

Je dis maintenant que tous les nombres $1,\ a_1,\ a_2,\ a_3,\ldots a_{2\nu-1}$ sont inégaux entre eux. En effet soit par exemple $a_m=a_n$, on aura

(223) $$\varepsilon^n=\pm a_m+t'(\alpha^2+\beta^2).$$

Des deux équations (222) et (223) on tire, en éliminant a_m,

$$\frac{\varepsilon^m\pm\varepsilon^n}{\alpha^2+\beta^2}=\text{un nombre entier.}$$

Donc en multipliant par $\varepsilon^m\mp\varepsilon^n$, on trouve que $\frac{\varepsilon^{2m}-\varepsilon^{2n}}{\alpha^2+\beta^2}$ est entier, et par suite $\frac{\varepsilon^{2m-2n}-1}{\alpha^2+\beta^2}$, ce qui est impossible, car ε est une racine primitive de $\alpha^2+\beta^2$, et $2m-2n$ est moindre que $\alpha^2+\beta^2-1$. Donc les 2ν nombres 1, a, etc. sont différens entre eux, et par conséquent, pris dans un ordre différent, ils sont les mêmes que les suivans:

$$1,\ 2,\ 3,\ 4\ldots 2\nu-1.$$

On voit par la formule $\varphi^2(\varepsilon^m\delta)=\varphi^2(a_m\delta)$, que les quantités (220) et (221) coïncident, mais dans un ordre différent.

Maintenant on pourra résoudre l'équation $R=0$ exactement de la même manière que l'équation (106). On trouvera (116)

$$(224)\quad \varphi^2(\varepsilon^m\delta)=\frac{1}{2\nu}\left(+A+\theta^{-m}.v^{\frac{1}{2\nu}}+s_2\theta^{-2m}.v^{\frac{2}{2\nu}}+\cdots\right.$$
$$\left.+s_{2\nu-1}\theta^{-(2\nu-1)m}.v^{\frac{2\nu-1}{2\nu}}\right),$$

où θ est une racine imaginaire de l'équation $\theta^{2\nu}-1=0$, et $v, s_2, s_3, \ldots s_{2\nu-1}$, A seront déterminés par les expressions

$$v=[\varphi^2(\delta)+\theta.\varphi^2(\varepsilon\delta)+\theta^2.\varphi^2(\varepsilon^2\delta)+\cdots+\theta^{2\nu-1}.\varphi^2(\varepsilon^{2\nu-1}\delta)]^{2\nu},$$
$$s_k=\frac{\varphi^2(\delta)+\theta^k.\varphi^2(\varepsilon\delta)+\theta^{2k}.\varphi^2(\varepsilon^2\delta)+\cdots+\theta^{(2\nu-1)k}.\varphi^2(\varepsilon^{2\nu-1}\delta)}{[\varphi^2(\delta)+\theta.\varphi^2(\varepsilon\delta)+\theta^2\varphi^2(\varepsilon^2\delta)+\cdots+\theta^{2\nu-1}.\varphi^2(\varepsilon^{2\nu-1}\delta)]^k}.$$
$$A=\varphi^2(\delta)+\varphi^2(\varepsilon\delta)+\varphi^2(\varepsilon^2\delta)+\cdots+\varphi^2(\varepsilon^{2\nu-1}\delta),$$

qui, par le procédé p. 312, 313, 314, peuvent être exprimées *rationnellement* par les coefficiens de l'équation $R=0$, qui seront de la forme $A+Bi$, où A et B sont des nombres rationnels. Donc la formule (224) donne l'expression algébrique de toutes les racines de l'équation $R=0$, et par conséquent les valeurs des fonctions

$$\varphi\left(\frac{\omega}{\alpha+\beta i}\right),\ \varphi\left(\frac{2\omega}{\alpha+\beta i}\right),\ \cdots\ \varphi\left(\frac{(2\nu-1)\omega}{\alpha+\beta i}\right),\ \varphi\left(\frac{2\nu\omega}{\alpha+\beta i}\right).$$

37.

Ayant trouvé par ce qui précède la valeur de $\varphi\left(\frac{m\omega}{\alpha+\beta i}\right)$, on en tirera celle de la fonction

$$\varphi\left(\frac{\omega}{\alpha^2+\beta^2}\right)=\varphi\left(\frac{\omega}{4\nu+1}\right),$$

comme il suit. La valeur de $\varphi\left(\frac{m\omega}{\alpha+\beta i}\right)$ donnera celle de $\varphi\left(\frac{m\omega}{\alpha-\beta i}\right)$ en changeant seulement i en $-i$. De là on tire la valeur de $\varphi\left(\frac{m\omega}{\alpha+\beta i}+\frac{m\omega}{\alpha-\beta i}\right)$ par la formule (10), savoir

$$(226)\quad \varphi\left(\frac{m\omega}{\alpha+\beta i}+\frac{m\omega}{\alpha-\beta i}\right)$$
$$=\frac{\varphi\left(\frac{m\omega}{\alpha+\beta i}\right)\sqrt{1-\varphi^4\left(\frac{m\omega}{\alpha-\beta i}\right)}+\varphi\left(\frac{m\omega}{\alpha-\beta i}\right)\cdot\sqrt{1-\varphi^4\left(\frac{m\omega}{\alpha+\beta i}\right)}}{1+\varphi^2\left(\frac{m\omega}{\alpha+\beta i}\right)\cdot\varphi^2\left(\frac{m\omega}{\alpha-\beta i}\right)};$$

or

$$\frac{m\omega}{\alpha+\beta i}+\frac{m\omega}{\alpha-\beta i}=\frac{2m\alpha\omega}{\alpha^2+\beta^2}=\frac{2m\alpha\omega}{4\nu+1},$$

donc on aura la valeur de la fonction

$$\varphi\left(\frac{2m\alpha\omega}{4\nu+1}\right).$$

Maintenant pour avoir la valeur de $\varphi\left(\frac{n\omega}{4\nu+1}\right)$, où n a une valeur déterminée quelconque, il suffit de déterminer m et t de la manière que

$$n=2m\alpha-(4\nu+1)t,$$

ce qui est toujours possible, en remarquant que les deux nombres 2α et $4\nu+1$ sont premiers entre eux; car alors on obtiendra

$$\varphi\left(\frac{2m\alpha\omega}{4\nu+1}\right)=\varphi\left(\frac{n\omega}{4\nu+1}+t\omega\right)=(-1)^t\varphi\left(\frac{n\omega}{4\nu+1}\right).$$

En posant par exemple $n=1$, on aura la valeur de $\varphi\left(\frac{\omega}{4\nu+1}\right)$.

38.

Le cas, où $4\nu+1$ a la forme $1+2^n$, est le plus remarquable; car alors l'expression de $\varphi\left(\frac{\omega}{4\nu+1}\right)$ ne contient que des racines carrées. En effet, on a dans ce cas $2\nu=2^{n-1}$, et par suite la formule (224) fait voir qu'on peut déduire $\varphi(\varepsilon^m\delta)$ de θ et v, en extrayant seulement des racines carrées. Or v est une fonction rationnelle de θ et de $\sqrt{-1}$, et θ est déterminée par l'équation $\theta^{2^{n-1}}=1$, d'où l'on tire θ par des racines carrées; donc on trouve aussi v et la fonction

$$\varphi(\varepsilon^m\delta)=\varphi\left(\frac{\alpha_m\omega}{\alpha+\beta i}\right).$$

Connaissant de cette manière $\varphi\left(\frac{m\omega}{\alpha+\beta i}\right)$, on aura de même $\varphi\left(\frac{m\omega}{\alpha-\beta i}\right)$ et de là, par la formule (226) la valeur de $\varphi\left(\frac{n\omega}{\alpha^2+\beta^2}\right)=\varphi\left(\frac{n\omega}{4\nu+1}\right)$, en extrayant des racines carrées.

39.

Un autre cas, où la valeur de $\varphi\left(\frac{m\omega}{n}\right)$ peut être déterminée par des racines carrées est celui où n est une puissance de 2, comme nous l'avons vu n° 13. Donc on connaît la fonction $\varphi\left(\frac{m\omega}{2^n}\right)$, et l'on connaît de même la fonction $\varphi\left(\frac{m\omega}{1+2^n}\right)$ si $1+2^n$ est un nombre premier.

Soient maintenant $1+2^n$, $1+2^{n_1}$, $1+2^{n_2}$, ... $1+2^{n_\mu}$ plusieurs nombres premiers, on connaît les fonctions

$$\varphi\left(\frac{m\omega}{2^n}\right),\quad \varphi\left(\frac{m_1\omega}{1+2^{n_1}}\right),\quad \varphi\left(\frac{m_2\omega}{1+2^{n_2}}\right),\ \ldots\ \varphi\left(\frac{m_\mu\omega}{1+2^{n_\mu}}\right),$$

et par suite la fonction

$$\varphi\left(\frac{m}{2^n}+\frac{m_1}{1+2^{n_1}}+\frac{m_2}{1+2^{n_2}}+\cdots+\frac{m_\mu}{1+2^{n_\mu}}\right)\omega$$
$$=\varphi\left(\frac{m'\omega}{2^n(1+2^{n_1})(1+2^{n_2})\cdots(1+2^{n_\mu})}\right),$$

où m' est un nombre entier, qui, à cause des indéterminées $m, m_1, m_2, \ldots m_\mu$ peut avoir une valeur quelconque. On peut donc établir le théorème suivant: "La valeur de la fonction $\varphi\left(\frac{m\omega}{n}\right)$ peut être exprimée par *des racines* "*carrées* toutes les fois que n est un nombre de la forme 2^n ou un nombre "premier de la forme $1+2^n$, ou même un produit de plusieurs nombres de "ces deux formes."

40.

En appliquant ce qui précède à la lemniscate, on parviendra au théorème énoncé n° 22.

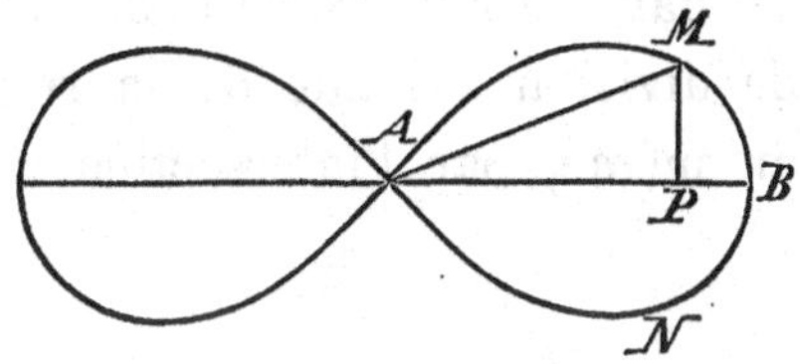

Soit l'arc $AM=\alpha$, la corde $AM=x$ et l'angle $MAP=\theta$, on aura

$$d\alpha=\frac{dx}{\sqrt{1-x^4}}.$$

En effet, l'équation polaire de la lemniscate est

$$x=\sqrt{\cos 2\theta},$$

d'où

$$d\theta=-\frac{dx\,.\sqrt{\cos 2\theta}}{\sin 2\theta}$$

et

$$d\alpha^2=dx^2+x^2\,d\theta^2,$$

donc

$$d\alpha^2=dx^2\left(1+\frac{x^2\cos 2\theta}{(\sin 2\theta)^2}\right);$$

mais de l'équation $x=\sqrt{\cos 2\theta}$ on tire $\cos 2\theta=x^2$, $\cos^2 2\theta=x^4$, $1-\cos^2 2\theta=1-x^4=(\sin 2\theta)^2$, donc

$$d\alpha^2=dx^2\left(1+\frac{x^4}{1-x^4}\right)=\frac{dx^2}{1-x^4},$$

et par suite

$$d\alpha=\frac{dx}{\sqrt{1-x^4}}$$

et

$$x=\varphi\alpha.$$

Si l'on suppose $x=1$, on aura $\alpha=AMB=\frac{\omega}{2}\cdot$ Donc la circonférence $AMBN=\omega$. Supposons maintenant qu'il s'agisse de diviser cette circonférence en n parties égales, et soit l'arc $AM=\frac{m}{n}\cdot AMBN=\frac{m}{n}\omega$, on aura

$$AM=\varphi\left(\frac{m\omega}{n}\right).$$

Donc on aura la corde, et par suite le $m^{\text{ième}}$ point de division, si l'on connaît la fonction $\varphi\left(\frac{m\omega}{n}\right)$; or c'est ce qui a toujours lieu lorsque n est décomposable en nombres premiers de la forme 2 et $1+2^n$, comme nous l'avons vu dans le numéro précédent. Donc dans ce cas on peut construire les points de division à l'aide de la règle et du compas seulement, ou ce qui revient au même, par l'intersection de lignes droites et de cercles.

§ IX.

Usage des fonctions φ, f, F dans la transformation des fonctions elliptiques.

41.

M. *Legendre* a fait voir dans ses Exercices de calc. int., comment l'intégrale $\int \frac{d\varphi}{\sqrt{1-c^2\sin^2\varphi}}$, qui, en faisant $\sin\varphi = x$, se change en $\int \frac{dx}{\sqrt{(1-x^2)(1-c^2x^2)}}$, peut être transformée en d'autres intégrales de la même forme, avec un module différent. Je suis parvenu à généraliser cette théorie par le théorème suivant:

Si l'on désigne par α la quantité $\frac{(m+\mu)\omega+(m-\mu)\varpi i}{2n+1}$, où l'un au moins des deux nombres entiers m et μ est premier avec $2n+1$, on aura

(227)
$$\begin{cases} \int \frac{dy}{\sqrt{(1-c_1^2y^2)(1+e_1^2y^2)}} = \pm a \int \frac{dx}{\sqrt{(1-c^2x^2)(1+e^2x^2)}}, \\ \text{où} \\ y = f.x.\frac{(\varphi^2\alpha - x^2)(\varphi^2 2\alpha - x^2)\cdots(\varphi^2 n\alpha - x^2)}{(1+e^2c^2\varphi^2\alpha . x^2)(1+e^2c^2\varphi^2 2\alpha . x^2)\cdots(1+e^2c^2\varphi^2 n\alpha . x^2)}, \\ \frac{1}{c_1} = \frac{f}{c}\left[\varphi\left(\frac{\omega}{2}+\alpha\right).\varphi\left(\frac{\omega}{2}+2\alpha\right)\ldots\varphi\left(\frac{\omega}{2}+n\alpha\right)\right]^2, \\ \frac{1}{e_1} = \frac{f}{e}\left[\varphi\left(\frac{\varpi i}{2}+\alpha\right).\varphi\left(\frac{\varpi i}{2}+2\alpha\right)\ldots\varphi\left(\frac{\varpi i}{2}+n\alpha\right)\right]^2, \\ a = f.(\varphi\alpha.\varphi 2\alpha.\varphi 3\alpha\ldots\varphi n\alpha)^2, \end{cases}$$

f étant une indéterminée, de sorte qu'il n'existe qu'une seule relation entre les quantités c_1, e_1, c, e. Les quantités e^2 et c^2 pourront être positives ou négatives.

Par ce théorème on peut trouver une infinité de transformations différentes entre elles et de celles de M. *Legendre*.

42.

Soient m et μ deux nombres entiers, et faisons pour abréger

(228) $$\alpha = \frac{(m+\mu)\,\omega+(m-\mu)\varpi i}{2n+1},$$

où l'on suppose que l'un des deux nombres m, μ soit premier avec $2n+1$.

En désignant par θ une quantité quelconque, il viendra, en vertu de la formule (22)

$$\varphi[\theta+(2n+1)\alpha]=\varphi\theta. \tag{229}$$

En mettant $\theta-n\alpha$ au lieu de θ, on obtiendra

$$\varphi[\theta+(n+1)\alpha]=\varphi(\theta-n\alpha). \tag{230}$$

Cela posé, considérons l'expression suivante

$$\varphi_1\theta=\varphi\theta+\varphi(\theta+\alpha)+\cdots+\varphi(\theta+n\alpha)+\cdots+\varphi(\theta+2n\alpha). \tag{231}$$

En mettant $\theta+\alpha$ au lieu de θ, il viendra à cause de l'équation (229)

$$\varphi_1(\theta+\alpha)=\varphi_1\theta, \tag{232}$$

donc si m désigne un nombre entier quelconque,

$$\varphi_1(\theta+m\alpha)=\varphi_1\theta. \tag{233}$$

En vertu de l'équation (230) on peut écrire l'expression de $\varphi_1\theta$, comme il suit:

$$\begin{aligned}\varphi_1\theta=\varphi\theta+\varphi(\theta+\alpha)+\varphi(\theta-\alpha)+\varphi(\theta+2\alpha)+\varphi(\theta-2\alpha)+\cdots\\ +\varphi(\theta+n\alpha)+\varphi(\theta-n\alpha),\end{aligned} \tag{234}$$

ou, en vertu de la formule

$$\varphi(\theta+\nu\alpha)+\varphi(\theta-\nu\alpha)=\frac{2\varphi\theta.f(\nu\alpha)F(\nu\alpha)}{1+e^2c^2(\varphi\theta)^2(\varphi\nu\alpha)^2}:$$

$$\begin{aligned}\varphi_1\theta=\varphi\theta\\ +\frac{2\varphi\theta.f\alpha.F\alpha}{1+e^2c^2\varphi^2\alpha.\varphi^2\theta}+\frac{2\varphi\theta.f2\alpha.F2\alpha}{1+e^2c^2\varphi^2 2\alpha.\varphi^2\theta}+\cdots+\frac{2\varphi\theta.fn\alpha.Fn\alpha}{1+e^2c^2\varphi^2 n\alpha.\varphi^2\theta}.\end{aligned} \tag{235}$$

En faisant $\varphi\theta=x$, $\varphi_1\theta$ devient une fonction rationnelle de x. En la désignant par ψx, on aura

$$\psi x=x.\left(1+\frac{2f\alpha.F\alpha}{1+e^2c^2\varphi^2\alpha.x^2}+\cdots+\frac{2fn\alpha.Fn\alpha}{1+e^2c^2\varphi^2n\alpha.x^2}\right). \tag{236}$$

43.

Maintenant soit ε une quantité quelconque, je dis qu'on aura

$$(237)\quad 1-\frac{\psi x}{\varphi_1 \varepsilon}=\frac{\left(1-\frac{x}{\varphi \varepsilon}\right)\left(1-\frac{x}{\varphi(\varepsilon+\alpha)}\right)\left(1-\frac{x}{\varphi(\varepsilon+2\alpha)}\right)\cdots\left(1-\frac{x}{\varphi(\varepsilon+2n\alpha)}\right)}{(1+e^2c^2\varphi^2\alpha.x^2)(1+e^2c^2\varphi^2 2\alpha.x^2)\cdots(1+e^2c^2\varphi^2 n\alpha.x^2)}.$$

En effet il est clair que la fonction

$$(238)\qquad R=\left(1-\frac{\psi x}{\varphi_1 \varepsilon}\right)(1+e^2c^2\varphi^2\alpha.x^2)\ldots(1+e^2c^2\varphi^2 n\alpha.x^2)$$

sera entière et du degré $2n+1$; mais, en faisant $x=\varphi\varepsilon$, ψx deviendra $=\varphi_1\varepsilon$, et par suite R se réduira à zéro pour cette valeur de x. De même en faisant $x=\varphi(\varepsilon+m\alpha)$, où m est entier, on aura $\psi x=\varphi_1(\varepsilon+m\alpha)$, ou, en vertu de l'équation (233), $\psi x=\varphi_1\varepsilon$. Donc $1-\frac{\psi x}{\varphi_1\varepsilon}=0$, et par conséquent $x=\varphi(\varepsilon+m\alpha)$ sera une racine de l'équation $R=0$, quel que soit le nombre entier m. Or généralement toutes les quantités

$$(239)\qquad \varphi\varepsilon,\ \varphi(\varepsilon+\alpha),\ \varphi(\varepsilon+2\alpha),\ \ldots\ \varphi(\varepsilon+2n\alpha)$$

sont différentes entre elles. En effet si l'on avait

$$\varphi(\varepsilon+m'\alpha)=\varphi(\varepsilon+\mu'\alpha),$$

il s'ensuivrait en vertu de la formule (31)

$$\varepsilon+m'\alpha=(-1)^{k+k'}(\varepsilon+\mu'\alpha)+k\omega+k'\varpi i,$$

d'où

$$k+k'=2k'',$$
$$k=k''+l,\ k'=k''-l,$$
$$(m'-\mu')\alpha=(k''+l)\omega+(k''-l)\varpi i.$$

De là, en substituant la valeur de $\alpha=\frac{(m+\mu)\omega+(m-\mu)\varpi i}{2n+1}$, on tire

$$(m'-\mu')(m+\mu)=(2n+1)(k''+l),$$
$$(m'-\mu')(m-\mu)=(2n+1)(k''-l)$$

et

$$m'-\mu'=(2n+1)\frac{k''}{m}=(2n+1)\frac{l}{\mu},$$

équation contradictoire, parce que nous avons supposé que l'un des deux nombres m et μ soit premier avec $2n+1$, et que $m'-\mu'$ est toujours moindre que $2n+1$. Maintenant les $2n+1$ quantités (239) étant différentes entre elles, elles sont précisément les $2n+1$ racines de l'équation $R=0$. Donc on a

(240) $$R = A\left(1 - \frac{x}{\varphi\varepsilon}\right)\left(1 - \frac{x}{\varphi(\varepsilon+\alpha)}\right) \cdots \left(1 - \frac{x}{\varphi(\varepsilon+2n\alpha)}\right),$$

où A est un coefficient constant, qu'on trouvera en attribuant à x une valeur particulière; par exemple en faisant $x=0$, on a $R=A$; or l'équation (238) donne pour $x=0$: $R=1$; donc $A=1$, et par conséquent l'équation (237) a lieu.

En multipliant cette équation par $\varphi\varepsilon$ et faisant ensuite $\varepsilon=0$, il viendra

(241) $$\psi(x) = g x \frac{\left(1-\frac{x}{\varphi\alpha}\right)\left(1-\frac{x}{\varphi 2\alpha}\right)\cdots\left(1-\frac{x}{\varphi 2n\alpha}\right)}{(1+e^2c^2\varphi^2\alpha.x^2)\cdots(1+e^2c^2\varphi^2 n\alpha.x^2)},$$

où g est la valeur de $\frac{\varphi_1\varepsilon}{\varphi\varepsilon}$ pour $\varepsilon=0$. En faisant, dans la formule (235), $\theta=0$, après avoir divisé par $\varphi\theta$, on trouve l'expression suivante de cette constante

(242) $$g = 1 + 2f\alpha.F\alpha + 2f2\alpha.F2\alpha + \cdots + 2fn\alpha.Fn\alpha.$$

En faisant dans la formule (230) $\theta = n\alpha - (m'+1)\alpha$, on trouve

$$\varphi(2n\alpha - m'\alpha) = \varphi[-(m'+1)\alpha] = -\varphi(m'+1)\alpha.$$

Donc on peut écrire l'expression de ψx comme il suit:

(243) $$\psi x = g x \frac{\left(1-\frac{x^2}{\varphi^2\alpha}\right)\left(1-\frac{x^2}{\varphi^2 2\alpha}\right)\cdots\left(1-\frac{x^2}{\varphi^2 n\alpha}\right)}{(1+e^2c^2\varphi^2\alpha.x^2)(1+e^2c^2\varphi^2 2\alpha.x^2)\cdots(1+e^2c^2\varphi^2 n\alpha.x^2)}.$$

44.

Maintenant faisons dans l'expression de $1-\frac{\psi x}{\varphi_1\varepsilon}$, $\varepsilon=\frac{\omega}{2}$. En supposant pour abréger

(244) $$\varrho = (1+e^2c^2\varphi^2\alpha.x^2)(1+e^2c^2\varphi^2 2\alpha.x^2)\cdots(1+e^2c^2\varphi^2 n\alpha.x^2),$$

on aura

$$1-\frac{\psi x}{\varphi_1\frac{\omega}{2}} = \left\{1-\frac{x}{\varphi\frac{\omega}{2}}\right\}\left\{1-\frac{x}{\varphi\left(\frac{\omega}{2}+\alpha\right)}\right\}\left\{1-\frac{x}{\varphi\left(\frac{\omega}{2}+2\alpha\right)}\right\}\cdots\left\{1-\frac{x}{\varphi\left(\frac{\omega}{2}+2n\alpha\right)}\right\}\cdot\frac{1}{\varrho};$$

or, en faisant dans la formule (230)

$$\theta = \frac{\omega}{2} + (n - m' - 1)\alpha,$$

on a

$$\varphi\left(\frac{\omega}{2} + (2n - m')\,\alpha\right) = \varphi\left(\frac{\omega}{2} - (m' + 1)\,\alpha\right),$$

donc en vertu de la formule (17),

$$\varphi\left(\frac{\omega}{2} - \alpha\right) = \varphi\left(\frac{\omega}{2} + \alpha\right),$$

il viendra

$$\varphi\left(\frac{\omega}{2} + (2n - m')\alpha\right) = \varphi\left(\frac{\omega}{2} + (m' + 1)\,\alpha\right).$$

Cette équation fait voir qu'on peut écrire l'expression de $1 - \dfrac{\psi x}{\varphi_1 \frac{\omega}{2}}$ comme il suit:

(245) $$1 - \frac{\psi x}{\varphi_1 \frac{\omega}{2}}$$
$$= (1 - cx)\left\{1 - \frac{x}{\varphi\left(\frac{\omega}{2} + \alpha\right)}\right\}^2 \left\{1 - \frac{x}{\varphi\left(\frac{\omega}{2} + 2\alpha\right)}\right\}^2 \cdots \left\{1 - \frac{x}{\varphi\left(\frac{\omega}{2} + n\alpha\right)}\right\}^2 \cdot \frac{1}{\varrho}.$$

En mettant $-x$ au lieu de $+x$, on aura semblablement

(246) $$1 + \frac{\psi x}{\varphi_1 \frac{\omega}{2}}$$
$$= (1 + cx)\left\{1 + \frac{x}{\varphi\left(\frac{\omega}{2} + \alpha\right)}\right\}^2 \left\{1 + \frac{x}{\varphi\left(\frac{\omega}{2} + 2\alpha\right)}\right\}^2 \cdots \left\{1 + \frac{x}{\varphi\left(\frac{\omega}{2} + n\alpha\right)}\right\}^2 \cdot \frac{1}{\varrho}.$$

Donc si l'on fait

(247) $$y = k . \psi x, \quad c_1 = \frac{1}{k . \varphi_1 \frac{\omega}{2}},$$

où k est indéterminé, et

(248) $$\left\{\begin{aligned} t &= \left\{1 - \frac{x}{\varphi\left(\frac{\omega}{2} + \alpha\right)}\right\} \cdots \left\{1 - \frac{x}{\varphi\left(\frac{\omega}{2} + n\alpha\right)}\right\}, \\ t_1 &= \left\{1 + \frac{x}{\varphi\left(\frac{\omega}{2} + \alpha\right)}\right\} \cdots \left\{1 + \frac{x}{\varphi\left(\frac{\omega}{2} + n\alpha\right)}\right\}, \end{aligned}\right.$$

on aura

$$(249)\qquad 1-c_1y=(1-cx)\frac{t^2}{\varrho};\quad 1+c_1y=(1+cx)\frac{t_1^2}{\varrho}.$$

De la même manière, en faisant

$$(250)\qquad \begin{cases} s=\left\{1-\dfrac{x}{\varphi\left(\frac{\varpi}{2}i+\alpha\right)}\right\}\cdots\left\{1-\dfrac{x}{\varphi\left(\frac{\varpi}{2}i+n\alpha\right)}\right\}, \\ s_1=\left\{1+\dfrac{x}{\varphi\left(\frac{\varpi}{2}i+\alpha\right)}\right\}\cdots\left\{1+\dfrac{x}{\varphi\left(\frac{\varpi}{2}i+n\alpha\right)}\right\}, \end{cases}$$

et

$$(251)\qquad e_1=\pm\frac{i}{k.\varphi_1\left(\frac{\varpi}{2}i\right)},$$

on trouvera ces deux équations:

$$(252)\qquad 1\mp e_1iy=(1-eix)\frac{s_1^2}{\varrho};\quad 1\pm e_1iy=(1+eix)\frac{s^2}{\varrho}.$$

Les équations (249) et (252) donneront

$$(1-c_1^2y^2)=(1-c^2x^2)\frac{t^2t_1^2}{\varrho^2};\quad (1+e_1^2y^2)=(1+e^2x^2)\frac{s^2s_1^2}{\varrho^2}$$

et par conséquent

$$(253)\qquad \sqrt{(1-c_1^2y^2)(1+e_1^2y^2)}=\pm\frac{tt_1ss_1}{\varrho^2}\sqrt{(1-c^2x^2)(1+e^2x^2)}.$$

Maintenant l'expression de y donne $dy=\frac{P}{\varrho^2}dx$, où P sera une fonction entière de x du degrè $4n$, donc

$$\frac{dy}{\sqrt{(1-c_1^2y^2)(1+e_1^2y^2)}}=\pm\frac{P}{tt_1ss_1}\cdot\frac{dx}{\sqrt{(1-c^2x^2)(1+e^2x^2)}}.$$

Or je dis que la fonction $\frac{P}{tt_1ss_1}$ se réduira à une quantité constante. En effet on a

$$1-c_1y=(1-cx)\frac{t^2}{\varrho};$$

en différentiant, et mettant pour dy sa valeur $\frac{Pdx}{\varrho^2}$, on aura

$$P = \frac{t}{c_1}\left[ct\varrho - (1-cx)\left(2\varrho\frac{dt}{dx} - t\frac{d\varrho}{dx}\right)\right].$$

On voit de là que P est divisible par t. De la même manière on prouvera que P est divisible par les trois fonctions t_1, s, s_1. Donc si deux quelconques des quatre fonctions t, t_1, s, s_1 n'ont point de facteur commun, P sera divisible par leur produit. Or c'est ce qu'on peut voir aisément à l'aide des expressions de ces fonctions. Donc $\frac{P}{tt_1ss_1}$ est une fonction entière de x. Or P est du degré $4n$, et chacune des fonctions t, t_1, s, s_1 est du degré n. Donc il est prouvé que $\frac{P}{tt_1ss_1}$ est une quantité constante. En la désignant par a, il viendra

(254) $$\frac{dy}{\sqrt{(1-c_1^2y^2)(1+e_1^2y^2)}} = \pm a\frac{dx}{\sqrt{(1-c^2x^2)(1+e^2x^2)}}.$$

Pour déterminer a il suffit d'attribuer à x une valeur particulière. En faisant par exemple $x=0$, on aura

$$t=t_1=s=s_1=1;\quad P=\varrho^2\frac{dy}{dx}=\frac{dy}{dx}=k\psi'x.$$

Or en différentiant l'expression de ψx, et faisant ensuite $x=0$, il viendra $\psi'x=g$, donc

(255) $$a = kg.$$

On peut donner aux expressions de c_1, e_1, g, a d'autres formes plus simples, et qui mettront en évidence plusieurs propriétés remarquables de ces quantités.

Par la formule (240) on voit que le coefficient de x^{2n+1} dans la fonction R est $-\frac{A}{\varphi\varepsilon.\varphi(\varepsilon+\alpha)\ldots\varphi(\varepsilon+2n\alpha)}$; or d'après les équations (238) et (243) le même coefficient sera

$$-\frac{(-1)^n}{\varphi_1\varepsilon}.\frac{g}{(\varphi\alpha.\varphi2\alpha\ldots\varphi n\alpha)^2},$$

donc, puisque $A=1$,

$$\varphi_1(\varepsilon) = \frac{(-1)^n g}{(\varphi\alpha.\varphi2\alpha\ldots\varphi n\alpha)^2}\varphi\varepsilon.\varphi(\varepsilon+\alpha).\varphi(\varepsilon+2\alpha)\ldots\varphi(\varepsilon+2n\alpha).$$

En faisant dans les équations (236), (243) $x = \frac{1}{0}$, après avoir divisé par x, on obtiendra deux valeurs de $\frac{\psi x}{x}$, savoir

$$1 \quad \text{et} \quad \frac{g(-1)^n}{(ec)^{2n}(\varphi\alpha . \varphi 2\alpha \ldots \varphi n\alpha)^4},$$

donc, en les égalant,

(256) $$g = (-1)^n (ec)^{2n} (\varphi\alpha . \varphi 2\alpha \ldots \varphi n\alpha)^4,$$

et par conséquent

(257) $$\varphi_1(\varepsilon) = (ec)^{2n}(\varphi\alpha . \varphi 2\alpha \ldots \varphi n\alpha)^2 \varphi\varepsilon . \varphi(\varepsilon + \alpha) . \varphi(\varepsilon + 2\alpha) \ldots \varphi(\varepsilon + 2n\alpha)$$
$$= \varphi(\varepsilon) + \varphi(\varepsilon + \alpha) + \varphi(\varepsilon + 2\alpha) + \cdots + \varphi(\varepsilon + 2n\alpha).$$

Cette équation exprime une propriété remarquable de la fonction φ. En y posant $\varepsilon = \frac{\omega}{2}$ et $\varepsilon = \frac{\varpi}{2} i$, on obtiendra

(258) $$\begin{cases} \varphi_1\left(\frac{\omega}{2}\right) = \frac{1}{kc_1} = (ec)^{2n}\delta^2 . \varphi\left(\frac{\omega}{2}\right) . \varphi\left(\frac{\omega}{2} + \alpha\right) \ldots \varphi\left(\frac{\omega}{2} + 2n\alpha\right), \\ \varphi_1\left(\frac{\varpi}{2} i\right) = \frac{\pm i}{ke_1} = (ec)^{2n}\delta^2 . \varphi\left(\frac{\varpi}{2} i\right) . \varphi\left(\frac{\varpi}{2} i + \alpha\right) \ldots \varphi\left(\frac{\varpi}{2} i + 2n\alpha\right), \end{cases}$$

où l'on a fait pour abréger

(259) $$\delta = \varphi\alpha . \varphi 2\alpha . \varphi 3\alpha \ldots \varphi n\alpha.$$

En remarquant que

$$\varphi\left(\frac{\omega}{2} + (2n - m')\alpha\right) = \varphi\left(\frac{\omega}{2} + (m' + 1)\alpha\right)$$

et

$$\varphi\left(\frac{\varpi}{2} i + (2n - m')\alpha\right) = \varphi\left(\frac{\varpi}{2} i + (m' + 1)\alpha\right),$$

et en faisant

(260) $$k(e^2c^2)^n \delta^2 = f,$$

on tire de ces équations

(261) $$\begin{cases} \frac{1}{c_1} = \frac{f}{c}\left[\varphi\left(\frac{\omega}{2} + \alpha\right) . \varphi\left(\frac{\omega}{2} + 2\alpha\right) \ldots \varphi\left(\frac{\omega}{2} + n\alpha\right)\right]^2, \\ \frac{1}{e_1} = \pm \frac{f}{e}\left[\varphi\left(\frac{\varpi}{2} i + \alpha\right) . \varphi\left(\frac{\varpi}{2} i + 2\alpha\right) \ldots \varphi\left(\frac{\varpi}{2} i + n\alpha\right)\right]^2, \end{cases}$$

Multipliant et remarquant qu'on a (18)

$$\varphi\left(\frac{\omega}{2}+\alpha\right)\varphi\left(\frac{\varpi}{2}i+\alpha\right)=\frac{i}{ec},$$

on obtiendra

$$\pm\frac{1}{c_1e_1}=\frac{(-1)^n f^2}{(ec)^{2n+1}},$$

d'où

(262) $$c_1e_1=\pm\frac{(-1)^n.(ec)^{2n+1}}{f^2}.$$

De même en divisant on obtiendra

(263) $$\begin{cases}\pm\dfrac{e_1}{c_1}=(-1)^n\dfrac{e}{c}(ec)^{2n}\left[\varphi\left(\dfrac{\omega}{2}+\alpha\right).\varphi\left(\dfrac{\omega}{2}+2\alpha\right)\dots\varphi\left(\dfrac{\omega}{2}+n\alpha\right)\right]^4,\\ \pm\dfrac{c_1}{e_1}=(-1)^n\dfrac{c}{e}(ec)^{2n}\left[\varphi\left(\dfrac{\varpi}{2}i+\alpha\right).\varphi\left(\dfrac{\varpi}{2}i+2\alpha\right)\dots\varphi\left(\dfrac{\varpi}{2}i+n\alpha\right)\right]^4.\end{cases}$$

Précédemment nous avons trouvé $a=kg$, et $g=(-1)^n(ec)^{2n}\delta^4$, donc

(264) $$a=(-1)^n f.\delta^2.$$

Également nous avons $y=k.\psi x$, donc en vertu de l'équation (243)

(265) $$y=(-1)^n f.x\frac{(\varphi^2\alpha-x^2)(\varphi^2 2\alpha-x^2)(\varphi^2 3\alpha-x^2)\dots(\varphi^2 n\alpha-x^2)}{(1+e^2c^2\varphi^2\alpha.x^2)(1+e^2c^2\varphi^2 2\alpha.x^2)\dots(1+e^2c^2\varphi^2 n\alpha.x^2)}.$$

Donc les valeurs précédentes de c_1, e_1, a et y donneront

(266) $$\frac{dy}{\sqrt{(1-c_1^2y^2)(1+e_1^2y^2)}}=\pm\frac{a\,dx}{\sqrt{(1-c^2x^2)(1+e^2x^2)}},$$

d'où

(267) $$\int\frac{dy}{\sqrt{(1-c_1^2y^2)(1+e_1^2y^2)}}=\pm a\int\frac{dx}{\sqrt{(1-c^2x^2)(1+e^2x^2)}}.$$

45.

Les formules (261) donnent les valeurs des quantités c_1 et e_1, exprimées en c et e à l'aide de la fonction φ. Or on peut aussi les déterminer à l'aide d'une équation algébrique. En effet on a

$$\left[\varphi\left(\frac{\omega}{2}+\alpha\right)\right]^2=\frac{1}{c^2}\left(\frac{f\alpha}{F\alpha}\right)^2=\frac{1}{c^2}\cdot\frac{1-c^2\varphi^2\alpha}{1+e^2\varphi^2\alpha}$$

et

$$\left[\varphi\left(\frac{\varpi}{2}i+\alpha\right)\right]^2=-\frac{1}{e^2}\left(\frac{F\alpha}{f\alpha}\right)^2=-\frac{1}{e^2}\cdot\frac{1+e^2\varphi^2\alpha}{1-c^2\varphi^2\alpha};$$

donc il est clair que les valeurs de c_1 et e_1 pourront être exprimées en fonctions rationnelles et symétriques des quantités $\varphi\alpha$, $\varphi 2\alpha$, ... $\varphi n\alpha$. Donc si $2n+1$ est un nombre premier, on peut, en vertu de ce qu'on a vu (§ V), déterminer c_1 et e_1 à l'aide d'une équation algébrique du $(2n+2)^{ième}$ degré. On peut encore démontrer que la même chose aura lieu dans le cas où $2n+1$ est un nombre composé. Alors on peut même déterminer c_1 et e_1 à l'aide d'une équation d'un degré moindre que $2n+2$.

Donc on aura un certain nombre de transformations correspondantes à chaque valeur de $2n+1$.

46.

On a supposé dans ce qui précède que e et c soient des quantités réelles et positives; mais ayant exprimé c_1 et e_1 en e et c par des équations algébriques, il est clair que la formule (266) aura lieu également en donnant à e et c des valeurs réelles et imaginaires quelconques. Dans le cas où e^2, c^2 sont réelles, on peut même se servir des expressions (261), (265). Mais alors ω et ϖ ne seront pas toujours des quantités réelles. Au reste l'une des quantités c_1 et e_1, à cause de l'indéterminée f, peut être prise à volonté; seulement il faut excepter les valeurs zéro et l'infini.

47.

Si l'on suppose c et e réels et $2n+1$ premier, les valeurs de c_1 et e_1 seront imaginaires, excepté deux d'entre elles, dont l'une répond à

$$\alpha = \frac{2m\omega}{2n+1}$$

et l'autre à

$$\alpha = \frac{2\mu\varpi i}{2n+1}.$$

A. Supposons d'abord

$$\alpha = \frac{2m\omega}{2n+1}.$$

Dans ce cas on aura (261)

$$\frac{1}{c_1} = \frac{f}{c}\left[\varphi\left(\frac{\omega}{2}+\frac{2m\omega}{2n+1}\right)\cdot\varphi\left(\frac{\omega}{2}+2\frac{2m\omega}{2n+1}\right)\cdots\varphi\left(\frac{\omega}{2}+n\frac{2m\omega}{2n+1}\right)\right]^2.$$

Soit $\mu . 2m = (2n+1)t \pm a_\mu$, où t est entier, et a_μ entier positif et moindre que $\frac{2n+1}{2}$, on aura

$$\varphi\left(\frac{\omega}{2} + \mu \frac{2m\omega}{2n+1}\right) = \varphi\left(\frac{\omega}{2} \pm \frac{a_\mu \omega}{2n+1} + t\omega\right) = (-1)^t \varphi\left(\frac{\omega}{2} \pm \frac{a_\mu \omega}{2n+1}\right)$$
$$= \pm \varphi\left(\frac{2n+1-2a_\mu}{2n+1}\frac{\omega}{2}\right).$$

Or les nombres $a_1, a_2, a_3, \ldots a_n$ seront les mêmes que les suivans 1, 2, 3, ... n, mais dans un ordre différent; donc l'expression de $\frac{1}{c_1}$ pourra être mise sous la forme

$$(268) \qquad \frac{1}{c_1} = \frac{f}{c}\left[\varphi\left(\frac{1}{2n+1}\frac{\omega}{2}\right)\varphi\left(\frac{3}{2n+1}\frac{\omega}{2}\right)\cdots\varphi\left(\frac{2n-1}{2n+1}\frac{\omega}{2}\right)\right]^2.$$

De même l'équation (263) donnera

$$(269) \qquad \frac{e_1}{c_1} = \pm(-1)^n \frac{e}{c}(ec)^{2n}\left[\varphi\left(\frac{1}{2n+1}\frac{\omega}{2}\right)\varphi\left(\frac{3}{2n+1}\frac{\omega}{2}\right)\cdots\varphi\left(\frac{2n-1}{2n+1}\frac{\omega}{2}\right)\right]^4$$

Soit maintenant $c=1$, $c_1=1$, on aura, en posant $\pm(-1)^n = 1$,

$$(269') \qquad e_1 = e^{2n+1}\left[\varphi\left(\frac{1}{2n+1}\frac{\omega}{2}\right)\varphi\left(\frac{3}{2n+1}\frac{\omega}{2}\right)\cdots\varphi\left(\frac{2n-1}{2n+1}\frac{\omega}{2}\right)\right]^4,$$

$$(270) \qquad \int\frac{dy}{\sqrt{(1-y^2)(1+e_1^2y^2)}} = \pm a\int\frac{dx}{\sqrt{(1-x^2)(1+e^2x^2)}} + \text{Const.}$$

(271) $y=$

$$(-1)^n f.x\frac{\left[\varphi^2\left(\frac{\omega}{2n+1}\right)-x^2\right]\left[\varphi^2\left(\frac{2\omega}{2n+1}\right)-x^2\right]\cdots\left[\varphi^2\left(\frac{n\omega}{2n+1}\right)-x^2\right]}{\left[1+e^2\varphi^2\left(\frac{\omega}{2n+1}\right)x^2\right]\left[1+e^2\varphi^2\left(\frac{2\omega}{2n+1}\right)x^2\right]\cdots\left[1+e^2\varphi^2\left(\frac{n\omega}{2n+1}\right)x^2\right]},$$

$$f = \frac{e^{n+\frac{1}{2}}}{\sqrt{e_1}},$$

$$(272) \qquad a = (-1)^n f.\left[\varphi\left(\frac{\omega}{2n+1}\right)\cdot\varphi\left(\frac{2\omega}{2n+1}\right)\cdots\varphi\left(\frac{n\omega}{2n+1}\right)\right]^2,$$

ou bien

$$(273) \qquad a = (-1)^n\left\{\frac{\varphi\left(\frac{\omega}{2n+1}\right)\cdot\varphi\left(\frac{2\omega}{2n+1}\right)\cdots\varphi\left(\frac{n\omega}{2n+1}\right)}{\varphi\left(\frac{1}{2n+1}\frac{\omega}{2}\right)\cdot\varphi\left(\frac{3}{2n+1}\frac{\omega}{2}\right)\cdots\varphi\left(\frac{2n-1}{2n+1}\frac{\omega}{2}\right)}\right\}^2$$

Si l'on suppose e moindre que l'unité ou égal à l'unité, e_1 sera toujours moindre que e, et lorsque $2n+1$ est un très grand nombre, e_1 sera extrêmement petit.

48.

Le signe du second membre de l'équation (270) dépend de la grandeur de x. Il pourra être jugé aisément comme il suit. On a par ce qui précède

$$\sqrt{(1-y^2)(1+e_1^2y^2)}=\pm\frac{tt_1ss_1}{\varrho^2}\sqrt{(1-x^2)(1+e^2x^2)}.$$

En supposant x réel, ϱ^2 sera toujours fini et positif, de même que $\sqrt{1+e_1^2y^2}$ et $\sqrt{1+e^2x^2}$. Donc le signe du second membre de l'équation est le même que celui de la quantité

$$tt_1ss_1\sqrt{\frac{1-x^2}{1-y^2}};$$

maintenant on a

$$ss_1=\left\{1-\frac{x^2}{\varphi^2\left(\frac{\varpi}{2}i+\alpha\right)}\right\}\cdots\left\{1-\frac{x^2}{\varphi^2\left(\frac{\varpi}{2}i+n\alpha\right)}\right\};$$

or $\varphi\left(\frac{\varpi}{2}i+\alpha\right)=\frac{i}{e}\cdot\frac{F\alpha}{f\alpha}$ etc., donc

$$ss_1=\left[1+\left(\frac{ef\alpha.x}{F\alpha}\right)^2\right]\cdots\left[1+\left(\frac{efn\alpha.x}{Fn\alpha}\right)^2\right];$$

donc, en remarquant que α est réel dans le cas que nous considérons, on voit que ss_1 sera toujours une quantité positive; or tt_1 est réel, donc la quantité $\sqrt{\frac{1-x^2}{1-y^2}}$ sera positive également, et par conséquent le signe dont il s'agit sera le même que celui de la quantité tt_1. Il n'est pas difficile de voir qu'en se servant de la formule (248) et en mettant pour α sa valeur $\frac{2m\omega}{2n+1}$, on aura

$$tt_1=\left\{1-\frac{x^2}{\varphi^2\left(\frac{1}{2n+1}\frac{\omega}{2}\right)}\right\}\left\{1-\frac{x^2}{\varphi^2\left(\frac{3}{2n+1}\frac{\omega}{2}\right)}\right\}\cdots\left\{1-\frac{x^2}{\varphi^2\left(\frac{2n-1}{2n+1}\frac{\omega}{2}\right)}\right\},$$

quantité qui est positive depuis $x=0$ jusqu'à $x=\varphi\left(\frac{1}{2n+1}\frac{\omega}{2}\right)$, négative depuis $x=\varphi\left(\frac{1}{2n+1}\frac{\omega}{2}\right)$ jusqu'à $x=\varphi\left(\frac{3}{2n+1}\frac{\omega}{2}\right)$, positive depuis $x=\varphi\left(\frac{3}{2n+1}\frac{\omega}{2}\right)$ jusqu'à $x=\varphi\left(\frac{5}{2n+1}\frac{\omega}{2}\right)$ etc.

Si x est plus grand que l'unité tt_1 aura toujours le même signe, savoir $(-1)^n$. Donc, dans ce cas, l'équation (270) donnera, en intégrant à partir de $x=1$,

(274) $$\int_1^y \frac{dy}{\sqrt{(y^2-1)(1+e_1^2y^2)}}=a\int_1^x \frac{dx}{\sqrt{(x^2-1)(1+e^2x^2)}}.$$

Si la valeur de x est moindre que l'unité, on aura

(275) $$\int \frac{dy}{\sqrt{(1-y^2)(1+e_1^2y^2)}}=a\int \frac{dx}{\sqrt{(1-x^2)(1+e^2x^2)}}+\text{Const.}$$

entre les limites $x=\varphi\left(\frac{4m-1}{2n+1}\frac{\omega}{2}\right)$ et $x=\varphi\left(\frac{4m+1}{2n+1}\frac{\omega}{2}\right)$, et

(276) $$-\int \frac{dy}{\sqrt{(1-y^2)(1+e_1^2y^2)}}=a\int \frac{dx}{\sqrt{(1-x^2)(1+e^2x^2)}}+\text{Const.}$$

entre les limites $x=\varphi\left(\frac{4m+1}{2n+1}\frac{\omega}{2}\right)$ et $x=\varphi\left(\frac{4m+3}{2n+1}\frac{\omega}{2}\right)$.

Si par exemple on suppose x renfermé entre les limites

$$-\varphi\left(\frac{1}{2n+1}\frac{\omega}{2}\right) \text{ et } +\varphi\left(\frac{1}{2n+1}\frac{\omega}{2}\right)$$

on aura, en intégrant à partir de $x=0$,

(277) $$\int_0^y \frac{dy}{\sqrt{(1-y^2)(1+e_1^2y^2)}}=a\int_0^x \frac{dx}{\sqrt{(1-x^2)(1+e^2x^2)}}.$$

En faisant $x=\varphi\left(\frac{\omega}{(2n+1).2}\right)$, on aura $y=(-1)^n$, et par suite

$$\int_0^1 \frac{dy}{\sqrt{(1-y^2)(1+e_1^2y^2)}}=\frac{a\omega}{2(2n+1)}(-1)^n,$$

d'où

(278) $$(-1)^n a=\frac{4n+2}{\omega}\int_0^1 \frac{dy}{\sqrt{(1-y^2)(1+e_1^2y^2)}}.$$

Cette expression de a est très commode pour le calcul. En négligeant les quantités de l'ordre e_1^2, on obtiendra

(279) $$(-1)^n a = (2n+1)\frac{\pi}{\omega}.$$

En substituant et négligeant toujours e_1^2, la formule (277) donnera

(280) $$\left\{\begin{aligned} &\int_0^x \frac{dx}{\sqrt{(1-x^2)(1+e^2x^2)}} = \frac{(-1)^n\omega}{(2n+1)\pi}\,\text{arc. sin}\,(y),\\ &y = (-1)^n(2n+1)\frac{\pi}{\omega}x\frac{\left\{1-\dfrac{x^2}{\varphi^2\left(\frac{\omega}{2n+1}\right)}\right\}\cdots\left\{1-\dfrac{x^2}{\varphi^2\left(\frac{n\omega}{2n+1}\right)}\right\}}{\left[1+e^2\varphi^2\left(\frac{\omega}{2n+1}\right)x^2\right]\cdots\left[1+e^2\varphi^2\left(\frac{n\omega}{2n+1}\right)x^2\right]}.\end{aligned}\right.$$

B. Dans le cas où $\alpha = \dfrac{2\mu\varpi i}{2n+1}$, on trouvera de la même manière la formule suivante

(281) $$\int_0^x \frac{dx}{\sqrt{(1-x^2)(1+e^2x^2)}} = a'\int_0^y \frac{dy}{\sqrt{(1-y^2)(1+e_1^2y^2)}},$$

où

$$e_1 = \frac{1}{e^{2n-1}\left[\varphi\left(\frac{1}{2n+1}\frac{\varpi i}{2}\right)\varphi\left(\frac{3}{2n+1}\frac{\varpi i}{2}\right)\cdots\varphi\left(\frac{2n-1}{2n+1}\frac{\varpi i}{2}\right)\right]^4},$$

$$a' = \frac{1}{e^{2n}\left[\varphi\left(\frac{1}{2n+1}\frac{\varpi}{2}i\right)\varphi\left(\frac{2}{2n+1}\frac{\varpi}{2}i\right)\varphi\left(\frac{3}{2n+1}\frac{\varpi}{2}i\right)\cdots\varphi\left(\frac{2n}{2n+1}\frac{\varpi}{2}i\right)\right]^2},$$

$$y = \frac{e^{n+\frac{1}{2}}}{\sqrt{e_1}}x\frac{\left[x^2-\varphi^2\left(\frac{\varpi i}{2n+1}\right)\right]\left[x^2-\varphi^2\left(\frac{2\varpi i}{2n+1}\right)\right]\cdots\left[x^2-\varphi^2\left(\frac{n\varpi i}{2n+1}\right)\right]}{\left[1+e^2\varphi^2\left(\frac{\varpi i}{2n+1}\right)x^2\right]\left[1+e^2\varphi^2\left(\frac{2\varpi i}{2n+1}\right)x^2\right]\cdots\left[1+e^2\varphi^2\left(\frac{n\varpi i}{2n+1}\right)x^2\right]}.$$

La formule précédente a lieu pour toutes les valeurs de x moindres que l'unité.

49.

Pour avoir une théorie complète de la transformation des fonctions elliptiques, il faudrait connaître toutes les transformations possibles; or je suis parvenu à démontrer qu'on les obtient toutes, en combinant celle de M. *Legendre* avec celles contenues dans la formule ci-dessus, *même en cherchant la relation la plus générale entre un nombre quelconque de fonctions elliptiques.*

Ce théorème, dont les conséquences embrassent presque toute la théorie des fonctions elliptiques, m'a conduit à un très grand nombre de belles propriétés de ces fonctions.

§ X.

Sur l'intégration de l'équation séparée

$$\frac{dy}{\sqrt{(1-y^2)(1+\mu y^2)}} = a\frac{dx}{\sqrt{(1-x^2)(1+\mu x^2)}}.$$

50.

On peut toujours, comme on sait, présenter l'intégrale complète de cette équation sous une forme algébrique, lorsque la quantité constante a est un *nombre rationnel*, quelle que soit d'ailleurs la valeur réelle ou imaginaire de μ. Mais si a n'est pas un nombre rationnel, cela n'a pas lieu. A cet égard je suis parvenu aux théorèmes suivants:

Théorème I. En supposant a réel, et l'équation intégrable algébriquement, il faut nécessairement que a soit un nombre rationnel.

Théorème II. En supposant a *imaginaire*, et l'équation intégrable *algébriquement*, il faut nécessairement que a soit de la forme $m \pm \sqrt{-1}.\sqrt{n}$, où m et n sont des nombres rationnels. Dans ce cas la quantité μ n'est pas arbitraire; il faut qu'elle satisfasse à une équation qui a une infinité de racines réelles et imaginaires. Chaque valeur de μ satisfait à la question.

La démonstration de ces théorèmes fait partie d'une théorie très étendue des fonctions elliptiques dont je m'occupe actuellement, et qui paraîtra aussitôt qu'il me sera possible. Je me borne ici à considérer un cas particulier, qu'on peut tirer des formules du paragraphe précédent.

Si dans la formule (270) on pose

$$e_1 = \frac{1}{e},$$

et si l'on remplace y par $\frac{ey}{i}$, il viendra

$$(282)\qquad \frac{dy}{\sqrt{(1-y^2)(1+e^2y^2)}} = a\sqrt{-1}\frac{dx}{\sqrt{(1-x^2)(1+e^2x^2)}},$$

où

$$(283)\qquad y=\pm\sqrt{-1}\,.\,e^n x\frac{\left[\varphi^2\left(\frac{\omega}{2n+1}\right)-x^2\right]\cdots\left[\varphi^2\left(\frac{n\omega}{2n+1}\right)-x^2\right]}{\left[1+e^2\varphi^2\left(\frac{\omega}{2n+1}\right)x^2\right]\cdots\left[1+e^2\varphi^2\left(\frac{n\omega}{2n+1}\right)x^2\right]};$$

e est déterminé par l'équation (269′), qui deviendra

$$(284)\qquad \begin{cases} 1=e^{n+1}\left[\varphi\left(\frac{1}{2n+1}\frac{\omega}{2}\right)\cdots\varphi\left(\frac{2n-1}{2n+1}\frac{\omega}{2}\right)\right]^2, \\ \text{et } a \text{ par} \\ a=\pm\frac{1}{e}\left\{\frac{\varphi\left(\frac{\omega}{2n+1}\right)\cdots\varphi\left(\frac{n\omega}{2n+1}\right)}{\varphi\left(\frac{1}{2n+1}\frac{\omega}{2}\right)\cdots\varphi\left(\frac{2n-1}{2n+1}\frac{\omega}{2}\right)}\right\}^2. \end{cases}$$

Donc on connaît une intégrale particulière de l'équation (282) et par conséquent on en pourra trouver l'intégrale complète.

Dans le cas que nous considérons, la valeur de a est $\sqrt{2n+1}$, ce qu'on démontrera aisément comme il suit:

En mettant dans l'équation (282) $y=z\sqrt{-1}$, et intégrant entre les limites zéro et $\varphi\left(\frac{\omega}{4n+2}\right)$, il viendra

$$\frac{\varpi}{2}=\int_0^{\frac{1}{e}}\frac{dz}{\sqrt{(1+z^2)(1-e^2z^2)}}=a\frac{\omega}{4n+2},$$

en remarquant que les limites de z seront zéro et $\frac{1}{e}$. En faisant de même $x\sqrt{-1}=z$, et intégrant entre les limites zéro et $\frac{1}{e}$, on trouvera que les limites de y seront zéro et l'unité et par conséquent

$$\int_0^1\frac{dy}{\sqrt{(1-y^2)(1+e^2y^2)}}=\frac{\omega}{2}=a\int_0^{\frac{1}{e}}\frac{dz}{\sqrt{(1+z^2)(1-e^2z^2)}}=a\frac{\varpi}{2}.$$

Donc on a

$$\frac{\varpi}{2}=\frac{a}{2n+1}\frac{\omega}{2}$$

et

$$\frac{\omega}{2}=a\frac{\varpi}{2},$$

d'où l'on tire

$$(285)\qquad a=\sqrt{2n+1},$$

$$(286)\qquad \frac{\omega}{\varpi}=\sqrt{2n+1}.$$

Donc l'équation différentielle deviendra

(287) $$\frac{dy}{\sqrt{(1-y^2)(1+e^2y^2)}}=\sqrt{-1}.\sqrt{2n+1}\frac{dx}{\sqrt{(1-x^2)(1+e^2x^2)}}.$$

51.

Pour donner un exemple, considérons le cas où $n=1$ et $n=2$.

A. Si $n=1$, on aura

$$\frac{dy}{\sqrt{(1-y^2)(1+e^2y^2)}}=\sqrt{-3}\frac{dx}{\sqrt{(1-x^2)(1+e^2x^2)}},$$

$$y=\sqrt{-1}.ex\frac{\varphi^2\left(\frac{\omega}{3}\right)-x^2}{1+e^2.\varphi^2\left(\frac{\omega}{3}\right).x^2},$$

e est déterminée par l'équation

$$1=e^2\left[\varphi\left(\frac{1}{3}\frac{\omega}{2}\right)\right]^2.$$

On a

$$\varphi\left(\frac{\omega}{6}\right)=\varphi\left(\frac{\omega}{2}-\frac{\omega}{3}\right)=\varphi\left(\frac{\omega}{2}\right)\frac{f\left(\frac{\omega}{3}\right)}{F\left(\frac{\omega}{3}\right)}=\frac{\sqrt{1-\varphi^2\left(\frac{\omega}{3}\right)}}{\sqrt{1+e^2\varphi^2\left(\frac{\omega}{3}\right)}},$$

donc

$$1=e^2\frac{1-\varphi^2\left(\frac{\omega}{3}\right)}{1+e^2\varphi^2\left(\frac{\omega}{3}\right)}=\frac{e^2-e^2\varphi^2\left(\frac{\omega}{3}\right)}{1+e^2\varphi^2\left(\frac{\omega}{3}\right)},$$

$$a=\frac{\varphi^2\left(\frac{\omega}{3}\right)}{\varphi^2\left(\frac{\omega}{6}\right)}\cdot\frac{1}{e}.$$

Maintenant on trouvera, en combinant ces équations et remettant pour a sa valeur $\sqrt{3}$,

$$\sqrt{3}=e\varphi^2\left(\frac{\omega}{3}\right),$$

donc

$$\varphi^2\left(\frac{\omega}{3}\right)=\frac{\sqrt{3}}{e},$$

et par suite

$$1=\frac{e^2-e\sqrt{3}}{1+e\sqrt{3}},$$

d'où

$$e^2-2\sqrt{3}.e=1,$$

et

$$e=\sqrt{3}+2.$$

Ayant trouvé e, on aura

$$\varphi^2\left(\frac{\omega}{3}\right)=\frac{\sqrt{3}}{2+\sqrt{3}}=2\sqrt{3}-3.$$

Donc on aura l'équation différentielle

$$(288)\qquad \frac{dy}{\sqrt{(1-y^2)[1+(2+\sqrt{3})^2y^2]}}=\sqrt{-3}\,.\frac{dx}{\sqrt{(1-x^2)[1+(2+\sqrt{3})^2x^2]}},$$

qui sera satisfaite par l'intégrale algébrique

$$y=\sqrt{-1}\,.x\frac{\sqrt{3}-(2+\sqrt{3})x^2}{1+\sqrt{3}(2+\sqrt{3})x^2}$$

Si l'on pose $x\sqrt{2-\sqrt{3}}$ au lieu de x, et $y\sqrt{2-\sqrt{3}}\,.\sqrt{-1}$ au lieu de y, on obtiendra l'équation

$$(289)\qquad \frac{dy}{\sqrt{1-2\sqrt{3}\,.\,y^2-y^4}}=\sqrt{3}\frac{dx}{\sqrt{1+2\sqrt{3}\,.\,x^2-x^4}},$$

qui sera satisfaite par

$$y=x\frac{\sqrt{3}-x^2}{1+\sqrt{3}\,.\,x^2}.$$

B. Si $n=2$, on aura l'équation différentielle

$$\frac{dy}{\sqrt{(1-y^2)(1+e^2y^2)}}=\sqrt{-5}\frac{dx}{\sqrt{(1-x^2)(1+e^2x^2)}},$$

où

$$y=\sqrt{-1}\,.\,e^2x\frac{\varphi^2\left(\frac{\omega}{5}\right)-x^2}{1+e^2\varphi^2\left(\frac{\omega}{5}\right).x^2}\cdot\frac{\varphi^2\left(\frac{2\omega}{5}\right)-x^2}{1+e^2\varphi^2\left(\frac{2\omega}{5}\right).x^2},$$

$$(290)\qquad 1=e^3\varphi^2\left(\frac{\omega}{10}\right)\varphi^2\left(\frac{3\omega}{10}\right);\quad \sqrt{5}=e^2\varphi^2\left(\frac{\omega}{5}\right)\varphi^2\left(\frac{2\omega}{5}\right).$$

On a

$$(291)\quad \begin{cases} \varphi^2\left(\frac{\omega}{10}\right) = \varphi^2\left(\frac{\omega}{2} - \frac{2\omega}{5}\right) = \dfrac{f^2\left(\frac{2\omega}{5}\right)}{F^2\left(\frac{2\omega}{5}\right)}, \\ \varphi^2\left(\frac{3\omega}{10}\right) = \varphi^2\left(\frac{\omega}{2} - \frac{\omega}{5}\right) = \dfrac{f^2\left(\frac{\omega}{5}\right)}{F^2\left(\frac{\omega}{5}\right)}, \end{cases}$$

$$\frac{f\left(\frac{2\omega}{5}+\frac{\omega}{5}\right)}{F\left(\frac{2\omega}{5}+\frac{\omega}{5}\right)} = \frac{f\left(\frac{3\omega}{5}\right)}{F\left(\frac{3\omega}{5}\right)} = \frac{f\left(\frac{2\omega}{5}\right)f\left(\frac{\omega}{5}\right) - \varphi\left(\frac{2\omega}{5}\right)\varphi\left(\frac{\omega}{5}\right)F\left(\frac{2\omega}{5}\right)F\left(\frac{\omega}{5}\right)}{F\left(\frac{2\omega}{5}\right)F\left(\frac{\omega}{5}\right) + e^2\varphi\left(\frac{2\omega}{5}\right)\varphi\left(\frac{\omega}{5}\right)f\left(\frac{2\omega}{5}\right)f\left(\frac{\omega}{5}\right)},$$

$$\frac{f\left(\frac{2\omega}{5}-\frac{\omega}{5}\right)}{F\left(\frac{2\omega}{5}-\frac{\omega}{5}\right)} = \frac{f\left(\frac{\omega}{5}\right)}{F\left(\frac{\omega}{5}\right)} = \frac{f\left(\frac{2\omega}{5}\right)f\left(\frac{\omega}{5}\right) + \varphi\left(\frac{2\omega}{5}\right)\varphi\left(\frac{\omega}{5}\right)F\left(\frac{2\omega}{5}\right)F\left(\frac{\omega}{5}\right)}{F\left(\frac{2\omega}{5}\right)F\left(\frac{\omega}{5}\right) - e^2\varphi\left(\frac{2\omega}{5}\right)\varphi\left(\frac{\omega}{5}\right)f\left(\frac{2\omega}{5}\right)f\left(\frac{\omega}{5}\right)}$$

En multipliant ces valeurs de $\dfrac{f\left(\frac{3\omega}{5}\right)}{F\left(\frac{3\omega}{5}\right)}$ et $\dfrac{f\left(\frac{\omega}{5}\right)}{F\left(\frac{\omega}{5}\right)}$ entre elles, et remarquant que

$$f\left(\frac{3\omega}{5}\right) = -f\left(\frac{2\omega}{5}\right),$$

$$F\left(\frac{3\omega}{5}\right) = F\left(\frac{2\omega}{5}\right),$$

on obtiendra

$$-P = \frac{P^2 - \varphi^2\left(\frac{\omega}{5}\right)\varphi^2\left(\frac{2\omega}{5}\right)}{1 - e^4 . \varphi^2\left(\frac{\omega}{5}\right)\varphi^2\left(\frac{2\omega}{5}\right) . P^2},$$

où l'on a fait pour abréger

$$P = \frac{f\left(\frac{2\omega}{5}\right)f\left(\frac{\omega}{5}\right)}{F\left(\frac{2\omega}{5}\right)F\left(\frac{\omega}{5}\right)}.$$

Cela posé les équations (290, 291) donneront

$$1 = e^3 P^2, \quad \varphi^2\left(\frac{\omega}{5}\right)\varphi^2\left(\frac{2\omega}{5}\right) = \frac{\sqrt{5}}{e^2},$$

donc, en substituant,

$$-\frac{1}{e\sqrt{e}} = \frac{\frac{1}{e^3} - \frac{\sqrt{5}}{e^2}}{1 - \frac{\sqrt{5}}{e}} = \frac{1}{e^2}\,\frac{1 - e\sqrt{5}}{e - \sqrt{5}},$$

d'où

$$-\sqrt{e}=\frac{1-e\sqrt{5}}{e-\sqrt{5}},$$

$$e^3-1-(5+2\sqrt{5})e(e-1)=0.$$

Les racines de cette équation sont

$$e=1,\quad e=2+\sqrt{5}-2\sqrt{2+\sqrt{5}},\quad e=2+\sqrt{5}+2\sqrt{2+\sqrt{5}}.$$

La dernière de ces racines,

$$e=2+\sqrt{5}+2\sqrt{2+\sqrt{5}}=\left[\frac{\sqrt{5}+1}{2}+\sqrt{\frac{\sqrt{5}+1}{2}}\right]^2,$$

répond à la question, car l'équation

$$1=e^3\varphi^2\left(\frac{\omega}{10}\right)\varphi^2\left(\frac{3\omega}{10}\right)$$

fait voir que e doit être plus grand que l'unité. Connaissant e, on trouve la valeur des quantités $\varphi\left(\frac{\omega}{5}\right)$ et $\varphi\left(\frac{2\omega}{5}\right)$ comme il suit.

Nous avons

$$1=e^3P^2=e^3\frac{f^2\left(\frac{\omega}{5}\right)f^2\left(\frac{2\omega}{5}\right)}{F^2\left(\frac{\omega}{5}\right)F^2\left(\frac{2\omega}{5}\right)};$$

or en faisant $\varphi\left(\frac{\omega}{5}\right)=\alpha$ et $\varphi\left(\frac{2\omega}{5}\right)=\beta$, on aura

$$f^2\left(\frac{\omega}{5}\right)=1-\alpha^2,\qquad f^2\left(\frac{2\omega}{5}\right)=1-\beta^2,$$

$$F^2\left(\frac{\omega}{5}\right)=1+e^2\alpha^2,\quad F^2\left(\frac{2\omega}{5}\right)=1+e^2\beta^2,$$

donc

$$(1+e^2\alpha^2)(1+e^2\beta^2)=e^3(1-\alpha^2)(1-\beta^2),$$

$$1+e^2(\alpha^2+\beta^2)+e^4\alpha^2\beta^2=e^3-e^3(\alpha^2+\beta^2)+e^3\alpha^2\beta^2,$$

$$e^3-1-e^3(e-1)\alpha^2\beta^2=e^2(e+1)(\alpha^2+\beta^2);$$

or nous avons trouvé plus haut, $\alpha^2\beta^2=\frac{\sqrt{5}}{e^2}$, donc

$$e^3-1-e(e-1)\sqrt{5}=e^2(e+1)(\alpha^2+\beta^2).$$

Donc on connaît $\alpha^2\beta^2$ et $\alpha^2+\beta^2$, et par suite α^2 et β^2 par la résolution d'une équation du second degré. On a donc aussi la valeur de y, qui satisfait à l'équation

(292) $$\frac{dy}{\sqrt{(1-y^2)[1+(2+\sqrt{5}+2\sqrt{2+\sqrt{5}})^2y^2]}} \\ =\sqrt{-5}\frac{dx}{\sqrt{(1-x^2)[1+(2+\sqrt{5}+2\sqrt{2+\sqrt{5}})^2x^2]}}.$$

Si l'on pose $\frac{x}{\sqrt{e}}$ au lieu de x, et $\frac{y\sqrt{-1}}{\sqrt{e}}$ au lieu de y, on obtiendra l'équation

(293) $$\frac{dy}{\sqrt{1-4\sqrt{2+\sqrt{5}}.y^2-y^4}}=\sqrt{5}\frac{dx}{\sqrt{1+4\sqrt{2+\sqrt{5}}.x^2-x^4}},$$

où

$$y=x\cdot\frac{\sqrt{5}-\sqrt{10+10\sqrt{5}}.x^2+x^4}{1+\sqrt{10+10\sqrt{5}}.x^2+\sqrt{5}.x^4}.$$

52.

Dans les deux cas que nous venons de considérer, il n'était pas difficile de trouver la valeur de la quantité e, mais la valeur de n étant plus grande, on parviendra à des équations algébriques, qui peut-être ne seront pas résolubles algébriquement.

Néanmoins on peut dans tous les cas exprimer la valeur de e par des séries, et comme leur forme est très remarquable, je vais les rapporter ici.

En faisant dans la formule (206) $\alpha=1$, on aura, en remarquant que $c=1$, $\varphi\left(\frac{\omega}{2}\right)=\frac{1}{c}$,

(294) $$e\omega=4\pi\left(\frac{\varrho}{\varrho^2+1}+\frac{\varrho^3}{\varrho^6+1}+\frac{\varrho^5}{\varrho^{10}+1}+\cdots\right),$$

où

$$\varrho=h^{\frac{\varpi}{\omega}\frac{\pi}{2}}$$

En faisant de même dans la formule (204) $\alpha=\frac{\varpi}{2}i$, on aura $\varphi\left(\frac{\varpi}{2}i\right)=\frac{i}{e}$; $\varepsilon=h^{\frac{\pi}{2}i}=\cos\frac{\pi}{2}+i\sin\frac{\pi}{2}=i$, donc

$$\frac{i}{e}=\frac{2}{e}\frac{\pi}{\varpi}\left(\frac{i-i^{-1}}{r+r^{-1}}-\frac{i^3-i^{-3}}{r^3+r^{-3}}+\cdots;\right),$$

c'est-à-dire

$$\varpi=4\pi\left(\frac{r}{r^2+1}+\frac{r^3}{r^6+1}+\frac{r^5}{r^{10}+1}+\cdots\right),$$

où

$$r=h^{\frac{\omega}{\varpi}\frac{\pi}{2}}.$$

Maintenant dans le cas que nous considérons, on a

$$\frac{\omega}{\varpi}=\sqrt{2n+1},$$

et par conséquent

$$(295)\qquad \omega=4\pi\sqrt{2n+1}\left\{\frac{h^{\frac{\pi}{2}\sqrt{2n+1}}}{h^{\pi\sqrt{2n+1}}+1}+\frac{h^{\frac{3\pi}{2}\sqrt{2n+1}}}{h^{3\pi\sqrt{2n+1}}+1}+\cdots\right\}.$$

Cette formule donne la valeur de

$$\omega=2\int_0^1\frac{dx}{\sqrt{(1-x^2)(1+e^2x^2)}}.$$

Ensuite on aura la valeur de e par la formule (294) qui donne, en substituant pour ϱ sa valeur $h^{\frac{\varpi}{\omega}\frac{\pi}{2}}=h^{\frac{1}{\sqrt{2n+1}}\frac{\pi}{2}}$,

$$(296)\qquad e=\frac{4\pi}{\omega}\left\{\frac{h^{\frac{\pi}{2}\frac{1}{\sqrt{2n+1}}}}{h^{\frac{\pi}{\sqrt{2n+1}}}+1}+\frac{h^{\frac{3\pi}{2}\frac{1}{\sqrt{2n+1}}}}{h^{\frac{3\pi}{\sqrt{2n+1}}}+1}+\cdots\right\},$$

h est le nombre 2,7182818 ....

Addition au mémoire précédent.

Ayant terminé le mémoire précédent sur les fonctions elliptiques, une note sur les mêmes fonctions par M. *C. G. J. Jacobi*, inserée dans le n° 123, année 1827, du recueil de M. *Schumacher* qui a pour titre "*Astronomische Nachrichten*", m'est venue sous les yeux. M. *Jacobi* donne le théorème suivant:

Soit p un nombre impair et θ' un angle tel qu'on ait, en désignant l'intégrale $\int\frac{d\theta}{\sqrt{1-k^2\sin^2\theta}}$, prise de 0 jusqu'à θ, par $F(k,\theta)$,

$$F(k,\theta')=\frac{1}{p}F(k,90^\circ),$$

et en général $\theta^{(m)}$ un angle tel qu'on ait

$$F(k,\theta^{(m)})=\frac{m}{p}F(k,90^\circ);$$

soit déterminé encore l'angle ψ par l'équation

$$\tang(45^\circ-\tfrac{1}{2}\psi)=\frac{\tang\frac{1}{2}(\theta'-\theta)}{\tang\frac{1}{2}(\theta'+\theta)}\cdot\frac{\tang\frac{1}{2}(\theta'''+\theta)}{\tang\frac{1}{2}(\theta'''-\theta)}\cdots\frac{\tang\frac{1}{2}(\theta^{(p-2)}\pm\theta)}{\tang\frac{1}{2}(\theta^{(p-2)}\mp\theta)}\tang(45^\circ\mp\tfrac{1}{2}\theta):$$

on aura

$$F(k,\theta)=\mu.F(\lambda,\psi).$$

Il faut admettre le signe supérieur si p est de la forme $4n+1$, et le signe inférieur, si p est de la forme $4n-1$. ψ doit être pris entre $\frac{m}{2}\pi$ et $\frac{m+1}{2}\pi$, si θ tombe entre $\theta^{(m)}$ et $\theta^{(m+1)}$. Les constantes μ et λ se déterminent de différentes manières. On a par exemple

$$\mu=\frac{1}{2(\operatorname{cosec}\theta'-\operatorname{cosec}\theta'''+\cdots\mp\operatorname{cosec}\theta^{(p-2)}\pm\frac{1}{2})},$$

$$\lambda=2k\mu(\sin\theta'-\sin\theta'''+\cdots\mp\sin\theta^{(p-2)}\pm\tfrac{1}{2}).$$

Ce théorème élégant que M. *Jacobi* donne sans démonstration est contenu comme cas particulier dans la formule (227) du mémoire précédent, et au fond il est le même que celui de la formule (270). Nous allons le démontrer.

En faisant dans l'intégrale

$$\alpha=\int_0^x\frac{dx}{\sqrt{(1-x^2)(1-k^2x^2)}},$$

$x=\sin\theta$, on aura

$$\alpha=\int_0^\theta\frac{d\theta}{\sqrt{1-k^2\sin^2\theta}};$$

mais

$$x=\varphi\alpha,$$

donc

$$\alpha = F(k,\theta) \text{ donne } \sin\theta = \varphi\alpha.$$

Si $\theta = 90^0$, on a $x = 1$, donc

$$\frac{\omega}{2} = F(k, 90\ ).$$

Donc en faisant $\theta = \theta^{(m)}$, on aura

$$F(k,\theta^{(m)}) = \frac{m}{p}\frac{\omega}{2} \text{ et } \sin\theta^{(m)} = \varphi\left(\frac{m}{p}\frac{\omega}{2}\right).$$

Cela posé, faisons dans les formules (269′) et (270),

$$e_1^2 = -\lambda^2,\quad e^2 = -k^2,\quad \mu = \frac{(-1)^n}{a},$$

$$x = (-1)^n \sin\theta,\quad y = \sin\psi,\quad 2n+1 = p,$$

il viendra

(1) $$\int \frac{d\theta}{\sqrt{1-k^2\sin^2\theta}} = \pm\mu\int\frac{d\psi}{\sqrt{1-\lambda^2\sin^2\psi}} + C,$$

où les quantités μ, λ, ψ sont déterminées par les équations

$$\lambda = k^{2n+1}(\sin\theta'.\sin\theta''' \ldots \sin\theta^{(2n-1)})^4,$$

$$\mu = \left(\frac{\sin\theta'.\sin\theta''' \ldots \sin\theta^{(2n-1)}}{\sin\theta''.\sin\theta'''' \ldots \sin\theta^{(2n)}}\right)^2,$$

(2) $\sin\psi$

$$= \frac{k^{n+\frac{1}{2}}}{\sqrt{\lambda}}\sin\theta\,\frac{(\sin^2\theta''-\sin^2\theta)(\sin^2\theta''''-\sin^2\theta)\ldots(\sin^2\theta^{(2n)}-\sin^2\theta)}{(1-k^2\sin^2\theta''\sin^2\theta)(1-k^2\sin^2\theta''''\sin^2\theta)\ldots(1-k^2\sin^2\theta^{(2n)}\sin^2\theta)}.$$

Nous supposons k moindre que l'unité, car dans le cas contraire ω serait une quantité imaginaire.

Cela posé, considérons les équations (249). En remarquant que $c_1 = c = 1$, on en tire

$$\sqrt{\frac{1-y}{1+y}} = \frac{t}{t_1}\sqrt{\frac{1-x}{1+x}},$$

où

$$\frac{t}{t_1} = \frac{\varphi\left(\frac{\omega}{2}+\alpha\right)-x}{\varphi\left(\frac{\omega}{2}+\alpha\right)+x}\cdot\frac{\varphi\left(\frac{\omega}{2}+2\alpha\right)-x}{\varphi\left(\frac{\omega}{2}+2\alpha\right)+x}\cdots\frac{\varphi\left(\frac{\omega}{2}+n\alpha\right)-x}{\varphi\left(\frac{\omega}{2}+n\alpha\right)+x},$$

ou, en faisant $\alpha = \frac{2m\omega}{2n+1}$ et $m = -1$,

$$\frac{t}{t_1} = \frac{\varphi\left(\frac{2n-1}{2n+1}\frac{\omega}{2}\right)+x}{\varphi\left(\frac{2n-1}{2n+1}\frac{\omega}{2}\right)-x} \cdot \frac{\varphi\left(\frac{2n-3}{2n+1}\frac{\omega}{2}\right)-x}{\varphi\left(\frac{2n-3}{2n+1}\frac{\omega}{2}\right)+x} \cdots \frac{(-1)^n\varphi\left(\frac{1}{2n+1}\frac{\omega}{2}\right)-x}{(-1)^n\varphi\left(\frac{1}{2n+1}\frac{\omega}{2}\right)+x}.$$

Maintenant on a

$$x = (-1)^n \sin\theta, \quad \text{et} \quad \varphi\left(\frac{m}{2n+1}\frac{\omega}{2}\right) = \sin\theta^{(m)},$$

donc en substituant:

$$\sqrt{\frac{1-\sin\psi}{1+\sin\psi}} = \sqrt{\frac{1-(-1)^n\sin\theta}{1+(-1)^n\sin\theta}} \cdot \frac{\sin\theta'-\sin\theta}{\sin\theta'+\sin\theta} \cdot \frac{\sin\theta'''+\sin\theta}{\sin\theta'''-\sin\theta} \cdots \frac{\sin\theta^{(2n-1)}+(-1)^n\sin\theta}{\sin\theta^{(2n-1)}-(-1)^n\sin\theta},$$

et de là

$$\operatorname{tang}(45^\circ - \tfrac{1}{2}\psi)$$
$$= \frac{\operatorname{tang}\frac{1}{2}(\theta'-\theta)}{\operatorname{tang}\frac{1}{2}(\theta'+\theta)} \cdot \frac{\operatorname{tang}\frac{1}{2}(\theta'''+\theta)}{\operatorname{tang}\frac{1}{2}(\theta'''-\theta)} \cdots \frac{\operatorname{tang}\frac{1}{2}[\theta^{(2n-1)}+(-1)^n\theta]}{\operatorname{tang}\frac{1}{2}[\theta^{(2n-1)}-(-1)^n\theta]} \operatorname{tang}[45^\circ-(-1)^n\tfrac{1}{2}\theta].$$

C'est précisément la formule de M. *Jacobi.*

Dans la formule (1), on peut toujours supposer le second membre positif. En effet, en différentiant, on aura

$$\pm\mu d\psi = \frac{\sqrt{1-\lambda^2\sin^2\psi}}{\sqrt{1-k^2\sin^2\theta}} \cdot d\theta.$$

En supposant θ toujours croissant, le second membre sera toujours positif. Donc en déterminant la valeur ψ de sorte qu'elle soit croissante et décroissante en même temps que θ, on doit prendre le signe supérieur. On a donc

$$\int_0 \frac{d\theta}{\sqrt{1-k^2\sin^2\theta}} = \mu\int_0 \frac{d\psi}{\sqrt{1-\lambda^2\sin^2\psi}},$$

ou bien

$$F(k,\theta) = \mu F(\lambda,\psi).$$

En remarquant que ψ doit être croissant et décroissant en même temps que θ, et en ayant égard à la formule (2), on tirera aisément la conséquence que ψ doit tomber entre $\frac{m}{2}\pi$ et $\frac{m+1}{2}\pi$, si θ tombe entre $\theta^{(m)}$ et $\theta^{(m+1)}$.

Quant aux quantités λ et μ, il est évident qu'elles ont nécessairement les mêmes valeurs que celles de M. *Jacobi.* Mais les expressions que j'ai données seront plus commodes pour l'application, et font voir clairement que λ est extrêmement petit, si n est un peu grand. Au reste on peut sans difficulté démontrer leur identité à l'aide de la formule (257).

XVII.

SUR LES FONCTIONS QUI SATISFONT A L'ÉQUATION $\varphi x + \varphi y = \psi(xfy + yfx)$.

Journal für die reine und angewandte Mathematik, herausgegeben von *Crelle,* Bd. 2, Berlin 1827.

L'équation

$$\varphi x + \varphi y = \psi(xfy + yfx),$$

est satisfaite lorsque

$$fy = \tfrac{1}{2}y \quad \text{et} \quad \varphi x = \psi x = \log x;$$

car cela donne

$$\log x + \log y = \log xy;$$

de même lorsque

$$fy = \sqrt{1-y^2} \quad \text{et} \quad \varphi x = \psi x = \text{arc sin}\, x,$$

ce qui donne

$$\text{arc sin}\, x + \text{arc sin}\, y = \text{arc sin}\,(x\sqrt{1-y^2} + y\sqrt{1-x^2}).$$

Il serait possible qu'on pût encore satisfaire à la même équation d'autres manières. C'est ce que nous allons examiner. Soit pour abréger

$$xfy + yfx = r,$$

l'équation de condition devient

(1) $$\varphi x + \varphi y = \psi r.$$

En différentiant cette équation par rapport à x et à y, on aura, en faisant usage de la notation de Lagrange,

$$\varphi'x=\psi'r\frac{dr}{dx} \quad \text{et} \quad \varphi'y=\psi'r\frac{dr}{dy}.$$

De ces équations on tire, en éliminant la fonction $\psi'r$,

$$\varphi'x\frac{dr}{dy}=\varphi'y\frac{dr}{dx}.$$

Or l'expression de r donne

(2) $$\frac{dr}{dx}=fy+yf'x \quad \text{et} \quad \frac{dr}{dy}=fx+xf'y$$

donc en substituant,

(3) $$\varphi'y(fy+yf'x)=\varphi'x(fx+xf'y).$$

En donnant maintenant à la quantité variable y la valeur particulière zéro, ce qui est permis parce que x et y sont des quantités indépendantes entre elles, et en faisant pour abréger

$$\varphi'(0)=a,\ f(0)=\alpha,\ f'(0)=\alpha',$$

l'équation (3) prendra la forme

$$a\alpha-\varphi'x(fx+\alpha'x)=0,$$

d'où l'on tire, en écrivant y au lieu de x,

$$a\alpha-\varphi'y(fy+\alpha'y)=0.$$

Ces deux équations donnent

(4) $$\varphi'x=\frac{a\alpha}{fx+\alpha'x} \quad \text{et} \quad \varphi'y=\frac{a\alpha}{fy+\alpha'y};$$

donc en intégrant,

(5) $$\varphi x=a\alpha\int\frac{dx}{fx+\alpha'x}.$$

De cette manière la fonction φx est déterminée par fx. Il s'agit donc de trouver la fonction fx. En substituant dans l'équation (3) les expressions (4) des fonctions $\varphi'x$ et $\varphi'y$, et réduisant, on trouvera

(6) $$(fx+\alpha'x)(fy+yf'x)=(fy+\alpha'y)(fx+xf'y)$$

d'où l'on tire, en développant,

(7) $$fx.fy+\alpha'xfy+yfx.f'x+\alpha'xyf'x$$
$$-fx.fy-\alpha'yfx-xfy.f'y-\alpha'xyf'y=0,$$

ou bien

$$(8)\qquad x(\alpha' fy - fy.f'y - \alpha' y f'y) - y(\alpha' fx - fx.f'x - \alpha' x f'x) = 0,$$

ou en divisant par xy

$$(9)\qquad \frac{1}{y}(\alpha' fy - fy.f'y - \alpha' y f'y) - \frac{1}{x}(\alpha' fx - fx.f'x - \alpha' x f'x) = 0.$$

Les quantités x et y étant indépendantes entre elles, cette équation ne peut avoir lieu à moins qu'on n'ait

$$\frac{1}{y}(\alpha' fy - fy.f'y - \alpha' y f'y) = \frac{1}{x}(\alpha' fx - fx.f'x - \alpha' x f'x) = \text{Const.}$$

Soit donc

$$(10)\qquad \frac{1}{x}(\alpha' fx - fx.f'x - \alpha' x f'x) = m;$$

on aura

$$(11)\qquad f'x(fx + \alpha' x) + (mx - \alpha' fx) = 0.$$

Par cette équation la fonction fx est déterminée. On peut l'intégrer en faisant

$$fx = xz;$$

car alors on a

$$f'x.dx = z\,dx + x\,dz,$$

d'où l'on tire en substituant,

$$(z\,dx + x\,dz)(xz + \alpha' x) + (mx - \alpha' xz)\,dx = 0,$$

ce qui donne, en divisant par x,

$$(z\,dx + x\,dz)(z + \alpha') + (m - \alpha' z)\,dx = 0,$$

ou

$$[z(z + \alpha') + m - \alpha' z]\,dx + x\,dz(z + \alpha') = 0,$$

ou bien

$$(z^2 + m)\,dx + x\,dz(z + \alpha') = 0,$$

ou en divisant par $x(z^2 + m)$,

$$\frac{dx}{x} = -\frac{dz(z + \alpha')}{z^2 + m},$$

donc en intégrant,

$$\int \frac{dx}{x} = -\int \frac{z\,dz}{z^2 + m} - \alpha' \int \frac{dz}{z^2 + m}.$$

Soit $m=-n^2$, on aura

$$\int\frac{dx}{x}=\log x,\ \int\frac{zdz}{z^2-n^2}=\tfrac{1}{2}\log(z^2-n^2),\ \int\frac{dz}{z^2-n^2}=\frac{1}{2n}\log\frac{z-n}{z+n},$$

donc en substituant et en ajoutant une constante c,

$$\log c-\log x=\tfrac{1}{2}\log(z^2-n^2)+\frac{\alpha'}{2n}\log\frac{z-n}{z+n},$$

ou

$$\log\frac{c}{x}=\log\left\{(z^2-n^2)^{\frac{1}{2}}\left(\frac{z-n}{z+n}\right)^{\frac{\alpha'}{2n}}\right\}$$

d'où

$$\frac{c}{x}=(z^2-n^2)^{\frac{1}{2}}\left(\frac{z-n}{z+n}\right)^{\frac{\alpha'}{2n}}$$

Mais on avait $fx=xz$; donc $z=\frac{fx}{x}$, et par suite en substituant,

$$\frac{c}{x}=\frac{[(fx)^2-n^2x^2]^{\frac{1}{2}}}{x}\left(\frac{fx-nx}{fx+nx}\right)^{\frac{\alpha'}{2n}},$$

ou bien

$$c=(fx-nx)^{\frac{1}{2}+\frac{\alpha'}{2n}}(fx+nx)^{\frac{1}{2}-\frac{\alpha'}{2n}},$$

ou en élevant à la $2n^{\text{ième}}$ puissance,

(12) $$c^{2n}=(fx-nx)^{n+\alpha'}(fx+nx)^{n-\alpha'};$$

$x=0$ donne $c=\alpha$, à cause de $f(0)=\alpha$.

Voilà l'équation de laquelle dépend la fonction fx. Elle n'est pas en général résoluble, parce que n et α' sont deux quantités indéterminées, qui peuvent même être imaginaires. L'équation (12) contient la forme la plus générale de la fonction fx, et on peut démontrer qu'elle satisfait à l'équation de condition donnée dans toute sa généralité. En effet la fonction fx satisfait à l'équation (11), et on voit par la forme de l'équation (9) qu'elle satisfait aussi à cette équation. Or l'équation (6) est l'équation (9) sous une forme différente. Donc la fonction fx satisfait aussi à l'équation (6). De l'équation (6) on tire l'équation (3) en faisant $\varphi' x=\frac{a\alpha}{fx+\alpha' x}$, et l'équation (3) donne, en faisant $xfy+yfx=r$,

$$\varphi' x\frac{dr}{dy}-\varphi' y\frac{dr}{dx}=0.$$

En intégrant cette équation différentielle partielle par les règles connues, on trouvera

$$r=F(\varphi x+\varphi y),$$

d'où

$$\varphi x+\varphi y=\psi r,$$

ou bien

$$\varphi x+\varphi y=\psi(xfy+yfx),$$

ce qui est l'équation de condition donnée.

Il reste encore à trouver la fonction ψ. A cet effet soit $y=0$, on aura, en remarquant que $f(0)=\alpha$,

$$\varphi x=\psi(\alpha x)-\varphi(0),$$

ou, en mettant $\frac{x}{\alpha}$ au lieu de x,

$$\psi x=\varphi\left(\frac{x}{\alpha}\right)+\varphi(0).$$

On trouve donc, en résumant, que les formes les plus générales des fonctions satisfaisant à l'équation de condition

$$\varphi x+\varphi y=\psi(xfy+yfx)$$

sont les suivantes:

$$\varphi x=a\alpha\int\frac{dx}{fx+\alpha' x}$$

et

$$\psi x=\varphi(0)+\varphi\left(\frac{x}{\alpha}\right)=a\alpha\int\frac{dx}{\alpha f\left(\frac{x}{\alpha}\right)+\alpha' x}+\varphi(0),$$

où fx dépend de l'équation

$$\alpha^{2n}=(fx-nx)^{n+\alpha'}(fx+nx)^{n-\alpha'}.$$

Soit par exemple

$$n=\alpha'=\tfrac{1}{2},$$

on aura

$$\alpha=fx-\tfrac{1}{2}x;$$

donc

$$fx=\alpha+\tfrac{1}{2}x,$$

et par suite

$$\varphi x=a\alpha\int\frac{dx}{\alpha+x}=a\alpha\log(\alpha+x)+k,$$

$$\psi x=\varphi(0)+\varphi\left(\frac{x}{\alpha}\right)=2k+a\alpha\log\alpha+a\alpha\log\left(\alpha+\frac{x}{\alpha}\right),$$

ou

$$\psi x = 2k + a\alpha \log(\alpha^2 + x).$$

L'équation de condition devient donc

$$k + a\alpha \log(\alpha + x) + k + a\alpha \log(\alpha + y)$$
$$= 2k + a\alpha \log[\alpha^2 + x(\alpha + \tfrac{1}{2}y) + y(\alpha + \tfrac{1}{2}x)];$$

ce qui a effectivement lieu, car les deux membres de cette équation se réduisent à

$$2k + a\alpha \log(\alpha^2 + \alpha x + \alpha y + xy).$$

La fonction φx est trouvée ci-dessus sous forme d'intégrale. On peut aussi trouver une forme finie pour cette fonction par des logarithmes, en supposant la fonction fx connue. Soit

$$fx + nx = v \quad \text{et} \quad fx - nx = t,$$

l'équation (12) donne

$$\alpha^{2n} = v^{n-\alpha'} t^{n+\alpha'},$$

donc

$$t^{n+\alpha'} = \alpha^{2n} v^{\alpha'-n},$$

d'où

$$t = \alpha^{\frac{2n}{n+\alpha'}} v^{\frac{\alpha'-n}{\alpha'+n}}.$$

Or $fx = \frac{1}{2}(v + t)$ et $nx = \frac{1}{2}(v - t)$, donc

$$fx = \tfrac{1}{2}\left(v + \alpha^{\frac{2n}{n+\alpha'}} v^{\frac{\alpha'-n}{\alpha'+n}}\right),$$

et

$$x = \frac{1}{2n} v - \frac{1}{2n} \alpha^{\frac{2n}{n+\alpha'}} v^{\frac{\alpha'-n}{\alpha'+n}},$$

d'où l'on tire en différentiant

$$dx = \left\{\frac{1}{2n} - \frac{\alpha' - n}{2n(\alpha' + n)} \alpha^{\frac{2n}{n+\alpha'}} v^{\frac{-2n}{\alpha'+n}}\right\} dv.$$

On trouve de même

$$fx + \alpha' x = \left(\frac{1}{2} + \frac{\alpha'}{2n}\right) v + \left(\frac{1}{2} - \frac{\alpha'}{2n}\right) \alpha^{\frac{2n}{n+\alpha'}} v^{\frac{\alpha'-n}{\alpha'+n}},$$

ou bien

$$fx + \alpha' x = (n + \alpha') \left\{\frac{1}{2n} - \frac{\alpha' - n}{2n(\alpha' + n)} \alpha^{\frac{2n}{n+\alpha'}} v^{-\frac{2n}{\alpha'+n}}\right\} v;$$

donc

$$\frac{dx}{fx+\alpha' x}=\frac{dv}{(n+\alpha')v},$$

ce qui donne en intégrant,

$$\int\frac{dx}{fx+\alpha' x}=\frac{1}{n+\alpha'}\log cv=\frac{\varphi x}{a\alpha};$$

où c est une constante arbitraire. En mettant donc pour v sa valeur $fx+nx$, on aura

(13) $$\varphi x=\frac{a\alpha}{n+\alpha'}\log(cnx+cfx).$$

Dans les deux cas $\alpha'=\infty$, et $n=0$, la fonction fx prend une valeur particulière. Pour la trouver, il faut recourir à l'équation différentielle (11).

Soit d'abord $n=0$, l'équation (11) donne, à cause de $m=-n^2$,

$$f'x(fx+\alpha' x)-\alpha' fx=0.$$

Soit

$$fx=zx,$$

on trouvera

$$\frac{dx}{x}=-\frac{dz(z+\alpha')}{z^2}=-\frac{dz}{z}-\frac{\alpha' dz}{z^2},$$

et en intégrant

$$\log c'+\log x=-\log z+\frac{\alpha'}{z},\quad \text{ou}\quad \log(c'xz)=\frac{\alpha'}{z},$$

ou, puisque $z=\frac{fx}{x}$,

$$\log(c'fx)=\frac{\alpha' x}{fx},\quad \text{ou}\quad \alpha' x=fx.\log(c'fx).$$

Pour $x=0$, on a $0=\alpha\log c'\alpha$, donc $c'\alpha=1$ et $c'=\frac{1}{\alpha}$, donc

(14) $$\alpha' x=fx.\log\left(\frac{fx}{\alpha}\right),$$

où

$$e^{\alpha' x}=\left(\frac{fx}{\alpha}\right)^{fx}.$$

Cette équation détermine donc la fonction fx dans le cas où $n=0$. L'équation (13) donne dans ce cas

$$\varphi x=\frac{a\alpha}{\alpha'}\log(cfx)=\frac{a\alpha}{\alpha'}\log(c\alpha)+\frac{a\alpha}{\alpha'}\log\left(\frac{fx}{\alpha}\right);$$

en vertu de (14) on a

$$\log\left(\frac{fx}{\alpha}\right) = \frac{\alpha' x}{fx},$$

donc

(15) $$\varphi x = \frac{a\alpha}{\alpha'} \log c\alpha + \frac{a\alpha x}{fx}.$$

De plus

(16) $$\psi x = \varphi(0) + \varphi\left(\frac{x}{\alpha}\right) = \frac{2a\alpha}{\alpha'} \log c\alpha + \frac{ax}{f\left(\frac{x}{\alpha}\right)}.$$

L'équation de condition devient donc

$$\frac{a\alpha}{\alpha'} \log c\alpha + \frac{a\alpha x}{fx} + \frac{a\alpha}{\alpha'} \log c\alpha + \frac{a\alpha y}{fy} = \frac{2a\alpha}{\alpha'} \log c\alpha + \frac{a(xfy + yfx)}{f\left(\frac{xfy + yfx}{\alpha}\right)},$$

c'est-à-dire qu'on aura

(17) $$\alpha f\left(\frac{xfy + yfx}{\alpha}\right) = fx.fy.$$

Pour examiner cette équation, nous mettrons au lieu de x et de y leurs valeurs $\frac{fx}{\alpha'} \log \frac{fx}{\alpha}$ et $\frac{fy}{\alpha'} \log \frac{fy}{\alpha}$ tirées de l'équation (14), ce qui donne

(18) $$\alpha f\left\{\frac{fx.fy \log \frac{fx.fy}{\alpha^2}}{\alpha\alpha'}\right\} = fy.fx = \alpha fr,$$

en faisant pour abréger

(19) $$\frac{fx.fy.\log \frac{fx.fy}{\alpha^2}}{\alpha\alpha'} = r.$$

Il s'ensuit

$$2 \log \alpha + \log \frac{fr}{\alpha} = \log(fx.fy).$$

Or en vertu de l'équation (14) on a $\log \frac{fr}{\alpha} = \frac{\alpha' r}{fr}$, donc en substituant,

(20) $$2 \log \alpha + \frac{\alpha' r}{fr} = \log(fx.fy).$$

Mais puisque $fr = \frac{fx.fy}{\alpha}$ (18), on a en vertu de (19) $\frac{fr.\log\left(\frac{fx.fy}{\alpha^2}\right)}{\alpha'} = r$, donc $\frac{\alpha' r}{fr} = \log\left(\frac{fx.fy}{\alpha^2}\right)$, et par conséquent: $2 \log \alpha + \log\left(\frac{fx.fy}{\alpha^2}\right)$ $= \log(fx.fy)$, ce qui a effectivement lieu comme on le voit aisément.

Soit ensuite $\alpha' = \infty$. En mettant dans ce cas l'équation (11) sous la forme

$$\frac{fx \cdot f'x}{\alpha'} + xf'x + \frac{mx}{\alpha'} - fx = 0,$$

il est clair qu'on doit avoir $xf'x - fx = 0$, lorsque m est fini. Il faut donc que

$$\frac{f'x \cdot dx}{fx} = \frac{dx}{x}, \quad \text{ou} \quad fx = cx.$$

Si

$$m = -p\alpha'$$

on a

$$xf'x - px - fx = 0.$$

Soit

$$fx = xz,$$

on aura

$$x(x\,dz + z\,dx) - (px + xz)\,dx = 0,$$

ou

$$x\,dz = p\,dx;$$

donc

$$z = p \log cx = \frac{fx}{x},$$

et par suite

$$fx = px \log cx.$$

Pour trouver φx, on substituera la valeur de la fonction fx dans l'équation (3); on aura, à cause de $f'x = p \log cx + p$,

$$\varphi' y(py \log cy + yp \log cx + py) - \varphi' x(px \log cx + xp \log cy + px) = 0;$$

donc, en divisant par $p(\log c^2xy + 1)$,

$$y\varphi' y - x\varphi' x = 0,$$

donc

$$x\varphi' x = k \quad \text{et} \quad d\varphi x = \frac{k\,dx}{x},$$

d'où

$$\varphi x = k \log mx.$$

L'équation de condition donnée deviendra donc

$$k \log mx + k \log my = \psi(xpy \log cy + ypx \log cx),$$

ou

$$k \log m^2xy = \psi(pxy \log c^2xy),$$

ou, en faisant $pxy \log c^2xy = r$ et $xy = v$,

$$\psi r = k \log m^2 v.$$

Par le même procédé, qui a donné ci-dessus les fonctions qui satisfont à l'équation

$$\varphi x + \varphi y = \psi(xfy + yfx),$$

on peut trouver les fonctions inconnues dans toute autre équation à deux quantités variables. En effet, on peut, par des différentiations successives par rapport aux deux quantités variables, trouver autant d'équations qu'il est nécessaire pour éliminer des fonctions quelconques, de sorte qu'on parviendra à une équation qui ne contient qu'une seule de ces fonctions, et qui sera en général une équation différentielle d'un certain ordre. On peut donc en général trouver chacune de ces fonctions par une seule équation. Il s'ensuit qu'une telle équation n'est que très rarement possible. Car, comme la forme d'une fonction quelconque contenue dans l'équation de condition donnée, en vertu de l'équation même, doit être indépendante des formes des autres fonctions, il est évident qu'en général on ne peut considérer aucune de ces fonctions comme donnée. Ainsi par exemple l'équation ci-dessus ne pourrait plus être satisfaite, si la fonction fx avait eu une forme différente de celle qu'on vient de trouver.

XVIII.

NOTE SUR UN MÉMOIRE DE M. *L. OLIVIER*, AYANT POUR TITRE "REMARQUES SUR LES SÉRIES INFINIES ET LEUR CONVERGENCE."

Journal für die reine und angewandte Mathematik, herausgegeben von *Crelle*, Bd. 3, Berlin 1828.

On trouve p. 34 de ce mémoire le théorème suivant pour reconnaître si une série est convergente ou divergente:

"Si l'on trouve que dans une série infinie le produit du $n^{ième}$ terme, ou "du $n^{ième}$ des groupes de termes qui conservent le même signe, par n, est "zéro pour $n = \infty$, on peut regarder cette seule circonstance comme une "marque, que la série est convergente; et réciproquement, la série ne peut "pas être convergente si le produit $n . a_n$ n'est pas nul pour $n = \infty$."

La dernière partie de ce théorème est très juste, mais la première ne semble pas l'être. Par exemple la série

$$\frac{1}{2 \log 2} + \frac{1}{3 \log 3} + \frac{1}{4 \log 4} + \cdots + \frac{1}{n \log n} + \cdots$$

est divergente, quoique $n a_n = \frac{1}{\log n}$ soit zéro pour $n = \infty$. En effet les logarithmes hyperboliques, dont il est question, sont toujours moindres que leurs nombres moins 1, c'est-à-dire, qu'on a toujours $\log(1 + x) < x$. Si $x > 1$ cela est évident. Si $x < 1$ on a

$$\log(1 + x) = x - x^2(\tfrac{1}{2} - \tfrac{1}{3}x) - x^4(\tfrac{1}{4} - \tfrac{1}{5}x) - \cdots,$$

donc aussi dans ce dernier cas $\log(1 + x) < x$, puisque $\frac{1}{2} - \frac{1}{3}x$, $\frac{1}{4} - \frac{1}{5}x$ ... sont tous positifs. En faisant $x = \frac{1}{n}$, cela donne

$$\log\left(1+\frac{1}{n}\right)<\frac{1}{n} \text{ ou bien } \log\frac{1+n}{n}<\frac{1}{n},$$

ou

$$\log(1+n)<\frac{1}{n}+\log n=\left(1+\frac{1}{n\log n}\right)\log n;$$

donc

$$\log\log(1+n)<\log\log n+\log\left(1+\frac{1}{n\log n}\right):$$

Mais puisque $\log(1+x)<x$, on a $\log\left(1+\frac{1}{n\log n}\right)<\frac{1}{n\log n}$, donc, en vertu de l'expression précédente,

$$\log\log(1+n)<\log\log n+\frac{1}{n\log n}.$$

En faisant successivement $n=2, 3, 4, \ldots$, on trouve

$$\log\log 3<\log\log 2+\frac{1}{2\log 2},$$

$$\log\log 4<\log\log 3+\frac{1}{3\log 3},$$

$$\log\log 5<\log\log 4+\frac{1}{4\log 4},$$

$$\cdots\cdots\cdots\cdots$$

$$\log\log(1+n)<\log\log n+\frac{1}{n\log n},$$

donc, en prenant la somme,

$$\log\log(1+n)<\log\log 2+\frac{1}{2\log 2}+\frac{1}{3\log 3}+\frac{1}{4\log 4}+\cdots+\frac{1}{n\log n}.$$

Mais $\log\log(1+n)=\infty$ pour $n=\infty$, donc la somme de la série proposée $\frac{1}{2\log 2}+\frac{1}{3\log 3}+\frac{1}{4\log 4}+\cdots+\frac{1}{n\log n}+\cdots$ est infiniment grande, et par conséquent cette série est divergente. Le théorème énoncé dans l'endroit cité est donc en défaut dans ce cas.

En général on peut démontrer qu'il est impossible de trouver une fonction φn telle qu'une série quelconque $a_0+a_1+a_2+a_3+\cdots+a_n+\cdots$, dont nous supposons tous les termes positifs, soit convergente si $\varphi n.a_n$ est zéro pour $n=\infty$, et divergente dans le cas contraire. C'est ce qu'on peut faire voir à l'aide du théorème suivant:

Si la série $a_0+a_1+a_2+\cdots+a_n+\cdots$ est divergente, la suivante

$$\frac{a_1}{a_0} + \frac{a_2}{a_0 + a_1} + \frac{a_3}{a_0 + a_1 + a_2} + \cdots + \frac{a_n}{a_0 + a_1 + \cdots + a_{n-1}} + \cdots$$

le sera aussi.

En effet, en remarquant que les quantités a_0, a_1, a_2, ... sont positives, on a en vertu du théorème $\log(1+x) < x$, démontré ci-dessus,

$$\log(a_0 + a_1 + a_2 + \cdots + a_n) - \log(a_0 + a_1 + a_2 + \cdots + a_{n-1}),$$

c'est-à-dire

$$\log\left(1 + \frac{a_n}{a_0 + a_1 + a_2 + \cdots + a_{n-1}}\right) < \frac{a_n}{a_0 + a_1 + a_2 + \cdots + a_{n-1}},$$

donc, en faisant successivement $n = 1, 2, 3, \ldots$,

$$\log(a_0 + a_1) - \log a_0 < \frac{a_1}{a_0},$$

$$\log(a_0 + a_1 + a_2) - \log(a_0 + a_1) < \frac{a_2}{a_0 + a_1},$$

$$\log(a_0 + a_1 + a_2 + a_3) - \log(a_0 + a_1 + a_2) < \frac{a_3}{a_0 + a_1 + a_2},$$

. . . .

$$\log(a_0 + a_1 + \cdots + a_n) - \log(a_0 + a_1 + \cdots + a_{n-1}) < \frac{a_n}{a_0 + a_1 + \cdots + a_{n-1}},$$

et en prenant la somme,

$$\log(a_0 + a_1 + \cdots + a_n) - \log a_0 < \frac{a_1}{a_0} + \frac{a_2}{a_0 + a_1} + \cdots + \frac{a_n}{a_0 + a_1 + \cdots + a_{n-1}}.$$

Mais si la série $a_0 + a_1 + a_2 + \cdots + a_n + \cdots$ est divergente, sa somme est infinie, et le logarithme de cette somme l'est également; donc la somme de la série $\frac{a_1}{a_0} + \frac{a_2}{a_0 + a_1} + \cdots + \frac{a_n}{a_0 + a_1 + \cdots + a_{n-1}} + \cdots$ est aussi infiniment grande, et cette série est par conséquent divergente, si la série $a_0 + a_1 + a_2 + \cdots + a_n + \cdots$ l'est. Cela posé, supposons que φn soit une fonction de n, telle que la série $a_0 + a_1 + a_2 + \cdots + a_n + \cdots$ soit convergente ou divergente selon que $\varphi n . a_n$ est zéro ou non pour $n = \infty$. Alors la série

$$\frac{1}{\varphi(1)} + \frac{1}{\varphi(2)} + \frac{1}{\varphi(3)} + \frac{1}{\varphi(4)} + \cdots + \frac{1}{\varphi n} + \cdots$$

sera divergente, et la série

$$\frac{1}{\varphi(2).\frac{1}{\varphi(1)}}+\frac{1}{\varphi(3)\left(\frac{1}{\varphi(1)}+\frac{1}{\varphi(2)}\right)}+\frac{1}{\varphi(4)\left(\frac{1}{\varphi(1)}+\frac{1}{\varphi(2)}+\frac{1}{\varphi(3)}\right)}+\cdots$$
$$+\frac{1}{\varphi n\left(\frac{1}{\varphi(1)}+\frac{1}{\varphi(2)}+\frac{1}{\varphi(3)}+\cdots+\frac{1}{\varphi(n-1)}\right)}+\cdots$$

convergente; car dans la première on a $a_n\varphi n=1$ et dans la seconde $a_n\varphi n=0$ pour $n=\infty$. Or, selon le théorème établi plus haut, la seconde série est nécessairement divergente en même temps que la première; donc une fonction φn telle qu'on l'a supposée n'existe pas. En faisant $\varphi n=n$, les deux séries en question deviendront

$$1+\tfrac{1}{2}+\tfrac{1}{3}+\tfrac{1}{4}+\cdots+\frac{1}{n}+\cdots$$

et

$$\frac{1}{2.1}+\frac{1}{3(1+\frac{1}{2})}+\frac{1}{4(1+\frac{1}{2}+\frac{1}{3})}+\cdots+\frac{1}{n\left(1+\frac{1}{2}+\frac{1}{3}+\cdots+\frac{1}{n-1}\right)}+\cdots,$$

qui par conséquent sont divergentes toutes deux.

XIX.

SOLUTION D'UN PROBLÈME GÉNÉRAL CONCERNANT LA TRANSFORMATION DES FONCTIONS ELLIPTIQUES.

Astronomische Nachrichten, herausgegeben von *Schumacher*, Bd. 6, Nr. 138. Altona 1828.

Dans le n° 127 de ce journal M. *Jacobi* démontre un théorème très élégant relatif à la transformation des fonctions elliptiques. Ce théorème est un cas particulier d'un autre plus général, auquel je suis parvenu depuis longtemps sans connaître le mémoire de M. *Jacobi*. On en trouve la démonstration dans un mémoire inséré dans le journal de M. *Crelle*, et qui a pour titre "Recherches sur les fonctions elliptiques." Mais on peut envisager cette théorie sous un point de vue beaucoup plus général, en se proposant comme un problème d'analyse indéterminée de trouver toutes les transformations possibles d'une fonction elliptique qui peuvent s'effectuer d'une certaine manière. Je suis parvenu à résoudre complètement un grand nombre de problèmes de cette espèce. Parmi eux est le suivant, qui est d'une grande importance dans la théorie des fonctions elliptiques:

"Trouver tous les cas possibles dans lesquels on pourra satisfaire à l'é-
"quation différentielle:

$$(1)\qquad \frac{dy}{\sqrt{(1-c_1^2y^2)(1-e_1^2y^2)}}=\pm a\frac{dx}{\sqrt{(1-c^2x^2)(1-e^2x^2)}},$$

"en mettant pour y une fonction algébrique de x, rationnelle ou irra-
"tionnelle."

Ce problème, vu la généralité de la fonction y, paraît au premier coup d'oeil bien difficile, mais on peut le ramener au cas où l'on suppose y rationnelle. En effet on peut démontrer que si l'équation (1) a lieu pour une valeur irrationnelle de y, on en pourra toujours déduire une autre de la même forme, dans laquelle y est rationnelle, en changeant convenablement le coefficient a, les quantités c_1, e_1, c, e restant les mêmes. La méthode qui s'offre d'abord pour résoudre le problème dans le cas où y est rationnelle est celle des coefficiens indéterminés; or on serait bientôt fatigué à cause de l'extrême complication des équations à satisfaire. Je crois donc que le procédé suivant, qui conduit de la manière la plus simple à une solution complète, doit peut-être mériter l'attention des géomètres.

En faisant

$$\theta = \int_0 \frac{dx}{\sqrt{(1-c^2x^2)(1-e^2x^2)}}, \tag{2}$$

la quantité x sera une certaine fonction de θ; nous la désignerons par $\lambda\theta$. De même nous désignerons par $\frac{\omega}{2}$ et $\frac{\omega'}{2}$ les valeurs de θ qui répondent respectivement à $x=\frac{1}{c}$ et à $x=\frac{1}{e}$, et par $\Delta\theta$ la fonction $\sqrt{(1-c^2x^2)(1-e^2x^2)}$. Cela posé, on pourra démontrer les théorèmes suivans:

Théorème I. En désignant par θ et θ' deux quantités quelconques, on aura toujours

$$\lambda(\theta \pm \theta') = \frac{\lambda\theta \,.\, \Delta\theta' \pm \lambda\theta' \,.\, \Delta\theta}{1 - c^2e^2\lambda^2\theta \,.\, \lambda^2\theta'} \tag{3}$$

(Voy. Exercices de calcul int., t. I, p. 23).

Théorème II. On satisfait de la manière la plus générale à l'équation

$$\lambda\theta' = \lambda\theta$$

en prenant

$$\theta' = (-1)^{m+m'}\theta + m\omega + m'\omega',$$

où m et m' sont des nombres entiers quelconques positifs ou négatifs. On aura donc

$$\lambda[(-1)^{m+m'}\theta + m\omega + m'\omega'] = \lambda\theta. \tag{4}$$

Ce théorème a lieu généralement, quelles que soient les quantités e et c, réelles ou imaginaires. Je l'ai démontré pour le cas où e^2 est négatif et c^2 positif dans le mémoire cité plus haut (*Crelle's* Journal für die reine und angewandte Mathematik, Bd. 2, p. 114). Les quantités ω, ω sont toujours dans un rapport imaginaire. Elles jouent d'ailleurs dans la théorie des fonctions elliptiques le même rôle que le nombre π dans celle des fonctions circulaires.

Nous allons voir comment à l'aide de ces deux théorèmes on pourra déterminer facilement l'expression générale de y, et les valeurs qui en résulteront pour c_1 et e_1.

Soit

$$y = \psi(x) \tag{5}$$

la fonction rationnelle cherchée. Si l'on considère x comme fonction de y, sa valeur sera déterminée par l'équation (5), qui aura un certain nombre de racines. Or il existe entre ces racines des relations qui nous conduiront à l'expression de $\psi(x)$.

Si l'équation (5) passe le premier degré par rapport à x, désignons par x_1 une autre racine, et par θ_1 la valeur correspondante de θ, de sorte que $x_1 = \lambda\theta_1$, $y = \psi(x) = \psi(x_1)$.

En vertu de la formule (2), l'équation (1) deviendra, en désignant le radical du premier membre par $\sqrt{R}$,

$$\frac{dy}{\sqrt{R}} = \pm\, a\, d\theta.$$

En changeant x en x_1, ou, ce qui revient au même, θ en θ_1, la valeur de y reste la même, et par conséquent $\frac{dy}{\sqrt{R}}$ reste le même, ou se change en $-\frac{dy}{\sqrt{R}}$. On aura donc

$$\pm \frac{dy}{\sqrt{R}} = \pm\, a\, d\theta_1,$$

et par suite $d\theta_1 = \pm d\theta$, d'où l'on tire en intégrant $\theta_1 = \alpha \pm \theta$, α étant une quantité indépendante de θ. On aura par conséquent $x_1 = \lambda(\alpha \pm \theta)$. Il suffit de prendre θ avec le signe $+$; car on a, d'après la formule (4), en y faisant $m = 1$, $m' = 0$, $\lambda\theta = \lambda(\omega - \theta)$ et par conséquent $\lambda(\alpha - \theta) = \lambda(\omega - \alpha + \theta)$, où $\omega - \alpha$ est une nouvelle constante. On pourra donc faire $x_1 = \lambda(\theta + \alpha)$. On a ainsi établi ce théorème.

Théorème III. „Si une racine de l'équation $y = \psi(x)$ est représentée „par $\lambda\theta$, une autre racine quelconque sera de la forme $\lambda(\theta + \alpha)$, où α est „une quantité constante."

Si l'on pouvait parvenir à trouver toutes les valeurs de α, rien ne serait plus facile que de déterminer ensuite celle de y. Or c'est ce que nous allons faire à l'aide du Théorème II. Les quantités $\lambda\theta$ et $\lambda(\theta+\alpha)$ étant des racines, on aura à la fois:

$$y=\psi(\lambda\theta)=\psi[\lambda(\theta+\alpha)],$$

équation qui doit avoir lieu pour une valeur quelconque de θ. On en tire, en mettant au lieu de θ successivement $\theta+\alpha$, $\theta+2\alpha$, ... $\theta+k\alpha$,

$$\psi(\lambda\theta)=\psi[\lambda(\theta+\alpha)]=\psi[\lambda(\theta+2\alpha)]=\cdots=\psi[\lambda(\theta+k\alpha)],$$

donc on aura

$$y=\psi[\lambda(\theta+k\alpha)],$$

k désignant un nombre entier quelconque. On voit par là que, non seulement $\lambda(\theta+\alpha)$, mais toute quantité de la forme $\lambda(\theta+k\alpha)$ sera une racine de l'équation $y=\psi(x)$. Or, k pouvant avoir une infinité de valeurs différentes, il faut nécessairement que plusieurs des quantités $\lambda(\theta+k\alpha)$ soient égales pour des valeurs différentes de k, car l'équation $y=\psi(x)$ n'a qu'un nombre limité de racines.

Soit donc $\lambda(\theta+k\alpha)=\lambda(\theta+k'\alpha)$, où nous supposons k plus grand que k'. En mettant $\theta-k'\alpha$ au lieu de θ, il viendra: $\lambda[\theta+(k-k')\alpha]=\lambda\theta$, ou bien, en faisant $k-k'=n$,

$$\lambda(\theta+n\alpha)=\lambda\theta. \tag{6}$$

Cette équation détermine la valeur de α, car en vertu du théorème II on en tire

$$\theta+n\alpha=(-1)^{m+m'}\theta+m\omega+m'\omega',$$

ce qui donne, en remarquant que θ est variable, $(-1)^{m+m'}=1$ et $n\alpha=m\omega+m'\omega'$; $m+m'$ doit donc être un nombre pair, et alors on aura

$$\alpha=\frac{m}{n}\omega+\frac{m'}{n}\omega', \tag{7}$$

$\frac{m}{n}$ et $\frac{m'}{n}$ pouvant désigner des quantités rationnelles quelconques; on voit donc que, pour que la quantité $\lambda(\theta+\alpha)$ puisse être racine de l'équation $y=\psi(x)$ en même temps que $\lambda\theta$, il faut que la constante α ait la forme

$$\alpha=\mu\omega+\mu'\omega', \tag{8}$$

où μ et μ' sont des quantités rationnelles positives ou négatives. La quantité α ayant une telle valeur, l'expression $\lambda(\theta+k\alpha)$ n'aura qu'un nombre limité de valeurs différentes, car ayant $\lambda(\theta+n\alpha)=\lambda\theta$, on aura de même $\lambda[\theta+(n+1)\alpha]=\lambda(\theta+\alpha)$; $\lambda[\theta+(n+2)\alpha]=\lambda(\theta+2\alpha)$ etc.

Cela posé, si le degré de l'équation $y=\psi(x)$ surpasse le nombre des valeurs inégales de $\lambda(\theta+k\alpha)$, soit $\lambda(\theta+\alpha_1)$ une nouvelle racine, différente des racines $\lambda(\theta+k\alpha)$; on doit avoir de la même manière: $\alpha_1=\mu_1\omega+\mu_1'\omega'$ et $\psi(\lambda\theta)=\psi[\lambda(\theta+k_1\alpha_1)]$. En mettant $\theta+k\alpha$ au lieu de θ, il viendra, en remarquant que $\psi[\lambda(\theta+k\alpha)]=\psi(\lambda\theta)=y$,

$$y=\psi[\lambda(\theta+k\alpha+k_1\alpha_1)],$$

donc $\lambda(\theta+k\alpha+k_1\alpha_1)$ sera une racine quels que soient les nombres entiers k et k_1. Si maintenant le degré de l'équation $y=\psi(x)$ surpasse le nombre des valeurs inégales de l'expression $\lambda(\theta+k\alpha+k_1\alpha_1)$, soit $\lambda(\theta+\alpha_2)$ une nouvelle racine; on doit avoir $\alpha_2=\mu_2\omega+\mu_2'\omega'$ et $\psi(\lambda\theta)=\psi[\lambda(\theta+k_2\alpha_2)]$, d'où l'on tire, en mettant $\theta+k\alpha+k_1\alpha_1$ au lieu de θ,

$$y=\psi[\lambda(\theta+k\alpha+k_1\alpha_1+k_2\alpha_2)],$$

et par conséquent toutes les quantités contenues dans l'expression $\lambda(\theta+k\alpha+k_1\alpha_1+k_2\alpha_2)$ seront des racines, quels que soient les nombres entiers k, k_1, k_2. En continuant ce raisonnement jusqu'à ce qu'on ait épuisé toutes les racines de l'équation $y=\psi(x)$, on aura le théorème suivant:

Théorème IV. Toutes les racines de l'équation $y=\psi(x)$ pourront être représentées par les valeurs inégales de l'expression:

$$\lambda(\theta+k_1\alpha_1+k_2\alpha_2+k_3\alpha_3+\cdots+k_\nu\alpha_\nu),$$

en donnant à $k_1, k_2, \ldots k_\nu$ toutes les valeurs entières, et les quantités $\alpha_1, \alpha_2, \ldots \alpha_\nu$ étant de la forme

$$\mu\omega+\mu'\omega',$$

où μ et μ' sont des quantités rationnelles.

Cela posé, désignons ces valeurs de l'expression $\lambda(\theta+k_1\alpha_1+k_2\alpha_2+\cdots+k_\nu\alpha_\nu)$ par $\lambda(\theta)$, $\lambda(\theta+\alpha_1)$, $\lambda(\theta+\alpha_2)$, $\ldots$ $\lambda(\theta+\alpha_{m-1})$, et faisons $\psi(x)=\frac{p}{q}$, p et q étant des fonctions entières de x sans diviseur commun, on aura

$$p-qy=A(x-\lambda\theta)[x-\lambda(\theta+\alpha_1)][x-\lambda(\theta+\alpha_2)]\ldots[x-\lambda(\theta+\alpha_{m-1})],$$

équation qui a lieu pour une valeur quelconque de x. A est le coefficient de x^m dans $p-qy$, il est donc de la forme $f-gy$, où f et g sont des constantes. On aura par conséquent

$$(9)\quad p-qy=(f-gy)[x-\lambda\theta][x-\lambda(\theta+\alpha_1)]\ldots[x-\lambda(\theta+\alpha_{m-1})].$$

De là on déduira une expression de y en θ, en attribuant à x une valeur particulière, ou bien en comparant les coefficiens d'une même puissance de x dans les deux membres. Une telle expression de y contiendra trois quantités constantes inconnues, et le problème se réduit maintenant à trouver tous les cas dans lesquels ces trois quantités pourront être déterminées de telle sorte que l'équation proposée soit satisfaite. Or nous allons voir tout-à-l'heure que cela sera toujours possible, quelles que soient les quantités $\alpha_1, \alpha_2, \ldots \alpha_\nu$, en déterminant convenablement deux des quantités a, e_1, c_1. Mais avant de considérer le cas général nous allons commencer par celui où p et q sont du premier degré, car un théorème qui en résulte nous sera utile pour parvenir à la solution du problème général.

Soit donc

$$y=\frac{f'+fx}{g'+gx},$$

on en tire

$$1\pm c_1y=\frac{g'\pm c_1f'+(g\pm c_1f)x}{g'+gx},\quad 1\pm e_1y=\frac{g'\pm e_1f'+(g\pm e_1f)x}{g'+gx},$$

$$dy=\frac{fg'-f'g}{(g'+gx)^2}\,dx.$$

Par là l'équation (1) deviendra, en substituant,

$$\frac{fg'-f'g}{\sqrt{(g'^2-c_1^2f'^2)(g'^2-e_1^2f'^2)}}\cdot\frac{dx}{\sqrt{\left(1+\frac{g+c_1f}{g'+c_1f'}x\right)\left(1+\frac{g-c_1f}{g'-c_1f'}x\right)\left(1+\frac{g+e_1f}{g'+e_1f'}x\right)\left(1+\frac{g-e_1f}{g'-e_1f'}x\right)}}$$
$$=\pm a\frac{dx}{\sqrt{(1-c^2x^2)(1-e^2x^2)}}.$$

On trouve aisement que cette formule ne peut être satisfaite que de l'une des manières suivantes:

$$(10)\qquad y=ax,\qquad c_1^2=\frac{c^2}{a^2},\quad e_1^2=\frac{e^2}{a^2},$$

$$(11)\qquad y=\frac{a}{ec}\cdot\frac{1}{x},\quad c_1^2=\frac{c^2}{a^2},\quad e_1^2=\frac{e^2}{a^2},$$

$$(12)\qquad \begin{cases} y = m\dfrac{1 - x\sqrt{ec}}{1 + x\sqrt{ec}}, & c_1 = \dfrac{1}{m}\,\dfrac{\sqrt{c} - \sqrt{e}}{\sqrt{c} + \sqrt{e}}, \\[2ex] e_1 = \dfrac{1}{m}\,\dfrac{\sqrt{c} + \sqrt{e}}{\sqrt{c} - \sqrt{e}}, & a = \dfrac{m\sqrt{-1}}{2}(c - e). \end{cases}$$

On peut prendre les quantités c, e, $\sqrt{c}$, $\sqrt{e}$ avec le signe qu'on voudra.

Cela posé, reprenons l'équation (9). En désignant par f' et g' les coefficiens de x^{m-1} dans p et q, on aura

$$f' - g'y = -(f - gy)[\lambda\theta + \lambda(\theta + \alpha_1) + \lambda(\theta + \alpha_2) + \cdots + \lambda(\theta + \alpha_{m-1})],$$

d'où l'on tire, en faisant pour abréger

$$(13)\qquad \varphi\theta = \lambda\theta + \lambda(\theta + \alpha_1) + \lambda(\theta + \alpha_2) + \cdots + \lambda(\theta + \alpha_{m-1}),$$

$$(14)\qquad y = \frac{f' + f.\varphi\theta}{g' + g.\varphi\theta},$$

équation qui pourra servir à déterminer la fonction y, excepté dans le cas où $\varphi\theta$ se réduit à une quantité constante.

Selon l'hypothèse, y doit être une fonction rationnelle de x, donc la fonction $\varphi\theta$ doit l'être de même. Il faut donc examiner d'abord dans quels cas cela pourra avoir lieu.

Soit $\lambda(\theta + \alpha)$ une quelconque des quantités $\lambda(\theta + \alpha_1)$, $\lambda(\theta + \alpha_2)$, ..., il suit de ce qui précède que $\lambda(\theta + k\alpha)$ sera de même égale à l'une d'entre elles. Or soit $\lambda(\theta + n\alpha) = \lambda\theta$, ce qui a toujours lieu en déterminant convenablement le nombre entier n, on aura, en mettant $\theta - \alpha$ au lieu de θ, $\lambda[\theta + (n - 1)\alpha] = \lambda(\theta - \alpha)$; donc $\lambda(\theta - \alpha)$ sera encore contenue parmi les quantités dont il s'agit. Il suit de là que si $\lambda(\theta - \alpha_1)$ est différente de $\lambda(\theta + \alpha_1)$, la quantité $\lambda(\theta - \alpha_1)$ sera égale à l'une des quantités $\lambda(\theta + \alpha_2)$, $\lambda(\theta + \alpha_3)$, ... Cherchons donc d'abord les valeurs de α qui donneront $\lambda(\theta - \alpha) = \lambda(\theta + \alpha)$; c'est-à-dire $\lambda(\theta + 2\alpha) = \lambda\theta$. D'après l'équation (7) on aura

$$\alpha = \frac{m}{2}\omega + \frac{m'}{2}\omega',$$

où $m + m'$ est un nombre pair. En donnant à m et m' à partir de zéro toutes les valeurs entières telles que $m + m'$ soit pair, $\lambda(\theta + \alpha)$ prendra les valeurs suivantes:

$$\lambda\theta,\ \lambda(\theta+\omega),\ \lambda(\theta+\omega'),\ \lambda\left(\theta+\frac{\omega}{2}+\frac{\omega'}{2}\right),\ \lambda\left(\theta+\frac{3\omega}{2}+\frac{\omega'}{2}\right),$$
$$\lambda(\theta+\omega+\omega'),\ \text{etc.},$$

mais, d'après le théorème II, il est clair que les seules de ces valeurs qui soient différentes entre elles sont celles-ci

$$\lambda\theta,\ \lambda(\theta+\omega),\ \lambda\left(\theta+\frac{\omega}{2}+\frac{\omega'}{2}\right),\ \lambda\left(\theta+\frac{3\omega}{2}+\frac{\omega'}{2}\right),$$

donc, puisque $\lambda(\theta+\alpha)$ doit être différent de $\lambda\theta$, $\lambda(\theta+\alpha)$ ne pourra avoir que l'une de ces trois valeurs

$$\lambda(\theta+\omega),\ \lambda\left(\theta+\frac{\omega}{2}+\frac{\omega'}{2}\right),\ \lambda\left(\theta+\frac{3\omega}{2}+\frac{\omega'}{2}\right).$$

En exceptant ces quantités, il répond donc toujours à $\lambda(\theta+\alpha)$ un autre terme $\lambda(\theta-\alpha)$. De là il suit qu'on pourra écrire l'expression de $\varphi\theta$ comme il suit:

$$(15)\quad \varphi\theta=\lambda\theta+k.\lambda(\theta+\omega)+k'.\lambda\left(\theta+\frac{\omega}{2}+\frac{\omega'}{2}\right)+k''.\lambda\left(\theta+\frac{3\omega}{2}+\frac{\omega'}{2}\right)$$
$$+\lambda(\theta+\alpha_1)+\lambda(\theta-\alpha_1)+\lambda(\theta+\alpha_2)+\lambda(\theta-\alpha_2)+\cdots+\lambda(\theta+\alpha_n)+\lambda(\theta-\alpha_n),$$

où k, k', k'' sont égaux à zéro ou à l'unité.

Pour avoir maintenant l'expression de $\varphi\theta$ en x, il faut recourir à la formule (3). En y faisant d'abord $\theta'=\frac{\omega}{2}$, on aura $\lambda\theta'=\frac{1}{c}$, donc $\varDelta(\theta')=0$, et par conséquent

$$\lambda\left(\theta\pm\frac{\omega}{2}\right)=\pm\frac{1}{c}\cdot\frac{\varDelta\theta}{1-e^2\lambda^2\theta};$$

or $\varDelta\theta=\sqrt{(1-e^2x^2)(1-c^2x^2)}$, donc

$$\lambda\left(\theta\pm\frac{\omega}{2}\right)=\pm\frac{1}{c}\sqrt{\frac{1-c^2x^2}{1-e^2x^2}}.$$

On aura de la même manière, en faisant $\theta'=\frac{\omega'}{2}$,

$$\lambda\left(\theta+\frac{\omega'}{2}\right)=\frac{1}{e}\sqrt{\frac{1-e^2x^2}{1-c^2x^2}}.$$

La première formule donne

$$(16)\qquad \lambda\left(\theta-\frac{\omega}{2}\right)=-\lambda\left(\theta+\frac{\omega}{2}\right),$$

donc, en mettant $\theta+\frac{\omega}{2}$ au lieu de θ,

(17) $$\lambda(\theta+\omega)=-\lambda\theta=-x.$$

En multipliant $\lambda\left(\theta-\frac{\omega}{2}\right)$ par $\lambda\left(\theta+\frac{\omega'}{2}\right)$, on aura

(18) $$\lambda\left(\theta-\frac{\omega}{2}\right).\lambda\left(\theta+\frac{\omega'}{2}\right)=-\frac{1}{ec},$$

d'où l'on tire, en mettant $\theta+\frac{\omega}{2}$ et $\theta+\frac{3\omega}{2}$ au lieu de θ,

(19) $$\begin{cases}\lambda\left(\theta+\frac{\omega}{2}+\frac{\omega'}{2}\right)=-\frac{1}{ec}\cdot\frac{1}{\lambda\theta}=-\frac{1}{ec}\cdot\frac{1}{x},\\ \lambda\left(\theta+\frac{3\omega}{2}+\frac{\omega'}{2}\right)=-\frac{1}{ec}\cdot\frac{1}{\lambda(\theta+\omega)}=\frac{1}{ec}\cdot\frac{1}{x}.\end{cases}$$

La formule (3) donne encore, en faisant $\theta'=\alpha$,

(20) $$\lambda(\theta+\alpha)+\lambda(\theta-\alpha)=\frac{2x.\varDelta\alpha}{1-e^2c^2\lambda^2\alpha.x^2}.$$

On voit par là que l'expression de $\varphi\theta$ sera toujours une fonction rationnelle de x, savoir

(21) $$\varphi\theta=(1-k)x+\frac{k''-k'}{ec}\cdot\frac{1}{x}+\Sigma\frac{2x.\varDelta\alpha}{1-e^2c^2\lambda^2\alpha.x^2},$$

en employant pour abréger le signe de sommation Σ.

Cela posé, il faut considérer plusieurs cas, selon les valeurs différentes de k, k', k''.

Premier cas. Si $k=k'=k''=0$.

Si les trois quantités k, k', k'', sont égales à zéro, l'expression de $\varphi\theta$ deviendra

(22) $$\varphi\theta=\lambda\theta+\lambda(\theta+\alpha_1)+\lambda(\theta-\alpha_1)+\lambda(\theta+\alpha_2)+\lambda(\theta-\alpha_2)+\cdots \\ +\lambda(\theta+\alpha_n)+\lambda(\theta-\alpha_n)$$

et

(23) $$\varphi\theta=x+2x\Sigma\frac{\varDelta\alpha}{1-e^2c^2\lambda^2\alpha.x^2}.$$

Donc la première condition, que y soit rationnelle en x, est remplie. Il faut maintenant substituer son expression dans l'équation proposée et voir si elle pourra être satisfaite.

On tire d'abord de l'équation (14)

$$1 \pm c_1 y = \frac{g' \pm c_1 f' + (g \pm c_1 f)\varphi\theta}{g' + g\varphi\theta},$$

$$1 \pm e_1 y = \frac{g' \pm e_1 f' + (g \pm e_1 f)\varphi\theta}{g' + g\varphi\theta}.$$

Cela posé, désignons par δ, δ', ε, ε' des valeurs de θ qui répondent respectivement à $y = +\frac{1}{c_1}$, $y = -\frac{1}{c_1}$, $y = +\frac{1}{e_1}$, $y = -\frac{1}{e_1}$, on doit avoir

$$(24) \quad \begin{cases} g' - c_1 f' + (g - c_1 f)\varphi\delta = 0, \quad g' + c_1 f' + (g + c_1 f)\varphi\delta' = 0, \\ g' - e_1 f' + (g - e_1 f)\varphi\varepsilon = 0, \quad g' + e_1 f' + (g + e_1 f)\varphi\varepsilon' = 0. \end{cases}$$

En vertu de ces équations les valeurs de $1 - c_1 y$, $1 + c_1 y$, $1 - e_1 y$, $1 + e_1 y$ deviendront, en faisant pour abréger

$$(25) \qquad g' + g\varphi\theta = r:$$

$$(26) \quad \begin{cases} 1 - c_1 y = \dfrac{g' - c_1 f'}{r}\left(1 - \dfrac{\varphi\theta}{\varphi\delta}\right), \\ 1 + c_1 y = \dfrac{g' + c_1 f'}{r}\left(1 - \dfrac{\varphi\theta}{\varphi\delta'}\right), \\ 1 - e_1 y = \dfrac{g' - e_1 f'}{r}\left(1 - \dfrac{\varphi\theta}{\varphi\varepsilon}\right), \\ 1 + e_1 y = \dfrac{g' + e_1 f'}{r}\left(1 - \dfrac{\varphi\theta}{\varphi\varepsilon'}\right) \end{cases}$$

En substituant dans $1 - \frac{\varphi\theta}{\varphi\delta}$ l'expression de $\varphi\theta$ en x, on obtiendra un résultat de la forme

$$1 - \frac{\varphi\theta}{\varphi\delta} = \frac{1 + A_1 x + A_2 x^2 + \cdots + A_{2n+1} x^{2n+1}}{(1 - e^2c^2\lambda^2\alpha_1 x^2)(1 - e^2c^2\lambda^2\alpha_2 x^2)\cdots(1 - e^2c^2\lambda^2\alpha_n x^2)}.$$

En faisant $\theta = \delta$ le second membre s'évanouira, mais il est clair par ce qui précède que $\varphi(\theta)$ ne change pas de valeur si l'on met au lieu de θ l'une quelconque des quantités $\theta \pm \alpha_1$, $\theta \pm \alpha_2 \ldots \theta \pm \alpha_n$. Donc le numérateur du second membre doit s'évanouir toutes les fois que x a l'une des valeurs $\lambda\delta$, $\lambda(\delta \pm \alpha_1)$, $\lambda(\delta \pm \alpha_2)$, $\ldots$ $\lambda(\delta \pm \alpha_n)$. Donc, puisque le nombre de ces valeurs, en général toutes différentes entre elles, est $2n+1$, il s'ensuit que

$$1+A_1x+\cdots+A_{2n+1}x^{2n+1}=\left(1-\frac{x}{\lambda\delta}\right)\left(1-\frac{x}{\lambda(\delta+\alpha_1)}\right)\left(1-\frac{x}{\lambda(\delta-\alpha_1)}\right)$$
$$\ldots\left(1-\frac{x}{\lambda(\delta+\alpha_n)}\right)\left(1-\frac{x}{\lambda(\delta-\alpha_n)}\right);$$

donc en substituant et faisant pour abréger,

$$(27)\qquad \varrho=(1-e^2c^2\lambda^2\alpha_1x^2)(1-e^2c^2\lambda^2\alpha_2x^2)\ldots(1-e^2c^2\lambda^2\alpha_nx^2),$$

il viendra

$$(28)\quad 1-\frac{\varphi\theta}{\varphi\delta}=\frac{1}{\varrho}\cdot\left(1-\frac{x}{\lambda\delta}\right)\left(1-\frac{x}{\lambda(\delta+\alpha_1)}\right)\left(1-\frac{x}{\lambda(\delta-\alpha_1)}\right)$$
$$\ldots\left(1-\frac{x}{\lambda(\delta+\alpha_n)}\right)\left(1-\frac{x}{\lambda(\delta-\alpha_n)}\right),$$

formule qui a lieu pour des valeurs quelconques de δ et θ.

A l'aide de cette formule il sera facile de trouver les cas dans lesquels on pourra satisfaire à l'équation proposée. On peut écrire cette équation comme il suit:

$$(29)\qquad \sqrt{(1-c_1^2y^2)(1-e_1^2y^2)}=\frac{1}{a}\frac{dy}{dx}\sqrt{(1-c^2x^2)(1-e^2x^2)},$$

ce qui nous fait voir que l'une des quatre fonctions $1\pm c_1y$, $1\pm e_1y$ doit s'évanouir en attribuant à x une des quatre valeurs $\pm\frac{1}{c}$, $\pm\frac{1}{e}$, c'est-à-dire à θ une des valeurs $\pm\frac{\omega}{2}$, $\pm\frac{\omega'}{2}$.

Supposons d'abord $1-c_1y=0$ pour $\theta=\frac{\omega}{2}$, $1+c_1y=0$ pour $\theta=-\frac{\omega}{2}$, $1-e_1y=0$ pour $\theta=\frac{\omega'}{2}$, $1+e_1y=0$ pour $\theta=-\frac{\omega'}{2}$, on pourra prendre $\delta=\frac{\omega}{2}$, $\delta'=-\frac{\omega}{2}$, $\varepsilon=\frac{\omega'}{2}$, $\varepsilon'=-\frac{\omega'}{2}$. En substituant ces valeurs dans les équations (24) et remarquant que $\varphi\left(-\frac{\omega}{2}\right)=-\varphi\left(\frac{\omega}{2}\right)$, $\varphi\left(-\frac{\omega'}{2}\right)=-\varphi\left(\frac{\omega'}{2}\right)$, on en tire

$$g'=c_1f.\varphi\left(\frac{\omega}{2}\right)=e_1f.\varphi\left(\frac{\omega'}{2}\right);\quad f'=\frac{g}{c_1}\varphi\left(\frac{\omega}{2}\right)=\frac{g}{e_1}\varphi\left(\frac{\omega'}{2}\right).$$

On satisfait à ces équations en prenant

$$(30)\qquad g=f'=0,\quad \frac{f}{g'}=\frac{1}{k},\quad c_1=\frac{k}{\varphi\left(\frac{\omega}{2}\right)},\quad e_1=\frac{k}{\varphi\left(\frac{\omega'}{2}\right)},$$

où k est arbitraire.

La valeur de y deviendra

$$(31)\qquad y=\frac{1}{k}\varphi\theta$$

et l'on aura ensuite

$$1\pm c_1 y=1\pm\frac{\varphi\theta}{\varphi\left(\frac{\omega}{2}\right)},\quad 1\pm e_1 y=1\pm\frac{\varphi\theta}{\varphi\left(\frac{\omega'}{2}\right)}.$$

Cela posé, faisons dans la formule (28) $\delta=\pm\frac{\omega}{2}$, $\pm\frac{\omega'}{2}$, on obtiendra

$$(32)\quad 1-\frac{\varphi\theta}{\varphi\left(\frac{\omega}{2}\right)}=\frac{1}{\varrho}\left\{1-\frac{x}{\lambda\frac{\omega}{2}}\right\}\left\{1-\frac{x}{\lambda\left(\frac{\omega}{2}+\alpha_1\right)}\right\}\left\{1-\frac{x}{\lambda\left(\frac{\omega}{2}-\alpha_1\right)}\right\}\cdots$$
$$\cdots\left\{1-\frac{x}{\lambda\left(\frac{\omega}{2}+\alpha_n\right)}\right\}\left\{1-\frac{x}{\lambda\left(\frac{\omega}{2}-\alpha_n\right)}\right\};$$

or $\lambda\left(\frac{\omega}{2}\right)=\frac{1}{c}$, et d'après la formule (16) on aura $\lambda\left(\frac{\omega}{2}+\alpha\right)=\lambda\left(\frac{\omega}{2}-\alpha\right)$, donc

$$(33)\quad 1-\frac{\varphi\theta}{\varphi\left(\frac{\omega}{2}\right)}=\frac{1}{\varrho}(1-cx)\left\{1-\frac{x}{\lambda\left(\frac{\omega}{2}-\alpha_1\right)}\right\}^2\left\{1-\frac{x}{\lambda\left(\frac{\omega}{2}-\alpha_2\right)}\right\}^2\cdots$$
$$\cdots\left\{1-\frac{x}{\lambda\left(\frac{\omega}{2}-\alpha_n\right)}\right\}^2.$$

On aura des expressions analogues pour $1+\frac{\varphi\theta}{\varphi\left(\frac{\omega}{2}\right)}$, $1\pm\frac{\varphi\theta}{\varphi\left(\frac{\omega'}{2}\right)}$ en faisant $\delta=-\frac{\omega}{2}$, $\delta=\pm\frac{\omega'}{2}$.

En faisant donc pour abréger

$$(34)\quad\left\{\begin{aligned} t&=\left\{1-\frac{x^2}{\lambda^2\left(\frac{\omega}{2}-\alpha_1\right)}\right\}\left\{1-\frac{x^2}{\lambda^2\left(\frac{\omega}{2}-\alpha_2\right)}\right\}\cdots\left\{1-\frac{x^2}{\lambda^2\left(\frac{\omega}{2}-\alpha_n\right)}\right\},\\ t'&=\left\{1-\frac{x^2}{\lambda^2\left(\frac{\omega'}{2}-\alpha_1\right)}\right\}\left\{1-\frac{x^2}{\lambda^2\left(\frac{\omega'}{2}-\alpha_2\right)}\right\}\cdots\left\{1-\frac{x^2}{\lambda^2\left(\frac{\omega'}{2}-\alpha_n\right)}\right\},\end{aligned}\right.$$

on trouvera

$$(35)\qquad 1-c_1^2y^2=(1-c^2x^2)\frac{t^2}{\varrho^2},\quad 1-e_1^2y^2=(1-e^2x^2)\frac{t'^2}{\varrho^2},$$

et de là

$$(36)\qquad \sqrt{(1-c_1^2y^2)(1-e_1^2y^2)}=\pm\frac{tt'}{\varrho^2}\sqrt{(1-c^2x^2)(1-e^2x^2)}.$$

Maintenant les deux équations (35) nous montrent que $\varrho^2\frac{dy}{dx}$ est une fonction entière de x, qui est divisible par les deux fonctions entières t et t'; donc, puisque ces fonctions n'ont point de diviseur commun, il en résulte que $\varrho^2\frac{dy}{dx}$ sera divisible par leur produit; mais le degré de la fonction $\varrho^2\frac{dy}{dx}$ est précisément le même que celui de la fonction tt', savoir $4n$. Donc l'expression $\frac{\varrho^2\frac{dy}{dx}}{tt'}$ se réduit à une constante. En la désignant par a, on aura donc

$$(37)\qquad dy=a\frac{tt'}{\varrho^2}dx,$$

et par suite l'équation (36) donnera

$$(38)\qquad \frac{dy}{\sqrt{(1-c_1^2y^2)(1-e_1^2y^2)}}=\pm a\frac{dx}{\sqrt{(1-c^2x^2)(1-e^2x^2)}},$$

c'est-à-dire l'équation proposée.

Pour déterminer le coefficient a faisons dans (37) x infini, on obtiendra, d'après les valeurs des fonctions ϱ, t, t',

$$\frac{dy}{dx}=\frac{a}{(-e^2c^2)^{2n}.\lambda^4\alpha_1\ldots\lambda^4\alpha_n.\lambda^2\left(\frac{\omega}{2}-\alpha_1\right)\ldots\lambda^2\left(\frac{\omega}{2}-\alpha_n\right).\lambda^2\left(\frac{\omega'}{2}-\alpha_1\right)\ldots\lambda^2\left(\frac{\omega'}{2}-\alpha_n\right)};$$

mais d'après la formule (18) on a $\lambda^2\left(\frac{\omega}{2}-\alpha\right).\lambda^2\left(\frac{\omega'}{2}-\alpha\right)=\frac{1}{c^2e^2}$,

donc

$$(39)\qquad \frac{dy}{dx}=\frac{a}{\lambda^4\alpha_1.\lambda^4\alpha_2\ldots\lambda^4\alpha_n}\cdot\frac{1}{(e^2c^2)^n};$$

or, en différentiant l'équation

$$(40)\qquad y=\frac{1}{k}\varphi\theta=\frac{1}{k}\left(x+2x\Sigma\frac{J(\alpha)}{1-e^2c^2\lambda^2\alpha.x^2}\right)$$

et en faisant ensuite $x=\frac{1}{0}$, on aura $\frac{dy}{dx}=\frac{1}{k}$. En égalant cette valeur à la précédente on en tire

$$(41)\qquad a=(e^2c^2)^n\frac{1}{k}\lambda^4\alpha_1.\lambda^4\alpha_2\ldots\lambda^4\alpha_n.$$

On pourra donner à l'expression de y une autre forme plus simple à quelques égards. En multipliant les deux membres de l'équation (28) par $\varphi\delta$ et faisant ensuite $\delta=0$, il viendra

$$\varphi\theta=\frac{Ax}{\varrho}\left(1-\frac{x^2}{\lambda^2\alpha_1}\right)\left(1-\frac{x^2}{\lambda^2\alpha_2}\right)\cdots\left(1-\frac{x^2}{\lambda^2\alpha_n}\right),$$

où A est une quantité constante. En attribuant à x la valeur $\frac{1}{0}$, après avoir divisé par x, on trouvera

$$(42)\qquad A=(e^2c^2)^n.\lambda^4\alpha_1.\lambda^4\alpha_2\ldots\lambda^4\alpha_n=ak.$$

L'expression de y deviendra donc

$$(43)\qquad y=a\frac{x\left(1-\frac{x^2}{\lambda^2\alpha_1}\right)\left(1-\frac{x^2}{\lambda^2\alpha_2}\right)\cdots\left(1-\frac{x^2}{\lambda^2\alpha_n}\right)}{(1-e^2c^2\lambda^2\alpha_1x^2)(1-e^2c^2\lambda^2\alpha_2x^2)\ldots(1-e^2c^2\lambda^2\alpha_nx^2)}.$$

Il y a encore une autre manière d'exprimer y qui est très simple. En faisant dans (28) $x=\frac{1}{0}$, après avoir divisé les deux membres par x, on trouvera

$$(44)\qquad \varphi\delta=$$
$$(e^2c^2)^n\lambda^2\alpha_1.\lambda^2\alpha_2\ldots\lambda^2\alpha_n.\lambda\delta.\lambda(\alpha_1+\delta)\lambda(\alpha_1-\delta)\ldots\lambda(\alpha_n+\delta)\lambda(\alpha_n-\delta)$$
$$=\lambda\delta+\lambda(\delta+\alpha_1)+\lambda(\delta-\alpha_1)+\cdots+\lambda(\delta+\alpha_n)+\lambda(\delta-\alpha_n),$$

formule qui a lieu pour une valeur quelconque de δ.

En mettant donc θ au lieu de δ et multipliant par $\frac{1}{k}$, on aura y exprimé comme il suit:

$$(45)\qquad y=\frac{1}{k}(ec)^{2n}b.\lambda\theta.\lambda(\alpha_1+\theta).\lambda(\alpha_1-\theta)\ldots\lambda(\alpha_n+\theta).\lambda(\alpha_n-\theta),$$

où l'on a fait pour abréger

$$(46)\qquad b=\lambda^2\alpha_1.\lambda^2\alpha_2.\lambda^2\alpha_3\ldots\lambda^2\alpha_n.$$

En faisant $\theta = +\frac{\omega}{2}$, $\theta = +\frac{\omega'}{2}$, les valeurs correspondantes de y seront $\frac{1}{c_1}$ et $\frac{1}{e_1}$, donc:

$$(47)\quad \begin{cases} \dfrac{1}{c_1} = (-1)^n \dfrac{b}{k} e^{2n} . c^{2n-1} . \left[\lambda\left(\dfrac{\omega}{2} - \alpha_1\right) . \lambda\left(\dfrac{\omega}{2} - \alpha_2\right) \ldots \lambda\left(\dfrac{\omega}{2} - \alpha_n\right)\right]^2 \\ \dfrac{1}{e_1} = (-1)^n \dfrac{b}{k} e^{2n-1} . c^{2n} . \left[\lambda\left(\dfrac{\omega'}{2} - \alpha_1\right) . \lambda\left(\dfrac{\omega'}{2} - \alpha_2\right) \ldots \lambda\left(\dfrac{\omega'}{2} - \alpha_n\right)\right]^2 . \end{cases}$$

Si donc les quantités c_1, e_1, a, y ont les valeurs exprimées par les équations (41), (43), (45), (47), l'équation (1) sera satisfaite en déterminant convenablement le signe du second membre. Il faut remarquer que ce signe n'est pas le même pour toutes les valeurs de x; mais il sera toujours le même pour des valeurs de x comprises entre certaines limites. On doit prendre le signe $+$ si x est très petit; et alors on doit conserver le même signe jusqu'à une certaine limite. Dans tous les cas le signe qu'il faut prendre se détermine par l'équation (36).

Le théorème de M. *Jacobi* est contenu comme cas particulier dans ce qui précède. En effet on l'obtiendra en faisant $\alpha_1 = \frac{2\omega}{2n+1}$, $c = 1$, $c_1 = 1$. Alors on trouvera $\alpha_2 = \frac{4\omega}{2n+1}$, $\alpha_3 = \frac{6\omega}{2n+1}$, $\ldots$ $\alpha_n = \frac{2n\omega}{2n+1}$,

$$(48)\quad \begin{cases} k = b . e^{2n} \left[\lambda\left(\dfrac{1}{2n+1}\dfrac{\omega}{2}\right) . \lambda\left(\dfrac{3}{2n+1}\dfrac{\omega}{2}\right) \ldots \lambda\left(\dfrac{2n-1}{2n+1}\dfrac{\omega}{2}\right)\right]^2, \\ e_1 = e^{2n+1} . \left[\lambda\left(\dfrac{1}{2n+1}\dfrac{\omega}{2}\right) . \lambda\left(\dfrac{3}{2n+1}\dfrac{\omega}{2}\right) \ldots \lambda\left(\dfrac{2n-1}{2n+1}\dfrac{\omega}{2}\right)\right]^4, \\ a = \left\{\dfrac{\lambda\left(\frac{\omega}{2n+1}\right) . \lambda\left(\frac{2\omega}{2n+1}\right) . \lambda\left(\frac{3\omega}{2n+1}\right) \ldots \lambda\left(\frac{n\omega}{2n+1}\right)}{\lambda\left(\frac{1}{2n+1}\frac{\omega}{2}\right) . \lambda\left(\frac{3}{2n+1}\frac{\omega}{2}\right) \ldots \lambda\left(\frac{2n-1}{2n+1}\frac{\omega}{2}\right)}\right\}^2, \\ y = \dfrac{\lambda\theta . \lambda\left(\frac{2\omega}{2n+1} + \theta\right) . \lambda\left(\frac{2\omega}{2n+1} - \theta\right) \ldots \lambda\left(\frac{2n\omega}{2n+1} + \theta\right) . \lambda\left(\frac{2n\omega}{2n+1} - \theta\right)}{\left[\lambda\left(\frac{1}{2n+1}\frac{\omega}{2}\right) . \lambda\left(\frac{3}{2n+1}\frac{\omega}{2}\right) \ldots \lambda\left(\frac{2n-1}{2n+1}\frac{\omega}{2}\right)\right]^2}, \\ \dfrac{dy}{\sqrt{(1-y^2)(1-e_1^2 y^2)}} = \pm a \dfrac{dx}{\sqrt{(1-x^2)(1-e^2x^2)}} = \pm a\, d\theta. \end{cases}$$

Il faut prendre le signe supérieur si x est compris entre les limites

$+\lambda\left(\frac{4m+1}{2n+1}\frac{\omega}{2}\right)$ et $+\lambda\left(\frac{4m+3}{2n+1}\frac{\omega}{2}\right)$ et le signe inférieur si x est compris entre les limites $\lambda\left(\frac{4m+3}{2n+1}\frac{\omega}{2}\right)$ et $\lambda\left(\frac{4m+5}{2n+1}\frac{\omega}{2}\right)$.

En faisant dans notre formule générale $\alpha_1=\frac{m\omega+m'\omega'}{2n+1}$, où $m+m'$ est un nombre pair et où les trois nombres m, m', $2n+1$ ne sont pas divisibles par un même facteur, on aura une formule plus générale que celle de M. *Jacobi*, savoir celle que j'ai demontrée dans les „Recherches sur les fonctions elliptiques." On aura dans ce cas, en faisant $\alpha=\frac{m\omega+m'\omega'}{2n+1}$, $\alpha_1=\alpha$, $\alpha_2=2\alpha$, $\alpha_3=3\alpha$, $\dots$ $\alpha_n=n\alpha$, ce qui suffit pour déterminer les quantités c_1, e_1, a et y.

Dans ce qui précède nous avons démontré qu'on aura une valeur convenable de la fonction y, en prenant, dans l'expression générale de cette fonction $y=\frac{f'+f.\varphi\theta}{g'+g.\varphi\theta}$, $f'=g=0$. On peut aisément trouver toutes les autres solutions possibles à l'aide des formules (10), (11), (12). Soit

(49) $$y_1=\frac{f'+f.\varphi\theta}{g'+g.\varphi\theta},$$

et désignons par c_2, e_2, les valeurs correspondantes de c_1 et e_1, on doit avoir

(50) $$\frac{dy_1}{\sqrt{(1-c_2^2y_1^2)(1-e_2^2y_1^2)}}=\pm a_1\frac{dx}{\sqrt{(1-e^2x^2)(1-c^2x^2)}},$$

mais en faisant $y=\frac{1}{k}\varphi\theta$, le second membre sera, d'après ce qui précède, égal à $\pm\frac{a_1}{a}\frac{dy}{\sqrt{(1-c_1^2y^2)(1-e_1^2y^2)}}$, donc on doit avoir

(51) $$\frac{dy_1}{\sqrt{(1-c_2^2y_1^2)(1-e_2^2y_1^2)}}=\pm\frac{a_1}{a}\frac{dy}{\sqrt{(1-c_1^2y^2)(1-e_1^2y^2)}},$$

où

$$y_1=\frac{f'+fy}{g'+gy}.$$

D'après les équations (10), (11), (12) on satisfait de la manière la plus générale à ces équations en prenant

$$(52)\quad \begin{cases} \text{a.}\quad y_1 = \pm\,\dfrac{a_1}{a}\,.y, \quad c_2^2 = \dfrac{c_1^2 a^2}{a_1^2}, \quad e_2^2 = \dfrac{e_1^2 a^2}{a_1^2}, \\[2ex] \text{b.}\quad y_1 = \pm\,\dfrac{a_1}{a e_1 c_1}\,\dfrac{1}{y}, \quad c_2^2 = \dfrac{c_1^2 a^2}{a_1^2}, \quad e_2^2 = \dfrac{e_1^2 a^2}{a_1^2}, \\[2ex] \text{c.}\quad y_1 = m\,\dfrac{1 - y\sqrt{\pm e_1 c_1}}{1 + y\sqrt{\pm e_1 c_1}}, \quad c_2 = \dfrac{1}{m}\left(\dfrac{\sqrt{c_1} - \sqrt{\pm e_1}}{\sqrt{c_1} + \sqrt{\pm e_1}}\right)^2, \\[2ex] \qquad \dfrac{a_1}{a} = \dfrac{m\sqrt{-1}}{2}(c_1 \mp e_1), \quad e_2 = \dfrac{1}{m}\left(\dfrac{\sqrt{c_1} + \sqrt{\pm e_1}}{\sqrt{c_1} - \sqrt{\pm e_1}}\right)^2, \end{cases}$$

Ces trois formules, en y faisant $y = \frac{1}{k}\varphi\theta$, contiendront donc toutes les manières possibles de satisfaire à l'équation (50).

On peut sans nuire à la généralité faire $k=1$. La première de ces formules est la même que celle qui résulte de $y = \frac{1}{k}\varphi\theta$. La seconde en résulte en mettant $\frac{1}{e_1 c_1}\frac{1}{y}$ au lieu de y. Les modules restent par cette substitution les mêmes. La troisième est en général différente des deux premières.

Deuxième cas. Si k est égal à zéro, et l'une des quantités k', k'' égale à l'unité.

Si, k étant égal à zéro, l'une des quantités k', k'' est égale à l'unité, il faut nécessairement que l'autre soit égale à zéro. En effet si l'on avait $k' = k'' = 1$, les racines $\lambda\left(\theta + \frac{\omega + \omega'}{2}\right)$, $\lambda\left(\theta + \frac{3\omega + \omega'}{2}\right)$ donneraient celle-ci $\lambda\left(\theta + \frac{3\omega + \omega'}{2} - \frac{\omega + \omega'}{2}\right) = \lambda(\theta + \omega)$, donc k ne serait pas égal à zéro comme nous l'avons supposé. Désignons donc par β l'une des quantités $\frac{\omega + \omega'}{2}$, $\frac{3\omega + \omega'}{2}$, l'expression de $\varphi\theta$ deviendra

$$(53)\quad \varphi\theta = \lambda\theta + \lambda(\theta + \beta) + \lambda(\theta + \alpha_1) + \lambda(\theta - \alpha_1) + \cdots + \lambda(\theta + \alpha_n) + \lambda(\theta - \alpha_n),$$

ou, en l'exprimant en fonction de x,

$$(54)\qquad \varphi\theta = x \pm \frac{1}{ec}\,\frac{1}{x} + 2x\,\Sigma\,\frac{\varDelta(\alpha)}{1 - e^2c^2\lambda^2\alpha\,.\,x^2}.$$

Soit comme dans le premier cas $1 - c_1 y = 0$ pour $x = \frac{1}{c}$, on aura

$$1 \pm c_1 y = \frac{g' \pm c_1 f'}{r}\left(1 \pm \frac{\varphi\theta}{\varphi\left(\frac{\omega}{2}\right)}\right),$$

$$(55) \qquad 1 - c_1^2 y^2 = \frac{g'^2 - c_1^2 f'^2}{r^2}\left[1 - \left(\frac{\varphi\theta}{\varphi\left(\frac{\omega}{2}\right)}\right)^2\right].$$

Maintenant, de la même manière qu'on a démontré précédemment la formule (28), on établira la suivante:

$$(56) \quad 1 - \frac{\varphi\theta}{\varphi\delta} = -\frac{1}{\varphi\delta.\varrho}\cdot\left(1 - \frac{x}{\lambda\delta}\right)\left(1 - \frac{x}{\lambda(\delta+\beta)}\right)\left(1 - \frac{x}{\lambda(\delta+\alpha_1)}\right)\left(1 - \frac{x}{\lambda(\delta-\alpha_1)}\right)\cdots$$
$$\cdots\left(1 - \frac{x}{\lambda(\delta+\alpha_n)}\right)\left(1 - \frac{x}{\lambda(\delta-\alpha_n)}\right),$$

où l'on a fait pour abréger:

$$(57) \quad \varrho = \pm ecx(1 - e^2c^2\lambda^2\alpha_1.x^2)(1 - e^2c^2\lambda^2\alpha_2.x^2)\ldots(1 - e^2c^2\lambda^2\alpha_n.x^2).$$

En faisant $\delta = \pm\frac{\omega}{2}$, on aura les valeurs de $1 + \frac{\varphi\theta}{\varphi\left(\frac{\omega}{2}\right)}$ et $1 - \frac{\varphi\theta}{\varphi\left(\frac{\omega}{2}\right)}$, qui multipliées entre elles donneront celle de $1 - \left(\frac{\varphi\theta}{\varphi\left(\frac{\omega}{2}\right)}\right)^2$. Cette valeur substituée dans l'expression de $1 - c_1^2y^2$ (55) donnera

$$1 - c_1^2 y^2 = \frac{c_1^2 f'^2 - g'^2}{\varphi^2\left(\frac{\omega}{2}\right)\cdot r^2\varrho^2}(1 - c^2x^2)(1 - e^2x^2)\left(1 - \frac{x^2}{\lambda^2\left(\frac{\omega}{2} - \alpha_1\right)}\right)^2\cdots$$
$$\cdots\left(1 - \frac{x^2}{\lambda^2\left(\frac{\omega}{2} - \alpha_n\right)}\right)^2,$$

et par conséquent, si l'on fait

$$(58) \quad t = \left(1 - \frac{x^2}{\lambda^2\left(\frac{\omega}{2} - \alpha_1\right)}\right)\left(1 - \frac{x^2}{\lambda^2\left(\frac{\omega}{2} - \alpha_2\right)}\right)\cdots\left(1 - \frac{x^2}{\lambda^2\left(\frac{\omega}{2} - \alpha_n\right)}\right),$$

on aura

$$(59) \qquad \sqrt{1 - c_1^2 y^2} = \frac{\sqrt{c_1^2 f'^2 - g'^2}}{\varphi\left(\frac{\omega}{2}\right)\cdot r\varrho}\, t\sqrt{(1 - c^2x^2)(1 - e^2x^2)}.$$

Cette valeur, mise dans l'équation (29), donne

$$(60) \qquad \sqrt{1 - e_1^2 y^2} = \frac{\varphi\left(\frac{\omega}{2}\right)}{a\sqrt{c_1^2 f'^2 - g'^2}}\,\frac{r\varrho}{t}\,\frac{dy}{dx}.$$

On voit donc que $\sqrt{1 - e_1^2 y^2}$ doit être une fonction rationnelle de x.

Il n'est pas difficile de démontrer qu'on satisfera à cette condition, en supposant que $1-e_1^2y^2$ s'évanouit pour $x=\pm\lambda\left(\frac{\omega-\beta}{2}\right)$; on aura alors

$$(61)\qquad \sqrt{1-e_1^2y^2}=\frac{\sqrt{e_1^2f'^2-g'^2}}{\varphi\left(\frac{\omega-\beta}{2}\right)\cdot r\varrho}\left(1-\frac{x^2}{\lambda^2\left(\frac{\omega-\beta}{2}\right)}\right)\left(1-\frac{x^2}{\lambda^2\left(\frac{\omega-\beta}{2}-\alpha_1\right)}\right)\cdots$$
$$\cdots\left(1-\frac{x^2}{\lambda^2\left(\frac{\omega-\beta}{2}-\alpha_n\right)}\right)$$

Les équations (24) donneront dans ce cas

$$g'=c_1f\varphi\left(\frac{\omega}{2}\right)=e_1f\varphi\left(\frac{\omega-\beta}{2}\right),$$
$$f'=\frac{g}{c_1}\varphi\left(\frac{\omega}{2}\right)=\frac{g}{e_1}\varphi\left(\frac{\omega-\beta}{2}\right),$$

auxquelles on satisfera en prenant

$$f=g'=0,$$
$$\frac{f'}{g}=\frac{\varphi\left(\frac{\omega}{2}\right)}{c_1}=\frac{\varphi\left(\frac{\omega-\beta}{2}\right)}{e_1}.$$

De là il résulte:

$$(62)\qquad c_1=k.\varphi\left(\frac{\omega}{2}\right);\quad e_1=k.\varphi\left(\frac{\omega-\beta}{2}\right)$$
$$y=\frac{1}{k\varphi\theta},\qquad a=\pm\frac{ec}{k}.$$

Connaissant ainsi une solution de l'équation proposée, on aura toutes les autres à l'aide des formules (10), (11), (12). Le cas le plus simple est celui où $n=0$. Alors on aura, en faisant $c_1=c=1$, $\beta=\frac{3\omega}{2}+\frac{\omega'}{2}$,

$$\varphi\theta=\lambda\theta+\lambda(\theta+\beta)=x+\frac{1}{ex},$$

$$(63)\qquad \begin{cases} y=(1+e)\dfrac{x}{1+ex^2}, & e_1=\dfrac{2\sqrt{e}}{1+e},\\ \dfrac{dy}{\sqrt{(1-y^2)(1-e_1^2y^2)}}=(1+e)\dfrac{dx}{\sqrt{(1-x^2)(1-e^2x^2)}}. \end{cases}$$

Troisième cas. *Si* $k=1$.

Dans ce cas l'expression (15) de $\varphi\theta$ deviendra,

$$\varphi\theta=\lambda\theta+\lambda(\theta+\omega)+\lambda(\theta+\alpha_1)+\lambda(\theta-\alpha_1)+\cdots+\lambda(\theta+\alpha_n)+\lambda(\theta-\alpha_n).$$

Or cette quantité se réduit à zéro pour une valeur quelconque de θ, ce dont on pourra se convaincre aisément, en remarquant que $\varphi\theta$ doit rester le même en changeant θ en $\theta+\omega$.

La fonction $\varphi\theta$ étant égale à zéro, si l'on désigne par $\frac{1}{2}(f'-g'y)$ le coefficient de x^{m-2} dans le premier membre de l'équation (9), on aura, en faisant pour abréger

$$F\theta=\lambda^2\theta+\lambda^2(\theta+\alpha)+\cdots+\lambda^2(\theta+\alpha_{m-1}):$$

$$f'-g'y=-(f-gy)F\theta,$$

d'où l'on tire,

(64) $$y=\frac{f'+f.F\theta}{g'+g.F\theta}.$$

Maintenant il n'est pas difficile de trouver toutes les solutions relatives à ce troisième cas en se servant de l'expression (64). Je ne m'arrêterai pas ici à développer les formules mêmes; je vais seulement faire connaître un théorème plus général que celui exprimé par les formules (48).

Théorème. On aura

(65) $$\left\{\begin{array}{l} \dfrac{dy}{\sqrt{(1-y^2)(1-e_1^2y^2)}}=\pm\dfrac{a\,dx}{\sqrt{(1-x^2)(1-e^2x^2)}}=\pm a\,d\theta, \\ \text{où} \\ a=k.\lambda\dfrac{\omega}{n}\cdot\lambda\dfrac{2\omega}{n}\cdots\lambda\dfrac{(n-1)\omega}{n},\quad e_1=e^n\left(\lambda\dfrac{\omega}{2n}\cdot\lambda\dfrac{3\omega}{2n}\cdots\lambda(n-\tfrac{1}{2})\dfrac{\omega}{n}\right)^2, \\ 1=k.\lambda\dfrac{\omega}{2n}\cdot\lambda\dfrac{3\omega}{2n}\cdots\lambda(n-\tfrac{1}{2})\dfrac{\omega}{n}, \\ y=k.\lambda\theta.\lambda\left(\theta+\dfrac{\omega}{n}\right)\lambda\left(\theta+\dfrac{2\omega}{n}\right)\cdots\lambda\left(\theta+\dfrac{(n-1)\omega}{n}\right), \\ n \text{ étant un nombre entier quelconque, } \dfrac{\omega}{2}=\displaystyle\int_0^1\dfrac{dx}{\sqrt{(1-x^2)(1-e^2x^2)}}. \end{array}\right.$$

En supposant n impair, la formule (65) est la même que celle que nous avons trouvée (48).

Si l'on fait $x=\sin\varphi$, $y=\sin\psi$, on obtiendra

$$(66)\qquad \frac{d\psi}{\sqrt{1-e_1^2\sin^2\psi}} = a\frac{d\varphi}{\sqrt{1-e^2\sin^2\varphi}},$$

où l'on pourra exprimer la quantité ψ comme il suit:

$$(67)\qquad \begin{aligned}\psi = \varphi &+ \operatorname{arc\,tang}\left\{\operatorname{tang}\varphi.\sqrt{1-e^2\lambda^2\left(\frac{\omega}{n}\right)}\right\}\\ &+ \operatorname{arc\,tang}\left\{\operatorname{tang}\varphi.\sqrt{1-e^2\lambda^2\left(\frac{2\omega}{n}\right)}\right\}\\ &+ \cdots\cdots\cdots\cdots\\ &+ \operatorname{arc\,tang}\left\{\operatorname{tang}\varphi.\sqrt{1-e^2\lambda^2\left(\frac{n-1}{n}\omega\right)}\right\}.\end{aligned}$$

En supposant $n=2$ on aura

$$\psi = \varphi + \operatorname{arc\,tang}(\operatorname{tang}\varphi.\sqrt{1-e^2}),$$

ou bien

$$\operatorname{tang}(\psi-\varphi) = \operatorname{tang}\varphi.\sqrt{1-e^2}.$$

(Voyez *Legendre* Exercices t. I, p. 84).

Si l'on suppose n très grand, on aura à peu près $e_1=0$, donc

$$\psi = a\int_0^\varphi \frac{d\varphi}{\sqrt{1-e^2\sin^2\varphi}} = \sum_0^{n-1}{}_m \operatorname{arc\,tang}\left\{\operatorname{tang}\varphi.\sqrt{1-e^2\lambda^2\left(\frac{m\omega}{n}\right)}\right\}.$$

Soit $\varphi=\frac{\pi}{2}$, on aura $\psi=n\frac{\pi}{2}$, donc $n\frac{\pi}{2}=a\frac{\omega}{2}$, donc $\frac{1}{a}=\frac{1}{\pi}\frac{\omega}{n}$. De là il résulte, en faisant n infini,

$$\int_0^\varphi \frac{d\varphi}{\sqrt{1-e^2\sin^2\varphi}} = \frac{1}{\pi}\int_0^\omega \operatorname{arc\,tang}(\operatorname{tang}\varphi.\sqrt{1-e^2\lambda^2x})\,dx.$$

Nous avons vu précédemment que le nombre des valeurs inégales de l'expression $\lambda(\theta+k_1\alpha_1+k_2\alpha_2+\cdots+k_\nu\alpha_\nu)$ est toujours fini. On peut dans tous les cas trouver ces valeurs comme il suit.

Soient

$$(68)\qquad \left\{\begin{aligned}&\lambda(\theta+n_1\alpha_1)=\lambda\theta,\\ &\lambda(\theta+n_2\alpha_2)=\lambda(\theta+m_1\alpha_1),\\ &\lambda(\theta+n_3\alpha_3)=\lambda(\theta+m_1\alpha_1+m_2\alpha_2),\\ &\cdots\cdots\cdots\cdots\\ &\lambda(\theta+n_\nu\alpha_\nu)=\lambda(\theta+m_1\alpha_1+m_2\alpha_2+\cdots+m_{\nu-1}\alpha_{\nu-1}),\end{aligned}\right.$$

où $n_1, n_2, n_3, \ldots n_\nu$ sont les nombres entiers les plus petits possibles qui puissent satisfaire à des équations de cette forme, $m_1, m_2, \ldots m_{\nu-1}$ étant des nombres entiers, qui pourront être différens dans les différentes équations. Cela posé, je dis qu'on aura toutes les valeurs inégales de l'expression $\lambda(\theta + k_1\alpha_1 + k_2\alpha_2 + \cdots + k_\nu\alpha_\nu)$ en attribuant à $k_1, k_2, \ldots k_\nu$ toutes les valeurs entières et positives respectivement moindres que $n_1, n_2, \ldots n_\nu$. En effet, si l'on avait

$$\lambda(\theta + k_1'\alpha_1 + k_2'\alpha_2 + \cdots + k_\nu'\alpha_\nu) = \lambda(\theta + k_1\alpha_1 + k_2\alpha_2 + \cdots + k_\nu\alpha_\nu),$$

sans avoir à la fois

$$k_1' = k_1, \quad k_2' = k_2, \ldots k_\nu' = k_\nu,$$

en mettant $\theta - k_1\alpha_1 - k_2\alpha_2 - \cdots - k_{m-1}\alpha_{m-1} - k_m'\alpha_m - k_{m+1}\alpha_{m+1} - \cdots - k_\nu\alpha_\nu$ au lieu de θ, on en tirera

$$\lambda[\theta + (k_m - k_m')\alpha_m] = \lambda[\theta + (k_1' - k_1)\alpha_1 + \cdots + (k'_{m-1} - k_{m-1})\alpha_{m-1}],$$

où l'on a supposé que $k_m - k_m'$ est la première des quantités $k_\nu - k_\nu'$, $k_{\nu-1} - k'_{\nu-1}, \ldots$ qui soit différente de zéro. Or en supposant, ce qui est permis, que $k_m - k_m'$ soit positif, ce nombre sera en même temps moindre que n_m, ce qui est contre l'hypothèse. Le nombre total des valeurs inégales de l'expression $\lambda(\theta + k_1\alpha_1 + k_2\alpha_2 + \cdots + k_\nu\alpha_\nu)$ sera donc égal à

$$n_1 n_2 n_3 \ldots n_\nu,$$

car il est clair qu'on n'aura pas de valeurs nouvelles, en attribuant à k_1, $k_2, \ldots k_\nu$ des valeurs respectivement plus grandes que $n_1, n_2, \ldots n_\nu$.

Le degré de l'équation $p - qy = 0$ est donc

$$m = n_1 n_2 n_3 \ldots n_\nu.$$

Si donc ce degré doit être un nombre premier, on doit avoir $\nu = 1$ et $m = n_1$. Les racines de l'équation $p - qy = 0$ deviendront donc dans ce cas

$$\lambda\theta, \ \lambda(\theta + \alpha), \ \lambda(\theta + 2\alpha), \ldots \lambda[\theta + (n-1)\alpha],$$

$$\lambda(\theta + n\alpha) = \lambda\theta, \quad \text{et} \quad \alpha = \frac{m\omega + m'\omega'}{n},$$

m et m' étant deux nombres entiers dont la somme est un nombre pair et qui n'ont pas un même diviseur commun avec n.

On doit remarquer qu'à la même valeur de m répondent toujours plusieurs solutions différentes du problème général. Le nombre total de ces solutions est en général égal à $3m$.

On peut de ce qui précède déduire un grand nombre de théorèmes remarquables sur les fonctions elliptiques. Parmi ceux-ci on doit distinguer les suivans.

a. Si l'èquation (1) peut être satisfaite en supposant $y=\psi(x)=\frac{p}{q}$ où le degré des fonctions entières p et q est égal à un nombre composé mn, on pourra toujours trouver des fonctions rationnelles φ et f telles qu'en faisant

$$(69)\quad \left\{\begin{array}{l} x_1=\varphi x=\frac{p'}{q'},\ \text{on ait}\ y=f(x_1)=\frac{p_1}{q_1}, \\ \frac{dx_1}{\sqrt{(1-c_2^2x_1^2)(1-e_2^2x_1^2)}}=a_1\frac{dx}{\sqrt{(1-c^2x^2)(1-e^2x^2)}}, \\ \frac{dy_1}{\sqrt{(1-c_1^2y^2)(1-e_1^2y^2)}}=a_2\frac{dx_1}{\sqrt{(1-c_2^2x_1^2)(1-e_2^2x_1^2)}}, \end{array}\right.$$

le degré des fonctions entières p' et q' étant égal à l'un des facteurs m, n, et le degré de p_1 et q_1 étant égal à l'autre.

b. Quel que soit le degré de l'équation $p-qy=0$, on en pourra toujours tirer la valeur de x en y à l'aide d'opérations algébriques. Voilà donc une classe d'équations qui sont résolubles algébriquement. Les racines auront la forme suivante:

$$(70)\qquad x=\text{fonct. ration.}\left(y,\ r_1^{\frac{1}{n_1}},\ r_2^{\frac{1}{n_2}},\ r_3^{\frac{1}{n_3}}\ \ldots\ r_\nu^{\frac{1}{n_\nu}}\right),$$

$n_1, n_2, \ldots n_\nu$ étant des nombres premiers entre eux dont le produit est égal au degré de l'équation en question, et les $r_1, r_2, \ldots r_\nu$ étant de la forme

$$(71)\qquad \zeta+t\sqrt{(1-c_1^2y^2)(1-e_1^2y^2)},$$

où ζ et t sont des fonctions entières de y.

c. Il y a un cas remarquable du problème général; c'est celui où l'on demande toutes les solutions possibles de l'équation

$$\frac{dy}{\sqrt{(1-c^2y^2)(1-e^2y^2)}}=a\frac{dx}{\sqrt{(1-c^2x^2)(1-e^2x^2)}}.$$

On aura à cet égard le théorème suivant:

Si l'équation précédente admet une solution *algébrique* en x et y, y étant rationnel en x ou non, la quantité constante a doit nécessairement avoir la forme

$$\mu' + \sqrt{-\mu},$$

où μ' et μ désignent deux nombres rationnels, le dernier étant essentiellement *positif.* Si l'on attribue à a une telle valeur on pourra trouver une infinité de valeurs différentes pour e et c, qui rendent le problème possible. Toutes ces valeurs sont exprimables par des *radicaux.*

Si donc on suppose que a soit une quantité réelle il faut qu'elle soit en même temps rationnelle. Dans ce cas on sait d'ailleurs qu'on pourra satisfaire à l'équation différentielle dont il s'agit, quelles que soient les valeurs des quantités c et e.

d. Du théorème précédent, on peut par un simple changement de variables déduire celui-ci:

Si l'équation

$$\frac{dy}{\sqrt{(1-y^2)(1-b^2y^2)}} = a\frac{dx}{\sqrt{(1-x^2)(1-c^2x^2)}}$$

où $b^2 = 1 - c^2$, admet une solution algébrique entre x et y, le coefficient a doit avoir la forme suivante:

$$\sqrt{\mu} + \mu'\sqrt{-1}$$

μ' et μ ayant la même signification que précédemment. Si donc on veut que a soit réel il faut qu'il soit égal à la racine carrée d'une quantité rationnelle. Cette condition remplie, le problème a une infinité de solutions. Comme cas particulier on en déduit ce théorème:

Si en supposant φ et ψ réels et le module c moindre que l'unite, l'équation

$$(72) \qquad \frac{d\psi}{\sqrt{1-b^2\sin^2\psi}} = a\frac{d\varphi}{\sqrt{1-c^2\sin^2\varphi}},$$

a une intégrale algébrique en $\sin\varphi$ et $\sin\psi$, il faut nécessairement que a soit égal à la racine carrée d'une quantité rationnelle et positive.

Ainsi par exemple, si dans la formule (65) on suppose $e_1^2 = 1 - e^2$, on aura $a = \sqrt{n}$ comme nous allons voir. En faisant $\theta = \frac{\omega}{2n}$ dans l'expression de y, on trouvera, en vertu de la valeur de k, $y=1$, donc

$$(73)\qquad \int_0^1 \frac{dy}{\sqrt{(1-y^2)(1-e_1^2y^2)}} = a\int_0^{\lambda\left(\frac{\omega}{2n}\right)} \frac{dx}{\sqrt{(1-x^2)(1-e^2x^2)}} = \frac{a\omega}{2n},$$

en remarquant qu'on doit, dans le second membre de l'équation (65), prendre le signe supérieur depuis $x=0$ jusqu'à $x=\lambda\left(\frac{\omega}{2n}\right)\cdot$ Cela posé, en remarquant que $\lambda\left(\theta+\frac{m\omega}{n}\right)=\lambda\left(\frac{(n-m)\omega}{n}-\theta\right)$, il est clair qu'on aura

$$y=k\,.\,\lambda\theta\,.\,\lambda\left(\frac{\omega}{n}-\theta\right).\lambda\left(\frac{2\omega}{n}-\theta\right)\dots\lambda\left(\frac{(n-1)\omega}{n}-\theta\right);$$

en multipliant cette valeur par celle que donne la formule (65), on aura, en faisant usage de la formule

$$\lambda(\alpha+\theta)\,.\,\lambda(\alpha-\theta)=\frac{\lambda^2\alpha-\lambda^2\theta}{1-e^2\lambda^2\alpha\,.\,\lambda^2\theta}=\frac{\lambda^2\alpha-x^2}{1-e^2\lambda^2\alpha\,.\,x^2},$$

qu'on obtiendra à l'aide du théorème 1:

$$y^2=k^2x^2\,\frac{\lambda^2\frac{\omega}{n}-x^2}{1-e^2\lambda^2\frac{\omega}{n}\cdot x^2}\cdots\frac{\lambda^2\frac{(n-1)\omega}{n}-x^2}{1-e^2\lambda^2\frac{(n-1)\omega}{n}\cdot x^2}.$$

En faisant maintenant $x=p\sqrt{-1}$, $y=z\sqrt{-1}$, on aura, en supposant p réel, pour toutes les valeurs de cette quantité,

$$\int_0^z \frac{dz}{\sqrt{(1+z^2)(1+e_1^2z^2)}} = a\int_0^p \frac{dp}{\sqrt{(1+p^2)(1+e^2p^2)}},$$

mais si l'on fait $p=\frac{1}{0}$, on aura de même $z=\frac{1}{0}$, donc

$$\int_0^{\frac{1}{0}} \frac{dz}{\sqrt{(1+z^2)(1+e_1^2z^2)}} = a\int_0^{\frac{1}{0}} \frac{dp}{\sqrt{(1+p^2)(1+e^2p^2)}}.$$

Le premier membre de cette équation est la même chose que $\frac{\omega}{2}$, et le second la même chose que $a\int_0^1 \frac{dy}{\sqrt{(1-y^2)(1-e_1^2y^2)}}$, ce qui est facile à prouver, donc

$$\frac{\omega}{2} = a\int_0^1 \frac{dy}{\sqrt{(1-y^2)(1-e_1^2 y^2)}}.$$

Cette équation combinée avec (73) donne

$$\frac{\omega}{2} = a\frac{a\omega}{2n},$$

c'est-à-dire

$$a = \sqrt{n}.$$

Christiania le 27 mai 1828.

XX.

ADDITION AU MÉMOIRE PRÉCÉDENT.

Astronomische Nachrichten, herausgegeben von *Schumacher*, Bd. 7, nº 147. Altona 1829.

Dans le numéro 138 de ce journal j'ai fait voir comment on pourra trouver toutes les transformations possibles, réelles ou imaginaires, d'une fonction elliptique proposée. Les modules c, e, c_1, e_1 pourront être des quantités quelconques. Le cas le plus remarquable est celui où l'on suppose les modules réels. Dans ce cas le problème général pourra se résoudre par une méthode particulière, entièrement différente de celle que nous avons donnée dans le mémoire cité. Puisque cette nouvelle méthode est remarquable par sa grande simplicité je vais l'indiquer ici en peu de mots.

Le problème général que nous allons complètement résoudre est le suivant:

„Trouver tous les cas possibles où l'on pourra satisfaire à l'équation „différentielle:

$$(1)\qquad \frac{dy}{\sqrt{(1-y^2)(1-c_1^2y^2)}} = a\frac{dx}{\sqrt{(1-x^2)(1-c^2x^2)}}$$

„par une *équation algébrique* entre les variables x et y, en supposant „les modules c et c_1 moindres que l'unité et le coefficient a réel ou „imaginaire."

En désignant par $\lambda\theta$ la fonction inverse de celle-ci:

$$\theta = \int_0 \frac{dx}{\sqrt{(1-x^2)(1-c^2x^2)}}$$

de sorte que $x = \lambda\theta$, on aura, en vertu de la formule (4) du numéro 138,

$$\lambda[(-1)^{m+m'}\theta + m\omega + m'\omega'] = \lambda\theta,$$

où les quantités constantes ω, ω' sont déterminées par les formules

$$(2)\qquad \frac{\omega}{2} = \int_0^1 \frac{dx}{\sqrt{(1-x^2)(1-c^2x^2)}},$$

$$\frac{\omega'}{2} = \int_0^{\frac{1}{c}} \frac{dx}{\sqrt{(1-x^2)(1-c^2x^2)}}.$$

Dans le cas que nous considérons, la quantité ω est réelle, mais ω' est imaginaire. On aura en effet

$$\frac{\omega'}{2} = \int_0^1 \frac{dx}{\sqrt{(1-x^2)(1-c^2x^2)}} + \int_1^{\frac{1}{c}} \frac{dx}{\sqrt{(1-x^2)(1-c^2x^2)}},$$

c'est-à-dire:

$$\frac{\omega'}{2} = \frac{\omega}{2} + \sqrt{-1}\,.\int_1^{\frac{1}{c}} \frac{dx}{\sqrt{(x^2-1)(1-c^2x^2)}},$$

où il est clair que le coefficient de $\sqrt{-1}$ est une quantité réelle. En faisant $x = \frac{1}{\sqrt{1-b^2y^2}}$, où $b = \sqrt{1-c^2}$, on trouve

$$\frac{\omega'}{2} = \frac{\omega}{2} + \sqrt{-1}\cdot\frac{\varpi}{2},$$

où

$$(3)\qquad \frac{\varpi}{2} = \int_0^1 \frac{dx}{\sqrt{(1-x^2)(1-b^2x^2)}}.$$

Le théorème II du numéro 138 donnera donc celui-ci:

„On satisfera de la manière la plus générale à l'équation

$$\lambda\theta' = \lambda\theta$$

„en prenant

$$(4)\qquad \theta' = (-1)^m\theta + m\omega + m'\varpi\sqrt{-1},$$

„où m et m' sont des nombres entiers quelconques, et ω et ϖ deux „quantités réelles données par les formules (2) et (3)."

Cela posé, soit

$$(5)\qquad f(y, x) = 0$$

l'équation algébrique entre y et x qui doit satisfaire à l'équation différentielle

(1). Si l'on fait $x=\lambda\theta$ et $y=\lambda_1\theta'$, où θ et θ' sont deux nouvelles variables, et λ_1 la fonction elliptique qui répond au module c_1, de sorte que

(6) $$\frac{dy}{\sqrt{(1-y^2)(1-c_1^2y^2)}}=d\theta' \text{ pour } y=\lambda_1\theta',$$

l'équation (1) deviendra

$$d\theta'=\pm a\,d\theta,$$

d'où l'on tire en intégrant: $\theta'=\varepsilon\pm a\theta$, où ε est une constante. On a donc

$$y=\lambda_1(\varepsilon\pm a\theta),$$

ou bien, en mettant $+a$ pour $\pm a$,

(7) $$y=\lambda_1(\varepsilon+a\theta).$$

L'équation (5) entre x et y donnera donc celle-ci

(8) $$f[\lambda_1(\varepsilon+a\theta),\ \lambda\theta]=0$$

qui ne contient que la seule variable θ, et qui aura lieu quelle que soit la valeur de cette quantité.

Il ne serait pas difficile à l'aide de la formule (8) de trouver la fonction $f(y,x)$; mais pour notre objet il suffit de connaître le coefficient a et une certaine relation entre les fonctions complètes. Voici comment on y parviendra. En mettant $\theta+2m\omega$ au lieu de θ, et en remarquant qu'en vertu de l'équation (4)

$$\lambda(\theta+2m\omega)=\lambda\theta,$$

on obtiendra cette autre équation

(9) $$f[\lambda_1(\varepsilon+2ma\omega+a\theta),\ \lambda\theta]=0.$$

On aura de même, en mettant $\theta+m\varpi i$ pour θ, où $i=\sqrt{-1}$,

(10) $$f[\lambda_1(\varepsilon+ma\varpi i+a\theta),\ \lambda\theta]=0.$$

Dans ces deux équations m pourra être un nombre entier quelconque. En faisant $x=\lambda\theta$ on voit donc que l'équation algébrique

$$f(y,x)=0$$

est satisfaite en mettant pour y une quantité quelconque de l'une des deux formes:

$$\lambda_1(\varepsilon+2ma\omega+a\theta),\ \lambda_1(\varepsilon+ma\varpi i+a\theta);$$

mais m peut avoir une infinité de valeurs, tandis que l'équation dont il s'agit n'a qu'un nombre limité de racines; il faut donc qu'on puisse trouver deux nombres entiers k et k' tels que

$$\lambda_1(\varepsilon + 2k'a\omega + a\theta) = \lambda_1(\varepsilon + 2ka\omega + a\theta), \tag{11}$$

et deux autres ν et ν' tels que

$$\lambda_1(\varepsilon + \nu' a\varpi i + a\theta) = \lambda_1(\varepsilon + \nu a\varpi i + a\theta). \tag{12}$$

En vertu de la formule (4) ces deux équations donneront respectivement

$$\left\{\begin{aligned} 2k'a\omega &= 2ka\omega + 2m\omega_1 + m'\varpi_1\sqrt{-1}, \\ \nu' a\varpi i &= \nu a\varpi i + 2\mu\omega_1 + \mu'\varpi_1\sqrt{-1}, \end{aligned}\right. \tag{13}$$

où ω_1 et ϖ_1 désignent les valeurs de ω et ϖ qui répondent au module c_1, c'est-à-dire qu'on a

$$\left\{\begin{aligned} \frac{\omega_1}{2} &= \int_0^1 \frac{dx}{\sqrt{(1-x^2)(1-c_1^2x^2)}} \\ \frac{\varpi_1}{2} &= \int_0^1 \frac{dx}{\sqrt{(1-x^2)(1-b_1^2x^2)}}, \quad \text{où } b_1 = \sqrt{1-c_1^2}. \end{aligned}\right. \tag{14}$$

Cela posé, les équations (13) donneront, en y mettant ν pour $k'-k$ et ν' pour $\nu'-\nu$,

$$\left\{\begin{aligned} a &= \frac{m}{\nu}\frac{\omega_1}{\omega} + \frac{m'}{2\nu}\frac{\varpi_1}{\omega}\sqrt{-1}, \\ a &= \frac{\mu'}{\nu'}\frac{\varpi_1}{\varpi} - \frac{2\mu}{\nu'}\frac{\omega_1}{\varpi}\sqrt{-1}, \end{aligned}\right. \tag{15}$$

d'où, en comparant les parties réelles et imaginaires,

$$\frac{m}{\nu}\frac{\omega_1}{\omega} = \frac{\mu'}{\nu'}\frac{\varpi_1}{\varpi}; \quad \frac{m'}{2\nu}\frac{\varpi_1}{\omega} = -\frac{2\mu}{\nu'}\frac{\omega_1}{\varpi}. \tag{16}$$

Ces deux équations donneront celles-ci:

$$\frac{\omega^2}{\varpi^2} = -\frac{1}{4}\frac{mm'}{\mu\mu'}\frac{\nu'^2}{\nu^2}, \quad \frac{\omega_1^2}{\varpi_1^2} = -\frac{1}{4}\frac{m'\mu'}{m\mu}. \tag{17}$$

Maintenant $\frac{\omega^2}{\varpi^2}$ est une fonction continue de c, donc les équations (17) ne sauraient avoir lieu que pour des valeurs particulières des modules c et c_1. Si donc on suppose c indéterminé il faut que l'une des équations

$$m' = \mu = 0, \tag{18}$$

$$m = \mu' = 0 \tag{19}$$

ait lieu. Les équations (15) et (16) se réduiront dans le premier cas à

$$\left\{\begin{aligned} a &= \frac{m}{\nu}\,\frac{\omega_1}{\omega} = \frac{\mu'}{\nu'}\,\frac{\varpi_1}{\varpi}, \\ \frac{\omega_1}{\varpi_1} &= \frac{\nu\mu'}{\nu' m}\,\frac{\omega}{\varpi}, \end{aligned}\right. \tag{20}$$

et dans le second cas à

$$\left\{\begin{aligned} a &= \frac{m'}{2\nu}\,\frac{\varpi_1}{\omega}\sqrt{-1} = -\frac{2\mu}{\nu'}\,\frac{\omega_1}{\varpi}\sqrt{-1} \\ \frac{\omega_1}{\varpi_1} &= -\frac{1}{4}\,\frac{m'\nu'}{\mu\nu}\,\frac{\varpi}{\omega}. \end{aligned}\right. \tag{21}$$

Mais si la valeur du module c est telle que la première des équations (17) ait lieu, on doit avoir en même temps

$$\frac{\omega}{\varpi} = \frac{1}{2}\,\frac{\nu'}{\nu}\sqrt{-\frac{mm'}{\mu\mu'}}, \quad \frac{\omega_1}{\varpi_1} = \frac{1}{2}\sqrt{-\frac{m'\mu'}{m\mu}}, \tag{22}$$

et alors a est donné par l'une des équations (15).

Quant aux nombres m, m', μ, μ', ν, ν' il faut les prendre tels que ω, ω_1, ϖ, ϖ_1 soient, selon leur nature, des quantités positives. Si donc on suppose, ce qui est permis, ν et ν' positifs, il faut que m et μ' soient de même signe et m' et μ de signe contraire. On pourra d'ailleurs sans diminuer la généralité supposer m', m et μ' positifs et μ négatif.

De ce qu'on vient de voir on déduit immédiatement ce théorème:

Théorème I. Pour que l'équation (1) ait une intégrale algébrique en x et y, il faut nécessairement que les modules c_1 et c soient liés entre eux de telle sorte que l'une des deux quantités $\frac{\omega_1}{\varpi_1}$ et $\frac{\varpi_1}{\omega_1}$ soit dans un rapport *rationnel* avec $\frac{\omega}{\varpi}$; c'est-à-dire qu'on doit avoir l'une des équations

$$\frac{\omega_1}{\varpi_1} = k\frac{\omega}{\varpi}; \quad \frac{\varpi_1}{\omega_1} = k'\frac{\omega}{\varpi} \tag{23}$$

où k et k' sont des nombres rationnels. Si la première de ces équations a lieu, mais non la seconde, on aura en même temps

$$a = \delta\frac{\omega_1}{\omega}, \tag{24}$$

où δ est un nombre rationnel. Si la seconde équation a lieu mais non la première, on aura en même temps

(25) $$a = \delta \frac{\varpi_1}{\omega} \sqrt{-1}.$$

Enfin si les deux équations (23) ont lieu en même temps, les modules c et c_1 seront tous deux déterminés, savoir respectivement par les équations

(26) $$\frac{\varpi}{\omega} = \sqrt{k k'}, \quad \frac{\varpi_1}{\omega_1} = \sqrt{\frac{k'}{k}},$$

et alors le coefficient a doit avoir la forme

(27) $$a = \delta \frac{\omega_1}{\omega} + \delta' \frac{\varpi_1}{\omega} \sqrt{-1},$$

où δ et δ' sont des nombres rationnels.

Les conditions indiquées dans ce théorème doivent donc nécessairement être remplies pour que l'équation (1) ait une intégrale algébrique. Il reste encore le point le plus important, savoir de déterminer si ces conditions sont suffisantes. Or c'est ce que nous allons faire voir à l'aide de la formule (65) du numéro 138. Cette formule peut facilement être démontrée en faisant effectivement la substitution de y; mais il existe une autre démonstration, tirée de considérations entièrement différentes et que nous allons donner ici, en nous servant d'une formule démontrée dans les „*Recherches sur les fonctions elliptiques.*" Il s'agit de la formule (185) de ce mémoire (*Crelle's* Journal für die reine und angewandte Mathematil Bd. 2, p. 176), savoir

(28) $$f\alpha = \prod_0^\infty {}_m \frac{1 - \left(\dfrac{\varrho - \varrho^{-1}}{r^{m+\frac{1}{2}} - r^{-m-\frac{1}{2}}}\right)^2}{1 + \left(\dfrac{\varrho - \varrho^{-1}}{r^{m+\frac{1}{2}} + r^{-m-\frac{1}{2}}}\right)^2},$$

où

(29) $$\varrho = e^{\frac{\alpha\pi}{\varpi'}}, \quad r = e^{\frac{\omega'\pi}{\varpi'}},$$

les quantités ω' et ϖ' étant données par les équations

(30) $$\frac{\omega'}{2} = \int_0^1 \frac{dx}{\sqrt{(1-x^2)(1+e^2x^2)}},$$

$$\frac{\varpi'}{2} = \int_0^{\frac{1}{e}} \frac{dx}{\sqrt{(1-e^2x^2)(1+x^2)}}.$$

On a de plus

(31) $$f\alpha = \sqrt{1-x^2}$$

où x est lié à α par l'équation

(32) $$\alpha = \int_0 \frac{dx}{\sqrt{(1-x^2)(1+e^2x^2)}}.$$

Si l'on fait $e = \frac{c}{\sqrt{1-c^2}} = \frac{c}{b}$, $x = \sqrt{1-y^2}$, on trouvera

$$\frac{\omega'}{2} = b\frac{\omega}{2}; \quad \frac{\varpi'}{2} = b\frac{\varpi}{2}; \quad \frac{\omega'}{\varpi'} = \frac{\omega}{\varpi},$$

$$d\alpha = -b\frac{dy}{\sqrt{(1-y^2)(1-c^2y^2)}},$$

d'où

$$y = \lambda\left(\frac{\omega}{2} - \frac{\alpha}{b}\right);$$

maintenant l'équation $x = \sqrt{1-y^2}$ donne $y = \sqrt{1-x^2} = f\alpha$, donc

$$f\alpha = \lambda\left(\frac{\omega}{2} - \frac{\alpha}{b}\right),$$

d'où, en mettant $b\frac{\omega}{2} - b\alpha$ à la place de α,

(33) $$\lambda\alpha = f\left(b\frac{\omega}{2} - b\alpha\right)$$

Cela posé, si l'on pose dans la formule (28) $b\frac{\omega}{2} - b\alpha$ au lieu de α, on troúvera, après quelques réductions faciles,

(34) $$\lambda\alpha = A\frac{(1-t^2)(1-t^2r^2)(1-t^{-2}r^2)(1-t^2r^4)(1-t^{-2}r^4)\dots}{(1+t^2)(1+t^2r^2)(1+t^{-2}r^2)(1+t^2r^4)(1+t^{-2}r^4)\dots},$$

où

(35) $$t = e^{-\frac{\alpha\pi}{\varpi}}, \quad r = e^{-\frac{\omega}{\varpi}\pi}$$

et A une quantité indépendante de α. Si l'on fait pour abréger

(35′) $$\frac{1-e^{-2x}}{1+e^{-2x}} = \psi(x),$$

on aura donc

(36) $$\lambda\alpha = A.\psi\left(\alpha\frac{\pi}{\varpi}\right)\cdot\psi(\omega+\alpha)\frac{\pi}{\varpi}\cdot\psi(\omega-\alpha)\frac{\pi}{\varpi}\cdot\psi(2\omega+\alpha)\frac{\pi}{\varpi}\cdot\psi(2\omega-\alpha)\frac{\pi}{\varpi}\cdots$$

Si l'on fait maintenant successivement

$$\alpha=\theta,\ \theta+\frac{\omega}{n},\ \theta+\frac{2\omega}{n},\ \ldots\ \theta+\frac{n-1}{n}\omega,$$

on aura les valeurs de $\lambda\theta$, $\lambda\left(\theta+\frac{\omega}{n}\right)\ldots\lambda\left(\theta+\frac{n-1}{n}\omega\right)$, qui multipliées ensemble donneront sur le champ

$$(37)\quad \lambda\theta.\lambda\left(\theta+\frac{\omega}{n}\right)\cdot\lambda\left(\theta+\frac{2\omega}{n}\right)\ldots\lambda\left(\theta+\frac{n-1}{n}\omega\right)$$
$$=A^n.\psi\delta\frac{\pi}{\varpi_1}\cdot\psi(\omega_1+\delta)\frac{\pi}{\varpi_1}\cdot\psi(\omega_1-\delta)\frac{\pi}{\varpi_1}\cdot\psi(2\omega_1+\delta)\frac{\pi}{\varpi_1}\cdots,$$

où l'on a fait pour abréger

$$(38)\qquad \delta=\frac{\varpi_1}{\varpi}\theta,\quad \frac{\omega_1}{\varpi_1}=\frac{1}{n}\frac{\omega}{\varpi};$$

or si l'on pose dans la formule (36) le module c_1 au lieu de c, et si l'on désigne les valeurs correspondantes de

$$\lambda\theta,\ \omega,\ \varpi,\ A$$

respectivement par

$$\lambda_1\theta,\ \omega_1,\ \varpi_1,\ A_1$$

il viendra

$$\lambda_1\alpha=A_1.\psi\alpha\frac{\pi}{\varpi_1}\cdot\psi(\omega_1+\alpha)\frac{\pi}{\varpi_1}\cdot\psi(\omega_1-\alpha)\frac{\pi}{\varpi_1}\cdots.$$

Le second membre de la formule (37) est donc la même chose que $\frac{A^n}{A_1}\lambda_1\delta=\frac{A^n}{A_1}\lambda_1\left(\frac{\varpi_1}{\varpi}\theta\right)$, et par conséquent on aura la formule suivante:

$$(39)\quad \lambda_1\left(\frac{\varpi_1}{\varpi}\theta\right)=\frac{A_1}{A^n}\cdot\lambda\theta.\lambda\left(\theta+\frac{\omega}{n}\right).\lambda\left(\theta+\frac{2\omega}{n}\right)\ldots\lambda\left(\theta+\frac{n-1}{n}\omega\right),$$

cette équation a donc toujours lieu si le module c_1 est tel que

$$(40)\qquad \frac{\omega_1}{\varpi_1}=\frac{1}{n}\frac{\omega}{\varpi},$$

quel que soit d'ailleurs le nombre entier n.

Si l'on fait $\lambda\theta=x$, $\lambda_1\left(\frac{\varpi_1}{\varpi}\theta\right)=y$, on aura l'équation

$$(41)\qquad \frac{\varpi\,dy}{\sqrt{(1-y^2)(1-c_1^2y^2)}}=\frac{\varpi_1\,dx}{\sqrt{(1-x^2)(1-c^2x^2)}}=\varpi_1 d\theta,$$

qui par conséquent est satisfaite par l'expression algébrique

$$(42)\qquad y=\frac{A_1}{A^n}.\lambda\theta.\lambda\left(\theta+\frac{\omega}{n}\right)\dots\lambda\left(\theta+\frac{n-1}{n}\omega\right).$$

La valeur de y est toujours une fonction algébrique de x. En effet, si n est un nombre impair, on a

$$(43)\qquad y=\frac{A_1}{A^n}\cdot x\cdot\frac{\lambda^2\left(\frac{\omega}{n}\right)-x^2}{1-c^2.\lambda^2\left(\frac{\omega}{n}\right).x^2}\dots\frac{\lambda^2\left(\frac{n-1}{2}\frac{\omega}{n}\right)-x^2}{1-c^2\lambda^2\left(\frac{n-1}{2}\frac{\omega}{n}\right).x^2},$$

et si n est un nombre pair

$$(44)\qquad y=\frac{A_1}{A^n}\cdot x\cdot\frac{\lambda^2\left(\frac{\omega}{n}\right)-x^2}{1-c^2\lambda^2\left(\frac{\omega}{n}\right)x^2}\dots\frac{\lambda^2\left(\frac{n-2}{2}\frac{\omega}{n}\right)-x^2}{1-c^2\lambda^2\left(\frac{n-2}{2}\frac{\omega}{n}\right)x^2}\cdot\frac{\sqrt{1-x^2}}{\sqrt{1-c^2x^2}}.$$

Considérons maintenant les trois cas de notre problème général.

Premier cas. Si a est réel.

Dans ce cas on doit avoir, comme nous l'avons vu, $a=\delta\frac{\varpi_1}{\varpi}=\frac{\mu}{\nu}\frac{\varpi_1}{\varpi}$, où μ et ν sont des nombres entiers; l'équation proposée deviendra

$$(45)\qquad \frac{dy}{\sqrt{(1-y^2)(1-c_1^2y^2)}}=\frac{\mu}{\nu}\frac{\varpi_1}{\varpi}\frac{dx}{\sqrt{(1-x^2)(1-c^2x^2)}}.$$

On doit avoir de plus $\frac{\omega_1}{\varpi_1}=k\frac{\omega}{\varpi}=\frac{m}{n}\frac{\omega}{\varpi}$, m et n étant entiers. Si l'on fait $x=\lambda(\nu\varpi\theta)$ et $y=\lambda_1(\mu\varpi_1\theta)$, θ étant une nouvelle variable, l'équation (45) sera satisfaite, car les deux membres se réduiront à $\mu\varpi_1 d\theta$. Pour avoir une intégrale en x et y il faut donc éliminer θ des deux équations

$$(46)\qquad x=\lambda(\nu\varpi\theta);\quad y=\lambda_1(\mu\varpi_1\theta).$$

Nous allons voir que le résultat de l'élimination sera une équation algébrique en x et y.

Soit c' un nouveau module et désignons par

$$\lambda'\theta,\ \omega',\ \varpi',\ A'$$

les valeurs correspondantes de

$$\lambda\theta,\ \omega,\ \varpi,\ A.$$

Cela posé, si l'on suppose le module c' tel que $\frac{\omega'}{\varpi'}=\frac{1}{n}\frac{\omega}{\varpi}$, on aura en vertu de la formule (39), en mettant $\mu\nu\theta\varpi$ au lieu de θ

(47) $\lambda'(\mu\nu\varpi'\theta) = \frac{A'}{A^n}\lambda(\mu\nu\varpi\theta).\lambda\left(\mu\nu\varpi\theta + \frac{\omega}{n}\right)\ldots\lambda\left(\mu\nu\varpi\theta + \frac{n-1}{n}\omega\right);$

maintenant, ayant $\frac{\omega'}{\varpi'} = \frac{1}{n}\frac{\omega}{\varpi}$ et $\frac{\omega_1}{\varpi_1} = \frac{m}{n}\frac{\omega}{\varpi}$, on en tire $\frac{\omega'}{\varpi'} = \frac{1}{m}\frac{\omega_1}{\varpi_1}$; donc la même formule donnera

(48) $\lambda'(\mu\nu\varpi'\theta) = \frac{A'}{A_1^m}\lambda_1(\mu\nu\varpi_1\theta).\lambda_1\left(\mu\nu\varpi_1\theta + \frac{\omega_1}{m}\right)\ldots\lambda_1\left(\mu\nu\varpi_1\theta + \frac{m-1}{m}\omega_1\right).$

En égalant entre elles ces deux expressions de $\lambda'(\mu\nu\varpi'\theta)$ et faisant pour abréger

(49) $$\nu\varpi\theta = \delta,\quad \mu\varpi_1\theta = \delta_1,$$

il viendra

(50) $$\left\{\begin{aligned} &\frac{1}{A^n}\lambda(\mu\delta).\lambda\left(\mu\delta + \frac{\omega}{n}\right)\ldots\lambda\left(\mu\delta + \frac{n-1}{n}\omega\right) \\ &= \frac{1}{A_1^m}\lambda_1(\nu\delta_1).\lambda_1\left(\nu\delta_1 + \frac{\omega_1}{m}\right)\ldots\lambda_1\left(\nu\delta_1 + \frac{m-1}{m}\omega_1\right). \end{aligned}\right.$$

Le premier membre de cette équation est une fonction algébrique de $\lambda(\mu\delta)$ et le second une fonction algébrique de $\lambda_1(\nu\delta_1)$; mais $\lambda(\mu\delta)$ est à son tour une fonction algébrique de $\lambda\delta = x$, et $\lambda_1(\nu\delta_1)$ une fonction algébrique de $\lambda_1\delta_1 = y$. Donc enfin les deux membres de l'équation (50) sont respectivement des fonctions algébriques de x et de y. Donc cette équation exprime l'intégrale cherchée en x et y de l'équation différentielle (45). Pour en avoir l'intégrale complète il suffit d'ajouter à δ ou à δ_1 une quantité constante arbitraire. Quant aux quantités A et A_1 on doit remarquer qu'on a

(51) $$A = \frac{1}{\sqrt{c}},\quad A_1 = \frac{1}{\sqrt{c_1}}.$$

Pour donner un exemple, supposons qu'on démande une intégrale algébrique de l'équation,

$$\frac{dy}{\sqrt{(1-y^2)(1-c_1^2y^2)}} = \frac{\varpi_1}{\varpi}\frac{dx}{\sqrt{(1-x^2)(1-c^2x^2)}},$$

dans le cas où $\frac{\omega_1}{\varpi_1} = \frac{2}{3}\frac{\omega}{\varpi}$. On aura alors $\mu = \nu = 1$, $m = 2$, $n = 3$. L'équation (50) deviendra donc

$$c\sqrt{c}.\lambda\delta.\lambda\left(\delta + \frac{\omega}{3}\right).\lambda\left(\delta + \frac{2\omega}{3}\right) = c_1.\lambda_1\delta_1.\lambda_1\left(\delta_1 + \frac{\omega_1}{2}\right),$$

c'est-à-dire:

$$y\frac{\sqrt{1-y^2}}{\sqrt{1-c_1^2y^2}}=\frac{c\sqrt{c}}{c_1}x\frac{\lambda^2\frac{\omega}{3}-x^2}{1-c^2\lambda^2\frac{\omega}{3}\cdot x^2}.$$

Second cas. Si $a\sqrt{-1}$ *est réel.*

Dans ce cas on doit avoir, d'après l'équation (25), $a=\frac{\mu}{\nu}\frac{\varpi_1}{\omega}\sqrt{-1}$, μ et ν étant entiers. On doit avoir de même $\frac{\omega_1}{\varpi_1}=\frac{m}{n}\frac{\varpi}{\omega}$. L'équation proposée (1) deviendra

$$(52)\qquad \frac{\nu}{\mu}\frac{\omega}{\varpi_1}\sqrt{-1}\cdot\frac{dy}{\sqrt{(1-y^2)(1-c_1^2y^2)}}=\frac{dx}{\sqrt{(1-x^2)(1-c^2x^2)}}.$$

Pour réduire ce cas au précédent, il suffit de faire $x=\frac{z\sqrt{-1}}{\sqrt{1-z^2}}$, z étant une nouvelle variable; on aura alors $\frac{dx}{\sqrt{(1-x^2)(1-c^2x^2)}}=\sqrt{-1}.\frac{dz}{\sqrt{(1-z^2)(1-b^2z^2)}}$, b étant égal à $\sqrt{1-c^2}$, et par suite l'équation (52) deviendra

$$\frac{dy}{\sqrt{(1-y^2)(1-c_1^2y^2)}}=\frac{\mu}{\nu}\frac{\varpi_1}{\omega}\frac{dz}{\sqrt{(1-z^2)(1-b^2z^2)}},$$

dont l'intégrale algébrique est exprimé par la formule (50) en y faisant $z=\lambda\delta=\frac{x}{\sqrt{x^2-1}}$ et mettant ϖ au lieu de ω.

Supposons par exemple qu'il s'agisse de trouver une intégrale algébrique de l'équation

$$\frac{dy}{\sqrt{(1-y^2)(1-c_1^2y^2)}}=\frac{\varpi_1}{\omega}\sqrt{-1}\frac{dx}{\sqrt{(1-x^2)(1-c^2x^2)}},$$

dans le cas où $\frac{\omega_1}{\varpi_1}=2.\frac{\varpi}{\omega}$. Ayant $\mu=\nu=1$ et $m=2$, $n=1$, l'équation (50) deviendra

$$\sqrt{b}.\lambda\delta=c_1.\lambda_1(\delta_1).\lambda_1\left(\delta_1+\frac{\omega_1}{2}\right),$$

ou, en remettant les valeurs de $\lambda\delta$ et $\lambda_1\delta_1$,

$$y\frac{\sqrt{1-y^2}}{\sqrt{1-c_1^2y^2}}=\frac{\sqrt{b}}{c_1}\frac{x}{\sqrt{x^2-1}}.$$

Troisième cas. *Si* $\frac{\varpi}{\omega}=\sqrt{kk'}$, $\frac{\omega_1}{\varpi_1}=\sqrt{\frac{k}{k'}}$.

Dans ce cas on doit avoir, en vertu du théorème I, $a=\frac{\mu}{\nu}\frac{\varpi_1}{\varpi}+\frac{\mu'}{\nu'}\frac{\varpi_1}{\omega}\sqrt{-1}$, μ, ν, μ', ν' étant des nombres entiers. L'équation proposée deviendra donc

$$\frac{dy}{\sqrt{(1-y^2)(1-c_1^2y^2)}}=\left(\frac{\mu}{\nu}\frac{\varpi_1}{\varpi}+\frac{\mu'}{\nu'}\frac{\varpi_1}{\omega}\sqrt{-1}\right)\frac{dx}{\sqrt{(1-x^2)(1-c^2x^2)}}, \tag{53}$$

et cette équation sera toujours intégrable algébriquement. En effet comme on a

$$\frac{\omega_1}{\varpi_1}=k\frac{\omega}{\varpi} \quad \text{et} \quad \frac{\omega_1}{\varpi_1}=\frac{1}{k'}\frac{\varpi}{\omega},$$

k' et k étant des nombres rationnels, on pourra, en vertu de ce que nous venons de voir dans les deux premiers cas, satisfaire algébriquement aux équations

$$\frac{dz}{\sqrt{(1-z^2)(1-c_1^2z^2)}}=\frac{\mu}{\nu}\frac{\varpi_1}{\varpi}\frac{dx}{\sqrt{(1-x^2)(1-c^2x^2)}},$$

$$\frac{dv}{\sqrt{(1-v^2)(1-c_1^2v^2)}}=\frac{\mu'}{\nu'}\frac{\varpi_1}{\omega}\sqrt{-1}\frac{dx}{\sqrt{(1-x^2)(1-c^2x^2)}}.$$

Par là l'équation (53) deviendra

$$\frac{dy}{\sqrt{(1-y^2)(1-c_1^2y^2)}}=\frac{dz}{\sqrt{(1-z^2)(1-c_1^2z^2)}}+\frac{dv}{\sqrt{(1-v^2)(1-c_1^2v^2)}};$$

on y satisfera, comme on sait, en prenant

$$y=\frac{z\sqrt{(1-v^2)(1-c_1^2v^2)}+v\sqrt{(1-z^2)(1-c_1^2z^2)}}{1-c_1^2z^2v^2}. \tag{54}$$

En substituant les valeurs de v et z en x, on aura une intégrale de l'équation, algébrique en x et y.

Nous avons ainsi démontré que les conditions nécessaires exposées dans le théorème I sont en même temps suffisantes.

D'après ce qui a été exposé dans le premier cas, on a immédiatement ce théorème:

Pour que deux fonctions elliptiques réelles $F(c', \theta')$, $F(c, \theta)$ puissent être réduites l'une à l'autre, il est nécessaire et il suffit qu'on ait entre les fonctions complètes $F^1(c)$, $F^1(b)$, $F^1(c')$, $F^1(b')$ cette relation:

$$(55)\qquad n.F^1(c').F^1(b) = m.F^1(b').F^1(c),$$

où m et n sont des nombres entiers. Si cette condition est remplie, on pourra établir une relation algébrique entre $\sin\theta'$ et $\sin\theta$ telle que

$$(56)\qquad F(c', \theta') = k\frac{F^1(b')}{F^1(b)}F(c, \theta),$$

où k est un nombre rationnel. On pourra ajouter que dans le cas où $k=1$, θ' est lié à θ par l'équation:

$$(57)\qquad \begin{cases} \theta' + \operatorname{arc\,tang}(a_1' \operatorname{tang}\theta') + \cdots + \operatorname{arc\,tang}(a'_{m-1}\operatorname{tang}\theta') \\ = \theta + \operatorname{arc\,tang}(a_1 \operatorname{tang}\theta) + \cdots + \operatorname{arc\,tang}(a_{n-1}\operatorname{tang}\theta), \end{cases}$$

où a_1, $a_2 \ldots a_1'$, $a_2' \ldots$ sont des quantités constantes données par les formules

$$(58)\qquad \begin{cases} a_\mu = \sqrt{1 - c^2\sin^2\theta_\mu}, \\ a_\mu' = \sqrt{1 - c'^2\sin^2\theta_\mu'}, \end{cases}$$

après avoir déterminé θ_μ et θ_μ' de telle sorte que

$$(59)\qquad \begin{cases} F(c, \theta_\mu) = \dfrac{2\mu}{n}F^1(c) = \dfrac{\mu}{n}\displaystyle\int_0^\pi \frac{d\theta}{\sqrt{1 - c^2\sin^2\theta}}, \\ F(c', \theta_\mu') = \dfrac{2\mu}{m}F^1(c') = \dfrac{\mu}{m}\displaystyle\int_0^\pi \frac{d\theta}{\sqrt{1 - c'^2\sin^2\theta}}. \end{cases}$$

En prenant $n=1$ on aura la formule (67) du numéro 138.

Il y a un cas du problème général qui mérite d'être remarqué; c'est celui où l'on suppose les deux modules égaux entre eux, en d'autres termes, où l'on demande tous les cas dans lesquels il sera possible d'intégrer algébriquement l'équation différentielle

$$(60)\qquad \frac{dy}{\sqrt{(1-y^2)(1-c^2y^2)}} = a\frac{dx}{\sqrt{(1-x^2)(1-c^2x^2)}}.$$

On a dans ce cas $\omega' = \omega$, $\varpi' = \varpi$, et par conséquent les équations (15) deviendront

$$a = \frac{m}{\nu} + \frac{m'}{2\nu}\frac{\varpi}{\omega}\sqrt{-1} = \frac{\mu'}{\nu'} - \frac{2\mu}{\nu'}\frac{\omega}{\varpi}\sqrt{-1},$$

et de là

$$\frac{m}{\nu} = \frac{\mu'}{\nu'},\quad \frac{m'}{2\nu}\cdot\frac{\varpi}{\omega} = -\frac{2\mu}{\nu'}\cdot\frac{\omega}{\varpi}.$$

Si l'on veut que a soit réel, on a $a=\frac{m}{\nu}$, $m'=\mu=0$; dans ce cas on n'aura aucune condition pour la valeur de c, qui peut être quelconque, mais on voit que a doit être un nombre rationnel. Si au contraire on admet des valeurs imaginaires de a, le module c doit être tel que $\frac{m'}{2\nu}\cdot\frac{\varpi}{\omega}=-\frac{2\mu}{\nu'}\cdot\frac{\omega}{\varpi}$; on tire de là

$$\frac{\omega}{\varpi}=\frac{1}{2}\sqrt{-\frac{m'\nu'}{\mu\nu}}.$$

En vertu de cette expression la valeur de a deviendra

$$a=\frac{\mu'}{\nu'}-\frac{\mu}{\nu'}\sqrt{-\frac{m'\nu'}{\mu\nu}}\cdot\sqrt{-1}.$$

Soit $\frac{\omega}{\varpi}=\sqrt{k}$, on aura

$$a=\delta+\delta'\sqrt{k}.\sqrt{-1},$$

k, δ, δ' pouvant désigner des nombres rationnels quelconques. On voit que pour que l'équation (60) soit intégrable algébriquement en supposant a imaginaire, il est nécessaire et il suffit que l'on ait

$$\frac{\omega}{\varpi}=\sqrt{k},\quad a=\delta+\delta'\sqrt{k}.\sqrt{-1};$$

k est essentiellement positif.

On pourra exprimer le module c en produits infinis comme il suit:

$$\sqrt[4]{c}=\frac{1-e^{-\pi\sqrt{k}}}{1+e^{-\pi\sqrt{k}}}\cdot\frac{1-e^{-3\pi\sqrt{k}}}{1+e^{-3\pi\sqrt{k}}}\cdot\frac{1-e^{-5\pi\sqrt{k}}}{1+e^{-5\pi\sqrt{k}}}\cdots$$

On tire cette expression de la formule (34), en y faisant $\alpha=\frac{\omega}{2}$ et remarquant que $\frac{\omega}{\varpi}=\sqrt{k}$, et $A=\frac{1}{\sqrt{c}}\cdot$ On aura en même temps le module b par cette formule

$$\sqrt[4]{b}=\frac{1-e^{-\frac{\pi}{\sqrt{k}}}}{1+e^{-\frac{\pi}{\sqrt{k}}}}\cdot\frac{1-e^{-\frac{3\pi}{\sqrt{k}}}}{1+e^{-\frac{3\pi}{\sqrt{k}}}}\cdot\frac{1-e^{-\frac{5\pi}{\sqrt{k}}}}{1+e^{-\frac{5\pi}{\sqrt{k}}}}\cdots$$

Il suit encore de ce qui précède que si le module c a la valeur ci-dessus, l'équation

$$\frac{dy}{\sqrt{(1-y^2)(1-b^2y^2)}}=k'\sqrt{k}\,\frac{dx}{\sqrt{(1-x^2)(1-c^2x^2)}},$$

sera toujours intégrable algébriquement, quels que soient les nombres rationnels k et k', pourvu que k soit positif.

Il y a encore beaucoup de choses à dire sur la transformation des fonctions elliptiques. On trouvera des développemens ultérieurs sur cette matière, ainsi que sur la théorie des fonctions elliptiques en général, dans un mémoire qui va paraître dans le Journal de M. *Crelle.*

Christiania le 25 septembre 1828.

XXI.

REMARQUES SUR QUELQUES PROPRIÉTÉS GÉNÉRALES D'UNE CERTAINE SORTE DE FONCTIONS TRANSCENDANTES.

Journal für die reine und angewandte Mathematik, herausgegeben von *Crelle,* Bd. 3, Berlin 1828.

1.

Si ψx désigne la tonction elliptique la plus générale, c'est-à-dire si

$$\psi x = \int \frac{r\,dx}{\sqrt{R}},$$

où r est une fonction rationnelle quelconque de x, et R une fonction entière de la même variable, qui ne passe pas le quatrième degré, cette fonction a, comme on sait, la propriété très remarquable, que la somme d'un nombre quelconque de ces fonctions peut être exprimée par une seule fonction de la même forme, en y ajoutant une certaine expression algébrique et logarithmique.

Il semble que dans la théorie des fonctions trancendantes les géomètres se sont bornés aux fonctions de cette forme. Cependant il existe encore pour une classe très étendue d'autres fonctions une propriété analogue à celle des fonctions elliptiques.

Je veux parler des fonctions qui peuvent être regardées comme *intégrales de différentielles algébriques quelconques.* Si l'on ne peut pas exprimer la somme d'un nombre quelconque de fonctions données par une seule fonction de la même espèce, comme dans le cas des fonctions elliptiques, au moins on pourra exprimer dans tous les cas une pareille somme par la somme d'un nombre déterminé d'autres fonctions de la même nature que les premières, en y ajoutant une certaine expression algébrique et logarithmique*). Nous démontrerons cette propriété dans l'un des cahiers suivans de ce journal. Pour le moment je vais considérer un cas particulier, qui embrasse les fonctions elliptiques, savoir celui des fonctions contenues dans la formule

$$\psi x = \int \frac{r\,dx}{\sqrt{R}}, \tag{1}$$

R étant une fonction rationnelle et entière quelconque, et r une fonction rationnelle.

2.

Nous allons d'abord établir le théorème suivant:

Théorème I. *Soit φx une fonction entière de x, décomposée d'une manière quelconque en deux facteurs entiers $\varphi_1 x$ et $\varphi_2 x$, de sorte que $\varphi x = \varphi_1 x . \varphi_2 x$. Soit fx une autre fonction entière quelconque, et*

$$\psi x = \int \frac{fx . dx}{(x-\alpha)\sqrt{\varphi x}}, \tag{2}$$

où α est une quantité constante quelconque. Désignons par $a_0, a_1, a_2 \ldots c_0, c_1, c_2, \ldots$ des quantités quelconques, dont l'une au moins soit variable. Cela posé, si l'on fait

$$\left\{\begin{aligned}&(a_0 + a_1 x + \cdots + a_n x^n)^2 \varphi_1 x - (c_0 + c_1 x + \cdots + c_m x^m)^2 \varphi_2 x \\ &\qquad = A(x-x_1)(x-x_2)(x-x_3)\ldots(x-x_\mu),\end{aligned}\right. \tag{3}$$

où A ne dépend pas de x, je dis qu'on aura

$$\begin{aligned}&\varepsilon_1 \psi x_1 + \varepsilon_2 \psi x_2 + \varepsilon_3 \psi x_3 + \cdots + \varepsilon_\mu \psi x_\mu \\ &= -\frac{f\alpha}{\sqrt{\varphi\alpha}} \log \frac{(a_0 + a_1\alpha + \cdots + a_n\alpha^n)\sqrt{\varphi_1\alpha} + (c_0 + c_1\alpha + \cdots + c_m\alpha^m)\sqrt{\varphi_2\alpha}}{(a_0 + a_1\alpha + \cdots + a_n\alpha^n)\sqrt{\varphi_1\alpha} - (c_0 + c_1\alpha + \cdots + c_m\alpha^m)\sqrt{\varphi_2\alpha}} + r + C,\end{aligned} \tag{4}$$

où C est une quantité constante, et r le coefficient de $\frac{1}{x}$ dans le développement de la fonction

$$\frac{fx}{(x-\alpha)\sqrt{\varphi x}} \cdot \log \frac{(a_0 + a_1 x + \cdots + a_n x^n)\sqrt{\varphi_1 x} + (c_0 + c_1 x + \cdots + c_m x^m)\sqrt{\varphi_2 x}}{(a_0 + a_1 x + \cdots + a_n x^n)\sqrt{\varphi_1 x} - (c_0 + c_1 x + \cdots + c_m x^m)\sqrt{\varphi_2 x}}$$

suivant les puissances descendantes de x. Les quantités $\varepsilon_1, \varepsilon_2, \ldots \varepsilon_\mu$ sont

---

*) J'ai présenté un mémoire sur ces fonctions à l'académie royale des sciences de Paris vers la fin de l'année 1826.

égales à $+1$ *ou à* -1, *et leurs valeurs dépendent de celles des quantités* $x_1, x_2, \ldots x_\mu$.

Désignons le premier membre de l'équation (3) par Fx, et faisons pour abréger

$$(5)\qquad \begin{cases} \theta x = a_0 + a_1 x + a_2 x^2 + \cdots + a_n x^n, \\ \theta_1 x = c_0 + c_1 x + c_2 x^2 + \cdots + c_m x^m, \end{cases}$$

nous aurons

$$(6)\qquad Fx = (\theta x)^2 \varphi_1 x - (\theta_1 x)^2 \varphi_2 x.$$

Cela posé, soit x l'une quelconque des quantités $x_1, x_2, \ldots x_\mu$, on aura l'équation

$$(7)\qquad Fx = 0.$$

De là, en différentiant, on tire

$$(8)\qquad F'x.dx + \delta Fx = 0,$$

en désignant par $F'x$ la dérivée de Fx par rapport à x, et par δFx la différentielle de la même fonction par rapport aux quantités $a_0, a_1, a_2, \ldots c_0, c_1, c_2, \ldots$ Or, en remarquant que $\varphi_1 x$ et $\varphi_2 x$ sont indépendans de ces dernières variables, l'équation (6) donnera

$$(9)\qquad \delta Fx = 2\theta x . \varphi_1 x . \delta\theta x - 2\theta_1 x . \varphi_2 x . \delta\theta_1 x,$$

donc en vertu de (8)

$$(10)\qquad F'x.dx = 2\theta_1 x . \varphi_2 x . \delta\theta_1 x - 2\theta x . \varphi_1 x . \delta\theta x.$$

Maintenant, ayant $Fx = 0 = (\theta x)^2 \varphi_1 x - (\theta_1 x)^2 \varphi_2 x$, on en tire

$$(11)\qquad \theta x \sqrt{\varphi_1 x} = \varepsilon \theta_1 x \sqrt{\varphi_2 x},$$

où $\varepsilon = \pm 1$. De là il vient

$$\theta x . \varphi_1 x = \varepsilon \theta_1 x \sqrt{\varphi_1 x . \varphi_2 x} = \varepsilon \theta_1 x \sqrt{\varphi x},$$

$$\theta_1 x . \varphi_2 x = \varepsilon \theta x \sqrt{\varphi_2 x . \varphi_1 x} = \varepsilon \theta x \sqrt{\varphi x},$$

donc l'expression de $F'x.dx$ pourra être mise sous la forme

$$(12)\qquad F'x.dx = 2\varepsilon(\theta x . \delta\theta_1 x - \theta_1 x . \delta\theta x)\sqrt{\varphi x}.$$

Cela donne, en multipliant par $\varepsilon \frac{fx}{\sqrt{\varphi x}} \frac{1}{F'x} \frac{1}{x-\alpha}$,

$$(13)\qquad \varepsilon \frac{fx . dx}{(x-\alpha)\sqrt{\varphi x}} = \frac{2fx(\theta x . \delta\theta_1 x - \theta_1 x . \delta\theta x)}{(x-\alpha)F'x}.$$

En faisant pour abréger

(14′) $$\lambda(x) = 2fx(\theta x . \delta\theta_1 x - \theta_1 x . \delta\theta x),$$

il viendra

(14) $$\varepsilon \frac{fx . dx}{(x-\alpha)\sqrt{\varphi x}} = \frac{\lambda x}{(x-\alpha)F'x},$$

λx étant une fonction *entière* par rapport à x.

Désignons par $\Sigma \Gamma x$ la quantité

$$\Gamma x_1 + \Gamma x_2 + \Gamma x_3 + \cdots + \Gamma x_\mu,$$

et remarquons que l'équation (14) subsiste encore, en mettant l'une quelconque des quantités $x_1, x_2, \ldots x_\mu$ au lieu de x; cette équation donnera

(15) $$\Sigma \varepsilon \frac{fx . dx}{(x-\alpha)\sqrt{\varphi x}} = \Sigma \frac{\lambda x}{(x-\alpha)F'x} = \delta v.$$

Cela posé, on pourra chasser sans difficulté les quantités $x_1, x_2, \ldots x_\mu$ du second membre.

En effet, quelle que soit la fonction entière λx, on peut supposer

(16) $$\lambda x = (x-\alpha)\lambda_1 x + \lambda\alpha,$$

$\lambda_1 x$ étant une fonction entière de x, savoir $\frac{\lambda x - \lambda\alpha}{x-\alpha}$. En substituant cette valeur dans (15), il viendra

(16′) $$\delta v = \Sigma \frac{\lambda_1 x}{F'x} + \lambda\alpha \Sigma \frac{1}{(x-\alpha)F'x}.$$

Maintenant on aura, d'après une formule connue,

(17) $$\Sigma \frac{1}{(x-\alpha)F'x} = -\frac{1}{F\alpha},$$

en remarquant que l'on a

$$F\alpha = A(\alpha - x_1)(\alpha - x_2)\ldots(\alpha - x_\mu);$$

donc

(18) $$\delta v = -\frac{\lambda\alpha}{F\alpha} + \Sigma \frac{\lambda_1 x}{F'x}.$$

Il reste à trouver $\Sigma \frac{\lambda_1 x}{F'x}$. Or cela peut se faire à l'aide de la formule (17). En effet, en développant $\frac{1}{\alpha - x}$ selon les puissances descendantes de α, il viendra

(19) $$\frac{1}{F\alpha}=\frac{1}{\alpha}\Sigma\frac{1}{F'x}+\frac{1}{\alpha^2}\Sigma\frac{x}{F'x}+\cdots+\frac{1}{\alpha^{k+1}}\Sigma\frac{x^k}{F'x}+\cdots,$$

d'où l'on voit que $\Sigma\frac{x^k}{F'x}$ est égal au coefficient de $\frac{1}{\alpha^{k+1}}$ dans le développement de $\frac{1}{F\alpha}$, ou bien à celui de $\frac{1}{\alpha}$ dans le développement de $\frac{\alpha^k}{F\alpha}\cdot$ De là on voit aisément que $\Sigma\frac{\lambda_1 x}{F'x}$, où $\lambda_1 x$ est une fonction quelconque entière de x, sera égal au coefficient de $\frac{1}{x}$ dans le développement de la fonction $\frac{\lambda_1 x}{Fx}$ selon les puissances ascendantes de $\frac{1}{x}\cdot$ Si pour abréger on désigne ce coefficient relatif à une fonction quelconque r, développable de cette manière, par Πr, on aura

(20) $$\Sigma\frac{\lambda_1 x}{F'x}=\Pi\frac{\lambda_1 x}{Fx}.$$

Or la formule (16), en divisant par $(x-\alpha)Fx$, donne

(21) $$\Pi\frac{\lambda x}{(x-\alpha)Fx}=\Pi\frac{\lambda_1 x}{Fx},$$

en remarquant que $\Pi\frac{\lambda\alpha}{(x-\alpha)Fx}$ est toujours égal à zéro. Donc l'expression (16′) de δv deviendra

(22) $$\delta v=-\frac{\lambda\alpha}{F\alpha}+\Pi\frac{\lambda x}{(x-\alpha)Fx}.$$

Maintenant on a (14′)

$$\lambda x=2fx.(\theta x.\delta\theta_1 x-\theta_1 x.\delta\theta x),$$

donc, en mettant α au lieu de x,

$$\lambda\alpha=2f\alpha.(\theta\alpha.\delta\theta_1\alpha-\theta_1\alpha.\delta\theta\alpha).$$

En substituant ces expressions dans la valeur de δv, et mettant pour $F\alpha$ sa valeur $(\theta\alpha)^2\varphi_1\alpha-(\theta_1\alpha)^2\varphi_2\alpha$, on obtiendra

$$\delta v=-\frac{2f\alpha.(\theta\alpha.\delta\theta_1\alpha-\theta_1\alpha.\delta\theta\alpha)}{(\theta\alpha)^2.\varphi_1\alpha-(\theta_1\alpha)^2.\varphi_2\alpha}+\Pi\frac{2fx}{x-\alpha}\cdot\frac{\theta x.\delta\theta_1 x-\theta_1 x.\delta\theta x}{(\theta x)^2.\varphi_1 x-(\theta_1 x)^2.\varphi_2 x}.$$

On trouvera aisément l'intégrale de cette expression; car, en remarquant que $f\alpha$, $\varphi_1\alpha$, $\varphi_2\alpha$, fx, $x-\alpha$, $\varphi_1 x$, $\varphi_2 x$ sont des quantités constantes, on aura, en vertu de la formule

$$\int \frac{p\,dq - q\,dp}{p^2 m - q^2 n} = \frac{1}{2\sqrt{mn}} \log \frac{p\sqrt{m} + q\sqrt{n}}{p\sqrt{m} - q\sqrt{n}}:$$

(23) $$v = C - \frac{f\alpha}{\sqrt{\varphi\alpha}} \log \frac{\theta\alpha\sqrt{\varphi_1\alpha} + \theta_1\alpha\sqrt{\varphi_2\alpha}}{\theta\alpha\sqrt{\varphi_1\alpha} - \theta_1\alpha\sqrt{\varphi_2\alpha}} + \Pi \frac{fx}{(x-\alpha)\sqrt{\varphi x}} \log \frac{\theta x\sqrt{\varphi_1 x} + \theta_1 x\sqrt{\varphi_2 x}}{\theta x\sqrt{\varphi_1 x} - \theta_1 x\sqrt{\varphi_2 x}}.$$

Or l'équation (15) donne

$$\Sigma\varepsilon \int \frac{fx\,.\,dx}{(x-\alpha)\sqrt{\varphi x}} = v,$$

donc en faisant

(24) $$\psi(x) = \int \frac{fx\,.\,dx}{(x-\alpha)\sqrt{\varphi x}}$$

et désignant par $\varepsilon_1, \varepsilon_2, \ldots \varepsilon_\mu$ des quantités de la forme ± 1, on aura la formule

(25) $$\left\{\begin{aligned} &\varepsilon_1\psi x_1 + \varepsilon_2\psi x_2 + \varepsilon_3\psi x_3 + \cdots + \varepsilon_\mu \psi x_\mu \\ &\qquad = C - \frac{f\alpha}{\sqrt{\varphi\alpha}} \log \frac{\theta\alpha\sqrt{\varphi_1\alpha} + \theta_1\alpha\sqrt{\varphi_2\alpha}}{\theta\alpha\sqrt{\varphi_1\alpha} - \theta_1\alpha\sqrt{\varphi_2\alpha}} \\ &\qquad + \Pi \frac{fx}{(x-\alpha)\sqrt{\varphi x}} \log \frac{\theta x\sqrt{\varphi_1 x} + \theta_1 x\sqrt{\varphi_2 x}}{\theta x\sqrt{\varphi_1 x} - \theta_1 x\sqrt{\varphi_2 x}}, \end{aligned}\right.$$

qui s'accorde parfaitement avec la formule (4).

Les valeurs de $\varepsilon_1, \varepsilon_2, \ldots \varepsilon_\mu$ ne sont pas arbitraires; elles dépendent de la grandeur de $x_1, x_2, \ldots x_\mu$, et celle-ci est déterminée par l'équation

$$\theta x\sqrt{\varphi_1 x} = \varepsilon\theta_1 x\sqrt{\varphi_2 x},$$

équivalente aux équations

(26) $$\theta x_1\sqrt{\varphi_1 x_1} = \varepsilon_1\theta_1 x_1\sqrt{\varphi_2 x_1};\ \theta x_2\sqrt{\varphi_1 x_2} = \varepsilon_2\theta_1 x_2\sqrt{\varphi_2 x_2};\ \ldots\ \theta x_\mu\sqrt{\varphi_1 x_\mu} = \varepsilon_\mu\theta_1 x_\mu\sqrt{\varphi_2 x_\mu}.$$

D'ailleurs les quantités $\varepsilon_1, \varepsilon_2, \ldots \varepsilon_\mu$ conserveront les mêmes valeurs pour toutes les valeurs de $x_1, x_2, \ldots x_\mu$, comprises entre certaines limites. Il en sera de même de la constante C.

3.

La démonstration précédente suppose toutes les quantités $x_1, x_2, \ldots x_\mu$ différentes entre elles, car dans le cas contraire $F'x$ serait égal à zéro pour un certain nombre de valeurs de x, et alors le second membre de la formule (14) se présenterait sous la forme $\frac{0}{0}$. Néanmoins il est évident que la formule (25) subsistera encore dans le cas où plusieurs des quantités x_1, $x_2, \ldots x_\mu$ sont égales entre elles.

En faisant $x_2 = x_1$, on aura (26)

$$\theta x_1 \sqrt{\varphi_1 x_1} = \varepsilon_1 \theta_1 x_1 \sqrt{\varphi_2 x_1} = \varepsilon_2 \theta_1 x_1 \sqrt{\varphi_2 x_1},$$

et cela donne, en supposant que $\theta_1 x . \varphi_2 x$ et $\theta x . \varphi_1 x$ n'aient pas de diviseur commun,

$$\varepsilon_2 = \varepsilon_1 .$$

En vertu de cette remarque on aura le théorème suivant:

Théorème II. *Si l'on fait*

$$(27) \qquad (\theta x)^2 \varphi_1 x - (\theta_1 x)^2 \varphi_2 x = A(x - x_1)^{m_1} (x - x_2)^{m_2} \ldots (x - x_\mu)^{m_\mu},$$

les fonctions entières $\theta x . \varphi_1 x$ *et* $\theta_1 x . \varphi_2 x$ *n'ayant pas de diviseur commun, on aura*

$$(28) \quad \left\{ \begin{aligned} & \varepsilon_1 m_1 \psi x_1 + \varepsilon_2 m_2 \psi x_2 + \varepsilon_3 m_3 \psi x_3 + \cdots + \varepsilon_\mu m_\mu \psi x_\mu \\ & \qquad = C - \frac{f\alpha}{\sqrt{\varphi\alpha}} \log \frac{\theta\alpha \sqrt{\varphi_1 \alpha} + \theta_1 \alpha \sqrt{\varphi_2 \alpha}}{\theta\alpha \sqrt{\varphi_1 \alpha} - \theta_1 \alpha \sqrt{\varphi_2 \alpha}} \\ & \qquad + \Pi \frac{fx}{(x-\alpha)\sqrt{\varphi x}} \log \frac{\theta x \sqrt{\varphi_1 x} + \theta_1 x \sqrt{\varphi_2 x}}{\theta x \sqrt{\varphi_1 x} - \theta_1 x \sqrt{\varphi_2 x}} . \end{aligned} \right.$$

4.

Si l'on suppose fx divisible par $x - \alpha$, on aura $f\alpha = 0$, donc en mettant $(x - \alpha) fx$ au lieu de fx, il viendra:

Théorème III. *Les choses étant supposées les mêmes que dans le Théorème* II, *si l'on fait*

$$\psi x = \int \frac{fx . dx}{\sqrt{\varphi x}},$$

fx étant une fonction entière quelconque, on aura

$$(29) \quad \begin{aligned} & \varepsilon_1 m_1 \psi x_1 + \varepsilon_2 m_2 \psi x_2 + \cdots + \varepsilon_\mu m_\mu \psi x_\mu \\ & \qquad = C + \Pi \frac{fx}{\sqrt{\varphi x}} \log \frac{\theta x \sqrt{\varphi_1 x} + \theta_1 x \sqrt{\varphi_2 x}}{\theta x \sqrt{\varphi_1 x} - \theta_1 x \sqrt{\varphi_2 x}} . \end{aligned}$$

5.

Si dans la formule (28) on suppose le degré de la fonction entière $f(x)$ moindre que la moitié de celui de φx, il est clair que la partie du second membre affectée du signe Π, s'évanouira. Donc on aura ce théorème:

Théorème IV. *Si le degré de la fonction entière* $(fx)^2$ *est moindre que celui de* φx, *et si l'on fait*

$$\psi x = \int \frac{fx \, . \, dx}{(x-\alpha)\sqrt{\varphi x}}:$$

on aura

$$(30) \quad \varepsilon_1 m_1 \psi x_1 + \varepsilon_2 m_2 \psi x_2 + \cdots + \varepsilon_\mu m_\mu \psi x_\mu$$
$$= C - \frac{f\alpha}{\sqrt{\varphi\alpha}} \cdot \log \frac{\theta\alpha\sqrt{\varphi_1\alpha} + \theta_1\alpha\sqrt{\varphi_2\alpha}}{\theta\alpha\sqrt{\varphi_1\alpha} - \theta_1\alpha\sqrt{\varphi_2\alpha}}.$$

6.

En faisant $f\alpha = 1$ dans le théorème précédent et différentiant $k-1$ fois de suite, on aura le théorème suivant:

Théorème V. *Si l'on fait*

$$\psi x = \int \frac{dx}{(x-\alpha)^k \sqrt{\varphi x}},$$

on aura

$$\varepsilon_1 m_1 \psi x_1 + \varepsilon_2 m_2 \psi x_2 + \cdots + \varepsilon_\mu m_\mu \psi x_\mu$$
$$= C - \frac{1}{1.2\ldots(k-1)} \cdot \frac{d^{k-1}}{d\alpha^{k-1}} \left(\frac{1}{\sqrt{\varphi\alpha}} \cdot \log \frac{\theta\alpha\sqrt{\varphi_1\alpha} + \theta_1\alpha\sqrt{\varphi_2\alpha}}{\theta\alpha\sqrt{\varphi_1\alpha} - \theta_1\alpha\sqrt{\varphi_2\alpha}} \right).$$

7.

Si dans le théorème III on suppose le degré de $(fx)^2$ moindre que celui de φx diminué de deux unités, le second membre se réduit à une constante. Cela donne aisément le théorème qui suit:

Théorème VI. *Si l'on désigne par* ψx *la fonction*

$$\int \frac{(\delta_0 + \delta_1 x + \delta_2 x^2 + \cdots + \delta_{\nu'} x^{\nu'})dx}{\sqrt{\beta_0 + \beta_1 x + \beta_2 x^2 + \cdots + \beta_\nu x^\nu}},$$

où $\nu' = \frac{\nu-1}{2} - 1$ *si* ν *est impair, et* $\nu' = \frac{\nu}{2} - 2$ *si* ν *est pair, on aura toujours*

$$(31)\qquad \varepsilon_1 m_1 \psi x_1 + \varepsilon_2 m_2 \psi x_2 + \cdots + \varepsilon_\mu m_\mu \psi x_\mu = constante.$$

On voit que ν' a la même valeur pour $\nu = 2m - 1$ et pour $\nu = 2m$, savoir $\nu' = m - 2$.

8.

Soit maintenant

$$\psi x = \int \frac{r\,dx}{\sqrt{\varphi x}},$$

r étant une fonction rationnelle quelconque de x. Quelle que soit la forme de r, on pourra toujours faire

$$(32)\qquad r = fx + \frac{f_1 x}{(x-\alpha_1)^{k_1}} + \frac{f_2 x}{(x-\alpha_2)^{k_2}} + \cdots + \frac{f_\omega x}{(x-\alpha_\omega)^{k_\omega}},$$

$fx, f_1 x, f_2 x, \ldots f_\omega x$ étant des fonctions entières. Cela posé, il est clair qu'en vertu des théorèmes III et V, on aura le suivant:

Théorème VII. *Quelle que soit la fonction rationnelle r exprimée par la formule* (32), *en faisant*

$$(33)\qquad \psi x = \int \frac{r\,dx}{\sqrt{\varphi x}} \quad \text{et} \quad \frac{\theta x \sqrt{\varphi_1 x} + \theta_1 x \sqrt{\varphi_2 x}}{\theta x \sqrt{\varphi_1 x} - \theta_1 x \sqrt{\varphi_2 x}} = \chi x,$$

on aura toujours

$$(34)\qquad \left\{ \begin{aligned} &\varepsilon_1 m_1 \psi x_1 + \varepsilon_2 m_2 \psi x_2 + \cdots + \varepsilon_\mu m_\mu \psi x_\mu = C + \Pi \frac{r}{\sqrt{\varphi x}} \log \chi x \\ &\quad - \frac{1}{\Gamma k_1} \frac{d^{k_1-1}}{d\alpha_1^{k_1-1}} \left(\frac{f_1 \alpha_1}{\sqrt{\varphi \alpha_1}} \log \chi \alpha_1 \right) - \frac{1}{\Gamma k_2} \frac{d^{k_2-1}}{d\alpha_2^{k_2-1}} \left(\frac{f_2 \alpha_2}{\sqrt{\varphi \alpha_2}} \log \chi \alpha_2 \right) - \cdots \\ &\qquad - \frac{1}{\Gamma k_\omega} \frac{d^{k_\omega-1}}{d\alpha_\omega^{k_\omega-1}} \left(\frac{f_\omega \alpha_\omega}{\sqrt{\varphi \alpha_\omega}} \log \chi \alpha_\omega \right), \end{aligned} \right.$$

en représentant par Γk le produit $1 . 2 . 3 \ldots (k-1)$.

9.

Nous avons considéré précédemment les quantités $x_1, x_2, \ldots x_\mu$ comme des fonctions de $a_0, a_1, a_2, \ldots c_0, c_1, c_2, \ldots$ Supposons maintenant qu'un certain nombre des quantités $x_1, x_2, \ldots x_\mu$ soient données et regardées comme des variables indépendantes; et soient $x_1, x_2, \ldots x_{\mu'}$ ces quantités. Alors il faut déterminer $a_0, a_1, \ldots c_0, c_1, \ldots$ de manière que le premier membre de l'équation (3) soit divisible par

$$(x-x_1)(x-x_2)\dots(x-x_{\mu'}).$$

Cela ce fera à l'aide des équations (26). Les μ' premières équations,

$$(35)\quad \left\{\begin{array}{l} \theta x_1\sqrt{\varphi_1 x_1}=\varepsilon_1\,.\,\theta_1 x_1\sqrt{\varphi_2 x_1},\\ \theta x_2\sqrt{\varphi_1 x_2}=\varepsilon_2\,.\,\theta_1 x_2\sqrt{\varphi_2 x_2},\\ \dots\dots\dots\dots\dots\\ \theta x_{\mu'}\sqrt{\varphi_1 x_{\mu'}}=\varepsilon_{\mu'}\,.\,\theta_1 x_{\mu'}\sqrt{\varphi_2 x_{\mu'}} \end{array}\right.$$

donneront μ' des quantités $a_0, a_1, \dots c_0, c_1, \dots$ exprimées en fonction rationnelle des autres et de $x_1, x_2, \dots x_{\mu'}, \sqrt{\varphi x_1}, \sqrt{\varphi x_2}, \dots \sqrt{\varphi x_{\mu'}}$.

Le nombre des indéterminées $a_0, a_1, \dots a_n, c_0, c_1, \dots c_m$ est égal à $m+n+2$; donc, comme il est aisé de le voir par la forme des équations (35), on pourra faire $\mu'=m+n+1$. Cela posé, en substituant les valeurs de $a_0, a_1, \dots c_0, c_1, \dots$ dans les fonctions $\theta x, \theta_1 x, \dots$, la fonction entière $(\theta x)^2\varphi_1 x-(\theta_1 x)^2\varphi_2 x$ deviendra divisible par

$$(x-x_1)(x-x_2)\dots(x-x_{\mu'}).$$

En désignant le quotient par R, on aura

$$(36)\qquad R=A(x-x_{\mu'+1})(x-x_{\mu'+2})\dots(x-x_\mu).$$

Donc les $\mu-\mu'$ quantités $x_{\mu'+1}, x_{\mu'+2}, \dots x_\mu$, seront les racines d'une équation, $R=0$, du degré $\mu-\mu'$, dont tous les coefficiens sont exprimés rationnellement par les quantités $x_1, x_2, x_3, \dots x_{\mu'}, \sqrt{\varphi x_1}, \sqrt{\varphi x_2}, \dots \sqrt{\varphi x_\mu}$.

Faisons

$$\varepsilon_1=\varepsilon_2=\varepsilon_3=\dots=\varepsilon_{\mu_1}=1,$$
$$\varepsilon_{\mu_1+1}=\varepsilon_{\mu_1+2}=\dots=\varepsilon_{\mu'}=-1,$$
$$x_{\mu_1+1}=x_1',\ x_{\mu_1+2}=x_2',\ \dots x_{\mu'}=x'_{\mu_2},$$
$$x_{\mu'+1}=y_1,\ x_{\mu'+2}=y_2,\ \dots x_\mu=y_{\nu'},$$

on aura, en désignant par $\psi(x)$ la fonction $\int\frac{r\,dx}{\sqrt{\varphi x}}$,

$$(37)\quad \left\{\begin{array}{l} \psi x_1+\psi x_2+\dots+\psi x_{\mu_1}-\psi x_1'-\psi x_2'-\dots-\psi x_{\mu_2}'\\ \qquad =v-\varepsilon_{\mu'+1}\psi y_1-\varepsilon_{\mu'+2}\psi y_2-\varepsilon_{\mu'+3}\psi y_3-\dots-\varepsilon_\mu\psi y_{\nu'}, \end{array}\right.$$

où v est une expression algébrique et logarithmique. Les quantités $x_1, x_2,$

$\ldots x_{\mu_1}$; x_1', x_2', $\ldots x_{\mu_2}'$ sont des quantités variables quelconques, et $y_1, y_2, \ldots y_{\nu'}$ seront déterminables à l'aide d'une équation du degré ν'.

Maintenant nous verrons qu'on pourra toujours rendre ν' indépendant du nombre $\mu_1+\mu_2$ des fonctions données. En effet, cherchons la plus petite valeur de ν'. En supposant indéterminées toutes les quantités $a_0, a_1, \ldots c_0, c_1, \ldots$, il est clair que μ sera égal à l'un des deux nombres $2n+\nu_1$ et $2m+\nu_2$, ν_1 et ν_2 représentant les degrés des fonctions $\varphi_1 x$, $\varphi_2 x$. Soit par exemple

$$\mu = 2n+\nu_1,$$

on doit avoir en même temps

$$\mu = \text{ou} > 2m+\nu_2,$$

d'où, en ajoutant, on tire

$$\mu = \text{ou} > m+n+\frac{\nu_1+\nu_2}{2};$$

or

$$\nu' = \mu-\mu' = \mu-m-n-1,$$

donc

$$\nu' = \text{ou} > \frac{\nu_1+\nu_2}{2}-1,$$

ou bien, en désignant le degré de φx par ν,

$$(38) \qquad \nu' = \text{ou} > \frac{\nu}{2}-1.$$

On voit par là que la plus petite valeur de ν' est $\frac{\nu-1}{2}$ ou $\frac{\nu}{2}-1$, selon que ν est impair ou pair. Donc cette valeur est indépendante du nombre $\mu_1+\mu_2$ des fonctions données; elle est précisément la même que le nombre total des coefficiens δ_0, δ_1, δ_2, $\ldots$ dans le sixième théorème. On aura maintenant ce théorème:

Théorème VIII. *Soit* $\psi x = \int \frac{r\,dx}{\sqrt{\varphi x}}$, *où* r *est une fonction rationnelle quelconque de* x, *et* φx *une fonction entière du degré* $2\nu-1$ *ou* 2ν, *et soient* $x_1, x_2, \ldots x_{\mu_1}, x_1', x_2', \ldots x_{\mu_2}'$ *des variables données. Cela posé, quel que soit le nombre* $\mu_1+\mu_2$ *des variables, on pourra toujours trouver, au moyen d'une équation algébrique,* $\nu-1$ *quantités* $y_1, y_2, \ldots y_{\nu-1}$ *telles que*

$$(39) \quad \left\{ \begin{aligned} &\psi x_1+\psi x_2+\cdots+\psi x_{\mu_1}-\psi x_1'-\psi x_2'-\cdots-\psi x_{\mu_2}' \\ &\qquad = v+\varepsilon_1\psi y_1+\varepsilon_2\psi y_2+\cdots+\varepsilon_{\nu-1}\psi y_{\nu-1}, \end{aligned} \right.$$

v étant algébrique et logarithmique, et $\varepsilon_1, \varepsilon_2, \dots \varepsilon_{\nu-1}$ égaux à $+1$ ou à -1.

On peut ajouter que les fonctions $y_1, y_2, \dots y_{\nu-1}$ restent les mêmes, quelle que soit la forme de la fonction rationnelle r, et que la fonction v ne change pas de valeur en ajoutant à r une fonction entière quelconque du degré $\nu-2$.

10.

Les équations (35) qui déterminent les quantités $a_0, a_1, \dots c_0, c_1, \dots$ deviendront

$$(40)\quad \left\{\begin{array}{ll} \theta x_1 \sqrt{\varphi_1 x_1} = \theta_1 x_1 \sqrt{\varphi_2 x_1}, & \theta x_1' \sqrt{\varphi_1 x_1'} = -\theta_1 x_1' \sqrt{\varphi_2 x_1'}, \\ \theta x_2 \sqrt{\varphi_1 x_2} = \theta_1 x_2 \sqrt{\varphi_2 x_2}, & \theta x_2' \sqrt{\varphi_1 x_2'} = -\theta_1 x_2' \sqrt{\varphi_2 x_2'}, \\ \dots\dots\dots & \\ \theta x_{\mu_1} \sqrt{\varphi_1 x_{\mu_1}} = \theta_1 x_{\mu_1} \sqrt{\varphi_2 x_{\mu_1}}, & \theta x_{\mu_2}' \sqrt{\varphi_1 x_{\mu_2}'} = -\theta_1 x_{\mu_2}' \sqrt{\varphi_2 x_{\mu_2}'}. \end{array}\right.$$

Pour déterminer $\varepsilon_1, \varepsilon_2, \dots \varepsilon_{\nu-1}$, on aura les équations:

$$(41)\quad \left\{\begin{array}{l} \theta y_1 \sqrt{\varphi_1 y_1} = -\varepsilon_1 \theta_1 y_1 \sqrt{\varphi_2 y_1}, \\ \theta y_2 \sqrt{\varphi_1 y_2} = -\varepsilon_2 \theta_1 y_2 \sqrt{\varphi_2 y_2}, \\ \dots\dots\dots \\ \theta y_{\nu-1} \sqrt{\varphi_1 y_{\nu-1}} = -\varepsilon_{\nu-1} \theta_1 y_{\nu-1} \sqrt{\varphi_2 y_{\nu-1}}. \end{array}\right.$$

Les fonctions $y_1, y_2, \dots y_{\nu-1}$ sont les racines de l'équation

$$(42)\quad \frac{(\theta y)^2 \cdot \varphi_1 y - (\theta_1 y)^2 \cdot \varphi_2 y}{(y-x_1)(y-x_2)\dots(y-x_{\mu_1})(y-x_1')(y-x_2')\dots(y-x_{\mu_2}')} = 0.$$

Le degré de la fonction θy est $n = \frac{\mu_1+\mu_2+\nu-1-\nu_1}{2}$, et celui de $\theta_1 y$ est $m = n+\nu_1-\nu$.

11.

La formule (39) a lieu si plusieurs des quantités $x_1, x_2, \dots x_1', x_2', \dots$ sont égales entre elles, mais dans ce cas les équations (40) ne suffisent plus pour déterminer les quantités $a_0, a_1, \dots c_0, c_1, \dots$; car si par exemple $x_1 = x_2 = \dots = x_k$, les k premières des équations (40) deviendront identiques. Pour avoir les équations nécessaires dans ce cas, posons pour abréger

$$\theta x . \sqrt{\varphi_1 x} - \theta_1 x . \sqrt{\varphi_2 x} = \lambda x.$$

L'expression $\frac{\lambda x}{(x - x_1)^k}$ doit avoir une valeur finie en faisant $x = x_1$. On en déduit, d'après les principes du calcul différentiel, les k équations

(43) $$\lambda x_1 = 0,\ \lambda' x_1 = 0,\ \lambda'' x_1 = 0,\ \ldots\ \lambda^{(k-1)} x_1 = 0,$$

et ce sont elles qu'il faut substituer à la place des équations

$$\lambda x_1 = 0,\ \lambda x_2 = 0,\ \ldots\ \lambda x_k = 0,$$

dans le cas où $x_1 = x_2 = \cdots = x_k$.

XXII.

SUR LE NOMBRE DES TRANSFORMATIONS DIFFÉRENTES QU'ON PEUT FAIRE SUBIR A UNE FONCTION ELLIPTIQUE PAR LA SUBSTITUTION D'UNE FONCTION RATIONNELLE DONT LE DEGRÉ EST UN NOMBRE PREMIER DONNÉ.

Journal für die reine und angewandte Mathematik, herausgegeben von *Crelle*, Bd. 3, Berlin 1828.

Soit pour abréger

(1) $$\varDelta^2 = (1-x^2)(1-c^2x^2), \quad \varDelta'^2 = (1-y^2)(1-c'^2y^2)$$

et supposons qu'on satisfasse à l'équation différentielle

(2) $$\frac{dy}{\varDelta'} = a\frac{dx}{\varDelta},$$

en y substituant pour y une fonction rationnelle de x de la forme

(3) $$y = \frac{A_0 + A_1x + \cdots + A_{2n+1}x^{2n+1}}{B_0 + B_1x + \cdots + B_{2n+1}x^{2n+1}},$$

où $2n+1$ est un nombre premier, et où l'un au moins des coefficiens A_{2n+1} et B_{2n+1} est différent de zéro. En supposant, ce qui est permis, la fraction précédente réduite à sa plus simple expression, nous dirons que $\frac{dy}{\varDelta'}$ se transforme en $a\frac{dx}{\varDelta}$ par la substitution d'une fonction du degré $2n+1$.

Il s'agit maintenant de trouver toutes les valeurs différentes de y qui répondent à la même valeur de $2n+1$. Si l'on fait

(4) $$\frac{\omega}{2} = \int_0^1 \frac{dx}{\varDelta} \quad \text{et} \quad \frac{\omega'}{2} = \int_0^{\frac{1}{c}} \frac{dx}{\varDelta}$$

et qu'on désigne par $\lambda\theta$ une fonction de θ, telle que

$$d\theta = \frac{dx}{\varDelta} \quad \text{pour} \quad x = \lambda\theta,$$

et en outre

$$\lambda(0) = 0,$$

il suit immédiatement de ce que j'ai dit sur le problème général de la transformation des fonctions elliptiques dans le n° 138 du journal d'astronomie de M. *Schumacher**), qu'on satisfera de la manière la plus générale à l'équation $\frac{dy}{\varDelta'} = a\frac{dx}{\varDelta}$ dans le cas où $B_{2n+1} = 0$, en prenant

$$(5)\quad \begin{cases} y = a\dfrac{x\left(1-\frac{x^2}{\lambda^2\alpha}\right)\left(1-\frac{x^2}{\lambda^2 2\alpha}\right)\cdots\left(1-\frac{x^2}{\lambda^2 n\alpha}\right)}{(1-c^2\lambda^2\alpha.x^2)[1-c^2\lambda^2(2\alpha).x^2]\ldots[1-c^2\lambda^2(n\alpha).x^2]}, \\ c' = c^{2n+1}\left[\lambda\left(\frac{\omega}{2}+\alpha\right).\lambda\left(\frac{\omega}{2}+2\alpha\right)\ldots\lambda\left(\frac{\omega}{2}+n\alpha\right)\right]^4, \\ a = \dfrac{c^{n+\frac{1}{2}}}{\sqrt{c'}}[\lambda\alpha.\lambda(2\alpha)\ldots\lambda(n\alpha)]^2, \end{cases}$$

où α est une quantité de la forme

$$(6)\quad \alpha = \frac{m\omega + m'\omega'}{2n+1},$$

m et m' étant deux entiers. Maintenant, ayant trouvé cette solution, il suit encore de la formule (51) du mémoire cité que toutes les autres valeurs de y seront de la forme $\frac{f'+fy}{g'+gy}$, y étant donné par (5), f', f, g, g' étant des quantités constantes qui doivent satisfaire à l'équation

$$(7)\quad \left(1+\frac{g+f}{g'+f'}x\right)\left(1+\frac{g-f}{g'-f'}x\right)\left(1+\frac{g+c'f}{g'+c'f'}x\right)\left(1+\frac{g-c'f}{g'-c'f'}x\right) = (1-x^2)(1-c'^2x^2).$$

Cette équation donne vingt-quatre systèmes de valeurs différentes. On trouve ainsi qu'à chaque valeur de α répondent 24 valeurs de y et douze valeurs du module c'. Mais comme les valeurs de y sont deux à deux égales, mais de signes contraires, nous n'en compterons que douze. Par la même raison nous réduirons le nombre des valeurs de c' à six. Cela posé, si l'on fait pour abréger:

---

*) Memoire XIX de cette édition.

$$(8)\begin{cases} p=x\left(1-\dfrac{x^2}{\lambda^2\alpha}\right)\cdots\left(1-\dfrac{x^2}{\lambda^2(n\alpha)}\right); \quad v=(1-c^2\lambda^2\alpha.x^2)\ldots[1-c^2\lambda^2(n\alpha)x^2]; \\ \varepsilon=c^{n+\frac{1}{2}}\left[\lambda\left(\dfrac{\omega}{2}+\alpha\right)\ldots\lambda\left(\dfrac{\omega}{2}+n\alpha\right)\right]^2; \quad \delta=c^{n+\frac{1}{2}}[\lambda\alpha.\lambda(2\alpha)\ldots\lambda(n\alpha)]^2, \end{cases}$$

on trouvera aisément ces valeurs correspondantes des trois quantités c', a, y:

(9)

	I.	II.	III.	IV.	V.	VI.
$c'=$	ε^2,	$\dfrac{1}{\varepsilon^2}$,	$\left(\dfrac{1-\varepsilon}{1+\varepsilon}\right)^2$,	$\left(\dfrac{1+\varepsilon}{1-\varepsilon}\right)^2$,	$\left(\dfrac{1-\varepsilon i}{1+\varepsilon i}\right)^2$,	$\left(\dfrac{1+\varepsilon i}{1-\varepsilon i}\right)^2$,
$a=$	$\pm\dfrac{\delta}{\varepsilon}$,	$\mp\delta\varepsilon$,	$\pm\dfrac{\delta}{2\varepsilon}(1+\varepsilon)^2 i$,	$\mp\dfrac{\delta}{2\varepsilon}(1-\varepsilon)^2 i$,	$\pm\dfrac{\delta}{2\varepsilon}(1+\varepsilon i)^2 i$,	$\mp\dfrac{\delta}{2\varepsilon}(1-\varepsilon i)^2 i$,
$y=$	$\dfrac{\delta}{\varepsilon}\dfrac{p}{v}$, $\dfrac{1}{\delta\varepsilon}\dfrac{v}{p}$,	$\dfrac{\varepsilon}{\delta}\dfrac{v}{p}$, $\delta\varepsilon\dfrac{p}{v}$,	$\dfrac{1+\varepsilon}{1-\varepsilon}\cdot\dfrac{v\pm\delta p}{v\mp\delta p}$,	$\dfrac{1-\varepsilon}{1+\varepsilon}\cdot\dfrac{v\pm\delta p}{v\mp\delta p}$,	$\dfrac{1+\varepsilon i}{1-\varepsilon i}\cdot\dfrac{v\pm\delta pi}{v\mp\delta pi}$,	$\dfrac{1-\varepsilon i}{1+\varepsilon i}\cdot\dfrac{v\pm\delta pi}{v\mp\delta pi}$,

(où $i=\sqrt{-1}$).

On voit qu'à chaque valeur de c' correspondent deux valeurs différentes de la fonction y. Maintenant si l'on attribue aux nombres m et m' des valeurs entières quelconques, on aura toutes les solutions possibles de notre problème. Or parmi ces solutions il n'y aura qu'un nombre fini qui soient différentes entre elles. Cherchons d'abord les solutions différentes qui répondent au premier cas, savoir $c'=\varepsilon^2$ et $y=\dfrac{\delta}{\varepsilon}\cdot\dfrac{p}{v}\cdot$ Pour les trouver, soit α' une valeur de α et désignons les valeurs correspondantes de y, p, v, δ, ε par y', p', v', δ', ε'. Cela posé, il est évident que si y' doit être égal à $\pm y$, on doit avoir

$$p'=p, \quad v'=v, \quad \frac{\delta'}{\varepsilon'}=\pm\frac{\delta}{\varepsilon}\cdot$$

Or en vertu de l'équation (8) on ne pourra avoir $p'=p$, à moins que les quantités $\lambda^2\alpha$, $\lambda^2(2\alpha)$, ... $\lambda^2(n\alpha)$ ne soient, quoique dans un ordre différent, égales à celles-ci:

$$\lambda^2\alpha', \ \lambda^2(2\alpha'), \ \ldots \ \lambda^2(n\alpha').$$

Soit donc

$$\lambda^2\alpha'=\lambda^2(\mu\alpha),$$

où μ est moindre que n. On en tire $\lambda\alpha'=\pm\lambda(\mu\alpha)$, d'où, en vertu du théorème II du n⁰ 138 du journal d'astronomie,

$$\alpha' = k\omega + k'\omega' \pm \mu\alpha,$$

où k et k' désignent des nombres entiers quelconques. Cela donne

$$\lambda^2(\mu'\alpha') = \lambda^2(\mu'\mu\alpha),$$

et puisque $\lambda[\theta + (2n+1)\alpha] = \lambda\theta$, et que $2n+1$ est un nombre premier, il s'ensuit que

$$p' = p, \quad v' = v, \quad \delta' = \delta, \quad \varepsilon' = \varepsilon.$$

Donc les solutions qui répondent à α et α' sont précisément égales entre elles.

Soit d'abord $m' = 0$ en sorte que $\alpha = \frac{m\omega}{2n+1}$. Si l'on fait $k' = 0$, et qu'on détermine les nombres k et μ de manière à satisfaire à l'équation

$$k \pm \frac{\mu m}{2n+1} = \frac{1}{2n+1},$$

on aura

$$\alpha' = \frac{\omega}{2n+1}.$$

On voit par là que la solution qui répond à $\alpha = \frac{m\omega}{2n+1}$ est la même que celle qui répond à $\alpha = \frac{\omega}{2n+1}$, quel que soit m.

Supposons maintenant m' différent de zéro, on aura

$$\alpha' = k\omega + k'\omega' \pm \frac{m\mu\omega + m'\mu\omega'}{2n+1}.$$

Si l'on détermine les deux nombres entiers μ et k' par l'équation

$$k' \pm \frac{m'\mu}{2n+1} = \frac{1}{2n+1},$$

et k par celle-ci:

$$k \pm \frac{\mu m}{2n+1} = \frac{\nu}{2n+1},$$

où ν est positif et moindre que $2n+1$, on aura

$$\alpha' = \frac{\omega' + \nu\omega}{2n+1}.$$

On voit par là, que pour obtenir toutes les valeurs différentes de v et p, il suffit de donner à α les valeurs:

$$(10) \qquad \frac{\omega}{2n+1}, \quad \frac{\omega'}{2n+1}, \quad \frac{\omega'+\omega}{2n+1}, \quad \frac{\omega'+2\omega}{2n+1}, \quad \ldots \quad \frac{\omega'+2n\omega}{2n+1}.$$

Or toutes les solutions ainsi obtenues seront effectivement différentes entre elles; car si l'on attribue à α et à α' deux valeurs différentes de la série (10), il est clair qu'on ne pourra satisfaire à l'équation

$$\alpha' = k\omega + k'\omega' \pm \mu\alpha,$$

qui exprime une condition nécessaire de l'identité des deux solutions qui répondent à α et à α'.

Donc le nombre des solutions différentes qui répondent à $y = \frac{\delta}{\varepsilon} \cdot \frac{p}{v}$ est $2n+2$. Maintenant si l'on attribue à α toutes les valeurs (10), les formules (9) donneront $12(2n+2)$ solutions, et il est évident que toutes les $12(2n+2)$ valeurs correspondantes de y seront nécessairement différentes entre elles. Cependant il ne répond à ces $24(n+1)$ solutions que $12(n+1)$ valeurs du module. Il faut observer que la conclusion précédente n'a pas lieu pour le cas particulier où $n=0$. En effet, dans ce cas y n'aura que douze valeurs différentes, car les deux valeurs $\alpha = \omega$, $\alpha = \omega'$, auxquelles dans ce cas se réduisent les quantités (10), donneront pour y une même valeur, savoir $y = x$. Il faut remarquer également que le module c ne doit pas avoir les valeurs zéro ou un. Dans ces cas la fonction $\int \frac{dx}{\Delta}$ n'est plus une fonction elliptique, mais circulaire ou logarithmique.

On pourra mettre les huit dernières valeurs de y (9) sous une autre forme qui est à quelques égards plus élégante. En effet on pourra démontrer qu'on a

$$(11) \begin{cases} v - \delta p = (1 - x.\sqrt{c})(1 - 2k_1 x\sqrt{c} + c.x^2)(1 - 2k_2 x\sqrt{c} + cx^2)\ldots \\ \qquad\qquad \ldots(1 - 2k_n x\sqrt{c} + cx^2), \\ v - \delta p\sqrt{-1} = (1 - x\sqrt{-c})(1 - 2k_1' x\sqrt{-c} - cx^2)(1 - 2k_2' x\sqrt{-c} - cx^2)\ldots \\ \qquad\qquad \ldots(1 - 2k_n' x\sqrt{-c} - cx^2). \end{cases}$$

En changeant le signe de x, on aura des expressions semblables pour $v + \delta p$ et $v + \delta p\sqrt{-1}$. Les quantités $k_1, k_2, k_3, \ldots k_n$ sont données par la formule

$$k_\mu = \frac{\Delta(\mu\alpha)}{1 - c.\lambda^2(\mu\alpha)}.$$

On a pareillement

$$k_\mu' = \frac{\Delta(\mu\alpha)}{1 + c.\lambda^2(\mu\alpha)},$$

$\Delta(\theta)$ désignant la quantité

$$\frac{d\lambda\theta}{d\theta} = \pm\sqrt{(1-\lambda^2\theta)(1-c^2\lambda^2\theta)}.$$

Donc le numérateur et le dénominateur de la fraction (3), qui exprime la valeur de y, se trouvent décomposés en facteurs dans tous les cas.

Dans le cas où le module c est moindre que l'unité, les équations (9), nous font voir que généralement les modules des transformées sont imaginaires, excepté ceux qui répondent à

$$\alpha = \frac{\omega}{2n+1} \quad \text{et à} \quad \alpha = \frac{\omega' - \omega}{2n+1},$$

et en même temps à l'une des solutions I, II, III, IV. Il n'y a donc que huit modules réels. Si l'on ne désire que ceux qui sont moindres que l'unité, on n'en aura que quatre. Cependant il pourra arriver, c ayant des valeurs particulières, qu'un plus grand nombre des modules transformés soient réels. Je ferai voir dans une autre occasion, comment on pourra trouver toutes ces valeurs particulières. Pour le moment je ferai connaître une manière d'exprimer toutes les valeurs du module c' à l'aide de produits infinis.

Si c est moindre que l'unité, ω sera une quantité réelle, ω' au contraire sera imaginaire; car on a

$$\omega' = 2.\int_0^{\frac{1}{c}} \frac{dx}{\Delta} = \omega + 2\sqrt{-1}.\int_1^{\frac{1}{c}} \frac{dx}{\sqrt{(x^2-1)(1-c^2x^2)}},$$

c'est-à-dire que, si l'on fait

$$\frac{\varpi}{2} = \int_0^1 \frac{dx}{\sqrt{(1-x^2)(1-b^2x^2)}},$$

où

$$b = \sqrt{1-c^2},$$

on aura

$$\omega' = \omega + \varpi\sqrt{-1},$$

ϖ étant une quantité réelle comme ω. Cela posé, les $2n+2$ valeurs de α deviendront:

$$\frac{\omega}{2n+1}, \; \frac{\varpi i + \omega}{2n+1}, \; \ldots \; \frac{\varpi i + (2n+1)\omega}{2n+1}.$$

A la place de ces valeurs on pourra aussi mettre celles-ci:

$$\frac{\omega}{2n+1}, \; \frac{\varpi i}{2n+1}, \; \frac{\varpi i + 2\omega}{2n+1}, \; \frac{\varpi i + 4\omega}{2n+1}, \; \ldots \; \frac{\varpi i + 4n\omega}{2n+1},$$

où $i = \sqrt{-1}$.

En faisant $c=1$, $e=\frac{c}{b}$ (formule 189 t. II, p. 177*), et mettant ensuite $b\omega$ et $b\varpi$ au lieu de ω et ϖ, et enfin $\alpha=b\left(\frac{\omega}{2}-\theta\right)$, on trouvera $\lambda\theta=f\alpha$, et la formule donnera après quelques réductions faciles,

$$(12)\quad \lambda\theta=\frac{2}{\sqrt{c}}\sqrt[4]{q}\,.\sin\left(\frac{\pi}{\omega}\theta\right)\cdot\frac{\left[1-2q^2\cos\left(\frac{2\pi}{\omega}\theta\right)+q^4\right]\left[1-2q^4\cos\left(\frac{2\pi}{\omega}\theta\right)+q^8\right]\cdots}{\left[1-2q\,.\cos\left(\frac{2\pi}{\omega}\theta\right)+q^2\right]\left[1-2q^3\cos\left(\frac{2\pi}{\omega}\theta\right)+q^6\right]\cdots},$$

où $q=e^{-\frac{\varpi}{\omega}\pi}$

Pour calculer la valeur de ε d'après l'équation (8), il suffit de chercher les valeurs de $\lambda\left(\frac{\omega}{2}+\alpha\right)$, $\lambda\left(\frac{\omega}{2}+2\alpha\right)$, ... $\lambda\left(\frac{\omega}{2}+n\alpha\right)$ au moyen de la formule précédente, et de les multiplier ensuite entre elles. Si l'on fait d'abord $\alpha=\frac{\omega}{2n+1}$ on trouvera aisément

$$(13)\qquad \varepsilon=2\,.\sqrt[4]{q^{2n+1}}\,.\left(\frac{1+q^{2(2n+1)}}{1+q^{2n+1}}\cdot\frac{1+q^{4(2n+1)}}{1+q^{3(2n+1)}}\cdots\right)^2.$$

De même si l'on fait

$$\alpha=\frac{\varpi i+2\mu\omega}{2n+1},$$

et si l'on pose pour abréger

$$\delta_1=\cos\frac{2\pi}{2n+1}+\sqrt{-1}\,.\sin\frac{2\pi}{2n+1},$$

on parviendra à cette formule:

$$(14)\qquad \varepsilon=2\,.\sqrt[4]{\delta_1^\mu\,.\,q^{\frac{1}{2n+1}}}\,.\left\{\frac{1+\left(\delta_1^\mu\,.\,q^{\frac{1}{2n+1}}\right)^2}{1+\delta_1^\mu\,.\,q^{\frac{1}{2n+1}}}\cdot\frac{1+\left(\delta_1^\mu\,.\,q^{\frac{1}{2n+1}}\right)^4}{1+\left(\delta_1^\mu\,.\,q^{\frac{1}{2n+1}}\right)^3}\cdots\right\}^2.$$

Donc on voit que pour avoir toutes les valeurs de ε, il suffit de substituer dans l'expression

$$(15)\qquad 2\,.\sqrt[4]{q}\,.\left(\frac{1+q^2}{1+q}\cdot\frac{1+q^4}{1+q^3}\cdots\frac{1+q^{2m}}{1+q^{2m-1}}\cdots\right)^2,$$

au lieu de q, les $2n+2$ valeurs q^{2n+1}, $q^{\frac{1}{2n+1}}$, $\delta_1\,q^{\frac{1}{2n+1}}$, $\delta_1^2\,q^{\frac{1}{2n+1}}$, ... $\delta_1^{2n}\,q^{\frac{1}{2n+1}}$, 1, δ_1, δ_1^2, ... étant les racines de l'équation $\delta^{2n+1}=1$. Deux seulement

*) Voyez p. 347 de cette édition.

des valeurs de ε sont réelles, savoir celles qui répondent à la substitution de q^{2n+1} et $q^{\frac{1}{2n+1}}$, c'est-à-dire à

$$\alpha = \frac{\omega}{2n+1} \quad \text{et} \quad \alpha = \frac{\varpi i}{2n+1}.$$

Il suit encore des formules précédentes que toutes les $2n+2$ valeurs de ε sont nécessairement différentes entre elles, excepté peut-être pour certaines valeurs particulières du module c. Ayant trouvé les valeurs de ε, on aura celles du module c' à l'aide des équations (9). Il est à remarquer que l'expression (15) est précisément la valeur de $\sqrt{c}$, comme on peut le voir en faisant $\theta = \frac{\omega}{2}$. Dans le cas où l'on suppose y de la forme $\frac{\delta}{\varepsilon}\cdot\frac{p}{v}$, le module c' sera égal à ε^2 d'après les formules (9), donc $\sqrt{c'} = \varepsilon$. Par conséquent dans ce cas le module c se changera successivement dans toutes les valeurs du module c', si l'on remplace dans la formule

$$(16) \qquad \sqrt{c} = 2 . \sqrt[4]{q} . \left(\frac{1+q^2}{1+q}\cdot\frac{1+q^4}{1+q^3}\cdots\right)^2,$$

q par q^{2n+1}, $\sqrt[2n+1]{q}$, $\delta_1\sqrt[2n+1]{q}$, $\delta_1^2\sqrt[2n+1]{q}$, ... $\delta_1^{2n}\sqrt[2n+1]{q}$.

Ce théorème s'accorde parfaitement avec le théorème énoncé par M. *Jacobi* dans le tome III. p. 193 de ce journal. Seulement à l'endroit cité la fonction de q, qui exprime la valeur de $\sqrt{c}$, est présentée sous une autre forme. Donc on trouverait immédiatement le théorème de ce géomètre, si l'on pouvait parvenir à démontrer l'identité des deux fonctions

$$(17) \qquad \sqrt[4]{q} . \left(\frac{1+q^2}{1+q}\cdot\frac{1+q^4}{1+q^3}\cdots\right)^2 = \frac{q^{\frac{1}{4}}+q^{\frac{9}{4}}+q^{\frac{25}{4}}+\cdots}{1+2q+2q^4+2q^9+\cdots}.$$

On pourra encore démontrer qu'on aura les $2n+2$ valeurs de c', en mettant dans la formule

$$(18) \qquad \sqrt[4]{c} = \frac{1-r}{1+r}\cdot\frac{1-r^3}{1+r^3}\cdot\frac{1-r^5}{1+r^5}\cdots$$

les quantités r^{2n+1}, $\sqrt[2n+1]{r}$, $\delta_1\sqrt[2n+1]{r}$, $\delta_1^2\sqrt[2n+1]{r}$, ... $\delta_1^{2n}\sqrt[2n+1]{r}$, au lieu de r, la lettre r désignant la quantité $e^{-\frac{\omega}{\varpi}\pi}$ Cette quantité est liée à q par l'équation

$$\log\left(\frac{1}{r}\right) . \log\left(\frac{1}{q}\right) = \pi^2.$$

Pour avoir la valeur du coefficient a il faut connaitre celle de δ (8). Or on pourra la déduire aisément de la formule (12), en y faisant $\theta = \alpha$, $2\alpha, \ldots n\alpha$. On trouve de cette manière que les valeurs de δ qui répondent respectivement à

$$\alpha = \frac{\omega}{2n+1}, \frac{\varpi i}{2n+1}, \frac{\varpi i + 2\omega}{2n+1}, \ldots \frac{\varpi i + 4n\omega}{2n+1},$$

sont égales à celles que prend l'expression

$$(19) \qquad \delta = 2\frac{\pi}{\omega}\sqrt[4]{q}\left(\frac{1-q^2}{1-q}\cdot\frac{1-q^4}{1-q^3}\cdots\right)^2,$$

en y substituant au lieu de q les valeurs q^{2n+1}, $\sqrt[2n+1]{q}$, $\delta_1\sqrt[2n+1]{q}$, $\delta_1^2\sqrt[2n+1]{q}, \ldots \delta_1^{2n}\sqrt[2n+1]{q}$.

XXIII.

THÉORÈME GÉNÉRAL SUR LA TRANSFORMATION DES FONCTIONS ELLIPTIQUES DE LA SECONDE ET DE LA TROISIÈME ESPÈCE.

Journal für die reine und angewandte Mathematik, herausgegeben von *Crelle*, Bd. 3, Berlin 1828.

Si une intégrale algébrique $f(y,x)=0$ satisfait à l'équation

$$\frac{dy}{\sqrt{(1-y^2)(1-c'^2y^2)}}=a\,.\,\frac{dx}{\sqrt{(1-x^2)(1-c^2x^2)}},$$

on aura toujours

$$\int\frac{A+Bx^2}{1-\frac{x^2}{n^2}}\cdot\frac{dx}{\sqrt{(1-x^2)(1-c^2x^2)}}=\int\frac{A'+B'y^2}{1-\frac{y^2}{m^2}}\cdot\frac{dy}{\sqrt{(1-y^2)(1-c'^2y^2)}}+k\log p,$$

où A, B, n sont des quantités données, A', B', m, k des quantités constantes, fonctions des premières, et p une certaine fonction algébrique de y et x. Il est très remarquable que les paramètres m et n sont liés entre eux par la même équation que y et x, savoir $f(m,n)=0$. Dans le cas où n est infini, le premier membre deviendra seulement une fonction de la seconde espèce, et dans ce cas on pourra démontrer que

$$(a)\quad\int(A+Bx^2)\frac{dx}{\sqrt{(1-x^2)(1-c^2x^2)}}=\int(A'+B'y^2)\frac{dy}{\sqrt{(1-y^2)(1-c'^2y^2)}}+v,$$

où v est une fonction algébrique des variables x et y.

Au reste il est aisé de démontrer la formule (a). Il n'y a qu'à différentier l'équation

$$a\int\frac{dx}{\sqrt{(1-x^2)(1-c^2x^2)}}=\int\frac{dy}{\sqrt{(1-y^2)(1-c'^2y^2)}}$$

par rapport au module c. Je me réserve de donner dans un autre mémoire des développemens plus étendus sur le théorème ci-dessus.

XXIV.

NOTE SUR QUELQUES FORMULES ELLIPTIQUES.

Journal für die reine und angewandte Mathematik, herausgegeben von *Crelle*, Bd. 4, Berlin 1829.

Dans le second tome de ce journal j'ai donné plusieurs formules pour le développement des fonctions $\varphi\alpha$, $f\alpha$, $F\alpha$, dans le cas où les modules e et c sont réels. Il sera facile d'en déduire des formules analogues pour le cas où e^2 est une quantité négative, comme nous allons voir.

Soit pour plus de simplicité $c=1$. Cela posé, si l'on fait

$$\lambda\alpha = f\left(\frac{\omega}{2} - b\alpha\right), \text{ où } b = \frac{1}{\sqrt{1+e^2}}, \tag{1}$$

on trouvera aisément, par la définition de la fonction f, qu'on a

$$\alpha = \int_0 \frac{dx}{\sqrt{(1-x^2)(1-c^2x^2)}}, \tag{2}$$

en faisant

$$x = \lambda\alpha \text{ et } c = \frac{e}{\sqrt{1+e^2}}.$$

Donc le module c est plus petit que l'unité, et comme on a $b=\sqrt{1-c^2}$, b sera son complément.

On trouvera aussi

$$\left\{\begin{aligned} \frac{\omega}{2} &= b\int_0^1 \frac{dx}{\sqrt{(1-x^2)(1-c^2x^2)}} = b\int_0^{\frac{\pi}{2}} \frac{d\theta}{\sqrt{1-c^2\sin^2\theta}}, \\ \frac{\varpi}{2} &= b\int_0^1 \frac{dx}{\sqrt{(1-x^2)(1-b^2x^2)}} = b\int_0^{\frac{\pi}{2}} \frac{d\theta}{\sqrt{1-b^2\sin^2\theta}}. \end{aligned}\right. \tag{3}$$

Si l'on fait

(4) $$\lambda'\alpha = \sqrt{1-\lambda^2\alpha},\quad \lambda''\alpha = \sqrt{1-c^2\lambda^2\alpha},$$

on aura encore

(5) $$\lambda'\alpha = \varphi\left(\frac{\omega}{2} - b\alpha\right),\quad \lambda''\alpha = bF\left(\frac{\omega}{2} - b\alpha\right),$$

et en faisant

(6) $$\frac{\omega'}{2} = \int_0^{\frac{\pi}{2}} \frac{d\theta}{\sqrt{1-c^2\sin^2\theta}},\quad \frac{\varpi'}{2} = \int_0^{\frac{\pi}{2}} \frac{d\theta}{\sqrt{1-b^2\sin^2\theta}},$$

on a, en vertu de (3)

(7) $$\frac{\omega'}{\varpi'} = \frac{\omega}{\varpi},\quad \omega = b\omega',\quad \varpi = b\varpi'.$$

Considérons maintenant d'abord la formule (185) p. 176*), qui donne la valeur de $f\alpha$. Pour en déduire celle de la fonction $\lambda\alpha$, il suffit de mettre $\frac{\omega}{2} - b\alpha$ à la place de α. Faisons donc $\alpha = \frac{\omega}{2} - b\theta$, et posons pour abréger,

(8) $$\varrho = e^{-\frac{\theta\pi}{\varpi'}},\quad r = e^{-\frac{\omega'}{\varpi'}\pi}:$$

alors la formule (185) donne sur le champ

$$\lambda\theta = A.\prod_0^{\infty}{}_m \frac{(1-r^{2m+1})^2 - (\varrho r^m - \varrho^{-1}r^{m+1})^2}{(1+r^{2m+1})^2 + (\varrho r^m - \varrho^{-1}r^{m+1})^2},$$

où

(8′) $$A^{\frac{1}{2}} = \frac{(1+r)(1+r^3)\dots}{(1-r)(1-r^3)\dots}.$$

Or on a

$$(1-r^{2m+1})^2 - (\varrho r^m - \varrho^{-1}r^{m+1})^2 = (1-\varrho^2 r^{2m})(1-\varrho^{-2}r^{2m+2})$$

et

$$(1+r^{2m+1})^2 + (\varrho r^m - \varrho^{-1}r^{m+1})^2 = (1+\varrho^2 r^{2m})(1+\varrho^{-2}r^{2m+2}),$$

par conséquent l'expression de $\lambda\theta$ deviendra, en développant,

(9) $$\lambda\theta = A.\frac{1-\varrho^2}{1+\varrho^2}\cdot\frac{1-\varrho^2r^2}{1+\varrho^2r^2}\cdot\frac{1-\varrho^{-2}r^2}{1+\varrho^{-2}r^2}\cdot\frac{1-\varrho^2r^4}{1+\varrho^2r^4}\cdot\frac{1-\varrho^{-2}r^4}{1+\varrho^{-2}r^4}\dots$$

Avec la même facilité on tirera des deux formules (184) et (186), en y faisant $\alpha = \frac{\omega}{2} - b\,\theta$,

---

*) P. 346 de cette édition.

$$(10)\qquad \lambda'\theta = A'.\frac{2\varrho}{1+\varrho^2}\cdot\frac{(1-\varrho^2 r)(1-\varrho^{-2}r)(1-\varrho^2 r^3)(1-\varrho^{-2}r^3)\dots}{(1+\varrho^2 r^2)(1+\varrho^{-2}r^2)(1+\varrho^2 r^4)(1+\varrho^{-2}r^4)\dots},$$

$$(11)\qquad \lambda''\theta = A''.\frac{2\varrho}{1+\varrho^2}\cdot\frac{(1+\varrho^2 r)(1+\varrho^{-2}r)(1+\varrho^2 r^3)(1+\varrho^{-2}r^3)\dots}{(1+\varrho^2 r^2)(1+\varrho^{-2}r^2)(1+\varrho^2 r^4)(1+\varrho^{-2}r^4)\dots},$$

où A', A'' sont donnés par les formules

$$(12)\qquad \sqrt{A'} = \frac{(1+r^2)(1+r^4)(1+r^6)\dots}{(1-r)(1-r^3)(1-r^5)\dots},$$

$$(13)\qquad \sqrt{A''} = \frac{(1+r^2)(1+r^4)(1+r^6)\dots}{(1+r)(1+r^3)(1+r^5)\dots}.$$

On pourra trouver pour A, A', A'' d'autres expressions beaucoup plus simples et qui donneront des formules très remarquables.

Si l'on fait, dans la formule (9), $\theta = \frac{\omega'}{2} + \frac{\varpi'}{2}i$, on aura

$$\lambda\theta = f\left(\frac{\varpi}{2}i\right) = \frac{\sqrt{1+e^2}}{e} = \frac{1}{c},\ \text{et}\ \varrho^2 = e^{-\pi i - \frac{\omega'}{\varpi'}\pi} = -r,$$

donc en substituant,

$$\frac{1}{c} = A\left(\frac{1+r}{1-r}\cdot\frac{1+r^3}{1-r^3}\cdot\frac{1+r^5}{1-r^5}\cdots\right)^2,$$

c'est-à-dire, en vertu de la formule (8'),

$$\frac{1}{c} = A^2,$$

d'où

$$A = \frac{1}{\sqrt{c}}.$$

En faisant, dans l'expression de $\lambda'\theta$, $\theta = \frac{\omega'}{2} + \frac{\varpi'}{2}i$, on a

$$\lambda'\theta = -\varphi\left(\frac{\varpi i}{2}\right) = -\frac{i}{e} = -i\frac{\sqrt{1-c^2}}{c},\ \text{et}\ \varrho^2 = -r,$$

donc

$$i.\frac{b}{c} = 4A'i\sqrt{r}\left(\frac{1+r^2}{1-r}\cdot\frac{1+r^4}{1-r^3}\cdots\right)^2,$$

d'où l'on tire, en vertu de l'équation (12),

$$A' = \frac{1}{2\sqrt[4]{r}}\cdot\sqrt{\frac{b}{c}}.$$

Enfin si l'on fait dans la formule (11) $\theta=\frac{\omega'}{2}$, on trouvera

$$\lambda''\theta=\sqrt{1-c^2}=b,\quad \varrho^2=r,$$

donc

$$b=4A''\sqrt{r}\left(\frac{1+r^2}{1+r}\cdot\frac{1+r^4}{1+r^3}\cdots\right)^2=4A''\sqrt{r}.A'',$$

et par suite

$$A''=\frac{\sqrt{b}}{2\sqrt[4]{r}}.$$

En comparant ces valeurs de A, A', A'' à celles données plus haut, on en déduira ces formules:

(14) $$\sqrt[4]{c}=\frac{1-r}{1+r}\cdot\frac{1-r^3}{1+r^3}\cdot\frac{1-r^5}{1+r^5}\cdots,$$

(15) $$\sqrt[4]{\frac{b}{c}}=\sqrt{2}.\sqrt[8]{r}.\frac{1+r^2}{1-r}\cdot\frac{1+r^4}{1-r^3}\cdot\frac{1+r^6}{1-r^5}\cdots,$$

(16) $$\sqrt[4]{b}=\sqrt{2}.\sqrt[8]{r}.\frac{1+r^2}{1+r}\cdot\frac{1+r^4}{1+r^3}\cdot\frac{1+r^6}{1+r^5}\cdots,$$

dont l'une est une suite des deux autres.

Si dans l'expression de $\lambda\theta$ on fait $\theta=0$, après avoir divisé les deux membres par

$$1-\varrho^2=2\frac{\theta\pi}{\varpi'}+\cdots,$$

et qu'on remarque que $\frac{\lambda\theta}{\theta}=1$, pour $\theta=0$, on obtiendra

(17) $$\sqrt[4]{c}.\sqrt{\frac{\varpi'}{\pi}}=\frac{(1-r^2)(1-r^4)(1-r^6)\ldots}{(1+r^2)(1+r^4)(1+r^6)\ldots}.$$

De là on tire, en substituant la valeur de $\sqrt[4]{c}$:

(18) $$\begin{aligned}\sqrt{\frac{\varpi'}{\pi}}&=\frac{(1+r)(1-r^2)(1+r^3)(1-r^4)\ldots}{(1-r)(1+r^2)(1-r^3)(1+r^4)\ldots}\\&=(1+r)^2(1+r^3)^2(1+r^5)^2\ldots\times(1-r^2)(1-r^4)(1-r^6)\ldots\\&=[(1+r)(1+r^3)(1+r^5)\ldots]^2.(1+r)(1+r^2)(1+r^3)\ldots\\&\qquad\times(1-r)(1-r^2)(1-r^3)\ldots\end{aligned}$$

A l'aide des formules (16, 14, 18) il est facile de trouver l'expression des produits infinis

$$(1+r)(1+r^2)(1+r^3)\ldots,\quad (1-r)(1-r^2)(1-r^3)\ldots.$$

En effet, si l'on fait pour abréger

$$(19)\qquad \begin{cases} P=(1+r)(1+r^3)(1+r^5)\ldots, \\ P'=(1+r^2)(1+r^4)(1+r^6)\ldots, \end{cases}$$

et qu'on ait égard à la formule

$$\frac{1}{(1-r)(1-r^3)(1-r^5)\ldots}=(1+r)(1+r^2)(1+r^3)\ldots=P:P',$$

les formules (14, 16) donneront sur le champ

$$\sqrt[4]{c}=\frac{1}{P^2.P'},\quad \sqrt[4]{b}=\sqrt{2}.\sqrt[8]{r}.\frac{P'}{P},$$

d'où l'on tire

$$(20)\qquad P=\sqrt[6]{2}.\sqrt[24]{\frac{r}{b^2c^2}},\quad P'=\frac{\sqrt[6]{b}.\sqrt[24]{r}}{\sqrt[3]{2}.\sqrt[12]{c}}.\frac{1}{\sqrt[8]{r}}.$$

On connait donc les produits P et P'. En les multipliant entre eux, il viendra

$$(21)\qquad (1+r)(1+r^2)(1+r^3)(1+r^4)\ldots=\frac{\sqrt[12]{b}}{\sqrt[6]{2c}.\sqrt[24]{r}}.$$

De même la formule (18) donne, en substituant les valeurs de P, P',

$$\sqrt{\frac{\varpi'}{\pi}}=P^3.P'.(1-r)(1-r^2)(1-r^3)\ldots,$$

et de là:

$$(22)\qquad (1-r)(1-r^2)(1-r^3)\ldots=\frac{\sqrt[12]{b}.\sqrt[3]{c}}{\sqrt[6]{2}.\sqrt[24]{r}}.\sqrt{\frac{\varpi'}{\pi}},$$

formule due à M. *Jacobi* (Tome III. p. 193, où ce géomètre en présente plusieurs autres très remarquables et très élégantes).

Des formules démontrées précédemment on peut aisément en tirer un grand nombre d'autres. En voici quelques unes des plus remarquables.

Si l'on fait pour abréger

$$(23)\qquad q=e^{-\frac{\varpi'}{\omega'}\pi},$$

on aura

$$(24)\quad \lambda\left(\frac{\omega'}{\pi}x\right)=\frac{2}{\sqrt{c}}\cdot\sqrt[4]{q}\,.\sin x\,.\frac{1-2q^2\cos 2x+q^4}{1-2q\ \cos 2x+q^2}\cdot\frac{1-2q^4\cos 2x+q^8}{1-2q^3\cos 2x+q^6}\cdots$$

$$(25)\quad \lambda'\left(\frac{\omega'}{\pi}x\right)=2\sqrt{\frac{b}{c}}\cdot\sqrt[4]{q}\,.\cos x\,.\frac{1+2q^2\cos 2x+q^4}{1-2q\ \cos 2x+q^2}\cdot\frac{1+2q^4\cos 2x+q^8}{1-2q^3\cos 2x+q^6}\cdots$$

$$(26)\quad \lambda''\left(\frac{\omega'}{\pi}x\right)=\sqrt{b}\,.\frac{1+2q\cos 2x+q^2}{1-2q\cos 2x+q^2}\cdot\frac{1+2q^3\cos 2x+q^6}{1-2q^3\cos 2x+q^6}\cdots$$

Ces formules ont été déduites respectivement des formules (11, 10, 9), en changeant c en b, et en faisant ensuite

$$\theta=\frac{\varpi'}{2}+\frac{\omega'}{2}\sqrt{-1}+\frac{\omega'}{\pi}x\sqrt{-1}.$$

En comparant ces valeurs à celles que M. *Jacobi* a données pour les mêmes fonctions à l'endroit cité, on parviendra à des résultats remarquables. Ainsi, en faisant dans la formule (3) de M. *Jacobi*, $k=c$, on aura

$$(27)\quad \left\{\begin{aligned}&\frac{1+2q\cos 2x+2q^4\cos 4x+2q^9\cos 6x+\cdots}{1-2q\cos 2x+2q^4\cos 4x-2q^9\cos 6x+\cdots}\\&=\frac{(1+2q\cos 2x+q^2)(1+2q^3\cos 2x+q^6)(1+2q^5\cos 2x+q^{10})\cdots}{(1-2q\cos 2x+q^2)(1-2q^3\cos 2x+q^6)(1-2q^5\cos 2x+q^{10})\cdots}\end{aligned}\right.$$

formule qui doit avoir lieu pour des valeurs quelconques réelles de x et q, en supposant q moindre que l'unité.

En prenant les logarithmes des valeurs de $\lambda\left(\frac{\omega'}{\pi}x\right)$ etc., on trouvera après quelques réductions faciles:

$$(28)\quad \log\lambda\left(\frac{\omega'}{\pi}x\right)=\log 2-\tfrac{1}{2}\log c-\tfrac{1}{4}\frac{\varpi'}{\omega'}\pi+\log\sin x$$
$$+2\left(\cos 2x.\frac{q}{1+q}+\tfrac{1}{2}\cos 4x.\frac{q^2}{1+q^2}+\tfrac{1}{3}\cos 6x.\frac{q^3}{1+q^3}+\cdots\right),$$

$$(29)\quad \log\lambda'\left(\frac{\omega'}{\pi}x\right)=\log 2+\tfrac{1}{2}\log b-\tfrac{1}{2}\log c-\tfrac{1}{4}\frac{\varpi'}{\omega'}\pi+\log\cos x$$
$$+2\left(\cos 2x.\frac{q}{1-q}+\tfrac{1}{2}\cos 4x.\frac{q^2}{1+q^2}+\tfrac{1}{3}\cos 6x.\frac{q^3}{1-q^3}+\cdots\right),$$

$$(30)\quad \log\lambda''\left(\frac{\omega'}{\pi}x\right)=\tfrac{1}{2}\log b+4\left(\cos 2x.\frac{q}{1-q^2}+\tfrac{1}{3}\cos 6x.\frac{q^3}{1-q^6}+\cdots\right).$$

En faisant $x=0$, on trouvera:

$$(31)\quad \log\left(\frac{1}{b}\right)=8.\left(\frac{q}{1-q^2}+\tfrac{1}{3}\cdot\frac{q^3}{1-q^6}+\tfrac{1}{5}\cdot\frac{q^5}{1-q^{10}}+\cdots\right),$$

$$(32)\quad \log\left(\frac{1}{c}\right)=\tfrac{1}{2}\cdot\frac{\varpi'}{\omega'}\pi-2\log 2+4\left(\frac{q}{1+q}-\tfrac{1}{2}\cdot\frac{q^2}{1+q^2}+\tfrac{1}{3}\cdot\frac{q^3}{1+q^3}-\cdots\right)$$
$$=8\cdot\left(\frac{r}{1-r^2}+\tfrac{1}{3}\cdot\frac{r^3}{1-r^6}+\tfrac{1}{5}\cdot\frac{r^5}{1-r^{10}}+\cdots\right).$$

En posant dans les formules (206) et (207) t. II, p. 180*): $\alpha=1-\frac{2x}{\pi}$, on trouvera les expressions suivantes:

$$(33)\quad \lambda\left(\frac{\omega'}{\pi}x\right)=\frac{4\pi}{c\omega'}\cdot\sqrt{q}\cdot\left(\sin x\cdot\frac{1}{1-q}+\sin 3x\cdot\frac{q}{1-q^3}+\sin 5x\cdot\frac{q^2}{1-q^5}+\cdots\right),$$

$$(34)\quad \lambda'\left(\frac{\omega'}{\pi}x\right)=\frac{4\pi}{c\omega'}\cdot\sqrt{q}\cdot\left(\cos x\cdot\frac{1}{1+q}+\cos 3x\cdot\frac{q}{1+q^3}+\cos 5x\cdot\frac{q^2}{1+q^5}+\cdots\right).$$

Ces formules sont peut-être les plus simples qu'on puisse trouver pour exprimer les fonctions elliptiques en quantités connues.

Voici encore deux autres formules qu'on déduira des équations (204) et (205) t. II, p. 179*), en y faisant $\alpha=\frac{\omega}{2}-\omega x$:

$$(35)\quad \lambda'(\omega' x)=\frac{2\pi}{c\varpi'}\cdot\left(\frac{r^x-r^{1-x}}{1+r}-\frac{r^{3x}-r^{3-3x}}{1+r^3}+\frac{r^{5x}-r^{5-5x}}{1+r^5}-\cdots\right),$$

$$(36)\quad \lambda''(\omega' x)=\frac{2\pi}{\varpi'}\cdot\left(\frac{r^x+r^{1-x}}{1-r}-\frac{r^{3x}+r^{3-3x}}{1-r^3}+\frac{r^{5x}+r^{5-5x}}{1-r^5}-\cdots\right),$$

r désignant la même chose que précédemment.

Il est à remarquer que les quantités r et q sont liées entre elles par l'équation:

$$(37)\quad \log r\,.\log q=\pi^2.$$

A l'aide des expressions des modules c et b données plus haut, on pourra trouver une relation générale entre les modules de deux fonctions elliptiques qui sont réductibles l'une à l'autre. En effet on pourra démontrer, comme je l'ai fait dans un des derniers numéros des „Astronomische Nachrichten"**), que si deux fonctions elliptiques *réelles*

$$(38)\quad F(c,\theta)=\int_0\frac{d\theta}{\sqrt{1-c^2\sin^2\theta}},\quad F(c',\theta')=\int_0\frac{d\theta'}{\sqrt{1-c'^2\sin^2\theta'}},$$

*) P. 350 de cette édition.

**) Mémoire XX de cette édition.

dont les modules c et c' sont moindres que l'unité, sont réductibles l'une à l'autre à l'aide d'une relation algébrique entre $\sin\theta$ et $\sin\theta'$, on peut trouver deux nombres entiers m et n, tels que l'équation

$$(39)\quad n.\int_0^{\frac{\pi}{2}}\frac{d\theta}{\sqrt{1-c^2\sin^2\theta}}\cdot\int_0^{\frac{\pi}{2}}\frac{d\theta}{\sqrt{1-b'^2\sin^2\theta}}$$
$$=m.\int_0^{\frac{\pi}{2}}\frac{d\theta}{\sqrt{1-b^2\sin^2\theta}}\int_0^{\frac{\pi}{2}}\frac{d\theta}{\sqrt{1-c'^2\sin^2\theta}}$$

soit satisfaite; b' est le complément de c', savoir $b'=\sqrt{1-c'^2}$.

Si cette condition est remplie, on pourra toujours déterminer $\sin\theta'$ *algébriquement* en $\sin\theta$ de sorte que

$$(40)\qquad F(c',\theta')=a.F(c,\theta),$$

où a est un coefficient constant.

Cela posé, désignons par ω'', ϖ'', r', q' les valeurs de ω', ϖ', r, q qui répondent au module c', on aura en vertu de la formule (14)

$$\sqrt[4]{c'}=\frac{(1-r')(1-r'^3)(1-r'^5)\dots}{(1+r')(1+r'^3)(1+r'^5)\dots},$$

r' étant égal à $e^{-\frac{\omega''}{\varpi''}\pi}$ Mais l'équation (39) donne

$$\frac{\omega''}{\varpi''}=\frac{n}{m}\cdot\frac{\omega'}{\varpi'},$$

donc

$$r'=e^{-\frac{n}{m}\cdot\frac{\omega'}{\varpi'}\pi},$$

c'est-à-dire que

$$r'=r^{\frac{n}{m}}.$$

Donc on a ce théorème:

Une fonction elliptique réelle étant proposée, si son module c est donné par la formule:

$$(41)\qquad \sqrt[4]{c}=\frac{(1-r)(1-r^3)(1-r^5)\dots}{(1+r)(1+r^3)(1+r^5)\dots}$$

on aura le module de toute autre fonction elliptique réelle, réductible à la première, en mettant au lieu de r la puissance $r^{\frac{n}{m}}$, où n et m sont deux nombres entiers et positifs quelconques; autrement dit, on aura, en désignant par c' le module de la nouvelle fonction,

$$(42) \qquad \sqrt[4]{c'} = \frac{\left(1-r^{\frac{n}{m}}\right)\left(1-r^{3\frac{n}{m}}\right)\left(1-r^{5\frac{n}{m}}\right)\cdots}{\left(1+r^{\frac{n}{m}}\right)\left(1+r^{3\frac{n}{m}}\right)\left(1+r^{5\frac{n}{m}}\right)}.$$

En faisant

$$(43) \qquad \sqrt[4]{c} = \sqrt{2}\,.\,\sqrt[8]{q}\cdot\frac{1+q^2}{1+q}\cdot\frac{1+q^4}{1+q^3}\cdot\frac{1+q^6}{1+q^5}\cdots,$$

on aura encore la formule suivante:

$$(44) \qquad \sqrt[4]{c'} = \sqrt{2}\,.\left(\sqrt[8]{q}\right)^{\frac{m}{n}}.\,\frac{1+q^{2\frac{m}{n}}}{1+q^{\frac{m}{n}}}.\,\frac{1+q^{4\frac{m}{n}}}{1+q^{3\frac{m}{n}}}.\,\frac{1+q^{6\frac{m}{n}}}{1+q^{5\frac{m}{n}}}\cdots.$$

Dans le cas particulier où le module c est $\sqrt{\frac{1}{2}}$, on a $\varpi' = \omega'$, donc

$$r = e^{-\pi} = q.$$

De là il suit que le module c de toute fonction elliptique réelle, qui est réductible à la fonction $\int_0 \frac{d\theta}{\sqrt{1-\frac{1}{2}.\sin^2\theta}}$, est donné par la formule:

$$(45) \qquad \sqrt[4]{c} = \frac{1-e^{-\mu\pi}}{1+e^{-\mu\pi}}\cdot\frac{1-e^{-3\mu\pi}}{1+e^{-3\mu\pi}}\cdot\frac{1-e^{-5\mu\pi}}{1+e^{-5\mu\pi}}\cdots$$

$$= \sqrt{2}\,.\,e^{-\frac{\pi}{8\mu}}\,\frac{1+e^{-\frac{2\pi}{\mu}}}{1+e^{-\frac{\pi}{\mu}}}\cdot\frac{1+e^{-\frac{4\pi}{\mu}}}{1+e^{-\frac{3\pi}{\mu}}}\cdot\frac{1+e^{-\frac{6\pi}{\mu}}}{1+e^{-\frac{5\pi}{\mu}}}\cdots,$$

où μ est un nombre rationnel quelconque.

D'ailleurs, dans ce cas c pourra toujours être exprimé en termes finis à l'aide de radicaux.

Si l'on suppose $b' = c$, on a $c' = b$, $\omega'' = \varpi'$, $\varpi'' = \omega'$; mais

$$\frac{\omega''}{\varpi''} = \frac{n}{m}\cdot\frac{\omega'}{\varpi'} = \frac{\varpi'}{\omega'};$$

donc

$$\frac{\omega'}{\varpi'} = \sqrt{\frac{m}{n}} = \sqrt{\mu}.$$

De là nous concluons:

Si deux fonctions elliptiques réelles dont les modules sont complémens l'un de l'autre, sont reductibles entre elles, le module sera donné par la formule:

$$(46) \qquad \sqrt[4]{c} = \frac{1-e^{-\pi\sqrt{\mu}}}{1+e^{-\pi\sqrt{\mu}}}\cdot\frac{1-e^{-3\pi\sqrt{\mu}}}{1+e^{-3\pi\sqrt{\mu}}}\cdot\frac{1-e^{-5\pi\sqrt{\mu}}}{1+e^{-5\pi\sqrt{\mu}}}\cdots;$$

et son complément b par celle-ci:

$$(47)\qquad \sqrt[4]{b}=\frac{1-e^{-\frac{\pi}{\sqrt{\mu}}}}{1+e^{-\frac{\pi}{\sqrt{\mu}}}}\cdot\frac{1-e^{-\frac{3\pi}{\sqrt{\mu}}}}{1+e^{-\frac{3\pi}{\sqrt{\mu}}}}\;\frac{1-e^{-\frac{5\pi}{\sqrt{\mu}}}}{1+e^{-\frac{5\pi}{\sqrt{\mu}}}}\cdots,$$

où μ est un nombre rationnel quelconque.

Nous ajouterons qu'on a en même temps

$$(48)\qquad F(b,\theta')=k\sqrt{\mu}\,.\,F(c,\theta),$$

où k est un autre nombre rationnel. Cela donne immédiatement le théorème suivant:

Si l'équation différentielle

$$(49)\qquad \frac{dy}{\sqrt{A-By^2+Cy^4}}=a\,.\,\frac{dx}{\sqrt{A+Bx^2+Cx^4}}$$

est intégrable algébriquement, il faut nécessairement que le coefficient a soit égal *à la racine carrée d'un nombre rationnel et positif*, en supposant que les quantités A, B, C, a soient réelles; et si a est de cette forme, on pourra trouver une infinité de valeurs convenables pour A, B, C.

Nous terminerons ces remarques par la démonstration d'une formule curieuse, qu'on tire de la première des équations (20), savoir de la formule

$$(1+r)(1+r^3)(1+r^5)\cdots=\sqrt[6]{2}\,.\,\frac{\sqrt[24]{r}}{\sqrt[12]{bc}}$$

En y changeant c en b, b se changera en c, et r en q, donc:

$$(1+q)(1+q^3)(1+q^5)\cdots=\sqrt[6]{2}\,.\,\frac{\sqrt[24]{q}}{\sqrt[12]{bc}}\,.$$

En comparant ces formules, on voit que l'équation

$$(50)\qquad \frac{1}{\sqrt[24]{r}}(1+r)(1+r^3)(1+r^5)\cdots=\frac{1}{\sqrt[24]{q}}(1+q)(1+q^3)(1+q^5)\ldots,$$

a lieu toutes les fois que les quantités r et q sont moindres que l'unité et liées entre elles par l'équation

$$\log r\,.\,\log q=\pi^2.$$

Il existe un grand nombre de relations semblables entre q et r, par exemple la suivante:

$$\sqrt[4]{\log\frac{1}{r}}\cdot(\tfrac{1}{2}+r+r^4+r^9+\ldots)=\sqrt[4]{\log\frac{1}{q}}\cdot(\tfrac{1}{2}+q+q^4+q^9+\ldots),$$

qui est due à M. *Cauchy* (Exercices de mathématiques). On pourra la déduire de la formule

$$\sqrt{\frac{\omega'}{\pi}}=1+2q+2q^4+2q^9+\cdots,$$

donnée par M. *Jacobi*, en y changeant c en b.

XXV.

MÉMOIRE SUR UNE CLASSE PARTICULIÈRE D'ÉQUATIONS RÉSOLUBLES ALGÉBRIQUEMENT.

Journal für die reine und angewandte Mathematik, herausgegeben von *Crelle,* Bd. 4, Berlin 1829.

Quoique la résolution algébrique des équations ne soit pas possible en général, il y a néanmoins des équations particulières de tous les degrés qui admettent une telle résolution. Telles sont par exemple les équations de la forme $x^n - 1 = 0$. La résolution de ces équations est fondée sur certaines relations qui existent entre les racines. J'ai cherché à généraliser cette méthode en supposant que deux racines d'une équation donnée soient tellement liées entre elles, qu'on puisse exprimer rationnellement l'une par l'autre, et je suis parvenu à ce resultat, qu'une telle équation peut toujours être résolue à l'aide d'un certain nombre d'équations *moins élevées.* Il y a même des cas où l'on peut résoudre *algébriquement* l'équation donnée elle-même. Cela arrive par exemple toutes les fois que, l'équation donnée étant irréductible, son degré est un nombre premier. La même chose a encore lieu si toutes les racines d'une équation peuvent être exprimées par

$$x,\ \theta x,\ \theta^2 x,\ \theta^3 x,\ \ldots\ \theta^{n-1} x,\ \text{où}\ \theta^n x = x,$$

θx étant une fonction rationnelle de x, et $\theta^2 x$, $\theta^3 x$, ... des fonctions de la même forme que θx, prise deux fois, trois fois, etc.

L'équation $\frac{x^n - 1}{x - 1} = 0$, où n est un nombre premier, est dans ce cas; car en désignant par α une racine primitive pour le module n, on peut, comme on sait, exprimer les $n - 1$ racines par

$$x,\ x^{\alpha},\ x^{\alpha^2},\ x^{\alpha^3},\ \ldots\ x^{\alpha^{n-2}},\ \text{où}\ x^{\alpha^{n-1}} = x,$$

c'est-à-dire, en faisant $x^{\alpha} = \theta x$, par

$$x,\ \theta x,\ \theta^2 x,\ \theta^3 x,\ \ldots\ \theta^{n-2}x,\ \text{où}\ \theta^{n-1}x = x.$$

La même propriété appartient à une certaine classe d'équations à laquelle je suis parvenu par la théorie des fonctions elliptiques.

En général j'ai démontré le théorème suivant:

„Si les racines d'une équation d'un degré quelconque sont liées entre elles de telle sorte, que *toutes* ces racines puissent être exprimées rationnellement au moyen de l'une d'elles, que nous désignerons par x; si de plus, en désignant par θx, $\theta_1 x$ deux autres racines quelconques, on a

$$\theta\theta_1 x = \theta_1\theta x,$$

l'équation dont il s'agit sera toujours résoluble algébriquement. De même, si l'on suppose l'équation irréductible, et son degré exprimé par

$$\alpha_1^{\nu_1}\,.\,\alpha_2^{\nu_2}\,\ldots\ldots\,\alpha_\omega^{\nu_\omega},$$

où $\alpha_1, \alpha_2, \ldots \alpha_\omega$ sont des nombres premiers différens, on pourra ramener la résolution de cette équation à celle de ν_1 équations du degré α_1, de ν_2 équations du degré α_2, de ν_3 équations du degré α_3 etc."

Après avoir exposé cette théorie en général, je l'appliquerai aux fonctions circulaires et elliptiques.

§ 1.

Nous allons d'abord considérer le cas où l'on suppose que deux racines d'une équation irréductible*) soient liées tellement entre elles, que l'une puisse être exprimée rationnellement par l'autre.

Soit

$$(1)\qquad \varphi x = 0$$

une équation du degré μ, et x' et x_1 les deux racines qui sont liées entre-elles par l'équation

*) Une équation $\varphi x = 0$, dont les coefficiens sont des fonctions rationnelles d'un certain nombre de quantités connues $a, b, c, \ldots$ s'appelle *irréductible*, lorsqu'il est impossible d'exprimer aucune de ses racines par une équation moins élevée, dont les coefficiens soient également des fonctions rationnelles de $a, b, c \ldots.$

(2) $$x' = \theta x_1,$$

où θx désigne une fonction rationnelle de x et de quantités connues. La quantité x' étant racine de l'équation, on aura $\varphi(x') = 0$, et en vertu de l'équation (2)

(3) $$\varphi(\theta x_1) = 0.$$

Je dis maintenant que cette équation aura encore lieu, si au lieu de x_1 on met une autre racine quelconque de l'équation proposée. On a effectivement le théorème suivant*).

Théorème I. „Si une des racines d'une équation irréductible $\varphi x = 0$ satisfait à une autre équation $fx = 0$, où fx désigne une fonction rationnelle de x et des quantités connues qu'on suppose contenues dans φx; cette dernière équation sera encore satisfaite en mettant au lieu de x une racine quelconque de l'équation $\varphi x = 0$."

Or le premier membre de l'équation (3) est une fonction rationnelle de x, donc on aura

(4) $$\varphi(\theta x) = 0, \text{ si } \varphi x = 0,$$

c'est-à-dire que si x est une racine de l'équation $\varphi x = 0$, la quantité θx le sera également.

Maintenant, d'après ce qui précède, θx_1 est racine de l'équation $\varphi x = 0$, donc $\theta\theta x_1$ le sera aussi; $\theta\theta\theta x_1$, etc. le seront également, en répétant l'opération désignée par θ un nombre quelconque de fois.

---

*) Ce théorème se démontre aisément comme il suit:
Quelle que soit la fonction rationnelle fx, on peut toujours faire $fx = \frac{M}{N}$, où M et N sont des fonctions entières de x, qui n'ont pas de facteur commun; mais une fonction entière de x peut toujours être mise sous la forme $P + Q \cdot \varphi x$, où P et Q sont des fonctions entières, telles que le degré de P soit moindre que celui de la fonction φx. En faisant donc $M = P + Q \cdot \varphi x$, on aura $fx = \frac{P + Q \cdot \varphi x}{N}$. Cela posé, soit x_1 la racine de $\varphi x = 0$ qui satisfait en même temps à $fx = 0$; x_1 sera également une racine de l'équation $P = 0$. Or si P n'est pas zéro pour une valeur quelconque de x, cette équation donnera x_1 comme racine d'une équation d'un degré moindre que celui de $\varphi x = 0$, ce qui est contre l'hypothèse; donc $P = 0$ et par suite $fx = \varphi x \frac{Q}{N}$: d'où l'on voit que fx sera égal à zéro en même temps que φx c. q. f. d.

Soit pour abréger

$$\theta\theta x_1 = \theta^2 x_1; \quad \theta\theta^2 x_1 = \theta^3 x_1; \quad \theta\theta^3 x_1 = \theta^4 x_1 \text{ etc.,}$$

on aura une série de quantités,

$$(5) \qquad x_1,\ \theta x_1,\ \theta^2 x_1,\ \theta^3 x_1,\ \theta^4 x_1,\ \ldots,$$

qui toutes seront des racines de l'équation $\varphi x = 0$. La série (5) aura une infinité de termes; mais l'équation $\varphi x = 0$ n'ayant qu'un nombre fini de racines différentes, il faut que plusieurs quantités de la série (5) soient égales entre elles.

Supposons donc

$$\theta^m x_1 = \theta^{m+n} x_1,$$

ou bien

$$(6) \qquad \theta^n(\theta^m x_1) - \theta^m x_1 = 0,$$

en remarquant que $\theta^{m+n} x_1 = \theta^n \theta^m x_1$.

Le premier membre de l'équation (6) est une fonction rationnelle de $\theta^m x_1$; or cette quantité est une racine de l'équation $\varphi x = 0$, donc en vertu du théorème énoncé plus haut, on pourra mettre x_1 au lieu de $\theta^m x_1$. Cela donne

$$(7) \qquad \theta^n x_1 = x_1,$$

où l'on peut supposer que n ait la plus petite valeur possible, de sorte que toutes les quantités

$$(8) \qquad x_1,\ \theta x_1,\ \theta^2 x_1,\ \ldots\ \theta^{n-1} x_1$$

soient différentes entre elles.

L'équation (7) donnera

$$\theta^k \theta^n x_1 = \theta^k x_1, \quad \text{ou} \quad \theta^{n+k} x_1 = \theta^k x_1.$$

Cette formule fait voir qu'à partir du terme $\theta^{n-1} x_1$, les termes de la suite (8) se reproduiront dans le même ordre. Les n quantités (8) seront donc les seules de la série (5) qui soient différentes entre elles.

Cela posé, si $\mu > n$, soit x_2 une autre racine de l'équation proposée, qui n'est pas contenue dans la suite (8), il suit du théorème I que toutes les quantités

$$(9) \qquad x_2,\ \theta x_2,\ \theta^2 x_2,\ \ldots\ \theta^{n-1} x_2,\ \ldots$$

seront également des racines de l'équation proposée. Or je dis que cette suite ne contiendra que n quantités différentes entre elles et des quantités (8). En effet, ayant $\theta^n x_1 - x_1 = 0$, on aura en vertu du théorème I, $\theta^n x_2 = x_2$, et par suite

$$\theta^{n+k} x_2 = \theta^k x_2.$$

Donc les seules quantités de la série (9) qui *puissent* être différentes entre elles, seront les n premières

(10) $$x_2,\ \theta x_2,\ \theta^2 x_2,\ \ldots\ \theta^{n-1} x_2.$$

Or celles-ci seront nécessairement différentes entre elles et des quantités (8). En effet, si l'on avait

$$\theta^m x_2 = \theta^\nu x_2,$$

où m et ν sont moindres que n, il en résulterait $\theta^m x_1 = \theta^\nu x_1$, ce qui est impossible, car toutes les quantités (8) sont différentes entre elles. Si au contraire on avait

$$\theta^m x_2 = \theta^\nu x_1,$$

il en résulterait

$$\theta^{n-m} \theta^\nu x_1 = \theta^{n-m} \theta^m x_2 = \theta^{n-m+m} x_2 = \theta^n x_2 = x_2,$$

donc

$$x_2 = \theta^{n-m+\nu} x_1,$$

c'est-à-dire que la racine x_2 serait contenue dans la série (8), ce qui est contre l'hypothèse.

Le nombre des racines contenues dans (8) et (10) est $2n$, donc μ sera ou égal à $2n$, ou plus grand que ce nombre.

Soit dans le dernier cas x_3 une racine différente des racines (8) et (10), on aura une nouvelle série de racines

$$x_3,\ \theta x_3,\ \theta^2 x_3,\ \ldots\ \theta^{n-1} x_3,\ \ldots,$$

et l'on démontrera, précisément de la même manière, que les n premières de ces racines sont différentes entre elles et des racines (8) et (10).

En continuant ce procédé jusqu'à ce que toutes les racines de l'équation $\varphi x = 0$ soient épuisées, on verra que les μ racines de cette équation seront partagées en plusieurs groupes, composés de n termes; donc μ sera divisible par n, et en nommant m le nombre des groupes, on aura

(11) $$\mu = m.n.$$

Les racines elles-mêmes seront

$$(12)\quad \begin{cases} x_1, & \theta x_1, & \theta^2 x_1, & \ldots & \theta^{n-1}x_1, \\ x_2, & \theta x_2, & \theta^2 x_2, & \ldots & \theta^{n-1}x_2, \\ x_3, & \theta x_3, & \theta^2 x_3, & \ldots & \theta^{n-1}x_3, \\ \ldots & \ldots & \ldots & \ldots & \ldots \\ x_m, & \theta x_m, & \theta^2 x_m, & \ldots & \theta^{n-1}x_m. \end{cases}$$

Si $m = 1$, on aura $n = \mu$, et les μ racines de l'équation $\varphi x = 0$ seront exprimées par

$$(13)\qquad x_1,\ \theta x_1,\ \theta^2 x_1,\ \ldots\ \theta^{\mu-1}x_1.$$

Dans ce cas l'équation $\varphi x = 0$ est résoluble algébriquement, comme on le verra dans la suite. Mais la même chose n'aura pas toujours lieu lorsque m est plus grand que l'unité. On pourra seulement réduire la résolution de l'équation $\varphi x = 0$ à celle d'une équation du $n^{\text{ième}}$ degré, dont les coefficiens dépendront d'une équation du $m^{\text{ième}}$ degré; c'est ce que nous allons démontrer dans le paragraphe suivant.

§ 2.

Considérons un quelconque des groupes (12), par exemple le premier, et faisons

$$(14)\quad \begin{cases} (x - x_1)(x - \theta x_1)(x - \theta^2 x_1) \ldots (x - \theta^{n-1}x_1) \\ \qquad = x^n + A_1' x^{n-1} + A_1'' x^{n-2} + \cdots + A_1^{(n-1)}x + A_1^{(n)} = 0; \end{cases}$$

les racines de cette équation seront

$$x_1,\ \theta x_1,\ \theta^2 x_1,\ \ldots\ \theta^{n-1}x_1,$$

et les coefficiens A_1', A_1'', ... $A_1^{(n)}$ seront des fonctions rationnelles et symétriques de ces quantités. Nous allons voir qu'on peut faire dépendre la détermination de ces coefficiens de la résolution d'une seule équation du degré m.

Pour le montrer, considérons en général une fonction quelconque rationnelle et symétrique de x_1, θx_1, $\theta^2 x_1$, ... $\theta^{n-1}x_1$, et soit

$$(15)\qquad y_1 = f(x_1,\ \theta x_1,\ \theta^2 x_1,\ \ldots\ \theta^{n-1}x_1)$$

cette fonction.

En mettant au lieu de x_1 successivement x_2, x_3, ... x_m, la fonction y_1

prendra m valeurs différentes, que nous désignerons par $y_1, y_2, y_3, \ldots y_m$. Cela posé, si l'on forme une équation du degré m:

(16) $$y^m + p_1 y^{m-1} + p_2 y^{m-2} + \cdots + p_{m-1} y + p_m = 0,$$

dont les racines soient $y_1, y_2, y_3, \ldots y_m$, je dis que les coefficiens de cette équation pourront être exprimés rationnellement par les quantités connues, qu'on suppose contenues dans l'équation proposée.

Les quantités $\theta x_1, \theta^2 x_1, \ldots \theta^{n-1} x_1$ étant des fonctions rationnelles de x_1, la fonction y_1 le sera également. Soit

(17) $$\left\{\begin{array}{l} y_1 = Fx_1, \\ \text{nous aurons aussi} \\ y_2 = Fx_2,\ y_3 = Fx_3,\ \ldots\ y_m = Fx_m. \end{array}\right.$$

En mettant dans l'équation (15) successivement $\theta x_1, \theta^2 x_1, \theta^3 x_1, \ldots \theta^{n-1} x_1$ au lieu de x_1, et en remarquant que $\theta^n x_1 = x_1$, $\theta^{n+1} x_1 = \theta x_1$, $\theta^{n+2} x_1 = \theta^2 x_1$ etc., il est clair que la fonction y_1 ne change pas de valeur; on aura donc

$$y_1 = Fx_1 = F(\theta x_1) = F(\theta^2 x_1) = \cdots = F(\theta^{n-1} x_1).$$

De même

$$y_2 = Fx_2 = F(\theta x_2) = F(\theta^2 x_2) = \cdots = F(\theta^{n-1} x_2),$$

$$\ldots\ldots\ldots\ldots\ldots\ldots\ldots\ldots$$

$$y_m = Fx_m = F(\theta x_m) = F(\theta^2 x_m) = \cdots = F(\theta^{n-1} x_m).$$

En élevant chaque membre de ces équations à la ν^{ieme} puissance, on en tire

(18) $$\left\{\begin{array}{l} y_1^\nu = \frac{1}{n} \cdot [(Fx_1)^\nu + (F\theta x_1)^\nu + \cdots + (F\theta^{n-1} x_1)^\nu], \\ y_2^\nu = \frac{1}{n} \cdot [(Fx_2)^\nu + (F\theta x_2)^\nu + \cdots + (F\theta^{n-1} x_2)^\nu], \\ \ldots\ldots\ldots\ldots\ldots\ldots\ldots\ldots \\ y_m^\nu = \frac{1}{n} \cdot [(Fx_m)^\nu + (F\theta x_m)^\nu + \cdots + (F\theta^{n-1} x_m)^\nu]. \end{array}\right.$$

En ajoutant ces dernières équations, on aura la valeur de

$$y_1^\nu + y_2^\nu + y_3^\nu + \cdots + y_m^\nu$$

exprimée en fonction *rationnelle* et *symétrique* de toutes les racines de l'équation $\varphi x = 0$, savoir:

(19) $$y_1^\nu + y_2^\nu + y_3^\nu + \cdots + y_m^\nu = \frac{1}{n} \Sigma (Fx)^\nu.$$

Le second membre de cette équation peut être exprimé rationnellement par les coefficiens de φx et θx, c'est-à-dire par des quantités connues. Donc en faisant

(20) $$r_\nu = y_1^\nu + y_2^\nu + y_3^\nu + \cdots + y_m^\nu,$$

on aura la valeur de r_ν, pour une valeur quelconque entière de ν. Or, connaissant $r_1, r_2, \ldots r_m$, on en pourra tirer rationnellement la valeur de toute fonction symétrique des quantités $y_1, y_2, \ldots y_m$. On pourra donc trouver de cette manière tous les coefficiens de l'équation (16), et par conséquent déterminer toute fonction rationnelle et symétrique de x_1, θx_1, $\theta^2 x_1$, $\ldots \theta^{n-1} x_1$ à l'aide d'une équation du $m^{\text{ième}}$ degré. Donc on aura de cette manière les coefficiens de l'équation (14), dont la résolution donnera ensuite la valeur de x_1 etc.

On voit par là qu'on peut ramener la résolution de l'équation $\varphi x = 0$, qui est du degré $\mu = m.n$, à celle d'un certain nombre d'équations du degré m et n. Il suffit même, comme nous allons voir, de résoudre une seule équation du degré m, et m équations du degré n.

Soit ψx_1 l'un quelconque des coefficiens A_1', A_1'', $\ldots A_1^{(n)}$; faisons

(21) $$t_\nu = y_1^\nu . \psi x_1 + y_2^\nu . \psi x_2 + y_3^\nu . \psi x_3 + \cdots + y_m^\nu . \psi x_m .$$

Puisque $y_1^\nu \psi x_1$ est une fonction symétrique des quantités x_1, $\theta x_1, \ldots \theta^{n-1} x_1$, on aura, en remarquant que $\theta^n x_1 = x_1$, $\theta^{n+1} x_1 = \theta x_1$ etc.

$$y_1^\nu \psi x_1 = (Fx_1)^\nu . \psi x_1 = (F\theta x_1)^\nu . \psi \theta x_1 = \cdots = (F\theta^{n-1} x_1)^\nu . \psi \theta^{n-1} x_1,$$

donc:

$$y_1^\nu \psi x_1 = \frac{1}{n} . [(Fx_1)^\nu \psi x_1 + (F\theta x_1)^\nu \psi \theta x_1 + \cdots + (F\theta^{n-1} x_1)^\nu \psi \theta^{n-1} x_1].$$

On aura de semblables expressions pour $y_2^\nu \psi x_2$, $y_3^\nu \psi x_3, \ldots y_m^\nu \psi x_m$, en mettant $x_2, x_3, \ldots x_m$ à la place de x_1. En substituant ces valeurs, on voit que t_ν deviendra une fonction *rationnelle* et *symétrique* de toutes les racines de l'équation $\varphi x = 0$. En effet, on aura

(22) $$t_\nu = \frac{1}{n} \Sigma (Fx)^\nu \psi x.$$

Donc on peut exprimer t_ν rationnellement par des quantités connues.

Cela posé, en faisant $\nu = 0, 1, 2, 3, \dots m-1$, la formule (21) donnera

$$\begin{aligned}
\psi x_1 + \psi x_2 + \cdots + \psi x_m &= t_0, \\
y_1 \psi x_1 + y_2 \psi x_2 + \cdots + y_m \psi x_m &= t_1, \\
y_1^2 \psi x_1 + y_2^2 \psi x_2 + \cdots + y_m^2 \psi x_m &= t_2, \\
\cdots\cdots\cdots\cdots\cdots\cdots\cdots\cdots\cdots \\
y_1^{m-1} \psi x_1 + y_2^{m-1} \psi x_2 + \cdots + y_m^{m-1} \psi x_m &= t_{m-1}.
\end{aligned}$$

On tirera aisément de ces équations, linéaires par rapport à $\psi x_1, \psi x_2, \dots \psi x_m$, les valeurs de ces quantités en fonction rationnelle de $y_1, y_2, y_3, \dots y_m$. En effet, en faisant

$$(23) \quad (y-y_2)(y-y_3)\dots(y-y_m) \\ = y^{m-1} + R_{m-2} y^{m-2} + R_{m-3} y^{m-3} + \cdots + R_1 y + R_0,$$

on aura

$$(24) \qquad \psi x_1 = \frac{t_0 R_0 + t_1 R_1 + t_2 R_2 + \cdots + t_{m-2} R_{m-2} + t_{m-1}}{R_0 + R_1 y_1 + R_2 y_1^2 + \cdots + R_{m-2} y_1^{m-2} + y_1^{m-1}}.$$

Les quantités $R_0, R_1, \dots R_{m-2}$ sont des fonctions rationnelles de $y_2, y_3, y_4, \dots y_m$, mais on peut les exprimer par y_1 seul. En effet, en multipliant l'équation (23) par $y-y_1$, on aura

$$(y-y_1)(y-y_2)\dots(y-y_m) = y^m + p_1 y^{m-1} + p_2 y^{m-2} + \cdots + p_{m-1} y + p_m \\ = y^m + (R_{m-2} - y_1) y^{m-1} + (R_{m-3} - y_1 R_{m-2}) y^{m-2} + \cdots,$$

d'où l'on tirera, en comparant les puissances égales de y:

$$(25) \quad \left\{ \begin{aligned}
R_{m-2} &= y_1 + p_1, \\
R_{m-3} &= y_1 R_{m-2} + p_2 = y_1^2 + p_1 y_1 + p_2, \\
R_{m-4} &= y_1 R_{m-3} + p_3 = y_1^3 + p_1 y_1^2 + p_2 y_1 + p_3, \\
&\cdots\cdots\cdots\cdots\cdots\cdots\cdots\cdots \\
R_0 &= y_1^{m-1} + p_1 y_1^{m-2} + p_2 y_1^{m-3} + \cdots + p_{m-1}.
\end{aligned} \right.$$

En substituant ces valeurs, l'expression de ψx_1 deviendra une fonction rationnelle de y_1 et de quantités connues, et l'on voit qu'il est toujours possible de trouver ψx_1 de cette manière, à condition que le dénominateur

$$R_0 + R_1 y_1 + R_2 y_1^2 + \cdots + R_{m-2} y_1^{m-2} + y_1^{m-1}$$

ne sera pas zéro. Or on peut donner à la fonction y_1 une infinité de formes qui rendront impossible cette équation. Par exemple en faisant

$$(26)\qquad y_1 = (\alpha - x_1)(\alpha - \theta x_1)(\alpha - \theta^2 x_1)\cdots(\alpha - \theta^{n-1} x_1),$$

où α est une indéterminée, le dénominateur dont il s'agit ne peut pas s'évanouir. En effet ce dénominateur étant la même chose que

$$(y_1 - y_2)(y_1 - y_3)\cdots(y_1 - y_m),$$

on aurait, dans le cas où il etait nul,

$$y_1 = y_k,$$

c'est-à-dire

$$(\alpha - x_1)(\alpha - \theta x_1)\ldots(\alpha - \theta^{n-1} x_1) = (\alpha - x_k)(\alpha - \theta x_k)\ldots(\alpha - \theta^{n-1} x_k),$$

ce qui est impossible, car toutes les racines $x_1, \theta x_1, \theta^2 x_1, \ldots \theta^{n-1} x_1$ sont différentes de celles-ci: $x_k, \theta x_k, \theta^2 x_k, \ldots \theta^{n-1} x_k$.

Les coefficiens $A_1', A_1'', \ldots A_1^{(n)}$ peuvent donc s'exprimer rationnellement par une même fonction y_1, dont la détermination dépend d'une équation du degré m.

Les racines de l'équation (14) sont

$$x_1, \theta x_1, \theta^2 x_1 \ldots \theta^{n-1} x_1.$$

En remplaçant dans les coefficiens A_1', A_1'' etc. y_1 par $y_2, y_3, \ldots y_m$, on obtiendra $m-1$ autres équations, dont les racines seront respectivement:

$$x_2,\ \theta x_2,\ \ldots\ \theta^{n-1} x_2,$$
$$x_3,\ \theta x_3,\ \ldots\ \theta^{n-1} x_3,$$
$$\cdots\cdots\cdots\cdots$$
$$x_m,\ \theta x_m,\ \ldots\ \theta^{n-1} x_m.$$

Théorème II. L'équation proposée $\varphi x = 0$ peut donc être décomposée en m équations du degré n, dont les coefficiens sont respectivement des fonctions rationnelles d'une même racine d'une seule équation du degré m.

Cette dernière équation n'est pas généralement résoluble algébriquement quand elle passe le quatrième degré, mais l'équation (14) et les autres semblables le sont toujours, en supposant connus les coefficiens A_1', A_1'' etc., comme nous le verrons dans le paragraphe suivant.

§ 3.

Dans le paragraphe précédent nous avons considéré le cas où m est plus grand que l'unité. Maintenant nous allons nous occuper du cas où $m=1$. Dans ce cas on aura $\mu=n$, et les racines de l'équation $\varphi x=0$ seront

(27) $$x_1,\ \theta x_1,\ \theta^2 x_1,\ \ldots\ \theta^{\mu-1}x_1.$$

Je dis que toute équation dont les racines peuvent être exprimées de cette manière est résoluble algébriquement.

Soit α une racine quelconque de l'équation $\alpha^\mu-1=0$, et faisons

(28) $$\psi x=(x+\alpha\theta x+\alpha^2\theta^2 x+\alpha^3\theta^3 x+\cdots+\alpha^{\mu-1}\theta^{\mu-1}x)^\mu,$$

ψx sera une fonction rationnelle de x. Or cette fonction peut s'exprimer rationnellement par les coefficiens de φx et θx. En mettant $\theta^m x$ au lieu de x, on aura

$$\psi\theta^m x=(\theta^m x+\alpha\theta^{m+1}x+\cdots+\alpha^{\mu-m}\theta^\mu x+\alpha^{\mu-m+1}\theta^{\mu+1}x+\cdots+\alpha^{\mu-1}\theta^{\mu+m-1}x)^\mu;$$

maintenant on a

$$\theta^\mu x=x,\ \theta^{\mu+1}x=\theta x,\ \ldots\ \theta^{\mu+m-1}x=\theta^{m-1}x,$$

donc

$$\psi\theta^m x=$$
$$(\alpha^{\mu-m}x+\alpha^{\mu-m+1}\theta x+\cdots+\alpha^{\mu-1}\theta^{m-1}x+\theta^m x+\alpha\theta^{m+1}x+\cdots+\alpha^{\mu-m-1}\theta^{\mu-1}x)^\mu.$$

Or $\alpha^\mu=1$, donc

$$\psi\theta^m x=[\alpha^{\mu-m}(x+\alpha\theta x+\alpha^2\theta^2 x+\cdots+\alpha^{\mu-1}\theta^{\mu-1}x)]^\mu$$
$$=\alpha^{\mu(\mu-m)}(x+\alpha\theta x+\cdots+\alpha^{\mu-1}\theta^{\mu-1}x)^\mu,$$

donc, puisque $\alpha^{\mu(\mu-m)}=1$, on voit que

$$\psi\theta^m x=\psi x.$$

En faisant $m=0,\ 1,\ 2,\ 3,\ \ldots\ \mu-1$, et en ajoutant ensuite, on trouvera

(29) $$\psi x=\frac{1}{\mu}(\psi x+\psi\theta x+\psi\theta^2 x+\cdots+\psi\theta^{\mu-1}x).$$

ψx sera donc une fonction rationnelle et symétrique de toutes les racines de l'équation $\varphi x=0$, et par conséquent on pourra l'exprimer rationnellement par des quantités connues.

Soit $\psi x = v$, on tire de l'équation (28)

$$\sqrt[\mu]{v} = x + \alpha\theta x + \alpha^2\theta^2 x + \cdots + \alpha^{\mu-1}\theta^{\mu-1}x. \tag{30}$$

Cela posé, désignons les μ racines de l'équation

$$\alpha^\mu - 1 = 0$$

par

$$1,\ \alpha_1,\ \alpha_2,\ \alpha_3,\ \ldots\ \alpha_{\mu-1}, \tag{31}$$

et les valeurs correspondantes de v par

$$v_0,\ v_1,\ v_2,\ v_3,\ \ldots\ v_{\mu-1}, \tag{32}$$

l'équation (30) donnera, en mettant à la place de α successivement 1, α_1, α_2, α_3, ... $\alpha_{\mu-1}$:

$$\left\{\begin{aligned} \sqrt[\mu]{v_0} &= x + \theta x + \theta^2 x + \cdots + \theta^{\mu-1}x, \\ \sqrt[\mu]{v_1} &= x + \alpha_1\theta x + \alpha_1^2\theta^2 x + \cdots + \alpha_1^{\mu-1}\theta^{\mu-1}x, \\ \sqrt[\mu]{v_2} &= x + \alpha_2\theta x + \alpha_2^2\theta^2 x + \cdots + \alpha_2^{\mu-1}\theta^{\mu-1}x, \\ &\cdots\cdots\cdots\cdots\cdots\cdots\cdots\cdots \\ \sqrt[\mu]{v_{\mu-1}} &= x + \alpha_{\mu-1}\theta x + \alpha_{\mu-1}^2\theta^2 x + \cdots + \alpha_{\mu-1}^{\mu-1}\theta^{\mu-1}x. \end{aligned}\right. \tag{33}$$

En ajoutant ces équations on aura

$$x = \frac{1}{\mu}\left[-A + \sqrt[\mu]{v_1} + \sqrt[\mu]{v_2} + \sqrt[\mu]{v_3} + \cdots + \sqrt[\mu]{v_{\mu-1}}\right], \tag{34}$$

où l'on a remplacé $\sqrt[\mu]{v_0}$, qui est une quantité constante, par $-A$.

On connaît par là la racine x. Généralement on trouve la racine $\theta^m x$ en multipliant la première des équations (33) par 1, la seconde par α_1^{-m}, la troisième par α_2^{-m} etc., et en ajoutant; il viendra alors

$$\theta^m x = \frac{1}{\mu}\left[-A + \alpha_1^{-m}.\sqrt[\mu]{v_1} + \alpha_2^{-m}.\sqrt[\mu]{v_2} + \cdots + \alpha_{\mu-1}^{-m}.\sqrt[\mu]{v_{\mu-1}}\right]. \tag{35}$$

En donnant à m les valeurs 0, 1, 2, ... $\mu - 1$, on aura la valeur de toutes les racines de l'équation.

L'expression précédente des racines contient généralement $\mu - 1$ radicaux différens de la forme $\sqrt[\mu]{v}$. Elle aura donc $\mu^{\mu-1}$ valeurs, tandis que la racine de l'équation $\varphi x = 0$ n'en a que μ. Mais on peut donner à l'expression des racines une autre forme, qui n'est pas sujette à cette difficulté. En effet, lorsque la valeur de $\sqrt[\mu]{v_1}$ est fixée, celle des autres radicaux le sera également, comme nous allons le voir.

Quel que soit le nombre μ, premier ou non, on peut toujours trouver une racine α de l'équation $\alpha^\mu - 1 = 0$, telle que les racines

$$\alpha_1,\ \alpha_2,\ \alpha_3,\ \ldots\ \alpha_{\mu-1}$$

puissent être représentées par

(36) $$\alpha,\ \alpha^2,\ \alpha^3,\ \ldots\ \alpha^{\mu-1}.$$

Cela posé, on aura

(37) $$\begin{cases} \sqrt[\mu]{v_k} = x + \alpha^k.\theta x + \alpha^{2k}\theta^2 x + \cdots + \alpha^{(\mu-1)k}.\theta^{\mu-1}x, \\ \sqrt[\mu]{v_1} = x + \alpha.\theta x + \alpha^2\theta^2 x + \cdots + \alpha^{\mu-1}.\theta^{\mu-1}x, \end{cases}$$

d'où l'on tire

(38) $$\begin{cases} \sqrt[\mu]{v_k}.(\sqrt[\mu]{v_1})^{\mu-k} = (x + \alpha^k\theta x + \alpha^{2k}\theta^2 x + \cdots + \alpha^{(\mu-1)k}\theta^{\mu-1}x) \\ \qquad \times (x + \alpha\theta x + \alpha^2\theta^2 x + \cdots + \alpha^{\mu-1}\theta^{\mu-1}x)^{\mu-k} \end{cases}$$

Le second membre de cette équation est une fonction rationnelle de x, qui ne changera pas de valeur en mettant au lieu de x une autre racine quelconque $\theta^m x$, comme on le verra aisément, en faisant cette substitution et en ayant égard à l'équation $\theta^{\mu+\nu}x = \theta^\nu x$. En désignant donc la fonction dont il s'agit par ψx, on aura

$$\sqrt[\mu]{v_k}.(\sqrt[\mu]{v_1})^{\mu-k} = \psi x = \psi\theta x = \psi\theta^2 x = \cdots = \psi\theta^{\mu-1}x,$$

d'où

(39) $$\sqrt[\mu]{v_k}.(\sqrt[\mu]{v_1})^{\mu-k} = \frac{1}{\mu}(\psi x + \psi\theta x + \psi\theta^2 x + \cdots + \psi\theta^{\mu-1}x).$$

Le second membre de cette équation est une fonction rationnelle et symétrique des racines, donc on peut l'exprimer en quantités connues. En le désignant par a_k, on aura

(40) $$\sqrt[\mu]{v_k}(\sqrt[\mu]{v_1})^{\mu-k} = a_k,$$

d'où

$$(41) \qquad \sqrt[\mu]{v_k} = \frac{a_k}{v_1}(\sqrt[\mu]{v_1})^k.$$

A l'aide de cette formule l'expression de la racine x deviendra

$$(42) \quad x = \frac{1}{\mu}\left(-A + \sqrt[\mu]{v_1} + \frac{a_2}{v_1}(\sqrt[\mu]{v_1})^2 + \frac{a_3}{v_1}(\sqrt[\mu]{v_1})^3 + \cdots + \frac{a_{\mu-1}}{v_1}(\sqrt[\mu]{v_1})^{\mu-1}\right).$$

Cette expression de x n'a que μ valeurs différentes, qu'on obtiendra en mettant au lieu de $\sqrt[\mu]{v_1}$ les μ valeurs:

$$\sqrt[\mu]{v_1},\ \alpha\sqrt[\mu]{v_1},\ \alpha^2\sqrt[\mu]{v_1},\ \ldots\ \alpha^{\mu-1}\sqrt[\mu]{v_1}.$$

La méthode que nous avons suivie précédemment pour résoudre l'équation $\varphi x = 0$ est au fond la même que celle dont s'est servi M. *Gauss* dans ses „Disquisitiones arithmeticae" art. 359 et suiv. pour résoudre une certaine classe d'équations, auxquelles il était parvenu dans ses recherches sur l'équation $x^n - 1 = 0$. Ces équations ont la même propriété que notre équation $\varphi x = 0$; savoir que toutes ses racines peuvent être représentées par

$$x,\ \theta x,\ \theta^2 x,\ \ldots\ \theta^{\mu-1}x,$$

θx étant une fonction rationnelle.

En vertu de ce qui précède nous pourrons énoncer le théorème suivant:

Théorème III. Si les racines d'une équation algébrique peuvent être représentées par

$$x,\ \theta x,\ \theta^2 x,\ \ldots\ \theta^{\mu-1}x,$$

où $\theta^\mu x = x$, et où θx désigne une fonction rationnelle de x et de quantités connues, cette équation sera toujours résoluble algébriquement.

On en tire le suivant, comme corollaire:

Théorème IV. Si deux racines d'une équation *irréductible*, dont le degré est un nombre *premier*, sont tellement liées entre elles, qu'on puisse exprimer l'une *rationnellement* par l'autre, cette équation sera résoluble algébriquement.

En effet cela suit immédiatement de l'équation (11)

$$\mu = m \,.\, n;$$

car on doit avoir $m = 1$, si μ est un nombre premier; et par conséquent les racines s'expriment par $x,\ \theta x,\ \theta^2 x,\ \ldots\ \theta^{\mu-1}x$.

Dans le cas où toutes les quantités connues de φx et θx sont *réelles*, les racines de l'équation $\varphi x = 0$ jouiront d'une propriété remarquable, que nous allons démontrer.

Par ce qui précède on voit que $a_{\mu-1}$ peut être exprimée rationnellement par les coefficiens de φx et θx, et par α. Donc si ces coefficiens sont réels, $a_{\mu-1}$ doit avoir la forme

$$a_{\mu-1} = a + b\sqrt{-1},$$

où $\sqrt{-1}$ n'entre qu'à cause de la quantité α, qui en général est imaginaire, et qui généralement peut avoir la valeur

$$\alpha = \cos\frac{2\pi}{\mu} + \sqrt{-1}\,.\sin\frac{2\pi}{\mu}.$$

En changeant donc dans α le signe de $\sqrt{-1}$ et désignant par $a'_{\mu-1}$ la valeur correspondante de $a_{\mu-1}$, on aura

$$a'_{\mu-1} = a - b\sqrt{-1}.$$

Or d'après la formule (40), il est évident que $a'_{\mu-1} = a_{\mu-1}$; donc $b = 0$ et

(43) $$a_{\mu-1} = a.$$

Donc $a_{\mu-1}$ a toujours une valeur réelle. On démontrera de la même manière que

$$v_1 = c + d\sqrt{-1} \quad \text{et} \quad v_{\mu-1} = c - d\sqrt{-1},$$

où c et d sont réels.

Donc

$$v_1 + v_{\mu-1} = 2c,$$
$$v_1 v_{\mu-1} = a^\mu.$$

De là on tire

(44) $$v_1 = c + \sqrt{-1}\,.\sqrt{a^\mu - c^2},$$

et par suite $\sqrt{a^\mu - c^2} = d$; d'où l'on voit que $\sqrt{a^\mu - c^2}$ a toujours une valeur réelle.

Cela posé, on peut faire

(45) $$c = (\sqrt{\varrho})^\mu \cos\delta, \quad \sqrt{a^\mu - c^2} = (\sqrt{\varrho})^\mu \sin\delta,$$

où ϱ est une quantité positive.

On en tire

$$c^2 + (\sqrt{a^\mu - c^2})^2 = (\sqrt{\varrho})^{2\mu},$$

c'est-à-dire:

$$a^\mu = \varrho^\mu; \tag{46}$$

par conséquent ϱ sera égal à la valeur numérique de a. On voit en outre que a est toujours positif, si μ est un nombre impair.

Connaissant ϱ et δ, on aura

$$v_1 = (\sqrt{\varrho})^\mu . (\cos\delta + \sqrt{-1} . \sin\delta)$$

et par suite

$$\sqrt[\mu]{v_1} = \sqrt{\varrho} . \left[\cos\left(\frac{\delta + 2m\pi}{\mu}\right) + \sqrt{-1} . \sin\left(\frac{\delta + 2m\pi}{\mu}\right)\right].$$

En substituant cette valeur de $\sqrt[\mu]{v_1}$ dans l'expression de x (42), elle prendra la forme:

$$\begin{aligned} x = \frac{1}{\mu}\Big[& -A + \sqrt{\varrho} . \left(\cos\frac{\delta + 2m\pi}{\mu} + \sqrt{-1} . \sin\frac{\delta + 2m\pi}{\mu}\right) \\ & + (f + g\sqrt{-1})\left(\cos\frac{2(\delta + 2m\pi)}{\mu} + \sqrt{-1} . \sin\frac{2(\delta + 2m\pi)}{\mu}\right) \\ & + (F + G\sqrt{-1})\sqrt{\varrho} . \left(\cos\frac{3(\delta + 2m\pi)}{\mu} + \sqrt{-1} . \sin\frac{3(\delta + 2m\pi)}{\mu}\right) \\ & + (f_1 + g_1\sqrt{-1})\left(\cos\frac{4(\delta + 2m\pi)}{\mu} + \sqrt{-1} . \sin\frac{4(\delta + 2m\pi)}{\mu}\right) \\ & + \cdots\cdots\cdots\cdots \Big], \end{aligned} \tag{47}$$

où ϱ, A, f, g, F, G etc., sont des fonctions rationnelles de $\cos\frac{2\pi}{\mu}$, $\sin\frac{2\pi}{\mu}$ et des coefficiens de φx et θx. On aura toutes les racines, en donnant à m les valeurs $0, 1, 2, 3, \ldots \mu - 1$.

L'expression précédente de x fournit ce résultat:

Théorème V. Pour résoudre l'équation $\varphi x = 0$, il suffit:

1) de diviser la circonférence entière du cercle en μ parties égales,
2) de diviser un angle δ, qu'on peut construire ensuite, en μ parties égales,
3) d'extraire la racine carrée d'une seule quantité ϱ.

Ce théorème n'est que l'extension d'un théorème semblable, que M. *Gauss* donne sans démonstration dans l'ouvrage cité plus haut, art. 360.

Il est encore à remarquer que les racines de l'équation $\varphi x = 0$ sont ou toutes réelles ou toutes imaginaires. En effet si une racine x est réelle, les autres le sont également, comme le font voir les expressions

$$\theta x,\ \theta^2 x,\ \ldots\ \theta^{\mu-1}x,$$

qui ne contiennent que des quantités réelles. Si au contraire x est imaginaire, les autres racines le sont aussi, car si par exemple $\theta^m x$ était réelle, $\theta^{\mu-m}(\theta^m x) = \theta^\mu x = x$, le serait également, contre l'hypothèse. Dans le premier cas a sera positif et dans le second négatif. Si μ est un nombre impair, toutes les racines seront réelles.

La méthode que nous avons donnée dans ce paragraphe, pour résoudre l'équation $\varphi x = 0$, est applicable dans tous les cas, le nombre μ étant premier ou non; mais si μ est un nombre composé, il existe encore une autre méthode qui donne lieu à quelques simplifications et que nous allons exposer en peu de mots.

Soit $\mu = m.n$, les racines

$$x,\ \theta x,\ \theta^2 x,\ \ldots\ \theta^{\mu-1}x$$

pourront être groupées de la manière suivante:

$$\begin{array}{lllll} x, & \theta^m x, & \theta^{2m}x, & \ldots & \theta^{(n-1)m}x, \\ \theta x, & \theta^{m+1}x, & \theta^{2m+1}x, & \ldots & \theta^{(n-1)m+1}x, \\ \theta^2 x, & \theta^{m+2}x, & \theta^{2m+2}x, & \ldots & \theta^{(n-1)m+2}x, \\ \ldots & \ldots & \ldots & \ldots & \ldots \\ \theta^{m-1}x, & \theta^{2m-1}x, & \theta^{3m-1}x, & \ldots & \theta^{mn-1}x. \end{array}$$

En faisant pour abréger:

(48) $$\theta^m x = \theta_1 x,$$

(49) $$x = x_1,\ \theta x = x_2,\ \theta^2 x = x_3,\ \ldots\ \theta^{m-1}x = x_m,$$

on peut écrire les racines comme il suit:

(50) $$\left\{\begin{array}{ll} 1') & x_1,\ \theta_1 x_1,\ \theta_1^2 x_1,\ \ldots\ \theta_1^{n-1}x_1, \\ 2') & x_2,\ \theta_1 x_2,\ \theta_1^2 x_2,\ \ldots\ \theta_1^{n-1}x_2, \\ & \ldots\ldots\ldots\ldots \\ m') & x_m,\ \theta_1 x_m,\ \theta_1^2 x_m,\ \ldots\ \theta_1^{n-1}x_m, \end{array}\right.$$

Donc en vertu de ce qu'on a vu (§ 2) on peut décomposer l'équation $\varphi x = 0$, qui est du degré $m.n$, en m équations du degré n, dont les coefficiens dépendront d'une équation du degré m. Les racines de ces m équations seront respectivement les racines $1'$, $2'$, ... m'.

Si n est un nombre composé $m_1 n_1$, on peut décomposer de la même manière chacune des équations du degré n en m_1 équations du degré n_1, dont les coefficiens dépendront d'une équation du degré m_1. Si n_1 est encore un nombre composé, on peut continuer la décomposition de la même manière.

Théorème VI. En général, si l'on suppose

$$\mu = m_1 . m_2 . m_3 \ldots m_n, \tag{51}$$

la résolution de l'équation proposée $\varphi x = 0$ sera ramenée à celle de n équations des degrés

$$m_1, \; m_2, \; m_3, \; \ldots \; m_n.$$

Il suffit même de connaître une seule racine de chacune de ces équations, car si l'on connaît une racine de l'équation proposée, on aura toutes les autres racines, exprimées en fonctions rationnelles de celle-ci.

La méthode précédente est au fond la même que celle donnée par M. *Gauss* pour la réduction de l'équation à deux termes, $x^\mu - 1 = 0$.

Pour faire voir plus clairement la décomposition précédente de l'équation $\varphi x = 0$ en d'autres de degrés moins élevés, supposons par exemple $\mu = 30 = 5 . 3 . 2$.

Dans ce cas les racines seront

$$x, \; \theta x, \; \theta^2 x, \; \ldots \; \theta^{29} x.$$

Nous formerons d'abord une équation du 6ième degré, dont les racines seront

$$x, \; \theta^5 x, \; \theta^{10} x, \; \theta^{15} x, \; \theta^{20} x, \; \theta^{25} x.$$

Soit $R = 0$ cette équation, on peut déterminer ses coefficiens, rationnellement, par une même quantité y, qui sera racine d'une équation du cinquième degré: $P = 0$.

Le degré de l'équation $R = 0$ étant lui-même un nombre composé, nous formerons une équation du 3ième degré: $R_1 = 0$, dont les racines seront

$$x, \; \theta^{10} x, \; \theta^{20} x,$$

et dont les coefficiens sont des fonctions rationnelles de y, et d'une même quantité z, qui est racine d'une équation du second degré $P_1 = 0$, dans laquelle les coefficiens sont exprimés rationnellement par y.

Voici le tableau des opérations:

$$x^3+f(y,z).x^2+f_1(y,z).x+f_2(y,z)=0,$$
$$z^2+fy.z+f_1y=0,$$
$$y^5+A_1.y^4+A_2.y^3+A_3.y^2+A_4.y+A_5=0.$$

On peut aussi commencer par une équation du $2^{\text{ième}}$ degré en x, ou bien par une équation du $5^{\text{ième}}$ degré.

Reprenons l'équation générale $\varphi x=0$. En supposant $\mu=m.n$, on peut faire

(52) $$x^n+fy.x^{n-1}+f_1y.x^{n-2}+\cdots=0,$$

où y est déterminé par une équation du $m^{\text{ième}}$ degré:

(53) $$y^m+A.y^{m-1}+\cdots=0,$$

dont tous les coefficiens sont exprimés rationnellement en quantités connues.

Cela posé, soient

(54) $$\left\{\begin{array}{l} \mu=m_1.m_2.m_3\ldots m_\omega \\ \text{et} \\ \mu=m_1n_1,\ \mu=m_2n_2;\ \ldots\ \mu=m_\omega n_\omega, \end{array}\right.$$

plusieurs manières de décomposer le nombre μ en deux facteurs, on pourra décomposer l'équation proposée $\varphi x=0$ en deux autres des ω manières suivantes:

(1) $F_1(x,y_1)=0$, dont les racines seront x, $\theta^{m_1}x$, $\theta^{2m_1}x$, ... $\theta^{(n_1-1)m_1}x$ et les coefficiens des fonctions rationnelles d'une quantité y_1, racine d'une équation $f_1y_1=0$, du degré m_1.

(2) $F_2(x,y_2)=0$, dont les racines seront x, $\theta^{m_2}x$, $\theta^{2m_2}x$, ... $\theta^{(n_2-1)m_2}x$ et les coefficiens des fonctions rationnelles d'une même quantité y_2, racine d'une équation $f_2y_2=0$, du degré m_2.

. . . .

(ω) $F_\omega(x,y_\omega)=0$, dont les racines seront x, $\theta^{m_\omega}x$, $\theta^{2m_\omega}x$, ... $\theta^{(n_\omega-1)m_\omega}x$ et les coefficiens des fonctions rationnelles d'une même quantité y_ω, racine d'une équation $f_\omega y_\omega=0$, du degré m_ω.

Supposons maintenant que m_1, m_2, ... m_ω pris deux à deux, soient premiers entre eux, je dis qu'on pourra exprimer la valeur de x rationnellement par les quantités $y_1, y_2, y_3, \dots y_\omega$. En effet, si $m_1, m_2, \dots m_\omega$ sont premiers entre eux, il est clair qu'il n'y a qu'une seule racine qui satisfasse à la fois à toutes les équations

$$(55) \qquad F_1(x, y_1) = 0, \; F_2(x, y_2) = 0, \; \dots \; F_\omega(x, y_\omega) = 0;$$

savoir la racine x. Donc, suivant un théorème connu, on peut exprimer x rationnellement par les coefficiens de ces équations et conséquemment par les quantités $y_1, y_2, \dots y_\omega$.

La résolution de l'équation proposée est donc ramenée à celle de ω équations: $f_1 y_1 = 0$; $f_2 y_2 = 0$; ... $f_\omega y_\omega = 0$, qui sont respectivement des degrés: $m_1, m_2, \dots m_\omega$, et dont les coefficiens sont des fonctions rationnelles des coefficiens de φx et θx.

Si l'on veut que les équations

$$(56) \qquad f_1 y_1 = 0, \; f_2 y_2 = 0, \; \dots \; f_\omega y_\omega = 0$$

soient les moins élevées possibles, il faut choisir $m_1, m_2, \dots m_\omega$ tels, que ces nombres soient des puissances de nombres premiers. Par exemple si l'équation proposée $\varphi x = 0$ est du degré

$$(57) \qquad \mu = \varepsilon_1^{\nu_1} . \varepsilon_2^{\nu_2} \dots \varepsilon_\omega^{\nu_\omega},$$

où $\varepsilon_1, \varepsilon_2, \dots \varepsilon_\omega$ sont des nombres premiers différens, on aura

$$(58) \qquad m_1 = \varepsilon_1^{\nu_1}, \; m_2 = \varepsilon_2^{\nu_2}, \; \dots \; m_\omega = \varepsilon_\omega^{\nu_\omega}.$$

L'équation proposée étant résoluble algébriquement, les équations (56) le seront aussi; car les racines de ces équations sont des fonctions rationnelles de x. On peut aisément les résoudre de la manière suivante.

La quantité y est une fonction rationnelle et symétrique des racines de l'équation (52), c'est-à-dire de

$$(59) \qquad x, \; \theta^m x, \; \theta^{2m} x, \; \dots \; \theta^{(n-1)m} x.$$

Soit

$$(60) \qquad y = Fx = f(x, \; \theta^m x, \; \theta^{2m} x, \; \dots \; \theta^{(n-1)m} x),$$

les racines de l'équation (53) seront

$$(61) \qquad Fx; \; F(\theta x); \; F(\theta^2 x); \; \dots \; F(\theta^{m-1} x);$$

or je dis que l'on peut exprimer ces racines de la manière suivante:

$$(62) \qquad y, \; \lambda y, \; \lambda^2 y, \; \dots \; \lambda^{m-1} y,$$

où λy est une fonction rationnelle de y et de quantités connues.

On aura

$$(63)\qquad F(\theta x) = f[\theta x,\ \theta(\theta^m x),\ \theta(\theta^{2m} x),\ \ldots\ \theta(\theta^{(n-1)m} x)],$$

donc $F(\theta x)$ sera, ainsi que Fx, une fonction rationnelle et symétrique des racines x, $\theta^m x$, ... $\theta^{(n-1)m} x$, donc on peut, par le procédé trouvé (24) exprimer $F(\theta x)$ rationnellement par Fx. Soit donc

$$F\theta x = \lambda F x = \lambda y,$$

on aura, en remplaçant (en vertu du théorème I) x par θx, $\theta^2 x$, ... $\theta^{m-1} x$,

$$F\theta^2 x = \lambda F\theta x = \lambda^2 y,$$

$$F\theta^3 x = \lambda F\theta^2 x = \lambda^3 y,$$

$$\ldots\ldots\ldots\ldots\ldots\ldots$$

$$F\theta^{m-1} x = \lambda F\theta^{m-2} x = \lambda^{m-1} y,$$

c. q. f. d.

Maintenant les racines de l'équation (53) pouvant être représentées par

$$y,\ \lambda y,\ \lambda^2 y,\ \ldots\ \lambda^{m-1} y,$$

on peut résoudre algébriquement cette équation de la même manière que l'équation $\varphi x = 0$. (Voyez le théorème III).

Si m est une puissance d'un nombre premier, $m = \varepsilon^\nu$, on peut encore déterminer y à l'aide de ν équations du degré ε. (Voyez le théorème VI).

Si dans le théorème VI on suppose que μ soit une puissance de 2, on aura, comme corollaire, le théorème suivant:

Théorème VII. Si les racines d'une équation du degré 2^ω peuvent être représentées par

$$x,\ \theta x,\ \theta^2 x,\ \ldots\ \theta^{2^\omega - 1} x, \text{ où } \theta^{2^\omega} x = x,$$

cette équation pourra être résolue à l'aide de l'extraction de ω racines carrées.

Ce théorème, appliqué à l'équation $\frac{x^{1+2^\omega} - 1}{x - 1} = 0$, où $1 + 2^\omega$ est un nombre premier, donne le théorème de M. *Gauss* pour le cercle.

§ 4.

Des équations dont toutes les racines peuvent être exprimées rationnellement par l'une d'entre elles.

Nous avons vu précédemment (théorème III) qu'une équation d'un degré quelconque, dont les racines peuvent être exprimées par

$$x,\ \theta x,\ \theta^2 x,\ \ldots\ \theta^{\mu-1}x$$

est toujours résoluble algébriquement. Dans ce cas toutes les racines sont exprimées rationnellement par l'une d'entre elles; mais une équation dont les racines ont cette propriété, n'est pas toujours résoluble algébriquement; néanmoins, hors le cas considéré précédemment, il y a encore un autre, dans lequel cela a lieu. On aura le théorème suivant:

Théorème VIII. Soit $\chi x = 0$ une équation algébrique quelconque dont toutes les racines peuvent être exprimées rationnellement par l'une d'entre elles, que nous désignerons par x. Soient θx et $\theta_1 x$ deux autres racines quelconques, l'équation proposée séra résoluble algébriquement, si l'on a $\theta\theta_1 x = \theta_1\theta x$.

La démonstration de ce théorème peut être réduite sur le champ à la théorie exposée § 2, comme nous allons le voir.

Si l'on connaît la racine x, on en aura en même temps toutes les autres; il suffit donc de chercher la valeur de x.

Si l'équation

$$\chi x = 0 \tag{64}$$

n'est pas irréductible, soit

$$\varphi x = 0 \tag{65}$$

l'équation la moins élevée à laquelle puisse satisfaire la racine x, les coefficiens de cette équation ne contenant que des quantités connues. Alors les racines de l'équation $\varphi x = 0$ se trouveront parmi celles de l'équation $\chi x = 0$ (voyez le premier théorème), et par conséquent elles pourront s'exprimer rationnellement par l'une d'entre elles.

Cela posé, soit θx une racine différente de x; en vertu de ce qu'on a vu dans le premier paragraphe, les racines de l'équation $\varphi x = 0$ pourront être exprimées comme il suit:

$$\begin{array}{lllll} x, & \theta x, & \theta^2 x, & \ldots & \theta^{n-1}x, \\ x_1, & \theta x_1, & \theta^2 x_1, & \ldots & \theta^{n-1}x_1, \\ \ldots & & & & \\ x_{m-1}, & \theta x_{m-1}, & \theta^2 x_{m-1}, & \ldots & \theta^{n-1}x_{m-1}, \end{array}$$

et en formant l'équation

(66) $$x^n + A'x^{n-1} + A''x^{n-2} + A'''x^{n-3} + \cdots + A^{(n-1)}x + A^{(n)} = 0,$$

dont les racines sont x, θx, $\theta^2 x$, ... $\theta^{n-1}x$, les coefficiens A', A'', ... $A^{(n)}$ pourront être exprimés rationnellement par une même quantité y, qui sera racine d'une équation irréductible*):

(67) $$y^m + p_1 y^{m-1} + p_2 y^{m-2} + \cdots + p_{m-1}y + p_m = 0,$$

dont les coefficiens sont des quantités connues (voyez § 2).

La détermination de x peut s'effectuer à l'aide des deux équations (66) et (67). La première de ces équations est résoluble algébriquement, en supposant connus les coefficiens, c'est-à-dire la quantité y (voyez le théorème III). Quant à l'équation en y, nous allons démontrer que ses racines ont la même propriété que celles de l'équation proposée $\varphi x = 0$, savoir d'être exprimables rationnellement par l'une d'entre elles.

La quantité y est (voy. 15) une certaine fonction rationnelle et symétrique des racines x, θx, $\theta^2 x$, ... $\theta^{n-1}x$. En faisant

(68) $$\left\{\begin{array}{l} y = f(x, \theta x, \theta^2 x, \ldots \theta^{n-1}x), \\ \text{les autres racines de l'équation (67) seront} \\ y_1 = f(x_1, \theta x_1, \theta^2 x_1, \ldots \theta^{n-1}x_1), \\ \ldots \\ y_{m-1} = f(x_{m-1}, \theta x_{m-1}, \theta^2 x_{m-1}, \ldots \theta^{n-1}x_{m-1}). \end{array}\right.$$

---

*) On démontrera aisément que cette équation ne pourra être réductible. Soit $R=0$ l'équation irréductible en y, et ν son degré. En éliminant y, on aura une équation en x du degré $n\nu$; donc $n\nu \gtreqless \mu$. Mais on a

$$\mu = m \cdot n,$$

donc

$$\nu \gtreqless m,$$

ce qui est impossible, car ν est moindre que m.

Maintenant, dans le cas que nous considérons, $x_1, \ldots x_{m-1}$ sont des fonctions rationnelles de la racine x. Faisons par conséquent

$$x_1 = \theta_1 x,\ x_2 = \theta_2 x,\ \ldots\ x_{m-1} = \theta_{m-1} x,$$

les racines de l'équation (67) auront la forme:

$$y_1 = f(\theta_1 x,\ \theta\theta_1 x,\ \theta^2\theta_1 x,\ \ldots\ \theta^{n-1}\theta_1 x).$$

D'après l'hypothèse les fonctions θ et θ_1 ont la propriété que

$$\theta\theta_1 x = \theta_1\theta x,$$

équation qui, en vertu du théorème I, aura lieu en substituant à la place de x une autre racine quelconque de l'équation $\varphi x = 0$. On en tire successivement

$$\theta^2\theta_1 x = \theta\theta_1\theta x = \theta_1\theta^2 x,$$
$$\theta^3\theta_1 x = \theta\theta_1\theta^2 x = \theta_1\theta^3 x,$$
$$\cdots\cdots\cdots\cdots\cdots\cdots\cdots$$
$$\theta^{n-1}\theta_1 x = \theta\theta_1\theta^{n-2} x = \theta_1\theta^{n-1} x.$$

L'expression de y_1 deviendra par là

$$y_1 = f(\theta_1 x,\ \theta_1\theta x,\ \theta_1\theta^2 x,\ \ldots\ \theta_1\theta^{n-1} x),$$

et l'on voit que y_1, comme y, est une fonction *rationnelle* et *symétrique* des racines

$$x,\ \theta x,\ \theta^2 x,\ \ldots\ \theta^{n-1} x.$$

Donc (§ 2) on peut exprimer y_1 rationnellement par y et des quantités connues. Le même raisonnement s'applique à toute autre racine de l'équation (67).

Soient maintenant λy, $\lambda_1 y$ deux racines quelconques, je dis qu'on aura

$$\lambda\lambda_1 y = \lambda_1\lambda y.$$

En effet, ayant par exemple

$$\lambda y = f(\theta_1 x,\ \theta\theta_1 x,\ \ldots\ \theta^{n-1}\theta_1 x),$$

si

$$y = f(x,\ \theta x,\ \ldots\ \theta^{n-1} x),$$

on aura, en mettant $\theta_2 x$ au lieu de x,

$$\lambda y_2 = f(\theta_1\theta_2 x,\ \theta\theta_1\theta_2 x,\ \ldots\ \theta^{n-1}\theta_1\theta_2 x),$$

où

$$y_2 = f(\theta_2 x,\ \theta\theta_2 x,\ \ldots\ \theta^{n-1}\theta_2 x) = \lambda_1 y;$$

donc

$$\lambda\lambda_1 y = f(\theta_1\theta_2 x,\ \theta\theta_1\theta_2 x,\ \ldots\ \theta^{n-1}\theta_1\theta_2 x)$$

et également

$$\lambda_1\lambda y = f(\theta_2\theta_1 x,\ \theta\theta_2\theta_1 x,\ \ldots\ \theta^{n-1}\theta_2\theta_1 x),$$

donc, puisque $\theta_1\theta_2 x = \theta_2\theta_1 x$,

$$\lambda\lambda_1 y = \lambda_1\lambda y.$$

Les racines de l'équation (67) auront donc précisément la même propriété que celles de l'équation $\varphi x = 0$.

Cela posé, on peut appliquer à l'équation (67) le même procédé qu'à l'équation $\varphi x = 0$; c'est-à-dire que la détermination de y peut s'effectuer à l'aide de deux équations, dont l'une sera résoluble algébriquement et l'autre aura la propriété de l'équation $\varphi x = 0$. Donc le même procédé peut encore être appliqué à cette dernière équation. En continuant, il est clair que la détermination de x pourra s'effectuer à l'aide d'un certain nombre d'équations, qui seront toutes résolubles algébriquement. Donc enfin l'équation $\varphi x = 0$ sera résoluble à l'aide d'opérations algébriques, en supposant connues les quantités qui avec x composent les fonctions

$$\varphi x,\ \theta x,\ \theta_1 x,\ \theta_2 x,\ \ldots\ \theta_{m-1} x.$$

Il est clair que le degré de chacune des équations auxquelles se réduit la détermination de x, sera un facteur du nombre μ qui marque le degré de l'équation $\varphi x = 0$; et:

Théorème IX. Si l'on désigne les degrés de ces équations respectivement par

$$n,\ n_1,\ n_2,\ \ldots\ n_\omega,$$

on aura

$$\mu = n . n_1 . n_2,\ \ldots\ n_\omega .$$

En rapprochant ce qui précède de ce qui a été exposé (§ 3), on aura le théorème suivant:

Théorème X. En supposant le degré μ de l'équation $\varphi x = 0$ décomposé comme il suit:

(69) $$\mu = \varepsilon_1^{\nu_1} . \varepsilon_2^{\nu_2} . \varepsilon_3^{\nu_3}\ \ldots\ \varepsilon_\alpha^{\nu_\alpha},$$

où $\varepsilon_1,\ \varepsilon_2,\ \varepsilon_3,\ \ldots\ \varepsilon_\alpha$ sont des nombres premiers, la détermination de x pourra s'effectuer à l'aide de la résolution de ν_1 équations du degré ε_1, de ν_2 équations du degré ε_2, etc., et toutes ces équations seront résolubles algébriquement.

Dans le cas où $\mu = 2^\nu$, on peut trouver la valeur de x à l'aide de l'extraction de ν racines carrées.

§ 5.

Application aux fonctions circulaires.

En désignant par a la quantité $\frac{2\pi}{\mu}$, on sait qu'on peut trouver une équation algébrique du degré μ dont les racines seront les μ quantités

$$\cos a,\ \cos 2a,\ \cos 3a,\ \dots\ \cos \mu a,$$

et dont les coefficiens seront des nombres rationnels. Cette équation sera

$$(70)\qquad x^\mu - \tfrac{1}{4}\mu x^{\mu-2} + \tfrac{1}{16}\frac{\mu(\mu-3)}{1.2}\cdot x^{\mu-4} - \dots = 0.$$

Nous allons voir que cette équation a la même propriété que l'équation $\chi x = 0$, considérée dans le paragraphe précédent.

Soit $\cos a = x$, on aura d'après une formule connue, quel que soit a,

$$(71)\qquad \cos ma = \theta(\cos a),$$

où θ désigne une fonction entière. Donc $\cos ma$, qui exprime une racine quelconque de l'équation (70), sera une fonction rationnelle de la racine x. Soit $\theta_1 x$ une autre racine, je dis qu'on aura

$$\theta\theta_1 x = \theta_1\theta x.$$

En effet, soit $\theta_1 x = \cos m'a$, la formule (71) donnera, en mettant $m'a$ au lieu de a,

$$\cos(mm'a) = \theta(\cos m'a) = \theta\theta_1 x.$$

De la même manière on aura

$$\cos(m'ma) = \theta_1(\cos ma) = \theta_1\theta x,$$

donc

$$\theta\theta_1 x = \theta_1\theta x.$$

Donc, suivant ce qu'on a vu dans le paragraphe précédent,

$$x \text{ ou } \cos a = \cos\frac{2\pi}{\mu}$$

pourra être déterminé algébriquement. Cela est connu.

Supposons maintenant que μ soit un nombre premier $2n+1$, les racines de l'équation (70) seront

$$\cos\frac{2\pi}{2n+1},\quad \cos\frac{4\pi}{2n+1},\ \ldots\ \cos\frac{4n\pi}{2n+1},\quad \cos 2\pi.$$

La dernière racine $\cos 2\pi$ est égale à l'unité; donc l'équation (70) est divisible par $x-1$. Les autres racines seront toujous égales entre elles par couples, car on a $\cos\frac{2m\pi}{2n+1}=\cos\frac{(2n+1-m)2\pi}{2n+1}$, donc on peut trouver une équation dont les racines seront,

$$(72)\qquad \cos\frac{2\pi}{2n+1},\quad \cos\frac{4\pi}{2n+1},\ \ldots\ \cos\frac{2n\pi}{2n+1}.$$

Cette équation sera

$$(73)\qquad x^n+\tfrac{1}{2}x^{n-1}-\tfrac{1}{4}(n-1)x^{n-2}-\tfrac{1}{8}(n-2)x^{n-3}$$
$$+\tfrac{1}{16}\frac{(n-2)(n-3)}{1.2}x^{n-4}+\tfrac{1}{32}\frac{(n-3)(n-4)}{1.2}x^{n-5}-\cdots=0.$$

Cela posé, soit

$$\cos\frac{2\pi}{2n+1}=x=\cos a,$$

on aura d'après ce qui précède

$$\cos\frac{2m\pi}{2n+1}=\theta x=\cos ma.$$

L'équation (73) sera donc satisfaite par les racines

$$(74)\qquad x,\ \theta x,\ \theta^2 x,\ \theta^3 x,\ \ldots$$

On a, quelle que soit la valeur de a,

$$\theta(\cos a)=\cos ma.$$

De là on tire successivement:

$$\theta^2(\cos a)=\theta(\cos ma)=\cos m^2 a,$$
$$\theta^3(\cos a)=\theta(\cos m^2 a)=\cos m^3 a,$$
$$\cdots\cdots\cdots\cdots\cdots\cdots$$
$$\theta^\mu(\cos a)=\theta(\cos m^{\mu-1}a)=\cos m^\mu a.$$

Les racines (74) deviendront donc

$$(75)\qquad \cos a,\ \cos ma,\ \cos m^2 a,\ \cos m^3 a,\ \ldots\ \cos m^\mu a,\ \ldots$$

Cela posé, si m est une racine primitive pour le module $2n+1$ (voyez *Gauss* Disquis. arithm. art. 57), je dis que toutes les racines

(76) $$\cos a,\ \cos ma,\ \cos m^2 a,\ \ldots \cos m^{n-1} a$$

seront différentes entre elles. En effet si l'on avait

$$\cos m^\mu a = \cos m^\nu a,$$

où μ et ν sont moindres que n, on en tirerait

$$m^\mu a = \pm m^\nu a + 2k\pi,$$

où k est entier. Cela donne, en remettant pour a sa valeur $\frac{2\pi}{2n+1}$,

$$m^\mu = \pm m^\nu + k(2n+1),$$

donc

$$m^\mu \mp m^\nu = m^\nu(m^{\mu-\nu} \mp 1) = k(2n+1)$$

et par conséquent $m^{2(\mu-\nu)} - 1$ serait divisible par $2n+1$, ce qui est impossible, car $2(\mu-\nu)$ est moindre que $2n$, et nous avons supposé que m est une racine primitive.

On aura encore

$$\cos m^n a = \cos a,$$

car $m^{2n} - 1$ ou $(m^n - 1)(m^n + 1)$ est divisible par $2n+1$, donc

$$m^n = -1 + k(2n+1),$$

et par suite

$$\cos m^n a = \cos(-a + k.2\pi) = \cos a.$$

Par là on voit que les n racines de l'équation (73) pourront s'exprimer par (76); c'est-à-dire par:

$$x,\ \theta x,\ \theta^2 x,\ \theta^3 x,\ \ldots \theta^{n-1} x, \text{ où } \theta^n x = x.$$

Donc, en vertu du théorème III, cette équation sera résoluble algébriquement.

En faisant $n = m_1 . m_2 \ldots m_\omega$, on peut diviser la circonférence entière du cercle en $2n+1$ parties égales, à l'aide de ω équations des degrés m_1, m_2, m_3, ... m_ω. Si les nombres m_1, m_2, ... m_ω sont premiers entre eux, les coefficiens de ces équations seront des nombres rationnels.

En supposant $n = 2^\omega$, on aura le théorème connu sur les polygones réguliers qui peuvent être construits géométriquement.

En vertu du théorème V on voit que pour diviser la circonférence entière du cercle en $2n+1$ parties égales, il suffit

1) de diviser la circonférence entière du cercle en $2n$ parties égales,

2) de diviser un arc, qu'on peut construire ensuite, en $2n$ parties égales,

3) et d'extraire la racine carrée d'une seule quantité ϱ.

M. *Gauss* a énoncé ce théorème dans ses Disquis., et il ajoute que la quantité dont il faut extraire la racine, sera égale à $2n+1$. C'est ce qu'on peut démontrer aisément comme il suit.

On a vu (40, 38, 46) que ϱ est la valeur numérique de la quantité

$$(x+\alpha\theta x+\alpha^2\theta^2 x+\cdots+\alpha^{n-1}\theta^{n-1}x)(x+\alpha^{n-1}\theta x+\alpha^{n-2}\theta^2 x+\cdots+\alpha\theta^{n-1}x),$$

où $\alpha=\cos\frac{2\pi}{n}+\sqrt{-1}\,.\sin\frac{2\pi}{n}$. En substituant pour x, θx, ... leurs valeurs $\cos a$, $\cos ma$, $\cos m^2 a$, ... on aura

$$\pm\varrho=(\cos a+\alpha\cos ma+\alpha^2\cos m^2 a+\cdots+\alpha^{n-1}\cos m^{n-1}a)$$
$$\times(\cos a+\alpha^{n-1}\cos ma+\alpha^{n-2}\cos m^2 a+\cdots+\alpha\cos m^{n-1}a).$$

En développant et en mettant $\pm\varrho$ sous la forme

$$\pm\varrho=t_0+t_1\alpha+t_2\alpha^2+\cdots+t_{n-1}\alpha^{n-1},$$

on trouvera facilement

$$t_\mu=\cos a\,.\cos m^\mu a+\cos ma\,.\cos m^{\mu+1}a+\cdots+\cos m^{n-1-\mu}a\,.\cos m^{n-1}a$$
$$+\cos m^{n-\mu}a\,.\cos a+\cos m^{n-\mu+1}a\,.\cos ma+\cdots+\cos m^{n-1}a\,.\cos m^{\mu-1}a.$$

Maintenant on a

$$\cos m^\nu a\,.\cos m^{\mu+\nu}a=\tfrac{1}{2}\cos(m^{\mu+\nu}a+m^\nu a)+\tfrac{1}{2}\cos(m^{\mu+\nu}a-m^\nu a),$$

donc

$$t_\mu=\tfrac{1}{2}[\cos(m^\mu+1)a+\cos(m^\mu+1)ma+\cdots+\cos(m^\mu+1)m^{n-1}a]$$
$$+\tfrac{1}{2}[\cos(m^\mu-1)a+\cos(m^\mu-1)ma+\cdots+\cos(m^\mu-1)m^{n-1}a].$$

Si l'on fait $(m^\mu+1)a=a'$, $(m^\mu-1)a=a''$, on aura

$$t_\mu=\tfrac{1}{2}[\cos a'+\theta(\cos a')+\theta^2(\cos a')+\cdots+\theta^{n-1}(\cos a')]$$
$$+\tfrac{1}{2}[\cos a''+\theta(\cos a'')+\theta^2(\cos a'')+\cdots+\theta^{n-1}(\cos a'')].$$

Cela posé, il y a deux cas, savoir: μ est différent de zéro ou non.

Dans le premier cas il est clair que $\cos a'$ et $\cos a''$ sont des racines de l'équation (73), donc $\cos a'=\theta^\delta x$, $\cos a''=\theta^\varepsilon x$. En substituant, il viendra, en remarquant que $\theta^n x=x$:

$$t_\mu = \tfrac{1}{2}(\theta^\delta x + \theta^{\delta+1} x + \cdots + \theta^{n-1} x + x + \theta x + \cdots + \theta^{\delta-1} x)$$
$$+ \tfrac{1}{2}(\theta^\varepsilon x + \theta^{\varepsilon+1} x + \cdots + \theta^{n-1} x + x + \theta x + \cdots + \theta^{\varepsilon-1} x),$$

donc

$$t_\mu = x + \theta x + \theta^2 x + \cdots + \theta^{n-1} x,$$

c'est-à-dire que t_μ est égal à la somme des racines; par suite, en vertu de l'équation (73),

$$t_\mu = -\tfrac{1}{2}.$$

Dans le cas où $\mu = 0$, la valeur de t_μ deviendra:

$$t_0 = \tfrac{1}{2}(\cos 2a + \cos 2ma + \cdots + \cos 2m^{n-1} a) + \tfrac{1}{2} n;$$

or $\cos 2a$ est une racine de l'équation (73), donc en faisant

$$\cos 2a = \theta^\delta x,$$

on aura

$$\cos 2a + \cos 2ma + \cdots + \cos 2m^{n-1} a$$
$$= \theta^\delta x + \theta^{\delta+1} x + \cdots + \theta^{n-1} x + x + \theta x + \cdots + \theta^{\delta-1} x = -\tfrac{1}{2},$$

par conséquent

$$t_0 = \tfrac{1}{2} n - \tfrac{1}{4}.$$

En vertu de ces valeurs de t_0 et t_μ, la valeur de $\pm \varrho$ deviendra:

$$\pm \varrho = \tfrac{1}{2} n - \tfrac{1}{4} - \tfrac{1}{2}(\alpha + \alpha^2 + \alpha^3 + \cdots + \alpha^{n-1}),$$

mais $\alpha + \alpha^2 + \alpha^3 + \cdots + \alpha^{n-1} = -1$, donc

$$\pm \varrho = \tfrac{1}{2} n + \tfrac{1}{4},$$

et puisque ϱ est essentiellement positif,

$$\varrho = \frac{2n+1}{4}.$$

Cette valeur de ϱ donne

$$\sqrt{\varrho} = \tfrac{1}{2} . \sqrt{2n+1},$$

donc la racine carrée qu'il faut extraire est celle du nombre $2n+1$, comme le dit M. *Gauss**).

Christiania, le 29 mars 1828.

---

*) Dans le cas où n est un nombre impair, on peut même se dispenser de l'extraction de cette racine carrée.

XXVI.

THÉORÈMES SUR LES FONCTIONS ELLIPTIQUES.

Journal für die reine und angewandte Mathematik, herausgegeben von *Crelle*, Bd. 4, Berlin 1829.

La formule donnée par M. *Jacobi* dans le tome III p. 86 de ce journal peut être établie facilement à l'aide d'un théorème que nous allons démontrer dans ce qui suit.

En faisant $\varphi\theta = x$, on aura, en vertu de ce qu'on a vu dans le § III du mémoire n° 12 tome II de ce journal*)

(1)
$$\varphi(2n+1)\theta = R,$$

où R est une fonction rationnelle de x, le numérateur étant du degré $(2n+1)^2$ et le dénominateur du degré $(2n+1)^2 - 1$. L'équation (1) est donc du degré $(2n+1)^2$ et ses racines peuvent être exprimées par la formule:

(2)
$$x = \varphi\left(\theta + \frac{2m\omega + 2\mu\varpi i}{2n+1}\right),$$

en donnant à m et μ toutes les valeurs entières depuis zéro jusqu'à $2n$.

Soit pour abréger

(3)
$$\frac{2\omega}{2n+1} = \alpha, \quad \frac{2\varpi i}{2n+1} = \beta,$$

l'expression des racines sera

(4)
$$x = \varphi(\theta + m\alpha + \mu\beta).$$

*) Mémoire XVI de cette édition.

Cela posé, nous allons démontrer le théorème suivant:

Théorème I. Soit $\psi\theta$ une fonction *entière* quelconque des quantités $\varphi(\theta+m\alpha+\mu\beta)$ qui reste la même en changeant θ en $\theta+\alpha$ et en $\theta+\beta$. Soit ν le plus grand exposant de la quantité $\varphi\theta$ dans la fonction $\psi\theta$, on aura toujours

$$(5)\qquad \psi\theta=p+q\ f(2n+1)\theta\ F(2n+1)\theta,$$

p et q étant deux fonctions *entieres* de $\varphi(2n+1)\theta$, la première du degré ν et la seconde du degré $\nu-2$.

Demonstration. En vertu de la formule (10) tome II p. 105*) on a

$$\varphi(\theta+m\alpha+\mu\beta)=\frac{\varphi\theta\ f(m\alpha+\mu\beta).F(m\alpha+\mu\beta)+\varphi(m\alpha+\mu\beta)\ f\theta\ F\theta}{1+e^2c^2\ \varphi^2(m\alpha+\mu\beta).\varphi^2\theta},$$

d'où il suit qu'on pourra exprimer $\psi\theta$ rationnellement en $\varphi\theta$ et $f\theta.F\theta$. Or le carré de $f\theta.F\theta$ est rationnel en $\varphi\theta$, car

$$(f\theta.F\theta)^2=(1-c^2\varphi^2\theta)(1+e^2\varphi^2\theta),$$

donc on pourra faire en sorte que l'expression de $\psi\theta$ ne contienne la quantité $f\theta\ F\theta$ qu'à la première puissance. On pourra donc faire

$$(7)\qquad \psi\theta=\psi_1(\varphi\theta)+\psi_2(\varphi\theta).f\theta.F\theta,$$

où $\psi_1(\varphi\theta)$ et $\psi_2(\varphi\theta)$ sont des fonctions rationnelles de $\varphi\theta$.

Si l'on met $\omega-\theta$ à la place de θ, on aura, en remarquant que $\varphi(\omega-\theta)=\varphi\theta$, $f(\omega-\theta)=-f\theta$, $F(\omega-\theta)=F\theta$:

$$(8)\qquad \psi(\omega-\theta)=\psi_1(\varphi\theta)-\psi_2(\varphi\theta).f\theta.F\theta.$$

Des équations (7) et (8) on tire

$$(9)\qquad \psi_1(\varphi\theta)=\tfrac{1}{2}.[\psi\theta+\psi(\omega-\theta)],$$

$$(10)\qquad \psi_2(\varphi\theta).f\theta.F\theta=\tfrac{1}{2}.[\psi\theta-\psi(\omega-\theta)].$$

Considérons d'abord la fonction $\psi_1(\varphi\theta)$. En y mettant $\theta+\alpha$ au lieu de θ, il viendra

$$\psi_1[\varphi(\theta+\alpha)]=\tfrac{1}{2}.[\psi(\theta+\alpha)+\psi(\omega-\alpha-\theta)],$$

or on a $\psi(\theta+\alpha)=\psi\theta$, et par conséquent aussi, en mettant $\omega-\alpha-\theta$ au lieu de θ,

*) P. 268 de cette édition.

$$\psi(\omega-\theta)=\psi(\omega-\alpha-\theta);$$

donc

$$\psi_1[\varphi(\theta+\alpha)]=\tfrac{1}{2}[\psi\theta+\psi(\omega-\theta)],$$

c'est-à-dire

$$\psi_1[\varphi(\theta+\alpha)]=\psi_1(\varphi\theta).$$

On aura de la même manière

$$\psi_1[\varphi(\theta+\beta)]=\psi_1(\varphi\theta).$$

La première de ces équations donne, en mettant successivement $\theta+\alpha$, $\theta+2\alpha, \ldots$ au lieu de θ,

$$\psi_1[\varphi(\theta+m\alpha)]=\psi_1(\varphi\theta), \tag{11}$$

où m est un nombre entier quelconque. De même la seconde équation donne

$$\psi_1[\varphi(\theta+\mu\beta)]=\psi_1(\varphi\theta),$$

d'où, en mettant $\theta+m\alpha$ au lieu de θ, et en ayant égard à l'équation (11) on tire

$$\psi_1[\varphi(\theta+m\alpha+\mu\beta)]=\psi_1(\varphi\theta). \tag{12}$$

Donc la fonction $\psi_1(\varphi\theta)$ reste la même, en y substituant au lieu de $\varphi\theta$ une autre racine quelconque de l'équation (1). En attribuant à m et μ toutes les valeurs entières depuis zéro jusqu'à $2n$ et en ajoutant, la formule (12) donne

$$\psi_1(\varphi\theta)=\frac{1}{(2n+1)^2}\cdot\sum_{0}^{2n}{}_m\sum_{0}^{2n}{}_\mu\,\psi_1[\varphi(\theta+m\alpha+\mu\beta)]. \tag{13}$$

Le second membre de cette équation est une fonction *rationnelle* et *symetrique* des racines de l'équation (1), donc on pourra l'exprimer rationnellement par les coefficiens de cette équation, c'est-à-dire par $\varphi(2n+1)\theta$ Soit donc

$$\psi_1(\varphi\theta)=p,$$

la quantité p sera une fonction rationnelle de $\varphi(2n+1)\theta$. Or je dis que p sera toujours entier. En effet soit $\varphi(2n+1)\theta=y$ et $p=\frac{p'}{q'}$, où p' et q' sont des fonctions entières de y sans diviseur commun. Soit $y=\varphi(2n+1)\delta$ une racine de l'équation $q'=0$ la quantité $p=\frac{1}{2}[\psi\theta+\psi(\omega-\theta)]$ sera infinie en faisant $\theta=\delta$, donc on aura $\psi\delta+\psi(\omega-\delta)=\frac{1}{0}$; maintenant il est évident par la forme de la fonction $\psi\theta$, que cette équation ne peut subsister à moins qu'une quantité de la forme

$$\varphi(\delta+m\alpha+\mu\beta) \quad \text{ou} \quad \varphi(\omega-\delta+m\alpha+\mu\beta)$$

n'ait une valeur infinie. Soit donc $\varphi(\delta + m\alpha + \mu\beta) = \frac{1}{0}$, on aura en vertu de l'équation (30) tome II p. 113*)

$$\delta = (m' + \tfrac{1}{2})\omega + (n' + \tfrac{1}{2})\varpi i - m\alpha - \mu\beta,$$

où m' et n' sont des nombres entiers; or cette valeur de δ donne

$$\varphi(2n+1)\delta = \varphi\left[[(2n+1)m' + n - 2m]\omega + [(2n+1)n' + n - 2\mu]\varpi i + \frac{\omega}{2} + \frac{\varpi}{2}i\right],$$

c'est-à-dire (26 p. 111*):

$$\varphi(2n+1)\delta = \tfrac{1}{0}.$$

Mais cela est impossible, car une racine quelconque de l'équation $q' = 0$ doit être finie. On trouvera également que $\varphi(\omega - \delta + m\alpha + \mu\beta) = \frac{1}{0}$ donne $\varphi(2n+1)\delta = \frac{1}{0}$. La quantité p est donc une fonction entière de $\varphi(2n+1)\theta$.

Considérons maintenant l'équation (10). En divisant les deux membres par $f(2n+1)\theta . F(2n+1)\theta$, on aura

$$\frac{\psi_2(\varphi\theta) . f\theta . F\theta}{f(2n+1)\theta . F(2n+1)\theta} = \tfrac{1}{2} \cdot \frac{\psi\theta - \psi(\omega - \theta)}{f(2n+1)\theta . F(2n+1)\theta}.$$

En vertu de ce qu'on a vu (45) tome II p. 117*), on aura $f(2n+1)\theta = f\theta . u$, $F(2n+1)\theta = F\theta . v$, u et v étant des fonctions rationnelles de $\varphi\theta$; donc le second membre de l'équation précédente sera une fonction rationnelle de $\varphi\theta$. En la désignant par $\chi(\varphi\theta)$, on aura

$$\chi(\varphi\theta) = \tfrac{1}{2} \cdot \frac{\psi\theta - \psi(\omega - \theta)}{f(2n+1)\theta . F(2n+1)\theta}.$$

En mettant $\theta + \alpha$ au lieu de θ, il viendra

$$\psi(\theta + \alpha) = \psi\theta, \quad \psi[\omega - (\theta + \alpha)] = \psi(\omega - \theta),$$

$$f(2n+1)(\theta + \alpha) = f[(2n+1)\theta + 2m\omega + 2\mu\varpi i] = f(2n+1)\theta,$$

$$F(2n+1)(\theta + \alpha) = F[(2n+1)\theta + 2m\omega + 2\mu\varpi i] = F(2n+1)\theta,$$

donc on aura

$$\chi[\varphi(\theta + \alpha)] = \chi(\varphi\theta).$$

De la même manière on trouvera

$$\chi[\varphi(\theta + \beta)] = \chi(\varphi\theta).$$

On en déduit, comme plus haut pour la fonction $\psi_1(\varphi\theta)$, que $\chi(\varphi\theta)$ peut être exprimé par une fonction entière de $\varphi(2n+1)\theta$. Soit donc

---

*) Les formules citées se trouvent p. 275—281 de cette édition.

$$\chi(\varphi\theta) = q,$$

on aura

$$\psi_2(\varphi\theta).f\theta.F\theta = q.f(2n+1)\theta.F(2n+1)\theta,$$

et enfin

(14) $$\psi\theta = p + q.f(2n+1)\theta.F(2n+1)\theta,$$

où p et q sont des fonctions entières de $\varphi(2n+1)\theta$.

Pour trouver les degrés de ces fonctions, soit $(\varphi\theta)^\nu.\chi\theta$ le terme de $\psi\theta$, dans lequel $\varphi\theta$ est élevé à la plus haute puissance, on aura, en supposant $\varphi\theta$ infini,

$$\psi\theta = A.(\varphi\theta)^\nu,$$

A étant une constante. De même on aura

$$\psi(\omega-\theta) = A'.(\varphi\theta)^\nu,$$

et par suite:

$$p = \tfrac{1}{2}(A+A').(\varphi\theta)^\nu;$$

mais pour $\varphi\theta$ infini, on a $\varphi(2n+1)\theta = B.\varphi\theta$, B étant une constante. Il suit de là que p sera du degré ν par rapport à $\varphi(2n+1)\theta$. On démontrera de la même manière que la fonction q sera du degré $\nu-2$, tout au plus.

Notre théorème est donc démontré.

Dans le cas où la quantité $\varphi\theta$ ne monte qu'à la première puissance dans $\psi\theta$, on a $\nu=1$; par conséquent q sera du degré -1, c'est-à-dire $q=0$. Donc on a dans ce cas

(15) $$\psi\theta = A + B.\varphi(2n+1)\theta,$$

où A et B sont des quantités constantes, qu'on déterminera facilement en faisant $\theta=0$ et $\varphi\theta=\frac{1}{0}$.

Soit par exemple $\pi\theta$ le produit d'un nombre quelconque des racines de l'équation (1), et faisons

$$\psi\theta = \sum_0^{2n}{}_m \sum_0^{2n}{}_\mu \pi(\theta + m\alpha + \mu\beta),$$

il est clair qu'on aura $\psi(\theta) = \psi(\theta+\alpha) = \psi(\theta+\beta)$, en remarquant que

$$\pi[\theta + (2n+1)\alpha + \mu\beta] = \pi(\theta + \mu\beta)$$

et

$$\pi[\theta + (2n+1)\beta + m\alpha] = \pi(\theta + m\alpha).$$

Donc

$$(16)\qquad \sum_0^{2n}{}_m \sum_0^{2n}{}_\mu \pi(\theta + m\alpha + \mu\beta) = A + B.\varphi(2n+1)\theta.$$

Il faut remarquer que l'une des quantités A et B est toujours égale à zéro. On a $A = 0$ si le nombre des facteurs de $\pi\theta$ est un nombre impair, et $B = 0$ si ce nombre est pair. Dans ce dernier cas la quantité $\psi\theta$ est indépendante de la valeur de θ; par conséquent, en faisant $\theta = 0$, on a

$$(17)\qquad \sum_0^{2n}{}_m \sum_0^{2n}{}_\mu \pi(\theta + m\alpha + \mu\beta) = \sum_0^{2n}{}_m \sum_0^{2n}{}_\mu \pi(m\alpha + \mu\beta).$$

Si l'on fait par exemple

$$\pi\theta = \varphi\theta.\varphi(\theta + k\alpha + k'\beta),$$

on a

$$(18)\qquad \left\{\begin{aligned} &\sum_0^{2n}{}_m \sum_0^{2n}{}_\mu \varphi(\theta + m\alpha + \mu\beta).\varphi[\theta + (m+k)\alpha + (\mu + k')\beta] \\ &= \sum_0^{2n}{}_m \sum_0^{2n}{}_\mu \varphi(m\alpha + \mu\beta).\varphi[(m+k)\alpha + (\mu + k')\beta], \end{aligned}\right.$$

où k et k' sont des nombres entiers quelconques, moindres que $2n+1$. Cependant on ne peut pas supposer à la fois $k = 0$, $k' = 0$. Car alors $\pi\theta = (\varphi\theta)^2$ et par suite $\nu = 2$, tandis qu'on doit avoir

$$\nu = 1.$$

De la même manière que nous avons démontré le théorème précédent on pourra encore établir les deux suivans:

Théorème II. Soit $\psi\theta$ une fonction quelconque entière des quantités de la forme $f(\theta + m\alpha + \mu\beta)$, telle que

$$\psi\theta = \psi(\theta + \alpha) = \psi(\theta + \beta),$$

on aura

$$\psi\theta = p + q.\varphi(2n+1)\theta.F(2n+1)\theta,$$

où p et q sont des fonctions entières de $f(2n+1)\theta$, la première du degré ν et la seconde du degré $\nu - 2$, tout au plus, en désignant par ν le plus grand exposant de $f\theta$ dans $\psi\theta$

Théorème III. Soit $\psi\theta$ une fonction quelconque entière des quantités de la forme $F(\theta + m\alpha + \mu\beta)$, telle que

$$\psi(\theta) = \psi(\theta + \alpha) = \psi(\theta + \beta),$$

on aura

$$\psi\theta = p + q.\varphi(2n+1)\theta.f(2n+1)\theta,$$

où p et q sont des fonctions entières de $F(2n+1)\theta$, la première du degré ν et la seconde du degré $\nu-2$, tout au plus, en désignant par ν le plus grand exposant de $F\theta$ dans $\psi\theta$

En vertu du premier théorème on voit sans difficulté que la valeur de $\varphi\left(\frac{\theta}{2n+1}\right)$, exprimée en fonction de $\varphi\theta$, sera

$$\varphi\left(\frac{\theta}{2n+1}\right)=\frac{1}{2n+1}\cdot\sum_0^{4n^2+4n}{}_m\sqrt[2n+1]{p_m+q_m\cdot f\theta\,.\,F\theta},$$

où p_m et q_m sont deux fonctions entières de $\varphi\theta$, la première impaire et du degré $2n+1$, la seconde paire et du degré $2n-2$. D'ailleurs ces fonctions sont déterminées par l'équation

$$p_m^2-q_m^2(f\theta)^2\ (F\theta)^2=(\varphi^2\theta-a_m^2)^{2n+1},$$

où a_m est une constante.

Christiania le 27 août 1828.

XXVII.

DÉMONSTRATION D'UNE PROPRIÉTÉ GÉNÉRALE D'UNE CERTAINE CLASSE DE FONCTIONS TRANSCENDANTES.

Journal für die reine und angewandte Mathematik, herausgegeben von *Crelle*, Bd. 4, Berlin 1829.

Théorème. Soit y une fonction de x qui satisfait à une équation quelconque irréductible de la forme

(1) $$0 = p_0 + p_1 y + p_2 y^2 + \cdots + p_{n-1} y^{n-1} + y^n,$$

où $p_0, p_1, p_2, \ldots p_{n-1}$ sont des fonctions entières de la variable x. Soit de même

(2) $$0 = q_0 + q_1 y + q_2 y^2 + \cdots + q_{n-1} y^{n-1},$$

une équation semblable, $q_0, q_1, q_2, \ldots q_{n-1}$ étant également des fonctions entières de x, et supposons variables les coefficiens des diverses puissances de x dans ces fonctions. Nous désignerons ces coefficiens par $a, a', a'' \ldots$ En vertu des deux équations (1) et (2) x sera une fonction de $a, a', a'', \ldots$ et on en déterminera les valeurs en éliminant la quantité y. Désignons par

(3) $$\varrho = 0$$

le résultat de l'élimination, de sorte que ϱ ne contiendra que les variables $x, a, a', a'', \ldots$ Soit μ le degré de cette équation par rapport à x, et désignons par

(4) $$x_1, x_2, x_3, \ldots x_\mu$$

ses racines, qui seront autant de fonctions de $a, a', a'', \ldots$ Cela posé, si l'on fait

$$(5) \qquad \psi x = \int f(x, y)\, dx,$$

où $f(x, y)$ désigne une fonction *rationnelle* quelconque de x et de y, je dis que la fonction transcendante ψx jouira de la propriété générale exprimée par l'équation suivante:

$$(6) \quad \psi x_1 + \psi x_2 + \cdots + \psi x_\mu = u + k_1 \log v_1 + k_2 \log v_2 + \cdots + k_n \log v_n,$$

$u, v_1, v_2, \ldots v_n$ étant des fonctions rationnelles de $a, a', a'', \ldots,$ et $k_1, k_2, \ldots k_n$ des constantes.

Démonstration. Pour établir ce théorème il suffit d'exprimer la différentielle du premier membre de l'équation (6) en fonction de $a, a', a'', \ldots,$ car il se réduira par là à une différentielle rationnelle, comme on va voir. D'abord les deux équations (1) et (2) donneront y en fonction rationnelle de $x, a, a', a'', \ldots$ De même l'équation (3) $\varrho = 0$ donnera pour dx une expression de la forme

$$dx = \alpha . da + \alpha' . da' + \alpha'' . da'' + \cdots,$$

où $\alpha, \alpha', \alpha'', \ldots$ sont des fonctions rationnelles de $x, a, a', a'', \ldots$ De là il suit qu'on pourra mettre la différentielle $f(x, y)\, dx$ sous la forme

$$f(x, y)\, dx = \varphi x . da + \varphi_1 x . da' + \varphi_2 x . da'' + \cdots,$$

où $\varphi x, \varphi_1 x, \ldots$ sont des fonctions rationnelles de $x, a, a', a'', \ldots$ En intégrant, il viendra

$$\psi x = \int (\varphi x . da + \varphi_1 x . da' + \cdots)$$

et de là on tire, en remarquant que cette équation aura lieu en mettant pour x les μ valeurs de cette quantité,

$$(7) \quad \psi x_1 + \psi x_2 + \cdots + \psi x_\mu$$
$$\int [(\varphi x_1 + \varphi x_2 + \cdots + \varphi x_\mu)\, da + (\varphi_1 x_1 + \varphi_1 x_2 + \cdots + \varphi_1 x_\mu)\, da' + \cdots]$$

Dans cette équation les coefficiens des différentielles $da, da', \ldots$ sont des fonctions rationnelles de $a, a', a'', \ldots$ et de $x_1, x_2, \ldots x_\mu$, mais en outre ils sont symétriques par rapport à $x_1, x_2, \ldots x_\mu$, donc, en vertu d'un théorème connu, on pourra exprimer ces fonctions rationnellement par $a, a', a'', \ldots$ et par les coefficiens de l'équation $\varrho = 0$; mais ceux-ci sont eux-mêmes des fonctions rationnelles des variables a, a', a'', ..., donc enfin les coefficiens de da, da', da'', ... de l'équation (7) le seront également. Donc, en intégrant, on aura une équation de la forme (6).

Je me réserve de développer dans une autre occasion les nombreuses applications de ce théorème, qui jetteront du jour sur la nature des fonctions transcendantes dont il s'agit.

Christiania le 6 janvier 1829.

XXVIII

PRECIS D'UNE THÉORIE DES FONCTIONS ELLIPTIQUES.

Journal für die reine und angewandte Mathematik, herausgegeben von *Crelle*, Bd. 4, Berlin 1829.

Introduction.

La théorie des fonctions elliptiques, créée par M. *Legendre*, forme une partie des plus intéressantes de l'analyse. Ayant cherché de mon côté à donner de nouveaux développemens à cette théorie, je suis, si je ne me trompe, parvenu à plusieurs résultats qui me paraissent mériter quelque attention. J'ai cherché surtout à donner de la généralité à mes recherches, en me proposant des problèmes d'une vaste étendue. Si je n'ai pas été assez heureux pour les résoudre complètement, au moins j'ai donné des moyens pour y parvenir. L'ensemble de mes recherches sur ce sujet formera un ouvrage de quelque étendue, mais que les circonstances ne m'ont pas encore permis de publier. C'est pourquoi je vais donner ici un précis de la méthode que j'ai suivie, avec les résultats généraux auxquelles elle m'a conduit. Ce mémoire sera divisé en deux parties.

Dans *la première* je considère les fonctions elliptiques comme intégrales indéfinies, sans rien y ajouter sur la nature des quantités réelles ou imaginaires qui les composent. Je me servirai des notations suivantes:

$$\varDelta(x,c) = \pm\sqrt{(1-x^2)(1-c^2x^2)},$$

$$\varpi(x,c) = \int\frac{dx}{\varDelta(x,c)},$$

$$\varpi_0(x,c) = \int\frac{x^2dx}{\varDelta(x,c)}$$

$$\Pi(x, c, a) = \int \frac{dx}{\left(1 - \frac{x^2}{a^2}\right) \Delta(x, c)},$$

de sorte que

$$\varpi(x, c), \quad \varpi_0(x, c), \quad \Pi(x, c, a)$$

remplacent respectivement les fonctions de première, de seconde et de troisième espèce.

Cela posé, je me suis proposé ce problème général: „Trouver tous les cas possibles dans lesquels on peut satisfaire à une équation de la forme:

$$(a) \quad \left\{ \begin{aligned} & \alpha_1 \varpi(x_1, c_1) + \alpha_2 \varpi(x_2, c_2) + \cdots + \alpha_n \varpi(x_n, c_n) \\ & + \alpha_1' \varpi_0(x_1', c_1') + \alpha_2' \varpi_0(x_2', c_2') + \cdots + \alpha_m' \varpi_0(x_m', c_m') \\ & + \alpha_1'' \Pi(x_1'', c_1'', a_1) + \alpha_2'' \Pi(x_2'', c_2'', a_2) + \cdots + \alpha_\mu'' \Pi(x_\mu'', c_\mu'', a_\mu) \\ & \qquad = u + A_1 \log v_1 + A_2 \log v_2 + \cdots + A_\nu \log v_\nu, \end{aligned} \right.$$

où

$$\alpha_1, \ \alpha_2, \ \ldots \ \alpha_n; \quad \alpha_1', \ \alpha_2', \ \ldots \ \alpha_m';$$

$$\alpha_1'', \ \alpha_2'', \ \ldots \ \alpha_\mu''; \quad A_1, \ A_2, \ \ldots \ A_\nu$$

sont des quantités constantes, $x_1, x_2, \ldots x_n; x_1', x_2', \ldots x_m'; x_1'', x_2'', \ldots x_\mu''$ des *variables* liées entre elles par des équations *algébriques*, et u, $v_1, v_2, \ldots v_\nu$ des fonctions *algébriques* de ces variables.“

J'établis d'abord les propriétés fondamentales des fonctions elliptiques, ou ce qui concerne leur sommation, en employant une méthode particulière, qui est applicable avec la même facilité à une infinité d'autres transcendantes plus compliquées. En m'appuyant sur ces propriétés fondamentales, je considère ensuite l'équation dans toute sa généralité, et je fais le premier pas en démontrant un théorème général sur la forme qu'on pourra donner à l'intégrale d'une fonction algébrique quelconque, en supposant cette intégrale exprimable par des fonctions *algébriques*, *logarithmiques* et *elliptiques*, théorème qui est d'un grand usage dans tout le calcul intégral, à cause de sa grande généralité.

J'en déduis, comme corollaire, le théorème suivant:

„Si $\int \frac{r\,dx}{\Delta(x, c)}$, où r est une fonction rationnelle quelconque de x, est exprimable par des fonctions algébriques et logarithmiques et par des fonctions elliptiques $\psi, \psi_1, \psi_2, \ldots$, on pourra toujours supposer

$$(b) \quad \int \frac{r\,dx}{\Delta(x, c)} = p\,\Delta(x, c) + \alpha\,\psi(y) + \alpha'\,\psi_1(y_1) + \alpha''\,\psi_2(y_2) + \cdots$$
$$\cdots + A_1 \log \frac{q_1 + q_1'\,\Delta(x, c)}{q_1 - q_1'\,\Delta(x, c)} + A_2 \log \frac{q_2 + q_2'\,\Delta(x, c)}{q_2 - q_2'\,\Delta(x, c)} + \cdots$$

où toutes les quantités $p, q_1, q_2, \ldots q_1', q_2', \ldots y, y_1, y_2, \ldots$ sont des *fonctions rationnelles* de x"*).

De ce théorème je tire ensuite celui-ci:

„Si une équation quelconque de la forme (a) a lieu, et qu'on désigne par c l'un quelconque des modules qui y entrent, parmi les autres modules il y en aura au moins un, c', tel qu'on puisse satisfaire à l'équation différentielle:

$$\frac{dy}{\varDelta(y, c')} = \varepsilon \frac{dx}{\varDelta(x, c)},$$

en mettant pour y une fonction *rationnelle* de x, et vice versa."

Ces théorèmes sont très importans dans la théorie des fonctions elliptiques. Ils ramènent la solution du problème général à la détermination de la solution la plus générale de l'équation

$$\frac{dy}{\varDelta(y, c')} = \varepsilon \frac{dx}{\varDelta(x, c)},$$

ou à la transformation des fonctions de première espèce. Je donne la solution complète de ce problème, et j'en déduis ensuite la transformation générale des fonctions de première espèce. Je fais voir que les modules doivent nécessairement être liés entre eux par une équation algébrique. On peut se contenter de considérer le cas où le dégré de la fonction y est un nombre premier, y compris l'unité. Si ce degré est désigné par μ, c' pourra avoir $6(\mu + 1)$ valeurs différentes, excepté pour $\mu = 1$, où ce nombre se réduit à 6.

La seconde partie traite des fonctions à modules réels et moindres que l'unité. Au lieu des fonctions $\varpi(x, c)$, $\varpi_0(x, c)$, $\Pi(x, c, a)$ j'en introduis trois autres, savoir d'abord la fonction $\lambda(\theta)$, déterminée par l'équation

$$\theta = \int_0^{\lambda\theta} \frac{dx}{\varDelta(x, c)},$$

C'est la fonction inverse de la première espèce. En mettant $x = \lambda\theta$ dans les expressions de $\varpi_0(x, c)$, $\Pi(x, c, a)$, elles deviendront de la forme:

$$\varpi_0(x, c) = \int \lambda^2\theta \, . \, d\theta;$$

$$\Pi(x, c, a) = \int \frac{d\theta}{1 - \frac{\lambda^2\theta}{a^2}}.$$

*) Ce théorème a également lieu, si $\varDelta(x, c)$ est la racine carrée d'une fonction entière d'un degré *quelconque*.

Sous cette forme, les fonctions elliptiques offrent des propriétés très remarquables, et sont beaucoup plus faciles à traiter. C'est surtout la fonction $\lambda\theta$ qui mérite une attention particulière. Cette fonction a été l'objet d'un mémoire qui est inséré dans les tomes II et III de ce journal*), où j'en ai démontré le premier quelques-unes des propriétés fondamentales. On en trouvera davantage dans ce mémoire. Je vais indiquer rapidement quelques-uns des résultats auxquels je suis parvenu:

1. La fonction $\lambda\theta$ jouit de la propriété remarquable d'être périodique de deux manières différentes, savoir non seulement pour des valeurs réelles de la variable, mais encore pour des valeurs imaginaires. En effet si l'on fait pour abréger

$$\frac{\varpi}{2}=\int_0^1\frac{dx}{\varDelta(x,c)},\quad \frac{\omega}{2}=\int_0^1\frac{dx}{\varDelta(x,b)},$$

où $b=\sqrt{1-c^2}$ et $\sqrt{-1}=i$, on aura

$$\lambda(\theta+2\varpi)=\lambda\theta;\quad \lambda(\theta+\omega i)=\lambda\theta.$$

2. La fonction $\lambda\theta$ devient égale à zéro et à l'infini, pour une infinité de valeurs réelles et imaginaires de θ

$$(c)\qquad \lambda(m\varpi+n\omega i)=0,\quad \lambda[m\varpi+(n+\tfrac{1}{2})\omega i]=\tfrac{1}{0},$$

où m et n sont des nombres entiers quelconques, positifs ou négatifs. De même on a

$$\lambda\theta'=\lambda\theta,$$

si

$$\theta'=(-1)^m\theta+m\varpi+n\omega i;$$

cette relation est nécessaire.

3. La propriété fondamentale de $\lambda\theta$ est exprimée par l'équation

$$\lambda(\theta'+\theta).\lambda(\theta'-\theta)=\frac{\lambda^2\theta'-\lambda^2\theta}{1-c^2\lambda^2\theta.\lambda^2\theta'},$$

où θ' et θ sont des variables quelconques, réelles ou imaginaires.

4. La fonction $\lambda\theta$ pourra se développer en facteurs et en fractions de beaucoup de manières; par exemple si l'on fait pour abréger

$$q=e^{-\frac{\omega}{\varpi}\pi},\quad p=e^{-\frac{\varpi}{\omega}\pi},$$

*) Mémoire XVI de cette édition.

on a

$$\lambda(\theta\varpi) = \frac{2}{\sqrt{c}}\sqrt[4]{q}\,.\sin(\pi\theta)\frac{[1-2q^2\cos(2\theta\pi)+q^4][1-2q^4\cos(2\theta\pi)+q^8]\ldots}{[1-2q\ \cos(2\theta\pi)+q^2][1-2q^3\cos(2\theta\pi)+q^6]\ldots}$$

$$= \frac{4\sqrt{q}}{c}\cdot\frac{\pi}{\varpi}\cdot\left(\frac{1}{1-q}\sin(\theta\pi)+\frac{q}{1-q^3}\sin(3\theta\pi)+\frac{q^2}{1-q^5}\sin(5\theta\pi)+\cdots\right),$$

$$\lambda\left(\frac{\varpi}{2}-\theta\omega\right) = \frac{1}{\sqrt{c}}\cdot\frac{(1-pe^{-2\pi\theta})(1-pe^{2\pi\theta})(1-p^3e^{-2\pi\theta})(1-p^3e^{2\pi\theta})\ldots}{(1+pe^{-2\pi\theta})(1+pe^{2\pi\theta})(1+p^3e^{-2\pi\theta})(1+p^3e^{2\pi\theta})\ldots}.$$

On pourra exprimer d'une manière analogue les fonctions de seconde et de troisième espèce. Les deux formules précédentes sont au fond les mêmes que les formules (c).

5. Une des propriétés les plus fécondes de la fonction $\lambda\theta$ est la suivante: [On a fait pour abréger: $\varDelta\theta = \pm\sqrt{(1-\lambda^2\theta)(1-c^2\lambda^2\theta)}$].

„Si l'équation

$$(\lambda\theta)^{2n}+a_{n-1}(\lambda\theta)^{2n-2}+\cdots+a_1(\lambda\theta)^2+a_0 = [b_0\lambda\theta+b_1(\lambda\theta)^3+\cdots+b_{n-2}(\lambda\theta)^{2n-3}]\varDelta\theta$$

est satisfaite, en mettant pour θ $2n$ quantités $\theta_1, \theta_2, \ldots \theta_{2n}$, telles que $\lambda^2\theta_1, \lambda^2\theta_2, \ldots \lambda^2\theta_{2n}$ soient différentes entre elles, on aura toujours

$$\lambda(\theta_1+\theta_2+\cdots+\theta_{2n}) = 0,$$

$$-\lambda(\theta_{2n}) = +\lambda(\theta_1+\theta_2+\cdots+\theta_{2n-1}) = \frac{-a_0}{\lambda\theta_1.\lambda\theta_2\ldots\lambda\theta_{2n-1}};$$

les coefficiens $a_0, a_1, \ldots, b_0, b_1, \ldots$ pourront être quelconques, et il est facile de voir qu'on pourra les déterminer de sorte que $\theta_1, \theta_2, \ldots \theta_{2n-1}$ soient donnés."

Voici une autre propriété plus générale:

„Si l'on fait

$$p^2-q^2(1-x^2)(1-c^2x^2) = A(x-\lambda\theta_1)(x-\lambda\theta_2)\ldots(x-\lambda\theta_\mu),$$

où p et q sont des fonctions entières quelconques de *l'indéterminée* x, on pourra toujours prendre les quantités $\theta_1, \theta_2, \ldots \theta_\mu$ telles que l'expression

$$\lambda(\theta_1+\theta_2+\theta_3+\cdots+\theta_\mu)$$

soit égale à zéro ou à l'infini."

Ainsi par exemple, si

$$(d)\qquad p^2-q^2(1-x^2)(1-c^2x^2) = A(x^2-\lambda^2\theta)^\mu,$$

l'une des fonctions p et q étant paire et l'autre impaire, on aura

1) si p est pair:

$$\lambda(\mu\theta) = 0, \text{ si } \mu \text{ est pair et}$$

$$\lambda(\mu\theta) = \tfrac{1}{0}, \text{ si } \mu \text{ est impair;}$$

2) si p est impair:

$$\lambda(\mu\theta) = 0, \text{ si } \mu \text{ est impair et}$$

$$\lambda(\mu\theta) = \tfrac{1}{0}, \text{ si } \mu \text{ est pair.}$$

De là il suit encore que, si l'équation (d) a lieu, on aura toujours

$$\lambda\theta = \lambda\left(\frac{m\varpi + \frac{1}{2}n\omega i}{\mu}\right),$$

où m et n sont entiers et moindres que μ.

6. Il existe entre les quantités $\lambda\left(\frac{m\varpi + n\omega i}{2\mu+1}\right)$ et les racines $(2\mu+1)^{\text{ièmes}}$ de l'unité des relations bien remarquables, savoir si l'on fait pour abréger

$$\delta = \cos\frac{2\pi}{2\mu+1} + \sqrt{-1}\,.\,\sin\frac{2\pi}{2\mu+1},$$

on aura, quels que soient les nombres entiers m et μ:

$$0 = \lambda\left(\frac{2m\varpi}{2\mu+1}\right) + \delta^{k}.\lambda\left(\frac{2m\varpi+\omega i}{2\mu+1}\right) + \delta^{2k}.\lambda\left(\frac{2m\varpi+2\omega i}{2\mu+1}\right) + \delta^{3k}.\lambda\left(\frac{2m\varpi+3\omega i}{2\mu+1}\right) + \cdots + \delta^{2\mu k}.\lambda\left(\frac{2m\varpi+2\mu\omega i}{2\mu+1}\right),$$

$$0 = \lambda\left(\frac{m\omega i}{2\mu+1}\right) + \delta^{k'}.\lambda\left(\frac{2\varpi+m\omega i}{2\mu+1}\right) + \delta^{2k'}.\lambda\left(\frac{4\varpi+m\omega i}{2\mu+1}\right) + \delta^{3k'}.\lambda\left(\frac{6\varpi+m\omega i}{2\mu+1}\right) + \cdots + \delta^{2\mu k'}.\lambda\left(\frac{4\mu\varpi+m\omega i}{2\mu+1}\right).$$

D'ailleurs toutes les quantités $\lambda\left(\frac{m\varpi + n\omega i}{2\mu+1}\right)$ sont les racines d'une même équation du degré $(2\mu+1)^2$, dont les coefficiens sont des fonctions rationnelles de c^2.

7. Si la fonction

$$\int \frac{dx}{\Delta(x, c)},$$

dont le module c est réel et moindre que l'unité, peut être transformée dans une autre

$$\varepsilon\int \frac{dy}{\Delta(y, c')},$$

dont le module c' est réel ou imaginaire, en mettant pour y une fonction algébrique quelconque de x, il faut nécessairement que le module c' soit déterminé par l'une des deux équations

$$\sqrt[4]{c'} = \sqrt{2}.\sqrt[8]{q_1}.\frac{(1+q_1^2)(1+q_1^4)(1+q_1^6)\ldots}{(1+q_1)(1+q_1^3)(1+q_1^5)\ldots},$$

$$\sqrt[4]{c'} = \frac{1-q_1}{1+q_1}.\frac{1-q_1^3}{1+q_1^3}.\frac{1-q_1^5}{1+q_1^5}\ldots,$$

où $q_1 = q^\mu$, μ étant rationnel; ou, ce qui revient au même,

$$q_1 = e^{\left(-\mu\frac{\omega}{\varpi} + \mu' i\right)\pi},$$

μ et μ' étant des nombres rationnels quelconques.

8. La théorie de la transformation devient très facile à l'aide des propriétés les plus simples de la fonction $\lambda\theta$. Pour en donner un exemple, soit proposé le problème: satisfaire de la manière la plus générale à l'équation

$$\frac{dy}{\Delta(y, c')} = \varepsilon\frac{dx}{\Delta(x, c)},$$

en supposant c et c' moindres que l'unité et y fonction rationnelle, réelle ou imaginaire, de x.

Soit $x = \lambda\theta$, $y = \lambda'\theta'$, en désignant par λ' la fonction qui répond au module c'. L'équation différentielle se changera dans ce cas en $d\theta' = \varepsilon d\theta$, d'où

$$\theta' = \varepsilon\theta + a,$$

a étant une constante. Cela posé, soit

$$y = \frac{\varphi x}{f x},$$

on aura

$$\lambda'(\varepsilon\theta + a) = \frac{\varphi(\lambda\theta)}{f(\lambda\theta)}.$$

En mettant $\theta + 2\varpi$, $\theta + \omega i$ au lieu de θ, $\lambda\theta$ ne change pas de valeur et par conséquent on doit avoir

$$\lambda'(\varepsilon\theta + 2\varepsilon\varpi + a) = \lambda'(\varepsilon\theta + a),$$

$$\lambda'(\varepsilon\theta + \varepsilon\omega i + a) = \lambda'(\varepsilon\theta + a).$$

Donc, si l'on désigne par ϖ' et ω' les valeurs de ϖ et ω qui répondent au module c', on aura en vertu de l'équation (2):

$$2\varepsilon\varpi = 2m\varpi' + n\omega' i,$$
$$\varepsilon\omega i = 2m'\varpi' + n'\omega' i,$$

ce qui donne

$$\varepsilon = m.\frac{\varpi'}{\varpi} + \frac{n}{2}\cdot\frac{\omega'}{\varpi} i = n'\frac{\omega'}{\omega} - 2m'\frac{\varpi'}{\omega} i;$$

donc

$$m\frac{\varpi'}{\varpi} = n'\frac{\omega'}{\omega}, \quad \frac{n}{2}\cdot\frac{\omega'}{\varpi} = -2m'\frac{\varpi'}{\omega},$$

ou bien

$$\frac{\varpi'}{\omega'} = \frac{n'}{m}\cdot\frac{\varpi}{\omega} = -\frac{n}{4m'}\cdot\frac{\omega}{\varpi}.$$

Maintenant, si c est indéterminé, cette équation ne pourra subsister à moins qu'on n'ait ou $n=0$, $m'=0$, ou $n'=0$, $m=0$. Dans le premier cas ε est réel et égal à

$$m\frac{\varpi'}{\varpi} = n'\frac{\omega'}{\omega},$$

et dans le second cas ε est imaginaire et égal à

$$\frac{n}{2}\cdot\frac{\omega'}{\varpi} i = -2m'\frac{\varpi'}{\omega} i.$$

Supposons ε réel. Alors on aura ce théorème:

„Si deux fonctions réelles peuvent être transformées l'une dans l'autre, il faut qu'on ait entre les fonctions complètes ϖ, ω, ϖ', ω' cette relation:

$$\frac{\varpi'}{\omega'} = \frac{n'}{m}\cdot\frac{\varpi}{\omega},$$

où n' et m sont des nombres entiers."

On pourra démontrer que si cette condition est remplie, on pourra effectivement satisfaire à l'équation

$$\int\frac{dy}{\Delta(y,c')} = m\frac{\varpi'}{\varpi}\int\frac{dx}{\Delta(x,c)}.$$

Rien n'est plus simple que de trouver l'expression de y. Il suffit pour cela de chercher les racines des deux équations $\varphi x = 0$, $fx = 0$.

Désignons par $\lambda\delta$ et $\lambda\delta'$ deux racines quelconques appartenant respectivement à ces deux équations, on aura, pour déterminer δ et δ', ces deux équations:

$$\lambda'(\varepsilon\delta + a) = 0, \quad \lambda'(\varepsilon\delta' + a) = \tfrac{1}{0},$$

ce qui donne

$$\delta = -\frac{a}{\varepsilon} + \frac{k}{\varepsilon}\varpi' + \frac{k'}{\varepsilon}\omega' i; \quad \delta' = -\frac{a}{\varepsilon} + \frac{k}{\varepsilon}\varpi' + (k' + \tfrac{1}{2})\frac{\omega'}{\varepsilon} i,$$

c'est-à-dire:

$$\delta = -\frac{a}{\varepsilon} + \frac{k}{m}\varpi + \frac{k'}{n'}\omega i; \quad \delta' = -\frac{a}{\varepsilon} + \frac{k}{m}\varpi + (k' + \tfrac{1}{2})\frac{\omega}{n'} i,$$

k et k' étant des nombres entiers. Pour déterminer a, il suffit de remarquer que $\lambda\theta$ ne change pas de valeur en mettant $\varpi - \theta$ au lieu de θ. On aura donc

$$\lambda'(\varepsilon\varpi - \varepsilon\theta + a) = \lambda'(\varepsilon\theta + a),$$

ce qui donne

$$a = \tfrac{1}{2}[(2\mu + 1 - m)\varpi' + \mu'\omega' i).$$

Dans le cas où m est impair, on pourra toujours faire $a = 0$.

Connaissant les valeurs de δ et δ', on aura immédiatement les racines des deux équations $\varphi x = 0$, $fx = 0$, et par suite l'expression des fonctions φx et fx en produits de facteurs. Les formules les plus simples répondent aux cas de $m = 1$ ou $n' = 1$, et elles sont les seules nécessaires, comme il est aisé de le voir par l'équation $\frac{\varpi'}{\omega'} = \frac{n'}{m} \cdot \frac{\varpi}{\omega}$. On pourra aussi se servir des expressions de la fonction $\lambda\theta$ en produits infinis rapportées plus haut. Je l'ai fait voir dans un mémoire qui a été envoyé à M. *Schumacher* pour être inséré dans son journal*).

9. Le cas où un module c peut être transformé en son complément $\sqrt{1 - c^2} = b$, mérite une attention particulière. En vertu de l'équation $\frac{\varpi'}{\omega'} = \frac{n}{m} \cdot \frac{\varpi}{\omega}$, on aura alors

$$\frac{\varpi}{\omega} = \sqrt{\frac{m}{n}} \quad \text{et} \quad \frac{dy}{\Delta(y, b)} = \sqrt{mn}\,\frac{dx}{\Delta(x, c)}.$$

Le module c sera déterminé par une équation algébrique, qui paraît être résoluble par des radicaux; au moins cela aura lieu si $\frac{m}{n}$ est un carré parfait. Dans tous les cas il est facile d'exprimer c par des produits infinis. En effet, si $\frac{\varpi}{\omega} = \sqrt{\frac{m}{n}}$, on a

---

*) Mémoire XX de cette édition.

$$\sqrt[4]{c}=\sqrt{2}\,.\,e^{-\frac{1}{8}\pi\sqrt{\frac{m}{n}}}\,.\,\frac{\left(1+e^{-2\pi\sqrt{\frac{m}{n}}}\right)\left(1+e^{-4\pi\sqrt{\frac{m}{n}}}\right)\cdots}{\left(1+e^{-\pi\sqrt{\frac{m}{n}}}\right)\left(1+e^{-3\pi\sqrt{\frac{m}{n}}}\right)\cdots}$$

$$=\frac{\left(1-e^{-\pi\sqrt{\frac{n}{m}}}\right)\left(1-e^{-3\pi\sqrt{\frac{n}{m}}}\right)\cdots}{\left(1+e^{-\pi\sqrt{\frac{n}{m}}}\right)\left(1+e^{-3\pi\sqrt{\frac{n}{m}}}\right)\cdots}.$$

Si deux modules c' et c peuvent être transformés l'un dans l'autre, ils auront entre eux une relation algébrique. Il ne paraît pas possible en général d'en tirer la valeur de c' en c à l'aide de radicaux*), mais il est remarquable, que cela est toujours possible si c peut être transformé en son complément, par exemple si $c^2=\frac{1}{2}$.

Les équations modulaires jouissent d'ailleurs de la propriété remarquable, que toutes leurs racines peuvent être exprimées *rationnellement* par deux d'entre elles. De même on pourra exprimer toutes les racines par l'une d'elles à l'aide de radicaux.

10. On pourra développer la fonction $\lambda\theta$ de la manière suivante:

$$\lambda\theta=\frac{\theta+a\theta^3+a'\theta^5+\cdots}{1+b'\theta^4+b''\theta^6+\cdots},$$

où le numérateur et le dénominateur sont des séries toujours convergentes. En faisant

$$\varphi\theta=\theta+a\theta^3+a'\theta^5+\cdots$$
$$f\theta=1+b'\theta^4+b''\theta^6+\cdots$$

ces deux fonctions auront la propriété exprimée par les deux équations

---

*) Dans le cas par exemple où y est de la forme:

$$y=\sqrt{\frac{c^5}{c'}}\cdot\frac{x(a^2-x^2)(a_1^2-x^2)}{(1-c^2a^2x^2)(1-c^2a_1^2x^2)},$$

l'équation entre c' et c est du sixième degré. Or je suis parvenu à démontrer rigoureusement, que si une équation du sixième degré est-résoluble à l'aide de *radicaux*, il doit arriver l'un de deux, ou cette équation sera décomposable en deux autres du troisième degré, dont les coefficiens dépendent d'une équation du second degré, ou elle sera décomposable en trois équations du second degré, dont les coefficiens sont déterminés par une équation du troisième degré. L'équation entre c' et c ne paraît guère être décomposable de cette manière.

$$\varphi(\theta'+\theta).\varphi(\theta'-\theta)=(\varphi\theta.f\theta')^2-(\varphi\theta'.f\theta)^2,$$
$$f(\theta'+\theta).f(\theta'-\theta)=(f\theta.f\theta')^2-c^2(\varphi\theta.\varphi\theta')^2,$$

où θ' et θ sont deux variables indépendantes. Ainsi par exemple si l'on fait $\theta'=\theta$, on a

$$f(2\theta)=(f\theta)^4-c^2(\varphi\theta)^4.$$

Ces fonctions jouissent de beaucoup de propriétés remarquables.

11. Les formules présentées dans ce qui précède ont lieu avec quelques restrictions, si le module c est quelconque, réel ou imaginaire.

PREMIÈRE PARTIE.

DES FONCTIONS ELLIPTIQUES EN GÉNÉRAL.

CHAPITRE I.

Propriétés générales des fonctions elliptiques.

Les fonctions elliptiques jouissent comme on sait de cette propriété remarquable, que la somme d'un nombre quelconque de fonctions peut être exprimée par une seule fonction de la même espèce, en y ajoutant une certaine expression *algébrique* et *logarithmique.* La découverte de cette propriété est due, si je ne me trompe, à M. *Legendre.* La démonstration que cet illustre géomètre en a donnée, est fondée sur l'intégration algébrique de l'équation différentielle

$$\frac{dy}{\sqrt{\alpha+\beta y+\gamma y^2+\delta y^3+\varepsilon y^4}}=\frac{dx}{\sqrt{\alpha+\beta x+\gamma x^2+\delta x^3+\varepsilon x^4}}.$$

L'objet de ce chapitre sera de démontrer cette propriété des fonctions elliptiques, mais en nous appuyant sur des considérations différentes de celles de M. *Legendre.*

§ 1.

Démonstration d'un théorème fondamental.

Nous allons commencer par établir un théorème général qui servira fondement de tout ce qui va être exposé dans ce mémoire, et qui en même temps exprime une propriété très remarquable des fonctions elliptiques.

Théorème I. Soient fx et φx deux fonctions quelconques *entières* de x, l'une paire, l'autre impaire, et dont les coefficiens soient supposés variables. Cela posé, si l'on décompose la fonction entière paire

$$(fx)^2 - (\varphi x)^2 (\varDelta x)^2$$

en facteurs de la forme $x^2 - x_1^2$, de sorte qu'on ait

$$(1) \qquad (fx)^2 - (\varphi x)^2 (\varDelta x)^2 = A(x^2 - x_1^2)(x^2 - x_2^2)(x^2 - x_3^2) \ldots (x^2 - x_\mu^2),$$

où A est indépendant de l'indéterminée x, je dis qu'on aura

$$(2) \qquad \Pi x_1 + \Pi x_2 + \Pi x_3 + \cdots + \Pi x_\mu = C - \frac{a}{2\varDelta a} \log \frac{fa + \varphi a . \varDelta a}{fa - \varphi a . \varDelta a},$$

a désignant le paramètre de la fonction Πx, de sorte que

$$(3) \qquad \Pi x = \int \frac{dx}{\left(1 - \frac{x^2}{a^2}\right) \varDelta x}.$$

La quantité C est la constante d'intégration.

Démonstration. Supposons d'abord que tous les coefficiens des diverses puissances de x dans les fonctions fx et φx soient les variables indépendantes. Alors toutes les quantités $x_1, x_2, \ldots x_\mu$ seront évidemment inégales et fonctions de ces variables. En désignant par x l'une quelconque d'entre elles, l'équation (1) donnera

$$(4) \qquad (fx)^2 - (\varphi x)^2 (\varDelta x)^2 = 0,$$

d'où

$$(5) \qquad fx + \varphi x . \varDelta x = 0.$$

Cela posé, faisons pour abréger

$$\psi x = (fx)^2 - (\varphi x)^2 (\varDelta x)^2,$$

et désignons par $\psi' x$ la dérivée de cette fonction par rapport à x seul. De même désignons par la caractéristique δ la différentiation qui se rapporte aux seules variables indépendantes. Alors on tire de l'équation (4) en différentiant

$$\psi' x . dx + 2 fx . \delta fx - 2\varphi x . \delta \varphi x . (\varDelta x)^2 = 0;$$

mais en vertu de l'équation (5) on a

$$fx = -\varphi x \,.\, \Delta x,$$
$$\varphi x (\Delta x)^2 = -fx \,.\, \Delta x,$$

donc, en substituant,

$$\psi' x \,.\, dx - 2\Delta x (\varphi x \,.\, \delta f x - fx \,.\, \delta \varphi x) = 0.$$

De là on tire, en divisant par $\left(1 - \frac{x^2}{a^2}\right) \Delta x$,

$$\frac{dx}{\left(1 - \frac{x^2}{a^2}\right) \Delta x} = \frac{2(\varphi x \,.\, \delta f x - fx \,.\, \delta \varphi x)}{\left(1 - \frac{x^2}{a^2}\right) \psi' x},$$

et en intégrant

$$\Pi x = \int \frac{2(\varphi x \,.\, \delta f x - fx \,.\, \delta \varphi x)}{\left(1 - \frac{x^2}{a^2}\right) \psi' x}.$$

En faisant maintenant $x = x_1, x_2, \ldots x_\mu$, en ajoutant les résultats et en faisant pour abréger

$$2(\varphi x \,.\, \delta f x - fx \,.\, \delta \varphi x) = \theta x,$$

on obtiendra

$$(6) \qquad \Pi x_1 + \Pi x_2 + \cdots + \Pi x_\mu$$
$$= \int \left(\frac{\theta x_1}{\left(1 - \frac{x_1^2}{a^2}\right) \psi' x_1} + \frac{\theta x_2}{\left(1 - \frac{x_2^2}{a^2}\right) \psi' x_2} + \cdots + \frac{\theta x_\mu}{\left(1 - \frac{x_\mu^2}{a^2}\right) \psi' x_\mu} \right).$$

Maintenant θx étant une fonction entière de x dont le degré est évidemment inférieur à celui de la fonction ψx, le second membre, d'après un théorème connu sur la décomposition des fonctions fractionnaires, se réduit à

$$\int \frac{a \theta a}{2 \psi a},$$

ou, en substituant la valeur de θa et celle de ψa, à

$$a \int \frac{\varphi a \,.\, \delta f a - fa \,.\, \delta \varphi a}{(fa)^2 - (\varphi a)^2 (\Delta a)^2}.$$

Cette intégrale se trouvera facilement; en effet, Δa étant constant, on aura en intégrant d'après les règles connues,

$$C - \frac{a}{2\Delta a} \log \frac{fa + \varphi a \,.\, \Delta a}{fa - \varphi a \,.\, \Delta a},$$

C étant la constante d'intégration. Cette fonction mise à la place du second membre de l'équation (6), donne précisément la formule (2) qu'il s'agissait de démontrer.

La propriété de la fonction $\Pi(x)$, exprimée par la formule (2), est d'autant plus remarquable, qu'elle aura lieu en supposant la fonction Δx racine carrée d'une fonction quelconque entière et paire de x. En effet la démonstration précédente est fondée sur cette seule propriété de la fonction Δx. On a ainsi une propriété générale d'une classe très étendue de fonctions transcendantes*).

La formule (2) étant démontrée pour le cas où les quantités $x_1, x_2, \ldots x_\mu$ sont inégales, il est évident qu'elle aura encore lieu en établissant entre les variables indépendantes des relations quelconques qui pourront rendre égales plusieurs des quantités $x_1, x_2, \ldots x_\mu$.

Il faut observer que les signes des radicaux $\Delta x_1, \Delta x_2, \ldots \Delta x_\mu$ ne sont pas arbitraires. Ils doivent être pris tels qu'ils satisfassent aux équations

$$(7) \quad fx_1 + \varphi x_1 . \Delta x_1 = 0, \; fx_2 + \varphi x_2 . \Delta x_2 = 0, \ldots fx_\mu + \varphi x_\mu . \Delta x_\mu = 0,$$

qu'on tire de l'équation (5), en mettant pour x les valeurs $x_1, x_2, \ldots x_\mu$.

La formule (2) exprime une propriété de la fonction de la troisième espèce $\Pi(x)$. Or rien n'est plus facile que d'en déduire des propriétés semblables des fonctions:

$$(8) \qquad \varpi x = \int \frac{dx}{\Delta x} \quad \text{et} \quad \varpi_0 x = \int \frac{x^2 dx}{\Delta x}.$$

D'abord si l'on fait a infini, on a $\Pi x = \varpi x$; mais il est clair que la partie logarithmique de la formule (2) s'évanouira dans ce cas; le second membre se réduira donc à une constante, et par conséquent on aura

$$(9) \qquad \varpi x_1 + \varpi x_2 + \cdots + \varpi x_\mu = C.$$

De même si l'on développe les deux membres de l'équation (2) suivant les puissances ascendantes de $\frac{1}{a}$, on aura, en comparant les coefficiens de $\frac{1}{a^2}$ dans les deux membres,

$$(10) \qquad \varpi_0 x_1 + \varpi_0 x_2 + \cdots + \varpi_0 x_\mu = C - p,$$

où p est une fonction *algébrique* des variables, savoir le coefficient de $\frac{1}{a^2}$ dans le développement de la fonction

*) Voyez sur ce sujet un mémoire inséré dans le tome III, p. 313, de ce journal. On trouve un théorème beaucoup plus général t. IV, p. 200.

$$\frac{a}{2\varDelta a}\log\frac{fa+\varphi a.\varDelta a}{fa-\varphi a.\varDelta a}$$

suivant les puissances ascendantes de $\frac{1}{a}$.

En vertu des formules (2, 9, 10) il est clair, qu'en désignant par ψx une fonction quelconque de la forme:

$$(11)\quad \begin{cases} \psi x = \int\left\{A+Bx^2+\frac{\alpha}{1-\frac{x^2}{a^2}}+\frac{\alpha_1}{1-\frac{x^2}{a_1^2}}+\cdots+\frac{\alpha_\nu}{1-\frac{x^2}{a_\nu^2}}\right\}\frac{dx}{\varDelta x}, \\ \text{on aura} \\ \psi x_1+\psi x_2+\cdots+\psi x_\mu = C - B.p - \frac{\alpha a}{2\varDelta a}\log\frac{fa+\varphi a\varDelta a}{fa-\varphi a\varDelta a} \\ -\frac{\alpha_1 a_1}{2\varDelta a_1}\log\frac{fa_1+\varphi a_1\varDelta a_1}{fa_1-\varphi a_1\varDelta a_1}-\cdots-\frac{\alpha_\nu a_\nu}{2\varDelta a_\nu}\log\frac{fa_\nu+\varphi a_\nu\varDelta a_\nu}{fa_\nu-\varphi a_\nu\varDelta a_\nu}. \end{cases}$$

On voit que cette équation a lieu quelle que soit la constante A.

§ 2.

Propriété fondamentale des fonctions elliptiques, tirée des formules précédentes.

Dans ce qui précède les quantités $x_1, x_2, x_3, \ldots x_\mu$ sont regardées comme fonctions des coefficiens variables dans fx et φx. Supposons maintenant qu'on détermine ces coefficiens de manière qu'un certain nombre des quantités $x_1, x_2, \ldots x_\mu$ prennent des valeurs données mais variables. Soient

$$x_1,\ x_2,\ \ldots\ x_m$$

des variables indépendantes. Alors les coefficiens dans fx, φx deviendront des fonctions de ces quantités. En les substituant dans l'équation

$$(fx)^2-(\varphi x)^2(\varDelta x)^2=0,$$

le premier membre sera divisible par le produit

$$(x^2-x_1^2)(x^2-x_2^2)\cdots(x^2-x_m^2),$$

et le quotient, égalé à zéro, donnera une équation du degré $\mu-m$ par rapport à x^2, dont les racines seront les $\mu-m$ quantités

$$x_{m+1}^2,\ x_{m+2}^2,\ \ldots\ x_\mu^2,$$

qui par suite sont des fonctions algébriques de $x_1, x_2, \ldots x_m$.

Le cas le plus simple et le plus important est celui où le nombre $\mu - m$ a la moindre valeur possible. Pour avoir ce minimum, il faut donner aux fonctions fx et φx la forme la plus générale pour laquelle le degré de l'équation $(fx)^2 - (\varphi x)^2 (\varDelta x)^2 = 0$ est égal à 2μ.

Il est facile de voir que le plus grand nombre de coefficiens qu'il soit possible à introduire dans fx et φx, est μ. Mais, puisqu'en vertu de la forme des équations (7) on peut supposer un de ces coefficiens égal à l'unité, sans diminuer la généralité, on n'aura réellement que $\mu - 1$ indéterminées. On pourra donc faire $m = \mu - 1$, en sorte que toutes les quantités x_1, x_2, ... x_μ, excepté une seule, seront des variables indépendantes. Par là on aura immédiatement la propriété fondamentale des fonctions elliptiques dont il a été question au commencement du chapitre.

Il y a deux cas différens à considérer, savoir μ pair ou impair.

Premier cas, si μ est pair et égal à $2n$.

A. Si la fonction fx est paire et φx impaire, il est clair que fx doit être du degré $2n$, et φx du degré $2n - 3$. Faisons donc

$$(12)\qquad \begin{cases} fx = a_0 + a_1 x^2 + a_2 x^4 + \cdots + a_{n-1} x^{2n-2} + x^{2n}, \\ \varphi x = (b_0 + b_1 x^2 + b_2 x^4 + \cdots + b_{n-2} x^{2n-4}) x \end{cases}$$

et

$$(13)\quad (fx)^2 - (\varphi x)^2 (1 - x^2)(1 - c^2 x^2) = (x^2 - x_1^2)(x^2 - x_2^2) \ldots (x^2 - x_{2n-1}^2)(x^2 - y^2),$$

où nous avons mis y au lieu de x_{2n}, qui sera une fonction des variables x_1, x_2, ... x_{2n-1}. Les coefficiens a_0, a_1, a_2, ... a_{n-1}, b_0, b_1, ... b_{n-2} sont déterminés en fonction de x_1, x_2, ... à l'aide des $\mu - 1$ équations (7), savoir:

$$(13')\quad fx_1 + \varphi x_1 . \varDelta x_1 = 0,\ fx_2 + \varphi x_2 . \varDelta x_2 = 0, \ldots fx_{2n-1} + \varphi x_{2n-1} . \varDelta x_{2n-1} = 0.$$

Ces équations, étant linéaires par rapport aux inconnues, donneront celles-ci en fonction *rationnelle* des quantités

$$x_1,\ x_2,\ \ldots\ x_{2n-1},\ \varDelta x_1,\ \varDelta x_2,\ \ldots\ \varDelta x_{2n-1}.$$

Il est clair qu'on pourra donner aux radicaux $\varDelta x_1$, $\varDelta x_2$, ... $\varDelta x_{2n-1}$ des signes arbitraires.

Pour avoir la valeur de y, faisons dans l'équation (13) $x = 0$. Cela donne

$$a_0^2 = x_1^2 x_2^2 \ldots x_{2n-1}^2 . y^2,$$

d'où l'on tire

(14) $$y = -\frac{a_0}{x_1 . x_2 \ldots x_{2n-1}}.$$

La quantité y est donc une fonction rationnelle des variables $x_1, x_2, \ldots$ et des radicaux correspondans. Si maintenant y a cette valeur et si l'on fait de plus

$$\varDelta x_{2n} = -\varDelta y,$$

les formules (2, 9, 10) donneront

(15) $$\begin{cases} \varpi x_1 + \varpi x_2 + \cdots + \varpi x_{2n-1} = \varpi y + C, \\ \varpi_0 x_1 + \varpi_0 x_2 + \cdots + \varpi_0 x_{2n-1} = \varpi_0 y - b_{n-2} + C, \\ \Pi x_1 + \Pi x_2 + \cdots + \Pi x_{2n-1} = \Pi y - \frac{a}{2\varDelta a} \log \frac{fa + \varphi a . \varDelta a}{fa - \varphi a . \varDelta a} + C. \end{cases}$$

Quant aux fonctions ϖy, $\varpi_0 y$, Πy, il faut bien observer que le signe du radical $\varDelta y$ n'est pas toujours le même. Il est dans tous les cas déterminé par la dernière des équations (7) qui, en mettant pour x_{2n} et $\varDelta x_{2n}$ leurs valeurs y et $-\varDelta y$, deviendra

$$fy - \varphi y . \varDelta y = 0.$$

On en tire

(16) $$\varDelta y = \frac{fy}{\varphi y},$$

ce qui fait voir que le radical $\varDelta y$, comme y, est une fonction *rationnelle* des quantités $x_1, x_2, \ldots \varDelta x_1, \varDelta x_2 \ldots$

La fonction y a la propriété d'être zéro en même temps que les variables $x_1, x_2, \ldots x_{2n-1}$. En effet si l'on fait

$$x_1 = x_2 = \cdots = x_{2n-1} = 0,$$

l'équation (13) ne pourra subsister à moins que tous les coefficiens $a_0, a_1, \ldots a_{n-1}, b_0, b_1, \ldots b_{n-2}$ ne soient égaux à zéro, donc cette équation se réduit à

$$x^{4n} = x^{4n-2}(x^2 - y^2),$$

donc on aura $y = 0$.

On pourrait donner le signe contraire au second membre de l'équation (14). Celui que nous avons choisi est tel que le radical $\varDelta y$ se réduit à $+1$, en supposant $x_1 = x_2 = x_3 = \cdots = x_{2n-1} = 0$, et en même temps $\varDelta x_1 = \varDelta x_2 = \cdots = \varDelta x_{2n-1} = +1$. Pour démontrer cela, supposons $x_1, x_2, \ldots x_{2n-1}$ infiniment petits; on aura alors

$$\Delta x_1 = \Delta x_2 = \cdots = \Delta x_{2n-1} = 1,$$

et par conséquent les équations (13') font voir que $x_1, x_2, \ldots x_{2n-1}$ satisfont à l'équation

(17) $$x^{2n} + a_{n-1}x^{2n-2} + b_{n-2}x^{2n-3} + \cdots + b_0 x + a_0 = 0.$$

Cette équation étant du degré $2n$, doit avoir encore une racine. En la désignant par z, on aura

$$a_0 = z \cdot x_1 \cdot x_2 \ldots x_{2n-1},$$

donc en vertu de l'équation (14),

$$z = -y.$$

L'équation est donc satisfaite en faisant $x = -y$. Or cela donne

$$y^{2n} + a_{n-1}y^{2n-2} + \cdots + a_1 y^2 + a_0 = (b_0 + b_1 y^2 + \cdots + b_{n-2}y^{2n-4})y,$$

donc en vertu de l'équation (16):

(18) $$\Delta y = +1.$$

On pourra encore remarquer que y se réduit pour des valeurs infiniment petites de $x_1, x_2, \ldots x_{2n-1}$ à $x_1 + x_2 + \cdots + x_{2n-1}$. On le voit par l'équation (17), qui, n'ayant pas de second terme, donnera la somme des racines égale à zéro, c'est-à-dire

$$x_1 + x_2 + \cdots + x_{2n-1} - y = 0,$$

donc

(19) $$y = x_1 + x_2 + \cdots + x_{2n-1}.$$

B. Si fx est impair et φx pair, fx doit être du degré $2n-1$ et φx du degré $2n-2$. Donc on aura dans ce cas $2n-1$ coefficiens indéterminés, et on parviendra à des formules semblables aux formules (15); mais la fonction y aura une valeur différente. Il sera facile de démontrer qu'elle sera égale à $\frac{1}{cy}$, la valeur de y étant déterminée par l'équation (14).

Second cas, si μ est un nombre impair et égal à $2n+1$.

A. Si fx est impair et φx pair, on aura

(20) $$\begin{cases} fx = (a_0 + a_1 x^2 + a_2 x^4 + \cdots + a_{n-1}x^{2n-2} + x^{2n})x, \\ \varphi x = b_0 + b_1 x^2 + b_2 x^4 + \cdots + b_{n-1}x^{2n-2}, \end{cases}$$

(21) $$(fx)^2 - (\varphi x)^2(1-x^2)(1-c^2x^2) = (x^2 - x_1^2)(x^2 - x_2^2)\ldots(x^2 - x_{2n}^2)(x^2 - y^2).$$

Les coefficiens $a_0, a_1, \ldots a_{n-1}, b_0, b_1, \ldots b_{n-1}$ sont déterminés par les $2n$ équations linéaires

(22) $fx_1 + \varphi x_1 . \Delta x_1 = 0,\ fx_2 + \varphi x_2 . \Delta x_2 = 0,\ \ldots fx_{2n} + \varphi x_{2n} . \Delta x_{2n} = 0.$

La fonction y le sera par l'équation

$$y = \frac{b_0}{x_1 . x_2 \ldots x_{2n}}, \tag{23}$$

qu'on obtiendra, en faisant dans (21) $x = 0$. Enfin le radical Δy est déterminé par

$$\Delta y = \frac{fy}{\varphi y}. \tag{24}$$

Cela posé on aura

$$\left\{\begin{aligned} &\varpi x_1 + \varpi x_2 + \cdots + \varpi x_{2n} = \varpi y + C, \\ &\varpi_0 x_1 + \varpi_0 x_2 + \cdots + \varpi_0 x_{2n} = \varpi_0 y - b_{n-1} + C, \\ &\Pi x_1 + \Pi x_2 + \cdots + \Pi x_{2n} = \Pi y - \frac{a}{2\Delta a} \log \frac{fa + \varphi a . \Delta a}{fa - \varphi a . \Delta a} + C. \end{aligned}\right. \tag{25}$$

Les fonctions y et Δy sont, comme dans le cas précédent, des fonctions rationnelles des variables $x_1, x_2, \ldots x_{2n}$ et des radicaux $\Delta x_1, \Delta x_2, \ldots \Delta x_{2n}$, et on démontrera de la même manière, qu'on aura pour des valeurs infiniment petites de $x_1, x_2, \ldots x_{2n}$,

$$y = x_1 + x_2 + \cdots + x_{2n},\quad \Delta y = +1, \tag{26}$$

si l'on suppose en même temps que les radicaux $\Delta x_1, \Delta x_2, \ldots \Delta x_{2n}$ se réduisent à $+1$; donc y s'évanouira simultanément avec les variables.

Les formules (25) pourront d'ailleurs être déduites sur le champ de celles du premier cas, en y faisant $x_{2n-1} = 0$, et changeant ensuite n en $n+1$.

B. Si fx est pair et φx impair, on parviendra à des formules semblables. La valeur qui en résultera pour la fonction y, sera égale à $\frac{1}{cy}$, où y est déterminé par la formule (23).

On voit par les formules (15, 25), qu'on pourra toujours exprimer la somme d'un nombre donné de fonctions par une seule fonction de la même espèce, en y ajoutant, pour les fonctions de la première espèce, une *constante*, pour celles de la seconde espèce une certaine fonction *algébrique*, et pour celles de la troisième espèce une fonction *logarithmique*.

En remarquant qu'une intégrale quelconque de la forme

$$\int \frac{\theta x \,.\, dx}{\Delta x},$$

peut être réduite aux fonctions ϖx et $\varpi_0 x$ et à un certain nombre de fonctions de la troisième espèce, en y ajoutant une expression algébrique et logarithmique, il est clair qu'en faisant

$$\psi x = \int \frac{\theta x \,.\, dx}{\Delta x},$$

on aura la relation

(27) $$\psi x_1 + \psi x_2 + \psi x_3 + \cdots = \psi y + v + C,$$

où v est exprimable par des fonctions algébriques et logarithmiques.

En vertu des formules (15, 25) il est clair que la fonction v ne change pas de valeur, si l'on ajoute à la fonction rationnelle θx une quantité constante quelconque, de sorte qu'on peut supposer également

$$\psi x = \int (A + \theta x) \frac{dx}{\Delta x}.$$

Je dis maintenant que la fonction ψ est la seule qui puisse satisfaire à l'équation (27). En effet si l'on différentie cette équation par rapport à l'une des variables indépendantes $x_1, x_2, \ldots$, par exemple à x_1, on aura

$$\psi' x_1 \,.\, dx_1 = \psi' y \frac{dy}{dx_1} dx_1 + \frac{dv}{dx_1} dx_1.$$

Cela posé, si l'on suppose toutes les quantités $x_3, x_4, \ldots y$ égales à des constantes déterminées, on aura, en mettant x pour x_1, et en faisant

$$\psi' y = A, \quad \frac{dv}{dx_1} = p, \quad \frac{dy}{dx_1} = q:$$

$$\psi' x \,.\, dx = A q dx + p dx,$$

d'où l'on tire

$$\psi x = \int (A q + p)\, dx.$$

La fonction ψx ne pourra donc contenir qu'une seule constante indéterminée A, et par conséquent

$$\psi x = \int (A + \theta x) \frac{dx}{\Delta x}$$

est son expression générale.

Les propriétés exprimées par les formules de ce paragraphe appartiennent donc aux seules fonctions elliptiques. C'est pourquoi je les ai nommées *fondamentales*.

Dans les formules que nous avons données, y a une valeur unique, mais on pourra satisfaire aux mêmes formules, en mettant pour y une expression algébrique contenant une constante arbitraire. En effet, pour avoir une telle expression, il suffit de supposer une des variables $x_1, x_2, x_3, \dots$ égale à une constante arbitraire, et la valeur de y qu'on obtiendra ainsi, sera la plus générale possible, comme on sait par la théorie de l'intégration des équations différentielles du premier ordre, dont l'intégrale complète ne contient qu'une seule constante arbitraire.

A l'aide des formules (15, 25) on pourra exprimer la somme d'un nombre quelconque de fonctions par une seule fonction. Il est facile d'en tirer les formules suivantes:

$$(28)\quad \begin{cases} \frac{\mu_1}{\mu}\varpi x_1+\frac{\mu_2}{\mu}\varpi x_2+\cdots+\frac{\mu_n}{\mu}\varpi x_n=C+\varpi y, \\ \frac{\mu_1}{\mu}\varpi_0 x_1+\frac{\mu_2}{\mu}\varpi_0 x_2+\cdots+\frac{\mu_n}{\mu}\varpi_0 x_n=\varpi_0 y-p+C, \\ \frac{\mu_1}{\mu}\Pi x_1+\frac{\mu_2}{\mu}\Pi x_2+\cdots+\frac{\mu_n}{\mu}\Pi x_n=\Pi y-\frac{a}{2\varDelta a}\log\frac{fa+\varphi a\,.\,\varDelta a}{fa-\varphi a\,.\,\varDelta a}+C, \end{cases}$$

où $\mu_1, \mu_2, \dots \mu_n, \mu$ désignent des nombres entiers quelconques, et où y est une fonction *algébrique* des variables $x_1, x_2, \dots x_n$, de même que les coefficiens de fa et φa. Pour avoir ces formules, il suffit de supposer dans (13) et (21) un certain nombre des quantités $x_1, x_2, \dots y$ égales entre elles.

Pour déterminer $y, fx, \varphi x$, on aura cette équation

$$(29)\quad (fx)^2-(\varphi x)^2(1-x^2)(1-c^2x^2) = (x^2-x_1^2)^{\mu_1}(x^2-x_2^2)^{\mu_2}\dots(x^2-x_n^2)^{\mu_n}(x^2-y^2)^{\mu},$$

qui doit avoir lieu pour une valeur quelconque de x.

§ 3.

Application au cas où deux fonctions sont données.

Pour réduire deux fonctions à une seule, il suffit de supposer, dans les formules (25), $n=1$. On aura alors

$$fx=a_0x+x^3,\quad \varphi x=b_0,$$

et pour déterminer les deux constantes a_0 et b_0, on aura les deux équations

$$a_0 x_1 + x_1^3 + b_0 \varDelta x_1 = 0, \quad a_0 x_2 + x_2^3 + b_0 \varDelta x_2 = 0,$$

qui donnent

$$a_0 = \frac{x_2^3 \varDelta x_1 - x_1^3 \varDelta x_2}{x_1 \varDelta x_2 - x_2 \varDelta x_1}, \quad b_0 = \frac{x_2 x_1^3 - x_1 x_2^3}{x_1 \varDelta x_2 - x_2 \varDelta x_1}.$$

Connaissant b_0, on aura la valeur de y par la formule (23), savoir pour $n = 1$

$$y = \frac{b_0}{x_1 x_2};$$

donc

(30) $$y = \frac{x_1^2 - x_2^2}{x_1 \varDelta x_2 - x_2 \varDelta x_1},$$

ou bien, en multipliant haut et bas par $x_1 \varDelta x_2 + x_2 \varDelta x_1$,

(31) $$y = \frac{x_1 \varDelta x_2 + x_2 \varDelta x_1}{1 - c^2 x_1^2 x_2^2}.$$

Si l'on exprime a_0 et b_0 en x_1, x_2, y, on aura ces expressions très simples:

(32) $$b_0 = x_1 x_2 y, \quad a_0 = \tfrac{1}{2}(c^2 x_1^2 x_2^2 y^2 - x_1^2 - x_2^2 - y^2).$$

L'expression de a_0 se tire de l'équation

$$(a_0 x + x^3)^2 - b_0^2 (1 - x^2)(1 - c^2 x^2) = (x^2 - x_1^2)(x^2 - x_2^2)(x^2 - y^2),$$

en égalant entre eux les coefficiens de x^4 dans les deux membres.

Les fonctions a_0 et y étant déterminées comme on vient de le voir, les formules (25) donneront, en faisant $n = 1$,

(33) $$\begin{cases} \varpi x_1 + \varpi x_2 = \varpi y + C, \\ \varpi_0 x_1 + \varpi_0 x_2 = \varpi_0 y - x_1 x_2 y + C, \\ \Pi x_1 + \Pi x_2 = \Pi y - \dfrac{a}{2 \varDelta a} \log \dfrac{a_0 a + a^3 + x_1 x_2 y \varDelta a}{a_0 a + a^3 - x_1 x_2 y \varDelta a} + C. \end{cases}$$

Quant à la valeur du radical $\varDelta y$, elle est donnée par l'équation (24)

$$\varDelta y = \frac{fy}{\varphi y} = \frac{a_0 y + y^3}{b_0},$$

c'est-à-dire

(34) $$\varDelta y = \frac{a_0 + y^2}{x_1 x_2}.$$

Pour réduire la différence de deux fonctions à une seule, il suffit de changer le signe de x_2 dans les formules précédentes. La valeur de y deviendra alors

$$(35) \qquad y = \frac{x_1 \Delta x_2 - x_2 \Delta x_1}{1 - c^2 x_1^2 x_2^2} = \frac{x_1^2 - x_2^2}{x_1 \Delta x_2 + x_2 \Delta x_1}.$$

Si dans les formules (33) on fait x_2 égal à une constante arbitraire, on aura la relation qui doit avoir lieu entre les variables de deux fonctions pour qu'elles soient réductibles l'une à l'autre. En faisant $x_2 = e$, $x_1 = x$, on aura

$$(36) \qquad y = \frac{x \Delta e + e \Delta x}{1 - c^2 e^2 x^2} \quad \text{et} \quad \varpi x = \varpi y + C.$$

En différentiant, il viendra

$$(37) \qquad \frac{dy}{\Delta y} = \frac{dx}{\Delta x}.$$

L'intégrale complète de cette équation est donc exprimée par l'équation algébrique (36), e étant la constante arbitraire. Parmi les intégrales particulières on doit remarquer les suivantes:

1) $y = x$, qui répond à $e = 0$, $\Delta y = \Delta x$,

2) $y = \pm \frac{1}{cx}$, qui répond à $e = \frac{1}{0}$, $\Delta y = \mp \frac{\Delta x}{cx^2}$,

3) $y = \sqrt{\frac{1 - x^2}{1 - c^2 x^2}}$, qui répond à $e = 1$, $\Delta y = \frac{(c^2 - 1)x}{1 - c^2 x^2}$,

4) $y = \frac{1}{c}\sqrt{\frac{1 - c^2 x^2}{1 - x^2}}$, qui répond à $e = \frac{1}{c}$, $\Delta y = \frac{(1 - c^2)x}{(1 - x^2)c}$.

§ 4.

Application au cas où toutes les fonctions données sont égales.

Si l'on fait dans les formules (15, 25).

$$x_1 = x_2 = x_3 = \cdots = x, \quad \Delta x_1 = \Delta x_2 = \Delta x_3 = \cdots = \Delta x,$$

on aura celles-ci:

$$(38) \qquad \begin{cases} \mu \varpi x = \varpi y + C, \\ \mu \varpi_0 x = \varpi_0 y - p + C, \\ \mu \Pi x = \Pi y - \frac{a}{2\Delta a} \log \frac{fa + \varphi a \,.\, \Delta a}{fa - \varphi a \,.\, \Delta a} + C, \end{cases}$$

où

(39) $$(fz)^2-(\varphi z)^2(1-z^2)(1-c^2z^2)=(z^2-x^2)^\mu(z^2-y^2),$$

z étant indéterminé.

La fonction y est déterminée par les équations (14, 23):

(40) $$y=-\frac{a_0}{x^\mu},\quad y=\frac{b_0}{x^\mu}.$$

La première a lieu si $\mu=2n-1$, la seconde si $\mu=2n$. Les équations (13′, 22), qui doivent déterminer les coefficiens $a_0, a_1, a_2, \ldots, b_0, b_1, b_2, \ldots,$ se réduiront dans le cas que nous considérons à une seule, savoir

$$fx+\varphi x.\Delta x=0,$$

mais d'après les principes du calcul différentiel, cette équation doit encore avoir lieu, en la différentiant par rapport à x seul un nombre quelconque de fois moindre que μ. On aura donc en tout μ équations linéaires entre les μ inconnues; on en tire leurs valeurs en fonction rationnelle de la variable x et du radical Δx. Connaissant $a_0, a_1, a_2, \ldots, b_0, b_1, b_2, \ldots,$ on aura ensuite la valeur de Δy par l'équation

$$\Delta y=\frac{fy}{\varphi y}.$$

On pourrait ainsi déterminer toutes les quantités nécessaires, mais pour mieux approfondir les propriétés de la fonction y, nous allons traiter le problème d'une autre manière, qui conduira successivement aux valeurs de y qui répondent aux valeurs 1, 2, 3, etc. de μ.

Désignons par x_μ la valeur de y qui répond à μ. On aura

$$\varpi x_\mu=C+\mu\varpi x,$$

donc

$$\varpi(x_{\mu+m})=C+\varpi x_\mu+\varpi x_m,$$

mais si l'on fait

$$y=\frac{x_m\Delta x_\mu+x_\mu\Delta x_m}{1-c^2x_m^2x_\mu^2},$$

on aura, en vertu des équations (31, 33)

$$\varpi x_m+\varpi x_\mu=\varpi y,$$

donc

(41) $$\varpi x_{\mu+m}=C+\varpi y.$$

La valeur la plus générale de $x_{\mu+m}$, qui satisfera à cette équation est

$$(41') \qquad x_{\mu+m} = \frac{y\Delta e + e\Delta y}{1 - c^2 e^2 y^2},$$

où e est une constante. Pour la déterminer, soit x infiniment petit; on aura alors

$$x_m = mx, \quad x_\mu = \mu x, \quad x_{\mu+m} = (m+\mu)x, \quad \Delta x_m = \Delta x_\mu = 1;$$

donc

$$y = (m+\mu)x, \quad \Delta y = 1.$$

L'équation (41') donnera donc

$$(m+\mu)x = (m+\mu)x\,\Delta e + e,$$

donc $e=0$, $\Delta e = 1$ et par suite $x_{m+\mu} = y$, c'est-à-dire que

$$(42) \qquad x_{\mu+m} = \frac{x_\mu \Delta x_m + x_m \Delta x_\mu}{1 - c^2 x_m^2 x_\mu^2}.$$

On aura de la même manière

$$(43) \qquad x_{\mu-m} = \frac{x_\mu \Delta x_m - x_m \Delta x_\mu}{1 - c^2 x_m^2 x_\mu^2}.$$

La première de ces formules servira à trouver $x_{\mu+m}$, lorsqu'on connaît x_m et x_μ; on pourra donc former successivement les fonctions

$$x_2, \; x_3, \; x_4, \; x_5, \; \ldots,$$

en remarquant que $x_1 = x$, $\Delta x_1 = \Delta x$.

Si l'on fait $m=1$, on trouvera

$$(44) \qquad x_{\mu+1} = -x_{\mu-1} + \frac{2x_\mu \Delta x}{1 - c^2 x^2 x_\mu^2}.$$

En remarquant que

$$x_0 = 0, \quad x_1 = x,$$

cette formule fait voir que x_μ est une fonction rationnelle de x, si μ est un nombre impair, et que x_μ est de la forme $p\Delta x$, où p est rationnel, si μ est un nombre pair. Dans le premier cas $\frac{\Delta x_\mu}{\Delta x}$ est rationnel, et dans le second Δx_μ le sera. On voit également que x_μ s'évanouira en même temps que Δx, si μ est un nombre pair. Les quantités

$$x_{2\mu+1}, \quad \frac{\Delta x_{2\mu+1}}{\Delta x}, \quad \frac{x_{2\mu}}{\Delta x}, \quad \Delta x_{2\mu}$$

sont donc des fonctions rationnelles de x.

Si l'on multiplie entre elles les deux formules (42, 43), il viendra

(44′) $$x_{\mu+m}\,.\,x_{\mu-m}=\frac{x_\mu^2-x_m^2}{1-c^2x_\mu^2x_m^2},$$

équation qui paraît être la relation la plus simple qu'on puisse établir entre les fonctions x_μ. En y faisant $m=\mu-1$, on aura

(45) $$x_{2\mu-1}=\frac{1}{x}\,\frac{x_\mu^2-x_{\mu-1}^2}{1-c^2x_\mu^2x_{\mu-1}^2}.$$

De même si dans la formule (42) on fait $m=\mu$, on aura

(46) $$x_{2\mu}=\frac{2x_\mu\,\varDelta x_\mu}{1-c^2x_\mu^4}.$$

Ces deux formules paraissent être les plus commodes pour calculer successivement les fonctions x_2, x_3, x_4, ...

Pour trouver les expressions les plus simples de x_μ, supposons

(47) $$x_\mu=\frac{p_\mu}{q_\mu},\quad \varDelta x_\mu=\frac{r_\mu}{q_\mu^2},$$

où p_μ^2, q_μ sont des fonctions entières de x sans diviseur commun. En mettant ces valeurs dans l'équation (46), on aura

$$\frac{p_{2\mu}}{q_{2\mu}}=\frac{2p_\mu q_\mu r_\mu}{q_\mu^4-c^2p_\mu^4}.$$

Or il est évident que la fraction du second membre est réduite à sa plus simple expression; donc on aura séparément

(48) $$p_{2\mu}=2p_\mu q_\mu r_\mu,\quad q_{2\mu}=q_\mu^4-c^2p_\mu^4.$$

En faisant les mêmes substitutions dans l'équation (45), on obtiendra

(49) $$\frac{x\,.\,p_{2\mu-1}}{q_{2\mu-1}}=\frac{p_\mu^2q_{\mu-1}^2-q_\mu^2p_{\mu-1}^2}{q_\mu^2q_{\mu-1}^2-c^2p_\mu^2p_{\mu-1}^2}.$$

Or je dis que la fraction du second membre est nécessairement réduite à sa plus simple expression. En effet si l'on avait pour une même valeur de x

$$p_\mu^2q_{\mu-1}^2-q_\mu^2p_{\mu-1}^2=0,\quad q_\mu^2q_{\mu-1}^2-c^2p_\mu^2p_{\mu-1}^2=0,$$

on aurait encore

$$x_\mu^2=x_{\mu-1}^2,\quad 1-c^2x_\mu^2x_{\mu-1}^2=0.$$

Mais on a en général

$$x_{2\mu-1}=\frac{x_\mu\,\varDelta x_{\mu-1}+x_{\mu-1}\,\varDelta x_\mu}{1-c^2x_\mu^2x_{\mu-1}^2}=\frac{x_\mu^2-x_{\mu-1}^2}{x_\mu\,\varDelta x_{\mu-1}-x_{\mu-1}\,\varDelta x_\mu}$$

donc aussi

$$x_\mu\,\varDelta x_{\mu-1}=x_{\mu-1}\,\varDelta x_\mu=0,$$

ou bien

$$x_\mu^2(1-x_{\mu-1}^2)(1-c^2x_{\mu-1}^2)=0=x_{\mu-1}^2(1-x_\mu^2)(1-c^2x_\mu^2),$$

ce qui est impossible, car il fallait

$$x_\mu^2=\pm\frac{1}{c}\cdot$$

Cela posé, l'équation (49) donnera

$$(50)\qquad p_{2\mu-1}=\frac{1}{x}(p_\mu^2q_{\mu-1}^2-q_\mu^2p_{\mu-1}^2),\quad q_{2\mu-1}=q_\mu^2q_{\mu-1}^2-c^2p_\mu^2p_{\mu-1}^2.$$

Si donc on détermine successivement les fonctions

$$p_2,\ q_2,\ p_3,\ q_3,\ p_4,\ q_4,\ \dots$$

par les équations (48, 50), $\frac{p_\mu}{q_\mu}$ sera toujours réduit à sa plus simple expression.

On pourra faire $p_1=x$, $q_1=1$. D'après la forme des expressions (48, 50) il est clair que

1) $p_{2\mu-1}$ est une fonction entière et impaire de x du degré $(2\mu-1)^2$,
2) $p_{2\mu}=p'\varDelta x$, où p' est une fonction entière et impaire du degré $(2\mu)^2-3$,
3) q_μ est une fonction entière et paire du degré μ^2-1 ou μ^2, selon que μ est impair ou pair.

Les fonctions $x_{2\mu-1}$ et $x_{2\mu}$ auront donc la forme suivante:

$$(51)\qquad x_{2\mu-1}=\frac{x(A_0+A_2x^2+A_4x^4+\dots+A_{(2\mu-1)^2-1}x^{(2\mu-1)^2-1})}{1+A_2^1x^2+A_4^1x^4+\dots+A_{(2\mu-1)^2-1}^1x^{(2\mu-1)^2-1}},$$

$$(52)\qquad x_{2\mu}=\frac{x\varDelta x(B_0+B_2x^2+B_4x^4+\dots+B_{4\mu^2-4}x^{(2\mu)^2-4})}{1+B_2^1x^2+B_4^1x^4+\dots+B_{4\mu^2}^1x^{(2\mu)^2}}.$$

On aura par exemple

$$(53)\qquad x_2=\frac{2x\varDelta x}{1-c^2x^4},\quad x_3=x\frac{3-4(1+c^2)x^2+6c^2x^4-c^4x^8}{1-6c^2x^4+4c^2(1+c^2)x^6-3c^4x^8}.$$

Il est facile de voir que les coefficiens A_0, A_2, ... A_2^1, A_4^1, ... B_0, B_2, ... B_2^1, B_4^1, ... seront des fonctions entières de c^2. On a toujours

$$A_0=2\mu-1,\quad B_0=2\mu\ \text{ et }\ A_2^1=B_2^1=0.$$

La fonction $x_{2\mu}$ est, comme on le voit, irrationnelle; or on peut facilement trouver une fonction rationnelle y qui satisfasse à l'équation

$$\frac{dy}{\varDelta y}=2\mu\frac{dx}{\varDelta x}\cdot$$

Une telle fonction est la suivante

$$y=\sqrt{\frac{1-x_{2\mu}^2}{1-c^2x_{2\mu}^2}}=\frac{\Delta x_{2\mu}}{1-c^2x_{2\mu}^2}, \tag{54}$$

car on a, en vertu de la relation (37),

$$\frac{dy}{\Delta y}=\frac{dx_{2\mu}}{\Delta x_{2\mu}},$$

et y est rationnel, puisque les fonctions $\Delta x_{2\mu}$ et $x_{2\mu}^2$ le sont. On se convaincra aisément que cette fonction y aura la forme

$$y=\frac{1+\alpha x^2+\cdots+\beta x^{(2\mu)^2}}{1+\alpha' x^2+\cdots+\beta' x^{(2\mu)^2}}. \tag{55}$$

Pour $\mu=1$, on aura

$$y=\frac{1-2x^2+c^2x^4}{1-2c^2x^2+c^2x^4}. \tag{56}$$

Nous verrons dans la suite comment on pourra décomposer les fonctions x_μ et y en facteurs et en fractions partielles.

Nous montrerons de même que les équations précédentes sont toujours résolubles *algébriquement* par rapport à x, de sorte qu'on peut exprimer x en x_μ à l'aide de *radicaux*.

CHAPITRE II.

Sur la relation la plus générale possible entre un nombre quelconque de fonctions elliptiques.

Après avoir établi dans le chapitre précédent les propriétés fondamentales des fonctions elliptiques, nous allons maintenant en faire l'application au problème général que nous nous sommes proposé. Nous ferons voir qu'on pourra en ramener la solution à celle de quelques autres problèmes plus simples.

§ 1.

Sur la forme qu'on pourra donner à l'intégrale d'une différentielle quelconque algébrique, en supposant cette intégrale exprimable par des fonctions algébriques, logarithmiques et elliptiques.

Soient $x_1, x_2, x_3, \ldots x_n$ des variables en nombre quelconque, liées entre elles par des équations algébriques dont le nombre est moindre que celui des variables. Soient $y_1, y_2, \ldots y_\mu$ des fonctions algébriques quelconques de ces variables et supposons que la différentielle

$$y_1 dx_1 + y_2 dx_2 + \cdots + y_\mu dx_\mu$$

soit complète et que son intégrale soit exprimable à l'aide de fonctions algébriques, logarithmiques et elliptiques, de sorte que l'on ait

$$(57)\quad \begin{aligned}\int(y_1 dx_1 + y_2 dx_2 + \cdots + y_\mu dx_\mu)\\ = u + A_1 \log v_1 + A_2 \log v_2 + \cdots + A_\nu \log v_\nu\\ + \alpha_1 . \psi_1 t_1 + \alpha_2 . \psi_2 t_2 + \cdots + \alpha_n . \psi_n t_n,\end{aligned}$$

$A_1, A_2, \ldots A_\nu, \alpha_1, \alpha_2, \ldots \alpha_n$ étant des quantités constantes, $u, v_1, v_2, \ldots v_\nu, t_1, t_2, \ldots t_n$ des fonctions *algébriques* des variables $x_1, x_2, \ldots x_\mu$, et $\psi_1, \psi_2, \psi_3, \ldots \psi_n$ des fonctions elliptiques quelconques des trois espèces avec des *modules et des paramètres quelconques.* Désignons respectivement par $c_1, c_2, \ldots c_n$ les modules de ces fonctions, et faisons pour abréger

$$(58)\quad \pm\sqrt{(1-x^2)(1-c_m^2 x^2)} = \varDelta_m x,$$

de sorte qu'on ait en général

$$(59)\quad \psi_m x = \int \frac{\theta' dx}{\varDelta_m x},$$

θ' étant une fonction rationnelle de x^2 de l'une des trois formes

$$1,\ x^2,\ \frac{1}{1-\frac{x^2}{a^2}}$$

selon que $\psi_m x$ est une fonction de la première, de la seconde ou de la troisième espèce. Nous pourrons même supposer que θ' soit une fonction rationnelle quelconque de x.

On pourra regarder un certain nombre des quantités $x_1, x_2, \ldots x_\mu$ comme des variables indépendantes. Soient celles-ci les m premières:

$$(60)\quad x_1, x_2, x_3, \ldots x_m;$$

alors toutes les quantités

$$(61)\quad x_{m+1}, x_{m+2}, \ldots x_\mu;\ t_1, t_2, \ldots t_n;\ u;\ v_1, v_2, \ldots v_\nu;\ y_1, y_2, \ldots y_\mu$$

seront des fonctions algébriques de $x_1, x_2, \ldots x_m$.

Cela posé, imaginons une fonction algébrique θ telle qu'on puisse exprimer toutes les fonctions

$$(62)\quad u, v_1, v_2, \ldots v_\nu;\ t_1, t_2, \ldots t_n,\ \varDelta_1(t_1), \varDelta_2(t_2), \ldots \varDelta_n(t_n)$$

rationnellement en

(63) $$\theta,\ x_1,\ x_2,\ x_3,\ \ldots\ x_\mu,\ y_1,\ y_2,\ y_3,\ \ldots\ y_\mu.$$

Il existe une infinité de fonctions θ qui jouissent de cette propriété. Une telle fonction sera par exemple la somme de toutes les fonctions (62), multipliées chacune par un coefficient indéterminé et constant. C'est ce qui est facile à démontrer par la théorie des équations algébriques. La quantité θ, étant une fonction algébrique des variables $x_1, x_2, \ldots$, pourra donc satisfaire à une équation algébrique, dans laquelle tous les coefficiens sont des fonctions *rationnelles* de $x_1, x_2, \ldots$. Or au lieu de supposer ces coefficiens rationnels en $x_1, x_2, \ldots$, nous les supposerons rationnels en

(64) $$x_1,\ x_2,\ x_3,\ \ldots\ x_\mu,\ y_1,\ y_2,\ y_3,\ \ldots\ y_\mu;$$

car cette supposition permise simplifiera beaucoup le raisonnement. Soit donc

(65) $$V=0$$

l'équation en θ; désignons son degré par δ et supposons, ce qui est permis, qu'il soit impossible que la fonction θ puisse être racine d'une autre équation de la même forme, mais dont le degré soit moindre que δ.

Imaginons maintenant qu'on différentie l'équation (57) par rapport aux variables indépendantes $x_1, x_2, \ldots x_m$. Il est facile de voir que la différentielle qu'on trouve sera de la forme

(66) $$p_1\,dx_1+p_2\,dx_2+\cdots+p_m\,dx_m=0,$$

où $p_1, p_2, \ldots p_m$ seront des fonctions *rationnelles* des quantités

$$x_1,\ x_2,\ \ldots\ x_m,\ x_{m+1},\ \ldots\ x_\mu,\ y_1,\ y_2,\ \ldots\ y_\mu,\ u,\ v_1,\ v_2,\ v_3,\ \ldots\ v_\nu,$$
$$t_1,\ t_2,\ \ldots\ t_n,\ \varDelta_1(t_1),\ \varDelta_2(t_2),\ \ldots\ \varDelta_n(t_n).$$

Donc en introduisant la fonction θ, $p_1, p_2, \ldots p_m$ deviendront des fonctions rationnelles de

(67) $$\theta,\ x_1,\ x_2,\ \ldots\ x_\mu,\ y_1,\ y_2,\ \ldots\ y_\mu.$$

Cela posé, l'équation (66) donnera séparément

(68) $$p_1=0,\ p_2=0,\ p_3=0,\ \ldots\ p_m=0,$$

et il est clair que si ces équations sont satisfaites, l'équation proposée (57) le sera également. Maintenant les équations (68) sont autant d'équations en θ de la même forme que $V=0$, ou pourront aisément être réduites à cette forme; mais, d'après l'hypothèse, $V=0$ est une équation irréductible en θ, donc il suit d'un théorème connu, que toutes les équations (68) seront encore satisfaites, en mettant pour θ une quelconque des racines de l'équation $V=0$. Donc l'équation (57) aura lieu quelle que soit la valeur de θ, pourvu qu'elle satisfasse à l'équation $V=0$.

Désignons par

(69) $$\theta_1,\ \theta_2,\ \ldots\ \theta_\delta$$

les racines de l'équation $V=0$, et par

(70) $$u',\ u'',\ \ldots\ u^{(\delta)};\ v_m',\ v_m'',\ \ldots\ v_m^{(\delta)};\ t_m',\ t_m'',\ \ldots\ t_m^{(\delta)}$$

les valeurs correspondantes des fonctions u, v_m, t_m. Alors l'équation (57) donnera, en substituant dans le second membre d'abord les expressions des quantités u, v_1, v_2, ... t_1, t_2, ..., $\varDelta_1(t_1)$, $\varDelta_2(t_2)$, ... en fonction rationnelle de θ, x_1, x_2, ... x_μ, y_1, y_2, ... y_μ, et ensuite au lieu de θ successivement les δ valeurs θ_1, θ_2, ... θ_δ, l'équation (57) donnera, dis-je, δ équations semblables qui, ajoutées ensemble, conduiront à celle-ci:

(71) $$\begin{cases} \delta\int(y_1dx_1+y_2dx_2+\cdots+y_\mu dx_\mu)=u'+u''+\cdots+u^{(\delta)} \\ +A_1(\log v_1'+\log v_1''+\cdots+\log v_1^{(\delta)})+\cdots+A_\nu(\log v_\nu'+\log v_\nu''+\cdots+\log v_\nu^{(\delta)}) \\ +\alpha_1(\psi_1t_1'+\psi_1t_1''+\cdots+\psi_1t_1^{(\delta)})+\cdots+\alpha_n(\psi_nt_n'+\psi_nt_n''+\cdots+\psi_nt_n^{(\delta)}). \end{cases}$$

Le second membre de cette équation pourra être réduit à une forme beaucoup plus simple. Considérons d'abord la partie algébrique

(72) $$u'+u''+\cdots+u^{(\delta)}=U.$$

Cette fonction est exprimée *rationnellement* en

$$x_1,\ x_2,\ \ldots\ x_\mu,\ y_1,\ y_2,\ \ldots\ y_\mu,\ \theta_1,\ \theta_2,\ \ldots\ \theta_\delta,$$

mais elle est en même temps symétrique par rapport à θ_1, θ_2, ... θ_δ, donc en vertu d'un théorème connu sur les fonctions symétriques et rationnelles, on pourra exprimer la fonction U *rationnellement* en fonction de

(73) $$x_1,\ x_2,\ \ldots\ x_\mu,\ y_1,\ y_2,\ \ldots\ y_\mu$$

et des coefficiens de l'équation $V=0$; mais ceux-ci sont eux-mêmes des fonctions rationnelles des quantités (73), donc la fonction U le sera également.

Soit maintenant

(74) $$\log V_m=\log v_m'+\log v_m''+\cdots+\log v_m^{(\delta)},$$

on aura

$$V_m = v_m' v_m'' \dots v_m^{(\delta)},$$

donc la fonction V_m est aussi une fonction rationnelle des quantités (73, 69) et symétrique par rapport à $\theta_1, \theta_2, \dots \theta_\delta$; donc on démontrera de la même manière que V_m pourra s'exprimer rationnellement par les quantités (73) seules.

Il reste à considérer la partie elliptique de l'équation (71): or d'après les formules du chapitre précédent, on pourra toujours faire

$$(75) \quad \left\{ \begin{aligned} & \psi_m t_m' + \psi_m t_m'' + \dots + \psi_m t_m^{(\delta)} \\ & = \psi_m T_m + p + B_1 \log q_1 + B_2 \log q_2 + \dots + B_\nu \log q_\nu \end{aligned} \right.$$

où toutes les quantités

$$(76) \qquad T_m, \ \Delta_m(T_m), \ p, \ q_1, \ q_2, \ \dots \ q_\nu$$

sont des fonctions rationnelles des fonctions

$$t_m', \ t_m'', \ \dots \ t_m^{(\delta)}, \ \Delta_m(t_m'), \ \Delta_m(t_m''), \ \dots \ \Delta_m(t_m^{(\delta)});$$

or celles-ci sont des fonctions rationnelles des quantités (69, 73), et il est clair qu'elles seront symétriques par rapport à $\theta_1, \theta_2, \dots \theta_\delta$, donc enfin on pourra exprimer les fonctions (76) rationnellement par les quantités $x_1, x_2, \dots x_\mu; \ y_1, y_2, \dots y_\mu$.

En vertu de ce que nous venons de voir, on pourra donc mettre le second membre de l'équation (71) sous la forme:

$$\begin{aligned} & r + A' \log \varrho' + A'' \log \varrho'' + \dots + A^{(k)} \log \varrho^{(k)} \\ & + \alpha_1 . \psi_1 T_1 + \alpha_2 . \psi_2 T_2 + \dots + \alpha_n . \psi_n T_n . \end{aligned}$$

Nous sommes ainsi parvenus à ce théorème général:

Théorème II. Si une intégrale quelconque de la forme

$$\int (y_1 dx_1 + y_2 dx_2 + \dots + y_\mu dx_\mu),$$

où $y_1, y_2, \dots y_\mu$ sont des fonctions *algébriques* de $x_1, x_2, \dots x_\mu$, ces derniers étant liés entre eux par un nombre quelconque d'équations *algébriques*, peut être exprimée par des fonctions algébriques, logarithmiques et elliptiques de sorte qu'on ait

$$\begin{aligned} \int (y_1 dx_1 + y_2 dx_2 + \dots + y_\mu dx_\mu) = u + A_1 \log v_1 + A_2 \log v_2 + \dots + A_\nu \log v_\nu \\ + \alpha_1 . \psi_1 t_1 + \alpha_2 . \psi_2 t_2 + \dots + \alpha_n . \psi_n t_n , \end{aligned}$$

où $A_1, A_2, \ldots \alpha_1, \alpha_2, \ldots$ sont des constantes, $u, v_1, v_2, \ldots t_1, t_2, \ldots$ des fonctions *algébriques* de $x_1, x_2, \ldots$, et $\psi_1, \psi_2, \ldots$ des fonctions elliptiques quelconques, alors je dis qu'on pourra toujours exprimer la même intégrale de la manière suivante:

$$\delta \int (y_1 dx_1 + y_2 dx_2 + \cdots + y_\mu dx_\mu) = r + A' \log \varrho' + A'' \log \varrho'' + \cdots \\ + A^{(k)} \log \varrho^{(k)} + \alpha_1 . \psi_1 \theta_1 + \alpha_2 . \psi_2 \theta_2 + \cdots + \alpha_n . \psi_n \theta_n,$$

δ étant un nombre entier; $\alpha_1, \alpha_2, \ldots \alpha_n$ les mêmes que dans l'équation donnée; $A', A'', \ldots$ des constantes, et

$$\theta_1, \Delta_1(\theta_1), \theta_2, \Delta_2(\theta_2), \ldots \theta_n, \Delta_n(\theta_n), r, \varrho', \varrho'', \ldots \varrho^{(k)}$$

des fonctions *rationnelles* des quantités

$$x_1, x_2, \ldots x_\mu; y_1, y_2, \ldots y_\mu.$$

Ce théorème est non seulement d'une grande importance pour la solution de notre problème général, mais il est encore le fondement de tout ce qui concerne l'application des fonctions algébriques, logarithmiques et elliptiques à la théorie de l'intégration des formules différentielles *algébriques*. J'en ai déduit un grand nombre de résultats nouveaux et généraux que je soumettrai au jugement des géomètres dans une autre occasion.

Comme corollaire de ce théorème on doit remarquer le suivant:

Théorème III. Si une intégrale de la forme

$$\int (y_1 dx_1 + y_2 dx_2 + \cdots + y_\mu dx_\mu)$$

peut être exprimée par une fonction algébrique et logarithmique de la forme

$$u + A_1 \log v_1 + A_2 \log v_2 + \cdots + A_\nu \log v_\nu,$$

on pourra toujours supposer que $u, v_1, v_2, \ldots v_\nu$ soient des fonctions *rationnelles* de $x_1, x_2, \ldots x_\mu, y_1, y_2, \ldots y_\mu$. Si donc on a l'intégrale $\int y dx$, où y est liée à x par une équation algébrique quelconque, on pourra supposer que u, v_1, v_2 etc. soient des fonctions rationnelles de y et x*).

*) J'ai fondé sur ce théorème une nouvelle théorie de l'intégration des formules différentielles algébriques, mais que les circonstances ne m'ont pas permis de publier jusqu'à présent. Cette théorie dépasse de beaucoup les résultats connus, elle a pour but d'opérer *toutes les réductions possibles* des intégrales des formules algébriques, à l'aide des fonctions algébriques et logarithmiques. On parviendra ainsi à réduire au plus petit nombre possible les intégrales nécessaires pour représenter sous forme finie toutes les intégrales qui appartiennent à une même classe.

§ 2.

Application du théorème du paragraphe précédent à la relation générale entre des fonctions algébriques, logarithmiques et elliptiques.

Du théorème général démontré dans le paragraphe précédent on peut déduire immédiatement plusieurs propositions importantes, relatives à la théorie des fonctions elliptiques.

Soit

$$(77)\quad \alpha_1\psi_1x_1+\alpha_2\psi_2x_2+\cdots+\alpha_\mu\psi_\mu x_\mu=u+A_1\log v_1+A_2\log v_2+\cdots+A_\nu\log v_\nu,$$

une relation quelconque entre les fonctions elliptiques

$$\psi_1x_1,\ \psi_2x_2,\ \ldots\ \psi_\mu x_\mu,$$

dont les modules sont respectivement $c_1, c_2, \ldots c_\mu$. Si pour abréger on fait $\pm\sqrt{(1-x^2)(1-c_m^2x^2)}=\varDelta_m x$, le premier membre sera la même chose que

$$\int\left(\frac{\alpha_1r_1}{\varDelta_1x_1}dx_1+\frac{\alpha_2r_2}{\varDelta_2x_2}dx_2+\cdots+\frac{\alpha_\mu r_\mu}{\varDelta_\mu x_\mu}dx_\mu\right),$$

où $r_1, r_2, \ldots r_\mu$ seront respectivement des fonctions rationnelles de $x_1, x_2, \ldots x_\mu$. Donc en vertu du théorème III on pourra énoncer le suivant:

Théorème IV. Si l'équation (77) a lieu en supposant que $u, v_1, v_2, \ldots v_\nu$ soient des fonctions *algébriques* des quantités $x_1, x_2, \ldots x_\mu$, on pourra toujours, sans diminuer la généralité, supposer que $u, v_1, v_2, \ldots v_\nu$ soient exprimées rationnellement en $x_1, x_2, \ldots x_\mu, \varDelta_1x_1, \varDelta_2x_2, \ldots \varDelta_\mu x_\mu$.

En écrivant l'équation générale (77) de cette manière:

$$(78)\quad \int\left(\frac{\alpha_1r_1dx_1}{\varDelta_1x_1}+\frac{\alpha_2r_2dx_2}{\varDelta_2x_2}+\cdots+\frac{\alpha_mr_mdx_m}{\varDelta_mx_m}\right)$$
$$=u+A_1\log v_1+A_2\log v_2+\cdots+A_\nu\log v_\nu-\alpha_{m+1}\psi_{m+1}x_{m+1}-\cdots-\alpha_\mu\psi_\mu x_\mu,$$

on aura, en vertu du théorème II, le suivant:

Théorème V. Si l'équation (77) a lieu, on en pourra toujours tirer une autre de la forme:

$$(79)\quad \delta\alpha_1\psi_1x_1+\delta\alpha_2\psi_2x_2+\cdots+\delta\alpha_m\psi_mx_m+\alpha_{m+1}\psi_{m+1}\theta_1+\cdots+\alpha_\mu\psi_\mu\theta_{\mu-m}$$
$$=r+A'\log\varrho'+A''\log\varrho''+\cdots+A^{(k)}\log\varrho^{(k)},$$

δ étant un nombre entier et les quantités

$$\theta_1, \Delta_{m+1}\theta_1, \theta_2, \Delta_{m+2}\theta_2, \ldots \theta_{\mu-m}, \Delta_\mu\theta_{\mu-m}, r, \varrho', \varrho'', \ldots \varrho^{(k)}$$

des fonctions *rationnelles* de

$$x_1, x_2, \ldots x_m, \Delta_1 x_1, \Delta_2 x_2, \ldots \Delta_m x_m.$$

On aura encore comme corollaire:

Théorème VI. Si une relation quelconque entre les fonctions elliptiques $\psi_1 x_1, \psi_2 x_2, \ldots \psi_\mu x_\mu$ des trois espèces a la forme exprimée par l'équation (77), on en tirera une autre de la forme:

$$(80) \quad \begin{aligned} \delta\alpha_m.\psi_m x = -\alpha_1.\psi_1\theta_1 - \alpha_2.\psi_2\theta_2 - \cdots - \alpha_{m-1}.\psi_{m-1}\theta_{m-1} \\ - \alpha_{m+1}.\psi_{m+1}\theta_{m+1} - \cdots - \alpha_\mu.\psi_\mu\theta_\mu \\ + r + A'\log\varrho' + A''\log\varrho'' + \cdots + A^{(k)}\log\varrho^{(k)}, \end{aligned}$$

δ étant un nombre entier et toutes les quantités

$$\theta_1, \Delta_1\theta_1, \theta_2, \Delta_2\theta_2, \ldots r, \varrho', \varrho'', \ldots$$

des fonctions rationnelles de la variable x et du radical correspondant $\Delta_m x$. Toutes ces fonctions pourront donc se mettre sous la forme:

$$p + q.\Delta_m x,$$

où p et q sont des fonctions *rationnelles* de x seul.

Voilà le théorème qui nous conduira, comme nous le verrons plus bas, à la solution de notre problème.

Si l'on suppose que toutes les variables $x_1, x_2, \ldots x_\mu$ soient égales entre elles et à x, et en outre que les fonctions $\psi_1, \psi_2, \ldots \psi_\mu$ aient le même module, que nous désignerons par c, alors le premier membre de l'équation (77) sera la même chose que $\int \frac{r\,dx}{\Delta x}$, où r est une fonction rationnelle de x; donc en vertu du théorème III on pourra énoncer le suivant:

Théorème VII. Si entre les fonctions ϖx, $\varpi_0 x$, $\Pi_1 x$, $\Pi_2 x$, $\ldots$ $\Pi_\mu x$, où $\Pi_1, \Pi_2, \ldots \Pi_\mu$ désignent des fonctions de la troisième espèce, avec des paramètres quelconques, mais avec le même module c que les deux fonctions de la première et de la seconde espèce ϖx et $\varpi_0 x$, on a une relation quelconque de la forme:

$$(81) \quad \begin{cases} \alpha\varpi x + \alpha_0\varpi_0 x + \alpha_1\Pi_1 x + \alpha_2\Pi_2 x + \cdots + \alpha_\mu\Pi_\mu x \\ \qquad = u + A_1\log v_1 + A_2\log v_2 + \cdots + A_\nu\log v_\nu, \end{cases}$$

on pourra toujours supposer que les quantités

$$u,\ v_1,\ v_2,\ \ldots\ v_\nu$$

soient de la forme $p+q\Delta x$, où p et q sont des fonctions rationnelles de x seul.

Ce théorème est aussi d'une grande importance dans la théorie des fonctions elliptiques. Nous en développerons dans le chapitre IV les conséquences les plus importantes pour notre objet.

§ 3.

Réduction du problème général.

Reprenons la formule du théorème VI. En la différentiant, le résultat sera de la forme

$$P+Q\,\Delta_m x=0,$$

où P et Q sont des fonctions rationnelles de x; donc on doit avoir séparément $P=0$, $Q=0$, et par suite $P-Q.\Delta_m x=0$, donc la formule (80) aura encore lieu en changeant le signe du radical $\Delta_m x$. Or en faisant ce changement et en désignant par θ_1', θ_2', θ_3' etc. les valeurs correspondantes de θ_1, θ_2, ..., on aura

$$-\delta\alpha_m\psi_m x=-\Sigma\alpha\psi\theta'+v',$$

où pour abréger nous avons mis le signe de sommation Σ, v' étant la partie algébrique et logarithmique. En retranchant cette équation de l'équation (80), on obtiendra

(82) $$2\delta\alpha_m\psi_m x=\Sigma\alpha(\psi\theta'-\psi\theta)+v-v'.$$

Cela posé, désignons par c le module de la fonction ψ et par Δx la fonction $\pm\sqrt{(1-x^2)(1-c^2x^2)}$; alors on aura, d'après ce qu'on a vu dans le chapitre I (35)

$$\psi\theta'-\psi\theta=\psi y-v'',$$

en faisant

$$y=\frac{\theta'\Delta\theta-\theta\Delta\theta'}{1-c^2\theta^2\theta'^2},$$

v'' étant une expression algébrique et logarithmique.

Soient maintenant

$$\theta=p+q\Delta_m x,\quad \Delta\theta=r+\varrho\Delta_m x,$$

où p, q, r, ϱ sont des fonctions rationnelles de x. En changeant le signe du radical $\Delta_m x$, on aura les valeurs de θ' et $\Delta\theta'$, savoir

$$\theta' = p - q\Delta_m x, \quad \Delta\theta' = r - \varrho\Delta_m x.$$

En substituant ces valeurs dans l'expression de y, il est clair que cette fonction prendra la forme

(83) $$y = t\Delta_m x,$$

où t est rationnel en x. En vertu de la formule (34) on voit de même que Δy sera rationnel en x.

Si l'on fait maintenant

$$z = \frac{y\Delta e + e\Delta y}{1 - c^2 e^2 y^2},$$

où e est constant, on aura encore

$$\psi y = \psi z + v''',$$

donc

$$\psi\theta' - \psi\theta = \psi z + v_1.$$

Or je dis qu'on pourra faire en sorte que z soit une fonction rationnelle de x. En effet il suffit pour cela d'attribuer à la constante e une valeur qui annule Δe.

Soit par exemple $e = 1$, on aura

(84) $$z = \frac{\Delta y}{1 - c^2 y^2} \text{ d'où } \Delta z = \frac{c^2 - 1}{1 - c^2 y^2} y,$$

mais, comme nous venons de le voir, y^2 et Δy sont des fonctions rationnelles de x, donc z le sera de même.

La formule (82) prendra donc la forme suivante:

(85) $$2\delta\alpha_m \psi_m x = \Sigma\alpha . \psi z + V,$$

où V est une fonction algébrique et logarithmique, qui en vertu du théorème II pourra se mettre sous la forme

$$u + A_1 \log v_1 + A_2 \log v_2 + \cdots,$$

toutes les quantités $u, v_1, v_2, \ldots$ étant de la forme $p + q\Delta_m x$.

En développant le second membre de l'équation (85), on aura aussi la formule

(86) $$\left\{\begin{aligned} 2\delta\alpha_m . \psi_m x = \alpha_1 . \psi_1 z_1 + \alpha_2 . \psi_2 z_2 + \cdots + \alpha_{m-1} . \psi_{m-1} z_{m-1} \\ + \alpha_{m+1} . \psi_{m+1} z_{m+1} + \cdots + \alpha_\mu . \psi_\mu z_\mu + V, \end{aligned}\right.$$

où en vertu des deux équations (84, 83) toutes les quantités

$$z_1, \frac{\Delta_1 z_1}{\Delta_m x}, z_2, \frac{\Delta_2 z_2}{\Delta_m x}, z_3, \frac{\Delta_3 z_3}{\Delta_m x}, \ldots z_\mu, \frac{\Delta_\mu z_\mu}{\Delta_m x}$$

sont des fonctions rationnelles de la variable x. Cette formule est donc une suite nécessaire de la formule générale (77). Il faut faire attention que δ est un nombre entier et que les coefficiens $\alpha_1, \alpha_2, \ldots \alpha_\mu$ sont précisément les mêmes dans les deux formules. C'est une remarque essentielle.

A l'aide de la formule (86) on pourra maintenant réduire la formule générale (77) à une autre plus simple. En effet, en éliminant la fonction $\psi_m x$ entre ces deux équations, on trouvera une équation de la même forme que la proposée, mais qui contiendra un nombre moindre de fonctions elliptiques. Faisons $m=\mu$ et mettons x_μ pour x dans la formule (86). On aura

$$2\delta\alpha_\mu . \psi_\mu x_\mu = \alpha_1 . \psi_1 z_1 + \alpha_2 . \psi_2 z_2 + \cdots + \alpha_{\mu-1} . \psi_{\mu-1} z_{\mu-1} + V.$$

En éliminant la fonction $\psi_\mu x_\mu$ entre les deux équations il viendra

$$(87) \qquad \alpha_1(2\delta\psi_1 x_1 - \psi_1 z_1) + \cdots + \alpha_{\mu-1}(2\delta\psi_{\mu-1} x_{\mu-1} - \psi_{\mu-1} z_{\mu-1}) = V'.$$

Mais 2δ étant un nombre entier, on pourra, en vertu de ce que nous avons vu dans le chapitre précédent, trouver des fonctions algébriques $x_1', x_2', \ldots x'_{\mu-1}$ telles que

$$2\delta\psi_1 x_1 - \psi_1 z_1 = \psi_1 x_1' + V_1,$$
$$2\delta\psi_2 x_2 - \psi_2 z_2 = \psi_2 x_2' + V_2$$
$$\text{etc.}$$

donc la formule (87) donnera celle-ci

$$(88) \qquad \begin{cases} \alpha_1 . \psi_1 x_1' + \alpha_2 . \psi_2 x_2' + \cdots + \alpha_{\mu-1} . \psi_{\mu-1} x'_{\mu-1} \\ \qquad = u' + A_1' \log v_1' + A_2' \log v_2' + \cdots + A_{\nu'}' \log v_{\nu'}'. \end{cases}$$

Cette équation est précisément de la même forme que l'équation proposée; seulement elle ne contient plus la fonction ψ_μ. On pourra la traiter de la même manière et en chasser une autre fonction, par exemple $\psi_{\mu-1}$. En continuant ainsi, on parviendra enfin à une équation qui ne contiendra que des fonctions algébriques et logarithmiques, et qui ne n'aura pas de difficulté.

On voit donc que le problème général pourra être réduit à celui-ci:

Satisfaire de la manière la plus générale à l'équation

$$(89) \qquad \begin{cases} \psi x = \beta_1 . \psi_1 y_1 + \beta_2 . \psi_2 y_2 + \cdots + \beta_n . \psi_n y_n \\ \qquad + u + A_1 \log v_1 + A_2 \log v_2 + \cdots + A_\nu \log v_\nu, \end{cases}$$

où $\psi, \psi_1, \psi_2, \ldots \psi_n$ désignent des fonctions elliptiques des trois espèces, en supposant que

$$y_1,\ y_2,\ \ldots\ y_n$$

soient des fonctions rationnelles de x; *et que* $\varDelta_1 y_1,\ \varDelta_2 y_2,\ \ldots\ \varDelta_n y_n$ *soient de la forme* $p\varDelta x$, *où* p *est rationnel en* x, *et où* $\varDelta x$ *désigne le radical qui figure dans la fonction* ψx.

Soient

$$\varDelta_1 y_1 = p_1 \varDelta x,\quad \varDelta_2 y_2 = p_2 \varDelta x,\ \ldots\ \varDelta_n y_n = p_n \varDelta x.$$

Supposons que ces équations soient satisfaites, et soit

$$\psi x = \int \frac{\theta x . dx}{\varDelta x},\quad \psi_1 x = \int \frac{\theta_1 x . dx}{\varDelta_1 x},\ \ldots\ \psi_n x = \int \frac{\theta_n x . dx}{\varDelta_n x},$$

$\theta x,\ \theta_1 x,\ \ldots\ \theta_n x$ étant toujours des fonctions rationnelles suivant la nature des fonctions $\psi,\ \psi_1,\ \ldots\ \psi_n$, on aura

$$\psi_m y_m = \int \frac{\theta_m y_m}{p_m} \cdot \frac{dy_m}{dx} \cdot \frac{dx}{\varDelta x};$$

or $\frac{\theta_m y_m}{p_m} \cdot \frac{dy_m}{dx}$ est une fonction rationnelle de x, donc l'intégrale du second membre pourra être réduite à la forme

$$\psi_m y_m = r + A\varpi x + A_0 \varpi_0 x + A' \Pi(x, a') + A'' \Pi(x, a'') + \cdots,$$

où r est une expression algébrique et logarithmique. En transformant toutes les fonctions $\psi x,\ \psi_1 y_1,\ \psi_2 y_2,\ \ldots$ de cette manière, l'équation (89) prendra cette forme

$$(90)\quad \left\{ \begin{aligned} \alpha\varpi x + \alpha_0 \varpi_0 x + \alpha_1 \Pi(x, a_1) + \alpha_2 \Pi(x, a_2) + \cdots + \alpha_\mu \Pi(x, a_\mu) \\ = u + A_1 \log v_1 + A_2 \log v_2 + \cdots \end{aligned} \right.$$

En vertu de ce que nous venons de voir il est clair que la solution du problème (89) pourra être réduite à celle des problèmes suivans:

Problème A. Trouver tous les cas possibles où l'on peut satisfaire à l'équation

$$(91)\qquad (1 - y^2)(1 - c'^2 y^2) = p^2 (1 - x^2)(1 - c^2 x^2),$$

en supposant y et p fonctions rationnelles de l'indéterminée x, c et c' étant des constantes.

Problème B. L'équation (91) étant satisfaite, réduire les trois fonctions

$$\varpi(y, c'),\ \varpi_0(y, c'),\ \Pi(y, c', a)$$

à la forme

$$r + A\varpi x + A_0 \varpi_0 x + A' \Pi(x, a') + A'' \Pi(x, a'') + \cdots$$

où r est une expression algébrique et logarithmique.

Problème C. Trouver la relation la plus générale entre les fonctions qui ont le même module et la même variable, c'est-à-dire: trouver les conditions nécessaires et suffisantes pour qu'on puisse exprimer une fonction de la forme

$$\alpha\varpi x+\alpha_0\varpi_0 x+\alpha_1\Pi(x,a_1)+\alpha_2\Pi(x,a_2)+\cdots,$$

par des fonctions algébriques et des logarithmes.

La solution complète de ces trois problèmes sera l'objet principal de nos recherches ultérieures. Nous allons commencer par le dernier qui est le plus simple.

CHAPITRE III.

Détermination de la relation la plus générale possible entre un nombre quelconque de fonctions elliptiques de la même variable et du même module; ou solution du problème C.

Soit comme précédemment

$$\varDelta x=\pm\sqrt{(1-x^2)(1-c^2x^2)},$$

ϖx, $\varpi_0 x$ les fonctions des deux premières espèces et $\Pi\alpha_1$, $\Pi\alpha_2$, ... $\Pi\alpha_\mu$ des fonctions de la troisième espèce, ayant pour paramètres α_1, α_2, ... α_μ, de sorte que

$$\varpi x=\int\frac{dx}{\varDelta x},\quad \varpi_0 x=\int\frac{x^2\,dx}{\varDelta x},\quad \Pi\alpha_m=\int\frac{dx}{\left(1-\frac{x^2}{\alpha_m^2}\right)\varDelta x}.$$

Cela posé, il s'agit de satisfaire de la manière la plus générale à l'équation

$$(92)\quad\left\{\begin{aligned}&\beta\varpi x+\beta_0\varpi_0 x+\beta_1\Pi\alpha_1+\beta_2\Pi\alpha_2+\cdots+\beta_n\Pi\alpha_n\\&\qquad=u+A_1\log v_1+A_2\log v_2+\cdots+A_\nu\log v_\nu.\end{aligned}\right.$$

En vertu du théorème VI on peut supposer que u, v_1, v_2, ... v_ν soient de la forme $p+q\varDelta x$, où p et q sont rationnels en x.

Nous supposons, ce qui est permis, qu'il soit impossible de trouver une relation semblable, qui ne contienne pas toutes les fonctions $\Pi\alpha_1$, $\Pi\alpha_2$, ... $\Pi\alpha_n$. Nous supposons encore qu'aucun des paramètres α_1, α_2, ... α_n ne soit égal à ± 1 ou à $\pm\frac{1}{c}$; car dans ce cas on pourrait, comme on sait, réduire la fonction correspondante de la troisième espèce aux fonctions ϖx et $\varpi_0 x$.

Cela posé, désignons le premier membre de l'équation (92) par ψx et le second par $u+\Sigma A \log v$. On aura

(93) $$\psi x = u + \Sigma A \log v.$$

Il est clair que cette équation aura encore lieu si le radical Δx change de signe. Donc en désignant par u' et v' les valeurs correspondantes de u et v, on aura

$$-\psi x = u' + \Sigma A \log v'.$$

Cela donne

$$2\psi x = u - u' + \Sigma A \log \frac{v}{v'}.$$

Mettons ici $-x$ au lieu de $+x$, on pourra supposer que Δx reste invariable; la fonction ψx changera de signe, et par conséquent on aura, en désignant par u'', u''', v'', v''' les valeurs correspondantes de u, u', v, v':

$$-2\psi x = u'' - u''' + \Sigma A \log \frac{v''}{v'''}.$$

De là on tire

$$\psi x = \tfrac{1}{4}(u - u' - u'' + u''') + \tfrac{1}{4}\Sigma A \log \frac{v v'''}{v' v''}.$$

Soit

$$v = p + qx + (p' + q'x)\Delta x,$$

p, q, p', q' étant des fonctions paires, on aura

$$v' = p + qx - (p' + q'x)\Delta x,$$
$$v'' = p - qx + (p' - q'x)\Delta x,$$
$$v''' = p - qx - (p' - q'x)\Delta x,$$

donc

$$v v''' = p^2 - q^2x^2 - (p'^2 - q'^2x^2)(\Delta x)^2 + 2x(pq' - qp')\Delta x,$$
$$v' v'' = p^2 - q^2x^2 - (p'^2 - q'^2x^2)(\Delta x)^2 - 2x(pq' - qp')\Delta x,$$

par conséquent on aura

$$\frac{v v'''}{v' v''} = \frac{fx + \varphi x . \Delta x}{fx - \varphi x . \Delta x},$$

fx et φx étant des fonctions entières, dont l'une est *paire* et l'autre *impaire*. Nous les supposerons, ce qui est permis, sans diviseur commun.

La partie algébrique $\frac{1}{4}(u - u' + u''' - u'')$ est évidemment de la forme $r\Delta x$, où r est une fonction impaire de x. En écrivant A au lieu de $\frac{1}{4}A$, l'expression de ψx prendra la forme suivante:

(94) $$\psi x = r\,\varDelta x + \Sigma A \log \frac{fx + \varphi x \,.\, \varDelta x}{fx - \varphi x \,.\, \varDelta x}.$$

Quant aux coefficiens $A_1, A_2, \ldots A_\nu$, nous pourrons supposer qu'il soit impossible d'avoir entre eux une relation de cette forme

(95) $$m_1 A_1 + m_2 A_2 + \cdots + m_\nu A_\nu = 0,$$

où $m_1, m_2, \ldots m_\nu$ sont des nombres entiers. En effet, si cette équation avait lieu, on aurait

$$\Sigma A \log v = \frac{1}{m_\nu}\left\{ A_1 \log \frac{v_1^{m_\nu}}{v_\nu^{m_1}} + A_2 \log \frac{v_2^{m_\nu}}{v_\nu^{m_2}} + \cdots + A_{\nu-1} \log \frac{v_{\nu-1}^{m_\nu}}{v_\nu^{m_{\nu-1}}} \right\},$$

c'est-à-dire:

$$\Sigma A \log v = A_1' \log v_1' + A_2' \log v_2' + \cdots + A'_{\nu-1} \log v'_{\nu-1},$$

équation dont le second membre contient un nombre moindre de logarithmes que le premier. On pourra répéter cette réduction jusqu'à ce qu'une équation telle que (95) soit impossible. Cela posé, il faut prendre la différentielle des deux membres et comparer entre elles les fonctions algébriques qui en résultent.

Considérons d'abord la partie logarithmique du second membre de la formule (94). Soit pour abréger

(96) $$\varrho = \log \frac{fx + \varphi x \,.\, \varDelta x}{fx - \varphi x \,.\, \varDelta x},$$

on aura, en différentiant, un résultat de la forme

(97) $$d\varrho = \frac{v \,.\, dx}{[(fx)^2 - (\varphi x)^2 (\varDelta x)^2]\, \varDelta x},$$

où v est une fonction paire et entière de x, savoir

(98) $$v = 2(fx \,.\, \varphi' x - \varphi x \,.\, f' x)(\varDelta x)^2 - 2 fx \,.\, \varphi x \,.\, [(1 + c^2) x - 2 c^2 x^3].$$

En faisant

(99) $$\theta x = (fx)^2 - (\varphi x)^2 (\varDelta x)^2,$$

on pourra aussi mettre v sous cette forme:

(100) $$v \varphi x = 2 f' x \,.\, \theta x - fx \,.\, \theta' x,$$

équation facile à vérifier.

Cela posé, décomposons la fonction entière θx en facteurs de la forme $(x^2 - a^2)^m$, et faisons en conséquence:

(101) $$(fx)^2 - (\varphi x)^2 (\varDelta x)^2 = (x^2 - a_1^2)^{m_1} (x^2 - a_2^2)^{m_2} \ldots (x^2 - a_\mu^2)^{m_\mu} = \theta x.$$

Maintenant l'équation (100) fait voir que si θx a le facteur $(x^2 - a^2)^m$, v aura nécessairement le facteur $(x^2 - a^2)^{m-1}$; donc la fonction fractionnaire $\frac{v}{\theta x}$ pourra être décomposée de la manière suivante:

(102) $$\frac{v}{\theta x} = t + \frac{\beta_1'}{a_1^2 - x^2} + \frac{\beta_2'}{a_2^2 - x^2} + \cdots + \frac{\beta_\mu'}{a_\mu^2 - x^2},$$

où t est la partie entière, $\beta_1', \beta_2', \ldots \beta_\mu'$ des constantes. D'abord je dis que t est une constante. En effet l'expression (98) de v fait voir que le degré de cette fonction ne pourra jamais surpasser celui de θx. Pour trouver les coefficiens $\beta_1', \beta_2', \ldots$, appelons β' l'un quelconque d'entre eux, correspondant au facteur $(x^2 - a^2)^m$ de θx. On aura

$$\beta' = \frac{v(a^2 - x^2)}{\theta x} \text{ pour } x = a,$$

mais si l'on fait

$$\theta x = R(a^2 - x^2)^m,$$

on aura en vertu de l'équation (100)

$$\frac{v(a^2 - x^2)}{\theta x} = \frac{2f'x}{\varphi x}(a^2 - x^2) - \frac{fx}{\varphi x}\frac{dR}{R.dx}(a^2 - x^2) + 2mx\frac{fx}{\varphi x},$$

donc en faisant $x = a$

$$\beta' = 2ma\frac{fa}{\varphi a}.$$

Or on a $(fa)^2 - (\varphi a)^2(\varDelta a)^2 = 0$, donc

$$fa + \varphi a . \varDelta a = 0,$$

et par suite

$$\beta' = -2ma\varDelta a,$$

On a donc

(103) $$\frac{v}{\theta x} = k - \frac{2m_1 a_1 \varDelta a_1}{a_1^2 - x^2} - \frac{2m_2 a_2 \varDelta a_2}{a_2^2 - x^2} - \cdots - \frac{2m_\mu a_\mu \varDelta a_\mu}{a_\mu^2 - x^2}.$$

En multipliant par $\frac{dx}{\varDelta x}$ on aura la valeur de $d\varrho$. La formule (94) donnera donc, en différentiant,

$$\beta + \beta_0 x^2 + \frac{\alpha_1^2\beta_1}{\alpha_1^2 - x^2} + \frac{\alpha_2^2\beta_2}{\alpha_2^2 - x^2} + \cdots + \frac{\alpha_n^2\beta_n}{\alpha_n^2 - x^2} = \frac{dr}{dx}(\varDelta x)^2 - r[(1+c^2)x - 2c^2x^3]$$
$$+ A_1\left(k_1 - \frac{2m_1 a_1 \varDelta a_1}{a_1^2 - x^2} - \frac{2m_2 a_2 \varDelta a_2}{a_2^2 - x^2} - \cdots\right)$$
$$+ A_2\left(k_2 - \frac{2m_1' a_1' \varDelta a_1'}{a_1'^2 - x^2} - \frac{2m_2' a_2' \varDelta a_2'}{a_2'^2 - x^2} - \cdots\right)$$
$$+ \text{ etc.}$$

En substituant pour r une fonction rationnelle quelconque de x, on voit sans peine qu'il sera impossible de satisfaire à cette équation, à moins que r ne soit égal à zéro. En se rappelant que nous avons supposé qu'il soit impossible de trouver une relation entre un nombre moindre des fonctions $\Pi\alpha_1, \Pi\alpha_2, \ldots \Pi\alpha_n$, et en ayant égard à l'impossibilité d'une équation de la forme (95), on se convaincra aisément que tous les coefficiens $A_1, A_2, \ldots A_\nu$ doivent être nuls excepté un seul. Soit donc

$$A_2 = A_3 = \cdots = A_\nu = 0 \text{ et } A_1 = 1,$$

on aura

$$\beta + \beta_0 x^2 + \frac{\alpha_1^2\beta_1}{\alpha_1^2 - x^2} + \frac{\alpha_2^2\beta_2}{\alpha_2^2 - x^2} + \cdots + \frac{\alpha_n^2\beta_n}{\alpha_n^2 - x^2}$$
$$= k_1 - \frac{2m_1 a_1 \varDelta a_1}{a_1^2 - x^2} - \frac{2m_2 a_2 \varDelta a_2}{a_2^2 - x^2} - \cdots - \frac{2m_\mu a_\mu \varDelta a_\mu}{a_\mu^2 - x^2},$$

donc

$$\beta = k_1, \ \beta_0 = 0, \ \alpha_1 = a_1, \ \alpha_2 = a_2, \ldots$$
$$\beta_1 = -\frac{2m_1 \varDelta a_1}{a_1}, \ \beta_2 = -\frac{2m_2 \varDelta a_2}{a_2}, \ldots$$

Cela posé, la formule générale (94) prendra la forme

$$(104) \quad \beta . \varpi x - \frac{2m_1 \varDelta \alpha_1}{\alpha_1} \Pi\alpha_1 - \cdots - \frac{2m_n \varDelta \alpha_n}{\alpha_n} \Pi\alpha_n = \log \frac{fx + \varphi x . \varDelta x}{fx - \varphi x . \varDelta x} + C,$$

où les paramètres $\alpha_1, \alpha_2, \ldots \alpha_n$ doivent satisfaire à l'équation

$$(105) \quad (fx)^2 - (\varphi x)^2 (1 - x^2)(1 - c^2 x^2) = (x^2 - \alpha_1^2)^{m_1} (x^2 - \alpha_2^2)^{m_2} \ldots (x^2 - \alpha_n^2)^{m_n},$$

l'une des fonctions fx, φx étant paire et l'autre impaire.

Telle est donc la relation la plus générale entre des fonctions rapportées au même module et à la même variable. Il est remarquable que la fonction de la seconde espèce n'entre point dans cette relation. Quant à la quantité constante β qui multiplie la fonction de la première espèce ϖx, elle pourra dans certaines circonstances se réduire à zéro.

L'équation (105) qui donne les relations nécessaires entre les paramètres $\alpha_1, \alpha_2, \ldots \alpha_n$ est précisément de la même forme que celle que nous avons considéré dans le chapitre I. En regardant $\alpha_1, \alpha_2, \ldots \alpha_n$ comme des variables, elle donnera en vertu du théorème I,

$$(106) \quad \begin{cases} m_1 \Pi'\alpha_1 + m_2 \Pi'\alpha_2 + \cdots + m_n \Pi'\alpha_n = C - \dfrac{a}{2\varDelta a} \log \dfrac{fa + \varphi a . \varDelta a}{fa - \varphi a . \varDelta a}, \\ m_1 \varpi\alpha_1 + m_2 \varpi\alpha_2 + \cdots + m_n \varpi\alpha_n = C, \end{cases}$$

$$\text{où } \Pi'\alpha = \int \frac{d\alpha}{\left(1-\frac{\alpha^2}{a^2}\right)\Delta\alpha}.$$

Les paramètres $\alpha_1, \alpha_2, \ldots \alpha_n$ satisfont donc à l'équation différentielle

$$\frac{m_1 d\alpha_1}{\Delta\alpha_1} + \frac{m_2 d\alpha_2}{\Delta\alpha_2} + \cdots + \frac{m_n d\alpha_n}{\Delta\alpha_n} = 0. \tag{107}$$

Pour avoir toutes les fonctions de la troisième espèce qui soient réductibles indéfiniment à la première espèce, il faut faire $n=1$. En posant $\alpha_1=\alpha$, $m_1=m$, on a

$$\Pi\alpha = \frac{\beta\alpha}{2m\Delta\alpha}\varpi x - \frac{\alpha}{2m\Delta\alpha}\log\frac{fx+\varphi x.\Delta x}{fx-\varphi x.\Delta x}. \tag{108}$$

Pour déterminer le paramètre α, on aura dans ce cas l'équation

$$(fx)^2-(\varphi x)^2(1-x^2)(1-c^2x^2)=(x^2-\alpha^2)^m, \tag{109}$$

ce qui fait dépendre α d'une équation qui est généralement du degré m^2. Le cas le plus simple est celui où $m=2$. On aura dans ce cas

$$\varphi x = \frac{1}{c}\sqrt{-1},\quad fx = ax,$$

donc

$$(x^2-\alpha^2)^2 = x^4 - \left(\frac{1+c^2}{c^2}-a^2\right)x^2+\frac{1}{c^2} = \left(x^2 \pm \frac{1}{c}\right)^2;$$

donc α pourra avoir les deux valeurs $\frac{1}{\sqrt{c}}$, $\frac{1}{\sqrt{-c}}$. Les valeurs correspondantes de a sont $1-\frac{1}{c}$, $1+\frac{1}{c}$. On aura ainsi

$$\Pi\left(\frac{1}{\sqrt{c}}\right) = \int\frac{dx}{(1-cx^2)\Delta x} = k\varpi x + \tfrac{1}{4}\frac{\sqrt{-1}}{c-1}\log\frac{(c-1)x+\sqrt{-1}.\Delta x}{(c-1)x-\sqrt{-1}.\Delta x},$$

où l'on pourra changer le signe de c.

Si $m=3$, on aura dans le cas où fx est impair,

$$fx = x^3+ax,\quad \varphi x = b,$$

donc

$$(x^3+ax)^2 - b^2(1-x^2)(1-c^2x^2) = (x^2-\alpha^2)^3.$$

De là on tire

$$\alpha^3 = b,\quad \alpha^3+a\alpha+b\Delta\alpha=0,\quad 2a-c^2b^2=-3\alpha^2,\quad a^2+(1+c^2)b^2=3\alpha^4,$$

donc en éliminant a et b on trouvera

$$a = \tfrac{1}{2}(c^2\alpha^6-3\alpha^2),$$

$$\varDelta\alpha = \tfrac{1}{2}(1 - c^2\alpha^4).$$

Si donc α est une racine de cette équation, on aura

$$\Pi\alpha = \int \frac{dx}{\left(1 - \frac{x^2}{\alpha^2}\right)\varDelta x} = k\varpi x - \tfrac{1}{3}\frac{\alpha}{1 - c^2\alpha^4}\log\frac{x^3 + \frac{1}{2}(c^2\alpha^6 - 3\alpha^2)x + \alpha^3 . \varDelta x}{x^3 + \frac{1}{2}(c^2\alpha^6 - 3\alpha^2)x - \alpha^3 . \varDelta x}.$$

Généralement la quantité α sera, pour un m quelconque, racine de l'une des deux équations

(110) $$x_m = 0, \quad x_m = \tfrac{1}{0},$$

où x_m est la fonction de x que nous avons considéré dans le paragraphe 4 du chapitre I, et qui est telle qu'on ait

$$\frac{dx_m}{\varDelta x_m} = m\frac{dx}{\varDelta x},$$

et en même temps

$$x_m = 0 \text{ pour } x = 0.$$

On pourra encore remarquer que si l'on désigne par α une racine de $x_m = 0$, $\frac{1}{c\alpha}$ sera racine de l'équation $x_m = \frac{1}{0}$. Pour prouver que α satisfait à l'une des équations (110), il suffit de remarquer qu'on a (39):

(111) $$p^2 - q^2(\varDelta x)^2 = (x^2 - \alpha^2)^m(x^2 - \alpha_m^2),$$

où α_m désigne la même fonction de α, que x_m de x. En multipliant les deux équations (109, 111) membre à membre, il viendra

(111′) $$[pfx \pm q\varphi x(\varDelta x)^2]^2 - (p\varphi x \pm qfx)^2(\varDelta x)^2 = (x^2 - \alpha^2)^{2m}(x^2 - \alpha_m^2).$$

Or on tire des mêmes équations

$$p^2(fx)^2 - q^2(\varphi x)^2(\varDelta x)^4 = (x^2 - \alpha^2)^m . R,$$

R étant une fonction entière. De là il suit que l'une des deux fonctions

$$pfx + q\,\varphi x(\varDelta x)^2, \quad pfx - q\,\varphi x(\varDelta x)^2$$

sera divisible par $(x^2 - \alpha^2)^m$; donc en divisant l'équation (111′) par $(x^2 - \alpha^2)^{2m}$, on aura un résultat de la forme

$$r^2 - \varrho^2(\varDelta x)^2 = x^2 - \alpha_m^2,$$

où l'une des fonctions r et ϱ sera paire et l'autre impaire. On doit donc avoir d'abord $\varrho = 0$, et ensuite $r^2 = x^2 - \alpha_m^2$, d'où $\alpha_m = 0$, ou $\alpha_m = \frac{1}{0}$. Réciproquement, si l'une de ces équations a lieu, il est clair par la forme de l'équation (111) qu'on pourra satisfaire à l'équation (109). Il est à remarquer que dans le cas que nous considérons, β ne pourra jamais être zéro. Donc il n'existe pas de fonction de la troisième espèce, exprimable par des fonctions algébriques et logarithmiques.

Le cas particulier le plus remarquable de la formule générale (104) est celui où $n=3$ et $m_1=m_2=m_3=1$. Dans ce cas, en faisant $\alpha_3=\alpha$, $\varDelta\alpha_3=-\varDelta\alpha$, on aura

$$(112)\qquad \frac{\varDelta\alpha_1}{\alpha_1}\Pi\alpha_1+\frac{\varDelta\alpha_2}{\alpha_2}\Pi\alpha_2=\frac{\varDelta\alpha}{\alpha}\Pi\alpha+\beta.\varpi x-\tfrac{1}{2}\log\frac{fx+\varphi x.\varDelta x}{fx-\varphi x.\varDelta x},$$

où

$$(113)\qquad \left\{\begin{array}{l} fx=x^3+ax,\quad \varphi x=b, \\ \text{de sorte que} \\ (x^3+ax)^2-b^2(1-x^2)(1-c^2x^2)=(x^2-\alpha^2)(x^2-\alpha_1^2)(x^2-\alpha_2^2), \end{array}\right.$$

d'où l'on tire, comme dans le paragraphe 3 du chapitre I,

$$(114)\qquad \left\{\begin{array}{l} \alpha=\dfrac{\alpha_1\varDelta\alpha_2+\alpha_2\varDelta\alpha_1}{1-c^2\alpha_1^2\alpha_2^2}, \\ b=\alpha\alpha_1\alpha_2;\quad a=\tfrac{1}{2}(c^2\alpha^2\alpha_1^2\alpha_2^2-\alpha^2-\alpha_1^2-\alpha_2^2), \\ \dfrac{\varDelta\alpha}{\alpha}=\dfrac{\alpha^2+a}{\alpha\alpha_1\alpha_2};\quad \beta=-c^2\alpha\alpha_1\alpha_2. \end{array}\right.$$

Les deux paramètres α_1, α_2 sont donc arbitraires.

Comme cas particulier on doit remarquer celui où α_2 est infini. On aura dans ce cas

$$\alpha=\pm\frac{1}{c\alpha_1}.$$

On pourra donc réduire l'une à l'autre deux fonctions, dont les paramètres sont respectivement α, $\frac{1}{c\alpha}$. La formule correspondante pour effectuer cette réduction est:

$$(115)\qquad \Pi\alpha+\Pi\left(\frac{1}{c\alpha}\right)=\varpi x+\tfrac{1}{2}\frac{\alpha}{\varDelta\alpha}\log\frac{x\varDelta\alpha+\alpha\varDelta x}{x\varDelta\alpha-\alpha\varDelta x}.$$

Pour trouver toutes les fonctions réductibles l'une à l'autre, il suffit de faire dans la formule (104), $n=2$. Cela donne

$$(116)\qquad m_1\frac{\varDelta\alpha_1}{\alpha_1}\Pi\alpha_1+m_2\frac{\varDelta\alpha_2}{\alpha_2}\Pi\alpha_2=\beta.\varpi x-\tfrac{1}{2}\log\frac{fx+\varphi x.\varDelta x}{fx-\varphi x.\varDelta x},$$

où les paramètres α_1 et α_2 sont liés entre eux par l'équation

(117) $$(fx)^2-(\varphi x)^2(1-x^2)(1-c^2x^2)=(x^2-\alpha_1^2)^{m_1}(x^2-\alpha_2^2)^{m_2}$$

ce qui donnera une seule équation entre α_1 et α_2.

CHAPITRE IV.

De l'équation $(1-y^2)(1-c'^2y^2)=r^2(1-x^2)(1-c^2x^2)$.

Considérons maintenant le problème (A), savoir de satisfaire de la manière la plus générale à l'équation

(118) $$(1-y^2)(1-c'^2y^2)=r^2(1-x^2)(1-c^2x^2),$$

y et r étant des fonctions rationnelles de x. La méthode qui s'offre d'abord pour résoudre ce problème est celle des coefficiens indéterminés, mais cette méthode ne paraît guère applicable si le degré de la fonction y est un peu élevé; du moins son application serait très pénible. Je vais en indiquer une autre qui conduit assez simplement à la solution de ce problème, qui est, ce me semble, le plus important dans la théorie des fonctions elliptiques.

§ 1.

Réduction du problème à celui de satisfaire à l'équation:

$$\frac{dy}{\varDelta(y,c')}=\varepsilon\frac{dx}{\varDelta(x,c)}.$$

Nous allons voir d'abord que si l'équation (118) a lieu, on doit avoir nécessairement

$$r=\frac{1}{\varepsilon}\frac{dy}{dx},$$

où ε est constant.

Il est facile de voir que les deux facteurs $1-y^2$, $1-c'^2y^2$ ne peuvent s'évanouir en même temps, car cela donnerait $c'^2=1$, mais ce cas est exclu. On doit donc avoir séparément

(119) $$1-y^2=r_1^2\varrho,\ 1-c'^2y^2=r_2^2\varrho',$$

r_1 et r_2 étant des fonctions rationnelles dont le produit est égal à r. On aura également

$$\varrho\varrho'=(1-x^2)(1-c^2x^2).$$

Or, en différentiant les deux équations (119), on en tirera

(120) $$\begin{cases}-2y\,dy=r_1(r_1\,d\varrho+2\varrho\,dr_1),\\ -2c'^2y\,dy=r_2(r_2\,d\varrho'+2\varrho'\,dr_2),\end{cases}$$

Mais il est clair que y ne pourra avoir aucun facteur commun, ni avec r_1 ni avec r_2, donc il faut que le numérateur de la fraction rationnelle $\frac{dy}{dx}$ soit divisible par r_1 et par r_2; mais ces deux fonctions ne pourront s'évanouir en même temps, donc on doit avoir

$$(121) \qquad \frac{dy}{dx} = r_1 r_2 v = rv,$$

v étant une fonction rationnelle de x, qui ne devient pas infinie en attribuant à x une valeur qui donne $r=0$. Soit $y=\frac{p}{q}$, où p et q sont deux fonctions entières de x sans diviseur commun, on aura évidemment

$$(122) \qquad \begin{cases} r = \frac{\theta}{q^2}, \\ \text{donc} \\ q^2 \frac{dy}{dx} = \theta v = \frac{q\,dp - p\,dq}{dx}. \end{cases}$$

Cela fait voir que v est une fonction entière. Or je dis que v se réduira à une constante. Désignons par m et n les degrés des fonctions p et q, et par μ et ν ceux de θ et v. Cela posé, il y a trois cas à considérer:

1) *Si* $m>n$. Dans ce cas l'équation

$$(123) \qquad (q^2-p^2)(q^2-c'^2p^2) = \theta^2(1-x^2)(1-c^2x^2)$$

fait voir qu'on doit avoir

$$4m = 2\mu + 4;$$

mais comme on a

$$\theta v = \frac{q\,dp - p\,dq}{dx},$$

il s'ensuit que

$$\mu + \nu = m + n - 1,$$

donc

$$\nu < 2m - \mu - 1,$$

ou, puisque $2m - \mu = 2$,

$$\nu < 1,$$

donc

$$\nu = 0,$$

et par conséquent v constant.

2) *Si* $n>m$. On aura de la même manière

$$4n = 2\mu + 4, \quad 2n - \mu = 2,$$
$$\nu < 2n - \mu - 1, \quad \nu < 1, \quad \nu = 0,$$

donc aussi dans ce cas v sera égal à une constante.

3) *Si* $n = m$. Dans ce cas il peut arriver que le degré de l'une des fonctions

$$q - p, \quad q + p, \quad q - c'p, \quad q + c'p$$

soit moindre que $n = m$. Soit donc par exemple

$$q - p = \varphi,$$

où le degré de φ, que nous désignerons par $m - k$, ne pourra surpasser m. On aura en vertu de l'équation (123)

$$4m - k = 2\mu + 4,$$

d'où

$$2m - \mu = 2 + \tfrac{1}{2}k;$$

maintenant si l'on substitue la valeur de $q = p + \varphi$, on aura

$$\theta v = \frac{pdq - qdp}{dx} = \frac{pd\varphi - \varphi dp}{dx},$$

donc

$$\mu + \nu = m + m - k - 1 = 2m - k - 1,$$

si $k > 0$, et

$$\mu + \nu = m + m - k - 2 = 2m - k - 2,$$

si $k = 0$. Dans le premier cas on a

$$\nu = 2m - \mu - k - 1 = 1 - \tfrac{1}{2}k = 0,$$

et dans le second

$$\nu = 2m - \mu - 2 = 0.$$

Le degré de la fonction entière v est donc dans tous les cas égal à zéro, et par conséquent v se réduit à une constante. En la désignant par ε, on aura

(124) $$\varepsilon r = \frac{dy}{dx}.$$

Cela posé, l'équation

$$(1 - y^2)(1 - c'^2 y^2) = \left(\frac{dy}{dx}\right)^2 \varepsilon^{-2} (1 - x^2)(1 - c^2 x^2)$$

donnera celle-ci:

(125) $$\frac{dy}{\sqrt{(1-y^2)(1-c'^2y^2)}}=\frac{\varepsilon . dx}{\sqrt{(1-x^2)(1-c^2x^2)}};$$

le problème est ainsi ramené à celui de satisfaire de la manière la plus générale à cette équation en supposant y rationnel en x. En intégrant, on aura

(126) $$\varpi(y,c')=\varepsilon . \varpi(x,c)+C.$$

En comparant ce résultat à ce que nous avons démontré dans le chapitre II, on aura ce théorème:

Théorème VIII. „Si l'on a une relation quelconque entre un nombre quelconque de fonctions elliptiques, et qu'on désigne par c le module de l'une d'elles prise à volonté, parmi les autres fonctions on en trouvera au moins une, de module c', et telle qu'on ait entre *les fonctions de la première espèce*, correspondantes respectivement aux modules c' et c, cette relation très simple

$$\varpi(y,c')=\varepsilon . \varpi(x,c)+C,$$

où y est une fonction rationnelle de x et ε une quantité constante."

Ce théorème est de la plus grande importance dans la théorie des fonctions elliptiques.

Il s'agit maintenant de trouver toutes les valeurs de y et des modules c' et c propres à satisfaire à l'équation (125). Si la fonction y contient des puissances de x supérieures à la première, elle jouira d'une certaine propriété, qui conduira à son expression générale, en supposant connue la solution complète dans le cas où y ne contient x qu'à la première puissance. C'est pourquoi nous donnerons d'abord la solution pour ce cas.

§ 2.

Solution du problème dans le cas où $y=\frac{\alpha+\beta x}{\alpha'+\beta' x}$.

En substituant cette valeur de y dans l'équation

$$\varepsilon^2(1-y^2)(1-c'^2y^2)=(1-x^2)(1-c^2x^2)\left(\frac{dy}{dx}\right)^2,$$

rien n'est plus facile, que de trouver toutes les solutions possibles. Je vais seulement les transcrire:

I. $c'=\pm c,\ y=\pm x,\ y=\pm\frac{1}{cx},\ \varepsilon=\pm 1,$

II. $c' = \pm \frac{1}{c}$, $y = \pm cx$, $y = \pm \frac{1}{x}$, $\varepsilon = \pm c$,

III. $c' = \pm \left(\frac{1-\sqrt{c}}{1+\sqrt{c}}\right)^2$, $y = \pm \frac{1+\sqrt{c}}{1-\sqrt{c}} \cdot \frac{1 \pm x\sqrt{c}}{1 \mp x\sqrt{c}}$, $\varepsilon = \pm \frac{1}{2}\sqrt{-1}(1+\sqrt{c})^2$,

IV. $c' = \pm \left(\frac{1+\sqrt{c}}{1-\sqrt{c}}\right)^2$, $y = \pm \frac{1-\sqrt{c}}{1+\sqrt{c}} \cdot \frac{1 \pm x\sqrt{c}}{1 \mp x\sqrt{c}}$, $\varepsilon = \pm \frac{1}{2}\sqrt{-1}(1-\sqrt{c})^2$,

V. $c' = \pm \left(\frac{1-\sqrt{-c}}{1+\sqrt{-c}}\right)^2$, $y = \pm \frac{1+\sqrt{-c}}{1-\sqrt{-c}} \cdot \frac{1 \pm x\sqrt{-c}}{1 \mp x\sqrt{-c}}$, $\varepsilon = \pm \frac{1}{2}\sqrt{-1}(1+\sqrt{-c})^2$,

VI. $c' = \pm \left(\frac{1+\sqrt{-c}}{1-\sqrt{-c}}\right)^2$, $y = \pm \frac{1-\sqrt{-c}}{1+\sqrt{-c}} \cdot \frac{1 \pm x\sqrt{-c}}{1 \mp x\sqrt{-c}}$, $\varepsilon = \pm \frac{1}{2}\sqrt{-1}(1-\sqrt{-c})^2$,

On voit que le module c' a six valeurs différentes. La fonction y en aura douze, car à chaque valeur de c' répondent deux valeurs différentes de y. Ces formules nous seront utiles pour la solution du problème général.

§ 3.

Propriété générale de la fonction rationnelle y, qui satisfait à une équation de la forme:

$$\frac{dy}{\Delta' y} = \varepsilon \frac{dx}{\Delta x}.$$

Soit pour abréger

$$\sqrt{(1-y^2)(1-c'^2y^2)} = \Delta' y \quad \text{et} \quad \sqrt{(1-x^2)(1-c^2x^2)} = \Delta x,$$

l'équation (125), à laquelle il s'agit de satisfaire, prendra la forme

$$\frac{dy}{\Delta' y} = \varepsilon \frac{dx}{\Delta x}, \tag{127}$$

où y est supposé fonction *rationnelle* de x. Soit

$$y = \psi x \tag{128}$$

la fonction cherchée. Si, en réduisant ψx à sa plus simple expression, la variable x y entre élevée jusqu'à la μ^{me} puissance inclusivement, nous dirons pour abréger que ψx est une fonction rationnelle de x du degré μ. Sa forme générale sera donc

$$\psi x = \frac{A_0 + A_1 x + A_2 x^2 + \cdots + A_\mu x^\mu}{B_0 + B_1 x + B_2 x^2 + \cdots + B_\mu x^\mu}, \tag{129}$$

le numérateur n'ayant pas de diviseur commun avec le dénominateur, et les deux coefficiens A_μ et B_μ n'étant pas nuls à la fois.

Cela posé, si l'on considère x comme fonction de y, l'équation $y=\psi x$ donnera pour x, μ valeurs, qui seront nécessairement inégales, en supposant y arbitraire. Il est évident que toutes ces valeurs de x satisferont également à l'équation différentielle

$$\frac{dy}{\varDelta' y}=\varepsilon\frac{dx}{\varDelta x}.$$

En désignant donc par x et x' deux d'entre elles, on aura en même temps

$$\frac{dy}{\varDelta' y}=\varepsilon\frac{dx'}{\varDelta x'}.$$

Donc, en égalant ces deux valeurs de $\frac{dy}{\varDelta' y}$, on aura

$$\frac{dx'}{\varDelta x'}=\frac{dx}{\varDelta x}.$$

Une telle relation aura donc toujours lieu entre deux racines quelconques de l'équation

$$y=\psi x.$$

Il est facile d'en tirer une équation algébrique entre x' et x. En effet l'intégrale complète de cette équation est en vertu de l'équation (36)

(130) $$x'=\frac{x\varDelta e+e\varDelta x}{1-c^2e^2x^2},$$

e étant une constante. Maintenant x et x' étant tous deux racines de l'équation $y=\psi x$, on aura

$$y=\psi x,\quad y=\psi x',$$

donc

(131) $$\psi x'=\psi x,$$

et puisque y est variable, cette équation doit nécessairement avoir lieu pour une valeur quelconque de x. On aura donc immédiatement ce théorème:

Théorème IX. „Pour qu'une fonction rationnelle y de x, du degré μ, puisse satisfaire à une équation différentielle de la forme

$$\frac{dy}{\varDelta' y}=\varepsilon\frac{dx}{\varDelta x},$$

il faut que cette fonction y reste invariable, en mettant pour x, μ valeurs différentes de la forme

$$\frac{x\varDelta e+e\varDelta x}{1-c^2e^2x^2},$$

e étant constant."

Ce théorème nous conduira, comme on va voir, de la manière la plus simple à l'expression générale de y. Il s'agit seulement de déterminer les valeurs convenables de la constante e; car celles-ci étant trouvées, rien n'est plus facile que de déterminer ensuite toutes les autres conditions nécessaires. Occupons-nous d'abord de la recherche de cette constante.

§ 4.

Détermination de toutes les racines de l'équation $y = \psi x$.

Faisons pour abréger

(132) $$\theta x = \frac{x \varDelta e + e \varDelta x}{1 - c^2 e^2 x^2},$$

nous aurons d'après ce que nous venons de voir (131),

(133) $$\psi(\theta x) = \psi x,$$

où le signe du radical $\varDelta x$ est évidemment arbitraire. Je remarque maintenant que cette équation, ayant lieu pour une valeur quelconque de x, subsistera encore en mettant θx pour x. On aura donc

$$\psi[\theta(\theta x)] = \psi(\theta x) = \psi x.$$

En mettant de nouveau θx au lieu de x et ainsi de suite, on aura

$$y = \psi x = \psi(\theta x) = \psi(\theta^2 x) = \psi(\theta^3 x) = \cdots = \psi(\theta^n x) = \text{etc.},$$

où l'on a fait pour abréger

$$\theta^2 x = \theta \theta x, \ \theta^3 x = \theta \theta^2 x, \ \ldots \text{ etc. } \theta^n x = \theta \theta^{n-1} x.$$

De là il suit que toutes les quantités de la série

(134) $$x, \ \theta x, \ \theta^2 x, \ \ldots \ \theta^n x, \ \ldots$$

seront des racines de l'équation $y = \psi x$. Maintenant cette équation n'ayant qu'un nombre limité de racines, savoir μ, il faut nécessairement que plusieurs des quantités de la série (134) soient égales entre elles. Il s'agit de savoir si cela serait possible. Pour cela il faut d'abord avoir l'expression générale de $\theta^n x$ en fonction de x et e. Regardons pour le moment e comme variable indépendante. Alors on aura en vertu de l'équation (132),

$$\theta^n x = \frac{\theta^{n-1} x \,.\, \varDelta e + e \varDelta(\theta^{n-1} x)}{1 - c^2 e^2 (\theta^{n-1} x)^2},$$

$$\frac{d(\theta^n x)}{\varDelta(\theta^n x)} = \frac{d(\theta^{n-1} x)}{\varDelta(\theta^{n-1} x)} + \frac{de}{\varDelta e}.$$

En mettant dans cette équation successivement $n-1$, $n-2$, ... 2, 1 au lieu de n, et en supposant, ce qui est permis, que les radicaux $\Delta(\theta^n x)$, $\Delta(\theta^{n-1} x)$ ... $\Delta(\theta x)$, Δx ont les mêmes signes dans deux équations consécutives, on aura sur le champ

$$\frac{d(\theta^n x)}{\Delta(\theta^n x)} = \frac{dx}{\Delta x} + n\frac{de}{\Delta e}.$$

Cela posé, déterminons d'après les règles du paragraphe 4 du chapitre I une fonction rationnelle e_n de e, telle que

$$\frac{de_n}{\Delta e_n} = n\frac{de}{\Delta e},$$

on aura

$$\frac{d(\theta^n x)}{\Delta(\theta^n x)} = \frac{dx}{\Delta x} + \frac{de_n}{\Delta e_n}.$$

Mais si l'on fait

$$x' = \frac{x\Delta e_n + e_n \Delta x}{1 - c^2 e_n^2 x^2},$$

on a

$$\frac{dx'}{\Delta x'} = \frac{dx}{\Delta x} + \frac{de_n}{\Delta e_n},$$

donc

$$\frac{d(\theta^n x)}{\Delta(\theta^n x)} = \frac{dx'}{\Delta x'}.$$

Cette dernière équation donne la suivante:

$$\theta^n x = \frac{x'\Delta e' + e'\Delta x'}{1 - c^2 e'^2 x'^2},$$

où e' est une constante.

Pour déterminer cette constante, faisons $e = 0$; on aura alors $e_n = 0$ et $\Delta e_n = 1$. Donc la valeur de x' deviendra: $x' = x$, et par suite celle de $\theta^n x$ sera

$$\theta^n x = \frac{x\Delta e' + e'\Delta x}{1 - c^2 e'^2 x^2}.$$

Mais ayant $\theta x = x$, on aura encore $\theta^n x = x$, donc

$$x = \frac{x\Delta e' + e'\Delta x}{1 - c^2 e'^2 x^2}.$$

Cette équation devant avoir lieu pour une valeur quelconque de x, ne pourra subsister à moins qu'on n'ait séparément $e' = 0$, $\Delta e' = 1$; donc on aura

$$\theta^n x = x',$$

c'est-à-dire

(135) $$\theta^n x = \frac{x \varDelta e_n + e_n \varDelta x}{1 - c^2 e_n^2 x^2}.$$

Telle sera l'expression de $\theta^n x$ pour une valeur quelconque du nombre entier n. Comme on le voit, elle a la forme que doit avoir une racine quelconque de l'équation $y = \psi x$.

Cela posé, soient $\theta^m x$ et $\theta^{m+n} x$ deux quantités de la série (134), égales entre elles; il en existera toujours d'après la remarque faite plus haut. On aura donc

$$\theta^{m+n} x = \theta^m x,$$

mais $\theta^{m+n} x$ est évidemment la même chose que $\theta^n(\theta^m x)$, donc en mettant x pour $\theta^m x$, il viendra

(136) $$\theta^n x = x.$$

Une telle équation doit donc toujours avoir lieu, quel que soit x. Si elle a lieu effectivement, il est clair que la série (134) ne contiendra que n termes différens, car, passé $\theta^{n-1} x$, les termes se reproduiront dans le même ordre, puisqu'on a $\theta^{n+1} x = \theta x$, $\theta^{n+2} x = \theta^2 x$ etc. Si l'on suppose, ce qui est permis, que n, dans l'équation $\theta^n x = x$, a la plus petite valeur possible pour la valeur donnée de e, il est clair également que les n quantités

(137) $$x,\ \theta x,\ \theta^2 x,\ \ldots\ \theta^{n-1} x$$

seront nécessairement différentes entre elles. Car si l'on avait par exemple

$$\theta^m x = \theta^{m+\mu} x,$$

il en résulterait $\theta^\mu x = x$, ce qui est contre l'hypothèse, attendu que μ est moindre que n.

Il s'agit donc de satisfaire à l'équation

$$\theta^n x = x.$$

En y substituant l'expression de $\theta^n x$, donnée par la formule (135), il viendra

$$x = \frac{x \varDelta e_n + e_n \varDelta x}{1 - c^2 e_n^2 x^2}.$$

Or il est impossible de satisfaire à cette équation pour une valeur quelconque de x, à moins qu'on n'ait séparément les deux équations:

(138) $$e_n = 0,\quad \varDelta e_n = 1;$$

et réciproquement, si ces équations sont satisfaites, l'équation $\theta^n x = x$ le sera également. Or je dis qu'il sera toujours possible de satisfaire à ces deux équations à la fois.

D'abord si n est impair, les deux quantités e_n et $\frac{\Delta e_n}{\Delta e}$ seront des fonctions rationnelles de e, comme nous l'avons vu chapitre I § 4. Si donc on désigne par e une racine quelconque de l'équation

(139) $$e_n = 0,$$

il suffit, pour satisfaire à l'équation $\Delta e_n = 1$, de déterminer le radical Δe de telle sorte que

(140) $$\Delta e = \frac{\Delta e}{\Delta e_n},$$

après avoir mis le second membre de cette expression sous la forme d'une fonction rationnelle en e. C'est ce qu'on voit en remarquant que si $e_n = 0$, la quantité $\Delta e_n = \pm\sqrt{(1-e_n^2)(1-c^2e_n^2)}$ ne pourra avoir que l'une des deux valeurs $+1$, -1.

Si au contraire n est un nombre pair, on a vu que Δe_n sera une fonction *rationnelle* de e, de même que $\frac{\Delta e_n}{1-c^2e_n^2}$. En désignant cette dernière par ε_n, on doit avoir, en vertu des équations (138),

(141) $$\varepsilon_n = 1.$$

Or je dis que si e est une racine quelconque de cette équation, on aura à la fois $e_n = 0$, $\Delta e_n = 1$. En effet ayant

$$\varepsilon_n = \frac{\Delta e_n}{1-c^2e_n^2} = \frac{\sqrt{1-e_n^2}}{\sqrt{1-c^2e_n^2}} = 1.$$

on en tire en carrant,

$$1-e_n^2 = 1-c^2e_n^2,$$

et cela donne

$$e_n = 0,$$

car c^2 est différent de l'unité. Or ayant $e_n = 0$ et $\varepsilon_n = 1$, on aura évidemment $\Delta e_n = 1$; donc etc.

On pourra donc satisfaire à la fois aux deux équations

$$e_n = 0, \quad \Delta e_n = 1,$$

et l'on aura toujours n^2 valeurs différentes et convenables de e, car en vertu des formules (51, 55) les équations $e_n = 0$, $\varepsilon_n = 1$ seront du degré n^2 en e.

Il s'agit maintenant de choisir les valeurs de e qui rendent toutes les n quantités x, θx, ... $\theta^{n-1}x$ différentes entre elles, car cela est une seconde condition à laquelle doit satisfaire e.

Or pour cela il suffit de rejeter toutes les valeurs de e qui pourraient donner $\theta^{\mu}x=x$, où μ est moindre que n. On pourra toujours supposer μ facteur de n. En effet soit k le plus grand commun diviseur de μ et n, on pourra trouver deux nombres entiers μ' et n' tels que

$$\mu'\mu=n'n+k.$$

Or l'équation $\theta^{\mu}x=x$ donne

$$\theta^{\mu'\mu}x=x,$$

donc

$$\theta^{n'n+k}x=x=\theta^{k}\theta^{n'n}x;$$

mais en vertu de $\theta^{n}x=x$, on a encore

$$\theta^{n'n}x=x,$$

donc enfin

$$\theta^{k}x=x;$$

donc, si $\theta^{\mu}x=x$, on aura encore $\theta^{k}x=x$, où k est diviseur de n. Donc il suffit de rejeter toutes les valeurs de e qui pourraient satisfaire en même temps à ces deux équations

$$e_{\mu}=0,\quad \Delta e_{\mu}=1,$$

où μ est un facteur de n; et il faut nécessairement les rejeter toutes, car si l'on a $\theta^{\mu}x=x$, on a nécessairement $\theta^{n}x=x$.

Ainsi on déterminera aisément une équation en e, dont toutes les racines donneront des valeurs convenables de cette constante. Si n est un nombre premier impair, on a $\mu=1$; donc la seule racine qu'il faut rejeter de celles de l'équation $e_n=0$, est celle-ci

$$e=0.$$

On aura donc n^2-1 valeurs convenables de e. Car l'équation $e_n=0$ est du degré n^2.

Il y a une remarque essentielle à faire sur les quantités

$$x,\ \theta x,\ \theta^{2}x,\ \ldots\ \theta^{n-1}x,$$

c'est qu'on aura toujours en même temps

$$(142)\qquad \theta^{m}x=\frac{x\Delta e_m+e_m\Delta x}{1-c^2x^2e_m^2},\quad \theta^{n-m}x=\frac{x\Delta e_m-e_m\Delta x}{1-c^2x^2e_m^2}.$$

En effet, on a (43)

$$e_{n-m}=\frac{e_n\Delta e_m-e_m\Delta e_n}{1-c^2e_n^2e_m^2};$$

mais $e_n=0$, $\Delta e_n=1$, donc

$$e_{n-m} = -e_m.$$

On aura également (42)

$$e_n = \frac{e_m \Delta e_{n-m} + e_{n-m} \Delta e_m}{1 - c^2 e_m^2 e_{n-m}^2} = 0,$$

donc à cause de $e_{n-m} = -e_m$, on aura

$$\Delta e_{n-m} = \Delta e_m.$$

En substituant ces valeurs de e_{n-m}, Δe_{n-m} dans l'équation

$$\theta^{n-m} x = \frac{x \Delta e_{n-m} + e_{n-m} \Delta x}{1 - c^2 e_{n-m}^2 x^2},$$

on aura précisément la seconde des équations (142).

Si l'on multiplie entre elles les valeurs de $\theta^m x$ et $\theta^{n-m} x$, le produit sera rationnel, et l'on trouvera

(143) $$\theta^m x \, . \, \theta^{n-m} x = \frac{x^2 - e_m^2}{1 - c^2 e_m^2 x^2}.$$

On aura de même

(144) $$\theta^m x + \theta^{n-m} x = \frac{2 x \Delta e_m}{1 - c^2 e_m^2 x^2}.$$

Ces formules nous seront utiles dans la suite.

D'après ce qui précède, les n quantités

$$x, \; \theta x, \; \theta^2 x, \; \ldots \; \theta^{n-1} x$$

sont différentes entre elles, et racines de l'équation $y = \psi x$. Le degré μ de cette équation est donc égal à n, s'il ne surpasse pas ce nombre. Nous verrons plus bas qu'il suffira de considérer le cas où $\mu = n$. On pourra même supposer n premier.

§ 5.

Détermination de toutes les valeurs de y qui pourront répondre aux mêmes valeurs des racines, lorsqu'on en connaît une seule.

Pour simplifier la solution du problème général, voyons d'abord si plusieurs valeurs différentes de la fonction y et du module c' pourront répondre aux mêmes racines de l'équation $y = \psi x$. Rien n'est plus facile que de déterminer toutes les valeurs de y et c'. En effet, soit $\psi z = \frac{p}{q}$, où p et q sont des fonctions entières de z sans diviseur commun. En désignant par

$$x,\ x',\ x''\ \ldots\ x^{(\mu-1)}$$

toutes les racines de l'équation

$$y = \psi x,$$

on aura

$$p - qy = (a - by)(z - x)(z - x')(z - x'')\ \ldots\ (z - x^{(\mu-1)}),$$

où a et b sont des constantes. Soit maintenant y' une autre valeur de y qui répond aux mêmes valeurs de $x, x', x'' \ldots$, on aura, en désignant par p' et q' les valeurs correspondantes des fonctions p et q,

$$p' - q'y' = (a' - b'y')(z - x)(z - x')(z - x'')\ \ldots\ (z - x^{(\mu-1)}),$$

donc

$$\frac{p - qy}{p' - q'y'} = \frac{a - by}{a' - b'y'}.$$

En attribuant à z une valeur constante, il est clair que cette équation donnera pour y' une expression de la forme

(145) $$y' = \frac{\alpha + \beta y}{\alpha' + \beta' y},$$

où α, β, α', β' sont des constantes. En désignant maintenant par c'' le module qui répond à y', on aura en même temps

$$\frac{dy'}{\sqrt{(1 - y'^2)(1 - c''^2 y'^2)}} = \varepsilon' \frac{dx}{\varDelta x}, \quad \frac{dy}{\varDelta' y} = \varepsilon \frac{dx}{\varDelta x},$$

donc

(146) $$\frac{dy'}{\sqrt{(1 - y'^2)(1 - c''^2 y'^2)}} = \frac{\varepsilon'}{\varepsilon} \cdot \frac{dy}{\sqrt{(1 - y^2)(1 - c'^2 y^2)}}.$$

En substituant l'expression de y' en y, on aura les équations nécessaires pour déterminer y', c'', ε'. Ce problème est précisément le même que celui du paragraphe 2. On voit donc qu'une seule solution de l'équation

$$\frac{dy}{\varDelta y} = \varepsilon \frac{dx}{\varDelta x}$$

en donnera sur le champ cinq autres, qui seront en général différentes entre elles. La fonction y aura toujours deux valeurs correspondantes au même module c', savoir y et $\frac{1}{c'y}$.

§ 6.

Solution complète du problème dans le cas où $\mu = n$.

Supposons maintenant que l'équation $y = \psi x$ n'ait d'autres racines que celles-ci:

$$x,\ \theta x,\ \theta^2 x,\ \ldots\ \theta^{n-1} x,$$

ce qui arrive toujours lorsque μ est un nombre premier, comme nous le verrons plus bas. On aura alors, si p et q signifient la même chose qu'au paragraphe précédent,

$$(147) \qquad p - qy = (a - by)(z - x)(z - \theta x)(z - \theta^2 x) \ldots (z - \theta^{n-1} x).$$

En attribuant à z une valeur particulière, on aura une expression de y dans laquelle tout est déterminé, excepté trois quantités constantes. Nous allons voir qu'on pourra toujours les déterminer de sorte que l'équation différentielle proposée soit satisfaite. Pour cela considérons deux cas selon que n est un nombre impair ou non.

Cas I. *Si n est un nombre impair.* Faisons dans ce cas $n = 2\mu + 1$. Alors l'équation (147) donne, en attribuant à z la valeur particulière zéro,

$$a' - b'y = -(a - by)\, x . \theta x . \theta^2 x \ldots \theta^{2\mu} x,$$

d'où

$$(148) \qquad y = \frac{a' + a . x . \theta x . \theta^2 x \ldots \theta^{2\mu} x}{b' + b . x . \theta x . \theta^2 x \ldots \theta^{2\mu} x}.$$

En remarquant maintenant qu'en vertu de l'équation (143)

$$\theta^m x . \theta^{2\mu+1-m} x = \frac{x^2 - e_m^2}{1 - c^2 e_m^2 x^2},$$

il est clair que l'expression précédente de y sera une fonction rationnelle de x du degré $2\mu + 1$; donc, puisque cette fonction reste invariable, en mettant pour x les $2\mu + 1$ valeurs

$$x,\ \theta x,\ \theta^2 x \ldots \theta^{2\mu} x,$$

ce qui est évident à cause de $\theta^{2\mu+1} x = x$, on conclura que l'équation (147) a lieu en mettant pour y cette fonction et pour p et q les valeurs correspondantes en z. Cette équation pourra s'écrire comme il suit:

$$(149) \qquad p - qy = (a - by)(z - x)(z - \theta x)(z - \theta^{2\mu} x)(z - \theta^2 x)(z - \theta^{2\mu-1} x) \ldots$$
$$\ldots (z - \theta^{\mu} x)(z - \theta^{\mu+1} x).$$

Cela posé, faisons

$$x = 1, \ -1, \ \frac{1}{c} \ -\frac{1}{c};$$

et désignons les valeurs correspondantes de y par

$$\alpha, \ \beta, \ \gamma, \ \delta.$$

Comme on a pour ces valeurs de x, $\Delta x = 0$, il s'ensuit en vertu des deux équations (142) du paragraphe 4, que

$$\theta^m x = \theta^{2\mu+1-m} x = \frac{x \Delta e_m}{1 - c^2 x^2 e_m^2},$$

d'où l'on voit que les facteurs du second membre de l'équation (149) seront égaux deux à deux, en faisant abstraction du premier facteur $z - x$. On a donc

$$(150)\quad \begin{cases} p - q\alpha = (a - b\alpha)(1 - z) \cdot \varrho^2, \\ p - q\beta = (a - b\beta)(1 + z) \cdot \varrho'^2, \\ p - q\gamma = (a - b\gamma)(1 - cz) \cdot \varrho''^2, \\ p - q\delta = (a - b\delta)(1 + cz) \cdot \varrho'''^2, \end{cases}$$

où ϱ, ϱ', ϱ'', ϱ''' seront des fonctions entières de z du degré μ. Mais puisqu'on doit avoir

$$(151)\quad (q^2 - p^2)(q^2 - c'^2 p^2) = r^2 (1 - z^2)(1 - c^2 z^2),$$

les équations précédentes font voir que les quatre constantes α, β, γ, δ doivent être les mêmes que celles-ci:

$$+1, \ -1, \ +\frac{1}{c'}, \ -\frac{1}{c'},$$

et si cette condition a lieu, les quatre équations (150) en donneront évidemment une de la forme (151), et par suite on aura

$$(152)\quad \frac{dy}{\Delta' y} = \varepsilon \frac{dx}{\Delta x},$$

en vertu de ce qu'on a vu dans le paragraphe 1 de ce chapitre.

Comme il suffit de connaître une seule valeur de y, nous pourrons faire par exemple

$$(153)\quad \alpha = 1, \ \beta = -1, \ \gamma = \frac{1}{c'}, \ \delta = -\frac{1}{c'}.$$

Cela posé, il nous reste à satisfaire à ces équations. Or si l'on fait pour un moment

(154) $\varphi x = x.\theta x.\theta^2 x \ldots \theta^{2\mu} x = \dfrac{x(x^2-e^2)(x^2-e_2^2)\ldots(x^2-e_\mu^2)}{(1-c^2e^2x^2)(1-c^2e_2^2x^2)\ldots(1-c^2e_\mu^2x^2)}$,

l'expression de y deviendra

(155) $$y = \frac{a'+a.\varphi x}{b'+b.\varphi x},$$

d'où l'on déduira, en remarquant que $\varphi(-x) = -\varphi x$, et faisant $x=1$, -1, $\frac{1}{c}$, $-\frac{1}{c}$,

$$\alpha = \frac{a'+a\varphi(1)}{b'+b\varphi(1)},\ \beta = \frac{a'-a\varphi(1)}{b'-b\varphi(1)},\ \gamma = \frac{a'+a\varphi\left(\frac{1}{c}\right)}{b'+b\varphi\left(\frac{1}{c}\right)},\ \delta = \frac{a'-a\varphi\left(\frac{1}{c}\right)}{b'-b\varphi\left(\frac{1}{c}\right)},$$

donc en vertu des équations (153), on aura

$$a'-b'+(a-b)\varphi(1)=0,\ a'+b'-(a+b)\varphi(1)=0,$$
$$a'-\frac{b'}{c'}+\left(a-\frac{b}{c'}\right)\varphi\left(\frac{1}{c}\right)=0,\ a'+\frac{b'}{c'}-\left(a+\frac{b}{c'}\right)\varphi\left(\frac{1}{c}\right)=0.$$

Il est impossible de satisfaire à ces équations à moins que l'une des quantités a', b' ne soit zéro. Faisons donc $a'=0$, on aura en même temps $b=0$. Donc deux des équations précédentes donneront

$$\frac{b'}{a} = \varphi(1) = c'.\varphi\left(\frac{1}{c}\right),$$

d'où l'on tire la valeur de c', savoir

$$c' = \frac{\varphi(1)}{\varphi\left(\frac{1}{c}\right)}.$$

La valeur de y deviendra

$$y = \frac{a}{b'}\varphi x = \frac{\varphi x}{\varphi(1)}.$$

Quant aux valeurs de $\varphi(1)$ et de $\varphi\left(\frac{1}{c}\right)$, on aura en vertu de l'expression de φx,

$$\varphi(1) = \frac{1-e^2}{1-c^2e^2}\,\frac{1-e_2^2}{1-c^2e_2^2}\cdots\frac{1-e_\mu^2}{1-c^2e_\mu^2},$$
$$\varphi\left(\frac{1}{c}\right) = \frac{1}{c^{2\mu+1}}\,\frac{1-c^2e^2}{1-e^2}\,\frac{1-c^2e_2^2}{1-e_2^2}\cdots\frac{1-c^2e_\mu^2}{1-e_\mu^2},$$

donc

$$\varphi\left(\frac{1}{c}\right) = \frac{1}{c^{2\mu+1}\varphi(1)},$$

et

$$c' = c^{2\mu+1}[\varphi(1)]^2,\ \varphi(1) = \frac{\sqrt{c'}}{c^{\mu+\frac{1}{2}}}.$$

Pour avoir enfin la valeur du coefficient ε, il suffit de faire $x = 0$, après avoir différentié l'expression de y. On aura

$$\frac{dy}{dx} = \pm\, e^2 e_2^2 e_3^2 \ldots e_\mu^2 \frac{1}{\varphi(1)},$$

mais comme on a

$$\frac{dy}{dx} = \varepsilon \frac{\Delta' y}{\Delta x},$$

il en résulte, en faisant $x = 0$,

$$\frac{dy}{dx} = \pm\, \varepsilon,$$

donc on pourra faire

$$\varepsilon = e^2 e_2^2 e_3^2 \ldots e_\mu^2 \frac{c^{\mu+\frac{1}{2}}}{\sqrt{c'}}.$$

D'après ce qui précède on pourra maintenant énoncer le théorème suivant:

Théorème X. „Soit e une racine quelconque de l'équation $e_{2\mu+1} = 0$, mais qui ne puisse être racine d'une autre équation de la même forme $e_{2m+1} = 0$, où $2m + 1$ est diviseur de $2\mu + 1$. Cela posé, si l'on détermine la fonction y, le module c', et le coefficient ε, d'après les formules

$$(156)\quad \left\{\begin{aligned} & y = \frac{c^{\mu+\frac{1}{2}}}{\sqrt{c'}} \frac{x(e^2 - x^2)(e_2^2 - x^2)(e_3^2 - x^2)\ldots(e_\mu^2 - x^2)}{(1 - c^2e^2x^2)(1 - c^2e_2^2x^2)(1 - c^2e_3^2x^2)\ldots(1 - c^2e_\mu^2x^2)}, \\ & c' = c^{2\mu+1}\left(\frac{(1 - e^2)(1 - e_2^2)(1 - e_3^2)\ldots(1 - e_\mu^2)}{(1 - c^2e^2)(1 - c^2e_2^2)(1 - c^2e_3^2)\ldots(1 - c^2e_\mu^2)}\right)^2, \\ & \varepsilon = \frac{c^{\mu+\frac{1}{2}}}{\sqrt{c'}} e^2 e_2^2 e_3^2 \ldots e_\mu^2, \\ & \text{on aura toujours} \\ & \qquad \frac{dy}{\sqrt{(1 - y^2)(1 - c'^2y^2)}} = \pm\, \varepsilon \frac{dx}{\sqrt{(1 - x^2)(1 - c^2x^2)}}, \end{aligned}\right.$$

en déterminant convenablement le signe du second membre.“

Connaissant ainsi un système de valeurs de y, c', ε, on en aura cinq autres, d'après ce qu'on a vu dans le paragraphe précédent, à l'aide des formules du paragraphe 2. A chaque valeur de e répondent donc six systèmes de valeurs de y, c', ε. On aura même douze valeurs de y, car à chaque valeur de c' répondent deux valeurs différentes de cette fonction. Nous reviendrons plus bas à la question du nombre total des solutions qui répondent à la même valeur de μ.

Pour donner un exemple des formules ci-dessus, soit $\mu = 1$. Puisque dans ce cas $2\mu+1=3$ est un nombre premier, on pourra, en vertu de ce qu'on a vu plus haut, prendre pour e une racine quelconque de l'équation $e_3=0$, excepté la racine zéro. Cette équation est, en vertu de la formule (53), qui donne l'expression de x_3, du huitième degré, savoir:

$$0=3-4(1+c^2)e^2+6c^2e^4-c^4e^8.$$

La quantité e étant une racine quelconque de cette équation, on aura

$$\frac{dy}{\sqrt{(1-y^2)(1-c'^2y^2)}}=\pm\varepsilon\frac{dx}{\sqrt{(1-x^2)(1-c^2x^2)}},$$

$$c'=c^3\left(\frac{1-e^2}{1-c^2e^2}\right)^2,\quad \varepsilon=c\sqrt{\frac{c}{c'}}\,e^2,\quad y=\frac{c\sqrt{c}}{\sqrt{c'}}\,\frac{x(e^2-x^2)}{1-c^2e^2x^2}.$$

Puisque e^2 est déterminé en c par une équation du quatrième degré, le module c' pourra l'être également. Cette équation est

$$(c'-c)^2=4\sqrt{cc'}\,(1-\sqrt{cc'}\,)^2.$$

L'expression générale de y, donnée plus haut (156), est sous forme de produit. Rien n'est plus facile que de décomposer cette fraction en fractions partielles. En effet, puisque les racines de l'équation

$$0=\frac{c^{\mu+\frac{1}{2}}}{\sqrt{c'}}z(z^2-e^2)(z^2-e_2^2)\ldots(z^2-e_\mu^2)+y(1-c^2e^2z^2)\ldots(1-c^2e_\mu^2z^2)$$

sont les $2\mu+1$ quantités suivantes

$$x,\ \theta x,\ \theta^2x\ \ldots\ \theta^{2\mu}x,$$

la somme de ces quantités sera égale au coefficient de $z^{2\mu}$, divisé par celui de $z^{2\mu+1}$ et pris avec le signe $-$, donc

$$x+\theta x+\theta^2x+\cdots+\theta^{2\mu}x=\frac{(-1)^{\mu+1}c^{2\mu}e^2e_2^2\ldots e_\mu^2}{c^{\mu+\frac{1}{2}}\,.\,c'^{-\frac{1}{2}}}\,y;$$

donc, en vertu de l'équation

$$\theta^m x+\theta^{2\mu+1-m}x=\frac{2\Delta e_m\,.\,x}{1-c^2e_m^2x^2},$$

on aura l'expression suivante de y:

$$(157)\quad y=\left(x+\frac{2\Delta e\,.\,x}{1-c^2e^2x^2}+\frac{2\Delta e_2\,.\,x}{1-c^2e_2^2x^2}+\cdots+\frac{2\Delta e_\mu\,.\,x}{1-c^2e_\mu^2x^2}\right)\frac{\sqrt{c}}{c^\mu\sqrt{c'}}\,\frac{(-1)^{\mu+1}}{e^2e_2^2\cdots e_\mu^2}.$$

Cas II. *Si n est un nombre pair.* Faisons $n=2\mu$. Puisqu'on a

$$\theta^m x=\frac{x\Delta e_m+e_m\Delta x}{1-c^2e_m^2x^2},\quad \theta^{2\mu-m}x=\frac{x\Delta e_m-e_m\Delta x}{1-c^2e_m^2x^2},$$

on aura, en faisant $m=\mu$,

$$\theta^\mu x = \frac{x\Delta e_\mu + e_\mu \Delta x}{1-c^2e_\mu^2x^2} = \frac{x\Delta e_\mu - e_\mu \Delta x}{1-c^2e_\mu^2x^2}.$$

Cette égalité ne peut subsister, à moins que e_μ n'ait une des deux valeurs zéro où l'infini. Cela donne lieu à considérer séparément ces deux cas:

A. Si $e_\mu=\frac{1}{0}$, on aura

$$\theta^\mu x = \pm\frac{1}{cx}.$$

En substituant $\theta^m x$ au lieu de x, on aura

$$\theta^{\mu+m} x = \pm\frac{1}{c\theta^m x}.$$

Les racines de l'équation $y=\psi x$ deviendront donc

$$x,\ \pm\frac{1}{cx},\ \theta x,\ \theta^2 x,\ \ldots\ \theta^{\mu-1}x,\ \theta^{\mu+1}x,\ \theta^{\mu+2}x,\ \ldots\ \theta^{2\mu-1}x,$$

par conséquent on aura

$$(158)\quad p-qy=(a-by)(z-x)\left(z\mp\frac{1}{cx}\right)(z-\theta x)(z-\theta^{2\mu-1}x)\ldots$$
$$\ldots(z-\theta^{\mu-1}x)(z-\theta^{\mu+1}x).$$

En désignant par a' et b' les coefficiens de $z^{2\mu-1}$ dans les deux fonctions entières p et q, on aura

$$a'-b'y=-(a-by)\left(x\pm\frac{1}{cx}+\theta x+\theta^{2\mu-1}x+\cdots+\theta^{\mu-1}x+\theta^{\mu+1}x\right)$$
$$=(by-a)\left(x\pm\frac{1}{cx}+\frac{2\Delta e.x}{1-c^2e^2x^2}+\frac{2\Delta e_2 x}{1-c^2e_2^2x^2}+\cdots+\frac{2\Delta e_{\mu-1}x}{1-c^2e_{\mu-1}^2x^2}\right)$$

L'expression qu'on en tire pour y sera évidemment une fonction rationnelle de x du degré 2μ, et puisqu'elle reste invariable en mettant pour x les 2μ quantités*)

$$x,\ \theta x,\ \theta^2 x,\ \ldots\ \theta^{2\mu-1}x,$$

l'équation (158) aura lieu en mettant pour y cette valeur et pour p et q les valeurs correspondantes en z.

Nous allons voir qu'on aura une valeur convenable de y en faisant

$$a=b'=0.$$

---

*) On a

$$y=\frac{a'+a(x+\theta x+\theta^2 x+\cdots+\theta^{2\mu-1}x)}{b'+b(x+\theta x+\theta^2 x+\cdots+\theta^{2\mu-1}x)}\quad\text{et}\quad \theta^{2\mu}x=x.$$

Cela donne

$$y=\frac{a'}{b}\cdot\frac{1}{x\pm\frac{1}{cx}+\frac{2\Delta e.x}{1-c^2e^2x^2}+\cdots+\frac{2\Delta e_{\mu-1}x}{1-c^2e_{\mu-1}^2x^2}},$$

expression qui est évidemment de la forme

$$(159)\qquad y=A\,\frac{x(1-c^2e^2x^2)(1-c^2e_2^2x^2)\dots(1-c^2e_{\mu-1}^2x^2)}{1+a_1x^2+a_2x^4+\cdots+a_\mu x^{2\mu}}=A.\varphi x.$$

Pour déterminer la valeur de A, remarquons que si l'on fait $x=1$, y doit avoir une des valeurs: ± 1, $\pm\frac{1}{c'}$. Soit par exemple $y=1$, pour $x=1$, on aura

$$(160)\qquad A=\frac{1}{\varphi(1)}.$$

Cela posé, faisons dans l'équation (158) $x=1$. En remarquant que $a=0$, on aura

$$q-p=(1-z)(1\mp cz)\varrho^2,$$

ϱ étant une fonction entière de z, car pour $x=1$ on aura

$$\theta^m x=\theta^{2\mu-m}x=\frac{\Delta e_m}{1-c^2e_m^2}.$$

En changeant le signe de z dans l'équation précédente, on aura, en remarquant que q est une fonction paire et p une fonction impaire,

$$q+p=(1+z)(1\pm cz)\varrho'^2.$$

Cela donne

$$q^2-p^2=(1-z^2)(1-c^2z^2)(\varrho\varrho')^2.$$

Maintenant, puisqu'on doit avoir

$$(161)\qquad (q^2-p^2)(q^2-c'^2p^2)=(1-z^2)(1-c^2z^2)r^2,$$

cela fait voir que la fonction $q^2-c'^2p^2$ doit être un carré parfait. Or on pourra toujours déterminer c' de manière que cette condition soit remplie. Faisons dans l'équation (158)

$$x=\frac{1}{\sqrt{\pm c}}\,;$$

on aura

$$\theta^{\mu+m}x=\theta^m(\theta^\mu x)=\theta^m\left(\pm\frac{1}{cx}\right)=\theta^m\left(\frac{1}{\sqrt{\pm c}}\right),$$

donc

$$\theta^{\mu+m}x=\theta^m x.$$

Si donc on désigne par α la valeur de y qui répond à $x=\frac{1}{\sqrt{\pm c}}$, les racines de l'équation $\alpha=\psi x$, c'est-à-dire de

$$p-\alpha q=0,$$

seront égales entre elles deux à deux; donc $p-\alpha q$ sera un carré parfait. En changeant le signe de z, on aura $p+\alpha q$, qui par conséquent sera également un carré; donc en multipliant, on aura

$$p^2-\alpha^2 q^2=t^2,$$

où t est une fonction entière de z. En faisant donc

$$c'=\frac{1}{\alpha},$$

l'équation (161) aura lieu, et par suite on aura

$$\frac{dv}{\varDelta' v}=\varepsilon\frac{dz}{\varDelta z}, \text{ où } \frac{p}{q}=v,$$

c'est-à-dire, en changeant z en x

$$\frac{dy}{\varDelta' y}=\varepsilon\frac{dx}{\varDelta x}.$$

Pour déterminer le coefficient ε on aura d'abord, en vertu de la dernière équation,

$$\varepsilon=\frac{dy}{dx}, \text{ pour } x=0.$$

Mais l'expression de y donnera

$$\frac{dy}{dx}=A=\frac{1}{\varphi(1)},$$

donc

$$\varepsilon=\frac{1}{\varphi(1)}.$$

Le numérateur de la fraction qui exprime la valeur de y est décomposé en facteurs; savoir si l'on fait $y=\frac{p'}{q'}$, on a

$$p'=\frac{1}{\varphi(1)}x(1-c^2e^2x^2)(1-c^2e_2^2x^2)\dots(1-c^2e_{\mu-1}^2x^2).$$

On pourra facilement décomposer de la même manière le dénominateur q', comme on va le voir.

En divisant les membres de la formule (147) par y, il viendra à cause de $a=0$:

$$\frac{p}{q} - q = -b(z-x)(z-\theta x)(z-\theta^2 x)\ldots(z-\theta^{2\mu-1}x).$$

Cela posé, soit δ une valeur de x, qui rende y infini, c'est-à-dire une des racines de l'équation $q'=0$. On aura

$$q=b(z-\delta)(z-\theta\delta)(z-\theta^2\delta)\ldots(z-\theta^{2\mu-1}\delta).$$

Il suffit donc de connaître une valeur de δ. Or une telle valeur est $\frac{1}{\sqrt{\mp c}}$. En effet, puisqu'on doit avoir $y=\frac{1}{0}$, et remarquant que

$$y=\frac{a'}{b}\cdot\frac{1}{x+\theta x+\theta^2 x+\cdots+\theta^{2\mu-1}x},$$

on aura

$$r=x+\theta x+\theta^2 x+\cdots+\theta^{2\mu-1}x=0.$$

Soit pour une valeur quelconque de x

$$p_m=\theta^m x+\theta^{2\mu-m}x+\theta^{\mu+m}x+\theta^{3\mu-m}x,$$

on aura évidemment, en remarquant que $\theta^{2\mu}x=x$,

$$p_0+p_1+p_2+\cdots+p_{2\mu-1}=4r.$$

Or je dis que si l'on fait

$$x=\frac{1}{\sqrt{\mp c}},$$

on aura

$$p_m=0,$$

pour une valeur quelconque de m. En effet on a d'abord

$$\theta^m x+\theta^{2\mu-m}x=\frac{2x\ \Delta e_m}{1-c^2e_m^2x^2},$$

donc en mettant $\theta^\mu x$ au lieu de x, et remarquant que $\theta^\mu x=\pm\frac{1}{cx}$,

$$\theta^{m+\mu}x+\theta^{3\mu-m}x=\frac{\pm 2\Delta e_m}{cx(1-e_m^2x^{-2})}.$$

En faisant maintenant

$$x=\frac{1}{\sqrt{\pm c}},$$

on aura

$$\theta^m x+\theta^{2\mu-m}x=\frac{2\Delta e_m}{\sqrt{(\mp c)}(1\pm ce_m^2)}=-(\theta^{m+\mu}x+\theta^{3\mu-m}x),$$

et par suite

$$p_m=0.$$

On pourra donc faire

$$\delta = \frac{1}{\sqrt{\mp c}}.$$

En remarquant que $q' = 1$ pour $x = 0$, on aura, en mettant dans l'expression de q, x au lieu de z,

$$q' = \left(1 - \frac{x}{\delta}\right)\left(1 - \frac{x}{\theta\delta}\right)\left(1 - \frac{x}{\theta^2\delta}\right) \ldots \left(1 - \frac{x}{\theta^{2\mu-1}\delta}\right).$$

D'après ce qui précède on pourra énoncer ce théorème:

Théorème XI. „Soit e une racine quelconque de l'équation $e_\mu = \frac{1}{0}$, mais qui ne satisfait pas en même temps à deux équations de la forme $e_m = 0$, $\varDelta e_m = 1$, où m est facteur de 2μ. Cela posé, si l'on détermine les trois quantités y, c', ε par les formules

(162)
$$\begin{cases} \pm \dfrac{\varepsilon}{c} \cdot \dfrac{1}{y} = x \pm \dfrac{1}{cx} + \dfrac{2\varDelta e . x}{1 - c^2 e^2 x^2} + \dfrac{2\varDelta e_2 . x}{1 - c^2 e_2^2 x^2} + \cdots + \dfrac{2\varDelta e_{\mu-1} . x}{1 - c^2 e_{\mu-1}^2 x^2}, \\ \pm \varepsilon = c\left(1 \pm \dfrac{1}{c} + \dfrac{2\varDelta e}{1 - c^2 e^2} + \dfrac{2\varDelta e_2}{1 - c^2 e_2^2} + \cdots + \dfrac{2\varDelta e_{\mu-1}}{1 - c^2 e_{\mu-1}^2}\right), \\ \text{on aura toujours} \\ \dfrac{dy}{\sqrt{(1 - y^2)(1 - c'^2 y^2)}} = \dfrac{\varepsilon . dx}{\sqrt{(1 - x^2)(1 - c^2 x^2)}}.\text{“} \end{cases}$$

Le cas le plus simple de cette formule est celui où $\mu = 1$. On aura alors

(163)
$$\begin{cases} \varepsilon = \pm c\left(1 \pm \dfrac{1}{c}\right) = 1 \pm c. \\ y = (1 \pm c)\dfrac{x}{1 \pm cx^2}, \quad c' = \dfrac{2\sqrt{\pm c}}{1 \pm c}, \\ \dfrac{dy}{\sqrt{(1 - y^2)(1 - c'^2 y^2)}} = (1 \pm c)\dfrac{dx}{\sqrt{(1 - x^2)(1 - c^2 x^2)}}. \end{cases}$$

Après avoir déterminé par le théorème précédent un système de valeurs pour y, c', ε, on aura cinq autres solutions à l'aide des formules du deuxième paragraphe de ce chapitre.

B. Si $e_\mu = 0$, le radical $\varDelta e_\mu$ ne pourra avoir que l'une des deux valeurs $+1$ ou -1; mais il faut ici prendre $\varDelta e_\mu = -1$, car si l'on avait en même temps $e_\mu = 0$, $\varDelta e_\mu = 1$, il en résulterait $\theta^\mu x = x$, ce qui n'est pas. Mais comme on a

$$\theta^\mu x = \frac{x\Delta e_\mu + e_\mu \Delta x}{1 - c^2 e_\mu^2 x^2},$$

cela donne

$$\theta^\mu x = -x,$$

et en mettant $\theta^m x$ au lieu de x,

$$\theta^{\mu+m} x = -\theta^m x.$$

Les racines de l'équation $y = \psi x$ seront dans ce cas égales deux à deux, mais de signe contraire, et par conséquent ψx sera une fonction paire de x. En faisant

$$\psi z = \frac{p}{q},$$

on aura

(164) $p - qy = (a - by)(z^2 - x^2)[z^2 - (\theta x)^2][z^2 - (\theta^2 x)^2] \dots [z^2 - (\theta^{\mu-1} x)^2]$.

Si l'on fait $z = 0$, et qu'on désigne les valeurs correspondantes de p et q par a' et b', on aura

$$a' - b'y = \pm (a - by)(x.\theta x.\theta^2 x \dots \theta^{\mu-1} x)^2,$$

ce qui donne pour y une expression rationnelle du degré 2μ. Comme dans les deux premiers cas, on démontrera aisément qu'il sera toujours possible de déterminer les constantes a, b, a', b' de telle sorte que l'équation

$$\frac{dy}{\Delta' y} = \varepsilon \frac{dx}{\Delta x}$$

soit satisfaite, en attribuant au module c' et au coefficient ε des valeurs convenables. Je vais considérer seulement le cas le plus simple, où $\mu = 1$. On aura alors

$$a' - b'y = (-a + by)x^2,$$

et par suite

$$y = \frac{a' + ax^2}{b' + bx^2}.$$

En mettant cette valeur dans l'équation

$$\frac{dy}{\Delta' y} = \varepsilon \frac{dx}{\Delta x},$$

on trouvera facilement une solution, savoir

(165) $$y = \frac{1 + cx^2}{1 - cx^2}, \quad c' = \frac{1 - c}{1 + c}, \quad \varepsilon = (1 + c)\sqrt{-1}.$$

Connaissant ainsi une solution, on en déduira les cinq autres par les formules du deuxième paragraphe, de sorte que l'équation

$$\frac{dy}{\Delta' y} = \varepsilon \frac{dx}{\Delta x}$$

pourra être satisfaite des six manières suivantes:

(166) $$c' = \frac{1 \pm c}{1 \mp c}, \quad \frac{1 \pm \sqrt{1-c^2}}{1 \mp \sqrt{1-c^2}}, \quad \frac{c \pm \sqrt{c^2-1}}{c \mp \sqrt{c^2-1}}.$$

§ 7.

Réduction du problème général au cas où le degré de la fonction rationnelle y est un nombre premier.

Soit maintenant $y = \psi x$ une fonction rationnelle quelconque qui satisfait à l'équation différentielle

$$\frac{dy}{\Delta' y} = \varepsilon \frac{dx}{\Delta x}.$$

Comme on l'a vu dans le paragraphe 3, l'équation

$$y = \psi x$$

aura toujours n racines de la forme

(167) $$x, \ \theta x, \ \theta^2 x, \ \dots \ \theta^{n-1} x, \quad \text{où} \quad \theta^n x = x.$$

Cela posé, désignons par x' une nouvelle racine, différente de celles-ci, de sorte que

$$\psi x' = \psi x = y.$$

On a

$$\psi(\theta^m x) = \psi x,$$

donc aussi

$$\psi(\theta^m x') = \psi x' = y.$$

Il suit de là que les n quantités

(168) $$x', \ \theta x', \ \theta^2 x', \ \dots \ \theta^{n-1} x',$$

qui sont différentes entre elles, seront racines de l'équation dont il s'agit. Or toutes ces n racines sont différentes des racines (167). En effet, si l'on avait $\theta^m x' = \theta^\mu x$, il en résulterait

$$\theta^{n-m} \theta^m x' = \theta^{n-m+\mu} x,$$

c'est-à-dire

$$x' = \theta^{n-m+\mu} x,$$

ce qui est contre l'hypothèse. Le degré μ de l'équation $y = \psi x$ est donc égal à $2n$, ou plus grand que ce nombre. Dans le dernier cas, si l'on désigne par x'' une racine différente des $2n$ racines précédentes, on aura en même temps celles-ci:

$$x'',\ \theta x'',\ \theta^2 x'' \ldots \theta^{n-1} x'',$$

qui seront différentes entre elles et des racines (167, 168). Donc μ sera égal à $3n$ ou plus grand que ce nombre. En continuant jusqu'à ce qu'on ait épuisé toutes les racines, on voit que μ doit être un multiple de n, et si l'on fait en conséquence

$$\mu = m.n,$$

les μ racines se distribueront en m groupes de n termes chacun, savoir

$$(169)\quad \begin{cases} x,\ \theta x,\ \theta^2 x \ldots \theta^{n-1} x, \\ x',\ \theta x',\ \theta^2 x' \ldots \theta^{n-1} x', \\ \ldots\ldots\ldots\ldots\ldots\ldots\ldots \\ x^{(m-1)},\ \theta x^{(m-1)},\ \theta^2 x^{(m-1)} \ldots \theta^{n-1} x^{(m-1)}. \end{cases}$$

Cela posé, soit

$$\psi z = \frac{p}{q},$$

p et q étant des fonctions entières de z, sans diviseur commun. On aura

$$(170)\quad \begin{aligned} p - qy = (a - by)(z - x)(z - \theta x)(z - \theta^2 x) \ldots (z - \theta^{n-1} x) \\ \times (z - x')(z - \theta x')(z - \theta^2 x') \ldots (z - \theta^{n-1} x') \\ \ldots\ldots\ldots\ldots\ldots\ldots\ldots\ldots\ldots \\ \times (z - x^{(m-1)})(z - \theta x^{(m-1)})(z - \theta^2 x^{(m-1)}) \ldots (z - \theta^{n-1} x^{(m-1)}), \end{aligned}$$

et d'après ce qui a été exposé dans le paragraphe précédent, on pourra trouver une fonction rationnelle, $y_1 = \psi_1 x$, telle que les racines de l'équation

$$y_1 = \psi_1 x$$

soient les n quantités

$$x,\ \theta x,\ \theta^2 x,\ \ldots \theta^{n-1} x,$$

et que y_1 satisfasse à une équation différentielle de la forme

$$(171)\quad \frac{dy_1}{\sqrt{(1 - y_1^2)(1 - c_1^2 y_1^2)}} = \varepsilon_1 \frac{dx}{\sqrt{(1 - x^2)(1 - c^2 x^2)}}.$$

Faisons

$$\psi_1 z = \frac{p'}{q'},$$

p' et q' étant des fonctions entières du degré n; on aura

$$(172)\qquad p'-q'y_1=(a'-b'y_1)(z-x)(z-\theta x)\dots(z-\theta^{n-1}x),$$

a' et b' étant des constantes.

En mettant au lieu de x successivement les m valeurs

$$x,\ x',\ x'',\ \dots x^{(m-1)}$$

et puis multipliant entre elles les équations qui en résultent, on obtiendra, en ayant égard à l'équation (170),

$$(173)\qquad \frac{p-qy}{a-by}=\frac{p'-q'y_1}{a'-b'y_1}\cdot\frac{p'-q'y_2}{a'-b'y_2}\cdots\frac{p'-q'y_m}{a'-b'y_m},$$

où

$$y_2,\ y_3,\ \dots y_m$$

sont les valeurs de la fonction y_1, qui répondent aux valeurs

$$x',\ x'',\ \dots x^{(m-1)}$$

de x.

Cela posé, attribuons à x deux valeurs particulières α, β, telles que

$$\psi\alpha=0,\quad \psi\beta=\tfrac{1}{0};$$

en désignant par

$$\alpha_1,\ \alpha_2,\ \dots \alpha_m,\ \beta_1,\ \beta_2,\ \dots \beta_m$$

les valeurs de $y_1, y_2, \dots y_m$, respectivement correspondantes aux valeurs α et β de x, l'équation (173) donnera

$$(174)\qquad \begin{cases} p=A'(p'-\alpha_1q')(p'-\alpha_2q')\dots(p'-\alpha_mq'),\\ q=A''(p'-\beta_1q')(p'-\beta_2q')\dots(p'-\beta_mq'),\end{cases}$$

où A' et A'' sont deux constantes. En divisant p par q, on voit que $\frac{p}{q}=\psi z$ sera fonction rationnelle de $\frac{p'}{q'}=\psi_1 z$. En mettant x au lieu de z, on aura

$$\frac{p}{q}=y,\quad \frac{p'}{q'}=y_1,$$

donc

$$(175)\qquad y=A\frac{(y_1-\alpha_1)(y_1-\alpha_2)(y_1-\alpha_3)\dots(y_1-\alpha_m)}{(y_1-\beta_1)(y_1-\beta_2)(y_1-\beta_3)\dots(y_1-\beta_m)},$$

$A=\frac{A'}{A''}$ étant constant.

On voit donc que y pourra être exprimé par une fonction rationnelle de y_1 du degré m.

En combinant maintenant l'équation (171) avec celle-ci:

$$\frac{dy}{\Delta' y} = \varepsilon \frac{dx}{\Delta x},$$

qui doit avoir lieu, on aura

(176) $$\frac{dy}{\sqrt{(1-y^2)(1-c'^2y^2)}} = \frac{\varepsilon}{\varepsilon_1} \frac{dy_1}{\sqrt{(1-y_1^2)(1-c_1^2y_1^2)}};$$

donc la fonction y, rationnelle en y_1 et du degré m, doit satisfaire à cette équation. Réciproquement, si cette équation a lieu, l'équation

$$\frac{dy}{\Delta' y} = \varepsilon \frac{dx}{\Delta x}$$

subsistera également, car la fonction y_1 est déterminée en x de manière à satisfaire à la formule (171). Ainsi le problème général est réduit à satisfaire de la manière la plus générale à l'équation (176). Or ce problème est précisément le même que celui que nous traitons; seulement le degré de la fonction y en y_1 sera m, tandis que y, comme fonction de x, est du degré $m.n$, qui est plus grand que m. On pourra donc appliquer à l'équation (176) le même procédé qu'à l'équation $\frac{dy}{\Delta' y} = \varepsilon \frac{dx}{\Delta x}$, et il est évident qu'on parviendra ainsi à l'expression générale de y, car les degrés des fonctions successives vont toujours en décroissant.

Supposons maintenant que le degré μ de la fonction y en x soit un nombre premier. Puisque $\mu = m.n$, on a nécessairement $m = 1$, $\mu = n$. Par suite

$$y = A \frac{y_1 - \alpha_1}{y_1 - \beta_1}.$$

On connaît l'expression de y_1 en x par les formules du paragraphe précédent. En substituant l'expression de y en y_1 dans l'équation (176), on déterminera à l'aide des formules du paragraphe 2 toutes les solutions possibles.

En vertu de ce qui précède on pourra donc énoncer le théorème suivant:

Théorème XII. Soit y une fonction rationnelle de x d'un degré quelconque μ, qui satisfait à l'équation différentielle

$$\frac{dy}{\sqrt{(1-y^2)(1-c'^2y^2)}} = \varepsilon \frac{dx}{\sqrt{(1-x^2)(1-c^2x^2)}},$$

on pourra toujours décomposer μ en deux facteurs n et m, dont l'un n est un nombre premier, tels qu'on ait

$$\frac{dy_1}{\sqrt{(1-y_1^2)(1-c_1^2y_1^2)}} = \varepsilon_1 \frac{dx}{\sqrt{(1-x^2)(1-c^2x^2)}}$$

et

$$\frac{dy}{\sqrt{(1-y^2)(1-c'^2y^2)}} = \frac{\varepsilon}{\varepsilon_1} \frac{dy_1}{\sqrt{(1-y_1^2)(1-c_1^2y_1^2)}},$$

y étant une fonction rationnelle de y_1 du degré m, et y_1 une fonction rationnelle de x du degré n.

Si donc on désigne par $n, n_1, n_2, \ldots n_\nu$ des nombres premiers dont le produit est μ, et qu'on fasse pour abréger

$$\varDelta(x, c) = \sqrt{(1-x^2)(1-c^2x^2)},$$

on pourra faire

$$\frac{dy}{\varDelta(y, c')} = \varepsilon_\nu \frac{dy_\nu}{\varDelta(y_\nu, c_\nu)} = \varepsilon_{\nu-1} \frac{dy_{\nu-1}}{\varDelta(y_{\nu-1}, c_{\nu-1})} = \cdots = \varepsilon_1 \frac{dy_1}{\varDelta(y_1, c_1)} = \varepsilon \frac{dx}{\varDelta x},$$

y_1 étant une fonction rationnelle de x du degré n,
y_2 - - - - - - - y_1 - - n_1,
y_3 - - - - - - - y_2 - - n_2.
. . . .
y_ν - - - - - - - $y_{\nu-1}$ - - $n_{\nu-1}$,
y - - - - - - - y_ν - - n_ν.

En vertu de ce théorème la solution du problème général est ramenée au cas où le degré de la fonction y est un nombre premier. On aura toutes les solutions qui répondent à ce cas par les formules du paragraphe précédent, et ainsi le problème que nous nous sommes proposé au commencement de ce chapitre pourra être regardé comme résolu.

§ 8.

Sur la forme de la fonction y.

Désignons par $x, x'\ x'' \ldots x^{(\mu-1)}$ les racines de l'équation

$$y = \psi x.$$

Si l'on fait $\psi z = \frac{p}{q}$, p et q étant des fonctions entières de z, on aura

(177) $$p - qy = (a - by)(z - x)(z - x')(z - x'') \ldots (z - x^{(\mu-1)}),$$

a et b étant des constantes. Cela posé, soit α une racine de l'équation $y=0$, on aura en faisant $x=\alpha$,

(178) $$p=a(z-\alpha)(z-\alpha')(z-\alpha'')\dots(z-\alpha^{(\mu-1)}).$$

Soit de même β une racine de l'équation $y=\frac{1}{0}$. Cela donnera, en faisant $x=\beta$ après avoir divisé les deux membres de l'équation (177) par y,

(179) $$q=b(z-\beta)(z-\beta')(z-\beta'')\dots(z-\beta^{(\mu-1)}).$$

Ces valeurs de p et q donneront, en mettant x au lieu de z,

(180) $$y=A\frac{(x-\alpha)(x-\alpha')\dots(x-\alpha^{(\mu-1)})}{(x-\beta)(x-\beta')\dots(x-\beta^{(\mu-1)})},$$

où A est un coefficient constant, qu'on détermine en remarquant que si l'on fait $x=1$, y doit avoir une des valeurs ± 1, $\pm\frac{1}{c'}$.

Mais il y a deux cas à considérer séparément: savoir, il pourra arriver que l'une des deux quantités a et b soit égale à zéro, et dans ce cas l'une des racines des équations $y=0$, $y=\frac{1}{0}$ sera nulle ou infinie.

Cas premier, si $b=0$. On aura

(181) $$p-qy=a(z-x)(z-x')\dots(z-x^{(\mu-1)}),$$

et p sera du degré μ, et q seulement du degré $\mu-1$. En égalant le coefficient de $z^{\mu-1}$ dans les deux membres, on aura

(182) $$a'-b'y=-a(x+x'+x''+\dots+x^{(\mu-1)}),$$

a' et b' étant des constantes. Maintenant si

$$x'=\frac{x\Delta e+e\Delta x}{1-c^2e^2x^2}$$

est une racine de $y=\psi x$, la quantité

$$\frac{x\Delta e-e\Delta x}{1-c^2e^2x^2}$$

le sera également; donc si ces deux quantités sont différentes entre elles pour toutes les valeurs de e, μ sera un nombre impair, et en faisant $\mu=2n+1$, on aura

(183) $$a'-b'y=-a\left(x+\frac{2x\Delta e_1}{1-c^2e_1^2x^2}+\frac{2x\Delta e_2}{1-c^2e_2^2x^2}+\dots+\frac{2x\Delta e_n}{1-c^2e_n^2x^2}\right).$$

Maintenant si l'on fait $x=\pm 1$, $\pm\frac{1}{c}$, on doit avoir $y=\pm 1$, $y=\pm\frac{1}{c'}$, d'où il est facile de conclure que a' sera égal à zéro. Donc y sera une fonction impaire de x, et de la forme

$$(184) \qquad y = Ax\left(1 + \frac{2\Delta e_1}{1 - c^2 e_1^2 x^2} + \cdots + \frac{2\Delta e_n}{1 - c^2 e_n^2 x^2}\right)$$

Cela fait voir que

$$q = (1 - c^2 e_1^2 z^2) \ldots (1 - c^2 e_n^2 z^2).$$

Pour avoir p, il suffit de faire dans l'équation (181) $x = 0$, ce qui donne

$$p = az(z^2 - e_1^2) \ldots (z^2 - e_n^2),$$

donc on aura

$$(185) \qquad y = a\frac{x(e_1^2 - x^2)(e_2^2 - x^2) \ldots (e_n^2 - x^2)}{(1 - c^2 e_1^2 x^2)(1 - c^2 e_2^2 x^2) \ldots (1 - c^2 e_n^2 x^2)}.$$

Telle est donc la forme de la fonction y dans le cas où le degré de son numérateur est impair et plus grand que celui du dénominateur.

Si pour quelque valeur de e les deux quantités

$$\frac{x\Delta e + e\Delta x}{1 - c^2 e^2 x^2}, \quad \frac{x\Delta e - e\Delta x}{1 - c^2 e^2 x^2}$$

étaient égales, on aurait

$$e = 0, \quad \text{ou} \quad e = \tfrac{1}{0}.$$

Soit d'abord $e = \frac{1}{0}$, on aura $x' = \pm \frac{1}{cx}$, et par suite le second membre de l'équation (182) serait une fonction impaire de x, dont le degré serait un nombre pair. On trouve que cela donne $a' = 0$; donc en faisant $\mu = 2n$,

$$(186) \qquad y = A\left(x \pm \frac{1}{cx} + \frac{2x\Delta e_1}{1 - c^2 e_1^2 x^2} + \cdots + \frac{2x\Delta e_{n-1}}{1 - c^2 e_{n-1}^2 x^2}\right),$$

et par suite y sera exprimé en produit de facteurs comme il suit:

$$(187) \qquad y = \frac{a(1 - \delta_1^2 x^2)(1 - \delta_2^2 x^2) \ldots (1 - \delta_n^2 x^2)}{x(1 - c^2 e_1^2 x^2)(1 - c^2 e_2^2 x^2) \ldots (1 - c^2 e_{n-1}^2 x^2)},$$

Si au contraire $e = 0$, on aura en même temps

$$x' = -x.$$

Donc dans ce cas y sera une fonction paire de x. Mais alors le degré du numérateur doit être le même que celui du dénominateur, comme il est facile de s'en convaincre; par conséquent l'expression (187) appartient à y toutes les fois que le degré du numérateur est un nombre pair et en même temps plus grand que celui du dénominateur.

Cas second, si $a=0$. On aura alors

$$p-qy=by(z-x)(z-x')\ldots(z-x^{(\mu-1)}).$$

En raisonnant comme ci-dessus on trouvera aisément que dans le cas où μ est un nombre impair, y sera une fonction impaire de x de la forme

$$(188)\qquad y=a\frac{(1-c^2e_1^2x^2)(1-c^2e_2^2x^2)\ldots(1-c^2e_n^2x^2)}{x(e_1^2-x^2)(e_2^2-x^2)\ldots(e_n^2-x^2)}.$$

Si μ est pair, y sera une fonction impaire de x de la forme

$$(189)\qquad y=a\frac{x(1-c^2e_1^2x^2)\ldots(1-c^2e_{n-1}^2x^2)}{(1-\delta_1^2x^2)\ldots(1-\delta_n^2x^2)}.$$

§ 9.

De la fonction $x_{2\mu+1}$.

Nous avons vu (chapitre I paragraphe 4) que l'équation différentielle

$$\frac{dy}{\varDelta y}=(2\mu+1)\frac{dx}{\varDelta x}$$

peut être satisfaite, en mettant pour y une fonction impaire de x du degré $(2\mu+1)^2$ qui s'évanouit avec x. En la désignant comme nous l'avons fait à l'endroit cité par $x_{2\mu+1}$, et faisant pour abréger $(2\mu+1)^2-1=2n$, cette fonction, en vertu de ce que nous venons de voir dans le paragraphe précédent, doit avoir la forme suivante:

$$(190)\qquad x_{2\mu+1}=a\frac{x(e_1^2-x^2)(e_2^2-x^2)\ldots(e_n^2-x^2)}{(1-c^2e_1^2x^2)(1-c^2e_2^2x^2)\ldots(1-c^2e_n^2x^2)},$$

et on aura en même temps

$$(191)\qquad x_{2\mu+1}=A\left(x+\frac{2\varDelta e_1.x}{1-c^2e_1^2x^2}+\frac{2\varDelta e_2.x}{1-c^2e_2^2x^2}+\cdots+\frac{2\varDelta e_n.x}{1-c^2e_n^2x^2}\right)$$

Pour déterminer les coefficiens a et A, faisons $x=\frac{1}{0}$. On trouvera alors

$$Ac^{2n}e_1^2e_2^2\ldots e_n^2=a.$$

Si l'on fait x infiniment petit, la première formule donne

$$x_{2\mu+1}=ae_1^2e_2^2\ldots e_n^2x,$$

mais l'équation différentielle donne dans ce cas

$$x_{2\mu+1}=(2\mu+1)x,$$

par suite

$$ae_1^2 e_2^2 \dots e_n^2 = 2\mu + 1.$$

De même si l'on fait x infiniment grand, la seconde expression de $x_{2\mu+1}$ donne $x_{2\mu+1} = Ax$, mais dans le même cas l'équation différentielle donne

$$\frac{dx_{2\mu+1}}{cx_{2\mu+1}^2} = \frac{dx}{cAx^2} = (2\mu + 1)\frac{dx}{cx^2},$$

donc

(192) $$A = \frac{1}{2\mu + 1}.$$

Connaissant A, on aura ensuite

(193) $$e_1^2 e_2^2 \dots e_n^2 = \frac{2\mu + 1}{c^n}, \quad a = c^n = c^{2\mu^2 + 2\mu}.$$

Les quantités $e_1, e_2, \dots e_n$ ont entre elles des relations remarquables que nous allons développer. Considérons l'équation

$$x_{2\mu+1} = y.$$

Les racines de cette équation sont les $(2\mu + 1)^2$ quantités

$$x, \quad \frac{x\Delta e_1 \pm e_1 \Delta x}{1 - c^2 e_1^2 x^2}, \quad \frac{x\Delta e_2 \pm e_2 \Delta x}{1 - c^2 e_2^2 x^2}, \quad \dots \quad \frac{x\Delta e_n \pm e_n \Delta x}{1 - c^2 e_n^2 x^2}.$$

Soit $\theta x = \frac{x\Delta e + e\Delta x}{1 - c^2 e^2 x^2}$ l'une quelconque de ces racines, les $2\mu + 1$ quantités

$$x, \ \theta x, \ \theta^2 x \dots \theta^{2\mu} x$$

seront encore des racines et différentes entre elles, si l'on prend pour e une quantité qui n'est pas racine d'une équation

$$x_{2m+1} = 0,$$

où $2m + 1$ est facteur de $2\mu + 1$. Soit de même

$$\theta_1 x = \frac{x\Delta e' + e'\Delta x}{1 - c^2 e'^2 x^2}$$

une autre racine, on aura encore les racines suivantes:

$$\theta_1 x, \ \theta_1^2 x, \dots \theta_1^{2\mu} x,$$

qui seront différentes entre elles.

Cela posé, faisons

$$x_{2\mu+1} = \psi x;$$

on aura en général

$$\psi(\theta^m x) = \psi(\theta_1^k x),$$

quels que soient les nombres entiers m et k. En mettant $\theta^m x$ pour x, on aura

$$\psi(\theta_1^k \theta^m x) = \psi(\theta^{2m} x) = x_{2\mu+1};$$

donc toute quantité de la forme

$$\theta_1^k \theta^m x$$

sera racine de l'équation $y = \psi x$. Je dis maintenant que si l'on attribue à k et m toutes les valeurs entières moindres que $2\mu+1$, les valeurs qui en résultent pour la fonction $\theta_1^k \theta^m x$, seront toutes différentes entre elles. En effet, si l'on avait

$$\theta_1^k \theta^m x = \theta_1^{k'} \theta^{m'} x,$$

il en résulterait, en mettant $\theta^{2\mu+1-m'} x$ pour x et remarquant que $\theta^{2\mu+1} x = x$,

$$\theta_1^k \theta^{n'} x = \theta_1^{k'} x,$$

en posant $n' = m + 2\mu + 1 - m'$.

Cela donne

$$\theta_1^{2\mu+1-k} \theta_1^k \theta^{n'} x = \theta_1^{k''} x,$$

en posant $k'' = 2\mu + 1 - k + k'$, c'est-à-dire

$$\theta^{n'} x = \theta_1^{k''} x,$$

et par suite

$$\theta^{n'\mu'} x = \theta_1^{k''\mu'} x.$$

Maintenant, puisque $2\mu+1$ est un nombre premier, on pourra faire

$$k''\mu' = (2\mu+1)\beta + 1,$$

donc

$$\theta_1^{(2\mu+1)\beta} \theta_1 x = \theta_1 x = \theta^{n'\mu'} x,$$

c'est-à-dire que $\theta_1 x$ serait une des quantités

$$x, \ \theta x, \ \ldots \ \theta^{2\mu} x,$$

ce qui est contre l'hypothèse.

L'expression $\theta_1^k \theta^m x$ a donc $(2\mu+1)^2$ valeurs différentes et par conséquent ces valeurs seront les racines de l'équation

$$x_{2\mu+1} = y.$$

Soit maintenant

$$x' = \theta_1^k x, \ x'' = \theta_1^k \theta^m x, \ x''' = \theta^m x.$$

On aura, en regardant e et e' comme variables,

$$\frac{dx'}{\Delta x'} = \frac{dx}{\Delta x} + k \frac{de'}{\Delta e'},$$

$$\frac{dx'''}{\Delta x'''}=\frac{dx}{\Delta x}+m\frac{de}{\Delta e}.$$

En mettant dans la première formule x''' au lieu de x, x' se changera en x'', donc

$$\frac{dx''}{\Delta x''}=\frac{dx'''}{\Delta x'''}+k\frac{de'}{\Delta e'},$$

donc

$$\frac{dx''}{\Delta x''}=\frac{dx}{\Delta x}+k\frac{de'}{\Delta e'}+m\frac{de}{\Delta e},$$

et si l'on fait

$$k\frac{de'}{\Delta e'}=\frac{de_k'}{\Delta e_k'},\quad m\frac{de}{\Delta e}=\frac{de_m}{\Delta e_m}:$$

$$\frac{dx''}{\Delta x''}=\frac{dx}{\Delta x}+\frac{de_k'}{\Delta e_k'}+\frac{de_m}{\Delta e_m}.$$

Si donc on fait

(194) $$e_{m,k}=\frac{e_m\Delta e_k'+e_k'\Delta e_m}{1-c^2e_m^2e_k'^2},$$

on aura

$$\frac{dx''}{\Delta x''}=\frac{dx}{\Delta x}+\frac{de_{m,k}}{\Delta e_{m,k}},$$

d'où, en supposant que e_m et e_k' s'évanouissent avec e et e',

(195) $$x''=\frac{x\Delta e_{m,k}+e_{m,k}\Delta x}{1-c^2e_{m,k}^2x^2}=\theta_1^k\theta^m x.$$

Toutes les racines de l'équation $y=x_{2\mu+1}$ pourront donc être représentées par cette même formule.

Donc pour connaître toutes les racines, il suffit d'avoir la valeur des deux quantités e et e', qui sont deux racines de l'équation

$$x_{2\mu+1}=0.$$

Toutes les racines de cette équation

$$x_{2\mu+1}=0,$$

lesquelles, par ce qui précède, sont les $(2\mu+1)^2$ quantités

$$0,\ \pm e_1,\ \pm e_2,\ \ldots \pm e_n,$$

sont donc exprimées par la formule

$$e_{m,k},$$

en donnant à m et k toutes les valeurs moindres que $2\mu+1$. Il est facile de voir qu'on pourra exprimer $e_{m,k}$ en fonction rationnelle des deux quantités e, e'; donc on voit que toutes les racines de l'équation $x_{2\mu+1}=0$, pourront s'exprimer rationnellement par deux d'entre elles et par le module c.

Si l'on veut exprimer $x_{2\mu+1}$ à l'aide des fonctions $\theta_1 x$ et θx, on pourra le faire d'une manière fort simple. En effet, en remarquant que le dernier terme d'une équation est le produit de toutes ses racines, on aura sur le champ

(196)
$$\begin{aligned} x_{2\mu+1} = c^{2\mu^2+2\mu} \,.\, x \,.\, \theta x \,.\, \theta^2 x \ldots \theta^{2\mu} x \\ \times \theta_1 x \,.\, \theta_1 \theta x \,.\, \theta_1 \theta^2 x \ldots \theta_1 \theta^{2\mu} x \\ \times \theta_1^2 x \,.\, \theta_1^2 \theta x \,.\, \theta_1^2 \theta^2 x \ldots \theta_1^2 \theta^{2\mu} x \\ \ldots\ldots\ldots\ldots\ldots\ldots \\ \times \theta_1^{2\mu} x \,.\, \theta_1^{2\mu} \theta x \,.\, \theta_1^{2\mu} \theta^2 x \ldots \theta_1^{2\mu} \theta^{2\mu} x. \end{aligned}$$

On a aussi

(197)
$$x_{2\mu+1} = \frac{1}{2\mu+1} \sum_0^{2\mu}{}_m \sum_0^{2\mu}{}_n (\theta_1^m \theta^n x).$$

§ 10.

De l'équation $x_{2\mu+1}=0$.

D'après ce qui précède les racines de l'équation $x_{2\mu+1}=0$ sont exprimées par $e_{m,k}$ en donnant à m et k toutes les valeurs moindres que $2\mu+1$. Une de ces valeurs est zéro, savoir $e_{0,0}$.

En divisant le numérateur de la fraction $x_{2\mu+1}$ par x, on aura, en égalant le quotient à zéro, une équation

(198)
$$P=0,$$

du degré $4\mu^2+4\mu$. Je dis que cette équation peut être résolue à l'aide d'équations du degré $2\mu+2$ et du degré 2μ.

Soit p une fonction quelconque symétrique et rationnelle des quantités $e_1, e_2, \ldots e_{2\mu}$. En mettant pour $e_2, e_3, \ldots e_{2\mu}$ leurs expressions en fonction rationnelle de e_1, p deviendra de même une fonction rationnelle de cette racine. Faisons

(199)
$$p = \varphi e_1,$$

on aura évidemment

(200)
$$\varphi e_1 = \varphi e_2 = \varphi e_3 = \cdots = \varphi e_{2\mu},$$

équations qui auront lieu quelle que soit la racine e. Cela posé, mettons $e_{m,1}$ au lieu de e, il est clair que

$$e_2,\ e_3,\ \ldots\ e_{2\mu}$$

se changeront respectivement en

$$e_{2m,2},\ e_{3m,3},\ \ldots\ e_{2\mu m,2\mu}.$$

Donc on aura

(201) $$\varphi e_{m,1} = \varphi e_{2m,2} = \cdots = \varphi e_{2\mu m,2\mu}.$$

Formons l'équation

(202) $$\begin{cases} (p-\varphi e_1)(p-\varphi e_{0,1})(p-\varphi e_{1,1})(p-\varphi e_{2,1})\ldots(p-\varphi e_{2\mu,1}) \\ = p^{2\mu+2} - q_{2\mu+1}\cdot p^{2\mu+1} + q_{2\mu}\cdot p^{2\mu} - \cdots - q_1\cdot p + q_0 = 0, \end{cases}$$

$q_0,\ q_1,\ \ldots\ q_{2\mu+1}$ seront des fonctions symétriques et rationnelles de φe_1, $\varphi e_{0,1},\ \ldots\ \varphi e_{2\mu,1}$. Or on pourra les exprimer rationnellement en c. En effet, il suffit d'avoir la valeur de

(203) $$(\varphi e_1)^k + (\varphi e_{0,1})^k + \cdots + (\varphi e_{2\mu,1})^k = \varrho_k.$$

En vertu des équations (200, 201) cette quantité pourra s'écrire comme il suit:

$$\begin{aligned} 2\mu\varrho_k = {} & (\varphi e_1)^k + (\varphi e_2)^k + (\varphi e_3)^k + \cdots + (\varphi e_{2\mu})^k \\ & + (\varphi e_{0,1})^k + (\varphi e_{0,2})^k + (\varphi e_{0,3})^k + \cdots + (\varphi e_{0,2\mu})^k \\ & + (\varphi e_{1,1})^k + (\varphi e_{2,2})^k + (\varphi e_{3,3})^k + \cdots + (\varphi e_{2\mu,2\mu})^k \\ & \cdots\cdots\cdots\cdots\cdots\cdots\cdots\cdots\cdots\cdots \\ & + (\varphi e_{2\mu,1})^k + (\varphi e_{4\mu,2})^k + (\varphi e_{6\mu,3})^k + \cdots + (\varphi e_{4\mu\mu,2\mu})^k. \end{aligned}$$

Or le second membre de cette équation est une fonction rationnelle et symétrique des racines de l'équation $P=0$; donc on pourra exprimer ϱ_k rationnellement par les coefficiens de cette équation, c'est-à-dire par c.

On voit donc que les coefficiens de l'équation (202), $q_0,\ q_1,\ q_2,\ \ldots$ seront des fonctions rationnelles de c. Donc une fonction symétrique quelconque des racines

$$e_1,\ e_2,\ e_3,\ \ldots\ e_{2\mu}$$

pourra se déterminer par le module c, à l'aide d'une équation du degré $2\mu+2$. Cela posé, faisons

(204) $$(e-e_1)(e-e_2)\ldots(e-e_{2\mu}) = \\ e^{2\mu} + p_{\mu-1}\cdot e^{2\mu-2} + p_{\mu-2}\cdot e^{2\mu-4} + \cdots + p_1\cdot e^2 + p_0 = 0.$$

Les coefficiens $p_0,\ p_1,\ p_2,\ \ldots\ p_{\mu-1}$ seront des fonctions rationnelles et symétriques de $e_1,\ e_2,\ \ldots\ e_{2\mu}$; donc, comme nous venons de le voir, on pourra les déterminer à l'aide d'équations du degré $2\mu+2$. Ainsi, pour avoir les racines de l'équation $P=0$, il suffira de résoudre des équations du degré 2μ et $2\mu+2$.

Ce qui précède est susceptible d'une application importante. Le module c', exprimé par la formule (156), est, comme on le voit, une fonction rationnelle et symétrique de $e, e_2, e_3, \ldots e_{2\mu}$. Donc, en vertu de la propriété démontrée précédemment, on pourra déterminer le module c' en c à l'aide d'une équation du degré $2\mu+2$. Cette équation ne paraît guère résoluble algébriquement, excepté lorsque $2\mu+1=3$. Dans ce cas elle sera du quatrième degré.

En appliquant le théorème XII à l'équation

$$\frac{dx_{2\mu+1}}{\Delta x_{2\mu+1}}=(2\mu+1)\frac{dx}{\Delta x},$$

on aura, en remarquant que le degré de la fonction $x_{2\mu+1}$ est $(2\mu+1)^2$, et $2\mu+1$ un nombre premier,

$$\frac{dx_{2\mu+1}}{\Delta x_{2\mu+1}}=\frac{2\mu+1}{\varepsilon}\frac{dy}{\Delta' y}=(2\mu+1)\frac{dx}{\Delta x},$$

y étant une fonction de x du degré $2\mu+1$, et $x_{2\mu+1}$ une fonction de y du même degré. On aura

$$y=\frac{c^{\mu+\frac{1}{2}}}{\sqrt{c'}}\cdot\frac{x(e^2-x^2)(e_2^2-x^2)\ldots(e_\mu^2-x^2)}{(1-c^2e^2x^2)(1-c^2e_2^2x^2)\ldots(1-c^2e_\mu^2x^2)}$$

et

$$x_{2\mu+1}=\frac{c'^{\mu+\frac{1}{2}}}{\sqrt{c}}\cdot\frac{y(e'^2-y^2)(e'^2_2-y^2)\ldots(e'^2_\mu-y^2)}{(1-c'^2e'^2y^2)(1-c'^2e'^2_2y^2)\ldots(1-c'^2e'^2_\mu y^2)},$$

$$c'=c^{2\mu+1}\left(\frac{1-e^2}{1-c^2e^2}\cdot\frac{1-e_2^2}{1-c^2e_2^2}\cdots\frac{1-e_\mu^2}{1-c^2e_\mu^2}\right)^2,$$

$$c=c'^{2\mu+1}\left(\frac{1-e'^2}{1-c'^2e'^2}\cdot\frac{1-e'^2_2}{1-c'^2e'^2_2}\cdots\frac{1-e'^2_\mu}{1-c'^2e'^2_\mu}\right)^2,$$

$$\varepsilon=\frac{c^{\mu+\frac{1}{2}}}{\sqrt{c'}}e^2e_2^2\ldots e_\mu^2.$$

e' est déterminé de la même manière en c' que e l'est en c. Donc si l'on change c en c', e se changera en e'. De là il suit que l'équation entre les modules c' et c doit rester la même si l'on change simultanément c en c' et c' en c.

Puisque c' dépend d'une équation du degré $2\mu+2$, on pourra donner à la fonction y, $2\mu+2$ valeurs différentes.

§ 11.

Des transformations différentes qui répondent à un même degré de la fonction y.

Soit

$$y = \frac{A_0 + A_1 x + A_2 x^2 + \cdots + A_\mu x^\mu}{B_0 + B_1 x + B_2 x^2 + \cdots + B_\mu x^\mu}$$

et

(205) $$\frac{dy}{\Delta(y, c')} = \varepsilon \frac{dx}{\Delta(x, c)}.$$

Supposons μ premier et d'abord $\mu = 1$. Dans ce cas le module c', en vertu des formules du paragraphe 2, aura six valeurs différentes, et la fonction y en aura douze.

Si $\mu = 2$, on aura toutes les solutions possibles en combinant les deux formules (163, 165) avec les six formules du paragraphe 2, ce qui donne 18 valeurs différentes du module c'.

Si l'on fait

$$c_1 = \frac{1-c}{1+c}, \quad c_2 = \frac{2\sqrt{c}}{1+c}, \quad c_3 = \frac{2\sqrt{-c}}{1-c},$$

ces 18 valeurs s'obtiendront en mettant dans les six fonctions

$$\pm c, \quad \pm \frac{1}{c}, \quad \pm\left(\frac{1-\sqrt{c}}{1+\sqrt{c}}\right)^2, \quad \pm\left(\frac{1+\sqrt{c}}{1-\sqrt{c}}\right)^2, \quad \pm\left(\frac{1-\sqrt{-c}}{1+\sqrt{-c}}\right)^2, \quad \pm\left(\frac{1+\sqrt{-c}}{1-\sqrt{-c}}\right)^2.$$

les trois quantités c_1, c_2, c_3 au lieu de c.

Si μ est un nombre premier impair $2n+1$, on aura d'abord $2n+2$ valeurs du module c' qui répondent à la forme suivante de y:

$$y = \frac{c^{n+\frac{1}{2}}}{\sqrt{c'}} \frac{x(e^2 - x^2)(e_2^2 - x^2) \ldots (e_n^2 - x^2)}{(1 - c^2 e^2 x^2)(1 - c^2 e_2^2 x^2) \ldots (1 - c^2 e_n^2 x^2)}$$

Or de chaque valeur de y de cette forme on déduit, en vertu des six formules du paragraphe 2, cinq autres valeurs de la forme:

$$c'y, \quad \frac{1+\sqrt{c'}}{1-\sqrt{c'}} \cdot \frac{1 \pm y\sqrt{c'}}{1 \mp y\sqrt{c'}}, \quad \frac{1-\sqrt{c'}}{1+\sqrt{c'}} \cdot \frac{1 \pm y\sqrt{c'}}{1 \mp y\sqrt{c'}}, \quad \frac{1-\sqrt{-c'}}{1+\sqrt{-c'}} \cdot \frac{1 \pm y\sqrt{-c'}}{1 \mp y\sqrt{-c'}},$$

$$\frac{1+\sqrt{-c'}}{1-\sqrt{-c'}} \cdot \frac{1 \pm y\sqrt{-c'}}{1 \mp y\sqrt{-c'}},$$

auxquelles répondent respectivement les modules:

$$\frac{1}{c'},\quad \left(\frac{1-\sqrt{c'}}{1+\sqrt{c'}}\right)^2,\quad \left(\frac{1+\sqrt{c'}}{1-\sqrt{c'}}\right)^2,\quad \left(\frac{1+\sqrt{-c'}}{1-\sqrt{-c'}}\right)^2,\quad \left(\frac{1-\sqrt{-c'}}{1+\sqrt{-c'}}\right)^2.$$

On aura donc en tout $6(2n+2)=6(\mu+1)$ valeurs différentes pour le module c'. On en aura un nombre double pour la fonction y.

§ 12.

Résolution de l'équation $y=\psi x$.

L'équation algébrique $y=\psi x$, où ψx est une fonction *rationnelle* quelconque de x, satisfaisant à une équation différentielle de la forme (205), jouira de la propriété remarquable d'être résoluble par rapport à x à l'aide de radicaux. C'est ce qu'il est facile de démontrer à l'aide de la forme des racines de cette équation. D'abord si le degré μ est un nombre composé $=n.n_1.n_2\ldots n_\nu$, on pourra faire comme nous venons de le voir dans le § 7:

$$y=\psi_\nu y_\nu,\quad y_\nu=\psi_{\nu-1}y_{\nu-1},\quad \ldots\quad y_2=\psi_1 y_1,\quad y_1=\psi x,$$

ψ_ν, $\psi_{\nu-1}$, $\ldots$ ψ_1, ψ désignant des fonctions rationnelles respectivement des degrés n_ν, $n_{\nu-1}$, $\ldots$ n_1, n, ces derniers nombres étant premiers. On aura donc la valeur de x en y à l'aide de la résolution de $\nu+1$ équations des degrés n, n_1, $\ldots$ n_ν respectivement. Il suffit donc de résoudre l'équation $y=\psi x$ dans le cas où le degré μ est un nombre premier. Si $\mu=2$, on aura l'expression de x par les règles connues. Soit donc μ impair $=2\mu+1$. Alors les racines de l'équation $y=\psi x$ seront les $2\mu+1$ quantités

$$x,\ \theta x,\ \theta^2 x\ \ldots\ \theta^{2\mu}x.$$

Cela posé, soit δ une racine imaginaire de l'équation

$$\delta^{2\mu+1}=1,$$

et faisons

$$v=x+\delta\,.\,\theta x+\delta^2\,.\,\theta^2 x+\cdots+\delta^{2\mu}\,.\,\theta^{2\mu}x,$$
$$v'=x+\delta\,.\,\theta^{2\mu}x+\delta^2\,.\,\theta^{2\mu-1}x+\cdots+\delta^{2\mu}\,.\,\theta x.$$

En substituant pour les quantités $\theta^m x$ leurs valeurs

$$\theta^m x=\frac{x\Delta e_m+e_m\Delta x}{1-c^2e_m^2x^2},$$

et remarquant que

$$\theta^{2\mu+1-m}x=\frac{x\Delta e_m-e_m\Delta x}{1-c^2e_m^2x^2},$$

il est clair qu'on aura

$$v = p + q\Delta x, \quad v' = p - q\Delta x,$$

p et q étant des fonctions rationnelles de x. Cela fait voir que vv' et $v^{2\mu+1} + v'^{2\mu+1}$ sont des fonctions rationnelles de x; or je dis qu'on pourra exprimer ces quantités en fonction rationnelle de y. En effet, en vertu de la forme de v et v', il est clair que si l'on fait

$$vv' = \varphi x, \quad v^{2\mu+1} + v'^{2\mu+1} = fx,$$

les deux fonctions φx et fx ne changeront pas de valeur si l'on met pour x les $2\mu + 1$ quantités

$$x, \ \theta x, \ldots \ \theta^{2\mu} x.$$

Donc on aura

$$\varphi x = \frac{1}{2\mu+1}(\varphi x + \varphi\theta x + \cdots + \varphi\theta^{2\mu} x) = vv',$$

$$fx = \frac{1}{2\mu+1}(fx + f\theta x + \cdots + f\theta^{2\mu} x) = v^{2\mu+1} + v'^{2\mu+1}.$$

Ces expressions des quantités vv', $v^{2\mu+1} + v'^{2\mu+1}$ sont des fonctions *rationnelles et symétriques* des racines de l'équation $y = \psi x$; donc on pourra les exprimer rationnellement par les coefficiens de cette équation, c'est-à-dire en y.

Faisons donc

$$vv' = s$$

$$v^{2\mu+1} + v'^{2\mu+1} = t,$$

s et t seront des fonctions rationnelles de y. On en tire

$$v = \sqrt[2\mu+1]{\frac{t}{2} + \sqrt{\frac{t^2}{4} - s^{2\mu+1}}}.$$

On connaît donc la fonction v. Cela posé, si l'on désigne par v_0, v_1, v_2, $\ldots$ $v_{2\mu}$ les valeurs de v qui répondent respectivement aux racines 1, δ, δ^2, δ^3, $\ldots$ $\delta^{2\mu}$ de l'équation $\delta^{2\mu+1} = 1$, on aura sur le champ

$$x = \frac{1}{2\mu+1}(v_0 + v_1 + v_2 + \cdots + v_{2\mu}),$$

$$\theta^m x = \frac{1}{2\mu+1}(v_0 + \delta^{-m} v_1 + \delta^{-2m} v_2 + \cdots + \delta^{-2m\mu} v_{2\mu}),$$

ce qui est l'expression générale des racines.

On aura ainsi une classe très étendue d'équations algébriques de tous les degrés qui seront résolubles algébriquement. Nous n'entrerons pas ici dans des détails sur ce sujet, mais nous renvoyons nos lecteurs à la seconde partie de ce mémoire, où nous en donnerons des développemens étendus à cause des belles propriétés des fonctions elliptiques qu'on en peut déduire.

Comme cas particulier on pourra remarquer l'équation

$$x_\mu = y,$$

où x_μ désigne la fonction rationnelle de x du degré μ^2, qui satisfera à l'équation

$$\frac{dx_\mu}{\varDelta x_\mu} = \mu \frac{dx}{\varDelta x}.$$

On en pourra donc toujours tirer la valeur de x en y à l'aide de radicaux. Si μ est un nombre impair, on pourra donner aux racines cette forme très simple:

$$x = \frac{1}{\mu}[ay + (p_1 + q_1 \varDelta y)^{\frac{1}{\mu}} + (p_2 + q_2 \varDelta y)^{\frac{1}{\mu}} + \cdots + (p_{\mu^2-1} + q_{\mu^2-1} \varDelta y)^{\frac{1}{\mu}}],$$

où $p_1, p_2, p_3 \ldots$ sont des fonctions *entières impaires* de y du degré μ, et $q_1, q_2, q_3 \ldots$ des fonctions paires de y du degré $\mu - 3$. p_m et q_m seront déterminés par l'équation

$$p_m^2 - q_m^2 (1 - y^2)(1 - c^2 y^2) = (y^2 - e_m^2)^\mu,$$

où e_m est une constante, savoir une racine de l'équation $x_\mu = 0$.

CHAPITRE V.

Théorie générale de la transformation des fonctions elliptiques par rapport au module.

A l'aide des théorèmes que nous avons établis dans les chapitres précédens, nous pourrons maintenant donner la solution de ce problème:

„Étant proposée une fonction elliptique d'un module quelconque, exprimer cette fonction de la manière la plus générale en d'autres fonctions."

§ 1.

Condition générale pour la transformation.

Soit proposée une intégrale de la forme

$$\int \frac{r\,dx}{\varDelta x},$$

on demande s'il est possible d'exprimer cette intégrale par des fonctions algébriques, logarithmiques et des fonctions elliptiques, dont les modules sont $c_1, c_2, \ldots c_m$, en sorte qu'on ait:

$$\int \frac{r\,dx}{\varDelta x} = A_1 . \psi_1 x_1 + A_2 . \psi_2 x_2 + \cdots + A_m . \psi_m x_m + V,$$

où $A_1, A_2, \ldots A_m$ sont des constantes, $x_1, x_2, \ldots x_m$ des fonctions algébriques de x, et V une fonction algébrique et logarithmique; $\psi_1, \psi_2, \ldots \psi_m$ désignent des fonctions elliptiques ayant respectivement $c_1, c_2, \ldots c_m$ pour modules.

Cela posé, cette équation donnera en vertu de la formule (86):

$$\int \frac{r\,dx}{\varDelta x} = k_1 . \psi_1 y_1 + k_2 . \psi_2 y_2 + \cdots + k_m . \psi_m y_m + V',$$

les quantités

$$y_1, y_2, y_3, \ldots y_m$$

de même que

$$\frac{\varDelta_1 y_1}{\varDelta x}, \quad \frac{\varDelta_2 y_2}{\varDelta x}, \quad \frac{\varDelta_3 y_3}{\varDelta x}, \quad \ldots \quad \frac{\varDelta_m y_m}{\varDelta x}$$

étant des fonctions rationnelles de x.

Si l'on suppose, ce qui est permis, qu'il soit impossible d'exprimer

$$\int \frac{r\,dx}{\varDelta x}$$

par un nombre moindre des fonctions $\psi_1, \psi_2, \ldots \psi_m$, il est clair qu'aucune des quantités $y_1, y_2, \ldots y_m$ ne pourra être constante.

On doit donc avoir séparément, en vertu du théorème démontré dans le premier paragraphe du chapitre précédent,

$$\frac{dy_1}{\varDelta_1 y_1} = \varepsilon_1 \frac{dx}{\varDelta x}, \quad \frac{dy_2}{\varDelta_2 y_2} = \varepsilon_2 \frac{dx}{\varDelta x}, \quad \ldots \quad \frac{dy_m}{\varDelta_m y_m} = \varepsilon_m \frac{dx}{\varDelta x},$$

où $\varepsilon_1, \varepsilon_2, \ldots \varepsilon_m$ sont des constantes. Cela donne en intégrant,

$$\varpi(y_1, c_1) = \varepsilon_1 \varpi x, \quad \varpi(y_2, c_2) = \varepsilon_2 \varpi x, \quad \ldots \quad \varpi(y_m, c_m) = \varepsilon_m \varpi x$$

sauf une constante qu'il faut ajouter à chacune de ces équations. On pourra donc énoncer ce théorème:

Théorème XIII. Une relation quelconque entre des fonctions elliptiques, ayant c, c_1, c_2, ... c_m pour modules, ne pourra subsister à moins qu'on n'ait entre les fonctions correspondantes de la première espèce, cette relation

$$\varpi(x, c) = \frac{1}{\varepsilon_1}\varpi(y_1, c_1) = \frac{1}{\varepsilon_2}\varpi(y_2, c_2) = \cdots = \frac{1}{\varepsilon_m}\varpi(y_m, c_m), \tag{206}$$

où ε_1, ε_2, ... ε_m sont des constantes et y_1, y_2, ... y_m des fonctions rationnelles de la variable x.

On pourra donc encore satisfaire aux équations suivantes:

$$\left\{\begin{array}{l} \varpi(x_1, c) = \varepsilon' \varpi(x, c_1), \\ \varpi(x_2, c) = \varepsilon'' \varpi(x, c_2), \\ \dots\dots\dots\dots \\ \varpi(x_m, c) = \varepsilon^{(m)} \varpi(x, c_m), \end{array}\right. \tag{207}$$

x_1, x_2, ... x_m étant des fonctions rationnelles de x; ou bien, si l'on désigne par c et c' les modules de deux quelconques des fonctions entre lesquelles on a une relation, on pourra toujours satisfaire à l'équation

$$\varpi(x', c') = \varepsilon \varpi(x, c), \tag{208}$$

en supposant x' fonction rationnelle de x, ou x fonction rationnelle de x'. Cette équation donne

$$\frac{dx'}{\Delta(x', c')} = \varepsilon \frac{dx}{\Delta(x, c)}. \tag{209}$$

Soit maintenant x' fonction rationnelle de x; si r' désigne une fonction rationnelle quelconque de x', on pourra transformer r' en une fonction pareille de x. En la désignant par r, on aura donc $r' = r$. Donc en multipliant l'équation différentielle ci-dessus par r', on aura, en intégrant

$$\int \frac{r'\,dx'}{\Delta(x', c')} = \varepsilon \int \frac{r\,dx}{\Delta(x, c)}. \tag{210}$$

Quelle que soit la fonction rationnelle r, on pourra toujours, comme on sait, exprimer

$$\int \frac{r\,dx}{\Delta(x, c)}$$

par des fonctions elliptiques des trois espèces avec le module c. On aura donc ce théorème:

Théorème XIV. Si une fonction elliptique quelconque φx, ayant c' pour module, peut être exprimée par d'autres fonctions dont les modules sont $c_1, c_2, \ldots c_m$, on pourra toujours exprimer la même fonction φx par des fonctions elliptiques d'un même module c, c étant l'un quelconque des modules $c_1, c_2, \ldots c_m$, et cela de la manière suivante:

(211) $$\varphi y = \int \frac{r\,dx}{\Delta(x,c)},$$

où y et r sont des fonctions rationnelles de x.

La continuation d'après un manuscrit inédit.

En vertu de ce théorème tout ce qui concerne la transformation des fonctions elliptiques par rapport au module se réduit à exprimer l'intégrale $\int \frac{r\,dx}{\Delta(x,c)}$ par des fonctions elliptiques.

§ 2.

Transformation des fonctions de la première et de la seconde espèce.

Supposons d'abord que φx soit une fonction de la première espèce, de sorte qu'on ait

$$\varphi x = \int \frac{dx}{\Delta(x,c')}.$$

Dans ce cas la fonction r se réduit à une constante, et on aura par suite

(212) $$\varpi(y,c') = \varepsilon . \varpi(x,c),$$

où y est rationnel en x. Cette équation est la même que celle-ci:

$$\frac{dy}{\Delta(y,c')} = \varepsilon \frac{dx}{\Delta(x,c)}.$$

Nous en avons donné la solution dans le chapitre précédent. Passons aux fonctions de la seconde espèce:

$$\varphi x = \int \frac{x^2 dx}{\Delta(x, c')} = \varpi_0 (x, c').$$

On aura alors

(213) $$\varpi_0 (y, c') = \varepsilon \int \frac{y^2 dx}{\Delta(x, c)} .$$

Comme y est une fonction rationnelle de x, l'intégrale du second membre paraît contenir des fonctions de la troisième espèce, mais nous verrons qu'on peut toujours la réduire à une expression de la forme:

$$A . \varpi(x, c) + B . \varpi_0(x, c) + v,$$

où v est une fonction algébrique de x. Il y a un moyen bien simple de prouver cela, savoir en différentiant l'équation

$$\varpi(y, c') = \varepsilon . \varpi(x, c)$$

par rapport au module c. Cette équation revient à celle-ci:

$$\int dy (1 - y^2)^{-\frac{1}{2}} (1 - c'^2 y^2)^{-\frac{1}{2}} = \varepsilon \int dx (1 - x^2)^{-\frac{1}{2}} (1 - c^2 x^2)^{-\frac{1}{2}}.$$

En la différentiant par rapport à c et remarquant que les trois quantités y, c', ε contiennent cette quantité, on aura

$$c' \frac{dc'}{dc} \int \frac{y^2 dy}{(1 - c'^2 y^2) \Delta(y, c')} + \frac{dy}{dc} \cdot \frac{1}{\Delta(y, c')} = \frac{d\varepsilon}{dc} \int \frac{dx}{\Delta(x, c)} + c\varepsilon \int \frac{x^2 dx}{(1 - c^2 x^2) \Delta(x, c)};$$

mais on a

$$\int \frac{x^2 dx}{(1 - c^2 x^2) \Delta(x, c)} = \frac{1}{c^2 - 1} \cdot \frac{x(1 - x^2)}{\Delta(x, c)} + \frac{1}{1 - c^2} \int \frac{(1 - x^2) dx}{\Delta(x, c)},$$

$$\int \frac{y^2 dy}{(1 - c'^2 y^2) \Delta(y, c')} = \frac{1}{c'^2 - 1} \cdot \frac{y(1 - y^2)}{\Delta(y, c')} + \frac{1}{1 - c'^2} \int \frac{(1 - y^2) dy}{\Delta(y, c')}.$$

En substituant on aura

$$\frac{c'}{1 - c'^2} \cdot \frac{dc'}{dc} \left\{ \varpi(y, c') - \varpi_0(y, c') - \frac{y(1 - y^2)}{\Delta(y, c')} \right\} + \frac{dy}{dc} \cdot \frac{1}{\Delta(y, c')}$$
$$= \frac{d\varepsilon}{dc} \varpi(x, c) + \frac{c\varepsilon}{1 - c^2} \left\{ \varpi(x, c) - \varpi_0(x, c) - \frac{x(1 - x^2)}{\Delta(x, c)} \right\},$$

et de là en mettant pour $\varpi(y, c')$ sa valeur $\varepsilon \varpi(x, c)$,

(214) $$\varpi_0(y, c') = A \varpi(x, c) + B \varpi_0(x, c) + p,$$

où l'on a fait pour abréger

$$(215)\quad \begin{cases} A=\varepsilon\left\{1-\dfrac{c\,dc\,(1-c'^2)}{c'\,dc'\,(1-c^2)}\right\}-\dfrac{d\varepsilon(1-c'^2)}{c'\,dc'}, \\ B=\dfrac{\varepsilon c(1-c'^2)\,dc}{c'(1-c^2)\,dc'}, \\ p=\dfrac{(1-c'^2)\,dc}{c'\,dc'}\cdot\dfrac{dy}{dc}\cdot\dfrac{1}{\Delta(y,c')}+B\dfrac{x(1-x^2)}{\Delta(x,c)}-\dfrac{y(1-y^2)}{\Delta(y,c')}. \end{cases}$$

Or on pourra parvenir plus directement à l'expression de $\varpi_0(y,c')$, savoir en décomposant la fonction rationnelle y^2 en fractions partielles.

Soit $x-a$ un facteur du dénominateur de y, on aura

$$(216)\quad y^2=\frac{A}{(x-a)^2}+\frac{B}{x-a}+S,$$

où A et B sont des constantes. En faisant $y=\dfrac{1}{\varphi x}$, on trouve d'après les règles connues

$$(217)\quad A=\frac{1}{(\varphi' a)^2};\quad B=-\frac{\varphi'' a}{(\varphi' a)^3}.$$

Or si l'on met dans l'équation

$$\frac{dy}{\Delta(y,c')}=\varepsilon\frac{dx}{\Delta(x,c)}$$

$\dfrac{1}{\varphi x}$ au lieu de y, il viendra

$$(218)\quad (1-x^2)(1-c^2x^2)(\varphi' x)^2=\varepsilon^2[(\varphi x)^2-1][(\varphi x)^2-c'^2]$$
$$=\varepsilon^2(\varphi x)^4-\varepsilon^2(1+c'^2)(\varphi x)^2+\varepsilon^2 c'^2.$$

En y faisant $x=a$ on a $\varphi x=0$, donc

$$(1-a^2)(1-c^2a^2)(\varphi' a)^2=\varepsilon^2c'^2.$$

De même si l'on différentie l'équation (218) par rapport à x et qu'on fasse ensuite $x=a$, on aura

$$2(1-a^2)(1-c^2a^2)\varphi' a.\varphi'' a-[2(1+c^2)a-4c^2a^3](\varphi' a)^2=0;$$

on a donc

$$(219)\quad \begin{cases} \dfrac{1}{(\varphi' a)^2}=\dfrac{(1-a^2)(1-c^2a^2)}{\varepsilon^2c'^2}=A, \\ -\dfrac{\varphi'' a}{(\varphi' a)^3}=\dfrac{-(1+c^2)a+2c^2a^3}{\varepsilon^2c'^2}=B. \end{cases}$$

En vertu de ces valeurs de A et de B il est facile d'avoir l'expression de $\int y^2\dfrac{dy}{\Delta(y,c')}$. En effet, en multipliant l'expression de y^2 par $\dfrac{dy}{\Delta(y,c')}=\varepsilon\dfrac{dx}{\Delta(x,c)}$, il viendra

$$(220)\quad \int \frac{y^2 dy}{\Delta(y,c')} = \frac{1}{\varepsilon c'^2} \int \left\{ \frac{(1-a^2)(1-c^2a^2)}{(x-a)^2} + \frac{2c^2a^3-(1+c^2)a}{x-a} \right\} \frac{dx}{\Delta(x,c)} + \varepsilon \int \frac{S\,dx}{\Delta(x,c)}.$$

Or si l'on différentie la fonction

$$\frac{\Delta(x,c)}{x-a} = r,$$

on trouvera

$$dr = -\left\{ \frac{(1-a^2)(1-c^2a^2)}{(x-a)^2} + \frac{2c^2a^3-(1+c^2)a}{x-a} + c^2a^2 - c^2x^2 \right\} \frac{dx}{\Delta(x,c)},$$

donc la première des intégrales du second membre de l'équation (220) est la même chose que

$$\int (c^2x^2 - c^2a^2) \frac{dx}{\Delta(x,c)} - \frac{\Delta(x,c)}{x-a} = \frac{\Delta(x,c)}{a-x} - c^2a^2\varpi(x,c) + c^2\varpi_0(x,c).$$

Donc l'expression de $\int \frac{y^2 dy}{\Delta(y,c')}$ deviendra

$$\int \frac{y^2 dy}{\Delta(y,c')} = \frac{1}{\varepsilon c'^2} \left\{ \frac{\Delta(x,c)}{a-x} - c^2a^2\varpi(x,c) + c^2\varpi_0(x,c) \right\} + \varepsilon \int \frac{S\,dx}{\Delta(x,c)}.$$

En désignant donc par $a_1, a_2, \ldots a_\mu$ toutes les racines de l'équation $\frac{1}{y} = 0$, on aura

$$(221)\quad \varepsilon c'^2\varpi_0(y,c'^2) = \mu c^2\varpi_0(x,c) - [c^2(a_1^2+a_2^2+\cdots+a_\mu^2) - \varepsilon^2c'^2k^2]\varpi(x,c) + \Delta(x,c)\left\{ \frac{1}{a_1-x} + \frac{1}{a_2-x} + \cdots + \frac{1}{a_\mu-x} \right\},$$

où k est une quantité constante, savoir la valeur de y pour $x = \frac{1}{0}$.

Cette formule répond à une fonction rationnelle y du degré μ, savoir

$$y = k\frac{(x-\alpha_1)(x-\alpha_2)(x-\alpha_3)\ldots(x-\alpha_\mu)}{(x-a_1)(x-a_2)(x-a_3)\ldots(x-a_\mu)};$$

mais il y a deux cas qu'il faut considérer séparément: il pourra arriver que l'une des quantités a_μ et α_μ sera infinie. Soit d'abord $\alpha_\mu = \frac{1}{0}$. Alors on aura $k = 0$. Dans ce cas la fonction y sera une fonction impaire de x, dont le numérateur sera d'un degré moindre que celui du dénominateur. Si μ est pair, on aura en mettant 2μ pour μ,

$$y = \varepsilon\frac{x(1-\beta_1^2x^2)(1-\beta_2^2x^2)\ldots(1-\beta_{\mu-1}^2x^2)}{(1-\delta_1^2x^2)(1-\delta_2^2x^2)\ldots(1-\delta_\mu^2x^2)},$$

et la formule (221) deviendra

$$(222)\quad \varepsilon c'^2\varpi_0(y,c') = 2\mu c^2\varpi_0(x,c) - 2c^2\left\{\frac{1}{\delta_1^2}+\frac{1}{\delta_2^2}+\cdots+\frac{1}{\delta_\mu^2}\right\}\varpi(x,c)$$
$$+2x.\Delta(x,c)\left\{\frac{\delta_1^2}{1-\delta_1^2x^2}+\frac{\delta_2^2}{1-\delta_2^2x^2}+\cdots+\frac{\delta_\mu^2}{1-\delta_\mu^2x^2}\right\}.$$

Si μ est un nombre impair, on aura en mettant $2\mu+1$ pour μ,

$$(223)\qquad y = \frac{(1-c^2a_1^2x^2)(1-c^2a_2^2x^2)\dots(1-c^2a_\mu^2x^2)}{x(a_1^2-x^2)(a_2^2-x^2)\dots(a_\mu^2-x^2)}\cdot\frac{a_1^2.a_2^2\dots a_\mu^2}{\varepsilon c'},$$

et la formule (221) deviendra

$$(224)\quad \varepsilon c'^2\varpi_0(y,c') = (2\mu+1)c^2\varpi_0(x,c) - 2c^2(a_1^2+a_2^2+\cdots+a_\mu^2)\varpi(x,c)$$
$$+2x\Delta(x,c)\left\{-\frac{1}{2x^2}+\frac{1}{a_1^2-x^2}+\cdots+\frac{1}{a_\mu^2-x^2}\right\}.$$

Supposons maintenant $a_\mu=0$. On aura alors $k=\frac{1}{0}$. La fonction y sera impaire, mais le dénominateur sera d'un degré plus petit que celui du numérateur. Pour avoir les formules qui répondent à ce cas, il suffit de mettre dans les deux équations (222, 224), $\frac{1}{cz}$ au lieu de x. Cela donne

$$\Delta(x,c) = \sqrt{\left(1-\frac{1}{c^2z^2}\right)\left(1-\frac{1}{z^2}\right)} = -\frac{\Delta(z,c)}{cz^2},$$
$$\varpi(x,c) = +\int\frac{dz}{\Delta(z,c)} = +\varpi(z,c),$$
$$c^2\varpi_0(x,c) = +\int\frac{dz}{z^2\Delta(z,c)} = +c^2\varpi_0(z,c) - \frac{\Delta(z,c)}{z}.$$

Donc en substituant dans la formule (224) et mettant $z=x$,

$$(225)\quad \varepsilon c'^2\varpi_0(y,c') = (2\mu+1)c^2\varpi_0(x,c) - 2c^2(a_1^2+a_2^2+\cdots+a_\mu^2)\varpi(x,c)$$
$$+2x\Delta(x,c)\left\{\frac{c^2a_1^2}{1-c^2a_1^2x^2}+\frac{c^2a_2^2}{1-c^2a_2^2x^2}+\cdots+\frac{c^2a_\mu^2}{1-c^2a_\mu^2x^2}\right\}.$$

L'expression de y sera, en vertu de la formule (223),

$$y = \frac{\varepsilon}{a_1^2.a_2^2\dots a_\mu^2}\cdot\frac{x(a_1^2-x^2)(a_2^2-x^2)\dots(a_\mu^2-x^2)}{(1-c^2a_1^2x^2)(1-c^2a_2^2x^2)\dots(1-c^2a_\mu^2x^2)}.$$

Pour donner un exemple soit

$$c' = \frac{2\sqrt{c}}{1+c},\quad y=(1+c)\frac{x}{1+cx^2},\quad \varepsilon=1+c;$$

alors on a $\mu=2$, et la formule (222) donnera, pour $\mu=1$,

$$\varpi_0(y,c')=\frac{c(1+c)}{2}\varpi_0(x,c)+\frac{1+c}{2}\varpi(x,c)-\frac{1+c}{2}\cdot\frac{x\Delta(x,c)}{1+cx^2}.$$

§ 3.

Transformation des fonctions de la troisième espèce.

Soit maintenant

$$\varphi y=\int\frac{dy}{\left(1-\frac{y^2}{a'^2}\right)\Delta(y,c')}=\Pi(y,c',a').$$

En mettant pour $\frac{dy}{\Delta(y,c')}$ sa valeur $\varepsilon\frac{dx}{\Delta(x,c)}$, on aura

(226) $$\Pi(y,c',a')=\varepsilon\int\frac{dx}{\left(1-\frac{y^2}{a'^2}\right)\Delta(x,c)}.$$

Pour réduire le second membre aux fonctions elliptiques il faut décomposer la fraction rationnelle $\frac{1}{1-\frac{y^2}{a'^2}}$ en fractions partielles. Soit donc d'abord

$$\frac{1}{a'-y}=k'+\frac{A_1}{a_1-x}+\frac{A_2}{a_2-x}+\cdots+\frac{A_\mu}{a_\mu-x}=k'+\Sigma\frac{A}{a-x},$$

où il est clair que k' est une constante. Pour déterminer $A_1, A_2, \ldots$ on aura d'abord

$$A=\frac{(a-x)}{a'-y}\quad\text{pour}\quad x=a,$$

donc

$$A=\frac{dx}{dy};$$

or on a

$$\varepsilon\Delta(y,c')=\frac{dy}{dx}\Delta(x,c),$$

donc en faisant $x=a$ et remarquant que la valeur de y deviendra alors a', on aura

$$\varepsilon\Delta(a',c')=\frac{dy}{dx}\Delta(a,c),$$

et par conséquent

$$A=\frac{\Delta(a,c)}{\varepsilon\Delta(a',c')}.$$

En substituant on aura par conséquent

$$(227)\qquad \frac{1}{a'-y}=k'+\frac{1}{\varepsilon\Delta(a',c')}\left\{\frac{\Delta(a_1,c)}{a_1-x}+\frac{\Delta(a_2,c)}{a_2-x}+\cdots+\frac{\Delta(a_\mu,c)}{a_\mu-x}\right\}.$$

En désignant de même les racines de l'équation $a'+y=0$ par b_1, b_2, ... b_μ, on aura

$$\frac{1}{a'+y}=k''+\frac{1}{\varepsilon\Delta(a',c')}\left\{\frac{\Delta(b_1,c)}{b_1-x}+\frac{\Delta(b_2,c)}{b_2-x}+\cdots+\frac{\Delta(b_\mu,c)}{b_\mu-x}\right\}.$$

En ajoutant ces valeurs de $\frac{1}{a'-y}$ et $\frac{1}{a'+y}$ on aura celle de $\frac{2a'}{a'^2-y^2}$. Mais il suffit de considérer la formule (227). En la multipliant par $\frac{dy}{\Delta(y,c')}$ et intégrant, il viendra

$$(228)\qquad \Delta(a',c')\int\frac{dy}{(a'-y)\Delta(y,c)}=k_1\varpi(x,c)+\Sigma\Delta(a,c)\int\frac{dx}{(a-x)\Delta(x,c)}.$$

Cela posé, ayant $\frac{1}{a-x}=\frac{a+x}{a^2-x^2}$, on en tire

$$\int\frac{dx}{(a-x)\Delta(x,c)}=\frac{1}{a}\,\Pi(x,c,a)+\int\frac{x\,dx}{(a^2-x^2)\Delta(x,c)}.$$

De même on aura

$$\int\frac{dy}{(a'-y)\Delta(y,c')}=\frac{1}{a'}\,\Pi(y,c',a')+\int\frac{y\,dy}{(a'^2-y^2)\Delta(y,c')}.$$

Donc la formule (228) donnera en substituant

$$(229)\qquad \left\{\begin{aligned}&\frac{\Delta(a',c')}{a'}\,\Pi(y,a',c')+\Delta(a',c')\int\frac{y\,dy}{(a'^2-y^2)\Delta(y,c')}\\ &\quad=k_1\varpi(x,c)+\Sigma\frac{\Delta(a,c)}{a}\,\Pi(x,a,c)+\Sigma\Delta(a,c)\int\frac{x\,dx}{(a^2-x^2)\Delta(x,c)}.\end{aligned}\right.$$

Les intégrales qui entrent encore dans cette formule seront, comme on le voit, exprimables par des logarithmes.

On aura par conséquent

$$(230)\qquad \frac{\Delta(a',c')}{a'}\,\Pi(y,c',a')=k_1\varpi(x,c)+\Sigma\frac{\Delta(a,c)}{a}\,\Pi(x,c,a)+v'.$$

Il est à remarquer que cette formule ne contient pas de fonctions de la seconde espèce.

La fonction de la troisième espèce $\Pi(y,c',a')$ est donc ainsi réduite à la fonction de la première espèce $\varpi(x,c)$ et à μ fonctions de la troisième espèce.

Or je dis qu'on pourra toujours exprimer les μ fonctions du second membre par une seule. C'est ce qui est facile à prouver à l'aide des formules établies dans les chapitres précédens. D'abord si l'on détermine une quantité α de sorte que l'équation

$$(fx)^2-(\varphi x)^2[\varDelta(x,c)]^2=(x^2-a_1^2)(x^2-a_2^2)\dots(x^2-a_\mu^2)(x^2-\alpha^2)$$

soit satisfaite, fx et φx étant des fonctions entières de x, dont l'une est paire et l'autre impaire, on aura sur le champ, en vertu de la formule (104),

$$\Sigma\frac{\varDelta(a,c)}{a}\Pi(x,c,a)=k_2\varpi(x,c)+\frac{\varDelta(\alpha,c)}{\alpha}\Pi(x,c,\alpha)-\tfrac{1}{2}\log\left\{\frac{fx+\varphi x\,\varDelta(x,c)}{fx-\varphi x\,\varDelta(x,c)}\right\}.$$

Donc en substituant:

$$(231)\quad \frac{\varDelta(a'c')}{a'}\Pi(y,c',a')=(k_1+k_2)\varpi(x,c)+\frac{\varDelta(\alpha,c)}{\alpha}\Pi(x,c,\alpha)$$
$$+v'-\tfrac{1}{2}\log\left\{\frac{fx+\varphi x\,\varDelta(x,c)}{fx-\varphi x\,\varDelta(x,c)}\right\}$$

Quant aux coefficiens des puissances de x dans les deux fonctions fx et φx, ils sont déterminés par les μ équations suivantes:

$$fa_1+\varphi a_1.\varDelta(a_1,c)=0,$$
$$fa_2+\varphi a_2.\varDelta(a_2,c)=0,$$
$$\dots\dots\dots\dots\dots$$
$$fa_\mu+\varphi a_\mu.\varDelta(a_\mu,c)=0,$$

auxquelles il faut ajouter celle-ci:

$$f\alpha+\varphi\alpha.\varDelta(\alpha,c)=0,$$

pour déterminer le signe du radical $\varDelta(\alpha,c)$.

On peut encore réduire les fonctions du second membre de l'équation (230) d'une autre manière: on pourra les exprimer par l'une quelconque d'entre elles, comme nous allons le voir.

Soit a l'une quelconque des quantités $a_1,\ a_2,\ \dots\ a_\mu$. Alors comme elles seront les racines de l'équation

$$a'=y=\psi(x),$$

elles auront, en vertu de ce qui a été démontré dans le troisième paragraphe du chapitre précédent, toutes la forme

$$\frac{a\varDelta(e,c)+e\varDelta(a,c)}{1-c^2e^2a^2},$$

où e est une constante indépendante de a. Soit donc

(232) $$a_m = \frac{a\,\varDelta(e_m, c) + e_m\,\varDelta(a, c)}{1 - c^2 e_m^2 a^2},$$

on aura en vertu de la formule (112)

$$\frac{\varDelta(a_m, c)}{a_m} \cdot \Pi(x, c, a_m) = \frac{\varDelta(a, c)}{a}\,\Pi(x, c, a)$$

$$+ \beta_m \varpi(x, c) + \frac{\varDelta(e_m, c)}{e_m}\,\Pi(x, c, e_m) + \log S_m.$$

La formule (230) deviendra donc en substituant

(233) $$\frac{\varDelta(a', c')}{a'}\,\Pi(y, c', a') = (k_1 + \beta_1 + \beta_2 + \cdots + \beta_{\mu-1})\,\varpi(x, c)$$

$$+ \mu \frac{\varDelta(a, c)}{a}\,\Pi(x, c, a) + \Sigma \frac{\varDelta(e_m, c)}{e_m}\,\Pi(x, c, e_m)$$

$$+ v' + \log S_1 + \log S_2 + \cdots + \log S_{\mu-1}.$$

Je dis maintenant que $\Sigma \frac{\varDelta(e_m, c)}{e_m}\,\Pi(x, c, e_m)$ se réduit à zéro. En effet, si l'expression de a_m est racine de l'équation $a' - y = 0$, elle le sera encore en mettant $-e_m$ pour e_m. Si donc μ est un nombre impair, les termes qui composent l'expression $\Sigma \frac{\varDelta(e_m, c)}{e_m}\,\Pi(x, c, e_m)$ sont deux-à-deux égales et de signes contraires. Si μ est un nombre pair, l'expression dont il s'agit se réduira à un seul terme $\frac{\varDelta(e, c)}{e}\,\Pi(x, c, e)$, où e est zéro ou l'infini. Si e est nul, ce terme le sera de même. Si $e = \frac{1}{0}$, la valeur correspondante de a_m est $\pm \frac{1}{ca}$, donc en vertu de la formule (115) . . . .

XXIX.

THÉORÈMES ET PROBLÈMES.

Journal für die reine und angewandte Mathematik, herausgegeben von *Crelle*, Bd. 2, Berlin 1827.

Théorème. Si la somme de la série infinie

$$a_0 + a_1 x + a_2 x^2 + a_3 x^3 + \cdots + a_m x^m + \cdots$$

est égale à zéro pour toutes les valeurs de x entre deux limites réelles α et β, on aura nécessairement

$$a_0 = 0, \quad a_1 = 0, \quad a_2 = 0, \ldots a_m = 0 \ldots,$$

de sorte que la somme de la série s'évanouira pour une valeur quelconque de x.

Problème. En supposant la série

$$fx = a_0 + a_1 x + a_2 x^2 + \cdots$$

convergente pour toute valeur positive *moindre* que la quantité positive α, on propose de trouver la limite vers laquelle converge la valeur de la fonction fx, en faisant converger x vers la limite α.

Théorème. Si l'équation différentielle séparée

$$\frac{a\,dx}{\sqrt{\alpha + \beta x + \gamma x^2 + \delta x^3 + \varepsilon x^4}} = \frac{dy}{\sqrt{\alpha + \beta y + \gamma y^2 + \delta y^3 + \varepsilon y^4}},$$

où α, β, γ, δ, ε, a sont des quantités *réelles*, est algébriquement intégrable, il faut nécessairement que la quantité a soit un nombre *rationnel.*

Problème. Trouver une intégrale *algébrique* des deux équations séparées:

$$\frac{dx\sqrt{3}}{\sqrt{3+3x^2+x^4}} = \frac{dy}{\sqrt{3-3y^2+y^4}},$$

$$\frac{dx\sqrt{3}}{\sqrt{1+x^2+x^4}} = \frac{dy}{\sqrt{1-x^2+x^4}}.$$

Journal für die reine und angewandte Mathematik, herausgegeben von *Crelle,* Bd. 3, Berlin 1828.

Problème. Le nombre $\alpha^{\mu-1}-1$ peut il être divisible par μ^2, μ étant un nombre premier, et α un entier moindre que μ et plus grand que l'unité?

ERRATA.

Page 50. Dans la première et l'avant-dernière formule les signes des seconds membres doivent être changés.

Page 154, dernière ligne, *au lieu de* $\frac{1}{a-x}$, *lisez* $\frac{1}{\alpha-x}$.

Page 163, dernière ligne, *au lieu de* $hy^{(m)}$, *lisez* $hy^{(\mu')}$.

Page 185, ligne 3, en descendant, *au lieu de* $3[f(11)+11.\frac{4}{5}]$, *lisez* $3[f(11)+11.\frac{4}{3}]$.

Page 192, ligne 13, en descendant, *au lieu de* $\varepsilon^{-\frac{\pi\mu_m - a_m}{n}}$, *lisez* $\varepsilon^{\frac{\pi\mu_m - \alpha_m}{n}}$.

Page 237, ligne 12, en descendant, *au lieu de* $\delta' = -\alpha\sin\varphi - \frac{1}{2}\alpha^2\sin 2\varphi + \frac{1}{3}\alpha^3\sin 3\varphi - \dots$ *lisez* $\delta' = -(\alpha\sin\varphi - \frac{1}{2}\alpha^2\sin 2\varphi + \frac{1}{3}\alpha^3\sin 3\varphi - \dots)$

Page 239, ligne 6 et 7, en remontant, *au lieu de* lorsque k est égal à zéro ou compris entre 0 et $+\infty$, et lorsque k est compris entre 0 et -1, *lisez:* lorsque k est compris entre 0 et $+\infty$, et lorsque k est égal à zéro ou compris entre 0 et -1.

Page 265, ligne 13, en remontant, *au lieu de* Fa, *lisez* $F\alpha$.

Page 277, ligne 3, en descendant, *au lieu de* $\varphi x = \frac{i}{cc}\,\frac{1}{\varphi\left(x - \frac{\omega}{2} - \frac{\varpi}{2}i\right)}$,

lisez $\varphi x = -\frac{i}{cc}\,\frac{1}{\varphi\left(x - \frac{\omega}{2} - \frac{\varpi}{2}i\right)}$.

Page 313, lignes 3 et 4, en remontant, *au lieu de* v_1 en $\theta^{-m}v_1$, *lisez* $\sqrt[n]{v_1}$ en $\theta^{-m}\sqrt[n]{v_1}$.

Page 343, ligne 10, en descendant, le numérateur du dernier facteur doit être $1 - \frac{\alpha^2}{[m\omega - (\mu - \frac{1}{2})\varpi i]^2}$.

Page 357, ligne 8, en descendant, *au lieu de* $\frac{\alpha^2+\beta^2-1}{2}$, *lisez* $\alpha^2+\beta^2-1$.

Page 419, ligne 3 et 4, en descendant. Effacez les exposans 2.

Page 458, ligne 9, en remontant, *au lieu de* c', *lisez partout* c''.

Page 582, ligne 12, en remontant, *au lieu de* $y(1-c^2e^2z^2)\dots(1-c^2e_\mu^2z^2)$,

lisez $(-1)^{\mu+1}y(1-c^2e^2z^2)\dots(1-c^2e_\mu^2z^2)$.

Page 582, ligne 7, en remontant, *au lieu de* $\frac{(-1)^{\mu+1} c^{2\mu} e^2 e_2^2 \ldots e_\mu^2}{c^{\mu+\frac{1}{2}} . c'^{-\frac{1}{2}}} y$,

lisez $\frac{c^{2\mu} e^2 e_2^2 \ldots e_\mu^2}{c^{\mu+\frac{1}{2}} c'^{-\frac{1}{2}}} y$.

Page 582, ligne 3, en remontant, *au lieu de* $\frac{(-1)^{\mu+1}}{e^2 e_2^2 \ldots e_\mu^2}$, *lisez* $\frac{1}{e\, e_2^2 \ldots e_\mu^2}$.

Page 586, ligne 5, en remontant, *au lieu de* $\frac{1}{\sqrt{\pm c}}$, *lisez* $\frac{1}{\sqrt{\mp c}}$.

Page 586, ligne 3, en remontant, *au lieu de* $\frac{2 \varDelta e_m}{\sqrt{(\mp c)}(1 \pm c e_m^2)}$, *lisez* $\frac{2 \varDelta e_m}{\sqrt{\mp c}(1 \pm c e_m^2)}$.

Page 589, ligne 3, en descendant, *au lieu de* $\frac{1 \pm \sqrt{1-c^2}}{1 \mp \sqrt{1-c^2}}$, $\frac{c \pm \sqrt{c^2-1}}{c \mp \sqrt{c^2-1}}$,

lisez $\left(\frac{1 \pm \sqrt{1-c^2}}{1 \mp \sqrt{1-c^2}}\right)^2$, $\left(\frac{c \pm \sqrt{c^2-1}}{c \mp \sqrt{c^2-1}}\right)^2$.

Page 613, ligne 9, en descendant, *au lieu de* $a_\mu = 0$, *lisez* $a_\mu = \frac{1}{0}$.

Printed in the United States
By Bookmasters